全国高职高专教育土建类专业教学指导委员会规划推荐教材

建筑结构

（第四版）

（土建类专业适用）

本教材编审委员会组织编写

张学宏　主　编

安震中　李社生　主　审

中国建筑工业出版社

图书在版编目（CIP）数据

建筑结构/张学宏主编. —4版. —北京：中国建筑工业出版社，2015.7（2021.11重印）
全国高职高专教育土建类专业教学指导委员会规划推荐教材（土建类专业适用）
ISBN 978-7-112-18257-2

Ⅰ. ①建… Ⅱ. ①张… Ⅲ. ①建筑结构-高等职业教育-教材 Ⅳ. ①TU3

中国版本图书馆CIP数据核字（2015）第155519号

本书内容包括混凝土结构、砌体结构和钢结构的设计基本原理、计算方法和构造要求，以及建筑结构抗震设计基本知识。

这次修订是在2007年第三版教材的基础上，根据新颁布的建筑结构、地基基础、建筑抗震……等设计（及荷载）规范，结合本专业的实际需要，对全书进行了全面系统的修改和补充。

本书既可作为高等职业教育土建类专业教材，也可供建筑工程技术人员学习、参考。

* * *

责任编辑：朱首明 张 晶
责任设计：陈 旭
责任校对：张 颖 党 蕾

全国高职高专教育土建类专业教学指导委员会规划推荐教材
建筑结构（第四版）
（土建类专业适用）
本教材编审委员会组织编写
张学宏 主 编
安震中 李社生 主 审

*

中国建筑工业出版社出版、发行（北京西郊百万庄）
各地新华书店、建筑书店经销
霸州市顺浩图文科技发展有限公司制版
北京市密东印刷有限公司印刷

*

开本：787×1092毫米 1/16 印张：35¼ 插页：1 字数：814千字
2016年2月第四版 2021年11月第三十三次印刷
定价：**59.00**元
ISBN 978-7-112-18257-2
（27504）

修订版教材编审委员会名单

教材编审委员会名单

修订版序言

本套教材第一版是2003年由原土建学科高职教学指导委员会根据“研究、咨询、指导、服务”的工作宗旨，本着为高职土建施工类专业教学提供优质资源、规范办学行为、提高人才培养质量的原则，在对建筑工程技术专业人才培养方案进行深入研究、论证的基础上，组织全国骨干高职高专院校的优秀编者按照系列开发建设的思路编写的，首批编写了《建筑识图与构造》、《建筑材料》、《建筑力学》、《建筑结构》、《地基与基础》、《建筑施工技术》、《高层建筑施工》、《建筑施工组织》、《建筑工程计量与计价》、《建筑工程测量》、《工程项目招投标与合同管理》等11门主干课程教材。本套教材自2004年面世以来，被全国有关高职高专院校广泛选用，得到了普遍赞誉，在专业建设、课程改革和日常教学中发挥了重要的作用，并于2006年全部被评为国家及建设部“十一五”规划教材。在此期间，按照构建理论和实践两个课程体系，根据人才培养需求不断拓展系列教材涵盖面的工作思路，又编写完成了《建筑工程识图实训》、《建筑施工技术管理实训》、《建筑施工组织与造价管理实训》、《建筑工程质量与安全管理实训》、《建筑工程资料管理实训》、《建筑工程技术资料管理》、《建筑法规概论》、《建筑CAD》、《建筑工程英语》、《建筑工程质量与安全管理》、《现代木结构工程施工与管理》、《混凝土与砌体结构》等12门课程教材，使本套教材的总量达到23部，进一步完善了教材体系，拓宽了适用领域，突出了适应性和与岗位对接的紧密程度，为各院校根据不同的课程体系选用教材提供了丰厚的教学资源，在2011年2月又全部被评为住房和城乡建设部“十二五”规划教材。

本次修订是在2006年第一次修订之后组织的第二次系统性的完善建设工作，主要目的是为了适应专业建设发展的需要，适应课程改革对教材提出的新要求，及时吸取新标准、新技术、新材料和新的管理模式，更好地为提高学校的人才培养质量服务。为了确保本次修订工作的顺利完成，土建施工类专业分指导委员会会同中国建筑工业出版社于2011年9月在西安市召开了专门的工作会议，就本次教材修订工作进行了深入的研究、论证、协商和部署。本次修订工作是在认真组织前期论证、广泛征集使用院校意见、紧密结合岗位需求、及时跟进专业和课程改革进程的基础上实施的。在整体修订方案的框架内，各位主编均提出了明确和细致的修订方案、切实可行的工作思路和进度计划，为确保修订质量提供了思想和技术方面的保障。

今后，要继续坚持“保持先进、动态发展、强调服务、不断完善”的教材建设思路，不片面追求在教材版次上的整齐划一，根据实际情况及时对具备修订条件的教材进行修订和完善，以保证本套教材的生命和活力，同时还要在行动导向课程教材的开发建设方面积极探索，在专业专门化方向及拓展课程教材编写方面有所作为。使本套教材在适应领域方面不断扩展，在适应课程模式方面不断更新，在课程体系中继续上下延伸，不断为提高高职土建施工类专业人才培养质量做出贡献。

全国高职高专教育土建类专业教学指导委员会

土建施工类专业分指导委员会

2012 年 5 月

序 ◉ 言

PREFACE

高等学校土建学科教学指导委员会高等职业教育专业委员会（以下简称土建学科高等职业教育专业委员会）是受教育部委托并接受其指导，由建设部聘任和管理的专家机构。其主要工作任务是，研究如何适应建设事业发展的需要设置高等职业教育专业，明确建设类高等职业教育人才的培养标准和规格，构建理论与实践紧密结合的教学内容体系，构筑“校企合作、产学结合”的人才培养模式，为我国建设事业的健康发展提供智力支持。在建设部人事教育司的领导下，2002 年，土建学科高等职业教育专业委员会的工作取得了多项成果，编制了土建学科高等职业教育指导性专业目录；在“建筑工程技术”、“工程造价”“建筑装饰技术”、“建筑电气技术”等重点专业的专业定位、人才培养方案、教学内容体系、主干课程内容等方面取得了共识；制定了建设类高等职业教育专业教材编审原则；启动了建设类高等职业教育人才培养模式的研究工作。

近年来，在我国建设类高等职业教育事业迅猛发展的同时，土建学科高等职业教育的教学改革工作亦在不断深化之中，对教育定位、教育规格的认识逐步提高；对高等职业教育与普通本科教育、传统专科教育和中等专业教育在类型、层次上的区别逐步明晰；对必须背靠行业、背靠企业，走校企合作之路，逐步加深了认识。但由于各地区的发展不尽平衡，既有理论又能实践的“双师型”教师队伍尚在建设之中等原因，高等职业教育的教材建设对于保证教育标准与规格，规范教育行为与过程，突出高等职业教育特色等都有着非常重要的现实意义。

“建筑工程技术”专业（原“工业与民用建筑”专业）是建设行业对高等职业教育人才需求量最大的专业，也是目前建设类高职院校中在校生人数最多的专业。改革开放以来，面对建筑市场的逐步建立和规范，面对建筑产品生产过程科技含量的迅速提高，在建设部人事教育司和中国建设教育协会的领导下，对该专业进行了持续多年的改革。改革的重点集中在实现三个转变，变“工程设计型”为“工程施工型”，变“粗坯型”为“成品型”，变“知识型”为“岗位职业能力型”。在反复论证人才培养方案的基础上，中国建设教育协会组织全国各有关院校编写了高等职业教育“建筑施工”专业系列教材，于 2000 年 12 月由中国建筑工业出版社出版发行，受到全国同行的普遍好评，其中《建筑构造》、《建筑结构》和《建筑施工技术》被教育部评为普通高等教育“十五”国家级规划教材。土建学科高等职业教育专业委员会成立之后，根据当前建设类高职院校对“建筑工程技术”专业教材的迫切需要；根据新材料、新技术、新规范急需进入教学内容的现实需求，积极组织全国建设类高职院校和建筑施工企业的专家，在对该专业课程内容体系充分研讨论证之后，在原高等职业教育“建筑施工”专业系列教材的基础上，组织编写了《建筑识图与构造》、《建筑力学》、《建筑结构》（第二版）、《地基与基础》、《建筑材料》、《建筑施工技术》（第二版）、《建筑施工组织》、《建筑工程计量与计价》、《建筑工程测量》、《高层建筑施工》、《工程项目招投标与合同管理》等11门主干课程教材。

教学改革是一个不断深化的过程，教材建设是一个不断推陈出新的过程，希望这套教材能对进一步开展建设类高等职业教育的教学改革发挥积极的推进作用。

土建学科高等职业教育专业委员会

2003年7月

修订版前言

PREFACE

第三版教材是根据全国高职高专教育土建类专业教学指导委员会提出的修订要求对原教材修订而成，主要修订内容如下：

1. 根据高层结构日益增多的情况，增加了混凝土剪力墙和框架剪力墙结构的设计和构造(含抗震)内容；

2. 精简了钢筋混凝土单层厂房排架结构和框架近似计算的内容；

3. 修改了原教材中与现行结构规范不一致和疏漏、错误的内容；

4. 部分编者所在单位或单位名称有所改变；

5. 参考文献有部分改变。

第四版教材则因结构规范的更新，对第三版教材的有关内容进行了修改。

根据高等教育理论与实践并重，理论课时较少的情况，本书内容按“必需、够用”的原则安排；鉴于目前已普遍采用计算机进行计算的现状，本书重点介绍结构的基本概念和构造要求而不是计算。故而本书不同于其他的建筑结构教材。本课程建议学时数为140。

参加本书编写的有江苏联合职业技术学院张学宏(第一、二、五、八章)、张耀明(第三、六、七章)、广州大学谢光(第四章)、李向真(第九章)、新疆建筑职业技术学院刘晓平(第十、十三章)、长安大学王冰(第十一章)和武汉工业学院吴建林(第十二章)。

本书由江苏联合职业技术学院张学宏主编，无锡城市职业技术学院安震中和甘肃职业技术学院李社生主审。

在本书修订过程中，得到了中国建筑工业出版社和编者所在单位的大力支持，在此一并致谢。

限于编者水平，修订版中还可能有欠妥之处，敬请广大读者及时批评指正。意见可由中国建筑工业出版社转达主编，也可直接电邮给主编(zxh@szjsjt. com)。

2015年3月

PREFACE

前◉言

我国的高等职业教育起步于1987年。1993年《中国教育改革和发展纲要》发布后，高职教育犹如雨后春笋，在全国各地蓬勃发展。

高等职业教育与传统的高等教育不同，它以培养学生的岗位职业能力为目标，遵循理论与实践并重的原则组织教学。毕业生除应具有一定的专业理论知识外，还应具有较强的解决实际问题的能力。基于以上特点，高职教育必须采用特定的教材，而不能借用传统的高校教材。

编者积多年高等职业教育之经验，曾于2000年编写了以建筑施工专业适用的《建筑结构》教材，由中国建筑工业出版社出版，并通过教育部“普通高等教育‘十五’国家级规划教材”的评审。该书在全国发行后曾多次重刷。本书第二版是在第一版的基础上，依据高等学校土建学科教学指导委员会高等职业教育专业委员会制定的建筑工程技术专业的教育标准、培养方案和本课程教学基本要求，并参照新颁布的有关国家标准修订而成。

根据高等职业教育理论与实践并重，理论课时较少的情况，本书内容按“必需、够用”的原则编排；鉴于目前已普遍采用计算机进行结构计算的现状，本书重点介绍结构的基本概念和构造要求而不是计算。故而本书不同于其他的建筑结构教材。本课程建议学时数为140。

本书由苏州建筑职工大学张学宏任主编，并编写了第一、二、五、六、八章，李明编写了第三、七章，广州大学谢光编写了第四章、李向真编写了第九章，新疆建筑职业技术学院刘晓平编写了第十、十三章，长安大学王冰编写了第十一章，湖北省城乡建设职业技术学院吴建林编写了第十二章。本书由无锡城建职工大学安震中和甘肃建筑职业技术学院李社生主审。

在本书编写过程中，得到了建设部人事教育司和编写者所在单位的大力支持，在此一并致谢。

限于编者的水平，书中定有欠妥之处，请广大读者批评指正。

编者

2003年6月

目◉录 CONTENTS

第一章

绪 论

第一节 建筑结构的一般概念

建筑结构是指建筑物中用来承受各种作用的受力体系。通常，它又被称为建筑物的骨架。组成结构的各个部件称为构件。在房屋建筑中，组成结构的构件有板、梁、屋架、柱、墙、基础等。

结构上的作用是指能使结构产生效应（内力、变形）的各种原因的总称。作用可分为直接作用和间接作用两类。直接作用是指作用在结构上的各种荷载，如土压力、构件自重、楼面和屋面活荷载、风荷载等。它们能直接使结构产生内力和变形效应。间接作用则是指地基变形、混凝土收缩、温度变化和地震等。它们在结构中引起外加变形和约束变形，从而产生内力效应。

结构按所用材料分类，可分为混凝土结构、砌体结构、钢结构、木结构等。由于木材存在着强度低、耐久性差等诸多缺点，现已极少使用木结构，故本书仅介绍前三类结构与设计有关的内容。

建筑结构设计的任务是选择适用、经济的结构方案，并通过计算和构造处理，使结构能可靠地承受各种作用。为使设计人员在一般情况下能有章可循，各国均根据自身的科技发展情况和经济状况不断制定出符合当时国情的各种设计标准和规范。我国现行的建筑结构设计标准和规范有：《建筑结构可靠度设计统一标准》GB 50068—2001、《建筑结构荷载规范》GB 50009—2012、《砌体结构设计规范》GB 50003—2011、《混凝土结构设计规范》GB 50010—2010、《建筑地基基础设计规范》GB 50007—2012、《建筑抗震设计规范》GB 50011—2010、《钢结构设计规范》GB 50017—2003 等。这些标准和规范是我国长期以来在建筑结构方面的科研成果和工程实践经验的结晶，是我国目前建筑结构设计的重要依据，也是编写本书的主要依据。

第二节 砌体结构、钢结构和混凝土结构的概念及优缺点

一、砌体结构的概念及优缺点

用砂浆把块体连接而成的整体材料称为砌体，以砌体为材料的结构称为砌体结构。因块体有石、砖和砌块三种，故而砌体结构又可分为石结构、砖结构和砌块结构。根据需要，有时在砖砌体或砌块砌体中加入少量钢筋，这种砌体称为配筋砌体。

与其他结构相比，砌体结构具有以下几项主要的优点：

1）容易就地取材，造价低廉。

2）耐火性良好，耐久性较好。

3）隔热、保温性能较好。

除上述优点外，砌体结构也存在下述一些缺点：

1）承载能力低。由于砌体的组成材料——块体和砂浆的强度都不高，导致砌体结构的承载能力较低，特别是受拉、受弯、受剪承载能力很低。

2）自重大。由于砌体的强度较低，构件所需的截面一般较大，导致自重较大。

3）抗震性能差。由于结构的受拉、受弯、受剪承载力很低，在房屋遭受地震时，结构容易开裂和破坏。

二、钢结构的概念及优缺点

钢结构是用钢材制作而成的结构。与其他结构相比，它具有以下优点：

1）承载能力高。由于钢材的抗拉和抗压强度都很高，故钢结构的受拉、受压等承载力都很高。

2）自重小。由于钢材的强度高，构件所需的截面一般较小，故自重较小。

3）抗震性能好。由于钢材的抗拉强度高，并有较好的塑性和韧性，故能很好地承受动力荷载；另外，由于钢结构的自重较小，地震作用也就较小，因而钢结构的抗震性能很好。

4）施工速度快，工期短。钢结构构件可在工厂预制，在现场拼装成结构，施工速度快。

钢结构存在以上优点的同时，也存在着以下缺点：

1）需要大量钢材，造价高。

2）耐久性和耐火性均较差。一般钢材在湿度大和有侵蚀性介质的环境中容易锈蚀，故需经常油漆维护，费用较大。当温度超过 250℃时，其材质变化较大，当温度达到500℃以上时，结构会完全丧失承载能力，故钢结构的耐火性较差。

三、混凝土结构的概念及优缺点

仅仅或者主要以混凝土为材料的结构称为混凝土结构。混凝土结构包括素混凝土结构、钢筋混凝土结构和预应力混凝土结构三种。

素混凝土是不放钢筋的混凝土。尽管它的抗压强度比砌体高，但其抗拉强度仍然很低。素混凝土构件只适用于受压构件，且破坏比较突然，故在工程中极少采用。

在混凝土构件的适当部位，放入钢筋，便得到钢筋混凝土构件。与素混凝土构件相比，钢筋混凝土构件的受力性能大为改善。图 1-1（*a*）、（*b*）分别表示两根截面尺寸、跨度、混凝土强度完全相同的简支梁，前者是素混凝土的，后者在梁的下部受拉区边缘配有适量的钢筋。试验表明，两者的承载能力和破坏性质有很大的差别。素混凝土梁，由于混凝土抗拉性能很差，当荷载较小时其受拉区边缘混凝土的应变就达到混凝土的极限拉应变，随之出现裂缝，导致梁脆性断裂而破坏，但此时梁受压区的混凝土压应力还

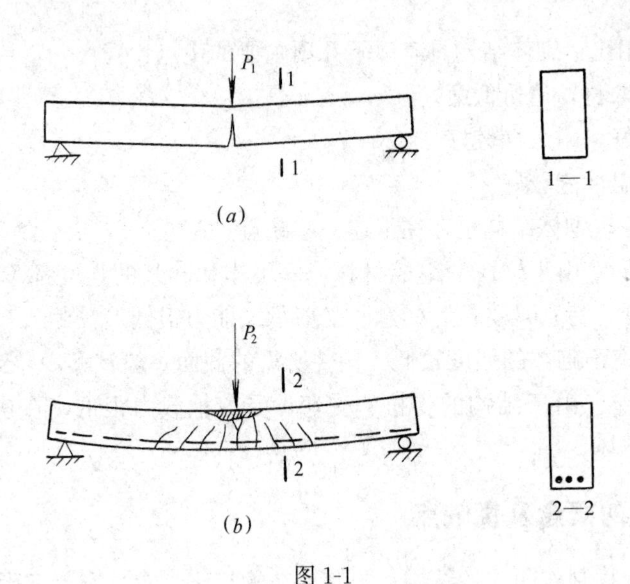

图 1-1

(a) 素混凝土梁的破坏；(b) 钢筋混凝土梁的破坏

远小于混凝土的抗压强度。钢筋混凝土梁则完全不同，当其受拉边混凝土开裂后尚不会断裂，而可继续增加荷载。此时开裂截面的拉力将由钢筋承担，直至钢筋拉应力达到屈服强度，裂缝迅速向上延伸，受压区面积迅速减小，受压区混凝土应力迅速增大，最终导致混凝土压应力达到抗压强度，混凝土受压区边缘应变达到其极限压应变而被压碎，梁才告破坏。因此，钢筋混凝土梁能充分发挥钢筋的抗拉性能和混凝土的抗压性能，大大提高梁的承载能力。

在受压为主的构件中，通常也配置一定数量的钢筋来协助混凝土分担一部分压力以减小构件的截面尺寸，此外钢筋还可改善构件受压破坏的脆性性质。

钢筋和混凝土这两种力学性能不同的材料所以能结合在一起共同工作的原因是：

1）硬化后的混凝土与钢筋的接触面上会产生良好的粘结力，使两者可靠地结合在一起，从而保证构件受力后，钢筋和其周围混凝土能共同变形。

2）钢筋与混凝土的温度线膨胀系数接近［钢筋为 1.2×10^{-5}/℃，混凝土为 $(1.0\sim1.5)\times10^{-5}$/℃］，当温度变化时，不致产生较大的温度应力而破坏两者之间的粘结力。

钢筋混凝土受弯或受拉构件的受力性能虽说比素混凝土构件大为改善，但是存在着一个明显的缺点：当荷载不大时，构件受拉区便会出现裂缝。为使裂缝不致过大而影响正常使用，钢筋混凝土构件中只能采用强度不高的钢筋，并采用较大的截面来承受不太大的荷载。

预应力混凝土构件一般是指在上述构件使用前，预先对其使用时的受拉区混凝土施加一定的压应力而得到的构件。与钢筋混凝土构件相比，它的抗裂性能大大提高，构件受荷后裂缝很小或不裂，构件的刚度较大，在同样的跨度和荷载作用下，截面尺寸可以较小，且可采用高强度钢筋。

与其他结构相比，混凝土结构有以下主要优点：

1）承载力比砌体结构高。

2）比钢结构节约钢材。

3）耐久性和耐火性均比钢结构好。

4）抗震性能比砌体结构好。

混凝土结构虽有较多的优点，但也有以下缺点：

1）比钢结构自重大。

2）比砌体结构造价高。

第三节 建筑结构的发展简况

石结构、砖结构和钢结构已有悠久的历史，并且我国是世界上最早应用这三种结构的国家。

早在五千年前，我国就建造了石砌祭坛和石砌围墙（先于埃及金字塔）。我国隋代在公元595～605年由李春建造的河北赵县安济桥是世界上最早的空腹式单孔圆弧石拱桥。该桥净跨37.37m，拱高7.2m，宽9m；外形美观，受力合理，建造水平较高。

我国生产和使用烧结砖也有三千年以上的历史。早在西周时期（公元前1134年～前771年）已有烧制的砖瓦。在战国时期（公元前403～前221年）便有烧制的大尺寸空心砖。至秦朝和汉朝，砖瓦已广泛应用于房屋结构。

我国早在汉明帝（公元60年前后）时便用铁索建桥（比欧洲早70多年）。用铁造房的历史也比较悠久。例如现存的湖北荆州玉泉寺的13层铁塔便是建于宋代，已有900多年历史。

与前面三种结构相比，砌块结构出现较迟。其中应用较早的混凝土砌块问世于1882年，也仅百余年历史。而利用工业废料的炉渣混凝土砌块和蒸压粉煤灰砌块在我国仅有30多年的历史。

混凝土结构最早应用于欧洲，仅有180多年的历史。

1824年，英国泥瓦工约瑟夫·阿斯普丁（Joseph·Aspadin）发明了波特兰水泥（因硬化后的水泥石的性能和颜色与波特兰岛生产的石灰石相似而得名）。以后，混凝土便开始在英国等地使用。1850年，法国人郎波特（Lambot）用加钢筋的方法制造了一条水泥船，开始有了钢筋混凝土制品。1867年，法国人莫尼埃（Manier）第一次获得生产配有钢筋的混凝土构件的专利。以后，钢筋混凝土日益广泛应用于欧洲的各种建筑工程。及至1928年，法国人弗列新涅提出了混凝土收缩和徐变理论，采用了高强度钢丝，并发明了预应力锚具后，预应力混凝土开始应用于工程。预应力混凝土的出现，是混凝土技术发展的一次飞跃。它使混凝土结构的性能得以改善，应用范围大大扩展。由于预应力混凝土结构的抗裂性能好，并可采用高强度钢筋，故可应用于大跨度、重荷载建筑和高压容器等。

1955年，我国有了第一批建筑结构设计规范。至今，结构规范已修订了五次。

图1-2 上海环球金融中心

改革开放以来，我国的建设事业蓬勃发展，建筑结构在我国也得到迅速发展。高楼大厦如雨后春笋般涌现。我国已建成的高层建筑有数万幢，其中超过150m的有1000多幢。我国香港特别行政区的中环大厦建成于1992年，78层，374m高，目前是世界上最高的钢筋混凝土结构建筑。我国台湾地区的国际金融中心大厦建成于2004年，101层，509m高，钢和混凝土混合结构，是目前世界第三高度的高层建筑。上海浦东的环球金融中心大厦（图1-2）建成于2008年，101层，492m高，钢和混凝土混合结构，是我国大陆地区第一、世界第四高度的高层建筑。1999年我国已建成跨度为1385m，列为中国第一、世界第四跨度的钢筋混凝土桥塔和钢悬索组成的特大桥梁—江阴长江大桥（图1-3）。在材料方面，高强混凝土（不低于C60）在我国已得到较普遍的应用。

图1-3 江阴长江大桥

以上成就表明，我国在建筑结构的实践和科学研究方面均已达到世界先进水平。

由于砌体结构具有经济和保温隔热性能好等优点，现仍广泛应用于多层民用建筑，特别是多层住宅。由于钢结构具有承载能力高和抗震性能好等优点，该种结构正在得到日益广泛的应用。

思考题

1. 什么叫建筑结构？
2. 什么叫结构上的作用？哪些是直接作用？哪些是间接作用？
3. 建筑结构设计的任务是什么？
4. 什么叫砌体结构？它有哪些优缺点？
5. 什么叫钢结构？它有哪些优缺点？
6. 什么叫混凝土结构？混凝土结构包括哪三种？
7. 钢筋和混凝土这两种力学性能不同的材料为什么能结合在一起共同工作？
8. 混凝土结构有哪些优缺点？
9. 为什么说预应力混凝土的出现是混凝土技术发展的一次飞跃？
10. 举例说明我国在建筑结构的实践和研究方面的取得的巨大成就。

第二章

钢筋和混凝土的力学性能

第一节 钢筋的力学性能

一、钢筋的分类

钢筋可按化学成分、外形、加工方法和供货形式进行分类。

钢筋按化学成分的不同可分为碳素钢筋和合金钢筋，碳元素和合金元素的含量还有低、中、高之分。

钢筋按外形的不同分为光圆钢筋、带肋钢筋和钢绞线（图 2-1）。带肋是指表面带有凸纹。目前，带肋钢筋的凸纹一般为月牙纹[①]。钢绞线则由多股高强度光圆钢筋[②]绞合而成。

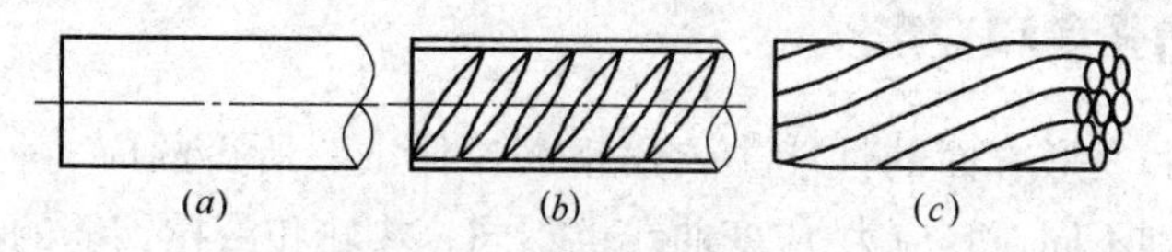

图 2-1 钢筋按外形分类

（a）光圆钢筋；（b）带肋钢筋；（c）钢绞线

钢筋按加工方法的不同可分为热轧钢筋、冷加工钢筋和热处理钢筋等。近年来，由于强度高、性能好的预应力钢筋（钢丝、钢绞线）已可充分供应，冷加工钢筋已遭淘汰。

热轧钢筋是用低碳钢或低合金钢在高温下轧制而成。根据其强度标准值的不同，热轧钢筋又分为 300、335、400、500 四个级别。级别越高，钢筋的强度也越高，但塑性越差。300 级钢筋用普通低碳钢（含碳不大于 0.25%）制成，表面光圆，最小直径为 6mm。335、400、500 级钢筋用低、中碳的低合金钢（含碳不大于 0.6%，其他合金总量不大于 5%）制成，表面有肋纹，最小直径为 6mm。各种级别热轧钢筋的符号和所用钢材的牌号列于表 2-1。

各种级别热轧钢筋的符号和牌号 **表 2-1**

热轧钢筋级别[③]	符 号	牌 号[④]
300	Φ	HPB300
335	Φ̲	HRB335
400	Φ̲̲	HRB400、RRB400
500	Φ̲̅	HRB500

注：1. 牌号中的字母 H 表示热轧，P 表示光圆，R 表示带肋，B 表示钢筋，数字表示最低屈服强度标准值，RRB400 为余热处理钢筋。

2. 规范还列入了采用控温轧制工艺生产的细晶粒带肋钢筋，牌号为 HRBF。

---

① 曾经用过螺旋纹和人字纹的等高肋，现仅用于 500 级钢筋。

② 有时也把直径小于 6mm 的钢筋称为钢丝。

③ 热轧钢筋的级别也被称为Ⅰ、Ⅱ、Ⅲ、Ⅳ级，级别数与符号中的竖、横笔划数之和一致。

④ 这里的牌号系按国家钢筋标准称呼，而在《混凝土结构设计规范》中称之为级别。

热处理钢筋是将500级热轧钢筋经过加热、淬火和回火等调质处理后得到的钢筋，其强度比500级钢筋高得多，而塑性却降低不多。近年来，钢筋热处理已可在轧制线上进行，该种工艺生产的钢筋被称为“精轧钢筋”，又称“预应力螺纹钢筋”。精轧钢筋可用于大型预应力混凝土构件。该种钢筋的符号为Φ^{t}。

大型预应力混凝土构件除采用精轧预应力螺纹钢筋外，还常用消除应力钢丝和钢绞线。它们的强度均很高。

消除应力钢丝采用高碳圆钢（含碳量0.7%～1.4%），经过加热、淬火、冷拔和回火等工艺制成，其符号为ϕ^{p}（光面）和ϕ^{h}（螺旋肋）。

钢绞线是将多根碳素钢丝（一般为7根）用绞盘绞制而成。其标志直径为截面外接圆的直径，其符号为ϕ^{S}。

钢筋按供货形式可分为直条钢筋和盘卷钢筋两种。通常用直条供应，长度为6～12m；直径不大于12mm的钢筋也可用盘卷供应。

二、钢筋的强度和变形

钢筋的强度和变形方面的性能主要用钢筋拉伸试验所得的应力-应变曲线来表示。钢筋的种类、级别不同，其应力-应变曲线也不同。热轧和冷拉钢筋的应力-应变曲线具有明显的流幅，该类钢筋又被称为软钢；冷拔、冷轧、热处理钢筋、高强钢丝和钢绞线的应力-应变曲线则无明显流幅，该类钢筋又被称为硬钢。

软钢典型的拉伸应力-应变曲线如图2-2所示。在a点之前，材料处于弹性阶段，应力与应变成正比，其比值即为钢筋的弹性模量E_s。对应于a点的应力称为比例极限。a点以后，应变增加变快，图形变曲，钢筋开始表现出塑性性质。当到达b点时，应力不再增加而应变却继续增加，钢筋开始塑性流动，直至c点。这种现象称为钢筋的“屈服”，对应于b点的应力称为屈服强度，bc水平段称为流幅或屈服台阶。c点以后，钢筋又恢复部分弹性，应力沿曲线上升至最高点d，对应于d点的应力称为极限强度，cd段称为强化阶段。d点以后，钢筋在薄弱处发生局部颈缩现象，塑性变形迅速增加，而应力却随之下降，到达e点时试件断裂。断裂后的残余应变称为伸长率，用δ表示。

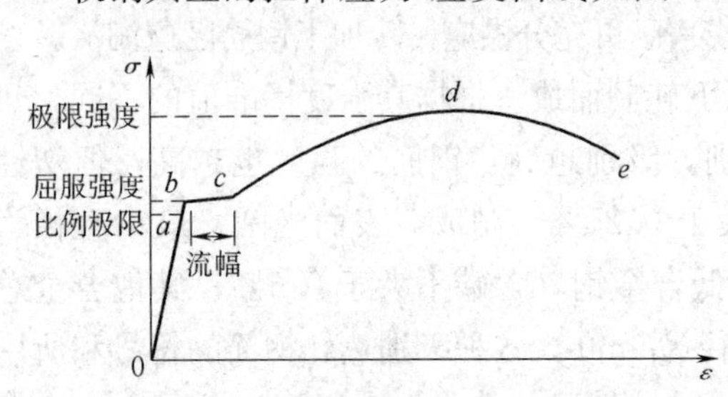

图2-2　软钢典型的拉伸应力-应变曲线

强度级别不同的软钢，其应力-应变曲线也有所不同。235～500级热轧钢筋的应力-应变曲线如图2-3所示，由图可知，随着级别的提高，钢筋的强度增加，但伸长率降低。

硬钢典型的拉伸应力-应变曲线如图2-4所示，由图可知，这类钢筋无明显的流幅和屈服强度。与软钢相比，这类钢筋的极限强度较高而伸长率较小。

钢筋的变形性能除伸长率之外，还有冷弯性能。它是指钢筋在常温下承受弯曲的能

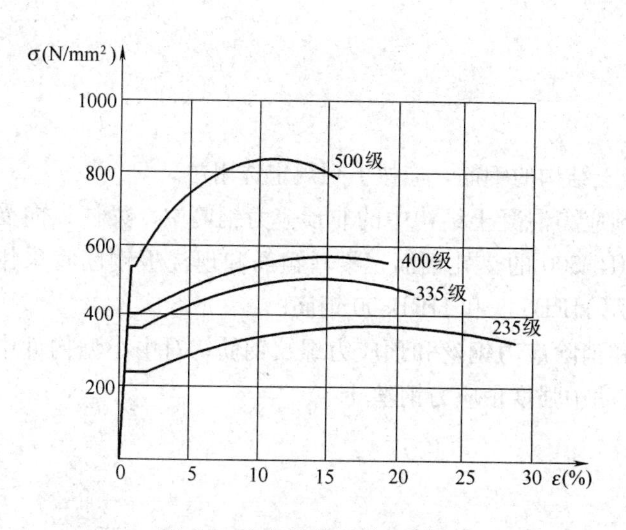

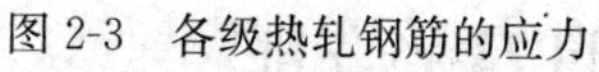
图 2-3　各级热轧钢筋的应力

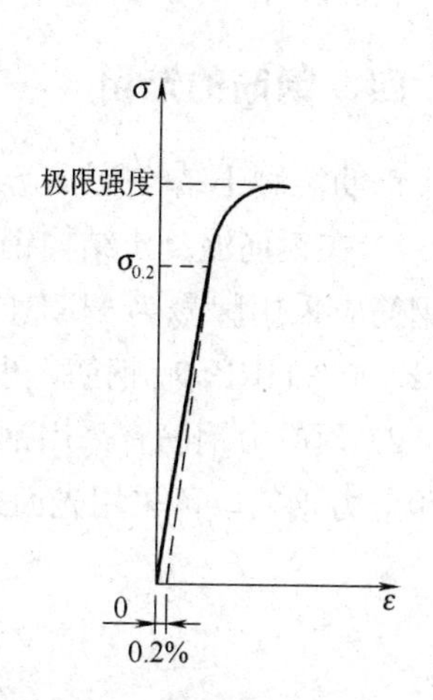

图 2-4　硬钢的应力-应变曲线

力，采用冷弯试验测定。冷弯试验的合格标准为：在规定的弯心直径 D 和冷弯角度 α 下弯曲后，在弯曲处钢筋应无裂纹、鳞落或断裂现象。按钢筋技术标准，不同种类钢筋的 D 和 α 的取值不同，例如 335 级月牙纹钢筋的 $\alpha=180°$，当直径不大于 25mm 时，弯心直径 $D=3d$，当直径 d 大于 25mm 时，弯心直径 $D=4d$。

钢筋在弹性阶段的应力与应变之比称为弹性模量，用 E_s 表示，各种钢筋的 E_s 数值见附表 5 和附表 6。

钢筋混凝土结构计算时，软钢和硬钢设计强度的取值依据不同。软钢取屈服强度作为设计强度的依据，这是因为该种钢筋屈服后有较大的塑性变形，这时即使荷载基本不增加，构件也会产生很大的裂缝和变形，以致不能使用。硬钢无明显的屈服点，但为防止构件突然破坏并防止构件裂缝和变形太大，设计强度也不能取为抗拉极限强度，而是取其残余应变为 0.2%时相应的强度 $\sigma_{0.2}$（称为条件屈服强度）作为设计强度的依据，如图 2-4 所示。该应力一般为极限强度的 0.8～0.9 倍，规范统一取为极限强度的 0.85 倍。

三、钢筋混凝土结构及预应力混凝土结构对钢筋性能的要求

钢筋混凝土结构及预应力混凝土结构对钢筋性能的要求主要有以下几点：

1）有较高的强度和适宜的屈强比。这里的强度是指屈服强度或条件屈服强度。屈强比是指屈服强度与极限强度之比，该值可反映结构的可靠程度：屈强比小，结构可靠，但钢材强度的利用率低，不经济；屈强比太大，则结构不可靠。

2）有较好的塑性。这是保证构件破坏前有较明显的预兆（明显的变形和裂缝），保证较好塑性的措施是钢筋拉伸率不小于规定值，并且冷弯试验合格。

3）与混凝土之间有良好粘结力。这是钢筋与混凝土共同工作的基础。

4）具有较好的可焊性。保证焊接后接头的受力性能良好，拉伸破坏不发生在接头处。

此外，在寒冷地区（例如－20℃以下），对钢筋的低温性能也有一定的要求，以免

发生脆性破坏。

四、钢筋的选用

钢筋混凝土结构及预应力混凝土结构的钢筋，应按下列规定选用：

1）在钢筋混凝土结构钢筋和预应力混凝土结构中的非预应力钢筋中，梁柱纵向受力钢筋应采用牌号为 HRB400、HRB500 的热轧钢筋，梁柱箍筋和现浇板钢筋宜采用 HRB400、HRB500 钢筋，也可采用 HRB335 和 HRB300 钢筋；

2）预应力钢筋宜采用钢绞线和消除应力钢丝和预应力螺纹钢筋；对中小型构件中的预应力钢筋，可采用光面或螺旋肋中强度预应力钢丝。

第二节　混凝土的力学性能

一、混凝土的强度

混凝土是用一定比例的水泥、砂、石和水，经拌合、浇筑、振捣、养护，逐步凝固硬化形成的人造石材。故混凝土的强度不仅与组成材料的质量和比例有关，还与制作方法、养护条件和龄期有关。另外，不同的受力情况、不同的试件形状和尺寸、不同的试验方法所测得的混凝土强度值也不同。混凝土基本的强度指标有立方体抗压强度、轴心抗压强度和轴心抗拉强度三种。其中，立方体抗压强度并不能直接用于设计计算，但因试验方法简单，且与后两种强度之间存在着一定的关系，故被作为混凝土最基本的强度指标，以此为依据确定混凝土的强度等级，并由强度等级查表得到混凝土的轴心抗压强度和轴心抗拉强度用于设计计算。

1. 混凝土立方体抗压强度与混凝土的强度等级

根据国家标准《普通混凝土力学性能试验方法标准》GB/T 50081—2002（以后简称“试验方法”）的规定，混凝土立方体抗压强度是将混凝土拌合物制成边长为 150mm 的立方体试块，在标准养护条件下养护 28 天或设计规定龄期，进行抗压强度试验测得的抗压强度值，用 f_{cu} 表示。这里的标准养护条件是：温度 20±2℃，相对湿度不小于 95%。试验时的加荷速度为每秒 0.3～1.0N/mm^2（C30 以下混凝土为 0.3N/mm^2，等级低时取低速，等级高时取高速）。

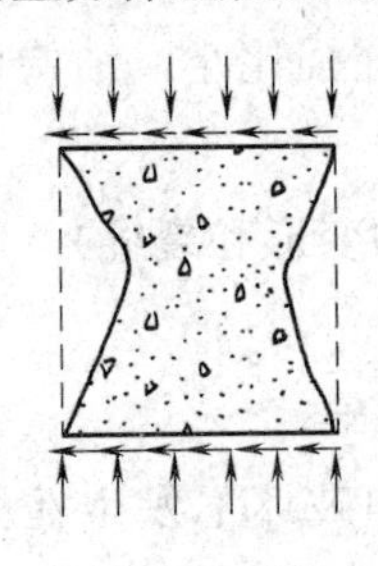

图 2-5　受压立方体试块破坏形态

混凝土立方体抗压强度试验时，试块的标准破坏形态如图 2-5 所示。试块侧面的混凝土出现许多竖向裂缝甚至剥落，中部剥落最严重，而接近上下承压面处则剥落较少。这是因为混凝土纵向受压时会产生横向向外膨胀，其结果会使混凝土试块出现纵向裂缝而破坏。当四侧混凝土向外膨胀时，靠近上、下压机钢板的混凝土受到钢板的约束（两者之间有摩擦力），因而不会破坏；而在离钢板较远的试块高度中央的四侧混凝土，则因受钢板约束较小而破坏最为严重。压力机钢板对混凝土试块横向变形的约束作用称为“环箍效应”，该效应使混凝土试块不易破坏，因而测定的抗压强高于混凝土构件的轴心抗压强度，故而该强度不可直接用于设计。

《混凝土结构设计规范》GB 50010—2010（以下简称为《混凝土规范》）规定，混凝土可按其立方体抗压强度标准值的大小划分为 14 个强度等级，它们是 C15、C20、C25、C30、C35、C40、C45、C50、C55、C60、C65、C70、C75 和 C80。字母 C 后面的数值表示以 N/mm^2 为单位的立方体抗压强度标准值。而材料强度标准值则是指具有 95%保证率的材料强度。

结构设计时，混凝土强度等级的选用原则如下：素混凝土结构的混凝土强度等级不应低于 C15；钢筋混凝土结构的混凝土强度等级不应低于 C20；当采用强度等级 400MPa 及以上的钢筋时，则不得低于 C25。承受重复荷载的钢筋混凝土构件，混凝土强度等级不应低于 C30。预应力混凝土结构的混凝土强度等级不宜低于 C40，且不应低于 C30。

2. 混凝土轴心抗压强度（棱柱体抗压强度）

按“试验方法”的规定，该强度采用 150mm×150mm×300mm 的棱柱体作为标准试件，故又称为棱柱体抗压强度。由于试件高度比立方体试块大得多，在其高度中央的混凝土不再受到上下压机钢板的约束，故该试验所得的混凝土抗压强度低于立方体抗压强度，符合轴心受压短柱的实际情况。大量试验资料表明混凝土轴心抗压强度的标准值（$f_{c,k}$）与立方体抗压强度的标准值（$f_{cu,k}$）之间的关系约为 $f_{c,k}=(0.7\sim0.8)f_{cu,k}$，在结构设计中，考虑到混凝土构件强度与试件强度之间的差异，规范对 C50 及以下的混凝土取 $f_{c,k}=0.67f_{cu,k}$，对 C80 取系数为 0.72，中间按线性变化。对于 C40～C80 混凝土再考虑乘以脆性折减系数 1.0～0.870。有了以上关系式，只要知道混凝土的强度等级，便可求得轴心抗压强度，故在工程中一般不再进行轴心抗压强度的检测试验。

3. 混凝土轴心抗拉强度

混凝土是一种脆性材料，且内部存在许多孔缝，因此抗拉强度很低，仅为轴心抗压强度的 1/10 左右，且该比值随混凝土强度的提高而降低。

按“试验方法”规定，该强度采用劈裂抗拉强度试验来确定。根据大量试验资料的分析，并考虑了构件与试件的差别，设计规范根据轴心抗拉强度的标准值与立方体强度标准值之间的关系，列出了两者数值的对照表。由此，可直接查得某强度等级混凝土的轴心抗拉强度标准值，而无需再进行轴心抗拉强度试验。

混凝土抗拉强度很低，在混凝土结构的承载力计算中通常不考虑混凝土承受拉力。但对某些构件进行抗裂验算时，该强度指标便成为验算的重要指标。

4. 侧向应力对混凝土轴心抗压强度的影响

侧向压应力的存在会使轴心抗压强度提高。通过圆柱体三向受压试验（图 2-6）得到的圆柱体纵向抗压强度 f_{cc}的计算公式如下：

$$f_{cc}=f_c+4\sigma_r$$

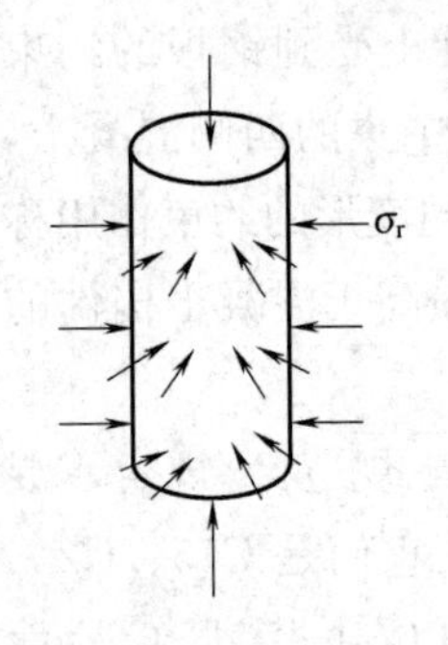

图 2-6 混凝土三向受压

式中 f_c——无侧向压应力时的混凝土轴心抗压强度；

σ_r——侧向压应力。

混凝土三向受压时强度提高的原因是：侧向压应力约束了混凝土的横向变形，从而延迟和限制了混凝土内部裂缝的发生和发展，使试件不易破坏。

如在试件纵向受压的同时侧向受到拉应力，则混凝土轴心抗压强度会降低，其原因是拉应力会助长混凝土裂缝的发生和开展。

二、混凝土的变形

混凝土变形有两类：一类是荷载作用下的受力变形，包括一次短期加荷时的变形、多次重复加荷时的变形和长期荷载作用下的变形；另一类是体积变形，包括收缩、膨胀和温度变形。

1. 混凝土在一次短期加荷时的变形

(1) 混凝土在一次短期加荷时的应力-应变关系

混凝土在一次短期加荷时的应力-应变关系可通过对混凝土棱柱体的受压或受拉试验测定。混凝土受压时典型的应力-应变曲线如图 2-7 所示，不同强度等级混凝土的应力-应变曲线如图 2-8 所示。

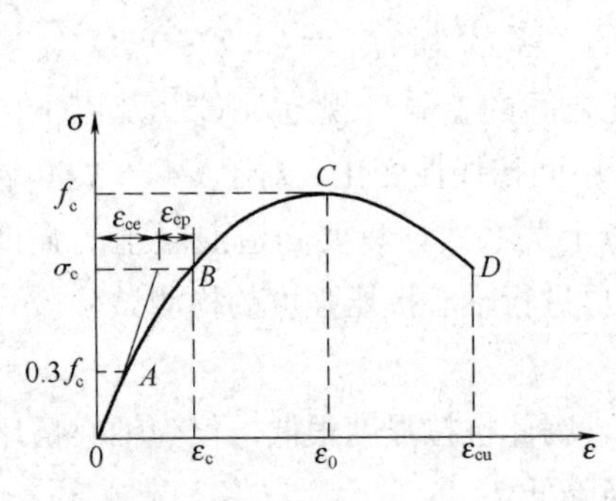

图 2-7 混凝土受压典型应力-应变曲线

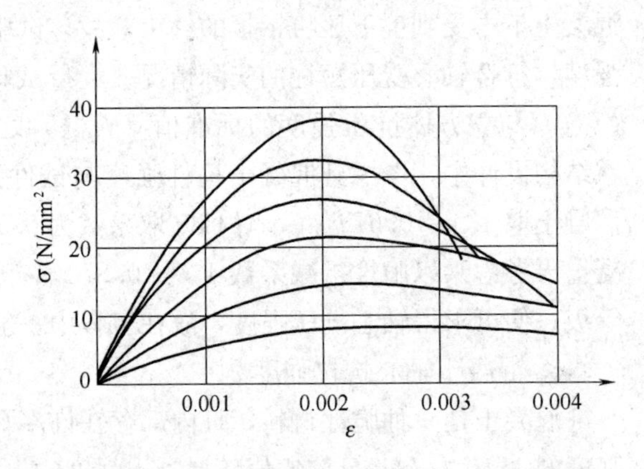

图 2-8 不同强度等级混凝土的应力-应变曲线

图 2-7 所示的应力-应变曲线包括上升段和下降段两部分，对应于顶点 C 的应力为轴心抗压强度 f_c。在上升阶段中，当应力小于 $0.3f_c$ 时，应力-应变曲线可视为直线，混凝土处于弹性阶段。随着应力的增加，应力-应变曲线逐渐偏离直线，表现出越来越明显的塑性性质；此时，混凝土的应变 ε_c 由弹性应变 ε_{ce} 和塑性应变 ε_{cp} 两部分组成，且后者占的比例越来越大。在下降段，随着应变的增大，应力反而减少，当应变达到极限值 ε_{cu} 时，混凝土破坏。值得注意的是：由于曲线存在着下降段，故而最大应力 f_c 所对应的应变并不是极限应变 ε_{cu}，而是应变 ε_0。

由图 2-8 可知：随着混凝土强度等级的提高，与 f_c 对应的应变 ε_0 有所提高，但极

限应变 ε_{cu} 却明显减少，这说明高强度混凝土的延性较差，强度越高，脆性越明显。工程中所用的混凝土的 ε_0 约为 0.0015～0.002，ε_{cu} 约为 0.002～0.006，设计时，为简化起见，可统一取 $\varepsilon_0=0.002$，$\varepsilon_{cu}=0.0033$。

混凝土受拉时的应力-应变曲线的形状与受压时相似。对应于抗拉强度 f_t 的应变 ε_{ct} 很小，计算时可取 $\varepsilon_{ct}=0.0015$。

（2）混凝土的横向变形系数

混凝土纵向压缩时，横向会伸长，横向伸长值与纵向压缩值之比称为横向变形系数，用符号 ν_c 表示。混凝土工作在弹性阶段时，该值又称为泊松比，其大小基本不变，按《混凝土规范》规定，可取 $\nu_c=0.2$。

（3）混凝土的弹性模量、变形模量和剪变模量

混凝土的应力 σ 与其弹性应变 ε_{ce} 之比值称为混凝土的弹性模量，用符号 E_c 表示。根据大量试验结果，《混凝土规范》采用以下公式计算混凝土的弹性模量：

$$E_c=\frac{10^5}{2.2+34.7/f_{cu,k}} \quad (\text{N/mm}^2) \tag{2-1}$$

混凝土的弹性模量也可从附表 7 直接查得。

混凝土的应力 σ 与其弹塑性总应变 ε_c 之比称为混凝土的变形模量，用符号 E_C' 表示，该值小于混凝土的弹性模量。

混凝土的剪变模量是指剪应力 τ 和剪应变 γ 的比值，即：

$$G_c=\frac{\tau}{\gamma} \tag{2-2}$$

《混凝土规范》规定：可取 $G_c=0.4E_c$。

2. 混凝土在多次重复加荷时的变形

工程中的某些构件，例如工业厂房中的吊车梁，在其使用期限内荷载作用的重复次数可达二百万次以上；在这种多次重复加荷情况下，混凝土的变形情况与一次短期加荷时明显不同。试验表明，多次重复加荷情况下，混凝土将产生“疲劳”现象，这时的变形模量明显降低，其值约为弹性模量的 0.4。混凝土疲劳时除变形模量减少外，其强度也有所减小，强度降低系数与重复作用应力的变化幅度有关，最小值为 0.60。

3. 混凝土在长期荷载作用下的变形

混凝土在长期荷载作用下，应力不变，应变随时间的增长而继续增长的现象称为混凝土的徐变现象。如图 2-9 为混凝土的徐变试验曲线，加载时产生的瞬时应变为 ε_{ci}，加载后应力不变，应变随时间的增长而继续增长，增长速度先快后慢，最终徐变量 ε_{cc} 可达瞬时应变 ε_{ci} 的 1～4 倍。通常最初 6 个月内可完成徐变 70%～80%，一年以后趋于稳定，三年以后基本终止。如果将荷载在作用一定时间后卸去，会产生瞬时恢复应变 ε_{ci}'，另外还有一部分应变在以后一段时间内逐渐恢复，称为弹性后效 ε_{ci}''，最后还剩下相当部分不能恢复的塑性应变。

产生徐变的原因有两个：一是由于混凝土中尚未转化为晶体的水泥混凝土胶体在荷载长期作用下发生了黏性流动；二是由于混凝土硬化过程中，会因水泥凝胶体收缩等因

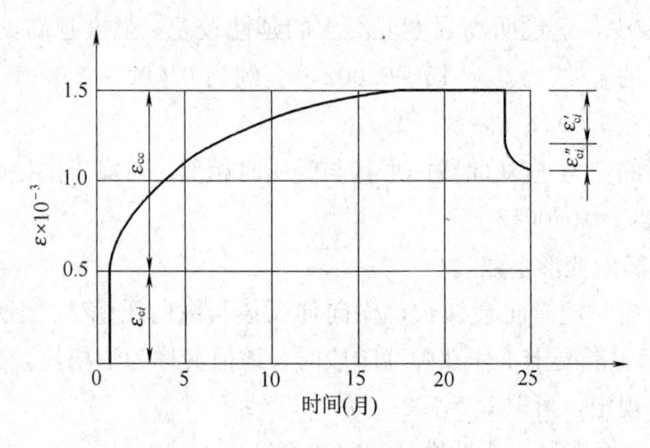

图 2-9　混凝土徐变试验曲线

素在其与骨料接触面形成一些微裂缝，这些微裂缝在长期荷载作用下会持续发展。当作用应力较小时，产生徐变的主要原因是第一个，反之为第二个。

影响混凝土徐变的主要因素及其影响情况如下：

1）水胶比和胶凝材料用量①：水胶比小、胶凝材料用量少，则徐变小。

2）骨料的级配与刚度：骨料的级配好、刚度大，则徐变小。

3）混凝土的密实性：混凝土密实性好，则徐变小。

4）构件养护温湿度：构件养护时的温度高、湿度高，徐变小。

5）构件使用时的温湿度：构件使用时的温度低、湿度大，徐变小。

6）构件单位体积的表面积大小：表面积小、则徐变小。

7）构件加荷时的龄期：龄期短、则徐变大。

8）持续应力的大小：应力大，则徐变大。当 $\sigma \leqslant 0.5f_c$ 时，徐变大致与应力成正比，称为线性徐变。当 $\sigma_c > 0.5f_c$ 时，徐变的增长速度大于应力增长速度，称为非线性徐变。

混凝土徐变对构件的受力和变形情况有重要影响，如导致构件的变形增大，在预应力混凝土构件中引起预应力损失等。故在设计、施工和使用时，应采取有效措施，以减少混凝土的徐变。

4. 混凝土的收缩、膨胀和温度变形

混凝土在空气中结硬时会产生体积收缩，而在水中结硬时会产生体积膨胀。两者相比，前者数值较大，且对结构有明显的不利影响，故必须予以注意；而后者数值很小，且对结构有利，一般可不予考虑。

混凝土的收缩包括凝缩和干缩两部分。凝缩是水泥水化反应引起的体积缩小，它是不可恢复的；干缩则是混凝土中的水分蒸发引起的体积缩小，当干缩后的混凝土再次吸水时，部分干缩变形可以恢复。

混凝土的收缩变形先快后慢，一个月约可完成 1/2，两年后趋于稳定，最终收缩应

---

① 水胶比即混凝土配合比中水与胶凝材料用量之比；其中胶凝材料是水泥和矿物掺合料之和——编者注。

变约为 $(2\sim5)\times10^{-4}$。

影响混凝土收缩变形的主要因素有7个。其中，前6个与影响徐变的前6个因素相同，第7个因素是水泥品种与强度级别：矿渣水泥的干缩率大于普通水泥，高强度水泥的颗粒较细，干缩率大。

在钢筋混凝土结构中，当混凝土的收缩受到结构内部钢筋或外部支座的约束时，会在混凝土中产生拉应力，从而加速了裂缝的出现和开展。在预应力混凝土结构中，混凝土的收缩会引起预应力损失。故而，我们应采取各种措施，减小混凝土的收缩变形。

混凝土的热胀冷缩变形称为混凝土的温度变形，混凝土的温度线膨胀系数约为 1×10^{-5}，与钢筋的温度线膨胀系数（1.2×10^{-5}）接近，故当温度变化时两者仍能共同变形。但温度变形对大体积混凝土结构极为不利，由于大体积混凝土在硬化初期，内部的水化热不易散发而外部却难以保温，故而混凝土内外温差很大而造成表面开裂。因此，对大体积混凝土应采用低热水泥（如矿渣水泥）、表层保温等措施，必要时还需采取内部降温措施。

对钢筋混凝土屋盖房屋，屋顶与其下部结构的温度变形相差较大，有可能导致墙体和柱开裂，为防止产生温度裂缝，房屋每隔一定长度宜设置伸缩缝，或在结构内（特别是屋面结构内）配置温度钢筋，以抵抗温度变形。

第三节　钢筋与混凝土之间的粘结作用

一、粘结作用的组成

在钢筋混凝土结构中，钢筋和混凝土能共同工作的主要原因是两者在接触面上具有良好的粘结作用，该作用可承受粘结表面上的剪应力，抵抗钢筋与混凝土之间的相对滑动。

根据粘结作用的产生原因可知，粘结作用由胶合作用、摩擦作用和咬合作用三部分组成。其中，胶合作用较小；在后两种作用中，光面钢筋以摩擦作用为主，带肋钢筋（又称变形钢筋），则以咬合作用为主。

二、粘结强度及其影响因素

钢筋与混凝土的粘结面上所能承受的平均剪应力的最大值称为粘结强度。粘结强度通常可用拔出试验确定，如图2-10所示，将钢筋的一端埋入混凝土，在另一端施加拉力，将其拔出。试验表明粘结应力沿钢筋长度的分布是非均匀的，故拔出试验测定的粘结强度 f_τ 是指钢筋拉拔力到达极限时钢筋与混凝土剪切面上的平均剪应力，可按下式计算：

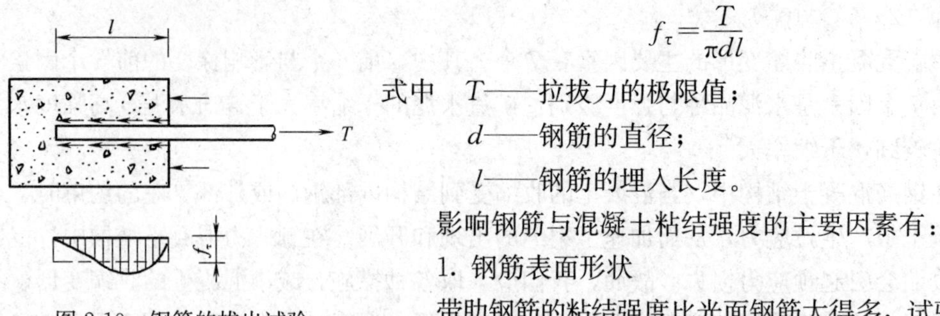

图 2-10　钢筋的拔出试验

$$f_\tau = \frac{T}{\pi dl} \tag{2-3}$$

式中　T——拉拔力的极限值；

d——钢筋的直径；

l——钢筋的埋入长度。

影响钢筋与混凝土粘结强度的主要因素有：

1. 钢筋表面形状

带肋钢筋的粘结强度比光面钢筋大得多，试验资料表明前者为 2.5～6.0N/mm²，后者为 1.5～3.5N/mm²。在带肋钢筋中，月牙纹钢筋的粘结强度比人字纹和螺旋纹钢筋约低 10%～15%。

2. 混凝土强度

混凝土的强度越高，它与钢筋间的粘结强度也越高。

3. 侧向压应力

当钢筋受到侧向压应力时（如梁支承处的下部钢筋），粘结强度将增大，且带肋钢筋由于该原因增大的粘结强度明显高于光面钢筋。

4. 混凝土保护层厚度和钢筋净距

对于带肋钢筋，由于钢筋的肋纹与混凝土咬合在一起，在拉拔钢筋时，钢筋斜肋对混凝土的斜向挤压力在径向的分力将使周围混凝土环向受压，如图 2-11 所示。如果钢筋外围的混凝土保护层厚度太薄，会产生与钢筋平行的劈裂裂缝，如图 2-12（*a*）所示；如果钢筋间的净距太小，会产生水平劈裂而使整个保护层崩落，如图 2-12（*b*）所示。

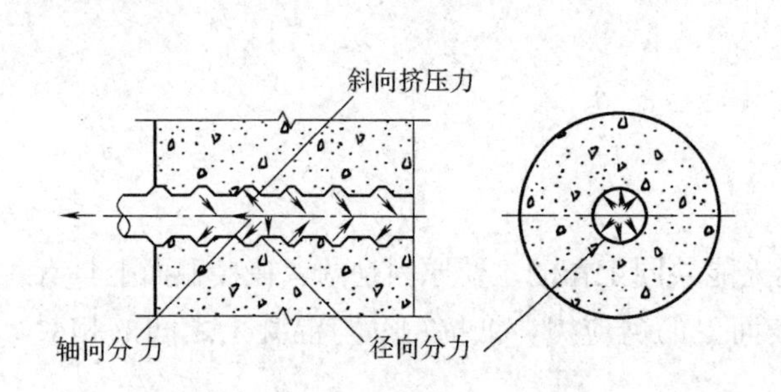

图 2-11　带肋钢筋横肋处的挤压力

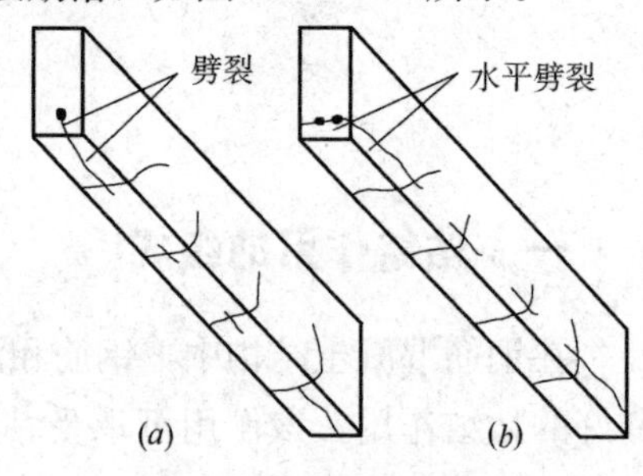

图 2-12　与钢筋平行的劈裂裂缝

（*a*）劈裂；（*b*）水平劈裂

5. 横向钢筋的设置

横向钢筋（如梁内箍筋）的设置可限制上述劈裂裂缝的开展，增加钢筋与混凝土间的粘结强度。

6. 钢筋在混凝土中的位置

浇捣水平构件时，当钢筋下面的混凝土深度较大（如大于 300mm）时，由于混凝土的泌水下沉和水分气泡的逸出，会在钢筋底面形成一层带有空隙的强度较低的混凝土层，因而使钢筋与混凝土间的粘结强度降低。因此，对高度较大的梁应分层浇注，并宜采用二次振捣方法，以保证梁顶面钢筋周围混凝土的密实。

由于影响钢筋与混凝土间粘结强度的因素较多，故粘结强度变化较大，难以用计算方法来保证。我国设计规范采取有关构造措施（如钢筋的保护层厚度、净距、锚固长度、搭接长度等）来保证钢筋与混凝土的粘结强度，结构设计时必须遵守这些规定。

思 考 题

1. 钢筋按外形不同可分为哪几种？按加工方法不同又可分为哪几种？
2. 哪几种钢筋具有明显流幅？哪几种没有明显流幅？
3. 钢筋的变形性能包括哪两项？冷弯的合格标准是什么？
4. 结构计算时，软钢和硬钢设计强度的取值依据有何不同？
5. 钢筋混凝土结构对钢筋性能的要求主要有哪几点？
6. 如何选用非预应力钢筋和预应力钢筋？
7. 混凝土基本的强度指标有哪几种？
8. 为何混凝土的立方体抗压强度高于棱柱体轴心抗压强度？
9. 混凝土三向受压时的强度为何会提高？
10. 混凝土的变形分哪两类？各包括哪些变形？
11. 混凝土与 f_c 对应的应变是 ε_0 还是 ε_{cu}？计算时 ε_0 和 ε_{cu} 分别取何值？
12. 反映混凝土变形性能的模量有哪几种？
13. 混凝土在多次重复加荷时会产生何种现象？这时的变形模量和强度与一次加荷时有何不同？
14. 何谓混凝土的徐变现象？徐变对构件有何不利影响？
15. 影响混凝土徐变的主要因素有哪些？各如何影响？
16. 混凝土收缩对结构有何不利影响？
17. 影响混凝土收缩的主要因素有哪些？各如何影响？
18. 混凝土的温度变形对何种房屋影响较大？如何减少影响？
19. 混凝土与钢筋间的粘结作用由哪三部分组成？用带肋钢筋时，以何种作用为主？
20. 影响钢筋与混凝土粘结强度的主要因素有哪些？各如何影响？

第三章

钢筋混凝土结构的基本设计原则

第一节 建筑结构的功能要求和极限状态

一、建筑结构的功能要求

设计任何建筑物和构筑物时，必须使其满足下列各项预定的功能要求：

(1) 安全性 即要求结构能承受在正常施工和正常使用时可能出现的各种作用，以及在偶然事件发生时和发生后，仍能保持必需的整体稳定性。

(2) 适用性 即要求结构在正常使用时能保证其具有良好的工作性能，不出现过大的变形和裂缝。

(3) 耐久性 即要求结构在正常使用及维护下具有足够的耐久性能，不发生锈蚀和风化现象。

以上建筑结构三方面的功能要求又总称为结构的可靠性。结构可靠性的概率度量称为结构可靠度。

我国《建筑结构可靠度设计统一标准》GB 50068—2001 将我国房屋设计的基准期规定为 50 年。并考虑建筑的重要性不同，规定了设计使用年限：重要建筑为 100 年，一般建筑为 50 年，次要建筑为 5 年。结构在规定的设计使用年限内应具有足够的可靠度。

二、极限状态

整个结构或结构的一部分超过某一特定状态就不能满足设计规定的某一功能要求，此特定状态称为该功能的极限状态。

我国建筑结构设计规范将结构的极限状态分为下列两类：

1. 承载能力极限状态

当结构或结构构件达到最大承载力，或达到不适合于继续承载的变形状态时，称该结构或结构构件达到承载能力极限状态。当结构或结构构件出现下列状态之一时，即认为超过了承载能力极限状态：整个结构或结构的一部分作为刚体失去平衡；结构构件或连接因材料强度不够而破坏；结构转变为机动体系或因局部破坏而发生连续倒塌；结构或结构构件丧失稳定（如压屈等）。图 3-1 为结构超过承载能力极限状态的一些例子。

2. 正常使用极限状态

当结构或结构构件达到正常使用或耐久性能的某项规定限值的状态，为正常使用的极限状态。当结构或结构构件出现下列状态之一时，即认为超过了正常使用极限状态：影响正常使用或外观的变形；影响正常使用或耐久性能的局部损坏；影响正常使用的振动。

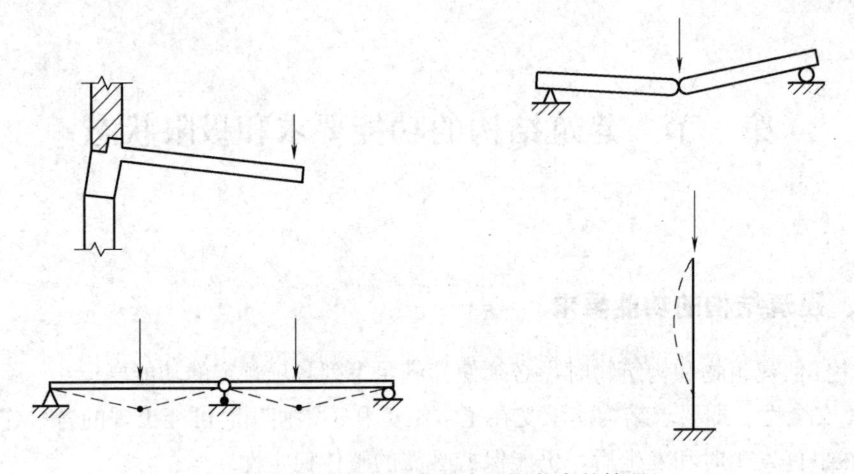

图 3-1 结构超过承载能力极限状态的情况

超过正常使用极限状态带来的后果虽一般不如超过承载能力极限状态严重，但也是不可忽略的。因而，在进行结构或结构构件设计时，既要保证它们不超过承载能力极限状态，又要保证它们不超过正常使用极限状态。但在进行建筑结构设计时，通常是将承载能力极限状态放在首位，通过计算使结构或结构构件满足安全性功能，而对正常使用极限状态，往往是通过构造或构造加部分验算来满足。然而，随着对建筑结构正常使用功能要求的提高，某些特殊的结构或结构构件（如预应力结构或构件）的设计已将满足正常使用要求作为重要控制因素。

第二节 极限状态设计方法

一、影响结构可靠性的因素

影响结构可靠性的因素很多，它们可分为互相对立的两个方面：作用效应和结构抗力。

1. 作用效应

作用效应包括由荷载产生的各种效应，如弯矩、剪力、轴力、变形、裂缝；也包括由一些非荷载原因产生的效应，这些非荷载原因有混凝土的收缩、温度的变化、地基的不均匀沉降等。但在混凝土结构设计计算中，一般仅考虑荷载这种直接作用方式。下面介绍荷载的分类、标准值及其效应。

(1) 荷载分类

结构上的荷载，按其作用时间的长短和性质，可分为下列三类：

1) 永久荷载（恒荷载）指在设计基准期内，其值不随时间变化，或其变化与平均值相比可忽略不计的荷载，如结构自重、土压力等。

2）可变荷载（活荷载）指在设计基准期内，其值随时间发生变化，且变化的程度与平均值相比不可以忽略的荷载。如楼面活荷载（包括人群、家具等）、屋面活荷载、风荷载、雪荷载、吊车荷载等。

3）偶然荷载指在设计基准期内不一定出现，而一旦出现则量值很大，且持续时间很短的荷载。属于偶然荷载的有地震、爆炸、撞击等。

（2）荷载的标准值

荷载标准值是结构设计时采用的荷载的基本代表值。实际上，荷载的大小具有不确定性。例如结构自重，虽然可以根据设计尺寸及表观密度算出大小，但由于施工时的偏差，材料表观密度的变异性，以致实际重量并不与计算结果完全吻合。至于可变荷载的大小，则不定的因素更多。在我国现行《混凝土结构设计规范》中，永久荷载一般是用数理统计的方法来确定其标准值的，为安全起见，永久荷载标准值具有较高保证率，一般取为95%。而可变荷载则是用数理统计加经验的方法来确定其标准值的，保证率低于永久荷载。常用荷载的标准值及材料自重见附录一～附录四。

（3）荷载效应

荷载效应是指由荷载产生的结构或构件的内力、变形及裂缝等。

2. 结构抗力

结构构件抵抗各种结构上作用效应的能力称为结构抗力。结构抗力与构件截面形状、截面尺寸以及材料等级有关。按构件变形不同可分为抗拉、抗压、抗弯、抗扭等形式，按结构的功能要求可分为承载能力和抗变形、抗裂缝等能力。

（1）材料强度标准值

材料强度的标准值是结构设计时采用的材料强度的基本代表值。钢筋混凝土结构所采用的建筑材料主要是钢筋和混凝土。它们的强度大小均具有不定性。同一种钢材或同一种混凝土，取不同的试样，试验结果并不完全相同，因此，钢筋和混凝土的强度亦应看作是随机变量。为了安全起见，用统计方法确定的材料强度值必须具有较高的保证率。材料强度标准值的保证率一般取为95%。

（2）结构抗力式的形成

一般形成结构抗力式的过程，是先通过大量的试验确定达到或超过极限状态的机理，在此基础上引入简化假定，从理论上推导出结构抗力式。然而，部分情况中达到或超过极限状态的机理在目前并未完全了解清楚，形成结构抗力式还不得不借助于实验和经验。

二、分项系数

考虑到实际工程与理论及试验的差异，直接采用标准值（荷载、材料强度）进行承载能力设计尚不能保证达到目标可靠指标要求，故在《建筑结构可靠度设计统一标准》GB 50068—2001的承载能力设计表达式中，采用了增加“分项系数”的办法。分项系数是按照目标可靠指标并考虑工程经验确定的，它使计算所得结果能满足可靠度要求。以下分别介绍荷载分项系数和材料分项系数：

1. 荷载分项系数 γ_G，γ_Q

考虑到永久荷载标准值与可变荷载标准值保证率不同，故它们采用不同的分项系数，永久荷载分项系数和可变荷载分项系数的具体取法见表 3-1。荷载标准值与荷载分项系数的乘积称为荷载设计值，用于承载能力计算。

2. 材料分项系数

混凝土结构中所用材料主要是混凝土、钢筋，考虑到这两种材料强度值的离散情况不同，因而它们各自的分项系数也是不同的。在承载能力设计中，应采用材料强度设计值。材料强度设计值等于材料强度标准值除以材料分项系数。混凝土和钢筋的强度设计值的取值可查混凝土规范或见本书附录。

三、按承载能力极限状态计算

承载能力极限状态实用设计表达式为

$$\gamma_0 S \leqslant R \tag{3-1}$$

式中 γ_0——结构重要性系数；

S——内力组合的设计值；

R——结构构件的承载力设计值。

下面对 γ_0、S 和 R 作进一步的说明。

1. 结构重要性系数 γ_0

按照我国《建筑结构可靠度设计统一标准》GB 50068—2001，根据建筑结构破坏后果的严重程度，将建筑结构划分为三个安全等级：影剧院、体育馆和高层建筑等重要工业与民用建筑的安全等级为一级，大量一般性工业与民用建筑的安全等级为二级，次要建筑的安全等级为三级。各结构构件的安全等级一般与整个结构相同。各安全等级相应的结构重要性系数的取法为：一级 $\gamma_0=1.1$；二级 $\gamma_0=1.0$；三级 $\gamma_0=0.9$。

2. 内力组合的设计值 S

考虑永久荷载和可变荷载共同作用所得的结构内力值称为结构的内力组合值。用于承载能力极限状态计算的内力组合设计值，其基本组合的一般公式为①：

$$S=\gamma_G S_{GK}+\gamma_{Q1} S_{Q1K}+\sum_{i=2}^{n}\gamma_{Qi}\psi_{ci}S_{QiK} \tag{3-2}$$

式中 S_{GK}——永久荷载的标准值产生的内力；

S_{Q1K}，S_{QiK}——可变荷载的标准值产生的内力，其中，S_{Q1K} 为主导可变荷载产生的内力，S_{QiK} 为除主导可变荷载以外的其他可变荷载产生的内力；

γ_G——永久荷载分项系数；

γ_Q——可变荷载分项系数；

ψ_{ci}——第 i 个可变荷载组合系数，按表 3-1 取用。

---

① 《荷载规范》还给出了永久荷载与可变荷载相比很大时的组合式，这时仅考虑竖向的可变荷载，但需取永久荷载分项系数 $\gamma_G=1.35$。一般的钢筋混凝土结构可不考虑该组合。

对于一般排架、框架结构，当有多个可变荷载时，其内力组合设计值也可按以下简化公式计算：

$$\left.\begin{aligned} S &= \gamma_G S_{GK} + \gamma_{Q1} S_{Q1K} \\ \text{或 } S &= \gamma_G S_{GK} + \psi \sum_{i=1}^{n} \gamma_{Qi} S_{QiK} \end{aligned}\right\} \text{比较取较大值} \tag{3-3}$$

式中　ψ——简化设计表达式中采用的可变荷载组合系数，按表 3-1 取用。

荷载分项系数及荷载组合系数　　**表 3-1**

荷载类型			荷载分项系数 γ_G 和 γ_Q	可变荷载组合系数	
				ψ_{ci}	ψ
永久荷载			1.2	—	—
可变荷载	第一个		1.4	1.0	0.9
	其他	风荷载		0.6	0.9
		其他		0.7	0.9

注：1. 恒载效应对结构有利时，恒载系数一般取 1.0，但验算倾覆、滑移、飘浮时，恒载系数小于 1.0，详见各专业设计规范；

2. 对楼面结构，当活荷载标准值不小于 $4kN/m^2$ 时，活载分项系数取 1.3；

3. 在其他可变荷载中，书库、机房和屋面积灰等少量荷载的组合系数大于 0.7，详见《荷载规范》；

4. 可变荷载分项系数尚需考虑结构设计使用年限调整系数：5 年 0.9，50 年 1.0，100 年 1.1。

永久荷载分项系数与永久荷载标准值产生内力的乘积，称为永久荷载的内力设计值；可变荷载分项系数与可变荷载标准值产生内力的乘积，称为可变荷载的内力设计值；下面通过例题说明荷载效应组合时的内力组合设计值 S 的计算方法。

【例 3-1】　有一教室的钢筋混凝土简支梁，计算跨度 $l_0=4$m，支承在其上的板的自重及梁的自重等永久荷载的标准值为 12kN/m，楼面使用活荷载传给该梁的荷载标准值为 8kN/m，梁的计算简图如图 3-2 所示，求按承载能力计算时梁跨中截面弯矩的组合设计值。

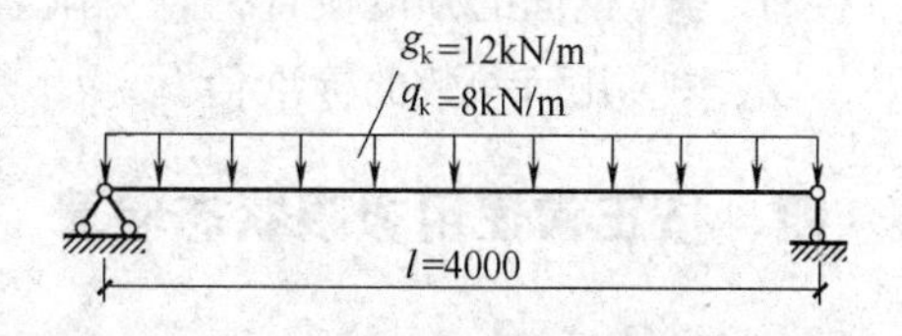

图 3-2 【例 3-1】简图

【解】　永久荷载分项系数 $\gamma_G=1.2$；梁上只有一个可变荷载，故活载分项系数 $\gamma_{Q1}=1.4$，组合系数 $\psi_{ci}=1.0$

$$\begin{aligned} M &= \gamma_G M_{Gk} + \gamma_{Q1} M_{Q1k} \\ &= 1.2 \times \frac{1}{8} g_k l_0^2 + 1.4 \times \frac{1}{8} q_k l_0^2 \\ &= \frac{1}{8}(1.2 \times 12 + 1.4 \times 8) \times 4^2 \\ &= 51.2 \text{kN} \cdot \text{m} \end{aligned}$$

【例 3-2】　某排架结构简图如图3-3所示。在左边柱柱底截面 A 处，屋面恒荷载、柱自重、吊车梁重等永久荷载标准值产生的弯矩为 −2.08kN・m（正号表示柱的左侧纤维受拉，负号表示柱的右侧纤维受拉），屋面活荷载标准值产生的弯矩为 −0.11kN・m，左来

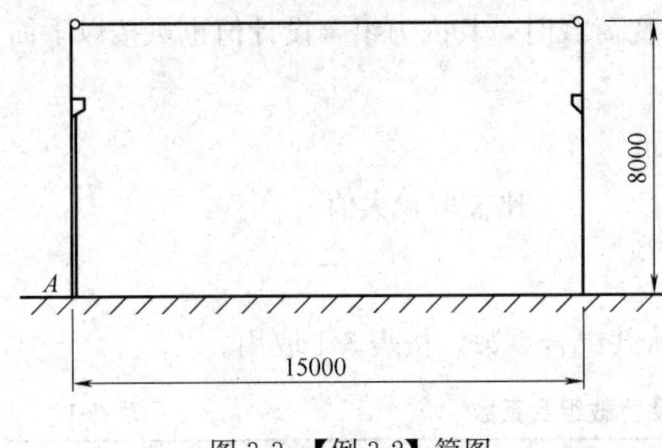

图 3-3 【例 3-2】简图

风荷载标准值产生的弯矩为 35.35kN·m，吊车最大轮压作用于 A 柱时荷载标准值产生的总弯矩为 20.70kN·m，试求该截面在这些荷载作用下的弯矩的组合设计值。

【解】 将各可变荷载的标准值在截面 A 处产生的弯矩值比较后可知，左来风标准值在该截面产生的弯矩值最大，因此有

$$M_{GK}=-2.08\text{kN}\cdot\text{m},\quad M_{Q1k}=35.35\text{kN}\cdot\text{m}$$

$$M_{Q2k}=-0.11\text{kN}\cdot\text{m},\quad M_{Q3k}=20.70\text{kN}\cdot\text{m}$$

由表 3-1 查得 $\gamma_G=1.2$，$\gamma_{Q1}=\gamma_{Q2}=\gamma_{Q3}=1.4$，$\psi_{Q1}=1.0$，$\psi_{Q2}=\psi_{Q3}=0.7$

截面 A 处弯矩组合设计值为：

$$\begin{aligned}M&=\gamma_G M_{Gk}+\gamma_{Q1}M_{Q1k}+\gamma_{Q2}\psi_{Q2}M_{Q2k}+\gamma_{Q3}\psi_{Q3}M_{Q3k}\\&=1.2(-2.08)+1.4\times35.35+1.4\times0.7(-0.11+20.7)\\&=67.17\text{kN}\cdot\text{m}\end{aligned}$$

3. 结构构件的承载力设计值 R

结构构件承载力设计值的大小，取决于截面的几何尺寸、截面上材料的种类、用量与强度等多种因素。它的一般形式为：

$$R=(f_c,f_s,a_k\cdots\cdots)\tag{3-4}$$

式中 f_c——混凝土强度设计值，见附表 7；

f_s——钢筋的强度设计值，见附表 5 和附表 6；

a_k——几何参数的标准值。

四、按正常使用极限状态验算

1. 验算特点

首先，正常使用极限状态和承载能力极限状态在理论分析上对应结构两个不同的工作阶段，同时两者在设计上的重要性不同，因而须采用不同的荷载效应代表值和荷载效应组合进行验算与计算；其次，在荷载保持不变的情况下，由于混凝土的徐变等特性，裂缝和变形将随着时间的推移而发展，因此在分析裂缝和变形的荷载效应组合时，应该区分荷载效应的标准组合和准永久组合。

2. 荷载效应的标准组合和准永久组合

（1）荷载效应的标准组合

荷载的标准组合按下式计算

$$S_K=S_{GK}+S_{Q1K}+\sum_{i=2}^{n}\psi_{ci}S_{QiK}\tag{3-5}$$

式中符号意义同式（3-2）。

（2）荷载效应的准永久组合

荷载效应的准永久组合按下式计算

$$S_{q}=S_{GK}+\sum_{i=1}^{n}\psi_{qi}S_{QiK} \tag{3-6}$$

式中　ψ_{qi}——第 i 个可变荷载的准永久值系数

准永久值系数 ψ_{q} 与可变荷载标准值 Q_{K} 的乘积表示可变荷载的准永久值。该值是指在结构使用期限经常达到和超过的那部分可变荷载值。一般取持续作用的总时间等于或超过设计基准期一半的那个可变荷载值作为其准永久值。准永久值系数 ψ_{q} 见附表1和附表3。

【例3-3】 续【例3-1】，求按正常使用计算时梁跨中截面荷载效应的标准组合和准永久组合弯矩值。

【解】（1）荷载效应的标准组合弯矩 M_{k}

$$M_{k}=M_{Gk}+M_{Q1k}=\frac{1}{8}g_{k}l_{0}^{2}+\frac{1}{8}q_{k}l_{0}^{2}=\frac{1}{8}（12+8）\times4^{2}=40\text{kN}\cdot\text{m}$$

（2）荷载效应的准永久组合弯矩 M_{q}

查附表1，教室的活荷载准永久值系数 $\psi_{q}=0.5$，故有：

$$M_{q}=M_{gk}+\psi_{q}M_{qk}=\frac{1}{8}g_{k}l_{0}^{2}+0.5\times\frac{1}{8}q_{k}l_{0}^{2}$$

$$=\frac{1}{8}(12+0.5\times8)\times4^{2}=32\text{kN}\cdot\text{m}$$

3. 正常使用极限状态的验算方法

（1）变形验算

受弯构件挠度验算的一般公式为：

$$f\leqslant f_{lim}$$

式中　f——受弯构件按荷载效应的准永久组合（预应力混凝土构件为标准组合），并考虑荷载长期作用影响的挠度计算值；

f_{lim}——受弯构件的挠度限值，见附表8。

（2）裂缝验算

根据正常使用阶段对结构构件裂缝控制的不同要求，将裂缝的控制等级分为三级：一级为正常使用阶段严格要求不出现裂缝；二级为正常使用阶段一般要求不出现裂缝；三级为正常使用阶段允许出现裂缝，但控制裂缝宽度。具体要求是：

1）对裂缝控制等级为一级的构件，要求按荷载效应的标准组合进行计算时，构件受拉边缘混凝土不产生拉应力；

2）对裂缝控制等级为二级的构件，要求按荷载效应的准永久组合进行计算时，构件受拉边缘混凝土不宜产生拉应力；按荷载效应的标准组合进行计算时，构件受拉边缘混凝土允许产生拉应力，但拉应力大小不应超过混凝土轴心抗拉强度标准值。

3）对裂缝控制等级为三级的构件，要求按荷载效应的准永久组合（预应力混凝土构件为标准组合），并考虑荷载长期作用影响计算的裂缝宽度最大值不超过规范规定的限值，即

$$w_{max} \leqslant w_{lim}$$

式中 w_{max}——受弯构件按规定的荷载效应组合并考虑荷载长期作用影响计算的裂缝宽度最大值；

w_{lim}——规范规定的最大裂缝宽度限值，见附录 9。

属于一、二级的构件是预应力混凝土构件，对抗裂度要求较高。普通钢筋混凝土结构属于三级。

除变形和裂缝验算外，对跨度较大且业主有要求的混凝土结构楼盖，尚需进行竖向自振频率验算。验算方法见《混凝土结构设计规范》条文说明 3.4.6，验算结果宜符合下列要求：

1. 住宅和公寓不宜低于 5Hz；
2. 办公楼和旅馆不宜低于 4Hz；
3. 大跨度公共建筑不宜低于 3Hz。

五、耐久性设计

混凝土结构应根据设计使用年限和环境类别进行耐久性设计，耐久性设计包括下列内容：

1. 确定结构所处的环境类别；
2. 提出对混凝土材料的耐久性基本要求；
3. 确定构件中钢筋的混凝土保护层厚度；
4. 不同环境条件下的耐久性技术措施；
5. 提出结构使用阶段的检测与维护要求。

注：对临时性的混凝土结构，可不考虑混凝土的耐久性要求。

混凝土结构暴露的环境类别应按表 3-2 的要求划分。

混凝土结构的环境类别 **表 3-2**

环境类别	条件
一	室内干燥环境； 无侵蚀性静水浸没环境
二 a	室内潮湿环境； 非严寒和非寒冷地区的露天环境； 非严寒和非寒冷地区与无侵蚀性的水或土壤直接接触的环境； 严寒和寒冷地区的冰冻线以下与无侵蚀性的水或土壤直接接触的环境
二 b	干湿交替环境； 水位频繁变动环境； 严寒和寒冷地区的露天环境； 严寒和寒冷地区冰冻线以上与无侵蚀性的水或土壤直接接触的环境
三 a	严寒和寒冷地区冬季水位变动区环境； 受除冰盐影响环境； 海风环境

续表

环境类别	条　件
三 b	盐渍土环境； 受除冰盐作用环境； 海岸环境
四	海水环境
五	受人为或自然的侵蚀性物质影响的环境

注：1. 室内潮湿环境是指构件表面经常处于结露或湿润状态的环境；
2. 严寒和寒冷地区的划分应符合现行国家标准《民用建筑热工设计规范》GB 50176 的有关规定；
3. 海岸环境和海风环境宜根据当地情况，考虑主导风向及结构所处迎风、背风部位等因素的影响，由调查研究和工程经验确定；
4. 受除冰盐影响环境是指受到除冰盐盐雾影响的环境；受除冰盐作用环境是指被除冰盐溶液溅射的环境以及使用除冰盐地区的洗车房、停车楼等建筑。
5. 暴露的环境是指混凝土结构表面所处的环境。

设计使用年限为 50 年的混凝土结构，其混凝土材料宜符合表 3-3 的规定。

结构混凝土材料的耐久性基本要求　　表 3-3

环境等级	最大水胶比	最低强度等级	最大氯离子含量（%）	最大碱含量（kg/m^3）
一	0.60	C20	0.30	不限制
二 a	0.55	C25	0.20	3.0
二 b	0.50(0.55)	C30(C25)	0.15	
三 a	0.45(0.50)	C35(C30)	0.15	
三 b	0.40	C40	0.10	

注：1. 氯离子含量系指其占胶凝材料总量的百分比；
2. 预应力构件混凝土中的最大氯离子含量为 0.06%，其最低混凝土强度等级宜按表中的规定提高两个等级；
3. 素混凝土构件的水胶比及最低强度等级的要求可适当放松；
4. 有可靠工程经验时，二类环境中的最低混凝土强度等级可降低一个等级；
5. 处于严寒和寒冷地区二 b、三 a 类环境中的混凝土应使用引气剂，并可采用括号中的有关参数；
6. 当使用非碱活性骨料时，对混凝土中的碱含量可不作限制。

六、防连续倒塌和既有结构设计原则

对于重要结构，应采取增加备用约束、配置通长钢筋、设置结构缝和重要部位局部加强等措施，防止结构在偶然作用时发生连续倒塌。

在对既有结构进行加固时，荷载和材料强度应按实际情况取值；在对既有结构进行改建时，必须注意新旧结构间的可靠连接，确保结构的整体稳定。

思　考　题

1. 建筑结构必须满足哪些功能要求？
2. 我国《建筑结构可靠度设计统一标准》对于结构的可靠度是怎样定义的？
3. 什么是结构的极限状态？结构的极限状态分哪两类？
4. 结构超过承载能力极限状态的标志有哪些？

5. 结构超过正常使用极限状态的标志有哪些？

6. 影响结构可靠性的因素有哪两方面？

7. 荷载如何分类？

8. 何谓荷载标准值？

9. 何谓作用效应？何谓结构抗力？

10. 写出按承载能力极限状态进行设计的实用设计表达式，并对公式中符号的物理意义进行解释。

11. 结构构件的重要性系数如何取值？

12. 可变荷载效应的准永久值是如何定义的？

13. 混凝土结构的耐久性设计包括哪些内容？

14. 防止结构在偶然作用时发生连续倒塌的措施有哪些？

15. 对既有结构进行加固和改建时应注意哪些问题？

第四章

受弯构件

第一节 概　　述

仅承受弯矩 M 和剪力 V 的构件称为受弯构件。

在工业与民用建筑中，常见的梁、板是典型的受弯构件。梁和板的受力情况是一样的，其区别仅在于截面的高宽比 h/b 不同。由于梁和板的受力情况、截面计算方法均基本相同，故本章不再分梁、板，而统一称为受弯构件。

仅在截面的受拉区按计算配置受力钢筋的受弯构件称为单筋受弯构件；在截面的受拉区和受压区都按计算配置受力钢筋的受弯构件称为双筋受弯构件。

受弯构件需进行下列计算和验算：

1. 承载能力极限状态计算

（1）正截面受弯承载力计算

按控制截面（跨中或支座截面）的弯矩设计值确定截面尺寸及纵向受力钢筋的数量。

（2）斜截面受剪承载力计算

按控制截面的剪力设计值复核截面尺寸，并确定截面抗剪所需的箍筋和弯起钢筋的数量。

2. 正常使用极限状态验算

受弯构件除必须进行承载能力极限状态的计算外，一般还须按正常使用极限状态的要求进行构件变形和裂缝宽度的验算。

受弯构件除了要进行上述两类计算和验算外，还须采取一系列构造措施，才能保证构件的各个部位都具有足够的抗力，才能使构件具有必要的适用性和耐久性。

所谓构造措施，是指那些在结构计算中未能详细考虑或很难定量计算而忽略了其影响的因素，而在保证构件安全、施工简便及经济合理等前提下所采取的技术补救措施。在实际工程中，由于不注意构造措施而出现工程事故的不在少数。

第二节 受弯构件的一般构造要求

一、板的构造要求

1. 板的厚度

板的厚度除应满足强度、刚度和裂缝等方面的要求外，还应考虑使用要求、施工方法和经济方面的因素。

由于板的混凝土用量占整个楼盖混凝土用量的一半左右甚至更多，从经济方面考虑，宜取较小数值，并宜符合下列规定：

（1）板的最小厚度

1）按挠度要求确定。对于现浇民用建筑楼板，当板的计算跨度与厚度之比值满足表 4-1 时，则可认为板的刚度基本满足要求，而不需进行挠度验算。

板的计算跨度与厚度的比值（跨厚比）　　表 4-1

板的类别	跨厚比	板的类别	跨厚比
单向板	不大于 30	无梁支承的无柱帽板	不大于 30
双向板	不大于 40	预应力板	适当增加
无梁支承的有柱帽板	不大于 35	板的荷载、跨度较大时	适当减小

2）按施工要求确定。楼板现浇时，若板的厚度太小，则施工误差带来的影响就很大，故对现浇楼板的最小厚度，应符合表 4-2 的规定。

现浇钢筋混凝土板的最小厚度（mm）　　表 4-2

板的类别		最小厚度
单向板	屋面板	60
	民用建筑楼板	60
	工业建筑楼板	70
	行车道下的楼板	80
双向板		80
密肋楼盖	面板	50
	肋高	250
悬臂板（根部）	悬臂长度不大于 500mm	60
	悬臂长度 1200mm	100
无梁楼盖		150
现浇空心楼板		200

（2）板的常用厚度

工程中单向板常用的板厚有 60mm、80mm、100mm、120mm、150mm，预制板的厚度可比现浇板小一些，且可取 5mm 的倍数。

2. 板的支承长度

（1）现浇板搁置在砖墙上时，其支承长度 a 应满足 $a \geqslant h$（板厚）及 $\geqslant$120mm。

（2）预制板的支承长度应满足以下条件：

搁置在砖墙上时，其支承长度 $a \geqslant$100mm；

搁置在钢筋混凝土屋架或钢筋混凝土梁上时，$a \geqslant$80mm；

搁置在钢屋架或钢梁上时，$a \geqslant$60mm。

（3）支承长度尚应满足板的受力钢筋在支座内的锚固长度。

3. 钢筋

因为板所受到的剪力较小，截面相对又较大，在荷载作用下通常不会出现斜裂缝，所以不需依靠箍筋来抗剪，同时板厚较小也难以配置箍筋。故板仅需配置受力钢筋和分布钢筋。

（1）受力钢筋

1）直径：板中的受力钢筋通常采用 HRB400 级钢筋，常用的直径为 8mm、10mm、12mm、14mm 及 16mm。在同一构件中，当采用不同直径的钢筋时，其种类不宜多于 2 种，以免施工不便。

2）间距：板内受力钢筋的间距不宜过小或过大，过小则不易浇筑混凝土且钢筋与混凝土之间的可靠粘结难以保证；过大则不能正常分担内力，板的受力不均匀，钢筋与钢筋之间的混凝土可能会引起局部损坏。板内受力钢筋中至中的距离，当板厚≤150mm 时，不宜大于 200mm；当板厚＞150mm 时，不宜大于 1.5h，且不宜大于 250mm。

3）混凝土保护层厚度：为了保证钢筋不致因混凝土的碳化而产生锈蚀，保证钢筋和混凝土能紧密地粘结在一起共同工作。结构构件中钢筋外边缘（从箍筋外表面算起）至混凝土表面必须有一定的距离，称为混凝土保护层厚度。《混凝土结构设计规范》GB 50010—2010（以下简称《混凝土规范》）规定：设计使用年限为 50 年的混凝土结构，最外层钢筋的保护层厚度应符合表 4-3 的规定；设计使用年限为 100 年的混凝土结构，最外层钢筋的保护层厚度不应小于表 4-3 中数值的 1.4 倍。同时，构件中受力钢筋的保护层厚度不应小于钢筋的公称直径 d。当梁、柱、墙中纵向受力钢筋的保护层厚度大于 50mm 时，宜对保护层采取有效的构造措施。

混凝土保护层的最小厚度 c（mm） **表 4-3**

环境类别	板、墙、壳	梁、柱、杆
一	15	20
二 a	20	25
二 b	25	35
三 a	30	40
三 b	40	50

注：1. 混凝土强度等级不大于 C25 时，表中保护层厚度数值应增加 5mm；
2. 钢筋混凝土基础宜设置混凝土垫层，基础中钢筋的混凝土保护层厚度应从垫层顶面算起，且不应小于 40mm。

（2）分布钢筋

垂直于板的受力钢筋方向上布置的构造钢筋称为分布钢筋，配置在受力钢筋的内侧。分布钢筋的作用是将板面上承受的荷载更均匀的传给受力钢筋，并用来抵抗温度、收缩应力沿分布钢筋方向产生的拉应力，同时在施工时可固定受力钢筋的位置。

分布钢筋可按构造配置。当按单向板设计时，应在垂直于受力的方向布置分布钢筋，单位宽度上的配筋不宜小于单位宽度上的受力钢筋的 15%，且配筋率不宜小于 0.15%，分布钢筋直径不宜小于 6mm，间距不宜大于 250mm；当集中荷载较大时，分布钢筋的配筋面积尚应增加，且间距不宜大于 200mm。

在温度、收缩应力较大的现浇板区域，应在板的表面双向配置防裂构造钢筋。配筋率均不宜小于0.10%，间距不宜大于200mm。防裂构造钢筋可利用原有钢筋贯通布置，也可另行设置钢筋并与原有钢筋按受拉钢筋的要求搭接或在周边构件中锚固。

另外，《混凝土规范》规定：按简支边或非受力边设计的现浇混凝土板，当与混凝土梁、墙整体浇筑或嵌固在砌体墙内时，应设置板面构造钢筋，并符合下列要求：

1）钢筋直径不宜小于8mm，间距不宜大于200mm，且单位宽度内的配筋面积不宜小于跨中相应方向板底钢筋截面面积的1/3。与混凝土梁、混凝土墙整体浇筑的单向板的非受力方向，钢筋截面面积尚不宜小于受力方向跨中板底钢筋截面面积的1/3。

2）钢筋从混凝土梁边、柱边、墙边伸入板内的长度不宜小于$l_0/4$，砌体墙支座处钢筋伸入板边的长度不宜小于$l_0/7$，其中计算跨度l_0对单向板按受力方向考虑，对双向板按短边方向考虑。

3）在楼板角部，宜沿两个方向正交、斜向平行或放射状布置附加钢筋。

4）钢筋应在梁内、墙内或柱内可靠锚固。

二、梁的构造要求

1. 截面形式及尺寸

（1）截面形式（图4-1）

梁最常用的截面形式有矩形和T形。此外还可根据需要做成花篮形、十字形、I形、倒T形、倒L形等。现浇整体式结构，为了便于施工，常采用矩形或T形截面；而在预制装配式楼盖中，为了搁置预制板可采用矩形，为了不使室内净高降低太多，也可采用花篮形、十字形截面；薄腹梁则可采用I形截面。

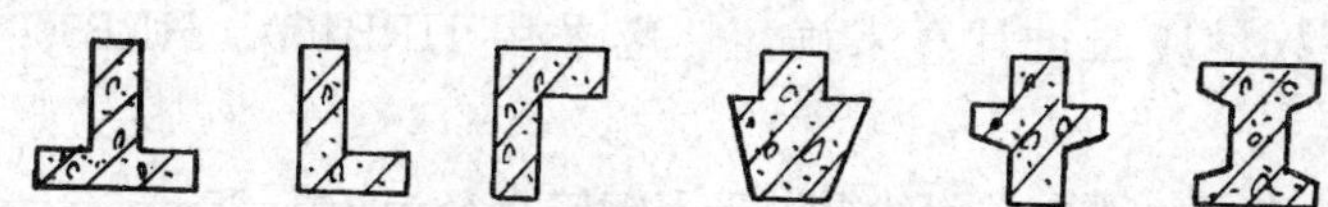
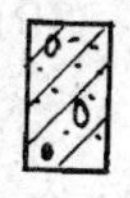

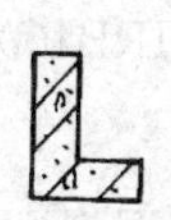

图4-1　梁的截面形式

（2）截面尺寸

梁的截面尺寸通常沿梁全长保持不变，以方便施工。在确定截面尺寸时，应满足下述的构造要求。

1）按挠度要求的梁最小截面高度。在设计时，对于一般荷载作用下的梁可参照表4-4初定梁的高度，此时，梁的挠度要求一般能得到满足。

梁的最小截面高度　　表4-4

项次	构件种类		简支	两端连续	悬臂
1	整体肋形梁	次梁	$l_0/16$	$l_0/18$	$l_0/8$
		主梁	$l_0/12$	$l_0/14$	$l_0/6$
2	独立梁		$l_0/12$	$l_0/14$	$l_0/6$

注：1. l_0为梁的计算跨度；

2. 梁的计算跨度$l_0 \geqslant 9$m时，表中数值应乘以1.2的系数。

2）常用梁高。常用梁高为200mm、250mm、300mm、350mm……750mm、800mm、900mm、1000mm等。

截面高度$h \leqslant 800$mm时，取50mm的倍数；

$h > 800$mm时，取100mm的倍数。

3）常用梁宽。梁高确定后，梁宽度可由常用的高宽比来确定：

矩形截面：$h/b=2.0 \sim 3.5$

T形截面：$h/b=2.5 \sim 4.0$

常用梁宽为150mm、180mm、200mm……，如宽度$b > 200$mm，应取50mm的倍数。

（3）支承长度

当梁的支座为砖墙或砖柱时，可视为简支座，梁伸入砖墙、柱的支承长度a应满足梁下砌体的局部承压强度，且当梁高$h \leqslant 500$mm时，$a \geqslant 180$mm；$h > 500$mm时，$a \geqslant 240$mm。

当梁支承在钢筋混凝土梁（柱）上时，其支承长度$a \geqslant 180$mm；钢筋混凝土桁条支承在砖墙上时，$a \geqslant 120$mm；支承在钢筋混凝土梁上时，$a \geqslant 80$mm。

2. 钢筋

在一般的钢筋混凝土梁中，通常配置有纵向受力钢筋、箍筋、弯起钢筋及架立钢筋。当梁的截面高度较大时，尚应在梁侧设置构造钢筋。

有关箍筋及弯起钢筋的构造要求，详见本章第四节。这里主要讨论纵向受力钢筋、架立钢筋和梁侧构造钢筋的构造要求。

（1）纵向受力钢筋

纵向受力钢筋的作用主要是承受弯矩在梁内所产生的拉力，应设置在梁的受拉一侧，其数量应通过计算来确定。应采用HRB400、HRB500、HRBF400、HRBF500钢筋。

1）直径：梁中常用的纵向受力钢筋直径为10～25mm，一般不宜大于28mm，以免造成梁的裂缝过宽。另外，同一构件中钢筋直径的种类不宜超过三种，其直径相差不宜小于2mm，以便施工时肉眼能够识别，同时直径也不应相差太悬殊，以免钢筋受力不均匀。

2）间距：梁上部纵向受力钢筋的净距，不应小于30mm，也不应小1.5d（d为受力钢筋的最大直径）；梁下部纵向受力钢筋的净距，不应小于25mm，也不应小于d。构件下部纵向受力钢筋的配置多于两层时，自第三层时起，水平方向的钢筋中距应比下面两层的中距大一倍；各层钢筋之间的净间距不应小于25mm和d，d为钢筋的最大直径。（见图4-2）。

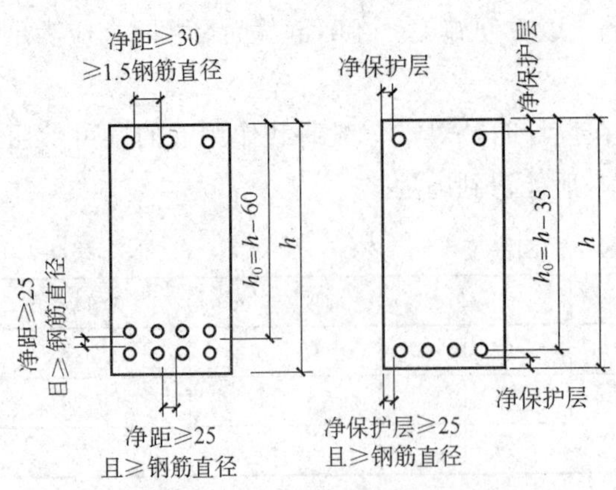

图4-2 纵向受力钢筋的净距

3）钢筋的根数及层数：梁内纵向受力钢筋的根数，不应少于二根，当梁宽 $b<100$mm 时，也可为一根。在确定钢筋根数时需注意，如选用钢筋的直径较大，则钢筋的数量势必减少，而钢筋的直径大会使得梁的裂缝宽度增大，同时在梁的抗剪计算中，当剪力较大时，会造成无纵筋可弯的情况。但钢筋的根数也不宜太多，否则不能满足受力钢筋的净距要求，同时也会给混凝土的浇筑工作带来不便。在梁的配筋密集区域，如受力钢筋布置较密导致混凝土浇筑困难时，可采用两根或三根钢筋并在一起进行配置，称为并筋。

纵向受力钢筋的层数，与梁的宽度、钢筋根数、直径、间距及混凝土保护层的厚度等因素有关，通常要求将钢筋沿梁宽均匀布置，并尽可能排成一层，以增大梁截面的内力臂，提高梁的抗弯能力。只有当钢筋的根数较多，排成一层时不能满足钢筋净距、混凝土保护层厚度时，才考虑将钢筋排成两层，但此时梁的抗弯能力将较钢筋排成一层时为低（当钢筋的数量一样时）。

4）钢筋的混凝土保护层最小厚度 c：按表 4-3 确定。

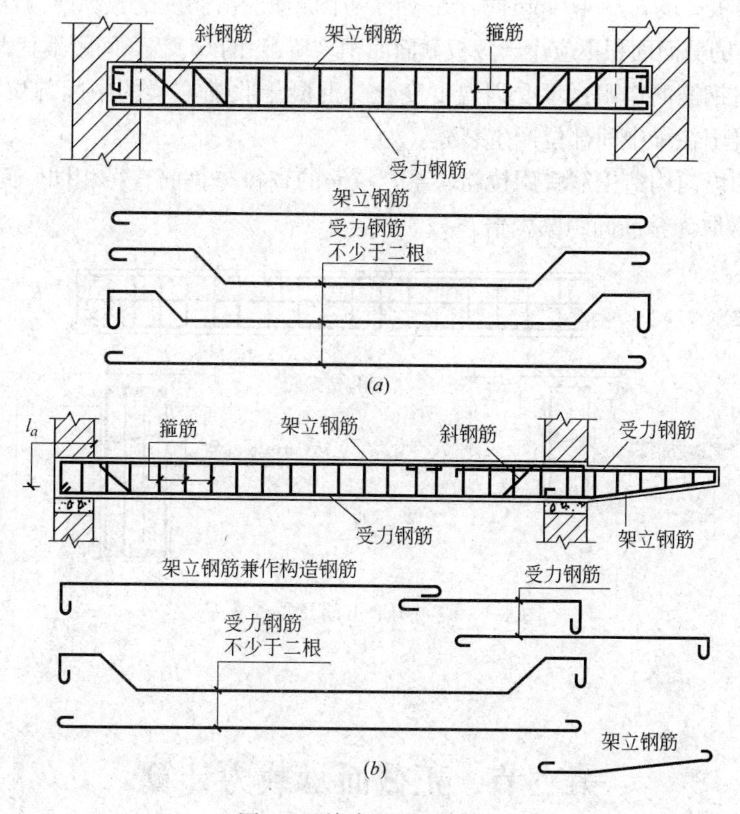

图 4-3 单跨梁的配筋构造

（a）简支梁的配筋；（b）外伸梁的配筋

5）配筋形式

A. 简支梁：单跨简支梁在荷载作用下只产生跨中正弯矩，故应将纵向受力钢筋置于梁的下部，其数量按最大正弯矩计算求得。当梁砌筑于墙内时，在梁的支座处将产生少量的负弯矩，此时可利用架立钢筋作为构造负筋或将部分跨中受力钢筋在支座附近弯起至梁的上面，以承担支座处的负弯矩，余下的纵向受力钢筋应全部伸入支座，其数量当 $b \geqslant 100$mm 时，不应少于两根；当 $b < 100$mm 时可为一根（图 4-3*a*）。

B. 外伸梁：在荷载作用下简支跨跨中产生正弯矩，纵向受力钢筋应置于梁的下部；悬臂部分产生负弯矩，故纵向受力钢筋应配置在梁的上部，并应伸入简支跨上部一定距离，以承担简支跨支座附近的负弯矩。其延伸长度应根据弯矩图的分布情况来确定（图 4-3*b*）。

(2) 架立钢筋

架立钢筋一般为两根，布置在梁截面受压区的角部。架立钢筋的作用：固定箍筋的正确位置，与纵向受力钢筋构成钢筋骨架，并承受因温度变化、混凝土收缩而产生的拉力，以防止发生裂缝，另外在截面的受压区布置钢筋对改善混凝土的延性亦有一定的作用。

架立钢筋的直径：当梁的跨度 l_0 小于 4m 时，直径不宜小于 8mm；当 l_0 等于 4～6m 时，直径不宜小于 10mm；当 l_0 大于 6m 时，直径不宜小于 12mm。

(3) 梁侧构造钢筋（图 4-4）

当梁的腹板高度 $h_w > 450$mm 时，在梁的两个侧面应沿高度配置纵向构造钢筋，每侧纵向构造钢筋的截面面积不应小于腹板截面面积（bh_w）的 0.1%，间距不宜大于 200mm。

梁侧构造钢筋的作用：承受因温度变化、混凝土收缩在梁的中间部位引起的拉应力，防止混凝土在梁中间部位产生裂缝。

梁两侧的纵向构造钢筋宜用拉筋联系，拉筋的直径与箍筋直径相同，间距为 300～500mm，通常取为箍筋间距的两倍。

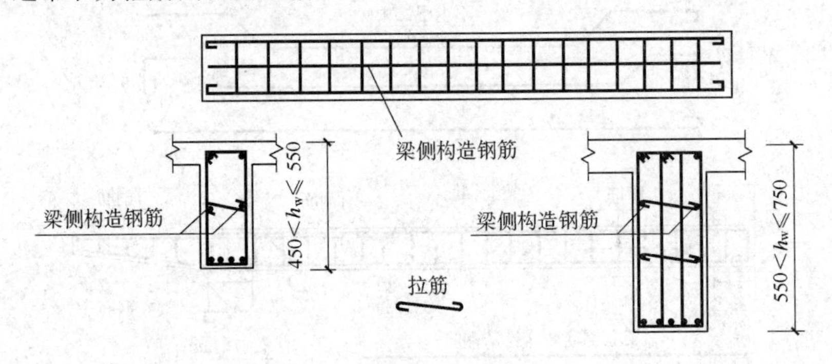

图 4-4 梁侧构造钢筋及拉筋布置

第三节 正截面承载力计算

一、受弯构件正截面破坏特征及适筋梁的正截面工作阶段

受弯构件正截面的破坏特征主要由纵向受拉钢筋的配筋率 ρ 的大小确定。受弯构件

的配筋率 ρ，用纵向受拉钢筋的截面面积与正截面的有效面积的比值来表示。但在验算最小配筋率时，有效面积应改为全面积。

$$\rho=\frac{A_s}{bh_0} \tag{4-1}$$

式中 A_s——纵向受力钢筋的截面面积，mm^2；

b——截面的宽度，mm；

h_0——截面的有效高度，$h_0=h-a_s$，mm；

a_s——受拉钢筋合力作用点到截面受拉边缘的距离。

在环境类别为一类（室内干燥环境）下，对于板：

当＞C25 时，取 $a_s=c+\frac{d}{2}=15+\frac{10}{2}=20\text{mm}$

当≤C25 时，取 $a_s=c+\frac{d}{2}=20+\frac{10}{2}=25\text{mm}$

对于梁：

当＞C25 时，取 $a_s=c+d_v+\frac{d}{2}=20+10+\frac{20}{2}=40\text{mm}$（一层钢筋）

或 $a_s=c+d_v+d+\frac{25}{2}=20+10+20+\frac{25}{2}=62.5\text{mm}$，取 $a_s=65\text{mm}$（二层钢筋）

当≤C25 时，取 $a_s=c+d_v+\frac{d}{2}=25+10+\frac{20}{2}=45\text{mm}$（一层钢筋）

或 $a_s=c+d_v+d+\frac{25}{2}=25+10+20+\frac{25}{2}=67.5\text{mm}$，取 $a_s=70\text{mm}$（二层钢筋）

其中，d 为纵向受拉钢筋的直径，对于板假定为 10mm，梁假定为 20mm，d_v 为梁箍筋的直径，假定为 10mm。

由 ρ 的表达式看到，ρ 越大，表示 A_s 越大，即纵向受拉钢筋的数量越多。

由于配筋率 ρ 的不同，钢筋混凝土受弯构件将产生不同的破坏情况，根据其正截面的破坏特征可分为适筋梁、超筋梁、少筋梁三种破坏情况。

1. 适筋梁破坏

纵向受力钢筋的配筋率 ρ 合适的梁称为适筋梁。

通过对钢筋混凝土梁多次的观察和试验表明，适筋梁从施加荷载到破坏可分为三个阶段（图 4-5）：

（1）第Ⅰ阶段——弹性工作阶段

从加荷开始到梁受拉区出现裂缝以前为第Ⅰ阶段。此时，荷载在梁上部产生的压力由截面中和轴以上的混凝土承担，荷载在梁下部产生的拉力由布置在梁下部的纵向受拉钢筋和中和轴以下的混凝土共同承担。当弯矩不大时，混凝土基本处于弹性工作阶段，应力与应变成正比，受压区和受拉区混凝土应力分布图形为三角形。当弯矩增大时，由于混凝土抗拉能力远较抗压能力低，故受拉区的混凝土将首先开始表现出塑性性质，应变较应力增长速度为快。当弯矩增加到开裂弯矩 M_{cr}时，受拉区边缘纤维应变恰好到达混凝土受弯时极限拉应变 ε_{tu}，梁遂处于将裂未裂的极限状态，而此时受压区边缘纤维

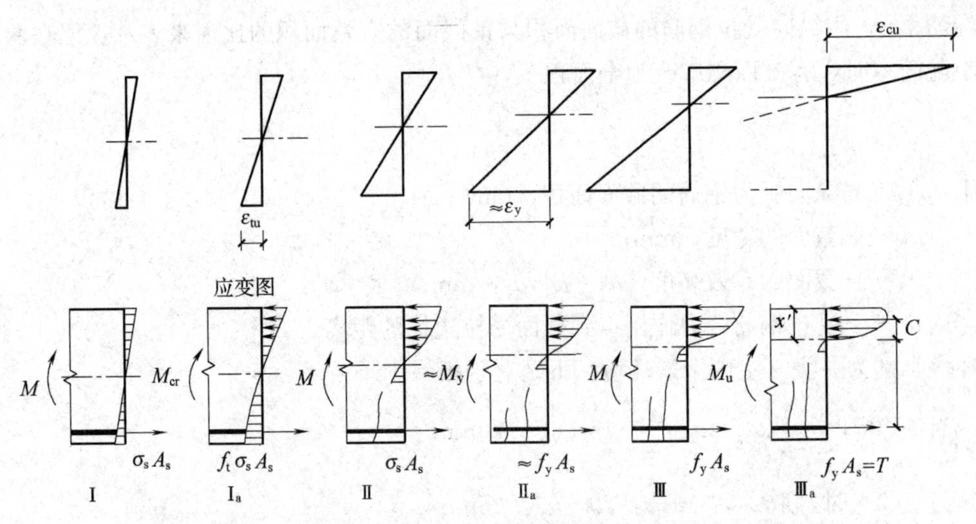

图 4-5 钢筋混凝土梁工作的三个阶段

应变量相对还很小，故受压区混凝土基本上仍属于弹性工作性质，即受压区应力图形接近三角形。此即第Ⅰ阶段末，以Ⅰa 表示。Ⅰa 可作为受弯构件抗裂度的计算依据。值得注意的是：此时钢筋相应的拉应力较低，远未达到受拉钢筋的屈服点（f_y）。

（2）第Ⅱ阶段——带裂缝工作阶段

当弯矩再增加时，梁将在抗拉能力最薄弱的截面处首先出现第一条裂缝，一旦开裂，梁即由第Ⅰ阶段转化为第Ⅱ阶段工作。

在裂缝截面处，由于混凝土开裂，受拉区的拉力主要由钢筋承受，使得钢筋应力较开裂前突然增大很多，随着弯矩 M 的增加，受拉钢筋的拉应力迅速增加，梁的挠度、裂缝宽度也随之增大，截面中和轴上移，截面受压区高度减小，受压区混凝土塑性性质将表现得越来越明显，受压区应力图形呈曲线变化。当弯矩继续增加使得受拉钢筋应力达到屈服点（f_y），此时截面所能承担的弯矩称为屈服弯矩 M_y，相应称此时为第Ⅱ阶段末，以Ⅱa 表示。

第Ⅱ阶段相当于梁使用时的应力状态，Ⅱa 可作为受弯构件使用阶段的变形和裂缝开展计算时的依据。

（3）第Ⅲ阶段——破坏阶段

钢筋达到屈服强度后，它的应力大小基本保持 f_y 不变，而变形将随着弯矩 M 的增加而急剧增大，使受拉区混凝土的裂缝迅速向上扩展，中和轴继续上移，混凝土受压区高度减小，压应力增大，受压混凝土的塑性特征表现得更加充分，压应力图形呈显著曲线分布。当弯矩 M 增加至极限弯矩 M_u 时，称为第Ⅲ阶段末，以Ⅲa 表示。此时，混凝土受压区边缘纤维到达混凝土受弯时的极限压应变 ε_{cu}，受压区混凝土将产生近乎水平的裂缝，混凝土被压碎，标志着梁已开始破坏。这时截面所能承担的弯矩即为破坏弯矩 M_u，这时的应力状态即作为构件承载力极限状态计算的依据。

在整个第Ⅲ阶段，钢筋的应力都基本保持屈服强度 f_y 不变直至破坏。这一性质对于我们在今后分析混凝土构件的受力情况时非常重要。

综上所述，对于配筋合适的梁，其破坏特征是：受拉钢筋首先到达屈服强度 f_y，继而进入塑性阶段，产生很大的塑性变形，梁的挠度、裂缝也都随之增大，最后因受压区的混凝土达到其极限压应变被压碎而破坏，如图 4-6（*a*）所示。由于在此过程中梁的裂缝急剧开展和挠度急剧增大，将给人以梁即将破坏的明显预兆，故称此种破坏为“延性破坏”，由于适筋梁的材料强度能充分发挥，符合安全可靠、经济合理的要求，故梁在实际工程中都应设计成适筋梁。

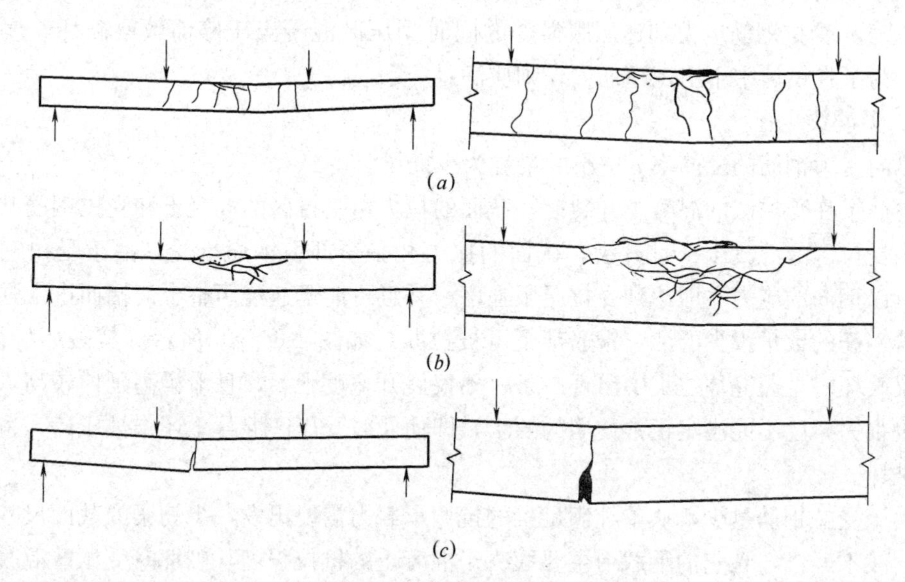

图 4-6　梁的三种破坏形式

2. 超筋梁

纵向受力钢筋的配筋率 ρ 过大的梁称为超筋梁。

由于纵向受力钢筋过多，故当受压区边缘纤维应变到达混凝土受弯时的极限压应变时，钢筋的应力尚小于屈服强度，但此时梁已因受压区混凝土被压碎而破坏。试验表明，钢筋在梁破坏前仍处于弹性工作阶段，由于钢筋过多，导致钢筋的应力不大，从而钢筋的应变也很小，梁裂缝开展不宽，延伸不高，梁的挠度亦不大，如图 4-6（*b*）所示。因此，超筋梁的破坏特征是：当纵向受拉钢筋还未达到屈服强度时，梁就因受压区的混凝土被压碎而破坏。因为这种梁是在没有明显预兆的情况下由于受压区混凝土突然压碎而破坏，故称为“脆性破坏”。

超筋梁虽配置了很多的受拉钢筋，但由于其应力小于钢筋的屈服强度，不能充分发挥钢筋的作用，造成浪费，且梁在破坏前没有明显的征兆，破坏带有突然性，故工程实际中不允许设计成超筋梁。

比较适筋梁和超筋梁的破坏特征，可以发现，两者相同之处是破坏时都是以受压区的混凝土被压碎作为标志，不同的地方是适筋梁在破坏时受拉钢筋已达到其屈服强度，而超筋梁在破坏时受拉钢筋的应力达不到屈服强度。因此，在钢筋和混凝土的强度确定之后，一根梁总会有一个特定的配筋率，它使得梁在受拉钢筋的应力到达屈服强度的同时受压区边缘纤维应变也恰好到达混凝土受弯时的极限压应变值，即存在一个配筋率，它使得受拉钢筋达到屈服强度和受压区混凝土被压碎同时发生。这时梁的破坏叫做“界限破坏”，此也即适筋梁与超筋梁的界限。或称之为“平衡配筋梁”。鉴于安全和经济的原因，在实际工程中不允许采用超筋梁，故这个特定的配筋率实际上就限制了适筋梁的最大配筋，我们称它为适筋梁的最大配筋率，用 ρ_{max} 表示。因此，当梁的实际配筋率 $\rho<\rho_{max}$，梁受压区混凝土受压破坏时受拉钢筋可以达到屈服强度，属适筋梁破坏。当 $\rho>\rho_{max}$，梁受压区混凝土受压破坏时受拉钢筋达不到屈服强度，属超筋梁破坏。而当 $\rho=\rho_{max}$ 时，受拉钢筋应力到达屈服强度的同时受压区混凝土压碎而致梁破坏，属界限破坏。为了在设计中不出现超筋梁，则应满足 $\rho\leqslant\rho_{max}$。

3. 少筋梁

纵向受力钢筋的配筋率 ρ 过小的梁称为少筋梁。

少筋梁在受拉区的混凝土开裂前，截面的拉力由受拉区的混凝土和受拉钢筋共同承担，当受拉区的混凝土一旦开裂，截面的拉力几乎全部由钢筋承受，由于受拉钢筋过少，所以钢筋的应力立即达到受拉屈服强度，并且可能迅速经历整个流幅而进入强化阶段，若钢筋的数量很少的话，钢筋甚至可被拉断。如图 4-6（*c*）所示。其破坏特征是：少筋梁破坏时，裂缝往往集中出现一条，不仅展开宽度很大，且沿梁高延伸较高，梁的挠度也很大，已不能满足正常使用的要求，即使此时受压区混凝土还未被压碎，也认为梁已破坏。

由于受拉钢筋过少，从单纯满足梁的抗弯承载力需要出发，少筋梁的截面尺寸必然过大，故不经济，且它的承载力主要取决于混凝土的抗拉强度，破坏时受压区混凝土强度未能充分利用，梁破坏时没有明显的预兆，属于“脆性破坏”性质。故在实际工程中不允许采用少筋梁。

二、受弯构件正截面承载力计算的基本原则

1. 基本假定

1）截面应变保持平面。构件正截面在受荷前的平面，在受荷弯曲变形后仍保持平面，即截面中的应变按线性规律分布，符合平截面假定。

2）不考虑混凝土的抗拉强度。由于混凝土的抗拉强度很低，在荷载不大时就已开裂，在Ⅲ*a* 阶段受拉区只在靠近中和轴的地方存在少许的混凝土，其承担的弯矩很小，所以在计算中不考虑混凝土的抗拉作用。这一假定，对我们选择梁的合理截面有很大的意义。

3）采用理想化的应力—应变关系。《混凝土规范》推荐的混凝土应力—应变设计曲线见图 4-7。图中纵坐标的最高点为 f_c。

图 4-8 表示热轧钢筋的应力—应变关系曲线。钢筋应力 σ_s 的函数表达式如下：

当 $0\leqslant\varepsilon_s\leqslant\varepsilon_y$ 时：
$$\sigma_s=E_s\varepsilon_s \tag{4-2}$$

当 $\varepsilon_s>\varepsilon_y$ 时：
$$\sigma_s=f_y \tag{4-3}$$

纵向受拉钢筋的极限拉应变取为 0.01。

2. 等效矩形应力图形

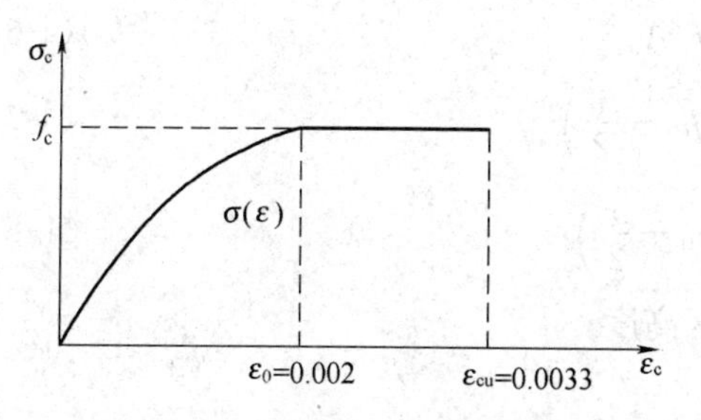

图 4-7 混凝土 $\sigma_c-\varepsilon_c$ 设计曲线

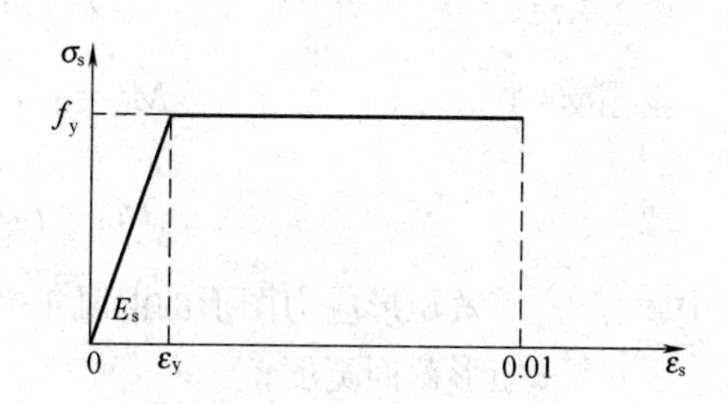

图 4-8 热轧钢筋 $\sigma_s-\varepsilon_s$ 设计曲线

由于在进行截面设计时必须计算受压混凝土的合力，由图 4-7 可知受压混凝土的应力图形是抛物线加直线，故给计算带来不便。为此，《混凝土规范》规定，受压区混凝土的应力图形可简化为等效矩形应力图形，如图 4-9 所示。用等效矩形应力图形代替理论应力图形应满足的条件是：

1）保持原来受压区混凝土的合力大小不变；

2）保持原来受压区混凝土的合力作用点不变。

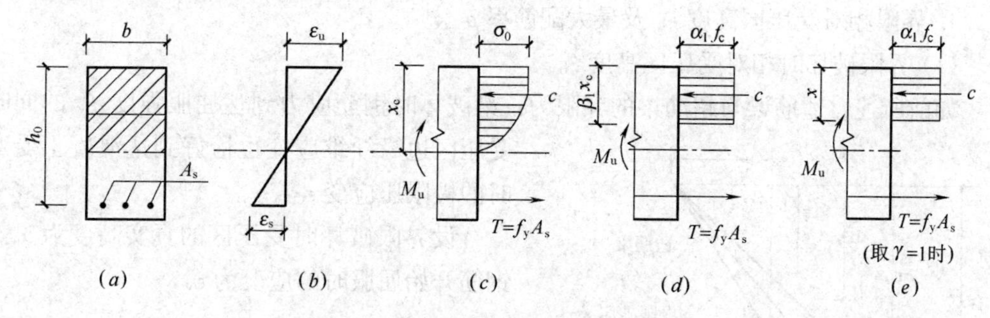

图 4-9 理论应力图形和等效应力图形

根据上述两个条件，经推导计算，得

$$x=\beta_1 x_c \tag{4-4}$$

$$\sigma_0=\alpha_1 f_c \tag{4-5}$$

当混凝土的强度等级不超过 C50 时，$\beta_1=0.8$，$\alpha_1=1.0$。

3. 极限弯矩 M_u 计算公式

根据换算后的等效矩形应力图形，由图 4-10，根据静力平衡条件，就可建立单筋矩形受弯构件正截面抗弯承载力的计算公式，即极限弯矩 M_u 计算公式。

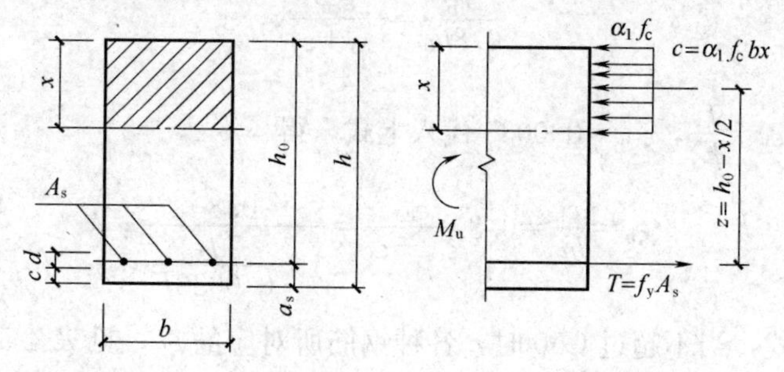

图 4-10 单筋矩形截面正截面承载力计算简图

由$\sum X=0$ $$\alpha_1 f_c bx = f_y A_s \tag{4-6}$$

由$\sum M=0$ $$M_u = \alpha_1 f_c bx\left(h_0 - \frac{x}{2}\right) \tag{4-7}$$

或 $$M_u = f_y A_s\left(h_0 - \frac{x}{2}\right) \tag{4-8}$$

式中 x——等效矩形应力图形的混凝土受压区高度；

b——矩形截面宽度；

h_0——矩形截面的有效高度，$h_0=h-a_s$；

a_s——受拉钢筋合力作用点至截面受拉边缘的距离；

f_y——受拉钢筋的强度设计值；

A_s——受拉钢筋截面面积；

f_c——混凝土轴心抗压强度设计值；

α_1——系数，当混凝土强度等级不超过 C50 时，$\alpha_1=1.0$，为 C80 时，$\alpha_1=0.94$，其间按线性内插法确定。

4. 界限相对受压区高度 ξ_b 及最大配筋率 ρ_{max}

(1) 界限破坏时相对受压区高度 ξ_b

如前所述，适筋梁与超筋梁的界限为：梁破坏时钢筋应力到达屈服强度 f_y 的同时受压区边缘纤维应变也恰好到达混凝土受弯时的极限压应变 ε_{cu}。

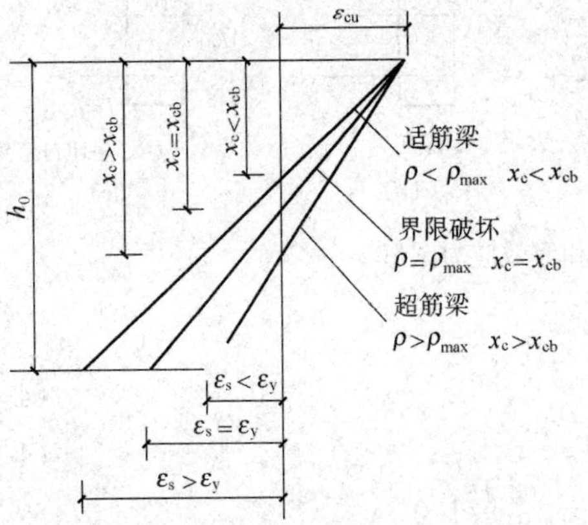

图 4-11 适筋梁、超筋梁、界限破坏时 ε_s 与 ε_{cu}之间的关系

设界限破坏时受压区的真实高度为 x_{cb}，钢筋开始屈服时的应变为 ε_y，

$$\varepsilon_y = \frac{f_y}{E_s}$$

此处 E_s 为钢筋的弹性模量。

则根据图 4-11，由比例关系，可得

$$\frac{x_{cb}}{h_0} = \frac{\varepsilon_{cu}}{\varepsilon_{cu}+\varepsilon_y} \tag{4-9}$$

由式（4-4）$x=0.8x_c$，则 $x_b=0.8x_{cb}$，代入式（4-9）得

$$\frac{x_b}{0.8h_0} = \frac{\varepsilon_{cu}}{\varepsilon_{cu}+\varepsilon_y},$$

设 $\xi_b=\frac{x_b}{h_0}$，将 $\varepsilon_y=\frac{f_y}{E_s}$，$\varepsilon_{cu}=0.0033$ 代入上式，得

$$\xi_b = \frac{x_b}{h_0} = 0.8\frac{\varepsilon_{cu}}{\varepsilon_{cu}+\varepsilon_y} = \frac{0.8}{1+\frac{f_y}{0.0033E_s}} \tag{4-10}$$

由（4-10）式，当不超过 C50 时，各种钢筋所对应的 ξ_b，见表 4-5。混凝土强度等级大于 C50 的 ξ_b 可由式（4-10）计算求出。

界限破坏时的相对受压区高度 ξ_b 及 $\alpha_{s,max}$ 值　　表 4-5

钢筋品种	$f_y(N/mm^2)$	ξ_b	$\alpha_{s,max}$
HRB335、HRBF335	300	0.550	0.399
HRB400、HRBF400、RRB400	360	0.518	0.384
HRB500、HRBF500	435	0.482	0.366

注：表中的 ξ_b 和 $\alpha_{s,max}$ 为混凝土强度等级不超过 C50 时的数值。

由图 4-11 可见，若 $\xi<\xi_b$，则 $\varepsilon_s>\varepsilon_y$ 属于适筋梁；若 $\xi>\xi_b$，则 $\varepsilon_s<\varepsilon_y$，属于超筋梁。

(2) 最大配筋率 ρ_{max}

当 $\xi=\xi_b$，则是界限破坏时的情形，相应此时的配筋率即为适筋梁的最大配筋率 ρ_{max}。

由　$$\xi=\frac{x}{h_0}=\frac{f_y A_s}{\alpha_1 f_c b h_0}=\rho\frac{f_y}{\alpha_1 f_c}$$

$$\therefore \rho=\xi\frac{\alpha_1 f_c}{f_y}$$

最大配筋率
$$\rho_{max}=\xi_b\frac{\alpha_1 f_c}{f_y} \tag{4-11}$$

由式（4-11）可见，ρ_{max} 与 ξ_b 有直接的关系。需要 ρ_{max} 时，可直接由式（4-11）求得。

5. 适筋梁与少筋梁的界限及最小配筋率

为了保证受弯构件不出现少筋梁，必须使截面的配筋率不小于某一界限配筋率 ρ_{min}。由配有最小配筋率时受弯构件正截面破坏所能承受的弯矩 M_u 等于素混凝土截面所能承受的弯矩 M_{cr}，即 $M_u=M_{cr}$，可求得梁的最小配筋率 ρ_{min} 为：

$$\rho_{min}=0.45\frac{f_t}{f_y} \tag{4-12}$$

对于矩形截面，最小配筋率 ρ_{min} 应取 0.2% 和 $0.45\frac{f_t}{f_y}$ 二者的较大者。

《混凝土规范》规定的 ρ_{min} 的具体数值见附表 10。

当计算所得的 $\rho<\rho_{min}$ 时，应按构造配置 ρ 不小于 ρ_{min} 的钢筋。

三、单筋矩形截面受弯构件正截面承载力计算

1. 基本计算公式及适用条件

由上，根据适筋梁破坏时的平衡条件建立了受弯构件正截面的承载力计算基本公式（4-6）～式（4-8）。由第三章的混凝土的基本设计原则，承载能力极限状态的设计表达式为 $S\leqslant R$，荷载效应 S 在这里即是荷载设计值所产生的弯矩 M，结构抗力 R 在这里即梁所承担的极限弯矩 M_u。即

$$M\leqslant M_u \tag{4-13}$$

故单筋矩形截面受弯构件正截面承载力基本计算公式为：

$\sum X=0$ $$\alpha_1 f_c bx=f_y A_s \tag{4-14}$$

$\sum M=0$ $$M\leqslant M_u=\alpha_1 f_c bx\left(h_0-\frac{x}{2}\right) \tag{4-15}$$

或 $$M\leqslant M_u=f_y A_s\left(h_0-\frac{x}{2}\right) \tag{4-16}$$

适用条件：

(1) 为了防止超筋梁，应满足：

$$\rho\leqslant\rho_{max} \tag{4-17}$$

或 $$\xi\leqslant\xi_b \tag{4-17a}$$

或 $$x\leqslant\xi_b h_0 \tag{4-17b}$$

或 $$M\leqslant M_{u,max}=\alpha_1 f_c bh_0^2\xi_b\ (1-0.5\xi_b) \tag{4-17c}$$

$$=\alpha_{s,max}\alpha_1 f_c bh_0^2 \tag{4-17d}$$

上面四个适用条件只需满足任何一个其余三个就自然可以满足。

ρ_{max}可由（4-11）求得，ξ_b、$\alpha_{s,max}$可由表4-5查得。式（4-17c）中的$M_{u,max}$是将混凝土受压区的高度x取其最大值$\xi_b h_0$代入（4-15）求得的单筋矩形截面所能承受的最大弯矩，由式（4-17c）知$M_{u,max}$是一定值，且只取决于截面尺寸等因素，与钢筋的数量无关。这说明当$x>\xi_b h_0$（超筋梁）时，因为适用条件式（4-17b）的限制，只能以$x=\xi_b h_0$代入计算，故此时截面（超筋梁）所能承受的最大弯矩是一定值，不会随着钢筋的增多而提高。

需要指出的是，只有当$x>\xi_b h_0$（超筋梁）时，才能由式（4-17c）或式（4-17d）计算M_u，当$x\leqslant\xi_b h_0$（适筋梁）时，需由式（4-15）或式（4-16）计算M_u，否则将得出错误的结果。

(2) 为了防止少筋梁，应满足：

$$\rho=\frac{A_s}{bh}\geqslant\rho_{min} \tag{4-18}$$

或 $$A_s\geqslant\rho_{min}bh$$

注意：《混凝土规范》规定验算最小配筋率时，在计算ρ的时候应用h而不是h_0。ρ_{min}见附表10。

2. 截面设计和截面复核

(1) 截面设计

已知：截面尺寸b、h，混凝土及钢筋强度等级（f_c、f_y），弯矩设计值M。

求：纵向受拉钢筋A_s。

解法一：直接利用公式（4-14）、式（4-15）求解。

由（4-15）式，求出混凝土受压区高度x，可利用一元二次方程的求根公式：

$$x=h_0-\sqrt{h_0^2-\frac{2M}{\alpha_1 f_c b}} \tag{4-19}$$

验算适用条件1：

若　$x\leqslant\xi_b h_0$，　则由式（4-14）求出纵向受拉钢筋的面积：

$$A_s=\frac{\alpha_1 f_c bx}{f_y}$$

若　　$x>\xi_b h_0$，　　则属于超筋梁，说明截面尺寸过小，应加大截面尺寸重新设计或改用双筋截面。

验算适用条件 2：

应　　$A_s\geqslant\rho_{min}bh$，　　注意此处的 A_s 应用实际配筋的钢筋面积。

若　　$A_s<\rho_{min}bh$，说明截面尺寸过大，应适当减小截面尺寸。当截面尺寸不能减小时，则应按最小配筋率配筋，即取：

$$A_s=\rho_{min}bh \tag{4-20}$$

解法二：利用表格进行计算

在进行截面计算时，为简化计算，也可利用现成的表格。

公式（4-15）可改写成　　$$M=\alpha_s\alpha_1 f_c bh_0^2 \tag{4-21}$$

公式（4-16）可改写成　　$$M=f_y A_s\gamma_s h_0 \tag{4-22}$$

式中　　$$\alpha_s=\xi(1-0.5\xi) \tag{4-23}$$

$$\gamma_s=1-0.5\xi \tag{4-24}$$

利用式（4-23）、式（4-24）就可制成受弯构件正截面承载力计算表格。

查表计算时，首先由式（4-21），得：

$$\alpha_s=\frac{M}{\alpha_1 f_c bh_0^2} \tag{4-25}$$

查附表 11，得相应的 ξ 或 γ_s。或不查表而直接利用式（4-26）、式（4-27）求 ξ 或 γ_s 亦可：

$$\xi=1-\sqrt{1-2\alpha_s} \tag{4-26}$$

$$\gamma_s=0.5(1+\sqrt{1-2\alpha_s}) \tag{4-27}$$

然后由式（4-28）或式（4-29）求钢筋面积：

$$A_s=\xi bh_0\frac{\alpha_1 f_c}{f_y} \tag{4-28}$$

或　　$$A_s=\frac{M}{f_y\gamma_s h_0} \tag{4-29}$$

求出 A_s 后，就可确定钢筋的根数和直径。

(2) 截面复核

已知：截面尺寸（b、h），混凝土及钢筋的强度（f_c、f_y），纵向受拉钢筋 A_s，弯矩设计值 M。

求：截面所能承受的弯矩 M_u。

实际计算时，可直接用公式计算或利用表格计算。因不用解一元二次方程，故直接用公式计算更加简便。

由公式（4-14），可求得　　$$x=\frac{f_y A_s}{\alpha_1 f_c b}$$

若 $x \leqslant \xi_b h_0$，则由式（4-15）， $M_u = \alpha_1 f_c bx\left(h_0 - \frac{x}{2}\right)$

若 $x > \xi_b h_0$，则说明此梁属超筋梁，应取 $x = \xi_b h_0$ 代入式（4-15）计算 M_u，或直接由式（4-17c）计算 M_u。

求出 M_u 后，与梁实际承受的弯矩 M 比较，若 $M_u \geqslant M$，截面安全；若 $M_u < M$，截面不安全。

3. 经济配筋率

在满足适筋梁的条件 $\rho_{min} \leqslant \rho \leqslant \rho_{max}$ 的情况下，截面尺寸可有不同的选择。当 M 给定时，若截面尺寸大一些，则 A_s 可小一些，但混凝土及模板的费用要增加；反之，若截面尺寸减小，则 A_s 要增大，但混凝土及模板的费用可减小。故为了使包括材料及施工费用在内的总造价为最省，设计时应使配筋率尽可能在经济配筋率内。钢筋混凝土受弯构件的经济配筋率为：

实心板　　　　0.3%～0.8%

矩形截面梁　　0.6%～1.5%

T 形截面梁　　0.9%～1.8%

4. 影响受弯构件正截面承载能力的因素

由 M_u 的计算公式可以看出，M_u 与截面尺寸（b、h）、材料强度（f_c、f_y）、钢筋数量（A_s）等有关。

（1）截面尺寸（b、h）

由公式 $M_u = \alpha_s \alpha_1 f_c b h_0^2$ 可见，M_u 与截面 b 是一次方关系，而与 h 是二次方关系，故加大截面 h 比加大 b 更有效。

（2）材料强度（f_c、f_y）

若其他条件不变，仅提高 f_c 时，由 $\alpha_1 f_c bx = f_y A_s$ 可知，x 将按比例减小，再由公式 $M_u = f_y A_s\left(h_0 - \frac{x}{2}\right)$知，$x$ 的减小使 M_u 的增加甚小。因此，用提高混凝土强度等级的办法来提高正截面承载能力 M_u 的效果不大，从经济角度看也是不可取。

若保持 A_s 不变，提高 f_y，如由 HRB400 级钢筋改用 HRB500 级钢筋，则 f_y 的数值由 $360N/mm^2$ 增加到 $435N/mm^2$，由公式 $M_u = f_y A_s \gamma_s h_0$ 可见，M_u 的值增加是很明显的。

（3）受拉钢筋数量 A_s

由公式 $M_u = f_y A_s \gamma_s h_0$ 可见，增加 A_s 的效果和提高 f_y 类似，正截面承载能力 M_u 虽不能完全随 A_s 的增大而按比例增加，但 M_u 增大的效果还是很明显的。

综上所述，如欲提高受弯构件的正截面承载能力 M_u，应优先考虑的措施是加大截面的高度，其次是提高受拉钢筋的强度等级或加大钢筋的数量。而加大截面的宽度或提高混凝土的强度等级则效果不明显，一般不予采用。

5. 计算例题

【例 4-1】 已知：矩形截面梁尺寸为 $b=250mm$，$h=500mm$，承受的最大弯矩设计值为 $M=150kN \cdot m$，混凝土强度等级为 C30，纵向受拉钢筋采用 HRB400 级钢筋，环境类别为一类。

求：纵向受拉钢筋面积 A_s。

【解】 首先确定材料的设计强度，根据混凝土和钢筋的强度等级查附表 7 和附表 5，得 C30 混凝土：$f_c=14.3\text{N/mm}^2$，$f_t=1.43\text{N/mm}^2$，$\alpha_1=1.0$

HRB400 级钢筋：$f_y=360\text{N/mm}^2$，$\xi_b=0.518$

假设纵向受拉钢筋排成一层，则 $h_0=500-40=460\text{mm}$

因为公式采用的是 N · mm 制，故 $M=150\text{kN}\cdot\text{m}=150\times10^6\text{N}\cdot\text{mm}$

（1）用基本公式求解

由公式（4-19）

$$x=h_0-\sqrt{h_0^2-\frac{2M}{\alpha_1 f_c b}}=460-\sqrt{460^2-\frac{2\times150\times10^6}{1.0\times14.3\times250}}$$

$$=102.7\text{mm}<\xi_b h_0=0.518\times460=238.3\text{mm}$$

$$A_s=\frac{\alpha_1 f_c bx}{f_y}=\frac{1.0\times14.3\times250\times102.7}{360}=1019.8\text{mm}^2$$

查附表 14，选用 3Φ22（$A_s=1140\text{mm}^2$）。

验算最小配筋率：

$$\rho=\frac{A_s}{bh}=\frac{1140}{250\times500}=0.912\%>\rho_{min}=0.2\% \text{ 和 } 0.45\frac{f_t}{f_y}=0.45\times\frac{1.43}{360}=0.179\%$$ 满足要求。

截面配筋布置见图 4-12。

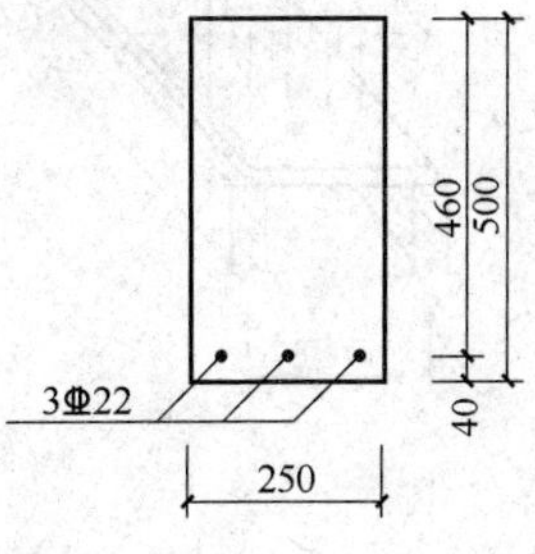

图 4-12 【例 4-1】截面配筋图

（2）用查表法求解

由式（4-25）

$$\alpha_s=\frac{M}{\alpha_1 f_c bh_0^2}=\frac{150\times10^6}{1.0\times14.3\times250\times460^2}=0.198$$

查附表 11 得 $\xi=0.223<\xi_b=0.518$ 满足要求。

由式（4-28）

$$A_s=\xi bh_0\frac{\alpha_1 f_c}{f_y}=0.223\times250\times460\times\frac{1.0\times14.3}{360}=1018.7\text{mm}^2$$

选用 3Φ22（$A_s=1140\text{mm}^2$）。

验算最小配筋率：

$$\rho=\frac{A_s}{bh}=\frac{1140}{250\times500}=0.912\%>\rho_{min}=0.2\% \text{ 和 } 0.45\frac{f_t}{f_y}=0.45\times\frac{1.43}{360}=0.179\%$$ 满足要求。

【例 4-2】 已知一简支板，板厚 $h=100\text{mm}$，计算跨度 $l_0=2\text{m}$，承受的均布活载标准值 $q_k=7\text{kN/m}^2$，混凝土强度等级为 C30，钢筋强度等级为 HRB400 级，永久荷载分项系数 $\gamma_G=1.2$，可变荷载分项系数 $\gamma_Q=1.4$，钢筋混凝土重度为 25kN/m^3，环境类别为一类，求受拉钢筋面积 A_s。

【解】 取1m板宽作为计算单元，即 $b=1000\text{mm}$，计算截面最大弯矩：

$$M=\frac{1}{8}(\gamma_G g_k+\gamma_Q q_k)l_0^2=\frac{1}{8}(1.2\times0.1\times25+1.4\times7.0)\times2^2=6.40\text{kN}\cdot\text{m}$$

C30混凝土：$f_c=14.3\text{N/mm}^2$，$f_t=1.43\text{N/mm}^2$，$\alpha_1=1.0$

$h_0=100-20=80\text{mm}$（∵混凝土强度等级>C25），$b=1000\text{mm}$。

HRB400级钢筋：$f_y=360\text{N/mm}^2$，$\xi_b=0.518$

由式（4-25），$\alpha_s=\dfrac{M}{\alpha_1 f_c b h_0^2}=\dfrac{6.40\times10^6}{1.0\times14.3\times1000\times80^2}=0.070$

由式（4-26），$\xi=1-\sqrt{1-2\alpha_s}=1-\sqrt{1-2\times0.070}=0.073<\xi_b=0.518$ 满足要求。

$$A_s=\xi b h_0\frac{\alpha_1 f_c}{f_y}=0.073\times1000\times80\times\frac{1.0\times14.3}{360}=232\text{mm}^2$$

由附表15，选Φ8@200（$A_s=251\text{mm}^2$）。配筋见图4-13。

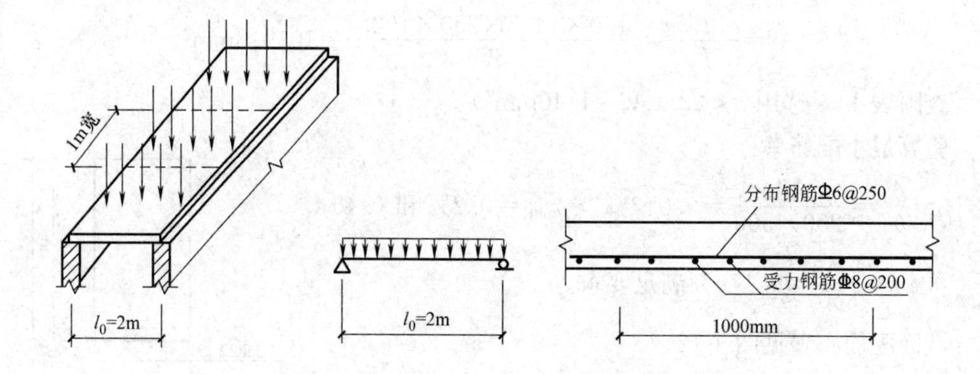

图4-13 【例4-2】受力图和配筋图

验算最小配筋率：$\rho=\dfrac{A_s}{bh}=\dfrac{251}{1000\times100}=0.25\%>\rho_{\min}=0.2\%$ 和 $0.45\dfrac{f_t}{f_y}=0.45\times\dfrac{1.1}{360}=0.138\%$ 满足要求。

此题若用基本公式或查表法求解，结果也是一样的。

四、双筋矩形截面受弯构件正截面承载力计算

1. 概述

在梁的受拉区和受压区同时按计算配置纵向受力钢筋的截面称为双筋截面。由于在梁的受压区布置受压钢筋来承受压力是不经济的，故一般情况下不宜采用。

在下列情况下可采用双筋截面：

1）当截面承受的弯矩较大，而截面高度及材料强度等又由于种种原因不能提高，以致按单筋矩形梁计算时 $x>\xi_b h_0$，即出现超筋情况时，可采用双筋截面。此时在混凝土受压区配置受压钢筋来补充混凝土抗压能力的不足。

2）构件在不同的荷载组合下承受异号弯矩的作用，如风荷载作用下的框架横梁，

由于风向的变化，在同一截面可能既出现正弯矩又出现负弯矩，此时就需要在梁的上下方都布置受力钢筋。

3）为了提高截面的延性。在梁的受压区配置一定数量的受压钢筋，有利于提高截面的延性，因此，抗震设计中要求框架梁必须配置一定比例的受压钢筋。

2. 基本公式及适用条件

双筋截面受弯构件的破坏特征与单筋截面相似，不同之处是受压区由混凝土和受压钢筋（A_s'）共同承受压力。与单筋截面一样，按照受拉钢筋是否到达 f_y，区分为适筋梁（$\xi \leqslant \xi_b$）和超筋梁（$\xi > \xi_b$）。为了防止出现超筋梁，同样必须遵守 $\xi \leqslant \xi_b$ 这一条件。在双筋梁计算中，受压钢筋应力可以达到受压屈服强度 f_y'的条件是：

$$x \geqslant 2a_s' \tag{4-30}$$

式（4-30）的含义是受压钢筋的位置（距受压边缘为 a_s'）不低于混凝土受压应力图形的重心。否则，就表明受压钢筋的位置距离中和轴太近，以致受压钢筋的应力达不到抗压强度设计值 f_y'。

受压钢筋的抗压强度设计值 f_y'按下列原则确定：

1）当钢筋的抗拉强度设计值 $f_y \leqslant 410\text{N/mm}^2$ 时，取钢筋的抗压强度设计值等于抗拉强度设计值，即 $f_y' = f_y$。

2）当钢筋的抗拉强度设计值 $f_y \geqslant 410\text{N/mm}^2$ 时，取钢筋的抗压强度设计值等于 410N/mm^2，即 $f_y' = 410\text{N/mm}^2$。

这表明若受压区配置了高强度的钢筋，则当截面破坏时，钢筋的应力最多只能达到 410N/mm^2。故受压钢筋不宜采用高强度的钢筋，否则其强度不能充分发挥。

纵向钢筋受压将产生侧向弯曲,如箍筋的间距过大或刚度不足（如采用开口箍筋），在纵向压力作用下受压钢筋将发生压屈而侧向凸出。所以《混凝土规范》规定：

1）箍筋应做成封闭式（图 4-14），且弯钩直线段长度不应小于 $5d$，d 为箍筋直径。

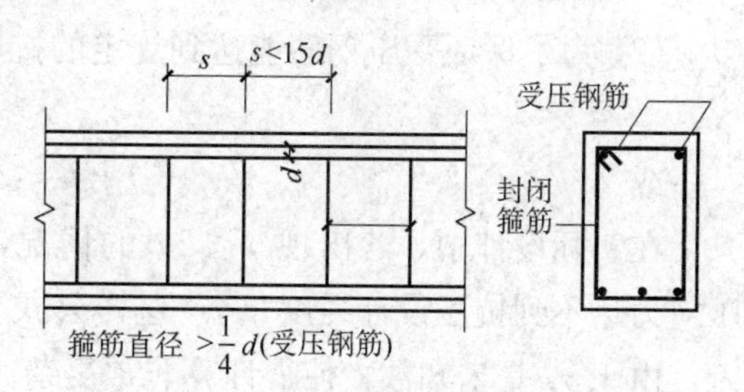

图 4-14　受压钢筋的箍筋配置要求图

2）箍筋的间距不应大于 $15d$，并不应大于 400mm。当一层内的纵向受压钢筋多于 5 根且直径大于 18mm 时，箍筋间距不应大于 $10d$，d 为纵向受压钢筋的最小直径。

3）当梁的宽度大于 400mm 且一层内的纵向受压钢筋多于 3 根时，或当梁的宽度不大于 400mm 但一层内的纵向受压钢筋多于 4 根时，应设置复合箍筋。

对箍筋的这些要求,主要都是为了防止受压钢筋发生压屈,因为这是保证构件中的受压钢筋强度得到利用的必要条件。

双筋矩形截面受弯构件到达受弯承载力极限状态时的截面应力状态如图 4-15。

根据平衡条件：

$$\sum X = 0，f_y A_s = \alpha_1 f_c bx + f_y' A_s' \tag{4-31}$$

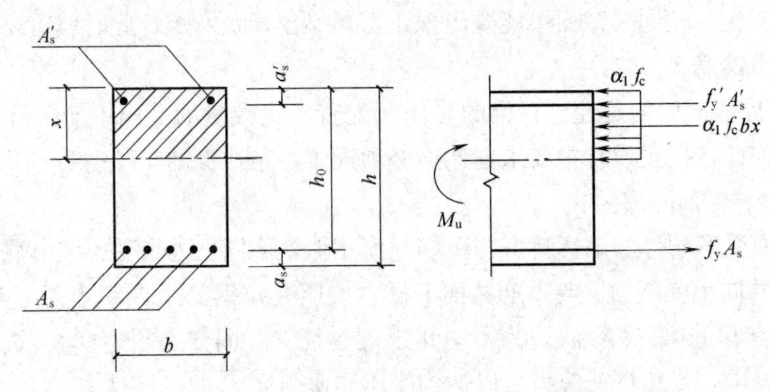

图 4-15 双筋矩形截面承载力计算简图

$$\sum M=0,\ M\leqslant M_u=\alpha_1 f_c bx\left(h_0-\frac{x}{2}\right)+f'_y A'_s(h_0-a'_s) \tag{4-32}$$

公式（4-31）、式（4-32）实际上是在单筋矩形截面的公式（4-14）和式（4-15）的基础上增加了受压钢筋的作用一项，应注意它是加在混凝土项的一侧，表示帮助混凝土承担部分的压力。

适用条件：

（1）为了防止超筋梁破坏，应：

$$x\leqslant \xi_b h_0$$

或

$$\xi\leqslant \xi_b$$

或

$$\rho_1=\frac{A_{s1}}{bh_0}\leqslant \rho_{max} \tag{4-33}$$

其中 A_{s1} 是与受压混凝土相对应的纵向受拉钢筋面积，$A_{s1}=\frac{\alpha_1 f_c bx}{f_y}$。

（2）为了保证受压钢筋能达到规定的抗压强度设计值，应

$$x\geqslant 2a'_s \tag{4-34}$$

或

$$\gamma_s h_0\leqslant h_0-a'_s \tag{4-35}$$

在实际设计中，若出现 $x<2a'_s$ 的情况，则说明此时受压钢筋所受到的压力太小，压应力达不到抗压设计强度 f'_y，这样公式（4-31）和式（4-32）中的 f'_y 只能用 σ'_s 代入，由于 σ'_s 是未知数，使得计算非常复杂。故《混凝土规范》建议在 $x<2a'_s$ 时，近似取 $x=2a'_s$，即假定受压钢筋合力点与受压混凝土合力点相重合，这样处理对截面来说是偏于安全的。对 A'_s 取矩，得：

$$M\leqslant M_u=f_y A_s\ (h_0-a'_s) \tag{4-36}$$

另外，当 $\frac{a'_s}{h_0}$ 较大时，按单筋梁计算的 A_s 将比按式（4-36）求出的 A_s 要小，这时应按单筋梁确定受拉钢筋截面面积 A_s，以节约钢筋。

由于双筋梁通常所配钢筋较多，故不需验算最小配筋率。

3. 截面设计和截面复核

（1）截面设计

1）已知：弯矩设计值 M、材料强度等级（f_c、f_y 及 f'_y）、截面尺寸（b、h）。

求：受拉钢筋面积 A_s 和受压钢筋面积 A'_s

由公式（4-31）、（4-32）可知，共有 A_s、A'_s 和 x 三个未知数，故还需补充一个条件才能求解。由适用条件 $x \leqslant \xi_b h_0$，令 x 取最大值 $x=\xi_b h_0$，这样可充分发挥混凝土的抗压作用，从而使钢筋总的用量（$A_s+A'_s$）为最小，达到节约钢筋的目的。

计算步骤如下：

A. 判别是否需要采用双筋截面。

若 $M>M_{u,max}=\alpha_1 f_c bh_0^2\xi_b(1-0.5\xi_b)$ 则按双筋截面设计。否则按单筋截面设计。

B. 令 $x=\xi_b h_0$，代入公式（4-32），求得 A'_s。

C. 若求得的 $A'_s \geqslant \rho'_{min}bh=0.2\%bh$，将 A'_s 代入公式（4-31），即可求出 A_s。

D. 若求得的 $A'_s<\rho'_{min}bh=0.2\%bh$，则应取 $A'_s=\rho'_{min}bh=0.2\%bh$。由于这时 A'_s 已不是计算所得的数值，故 A_s 应按 A_s 为已知的情况求解(下一种情况)。

2）已知：弯矩设计值 M、材料强度等级（f_c、f_y 及 f'_y）、截面尺寸（b、h）和受压钢筋面积 A'_s。

求：受拉钢筋面积 A_s。

由于 A'_s 为已知，故只有两个未知数 x 和 A_s，所以可直接用式（4-31）及（4-32）求解。

计算步骤如下：

A. 仿式（4-19），由式（4-32）得：

$$x=h_0-\sqrt{h_0^2-\frac{2[M-f'_yA'_s(h_0-a'_s)]}{\alpha_1 f_c b}} \tag{4-37}$$

B. 若 $x \leqslant \xi_b h_0$ 且 $x \geqslant 2a'_s$

则直接由式（4-31）求得 A_s。

C. 若 $x<2a'_s$，说明已知的 A'_s 数量过多，使得 A'_s 的应力达不到 f'_y，故此时不能用（4-31）求解。而应取 $x=2a'_s$，由式（4-36）求解 A_s。

D. 若 $x>\xi_b h_0$，说明已知的 A'_s 数量不足，应增加 A'_s 的数量或按 A'_s 未知的情形求 A'_s 和 A_s 的数量。

（2）截面复核

已知：截面尺寸（b、h）、材料强度（f_c、f_y 及 f'_y）、钢筋面积（A_s、A'_s）

求：截面能承受的弯矩设计值 M_u

计算步骤如下：

1）由式（4-31）求得 x。

2）若 $x \leqslant \xi_b h_0$ 且 $x \geqslant 2a'_s$，则直接由式（4-32）求出 M_u。

3）若 $x>\xi_b h_0$，说明截面属于超筋梁，此时应取 $x=\xi_b h_0$ 代入式（4-32）求 M_u。

4）若 $x<2a'_s$，说明 A'_s 的应力达不到 f'_y，此时应取 $x=2a'_s$，由式（4-36）求 M_u。

5）将求出的 M_u 与截面实际承受的弯矩 M 相比较，若 $M_u \geqslant M$ 则截面安全，若 $M_u<M$ 则截面不安全。

4. 计算例题

【例 4-3】 已知一矩形截面梁，$b=200\text{mm}$，$h=500\text{mm}$，混凝土强度等级为 C30（$f_c=14.3\text{N/mm}^2$），采用 HRB400 级钢筋（$f_y=360\text{N/mm}^2$），$\xi_b=0.518$ 承受的弯矩设计值 $M=250\text{kN}\cdot\text{m}$，环境类别为一类，求所需的受拉钢筋和受压钢筋面积 A_s、A'_s。

【解】 （1）验算是否需要采用双筋截面

因 M 的数值较大，受拉钢筋按两排考虑，$h_0=h-65=500-65=435\text{mm}$。

计算此梁若设计成单筋截面所能承受的最大弯矩：

$$M_{u,\max}=\alpha_1 f_c b h_0^2 \xi_b(1-0.5\xi_b)=1.0\times14.3\times200\times435^2\times0.518\times(1-0.5\times0.518)$$

$$=207.7\times10^6\text{N}\cdot\text{mm}=207.7\text{kN}\cdot\text{m}<M=250\text{kN}\cdot\text{m}$$

说明如果设计成单筋截面，将出现超筋现象，故应设计成双筋截面。

（2）求受压钢筋 A'_s，令 $x=\xi_b h_0$，由式（4-32），并注意到当 $x=\xi_b h_0$ 时等号右边

第一项即为 $M_{u,\max}$，则：

$$A'_s=\frac{M-M_{u,\max}}{f'_y(h_0-a'_s)}=\frac{250\times10^6-207.7\times10^6}{360\times(435-40)}=297.5\text{mm}^2$$

$\rho'_{\min}bh=0.2\%bh=0.2\%\times200\times500=200\text{mm}^2<A'_s=297.5\text{mm}^2$，满足要求。

（3）求受拉钢筋 A_s，由式（4-31），并注意到 $x=\xi_b h_0$，则：

$$A_s=\frac{\alpha_1 f_c b\xi_b h_0+f'_y A'_s}{f_y}=\frac{1\times14.3\times200\times0.518\times435+360\times297.5}{360}=2087.6\text{mm}^2$$

（4）选配钢筋

受拉钢筋选用 6Φ22（$A_s=2281\text{mm}^2$），

受压钢筋选用 2Φ14（$A'_s=308\text{mm}^2$）。

截面配筋见图 4-16。

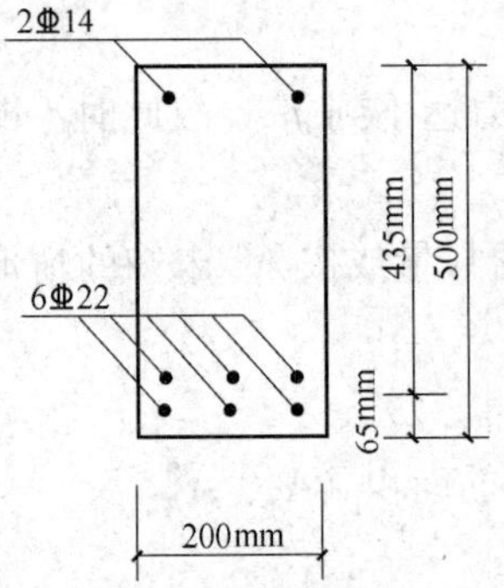

图 4-16 【例 4-3】截面配筋图

【例 4-4】 已知条件同【例 4-3】，但在受压区已配置了 2Φ20（$A'_s=628\text{mm}^2$），求受拉钢筋 A_s。

【解】 因为已知受压钢筋的数量，所以应注意此时 $x\neq\xi_b h_0$，而是一未知量，由于现在只有 x，A_s 两个未知数，故可直接求解。

由式（4-37），

$$x=h_0-\sqrt{h_0^2-\frac{2[M-f'_y A'_s(h_0-a'_s)]}{\alpha_1 f_c b}}$$

$$=435-\sqrt{435^2-\frac{2\times[250\times10^6-360\times628\times(435-40)]}{1\times14.3\times200}}$$

$$=157.8\text{mm}$$

$x=157.8\text{mm}<\xi_b h_0=0.518\times435=225.3\text{mm}$。 不会出现超筋梁；

$x=157.8\text{mm}>2a'_s=2\times40=80\text{mm}$。 受压钢筋可以达到受压设计强度 f'_y。

由式（4-31）

$$A_s=\frac{\alpha_1 f_c bx+f'_y A'_s}{f_y}$$

$$=\frac{1\times14.3\times200\times157.8+360\times628}{360}$$

$=1881.6\text{mm}^2$

选配 5⌀22（$A_s=1900\text{mm}^2$），

截面配筋见图 4-17。

比较【例 4-3】和【例 4-4】的结果可知，因为在【例 4-3】中混凝土受压区高度 x 取最大值 $\xi_b h_0$，故能充分发挥混凝土的抗压能力，使得钢筋的总数量（$A'_s+A_s=297.5+2087.6=2385.1\text{mm}^2$）较【例 4-4】中的钢筋的总数量（$A'_s+A_s=628+1881.6=2509.6\text{mm}^2$）为少。

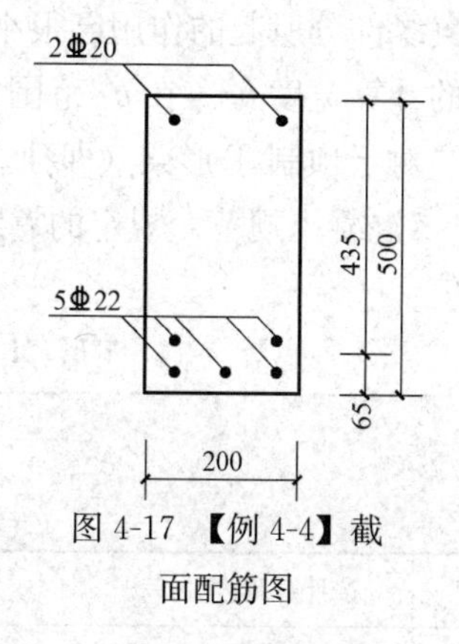

图 4-17 【例 4-4】截面配筋图

五、T形截面受弯构件正截面承载力计算

1. 概述

因为受弯构件产生裂缝后，裂缝截面处的受拉混凝土因开裂而退出工作，拉力可认为全部由受拉钢筋承担，故可将受拉区混凝土的一部分去掉（图 4-18），把原有的纵向受拉钢筋集中布置在腹板，由于在计算中是不考虑混凝土的抗拉作用（即构件的承载力与截面受拉区的形状无关），所以截面的承载力不但与原有截面相同，而且可以节约混凝土减轻构件自重。剩下的梁认为是由两部分组成，一部分称为腹板（$b\times h$），另一部分称为挑出翼缘［$(b'_f-b)\times h'_f$］。

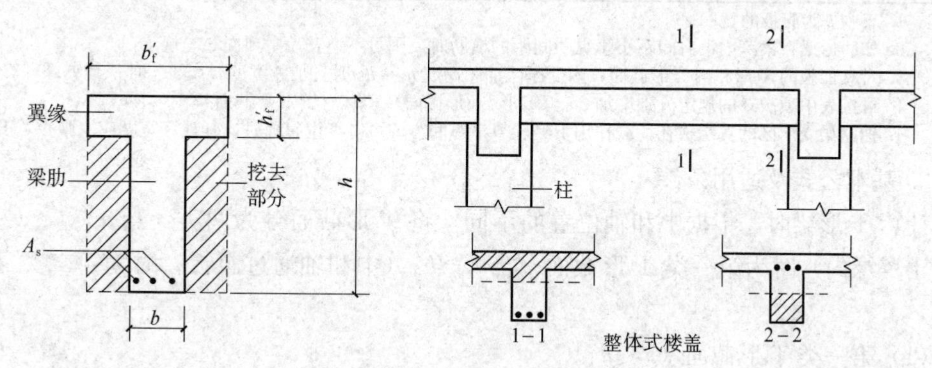

图 4-18 T形截面梁

由于T形截面受力比矩形截面合理，所以T形截面梁在工程实践中的应用十分广泛。例如在整体式肋形楼盖中，楼板和梁浇注在一起形成整体式T形梁。许多预制的受弯构件的截面也常做成T形，预制空心板截面形式是矩形，但将其圆孔之间的部分合并，就是I形截面，故其正截面计算也是按T形截面计算。

值得注意的是，若翼缘处于梁的受拉区，当受拉区的混凝土开裂后，翼缘部分的混凝土就不起作用了，所以这种梁形式上是T形，但在计算时只能按腹板为b的矩形梁计算承载力。所以，判断梁是按矩形还是按T形截面计算，关键是看其受压区所处的部位。若受压区位于翼缘（如图 4-18 的 1—1 截面），则按T形截面计算；若受压区位于腹板（如图 4-18 的 2—2 截面），则应按矩形截面计算。

理论上说，T 形截面的翼缘宽度 b'_f 越大，截面受力性能就越好。因为当截面承受的 M 一定时，b'_f 越大，则受压区高度 x 就越小，内力臂 $\left(h_0-\frac{x}{2}\right)$ 就越大，从而可以减少纵向受拉钢筋的数量。但通过试验和理论分析表明，T 形梁受力后，翼缘上的纵向压应力的分布是不均匀的，离肋部越远数值越小。因此，当翼缘很宽时，考虑到远离肋部的翼缘部分所起的作用已很小，故在实际设计中应把翼缘限制在一定的范围内，称为翼缘的计算宽度 b'_f。在 b'_f 范围内的压应力分布假定是均匀的。

对于预制 T 形梁（即独立梁），设计时应使其实际翼缘宽度不超过 b'_f。

《混凝土规范》规定的翼缘计算宽度 b'_f 见表 4-6。计算 b'_f 时应取表中有关各项的最小值。

T 形、I 形及倒 L 形截面受弯构件翼缘计算宽度 b'_f 表 4-6

情况			T 形、I 形截面		倒 L 形截面
			肋形梁、肋形板	独立梁	肋形梁、肋形板
1	按计算跨度 l_0 考虑		$l_0/3$	$l_0/3$	$l_0/6$
2	按梁(纵肋)净距 S_n 考虑		$b+S_n$	—	$b+S_n/2$
3	按翼缘高度 h'_f 考虑	$h'_f/h_0\geqslant0.1$	—	$b+12h'_f$	—
		$0.1>h'_f/h_0\geqslant0.05$	$b+12h'_f$	$b+6h'_f$	$b+5h'_f$
		$h'_f/h_0<0.05$	$b+12h'_f$	b	$b+5h'_f$

注：1. 表中 b 为腹板的宽度；
2. 如肋形梁在梁跨内设有间距小于纵肋间距的横肋时，则可不遵守表中项次 3 的规定；
3. 对有加腋的 T 形和倒 L 形截面，当受压区加腋高度 $h_h\geqslant h'_f$ 时且加腋宽度 $b_h\leqslant3h_h$ 时，其翼缘计算宽度可按表中项次 3 的规定分别增加 $2b_h$（T 形、I 形截面）和 b_h（倒 L 形截面）；
4. 独立梁受压区的翼缘板在荷载作用下经验算沿纵肋方向可能产生裂缝时，其计算宽度应取腹板宽度 b。

2. 基本公式及适用条件

计算 T 形梁时，根据中和轴位置的不同，将 T 形截面分为两类：当 $x\leqslant h'_f$（中和轴位于翼缘内）时为第一类 T 形截面；当 $x>h'_f$（中和轴通过腹板）时为第二类 T 形截面。

（1）第一类 T 形截面（$x\leqslant h'_f$）

1）基本公式

因为第一类 T 形截面的中和轴通过翼缘，混凝土受压区为矩形（$b'_f\times x$），见图 4-19。所以第一类 T 形截面的承载力和梁宽为 b'_f 的矩形截面梁完全相同，而与受拉区的形状无关（因为不考虑受拉区混凝土承担拉力）。故只要将单筋矩形截面的基本计算公式（4-14）和式（4-15）中的 b 用 b'_f 代替，就可得出第一类 T 形截面的基本计算公式。

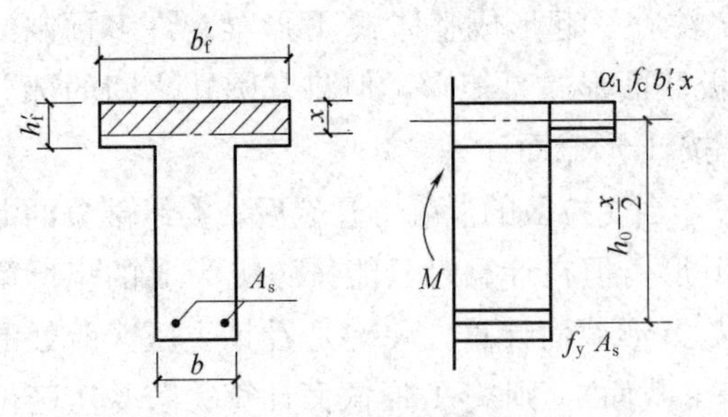

图 4-19 第一类 T 形截面梁计算简图

$$\alpha_1 f_c b'_f x=f_y A_s \tag{4-38}$$

$$M \leqslant M_u = \alpha_1 f_c b'_f x\left(h_0 - \frac{x}{2}\right) \tag{4-39}$$

2）适用条件：

A. 防止超筋梁破坏：

$$x \leqslant \xi_b h_0$$

或
$$\rho \leqslant \rho_{max}$$

由于一般情况下 T 形梁的翼缘高度 h'_f 都小于 $\xi_b h_0$，而第一类 T 形梁的 $x \leqslant h'_f$，所以这个条件通常都能满足，不必验算。

B. 防止少筋梁破坏：

$$\rho \geqslant \rho_{min}$$

注意，由于最小配筋率 ρ_{min} 是由截面的开裂弯矩 M_{cr} 决定的，而 M_{cr} 与受拉区的混凝土有关，故 $\rho = A_s/bh$。ρ_{min} 则依然按矩形截面的数值采用。

（2）第二类 T 形截面（$x > h'_f$）

1）基本公式

因为第二类 T 形截面的混凝土受压区是 T 形，为便于计算，将受压区面积分成两部分：一部分是腹板（$b \times x$）；另一部分是挑出翼缘（$b'_f - b$）$\times h'_f$，见图 4-20。

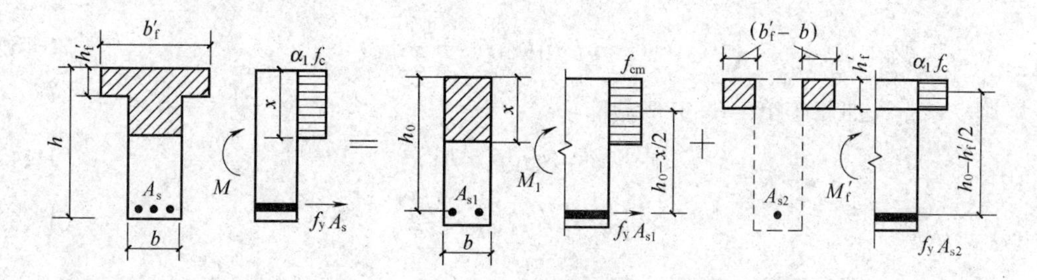

图 4-20　第二类 T 形梁截面计算简图

由 $\sum X = 0$，$\alpha_1 f_c bx + \alpha_1 f_c (b'_f - b) h'_f = f_y A_s$　(4-40)

$$\sum M = 0,\ M \leqslant M_u = \alpha_1 f_c bx\left(h_0 - \frac{x}{2}\right) + \alpha_1 f_c (b'_f - b) h'_f\left(h_0 - \frac{h'_f}{2}\right) \tag{4-41}$$

2）适用条件：

A. 防止超筋梁破坏：

$$x \leqslant \xi_b h_0$$

或
$$\rho_1 = \frac{A_{s1}}{bh_0} \leqslant \rho_{max}$$

其中 A_{s1} 是与腹板受压混凝土相对应的纵向受拉钢筋面积，$A_{s1} = \dfrac{\alpha_1 f_c bx}{f_y}$。

B. 防止少筋梁破坏：

$$\rho \geqslant \rho_{min}$$

由于第二类 T 形截面梁的配筋率较高（否则就不会出现 $x > h'_f$），故此条件一般都能满足，可不必验算。

3. 两种 T 形截面的判别

为了判别 T 形梁应当属于哪一种类型，首先分析一下图 4-21 所示 $x=h'_f$ 时的特殊情况。

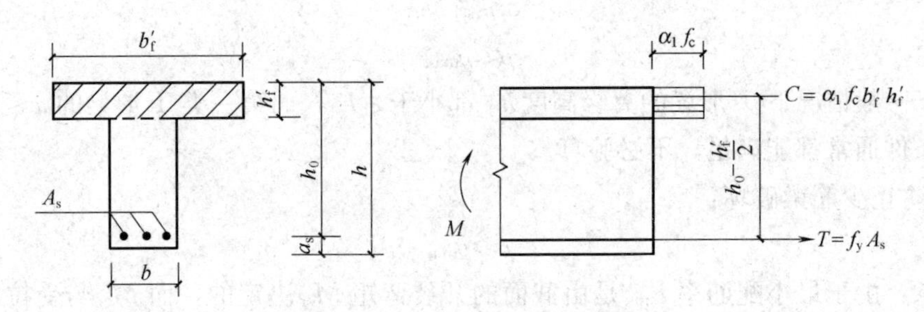

图 4-21　判别 T 形截面类别的计算简图

由　$\sum X=0$　　$\alpha_1 f_c b'_f h'_f = f_y A_s$

$\sum M=0$　　$M=\alpha_1 f_c b'_f h'_f\left(h_0-\frac{h'_f}{2}\right)$

显然，若　　$f_y A_s \leqslant \alpha_1 f_c b'_f h'_f$　　(4-42)

或　　$M \leqslant \alpha_1 f_c b'_f h'_f\left(h_0-\frac{h'_f}{2}\right)$　　(4-43)

则 $x \leqslant h'_f$，即属于第一类 T 形截面。

若　　$f_y A_s > \alpha_1 f_c b'_f h'_f$　　(4-44)

或　　$M > \alpha_1 f_c b'_f h'_f\left(h_0-\frac{h'_f}{2}\right)$　　(4-45)

则 $x > h'_f$，即属于第二类 T 形截面。

式（4-43）或式（4-45）用于设计题的判别（此时 A_s 未知），而式（4-42）或式（4-44）用于复核题的判别（此时 A_s 已知）。

4. 截面设计和截面复核

（1）截面设计

已知：设计弯矩 M、截面尺寸（b、h、b'_f、h'_f）、材料强度（f_c、f_y）。

求：纵向受拉钢筋面积 A_s。

1）第一类 T 形截面

当 $M \leqslant \alpha_1 f_c b'_f h'_f\left(h_0-\frac{h'_f}{2}\right)$ 时，属于第一类 T 形截面。其计算方法与 $b'_f \times h$ 的单筋矩形截面完全相同。

2）第二类 T 形截面

当 $M > \alpha_1 f_c b'_f h'_f\left(h_0-\frac{h'_f}{2}\right)$ 时，属于第二类 T 形截面，其计算步骤与双筋梁类似：

A. 由式（4-41），得

$$x=h_0-\sqrt{h_0^2-\frac{2\left[M-\alpha_1 f_c(b'_f-b)h'_f\left(h_0-\frac{h'_f}{2}\right)\right]}{\alpha_1 f_c b}} \tag{4-46}$$

验算适用条件：应满足 $x \leqslant \xi_b h_0$ 的条件。

B. 将求得的 x 代入式（4-40），得

$$A_s=\frac{\alpha_1 f_c bx+\alpha_1 f_c(b'_f-b)h'_f}{f_y} \tag{4-47}$$

（2）截面复核

已知：截面尺寸（b、h、b'_f、h'_f）、材料强度（f_c、f_y）、纵向受拉钢筋面积 A_s。

求：截面所能承受的弯矩 M_u。

1）第一类 T 形截面

当 $f_y A_s \leqslant \alpha_1 f_c b'_f h'_f$ 时，属于第一类 T 形截面。按 $b'_f \times h$ 的单筋矩形截面计算 M_u。

2）第二类 T 形截面

当 $f_y A_s > \alpha_1 f_c b'_f h'_f$ 时，属于第二类 T 形截面。其 M_u 可按下述方法计算：

由式（4-40）直接求出 x。

若 $x \leqslant \xi_b h_0$，则由式（4-41）求出 M_u。

若 $x > \xi_b h_0$，则应取 $x=\xi_b h_0$ 代入式（4-41）求 M_u。

将求出的 M_u 与 T 形梁实际承受的 M 相比较，若 $M_u \geqslant M$，截面安全；若 $M_u < M$，截面不安全。

5. 计算例题

【例 4-5】 已知一肋形楼盖的次梁，承受的弯矩 $M=120\text{kN}\cdot\text{m}$，梁的截面尺寸为 $b=200\text{mm}$，$h=600\text{mm}$，$b'_f=2000\text{mm}$，$h'_f=80\text{mm}$，混凝土强度等级为 C30，采用 HRB400 级钢筋。

求：纵向受拉钢筋面积 A_s

【解】 查表确定材料强度等级：

$f_c=14.3\text{N/mm}^2$，$f_y=360\text{N/mm}^2$，$f_t=1.43\text{N/mm}^2$

判别 T 形梁类别：

假定受拉钢筋排成一排，$h_0=600-40=560\text{mm}$

$$\alpha_1 f_c b'_f h'_f\left(h_0-\frac{h'_f}{2}\right)=1\times14.3\times2000\times80\times\left(560-\frac{80}{2}\right)$$

$$=1189\times10^6\text{N}\cdot\text{mm}=1189\text{kN}\cdot\text{m}>M=180\text{kN}\cdot\text{m}$$

属于第一类 T 形截面。由单筋矩形截面的公式（4-19）并以 b'_f 代替原式中的 b，可得：

$$x=h_0-\sqrt{h_0^2-\frac{2M}{\alpha_1 f_c b'_f}}=560-\sqrt{560^2-\frac{2\times120\times10^6}{1\times14.3\times2000}}=7.54\text{mm}$$

由公式（4-43）得：

$$A_s=\frac{\alpha_1 f_c b'_f x}{f_y}=\frac{1\times14.3\times2000\times7.54}{360}=599\text{mm}^2$$

选 2 Φ 20（$A_s=628\text{mm}^2$），钢筋布置如图 4-22。

验算最小配筋率：$\rho=\dfrac{A_s}{bh}=\dfrac{628}{200\times600}=0.52\%>\rho_{\min}=0.2\%$ 和 $0.45\dfrac{f_t}{f_y}=0.45\times\dfrac{1.43}{360}=0.179\%$ 满足要求。

【例 4-6】 已知一 T 形截面梁，梁的截面尺寸 $b=200\text{mm}$，$h=600\text{mm}$，$b'_f=400\text{mm}$，$h'_f=100\text{mm}$，混凝土强度等级为 C35，在受拉区已配有 HRB400 级钢筋 5 Φ 22（$A_s=1900\text{mm}^2$）。见图4-23，承受的弯矩设计值 $M=252\text{kN}\cdot\text{m}$，环境类别为一类，试验算截面是否安全。

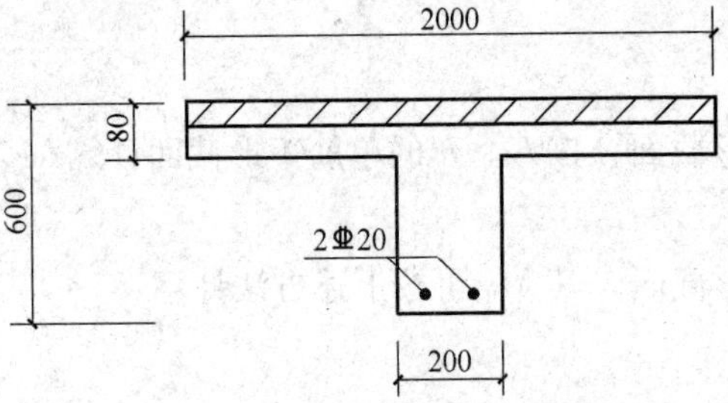

图 4-22 【例 4-5】截面配筋图

单位：mm

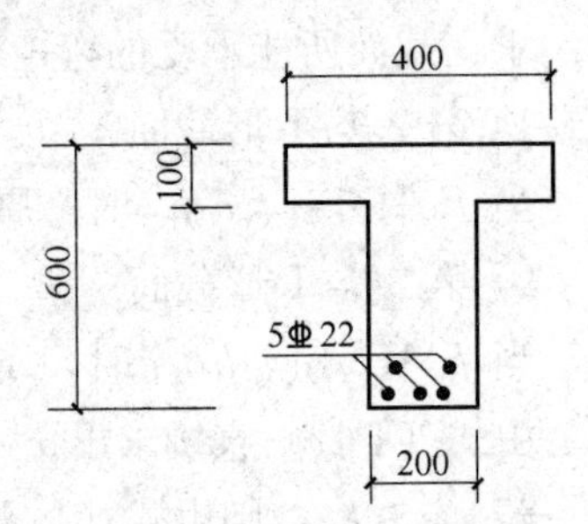

图 4-23 【例 4-6】图

单位：mm

【解】 查表确定材料强度等级：

$f_c=16.7\text{N/mm}^2$，$f_y=360\text{N/mm}^2$，$f_t=1.57\text{N/mm}^2$，$\xi_b=0.518$。

（1）判别 T 形梁类别：

$$h_0=h-a_s=600-65=535\text{mm}$$

$$\alpha_1 f_c b'_f h'_f=1\times16.7\times400\times100=668000\text{N}<f_yA_s=360\times1900=684000\text{N}$$

所以属于第二类 T 形截面。

（2）由式（4-40）求 x

$$x=\frac{f_yA_s-\alpha_1 f_c(b'_f-b)h'_f}{\alpha_1 f_c b}=\frac{360\times1900-1\times16.7\times(400-200)\times100}{1\times16.7\times200}$$

$$=104.8\text{mm}<\xi_b h_0=0.518\times535=277.1\text{mm}。$$

（3）由式（4-41）求 M_u

$$M_u=\alpha_1 f_c bx\left(h_0-\frac{x}{2}\right)+\alpha_1 f_c(b'_f-b)h'_f\left(h_0-\frac{h'_f}{2}\right)$$

$$=1\times16.7\times200\times104.8\times\left(535-\frac{104.8}{2}\right)+1\times16.7\times(400-200)\times100\times\left(535-\frac{100}{2}\right)$$

$$=330.9\times10^6\text{N}\cdot\text{mm}=330.9\text{kN}\cdot\text{m}>M=252\text{kN}\cdot\text{m}$$

所以正截面承载力满足要求。

第四节 斜截面承载力计算

一、概述

受弯构件除了承受弯矩 M 外，一般同时还承受剪力 V 的作用。在 M 和 V 共同作用的区段，弯矩 M 产生的法向应力 σ 和剪力 V 产生的剪应力 τ 将合成主拉应力 σ_{tp} 和主压应力 σ_{cp}，主拉应力 σ_{tp} 和主压应力 σ_{cp} 的轨迹线如图 4-24 所示。

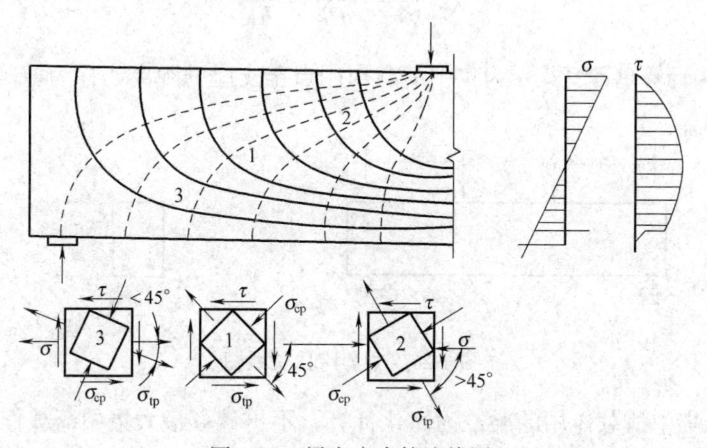

图 4-24 梁主应力轨迹线图

随着荷载的增加，当主拉应力 σ_{tp} 的值超过混凝土复合受力下的抗拉极限强度时，就会在沿主拉应力垂直方向产生斜向裂缝，从而有可能导致构件发生斜截面破坏。

为了防止梁发生斜截面破坏，除了梁的截面尺寸应满足一定的要求外，还需在梁中配置与梁轴线垂直的箍筋（必要时还可采用由纵向钢筋弯起而成的弯起钢筋），以承受梁内产生的主拉应力 σ_{tp}，箍筋和弯起钢筋统称为腹筋。箍筋和纵向受力钢筋、架立钢筋绑扎（或焊接）成刚性的钢筋骨架，使梁内的各种钢筋在施工时能保持正确的位置，如图 4-25 所示。

二、斜截面破坏的主要形态

首先介绍斜截面计算中要用到的两个参数，剪跨比 λ 和配箍率 ρ_{sv}。

1. 剪跨比 λ

剪跨比 λ 是一个无量纲的参数，其定义是：计算截面的弯矩 M 与剪力 V 和相应截面的有效高度 h_0 乘积的比值，称为广义剪跨比。因为弯矩 M 产生正应力，剪力 V 产生剪应力，故式（4-48）的 λ 实质上反映了计算截面正应力和剪应力的比值关系，即反映了梁的应力状态。

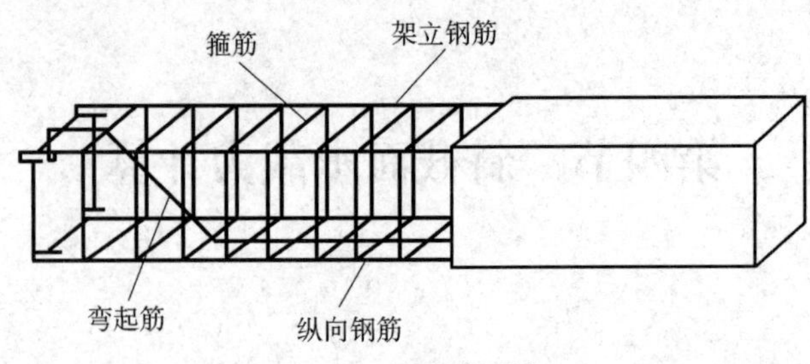

图 4-25　梁钢筋骨架

$$\lambda=\frac{M}{Vh_0} \tag{4-48}$$

对于承受集中荷载的简支梁，如图 4-26 所示，集中荷载作用截面的剪跨比 λ 为：

$$\lambda=\frac{M}{Vh_0}=\frac{Pa}{Ph_0}=\frac{a}{h_0} \tag{4-49}$$

$\lambda=\frac{a}{h_0}$称为计算剪跨比，a 为集中荷载作用点至支座的距离，称为剪跨。

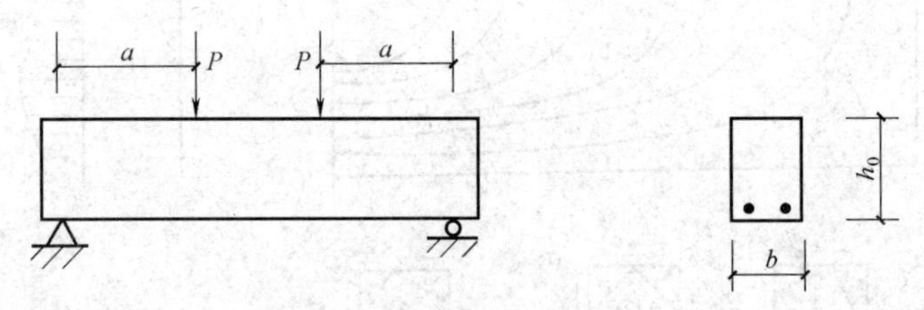

图 4-26　梁剪跨比关系图

对于多个集中荷载作用的梁，为简化计算，不再计算最大集中荷载作用截面的广义剪跨比 M/Vh_0，而直接取该截面到支座的距离作为它的计算剪跨 a，这时的计算剪跨比 $\lambda=a/h_0$ 要低于广义剪跨比，但相差不多，故在计算时均以计算剪跨比进行计算。

2. 配箍率 ρ_{sv}

箍筋截面面积与对应的混凝土面积的比值，称为配箍率（又称箍筋配筋率）ρ_{sv}，

$$\rho_{sv}=\frac{A_{sv}}{bs} \tag{4-50}$$

式中　A_{sv}——配置在同一截面内的箍筋面积总和，$A_{sv}=nA_{sv1}$；

n——同一截面内箍筋的肢数；

A_{sv1}——单肢箍筋的截面面积；

b——截面宽度，若是 T 形截面，则是梁腹宽度；

s——箍筋沿梁轴线方向的间距。

3. 斜截面破坏的三种主要形态

(1) 斜压破坏

这种破坏多发生在剪力大而弯矩小的区段，即剪跨比 λ 较小（$\lambda<1$）时，或剪跨比适中但腹筋配置过多即配箍率 ρ_{sv} 较大时，以及腹板宽度较窄的 T 形或 I 形截面。

发生斜压破坏的过程首先是在梁腹部出现若干条平行的斜裂缝，随着荷载的增加，

梁腹部被这些斜裂缝分割成若干个斜向短柱，最后这些斜向短柱由于混凝土达到其抗压强度而破坏（图 4-27*a*）。这种破坏的承载力主要取决于混凝土强度及截面尺寸，而破坏时箍筋的应力往往达不到屈服强度，钢筋的强度不能充分发挥，且破坏属于脆性破坏，故在设计中应避免。为了防止出现这种破坏，要求梁的截面尺寸不能太小，箍筋不宜过多。

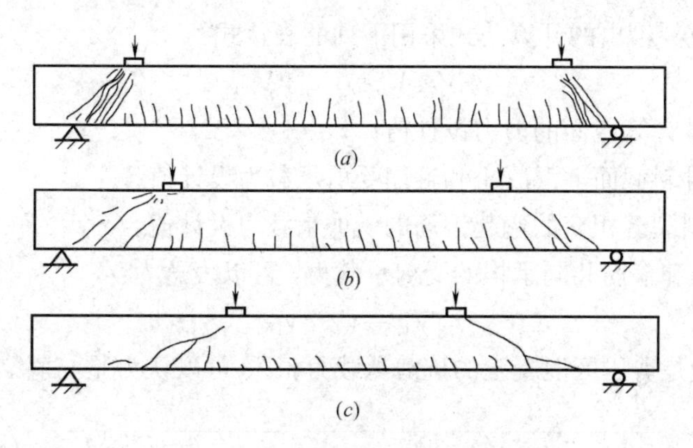

图 4-27 梁斜截面破坏形态

（2）斜拉破坏

这种破坏多发生在剪跨比 λ 较大（$\lambda>3$），或腹筋配置过少即配箍率 ρ_{sv} 较小时。

发生斜拉破坏的过程是一旦梁腹部出现斜裂缝，很快就形成临界斜裂缝，与其相交的梁腹筋随即屈服，箍筋对斜裂缝开展的限制已不起作用，导致斜裂缝迅速向梁上方受压区延伸，梁将沿斜裂缝裂成两部分而破坏（图 4-27*c*）。即使不裂成两部分，也将因临界斜裂缝的宽度过大而不能使用。因为斜拉破坏的承载力很低，并且一裂就破坏，故破坏属于脆性破坏。为了防止出现斜拉破坏，要求梁所配置的箍筋数量不能太少，间距不能过大。

（3）剪压破坏

这种破坏通常发生在剪跨比 λ 适中（$\lambda=1\sim3$），梁所配置的腹筋（主要是箍筋）适当，即配箍率合适时。

这种破坏的过程是：随着荷载的增加，截面出现多条斜裂缝，其中一条延伸长度较大，开展宽度较宽的斜裂缝，称为“临界斜裂缝”。到破坏时，与临界斜裂缝相交的箍筋首先达到屈服强度。最后，由于斜裂缝顶端剪压区的混凝土在压应力、剪应力共同作用下达到剪压复合受力时的极限强度而破坏，梁也就失去承载能力（图 4-27*b*）。梁发生剪压破坏时，混凝土和箍筋的强度均能得到充分发挥，破坏时的脆性性质不如斜压破坏时明显。为了防止剪压破坏，可通过斜截面抗剪承载力计算，配置适量的箍筋来防止。值得注意的是，为了提高斜截面的延性和充分利用钢筋强度，不宜采用高强度的钢筋作箍筋。

三、斜截面受剪承载力计算

1. 计算公式

在梁斜截面的各种破坏形态中，可以通过配置一定数量的箍筋（即控制最小配箍率），且限制箍筋的间距不能太大来防止斜拉破坏；通过限制截面尺寸不能太小（相当于控制最大配箍率）来防止斜压破坏。

对于常见的剪压破坏，因为它们承载能力的变化范围较大，设计时要进行必要的斜截面承载力计算。《混凝土规范》给出的基本计算公式就是根据剪压破坏的受力特征建立的。

《混凝土规范》给出的计算公式采用下列的表达式：

$$V \leqslant V_u = V_{cs} + V_{sb}$$

式中 V——构件计算截面的剪力设计值；

V_{cs}——构件斜截面上混凝土和箍筋受剪承载力设计值；

V_{sb}——与斜裂缝相交的弯起钢筋的受剪承载力设计值。

V_{cs}为混凝土和箍筋共同承担的受剪承载力，可以表达为：

$$V_{cs} = V_c + V_{sv} \tag{4-51}$$

V_c 可以认为是剪压区混凝土的抗剪承载力；V_{sv}可以认为是与斜裂缝相交的箍筋的抗剪承载力。

$$V_{cs} = \alpha_{cv} f_t b h_0 + f_{yv} \frac{A_{sv}}{s} h_0 \tag{4-52}$$

式中 f_t——混凝土轴心抗拉强度设计值；

f_{yv}——箍筋抗拉强度设计值，一般可取 $f_{yv} = f_y$，但当 $f_{yv} > 360\text{N/mm}^2$时，应取 $f_{yv} = 360\text{N/mm}^2$；

α_{cv}——斜截面混凝土受剪承载力系数，对于一般受弯构件取 0.7；对集中荷载作用下（包括作用有多种荷载，其中集中荷载对支座截面或节点边缘所产生的剪力值占总剪力的 75%以上的情况）的独立梁，取：

$$\alpha_{cv} = \frac{1.75}{\lambda + 1}$$

λ 为计算截面的剪跨比，$\lambda = \frac{a}{h_0}$，当 $\lambda < 1.5$ 时取 1.5；当 $\lambda > 3$ 时取 3，a 取集中荷载作用点至支座截面或节点边缘的距离。

需要指出的是，虽然公式（4-51）中抗剪承载力 V_{cs}表达成剪压区混凝土抗剪能力 V_c 和箍筋的抗剪能力 V_{sv}二项相加的形式，但 V_c 和 V_{sv}之间有一定的联系和影响。即是说，若不配置箍筋的话，则剪压区混凝土的抗剪承载力并不等于式（4-51）或式(4-52)中的第一项，而是要低于第一项计算出来的值。这是因为配置了箍筋后，限制了斜裂缝的发展，从而也就提高了混凝土项的抗剪能力。

如梁内配置了弯起钢筋，则其抗剪承载力 V_{sb}表达式为：

$$V_{sb} = 0.8 f_{yv} A_{sb} \sin\alpha_s \tag{4-53}$$

式中 f_{yv}——弯起钢筋的抗拉强度设计值；

A_{sb}——弯起钢筋的截面面积；

α_s——弯起钢筋与梁轴间的角度，一般取 45°，当梁高 $h > 700\text{mm}$ 时，取 60°；

0.8——考虑到靠近剪压区的弯起钢筋在破坏时可能达不到抗拉强度设计值的应

力不均匀系数。

因此，梁内配有箍筋和弯起钢筋的斜截面抗剪承载力计算公式为：

对于矩形、T形、I形截面的一般受弯构件：

$$V \leqslant V_u = 0.7 f_t b h_0 + f_{yv} \frac{A_{sv}}{s} h_0 + 0.8 f_{yv} A_{sb} \sin\alpha_s \tag{4-54}$$

对主要承受集中荷载作用为主的独立梁：

$$V \leqslant V_u = \frac{1.75}{\lambda+1} f_t b h_0 + f_{yv} \frac{A_{sv}}{s} h_0 + 0.8 f_{yv} A_{sb} \sin\alpha_s \tag{4-55}$$

2. 计算公式的适用范围——上、下限值

(1) 上限值——最小截面尺寸及最大配箍率

当配箍率超过一定的数值，即箍筋过多时，箍筋的拉应力达不到屈服强度，梁斜截面抗剪能力主要取决于截面尺寸及混凝土的强度等级，而与配箍率无关。此时，梁将发生斜压破坏。因此，为了防止配箍率过高（即截面尺寸过小），避免斜压破坏，《混凝土规范》规定了上限值。

对矩形、T形和I形截面的受弯构件，其受剪截面需符合下列条件：

当$\frac{h_w}{b} \leqslant 4$时（即一般梁）：

$$V \leqslant 0.25 \beta_c f_c b h_0 \tag{4-56}$$

当$\frac{h_w}{b} \geqslant 6$时（即薄腹梁）：

$$V \leqslant 0.20 \beta_c f_c b h_0 \tag{4-57}$$

当$4 < \frac{h_w}{b} < 6$时：

按线性内插法确定。

式中 V——截面最大剪力设计值；

b——矩形截面的宽度，T形、I形截面的腹板宽度；

h_w——截面的腹板高度。矩形截面取有效高度h_0；T形截面取有效高度减去翼缘高度，I形截面取腹板净高；

f_c——混凝土轴心抗压强度设计值；

β_c——混凝土强度影响系数：当混凝土强度等级不超过C50时，$\beta_c = 1.0$；当混凝土强度等级为C80时，$\beta_c = 0.8$；其间按线性内插法确定。

式（4-56）～式（4-57）相当于限制了梁截面的最小尺寸及最大配箍率，如果上述条件不满足的话，则应加大截面尺寸或提高混凝土的强度等级。

对于I形和T形截面的简支受弯构件，当有经验时，公式（4-56）可取为：

$$V \leqslant 0.30 \beta_c f_c b h_0 \tag{4-58}$$

(2) 下限值——最小配箍率$\rho_{sv,min}$

若箍筋配箍率过小，即箍筋过少，或箍筋的间距过大，一旦出现斜裂缝，箍筋的拉应力会立即达到屈服强度，不能限制斜裂缝的进一步开展，导致截面发生斜拉破坏。因此，为了防止出现斜拉破坏，箍筋的数量不能过少，间距不能太大。为此，《混凝土规范》规定了箍筋配箍率的下限值（即最小配箍率）为：

$$\rho_{sv,min}=\left(\frac{A_{sv}}{bs}\right)_{min}=0.24\frac{f_t}{f_{yv}} \tag{4-59}$$

（3）按构造配箍筋

若符合下列条件：

对于矩形、T形、I形截面的一般受弯构件：

$$V\leqslant 0.7f_tbh_0 \tag{4-60}$$

对主要承受集中荷载作用为主的独立梁：

$$V\leqslant\frac{1.75}{\lambda+1}f_tbh_0 \tag{4-61}$$

均可不进行斜截面的受剪承载力计算，而仅需根据《混凝土规范》的有关规定，按最小配箍率及构造要求配置箍筋。

3. 计算位置

在计算受剪承载力时，计算截面的位置按下列规定确定：

（1）支座边缘处的截面。这一截面属必须计算的截面，因为支座边缘的剪力值是最大的。

（2）受拉区弯起钢筋弯起点的截面。因为此截面的抗剪承载力不包括相应弯起钢筋的抗剪承载力。

（3）箍筋直径或间距改变处的截面。在此截面箍筋的抗剪承载力有所变化。

（4）截面腹板宽度改变处。在此截面混凝土项的抗剪承载力有所变化。

4. 板类受弯构件

由于板所受到的剪力较小，所以一般不需依靠箍筋来抗剪，因而板的截面高度对不配箍筋的钢筋混凝土板的斜截面受剪承载力的影响就较为显著。因此，对于不配置箍筋和弯起钢筋的一般板类受弯构件，其斜截面受剪承载力应按下列公式计算：

$$V=0.7\beta_hf_tbh_0 \tag{4-62}$$

$$\beta_h=\left(\frac{800}{h_0}\right)^{1/4} \tag{4-63}$$

式中 β_h——截面高度影响系数，当 h_0＜800mm时，取 h_0＝800mm；当 h_0＞2000mm时，取 h_0＝2000mm。

5. 计算例题

【例4-7】 一钢筋混凝土矩形截面简支梁，其支承条件及跨度如图4-28所示，作用于梁上的均布恒载标准值（包括自重）为 $g_k=23\text{kN/m}$，均布活载标准值 $q_k=56\text{kN/m}$，梁截面尺寸 b＝200mm，h＝450mm，按正截面计算已配置3 ⌀ 20的纵向受力钢筋，混凝土强度等级为C30（$f_c=14.3\text{N/mm}^2$，$f_t=1.43\text{N/mm}^2$，$\beta_c=1.0$），箍筋为HRB400级钢筋（$f_y=360\text{N/mm}^2$），环境类别为一类，试确定箍筋的数量。

【解】（1）内力计算

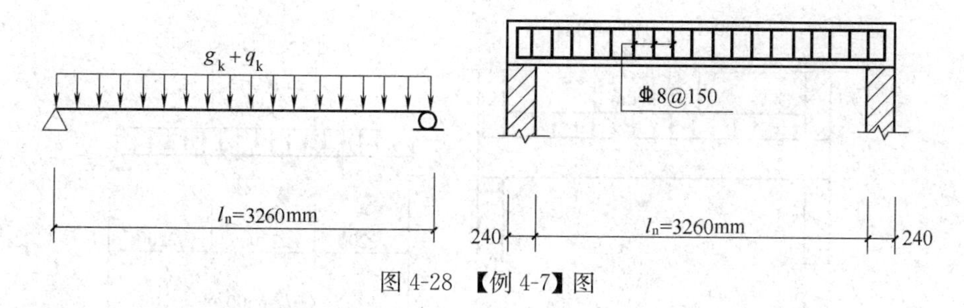

图 4-28 【例 4-7】图

支座边缘处的最大剪力设计值

$$V=\frac{1}{2}ql_n=\frac{1}{2}(1.2\times23+1.4\times56)\times3.26=172.8\text{kN}$$

（2）验算截面尺寸

$h_0=450-40=410\text{mm}$，$\frac{h_w}{b}=\frac{410}{200}=2.05<4$，属一般梁

$0.25\beta_c f_c bh_0=0.25\times1\times14.3\times200\times410=293.2\text{kN}>V=172.8\text{kN}$ 截面尺寸满足要求。

$0.7f_t bh_0=0.7\times1.43\times200\times410=82.1\text{kN}<V=172.8\text{kN}$ 需要按计算配箍筋。

（3）由抗剪承载力公式（4-54）计算箍筋（其中弯起钢筋项无）：

$$V=0.7f_t bh_0+f_{yv}\frac{A_{sv}}{s}h_0$$

$$\frac{A_{sv}}{s}=\frac{V-0.7f_t bh_0}{f_{yv}h_0}=\frac{172.8\times10^3-82.1\times10^3}{360\times410}=0.614$$

选用双肢箍（$n=2$），Φ 8，$A_{sv1}=50.3\text{mm}^2$，则

$$\frac{A_{sv}}{s}=\frac{nA_{sv1}}{s}=\frac{2\times50.3}{s}=0.614$$

则
$$s=\frac{2\times50.3}{0.614}=163.8\text{mm}$$

取 $s=150\text{mm}$。即箍筋采用Φ 8@150。

（4）验算最小配筋率

配箍率 $\rho_{sv}=\frac{A_{sv}}{bs}=\frac{2\times50.3}{200\times150}=0.335\%$

$$>\rho_{sv,\min}=0.24\frac{f_t}{f_{yv}}=0.24\times\frac{1.43}{360}=0.095\%$$ 满足要求。

【例 4-8】 一钢筋混凝土矩形截面简支梁，梁截面尺寸 $b=200\text{mm}$，$h=450\text{mm}$，其跨度及荷载设计值（包括自重）如图 4-29 所示，由正截面强度计算配置了 5 Φ 22，混凝土为 C30，箍筋采用 HRB400 级钢筋，环境类别为一类，求所需的箍筋数量。

【解】（1）计算支座边剪力值

由均布荷载 $g+q$ 在支座边产生的剪力设计值为：

$$V_{(g+q)}=\frac{1}{2}\times7\times6.6=23.1\text{kN}$$

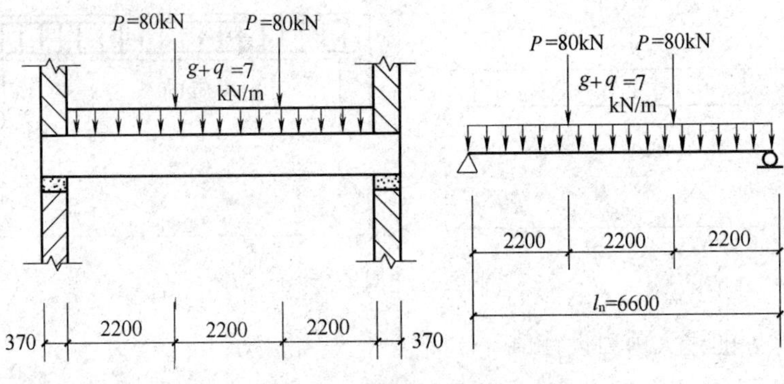

图 4-29 【例 4-8】图（长度单位：mm）

由集中荷载 P 在支座边产生的剪力设计值为：

$$V_P = P = 80\text{kN}$$

支座边总剪力设计值为：

$$V = V_{(g+q)} + V_P = 23.1 + 80 = 103.1\text{kN}$$

集中荷载在支座边产生的剪力 V_P 占支座边总剪力 V 的百分比为：

$$\frac{V_P}{V} = \frac{80}{103.1} = 78\% > 75\%,$$

所以应考虑剪跨比的影响。

（2）复核截面尺寸

纵向钢筋配置了 5 ⌀ 22，需按两层布置，

故 $h_0 = h - 65 = 450 - 65 = 385\text{mm}$

$$\frac{h_w}{b} = \frac{h_0}{b} = \frac{385}{200} = 1.93 < 4$$

$0.25\beta_c f_c b h_0 = 0.25 \times 1 \times 14.3 \times 200 \times 385 = 275275\text{N} = 275.3\text{kN} > V = 103.1\text{kN}$

截面尺寸满足要求。

（3）计算剪跨比 λ

$$\lambda = \frac{a}{h_0} = \frac{2200}{385} = 5.71 > 3$$

取 $\lambda = 3$

（4）验算是否需按计算配箍筋

$$\frac{1.75}{\lambda + 1.0} f_t b h_0 = \frac{1.75}{3 + 1.0} \times 1.43 \times 200 \times 385 = 48.2\text{kN} < V = 103.1\text{kN}$$

需要按计算配置箍筋。

（5）计算箍筋数量

由式（4-55）（其中弯起钢筋项无）得：

$$\frac{A_{sv}}{s} = \frac{nA_{sv1}}{s} = \frac{V - \frac{1.75}{\lambda + 1.0} f_t b h_0}{f_{yv} h_0} = \frac{103.1 \times 10^3 - 48.2 \times 10^3}{360 \times 385} = 0.396\text{mm}^2/\text{mm}$$

选用箍筋为双肢箍：$n = 2$，直径⌀ 8（$A_{sv1} = 50.3\text{mm}^2$），

$$s=\frac{2\times50.3}{0.396}=254\text{mm}$$

取 $s=200\text{mm}\leqslant S_{max}=200\text{mm}$

S_{max}见表 4-10。

即箍筋采用Φ 8@200，沿梁全长均匀布置，见图 4-30。

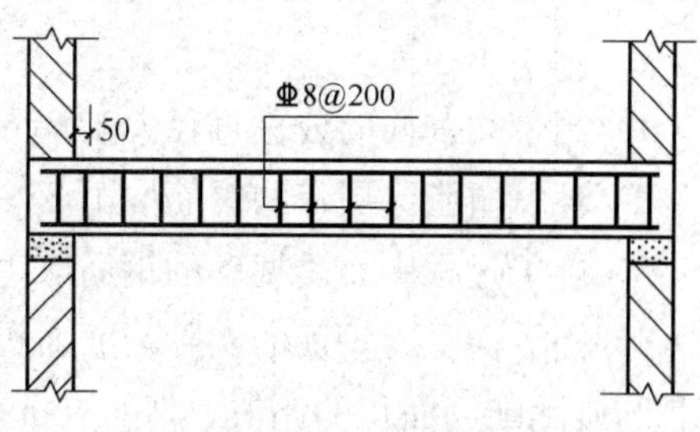

图 4-30 【例 4-8】配箍筋图
（长度单位：mm）

（6）验算最小配箍率

最小配箍率 $\rho_{sv,min}=0.24\dfrac{f_t}{f_{yv}}=0.24\times\dfrac{1.43}{360}=0.095\%<\rho_{sv}=\dfrac{A_{sv}}{bs}=\dfrac{2\times50.3}{200\times200}=0.252\%$，满足要求。

四、钢筋的锚固长度

为了使钢筋和混凝土能可靠地一起工作、共同受力，钢筋在混凝土中必须有可靠的锚固。钢筋锚固长度的定义是：受力钢筋依靠其表面与混凝土的粘结作用或端部构造的挤压作用而达到设计承受应力所需的长度。钢筋在混凝土中的锚固长度应满足《混凝土规范》的要求。

1. 受拉钢筋的锚固

当计算中充分利用钢筋的抗拉强度时，受拉钢筋的锚固长度 l_{ab}应按下列公式计算：

普通钢筋

$$l_{ab}=\alpha\frac{f_y}{f_t}d \tag{4-64}$$

预应力钢筋

$$l_{ab}=\alpha\frac{f_{py}}{f_t}d \tag{4-65}$$

式中　l_{ab}——受拉钢筋的基本锚固长度；

f_y、f_{py}——普通钢筋、预应力钢筋的抗拉强度设计值；

f_t——混凝土轴心抗拉强度设计值；当混凝土强度等级高于 C60 时，按 C60 取值；

d——锚固钢筋的直径；

α——锚固钢筋的外形系数，按表 4-7 取用。

钢筋的外形系数　　表 4-7

钢筋类型	光面钢筋	带肋钢筋	螺旋肋钢丝	三股钢绞线	七股钢绞线
α	0.16	0.14	0.13	0.16	0.17

注：光面钢筋末端应做 180°弯钩，弯后平直段长度不应小于 3d，但做受压钢筋时可不做弯钩。

受拉钢筋的锚固长度应根据锚固条件按下列公式计算，且不应小于 200mm：

$$l_a=\zeta_a l_{ab} \tag{4-66}$$

l_a——受拉钢筋的锚固长度；

ζ_a——锚固长度修正系数；纵向受拉普通钢筋的锚固长度修正系数 ζ_a 应按下列规定取用：

1）当带肋钢筋的公称直径大于 25mm 时取 1.10；

2）环氧树脂涂层带肋钢筋取 1.25；

3）施工过程中易受扰动的钢筋取 1.10；

4）当纵向受力钢筋的实际配筋面积大于其设计计算面积时，修正系数取设计计算面积与实际配筋面积的比值，但对有抗震设防要求及直接承受动力荷载的结构构件，不应考虑此项修正；

5）锚固钢筋的保护层厚度为 $3d$ 时修正系数可取 0.80，保护层厚度为 $5d$ 时修正系数可取 0.70，中间按内插取值，此处 d 为锚固钢筋的直径。

上述系数取值多于一项时，可按连乘计算，但不应小于 0.6；对预应力筋，可取 1.0。

梁柱节点中纵向受拉钢筋的锚固要求应按《混凝土规范》中的相应规定执行。

当锚固钢筋的保护层厚度不大于 $5d$ 时，锚固长度范围内应配置横向构造钢筋，其直径不应小于 $d/4$，对梁、柱、斜撑等构件间距不应大于 $5d$，对板、墙等平面构件间距不应大于 $10d$，且均不应大于 100mm，此处 d 为锚固钢筋的直径。

当纵向受拉普通钢筋末端采用弯钩或机械锚固措施时，包括弯钩或锚固端头在内的锚固长度（投影长度）可取为基本锚固长度 l_{ab} 的 60%。

2. 受压钢筋的锚固

混凝土结构中的纵向受压钢筋，当计算中充分利用其抗压强度时，锚固长度不应小于相应受拉锚固长度的 70%。

其余规定详见《混凝土规范》有关条文。

五、纵向钢筋的弯起和截断

在进行梁的设计中，纵向钢筋和箍筋通常都是由梁控制截面的内力根据梁正截面和斜截面的承载力计算公式确定，这只能说明梁控制截面的承载力是足够的。由于梁的纵向受力钢筋在布置过程中经常会碰到弯起、截断等一系列问题，从而可能导致梁在弯矩不是最大的截面上发生正截面破坏。同样，由于截面变化、箍筋间距变化、有无弯筋等因素的影响，也可能导致梁在剪力不是最大的截面发生斜截面破坏。因此，纵向钢筋的弯起和截断必须满足一定的构造要求。

1. 材料图（抵抗弯矩图）M_u

材料图是按照实际配置的纵向钢筋布置绘制的梁各正截面所能抵抗的弯矩图。如果抵抗弯矩图包住设计弯矩（荷载产生）图，即 $M_u \geqslant M$ 时，就能保证正截面的抗弯承载力。同时，M_u 与 M 图越接近，则纵向钢筋强度就利用得越充分。

图 4-31 所示的钢筋混凝土简支梁在均布荷载设计值 q（kN/m）作用下，其跨中最

大弯矩为 $M_{\max}=\frac{1}{8}ql^2$，据此根据正截面强度计算配置了 4ϕ20 的纵向受拉钢筋，则此梁跨中截面的抵抗弯矩为 M_u，如全部纵向钢筋沿梁长既不截断也不弯起而全部伸入支座的话，则此梁沿长度方向每个截面能够承受的弯矩都是 M_u。由于所配钢筋是根据跨中最大弯矩得出的，显然，这样做构造虽然简单，但仅在跨中截面钢筋强度得以充分发挥，而在其他截面，因为弯矩的数值比 $M_{\max}$ 小，所以其他截面的钢筋强度都不能得到充分的作用，特别是在支座附近，荷载产生的弯矩已经很小，根本不需按跨中截面所需的钢筋来配置，故这种配筋方式只适用于小跨度的构件。对于跨度较大的构件，为了节约钢筋或尽量发挥钢筋的作用，可将一部分的纵向钢筋在弯矩较小（即受弯承载力需要较小）的地方截断或弯起（用作受剪的弯筋或用来承担支座的负弯矩）。但这时需要考虑的问题是如何才能保证正截面和斜截面的受弯承载力要求（即要合理确定截断和弯起钢筋的数量和位置），以及如何保证钢筋的粘结锚固要求。这些问题可以通过画抵抗弯矩图来解决。

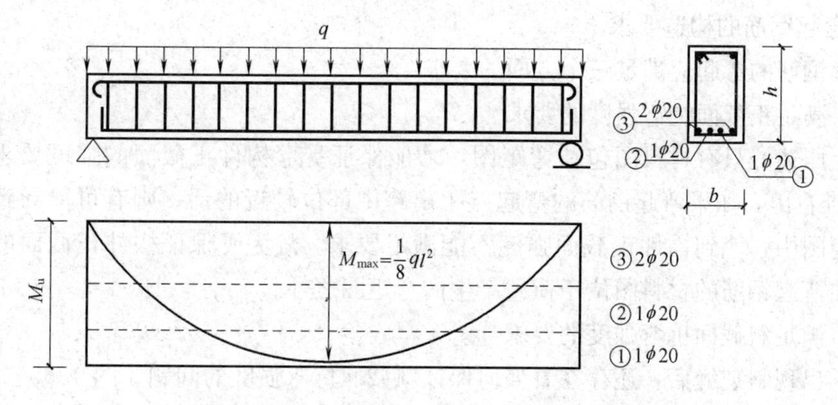

图 4-31 简支梁纵筋全部伸入支座的 M_u 图

如图 4-32，首先根据跨中截面纵筋 4ϕ20 所能承担的抵抗弯矩 M_u 按钢筋的截面面积比例划分出每根钢筋所能抵抗的弯矩，即认为钢筋所能承受的弯矩和其截面积成正比。图中每条钢筋的材料图都和弯矩图相交二点，例如①号钢筋的材料图和弯矩图相交于 a、b 两点，其中 a 点称为①号钢筋的“充分利用点”，b 点称为①号钢筋的“理论断点”，同时 b 点又是②号钢筋的“充分利用点”，c 点则是②号钢筋的“理论断点”，同时 c 点又是③号钢筋的“充分利用点”，以此类推。

如果将①号钢筋在 E 点弯起，弯起钢筋与梁轴线的交点为 F，则由于钢筋的弯起，梁所能承担的弯矩将会减少，但①号钢筋在自弯起点 E 弯起后并不是马上进入受压区，故其抵抗弯矩的能力并不会立即失去，而是逐步过渡到 F 点才完全失去抵抗弯矩能力，所以①号钢筋弯起部分的材料图是一斜线（$e\rightarrow f$）。同理，②号钢筋的弯起点是 G 点，它要到 H 点才完全失去抵抗弯矩的能力，其材料图是斜线（$g\rightarrow h$）部分。因此，梁任一截面的抗弯能力都可以通过材料图直接看出，只要材料图包在弯矩图之外，就说明梁正截面的抗弯能力能够得到保证。

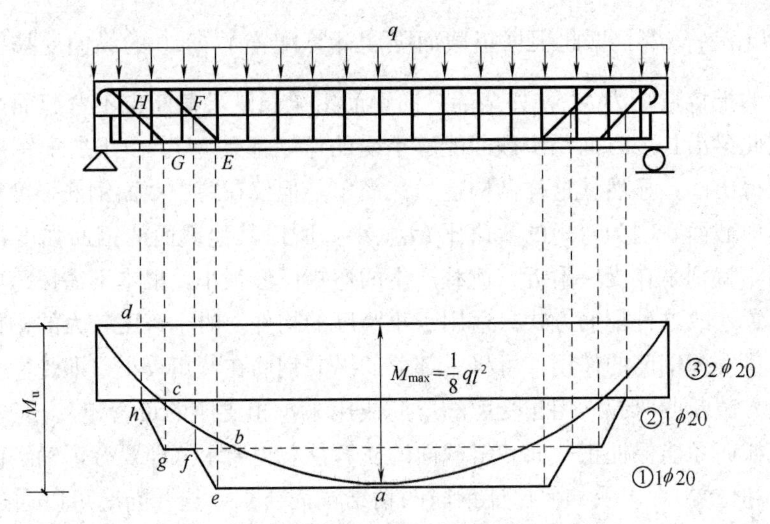

图 4-32 纵向钢筋截断及弯起的材料图形

2. 弯起钢筋的构造要求

弯起钢筋的弯起应满足三个方面的要求：

（1）满足正截面抗弯强度的要求

如上所述，只有材料图包住弯矩图，才能保证受弯构件正截面的强度要求。由图 4-32 不难看出，如果弯起钢筋的弯起点距离跨中部位较近的话，则有可能导致材料图切入弯矩图中，使到构件正截面强度不能满足要求。故为了保证构件正截面的强度要求，应使弯起钢筋的材料图位于荷载产生的弯矩图之外。

（2）满足斜截面抗弯强度的要求

当梁出现斜裂缝后，还存在着如何保证斜截面抗弯强度的问题。图 4-33（a）为所研究的梁，图 4-33（b）为梁未开裂前正截面受弯承载力的截面简图，在截面 $B—B'$ 处，按正截面强度计算配置了纵向钢筋 A_s，B 点为钢筋 A_s 的充分利用截面，弯起钢筋在 K 处弯起 A_{sb}，弯起点距充分利用点的距离为 s_1，余下的钢筋（A_s-A_{sb}）伸入梁支座。由对 O 点的力矩平衡条件可得正截面 $B—B'$ 的受弯承载力为：

$$V\cdot a=f_yA_sz \tag{4-67}$$

当梁出现斜裂缝后，由图 4-33（c），同样由对 O 点的力矩平衡条件，可得斜截面 $B'C$ 的受弯承载力为：

$$V\cdot a=f_y(A_s-A_{sb})z+f_yA_{sb}z_{sb} \tag{4-68}$$

在式（4-67）和式（4-68）中，等号左边是荷载产生的外弯矩（均等于 $V\cdot a$）。显然，只有斜截面受弯承载力不小于正截面受弯承载力，即式（4-68）的右边不小于式（4-67）右边时，才能保证斜截面受弯承载力满足要求。比较上述两式，相当于应满足 $z_{sb}\geqslant z$。由图 4-33（a）得：

$$z_{sb}=(s_1+z\text{ctg}\alpha_s)\sin\alpha_s=s_1\sin\alpha_s+z\cos\alpha_s$$

故：

$$s_1\sin\alpha_s+z\cos\alpha_s\geqslant z$$

即：

$$s_1\geqslant z(1-\cos\alpha_s)/\sin\alpha_s$$

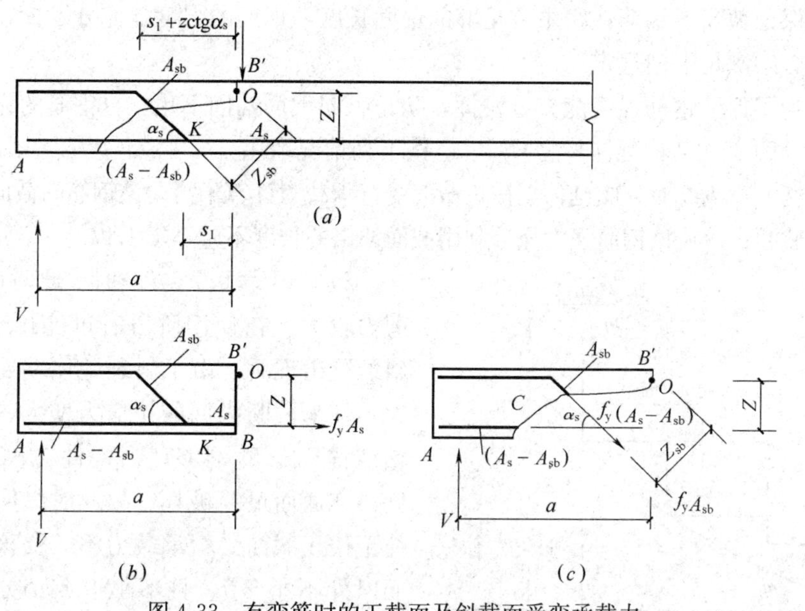

图 4-33 有弯筋时的正截面及斜截面受弯承载力

弯起钢筋的弯起角度 α_s 通常取 45°或 60°，近似取 $z=0.9h_0$，则 $a\geqslant$（0.37～0.52）h_0。《混凝土规范》为了简化，并偏于安全地取：

$$s_1\geqslant 0.5h_0 \tag{4-69}$$

因此，在确定弯起钢筋的弯起位置时，为了满足斜截面受弯承载力的要求，弯起点必须距该钢筋的充分利用点至少有 $0.5h_0$ 的距离。

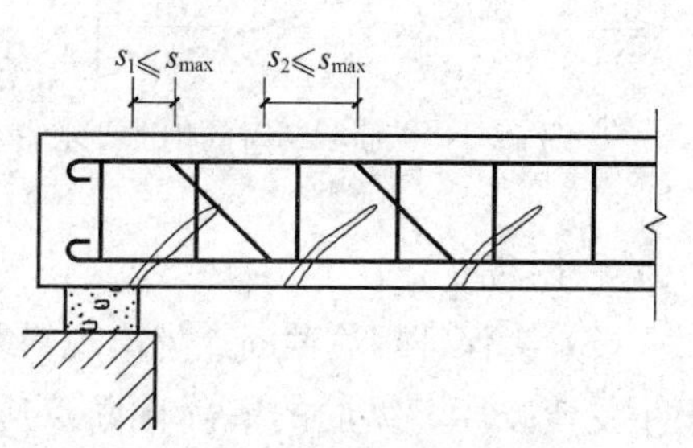

图 4-34 弯起钢筋的构造要求

（3）满足斜截面抗剪强度的要求

弯起钢筋的主要目的就是承担剪力，因此对弯起钢筋的布置有所要求。即从支座边缘到第一排弯筋的弯终点的距离 s_1。及第一排弯筋的始弯点到第二排弯筋的终弯点的距离 s_2，均应小于表 4-10 所规定的箍筋最大间距，见图 4-34。

3. 纵向钢筋的截断

由于梁的纵向钢筋是根据跨中或支座的最大弯矩设计值，按照正截面承载力计算配置的。由于受弯构件的 M 图是变化的，离开跨中或支座后，正（或负）弯矩值就很快减小，故纵向钢筋的数量也应随之变化进行切断或弯起。当纵向受拉钢筋在跨间截断时，由于钢筋面积的突然减少，使混凝土内的拉力突然增大，使得在纵向钢筋截断处出现过早和过宽的弯剪裂缝，从而可能降低构件的承载力。因此，《混凝土规范》规定纵向受拉钢筋不宜在受拉区截断。也即对于梁底部承受正弯矩的纵向受拉钢筋，通常不宜在跨中截面截断，而是将计算上不需要的钢筋弯起作为支座截面承受负弯矩的钢筋，或是作为抗剪的弯起钢筋。而对于连续梁、框架梁构件，为了合理配筋，一般应根据弯矩图的变化，将其支座承受负弯矩的钢筋在跨中分批截断。

为了保证截断的钢筋在跨中有足够的锚固长度，钢筋的强度能充分发挥，纵向钢筋截断时，必须满足下列规定：

（1）为了保证钢筋强度能充分发挥，防止纵向钢筋锚固不足，自钢筋的充分利用点至截断点的距离（又称延伸长度）l_d，应按下列情况取用：

1）$V \leqslant 0.7f_tbh_0$ 时，应延伸至按正截面受弯承载力计算不需要该钢筋的截面以外不小于 $20d$ 处截断；且从该钢筋强度充分利用截面伸出的长度不应小于 $1.2l_a$。

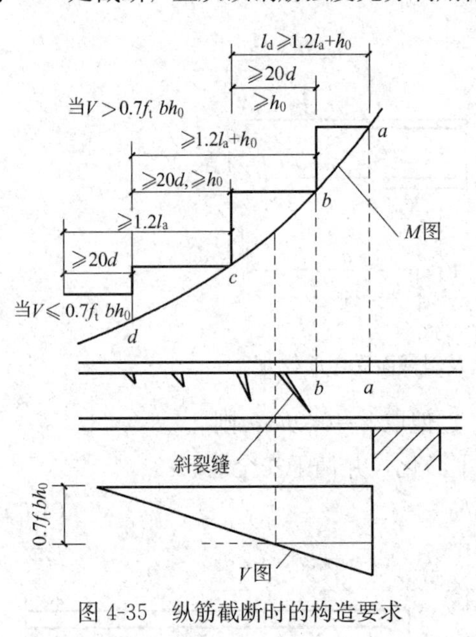

图 4-35　纵筋截断时的构造要求

2）当 $V \geqslant 0.7f_tbh_0$ 时，此时由于弯矩、剪力较大，在使用阶段有可能出现斜裂缝。斜裂缝出现后，由于斜裂缝顶端处的弯矩加大，使未截断纵筋的拉应力增大，若纵筋的粘结锚固长度不够，则构件会因裂缝的发展，连通而最终破坏。故此时纵向钢筋应延伸至按正截面受弯承载力不需要该钢筋的截面以外不小于 h_0 且不小于 $20d$ 处截断；且从该钢筋强度充分利用截面伸出的长度不应小于 $1.2l_a+h_0$。

3）若按上述规定确定的截断点仍位于负弯矩受拉区内，则应延伸至按正截面受弯承载力计算不需要该钢筋的截面以外不小于 $1.3h_0$ 且不小于 $20d$ 处截断，且从该钢筋强度充分利用截面伸出的延伸长度不应小于 $1.2l_a+1.7h_0$。

（2）为保证理论截断点处出现斜裂缝时钢筋的强度能充分利用，不致出现沿斜截面发生受弯破坏，纵筋的实际截断点应延伸至理论截断点以外，其延伸长度不应小于 $20d$，如图 4-35 所示。这是因为从理论上讲，若单纯从正截面抗弯考虑，纵向钢筋在其理论断点处截断似乎无可非议，但事实上，当钢筋在理论断点处截断后，必然导致该处混凝土的拉应力突增，从而有可能在切断处过早地出现斜裂缝，使该处纵筋的拉应力增大，但该处未切断纵筋的强度是被充分利用的，故这时纵筋的实际拉应力就有可能超过其抗拉强度，造成梁的斜截面受弯破坏。因而纵筋必须从理论断点向外延伸一个长度后再切断。这样，若在纵筋的实际切断处再出现斜裂缝，则因该处未切断部分的纵筋强度并未被充分利用，因而就能承担因斜裂缝出现而增大的弯矩，从而使斜截面的受弯承载力得以保证。

综上所述，纵向受拉钢筋的切断点必须同时满足离该钢筋充分利用点截面处 $\geqslant 1.2l_a$（或 $1.2l_a+h_0$）及离该钢筋理论断点截面处 $\geqslant 20d$，通过这两方面的控制来保证纵筋有足够的锚固长度和斜截面有足够的抗弯能力。

在钢筋混凝土悬臂梁中，应有不少于两根上部钢筋伸至悬臂梁外端，并向下弯折不小于 $12d$；其余钢筋不应在梁的上部截断，而应向下弯折，并符合弯起钢筋的构造要求。

六、钢筋构造要求的补充

1. 纵向钢筋在支座处的锚固

（1）简支支座

简支梁在支座边缘处发生斜裂缝时，该处纵向钢筋的应力会突然增大，这时梁的受弯承载力取决于纵筋在支座中的锚固，如果纵筋伸入支座的锚固长度不够的话，往往会使纵筋滑移，钢筋与混凝土的相对滑移将使斜裂缝宽度显著增大，甚至使纵筋从混凝土中拔出而造成锚固破坏。为了防止这种破坏，《混凝土规范》规定钢筋混凝土简支梁和连续梁简支端的下部纵向受力钢筋伸入梁的支座范围内的锚固长度 l_{as}（如图 4-36）应符合下列条件：

当 $V \leqslant 0.7 f_t b h_0$ 时，$l_{as} \geqslant 5d$

当 $V > 0.7 f_t b h_0$ 时，

对带肋钢筋　　　$l_{as} \geqslant 12d$

对光圆钢筋　　　$l_{as} \geqslant 15d$

d 为钢筋的最大直径。

光圆钢筋锚固长度的末端（包括跨中截断钢筋及弯起钢筋）均应设置标准弯钩，标准弯钩构造要求见图 4-37，为了利用支座处压应力对粘结强度的有利影响，并防止角部纵筋弯钩外侧保护层混凝土的崩裂，可将钢筋弯钩向内侧平放。当纵向钢筋伸入支座的长度不符合上述 l_{as} 的要求时，应采取专门的锚固措施（如在纵向钢筋端部焊接横向锚固钢筋、锚固钢板，或将钢筋端部焊接在支座的预埋件上）。值得注意的是，过去设计中遇到纵筋锚固长度不够时，常采用把纵向钢筋向上弯起，使其在支座内总的伸入长度满足锚固长度的要求。这样做并不是一种理想的锚固措施，因为当直线锚固段较短时，这种做法的锚固能力很差，而且伴随的滑移量较大。

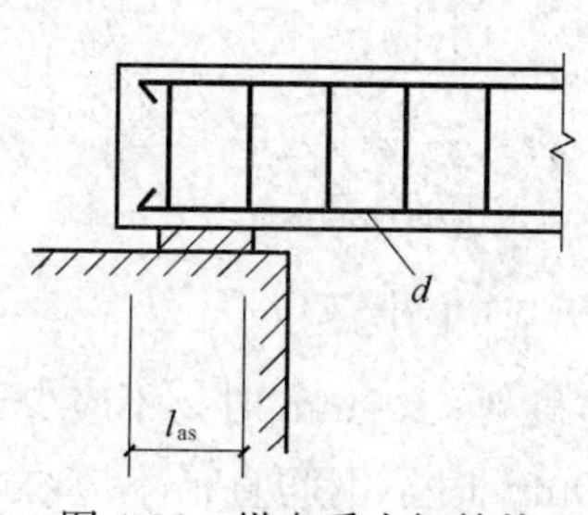

图 4-36　纵向受力钢筋伸入梁支座范围内的锚固

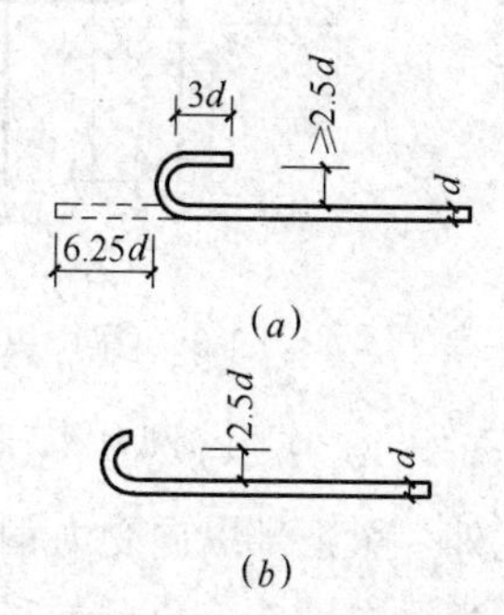

图 4-37　光圆钢筋末端的标准弯钩

支承在砌体结构上的钢筋混凝土独立梁，在纵向受力钢筋的锚固长度 l_{as} 范围内应配置不少于两个箍筋，其直径不宜小于纵向受力钢筋最小直径的 0.25 倍，间距不宜大于纵向受力钢筋最小直径的 10 倍；当采取机械锚固措施时，箍筋间距尚不宜大于纵向受力钢筋最小直径的 5 倍。

对于混凝土强度等级为 C25 及以下的简支梁和连续梁的简支端，当距支座边 $1.5h$ 范围内作用有集中荷载（包括作用有多种荷载，且集中荷载在支座截面所产生的剪力占总剪力 75%以上的情况），且 $V>0.7f_tbh_0$ 时，对带肋钢筋宜采取附加锚固措施，或取锚固长度 $l_{as}\geqslant 15d$，d 为锚固钢筋的直径。

（2）中间支座（图 4-38a）

连续梁或框架梁的下部纵向钢筋在中间支座或中间节点处的锚固应符合下列要求：

1）当计算中不利用钢筋强度时，其伸入节点或支座的锚固长度应符合简支端支座中 $V>0.7f_tbh_0$ 时的规定。

2）当计算中充分利用钢筋的抗拉强度时，下部纵向钢筋应锚固在节点或支座内。此时，可采用直线锚固形式，钢筋的锚固长度不应小于受拉钢筋的锚固长度 l_a；亦可采用带 90°弯折的锚固形式，其中竖直段应向上弯折，锚固端的水平投影长度不应小于 $0.4l_a$，弯折后的垂直投影长度不应小于 $15d$。下部纵向钢筋亦可贯穿节点或支座范围，并在节点或支座外梁内弯矩较小部位设置搭接接头。

3）当计算中充分利用钢筋的抗压强度时，下部纵向钢筋应按受压钢筋锚固在中间节点或中间支座内，此时，其直线锚固长度不应小于 $0.7l_a$。这是因为考虑到结构中的压力主要通过混凝土传递，钢筋的受力较小，且钢筋端头的支承作用也改善了受压钢筋的受力状态，所以这时的锚固长度可适当减小。下部纵向钢筋也可伸过节点或支座范围，并在梁中弯矩较小处设置搭接接头。

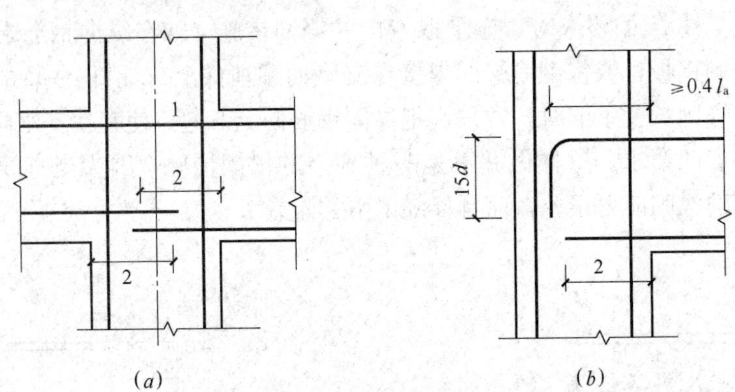

图 4-38　梁中纵向受力钢筋在中间支座（或边支座）范围的锚固

（a）中间支座锚固；（b）边支座锚固

1—上部纵向钢筋贯穿支座范围；2—下部纵向钢筋伸入支座内的锚固长度

此外，梁下部纵向受力钢筋伸入支座内的数量，当梁宽度 $b\geqslant 100$mm 时，不应少于两根；当梁宽度 $b<100$mm 时，可为一根。梁高不小于 300mm 时，钢筋直径不应小于 10mm；梁高小于 300mm 时，钢筋直径不应小于 8mm。

框架梁或连续梁的上部纵向钢筋应贯穿中间节点或中间支座范围。

（3）边支座（图 4-38b）

框架梁上部纵向钢筋伸入中间层端节点的锚固长度，当采用直线锚固形式时，不应小于受拉钢筋锚固长度 l_a，且伸过柱中心线不小于 $5d$，（d 为梁上部纵向钢筋直径）；

当柱的截面尺寸不足时，梁上部纵向钢筋应伸至节点外侧边并向下弯折，其包含弯弧段在内的水平投影长度应取为 $0.4l_a$，包含弯弧段在内的垂直投影长度应取为 $15d$。

框架梁的上部纵向受力钢筋在顶层边柱内的锚固应采取专门的锚固措施。

框架梁下部纵向钢筋伸入边支座的锚固长度，与中间支座的要求相同。

2. 纵向钢筋的接头

受力钢筋的接头宜设置在受力较小处。在同一根钢筋宜少设接头。

在一般常见的钢筋混凝土简支梁、连续梁和框架梁中，纵向钢筋最好不设接头，如果由于钢筋长度不够或设置施工缝的要求需采用钢筋接头时，宜优先采用焊接或机械连接，当施工现场不具备条件时，也可采用绑扎的搭接接头。这种传力方式是通过搭接钢筋与混凝土之间的粘结力将一根钢筋的力传给另一根钢筋，但搭接接头的受力情况较不利。因为当两根钢筋受力时，在搭接区段外围的混凝土承受着由两根钢筋所产生的劈裂力，如果钢筋的搭接长度不足，或缺乏必要的横向钢筋，构件将出现纵向劈裂破坏。因此，各根受力钢筋的接头，其中包括焊接或搭接接头的位置均应互相错开，以免接头这个薄弱环节过分集中。

《混凝土规范》规定：轴心受拉和小偏心受拉构件的纵向受力钢筋不得采用绑扎搭接接头。其他构件中的钢筋采用绑扎搭接时，受拉钢筋的直径不宜大于 25mm，受压钢筋的直径不宜大于 28mm。

同一构件中相邻纵向受力钢筋的绑扎搭接接头宜相互错开。

钢筋绑扎搭接接头连接区段的长度为 1.3 倍搭接长度，凡搭接接头中点位于该连接区段长度内的搭接接头均属于同一连接区段。同一连接区段内纵向钢筋搭接接头面积百分率为该区段内有搭接接头的纵向受力钢筋截面面积与全部纵向受力钢筋截面面积的比值。当直径不同的钢筋搭接时，按直径较小的钢筋计算。

位于同一连接区段内的受拉钢筋搭接接头面积百分率：对梁类、板类及墙类构件，不宜大于 25%；对柱类构件，不宜大于 50%。当工程中确有必要增大受拉钢筋搭接接头面积百分率时，对梁类构件，不宜大于 50%；对板类、墙类及柱类构件，可根据实际情况放宽。

纵向受拉钢筋绑扎搭接接头的搭接长度应根据同一连接区段内的钢筋搭接接头面积百分率按下列公式计算：

$$l_l = \zeta_l l_a \tag{4-70}$$

式中 l_l——纵向受拉钢筋的搭接长度；

l_a——纵向受拉钢筋的锚固长度；

ζ_l——纵向受拉钢筋的搭接长度修正系数，按表 4-8 取用。

在任何情况下，纵向受拉钢筋绑扎搭接接头的搭接接头长度均不应小于 300mm。

纵向受拉钢筋的搭接长度修正系数　表 4-8

纵向钢筋搭接接头面积百分率(%)	≤25	50	100
ζ_l	1.2	1.4	1.6

构件中的纵向受压钢筋，当采用搭接连接时，其受压搭接长度不应小于纵向受拉钢筋搭接长度的 0.7 倍，且在任何情况下不应小于 200mm。

关于钢筋搭接的其他规定，可参阅《混凝土规范》第 8.4 节的有关规定，本书从略。

最后，需要特别指出的是：无论是在纵筋的截断处、搭接处、伸入支座处，受力的光圆钢筋骨架，均应在光圆钢筋末端设置弯钩。

3. 箍筋的构造要求

(1) 箍筋的形式和肢数

箍筋的形状通常有封闭式和开口式两种，如图 4-39。箍筋的主要作用是作为腹筋承受剪力，除此之外，还起到固定纵筋位置，形成钢筋骨架的作用。由于箍筋属于受拉钢筋，因此箍筋必须有很好的锚固。为此，应将箍筋端部锚固在受压区内。对封闭式箍筋，其在受压区的水平肢将约束混凝土的横向变形，有助于提高混凝土的强度。所以，在一般的梁中通常都采用封闭式箍筋。对于现浇 T 形截面梁，当不承受扭矩和动荷载，也不设置计算所需的受压钢筋时，为节约钢筋可采用开口式箍筋。

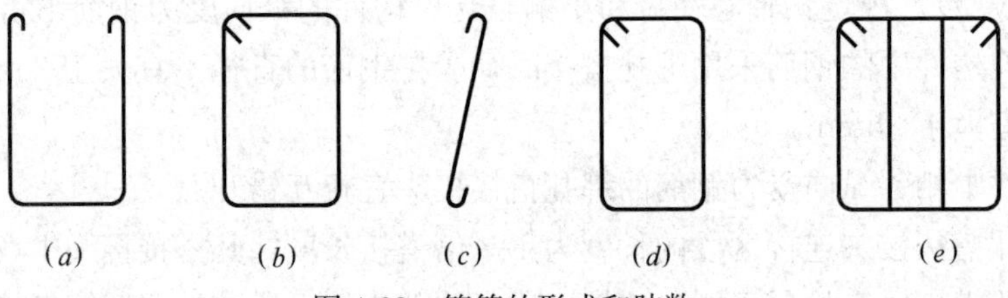

图 4-39 箍筋的形式和肢数

箍筋的肢数取决于箍筋垂直段的数目，最常用的是双肢，除此还有单肢、四肢等。通常按下列原则确定箍筋的肢数：当梁的宽度 100mm≤b≤400mm，以及一层中按计算配置的受压钢筋不超过 3 根时，采用双肢箍筋；当梁的宽度 b>400mm、按计算配置的一层内的纵向受压钢筋多于 3 根（或当 b≤400mm 一层内的纵向受压钢筋多于 4 根）时，应设置复合箍筋。

(2) 箍筋的直径

箍筋宜采用 HRB400、HRBF400、HPB300、HRB500、HRBF500 钢筋，也可采用 HRB335、HRBF335 钢筋。为了使钢筋骨架具有一定的刚性，箍筋的直径不宜太小，其最小直径与梁高 h 有关。《混凝土规范》规定箍筋的最小直径如表 4-9 所示。当梁中配有计算需要的纵向受压钢筋时，箍筋直径尚不应小于纵向受压钢筋最大直径的 0.25 倍。

箍筋的最小直径（mm） **表 4-9**

梁高 h(mm)	箍筋直径
h≤800	6
h>800	8

(3) 箍筋的间距

箍筋的间距对斜裂缝的开展宽度有显著的影响。如果箍筋的间距过大，则斜裂缝可能不与箍筋相交，或者相交在箍筋不能充分发挥作用的位置。使得箍筋不能有效地抑制斜裂缝的开展，从而也就起不到箍筋应有的抗剪能力。因此，箍筋间距不能太大。《混凝土规范》规定的梁中箍筋的最大间距 s_{max} 见表4-10。

梁中箍筋的最大间距 s_{max}（mm） **表 4-10**

梁高 h(mm)	$V>0.7f_tbh_0$	$V\leqslant 0.7f_tbh_0$
$150<h\leqslant 300$	150	200
$300<h\leqslant 500$	200	300
$500<h\leqslant 800$	250	350
$h>800$	300	400

当梁中按计算配有纵向受压钢筋时，箍筋应为封闭式，且弯钩直线段长度不应小于 $5d$（d 为箍筋直径）；此时箍筋的间距不应大于 $15d$（d 为纵向受压钢筋中的最小直径），同时在任何情况下均不应大于 400mm；当一层内的纵向受压钢筋多于 5 根且直径大于 18mm 时，箍筋间距不应大于 $10d$（d 为受压钢筋最大直径）。

（4）箍筋的布置

对于按承载力计算不需要箍筋的梁，当截面高度大于 300mm 时，仍应沿梁全长设置箍筋；当截面高度为 150～300mm 时，可仅在构件端部 $l_0/4$ 范围内设置箍筋，但当在构件中部 $l_0/2$ 范围内有集中荷载作用时，则应沿梁全长设置箍筋；对截面高度小于 150mm 时，可不设箍筋。

4. 弯起钢筋的构造要求

（1）弯起钢筋的锚固

梁中弯起钢筋的弯起角度一般宜取 45°，当梁截面高度大于 700mm 时，宜采用 60°。为了防止弯起钢筋因锚固不善而发生滑动，导致斜裂缝开展过大及弯起钢筋本身的强度不能充分发挥，弯起钢筋的弯折终点处的直线段应留有足够的锚固长度，其长度在受拉区 $\geqslant 20d$，在受压区 $\geqslant 10d$；对光圆钢筋在末端应设置弯钩。如图 4-40 所示。

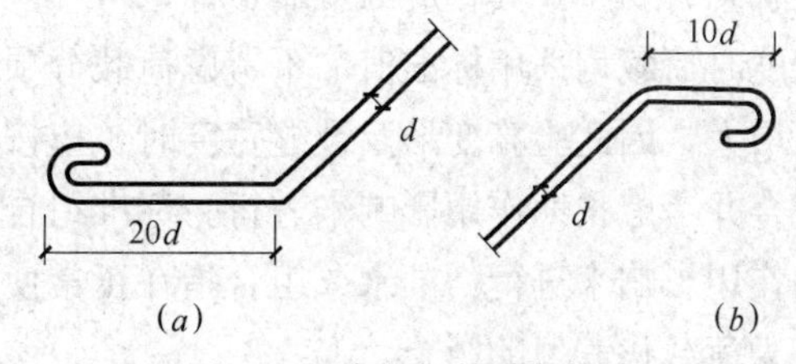

图 4-40 弯起钢筋端部构造

（2）弯起钢筋的间距

为了防止因弯起钢筋间距过大，使得在相邻两排弯起钢筋之间出现的斜裂缝可能与弯起钢筋相交不到，导致弯起钢筋不能发挥抗剪作用。故按抗剪计算需设置两排或两排以上弯起钢筋时，第一排（从支座算起）弯起钢筋的弯起点到第二排弯起钢筋的弯终点之间的距离（见图4-34 中的 s_2）不应大于表 4-10 箍筋的最大间距 s_{max}。为了避免由于钢筋尺寸误差而使弯起钢筋的弯终点进入梁的支座内，以致不能充分发挥其抗剪作用，且不利于施工，靠近支座的第一排弯起钢筋的弯终点到支座边缘的距离（见图 4-34 中的 s_1）不宜小于 50mm，亦不应大于箍筋的最大间距 s_{max}。

(3) 弯起钢筋的设置

在混凝土梁中，宜采用箍筋作为承受剪力的钢筋。但对于采用绑扎骨架的主梁、跨度≥6m 的次梁，吊车梁以及挑出 1m 以上的悬臂梁，也可考虑设置弯起钢筋。

在混凝土梁的受拉区中，弯起钢筋的弯起点可设在按正截面受弯承载力计算不需要该钢筋的截面之前，但弯起钢筋与梁中心线的交点应位于不需要该钢筋的截面之外；同时弯起点与按计算充分利用该钢筋的截面之间的距离不应小于 $h_0/2$。

梁底层钢筋中的角部钢筋不应弯起，顶层钢筋中的角部钢筋不应弯下。

弯起钢筋不应采用浮筋。

另外，当充分利用弯起钢筋强度时，宜将其配置在靠梁侧面不小于 $2d$ 的位置处，以防止弯转点处的混凝土过早破坏，使弯起钢筋强度不能充分发挥。

第五节　受弯构件裂缝及变形验算

一、概述

钢筋混凝土受弯构件的正截面受弯承载力及斜截面受剪承载力计算是保证结构构件安全可靠的前提条件，以满足构件安全性的要求。而要使构件具有预期的适用性和耐久性，则应进行正常使用极限状态的验算，即对构件进行裂缝宽度及变形验算。

考虑到结构构件当其不满足正常使用极限状态时所带来的危害性比不满足承载力极限状态时要小，其相应的可靠指标也可小些，故《混凝土规范》规定，验算变形及裂缝宽度时荷载均采用标准值，不考虑荷载分项系数。由于构件的变形及裂缝宽度都随时间而增大，因此验算变形及裂缝宽度时，应按荷载效应的标准组合或准永久组合，或标准组合并考虑长期作用影响来进行。标准组合是指在正常使用极限状态验算时，并考虑长期作用影响来进行。准永久组合指在正常使用极限状态验算时，对可变荷载采用准永久值为荷载代表值的组合。

二、受弯构件裂缝宽度的验算

1. 裂缝控制

由于混凝土的抗拉强度很低，在荷载不大时，梁的受拉区就已经开裂。引起裂缝的原因是多方面的，首先是由于荷载产生的内力所引起的裂缝，此外，由于基础的不均匀沉降、混凝土收缩和温度作用而产生的变形受到钢筋或其他构件约束时，以及因钢筋锈蚀而体积膨胀，都会在混凝土中产生拉应力，当拉应力超过混凝土的抗拉强度时即开裂。由此看来，截面受有拉应力的钢筋混凝土受弯构件在正常使用阶段出现裂缝是难以避免的，对于一般的工业与民用建筑来说，也是允许构件带裂缝工作的。之所以要对裂缝的开展宽度进行限制，主要是基于下面两个方面的理由：一是外观要求，二是耐久性要求，并以后者为主。

从外观要求考虑，裂缝过宽将给人以不安全的感觉，同时也影响到对结构质量的评价。从耐久性要求考虑，如果裂缝过宽，在有水侵入或空气相对湿度很大或所处的环境恶劣时，裂缝处的钢筋将锈蚀甚至严重锈蚀，导致钢筋截面面积减小，使构件的承载力下降。因此必须对构件的裂缝宽度进行控制。值得指出的是，近 20 年来的试验研究表明，与钢筋垂直的横向裂缝处钢筋的锈蚀并不像人们通常所设想的那样严重，故在设计时不应将裂缝宽度的限值看作是严格的界限值，而应更多的看成是一种带有参考性的控制指标。从结构耐久性的角度讲，保证混凝土的密实性及保证混凝土保护层厚度满足规定，要比控制构件表面的横向裂缝宽度重要得多。

在进行结构构件设计时，应根据使用要求选用不同的裂缝控制等级。《混凝土规范》将裂缝控制等级划分为三级：

1）一级：严格要求不出现裂缝的构件

按荷载效应标准组合进行计算时，构件受拉边边缘的混凝土不应产生拉应力。

2）二级：一般要求不出现裂缝的构件

按荷载效应标准组合进行计算时，构件受拉边缘混凝土拉应力不应大于混凝土抗拉强度的标准值。

3）三级：允许出现裂缝的构件

对钢筋混凝土构件，按荷载准永久组合并考虑长期作用影响计算时，构件的最大裂缝宽度 w_{max} 不应超过规范允许的最大裂缝宽度限值 w_{lim}。对预应力混凝土构件，按荷载标准组合并考虑长期作用的影响计算时，w_{max} 不应超过规范允许的最大裂缝宽度限值 w_{lim}，w_{lim} 见附表 9。

上述一、二级裂缝控制属于构件的抗裂能力控制，对于一般的钢筋混凝土构件来说，在使用阶段一般都是带裂缝工作的，故按三级标准来控制裂缝宽度。

2. 受弯构件裂缝宽度的计算

钢筋混凝土构件的裂缝宽度计算是一个比较复杂的问题，各国学者对此进行了大量的试验分析和理论研究，提出了一些不同的裂缝宽度计算模式。目前我国《混凝土规范》提出的裂缝宽度计算公式主要是以粘结滑移理论为基础，同时也考虑了混凝土保护层厚度及钢筋有效约束区的影响。

受弯构件的裂缝包括由弯矩产生的正应力引起的垂直裂缝和由弯矩、剪力产生的主拉应力引起的斜裂缝。对于主拉应力引起的斜裂缝，当按斜截面抗剪承载力计算配置了足够的腹筋后，其斜裂缝的宽度一般都不会超过规范所规定的最大裂缝宽度允许值，所以在此主要讨论由弯矩引起的垂直裂缝的情况。

(1) 受弯构件裂缝的出现和开展过程

如图 4-41 所示的简支梁，其 CD 段为纯弯段，设 M 为外荷载产生的弯矩，M_{cr} 为构件沿正截面的开裂弯矩，即构件垂直裂缝即将出现时的弯矩。当 $M<M_{cr}$ 时，构件受拉区边缘混凝土的拉应力 σ_t 小于混凝土的抗拉强度 f_{tk}，构件不会出现裂缝。当 $M=$

M_{cr}时，由于在纯弯段各截面的弯矩均相等，故理论上来说各截面受拉区混凝土的拉应力都同时达到混凝土的抗拉强度，各截面均进入裂缝即将出现的极限状态。然而实际上由于构件混凝土的实际抗拉强度的分布是不均匀的，故在混凝土最薄弱的截面将首先出现第一条裂缝。

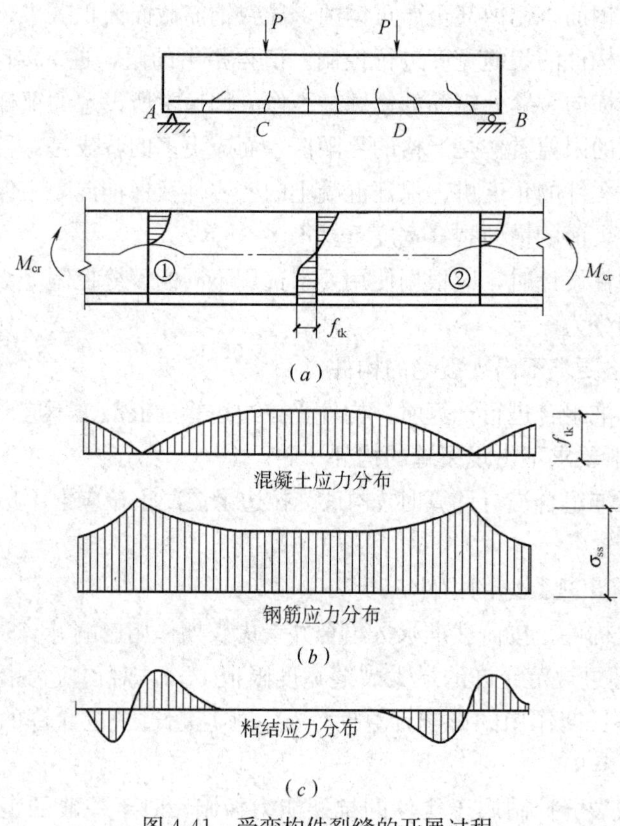

图 4-41　受弯构件裂缝的开展过程

在第一条裂缝出现之后，裂缝截面处的受拉混凝土退出工作，荷载产生拉力全部由钢筋承担，使开裂截面处纵向受拉钢筋的拉应力突然增大，而裂缝处混凝土的拉应力降为零，裂缝两侧尚未开裂的混凝土必然试图也使其拉应力降为零，从而使该处的混凝土向裂缝两侧回缩，混凝土与钢筋表面出现相对滑移并产生变形差，故裂缝一出现即具有一定的宽度。由于钢筋和混凝土之间存在粘结应力，因而裂缝截面处的钢筋应力又通过粘结应力逐渐传递给混凝土，钢筋的拉应力则相应减小，而混凝土拉应力则随着离开裂缝截面的距离的增大而逐渐增大，随着弯矩的增加，即当$M>M_{cr}$时，在离开第一条裂缝一定距离的截面的混凝土拉应力又达到了其抗拉强度，从而出现第二条裂缝。在第二条裂缝处的混凝土同样朝裂缝两侧滑移，混凝土的拉应力又逐渐增大，当其达到混凝土的抗拉强度时，又出现新的裂缝。按类似的规律，新的裂缝不断产生，裂缝间距不断减小，当减小到无法使未产生裂缝处的混凝土的拉应力增大到混凝土的抗拉强度时，这时即使弯矩继续增加，也不会产生新的裂缝，因而可以认为此时裂缝出现已经稳定。

当荷载继续增加，即M由M_{cr}增加到使用阶段荷载效应的标准组合（或准永久组合）的弯矩标准值 M_s时，对一般梁，在使用荷载作用下裂缝的发展已趋于稳定，新的裂缝将不再增加。最后，各裂缝宽度达到一定的数值。裂缝截面处受拉钢筋的应力达到 σ_{ss}。

（2）裂缝宽度计算

1）平均裂缝间距

计算受弯构件裂缝宽度时，需先计算裂缝的平均间距。根据试验结果，平均裂缝间距 l_{cr}及混凝土保护层厚度及相对滑移引起的应力传递长度有关，其值可由下列半理论半经验公式计算：

$$l_{cr}=1.9c_s+0.08\frac{d_{eq}}{\rho_{te}} \tag{4-71}$$

式中　c_s——最外层纵向受拉钢筋外边缘至受拉区底边的距离，当 $c_s<20$mm 时，取 $c_s=20$mm；当 $c_s>65$mm 时，取 $c_s=65$mm；

ρ_{te}——按有效受拉混凝土截面计算的纵向受拉钢筋配筋率（简称有效配筋率）；$\rho_{te}=A_s/A_{te}$，当计算得出的 $\rho_{te}<0.01$ 时，取 $\rho_{te}=0.01$。

A_{te}为受拉区有效混凝土的截面面积，对轴心受拉构件，取构件截面面积；对受弯、偏心受压和偏心受拉构件，A_{te}的取值方法见图 4-42。受拉区为 T 形时，$A_{te}=0.5bh+(b_f-b)h_f$，其中 b_f、h_f 分别为受拉翼缘的宽度和高度，受拉区为矩形截面时，$A_{te}=0.5bh$。

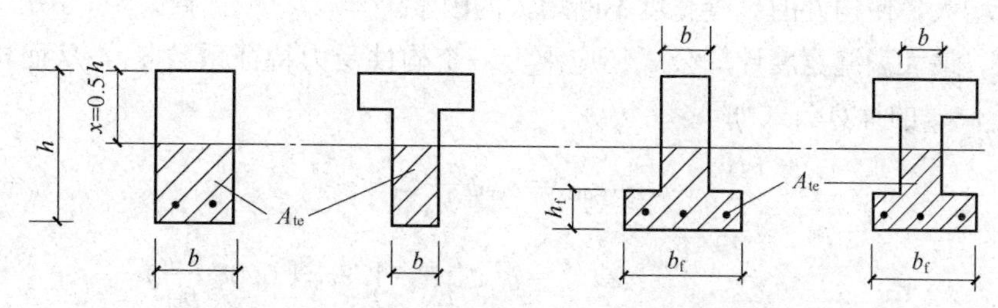

图 4-42　受拉区有效受拉混凝土截面面积 A_{te}的取值

d_{eq}——纵向受拉钢筋的等效直径，$d_{eq}=\Sigma n_i d_i^2/\Sigma n_i \nu_i d_i$，当采用同一种纵向受拉钢筋时，$d_{eq}=d/\nu$；

ν_i——第 i 种纵向受拉钢筋的相对粘结特性系数，带肋钢筋 $\nu_i=1.0$，光圆钢筋 $\nu_i=0.7$，对环氧树脂涂层的钢筋，ν_i 按前述数值的 0.8 倍采用。

2）平均裂缝宽度 w_m

如上所述，裂缝的开展是由于混凝土的回缩造成的，因此两条裂缝之间受拉钢筋的伸长值与同一处受拉混凝土伸长值的差值就是构件的平均裂缝宽度，由此可推得受弯构件的平均裂缝宽度 w_m 为：

$$w_m=0.85\psi\frac{\sigma_{sq}}{E_s}l_{cr} \tag{4-72}$$

式中　σ_{sq}——按荷载准永久组合计算的受弯构件裂缝截面处纵向受拉钢筋的等效应力。按下式计算：

$$\sigma_{sq}=\frac{M_q}{\eta h_0 A_s}=\frac{M_q}{0.87h_0 A_s} \tag{4-73}$$

η 为内力臂系数，近似取 0.87。M_q 为按荷载准永久组合计算的弯矩值。

ψ——裂缝间纵向受拉钢筋应变不均匀系数，通过试验分析，对矩形、T 形、例 T 形、I 形截面的钢筋混凝土受弯构件，ψ 按下式计算：

$$\psi=1.1-\frac{0.65f_{tk}}{\rho_{te}\sigma_{sq}} \tag{4-74}$$

其中：f_{tk} 为混凝土抗拉强度标准值。ρ_{te}、σ_{sq} 的意义见上述。

当 $\psi<0.2$ 时，取 $\psi=0.2$；当 $\psi>1$ 时，取 $\psi=1.0$。对直接承受重复荷载的构件，考虑荷载重复作用不利于裂缝间混凝土共同工作，为安全计，取 $\psi=1.0$。

E_s——钢筋弹性模量，见附表 5。

l_{cr}——受弯构件平均裂缝宽度，按公式（4-71）计算。

3）最大裂缝宽度 w_{max}

由于钢筋混凝土材料的不均匀性及裂缝出现的随机性，导致裂缝间距和裂缝宽度的离散性较大，故必须考虑裂缝分布和开展的不均匀性。

按式（4-72）计算出的平均裂缝宽度应乘以考虑裂缝不均匀性的扩大系数，使计算出来的最大裂缝宽度 w_{max} 具有 95%的保证率，同时还应考虑在长期荷载作用下，由于混凝土的收缩、徐变及受拉区混凝土的应力松弛和滑移徐变，裂缝间的受拉钢筋的平均应变不断增大，使构件的裂缝宽度不断增大的因素。

因此，最大裂缝宽度计算公式还应乘上一个构件受力特征系数 α_{cr}，从而构件最大裂缝宽度 w_{max} 的计算公式如下：

$$w_{max}=\alpha_{cr}\psi\frac{\sigma_{sq}}{E_s}l_{cr}$$

$$=\alpha_{cr}\psi\frac{\sigma_{sq}}{E_s}\left(1.9c_s+0.08\frac{d_{eq}}{\rho_{te}}\right) \tag{4-75}$$

构件受力特征系数 α_{cr} **表 4-11**

类　型	α_{cr}	
	钢筋混凝土构件	应力混凝土构件
受弯、偏心受压	1.9	1.5
偏心受拉	2.4	—
轴心受拉	2.7	2.2

《混凝土规范》规定：对承受吊车荷载但不需作疲劳验算的受弯构件，可将计算求得的最大裂缝宽度乘以系数 0.85，这是因为对直接承受吊车荷载的受弯构件，考虑承受短期荷载，满载的机会较少，且计算中已取 $\psi=1.0$，故将计算所得的最大裂缝宽度乘以折减系数 0.85。

按式（4-75）计算出的 w_{max} 应小于或等于《混凝土规范》规定的最大裂缝宽度限值 w_{lim}。

最大裂缝宽度的限值 w_{lim} 可根据裂缝控制等级、结构类型及所处的环境类别查附表 9。

4）验算最大裂缝宽度的步骤

A. 按荷载效应的标准组合计算弯矩 M_q

B. 计算裂缝截面处的钢筋应力 σ_{sq}

$$\sigma_{sq}=\frac{M_q}{0.87h_0A_s}$$

C. 计算有效配筋率 ρ_{te}

$$\rho_{te}=A_s/A_{te}$$

D. 计算受拉钢筋应变的不均匀系数 ψ

$$\psi=1.1-\frac{0.65f_{tk}}{\rho_{tq}\sigma_{sq}}，且应在 0.2 和 1.0 之间取值。$$

E. 计算最大裂缝宽度 w_{max}

$$w_{max}=\alpha_{cr}\psi\frac{\sigma_{sq}}{E_s}(1.9c_s+0.08\frac{d_{eq}}{\rho_{te}})$$

F. 查附表 9，得最大裂缝宽度的限值 w_{lim}

应满足 $w_{max}\leqslant w_{lim}$

(3) 计算例题

【例 4-9】 某图书馆楼盖的一根钢筋混凝土简支梁，计算跨度 $l_0=6$m，截面尺寸 $b=250$mm，$h=650$mm，混凝土强度等级为 C30（$E_c=3.0\times10^4$N/mm²，$f_{tk}=2.01$N/mm²），按正截面承载力计算已配置了 4 Φ 20（$E_s=2\times10^5$N/mm²，$A_s=1256$mm²），箍筋直径Φ 8，梁所承受的永久荷载标准值（包括梁自重）$g_k=18.6$kN/m，可变荷载标准值 $q_k=20$kN/m，准永久系数 $\psi_q=0.5$，环境类别为一类，试验算其裂缝宽度。

【解】 1）按荷载的标准组合计算弯矩 M_q

$$M_q=\frac{1}{8}ql_0^2=\frac{1}{8}\times(18.6+0.5\times20)\times6^2=128.7\text{kN}\cdot\text{m}$$

2）计算裂缝截面处的钢筋等效应力 σ_{sq}

当混凝土强度等级>C25 时，$a_s=40$mm（一层钢筋）

$$h_0=h-a_s=650-40=610\text{mm}$$

箍筋直径Φ 8，$c_s=20+8=28$mm（其中混凝土保护层 20mm）

$$\sigma_{sq}=\frac{M_q}{0.87h_0A_s}=\frac{128.7\times10^6}{0.87\times610\times1256}=193.1\text{N/mm}^2$$

3）计算有效配筋率 ρ_{te}

$$A_{te}=0.5bh=0.5\times250\times650=81250\text{mm}^2$$

$$\rho_{te}=A_s/A_{te}=1256/81250=0.0155>0.01$$

4）计算受拉钢筋应变的不均匀系数 ψ

$$\psi=1.1-\frac{0.65f_{tk}}{\rho_{te}\sigma_{sq}}=1.1-\frac{0.65\times2.01}{0.0155\times193.1}$$

$$=0.664>0.2$$

$$<1.0 \qquad 故取 \psi=0.664$$

5）计算最大裂缝宽度 w_{max}

HRB400 级钢筋的相对粘结特性系数 $\nu=1.0$，

因采用同一种纵向受拉钢筋且直径相同，故 $d_{eq}=d/\nu=20\text{mm}$；

受弯构件的构件受力特征系数 $\alpha_{cr}=1.9$

$$w_{max}=\alpha_{cr}\psi\frac{\sigma_{sq}}{E_s}\left(1.9c_s+0.08\frac{d_{eq}}{\rho_{te}}\right)$$

$$=1.9\times0.664\times\frac{193.1}{2.0\times10^5}\times\left(1.9\times28+0.08\times\frac{20}{0.0155}\right)=0.191\text{mm}$$

6）查附表 9，得最大裂缝宽度的限值 $w_{lim}=0.3\text{mm}$

$$w_{max}=0.191\text{mm}<w_{lim}=0.3\text{mm}\quad 裂缝宽度满足要求。$$

3. 减小构件裂缝宽度的措施

从求最大裂缝宽度的公式（4-75）可见，要减小裂缝宽度，最简便有效的措施一是选用变形钢筋；二是选用直径较细的钢筋，以增大钢筋与混凝土的接触面积，提高钢筋与混凝土的粘结强度，减小裂缝间距 l_{cr}（因为 l_{cr} 与 w_{max} 近似成正比关系）。但如果钢筋的直径选的过细，钢筋的条数必然过多，从而导致施工困难，且钢筋之间的净距也难以满足规范的需求。这时可增加钢筋的面积即加大钢筋的有效配筋率 ρ_{te}，从而减小钢筋的应力 σ_{sq}。此外，改变截面形状和尺寸、提高混凝土的强度等级虽能减小裂缝宽度，但效果甚微，一般不宜采用。

需要指出的是，在施工中常常会碰到钢筋代换的问题，钢筋代换时除了必须满足承载力要求外，还需注意钢筋强度和直径对构件裂缝宽度的影响：若是用强度高的钢筋代换强度低的钢筋（这时，因钢筋强度提高其数量必定减少，从而导致钢筋应力增加），或是用直径粗的钢筋代换直径细的钢筋，都会使构件的裂缝宽度增大。

三、受弯构件挠度验算

1. 受弯构件挠度验算的特点

在建筑力学中，我们已经学习了匀质弹性材料受弯构件变形的计算方法。如跨度为 l_0 的简支梁在均布荷载（$g+q$）的作用下，其跨中的最大挠度为：

$$f_{max}=\frac{5(g+q)l_0^4}{384EI}=\frac{5Ml_0^2}{48EI} \tag{4-76}$$

或

$$f_{max}=\beta\frac{Ml_0^2}{EI} \tag{4-77}$$

式中 EI——匀质弹性材料梁的截面抗弯刚度，当梁截面尺寸及材料确定后，EI 是一常数；

M——跨中最大弯矩，$M=\frac{1}{8}(g+q)l_0^2$；

β——与构件的支承条件及所受荷载形式有关的挠度系数。

现在来分析一下钢筋混凝土受弯构件的情况。由本章第三节适筋梁从加荷到破坏的三个阶段可知：当梁在荷载不大的第一阶段末 I_a，受拉区的混凝土就已开裂，随着荷载的增加，裂缝的宽度和高度也随之增加，使得裂缝处的实际截面减小，即梁的惯性矩

I减小，导致梁的刚度下降。另一方面，随着弯矩的增加，梁的塑性变形发展，变形模量也随之减小，即E也随之减小。由此可见，钢筋混凝土梁的截面抗弯刚度不是一个常数，而是随着弯矩的大小而变化，并与裂缝的出现和开展有关。同时，随着荷载作用持续时间的增加，钢筋混凝土梁的截面抗弯刚度还将进一步减小，梁的挠度还将进一步增大。故不能用EI来表示钢筋混凝土的抗弯刚度。为了区别于匀质弹性材料受弯构件的抗弯刚度，用B代表钢筋混凝土受弯构件的刚度。钢筋混凝土梁在荷载准永久组合计算的截面抗弯刚度，简称为短期刚度，用B_s表示：钢筋混凝土梁在荷载准永久组合作用下并考虑荷载长期作用的截面抗弯刚度，简称为长期刚度，用B_l表示。

计算钢筋混凝土受弯构件的挠度，实质上是计算它的抗弯刚度B_l，一旦求出抗弯刚度B_l后，就可以用B_l代替EI，然后按照弹性材料梁的变形公式即可算出梁的挠度。

2. 受弯构件在荷载准永久组合计算的刚度（短期刚度）B_s

在材料力学中，截面刚度EI与截面内力（M）及变形（曲率$1/\rho$）有如下关系：

$$\frac{1}{\rho}=\frac{M}{EI}$$

对钢筋混凝土受弯构件，上式可通过建立下面三个关系式，并引入适当的参数来建立，最后将EI用短期刚度B_s置换即可。

1）几何关系——根据平截面假定得到的应变与曲率的关系：

$$\frac{1}{\rho}=\frac{\varepsilon}{y}$$

2）物理关系——根据虎克定律给出的应力与应变的关系：

$$\varepsilon=\frac{\sigma}{E}$$

3）平衡关系——根据应力与内力的关系：

$$\sigma=\frac{My}{I}$$

根据这三个关系式，并考虑钢筋混凝土的受力变形特点，最后得出钢筋混凝土受弯构件短期刚度B_s的计算公式为：

$$B_s=\frac{E_sA_sh_0^2}{1.15\psi+0.2+\dfrac{6\alpha_E\rho}{1+3.5\gamma_f'}} \tag{4-78}$$

式中各参数的意义及计算如下：

E_s——纵向受拉钢筋的弹性模量，见附表5；

A_s——纵向受拉钢筋截面面积，mm²；

h_0——梁截面有效高度，mm；

ψ——裂缝间纵向受拉钢筋应变不均匀系数，按式（4-74）计算；

α_E——钢筋弹性模量与混凝土弹性模量的比值，$\alpha_E=\dfrac{E_s}{E_c}$；

ρ——纵向受拉钢筋配筋率，$\rho=\dfrac{A_s}{bh_0}$；

γ_f'——T形、I形截面受压翼缘面积与腹板有效面积的比值；$\gamma_f'=\frac{(b_f'-b)\ h_f'}{bh_0}$，其中

H_f'、H_f'为受压区翼缘的宽度、厚度。当受压翼缘厚度较大时，由于靠近中和轴的翼缘部分受力较小，如仍按较大的h_f'计算γ_f'，则算得的刚度偏高，故为了安全起见，《混凝土规范》规定，当$h_f'>0.2h_0$时，仍取$h_f'=0.2h_0$。

3. 按荷载准永久组合并考虑荷载长期作用影响的长期刚度B_l

在长期荷载作用下，钢筋混凝土梁的挠度将随时间而不断缓慢增长，抗弯刚度随时间而不断降低，这一过程往往要持续很长时间。

在长期荷载作用下，钢筋混凝土梁挠度不断增长的原因主要是由于受压区混凝土的徐变变形，使混凝土的压应变随时间而增长。另外，裂缝之间受拉区混凝土的应力松弛、受拉钢筋和混凝土之间粘结滑移徐变，都使到受拉混凝土不断退出工作，从而使受拉钢筋平均应变随时间增大。因此，凡是影响混凝土徐变和收缩的因素如：受压钢筋配筋率，加荷龄期、使用环境的温湿度等，都对长期荷载作用下构件挠度的增长有影响。

长期荷载作用下受弯构件挠度的增长可用考虑荷载长期作用对挠度增大的影响系数θ来表示，$\theta=f_l/f_s$为长期荷载作用下挠度f_l与短期荷载作用下挠度f_s的比值，它可由试验确定。影响θ的主要因素是受压钢筋，因为受压钢筋对混凝土的徐变有约束作用，可减少构件在长期荷载作用下的挠度增长。《混凝土规范》根据试验的结果，规定θ按下列规定取用：

当$\rho'=0$时，$\theta=2.0$；当$\rho'=\rho$时，$\theta=1.6$；当ρ'为中间数值时，θ按线性内插法取用。此处ρ'为受压钢筋的配筋率：$\rho'=A_s'/bh_0$；ρ为受拉钢筋的配筋率：$\rho=A_s/bh_0$。

《混凝土规范》规定：钢筋混凝土受弯构件的最大挠度应按荷载的准永久组合，并应考虑荷载长期作用的影响进行计算。矩形、T形、倒T形和I形截面受弯构件考虑荷载长期作用影响的刚度B按下式计算：

$$B=\frac{B_s}{\theta} \tag{4-79}$$

截面形式对长期荷载作用下的挠度也有影响，对于翼缘位于受拉区的T形截面，由于在短期荷载作用下受拉混凝土参加工作较多，在长期荷载作用下退出工作的影响就较大，从而使构件的挠度增加较多。故《混凝土规范》规定：对翼缘位于受拉区的T形截面，θ应增大20%。对预应力混凝土受弯构件，取$\theta=2.0$。

4. 最小刚度原则

由上述的分析可知，钢筋混凝土构件截面的抗弯刚度随弯矩的增大而减小。因此，即使是等截面梁，由于梁的弯矩一般沿梁长方向是变化的，故梁各个截面的抗弯刚度也是不一样的，弯矩大的截面抗弯刚度小，弯矩小的截面抗弯刚度就大，即梁的刚度沿梁长为变值。变刚度梁的挠度计算是十分复杂的。在实际设计中为了简化计算通常采用“最小刚度原则”，即在同号弯矩区段采用其最大弯矩（绝对值）截面处的最小刚度作为该区段的抗弯刚度B来计算变形。如对于简支梁即取最大正弯矩截面计算截面刚度，并以此作为全梁的抗弯刚度。

另外，当计算跨度内的支座截面刚度不大于跨中截面刚度的 2 倍或不小于跨中截面刚度的 1/2 时，该跨也可按等刚度构件进行计算，其构件刚度可取跨中最大弯矩截面的刚度。

计算钢筋混凝土受弯构件的挠度，先要求出在同一符号弯矩区段内的最大弯矩，而后求出该区段弯矩最大截面的刚度 B，然后根据梁的支座类型套用相应的力学挠度公式，按式（4-77）计算钢筋混凝土受弯构件的挠度（公式中的截面刚度 EI 用 B 代入）。求得的挠度值不应大于《混凝土规范》规定的挠度限值 $f_{\lim}$。$f_{\lim}$ 可根据受弯构件的类型及计算跨度查附表 8。

5. 挠度验算的步骤

（1）按荷载准永久组合计算区段内的最大弯矩值 M_q；

（2）按式（4-74）计算受拉钢筋应变不均匀系数；

1）计算裂缝截面处的钢筋应力 σ_{sq}

$$\sigma_{sq}=\frac{M_q}{0.87h_0A_s}$$

2）计算受拉钢筋应变不均匀系数 ψ

$$\psi=1.1-\frac{0.65f_{tk}}{\rho_{te}\sigma_{sq}}$$

（3）计算构件的短期刚度 B_s

1）计算钢筋弹性模量与混凝土弹性模量的比值 α_E

$$\alpha_E=\frac{E_s}{E_c}$$

2）计算纵向受拉钢筋配筋率：

$$\rho=\frac{A_s}{bh_0}$$

3）计算受压翼缘面积与腹板有效面积的比值 γ'_f：

$$\gamma'_f=\frac{(b'_f-b)\ h'_f}{bh_0},$$

当 $h'_f>0.2h_0$ 时，取 $h'_f=0.2h_0$。对于矩形截面 $\gamma'_f=0$。

4）计算短期刚度 B_s：

$$B_s=\frac{E_sA_sh_0^2}{1.15\psi+0.2+\dfrac{6\alpha E_\rho}{1+3.5\gamma_f}}$$

（4）计算构件的刚度 B：

1）确定荷载长期作用对挠度增大的影响系数 θ

2）计算构件的刚度 B

$$B=\frac{B_s}{\theta}$$

（5）计算构件挠度：

$$f=\beta\frac{M_ql_0^2}{B}\leqslant f_{\lim}$$

6. 计算例题

【例 4-10】 已知条件同**【例 4-9】**，挠度限值为$\frac{l_0}{250}$，验算该梁的挠度是否满足要求。

【解】（1）按荷载准永久组合计算弯矩值 M_q

由【例 4-9】已求得：$M_q=128.7\text{kN}\cdot\text{m}$

（2）计算受拉钢筋应变不均匀系数 ψ

由【例 4-9】已求得：$\psi=0.664$

（3）计算构件的短期刚度 B_s

钢筋弹性模量与混凝土弹性模量的比值：$\alpha_E=\frac{E_s}{E_c}=\frac{2\times10^5}{3\times10^4}=6.66$

纵向受拉钢筋配筋率：$\rho=\frac{A_s}{bh_0}=\frac{1256}{250\times610}=0.0082$

因为是矩形截面，故 $\gamma'_f=0$

计算短期刚度 B_s：

$$B_s=\frac{E_sA_sh_0^2}{1.15\psi+0.2+\frac{6\alpha E_\rho}{1+3.5\gamma'_f}}=\frac{2.0\times10^5\times1256\times610^2}{1.15\times0.664+0.2+\frac{6\times6.66\times0.0082}{1+0}}$$

$$=7.239\times10^{13}\ \text{N}\cdot\text{mm}^2$$

（4）计算构件的刚度 B：

因为未配置受压钢筋，故 $\rho'=0$，$\theta=2.0$

$$B=\frac{B_s}{\theta}=\frac{\times10^{13}}{2}=3.619\times10^{13}\ \text{N}\cdot\text{mm}^2$$

（5）计算构件挠度

$$f=\beta\frac{Ml_0^2}{B}=\frac{5}{48}\cdot\frac{M_ql_0^2}{B}=\frac{5}{48}\times\frac{128.7\times10^6\times6000^2}{3.619\times10^{13}}$$

$$=13.34\text{mm}<f_{\lim}=\frac{l_0}{250}=\frac{6000}{250}=24\text{mm}$$ 构件挠度满足要求。

7. 减少构件挠度的措施

若求出的构件挠度 $f>f_{\lim}$，则应采取措施来减小挠度。减小挠度实质就是提高构件的抗弯刚度，由公式（4-78）可见，提高抗弯刚度最有效的措施是增大梁的截面高度，其次是增加钢筋的截面面积，其他措施如提高混凝土强度等级、选用合理的截面形状等效果都不显著。

思 考 题

1. 一般民用建筑的梁、板截面尺寸是如何确定的？混凝土保护层的作用是什么？梁、板的保护层厚度按规定应取多少？

2. 梁内纵向受拉钢筋的根数、直径及间距有何规定？纵向受拉钢筋什么情况下才按两层设置？

3. 受弯构件适筋梁从开始加荷至破坏，经历了哪几个阶段？各阶段的主要特征是什么？各个阶段是哪种极限状态的计算依据？

4. 什么叫纵向受拉钢筋的配筋率？钢筋混凝土受弯构件正截面有哪几种破坏形式？其破坏特征有何不同？

5. 受弯构件正截面承载力计算时，作了哪些假定？

6. 什么叫“界限破坏”？“界限破坏”时混凝土极限压应变 ε_{cu} 和钢筋拉应变 ε_y 各等于多少？

7. 纵向受拉钢筋的最大配筋率 ρ_{max} 和最小配筋率 ρ_{min} 是根据什么原则确定的？各与什么因素有关？规范规定的最小配筋率 ρ_{min} 是多少？

8. 单筋矩形受弯构件正截面承载力计算的基本公式及适用条件是什么？引入适用条件的目的是什么？

9. 影响受弯构件正截面承载能力的因素有哪些？如欲提高正截面承载能力 M_u，宜优先采用哪些措施？哪些措施提高 M_u 的效果不明显？为什么？

10. 什么是双筋截面？在什么情况下才采用双筋截面？双筋截面中的受压钢筋和单筋截面中的架立钢筋有何不同？双筋梁中是否还有架立钢筋？

11. 为什么双筋截面的箍筋必须采用封闭式？双筋截面对箍筋的直径、间距有何规定？

12. 在设计双筋矩形截面时，受压钢筋的抗压强度设计值应如何确定？为什么说受压钢筋不宜采用高强度的钢筋？

13. 双筋矩形截面受弯构件的适用条件是什么？引入适用条件的目的是什么？

14. 在进行双筋截面的设计和复核时，出现 $x>\xi_b h_0$ 及 $x<2\alpha'_s$ 的根本原因是什么？

15. 设计双筋截面时，当不满足 $x\geqslant 2\alpha'_s$ 时，应如何进行计算？

16. T 形截面和双筋截面在受力方面有何异同？T 形截面在受力性能上有何优点？

17. T 形截面的受压翼缘计算宽度 b'_f 是如何确定的？

18. T 形截面在进行设计和复核时，应如何判别 T 形截面的两种类型？

19. 第一类 T 形截面与单筋矩形截面受弯承载力的计算公式、第二类 T 形截面与双筋矩形截面受弯承载力的计算公式有何共同点？

20. 计算 T 形截面的最小配筋率时，为什么是用梁肋宽度 b 而不用受压翼缘宽度 b'_f？

21. 整体现浇楼盖中的连续梁跨中截面和支座截面各应按何种截面形式进行计算？为什么？

22. 当混凝土的强度等级、钢筋级别、钢筋数量、截面高度均相同时，图 4-43 所示四个受弯构件的截面承载力是否相同？为什么？

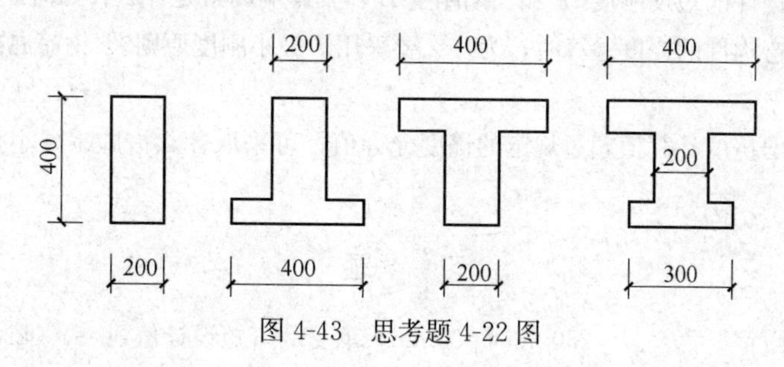

图 4-43 思考题 4-22 图

23. 钢筋混凝土梁在荷载作用下，一般在跨中产生垂直裂缝，在支座产生斜裂缝，为什么？

24. 有腹筋简支梁沿斜截面破坏的主要形态有哪几种？它们的破坏特征如何？怎样防止各种破坏形态的发生？

25. 影响有腹筋梁斜截面受剪承载力的主要因素有哪些？

26. 斜截面受剪承载力为什么要规定上、下限？为什么要对梁的截面尺寸加以限制？为什么要规定最小配箍率？

27. 在什么情况下按构造配箍筋？此时如何确定箍筋的直径、间距？

28. 在计算斜截面承载力时，计算截面的位置应如何确定？

29. 斜截面承载力的两套计算公式各适用于哪种情况？两套计算公式的表达式在哪些地方不一样？

30. 限制箍筋及弯起钢筋的最大间距 S_{max} 的目的是什么？当箍筋间距满足 S_{max} 时，是否一定满足最小配箍率的要求？如有矛盾，应如何处理？

31. 决定弯起钢筋的根数和间距时，应考虑哪些因素？为什么位于梁底层两侧的钢筋不能弯起？

32. 什么是抵抗弯矩图？它与设计弯矩图的关系应当怎样？什么是钢筋的充分利用点和理论截断点？

33. 当纵向受拉钢筋必须在受拉区截断时，如何根据抵抗弯矩图与设计弯矩图的关系确定钢筋的实际截断点的位置？

34. 如将抵抗正弯矩的纵向受拉钢筋弯起抗剪，则确定弯起位置时应满足哪些要求？如弯起钢筋弯起后要承担支座负弯矩的作用，这时需要满足哪些要求？

35. 弯起钢筋弯起后如何保证正截面的抗弯要求和斜截面的抗弯要求？

36. 纵向受拉钢筋在支座内的锚固有何要求？

37. 什么是纵向受拉钢筋的最小锚固长度？其值如何确定？

38. 纵向钢筋的接头有哪几种？在什么情况下不得采用非焊接的搭接接头？绑扎骨架中钢筋搭接长度当受拉和受压时各取多少？

39. 梁配置的箍筋除了承受剪力外，还有哪些作用？箍筋主要的构造要求有哪些？

40. 验算受弯构件裂缝宽度和变形的目的是什么？验算时为什么应采用荷载的标准值混凝土抗拉强度的标准值？

41. 最大裂缝宽度 w_{max} 与平均裂缝宽度 w_m 有什么关系？最大裂缝宽度 w_{max} 的验算步骤如何？

42. 若构件的最大裂缝宽度不能满足要求的话，可采取哪些措施？哪些最有效？

43. 钢筋混凝土受弯构件与均质弹性材料受弯构件的挠度计算有何异同？钢筋混凝土受弯构件挠度计算时截面抗弯刚度为什么要用 B 而不用 EI？

44. 何谓受弯构件的短期刚度 B_s 和长期刚度 B_l？其影响因素是什么？如何计算？

45. 在进行受弯构件的挠度验算时，为什么要采用“最小刚度原则？”钢筋混凝土受弯构件挠度验算的步骤如何？

46. 如果构件的挠度计算值超过规定的挠度允许值，可采取什么措施来减小挠度？其中最有效的措施是什么？

习　题

4-1　已知梁截面尺寸 $b \times h = 250\text{mm} \times 500\text{mm}$，承受的弯矩设计值 $M = 150\text{kN} \cdot \text{m}$，采用C20混凝土，HRB335级钢筋。用公式法和查表法计算所需的纵向受拉钢筋。

4-2　已知矩形截面梁，$b \times h = 250\text{mm} \times 600\text{mm}$，已配纵向受拉钢筋6Φ22的HRB400级钢筋，按下列条件计算此梁所能承受的弯矩设计值。

(1) 混凝土强度等级为C30；

(2) 若由于施工原因，混凝土强度等级仅达到C25级。

比较两者的结果，说明混凝土强度等级对梁所能承受的弯矩值的影响。

4-3　某教学楼内廊现浇简支在砖墙上的钢筋混凝土平板，板厚80mm，混凝土强度等级为C30，采用HRB400级钢筋，计算跨度$l_0=3.0$m。板上作用的均布活荷载标准值为$2kN/m^2$，水磨石地面及细石混凝土垫层共30mm厚（重度为$22kN/m^3$），板底粉刷石灰砂浆12mm厚（重度为$17kN/m^3$），试求受拉钢筋的截面面积。

4-4　已知一钢筋混凝土矩形截面梁，截面尺寸$b\times h=200mm\times450mm$，采用C30混凝土，配置有5⏀22的HRB400级钢筋，若承受的弯矩设计值$M=200kN\cdot m$，试验算截面是否安全。

4-5　已知一双筋矩形截面梁，截面尺寸$b\times h=200mm\times450mm$，承受的设计弯矩$M=235kN\cdot m$，混凝土强度等级为C30，采用HRB400级钢筋，求纵向受拉钢筋。

4-6　已知一矩形截面梁，截面尺寸为$b\times h=250mm\times500mm$，混凝土强度等级为C35，HRB400级钢筋，受压区配置有2⏀18的钢筋，承受的弯矩设计值$M=180kN\cdot m$，求受拉钢筋的截面面积。

4-7　已知某矩形截面梁，$b\times h=200mm\times400mm$，承受弯矩设计值$M=180kN\cdot m$，混凝土强度等级为C30，HRB400级钢筋，已配置受拉钢筋6⏀16，受压钢筋2⏀16。试复核该梁是否安全。

4-8　一肋形楼盖的次梁，跨度为6m，间距为2.4m，截面尺寸如图4-44所示。跨中最大正弯矩$M=100kN\cdot m$，混凝土为C30，HRB400级钢筋，计算该次梁的纵向受拉钢筋截面面积。

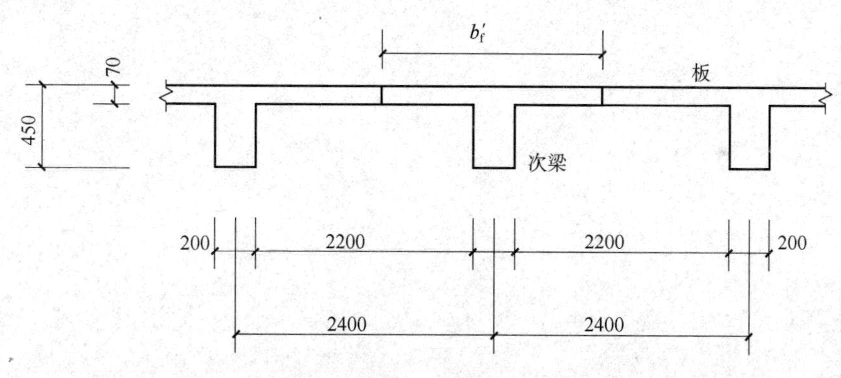

图4-44　习题4-8图（单位：mm）

4-9　一T形截面梁，$b'_f=600mm$，$h'_f=120mm$，$b=300mm$，$h=700mm$，承受的弯矩设计值$M=615kN\cdot m$，混凝土强度等级为C35，钢筋采用HRB400级钢，求纵向受拉钢筋截面面积。

4-10　某T形截面梁，$b'_f=600mm$，$h'_f=100mm$，$b=300mm$，$h=800mm$，混凝土强度等级为C30，钢筋采用HRB400级4⏀22，承受的弯矩设计值$M=720kN\cdot m$，试验算该梁是否安全。

4-11　一矩形截面简支梁，截面尺寸$b\times h=250mm\times550mm$，净跨$l_n=6.2m$，承受的荷载设计值$q=60kN/m$（包括梁自重），混凝土强度等级为C30，经正截面承载力计算已配有4⏀25纵筋，箍筋采用HRB400级，试确定箍筋的数量。

4-12　一钢筋混凝土矩形截面简支梁，截面尺寸$b\times h=250mm\times550mm$，受力情况如图4-45所示，承受的均布荷载设计值$q=14N/m$（包括梁自重），集中荷载设计值$P=100kN$，采用C30混凝土，纵筋采用HRB400级钢筋，箍筋采用HRB400级钢筋。根据正截面受弯承载力计算配置了2⏀22+2⏀20，求所需的箍筋数量。

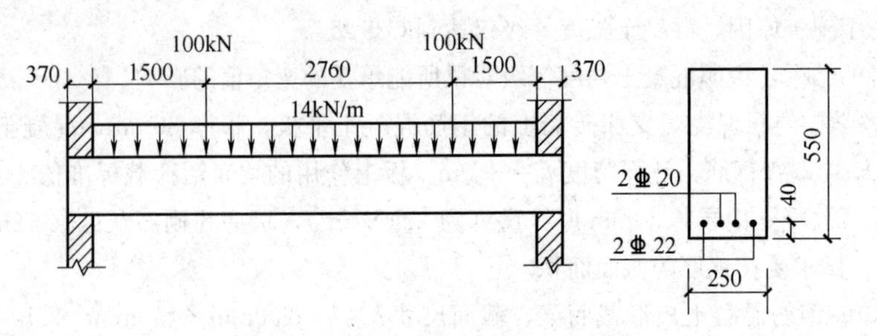

图 4-45　习题 4-12 图（长度单位：mm）

4-13　一钢筋混凝土简支梁，截面尺寸 $b\times h=250\text{mm}\times500\text{mm}$，混凝土强度等级为 C30，由正截面承载力计算配置了 4 Φ 18 的 HRB400 级钢筋，按荷载的准永久组合计算出的大弯矩 $M_q=105\text{kN}\cdot\text{m}$，最大裂缝宽度的限值 $w_{lim}=0.3\text{mm}$，试验算该梁的裂缝宽度是否满足要求。

4-14　某教学楼楼盖的一根钢筋混凝土简支梁，截面尺寸 $b\times h=300\text{mm}\times700\text{mm}$，计算跨度 $l_0=7.2\text{m}$，混凝土强度等级为 C30，受拉钢筋为 2 Φ 22＋2 Φ 20 的 HRB400 级钢筋，梁所承受的均布恒载标准值（包括梁自重）为 $g_k=20\text{kN/m}$，均布活载标准值 $q_k=12\text{kN/m}$，可变荷载的准永久值系数 $\psi_q=0.5$，挠度限值为 $l_0/250$，验算该梁的挠度是否满足要求。

第五章

受扭构件

第一节 概 述

当构件承受的作用中含有扭矩时，这种构件被称为受扭构件。工程中的悬臂板式雨篷的梁、折线或曲线梁、框架边梁和厂房吊车梁均为受扭构件（图 5-1）。

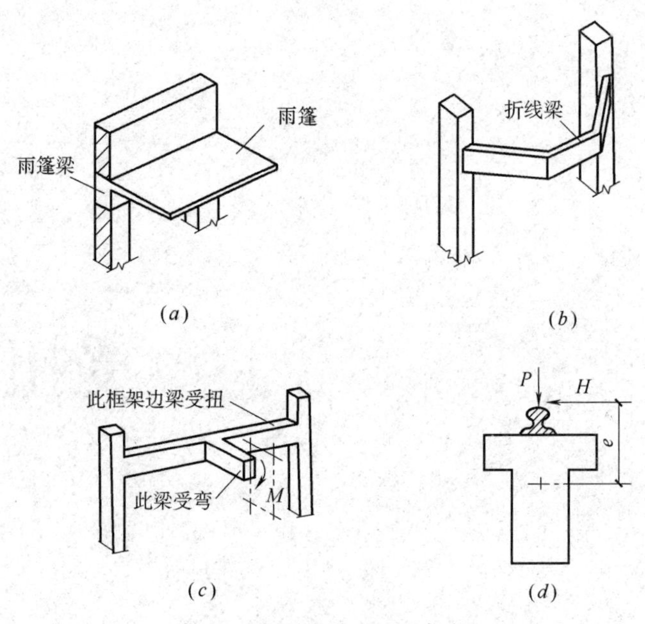

图 5-1 钢筋混凝土受扭构件

（a）雨篷梁；（b）折线梁；（c）框架边梁；（d）吊车梁

按构件上的作用分类，受扭构件有纯扭、剪扭、弯扭和弯剪扭四种，其中以弯剪扭最为常见。

第二节 矩形截面纯扭构件承载力计算

一、矩形截面素混凝土纯扭构件承载力计算

试验表明，矩形截面素混凝土纯构件的破坏过程如图 5-2（a）所示。首先，构件在某一长边侧面出现一条倾角为 45°的斜裂缝 ab，该裂缝在构件的底部和顶部分别延伸

至 c 和 d，最后构件将沿三面受拉、一边受压的斜向空间扭曲面破坏(图 5-2b)。

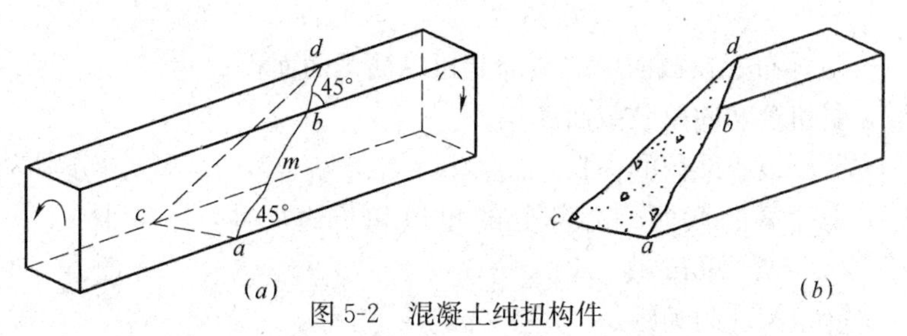

(*a*) (*b*)

图 5-2 混凝土纯扭构件

(*a*) 破坏过程；(*b*) 斜向空间扭曲断裂面

由试验可得素混凝土纯扭构件的受扭承载力 T_u 的计算公式：

$$T_u = 0.7 f_t W_t \tag{5-1}$$

式中 W_t——截面受扭塑性抵抗矩，$W_t = b^2$ $(3h-b)$ $/6$，b 为截面的短边尺寸，h 为截面的长边尺寸；

f_t——混凝土的抗拉强度设计值。

截面的抗扭塑性抵抗矩是指截面上的剪应力全部达到最大值 f_t 时，截面所能抵抗的扭矩系数，实际上，截面的剪应力是截面边缘最大，内部渐小，平均剪应力约为 $0.7f_t$。

二、矩形截面钢筋混凝土纯扭构件承载力计算

1. 纯扭构件的配筋

为施工方便起见，也为能抵抗不同方向的扭矩，《混凝土规范》规定，配置受扭箍筋与纵筋来共同抗扭。为使受扭箍筋和纵筋能较好地发挥作用，将箍筋配置于构件表面，而将纵筋沿构件核芯周边（箍筋内皮）均匀、对称配置。

2. 钢筋混凝土纯扭构件的受力性能和破坏形态

混凝土开裂前的钢筋应力很小，构件的开裂扭矩仍可按素混凝土构件考虑，按式(5-1) 计算。

混凝土开裂后的受力性能和破坏形态与受扭箍筋和受扭纵筋的配置有关，分四种类型：

1）适筋破坏 首先是混凝土三面开裂，最后是箍、纵筋屈服，另一面混凝土压碎，破坏前有预兆；当箍、纵筋含量适中，但不足够时发生。

2）少筋破坏 构件一裂即坏，无预兆；当箍筋或纵筋含量过少时发生。

3）完全超筋破坏 箍、纵筋均未屈服而混凝土已被压碎，破坏突然；当箍筋和纵筋含量均过多时发生。

4）部分超筋破坏 当构件破坏时，箍、纵筋中只有一种屈服；当箍筋和纵筋中有一种含量太多时发生。

规定抗扭钢筋的最小配筋率可防少筋破坏；规定截面最小尺寸可防完全超筋破坏；规定受扭纵筋与箍筋的配筋强度比 ζ 可防部分超筋破坏。

纵筋与箍筋的配筋强度比的计算公式如下：

$$\zeta=\frac{f_y A_{stl}/u_{cor}}{f_{yv} A_{st1}/s_t}=\frac{f_y A_{stl} s_t}{f_{yv} A_{st1} u_{cor}} \tag{5-2}$$

式中　A_{stl}——对称布置在截面中的全部受扭纵筋截面面积；

A_{st1}——受扭箍筋的单肢截面面积；

u_{cor}——截面核心部分的周长，$u_{cor}=2(b_{cor}+h_{cor})$，$b_{cor}$和$h_{cor}$分别为从箍筋内表面计算的截面核心部分的短边和长边尺寸，一般取$b_{cor}=b-60\text{mm}$；$h_{cor}=h-60\text{mm}$；

s_t——受扭箍筋的间距。

为保证在构件完全破坏前受扭纵筋和箍筋能同时或先后达到屈服强度，《混凝土规范》规定ζ应符合下列条件：

$$0.6\leqslant\zeta\leqslant 1.7 \tag{5-3}$$

试验表明，最佳配筋强度比为$\zeta=1.2$。

通过计算，配置足够的受扭箍筋和纵筋可防止适筋破坏。

3. 矩形截面钢筋混凝土纯扭构件承载力计算

由试验可得矩形截面钢筋混凝土纯扭构件在适筋破坏时的承载力T_u的计算公式：

$$T_u=0.35 f_t W_t+1.2\sqrt{\zeta}\cdot\frac{f_{yv} A_{st1}}{s_t} A_{cor} \tag{5-4}$$

式中　f_t——混凝土的抗拉强度设计值；

W_t——截面受扭塑性抵抗矩；

A_{cor}——截面核芯部分的面积，$A_{cor}=b_{cor}h_{cor}$；

ζ——受扭纵筋与箍筋的配筋强度比，按式（5-2）计算，尚应符合式（5-3）条件。

上式右边所列的钢筋混凝土受扭承载力可认为由两部分组成：第一部分（即第一项）为混凝土的受扭承载载力T_c；第二部分（即第二项）为受扭纵筋和箍筋的受扭承载力T_s。

第三节　矩形截面弯剪扭构件承载力计算

弯剪扭构件上同时承受弯矩、剪力和扭矩三种内力的作用。试验表明，每种内力的存在均会影响构件对其他内力的承载力，这种现象称之为弯剪扭构件三种承载力之间的相关性。由于弯剪扭三者之间的相关性过于复杂，目前仅考虑剪与扭之间的影响和弯与扭之间的影响。

一、矩形截面剪扭构件承载力计算

1. 无腹筋矩形截面剪扭构件承载力计算

剪力的存在会使混凝土构件的受扭承载力降低，降低系数 β_t 可用以下公式计算：

$$\beta_t=\frac{1.5}{1+0.5\frac{VW_t}{Tbh_0}} \tag{5-5}$$

当 $\beta_t\leqslant0.5$ 时，取 $\beta_t=0.5$；当 $\beta_t\geqslant1.0$ 时，取 $\beta_t=1.0$。

对于以集中荷载为主的矩形截面独立梁，式(5-5)中的 0.5 改为 $0.2(\lambda+1)$，λ 为剪跨比，在 1.5 和 3.0 之间取值。

同样，扭矩的存在会使混凝土的受剪承载力降低，降低系数为（$1.5-\beta_t$）。

2. 有腹筋矩形截面剪扭构件的承载力计算

目前仅考虑混凝土部分受剪承载力和受扭承载力之间的相互影响。受剪承载力计算公式如下：

$$V\leqslant V_u=0.7(1.5-\beta_t)f_tbh_0+f_{yv}\frac{nA_{sv1}}{s_v}h_0 \tag{5-6}$$

对于集中荷载为主的矩形截面独立梁，式（5-6）中的 0.7 改为 $1.75/(\lambda+1)$，λ 为剪跨比，在 1.5 和 3.0 之间取值。

受扭承载力计算公式如下：

$$T\leqslant T_u=0.35\beta_tf_tW_t+1.2\sqrt{\zeta}\frac{f_{yv}A_{st1}}{s_t}A_{cor} \tag{5-7}$$

由以上公式求得 A_{sv1}/s_v 和 A_{st1}/s_t 后，可叠加得到剪扭构件需要的单肢箍筋总用量：

$$\frac{A_{svt1}}{s}=\frac{A_{sv1}}{s_v}+\frac{A_{st1}}{s_t} \tag{5-8}$$

二、矩形截面弯扭构件承载力计算

《混凝土规范》近似地采用叠加法进行计算，即先分别按受弯和受扭计算，然后将所需的纵向钢筋数量按以下原则布置并叠加：

1）抗弯所需纵筋布置在截面受拉边；

2）抗扭所需纵筋沿截面核心周边均匀、对称布置。

三、矩形截面弯剪扭构件承载力计算方法及其适用条件

计算方法如下：

通过剪扭计算配置箍筋，通过弯扭计算配置纵筋。

适用条件如下：

1. 截面尺寸限制条件

为防止因截面尺寸太小而导致“完全超筋破坏”现象，《混凝土规范》规定矩形截面弯剪扭构件，当 $\frac{h_0}{b}\leqslant4$ 时，其截面应符合下式要求：

$$\frac{V}{bh_0}+\frac{T}{0.8w_t}\leqslant0.25\beta_cf_c \tag{5-9}$$

当$\frac{h_0}{b}=6$时，系数 0.25 改为 0.2；当$4<h_0/b<6$时，系数按线性内插法确定。上式中的β_c为混凝土强度影响系数，仅在强度高于 C50 时考虑。

当不满足上式要求时，应增大截面尺寸或提高混凝土的强度等级。

当$h_0/b\geqslant6$时，钢筋混凝土弯剪扭构件的截面承载力计算应符合专门规定。

2. 最小配筋率

为防止配筋太少而出现少筋破坏现象，《混凝土规范》规定弯剪扭构件箍筋和纵筋的配筋率均不得小于各自的最小配筋率，即应符合以下各式的要求：

箍筋：
$$\rho_{svt}=\frac{nA_{svt1}}{bs}\geqslant\rho_{svt,min} \tag{5-10}$$

纵筋：
$$\rho=\frac{A_{sm}+A_{stl}}{bh}\geqslant\rho_{sm,min}+\rho_{stl,min} \tag{5-11}$$

式（5-10）中的$\rho_{svt,min}$为剪扭箍筋的最小配筋率，按下式计算：
$$\rho_{svt,min}=0.28f_t/f_{yv} \tag{5-12}$$

式（5-11）中的$\rho_{sm,min}$为受弯纵筋的最小配筋率，查附表 10 得到。$\rho_{stl,min}$为受扭纵筋的最小配筋率，按下式计算：
$$\rho_{stl,min}=0.6\sqrt{\frac{T}{Vb}}\frac{f_t}{f_y} \tag{5-13}$$

当$T/(Vb)>2.0$时，取$T/(Vb)=2.0$。

3. 简化计算的条件

《混凝土规范》规定了以下三种简化计算条件和简化计算方法：

（1）当$\frac{V}{bh_0}+\frac{T}{W_t}\leqslant0.7f_t$时，可不进行剪扭计算，而按构造要求配置箍筋和抗扭纵筋；

（2）当$V\leqslant0.35f_tbh_0$或$\frac{0.875}{\lambda+1}f_tbh_0$（集中荷载为主的矩形截面独立梁）时，可不考虑剪力，仅按弯扭构件计算；

（3）当$T\leqslant0.175f_tW_t$时，可不考虑扭矩，仅按弯剪构件计算。

四、矩形截面弯剪扭构件的截面设计计算步骤

当已知截面的内力（M、V、T），并初选截面尺寸和材料强度等级后，可按以下步骤计算：

1. 验算截面尺寸

（1）求W_t；

（2）验算截面尺寸。其截面尺寸不满足时，应增大截面尺寸后再验算。

2. 确定是否需进行受扭和受剪承载力计算

（1）确定是否需进行剪扭承载力计算，若不需计算，则不必进行（2）、（3）步骤；

（2）确定是否需要进行受剪承载力计算；

（3）确定是否需要进行受扭承载力计算。

3. 确定箍筋用量

（1）计算混凝土受扭能力降低系数 β_t；

（2）计算受剪所需单肢箍筋的用量 A_{sv1}/s_v；

（3）计算受扭所需单肢箍筋的用量 A_{st1}/s_t；

（4）计算受剪扭箍筋的单肢总用量 A_{svt1}/s，并选配箍筋；

（5）验算箍筋的最小配筋率。

4. 确定纵筋用量

（1）计算受扭纵筋的截面面积 A_{stl}，并验最小配筋量；

（2）计算受弯纵筋的截面面积 A_{sm}，并验最小配筋量；

（3）弯扭纵筋用量叠加，并选筋；叠加原则是 A_{sm} 配在受拉边，A_{stl} 沿截面核心周边均匀、对称布置。

第四节 受扭构件的构造要求

因为受扭构件的四边均有可能受拉，故而箍筋必须做成封闭式。箍筋的末端应做成135°的弯钩，且应钩住纵筋，弯钩端头的平直段长度应不小 $10d$（d 为箍筋直径）（图 5-3）。对受扭箍筋的直径和间距的要求与普通梁相同（详见第四章）。

受扭纵筋原则上沿截面周边均匀、对称布置，且截面四角必须设置，其间距应不大于 200mm 和梁的短边尺寸。受扭纵筋的接头和锚固要求均应按钢筋充分受拉考虑。

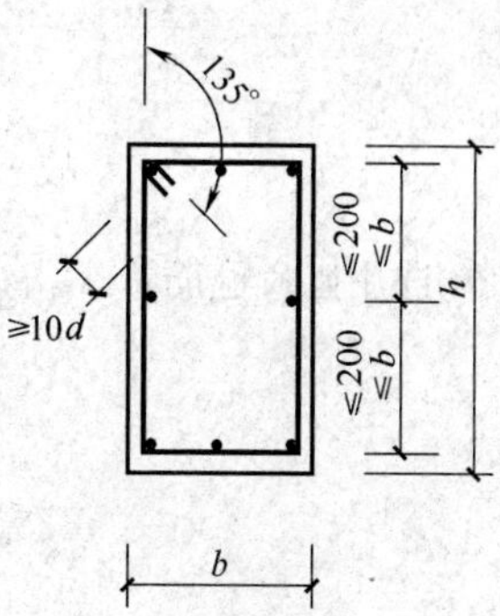

图 5-3 受扭构件中箍筋及受扭纵筋的配置

【例 5-1】 承受均布荷载的矩形截面折线梁，截面尺寸 $b\times h=250\text{mm}\times 600\text{mm}$，混凝土为 C30 级，纵筋 HRB400 级，箍筋 HRB400 级。已求得支座处负弯矩设计值 $M=120\text{kN}\cdot\text{m}$，剪力设计值 $V=78\text{kN}$，扭矩设计值 $T=29\text{kN}\cdot\text{m}$。试设计该截面。

【解】 1. 验算截面尺寸

$$\frac{h_0}{b}=\frac{560}{250}=2.24<4.0$$

$$W_t=\frac{b^2}{6}(3h-b)=\frac{250^2}{6}(3\times600-250)=1.615\times10^7\text{mm}^3$$

$$\frac{V}{bh_0}+\frac{T}{0.8W_t}=\frac{78\times10^3}{250\times560}+\frac{29\times10^6}{0.8\times1.615\times10^7}=0.557+2.245=2.802\text{N/mm}^2$$

$$<0.25f_c=0.25\times14.3=3.575\text{N/mm}^2$$，截面尺寸满足要求。

2. 确定是否需进行受扭和受剪承载力计算

$\frac{V}{bh_0}+\frac{T}{0.8W_t}=2.802\text{N/mm}^2>0.7f_t=0.7\times1.43=1.00$，需剪扭计算。

$0.35f_tbh_0=0.35\times1.43\times250\times560=70.07\text{kN}<V=78\text{kN}$，需受剪计算。

$0.175f_tW_t=0.175\times1.43\times1.615\times10^7=4.04\text{kN}\cdot\text{m}<T=29\text{kN}\cdot\text{m}$，需受扭计算。

3. 确定箍筋用量

$$\beta_t=\frac{1.5}{1+0.5\frac{VW_t}{Tbh_0}}=\frac{1.5}{1+0.5\times\frac{78\times10^3\times1.615\times10^7}{29\times10^6\times250\times560}}$$

$$=1.30>1，取\beta_t=1$$

$$V=0.7\ (1.5-\beta_t)\ f_tbh_0+f_{yv}\frac{nA_{sv1}}{s_v}h_0$$

$$78000=0.7(1.5-1)\times1.43\times250\times560+360\times\frac{2A_{sv1}}{s_v}\times560$$

$$\frac{A_{sv1}}{s_v}=\frac{78000-70070}{360\times2\times560}=0.020$$

$$T=0.35\beta_tf_tW_t+1.2\sqrt{\zeta}\frac{f_{yv}A_{st1}A_{cor}}{s_t}$$

$$29\times10^6=0.35\times1\times1.43\times1.615\times10^7+1.2\sqrt{1.2}\times360\frac{A_{st1}}{s_t}\times190\times540$$

$$\frac{A_{st1}}{s_t}=\frac{29\times10^6-8.083\times10^6}{48.554\times10^6}=0.431$$

$$故\frac{A_{svt1}}{s}=\frac{A_{sv1}}{s_v}+\frac{A_{st1}}{s_t}=0.020+0.431=0.451$$

选用Φ8箍筋，$A_{svt1}=50.3\text{mm}^2$，则

$$s=\frac{50.3}{0.451}=112\text{mm}，取s=100\text{mm}$$

$$\rho_{svt,min}=0.28\frac{f_t}{f_{yv}}$$

$$=0.28\times\frac{1.43}{360}=0.00111$$

实配箍筋配筋率为：

$$\rho_{svt}=\frac{nA_{svt1}}{bs}=\frac{2\times50.3}{250\times100}=0.00402>\rho_{svt,min}满足要求。$$

4. 确定纵筋用量

$$A_{stl}=\frac{\zeta f_{yv}A_{st1}u_{cor}}{f_ys_t}=\frac{1.2\times360\times0.431\times2\ (190+540)}{360}=755\text{mm}^2$$

$$T/\ (Vb)\ =29\times10^6/(78\times10^3\times250)=1.49<2.0$$

$$P_{stl,min}bh=0.6\sqrt{\frac{T}{Vb}}\frac{f_t}{f_y}bh=0.6\sqrt{1.49}\times\frac{1.43}{360}\times250\times600=436\text{mm}^2<A_{stl}$$

$$\alpha_s=\frac{M}{\alpha_1 f_c bh_0^2}=\frac{120\times10^6}{14.3\times250\times560^2}=0.1070$$

$$\xi=1-\sqrt{1-2\alpha_s}=1-\sqrt{1-2\times0.1070}=0.113<\xi_b=0.518$$

$$A_{sm}=\frac{\alpha_1 f_c b\xi h_0}{f_y}=\frac{14.3\times250\times0.113\times560}{360}=628\text{mm}^2$$

$$>\rho_{min}bh=0.0020\times250\times600=300\text{mm}^2$$

$\frac{h}{b}=\frac{600}{250}>2$，为使受扭纵筋的间距不大于梁宽和200mm，需将受扭纵筋 A_{stl} 沿截面高度四等分，则截面上、中、下所需的配筋量为：

上部：$A_{sm}+\frac{1}{4}A_{stl}=628+\frac{1}{4}\times755=628+189=817\text{mm}^2$

选用3 Φ 20（942mm²）

中部：（两排）每排：$\frac{1}{4}A_{stl}=\frac{1}{4}\times755=189\text{mm}^2$

选用2 Φ 12（226mm²）

下部：$\frac{1}{4}A_{stl}=\frac{1}{4}\times780=189\text{mm}^2$

选用2 Φ 12（226mm²）

截面配筋如图5-4。

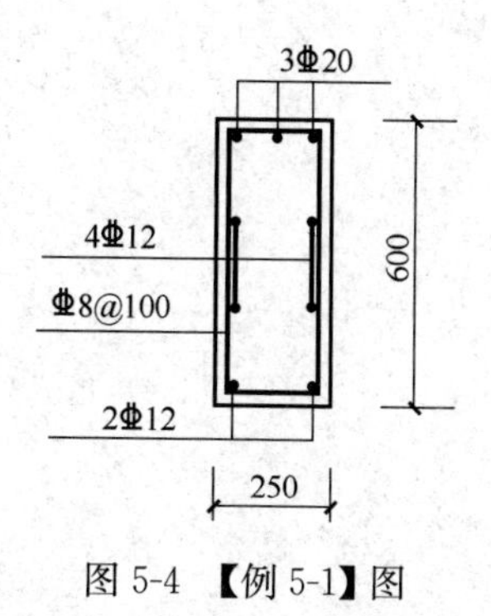

图5-4 【例5-1】图

思 考 题

1. 举例说明工程中哪些构件是受扭构件？

2. 试述矩形截面素混凝土纯扭构件的破坏过程。

3. 矩形截面钢筋混凝土纯扭构件的破坏形态与什么因素有关？有哪几种破坏形态？各有何特点？

4. 如何防止钢筋混凝土受扭构件的少筋破坏、完全超筋破坏、部分超筋破坏和适筋破坏？

5. 弯剪扭构件设计时，如何确定其箍筋和纵筋用量？符合什么条件时可进行简化计算？如何简化？

6. 试述矩形截面弯剪扭构件的截面设计步骤？

7. 受扭构件的箍筋和受扭纵筋各有哪些构造要求？

习　　题

5-1　承受均布荷载的矩形截面曲线梁，截面尺寸为 $b\times h=250\text{mm}\times500\text{mm}$，混凝土为C30级，纵筋HRB400级，箍筋HRB400级。已求得支座处负弯矩设计值 $M=108\text{kN}\cdot\text{m}$，剪力 $V=85\text{kN}$，扭矩 $T=22\text{kN}\cdot\text{m}$，试设计该截面。

第六章

受压构件

第一节　概　述

承受轴向压力的构件称为受压构件。一般房屋的钢筋混凝土受压构件系指柱子和桁架的受压腹杆。高层建筑中，还有钢筋混凝土墙，这里不作介绍。

轴向压力与构件轴线重合者（截面上仅有轴心压力），称为轴心受压构件；轴向压力与构件轴线不重合者（截面上既有轴心压力，又有弯矩），称为偏心受压构件。在偏心受压中又有单向偏心受压和双向偏心受压两种情况。

在实际结构中，几乎没有真正的轴心受压构件。但在设计桁架的受压腹杆以及恒载为主的多层、多跨房屋的内柱时，往往因弯矩很小可忽略不计，近似简化为轴心受压构件来计算。其余情况，一般需按偏心受压构件计算。其中，非抗震设防地区，当纵向柱列较多时，可不考虑纵向水平荷载的作用，此时一般可视为单向偏心受压。否则，应按双向偏心受压来考虑。

与其他构件的设计过程一样，受压构件在内力已知后，应进行截面计算和构造处理。在截面计算时，对轴心受压构件，仅需进行正截面承载力计算。对偏心受压构件，除进行此种计算外，若截面上存在剪力，还需进行斜截面承载力计算，若偏心较大，还需进行裂缝宽度验算。

第二节　构　造　要　求

构造问题是构件设计中的重要问题，诸如材料强度等级、构件截面形式和截面尺寸等，也是设计中应首先考虑的问题，故本章在介绍钢筋混凝土受压构件的计算方法之前，首先介绍其构造方面的要求。

一、材料的强度等级

受压构件截面受压面积一般较大，故宜采用强度等级较高的混凝土（一般不低于C30级）。这样，可减小截面尺寸并节约钢材。受压钢筋的级别不宜过高（一般HRB400级），这是因为高强钢筋在与混凝土共同受压时，并不能发挥其高强作用。

二、截面形式和尺寸

为使制作方便，截面一般采用矩形。其中，从受力合理考虑，轴心受压构件和在两个方向偏心距大小接近的双向偏心受压构件宜采用正方形，而单向偏心和主要在一个方向偏心的双向偏心受压构件则宜采用长方形（较大弯矩方向通常为长边）。对于装配式单层厂房的预制柱，当截面尺寸较大时，为减轻自重，也常采用Ⅰ形截面。当偏心压力和偏心距均很大时，还可采用双肢柱（详见第九章）。

构件截面尺寸应能满足承载力、刚度、配筋率、建筑使用和经济等方面的要求，不能过小，也不宜过大。可根据每层构件的高度、两端支承情况和荷载的大小来选用。单层厂房柱截面尺寸的选用详见第九章。多层房屋框架柱截面尺寸的选用详见第十章。矩形截面的宽度一般为250～500mm，截面高度一般为400～800mm。对于现浇的钢筋混凝土柱，由于混凝土自上灌下，为避免造成灌注混凝土困难，截面最小尺寸宜不小于250mm。对于预制的Ⅰ形截面柱，为防止翼缘过早出现裂缝。其厚度不宜小于120mm，为避免混凝土浇捣困难，腹板厚度不宜小于100mm。此外，考虑到模板的规格，柱截面尺寸宜整数。在800mm以下者，取50mm的倍数；在800mm以上者，取100mm的倍数。

三、纵向钢筋

1. 受力纵筋的作用

对于轴心受压构件和偏心距较小，截面上不存在拉力的偏心受压构件，纵向受力钢筋主要用来帮助混凝土承压，以减小截面尺寸；另外，也可增加构件的延性以及抵抗偶然因素所产生的拉力。对偏心较大，部分截面上产生拉力的偏心受压构件，截面受拉区的纵向受力钢筋则是用来承受拉力。

2. 受力纵筋的配筋率

为了具有上述功能，受压构件纵向受力钢筋的截面面积不能太少。除满足计算要求外，还需满足最小配筋率要求（见附表10）。纵向受力钢筋配筋率也不宜过高，以免造成施工困难和不经济。《混凝土规范》规定的受压构件全部受力纵筋的最大配筋率为5%，常用的配筋率为：轴心受压及小偏心受压0.5%～2%；大偏心受压1%～2.5%。

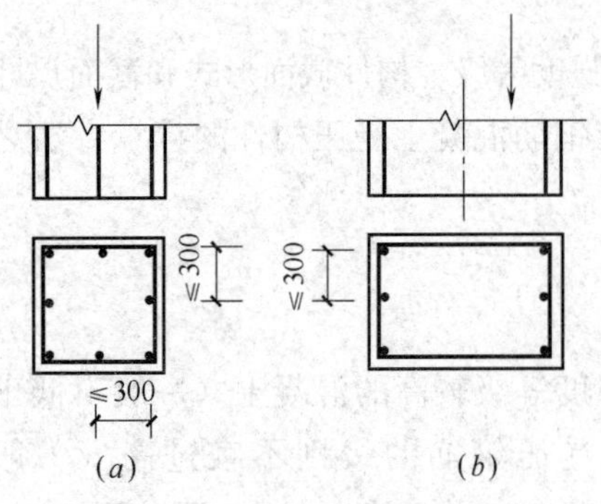

图6-1　柱受力纵筋的布置

(a) 轴心受压柱；(b) 偏心受压柱

3. 纵筋的布置和间距

为使柱子能有效地抵抗偶然因素或偏心力产生的法向拉力，钢筋应尽可能靠近柱边，但其外周应具有足够厚的混凝土保护层。轴心受压柱的受力纵筋原则上沿截面周边均匀、对称布置，且每角需布置一根。故矩形截面时，钢筋根数不得少于4根且为偶数（图6-1*a*）。偏心受压柱的受力纵筋则沿着与弯矩方向垂直的两条边布置（图6-1*b*）。当为圆形截面时，纵筋宜沿周边均匀布置，根数不宜少于8根。为了保证混凝土的浇灌质量，钢筋的净距应不小于50mm（水平浇筑的预制柱，要求同梁）。为了保证受力钢筋能在截面内正常发挥作用，受力钢筋的间距也不能过大，轴心受压柱中各边的纵向受力筋，以及偏心受压柱中垂直于弯矩作用平面的受力钢筋，其中距不宜大于 300mm（图 6-1）。

4. 受力纵筋的直径

为了能形成比较刚劲的骨架，并防止受压纵筋的侧向弯曲（外凸），受压构件纵筋的直径宜粗些，但过粗也会造成钢筋加工、运输和绑扎的困难。在柱中，纵筋直径一般为 12～32mm。

5. 纵向构造钢筋

当偏心受压柱的截面高度 h 不小于 600mm 时，在侧面应设置直径为 10～16mm 的纵向构造钢筋，其间距不宜大于 500mm，并相应地设置拉筋或复合箍筋（图 6-2）。拉筋的直径和间距可与基本箍筋相同，位置与基本箍筋错开。

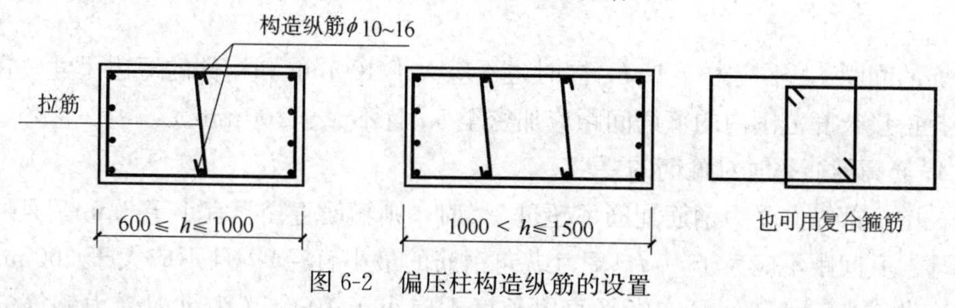

图 6-2 偏压柱构造纵筋的设置

四、箍筋

1. 箍筋的作用

在受压构件中配置箍筋的目的主要是约束受压纵筋，防止其受压后外凸；当然，某些剪力较大的偏心受压构件也可能需要箍筋来抗剪；另外，箍筋能与纵筋构成骨架；密排箍筋还有约束内部混凝土、提高其强度的作用。

2. 箍筋的形式

一般采用搭接式箍筋（又称普通箍筋），特殊情况下采用焊接圆环式或螺旋式。

当柱截面有内折角时（图 6-3a），不可采用带内折角的箍筋（图 6-3b）。因为内折角处受拉箍筋的合力向外，会使该处的混凝土保护层崩裂。正确的箍筋形式如图 6-3（c）或图 6-3（d）。

3. 矩形截面柱的附加箍筋

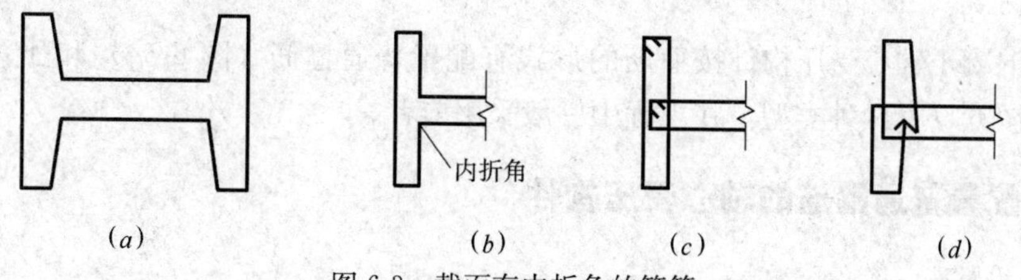

图 6-3 截面有内折角的箍筋

（a）截面有内折角；（b）箍筋错误；（c）箍筋正确；（d）箍筋正确

当柱每边的纵向受力筋多于 3 根（或当短边尺寸 $b \leqslant 400$mm，纵筋多于 4 根）时，应设置附加箍筋（图 6-4）。附加箍筋仍属普通箍筋。

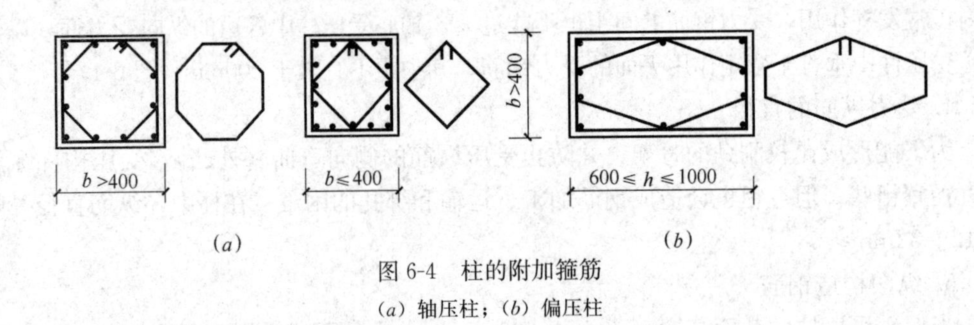

图 6-4 柱的附加箍筋

(a) 轴压柱；(b) 偏压柱

4. 普通箍筋的直径和间距

箍筋一般采用热轧钢筋，其直径不应小于 6mm，且不应小于 $d/4$，d 为纵向钢筋最大直径。

箍筋的间距 s，不应大于 $15d$，同时也不应大于 400mm 和构件的短边尺寸。在柱内纵筋绑扎搭接长度范围内的箍筋间距应加密至 $5d$ 且不大于 100mm。

5. 纵筋高配筋率时对箍筋的要求

当柱中全部纵向受力钢筋配筋率超过 3%时，则箍筋直径不宜小于 8mm，且应焊成封闭圆环。其间距不应大于 $10d$（d 为纵向钢筋的最小直径），且不应大于 200mm。箍筋末端应做成 135°弯钩，且末端平直段长度不应小于 $10d$，d 为纵向受力钢筋的最小直径。

6. 密排式箍筋（焊接圆环或螺旋环）

当轴心受压柱的轴力很大而截面尺寸受到限制时，可采用此种箍筋来约束内部的混凝土，间接地提高柱的承载力。此时，柱的截面形状宜为圆形或接近圆形的正八边形。环箍（又称间接钢筋）的间距不宜小于 40mm，且不应大于 80mm 及 $0.2\,d_{cor}$（d_{cor} 为按间接钢筋内表面确定的直径）。直径要求同普通箍筋。

第三节 轴心受压构件的计算

钢筋混凝土轴心受压构件按箍筋的形式有配置普通箍筋（图 6-5a）和配置密排环式箍筋（图 6-5b）两种类型，在工程中一般采用前者。

一、配置普通箍筋的轴心受压构件

1. 受力特点

钢筋混凝土受压构件和其他材料的受压构件一样，存在着纵向弯曲问题。理想的轴心受压构件实际上并不存在，由于实际制作出的构件轴线不可能是理想直线，压力作用线也不可能毫无偏差地与杆轴线重合；另外，材料的不均匀性也可能使构件的实际形心线变曲，因而在轴心受压构件的截面上也会存在一定的弯矩而使构件发生侧向弯曲，这就是所谓的纵向弯曲。纵向弯曲会使受压构件的承载能力降低，其降低程度随构件的长细比的增大而增大。

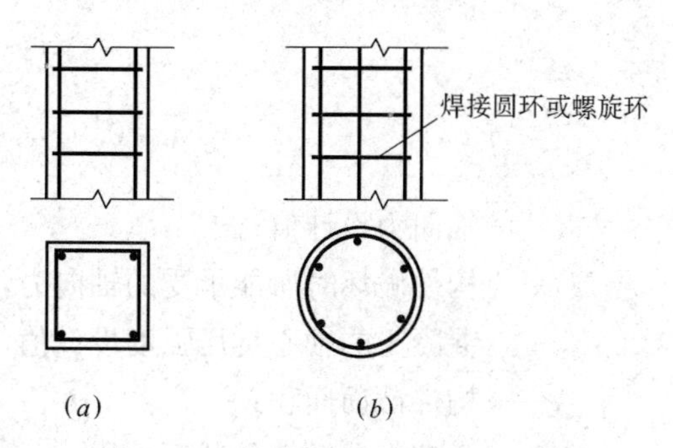

图 6-5　轴心受压构件的类型

(a) 配置普通箍筋；(b) 配置密排式箍筋

根据纵向弯曲对构件承载力的降低是否可忽略不计，可将钢筋混凝土受压构件分为"短柱"和"长柱"两种。钢筋混凝土轴心受压构件，当其长细比满足以下要求时为短柱，否则即为长柱。

矩形截面　　$l_0/b \leqslant 8$

圆形截面　　$l_0/d \leqslant 7$

任意截面　　$l_0/i \leqslant 28$

式中：l_0 为构件的计算长度；b 为矩形截面的短边尺寸；d 为圆形截面的直径；i 为任意截面的最小回转半径。

构件的计算长度 l_0 与两端支承情况有关。当构件端部为铰支或固定时的 l_0 取法在力学教材中已作过介绍，但在实际结构中，构件端部支承并非理想的固定或铰支，故对其计算长度《混凝土规范》另有规定，详见本书第九、第十章。

试验表明：钢筋混凝土轴心受压短柱的纵向弯曲影响很小，可忽略不计。构件破坏时，混凝土的强度达轴心抗压强度 f_c，其应变约为 0.002。受压钢筋的应变与混凝土相同，对于 300～400 级钢筋，此时已进入流幅阶段，即其应力为屈服强度；而对于 500 级以上的高强度钢筋，此时的应力仅为 $\sigma'_s=\varepsilon_0 E_s=0.002\times2\times10^5=400\text{N/mm}^2$，并未达到其屈服强度。尽管钢筋应力还可增加，但却因混凝土已达最大应力而使柱的承载能力达到最大而被认为破坏。由此可见，高强度钢筋在与混凝土共同受压时，并不能发挥其高强度作用。

钢筋混凝土轴心受压长柱的试验表明：纵向弯曲的影响不可忽略。其承载力低于条件完全相同的短柱。当构件长细比过大时还会发生失稳破坏。《混凝土规范》采用稳定系数 φ 来反映长柱承载力的降低程度。短柱 $\varphi=1$；长柱 $\varphi<1$，并随构件的长细比的增大而减小，具体数值可查表 6-1。

钢筋混凝土受压构件的稳定系数 φ　　**表 6-1**

l_0/b	≤8	10	12	14	16	18	20	22	24	26	28	30	32	34	36	38
l_0/d	≤7	8.5	10.5	12	14	15.5	17	19	21	22.5	24	26	28	29.5	31	33
l_0/i	≤28	35	42	48	55	62	69	76	83	90	97	104	111	118	125	132
φ	1.00	0.98	0.95	0.92	0.87	0.81	0.75	0.70	0.65	0.60	0.56	0.52	0.48	0.44	0.40	0.36

注：l_0—构件计算长度；b—矩形截面短边；d—圆形截面直径；i—截面最小回转半径，$i=\sqrt{I/A}$。

2. 正截面承载力计算公式

根据试验研究结果分析，《混凝土规范》采用以下的计算公式：

$$N \leqslant N_u \tag{6-1}$$

$$N_u = 0.9\varphi\,(f_c A + f'_y A'_s) \tag{6-2}$$

式中　N——轴向力设计值；

N_u——构件破坏时所能承受的轴向力，也可简称为构件的极限承载力；

f_c——混凝土的轴心抗压强度设计值，按附表 7 确定；

A——构件截面面积；

A'_s——全部纵向钢筋的截面面积。

应该指出，上式中的 A 理应为去除钢筋面积后的混凝土净面积 A_n，为简化计算，一般可采用构件截面面积 A 代替，但纵向的钢筋配筋率大于 3%时，式中 A 应改用 A_n，$A_n = A - A'_s$。

3. 截面设计与截面复核

(1) 截面设计

已根据构造要求初选材料强度等级和截面尺寸，并已求得截面上的轴力设计值 N 和柱的计算长度。求截面配筋。

此时，可先由构件的长细比求稳定系数 φ，然后根据式（6-2）求 $N_u = N$ 时所需的纵向钢筋的截面面积：

$$A'_s = \frac{\dfrac{N}{0.9\varphi} - f_c A}{f'_y} \tag{6-3}$$

纵筋面积一旦求得，便可对照构造要求选配纵筋。至于轴心受压柱的箍筋，则完全根据构造配置。

(2) 截面复核

已知构件计算长度、截面尺寸、材料强度等级和纵向钢筋。求柱的极限承载力（轴向压力设计值）。

此时，可先由构件的长细比求稳定系数 φ，然后根据公式（6-2）求截面的极限承载力 N_u。

若在已知条件中还有轴向力设计值 N，要求判断是否安全时，可再看 N 和 N_u 是否满足公式（6-1）。满足时为安全，否则为不安全，应予加强。

【例 6-1】 某层钢筋混凝土轴心受压柱，采用 C30 混凝土；HRB400 级纵筋，HPB400 级箍筋；已选截面尺寸 $b \times h = 400\text{mm} \times 400\text{mm}$；并已求得构件的计算长度 $l_0 = 5.6\text{m}$，柱底截面的轴心压力设计值（包括自重）为 $N = 1997\text{kN}$。试根据计算和构造要求选配纵筋和箍筋。

【解】 1. 材料强度

C30 混凝土，$f_c = 14.3\text{N/mm}^2$，HRB400 级纵筋 $f'_y = 360\text{N/mm}^2$。

2. 稳定系数 φ

长细比　$l_0 / b = 5600/400 = 14 > 8$

查表 6-1，得 $\varphi=0.92$

3. 求 A'_s 并检验 ρ'

$$A'_s=\frac{\frac{N}{0.9\varphi}-f_cA}{f'_y}=\frac{\frac{1997000}{0.9\times0.92}-14.3\times400\times400}{360}=344\text{mm}^2$$

$$\rho=\frac{A'_s}{A}=\frac{344}{400\times400}=0.0022=0.22\%$$

$\rho'<\rho'_{min}=0.55\%$，不满足最小配筋率要求，应根据最小配筋率和构造要求考虑纵筋：

$$\left.\begin{array}{l}A'_s\geqslant\rho'_{min}A=0.0055\times400\times400=880\text{mm}^2\\ \text{构造要求柱纵筋不少于 4⌀12，即应 }A'_s\geqslant452\text{mm}^2\end{array}\right\}\text{取 }A'_s=880\text{mm}^2$$

4. 配筋

纵筋：考虑到受压纵筋间距不宜大于 300mm，选用 8⌀12（$A'_s=904\text{mm}^2$）。

箍筋（采用绑扎骨架）：

$$\text{直径}\left\{\begin{array}{l}\geqslant\frac{d}{4}=\frac{12}{4}=3\text{mm}\\ \geqslant6\text{mm}\end{array}\right\}\text{取 6mm}$$

$$\text{间距}\left\{\begin{array}{ll}\leqslant15d & =15\times12=180\text{mm}\\ \leqslant\text{短边尺寸} & =400\text{mm}\\ \leqslant400\text{mm} & \end{array}\right\}\text{取 150mm}$$

即选用⌀6@150。

【例 6-2】 某层钢筋混凝土轴心受压柱，截面尺寸 $b\times h=300\text{mm}\times300\text{mm}$，柱高 $H=4\text{m}$，已根据两端支承情况查得其计算高度 $l_0=0.7H=2.8\text{m}$，柱内纵筋配有 HRB400 级钢筋 4⌀16（$A'_s=804\text{mm}^2$），混凝土强度等级为 C30。求该柱的极限承载力 N_u，并判断当该柱承受轴向压力设计值为 1200kN 时，是否安全。

【解】 1. 材料强度

C30 混凝土，即 $f_c=14.3\text{N/mm}^2$

400 级纵筋，$f'_y=360\text{N/mm}^2$

2. 稳定系数

$$l_0/b=2800/300=9.33>8$$

查表 6-1，得 $\varphi=0.987$

3. 验 ρ' 并求 N_u

$$\rho'=\frac{A'_s}{A}=\frac{804}{300\times300}=0.0089=0.89\%$$

$\rho'>\rho'_{min}=0.55\%$，满足最小配筋率要求。

$\rho'<3\%$，可用以下公式求 N_u：

$$N_u=0.9\varphi(f_cA+f'_yA'_s)$$

$=0.9\times0.987\times(14.3\times300\times300+360\times804)$

$=1400352\text{N}=1400.352\text{kN}$

4. 判定是否安全

$N=1200\text{kN}<N_u=1400.352\text{kN}$，安全。

二、配置密排环式箍筋的轴心受压构件

由于施工较困难且不够经济，该种箍筋柱仅用于轴力很大，截面尺寸又受限制（建筑造型或使用要求），采用普通箍筋柱会使纵筋配筋率过高，而混凝土强度等级又不宜再提高的情况。此时，截面形状一般为圆形或正八边形。箍筋为螺旋环或焊接圆环，其间距较密。

1. 受力特点

密排环式箍筋可约束其内部混凝土的横向变形，使之处于三向受压状态，从而间接地提高混凝土的纵向抗压强度。当混凝土纵向压缩时横向产生膨胀，该变形受到密排箍筋的约束，在箍筋中产生拉力而在混凝土中产生侧向压力。当构件的压应变超过无约束混凝土的极限应变后，尽管箍筋以外的表层混凝土会开裂甚至剥落而退出工作，但箍筋以内的混凝土（又称核心混凝土）尚能继续承担更大的压力，直至箍筋屈服。显然，混凝土抗压强度的提高程度与箍筋的约束力的大小有关。为了使箍筋对混凝土有足够大的约束力，箍筋应为圆形（以最小的周长获得最大的内部面积，对内部混凝土的约束性能好），当为圆环时要进行焊接。箍筋的级别同普通箍筋，但间距应较密（详见构造要求）。由于此种箍筋间接地起到了纵向受压钢筋的作用，故又称之为间接钢筋。

2. 正截面承载力计算公式

根据圆柱体三向受压试验的结果，在侧向均匀压力 σ_r 的作用下，约束混凝土的轴心抗压强度 f_{cc} 比无约束时的强度 f_c 约增大 $4\sigma_r$，即

$$f_{cc}=f_c+4\sigma_r \tag{6-4}$$

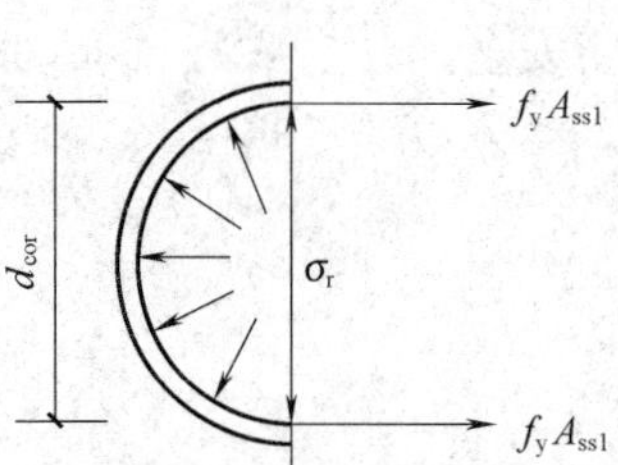

图 6-6　混凝土对箍筋的反作用力

当密排环箍柱的箍筋屈服时，核心混凝土所受到的侧向压力 σ_r 可由图 6-6 求得（图中所示的 σ_r 为混凝土对箍筋的反作用力）。由于每道箍筋所约束的混凝土柱的高度即为箍筋间距，故有以下平衡方程式：

$$\sigma_r d_{cor} s=2f_yA_{ss1}$$

式中　A_{ss1}——单根箍筋的截面积；

f_y——箍筋的抗拉强度设计值；

d_{cor}——构件的核心直径（算至箍筋内表面）。

于是有

$$\sigma_r=\frac{2f_yA_{ss1}}{d_{cor}s} \tag{6-5}$$

将式（6-5）代入式（6-4）便得到核心混凝土的抗压强度为

$$f_{cc}=f_c+\frac{8f_yA_{ss1}}{d_{cor}s} \tag{6-6}$$

由于箍筋屈服时，外围混凝土已开裂甚至脱落而退出工作，所以，承受压力的混凝土截面面积应该取核心混凝土的面积 A_{cor}。于是根据轴向力的平衡条件，可得密排环箍柱的极限承载力为

$$N_u = f_{cc}A_{cor} + f'_yA'_s \tag{6-7}$$

再将式（6-6）代入上式，则得

$$N_u = f_cA_{cor} + \frac{8f_yA_{ss1}}{d_{cor}s}A_{cor} + f'_yA'_s \tag{6-8}$$

该式右端第二项即为密排环箍（又称间接钢筋）的作用，为了将此间接钢筋的作用与直接承受轴向力的纵向钢筋的作用对比，以及使式（6-8）便于记忆，可将间距为 s 的箍筋按体积相等的原则换算成纵向钢筋，设其换算后的截面面积为 A_{ss0}，则应有：

$$A_{ss0} = \frac{\pi d_{cor}A_{ss1}}{s} \tag{6-9}$$

在式（6-8）右端第二项中，$A_{cor}=\pi d_{cor}^2/4$，故该项可改为：

$$\frac{8f_yA_{ss1}}{d_{cor}s}\cdot\frac{\pi d_{cor}^2}{4} = \frac{2f_y\pi d_{cor}A_{ss1}}{s} = 2f_yA_{ss0}$$

于是式（6-8）可记为：

$$N_u = 0.9(f_cA_{cor} + 2f_yA_{ss0} + f'_yA'_s) \tag{6-10}$$

当混凝土强度等级超过 C50 时，右端第二项还应乘以折减系数 α，C50 时 $\alpha=1.0$，C80 时 $\alpha=0.85$，中间按线性内插。

从式（6-10）可知，采用密排式环箍筋柱后，尽管混凝土的受压面积有减少，但由于间接钢筋的作用一般较大，可以使构件承载力得到较大的提高。

3. 公式的适用条件

在使用公式（6-10）时应注意满足下列条件：

(1) 按式（6-10）算得的构件受压承载力设计值不应大于按公式（6-2）算得的构件受压承载力设计值的 1.5 倍。不满足该条件时，构件在破坏前，混凝土保护层可能过早地脱落而影响正常使用。此时，可适当提高混凝土强度等级、增大纵筋面积或增大截面尺寸，或采用其他类型的构件（例如钢管混凝土柱等）。

(2) 柱的长度计算与构件直径之比应不大于 12，即 $l_0/d\leqslant 12$。对长细比 $l_0/d>12$ 的柱子，由于纵向弯曲的影响，构件破坏时，截面上压应力很不均匀，在相当大的面积上，压应力并不大，因而不能充分发挥其增强作用，故不能按式(6-10)计算。此时，可适当增大 d、设法减小 l_0，或采用其他类型的构件。

(3) 间接钢筋按式（6-9）换成纵向钢筋所得的换算截面面积不应小于纵筋截面面积的 25%，即 $A_{ss0}\geqslant 0.25A'_s$。否则，说明间接钢筋过少，对核心混凝土的约束效果较差，不能按式（6-10）计算。此时，应加大箍筋直径或减小箍筋间距。

尚需指出，当截面较小而混凝土保护层较厚时，有可能出现按式（6-10）的计算结果反而低于式（6-2）的计算结果的现象。此时，按式（6-2）计算，亦即按普通箍筋柱

来考虑。

【例 6-3】 某大楼底层门厅现浇钢筋混凝土柱，已求得轴向力设计值 $N=3430\text{kN}$，计算高度 $l_0=4.2\text{m}$；根据建筑设计要求，柱为圆形截面，直径 $d=400\text{mm}$；采用 C40 混凝土（$f_c=19.1\text{N/mm}^2$），400 级箍筋（$f_y=360\text{N/mm}^2$）；已按普通箍筋柱设计，发现配筋率过高，且混凝土等级不宜再提高。试按密排环箍柱进行设计。

【解】 1. 判别密排环箍柱是否适用

$$\frac{l_0}{d}=\frac{4200}{400}=10.5<12 \qquad \text{（适用）}$$

2. 选用 A'_s

$$A=\frac{\pi d^2}{4}=\frac{\pi\times400^2}{4}=125664\text{mm}^2$$

取 $\rho'=0.025$，则 $A'_s=\rho' A=0.025\times125664=3142\text{mm}^2$

选用 HRB400 级钢筋 10Φ20（$A'_s=3142\text{mm}^2$，$f'_y=360\text{N/mm}^2$）

3. 求所需的间接箍筋换算面积 A_{ss0} 并验算其用量是否过少

$$d_{cor}=400-50=350\text{mm}$$

$$A_{cor}=\frac{\pi\times350^2}{4}=96210\text{mm}^2$$

采用公式（6-10），并取 $N_u=N$，可得

$$A_{ss0}=\frac{N/0.9-(f_cA_{cor}+f'_yA'_s)}{2f_y}$$

$$=\frac{3430000/0.9-(19.1\times96210+360\times3142)}{2\times360}=1170\text{mm}^2$$

$0.25A'_s=0.25\times3142=786\text{mm}^2<A_{ss0}$（可以）

4. 确定环箍的直径和间距

选用直径 $d=8\text{mm}$，则单肢截面积 $A_{ss1}=50.3\text{mm}^2$，由公式（6-9）可得

$$s=\frac{\pi d_{cor}A_{ss1}}{A_{ss0}}=\pi\times350\times50.3/1174=47\text{mm}$$

取 $s=45\text{mm}$，满足构造要求 $40\text{mm}\leqslant s\leqslant80\text{mm}$ 以及 $s\leqslant0.2d_{cor}$ 的要求。

5. 复核混凝土保护层是否过早脱落

由 l_0/d 查表 6-1，得 $\varphi=0.95$

$$1.5\times0.9\varphi\,(f_cA+f'_yA'_s)=1.5\times0.9\times0.95\times(19.1\times125664+360\times3142)$$

$$=4228900\text{N}=4228.9\text{kN}>N=3430\text{kN}\ \text{（可以）}$$

第四节　偏心受压构件的计算

偏心受压构件分单向偏心和双向偏心两种，本书主要介绍工程中常用的单向偏心受

压。为叙述方便起见，以下将单向偏心受压简称为偏心受压。

一、偏心受压构件的正截面承载力计算

（一）受力特点及破坏特征

偏心受压构件截面上既有轴向力又有弯矩，从正截面的受力性能来看，可视为轴心受压与受弯的叠加。受弯构件的平截面假定，对偏心受压构件同样适用。

偏心受压构件的截面破坏特征与压力的偏心率（偏心距 e_0 与截面有效高度 h_0 之比，又称相对偏心距）、纵筋的数量、钢筋和混凝土强度等因素有关，一般可分为大偏心受压破坏（又称受拉破坏）和小偏心受压破坏（又称受压破坏）两类。

1. 大偏心受压破坏（受拉破坏）

此类破坏在压力的偏心率较大，且受拉钢筋不是太多时发生。截面的破坏特征是：受拉钢筋首先屈服，最终受压边缘的混凝土也因压应变达到极限值 ε_{cu}（与受弯构件基本相同，可取为0.0033）而破坏。至于受压钢筋，只要压区高度不是太小，一般也能屈服①。其破坏特征与适筋的双筋受弯构件相似。破坏情况如图6-7所示。

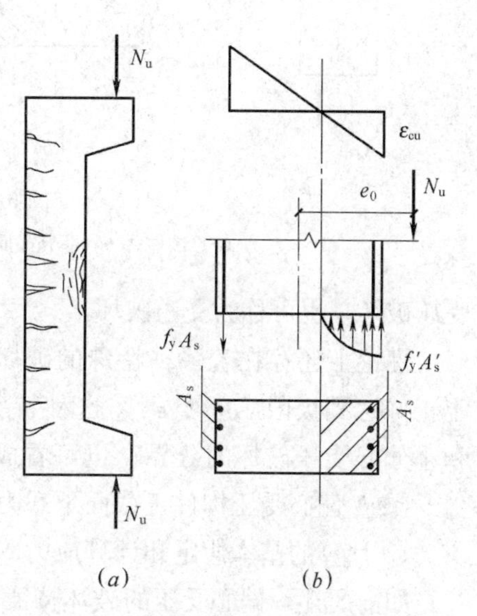

图 6-7　大偏心受压破坏

（a）试件；（b）截面的应力和应变

由于此种破坏一般在压力的偏心较大时发生，故习惯上称为大偏心受压破坏。又由于这种破坏始于受拉钢筋的屈服，故又称为受拉破坏。

2. 小偏心受压破坏（受压破坏）

当压力的偏心率较小，或虽偏心率不小，但受拉纵筋配置过多时，会发生此种破坏。截面破坏特征一般是：压力近侧的受压区边缘的混凝土压应变首先达到极限值而被压坏，该侧的受压钢筋屈服；而压力远侧的钢筋虽受拉但并未屈服（应力为 σ_s），甚至还可能受压（可能屈服，也可能不屈服，这时，截面全部受压）。该破坏特征与超筋的双筋受弯构件或轴心受压构件类似。构件破坏及其截面应力情况如图 6-8 所示。其中，混凝土的极限压应变 ε_{cmax1} 和 ε_{cmax2} 均小于大偏心受压时的混凝土极限压应变 ε_{cu}，并随着偏心距的减少而接近于轴心受压时的压应变 ε_0。

尚需说明，当压力的偏心率很小且压力近侧的纵筋多于远侧时，混凝土和纵筋的压坏有可能发生在压力远侧而不是近侧。如采用对称配筋，则可避免此种情况的发生。

上述几种破坏，表面上虽有所不同，但实质上有着共同之处。这就是：偏心距较小、破坏始于混凝土压坏而不是钢筋拉坏。故而它们属于同类破坏，习惯上称为小偏心

① 对于受压屈服强度大于 400N/mm² 的高强钢筋，严格地说，这里不可称为“屈服”，而只能说“应力达抗压设计强度 f'_y”。鉴于工程中一般不采用高强钢筋作为抗压钢筋，因此也可简单地叙述为屈服。

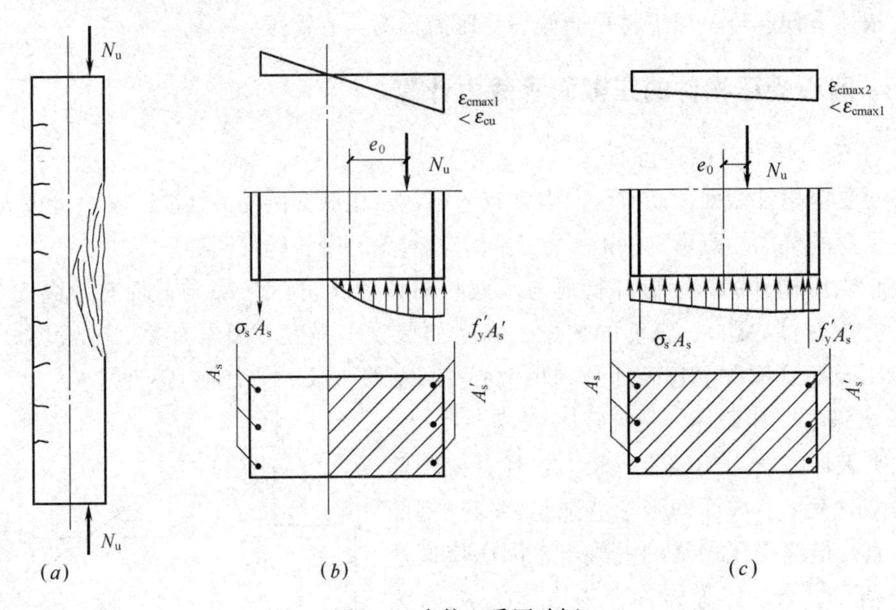

图 6-8　小偏心受压破坏

(a) 试件；(b) 部分截面受拉但 A_s 未屈服；(c) 全截面受压破坏

受压破坏，也可称为受压破坏。

理论上还存在着一种特殊的破坏状态：当受拉钢筋屈服的同时，受压区边缘混凝土正好达到极限压应变 ε_{cu}，这种特殊状态称界限破坏。界限破坏是大偏心受压破坏和小偏心受压破坏的分界；也可看成是大偏心受压破坏中的极端情况。

（二）偏心受压构件正截面承载力计算的基本原则

1. 计算的基本假定和计算应力图

如前所述，偏心受压的破坏特征介于受弯和轴心受压之间。大偏心受压的破坏与适筋受弯构件相似，而小偏心受压构件则与超筋受弯构件或轴心受压构件相似。截面破坏时的混凝土的最大压应变及其压应力实际上随偏心距的大小而变化。

为简化计算，《混凝土规范》采用了与受弯构件正截面承载力相同的计算假定。对受压区混凝土的曲线应力图也同样采用等效矩形应力图来代替。

2. 附加偏心距 e_a

当偏心受压构件截面上的弯矩 M 和轴力 N 求得后，便可求得轴向力的偏心距（$e_0=M/N$）。但在正截面承载力计算中，此偏心距还应加上一个附加偏心距 e_a。

采用附加偏心距的目的，是考虑由于荷载作用位置的不定性、混凝土质量的不均匀性以及构件尺寸偏差等因素产生的偏心距的增大。《混凝土规范》给出了附加偏心距 e_a 的近似计算式：

$$e_a=\frac{h}{30}\text{且 } e_a\geqslant 20\text{mm，}h\text{ 为偏心方向的截面尺寸} \tag{6-11}$$

考虑了附加偏心距后的偏心距称为计算初始偏心距，为简便起见，以下简称初始偏心距，并以符号 e_i 表示，即

$$e_i = e_0 + e_a \tag{6-12}$$

3. 弯矩对初始偏心距的影响—偏心距增大系数 η

偏心受压构件的截面上存在弯矩，此弯矩会使构件产生侧向挠度，从而使荷载的初始偏心距增大，由此导致截面上的弯矩增大，该效应又称二阶效应。

图 6-9 所示的偏心受压构件的初始偏心距为 e_i，在极限压力 N_u 的作用下，又产生了侧向挠度 f。故构件破坏时，轴力 N_u 对控制截面（在跨中点）的偏心距增大为 e_i+f，若用 η 表示偏心距增大系数，则有

$$\eta=(e_i+f)/e_i=1+f/e_i \tag{6-13}$$

附加挠度 f 可用材料力学公式求得：

$$f=\varphi_u \cdot l_0^2/\beta$$

式中 φ_u——控制截面的极限曲率；

l_0——构件的计算长度；

β——挠度系数。

挠度系数 β 与构件的挠曲线形状有关，对两端铰接柱，试验表明，其挠曲线符合正弦曲线，故可取 $\beta=\pi^2\approx10$。

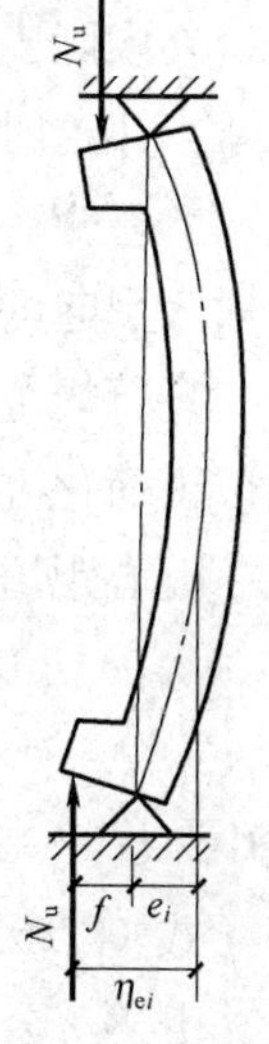

图 6-9 偏心受压构件

控制截面的极限曲率 φ_u 取决于控制截面上受拉钢筋和受压边缘混凝土的应变值，试验表明，对大偏心受压构件，当构件达到承载力极限状态时，均可近似取界限破坏时的极限曲率，即可取：

$$\varphi_u=\frac{\varepsilon_{cu}+\varepsilon_y}{h_0}$$

式中 ε_{cu}——界限破坏时截面受压区边缘混凝土的极限压应变，考虑荷载长期作用会使其增大，这里取 $\varepsilon_{cu}=1.25\times0.0033=0.0041$。

ε_y——界限破坏时受拉钢筋的拉应变，即 $\varepsilon_y=f_y/E_s$，可近似按 500 级钢考虑，取

$$\varepsilon_y=0.0021$$

于是

$$\varphi_u=\frac{\varepsilon_{cu}+\varepsilon_y}{h_0}=\frac{0.0041+0.0021}{h_0}\approx\frac{1}{160h_0}$$

$$f=\varphi_u\frac{l_0^2}{\beta}=\frac{1}{160h_0}\times l_0^2/10=l_0^2/1600h_0$$

将所得 f 代入式（6-13）并取 $h_0=0.9h$ 便可得

$$\eta=1+\frac{1}{1300e_i/h_0}\left(\frac{l_0}{h}\right)^2 \tag{6-14}$$

对于小偏心受压构件，当构件达到承载力极限状态时，受拉钢筋并未屈服而应变较小，受压区边缘混凝土的极限压应变也比 ε_{cu} 小，故而曲率较小。《混凝土规范》采用了荷载偏心距对截面曲率的修正系数 ζ_c，并根据试验结果给出了 ζ_c 的计算公式：

$$\zeta_c = \frac{0.5 f_c A}{N} \leqslant 1 \tag{6-15}$$

式中 A——构件截面面积；

N——轴向力设计值。

当 $e_0 \geqslant 0.3h_0$ 时，可直接取 $\zeta_c = 1$。

在实际工程中，偏心受压构件的受力情况一般不同于图 6-9，而是在高度中部存在反弯点。这时，即使构件高度中部偏心距增大，但增大后的弯矩通常也不超过两端控制截面的弯矩。故一般仅对无反弯点、较细长且轴压比较大的偏心受压构件才需考虑偏心距增大引起的附加弯矩影响。

现行规范对杆件的二阶效应计算规定较为繁琐，一般用于电算。在手算复核时可采用以下简化方法。

偏心距增大系数 η 可按下列公式计算：

$$\eta = 1 + \frac{1}{1300 e_i / h_0} \left(\frac{l_0}{h} \right)^2 \zeta_c \tag{6-16}$$

式中 ζ_1——考虑荷载偏心距对截面曲率的修正系数，按式（6-15）计算。

式（6-16）适用于矩形、T 形、I 形、环形和圆形截面偏心受压构件。

上述 η 公式的适用范围是 $5 < l_0/h \leqslant 30$ 的长柱。对 $l_0/h \leqslant 5$ 或 $l_0/i \leqslant 17.5$ 的短柱，纵向弯曲影响可忽略不计，即可取 $\eta = 1$。而对 $l_0/h > 30$ 的细长柱，破坏时接近于弹性失稳，截面的极限曲率变小，此公式也不再适用。此时，宜增大截面尺寸。

4. 大、小偏心受压的界限

由于大偏压构件的破坏特征及计算基本假定与适筋受弯构件相同。故而大小偏心受压的界限受压区高度也与受弯构件相同：$x_b = \xi_b h_0$。或者说 $x \leqslant \xi_b h_0$ 时为大偏心受压，$x > \xi_b h_0$ 时为小偏心受压。ξ_b 为截面的相对界限受压区高度，可由式（4-15）确定：

$$\xi_b = \frac{0.8}{1 + \frac{f_y}{0.0033 E_s}}$$

对于 300 级钢筋，$\xi_b = 0.576$；335 级钢筋，$\xi_b = 0.550$；400 级钢筋，$\xi_b = 0.518$；500 级钢筋，$\xi_b = 0.482$。

5. 垂直于弯矩作用平面的受压承载力验算

当偏压构件的偏心较小，且截面长边 h 比短边 b 大得多时，虽然短边方向没有弯矩，但因长细比较大，破坏有可能在此方向发生。故偏压构件除应计算弯矩作用平面的受压承载力外，尚应按轴心受压验算垂直于弯矩作用平面的受压承载力。此时，可不考虑弯矩的作用，但应考虑稳定系数 φ 的影响。

实际工程中，偏压构件截面的高宽比一般不超过 2，构件在短边方向的柱端约束能力一般不低于长边方向，在此情况下的大偏压构件不会发生上述现象。故而仅需对弯矩作用在截面长边方向的小偏压构件才需作此验算。验算时须注意稳定系数 φ 应按 l_0/b 或 l_0/i 确定，i 为截面的最小回转半径。

综上所述，偏心受压构件采用了与双筋受弯构件类似的计算应力图，并分为大偏心和小偏心两种类型。至于轴向力对构件截面的偏心距，应考虑附加偏心距，在杆件的长细比较大时，还应考虑偏心距增大系数。小偏压构件一般还应验算垂直于弯矩作用平面的受压承载力。

（三）矩形截面偏心受压构件的正截面承载力计算

1. 基本计算公式及其适用条件

(1) 大偏心受压（$x \leqslant \xi_b h_0$）

计算应力图如图 6-10。其中，纵向钢筋的应力，因大偏压破坏时受拉钢筋 A_s 总是屈服的，故其应力可记为抗拉强度 f_y。而受压钢筋 A'_s 则与双筋受弯构件类似，仅当 $x \geqslant 2a'_s$，即 $\xi \geqslant 2a'_s/h_0$ 时才能屈服，应力记为 f'_y。图中正是作此假定的结果。如不满足要求，A'_s 不能屈服，其应力只能记为 σ'_s。按图 6-10 所示的计算应力图，由平衡条件可得以下基本计算公式：

$$N=\alpha_1 f_c bx+f'_y A'_s-f_y A_s \tag{6-17}$$

$$Ne=\alpha_1 f_c bx\left(h_0-\frac{x}{2}\right)+f'_y A'_s(h_0-a'_s) \tag{6-18}$$

式中 e——轴向力作用点至受拉钢筋 A_s 合力点的距离，即$e=\eta e_i+\dfrac{h}{2}-a_s$。

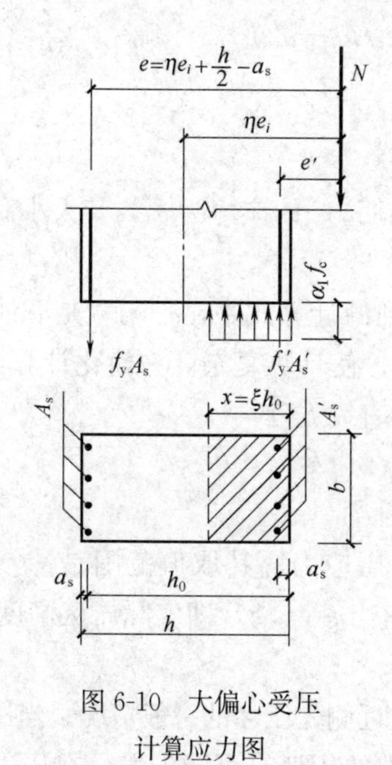

图 6-10 大偏心受压计算应力图

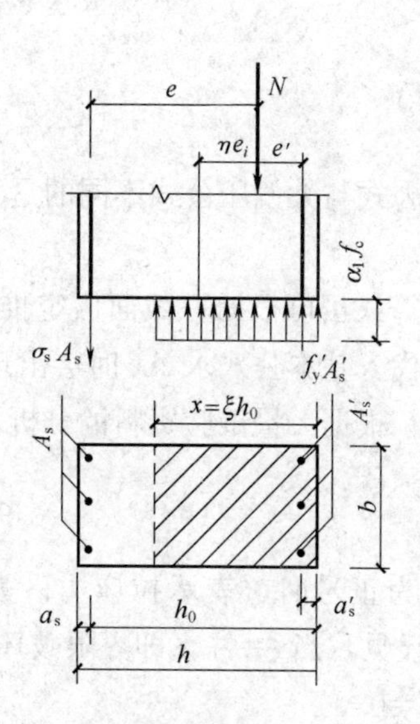

图 6-11 小偏心受压计算应力图

为保证受拉、受压钢筋都屈服，求得的 x 必须满足下列条件：

$x \leqslant \xi_b h_0$ （保证受拉钢筋屈服）；

$x \geqslant 2a'_s$ （保证受压钢筋屈服）。

当不满足条件 $x \leqslant \xi_b h_0$ 时，说明截面发生小偏心受压破坏，应改按小偏压公式计算。

当不满足条件 $x \geqslant 2a'_s$ 时，说明虽为大偏压（受拉钢筋屈服），但受压钢筋 A'_s 不屈服，这时可对未屈服的受压钢筋合力点取矩，并忽略受压混凝土对此点的力矩（偏安全）则可得：

$$Ne' = f_y A_s (h_0 - a'_s) \tag{6-19}$$

式中 e'——轴向力作用点至受压钢筋 A'_s 合力点的距离，即 $e' = \eta e_i - \frac{h}{2} + a'_s$。

（2）小偏心受压（$x > \xi_b h_0$）

小偏心受压破坏时的截面应力情况已在图 6-8 中作过介绍。其主要特征是压力远侧的纵向钢筋 A_s 受拉未屈服甚至还可能受压。混凝土压应力的分布也不同于大偏压。但《混凝土规范》为简化起见，采用了与大偏压相同的混凝土压应力计算图，并将压力远侧的纵筋 A_s 的应力不论拉、压一概画为受拉，以 σ_s 表示。这样处理后的计算应力图如图 6-11 所示。按照此图，由平衡条件可得以下基本计算公式：

$$N = \alpha_1 f_c bx + f'_y A'_s - \sigma_s A_s \tag{6-20}$$

$$Ne = \alpha_1 f_c bx \left(h_0 - \frac{x}{2}\right) + f'_y A'_s (h_0 - a'_s) \tag{6-21}$$

或

$$Ne' = \alpha_1 f_c bx \left(\frac{x}{2} - a'_s\right) - \sigma_s A_s (h_0 - a'_s) \tag{6-22}$$

式中

$$e' = \frac{h}{2} - \eta e_i - a'_s$$

该组公式与大偏压公式不同的是，压力远侧的钢筋 A_s 的应力为 σ_s，其大小和方向有待确定。

σ_s 计算式虽可根据平截面假定推得，但这样得到的计算式中，σ_s 与 ξ 是非线性关系，将其代入基本公式求 A'_s 时会出现 ξ 的三次方程，使计算复杂。为简化计算，《混凝土规范》根据大量试验资料的分析，采用了以下的直线方程：

$$\sigma_s = \frac{\xi - 0.8}{\xi_b - 0.8} f_y \tag{6-23}$$

σ_s 计算值为正号时，表示拉应力；为负号时，表示压应力。其取值范围是：$-f'_y \leqslant \sigma_s \leqslant f_y$。显见，当 $\xi = \xi_b$，即界限破坏时，$\sigma_s = f_y$；而当 $\xi = 0.8$，即实际压区高度 $x_a = h_0$ 时，$\sigma_s = 0$。

尚需说明，上述介绍的小偏压公式仅适用于压力近侧先压坏的一般情况。当压力偏心距很小，且压力近侧的纵筋多于压力远侧时，构件的压坏有可能先发生在压力远侧（图 6-12）。计算分析表明，当压力远侧仅按最小配筋率配筋时，构件的极限承载力仅为 $f_c bh$。为防止此种破坏，《混凝土规范》作出规定，对非对称配筋的受压构件，当 $N > f_c bh$ 时，尚应按下列公式进行验算：

$$Ne' = \alpha_1 f_c bh \left(h'_0 - \frac{h}{2}\right) + f'_y A_s (h'_0 - a_s) \tag{6-24}$$

式中　e'——轴力作用点至受压钢筋合力点的距离，这里取$e'=h/2-e'_i-a'_s$。因为在这种情况下，轴向力作用点和截面重心靠近，故在计算中不应考虑偏心距增大系数，且须将初始偏心距取为$e'_i=e_0-e_a$；

h'_0——压力近侧钢筋合力点到压力远侧边缘的距离，$h'_0=h-a'_s$。

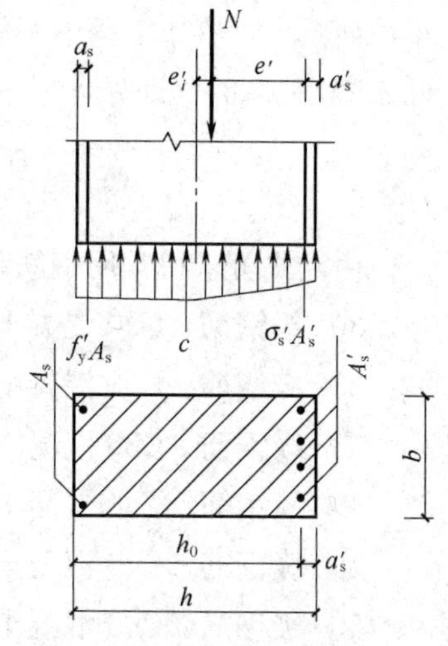

图 6-12　在压力远侧破坏的小偏心受压情况

2. 矩形截面大小偏心受压的判别

由于大偏压破坏和小偏压破坏的计算公式不同，因而要进行计算，首先必须判别类型。

前面曾介绍过大、小偏压的界限：当$x\leqslant\xi_bh_0$（或$\xi\leqslant\xi_b$）时为大偏压，否则为小偏压；但该式只适用于已选用某种公式，并求得ξ，反过来对公式选用的正确性进行判断。采用这样的做法，很可能因选错公式而造成计算返工。为了尽量避免返工，可先根据轴向压力的偏心距的大小来初步判别类型。

界限破坏可看成是大偏心受压破坏的极端。此种情况下，受拉钢筋屈服的同时，压区混凝土也被压坏（受压钢筋一般情况可屈服）。由此可知，此时的纵向力偏心距（称界限偏心距，记作ηe_{ib}）必定随受拉纵筋的等级、数量、受压混凝土的强度等级以及受压钢筋的强度等级和数量的变化而变化。现在的问题是，如何从变化的界限偏心距中寻找合适者，从而使判别的正确性较高，一旦判错，计算返工量也不大。鉴于小偏压公式比大偏压复杂，为尽量避免误用小偏压公式，应尽量选用较小的界限偏心距作为判别标准。

在大偏心受压基本公式（6-17）、式（6-18）中，取$x=\xi_bh_0$并将式（6-17）代入式（6-18），得

$$(\alpha_1f_cbh_0\xi_b+f'_yA'_s-f_yA_s)\left(\eta e_{ib}+\frac{h}{2}-a_s\right)$$

$$=\alpha_1f_cbh_0^2\xi_b(1-0.5\xi_b)+f'_yA'_s(h_0-a'_s)$$

$$\eta e_{ib}=\frac{\alpha_1f_cbh_0^2\xi_b(1-0.5\xi_b)+f'_yA'_s(h_0-a'_s)}{\alpha_1f_cbh_0\xi_b+f'_yA'_s-f_yA_s}-\frac{h}{2}+a_s$$

$$=\left[\frac{\xi_b(1-0.5\xi_b)+\dfrac{f'_y}{\alpha_1f_c}\cdot\dfrac{A'_s}{bh}\cdot\dfrac{h}{h_0}\left(1-\dfrac{a'_s}{h_0}\right)}{\xi_b+\dfrac{f'_y}{\alpha_1f_c}\cdot\dfrac{A'_s}{bh}\cdot\dfrac{h}{h_0}-\dfrac{f_y}{\alpha_1f_c}\cdot\dfrac{A_s}{bh}\cdot\dfrac{h}{h_0}}-\frac{h}{2h_0}+\frac{a_s}{h_0}\right]h_0$$

$$=\left[\frac{\xi_b(1-0.5\xi_b)+\dfrac{f'_y}{\alpha_1f_c}\rho'\dfrac{h}{h_0}\left(1-\dfrac{a'_s}{h_0}\right)}{\xi_b+\dfrac{f'_y}{\alpha_1f_c}\rho'\dfrac{h}{h_0}-\dfrac{f_y}{\alpha_1f_c}\rho\dfrac{h}{h_0}}-\frac{h}{2h_0}+\frac{a_s}{h_0}\right]h_0$$

由上式可知，ηe_{ib}随着$f_y\rho$和$f'_y\rho'$的减小、α_1f_c的增大以及a_s/h_0的减小（h/h_0减

小）而减小。鉴于工程中一般采用对称配筋，故此处采用最小配筋率 $\rho=\rho'=0.002$，并取 $a_s/h_0=0.05$（即 $h/h_0=1.05$），$f_y=f'_y$ 可得

$$\eta e_{ib}=\left[\frac{\xi_b(1-0.5\xi_b)+0.002f'_y/\alpha_1 f_c}{\xi_b}-0.475\right]h_0$$

由上式可求得常用钢筋和混凝土的界限偏心距最小值为：

300 级钢筋、C20 混凝土时，$\eta e_{ib}=0.335h_0$；

335 级钢筋、C20 混凝土时，$\eta e_{ib}=0.364h_0$；

335 级钢筋、C30 混凝土时，$\eta e_{ib}=0.326h_0$；

400 级钢筋、C30 混凝土时，$\eta e_{ib}=0.363h_0$；

400 级钢筋、C40 混凝土时，$\eta e_{ib}=0.339h_0$；

500 级钢筋、C40 混凝土时，$\eta e_{ib}=0.373$。

因此，在设计中，一般可根据以下方法初步判别矩形截面偏心受压的类型：

当 $\eta e_i\leqslant 0.30h_0$ 时，按小偏压计算；

当 $\eta e_i>0.30h_0$ 时，可先按大偏压计算，若求得的 ξ 满足 $\xi\leqslant\xi_b$，则确实为大偏压，否则需改按小偏压计算。

需要指出，工程设计中的偏心受压构件，当截面选择适当时，纵筋总配筋率约为 1%～2%。若以 $\rho+\rho'=1\%$，C20 混凝土、335 级纵筋考虑，其界限偏心距可达 $0.77h_0$。因此，采用 $0.3h_0$ 来判别仍很有可能误判，但可基本避免误判为小偏压。类型一旦确定，便可采用相应公式进行计算。

3. 矩形截面非对称配筋的计算方法

计算分为截面设计和截面复核两类，计算方法与双筋梁类似，但因为截面上不仅有弯矩，还有压力，故而计算方法比双筋梁复杂。鉴于非对称配筋在实际工程中极少采用，本书不再介绍该种方法。

4. 矩形截面对称配筋的计算方法

对称配筋是指压力近侧和远侧的纵向钢筋的级别、数量完全相同的一种配筋方式，即采用 $f_y=f'_y$，$A_s=A'_s$。采用这种配筋方式的偏压构件，可抵抗变号弯矩（因竖向活荷载的位置或水平活荷载的方向变化引起），施工和设计也较为简单，当采用装配式时，还可避免因吊错方向而造成的事故。由于以上优点，工程中几乎都采用对称配筋。它的缺点是，当恒载为主且偏心距较大时，经济性稍差于非对称配筋。

对称配筋的计算和非对称配筋一样，也分截面设计和截面复核两类问题。

但由于截面复核的问题很少遇到，且完全可用截面设计的方法来解决，故以下仅介绍截面设计的方法。

(1) 大偏心受压破坏

当 $\eta e_i\geqslant 0.3h_0$ 时，可先按大偏压计算。

考察大偏压基本计算式（6-17），因对称配筋，式中 $f_y A_s=f'_y A'_s$，故而有

$$N=\alpha_1 f_c b\xi h_0$$

即 $$\xi=\frac{N}{\alpha_1 f_c bh_0} \tag{6-25}$$

用该式求得的 ξ 值必须满足适用条件 $\frac{2a'_s}{h_0}\leqslant\xi\leqslant\xi_b$，以保证截面破坏时 A'_s 和 A_s 能屈服，即保证所得的 x 为真。

若 $\frac{2a'_s}{h_0}\leqslant\xi\leqslant\xi_b$，则由式（6-18）求 A'_s，并取 $A_s=A'_s$，得

$$A_s=A'_s=\frac{Ne-\xi(1-0.5\xi)\alpha_1 f_c bh_0^2}{f'_y(h_0-a'_s)} \tag{6-26}$$

式中 $e=\eta e_i+\frac{h}{2}-a_s$

若 $\xi<\frac{2a'_s}{h_0}$，则应由公式（6-19）求 A_s，并取 $A'_s=A_s$，得

$$A'_s=A_s=\frac{Ne'}{f_y(h_0-a'_s)} \tag{6-27}$$

式中 $e'=\eta e_i-\frac{h}{2}+a'_s$

若 $\xi>\xi_b$，则应改按小偏心受压计算。

（2）小偏心受压破坏

若 $\eta e_i<0.3h_0$，或虽 $\eta e_i\geqslant 0.3h_0$，但计算所得 ξ 表明不是大偏压时，应按小偏压考虑。

再考察小偏心受压基本公式（6-20）、（6-21）和（6-23），当 $A_s=A'_s$，$f_y=f'_y$ 时，可得

$$N=\alpha_1 f_c bh_0\xi+f'_y A'_s-\frac{\xi-0.8}{\xi_b-0.8}f'_y A'_s \tag{6-28}$$

$$Ne=\alpha_1 f_c bh_0^2\xi(1-0.5\xi)+f'_y A'_s(h_0-a'_s) \tag{6-29}$$

当联立求解时，将出现 ξ 的三次方程，计算较为复杂。为简化计算，可采用迭代法。由式（6-28）和（6-29）可得迭代公式如下：

$$\xi=\frac{(0.8-\xi_b)N+\xi_b f'_y A'_s}{(0.8-\xi_b)\alpha_1 f_c bh_0+f'_y A'_s} \tag{6-30}$$

$$f'_y A'_s=\frac{Ne-\xi(1-0.5\xi)\alpha_1 f_c bh_0^2}{(h_0-a'_s)} \tag{6-31}$$

式中 $e=\eta e_i+\frac{h}{2}-a_s$

为加快迭代法的收敛速度，有必要寻找较为合适的 ξ 初值。由于小偏压破坏时的 ξ 在 ξ_b 和 1.1 之间变动，此时 $\xi(1-0.5\xi)$ 在 0.38 ～ 0.5 之间变动。选用 0.43 为 $\xi(1-0.5\xi)$ 的初值，只需迭代一至两次，便可求得具有较好精度的 A'_s。鉴于迭代法仍不太简便，《混凝土规范》介绍了 ξ 的近似计算式：

$$\xi=\frac{N-\xi_b\alpha_1 f_c bh_0}{\dfrac{Ne-0.43\alpha_1 f_c bh_0^2}{(0.8-\xi_b)(h_0-a'_s)}+\alpha_1 f_c bh_0}+\xi_b \tag{6-32}$$

该式是取 0.43 为 $\xi(1-0.5\xi)$ 的初值，并将式（6-31）代入式（6-30）所得的结果。由此式求得 ξ 后，再由式（6-31）得 A'_s，并取 $A_s=A'_s$。

【例 6-4】 某矩形截面偏压柱，截面尺寸 $b\times h=300\text{mm}\times400\text{mm}$，柱的计算长度 $l_0=6.4\text{m}$，$a_s=a'_s=40\text{mm}$，混凝土强度等级为 C30（$\alpha_1 f_c=14.3\text{N/mm}^2$），纵向钢筋为 400 级（$f_y=f'_y=360\text{N/mm}^2$），承受轴向压力的设计值 $N=380\text{kN}$，弯矩设计值 $M=190\text{kN}\cdot\text{m}$，采用对称配筋，求 $A_s=A'_s$，并选配钢筋。

【解】 1. 计算 ηe_i 并判别类型

$h_0=h-a_s=400-40=360\text{mm}$

$e_0=\dfrac{M}{N}=\dfrac{190\times10^6}{380\times10^3}=500\text{mm}>0.3h_0=0.3\times360=108\text{mm}$

$e_a=h/30=400\text{mm}/30=13.3\text{mm}<20\text{mm}$，取 $e_a=20\text{mm}$

$e_i=e_0+e_a=500+20=520\text{mm}$

$l_0/h=\dfrac{6400}{400}=16>5$，需计算 η

$e_0>0.3h_0$，取 $\zeta_c=1$

$$\eta=1+\frac{1}{1300\dfrac{e_i}{h_0}}\left(\frac{l_0}{h}\right)^2\zeta_c$$

$$=1+\frac{1}{1300\times\dfrac{500}{360}}\times16^2\times1=1.142$$

故 $\eta e_i=1.142\times520=594\text{mm}$

$\eta e_i>0.3h_0=108\text{mm}$，可先按大偏压计算：

$\xi=\dfrac{N}{\alpha_1 f_c bh_0}=\dfrac{380000}{14.3\times300\times360}=0.246$

$\xi<\xi_b=0.518$，确为大偏压。

$\xi>\dfrac{2a'_s}{h_0}=\dfrac{2\times40}{360}=0.222$，$A'_s$ 能屈服。

2. 计算 $A_s=A'_s$

$e=\eta e_i+\dfrac{h}{2}-a_s=594+\dfrac{400}{2}-40=754\text{mm}$

$$A_s=A'_s=\frac{Ne-\xi(1-0.5\xi)\alpha_1 f_c bh_0^2}{f_y(h_0-a'_s)}$$

$$=\frac{380000\times754-0.246(1-0.5\times0.246)\times14.3\times300\times360^2}{360(360-40)}$$

$=1446\text{mm}^2$

3. 验算配筋率并选配钢筋

$$\rho=\rho'=\frac{A'_s}{bh}=\frac{1446}{300\times400}=0.0121=1.21\%>\rho'_{\min}=0.275\%$$

$\rho+\rho'=2.42\%<3\%$（可用普通箍筋）

两侧各选用3Φ25（$A_s=A'_s=1473\text{mm}^2$）。

【例 6-5】 上例中的 N 改为 140kN，M 改为 70kN·m，其余条件不变（$b\times h=300\text{mm}\times400\text{mm}$，$l_0=4.8\text{m}$，$a_s=a'_s=35\text{mm}$，C30 混凝土、400 级纵筋，采用对称配筋）。求 $A_s=A'_s$，并选配钢筋。

【解】 1. 计算 ηe_i 并判别类型

ηe_i 的计算过程同例 6-4，这里从略。计算结果为 $\eta e_i=594\text{mm}$。

$\eta e_i>0.3h_0=108\text{mm}$，可先按大偏压考虑：

$$\xi=\frac{N}{\alpha_1 f_c bh_0}=\frac{140000}{14.3\times300\times360}=0.091$$

$\xi<\xi_b$，确为大偏压。

$$\xi<\frac{2a'_s}{h_0}=\frac{2\times40}{360}=0.222$$，A'_s 不能屈服。

2. 计算 $A_s=A'_s$

应采用公式（6-27）求 A_s 和 A'_s。

$$e'=\eta e_i-\frac{h}{2}+a'_s=594-\frac{400}{2}+40=434\text{mm}$$

$$A'_s=A_s=\frac{Ne'}{f_y(h_0-a'_s)}=\frac{140000\times434}{360(360-40)}=528\text{mm}^2$$

3. 验算配筋率并选配钢筋

$$\rho=\rho'=\frac{A_s}{bh}=\frac{528}{300\times400}=0.0044=0.44\%>\rho'_{\min}=0.275\%$$

$\rho+\rho'=0.88\%<3\%$（可用普通箍筋）

两侧各选用3Φ16（$A_s=A'_s=603\text{mm}^2$）。

【例 6-6】 某矩形截面偏压柱，截面尺寸 $b\times h=300\text{mm}\times500\text{mm}$，$a_s=a'_s=40\text{mm}$，柱的计算长度 $l_0=4.5\text{m}$，采用 C30 级混凝土、400 级纵筋，轴向压力设计值 $N=1500\text{kN}$，弯矩设计值 $M=195\text{kN}\cdot\text{m}$，采用对称配筋，求 $A_s=A'_s$，并选配纵筋。

【解】 1. 计算 ηe_i 并判别类型

$$h_0=h-a_s=500-40=460\text{mm}$$

$$e_0=\frac{M}{N}=\frac{195\times10^6}{1500\times10^3}=130\text{mm}<0.3h_0=0.3\times460=138\text{mm}$$

$e_a=h/30=500/30=16.7\text{mm}<20\text{mm}$，取 $e_a=20\text{mm}$

$$e_i=e_0+e_a=130+20=150\text{mm}$$

$l_0/h=\frac{4500}{500}=9>5$，需计算 η

因 $e_0<0.3h_0$，需计算 ζ_c

$\zeta_c=0.5f_cA/N=0.5\times14.3\times300\times500/1500\times10^3=0.715<1$，取 $\zeta_c=0.715$

故而 $\eta=1+\frac{1}{1300\frac{e_i}{h_0}}\left(\frac{l_0}{h}\right)^2\zeta_c=1+\frac{1}{1300\times\frac{150}{460}}\times9^2\times0.715=1.137$

$\eta e_i=1.137\times150=171\text{mm}$

因 $\eta e_i>0.3h_0$（$=138\text{mm}$），先按大偏压计算。

$$\xi=\frac{N}{\alpha_1f_cbh_0}=\frac{1500000}{14.3\times300\times460}=0.76$$

$\xi>\xi_b=0.518$，为小偏心受压（以上 ξ 为假，需重新计算）。

2. 计算 $A_s=A'_s$

用规范近似公式计算 ξ：

$$e=\eta e_i+\frac{h}{2}-a_s=171+\frac{500}{2}-40=381\text{mm}$$

$$\xi=\frac{N-\xi_b\alpha_1f_cbh_0}{\frac{Ne-0.43\alpha_1f_cbh_0^2}{(0.8-\xi_b)(h_0-a'_s)}+\alpha_1f_cbh_0}+\xi_b$$

$$=\frac{1500000-0.518\times14.3\times300\times460}{\frac{1500000\times381-0.43\times14.3\times300\times460^2}{(0.8-0.518)(460-40)}+14.3\times300\times460}+0.518$$

$$=1.364$$

由式（6-31）求 A'_s 并取 $A_s=A'_s$：

$$A_s=A'_s=\frac{Ne-\xi(1-0.5\xi)\alpha_1f_cbh_0^2}{f'_y(h_0-a'_s)}$$

$$=\frac{1500000\times381-1.364(1-0.5\times1.364)\times14.3\times300\times460^2}{360(460-40)}$$

$$=1176\text{mm}^2$$

3. 验算垂直于弯矩作用平面的承载力(按轴心受压验算)

$$l_0/b=4500/300=15$$

查表 6-1 得 $\varphi=0.895$

$N_u=0.9\varphi[f_cA+f'_s(A'_s+A_s)]$

$=0.9\times0.895[14.3\times300\times500+360(1176+1176)]$

$=2409830\text{N}=2409.83\text{kN}>N=1500\text{kN}$（$A_s$ 和 A'_s 足够）。

4. 验算配筋率并选配纵筋

$\rho=\rho'=\frac{A'_s}{bh}=\frac{1176}{300\times500}=0.0078=0.78\%>\rho'_{min}=0.275\%$

$\rho+\rho'=1.56\%<3\%$，说明所用轴压公式正确且可用普通箍筋。

两侧各选用 3Φ25（$A_s=A'_s=1473\text{mm}^2$）。

【例 6-7】 某矩形截面偏心受压柱，截面尺寸 $b\times h=350\text{mm}\times600\text{mm}$，柱的计算长度为 4.8m，采用 C30 级混凝土，400 级纵筋，轴向压力设计值 $N=1400\text{kN}$，弯矩设计值 $M=140\text{kN}\cdot\text{m}$，采用对称配筋，试确定所需的纵向钢筋。

【解】 1. 计算 ηe_i 并判别类型

$h_0=h-a_s=600-40=560\text{mm}$

$e_0=\dfrac{M}{N}=\dfrac{140\times10^6}{1400\times10^3}=100\text{mm}<0.3h_0=0.3\times560=168\text{mm}$

$e_a=h/30=600/30=20\text{mm}$

$e_i=e_0+e_a=100+20=120\text{mm}$

$l_0/h=4800/600=8>5$，需计算 η

因 $e_0<0.3h_0$，需计算 ζ_c

$\zeta_c=0.5f_cA/N=0.5\times14.3\times350\times600/1000\times10^3=1.502>1$，取 $\zeta_c=1.0$

故而 $\eta=1+\dfrac{1}{1300e_i/h_0}\left(\dfrac{l_0}{h}\right)^2\zeta_c$

$\quad=1+\dfrac{1}{1300\times120/560}\times8^2\times1=1.230$

$\eta e_i=1.230\times120=148\text{mm}<0.3h_0=168\text{mm}$，为小偏心受压。

2. 计算 $A_s=A'_s$

用规范近似公式计算 ξ：

$$e=\eta e_i+\frac{h}{2}-a_s=148+\frac{600}{2}-40=408\text{mm}$$

$$\xi=\frac{N-\xi_b\alpha_1f_cbh_0}{\dfrac{Ne-0.43\alpha_1f_cbh_0^2}{(0.8-\xi_b)(h_0-a'_s)}+\alpha_1f_cbh_0}+\xi_b$$

$$=\frac{1400000-0.518\times14.3\times350\times560}{\dfrac{1400000\times408-0.43\times14.3\times350\times560^2}{(0.8-0.518)(560-40)}+14.3\times350\times560}+0.518$$

$$=0.493$$

$$A'_s=A_s=\frac{Ne-\xi(1-0.5\xi)\alpha_1f_cbh_0^2}{f'_y(h_0-a'_s)}$$

$$=\frac{1400000\times408-0.493(1-0.5\times0.493)\times14.3\times350\times560^2}{360(560-40)}$$

$$=-63\text{mm}^2$$

说明截面尺寸较大，不需配筋，但实际仍应取最小配筋量：

$A'_s=A_s=\rho'_{\min}bh=0.00275\times350\times600=578\text{mm}^2$

3. 垂直于弯矩作用平面的承载力验算

$l_0/b=4800/350=13.71>8$

查表 6-1，得 $\varphi=0.92$

$$N_u=0.9\varphi[f_cA+f'_y(A'_s+A_s)]$$
$$=0.9\times0.92[14.3\times350\times600+360(578+578)]$$
$$=2831064\text{N}=2831.064\text{kN}>N=1400\text{kN}$$（安全）。

4. 配筋

两侧各选用 2Φ20（$A_s=A'_s=628\text{mm}^2$）。另外，由于本例截面高度 $h=600$mm，属于 $h\geqslant600$mm 范围，在截面侧面应设置直径为 10～16mm 的构造纵筋，现共设 2Φ12，截面配筋如图 6-13。

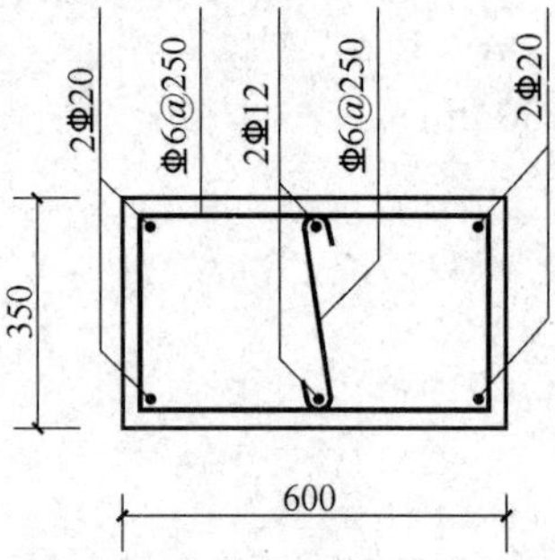

图 6-13 【例 6-7】截面配筋图

在上例计算中，虽为小偏压，但出现了所需 A_s 和 A'_s 为负值的现象。此现象说明因压力较小，截面即使不配纵筋也不会破坏。当然，还应考虑最小配筋率和构造要求，配置一定数量的纵筋。

在对称配筋矩形截面计算中，大小偏压判别方法，除上面介绍外，还有一种近似方法，即不看 ηe_i 而直接用大偏压公式 $N=\alpha_1f_cbh_0\xi$ 求 ξ，若 $\xi\leqslant\xi_b$，为大偏压，否则为小偏压。也可用 N 来判别，当 $N\leqslant N_b=\xi_b\alpha_1f_cbh_0$ 时为大偏压，否则为小偏压。采用这种方法，可减少一点工作量。但缺点是，当压力 N 较小而截面尺寸较大时，有可能把小偏心受压，乃至轴心受压误判为大偏压，在概念上容易搞错。如［例 6-7］，若采用该法判别，则有

$$\xi=\frac{N}{\alpha_1f_cbh_0}=\frac{1400000}{14.3\times350\times560}=0.500<\xi_b=0.518$$，为大偏心受压。

$$A_s=A'_s=\frac{Ne-\xi(1-0.5\xi)\alpha_1f_cbh_0^2}{f'_y(h_0-a'_s)}$$
$$=\frac{1400000\times408-0.500(1-0.5\times0.500)\times14.3\times350\times560^2}{360(560-40)}$$
$$=-93\text{mm}^2<0$$

取 $A_s=A'_s=\rho'_{min}bh=0.00275\times350\times600=578\text{mm}^2$。

以上对比可知，对这种压力和偏心均小，而截面尺寸较大的情况，无论采用何种判别方法，都不影响最后的结果，故近似判别方法从实用上讲，也完全可用。但鉴于在计算中 ηe_i 反正要计算，由 ηe_i 来初判大小偏心，并不增加多少工作量，故宜采用此法。

（四）Ⅰ形截面偏心受压构件的正截面承载力计算

1. 基本计算公式及其适用条件

（1）大偏心受压（$x\leqslant\xi_bh_0$）

与 T 形截面受弯构件类似，Ⅰ形截面大偏压构件可分中和轴在翼缘内与中和轴在腹板内两种情况，计算应力图见图 6-14。

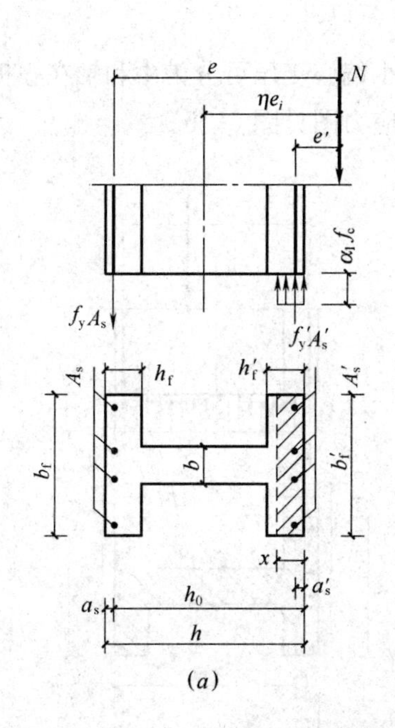

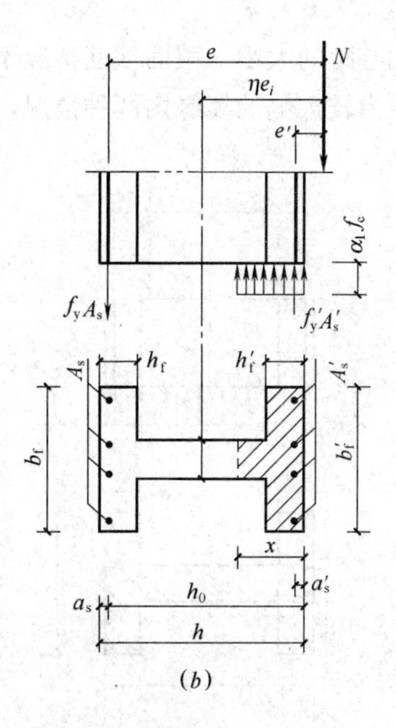

图 6-14　I 形截面大偏压破坏计算应力图

（a）中和轴在翼缘内；（b）中和轴在腹板内

1）中和轴在翼缘内（$x\leqslant h'_{\mathrm{f}}$）

这时，截面压区是宽为 b'_{f}，高为 h 的矩形。按图 6-14（a）平衡条件可以得以下基本计算公式：

$$N=\alpha_1 f_{\mathrm{c}} b'_{\mathrm{f}} x+f'_{\mathrm{y}} A'_{\mathrm{s}}-f_{\mathrm{y}} A_{\mathrm{s}} \tag{6-33}$$

$$Ne=\alpha_1 f_{\mathrm{c}} b'_{\mathrm{f}} x\left(h_0-\frac{x}{2}\right)+f'_{\mathrm{y}} A'_{\mathrm{s}}(h_0-a'_{\mathrm{s}}) \tag{6-34}$$

为保证受压钢筋 A'_{s} 屈服及中和轴在翼缘内，求得的 x 应满足下列条件：

$$2a'_{\mathrm{s}}\leqslant x\leqslant h'_{\mathrm{f}}$$

由于 I 形截面，总是 $h'_{\mathrm{f}}<\xi_{\mathrm{b}} h_0$，故满足了 $x\leqslant h'_{\mathrm{f}}$ 也就满足了 $x\leqslant\xi_{\mathrm{b}} h_0$ 的条件。若不满足条件 $x\geqslant 2a'_{\mathrm{s}}$，则说明破坏时 A'_{s} 不能屈服，与矩形截面相同，需改用公式(6-27)。若不满足条件$x\leqslant h'_{\mathrm{f}}$，则说明中和轴已进入腹板，以上求得的 x 为假，需重新计算。

2）中和轴在腹板内（$x>h'_{\mathrm{f}}$）

这时，截面压区为 T 形。按图 6-14（b），由平衡条件可得以下基本公式：

$$N=\alpha_1 f_{\mathrm{c}} bx+\alpha_1 f_{\mathrm{c}}(b'_{\mathrm{f}}-b)h'_{\mathrm{f}}+f'_{\mathrm{y}} A'_{\mathrm{s}}-f_{\mathrm{y}} A_{\mathrm{s}} \tag{6-35}$$

$$Ne=\alpha_1 f_{\mathrm{c}} bx\left(h_0-\frac{x}{2}\right)+\alpha_1 f_{\mathrm{c}}(b'_{\mathrm{f}}-b)h'_{\mathrm{f}}\left(h_0-\frac{h'_{\mathrm{f}}}{2}\right)+f'_{\mathrm{y}} A'_{\mathrm{s}}(h_0-a'_{\mathrm{s}}) \tag{6-36}$$

公式适用条件：

$$x\leqslant\xi_{\mathrm{b}} h_0$$

若不能满足以上条件，则说明 A_{s} 不会受拉屈服，即截面发生小偏心受压破坏。

(2) 小偏心受压（$x>\xi_{\mathrm{b}} h_0$）

由于偏心距的大小，截面配筋情况不同，小偏心受压可分为中和轴在腹板内或中和轴进入离压力较远侧的翼缘内两种情况，计算应力图见图 6-15。

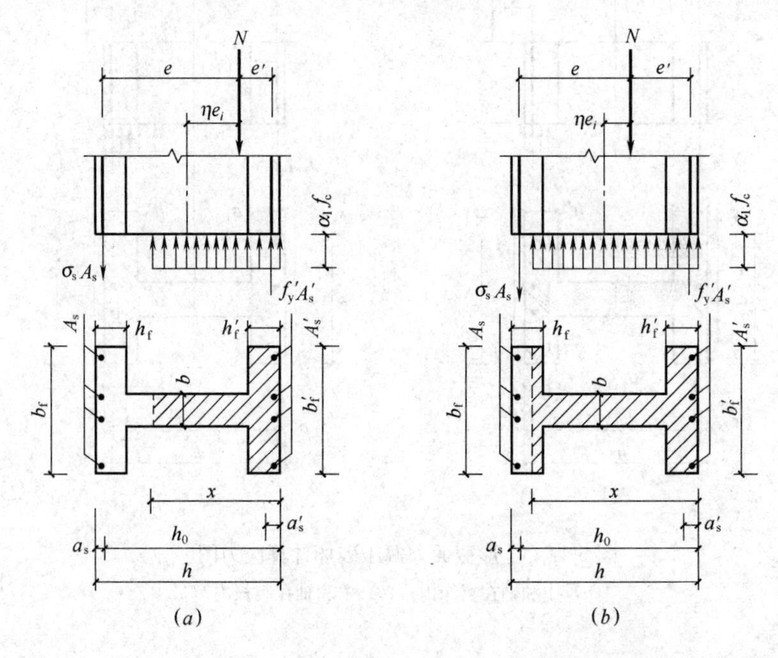

图 6-15 Ⅰ形截面小偏压破坏计算应力图

(a) 中和轴在腹板内；(b) 中和轴在压力远侧的翼缘内

1) 中和轴在腹板内（$\xi_b h_0 < x \leqslant h - h_f$）

按图 6-15 (a)，由平衡条件可得以下基本计算公式：

$$N = \alpha_1 f_c bx + \alpha_1 f_c (b'_f - b) h'_f + f'_y A'_s - \sigma_s A_s \tag{6-37}$$

式中
$$\sigma_s = \frac{\xi - 0.8}{\xi_b - 0.8} f_y \leqslant f_y$$

$$Ne = \alpha_1 f_c bx\left(h_0 - \frac{x}{2}\right) + \alpha_1 f_c (b'_f - b) h'_f\left(h_0 - \frac{h'_f}{2}\right) + f'_y A'_s (h_0 - a'_s) \tag{6-38}$$

公式适用条件：

$$\xi_b h_0 < x \leqslant h - h_f$$

若 $x > h - h_f$ 或 $\xi > \frac{h - h_f}{h_0}$，则说明中和轴进入离压力较远侧的翼缘内。

2) 中和轴在离压力较远侧的翼缘内

按图 6-15 (b)，则由平衡条件可得以下基本计算公式：

$$N = \alpha_1 f_c bx + \alpha_1 f_c (b'_f - b) h'_f + \alpha_1 f_c (b_f - b)(x - h + h_f) + f'_y A'_s - \sigma_s A_s \tag{6-39}$$

式中
$$\sigma_s = \frac{\xi - 0.8}{\xi_b - 0.8} f_y，且 -f'_y \leqslant \sigma_s \leqslant f_y$$

$$Ne=\alpha_1 f_c bx\left(h_0-\frac{x}{2}\right)+\alpha_1 f_c(b'_f-b)h'_f\left(h_0-\frac{h'_f}{2}\right)+f'_y A'_s(h_0-a'_s)$$

$$+\alpha_1 f_c(b_f-b)(x-h+h_f)\left(\frac{h}{2}+\frac{h_f}{2}-\frac{x}{2}-a_s\right)$$

该式最后一项数值很小，可以略去不计，即可采用下式：

$$Ne=\alpha_1 f_c bx\left(h_0-\frac{x}{2}\right)+\alpha_1 f_c(b'_f-b)h'_f\left(h_0-\frac{h'_f}{2}\right)+f'_y A'_s(h_0-a'_s) \tag{6-40}$$

公式适用条件：$h-h'_f<x\leqslant h$

2. Ⅰ形截面对称配筋计算方法

在实际工程中，Ⅰ形截面一般采用对称配筋且一般仅需进行截面设计，故这里仅介绍Ⅰ形截面对称配筋的截面设计的方法。应该注意，矩形截面由 ηe_i 是否大于 $0.3h_0$ 来初判大、小偏压的方法对Ⅰ形截面不再适用。设计时首先假定为大偏心受压，采用大偏压的有关公式计算，在计算过程中发现不属大偏压时，则改按小偏压计算。

(1) 大偏心受压破坏

先假定中和轴通过翼缘，且 A'_s 能屈服，又对称配筋，$A_s=A'_s$，$f_y=f'_y$，则由公式（6-33）可得：

$$\xi=\frac{N}{\alpha_1 f_c b'_f h_0} \tag{6-41}$$

用式（6-41）求得的 ξ 值可能有以下两种情况：

1) $\xi\leqslant\frac{h'_f}{h_0}$，这表明中和轴确实通过翼缘，可按宽度为 b'_f 的矩形截面计算。其中又可分为两种情况：

(A) $\frac{2a'_s}{h_0}\leqslant\xi\leqslant\frac{h'_f}{h_0}$，说明中和轴在翼缘内且 A'_s 屈服，则由公式（6-34）得 A'_s，并取$A_s=A'_s$，得

$$A_s=A'_s=\frac{Ne-\xi(1-0.5\xi)\alpha_1 f_c b'_f h_0^2}{f'_y(h_0-a'_s)} \tag{6-42}$$

式中 $e=\eta e_i+\frac{h}{2}-a_s$

(B) $\xi<\frac{2a'_s}{h_0}$，说明中和轴虽在翼缘内，但 A'_s 不屈服，应改用（6-27）式：

$$A'_s=A_s=\frac{Ne'}{f_y(h_0-a'_s)}$$

式中 $e'=\eta e_i-\frac{h}{2}+a'_s$

2) $\xi>\frac{h'_f}{h_0}$，这表明中和轴已进入腹板，混凝土受压区高度 x 应按下列公式重新计算：

$$\xi=\frac{N-\alpha_1 f_c(b'_f-b)h'_f}{\alpha_1 f_c b h_0} \tag{6-43}$$

当按式（6-43）求得的 ξ 满足 $\xi \leqslant \xi_b$ 时，表明截面为大偏心受压破坏，则有

$$A'_s=A_s=\frac{Ne-\alpha_1 f_c(b'_f-b)h'_f\left(h_0-\frac{h'_f}{2}\right)-\xi(1-0.5\xi)\alpha_1 f_c b h_0^2}{f_y(h_0-a'_s)} \tag{6-44}$$

当 $\xi>\xi_b$ 时，表明截面为小偏心受压，应按小偏压公式重新计算 ξ。

（2）小偏心受压破坏

基本公式为式（6-37）、（6-38）或式（6-39）、（6-40）。与矩形截面类似，为了避免解 ξ 的三次方程，可采用以下迭代公式：

$$\xi=\frac{(0.8-\xi_b)[N-\alpha_1 f_c(b'_f-b)h'_f]+\xi_b f'_y A'_s}{(0.8-\xi_b)\alpha_1 f_c b h_0+f'_y A'_s} \tag{6-45}$$

$$f'_y A'_s=\frac{Ne-\alpha_1 f_c(b'_f-b)h'_f\left(h_0-\frac{h'_f}{2}\right)-\xi(1-0.5\xi)\alpha_1 f_c b h_0^2}{h_0-a'_s} \tag{6-46}$$

当由式（6-46）求得的 $\xi>\frac{h-h_f}{h_0}$，说明中和轴进入离压力较远侧的翼缘内，应改用以下公式求 ξ：

$$\xi=\frac{(0.8-\xi_b)[N-\alpha_1 f_c(b'_f-b)h'_f-\alpha_1 f_c(b_f-b)(h-h_f)]+\xi_b f'_y A'_s}{(0.8-\xi_b)\alpha_1 f_c b_f h_0+f'_y A'_s} \tag{6-47}$$

为进一步简化计算，也可采用以下近似公式求 ξ：

$$\xi=\frac{[N-\alpha_1 f_c(b'_f-b)h'_f]-\alpha_1 f_c b h_0\xi_b}{\frac{\left[Ne-\alpha_1 f_c(b'_f-b)h'_f\left(h_0-\frac{h'_f}{2}\right)\right]-0.43\alpha_1 f_c b h_0^2}{(0.8-\xi_b)(h_0-a'_s)}+\alpha_1 f_c b h_0}+\xi_b \tag{6-48}$$

当 $\xi>\frac{h-h_f}{h_0}$ 时，以上的 ξ 计算公式应改为：

$$\xi=\frac{[N-\alpha_1 f_c(b'_f-b)h'_f+\alpha_1 f_c(b_f-b)(h-h_f)]-\alpha_1 f_c b h_0\xi_b}{\frac{\left[Ne-\alpha_1 f_c(b'_f-b)h'_f\left(h_0-\frac{h'_f}{2}\right)\right]-0.43\alpha_1 f_c b h_0^2}{(0.8-\xi_b)(h_0-a'_s)}+\alpha_1 f_c b h_0}+\xi_b \tag{6-49}$$

求得 ξ 后，再用式（6-46）求 A'_s，并取 $A_s=A'_s$，得

$$A_s=A'_s=\frac{Ne-\alpha_1 f_c(b'_f-b)h'_f\left(h_0-\frac{h'_f}{2}\right)-\xi(1-0.5\xi)\alpha_1 f_c b h_0^2}{f_y(h_0-a'_s)} \tag{6-50}$$

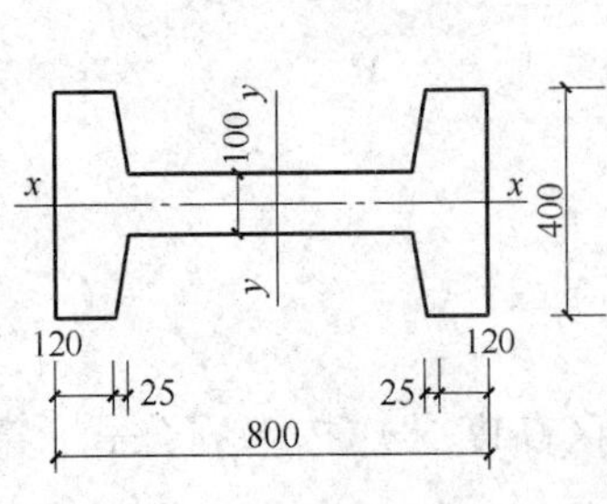

图 6-16　I 形截面尺寸

小偏心受压构件，还应按轴心受压验算垂直于弯矩作用平面的承载力。此时，由 l_0/i_x 查表求 φ，其中 l_0 是构件在垂直于弯矩作用方向的计算长度，i_x 为截面在该方向的回转半径。

【例 6-8】 某Ⅰ形截面排架柱，截面尺寸如图 6-16 所示。已知 $a_s=a'_s=40\text{mm}$，柱的计算长度：在弯矩作用方向为 $l_{0y}=8.4\text{m}$，在垂直于弯矩作用方向为 $l_{0x}=6.72\text{m}$，采用 C30 混凝土（$\alpha_1 f_c=14.3\text{N/mm}^2$）和 HRB400 级钢筋（$f_y=360\text{N/mm}^2$），轴向压力设计值 $N=600\text{kN}$，弯矩设计值 $M=300\text{kN}\cdot\text{m}$，采用对称配筋。求纵向受力钢筋的截面积 $A_s=A'_s$ 并选配纵筋。

【解】 1. 判别类型

先假定为大偏压（A_s 能屈服）且中和轴在翼缘内，A'_s 也能屈服，则

$$\xi=\frac{N}{\alpha_1 f_c b'_f h_0}=\frac{600000}{14.3\times400\times760}$$

$$=0.138<\frac{h'_f}{h_0}=\frac{120}{760}=0.158\text{（中和轴在翼缘内）}$$

$$>\frac{2a'_s}{h_0}=\frac{80}{760}=0.105\text{（}A'_s\text{ 能屈服）。}$$

说明假定的类型正确。

2. 计算 e

$$e_0=\frac{M}{N}=300000000/600000=500\text{mm}>0.3h_0=0.3\times760=228\text{mm}$$

$$e_a=h/30=800/30=27\text{mm}>20\text{mm}$$

$$e_i=e_0+e_a=500+27=527\text{mm}$$

因 $l_{0y}/h=8400/800=10.5>5$，需计算 η

$$A=bh+2(b'_f-b)h'_f=100\times800+2(400-100)\times100=140000\text{mm}^2$$

$\zeta_c=0.5f_cA/N=0.5\times14.3\times140000/600000=1.67>1.0$，取 $\zeta_c=1.0$

故而

$$\eta=1+\frac{1}{1300e_i/h_0}\times(l_{0y}/h)^2\zeta_c$$

$$\eta=1+\frac{1}{1300\times527/760}\times(10.5)^2\times1=1.122$$

$$e=\eta e_i+\frac{h}{2}-a_s=1.122\times527+\frac{800}{2}-40=951\text{mm}$$

3. 计算 $A_s=A'_s$

采用宽度为 b'_f 的矩形截面公式计算：

$$A_s=A'_s=\frac{Ne-\xi(1-0.5\xi)\alpha_1 f_c b'_f h_0^2}{f'_y(h_0-a_s)}$$

$$=\frac{600000\times915-0.138(1-0.5\times0.138)\times14.3\times400\times760^2}{360(760-40)}$$

$=563\text{mm}^2>\rho'_{\min}A=0.003\times140000=420\text{mm}^2$

4. 配筋

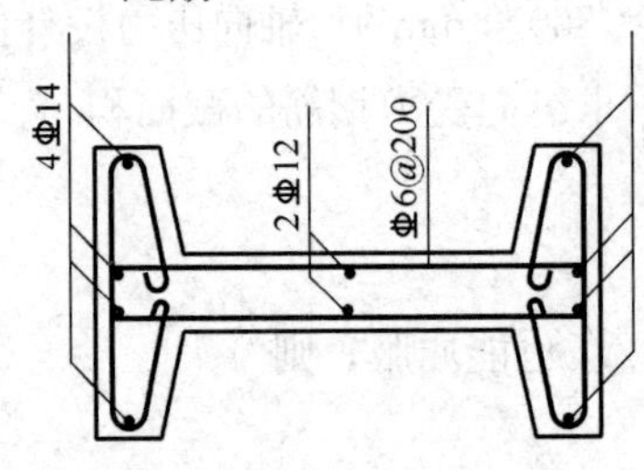

图 6-17 【例 6-8】截面配筋

两边各选用 4Φ14（$A_s=A'_s=615\text{mm}^2$）。另外，因截面高 $h=800$mm，属于 $h\geqslant600$mm 范围，故在侧面设置构造纵筋 2Φ12。截面配筋如图 6-17 所示。

【例 6-9】 上例已知条件改为 $N=800$kN，其余不变，试求 $A_s=A'_s$。

【解】 1. 判别类型

先假定为大偏压（A_s 能屈服）且中和轴在翼缘内，A'_s 也能屈服，则

$$\xi=\frac{N}{\alpha_1 f_c b'_f h_0}=\frac{800000}{14.3\times400\times760}=0.184>\frac{h'_f}{h_0}=\frac{120}{760}=0.158$$

说明中和轴已不在翼缘内，重新计算 ξ：

$$\xi=\frac{N-\alpha_1 f_c(b'_f-b)h'_f}{\alpha_1 f_c b h_0}=\frac{800000-14.3(400-100)\times120}{14.3\times100\times760}$$

$$=0.262<\xi_b=0.518 \text{ 为大偏心受压破坏。}$$

2. 计算 e 值

$$e_0=\frac{M}{N}=\frac{300\times10^6}{800\times10^3}=375\text{mm}>0.3h_0=228\text{mm}$$

$$e_a=h/30=800/30=27\text{mm}>20\text{mm}$$

$$e_i=e_0+e_a=375+27=402\text{mm}$$

因 $e_0>0.3h_0$，$\zeta_c=1$

故而 $$\eta=1+\frac{1}{1300e_i/h_0}\times(l_0y/h)^2\zeta_c$$

$$=1+\frac{1}{1300\times402/760}\times(10.5)^2\times1=1.160$$

$$e=\eta e_i+\frac{h}{2}-a_s=1.160\times402+\frac{800}{2}-40=826\text{mm}$$

3. 计算 $A_s=A'_s$

$$A_s=A'_s=\frac{Ne-\alpha_1 f_c(b'_f-b)h'_f\left(h_0-\frac{h'_f}{2}\right)-\xi(1-0.5\xi)\alpha_1 f_c b h_0^2}{f'_y(h_0-a'_s)}$$

$$=\frac{800000\times826-14.3(400-100)120(760-120/2)-0.262(1-0.5\times0.262)\times14.3\times100\times760^2}{360(760-40)}$$

$$=434\text{mm}^2>\rho'_{\min}A=0.00275[2(400-100)\times120+100\times800]=418\text{mm}^2$$

【例 6-10】 $N=1600$kN，其余条件同例 6-8，求 $A_s=A'_s$，并选配纵筋。

【解】 1. 判别类型

先假定为大偏压且中和轴在翼缘内，A'_s 也能屈服，则

$$\xi=\frac{N}{\alpha_1 f_c b'_f h_0}=\frac{1600000}{14.3\times400\times760}=0.368>\frac{h'_f}{h_0}=\frac{120}{760}=0.158$$

说明中和轴已不在翼缘内，ξ 重新计算：

$$\xi=\frac{N-\alpha_1 f_c(b'_f-b)h'_f}{\alpha_1 f_c b h_0}=\frac{1600000-14.3(400-100)\times120}{14.3\times100\times760}$$

$$=0.999>\xi_b=0.518$$

为小偏心受压破坏，需用小偏压公式重新计算。

2. 计算 e 值

$$e_0=\frac{M}{N}=\frac{300000000}{1600000}=187.5\text{mm}<0.3h_0=228\text{mm}$$

$$e_a=h/30=800/30=27\text{mm}>20\text{mm}$$

$$e_i=e_0+e_a=187.5+27=214.5\text{mm}$$

$$A=bh+2(b'_f-b)h'_f=100\times800+2(400-100)\times120=152000\text{mm}^2$$

$$\zeta_c=0.5f_cA/N=0.5\times14.3\times152000/1600000=0.679$$

$$\eta=1+\frac{1}{1300e_i/h_0}\times(l_0/h)^2\zeta_c$$

$$=1+\frac{1}{1300\times214.5/760}\times(10.5)^2\times0.679=1.204$$

$$e=\eta e_i+\frac{h}{2}-a_s=1.204\times214.5+\frac{800}{2}-40=618\text{mm}$$

3. 计算 $A_s=A'_s$

先假定中和轴在腹板内，用近似公式计算 ξ：

$$\xi=\frac{[N-\alpha_1 f_c(b'_f-b)h'_f]-\alpha_1 f_c b h_0\xi_b}{\dfrac{\left[Ne-\alpha_1 f_c\ (b'_f-b)\ h'_f\left(h_0-\dfrac{h'_f}{2}\right)\right]-0.43\alpha_1 f_c b h_0^2}{(0.8-\xi_b)\ (h_0-a'_s)}+\alpha_1 f_c b h_0}+\xi_b$$

$$=\frac{[1600000-14.3\times(400-100)\times120]-14.3\times100\times760\times0.518}{\dfrac{[1600000\times618-14.3\times(400-100)\times120\times(760-120/2)]-0.43\times14.3\times100\times760^2}{(0.8-0.518)\times(760-40)}+14.3\times100\times760}$$

$$+0.518=\frac{487460}{\dfrac{2.7327\times10^8}{203}+1086800}+0.518=0.733$$

$\xi<\dfrac{h-h_f}{h_0}=\dfrac{800-100}{760}=0.921$，说明中和轴在腹板内的假定正确。

用式（6-50）计算 A_s 和 A'_s：

$$A_s=A'_s=\frac{Ne-\alpha_1 f_c(b'_f-b)h'_f\left(h_0-\dfrac{h'_f}{2}\right)-\xi(1-0.5\xi)\alpha_1 f_c b h_0^2}{f'_y(h_0-a'_s)}$$

$$=\frac{1600000\times618-14.3\times(400-100)\times120\times(760-120/2)-0.733\times(1-0.5\times0.733)\times14.3\times100\times760^2}{360\times(760-40)}$$

$=945\text{mm}^2$

4. 垂直于弯矩作用方向的承载力验算（按轴心受压考虑）

$$A=2\times120\times400+560\times100=1.52\times10^5\text{mm}^2$$

$$I_x=\frac{2\times120\times400^3}{12}+\frac{560\times100^3}{12}=1.327\times10^9\text{mm}^4$$

$$i_x=\sqrt{I_x/A}=\sqrt{1.327\times10^9/1.52\times10^5}=93.4\text{mm}$$

$l_{ox}/i_x=6720/93.4=71.9$

查表，得 $\varphi=0.725$

$$\begin{aligned}N_u&=0.9\varphi[f_cA+f'_y(A'_s+A_s)]\\&=0.9\times0.725[14.3\times1.52\times10^5+360(945+945)]\\&=1862235\text{N}\approx1862.2\text{kN}>N=1600\text{kN}\text{（满足要求）}\end{aligned}$$

5. 验算配筋率并选配纵筋

$$\rho=\rho'=\frac{A'_s}{A}=\frac{945}{1.52\times10^5}=0.0062=0.62\%>\rho'_{min}=0.275\%$$

两边各选用4Φ18（$A_s=A'_s=1017\text{mm}^2$）。

（五）双向偏心受压构件正截面承载力计算

本章开头已提及，当房屋需考虑纵向水平荷载的作用，柱子为双向偏心受压。

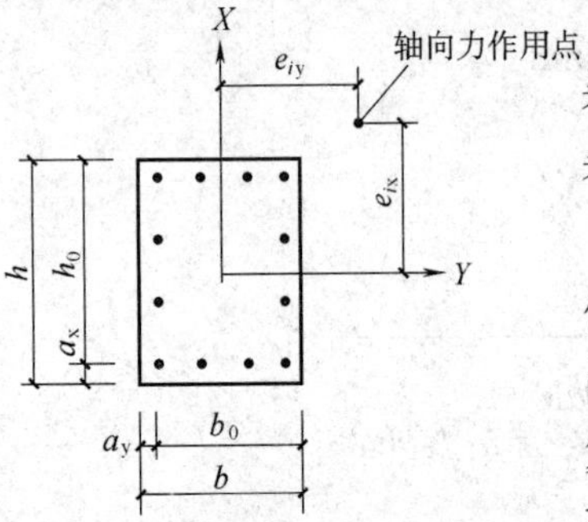

另外，当房屋在纵、横向均设置框架时，即使仅考虑竖向荷载，其角柱一般也应按双向偏心受压考虑。

图 6-18　双向偏心受压构件截面

双向偏心受压构件的破坏特性与单向偏心受压相似，也可分为大偏心受压破坏和小偏心受压破坏，但由于其中和轴不与截面主轴平行或垂直，压区形状较复杂，精确计算也十分复杂。《混凝土规范》介绍了具有两个互相垂直的对称轴的钢筋混凝土双向偏心受压构件截面（图 6-18）正截面承载力的近似计算方法，公式如下：

$$N\leqslant\frac{1}{\dfrac{1}{N_{ux}}+\dfrac{1}{N_{uy}}-\dfrac{1}{N_{uo}}}\tag{6-51}$$

式中　N——构件截面上作用的轴向力设计值；

N_{ux}、N_{uy}——分别为轴向力仅作用于 X 轴或 Y 轴上，且考虑相应的计算偏心距后，按全部纵向钢筋所求得的构件偏心受压承载力设计值；

N_{uo}——构件轴心受压所求得的构件轴心受压承载力设计值，按式(6-2)计算，但这里不考虑稳定系数 φ 及系数 0.9。

以上公式，只能用于承载力复核。在设计时，一般可先分别按两个方向的单向偏心受压计算各自的配筋量并初选钢筋，再用上式复核。

对于对称配筋矩形截面双向偏心受压构件，《混凝土规范》在附录中还介绍了另一种近似计算方法，该法既可用于截面复核又可直接用于截面设计。限于篇幅，这里从略。

二、偏心受压构件的斜截面受剪承载力计算

偏心受压构件除承受轴心压力和弯矩外，一般还承受剪力。目前，我国房屋的高度正在日益增加。多层框架受水平地震作用或高层框架风荷载作用时，由于作用在柱上的剪力较大，受剪所需的箍筋数量很可能超过受压构件的构造要求。因此，也需进行受剪承载力计算。

与受弯构件相比，偏压构件截面上还存在着轴压力。试验表明，适当的轴压力可抑制斜裂缝的出现与开展，增加了截面剪压区的高度，从而提高了混凝土的受剪承载力。但当轴压力 N 超过 $0.3f_cA$ 后，承载力的提高并不明显，超过 $0.5f_cA$ 后，还呈下降趋势。此处 A 为构件截面面积。

根据试验结果，《混凝土规范》提出了以下的偏心受压构件受剪承载力计算方法。

矩形截面的钢筋混凝土偏心受压构件，其受剪截面应符合下列条件：

$$V \leqslant 0.25\beta_c f_c b h_0 \tag{6-52}$$

式中 V——剪力设计值。

矩形截面的钢筋混凝土偏心受压构件，其斜截面受剪承载力应按下列公式计算：

$$V \leqslant \frac{1.75}{\lambda+1} f_t b h_0 + f_{yv}\frac{A_{sv}}{s}h_0 + 0.07N \tag{6-53}$$

式中 λ——偏心受压构件计算截面的剪跨比；

N——与剪力设计值 V 相应的轴向压力设计值；当 $N>0.3f_cA$ 时，取 $N=0.3f_cA$；A 为构件的截面积。

计算截面的剪跨比应按下列规定取用：

(1) 对框架柱，取 $\lambda=H_n/2h_0$；当 $\lambda<1$ 时，取 $\lambda=1$；当 $\lambda>3$ 时，取 $\lambda=3$；此处，H_n 为柱净高。

(2) 对其他偏心受压构件，当承受均布荷载时，取 $\lambda=1.5$；当承受集中荷载时（包括作用有多种荷载，且集中荷载对支座截面或节点边缘所产生的剪力值占总剪力值的75%以上的情况）取 $\lambda=a/h_0$；当 $\lambda<1.5$ 时，取 $\lambda=1.5$，当 $\lambda>3$ 时，取 $\lambda=3$；此处，a 为集中荷载至支座或节点边缘的距离。

矩形截面的钢筋混凝土偏心受压构件，若符合下列公式的要求时：

$$V \leqslant \frac{1.75}{\lambda+1} f_t b h_0 + 0.07N \tag{6-54}$$

则可不进行斜截面受剪承载力计算，而仅需根据偏心受压构件的构造要求配置箍筋。

非抗震设防区的多层框架结构房屋在风荷载作用下的柱剪力一般不会太大，计算结

果通常按构造要求配箍。

三、偏心受压构件裂缝宽度验算

偏心受压构件，当轴向压力偏心距较大时，截面一侧的混凝土将会因受拉而开裂。试验表明，当 $e_0>0.55h_0$ 时，裂缝宽度有可能超过允许值。故而《混凝土规范》规定，对 $e_0>0.55h_0$ 的大偏心受压构件，需进行裂缝宽度验算。由试验分析所得的验算公式如下：

$$w_{max}=1.9\psi\frac{\sigma_{sq}}{E_s}\left(1.9c+0.08\frac{d}{\rho_{te}\nu}\right) \tag{6-55}$$

式中 ψ——裂缝间纵向受拉钢筋应变不均匀系数，与受弯构件的计算公式相同，$\psi=1.1-0.65f_{tk}/\rho_{te}\sigma_{sq}$，当 $\psi<0.2$ 时取 $\psi=0.2$；当 $\psi>1.0$ 时，取 $\psi=1.0$；

f_{tk}——混凝土的轴心抗拉强度标准值；

E_s——受拉钢筋的弹性模量；

c——最外层纵向受拉钢筋外边缘至受拉区底边的距离，即混凝土保护层厚度(mm)，当 $c<20$ 时，取 $c=20$；当 $c>65$ 时，取 $c=65$；

d——纵向受拉钢筋直径（mm）；当用不同直径的钢筋时，采用换算直径 $d=4A_s/u$，此处，A_s 为受拉钢筋截面的总面积，u 为其总周长；

ρ_{te}——以有效受拉混凝土截面面积计算的纵向受拉钢筋配筋率；$\rho_{te}=A_s/[0.5bh+(b_f-b)h_f]$，当 $\rho_{te}<0.01$ 时，取 $\rho_{te}=0.01$；

ν——纵向受拉钢筋的粘结特性系数；对带肋钢筋，取 $\nu=1.0$；对光面钢筋，取 $\nu=0.7$；

σ_{sq}——以荷载准永久组合计算的纵向受拉钢筋在裂缝截面处的应力。σ_{sq} 按下列公式计算：

$$\sigma_{sq}=\frac{N_q(e-z)}{A_s z} \tag{6-56}$$

式中 N_q——按荷载准永久组合计算的轴向压力值；计算方法详见第三章；

A_s——纵向受拉钢筋截面面积；

e——轴向压力作用点至纵向受拉钢筋合力点的距离，$e=\eta_s e_0+y_s$；其中，η_s 为使用阶段的偏心距增大系数，当 $l_0/h\leqslant14$ 时，取 $\eta_s=1$，否则需计算：

$$\eta_s=1+\frac{1}{4000e_0/h_0}\left(\frac{l_0}{h}\right)^2$$

其中：e_0——轴向压力的偏心距；y_s 为纵向受拉钢筋合力到截面形心的距离；

z——纵向受拉钢筋的合力点到受压区合力点之间的距离；

$$z=\left[0.87-0.12\ (1-\gamma'_f)\left(\frac{h_0}{e}\right)^2\right]h_0$$

其中：γ'_f 为受压翼缘面积与腹板有效面积的比值：$\gamma'_f=(b'_f-b)h'_f/bh_0$，当受压翼缘的高度 $h'_f>0.2h_0$ 时，取 $\gamma'_f=0.2h_0$。

【例 6-11】 已知矩形截面偏心受压柱，$b\times h=300\text{mm}\times400\text{mm}$，已求得某控制截

面在荷载准永久组合下的弯矩值 $M_q=61.67\text{kN}\cdot\text{m}$，轴力值 $N_q=136.64\text{kN}$；采用 C30 混凝土，$f_{tk}=2.01\text{N/mm}^2$；纵筋保护层厚度 $c=30\text{mm}$，受拉和受压钢筋均为 400 级钢筋 3Φ16（$E_s=2\times10^5\text{N/mm}^2$，$A_s=A'_s=603\text{mm}^2$），柱的计算长度 $l_0=4625\text{mm}$，试验算最大裂缝宽度是否符合要求（允许值 $[w_{max}]=0.3\text{mm}$）。

【解】 $l_0/h=4625/400=11.56<14$，取 $\eta_s=1$

$$a_s=a'_s=c+d/2=30+16/2=38\text{mm}$$

$$h_0=h-a_s=400-38=362\text{mm}$$

$$e_0=M_q/N_q=61.67/136.64=0.451\text{m}=451\text{mm}$$

$$e_0/h_0=451/362=1.25>0.55\ (\text{需验算缝宽度})$$

$$e=\eta_s e_0+\frac{h}{2}-a_s=1.0\times451+\frac{400}{2}-38=613\text{mm}$$

$$z=\left[0.87-0.12\left(\frac{h_0}{e}\right)^2\right]h_0$$

$$=\left[0.87-0.12\left(\frac{362}{613}\right)^2\right]\times362=300\text{mm}$$

$$\sigma_{sq}=\frac{N_q(e-z)}{A_s z}=\frac{136640\ (613-300)}{603\times300}=236\text{N/mm}^2$$

$$\rho_{te}=\frac{A_s}{0.5bh}=\frac{603}{0.5\times300\times400}=0.010，取\ \rho_{te}=0.010$$

$$\psi=1.1-\frac{0.65f_{tk}}{\rho_{te}\sigma_{sq}}=1.1-\frac{0.65\times2.01}{0.010\times236}=0.546\begin{matrix}<1.0\\>0.2\end{matrix}$$

$$w_{max}=1.9\psi\frac{\sigma_{sq}}{E_s}\left(1.9c+0.08\frac{d}{\rho_{te}\nu}\right)$$

$$=1.9\times0.546\times\frac{236}{2\times10^5}\left(1.9\times30+0.08\times\frac{16}{0.010\times1}\right)$$

$$=0.23\text{mm}<[w_{max}]=0.3\text{mm}，满足要求。$$

思考题

1. 在工程设计中，哪些受压构件可视为轴心受压？
2. 为什么受压构件宜采用强度等级较高的混凝土，而钢筋的级别却不宜过高？
3. 受压构件截面形状一般如何选择？截面尺寸的选择又应考虑哪些方面的要求？
4. 受压构件中的纵向钢筋起何作用？常用的配筋率是多少？
5. 受压构件纵筋的直径一般宜在什么范围内选取？纵筋在截面上应如何布置？
6. 偏心受压柱何时需设置纵向构造钢筋？直径和间距有何要求？
7. 在剪力较小的钢筋混凝土受压柱中配置箍筋的目的是什么？
8. 当截面具有内折角时，箍筋应如何处理？为什么不能采用带内折角的箍筋？
9. 何时设置附加箍筋？
10. 普通箍筋的直径和间距有何要求？
11. 柱中全部纵筋的配筋率超过 3%时箍筋应如何处理？
12. 何时采用密排环式箍筋？此时的截面宜为何种形状？

13. 轴心受压柱中，短柱和长柱有何区别？两者如何划分？如何考虑长柱承载力的降低？

14. 试写出普通箍筋的轴心受压柱的正截面承载力计算公式，在 A 和 f_c 取值时应注意些什么？

15. 轴心受压柱的箍筋如何配置？

16. 偏心受压构件根据特征可分为哪两类？各有何截面破坏特征？

17. 为何采用附加偏心距？如何取值？

18. 偏心距增大系数 η 计算公式的适用范围是什么？何时取 $\eta=1$？

19. 偏心受压构件在何种情况下应考虑垂直于弯矩作用平面的受压承载力验算？如何验算？

20. 画出矩形截面大偏心受压正截面承载力的计算应力图，写出基本计算公式及其适用条件，不满足条件时应如何处理？

21. 小偏心受压正截面承载力的计算应力图和基本计算公式与大偏压公式有何不同？压力远侧的钢筋应力 σ_s 如何计算？取值范围如何？

22. 如何判别矩形截面偏心受压构件的类型？

23. 为什么在工程中，偏压构件一般采用对称配筋？

24. 如何进行矩形截面对称配筋偏心受压柱的正截面承载力设计？《混凝土规范》介绍的 ξ 近似计算式是如何得到的？

25. Ⅰ形截面偏心受压正截面承载力基本计算公式共有哪几种类型？各种公式与矩形截面相比，有何不同？

26. Ⅰ形截面对称配筋正截面承载力设计时，如何判别所属类型？

27. 偏心受压柱何时应按双向偏心考虑？

28. 为什么偏心受压构件也需考虑受剪承载力问题？

29. 偏心受压构件何时需进行裂缝宽度验算？

习　题

6-1　某层钢筋混凝土轴向受压柱，截面尺寸 $b\times h=300\text{mm}\times300\text{mm}$，采用 C30 混凝土；HRB400 级纵筋，HPB400 级箍筋；并已求得构件的计算长度 $l_0=4.80\text{m}$，柱底面的轴心压力设计值（包括自重）为 $N=1350\text{kN}$。根据计算和构造要求，选配纵筋和箍筋。

6-2　已知某矩形截面柱，截面尺寸 $b\times h=300\text{mm}\times400\text{mm}$，$l_0=6.00\text{m}$，$a_s=a'_s=40\text{mm}$，C30 级混凝土，HRB400 级纵筋，$N=355\text{kN}$，$M=170.4\text{kN}\cdot\text{m}$，采用对称配筋。求 A_s 和 A'_s，并选配钢筋。

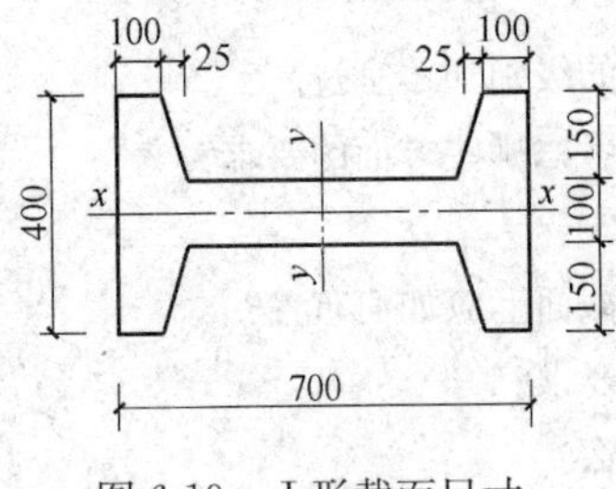

图 6-19　Ⅰ形截面尺寸（单位：mm）

6-3　某矩形截面柱，截面尺寸 $b\times h=300\text{mm}\times400\text{mm}$，$l_0=6.2\text{m}$，$a_s=a'_s=40\text{mm}$，C30 级混凝土，HRB400 级纵筋，$N=1200\text{kN}$，$M=30\text{kN}\cdot\text{m}$，采用对称配筋。求 A_s 和 A'_s，并选配钢筋。

6-4　某Ⅰ形截面排架柱，截面尺寸如图 6-19 所示，已知 a_s 和 $a'_s=40\text{mm}$，柱的计算长度在弯矩作用方向为 $l_{0y}=8.5\text{m}$，在垂直于弯矩作用方向为 $l_{0x}=6.8\text{m}$，采用 C30 级混凝土（$\alpha_1 f_c=14.3\text{N/mm}^2$），HRB400 级纵筋（$f_y=f'_y=360\text{N/mm}^2$），轴向压力设计值 $N=500\text{kN}$，弯矩设计值 $M=250\text{kN}\cdot\text{m}$，采用对称配筋。求纵向受力筋的截面面积 $A_s=A'_s$。

6-5　上题中，N 改为 800kN，其余不变。试求纵向受力筋的截面面积 $A_s=A'_s$。

第七章

受拉构件和预应力混凝土构件

第一节　受拉构件简介

钢筋混凝土受拉构件，与受压构件类似，分为轴心受拉构件与偏心受拉构件两类。当纵向拉力 N 作用在截面形心时，称为轴心受拉构件，如钢筋混凝土屋架下弦杆、高压圆形水管及圆形水池等。当纵向拉力 N 作用在偏离截面形心时，或截面上既作用有纵向拉力 N，又作用有弯矩 M 的构件，称为偏心受拉构件，如钢筋混凝土矩形水池、浅仓的墙壁、工业厂房中双肢柱的肢杆等。

受拉构件除需计算正截面承载力外，还应根据不同情况，进行斜截面受剪承载力计算、抗裂度或裂缝宽度的验算。本节仅简单介绍正截面承载力和斜截面抗剪承载力的计算公式。

一、轴心受拉构件承载力计算

轴心受拉构件在混凝土开裂前，混凝土与钢筋共同承受拉力，而开裂后，混凝土退出受拉工作，全部拉力由钢筋承担。当钢筋受拉屈服时，构件即将破坏，所以轴心受拉构件的承载力计算公式为：

$$N \leqslant f_y A_s \tag{7-1}$$

式中　N——轴向拉力设计值；

f_y——钢筋抗拉强度设计值；

A_s——全部纵向钢筋截面面积。

二、偏心受拉构件正截面承载力计算

与受压构件类似，偏心受拉构件按纵向拉力 N 的作用位置不同，也分为大偏心受拉构件和小偏心受拉构件两种。

（一）小偏心受拉构件

当纵向拉力 N 作用在钢筋 A_s 合力点与 A'_s 合力点之间时，为小偏心受拉构件。构件破坏时，全截面受拉，钢筋 A_s 和 A'_s 的拉应力均达到屈服，如图 7-1 所示。根据平衡条件，可得出小偏心受拉构件的计算公式为：

$$Ne = f_y A'_s (h_0 - a'_s) \tag{7-2}$$

$$Ne' = f_y A_s (h'_0 - a_s) \tag{7-3}$$

式中　f_y——钢筋抗拉强度设计值。

$$e = \frac{h}{2} - e_0 - a_s$$

$$e' = e_0 + \frac{h}{2} - a'_s$$

（二）大偏心受拉构件

当纵向拉力 N 作用在钢筋 A_s 合力点与 A_s' 合力点范围以外时，为大偏心受拉构件。截面部分开裂，但仍有受压区。当采用不对称配筋时，破坏时 A_s 和 A'_s 均能达屈服，受压区混凝土也达弯曲时抗压强度设计值，其计算应力图形如图 7-2 所示。根据平衡条件，大偏心受拉构件的计算公式为：

$$N=f_yA_s-f_y'A_s'-\alpha_1f_cbx \tag{7-4}$$

$$Ne=\alpha_1f_cbx\left(h_0-\frac{x}{2}\right)+f_y'A_s'(h_0-a_s') \tag{7-5}$$

式中　$e=e_0-\left(\dfrac{h}{2}-a_s\right)$

公式适用条件：$2a_s'<x\leqslant x_b=\xi_bh_0$

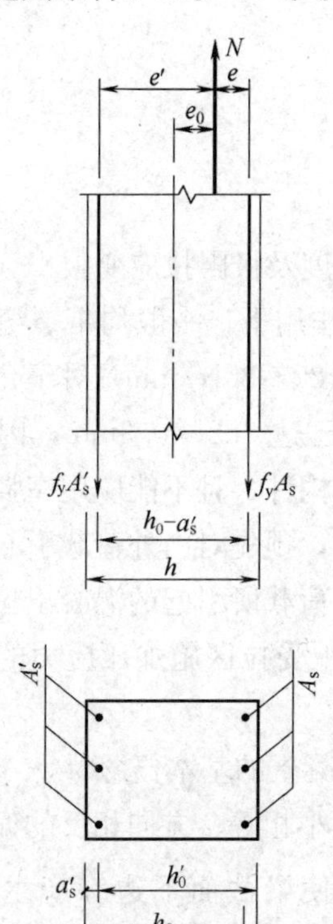

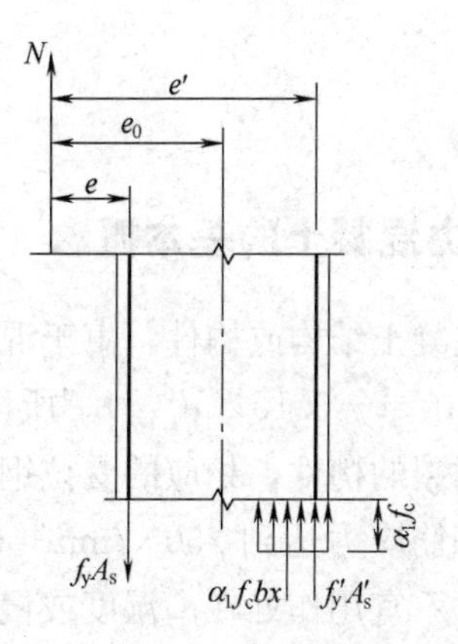

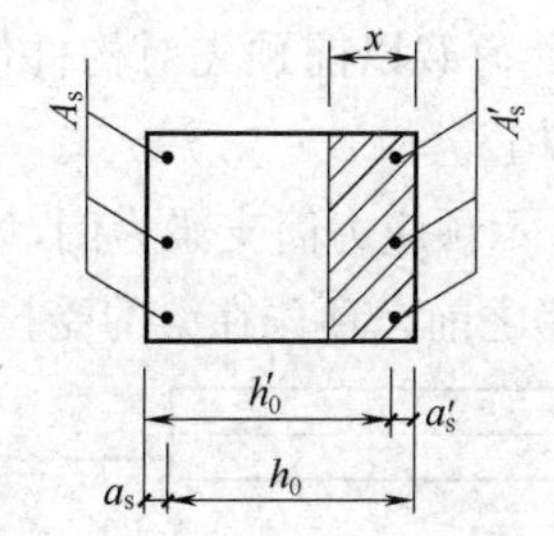

图 7-1　小偏心受拉计算简图　　　　图 7-2　大偏心受拉计算简图

三、偏心受拉构件斜截面承载力计算

偏心受拉构件同时承受较大剪力作用时，需验算其斜截面受剪承载力。纵向拉力 N 的存在，使得裂缝提前出现，甚至形成贯通全截面的斜裂缝，使截面的受剪承载力降低。

《混凝土规范》对矩形截面偏心受拉构件的受剪承载力，采用下列公式计算：

$$V\leqslant\frac{1.75}{\lambda+1.0}f_tbh_0+f_{yv}\frac{nA_{sv1}}{s}h_0-0.2N \tag{7-6}$$

式中 V——与纵向拉力设计值 N 相应的剪力设计值；

λ——计算截面的剪跨比 $\lambda=\frac{a}{h_0}$，a 为集中荷载至支座截面或节点边缘的距离，当 $\lambda<1.5$ 时，取 $\lambda=1.5$；当 $\lambda>3$ 时，取 $\lambda=3$；

式（7-6）右侧计算值小于 $f_{yv}\frac{nA_{sv1}}{s}h_0$ 时，应取等于 $f_{yv}\frac{nA_{sv1}}{s}h_0$，且 $f_{yv}=\frac{nA_{sv1}}{s}h_0$ 值不得小于 $0.36f_tbh_0$。

第二节　预应力混凝土概述

一、预应力混凝土的基本概念

普通钢筋混凝土结构或构件，由于混凝土的抗拉强度及极限拉应变很小（其极限拉应变约为 $0.1\times10^{-3}\sim0.15\times10^{-3}$）。所以在使用荷载作用下，一般均带裂缝工作。对使用上不允许开裂的构件，相应的受拉钢筋的应力仅为 20～30N/mm²；对于允许开裂的构件，当受拉钢筋应力达到 250N/mm² 时，裂缝宽度已达 0.2～0.3mm，因而，普通钢筋混凝土构件不宜用作处在高湿度或侵蚀性环境中的构件，且不能应用高强钢筋。为克服上述缺点，可以设法在结构构件受外荷载作用之前，预先对由外荷载引起的混凝土受拉区施加压力，以此产生的预压应力来减小或抵消外荷载所引起的混凝土拉应力，这种在混凝土构件受荷载以前预先对构件使用时的混凝土受拉区施加压应力的结构称为“预应力混凝土结构”。

现以图 7-3 所示预应力简支梁为例，说明预应力混凝土的基本概念。

在外荷载作用之前，预先在梁的受拉区施加一对大小相等、方向相反的偏心预加力 P，使梁截面下边缘产生预压应力 σ_c，当外荷载（包括自重）作用时，梁跨中截面下边缘将产生拉应力 σ_t，这样，在预加力 P 和外荷载的共同作用下，梁的下边缘拉应力将减至 $\sigma_t-\sigma_c$。如果增大预加力 P，则在外荷载作用下梁的下边缘的拉应力可以很小，甚至变为压应力。

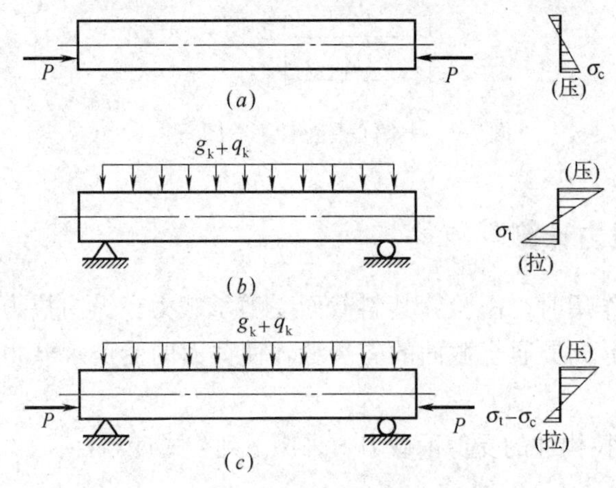

图 7-3　预应力混凝土构件受力分析

由于预压应力的存在，预应力混凝土构件可延缓混凝土构件的开裂，提高构件的抗裂度和刚度，为采用高强钢筋及高强度混凝土创造了条件，节约了钢材，减轻了自重，同时还可以增强构件或结构的跨越能力，扩大房屋的使用净空。

预应力混凝土结构虽具有一系列的优点，但还存在设计计算较复杂，施工较麻烦、技术要求高等缺点，随着预应力技术的发展，以上缺点正在得到不断的克服。如近十几年发展起来的无粘结预应力技术，克服了有粘结预应力施工慢、须压力灌浆的缺点，得到了广泛的应用。

二、施加预应力的方法

预应力的建立方法有多种，目前最常用、简便的方法是通过张拉配置在结构构件内的纵向受力钢筋并使其产生回缩，达到对构件施加预应力的目的。按照张拉钢筋与浇捣混凝土的先后次序，可将建立预应力的方法分为以下两种：

1. 先张法

首先，设置台座（或钢模），使预应力钢筋穿过台座（或钢模），张拉并锚固。然后支模和浇捣混凝土，待混凝土达到一定的强度后放松和剪断钢筋。钢筋放松后将产生弹性回缩，但钢筋与混凝土之间的粘结力阻止其回缩，因而对构件产生预压应力。先张法的主要工序如图 7-4 所示。

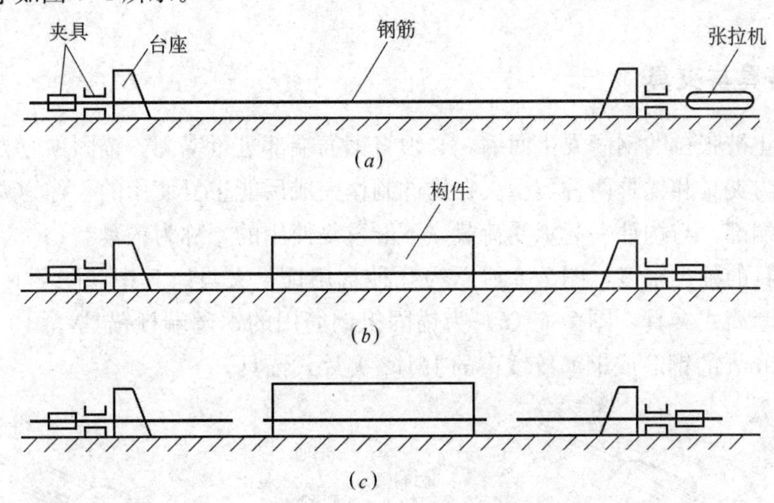

图 7-4 先张法主要工序

2. 后张法

首先，在制作构件时预留孔道，待混凝土达到一定强度后在孔道内穿过钢筋，并按照设计要求张拉钢筋。然后用锚具在构件端部将钢筋锚固，阻止钢筋回缩，从而对构件施加预应力。为了使预应力钢筋与混凝土牢固结合并共同工作，防止预应力钢筋锈蚀，应对孔道进行压力灌浆。后张法的主要工序如图 7-5 所示。

两种方法比较而言，先张法的生产工序少，工艺简单，质量容易保证。同时，先张法不用工作锚具，生产成本较低，台座越长，一条生产线上生产的构件数量就越多，因而适合于批量生产的中、小构件。后张法不需要台座，构件可以在施工现场制作，方便灵活。但是，后张法构件只能单一逐个地施加预应力，工序较多，操作也较麻烦。所以，有粘结后张法一般用于大、中型构件，而近年来发展起来的无粘结后张施工方法则主要用于次梁、板等中、小型构件。

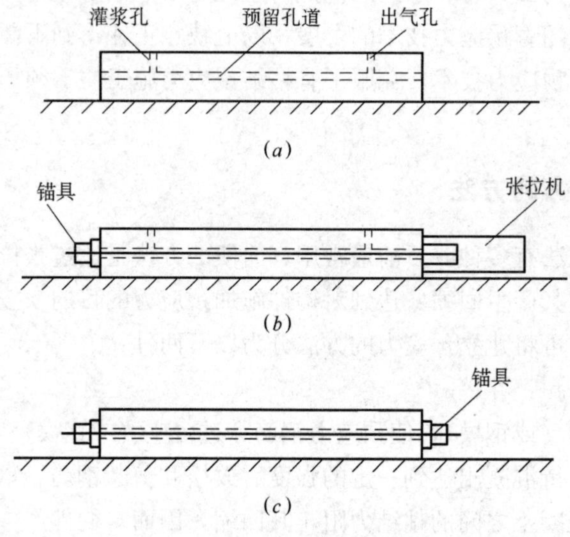

图 7-5　后张法主要工序

三、锚具与夹具

为了阻止被张拉的钢筋发生回缩，必须将钢筋端部进行锚固。锚固预应力钢筋和钢丝的工具分为夹具和锚具两种类型。在构件制作完成后能重复使用的，称为夹具；永久锚固在构件端部，与构件一起承受荷载，不能重复使用的，称为锚具。

锚、夹具的种类很多，图 7-6 所示为几种常用锚、夹具。其中，图 7-6（*a*）为锚固钢丝用的套筒式夹具，图 7-6（*b*）为锚固粗钢筋用的螺丝端杆锚具，图 7-6（*c*）为锚固直径 12mm 的钢筋或钢筋绞线束的 JM12 夹片式锚具。

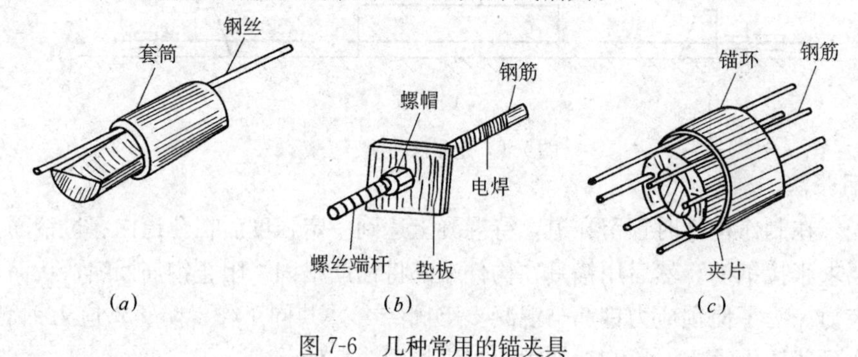

图 7-6　几种常用的锚夹具

四、机具设备

预应力混凝土生产中所使用的机具设备种类较多，主要有张拉设备、预应力筋（丝）镦粗设备、制孔设备、灌浆设备及测力设备等。现将张拉设备、制孔器、压浆机等设备简要介绍如下。

1. 张拉设备

张拉设备是制作预应力混凝土构件时，对预应力筋施加张拉力的专用设备。常用的有各类液压拉伸机（由千斤顶、油泵、连接油管三部分组成）及电动或手动张拉机等。液压千斤顶按其作用可分为单作用、双作用和三作用三种类型，按其构造特点则可分为台座式、拉杆式、穿心式和锥锚式四种类型。按后者构造特点分类，有利于产品系列化和选择应用，并配合锚夹具组成相应的张拉体系。与夹片锚具配套的张拉设备，是一种大直径的穿心单作用千斤顶（图 7-7），其他各种锚具也都有各自适用的张拉千斤顶。

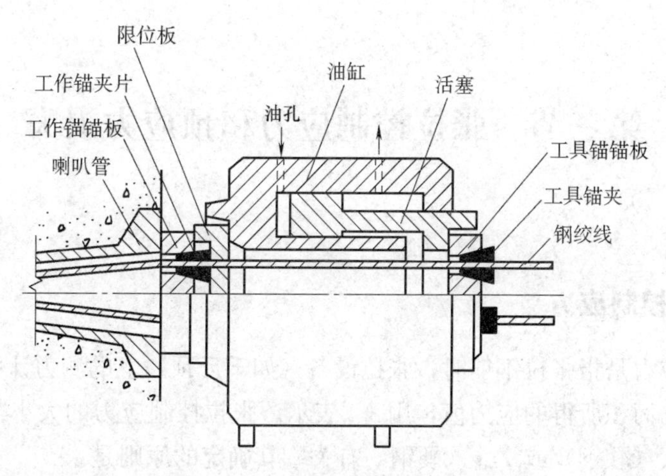

图 7-7 夹片锚张拉千斤顶示意图

2. 制孔器

预制后张法构件时，需预先留好待混凝土硬结后筋束穿入的孔道。构件预留孔道所用的制孔器主要有两种：抽拔橡胶管与螺旋金属波纹管。

(1) 抽拔橡胶管。在钢丝网胶管内预先穿入芯棒，再将胶管连同芯棒一起放入模板内，待浇筑混凝土达到一定强度后，抽去芯棒，再拔出胶管，则形成预留孔道。

(2) 螺旋金属波纹管。在浇筑混凝土前，将波纹管绑扎于与箍筋焊连的钢筋托架上，再浇筑混凝土，结硬后即可形成穿束用的孔道。

3. 压浆机

在后张法预应力混凝土结构中，为了保证预应力钢筋与构件混凝土结合成为一个整体，一般在钢筋张拉完毕之后，即需用压浆机向预留孔道内压注水泥浆。压浆机由灰浆搅拌桶、贮浆桶和压送灰浆的灰浆泵以及供水系统组成。

五、预应力混凝土构件对材料的要求

预应力钢筋在张拉时就受到很高的拉应力，在使用荷载作用下，钢筋的拉应力会继续提高。另一方面，混凝土也受到高压应力的作用。为了提高预应力的效果，预应力混凝土构件要求采用强度等级较高的混凝土和钢筋。

1. 混凝土

预应力混凝土构件的混凝土强度等级不应低于C30；当采用消除应力钢丝、钢绞线、热处理钢筋作预应力筋时，混凝土强度不宜低于C40；无粘结预应力混凝土结构的混凝土强度等级，对于板，不低于C30，对于梁及其他构件，不宜低于C40。

2. 钢筋

预应力钢筋采用中强度预应力钢丝、预应力螺纹钢筋、消除应力钢丝和钢绞线。近年来，后张法预应力混凝土构件多用消除应力钢丝束、钢绞线，其强度最高可达1960N/mm^2，提高了施工效益，降低了成本。

第三节　张拉控制应力和预应力损失

一、张拉控制应力

张拉控制应力是指张拉钢筋时，张拉设备（如千斤顶）上的测力计所指示的总拉力除以预应力钢筋面积所得的应力值，用σ_{con}表示。张拉控制应力的大小与预应力钢筋的强度标准值f_{pyk}（软钢）或f_{ptk}（硬钢）有关。其确定的原则是：

1. 张拉控制应力应尽量定得高一些　σ_{con}定得越高，在预应力混凝土构件配筋相同的情况下产生的预应力就越大，构件的抗裂性越好。消除应力钢丝、钢绞线、中强度预应力钢丝的张拉控制应力不应小于$0.4f_{ptk}$；预应力螺纹钢筋的张拉控制应力不宜小于$0.5f_{pyk}$。

2. 张拉控制应力又不能定得过高　σ_{con}过高时，张拉过程中可能发生将钢筋拉断的现象；同时，构件抗裂能力过高时，开裂荷载将接近破坏荷载，使构件破坏前缺乏预兆。

3. 根据钢筋种类确定适当的张拉控制应力　软钢可定得高一些，硬钢可定得低一些。张拉控制应力允许值见表7-1。

张拉控制应力允许值　　**表7-1**

钢　种	张拉控制应力允许值
消除应力钢丝、钢绞线	$0.75f_{prk}$
中强度预应力钢丝	$0.70f_{ptk}$
预应力螺纹钢筋	$0.85f_{pyk}$

二、预应力损失

按照某一控制应力值张拉的预应力钢筋，其初始的张拉应力会由于各种原因而降低，这种预应力降低的现象称为预应力损失，用σ_l表示。预应力损失会降低预应力效果，降低构件的抗裂度和刚度，故在设计和施工中应设法降低预应力损失。

引起预应力损失的原因很多，有施工工艺和材料特性，下面分别介绍各种损失的产生原因和损失计算方法。

1. 张拉端锚具变形和钢筋内缩引起的预应力损失 σ_{l1}

在台座上或直接在构件上张拉钢筋时，一般总是先将钢筋的一端锚固，然后在另一端张拉。在张拉过程中，锚固端的锚具已被挤紧，不会有预应力损失。而张拉端的锚具是在张拉完成后才开始受力的，锚具的变形、钢筋在锚具中的滑动以及锚具下垫板缝隙的压紧等均会产生预应力损失。这种预应力损失用 σ_{l1} 表示。

预应力直线筋由于锚具变形和钢筋内缩引起的预应力损失 σ_{l1}，可按下式计算

$$\sigma_{l1}=\frac{a}{l}E_{\mathrm{s}} \tag{7-7}$$

式中 a——张拉端锚具变形和钢筋内缩值，按表 7-2 取用；

l——张拉端至锚固端之间的距离（mm）；

E_{s}——预应力钢筋的弹性模量。

锚具变形和预应力钢筋内缩值 a（mm） **表 7-2**

锚具类别		a
支承式锚具（钢丝束镦头锚具等）	螺帽缝隙	1
	每块后加垫板的缝隙	1
夹片式锚具	有顶压时	5
	无顶压时	6～8

注：1. 表中的锚具变形和预应力筋内缩值也可根据实测数据确定；

2. 其他类型的锚具变形和预应力筋内缩值应根据实测数据确定。

块体拼成的结构，其预应力损失尚应计及块体间填缝的预压变形。当采用混凝土或砂浆为填缝材料时，每条填缝的预压变形值可取为 1mm。

采用预应力曲线筋的后张法构件，由于曲线孔道上反摩擦力的影响，使同一钢筋不同位置处的 σ_{l1} 各不相同（图 7-8），当预应力钢筋为圆弧形曲线，且对应的圆心角 θ 不大于 45°时，可按下列公式计算

$$\sigma_{l1}=2\sigma_{\mathrm{con}}l_{\mathrm{f}}\left(\frac{\mu}{r_{\mathrm{c}}}+k\right)\left(1-\frac{x}{l_{\mathrm{f}}}\right) \tag{7-7a}$$

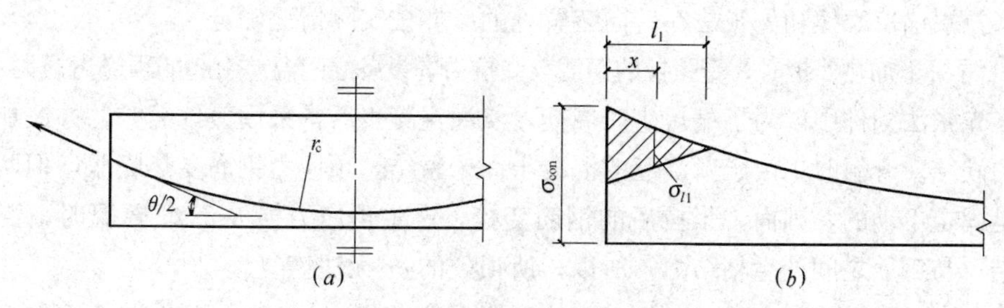

图 7-8 圆弧形曲线预应力筋 σ_{l1} 损失示意图

(a) 圆弧形曲线预应力筋；(b) σ_{l1} 的分布图

反向摩擦影响长度 l_f（m）按下式计算

$$l_f=\sqrt{\frac{aE_s}{1000\sigma_{con}\left(\frac{\mu}{r_c}+k\right)}}$$

式中 r_c——圆弧曲线预应力钢筋的曲率半径，m；

μ——预应力钢筋与孔道壁之间的摩擦系数，按表 7-3 取用；

k——考虑孔道每米长度局部偏差的摩擦系数，按表 7-3 取用；

x——张拉端至计算截面的距离，m，且符合 $x\leqslant l_f$ 的规定；

a——锚具变形和钢筋内缩值，mm，按表 7-2 取用。

系数 μ 及 k 值 **表 7-3**

孔道成型方式	κ	μ	
		钢绞丝、钢丝束	预应力螺纹钢筋
预埋金属波纹管	0.0015	0.25	0.50
预埋塑料波纹管	0.0015	0.15	—
预埋钢管	0.0010	0.30	—
抽芯成型	0.0014	0.55	0.60
无粘结预应力筋	0.0040	0.09	—

注：摩擦系数也可根据实测数据确定。

2. 预应力钢筋的摩擦引起的预应力损失 σ_{l2}

后张法构件在张拉钢筋时，预应力钢筋与孔道之间的摩擦引起的预应力损失 σ_{l2} 可按下列公式计算：

$$\sigma_{l2}=\sigma_{con}\left(1-\frac{1}{e^{kx+\mu\theta}}\right) \tag{7-8}$$

式中 x——从张拉端至计算截面的孔道长度，可近似取该段孔道在纵轴上的投影长度（m）；

θ——从张拉端至计算截面曲线孔道各部分切线的夹角之和（rad）。

当 $\mu\theta+kx$ 不大于 0.3 时，σ_{l2} 可按下列近似公式计算：

$$\sigma_{l2}=\sigma_{con}(kx+\mu\theta) \tag{7-8a}$$

张拉端锚口摩擦和先张法在转向装置处的摩擦按实际情况确定。

3. 混凝土加热养护时，受张拉的钢筋与受拉力的设备之间温差引起的预应力损失 σ_{l3}

在先张法构件中，为了缩短生产周期，浇灌混凝土后常采用蒸气养护的办法加速混凝土的硬结。升温时，由于新浇灌的混凝土尚未硬结，预应力钢筋受热膨胀，但两端的台座是固定不动的，因而，张拉后的钢筋变松，产生预应力损失 σ_{l3}。降温时，混凝土已硬结，与钢筋之间产生粘结力，所以，所损失的 σ_{l3} 无法恢复。

以 Δt 表示这个温差（℃），钢筋的线膨胀系数 $\alpha=1.0\times10^{-5}/℃$，取钢筋的弹性模量$E_s=2.0\times10^5\text{N/mm}^2$，于是有：

$$\sigma_{l3}=E_s\varepsilon_{st}=2.0\times10^5\times1.0\times10^{-5}\Delta t=2\Delta t \tag{7-9}$$

当采用钢模工厂化生产先张法构件时，预应力钢筋加热养护过程中的伸长值与钢模相同，因而不存在这部分预应力损失。

4. 预应力钢筋的应力松弛引起的预应力损失 σ_{l4}

钢筋的应力的松弛现象是指钢筋在高应力的状态下，由于钢筋的塑性变形而使应力随时间的增长而降低的现象。这种现象在张拉钢筋时就存在，在张拉完毕的头几分钟内发展得特别快，之后趋于缓慢，但持续时间较长，需要一个月时间才能稳定下来。《混凝土规范》根据试验结果，给出该部分预应力损失的计算方法：

消防应力钢丝、钢绞线

普通松弛：

$$0.4\left(\frac{\sigma_{con}}{f_{ptk}}-0.5\right)\sigma_{con} \tag{7-10}$$

低松弛：

当 $\sigma_{con}\leqslant0.7f_{ptk}$ 时

$$0.125\left(\frac{\sigma_{con}}{f_{ptk}}-0.5\right)\sigma_{con} \tag{7-10a}$$

当 $0.7f_{ptk}<\sigma_{con}\leqslant0.8f_{ptk}$ 时

$$0.2\left(\frac{\sigma_{con}}{f_{ptk}}-0.575\right)\sigma_{con} \tag{7-10b}$$

中强度预应力钢丝：$0.08\sigma_{con}$ (7-10c)

预应力螺纹钢筋：$0.03\sigma_{con}$ (7-10d)

预应力钢筋松弛现象所引起的损失在先张法构件和后张法构件中都存在。

5. 由于混凝土的收缩、徐变引起的预应力损失 σ_{l5}

混凝土受预压后，混凝土的收缩和徐变变形将引起受拉区和受压区预应力钢筋的预应力损失 σ_{l5} 和 σ'_{l5}。因为这两种变形均使构件缩短，预应力钢筋随之内缩。这部分预应力损失大小，主要取决于施加预应力时的混凝土立方体抗压强度、预压应力的大小以及纵向钢筋的配筋率等因素，并与时间及环境条件有关。在总的预应力损失中，这部分所占比重最大。

由于混凝土的收缩、徐变引起的预应力损失可用下列公式计算：

先张法构件

$$\sigma_{l5}=\frac{60+340\dfrac{\sigma_{pc}}{f'_{cu}}}{1+15\rho} \tag{7-11}$$

$$\sigma'_{l5}=\frac{60+340\dfrac{\sigma'_{pc}}{f'_{cu}}}{1+15\rho'} \tag{7-11a}$$

后张法构件

$$\sigma_{l5}=\frac{55+300\dfrac{\sigma_{pc}}{f'_{cu}}}{1+15\rho} \tag{7-11b}$$

$$\sigma_{l5}' = \frac{55 + 300\frac{\sigma_{pc}'}{f_{cu}'}}{1 + 15\rho'} \tag{7-11c}$$

式中 σ_{pc}、σ_{pc}'——受拉区、受压区预应力钢筋在各自合力点处混凝土法向压应力。此时，预应力损失仅考虑混凝土预压前（第一批）的损失，其非预应力钢筋中的应力 σ_{l5} 和 σ_{l5}' 值应等于零；σ_{pc}、σ_{pc}' 值不得大于 $0.5f_{cu}'$；当 σ_{pc}' 为拉应力时，则公式 7-11（a）、7-11（c）中的 σ_{pc}' 应取等于零。计算混凝土法向应力 σ_{pc}、σ_{pc}' 时可根据构件制作情况考虑自重的影响；

f_{cu}'——施加预应力时的混凝土立方体抗压强度；

ρ、ρ'——受拉区、受压区预应力和非预应力钢筋的配筋率；

对于先张法构件

$$\rho = \frac{A_p + A_s}{A_0} \qquad \rho' = \frac{A_p' + A_s'}{A_0} \tag{7-12}$$

对于后张法构件

$$\rho = \frac{A_p + A_s}{A_n} \qquad \rho' = \frac{A_p' + A_s'}{A_n} \tag{7-12a}$$

此处，A_0 为混凝土换算截面面积，A_n 为混凝土净截面面积。

对于对称配置预应力筋和非预应力筋的构件，取 $\rho = \rho'$，此时配筋率取钢筋截面面积的一半进行计算。

对处于干燥环境（年平均相对湿度低于 40%）的结构，σ_{l5} 和 σ_{l5}' 的值应增加 30%。

6. 环向预应力钢筋挤压混凝土引起的预应力损失 σ_{l6}

电杆、水池、油罐、压力管道等环形构件，采用后张法，配置环状或螺旋式预应力钢筋直接在混凝土上进行张拉。预应力钢筋将对环形构件的外壁产生环向压力，使构件直径减小，从而引起预应力损失。σ_{l6} 其大小与环形构件的直径 d 成反比，直径越小，损失越大，《混凝土规范》规定：

当 $d \leqslant 3$m 时　　$\sigma_{l6} = 30\text{N/mm}^2$

当 $d > 3$m 时　　$\sigma_{l6} = 0$

三、预应力损失值的组合及减少预应力损失的措施

1. 各阶段预应力损失值的组合

上述各项预应力损失对先张法构件和后张法构件是各不相同的，其出现的先后也有差别。为了计算的方便起见，可将预应力损失值在各阶段的情况按表 7-4 进行组合。

预应力损失值在各阶段的组合情况表　　**表 7-4**

项　次	预应力损失值的组合	先张法构件	后张法构件
1	混凝土预压前(第一批)损失组合 $\sigma_{l\text{I}}$	$\sigma_{l1}+\sigma_{l2}+\sigma_{l3}+\sigma_{l4}$	$\sigma_{l1}+\sigma_{l2}$
2	混凝土预压后(第二批)损失组合 $\sigma_{l\text{II}}$	σ_{l5}	$\sigma_{l4}+\sigma_{l5}+\sigma_{l6}$

当计算所得的预应力总损失 σ_l 小于下列数值时，应按下列数值取用：

先张法构件　　　　$100N/mm^2$

后张法构件　　　　$80N/mm^2$

2. 减少预应力损失的措施

设计和制作预应力混凝土构件时，应尽量减少预应力损失，以保证预应力效果。下列预应力损失的措施可供设计和施工时采用：

(1) 采用强度等级较高的混凝土和高强度水泥，减少水泥用量，降低水灰比，采用级配好的骨料，加强振捣和养护，以减少混凝土的收缩、徐变损失；

(2) 控制预应力钢筋放张时的混凝土立方体抗压强度，并控制混凝土的预压应力，使 σ_{pc}、σ'_{pc} 不大于 $0.5f'_{cu}$，以减少由于混凝土非线性徐变所引起的损失；

(3) 对预应力钢筋进行超张拉，以减少松弛损失与摩擦损失。

超张拉的具体作法是：

$$0 \rightarrow \text{初应力}(0.1\sigma_{con}\text{左右}) \rightarrow (1.05 \sim 1.10)\sigma_{con} \xrightarrow{\text{持荷 2min}} 0.85\sigma_{con} \rightarrow \sigma_{con}$$

(4) 对后张法构件的曲线预应力钢筋采用两端张拉的方法，以减少预应力钢筋与管道壁之间的摩擦损失；

(5) 选择变形小的钢筋、内缩小的锚夹具，尽量减少垫板的数量，增加先张法台座的长度，以减少由于夹具变形和钢筋的内缩引起的预应力损失。

第四节　预应力混凝土构件计算

预应力混凝土构件除应进行使用阶段的承载力计算及变形、抗裂度和裂缝宽度验算外，还应按具体情况对制作、运输及吊装等施工阶段进行验算。

计算和验算时，若将预应力作为荷载考虑，则应在荷载效应组合中加入预应力效应，并按下式组合：

$$\gamma_0 S + \gamma_p S_p$$

式中　γ_0——结构构件的重要性系数，取值参照第三章有关规定；

S——《建筑结构荷载规范》GB 50009—2012 中的荷载效应组合设计值；

S_p——预应力效应，按扣除预应力损失后的预应力钢筋合力 N_p 计算；

γ_p——预应力的荷载分项系数，对承载能力极限状态，当预应力效应对结构有利时，取 1.0，不利时取 1.2；对正常使用极限状态，取 1.0。

一、预应力产生的截面应力

由预加应力产生的混凝土法向应力及相应阶段预应力钢筋的应力，可分别按表 7-5

所列的公式计算。

二、预应力混凝土构件的截面承载力计算

《混凝土规范》对预应力混凝土构件给出了截面承载力的计算公式，其实质如下：

由预加应力产生的混凝土法向应力及相应阶段预应力钢筋的应力　　表 7-5

预应力钢筋和非预应力钢筋的合力	
先　张　法	后　张　法
$N_{p0}=\sigma_{p0}A_p+\sigma'_{p0}A'_p-\sigma_{l5}A_s-\sigma'_{l5}A'_s$	$N_p=\sigma_{pe}A_p+\sigma'_{pe}A'_p-\sigma_{l5}A_s-\sigma'_{l5}A'_s$
截面重心至预应力钢筋及非预应力钢筋合力点的距离	
先　张　法	后　张　法
$e_{p0}=\dfrac{\sigma_{p0}A_py_p-\sigma'_{p0}A'_py'_p-\sigma_{l5}A_sy_s+\sigma'_{l5}A'_sy'_s}{N_{p0}}$	$e_{pn}=\dfrac{\sigma_{pe}A_py_{pn}-\sigma'_{pe}A'_py'_{pn}-\sigma_{l5}A_sy_{sn}+\sigma'_{l5}A'_sy'_{sn}}{N_p}$
由预加力产生的混凝土法向应力	
先　张　法	后　张　法
$\sigma_{pc}=\dfrac{N_{p0}}{A_0}\pm\dfrac{N_{p0}e_{p0}}{I_0}y_0$	$\sigma_{pc}=\dfrac{N_p}{A_n}\pm\dfrac{N_pe_{pn}}{I_n}y_n\pm\dfrac{M_2}{I_n}y_n$
相应阶段预应力钢筋的有效预应力	
先　张　法	后　张　法
$\sigma_{pe}=\sigma_{con}-\sigma_l-\alpha_E\sigma_{pc}$	$\sigma_{pe}=\sigma_{con}-\sigma_l$
预应力钢筋合力点处混凝土法向应力等于零时的预应力钢筋应力	
先　张　法	后　张　法
$\sigma_{p0}=\sigma_{con}-\sigma_l$	$\sigma_{p0}=\sigma_{con}-\sigma_l-\alpha_E\sigma_{pe}$

注：I_0，I_n——换算截面惯性矩、净截面惯性矩；
y_0，y_n——换算截面重心、净截面重心至所计算纤维处的距离；
y_p，y'_p——受拉区、受压区的预应力合力点至换算截面重心的距离；
y_s，y'_s——受拉区、受压区的非预应力钢筋重心至换算截面重心的距离；
y_{pn}，y'_{pn}——受拉区、受压区的预应力合力点至净截面重心的距离；
y_{sn}，y'_{sn}——受拉区、受压区的非预应力钢筋重心至净截面重心的距离；
σ_l——相应阶段的预应力损失值，按表 7-4 的规定计算。

（1）当计算轴心受拉构件的正截面受拉承载力时，将截面面积为 A_p 的全部预应力钢筋视作强度为 f_{py} 的普通钢筋；

（2）当计算受弯构件、偏心受拉构件、偏心受压构件的正截面承载力时，将截面面积为 A_p 的受拉区预应力钢筋视作强度为 f_{py} 的普通钢筋；将截面面积为 A'_p 的受压区预应力钢筋视作强度（$\sigma'_{p0}-f'_{py}$）的普通钢筋；

（3）预加压力能提高截面的受剪承载力和受扭承载力。

限于篇幅，此处不再罗列具体的计算公式。

三、预应力混凝土构件的正常使用极限状态验算

1. 抗裂度验算

对严格要求不出现裂缝的预应力混凝土构件，在荷载标准组合下，构件受拉边缘混

凝土不应产生拉应力，即

$$\sigma_{ck}-\sigma_{pc}\leqslant 0 \tag{7-13}$$

式中　σ_{ck}——荷载标准组合下抗裂验算边缘的混凝土法向应力，$\sigma_{ck}=N_k/A_0$；

σ_{pc}——扣除预应力损失后在抗裂验算边缘混凝土的法向应力，按表 7-5 的公式计算。

对一般要求不出现裂缝的预应力混凝土构件，要求荷载标准组合下的构件受拉边缘混凝土拉应力不应大于混凝土的抗拉强度标准值，即

$$\sigma_{ck}-\sigma_{pc}\leqslant f_{tk} \tag{7-14}$$

且在荷载准永久组合下受拉边缘混凝土不宜产生拉应力，即

$$\sigma_{cq}-\sigma_{pc}\leqslant 0 \tag{7-15}$$

式中　σ_{pc}为准永久组合下抗裂验算边缘的混凝土法向应力。

2. 裂缝宽度验算

对允许出现裂缝的预应力混凝土构件，应对裂缝宽度进行验算。

对预应力混凝土轴心受拉构件、受弯构件，纵向受拉钢筋重心一侧混凝土表面的最大裂缝宽度，仍可采用普通钢筋混凝土构件的有关公式计算，但原公式涉及的纵向受拉钢筋面积 A_s 应改用（A_s+A_p），计算纵向受拉钢筋应力时，原公式中按荷载标准组合计算的轴向力 N_k、弯矩 M_k 应分别改用（N_k-N_{p0}）、[$M_k-N_{p0}(z-e_{p0})$]，其中 N_{p0} 和 e_{p0} 按表 7-5 规定计算。

3. 挠度验算

预应力混凝土受弯构件的刚度仍可采用普通钢筋混凝土构件的有关公式计算，但其中考虑荷载的长期作用对挠度增大的影响系数 θ 应取 2.0；另外，短期刚度 B_s 应采用《混凝土规范》对预应力混凝土受弯构件给出的计算公式。

由荷载标准组合下构件产生的挠度减去预应力产生的反拱，即为预应力受弯构件的挠度。对预应力混凝土受弯构件在使用阶段的反拱值计算，在《混凝土规范》中也建议了计算方法。

四、预应力混凝土构件施工阶段验算

预应力混凝土构件在制作、运输和吊装等施工阶段，混凝土的强度和构件的受力状态与使用阶段往往不同，构件有可能由于抗裂能力不够而开裂，或者由于承载力不足而破坏。因此，除了对使用阶段进行计算和验算外，还应对施工阶段的承载力和裂缝控制进行验算。

《混凝土规范》规定，在预加应力、自重及施工荷载作用下（必要时应考虑动力系数），截面边缘的混凝土法向应力应不超过一定的限值。

第五节　预应力混凝土构件的构造要求

构造问题关系到构件设计意图能否得到保证，应予引起重视。

一、预应力钢筋的布置

(1) 先张法预应力钢筋（包括预应力螺纹钢筋、钢丝和钢绞线）之间的净距应根据浇灌混凝土、施加预应力及钢筋锚固等要求确定。预应力钢筋的净距应不小于其公称直径的 2.5 倍，预应力钢丝、钢绞线应符合下列规定：

预应力钢丝不应小于 15mm；

三股钢绞线不应小于 20mm；

七股钢绞线不应小于 25mm。

(2) 后张法预应力混凝土构件中曲线预应力钢筋的曲率半径不宜小于 4m，对折线配筋的构件，在折线预应力钢筋弯折处的曲率半径可适当减少。

二、后张法构件的预留孔道

(1) 对预制构件，后张法预应力钢丝束（包括钢绞线）的预留孔道之间的水平净距不宜小于 50mm；孔道至构件边缘的净距不宜小于 30mm，且不宜小于孔道直径的一半。

(2) 现浇混凝土梁中，预留孔道在竖直方向的净距不应小于孔道外径，水平方向的净距不应小于 1.5 倍钢丝束的外径；从孔道壁算起的混凝土保护层厚度，梁底不宜小于 50mm，梁侧不宜小于 40mm。

(3) 在构件两端及跨中应设置灌浆孔或排气孔，其孔距不宜大于 12m。

(4) 预留孔道的内径应比预应力钢丝束外径及需穿过孔道的连接器外径大 10～15mm。

(5) 凡制作时需要预先起拱的构件，预留孔道宜随构件同时起拱。

三、预拉区纵向钢筋

(1) 施工阶段预拉区不允许出现裂缝的构件，要求预拉区纵向钢筋的配筋率 $\frac{A'_s+A'_p}{A}\geqslant 0.2\%$，其中 A 为构件截面面积，但对后张法构件，不应计入 A'_p。

(2) 施工阶段预拉区允许出现裂缝而在预拉区不配置预应力钢筋的构件，要求当 $\sigma_{ct}=2.0f'_{tk}$ 时，预拉区纵向钢筋的配筋率 $\frac{A'_s}{A}\geqslant 0.4\%$；当 $1.0f'_{tk}<\sigma_{ct}<2.0f'_{tk}$ 时，则在 0.2%～0.4%之间按线性内插法取用。

(3) 预拉区的非预应力纵向钢筋宜配置带肋钢筋，其直径不宜大于 14mm，并应沿构件预拉区的外边缘均匀配置。

四、构件端部构造措施

(1) 对先张法预应力混凝土构件钢筋端部周围的混凝土，应采取下列措施（图 7-9）：

1) 对单根预应力钢筋（如板肋的配筋），其端部宜设置长度不小于 150mm 且不少于 4 圈的螺旋筋，见图 7-9 (a)。当有可靠经验时，亦可利用支座垫板上的插筋代替螺

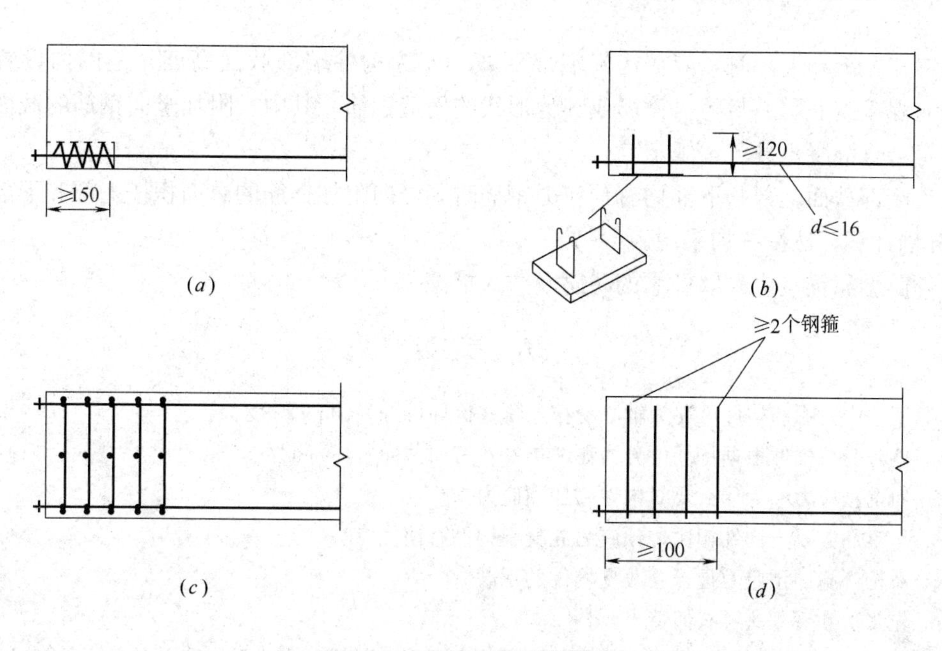

图 7-9 构件端部配筋构造要求

旋筋，但插筋数量不应少于 4 根，其长度不宜小于 120mm，见图 7-9（b）。

2）对多根预应力钢筋，在构件端部 $10d$（d 为预应力钢筋的外径）范围内，应设置 3～5 片与预应力钢筋垂直的钢筋网，见图 7-9（c）。

3）对采用预应力钢丝配筋的薄板，在板端 100mm 范围内应适当加密横向钢筋，见图 7-9（d）。

（2）后张法预应力混凝土构件的端部锚固区应配置间接钢筋（图 7-10），其体积配筋率 ρ_v 不应小于 0.5%。

为防止孔道劈裂，在构件端部 $3e$ 且不大于 $1.2h$ 的长度范围内与间接钢筋配置区以外，应在高度 $2e$ 范围内均匀布置附加箍筋或网片，其体积配筋率不应小于 0.5%。

（3）当构件在端部有局部凹进时，应增设折线构造钢筋（图 7-11）。

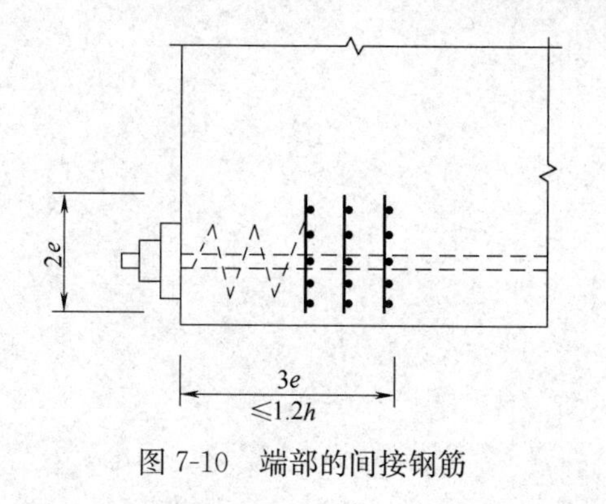

图 7-10 端部的间接钢筋

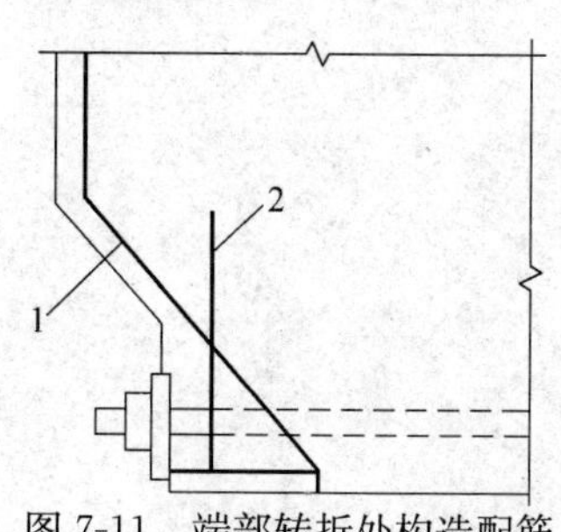

图 7-11 端部转折处构造配筋

1—折线构造钢筋；2—竖向构造钢筋

（4）宜在构件端部将一部分预应力钢筋在靠近支座处弯起，并使预应力钢筋沿构件端部均匀布置。如预应力钢筋在构件端部不能均匀布置而需布置在端部截面的下部或集中布置在上部和下部时，应在构件端部 0.2h（h 为构件端部截面高度）范围内设置附加竖向焊接钢筋网、封闭式箍筋或其他形式的构造钢筋。其中，附加竖向钢筋的截面面积应符合《混凝土规范》规定。

当端部截面上部和下部均有预应力钢筋时，竖向附加钢筋的总面积按上部和下部的 N_p 分别计算，然后叠加采用。

外露金属锚具应采取可靠的防腐及防火措施。

思 考 题

1. 工程中，哪些构件可视为轴心受拉？哪些构件可视为偏心受拉？
2. 偏心受拉构件根据特征可分为哪两类？各有何截面破坏特征？
3. 何谓预应力？为什么要对构件施加预应力？
4. 与钢筋混凝土构件相比，预应力混凝土构件有何优点？
5. 对构件施加预应力是否会改变构件的承载力？
6. 先张法和后张法各有何特点？
7. 预应力混凝土构件对材料有何要求？为什么预应力混凝土构件要求采用强度较高的钢筋和混凝土？
8. 何谓张拉控制应力？为什么要对钢筋的张拉应力进行控制？
9. 何谓预应力损失？有哪些因素会引起预应力损失？
10. 先张法构件和后张法构件的预应力损失有何不同？
11. 后张法构件中为什么要同时预留灌浆孔和出气孔？
12. 如何减少预应力损失？
13. 预应力混凝土构件一般应进行哪些计算和验算？计算和验算时，如何考虑预应力效应？
14. 预应力混凝土构件应考虑哪些构造要求？为什么需要对构件的端部局部加强？其构造措施有哪些？

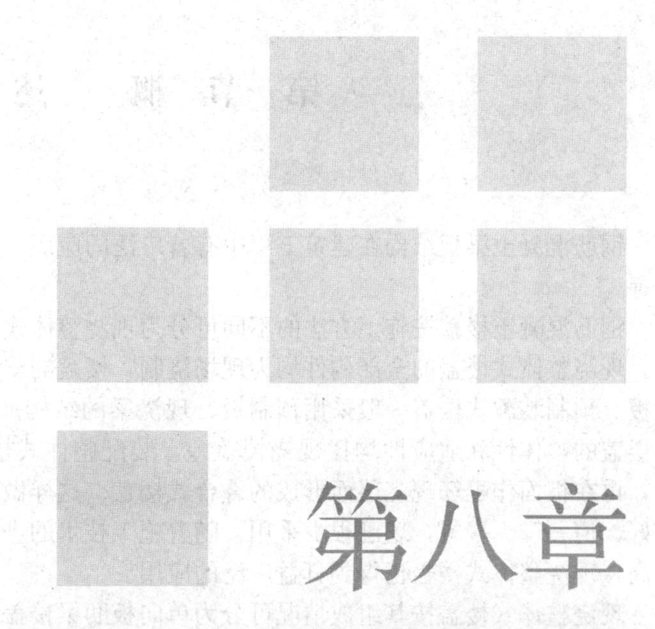

第八章

钢筋混凝土梁板结构

第一节 概 述

钢筋混凝土梁板结构在建筑工程中有着广泛的应用，其应用实例有楼盖、楼梯和雨篷等。

钢筋混凝土楼盖按施工方法的不同可分为现浇整体式、预制装配式和装配整体式三种。现浇整体式楼盖的全部构件均为现场浇制，楼盖的整体性好、适应性强，但需较多模板。预制装配式楼盖一般采用预制板、现浇梁的结构形式，可节省模板并缩短工期，但楼盖的整体性和适应性均比现浇楼盖差。装配整体式楼盖是在各预制构件吊装就位后，再在板面作配筋现浇层而形成的叠合式楼盖。这样做可节省模板，楼盖的整体性也较好，但费工、费料，现已很少采用。随着施工技术的进步和抗震对楼盖整体性要求的提高，现浇整体式楼盖正得到日益广泛的应用。

现浇整体式楼盖按其组成情况可分为单向板肋梁楼盖、双向板肋梁楼盖和无梁楼盖三种。

板按其受弯情况可分为单向板和双向板。单向板是仅仅或主要在一个方向受弯的板（图 8-1）。当板单向支承时，它仅仅在一个方向受弯；当板四边支承，且其长跨与短跨之比大于 2 时，它主要在短跨方向受弯，而长跨方向的弯矩很小，可忽略不计，故这种板可按单向板考虑。而双向板是在两个方向均受弯，且弯曲程度相差不大的板（图 8-2）。当板四边支承，且其长跨与短跨之比不大于 2 时，应按双向板考虑。

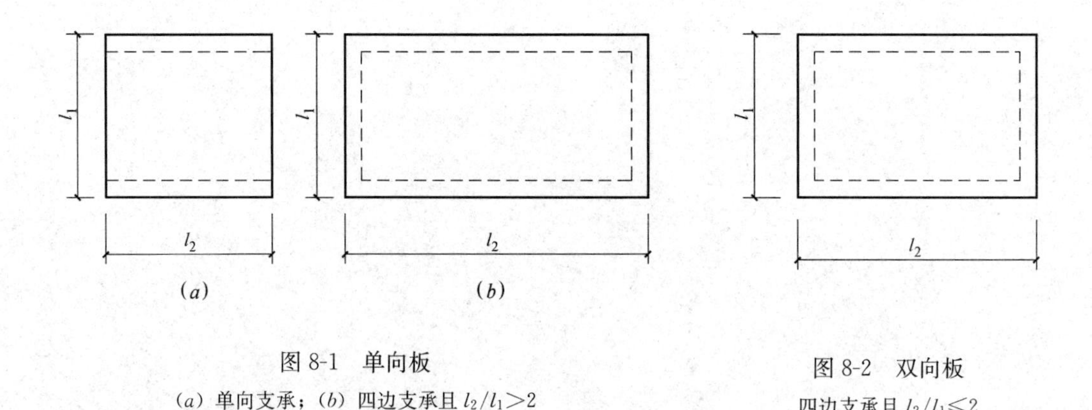

图 8-1 单向板

（a）单向支承；（b）四边支承且 $l_2/l_1>2$

图 8-2 双向板

四边支承且 $l_2/l_1\leqslant 2$

由单向板及其支承梁组成的楼盖，称为单向板肋梁楼盖（图 8-3*a*）。

由双向板及其支承梁组成的楼盖称为双向板肋梁楼盖（图 8-3*b*）。不设肋梁，将板直接支承在柱上的楼盖称为无梁楼盖（图 8-3*c*）。

单向板肋梁楼盖具有构造简单、计算简便、施工方便、较为经济的优点，故被广泛采用。而双向板肋梁楼盖虽无上述优点，但因梁格可做成正方形或接近正方形，较为美

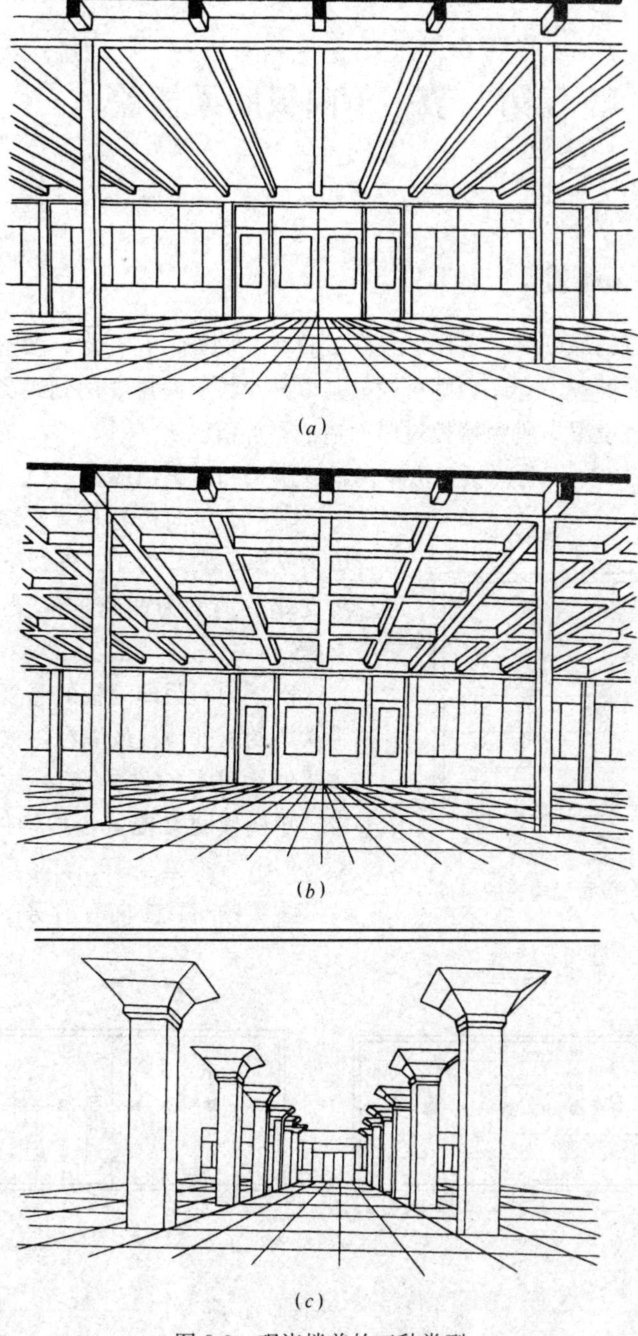

图 8-3　现浇楼盖的三种类型

(a) 单向板肋梁楼盖；(b) 双向板肋梁楼盖；(c) 无梁楼盖

观，故在公共建筑的门厅及楼盖中时有应用。无梁楼盖具有顶面平坦、净空较大等优点，但具有楼板厚、不经济等缺点，仅适用于层高受到限制且柱距较小的仓库等建筑。

本章主要介绍现浇单向板肋梁楼盖和楼梯、雨篷的设计内容，对现浇双向板肋梁楼盖仅作简单介绍。

第二节　单向板肋梁楼盖

一、结构平面布置

结构平面布置的原则是：适用、经济、整齐。例如：在礼堂、教室内不宜设柱，以免遮挡视线；而在商场、仓库内则可设柱，以减小梁的跨度，达到经济的目的。在较重的隔墙或设备下宜设梁，避免楼板过厚而造成不经济。

图 8-4 所示的单向板肋梁楼盖由单向板、次梁和主梁组成。

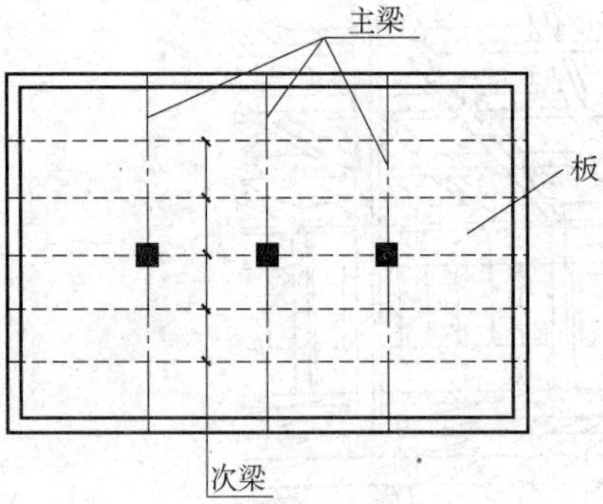

图 8-4　单向板肋梁楼盖的组成

其中，单向板为 6 跨连续板，以次梁和纵墙为支座；次梁为 4 跨连续梁，以主梁和横墙为支座；主梁为两跨连续梁，以柱和纵墙为支座。

次梁的间距即为板的跨度，主梁的间距即为次梁的跨度，柱或墙在主梁方向的间距即为主梁的跨度。构件的跨度太大或太小均不经济，单向板肋梁楼盖各种构件的经济跨度为：板 2～4m，次梁 4～6m，主梁 6～8m。

主梁的布置方向有沿房屋横向布置和沿房屋纵向布置两种（图 8-5）。

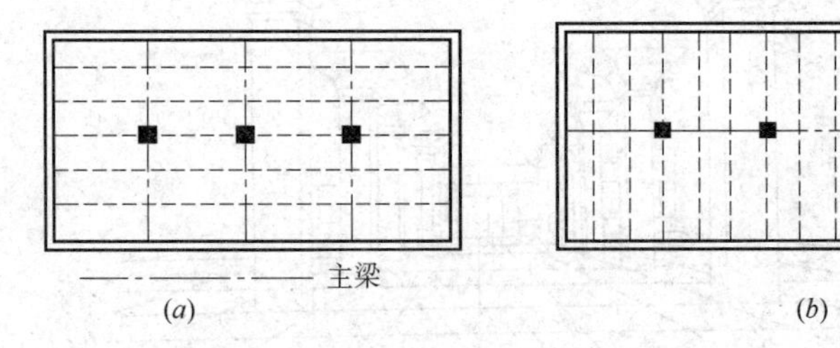

图 8-5　主梁的布置方向

(a) 主梁沿房屋横向布置；(b) 主梁沿房屋纵向布置

工程中，常将主梁沿房屋横向布置，这样，房屋的横向刚度容易得到保证。有时为满足某些特殊需要（如楼盖下吊有纵向设备管道）也可将主梁沿房屋纵向布置，以减小层高。

一般情况下，主梁的跨中宜布置两根次梁，这样可使主梁的弯矩图较为平缓，有利于节约钢筋。

二、结构内力计算

构件计算的顺序与荷载传递顺序相同：首先是板，其次是次梁，最后是主梁。

计算内容包括：选择合适的计算方法；确定计算简图；计算内力值。

1. 计算方法的选择

计算方法有按弹性理论计算和按塑性理论计算两种。后者考虑了钢筋混凝土具有一定的塑性，将某些截面的内力适当降低后配筋。该法较经济，但构件容易开裂，不能用于下列结构：

(1) 直接承受动力荷载的结构，如有振动设备的楼面梁板；

(2) 对裂缝开展宽度有较高要求的结构，如卫生间和屋面的梁板；

(3) 重要部位的结构，如主梁。

2. 计算简图

计算简图应反映出结构的支承条件、计算跨度和计算跨数、荷载分布及其大小等情况。

(1) 支承条件

当结构支承于砖墙上时，砖墙可视为结构的铰支座。板与次梁或次梁与主梁虽然整浇在一起，但支座对构件的约束并不太强，一般可视为铰支座。当主梁与柱整浇在一起时，则需根据梁与柱的线刚度比的大小来选择较为合适的计算支座：当梁柱线刚度比大于5时，可视柱为主梁的铰支座。反之，则认为主梁与柱刚接，这时主梁不能视为连续梁，而与柱一起按框架结构计算。

(2) 计算跨度和计算跨数

1) 计算跨度　按弹性理论计算时，计算跨度一般可取支座中心线的距离；按塑性理论计算时，一般可取为净跨；但当边支座为砌体时，按弹性理论计算的边跨计算跨度取法如下：

$$板：l_0=l_n+\frac{b}{2}+\left(\frac{a}{2}和\frac{h}{2}较小者\right) \tag{8-1}$$

$$梁：l_0=l_n+\frac{b}{2}+\left(\frac{a}{2}和0.25l_n较小者\right) \tag{8-2}$$

式中　l_0——计算跨度；

l_n——净跨度；

b——板或梁的中间支座的宽度；

a——板或梁在边支座的搁置长度；

h——板的厚度。

以上是按弹性理论计算的边跨计算跨度取值方法。若按塑性理论计算时则不计入$\frac{b}{2}$。

2) 计算跨数　不超过5跨时，按实际考虑；虽超过5跨，但各跨荷载相同且跨度相同或相近（误差不超过10%）时，可按5跨计算（图8-6）。这时，去除左右端各两跨外，中间各跨的内力均认为相同。

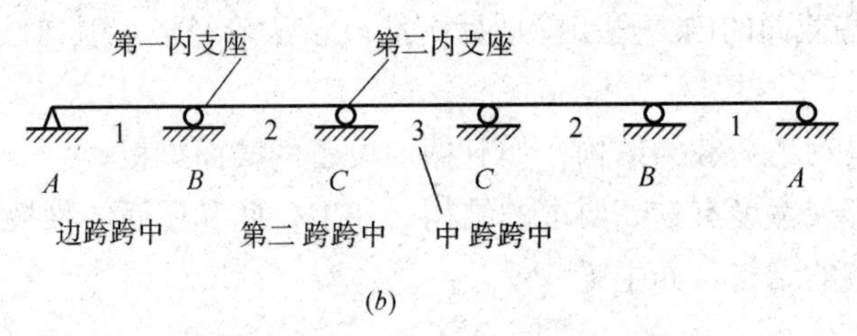

图 8-6　多跨连续梁板多于 5 跨时的计算跨数取法

(a) 实际跨数；(b) 计算跨数

(3) 荷载计算

作用于楼盖上的荷载有恒载和活载两种。恒载包括结构自重、构造层重（面层、粉刷）、隔墙和永久性设备重等。活载包括使用时的人群和临时性设备等重量。

对于屋盖来说，恒载内还应包括保温或隔热层重；活载除按上人或不上人分别考虑活载外，北方地区的不上人屋面还需考虑雪荷载，但雪荷载与屋面活载不同时考虑，两者中取较大值计算。

恒载标准值按实际构造情况计算（体积×重力密度）。活载标准值可查《荷载规范》或本书附录。

单向板肋梁楼盖各构件的荷载情况见图 8-7。

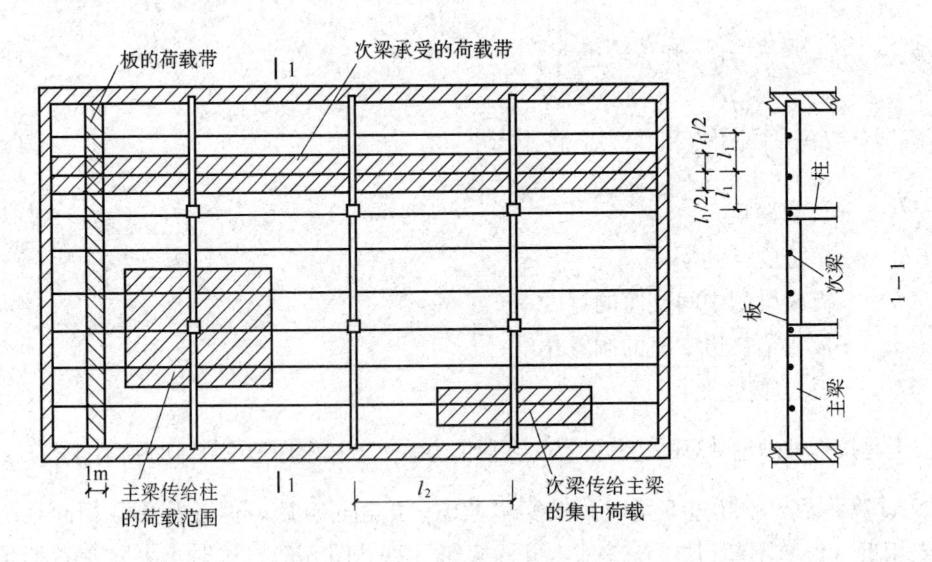

图 8-7　单向板肋梁楼盖各构件的荷载情况

计算单向板时，通常取 1m 宽的板带为计算单元，故其均布线荷载的数值就等于其均布面荷载的数值。

次梁也承受均布线荷载。除梁自重和粉刷外，还有板传来的荷载，其负荷范围的宽度即为次梁间距。板传给次梁的线荷载等于板的面荷载乘以次梁的负荷范围的宽度。

主梁承受次梁传来的集中力。为简化计算，主梁的自重也可分段并入次梁传来的集中力中。

3. 按弹性理论计算连续梁板的内力

此法适用于所有情况下的连续梁板。其基本方法是采用结构力学方法（如弯矩分配法）计算内力。对常用荷载下的等截面、等跨度连续梁板，则可直接查用“内力系数表”（附录十六）。跨度相差在 10％以内的不等跨连续梁板也可近似地查用该表，在计算支座弯矩时取支座左右跨度的平均值作为计算跨度。由于连续梁板一般存在活载作用，故在内力计算时应考虑以下几方面的问题。

（1）荷载的最不利组合

连续梁板上的恒载按实际情况布置，但活载需考虑最不利布置。由图 8-8 可得活载最不利布置的方法如下（图 8-9）：

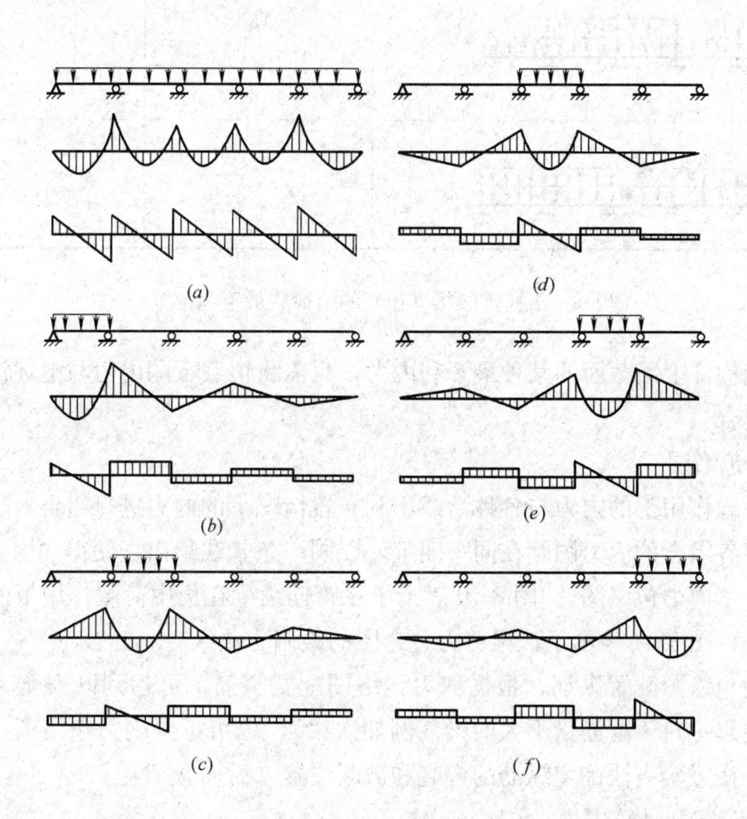

图 8-8　活荷载作用于不同跨时的弯矩图及剪力图

1）求某跨跨中最大正弯矩时，应在该跨布置，然后再隔一跨布置；

2）求某跨跨中最小弯矩时，应在该跨的邻跨布置，然后再隔一跨布置；

3）求某支座最大负弯矩和支座边最大剪力时，应在该支座两边布置，然后再隔一跨布置。

活荷载布置	最大内力	最小内力
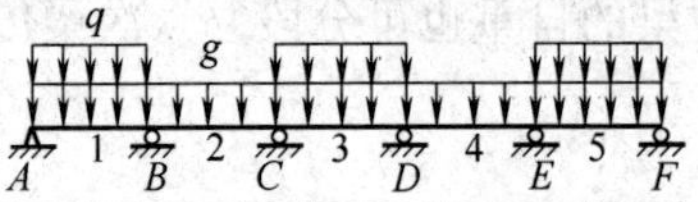 q g A 1 B 2 C 3 D 4 E 5 F	M_1、M_3、M_5 V_A、V_F	M_2、M_4
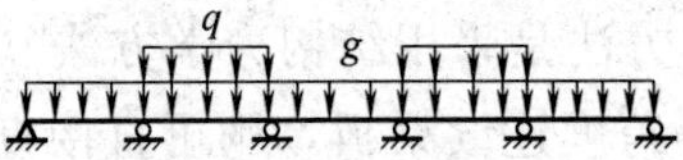 q g	M_2、M_4	M_1、M_3、M_5
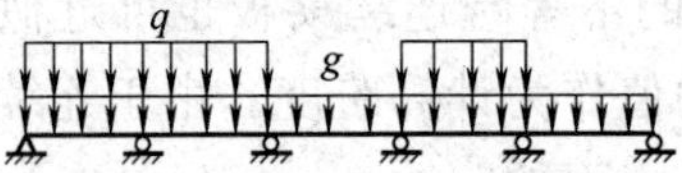 q g	M_B $V_{B左}$、$V_{B右}$	
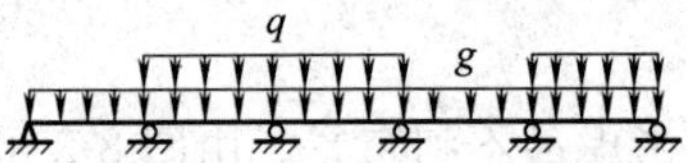 q g	M_C $V_{C左}$、$V_{C右}$	
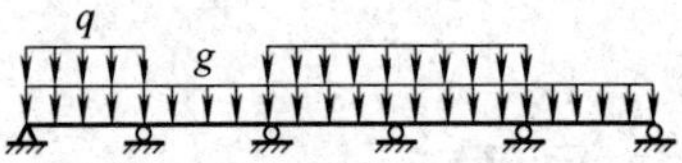 q g	M_D $V_{D左}$、$V_{D右}$	
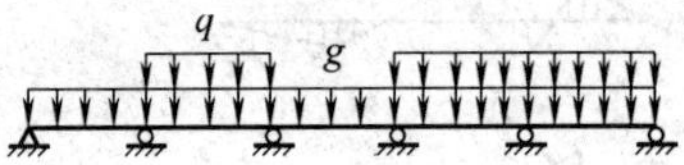 q g	M_E $V_{E左}$、$V_{E右}$	

图 8-9　五跨连续梁（板）的活荷载最不利位置

要想得到构件上某截面的某种最不利内力，只需将恒载下的内力与上述活载情况下的内力进行组合。

（2）内力包络图

分别将恒载作用下的内力与各种活载不利布置情况下的内力进行组合，求得各组合的内力，并将各组合的内力图画在同一图上，以同一条基线绘出，便得“内力叠合图”，其外包线称为“内力包络图”。图 8-10 表示了三跨连续梁在集中荷载作用下的弯矩叠合图的绘制方法；图 8-11 表示了该梁剪力叠合图的绘制方法。

根据弯矩包络图配置纵筋，根据剪力包络图配置箍筋，可达到既安全又经济的目的。但为简便起见对于配筋量不大的梁（例如次梁），也可不画内力包络图，而按最大内力配筋，并按经验方法确定纵筋的弯起和截断位置（后面介绍）。

（3）折算荷载和计算内力

当连续梁板与其支座整浇时，它在支座处的转动受到了支座的约束，并不像铰支座那样自由，因而使活荷载不利布置的影响减少。设计时可以取折算荷载来计算，以达到减小活载不利布置影响的目的。所谓折算荷载，是将活载减小，而将恒载加大。连续板和连续次梁的折算荷载可按下式计算：

连续板：
$$g'=g+\frac{1}{2}q \tag{8-3}$$
$$q'=\frac{1}{2}q$$

连续次梁：
$$g'=g+\frac{1}{4}q \tag{8-4}$$
$$q'=\frac{3}{4}q$$

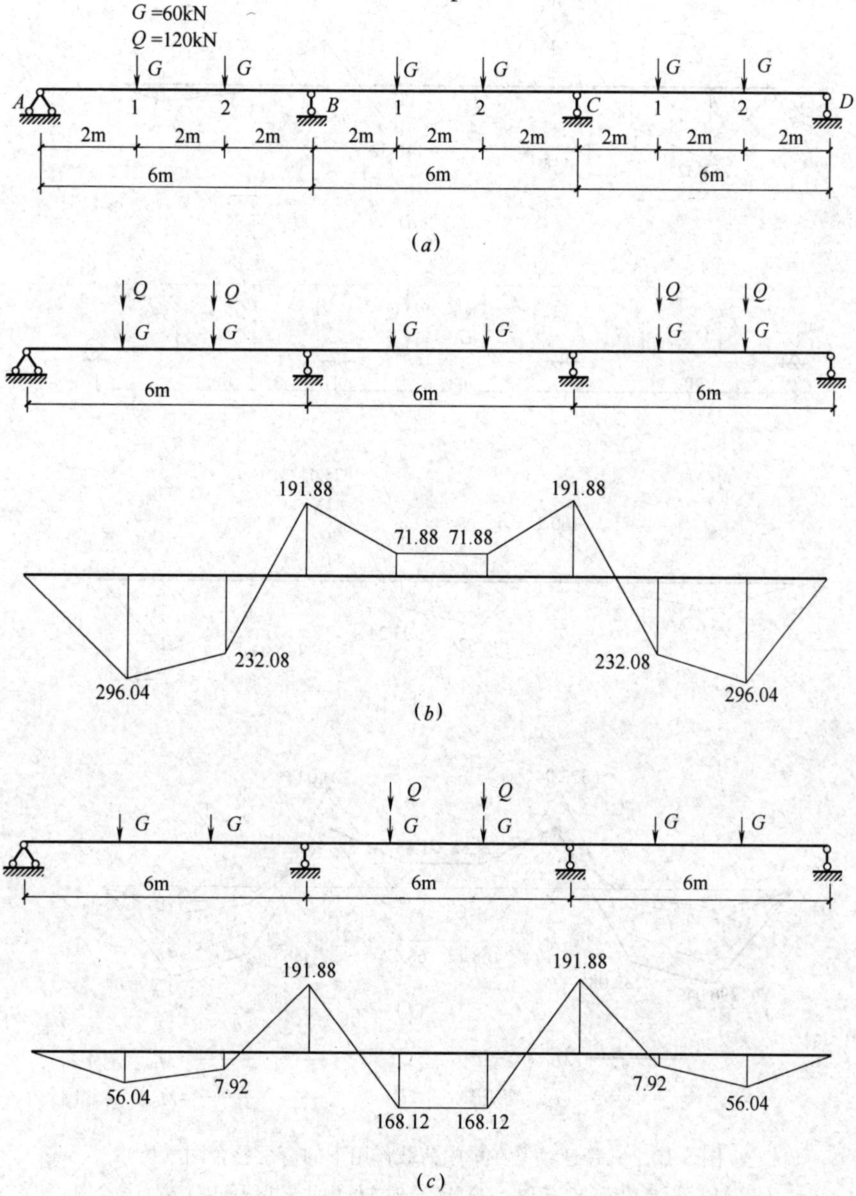

图 8-10 三跨连续梁在集中荷载作用下的弯矩叠合图

(a) 计算简图；(b) M_{1max}、M_{3max}时连续梁的弯矩图；(c) M_{2max}时连续梁的弯矩图

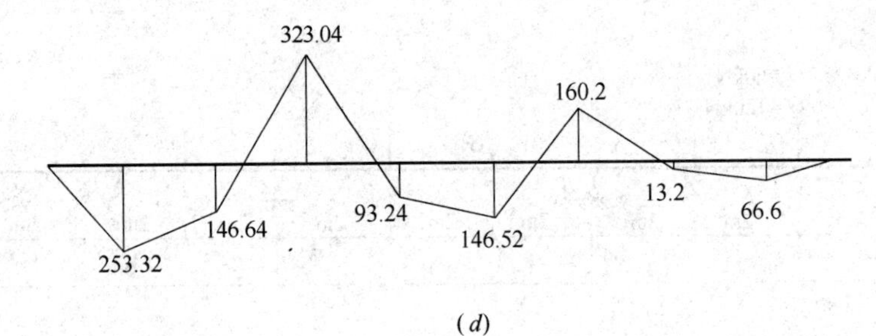

(d)

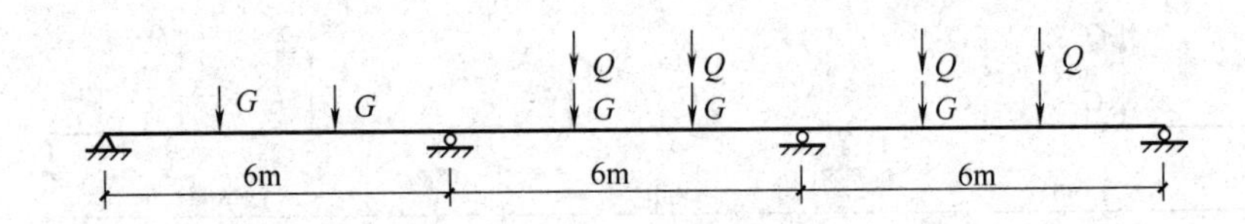

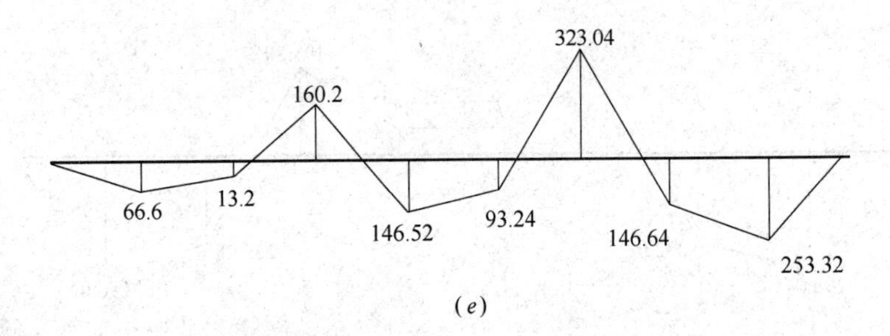

(e)

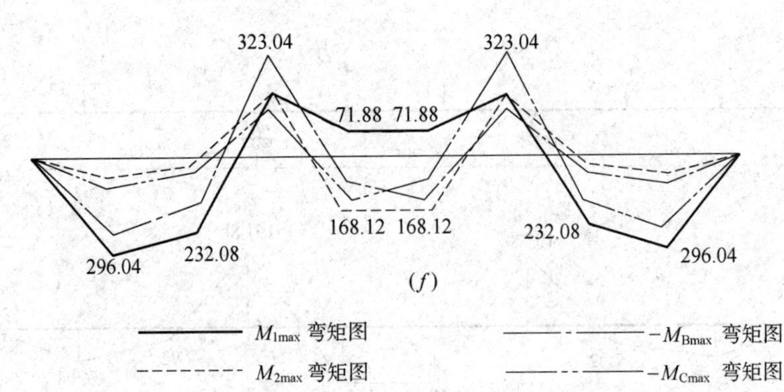

(f)

M_{1max} 弯矩图　　$-M_{Bmax}$ 弯矩图

M_{2max} 弯矩图　　$-M_{Cmax}$ 弯矩图

图 8-10　三跨连续梁在集中荷载作用下的弯矩叠合图（续）

(d) M_{Bmax}时连续梁的弯矩图；(e) M_{Cmax}时连续梁的弯矩图；(f) 弯矩叠合图

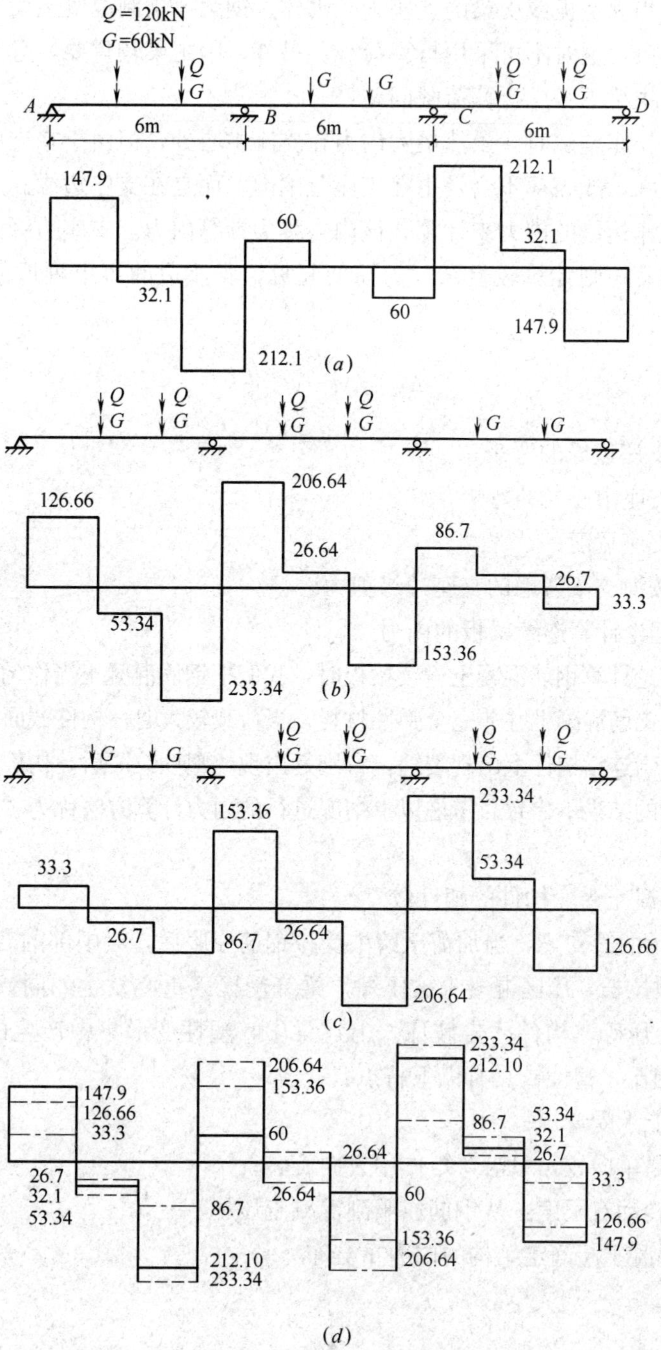

图 8-11　三跨连续梁的剪力叠合图

(*a*) V_{Amax}时计算简图及剪力图；(*b*) $V_{bl,max}$，$V_{Br,max}$计算简图及剪力图；

(*c*) $V_{cl,max}$，$V_{Cr,max}$时计算简图及剪力图；(*d*) 剪力叠合图

式中　g、q——实际均布恒载和活载；

g'、q'——折算均布恒载和活载。

必须指出：当现浇板或次梁的支座为砖砌体、钢梁或预制混凝土梁时，支座对现浇梁板并无转动约束，这时不可采用折算荷载。另外，因主梁较重要，且支座对主梁的约束一般较小，故主梁不考虑折算荷载问题。

当连续板与支座整浇时，虽然最大内力在支座中心处，但由于在支座范围内构件的截面有效高度较大，故破坏不会发生在支座范围内，而是在支座边缘。故而在连续板配筋时，可以取支座边缘的内力来计算，该内力称为计算内力。支座边缘的剪力计算较容易，而支座边的弯矩则计算较复杂。为简便起见，支座边的弯矩可近似地按以下公式计算：

$$M_C = M - V_0 \frac{b}{2} \tag{8-5}$$

式中　M_C——支座边缘的弯矩；

M——支座中心处的弯矩；

b——支座宽度；

V_0——按简支梁考虑的支座边缘剪力。

4. 按塑性理论计算连续梁板的内力

在按弹性理论计算钢筋混凝土连续梁板时，我们把钢筋混凝土当作匀质弹性材料来考虑。但实际上，钢筋混凝土并非完全弹性材料，当荷载较大时，构件截面上会出现较明显的塑性；另外，当连续构件上出现裂缝，特别是出现“塑性铰”后，构件各截面的内力分布会与弹性分析的结果不一致。考虑以上情况进行的内力计算方法称为“按塑性理论”计算方法。

(1) 钢筋混凝土受弯构件的塑性铰

图 8-12 所示的简支梁，当加荷至跨中受拉钢筋屈服后，梁中部的变形将急剧增加：受拉钢筋明显被拉长，压区混凝土被压缩，梁绕受压区重心发生如同铰链一样的转动，直到压区混凝土压碎，构件才告破坏。上述梁中，塑性变形集中产生的区域称为塑性铰。与普通铰相比，塑性铰具有以下特点：

1) 塑性铰能承受弯矩；

2) 塑性铰是单向铰，只沿弯矩作用方向旋转；

3) 塑性铰转动有限度：从钢筋屈服到混凝土压坏。

(2) 钢筋混凝土超静定结构的内力重分布

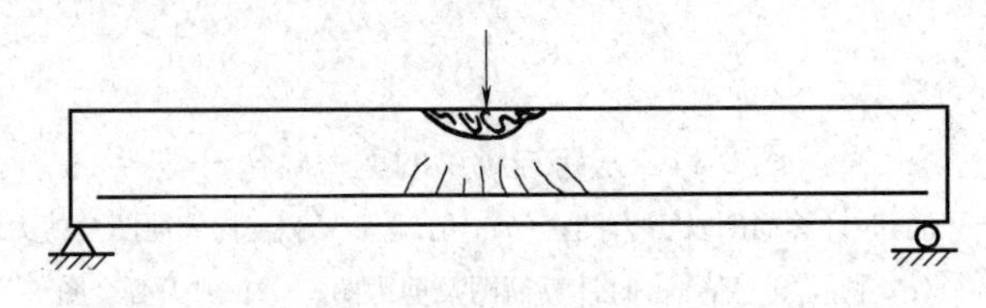

图 8-12　梁的塑性铰

钢筋混凝土超静定结构中，构件开裂引起的刚度变化和塑性铰的出现，会使各截面内力与弹性分析结果不一致，该现象称为塑性内力重分布。下面以图 8-13 所示的两跨连续梁来说明超静定结构的塑性内力重分布过程。

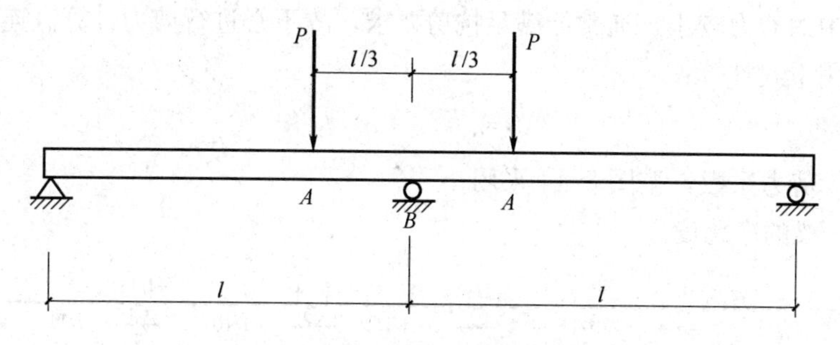

图 8-13 超静定结构的塑性内力重分布

该梁按弹性理论计算所得的支座与跨中弯矩分别为：$M_B=-15Pl/81$，$M_A=8Pl/81$。但在配筋时，按 $M_B=-12Pl/81$ 配置支座钢筋，按 $M_A=10Pl/81$ 配置跨中纵筋。当荷载增大，使 M_B 达 $12Pl/81$ 时，支座 B 出现塑性铰。荷载继续增大时，M_B 不增而 M_A 增加。当 M_A 增至 $10Pl/81$ 时，跨中 A 处也出现塑性铰，结构变为几何可变体系而破坏。显见，由于塑性铰等原因，构件中出现的内力与弹性分析的结果不一致。

(3) 考虑塑性内力重分布的设计原则

为节约钢材，并避免支座钢筋过密而造成施工困难。在设计普通楼盖的连续板和次梁时，可考虑连续梁板具有的塑性内力重分布特性，采用弯矩调幅法将某些截面的弯矩调整（一般将支座弯矩调低）后配筋。调幅应遵守以下基本原则：

1) 为使结构满足正常使用条件，弯矩调低的幅度不能太大：对 HPB300、HRB335 级或 HRB400 级钢筋，板宜不大于 20%，梁宜不大于 25%；

2) 调幅后的弯矩应满足静力平衡条件：每跨两端支座负弯矩绝对值的平均值与跨中弯矩之和应不小于简支梁的跨中弯矩；

3) 为保证实现塑性内力重分布，塑性铰应有足够的转动能力，这就要求混凝土受压区高度 $x\leqslant 0.35h_0$（即 $\xi\leqslant 0.35$ 或 $M_u\leqslant 0.289f_{cm}bh_0^2$），并宜采用 HRB300 级或 HRB400 级钢筋。

(4) 连续板和次梁按塑性理论计算内力的方法

1) 弯矩计算

连续板和次梁的跨中及支座弯矩均可用下式计算：

$$M=\alpha_m(g+q)l_0^2 \tag{8-6}$$

式中 α_m——弯矩系数，按图 8-14 采用；

g、q——均布恒、活载设计值；

l_0——计算跨度，两端与支座整浇时取净跨 l_n，对一端搁置于砖墙的端跨，板取 $l_0=l_n+\dfrac{a}{2}$ 和 $l_0=l_n+\dfrac{h}{2}$ 之较小者，梁取 $l_0=l_n+\dfrac{a}{2}$ 和 $l_0=l_n+0.025l_n$ 之较小者，a 为梁板在砖墙上的搁置长度，h 为板厚。

对于跨度相差不超过10%的不等跨连续梁板，也可近似按上式计算，在计算支座弯矩时可取支座左右跨度的较大值作为计算跨度。

2）剪力计算

连续板中的剪力较小，通常能满足抗剪要求，故不必进行剪力计算。连续次梁的支座边剪力可用下式计算：

$$V=\alpha_{v}\ (g+q)\ l_{n} \tag{8-7}$$

式中 α_{v}——剪力系数，按图 8-14 采用；

l_{n}——梁的净跨度。

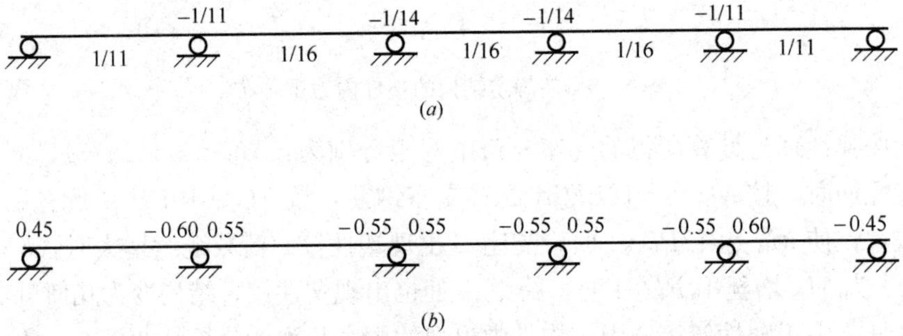

−1/11 −1/14 −1/14 −1/11

1/11 1/16 1/16 1/16 1/11

(a)

0.45 −0.60 0.55 −0.55 0.55 −0.55 0.55 −0.55 0.60 −0.45

(b)

图 8-14 板和次梁按塑性理论计算的内力系数

(a) 弯矩系数；(b) 剪力系数

尚需说明，图 8-14 所示的弯矩系数是根据调幅法有关规定，将支座弯矩调低约25%的结果，适用于 $q/g>0.3$ 的结构。当 $q/g\leqslant 0.3$ 时，调幅应不大于 15%，支座弯矩系数需适当增大。另外还应注意：塑性理论只能用于普通楼盖的连续板和次梁，主梁以及有特殊要求的楼盖板和次梁（详见计算方法的选择）必须按弹性理论计算。

三、截面配筋计算特点和构造要求

（一）单向板

1. 计算特点

(1) 可取 1m 宽板带作为计算单元；

(2) 因板内剪力较小，通常能满足抗剪要求，故一般不需进行斜截面受剪承载力计算；

(3) 四周与梁整浇的单向板，因受支座的反推力作用，较难发生弯曲破坏，其中间跨跨中截面及中间支座的计算弯矩可减少 20%；但考虑边梁的反推力作用不大，故边跨跨中及第一内支座的弯矩不予降低。

2. 构造要求

板的厚度、支承长度、单跨和悬臂板的配筋已在第四章介绍过。现补充连续板的配筋构造。

(1) 受力筋的配筋方式

连续板受力筋的配筋方式有分离式和弯起式两种（图 8-15）。其中弯起式配筋时，板的整体性好，且节约钢筋，但施工复杂，仅在楼面有较大振动荷载时采用。而分离式配筋施工简单，在工程中常用。图 8-15 适用于等跨或跨度相差不超过 20%的连续板，当支座两边的跨度不等时，支座负筋伸入某一侧的长度应以另一侧的跨度来计算；为简便起见，也可均取支座左右跨较大的跨度计算。

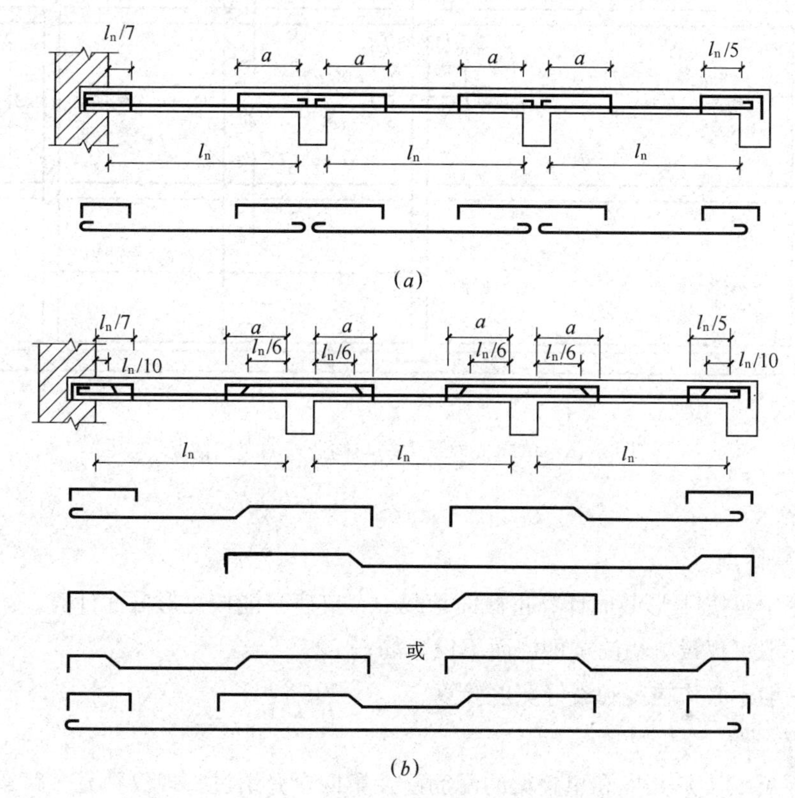

图 8-15 连续板受力筋的配筋方式

当 $q/g \leqslant 3$ 时，$a=l_n/4$；$q/g>3$ 时，$a=l_n/3$，其中 q 为均布荷载，g 为均布恒载

(a) 分离式；(b) 弯起式

(2) 构造钢筋

1) 分布钢筋

分布钢筋沿板的长跨方向布置（与受力筋垂直），并放在受力筋内侧；其截面面积不宜小于受力钢筋截面面积的 15%，且不宜小于该方向板截面面积的 0.15%；直径不宜小于 6mm，间距不宜大于250mm。应该注意：在受力钢筋的弯折处必须布置分布筋；当板上集中荷载较大或为露天构件时，分布筋宜加密至ϕ6@200。

2) 板面构造负筋

嵌固于墙内的板在内力计算时通常按简支计算。但实际上，距墙一定范围内的板内存在负弯矩，需在此设置板面构造负筋。另外，单向板在长边方向也并非毫不受弯，在主梁两侧一定范围内的板内存在负弯矩，需设置板面构造负筋。

板面构造负筋的数量不得少于单向板受力钢筋的 1/3，且不少于 ϕ8@200。它伸出主梁边的长度为 $l_n/4$，伸出墙边的长度为 $l_n/7$，但在墙角处，伸出墙边的长度应增加到

$l_n/4$，l_n 为单向板的净跨度。

单向板内的受力筋、分布筋和板面构造负筋的布置情况见图 8-16。

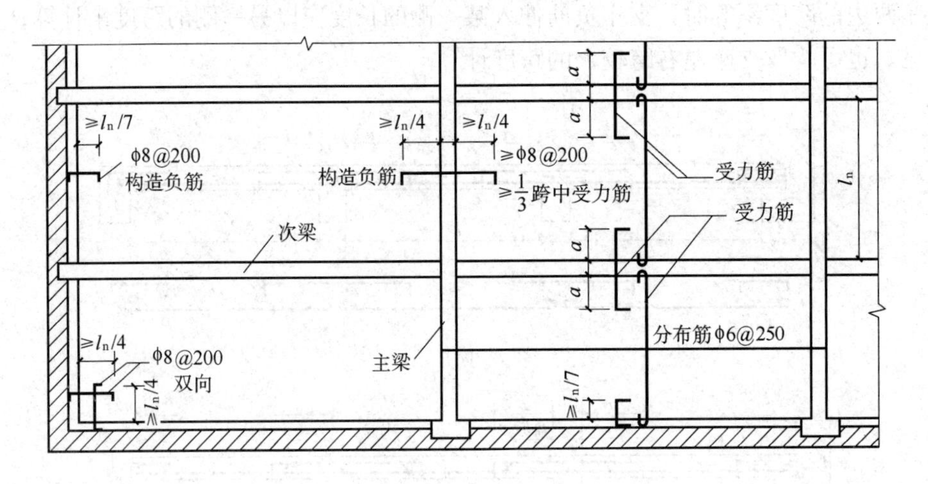

图 8-16　单向板内受力筋与构造筋的布置情况

（二）次梁

1. 计算特点

(1) 跨中可按 T 形截面计算正截面承载力，支座只能按矩形截面计算；

(2) 一般可仅设置箍筋抗剪，而不设弯筋；

(3) 一般不必作挠度和裂缝宽度验算。

2. 构造要求

截面尺寸、支承长度和单跨梁的配筋已在第四章介绍过。现仅补充多跨梁纵筋布置方式。与连续板类似，等跨连续次梁的纵筋布置方式也有分离式和弯起式两种（图 8-17），工程中一般采用分离式配筋。图 8-17 所示纵筋布置方式适用于跨度相差不超过 20%，承受均布荷载，且活载与恒载之比不大于 3 的连续次梁；当不符合上述条件时，原则上应按弯矩包络图确定纵筋的弯起和截断位置。

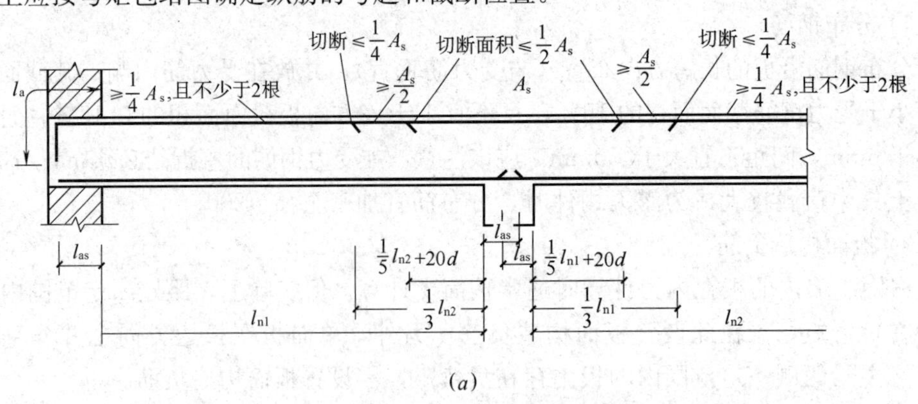

图 8-17　等跨连续次梁的纵筋布置方式

(a) 分离式

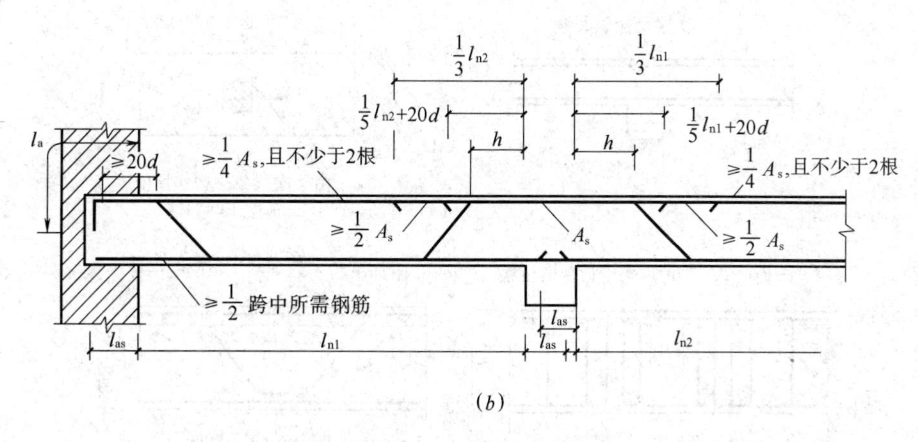

图 8-17　等跨连续次梁的纵筋布置方式（续）

(b) 弯起式

（三）主梁

1. 计算特点

(1) 跨中可按 T 形截面计算正截面承载力，支座只能按矩形计算；

(2) 主梁支座处的截面有效高度比一般梁小（图 8-18）；

(3) 当按构造要求选择梁的截面高度和钢筋直径时，一般可不作挠度和裂缝宽度验算。

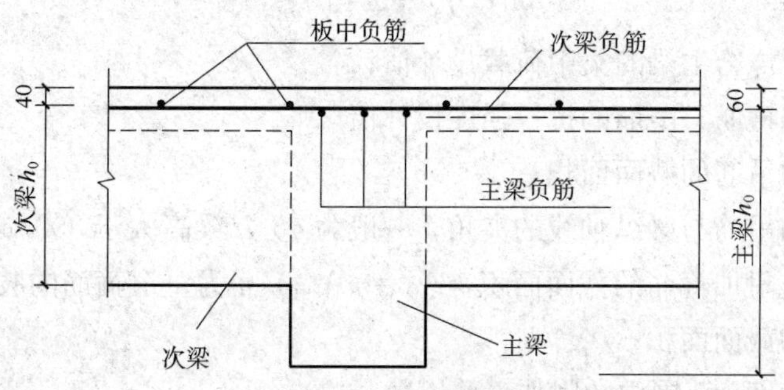

图 8-18　主梁支座处的截面有效高度

2. 构造要求

一般单跨梁的构造要求已在第四章介绍过。现根据主梁特点补充以下几点：

(1) 主梁纵筋的弯起和截断一般应在弯矩包络图上进行，当绘制包络图有困难时，也可参照次梁图 8-17 所示纵筋布置方式，但纵筋宜伸出支座 $l_n/3$ 后逐渐截断。

(2) 在主梁上的次梁与之交接处，应设置附加横向钢筋，以承受次梁作用于主梁截面高度范围内的集中力（图 8-19）。

在次梁上与主梁相交处，负弯矩会使次梁顶部受拉区出现裂缝，故而次梁仅靠未裂的下部截面（高度约为宽度 b）将集中力传给主梁，这将使主梁中下部产生约为 45°的斜裂缝而发生局部破坏。故而必须在主梁上的次梁截面两侧设置附加横向钢筋。附加横向钢筋应布置在长度 $s=3b+2h_1$ 的范围内，b 为次梁宽度，h_1 为主次梁的底面高差。附

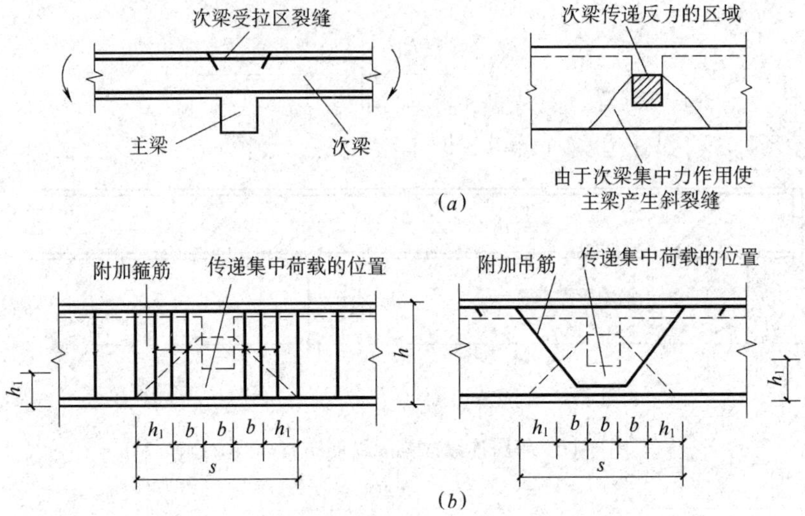

图 8-19　主梁附加横向钢筋

(a) 次梁和主梁上的裂缝情况；(b) 附加箍筋或吊筋的布置

加横向钢筋宜优先采用箍筋，当次梁两侧各设 3 道附加箍筋（从距次梁侧 50mm 处布置，间距 50mm）仍不满足要求时，应改用（或增设）吊筋。附加横向钢筋的用量按下式计算：

$$F \leqslant mA_{sv}f_{yv} + 2A_{sb}f_{y}\sin\alpha_{s} \tag{8-8}$$

式中　F——次梁传给主梁的集中荷载设计值；

f_{yv}、f_{y}——附加箍筋、吊筋的抗拉强度设计值；

A_{sb}——附加吊筋的截面面积；

α_{s}——附加吊筋与梁纵轴线的夹角，一般为 45°，梁高大于 800mm 时为 60°；

A_{sv}——每道附加箍筋的截面面积，$A_{sv}=nA_{sv1}$，n 为每道箍筋的肢数，A_{sv1} 为单肢箍的截面面积；

m——在宽度 s 范围内的附加箍筋道数。

(3) 梁的受剪钢筋宜优先采用箍筋，但当主梁剪力很大，仅用箍筋间距太小时也可在近支座处设置部分弯起钢筋或鸭筋抗剪。

(4) 当主梁的腹板高度超过 450mm 时，在梁的两侧面应设置纵向构造钢筋和相应的拉筋（详见第四章）。

四、单向板肋梁楼盖的设计步骤

单向板肋梁楼盖可按下列步骤进行设计：

1）根据适用、经济、整齐的原则进行结构平面布置；

2）单向板设计；

3）次梁设计；

4）主梁设计。

在板、次梁和主梁设计中均包括荷载计算、计算简图、内力计算、配筋计算和绘制施工图等内容。在绘制施工图时不仅要考虑计算结果，还应考虑构造要求。

五、单向板肋梁楼盖的设计实例

某仓库楼盖平面如图 8-20 所示，试设计该钢筋混凝土现浇楼盖。

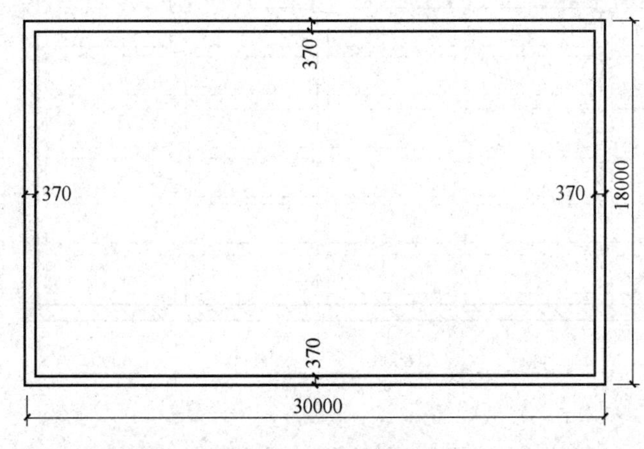

图 8-20　平面图

1. 设计资料

1）楼面活荷载标准值 $7kN/m^2$。

2）楼面面层为 20mm 厚水泥砂浆面层，梁板底为 15mm 厚混合砂浆粉刷。

3）材料选用

混凝土：采用 C30（$\alpha_1 f_c=14.3N/mm^2$）

钢筋：梁中受力纵筋采用 HRB335 级钢筋（$f_y=360N/mm^2$），其余钢筋一律采用 HPB300 级钢筋（$f_y=270N/mm^2$）。

2. 结构平面布置

根据工程设计经验，单向板板跨为 2～4m，次梁跨度为 4～6m，主梁跨度为 6～8m 较为合理。故此仓库楼面梁格布置如图 8-21 所示。

多跨连续板厚度按不进行挠度验算条件应不小于$\frac{l_0}{40}=\frac{2000}{40}=50mm$，及工业房屋楼板最小厚度 80mm 的构造要求，故取板厚 $h=80mm$。

次梁的截面高度 $h=\left(\frac{1}{18}\sim\frac{1}{12}\right)l_0=\left(\frac{1}{18}\sim\frac{1}{12}\right)\times6000=333\sim500mm$，考虑本例楼面荷载较大，故取 $h=450mm$。

次梁的截面宽度 $b=\left(\frac{1}{3}\sim\frac{1}{2}\right)h=\left(\frac{1}{3}\sim\frac{1}{2}\right)\times450=150\sim225mm$，取$b=200mm$。

主梁的截面高度 $h=\left(\frac{1}{14}\sim\frac{1}{8}\right)l=\left(\frac{1}{14}\sim\frac{1}{8}\right)\times6000=429\sim750mm$，取$h=650mm$。

主梁的截面宽度 $b=\left(\frac{1}{3}\sim\frac{1}{2}\right)h=217\sim325mm$，取 $b=250mm$。

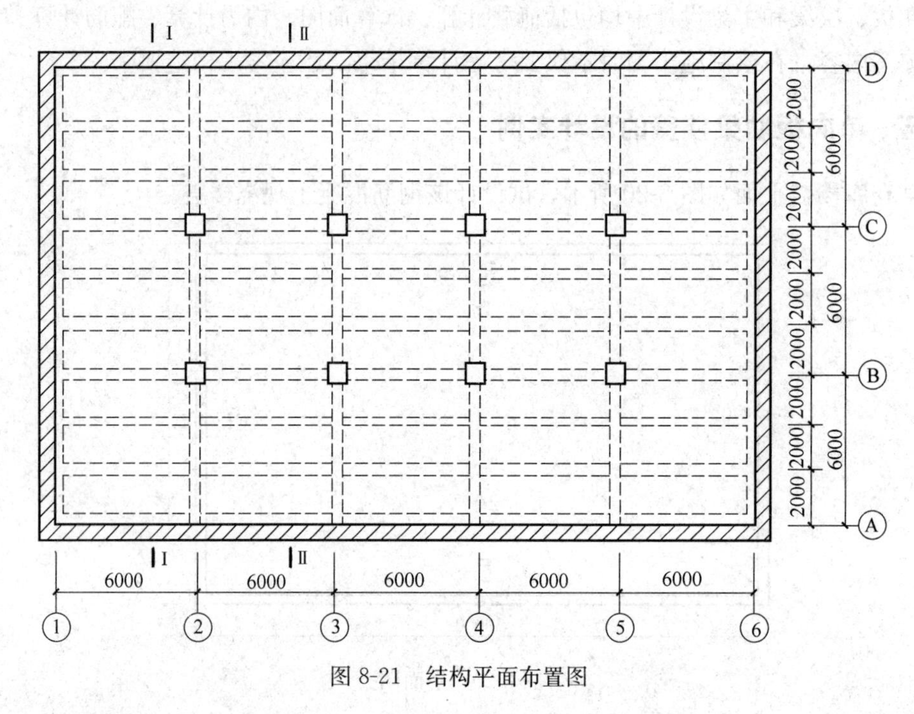

图 8-21 结构平面布置图

3. 板的设计

楼面上无振动荷载，对裂缝开展宽度也无较高要求，故可按塑性理论计算。

(1) 荷载计算

荷载设计值计算如下：

恒载：

20mm 厚水泥砂浆面层　　$1.2\times0.02\times20=0.48\text{kN/m}^2$

80mm 厚钢筋混凝土板　　$1.2\times0.08\times25=2.40\text{kN/m}^2$

15mm 厚混合砂浆板底粉刷　$1.2\times0.015\times17=0.31\text{kN/m}^2$

恒载小计　　$g=3.19\text{kN/m}^2$

活载（标准值不小于 4kN/m^2 时，活载系数为 1.3）

$$q=1.3\times7.0=9.1\text{kN/m}^2$$

总荷载　　$g+q=12.29\text{kN/m}^2$

(2) 计算简图

取 1m 宽板带作为计算单元，各跨的计算跨度为：

边跨：$l_0=l_n+\dfrac{a}{2}=\left(2.00-0.12-\dfrac{0.20}{2}\right)+\dfrac{0.12}{2}=1.84\text{m}$

$$l_0=l_n+\frac{h}{2}=\left(2.00-0.12-\frac{0.20}{2}\right)+\frac{0.08}{2}=1.82\text{m}$$

取较小者 $l_0=1.82\text{m}$

中跨：$l_0=l_n=2.00-0.20=1.80\text{m}$

边跨与中间跨的计算跨度相差$\dfrac{1.82-1.80}{1.80}=1.1\%<10\%$，故可近似按等跨连续板

计算板的内力。

计算跨数：板的实际跨数为九跨，可简化为五跨连续板计算，如图 8-22 所示。

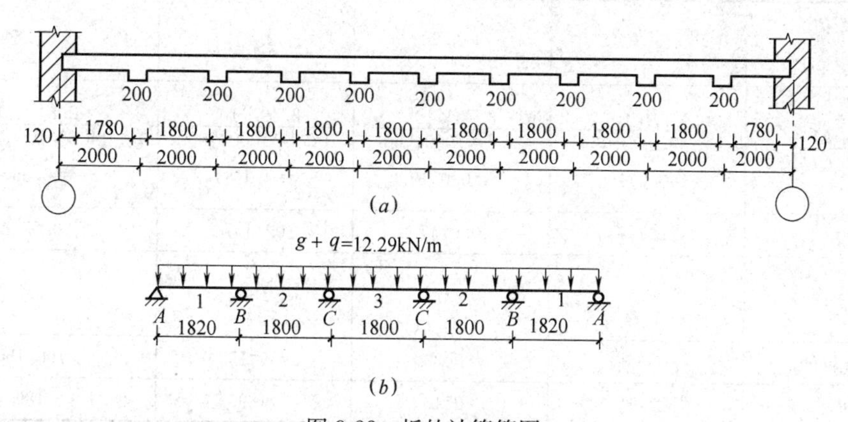

图 8-22　板的计算简图

(a) 板的实际简图；(b) 板的计算简图

(3) 弯矩计算

各截面的弯矩设计值列于表 8-1。

板的弯矩设计值　　**表 8-1**

截　　面	边跨中	第一内支座	中跨中	中间支座
弯矩系数 α_m	$+\frac{1}{11}$	$-\frac{1}{11}$	$+\frac{1}{16}$	$-\frac{1}{14}$
$M=\alpha_m(g+q)l_0^2$ (kN·m)	$\frac{1}{11}\times12.29\times1.82^2=3.70$	$-\frac{1}{11}\times12.29\times1.82^2=-3.70$	$\frac{1}{16}\times12.29\times1.80^2=2.49$	$-\frac{1}{14}\times12.29\times1.80^2=-2.84$

注：支座计算跨度取相邻跨较大者。

(4) 正截面承载力计算

混凝土强度等级 C30，$\alpha_1 f_c=14.3\text{N/mm}^2$

HPB300 级钢筋，$f_y=270\text{N/mm}^2$

板厚 $h=80\text{mm}$，有效高度 $h_0=60\text{mm}$

为保证支座截面能出现塑性铰，要求支座截面弯矩 $M\leqslant0.289\alpha_1 f_c bh_0^2=0.289\times14.3\times1000\times60^2=14.88\times10^6\text{N}\cdot\text{mm}=14.88\text{kN}\cdot\text{m}$

$$M_B=3.70\text{kN}\cdot\text{m}<0.289f_{cm}bh_0^2=14.88\text{kN}\cdot\text{m}$$

各截面配筋计算详见表 8-2。

(5) 考虑构造要求，绘制施工图

1) 受力钢筋

楼面无较大振动荷载，为使设计和施工简便，采用分离式配筋方式。

支座顶面负弯矩钢筋的截断点位置：由于本例 $q/g=9.1/3.19=2.85<3$，故可取 $a=l_n/4=1800/4=450\text{mm}$。

板正截面承载力计算　　表 8-2

截　面	边跨中	第一内支座	中跨中	中间支座
弯矩值（kN·m）	3.70	−3.70	2.49	−2.84
$\alpha_s=\frac{M}{\alpha_1 f_c b h_0^2}$	$\frac{3.70\times10^6}{14.3\times1000\times60^2}$ =0.0719	$\frac{3.70\times10^6}{14.3\times1000\times60^2}$ =0.0719	$\frac{2.49\times10^6}{14.3\times1000\times60^2}$ =0.0484	$\frac{2.84\times10^6}{14.3\times1000\times60^2}$ =0.0552
ξ	0.0747	0.0747	0.0497	0.0568
$A_s=\xi\frac{\alpha_1 f_c}{f_y}bh_0$	237	237	158	180
选配钢筋	ϕ8@200	ϕ8@200	ϕ6@150	ϕ6@150
实配钢筋面积（mm^2）	251	251	189	189

注：处于正常环境下的板，混凝土强度等级为 C30 时，混凝土保护层最小厚度为 15mm，故 $h_0=80-(15+5)=60$mm。

2）构造钢筋

A. 分布钢筋

除在所有受力钢筋的弯折处设置一根分布筋外，并沿受力钢筋直线段按 ϕ6@250 配置。这满足截面面积大于 15%受力钢筋的截面面积，间距不大于 250mm 的构造要求。

B. 墙边附加钢筋

为简化起见，沿纵墙或横墙，均设置 ϕ8@200 的短直筋，无论墙边或墙角，构造负筋均伸出墙边$\frac{l_n}{4}=\frac{1780}{4}=445$mm，取 450mm。

C. 主梁顶部的附加构造钢筋

在板与主梁连接处的顶面，设置 ϕ8@200 的构造钢筋，每边伸出梁肋边长度为$\frac{l_n}{4}=\frac{1780}{4}=445$mm，取 450mm。

楼面结构布置及板的施工详图见图 8-26。

4. 次梁设计

一般楼盖次梁，可按塑性理论计算。

（1）荷载计算

荷载设计值计算如下：

板传来的恒载　　$3.19\times2.0=6.38$kN/m

次梁自重　　$1.2\times25\times0.2\times(0.45-0.08)=2.22$kN/m

次梁侧面粉刷（梁底粉刷，已计入板的荷载中）

$1.2\times17\times(0.45-0.08)\times2\times0.015=0.23$kN/m

恒载小计　　$g=8.83$kN/m

楼面使用活载　　$q=1.3\times7.0\times2.0=18.20$kN/m

总荷载　　　　　　　　$g+q=27.03\text{kN/m}$

（2）计算简图

计算跨度 $l_0=l_n+\frac{a}{2}=\left(6000-\frac{250}{2}-120\right)+\frac{240}{2}=5755+120=5875\text{mm}$

$$l_0=1.025l_n=1.025\times5755=5900\text{mm}$$

取 $l_0=5875\text{mm}$

中跨：$l_0=l_n=6000-\frac{250}{2}-\frac{250}{2}=5750\text{mm}$

边跨和中间跨的计算跨度相差$\frac{5.875-5.75}{5.75}=2.2\%<10\%$，故可近似按等跨连续次梁计算次梁内力。

跨数：次梁的实际跨数未超过五跨，故按实际跨数计算。计算简图如图 8-23 所示。

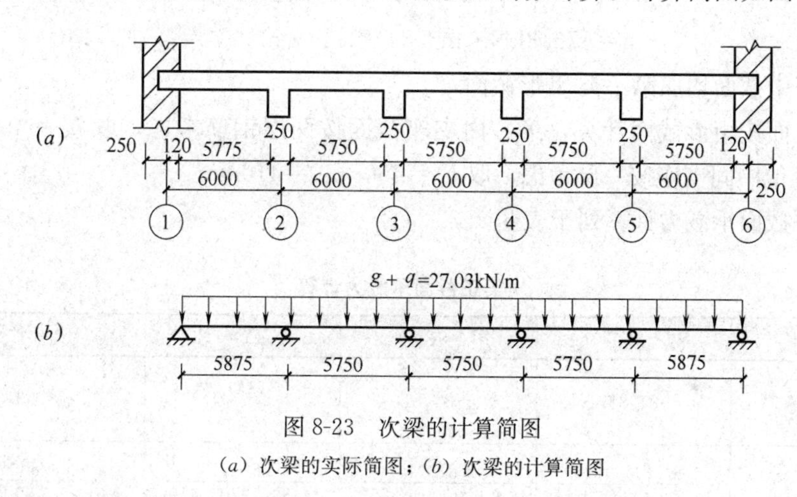

图 8-23　次梁的计算简图

（a）次梁的实际简图；（b）次梁的计算简图

（3）内力计算

次梁的内力计算列于表 8-3、表 8-4。

次梁弯矩计算　　　　　　　　**表 8-3**

截　面	边 跨 中	第一内支座	中 跨 中	中间支座
弯矩系数 α_m	$+\frac{1}{11}$	$-\frac{1}{11}$	$+\frac{1}{16}$	$-\frac{1}{14}$
$M=\alpha_m(g+q)l_0^2$ (kN·m)	$\frac{1}{11}\times27.03\times5.875^2=84.81$	−84.81	$\frac{1}{16}\times27.03\times5.75^2=55.85$	−63.83

次梁剪力计算　　　　　　　　**表 8-4**

截　面	边 支 座	第一内支座左	第一内支座右	中间支座
剪力系数 α_v	0.45	0.6	0.55	0.55
$V=\alpha_v(g+q)l_n$ (kN)	$0.45\times27.03\times5.775=70.24$	$0.6\times27.03\times5.775=93.66$	$0.55\times27.03\times5.75=85.48$	85.48

(4) 正截面承载力计算

混凝土强度等级为 C30，$\alpha_1 f_c = 14.3\text{N/mm}^2$，HRB400 级钢筋，$f_y = 360\text{N/mm}^2$。次梁的跨中截面按 T 形截面计算，其翼缘的计算宽度按下列各项的最小值取用。

1) $b'_f = \frac{l_0}{3} = \frac{5.75}{3} = 1.92\text{m}$

2) $b'_f = b + s_n = 0.2 + 1.80 = 2.0\text{m}$

3) $\frac{h'_f}{h_0} = \frac{80}{410} = 0.195 > 0.1$，翼缘宽度 b'_f 可不受此项限制。

比较上述三项，取较小者，即 $b'_f = 1.92\text{m}$。

判别各跨中截面属于哪一类 T 形截面，取 $h_0 = 450 - 40 = 410\text{mm}$，则

$$\alpha_1 f_c b'_f h'_f \left(h_0 - \frac{h'_f}{2}\right) = 11.9 \times 1920 \times 80 \times \left(410 - \frac{80}{2}\right) = 676.3 \times 10^6 \text{N} \cdot \text{mm}$$

$$= 676.3\text{kN} \cdot \text{m} > 84.81\text{kN} \cdot \text{m}$$

故各跨中截面均属第一类 T 形截面。

支座截面按矩形截面计算，第一内支座截面按两层钢筋考虑，取 $h_0 = 450 - 65 = 385\text{mm}$，其他中间支座按一层考虑，取 $h_0 = 450 - 40 = 410\text{mm}$。

次梁正截面承载力计算列于表 8-5。

次梁正截面承载力计算 **表 8-5**

截　面	边　跨　中	第一内支座	中　跨　中	中　支　座
M (kN·m)	84.81	−84.81	55.85	−63.83
$\alpha_s = \frac{M}{\alpha_1 f_c b h_0^2}$	$\frac{84.81 \times 10^6}{14.3 \times 1920 \times 410^2} = 0.0184$	$\frac{84.81 \times 10^6}{14.3 \times 200 \times 385^2} = 0.200$	$\frac{55.85 \times 10^6}{14.3 \times 1920 \times 410^2} = 0.0121$	$\frac{63.83 \times 10^6}{14.3 \times 200 \times 410^2} = 0.133$
ξ	$0.0186 < \xi_b = 0.550$	$0.225 < 0.35$	$0.0121 < \xi_b = 0.550$	$0.143 < 0.35$
$A_s = \xi \frac{\alpha_1 f_c}{f_y} b h_0$	$0.0186 \times \frac{14.3}{360} \times 1920 \times 410 = 582$	$0.225 \times \frac{14.3}{360} \times 200 \times 385 = 688$	$0.0121 \times \frac{14.3}{360} \times 1920 \times 410 = 378$	$0.143 \times \frac{14.3}{360} \times 200 \times 410 = 466$
选用钢筋	3⌀16	2⌀16+2⌀16	2⌀16	3⌀16
实配钢筋截面面积(mm²)	603	804	402	603

(5) 次梁斜截面抗剪承载力计算

次梁斜截面抗剪承载力计算列于表 8-6。

(6) 考虑构造要求，绘制施工图

采用分离式配筋方式，支座负筋在离支座边 $l_n/5 + 20d$ 处截断不多于 $A_s/2$，其余不少于 2 根钢筋直通（兼作架立筋和构造负筋）。次梁施工图如图 8-27 所示。

次梁斜截面抗剪承载力计算　　表 8-6

截　面	边支座	第一内支座(左)	第一内支座(右)	中支座
V(kN)	70.24	93.66	85.48	85.48
$0.25f_cbh_0$ (N)	$0.25\times14.3\times200\times410=293150>V$	$0.25\times14.3\times200\times385=275275>V$	$275275>V$	$293150>V$
$0.7f_tbh_0$ (N)	$0.7\times1.43\times200\times410=82082>V$	$0.7\times1.43\times200\times385=77077<V$	$77077<V$	$82082<V$
箍筋肢数直径	2ϕ6	2ϕ6	2ϕ6	2ϕ6
$A_{sv}=nA_{sv1}$ (mm^2)	$2\times28.3=56.6$	56.6	56.6	56.6
$s=\dfrac{f_{yv}A_{sv}h_0}{V-0.7f_tbh_0}$	按构造要求	$\dfrac{270\times56.6\times385}{93660-77077}=354$	$\dfrac{270\times56.6\times385}{85480-77077}=700$	$\dfrac{270\times56.6\times410}{85480-82082}=1844$
实配箍筋间距	200	200	200	200

注：1. 矩形、T形和Ⅰ字形截面的受弯构件，其截面应符合下列要求：当$\dfrac{h_w}{b}\leqslant4.0$时，$V\leqslant0.25f_cbh_0$。本例为$\dfrac{h_w}{b}=\dfrac{410}{200}=2.05<4.0$，故用$V\leqslant0.25f_cbh_0$。

2. 验算配箍率

$$\rho_{sv}=\frac{nA_{sv1}}{bs}=\frac{2\times28.3}{200\times200}=0.142\%>\rho_{sv,min}=0.24\frac{f_t}{f_{yv}}=0.24\times\frac{1.43}{270}=0.127\%。$$

5. 主梁的设计

主梁为楼盖的重要构件，应按弹性理论计算。

(1) 荷载计算

为简化计算，主梁自重亦按集中荷载考虑。

次梁传来的恒载　　$8.83\times6=52.98$kN

主梁自重（扣除板重）　$1.2\times0.25\times(0.65-0.08)\times2\times25=8.55$kN

主梁粉刷(扣除梁底粉刷)　$1.2\times2\times(0.65-0.08)\times2\times0.015\times17=0.70$kN

恒载　　$G=62.23$kN

使用活荷载　　$Q=18.20\times6=109.20$kN

总荷载　　$G+Q=171.43$kN

(2) 计算简图

1) 支座

假设柱的截面尺寸为300mm×300mm，柱的层高$H=5$m。则柱子的线刚度$i_c=\dfrac{E\times300^4}{12\times5000}=1.35\times10^5E$，主梁的线刚度$i_b=\dfrac{E\times250\times650^3}{12\times6000}=9.54\times10^5E$。

主梁与柱子的线刚度比值为$\dfrac{9.54\times10^5E}{1.35\times10^5E}=7.07>5$，故主梁的中间支座按铰接于柱上考虑。主梁端部支承于砖墙上，也按铰接支座考虑，其支承长度为370mm。

2) 计算跨度

边跨：$l_0=l_n+\dfrac{a}{2}+\dfrac{b}{2}=6.0-0.12+\dfrac{0.37}{2}=6.07$m

$$l_0=l_n+\frac{b}{2}+0.025l_n=6.0-0.12+0.025\left(6.0-0.12-\frac{0.30}{2}\right)=6.02\text{m}$$

取较小者：$l_0=6.02\text{m}$

中跨取支座中心的距离：$l_0=6\text{m}$

因跨度差小于10%，计算时可采用等跨连续梁弯矩及剪力系数。

3）跨数

主梁的实际跨数为三跨，按三跨连续梁计算，计算简图如图8-24所示。

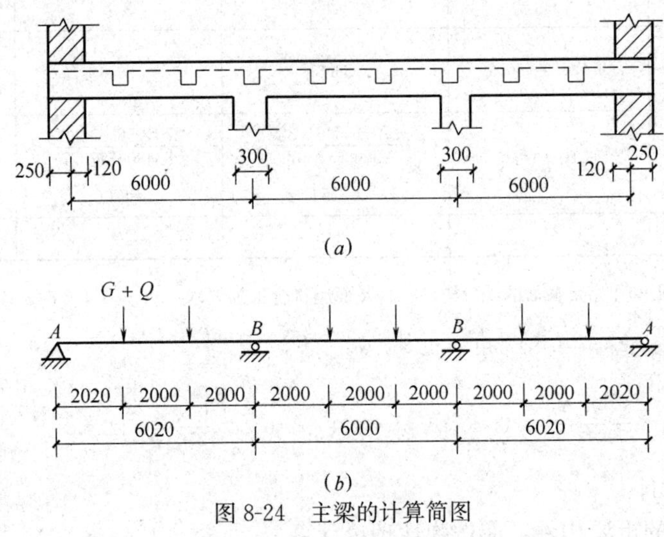

图8-24 主梁的计算简图

（a）主梁的实际简图；（b）主梁的计算简图

（3）弯矩、剪力计算值及其叠合图

1）弯矩

$$M=K_1Gl_0+K_2Ql_0$$

式中，系数K_1、K_2可查附表16等跨连续梁在集中荷载作用下的弯矩系数表。

边跨：$Gl_0=62.23\times6.02=374.62\text{kN}\cdot\text{m}$

$Ql_0=109.2\times6.02=657.38\text{kN}\cdot\text{m}$

中跨：$Gl_0=62.23\times6.00=373.38\text{kN}\cdot\text{m}$

$Ql_0=109.2\times6.00=655.2\text{kN}\cdot\text{m}$

支座B：计算支座B弯矩时，计算跨度应取两相邻跨跨度的平均值。

$$Gl_0=62.23\times\frac{6.00+6.02}{2}=374\text{kN}\cdot\text{m}$$

$$Ql_0=109.2\times\frac{6.00+6.02}{2}=656\text{kN}\cdot\text{m}$$

弯矩计算列于表8-7。

2）剪力

$$V=K_3G+K_4Q$$

式中，系数K_3、K_4可查附表16等跨连续梁在集中荷载作用下的剪力系数表。剪力计算列于表8-8。

主梁弯矩计算 **表 8-7**

项 次	荷 载 简 图	$\frac{K}{M_1}$	$\frac{K}{M_B}\left(\frac{K}{M_c}\right)$	$\frac{K}{M_2}$
1	G G G G G G	$\frac{0.244}{91.41}$	$\frac{-0.267}{-99.86}$	$\frac{0.067}{25.02}$
2	Q Q Q Q	$\frac{0.289}{189.98}$	$\frac{-0.133}{-87.25}$	$\frac{-0.133}{-87.14}$
3	Q Q	$\frac{-0.044}{-28.92}$	$\frac{-0.133}{-87.25}$	$\frac{0.200}{131.04}$
4	Q Q Q Q	$\frac{0.229}{150.54}$	$\frac{-0.311}{-204.02}\left(\frac{-0.089}{-58.38}\right)$	$\frac{0.170}{111.38}$
弯矩组合	M_{min}或M_{max}(kN·m)	①+③62.49 ①+②281.39	①+④−303.88 (−158.24)	①+②−62.12 ①+③156.06

主梁剪力计算 **表 8-8**

项 次	荷 载 简 图	$\frac{K}{V_A}$	$\frac{K}{V_{Bl}}\left(\frac{K}{V_{cl}}\right)$	$\frac{K}{V_{Br}}\left(\frac{K}{V_{cr}}\right)$
1	G G G G G G	$\frac{0.733}{45.61}$	$\frac{-1.267}{-78.85}$	$\frac{1.00}{62.23}$
2	Q Q Q Q	$\frac{0.866}{94.57}$	$\frac{-1.134}{-123.83}$	$\frac{0}{0}$
3	Q Q Q Q	$\frac{0.689}{75.24}$	$\frac{-1.311}{-143.16}\left(\frac{-0.778}{-84.96}\right)$	$\frac{1.222}{133.44}\left(\frac{0.089}{9.72}\right)$
剪力组合	V_{max}或V_{min}(kN)	①+②140.18	①+③−222.01 (−163.81)	①+③195.67 71.95

3）弯矩叠合图

边跨应考虑三种弯矩图形的叠合，中跨应考虑四种弯矩图形的叠合。将各弯矩图叠合在一起，即为弯矩叠合图，如图 8-25a 所示。

4）剪力叠合图

每跨应考虑两种剪力图形的叠合，即左支座截面最大剪力时的剪力图形和右支座截面最大剪力时的剪力图形的叠合。把各剪力图叠合在一起，即为剪力叠合图，如图 8-25b 所示。

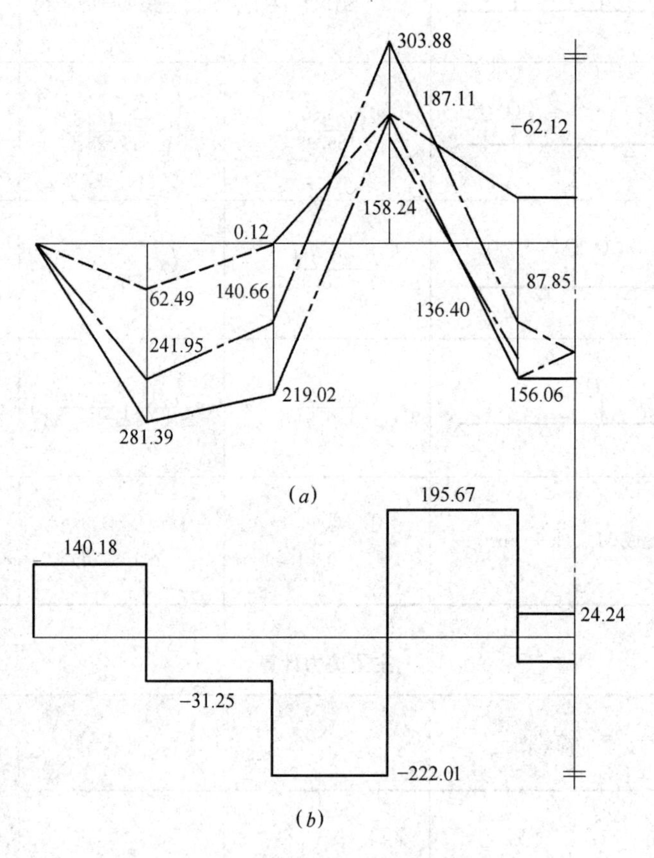

图 8-25　主梁弯矩叠合图和剪力叠合图

（a）弯矩叠合图；（b）剪力叠合图

剪力叠合图也可不作，因在求出各支座最大剪力值后，对于主梁在离支座$l/3$范围内剪力图是水平线。

（4）正截面承载力计算

主梁的跨中截面按 T 形截面计算，其翼缘的计算宽度 b'_f按下列各项中的最小值取用。即

$$b'_f=\frac{1}{3}l_0=\frac{1}{3}\times 6.0=2.0\text{m}$$

$$b'_f=b+s_n=6\text{m}$$

$\frac{h'_f}{h_0}=\frac{80}{615}=0.13>0.1$ 翼缘宽度 b'_f与 h'_f无关

故取 $b'_f=2000$mm，并取 $h_0=650-40=610$mm。

判别 T 形截面类别：

$$\alpha_1 f_c b'_f h'_f \left(h_0-\frac{h'_f}{2}\right)=14.3\times2000\times80\left(610-\frac{80}{2}\right)=1304\times10^6\text{N}\cdot\text{mm}$$

$$=1304\text{kN}\cdot\text{m}>M_{1\max}=281.39\text{kN}\cdot\text{m}$$

故在各跨跨中截面均属第一类 T 形截面。

主梁支座截面按矩形截面计算，取 $h_0=650-75=575$mm（因支座弯矩较大，考虑布置两层钢筋，并布置在次梁负筋下面）。

主梁正截面承载力计算列于表 8-9。

主梁正截面承载力计算 **表 8-9**

截　面	边跨中	中支座	中跨中
M (kN·m)	281.39	303.88	156.06(−62.12)
$V_0\frac{b}{2}$ (kN)		$(62.23+109.2)\times\frac{0.3}{2}$ $=25.71$	
$M-V_0\frac{b}{2}$ (kN)		278.17	
$\alpha_s=\frac{M}{\alpha_1 f_c b h_0^2}$	$\frac{281.39\times10^6}{14.3\times2000\times610^2}$ $=0.0264$	$\frac{278.17\times10^6}{14.3\times250\times575^2}$ $=0.235$	$\frac{156.06\times10^6}{14.3\times2000\times610^2}=0.0147$ $\left(\frac{62.12\times10^6}{14.3\times250\times610^2}\right)=0.047$
ξ	$0.0267<\xi_b=0.518$	$0.2720<\xi_b=0.518$	$0.0148(0.0482)<\xi_b=0.518$
$A_s=\xi\frac{\alpha_1 f_c}{f_y}bh_0$ (mm²)	$0.0267\times\frac{14.3}{360}\times2000$ $\times610=1294$	$0.2720\times\frac{14.3}{360}\times250$ $\times575=1553$	$0.0148\times\frac{14.3}{360}\times2000\times610$ $=717(292)$
选配钢筋	5Φ20	6Φ20	3Φ20(2Φ20)
实配钢筋截面面积(mm²)	1570	1884	942(628)

（5）斜截面受剪承载力计算

主梁斜截面受剪承载力计算列于表 8-10。

主梁斜截面抗剪承载力计算　　表 8-10

截　面	边支座	支座($B_{左}$)	支座($B_{右}$)
V(kN)	140.18	222.01	195.67
$0.25f_cbh_0$(N)	$0.25\times14.3\times250\times610=545188>V$	$0.25\times14.3\times250\times575=513906>V$	$513906>V$
$0.7f_tbh_0$(N)	$0.7\times1.43\times250\times610=152653<V$	$0.7\times1.43\times250\times575=143894<V$	$143894<V$
箍筋肢数、直径	2ϕ8	2ϕ8	2ϕ8
$A_{sv}=nA_{sv1}$	$2\times50.3=100.6$	100.6	100.6
箍筋间距 s(mm)	250	150	200
$V_{cs}=0.7f_tbh_0+f_{yv}\frac{A_{sv}}{s}h_0$(N)	$152653\times270\times\frac{100.6}{250}\times610=218928>V$	$143894\times270\times\frac{100.6}{150}\times575=248015>V$	$143894+270\times\frac{100.6}{200}\times575=221985>V$

注：《规范》规定，对集中荷载作用下的矩形截面独立梁（包括作用有多种荷载，且集中荷载对支座截面所产生的剪力值占总剪力值的 75%以上的情况），用下列公式计算：

$$V_{cs}=\frac{1.75}{\lambda+1.0}f_tbh_0+f_{yv}\frac{A_{sv}}{s}h_0$$

由于本例为现浇楼盖连续主梁，不符合上述公式适用条件，故应按下列公式计算：

$$V_{cs}=0.7f_tbh_0+f_{yv}\frac{A_{sv}}{s}h_0$$

(6) 次梁支承两侧附加横向钢筋的计算

先考虑采用附加箍筋，每侧 3ϕ8，共 6 道，所能承受的集中力为：

$$F_{sv}=mA_{sv}f_{yv}=6\times100.6\times270=162972\text{N}<G+Q=171430\text{N}$$

需增设吊筋，所需截面面积为：

$$A_{sb}=\frac{(G+Q)-F_{sv}}{2f_y\sin\alpha_s}=\frac{171430-162972}{2\times360\times0.707}=16.62\text{mm}^2$$

选用 2⌀12（226mm^2）

(7) 施工详图

主梁的施工图如图 8-28 所示。这里纵向受力筋采用了分离式，仅在支座处将下部部分钢筋弯起，以加强支座处的抗剪承载力（计算时可不考虑）。支座纵筋的截断原则上应根据弯矩包络图由人工或计算机确定。在人工绘图时，为简化，也可参照次梁的纵筋截断方法。

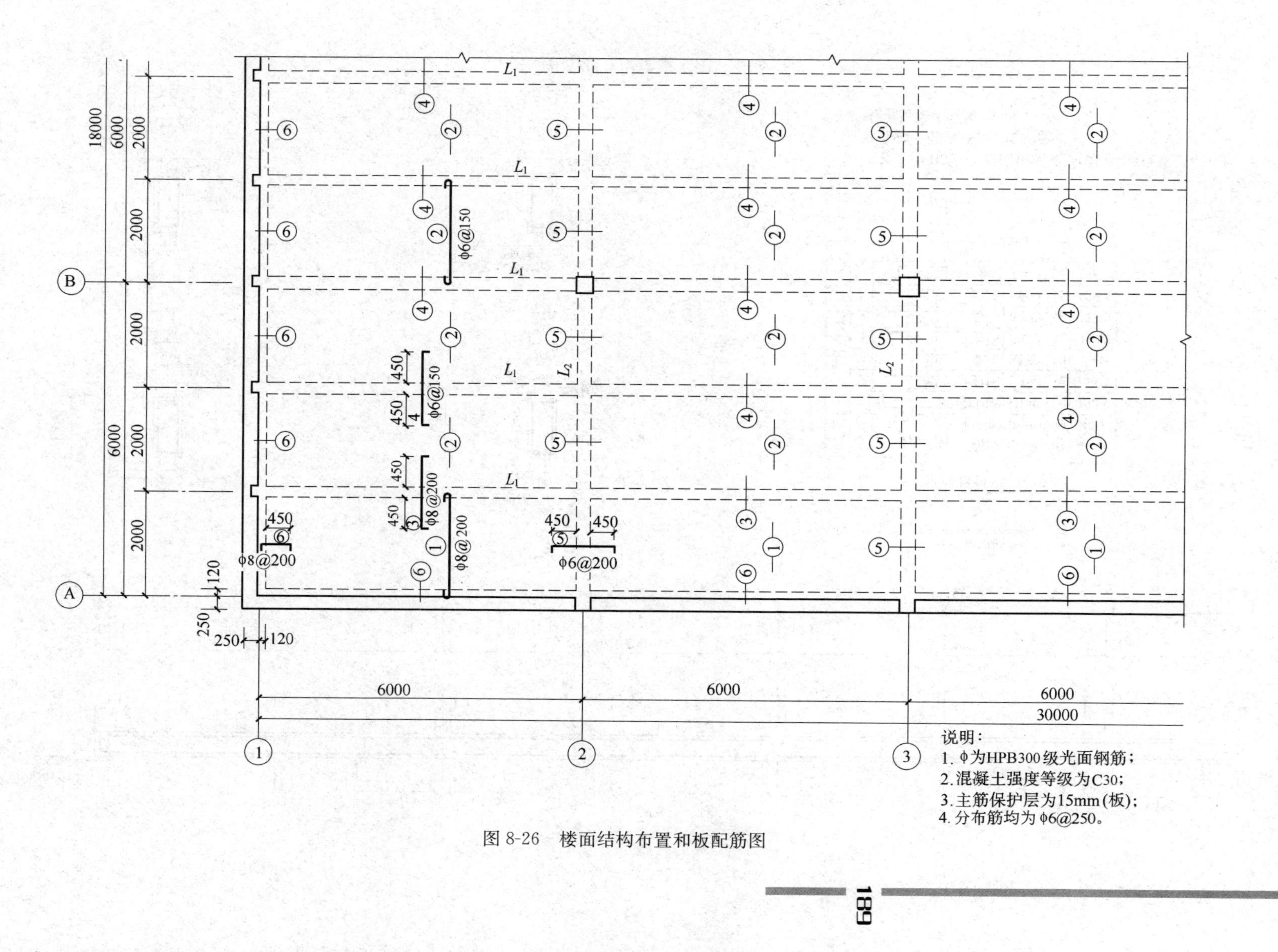

图 8-26 楼面结构布置和板配筋图

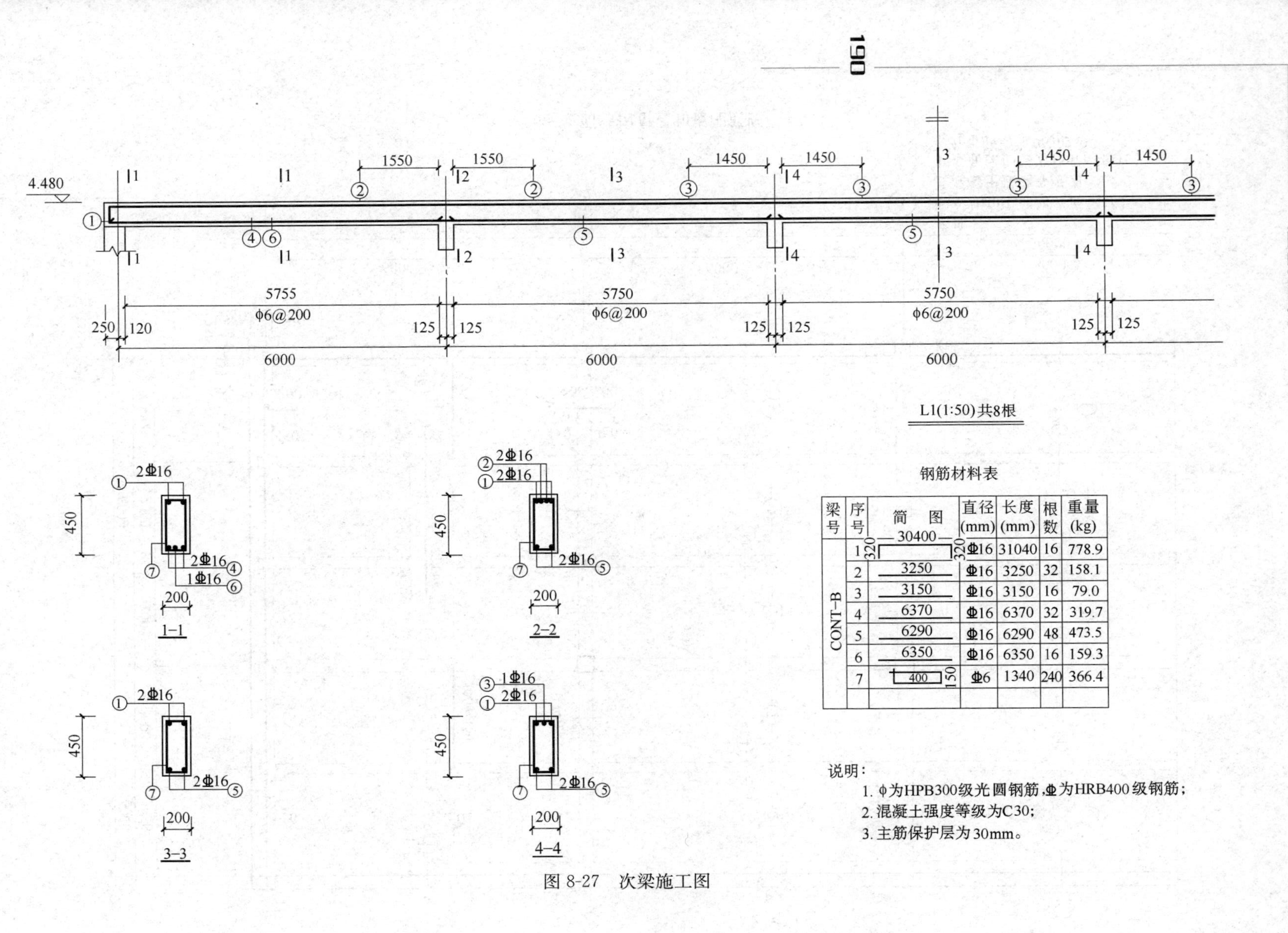

钢筋材料表

梁号	序号	简图	直径(mm)	长度(mm)	根数	重量(kg)
CONT-B	1	320 — 30400 — 320	Φ16	31040	16	778.9
	2	3250	Φ16	3250	32	158.1
	3	3150	Φ16	3150	16	79.0
	4	6370	Φ16	6370	32	319.7
	5	6290	Φ16	6290	48	473.5
	6	6350	Φ16	6350	16	159.3
	7	400 150	ϕ6	1340	240	366.4

说明：

1. ϕ为HPB300级光圆钢筋,Φ为HRB400级钢筋;
2. 混凝土强度等级为C30;
3. 主筋保护层为30mm。

图 8-27　次梁施工图

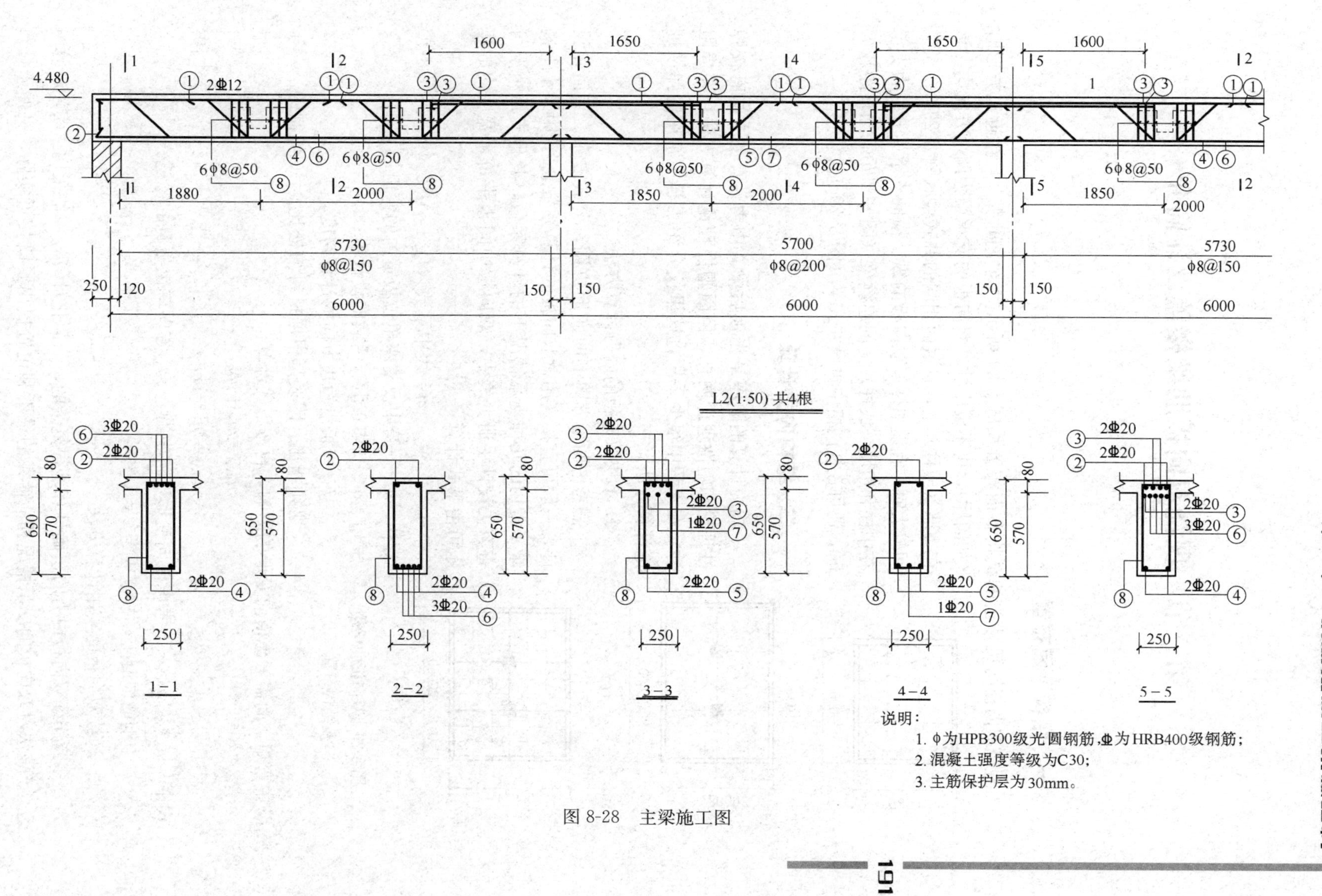

4.480
2Φ12
6ϕ8@50
1600
1650
1880
2000
1850
5730
ϕ8@150
5700
ϕ8@200
250
120
150
6000
L2(1:50) 共4根
3Φ20
2Φ20
1Φ20
80
650
570
250
1-1
2-2
3-3
4-4
5-5
说明：
1. ϕ为HPB300级光圆钢筋，Φ为HRB400级钢筋；
2. 混凝土强度等级为C30；
3. 主筋保护层为30mm。

图 8-28 主梁施工图

第三节　现浇双向板肋梁楼盖设计简介

一、结构平面布置

现浇双向板肋梁楼盖的结构平面布置如图 8-29 所示。当空间不大且接近正方形时（如门厅），可不设中柱，双向板的支承梁为两个方向均支承在边墙（或柱）上，且截面相同的井式梁（图 8-29*a*）；当空间较大时，宜设中柱，双向板的纵、横向支承梁分别为支承在中柱和边墙（或柱）上的连续梁（图 8-29*b*）；当柱距较大时，还可在柱网格中再设井式梁（图 8-29*c*）。

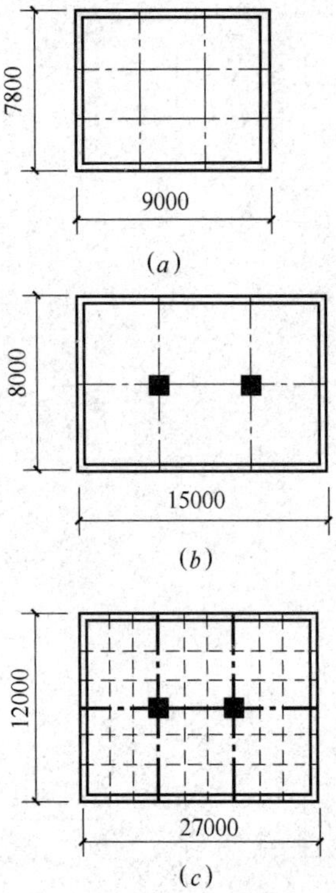

7800
9000
(*a*)
8000
15000
(*b*)
12000
27000
(*c*)

图 8-29　双向板肋梁楼盖结构布置

二、结构内力计算

内力计算的顺序是先板后梁。内力计算的方法有按弹性理论和塑性理论两种，但因塑性理论计算方法存在局限性，在工程中很少采用，这里仅介绍工程中常用的弹性理论计算方法。

1. 单块双向板的内力计算方法

需考虑两个方向上的变形协调，公式复杂。为简化设计，一般可直接查用“双向板的计算系数表”。附录十七摘录了常用的几种支承情况下的计算系数，其他支承情况可查有关设计手册。表中，双向板中间板带每米宽度内的弯矩可由下式计算：

$$m=\text{表中系数}\times(g+q)l^2 \qquad (8\text{-}9)$$

式中　m——跨中及支座单位板宽内的弯矩；

g、q——均布恒、活载的设计值；

l——板沿短边方向的计算跨度。

必须指出，附表是根据材料泊松比 $\nu=0$ 编制的。对于跨中弯矩，尚需考虑横向变形的影响，再按下式计算：

$$m_{x,\nu}=m_x+\nu m_y$$
$$m_{y,\nu}=m_y+\nu m_x \qquad (8\text{-}10)$$

式中　$m_{x,\nu}$、$m_{y,\nu}$——考虑横向变形，跨中沿 l_x、l_y 方向单位板宽的弯矩。

对于钢筋混凝土，规范规定 $\nu=0.2$。

2. 连续双向板的实用计算方法

多跨连续双向板内力的精确计算是很复杂的，为简化计算，一般采用“实用计算方法”。该法对双向板的支承情况和活荷载的最不利位置提出了既接近实际，又便于计算的原则，从而很方便地利用单跨双向板的计算系数表进行计算。

实用计算法的基本假定是：支承梁的抗弯刚度很大，其垂直位移可忽略不计；而支承梁的抗扭刚度很小，板在支座处可自由转动。实用计算法的适用范围是：同一方向的相邻最小跨度与最大跨度之比大于0.75。实用计算法的基本方法是：考虑活荷载的不利位置布置，利用单跨板的计算系数表进行计算。

（1）求跨中最大弯矩

活荷载按“棋盘式”布置（图8-30a）为最不利。将其分解成正对称活载和反对称活载（图8-30b、c），则板的跨中弯矩的计算方法如下：

对于内区格，跨中弯矩等于四边固定板在（$g+q/2$）荷载作用下的弯矩与四边简支板在$q/2$荷载作用下的弯矩之和。

对于边区格和角区格，其外边界条件，应按实际情况考虑：一般可视为简支，有较大边梁时可视为固端。

（2）求支座最大负弯矩

近似取活载满布（总荷载为$g+q$）的情况考虑。这时，内区格的四边均可看作固定端，边、角区格的外边界条件则应按实际情况考虑。当相邻两区格的情况不同时，其共用支座的最大负弯矩近似取为两区格计算值的平均值。

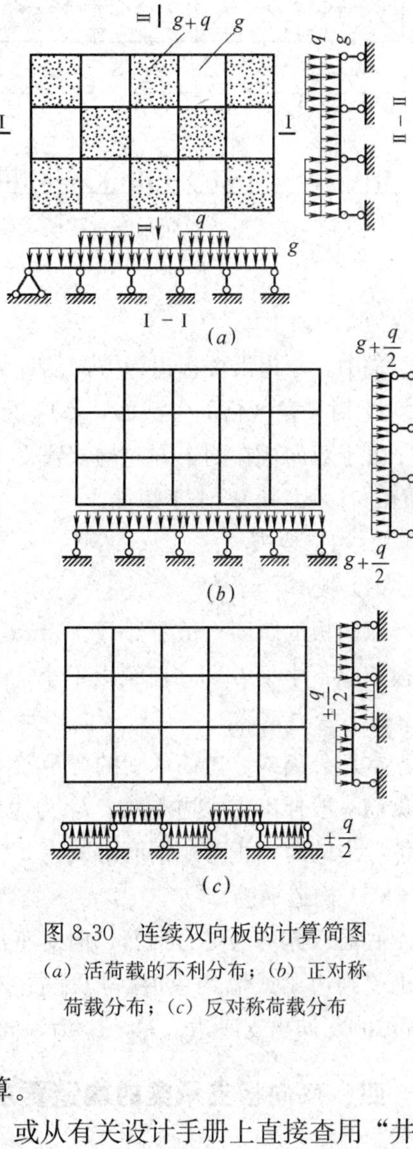

图8-30 连续双向板的计算简图

（a）活荷载的不利分布；（b）正对称荷载分布；（c）反对称荷载分布

3. 双向板支承梁的内力计算

（1）荷载情况（图8-31）

板的荷载就近传给支承梁。因此，可从板角作45°角平分线来分块。传给长梁的是梯形荷载，传给短梁的是三角形荷载。

梁的自重为均布（矩形）荷载。

（2）内力计算

中间有柱时，纵、横梁一般可按连续梁计算，但当梁柱线刚度比不大于5时，宜按框架计算。

中间无柱的井式梁，可用“力法”进行计算，或从有关设计手册上直接查用“井字梁内力系数表”。

井式梁计算时，一般将梁板荷载简化为节点集中力P，但这样处理时应注意在梁端剪力中另加$0.25P$，具体计算方法见有关设计手册。

三、双向板的截面配筋计算与构造要求

1. 截面计算特点

对于四周与梁整浇的双向板，除角区格外，考虑周边支承梁对板推力的有利影响，

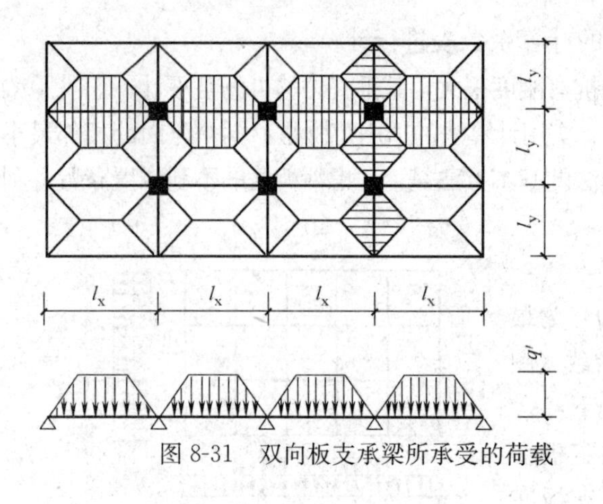

图 8-31　双向板支承梁所承受的荷载

可将计算所得的弯矩按以下规定予以折减：

1）对于中间区格板的跨中截面及中间支座折减系数为 0.8。

2）对于边区格板的跨中截面及从楼板边缘算起的第二支座截面：

当 $l_c/l<1.5$ 时，折减系数为 0.8；

当 $1.5\leqslant l_c/l\leqslant 2$ 时，折减

系数为 0.9。

式中，l_c 为沿楼板边缘方向的计算跨度；l 为垂直于楼板边缘方向的计算跨度。

3）对于角区格的各截面，不应折减。

由于双向板在两个方向均配置受力筋，且长筋配在短筋的内层，故在计算长筋时，截面的有效高度 h_0 小于短筋。

2. 构造要求

（1）板厚

双向板的厚度一般不小于 80mm，且不大于 160mm。同时，为满足刚度要求，简支板还应不小于 $l/45$，连续板不小于 $l/50$，l 为双向板的短向计算跨度。

（2）受力钢筋

常用分离式。短筋承受的弯矩较大，应放在外层，使其有较大的截面有效高度。支座负筋一般伸出支座边 $l_n/4$，l_n 为短向净跨。当面积较大时，在靠近支座 $l_n/4$ 的“边板带”内的跨中正弯矩钢筋可减少 50％。

（3）构造钢筋

底筋双向均为受力钢筋，但支座负筋还需设分布筋。当边支座视为简支计算，但实际上受到边梁或墙约束时，应配置支座构造负筋，其数量应不少于 1/3 受力钢筋和 ϕ8@200，伸出支座边 $l_n/4$，l_n 为双向板的短向净跨度。

四、双向板支承梁的构造要求

连续梁的截面尺寸和配筋方式一般参照次梁，但当柱网中再设井式梁时应参照主梁。

井式梁的截面高度可取为（1/12～1/18）l，l 为短梁的跨度；纵筋通长布置。考虑到活荷载仅作用在某一梁上时，该梁在节点附近可能出现负弯矩，故上部纵筋数量宜不小于 $A_s/4$，且不少于 2Φ12。在节点处，纵、横梁均宜设置附加箍筋，防止活载仅作用在某一方向的梁上时，对另一方向的梁产生间接加载作用。

图 8-32～图 8-34 为某活载为 6kN/m^2 的双向板肋梁楼盖板和梁的施工图，其计算和绘图工作均由计算机完成。

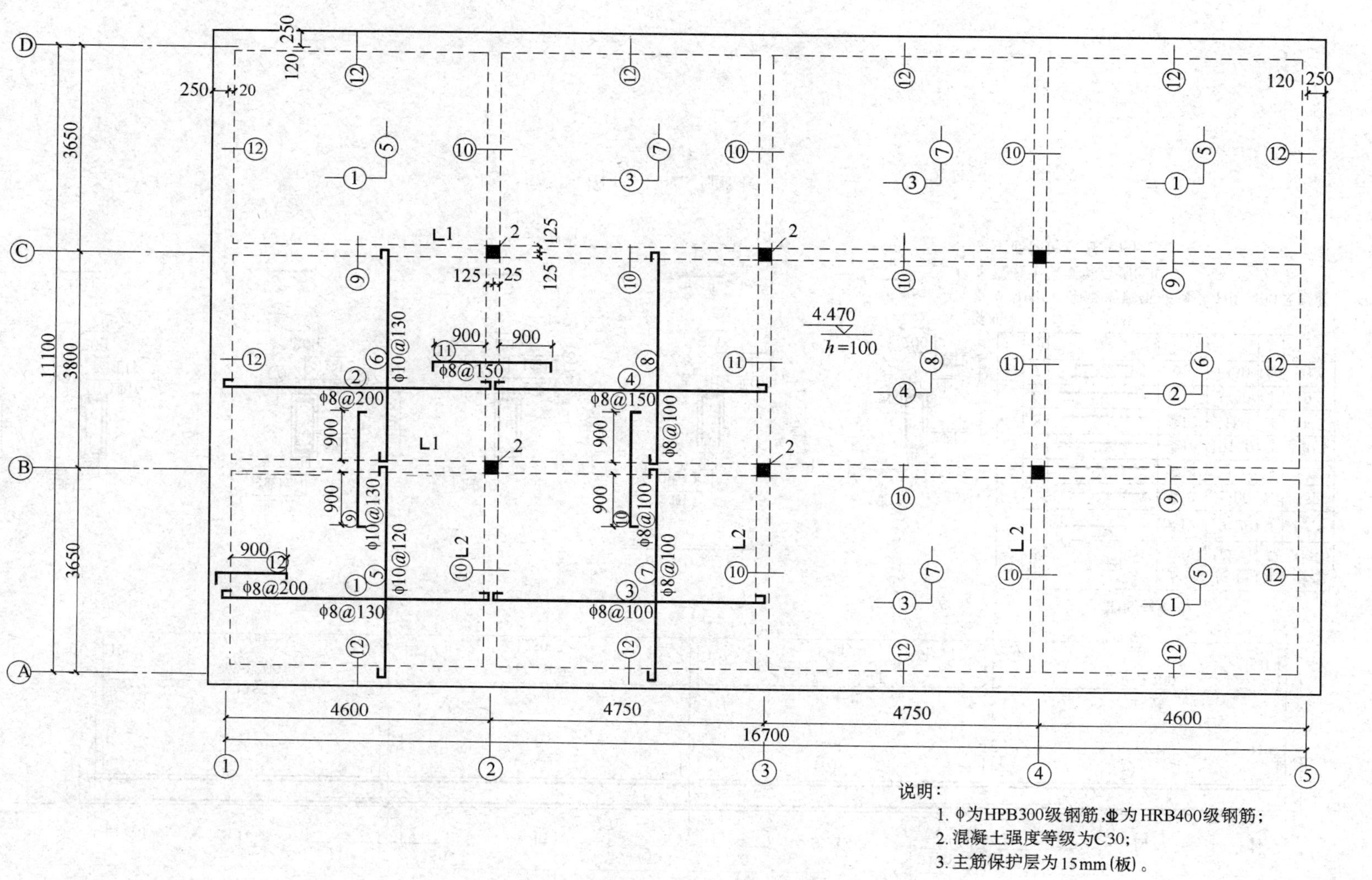

图 8-32 一层楼盖结构平面施工图 (1:50)

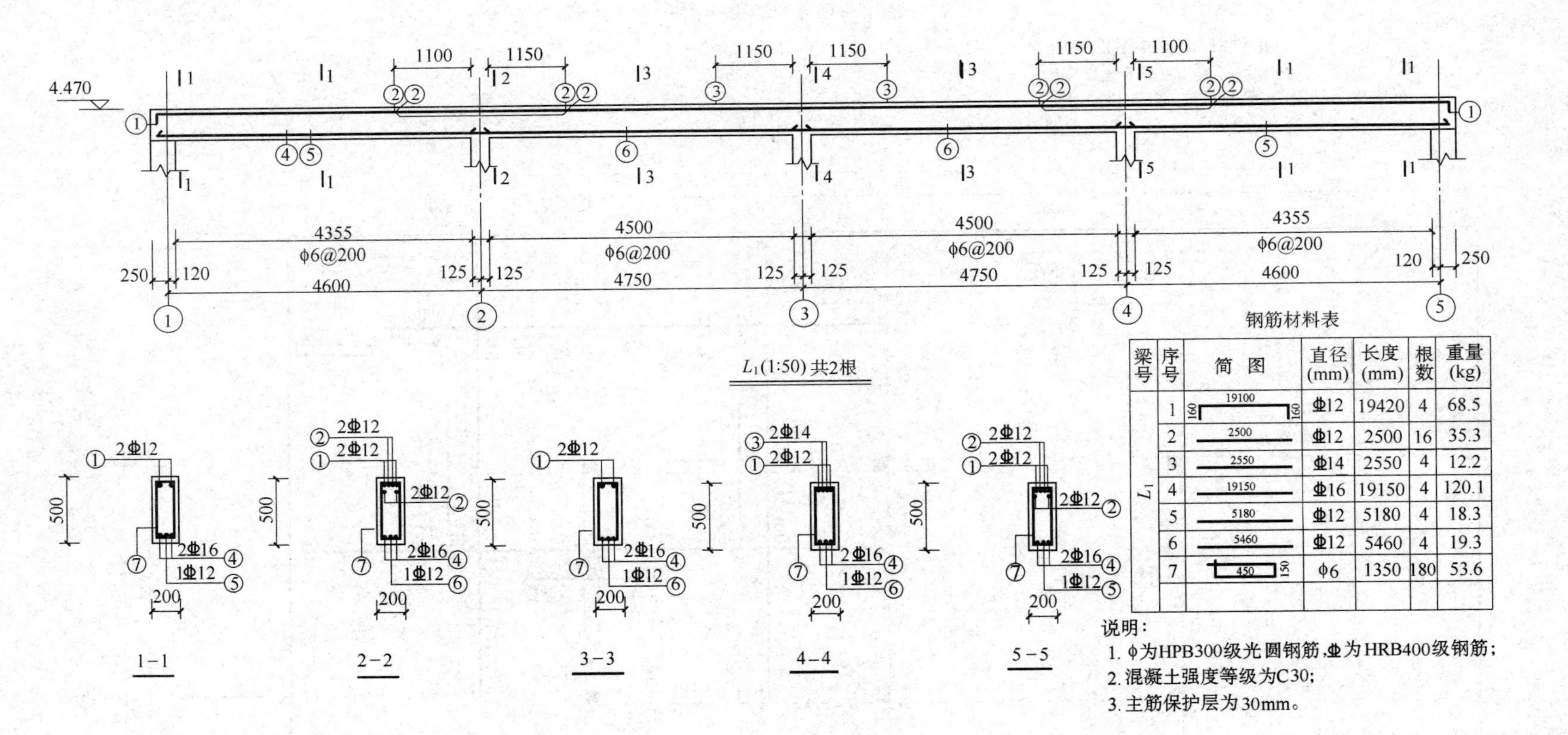

钢筋材料表

梁号	序号	简图	直径(mm)	长度(mm)	根数	重量(kg)
L_1	1	160 19100 160	⏀12	19420	4	68.5
	2	2500	⏀12	2500	16	35.3
	3	2550	⏀14	2550	4	12.2
	4	19150	⏀16	19150	4	120.1
	5	5180	⏀12	5180	4	18.3
	6	5460	⏀12	5460	4	19.3
	7	450 150	φ6	1350	180	53.6

说明：

1. φ为HPB300级光圆钢筋，⏀为HRB400级钢筋；
2. 混凝土强度等级为C30；
3. 主筋保护层为30mm。

图 8-33　L_1 施工图

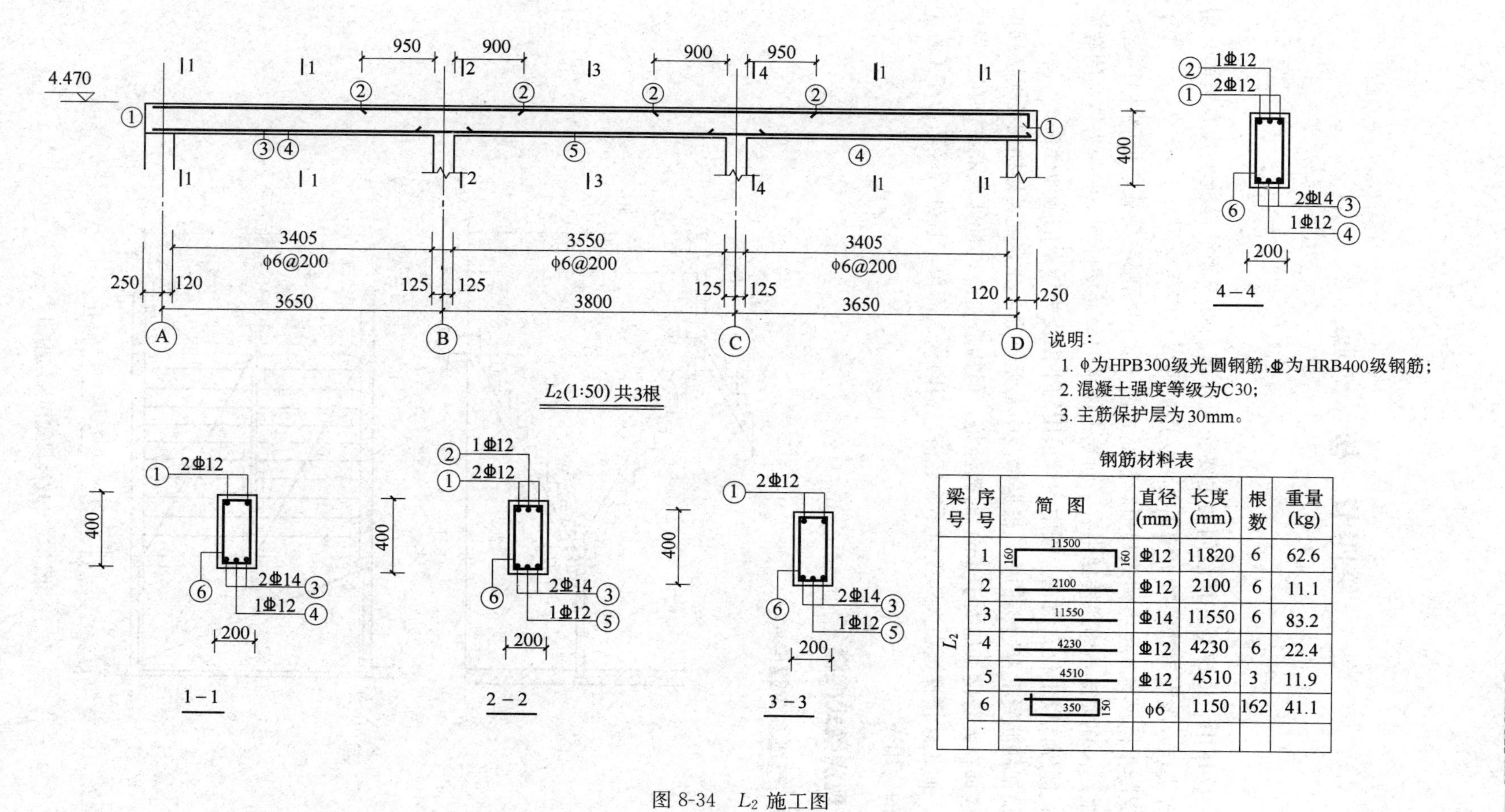

说明：

1. ϕ为HPB300级光圆钢筋，Φ为HRB400级钢筋；
2. 混凝土强度等级为C30；
3. 主筋保护层为30mm。

钢筋材料表

梁号	序号	简图	直径(mm)	长度(mm)	根数	重量(kg)
L_2	1	160 11500 160	Φ12	11820	6	62.6
	2	2100	Φ12	2100	6	11.1
	3	11550	Φ14	11550	6	83.2
	4	4230	Φ12	4230	6	22.4
	5	4510	Φ12	4510	3	11.9
	6	350 150	ϕ6	1150	162	41.1

图 8-34 L_2 施工图

第四节 楼 梯

在多层房屋中，楼梯是各楼层间的主要交通设施。由于钢筋混凝土具有坚固、耐久、耐火等优点，故而钢筋混凝土楼梯在多层建筑中得到广泛应用。

钢筋混凝土楼梯有现浇整体式和预制装配式两类，但预制装配式楼梯整体性较差，现已很少采用。在现浇整体式楼梯中有平面受力体系的普通楼梯和空间受力体系的螺旋式或剪刀式楼梯，以下仅介绍在工程中大量采用的平面受力体系的普通楼梯。

在现浇钢筋混凝土普通楼梯中，根据梯段中有无斜梁，分为梁式楼梯和板式楼梯两种。梁式楼梯在大跨度（如大于 4m）时较经济，但构造复杂，且外观笨重，在工程中较少采用；而板式楼梯虽在大跨度时不太经济，但因构造简单，且外观轻巧，在工程中得到广泛的应用。

一、现浇梁式楼梯

1. 结构组成和荷载传递

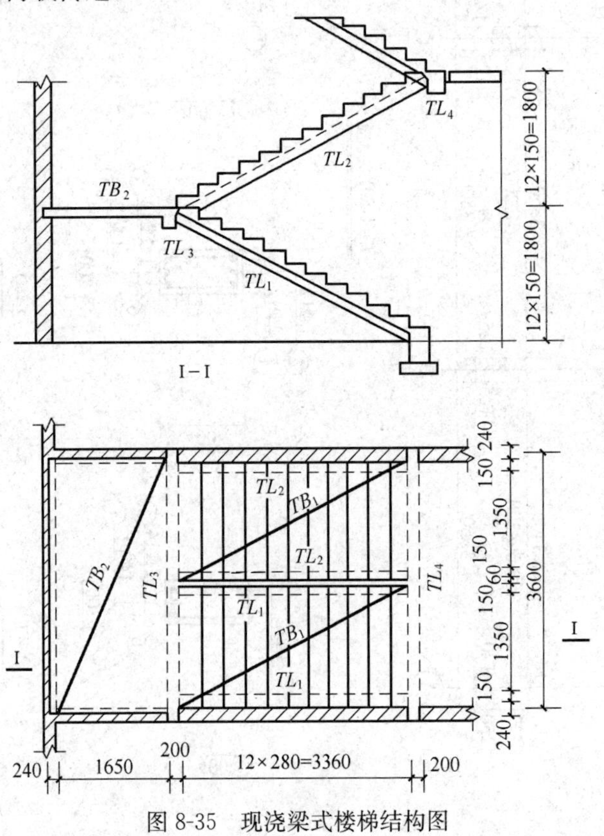

图 8-35 现浇梁式楼梯结构图

现浇梁式楼梯由踏步板、斜梁、平台板和平台梁组成（图 8-35)。梯段上的荷载以均布荷载的形式传递给踏步板；踏步板以均布荷载的形式传给斜梁；斜梁以集中力的形式传给平台梁，同时平台板以均布荷载的形式传给平台梁；平台梁则以集中力的形式传给楼梯间的侧墙或小柱。

2. 结构设计要点

(1) 踏步板

取一个踏步为计算单元，按简支计算（图 8-36)。计算单元的截面实际上是一个梯形，为简化计算，可看作高度为梯形中位线 h_1 的矩形（$h_1=c/2+\delta/\cos\alpha$)。考虑到斜边梁对踏步板的约束，可取 $M=(g+q)l_n^2/10$，l_n 为踏步板净跨度；但在靠梁边的板内应设置构造负筋不少于 ϕ8@200，伸出梁边 $l_n/4$。

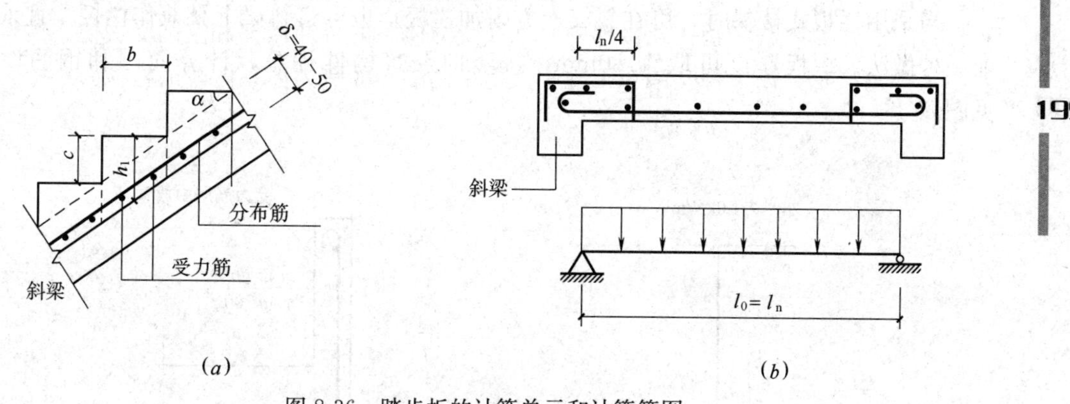

图 8-36 踏步板的计算单元和计算简图

(a) 计算单元；(b) 计算简图

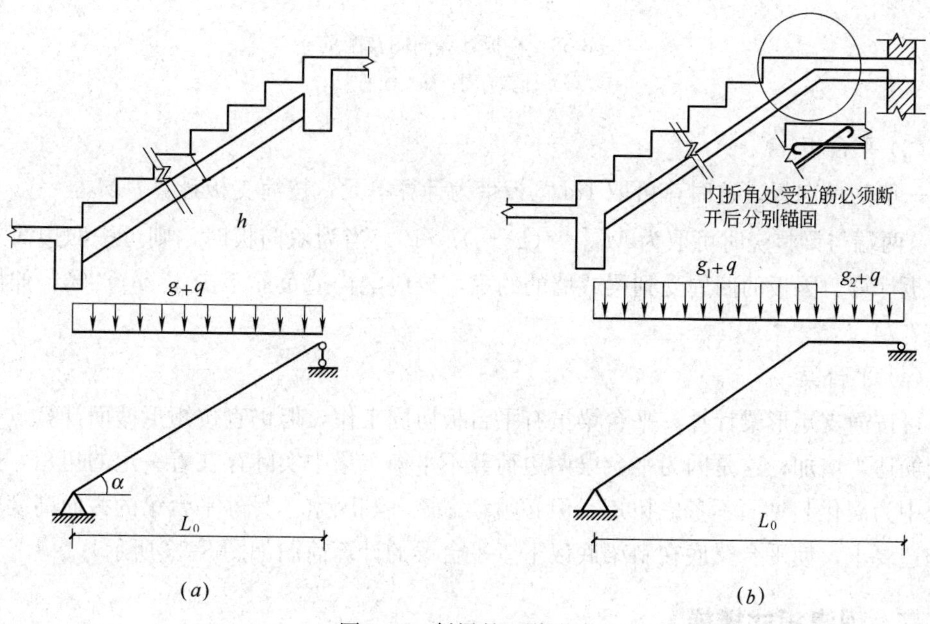

图 8-37 斜梁的两种形式

(a) 直线形；(b) 折线形

(2) 斜梁

斜梁有直线形和折线形两种（图 8-37）。斜梁的截面高度按次梁考虑，可取$h=l_0/15$。

梁的均布荷载包括踏步传来的荷载和梁自重。折线形楼梯水平段梁的均布恒载 g_2 小于其斜梁的均布恒载 g_1，为简化起见也可近似取为 g_1。斜梁的弯矩和剪力可按下式计算：

$$M_{\max}=\frac{1}{8}(g+q)l_0^2=M_{平梁}$$

$$V_{斜梁}=\frac{1}{2}(g+q)l_0\cos\alpha=V_{平梁}\cos\alpha \tag{8-11}$$

应注意：折梁内折角处的受拉钢筋必须断开后分别锚固，以防内折角开裂破坏。

当采用栏板式楼梯时，可在斜梁上方附加栏板，也可将斜梁上翻兼作栏板，宜采用前一种做法。栏板厚度可取为 80mm，按竖向悬臂构件计算，计算简图和钢筋设置见图 8-38。

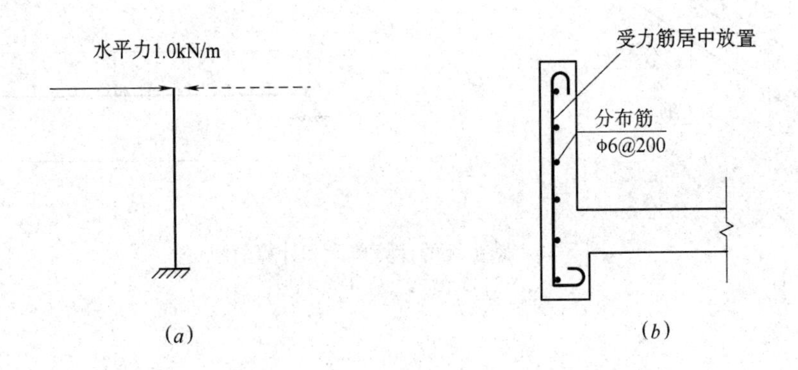

图 8-38　栏板计算简图及配筋

(a) 计算简图；(b) 配筋

(3) 平台板

一般为单向板。这时，可取 1m 宽板带为计算单元，按简支板计算，$M_{\max}=(g+q)l_0^2/8$，两端与梁整浇时可取为 $M_{\max}=(g+q)l_0^2/10$。当为双向板时，则可按四边简支的双向板计算。因板的四周受到梁或墙的约束，故应配构造负筋不少于 $\phi8$@200，伸出支座边 $l_n/4$。

(4) 平台梁

可按简支矩形梁计算。平台梁虽有平台板协同工作，但仍宜按矩形截面计算，且宜将配筋适当增加；这是因为平台梁两边荷载不平衡，梁中实际存在着一定的扭矩，虽在计算中为简化起见而不考虑扭矩，但必须考虑该不利因素。另外平台梁的截面高度应符合构造要求，使平台梁底在斜梁底以下。平台梁的计算简图如图 8-39 所示。

二、现浇板式楼梯

板式楼梯有普通板式和折板式两种形式。

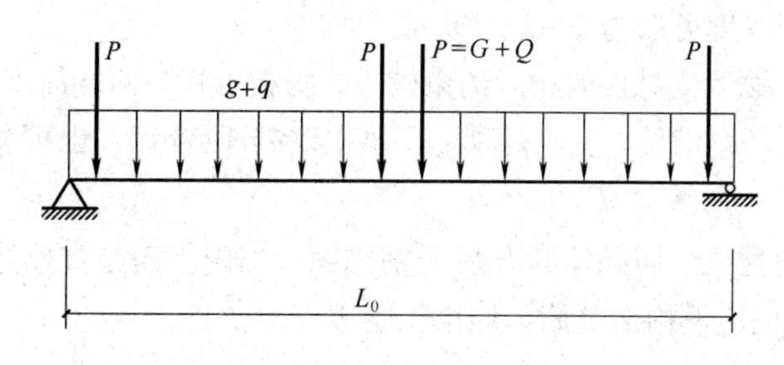

图 8-39　平台梁计算简图

1. 普通板式

(1) 结构组成和荷载传递

普通板式楼梯的梯段为表面带有三角形踏步的斜板。梯段上的荷载以均布荷载的形式传给斜板，斜板以均布荷载的形式传给平台梁，故而平台梁上不存在集中荷载。

(2) 设计要点

斜板厚度可取为 $h=l_0/30\sim l_0/25$，l_0 为斜板的水平计算跨度。斜板可按简支构件计算，但因平台梁对斜板有一定的约束，斜板的跨中弯矩可取为 $(g+q)\ l_0^2/10$，因斜板与平台板实际上具有连续性，故在斜板靠平台梁处，应设置板面负筋，其用量应大于一般构造负筋，但可略小于跨中配筋（例如直径小 2mm；间距不变）。受力筋可采用分离式，支座负筋伸进斜板 $l_n/4$，l_n 为斜板的净跨。

平台板同梁式楼梯。平台梁除荷载全部为均布外，计算简图和配筋方法与梁式楼梯相同。

2. 折板式

当板式楼梯设置平台梁有困难时，可取消平台梁，做成折板式（图 8-40）。折板由斜板和一小段平板组成，两端支承于楼盖梁和楼梯间纵墙上，故而跨度较大。折板式楼梯的设计要点如下：

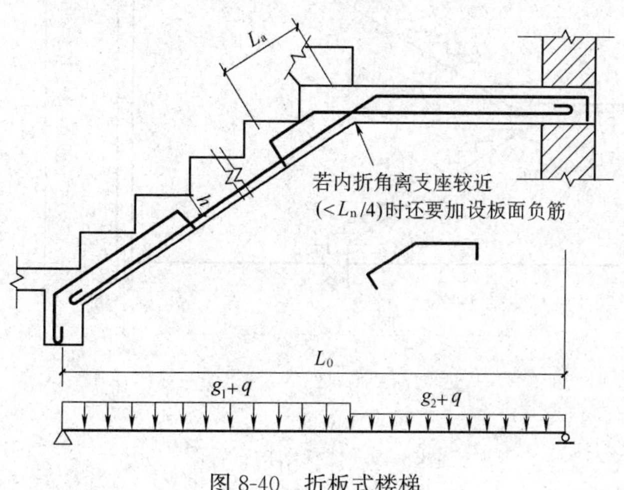

图 8-40　折板式楼梯

1）斜板和平板厚度可取为 $h=l_0/30\sim l_0/25$；

2）因板较厚，楼盖梁对板的相对约束较小，折板可视为两端简支；

3）折板水平段的恒载 g_2 小于斜段 g_1，但因水平段较短，也可将恒载都取为 $g=g_1$，即可取 $M_{\max}=(g_1+q)\ l_0^2/8$；

4）内折角处的受拉钢筋必须断开后分别锚固，当内折角与支座边的距离小于 $l_n/4$ 时，内折角处的板面应设构造负筋，伸出支座边 $l_n/4$。

三、楼梯设计实例

某工业厂房楼梯间的平面尺寸为 3.4m×8.8m，层高为 4.5m，采用钢筋混凝土现浇楼梯，水磨石面层，纸筋灰板底粉刷，楼梯活荷载为 3.5kN/m²，试设计该楼梯。

1. 结构形式和材料强度等级

采用现浇板式，C25 级混凝土，结构布置如图 8-41 所示，梁内纵向钢筋为 HRB400 级，其余为 HPB300 级。

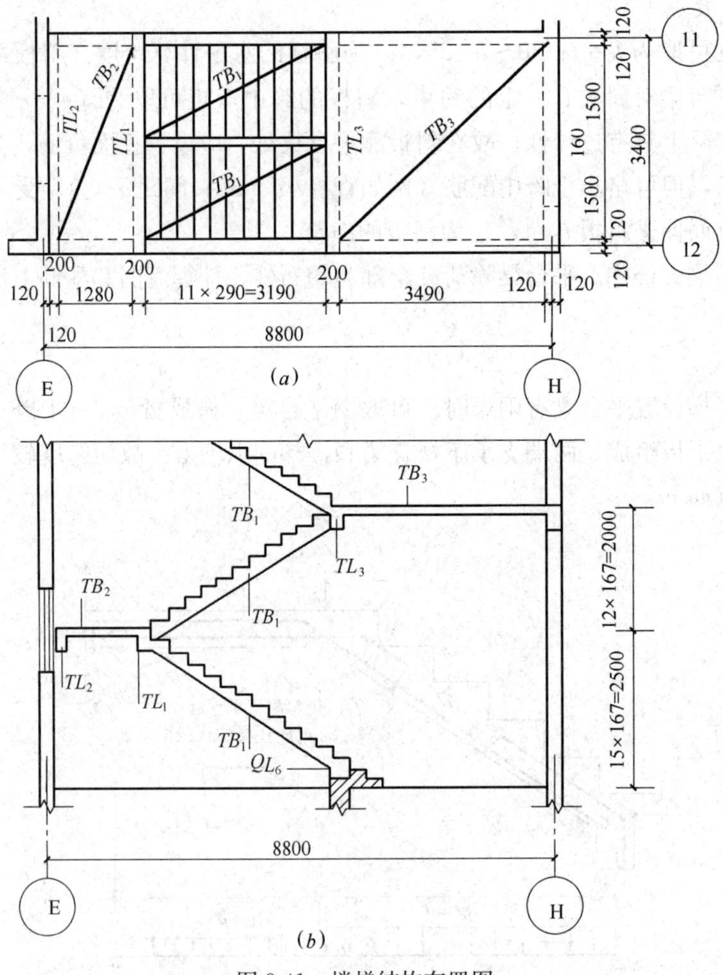

图 8-41　楼梯结构布置图

（a）平面；（b）剖面

2. 梯段斜板 TB_1

该板倾斜角度为：

$$\alpha = \text{arctg}\,\frac{167}{290} = 29.9°$$

$$\cos\alpha = 0.867$$

(1) 计算跨度和板厚

计算跨度取 $l_0 = l_n + a = 3.19 + 0.2 = 3.39\text{m}$；板厚一般不小于 $\frac{l_0}{30}$，即 $h \geqslant \frac{3390}{30} = 113\text{mm}$，现取 $h = 120\text{mm}$。

(2) 荷载计算

荷载计算取 1m 宽板带作为计算单元。具体计算如下：

恒荷载：

三角形踏步重　$\frac{1}{2} \times 0.29 \times 0.167 \times \frac{1}{0.29} \times 25 = 2.088\text{kN/m}$

斜板自重　$0.12 \times 1.00 \times \frac{1}{0.876} \times 25 = 3.425\text{kN/m}$

15 厚水泥砂浆找平层　$0.015 \times (0.29 + 0.167) \times \frac{1}{0.29} \times 20 = 0.473\text{kN/m}$

12厚磨石子面层　$0.012 \times (0.29 + 0.167) \times \frac{1}{0.29} \times 24 = 0.454\text{kN/m}$

12厚纸筋灰板底粉　$0.012 \times 1.00 \times \frac{1}{0.876} \times 16 = 0.219\text{kN/m}$

标准值　$g_k = 6.659\text{kN/m}$

设计值　$g = 1.2 \times 6.659 = 7.99\text{kN/m}$

活荷载　标准值　$q_k = 3.5 \times 1.00 = 3.5\text{kN/m}$

设计值　$q = 1.4 \times 3.5 = 4.9\text{kN/m}$

(3) 弯矩计算

斜板两端均与梁整浇，考虑梁对板的弹性约束，取 $M = (g+q)l_0^2/10$ 计算。

$$M = \frac{1}{10}(g+q)l_0^2 = \frac{1}{10} \times (7.99 + 4.9) \times 3.39^2 = 14.81\text{kN} \cdot \text{m} = 14810000\text{N} \cdot \text{mm}$$

(4) 配筋计算

楼梯段斜板配筋计算如下：

$h_0 = 120 - 25 = 95\text{mm}$；C25 级混凝土，$\alpha_1 f_c = 11.9\text{N/mm}^2$；HPB300 级钢筋，$f_y = 270\text{N/mm}^2$；

$$\alpha_s = \frac{M}{\alpha_1 f_c b h_0^2} = \frac{14810000}{11.9 \times 1000 \times 95^2} = 0.138$$

查表得　$\gamma_s = 0.9254$

$$A_s = \frac{M}{f_y \gamma_s h_0} = \frac{14810000}{270 \times 0.9254 \times 95} = 624\text{mm}^2$$

选用 $\phi12$@150（$A_s = 754\text{mm}^2$）。分布筋每步 1ϕ8。

3. 平台板 TB_2

(1) 计算跨度与板厚

计算跨度取 $l_0 = l_n + a = 1.28 + 0.2 = 1.48\text{m}$；该板视为单跨简支板，板厚应$\geqslant \frac{l_0}{35} = \frac{1480}{35} = 42\text{mm}$，现为工业厂房，荷载较大，取 $h = 70\text{mm}$。

(2) 荷载计算

取 1m 宽板带作为计算单元。具体计算如下：

恒荷载：

12 厚磨石子面层		$0.012 \times 1 \times 24 = 0.29\text{kN/m}$
15 厚水泥砂浆找平层		$0.015 \times 1 \times 20 = 0.30\text{kN/m}$
70 厚现浇板		$0.070 \times 1 \times 25 = 1.75\text{kN/m}$
12 厚纸筋灰板底粉		$0.012 \times 1 \times 16 = 0.20\text{kN/m}$
	标准值	$g_k = 2.54\text{kN/m}$
	设计值	$g = 1.2 \times 2.54 = 3.05\text{kN/m}$
活荷载	标准值	$q_k = 3.5 \times 1 = 3.50\text{kN/m}$
	设计值	$q = 1.4 \times 3.5 = 4.90\text{kN/m}$

(3) 弯矩计算

该板两端与梁整浇，取 $M = (g+q)\ l_0^2/10 = (3.05 + 4.90) \times 1.48^2/10 = 1.74\text{kN} \cdot \text{m} = 1740000\text{N} \cdot \text{mm}$

(4) 配筋计算

平台板 TB_2 配筋计算如下：

$h_0 = 70 - 25 = 45\text{mm}$；C25 级混凝土，$\alpha_1 f_c = 11.9\text{N/mm}^2$；HPB300 级钢筋，$f_y = 210\ \text{N/mm}^2$；

$$\alpha_s = \frac{M}{\alpha_1 f_c b h_0^2} = \frac{1740000}{11.9 \times 1000 \times 45^2} = 0.0722$$

查表得　$\gamma_s = 0.9625$

$$A_s = \frac{M}{f_y \gamma_s h_0} = \frac{1740000}{270 \times 0.9625 \times 45} = 149\text{mm}^2$$

选用 $\phi6$@150（$A_s = 754\text{mm}^2$）。

4. 平台板 TB_3

(1) 计算跨度与板厚

该板视为四边简支双向板，取 $l_{0x} = 3.69\text{m}$，$l_{0y} = 3.40\text{m}$；单跨双向板板厚一般不小于短边的 1/45，即 $h \geqslant 3400/45 = 76\text{mm}$，因荷载较大，取 $h = 90\text{mm}$。

（2）荷载计算

取 1m 宽板带作为计算单元。

恒荷载：标准值　$g_k=2.54+0.02\times25=3.04\text{kN/m}$

　　　　设计值　$g=1.2\times3.04=3.65\text{kN/m}$

活荷载　标准值　$q_k=3.5\text{kN/m}$

　　　　设计值　$q=1.4\times3.5=4.9\text{kN/m}$

（3）弯矩计算

由 $l_{0y}/l_{0x}=3.4/3.69=0.921$ 查附表得

$m_x=0.0361(g+q)l_{0y}^2=0.0361(3.65+4.9)\times3.4^2=3.57\text{kN}\cdot\text{m}$

$m_y=0.0436(g+q)l_{0y}^2=0.0436(3.65+4.9)\times3.4^2=4.31\text{kN}\cdot\text{m}$

钢筋混凝土的横向变形系数 $\nu=0.2$，故板的跨中弯矩为：

$m_{x,\nu}=m_x+\nu m_y=3.57+0.2\times4.31=4.43\text{kN}\cdot\text{m}$

$m_{y,\nu}=m_y+\nu m_x=4.31+0.2\times3.57=5.02\text{kN}\cdot\text{m}$

（4）配筋计算

平台板 TB_3 配筋计算如下：

假定用 ϕ8 钢筋，在 l_{0y} 方向 $h_0=90-24=66\text{mm}$，在 l_{0x} 方向 $h_0=66-8=58\text{ mm}$。

l_y 方向：

$$\alpha_s=\frac{M}{\alpha_1 f_c bh_0^2}=\frac{5020000}{11.9\times1000\times66^2}=0.097$$

查表得　$\gamma_s=0.9489$

$$A_s=\frac{M}{f_y\gamma_s h_0}=\frac{5020000}{270\times0.9489\times66}=297\text{mm}^2$$

选用 ϕ8@130（$A_s=387\text{mm}^2$）。

l_x 方向：

$$\alpha_s=\frac{M}{\alpha_1 f_c bh_0^2}=\frac{4430000}{11.9\times1000\times58^2}=0.111$$

查表得　$\gamma_s=0.941$

$$A_s=\frac{M}{f_y\gamma_s h_0}=\frac{4430000}{270\times0.941\times58}=301\text{mm}^2$$

选用 ϕ8@130（$A_s=387\text{mm}^2$）。

5. 平台梁 TL_1

（1）计算跨度和截面尺寸

该梁为简支梁，近似取计算跨度 $l_0=3.4\text{m}$，截面尺寸取 $b\times h=200\text{mm}\times350\text{mm}$（确定梁高时，应注意使梁的底面低于斜板底面）。

（2）荷载计算

恒荷载：

梯段斜板传来　$6.7\times\frac{3.19}{2}=10.69\text{kN/m}$

平台板传来　　$2.54\times\left(\frac{1.28}{2}+0.2\right)=2.13\text{kN/m}$

梁自重　　$0.2\times(0.35-0.07)\times25=1.40\text{kN/m}$

梁侧粉刷　　$0.012\times(0.35-0.07)\times2\times16=0.11\text{kN/m}$

标准值　$g_k=14.33\text{kN/m}$

设计值　$g=1.2\times14.33=17.20\text{kN/m}$

活荷载：

梯段斜板传来　　$3.5\times\frac{3.19}{2}=5.58\text{kN/m}$

平台板传来　　$3.5\times\left(\frac{1.28}{2}+0.2\right)=2.94\text{kN/m}$

标准值　$q_k=8.52\text{kN/m}$

设计值　$q=1.4\times8.52=11.93\text{kN/m}$

（3）内力作用

$$M=\frac{1}{8}(g+q)l_0^2=\frac{1}{8}(17.20+11.93)\times3.40^2=42.09\text{kN}\cdot\text{m}$$

$$V=\frac{1}{2}(g+q)l_n=\frac{1}{2}(17.20+11.93)\times3.16=46.03\text{kN}$$

（4）配筋计算

1）纵向钢筋（近似按矩形截面考虑）

$$\alpha_s=\frac{M}{\alpha_1 f_c bh_0^2}=\frac{42090000}{11.9\times200\times305^2}=0.190$$

$\gamma_s=0.8937$

$$A_s=\frac{M}{f_y\gamma_s h_0}=\frac{42090000}{360\times0.8937\times305}=429\text{mm}^2$$

选用3Φ16（$A_s=603\text{mm}^2$），架立筋选用2Φ10。

2）横向钢筋

$$\frac{V}{f_c bh_0}=\frac{46030}{11.9\times200\times305}=0.063<0.25\text{（截面尺寸满足）}$$

$$\frac{V}{f_t bh_0}=\frac{46030}{1.27\times200\times305}=0.594<0.7\text{（仅需按构造要求配箍）}$$

根据构造要求，选用ϕ6@200。

6. 平台梁TL_2、TL_3

TL_2、TL_3的计算方法同TL_1，此处从略。

7. 楼梯结构施工图见图8-42。

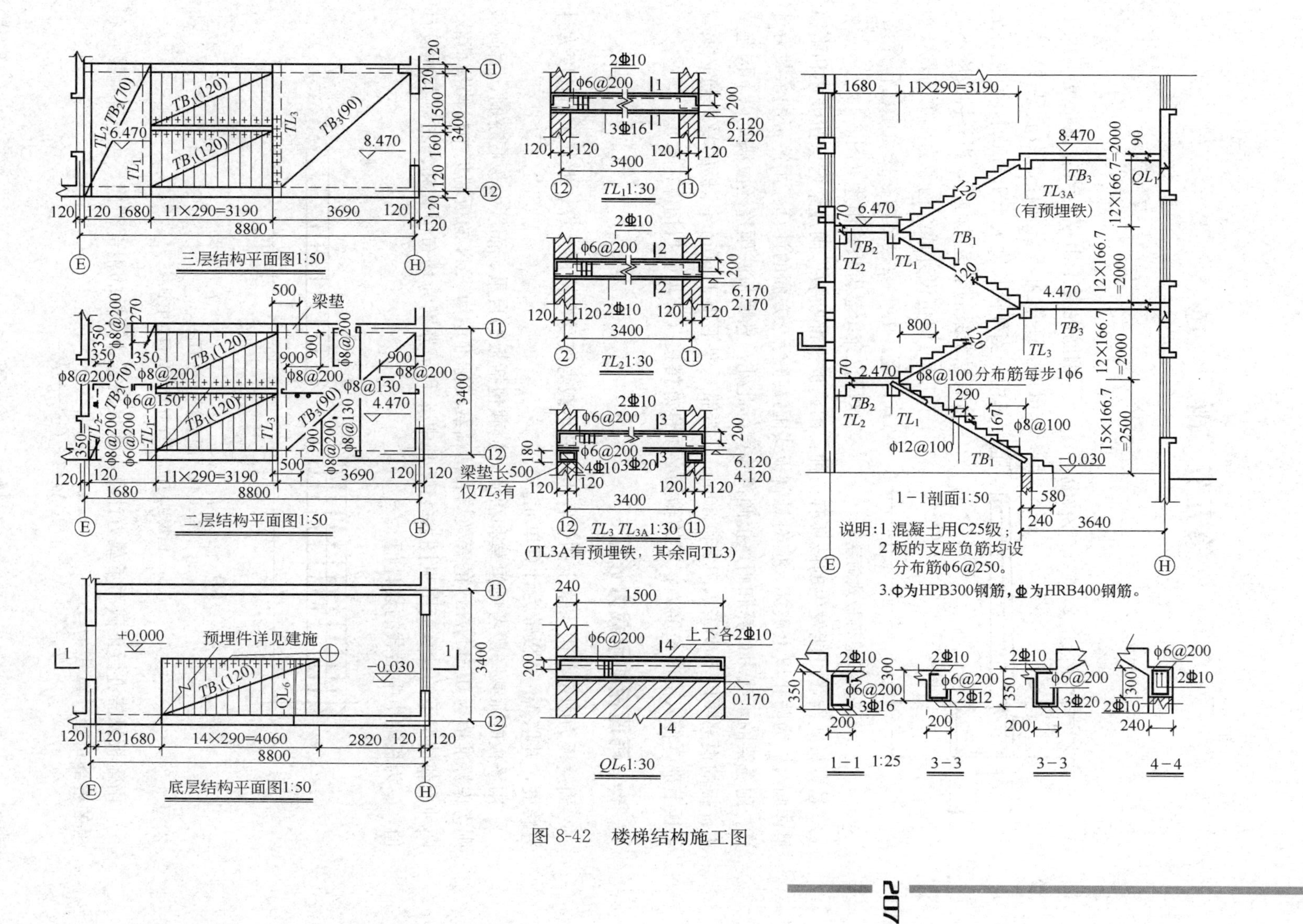

图8-42 楼梯结构施工图

第五节 雨　　篷

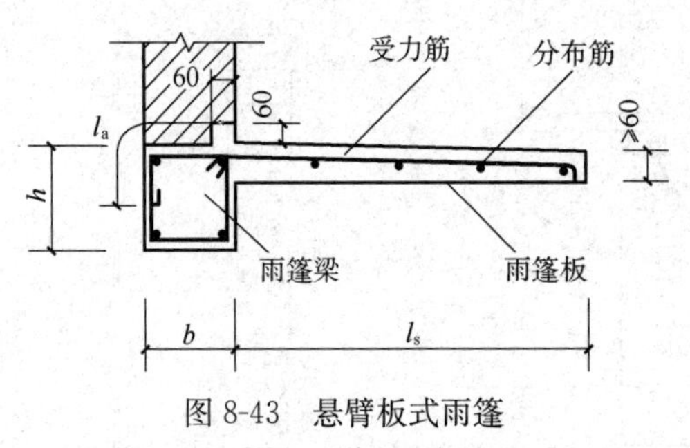

图 8-43　悬臂板式雨篷

钢筋混凝土雨篷，当外挑长度不大于3m时，一般可不设外柱而做成悬挑结构。其中，当外挑长度大于1.5m时，宜设计成含有悬臂梁的梁板式雨篷；当外挑长度不大于1.5m时可设计成结构最为简单的悬臂板式雨篷。由于梁板结构在楼盖中已作介绍，这里仅介绍悬臂板式雨篷（图 8-43）。

悬臂板式雨篷可能发生的破坏有三种：雨篷板根部断裂、雨篷梁弯剪扭破坏和雨篷整体倾覆。为防止以上破坏，应对悬臂板式雨篷进行三方面的计算：雨篷板的承载力计算、雨篷梁的承载力计算和雨篷抗倾覆验算。此外，悬臂板式雨篷还应满足以下构造要求：板的根部厚度不少于 $l_s/12$ 和 80mm，端部厚度不小于 60mm；板的受力筋必须置于板上部，伸入支座长度 l_a；梁的箍筋必须良好搭接（详见受扭构件一章）。

一、雨篷板的承载力计算

雨篷板为固定于雨篷梁上的悬臂板，其承载力按受弯构件计算，取其挑出长度为计算跨度，并取 1m 宽板带为计算单元。

雨篷板的荷载一般考虑恒载和活载。恒载包括板的自重、面层及板底粉刷，活荷载则考虑标准值为 $0.5kN/m^2$ 的等效均布活荷载或标准值为 1kN 的板端集中检修活荷载。两种荷载情况下的计算简图见图 8-44，其中 g 和 q 分别为均布恒载和均布活载的设计值，Q 为板端集中活载的设计值。

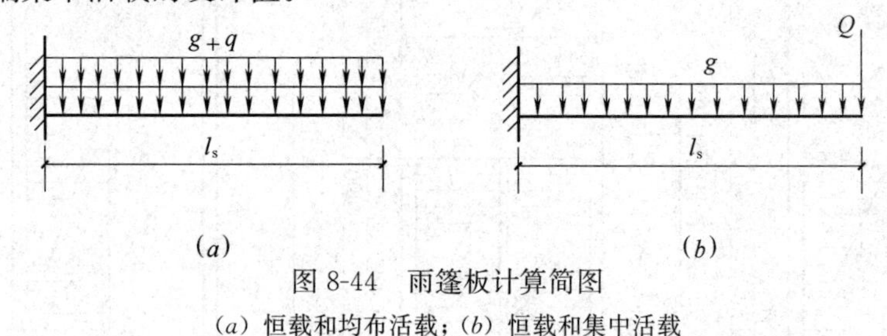

图 8-44　雨篷板计算简图

（a）恒载和均布活载；（b）恒载和集中活载

雨篷板只需进行正截面承载力计算，并且只需计算板的根部截面，由计算简图可得板的根部弯矩计算式为：

$$M=\frac{1}{2}(g+q)l_s^2$$

或

$$M=\frac{1}{2}gl_s^2+Ql_s \tag{8-12}$$

在以上两个计算结果中，取弯矩较大值配置板受力筋，并置于板的上部。

二、雨篷梁的承载力计算

雨篷梁下面为洞口，上面一般有墙体，甚至还有梁板，故雨篷梁实际是带有外挑悬臂板的过梁。由于带有外挑悬臂板，雨篷梁不仅受弯剪，还承受扭矩，属于弯剪扭构件，需对其进行受弯剪计算和受扭计算，配置纵筋和箍筋。

1. 雨篷梁受弯剪计算

（1）荷载计算

应考虑的荷载有：过梁上方高度为 $l_n/3$ 范围内的墙体重量、高度为 l_n 范围内的梁板荷载、雨篷梁自重和雨篷板传来的恒载和活载。其中，雨篷板传来的活载应考虑均布荷载 $q_k=0.5\text{kN/m}^2$ 和集中荷载 $Q_k=1\text{kN}$ 两种情况，取产生较大内力者。

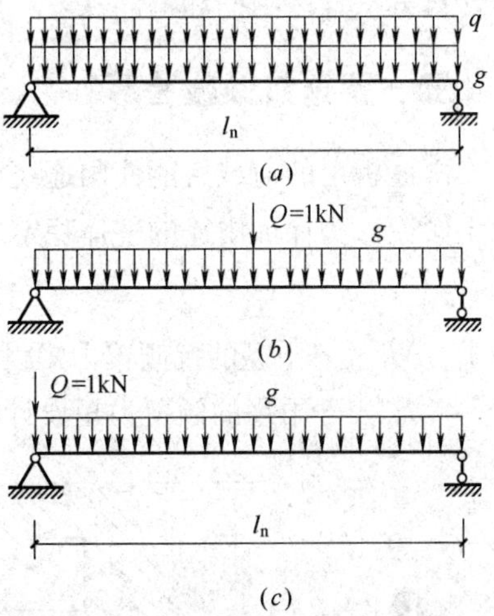

（2）计算简图见图 8-45。其中（*a*）或（*b*）用于计算弯矩，（*a*）或（*c*）用于计算剪力。计算跨度取 $l_0=1.05l_n$，l_n 为梁的净跨。

q
g
l_n
(*a*)
Q=1kN
g
(*b*)
Q=1kN
g
l_n
(*c*)

图 8-45 雨篷梁受弯剪计算简图

梁的弯矩由下式计算：

$$M=\frac{1}{8}(g+q)l_0^2$$

或

$$M=\frac{1}{8}gl_0^2+\frac{1}{4}Ql_0 \tag{8-13}$$

取弯矩值较大者。

梁的剪力由下式计算：

$$V=\frac{1}{2}(g+q)l_n$$

或

$$V=\frac{1}{2}gl_n+Q \tag{8-14}$$

取剪力值较大者。

2. 雨篷梁受扭计算

雨篷梁上的扭矩由悬臂板上的恒载和活载产生。计算扭矩时应将雨篷板上的力对雨篷梁的中心取矩（与求板根部弯矩时不同）；如计算所得板上的均布恒载产生的均布扭矩为 m_g，均布活载产生的均布扭矩为 m_q，板端集中活载 Q（作用在洞边板端时为最不利）产生的集中扭矩为 M_Q，则梁端扭矩 T 可按下式计算（扭矩计算简图与剪力计算简图类似）：

$$T=\frac{1}{2}(m_g+m_q)l_n$$

或 $$T=\frac{1}{2}m_g l_n+M_Q \tag{8-15}$$

取扭矩值较大值。

雨篷梁的弯矩 M、剪力 V 和扭矩 T 求得后，即可按第五章弯、剪、扭构件的承载力计算方法计算纵筋和箍筋。

三、雨篷抗倾覆验算

雨篷板上的荷载可能使雨篷绕梁底距墙外边缘 x_0 处的 O 点（见图 8-46b）转动而产生倾覆。为保证雨篷的整体稳定，需按下列公式对雨篷进行抗倾覆验算。

$$M_r \geqslant M_{ov} \tag{8-16}$$

式中 M_r——雨篷的抗倾覆力矩设计值；

M_{ov}——雨篷的倾覆力矩设计值。

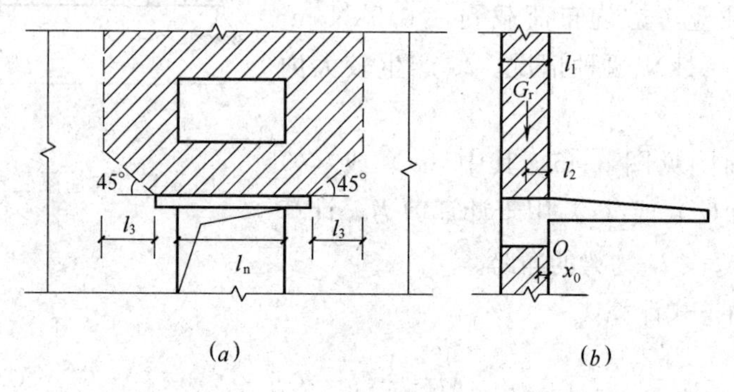

图 8-46 雨篷的抗倾覆计算

（a）雨篷的抗倾覆荷载；（b）倾覆点 O 和抗倾覆荷载 G_r

计算 M_r 时，应考虑可能出现的最小力矩，即只能考虑恒载的作用（如雨篷梁自重、梁上砌体重及压在雨篷梁上的梁板自重）且应考虑恒载有变小的可能。M_r 按下列公式计算：

$$M_r=0.8G_{rk}(l_2-x_0) \tag{8-17}$$

式中 G_{rk}——抗倾覆恒载的标准值，按图 8-46a 计算，图中 $l_3=l_n/2$；

l_2——G_{rk}作用点到墙外边缘的距离；

x_0——倾覆点 O 到墙外边缘的距离，$x_0=0.13l_1$，l_1 为墙厚度。

计算 M_{ov}时，应考虑可能出现的最大力矩，即应考虑作用于雨篷板上的全部恒载及活载对 x_0 处的力矩。且应考虑恒载和活载均有变大的可能，用恒载系数 1.2，活载系数 1.4。

在进行雨篷抗倾覆验算时，应将施工或检修集中活荷载（$Q_k=1$kN）置于悬臂板端，且沿板宽每隔 2.5～3m 考虑一个集中活荷载。

当雨篷抗倾覆验算不满足要求时，应采取保证稳定的措施。如增加雨篷梁在砌体内的长度（雨篷板不能增长）或将雨篷梁与周围的结构（如柱子）相连接。

四、悬臂板式雨篷带构造翻边时的注意事项

悬臂板雨篷有时带构造翻边，不能误认为是边梁。这时应考虑积水荷载（至少取1.5kN/m^2）。当为竖直翻边时，为承受积水的向外推力，翻边的钢筋应置于靠积水的内侧，且在内折角处钢筋应良好锚固（图 8-47*a*）。但当为斜翻边时，则应考虑斜翻边重量所产生的力矩，将翻边钢筋置于外侧，且应弯入平板一定的长度（图 8-47*b*）。

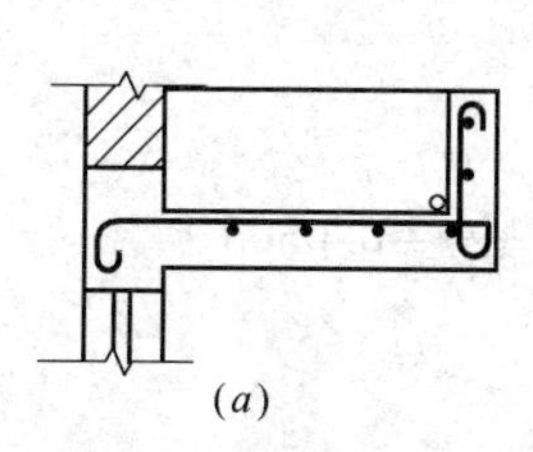

(*a*)

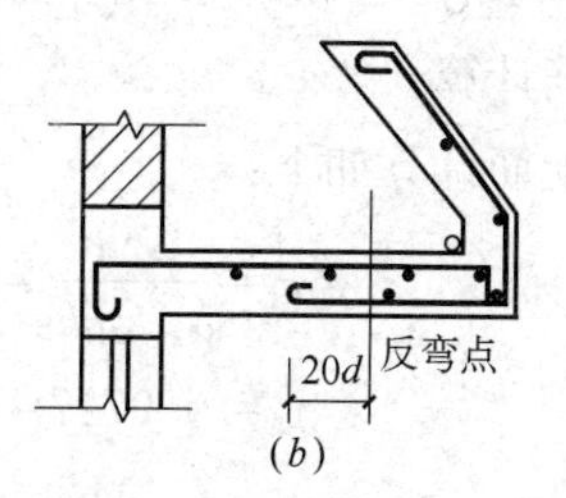

(*b*)

图 8-47　带构造翻边的悬臂板式雨篷的配筋

（*a*）直翻边；（*b*）斜翻边

五、雨篷设计实例

某三层厂房的底层门洞宽度 2m，雨篷板挑出长度 0.8m，采用悬臂板式（带构造翻边），截面尺寸如图 8-48 所示。考虑到建筑立面需要，板底距门洞顶为 200mm，且要求梁上翻一定高度，以利防水。为此，梁高为 400mm。混凝土 C30，钢筋 HRB400 级，试设计该雨篷。

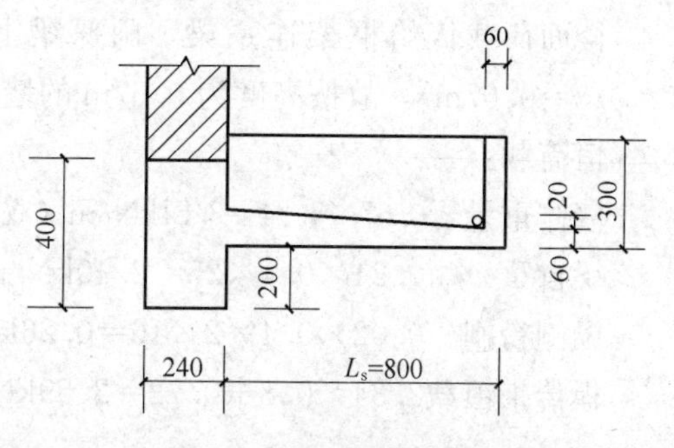

图 8-48　雨篷截面尺寸

1. 雨篷板的计算

雨篷板的计算取 1m 板宽为计算单元。板根部厚度取 80mm$>l_s/12=67$mm。

（1）荷载计算

恒荷载：

20 厚水泥砂浆面层	0.02×1×20=0.4kN/m
板自重（平均厚 70）	0.07×1×25=1.75kN/m
12 厚纸筋灰板底粉	0.012×1×16=0.19kN/m

均布荷载标准值	$g_k=2.34$kN/m
均布荷载设计值	$g=1.2\times2.34=2.81$kN/m

集中恒载（翻边）设计值 $G=1.2\times(0.24\times0.06\times25+0.02\times0.3\times20\times2)=0.72$kN

均布活载（考虑积水深 23cm）设计值 $q=1.4\times2.3=3.22$kN/m

或集中活载（作用在板端）设计值 $Q=1.4\times1.0=1.40$kN

(2) 内力计算

$M_G=\frac{1}{2}gl_s^2+Gl_s=\frac{1}{2}\times 2.81\times 0.80^2+0.72\times 0.8=1.48\text{kN}\cdot\text{m}$

$\left.\begin{array}{l} M_Q=\frac{1}{2}ql_s^2=\frac{1}{2}\times 3.22\times 0.8^2=1.03\text{kN}\cdot\text{m} \\ M_Q=Ql_s=1.4\times 0.8=1.12\text{kN}\cdot\text{m} \end{array}\right\}$ 取较大者 1.12kN·m

$M=M_G+M_Q=1.48+1.12=2.6\text{kN}\cdot\text{m}=2600000\text{N}\cdot\text{mm}$

(3) 配筋计算

雨篷板配筋计算如下：

$$a_s=\frac{M}{\alpha_1 f_c b h_0^2}=\frac{2600000}{14.3\times 1000\times 60^2}=0.0505$$

$$\gamma_s=0.9717$$

$$A_s=\frac{M}{f_y\gamma_s h_0}=\frac{2600000}{360\times 0.9717\times 60}=124\text{mm}^2$$

选用Φ 8@200 ($A_s=251\text{mm}^2$)

2. 雨篷梁计算

(1) 荷载计算

楼面荷载传给框架连系梁，雨篷梁上不再考虑，连系梁下砖墙高 0.8m> $l_n/3$ (2.0/3=0.67m)，故按高度为 0.67m 的墙体重量计算。具体荷载计算如下：

恒荷载：

墙体重量　0.67×5.24=3.51kN/m（双面粉刷的 240mm 厚砖墙每 m^2 重 5.24kN）

梁自重　0.24×0.4×25=2.40kN/m

梁侧粉刷　0.02×0.4×2×16=0.26kN/m

板传来恒载2.34×0.8+0.72=2.59kN/m

标准值　$g_k=8.76\text{kN/m}$

设计值　$g=1.2\times 8.76=10.51\text{kN/m}$

均布活载设计值　$q=3.22\times 0.8=2.58\text{kN/m}$

或集中活载设计值 $Q=1.40\text{kN}$

(2) 抗弯计算

1) 弯矩设计值计算

计算跨度：$l=1.05\ l_n=1.05\times 2=2.1\text{m}$

弯矩计算如下：

$M_G=\frac{1}{8}gl^2=\frac{1}{8}\times 10.51\times 2.1^2=5.79\text{kN}\cdot\text{m}$

$\left.\begin{array}{l} M_Q=\frac{1}{8}ql^2=\frac{1}{8}\times 2.58\times 2.1^2=1.42\text{kN}\cdot\text{m} \\ M_Q=\frac{1}{4}Ql=\frac{1}{4}\times 1.4\times 2.1=0.74\text{kN}\cdot\text{m} \end{array}\right\}$ 取较大者：$M_Q=1.42\text{kN}\cdot\text{m}$

故 $M=M_G+M_Q=5.79+1.42=7.21\text{kN}\cdot\text{m}$

2）抗弯纵筋计算

$$\alpha_s=\frac{M}{\alpha_1 f_c bh_0^2}=\frac{7210000}{14.3\times240\times360^2}=0.0162$$

$$\gamma_s=0.9918$$

$$A_{sm}=\frac{M}{f_y\gamma_s h_0}=\frac{7210000}{360\times0.9918\times360}=56\text{mm}^2$$

$\rho=\dfrac{A_{sm}}{bh}=\dfrac{56}{240\times400}=0.0006<\rho_{min}=0.45f_t/f_y=0.45\times1.43/360=0.0018$ 和 0.002 较大者

故应取 $A_{sm}=\rho_{min}bh=0.002\times240\times400=192\text{mm}^2$

（3）抗剪、扭计算

1）剪力计算

$$V_G=\frac{1}{2}gl_n=\frac{1}{2}\times10.51\times2.0=10.51\text{kN}$$

$$\left.\begin{aligned}V_Q&=\frac{1}{2}ql_n=\frac{1}{2}\times2.58\times2.0=2.58\text{kN}\\V_Q&=Q=1.40\text{kN}\end{aligned}\right\}\text{取较大者：}V_Q=2.58\text{kN}$$

故 $V=V_G+V_Q=10.51+2.58=13.09\text{kN}=13090\text{N}$

2）扭矩计算

梁在均布荷载作用下沿跨度方向每米长度的扭矩为：

$$m_g=gl_s\frac{l_s+b}{2}+G\left(l_s+\frac{b}{2}\right)$$

$$=2.81\times0.8\times\frac{0.8+0.24}{2}+0.72\times\left(0.8+\frac{0.24}{2}\right)=1.83\text{kN}\cdot\text{m/m}$$

$$m_q=ql_s\frac{l_s+b}{2}$$

$$=3.22\times0.8\times\frac{0.8+0.24}{2}=1.34\text{kN}\cdot\text{m/m}$$

上两式中的 g、q 分别为雨篷板的均布恒、活载设计值。

集中活载 Q 作用下，梁支座边的最大扭矩为：

$M_Q=Q\left(l_s+\dfrac{b}{2}\right)=1.4\times\left(0.8+\dfrac{0.24}{2}\right)=1.29\text{kN}\cdot\text{m}$，故梁在支座边的扭矩为：

$$T=\frac{1}{2}(m_G+m_Q)l_n=\frac{1}{2}\times(1.83+1.34)\times2.0=3.17\text{kN}\cdot\text{m}$$

$$T=\frac{1}{2}m_Gl_n+M_Q=\frac{1}{2}\times1.83\times2.0+1.29=3.12\text{kN}\cdot\text{m}$$

取较大者：$T=3.17\text{kN}\cdot\text{m}=3170000\text{N}\cdot\text{mm}$

3）验算截面尺寸以及确定是否需要按计算配置剪、扭钢筋

$$\frac{V}{bh_0}+\frac{T}{0.8W_t}=\frac{V}{bh_0}+\frac{T}{0.8b^2(3h-b)/6}$$

$$=\frac{13090}{240\times360}+\frac{3170000}{0.8\times240^2\times(3\times400-240)/6}=0.152+0.430$$

$$=0.582\text{N/mm}^2\begin{cases}<0.25f_c=0.25\times14.3=3.58\text{N/mm}^2\text{（梁的截面尺寸满足要求）}\\<0.7f_t=0.7\times1.43=1.001\text{N/mm}^2\text{（仅需按构造要求配置剪、扭钢筋）}\end{cases}$$

4）钢筋配置

箍筋的最小配箍率和抗扭纵筋的最小配筋率计算如下。

$$\rho_{svt,min}=0.28f_t/f_{yv}$$
$$=0.28\times1.43/360=0.00111$$

抗扭纵筋的最小配筋率为：

$$\rho_{stl,min}=0.6\sqrt{\frac{T}{Vb}}\frac{f_t}{f_y}$$
$$=0.6\sqrt{\frac{3170000}{13090\times240}}\times\frac{1.43}{360}=0.0024$$

箍筋选用双肢Φ6@200，其配箍率为：

$$\rho_{svt}=\frac{nA_{svt}}{bs}=\frac{2\times28.3}{240\times200}=0.00118>\rho_{svt,min}$$

所需抗扭纵筋面积

$$A_{stl}=\rho_{stl,min}bh=0.0024\times240\times400=230\text{mm}^2$$

梁的抗扭纵筋应沿截面核芯周边均匀布置，为使受扭纵筋的间距不大于梁宽和200mm，需将抗扭纵筋分为上、中、下三等分，另外，梁端嵌固在墙内，上部应配构造负筋，其面积可取为$\frac{1}{4}A_{sm}$。将弯、扭纵筋叠加可得截面所需纵筋面积为：

上部　$\frac{1}{3}A_{stl}+\frac{1}{4}A_{sm}=\frac{1}{3}\times230+\frac{1}{4}\times192=125\text{mm}^2$

中部　$\frac{1}{3}A_{stl}=\frac{1}{3}\times230=77\text{mm}^2$

下部　$\frac{1}{3}A_{stl}+A_{sm}=77+192=269\text{mm}^2$

上部选用2Φ10（$A_s=157\text{mm}^2$）

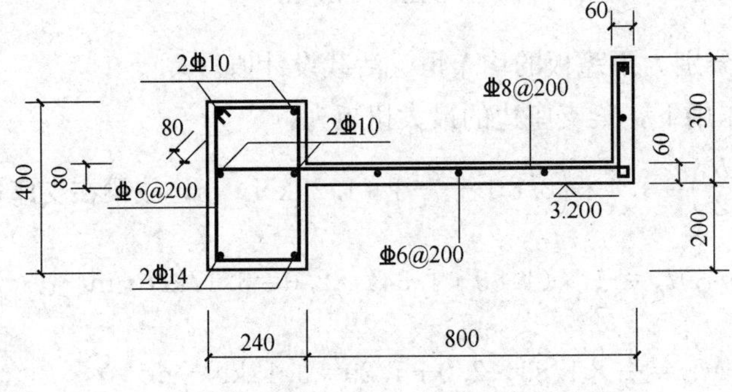

*YP*梁长3000，混凝土为C30，Φ为HRB400钢筋

图8-49　雨篷结构施工图

中部选用2Φ10（A_s=157mm^2）

下部选用2Φ14（A_s=308mm^2）。因雨篷梁的最大弯矩在跨中，而最大扭矩在支座，故下部钢筋采用以上叠加方法是偏安全的做法。

3. 雨篷倾覆计算

由于该雨篷处于底层，其上有较多的墙体和框架连系梁，可以确保雨篷不翻倒，所以不再进行倾覆计算。

4. 雨篷结构施工图

见图8-49。

思 考 题

1. 何谓单向板？何谓双向板？如何判别？
2. 现浇整体式楼盖可分为哪几种类型？为何常用单向板肋梁楼盖？何时采用双向板肋梁楼盖和无梁楼盖？
3. 结构平面布置的原则是什么？板、次梁、主梁的常用跨度是多少？
4. 主梁的布置方向有哪两种？工程中常用何种？为何这样布置？
5. 钢筋混凝土结构按塑性理论的计算方法的应用范围有何限制？
6. 当主梁与柱整浇时，必须符合什么条件才可按连续梁计算？
7. 按弹性理论计算连续梁板内力时，应如何进行活荷载的最不利布置？
8. 什么叫连续梁的内力包络图？它有何作用？
9. 什么叫梁的塑性铰？与普通铰相比，塑性铰有何特点？
10. 连续板和次梁采用弯矩调幅法设计时应遵守哪些基本原则？
11. 单向板、次梁和主梁各有何计算特点？
12. 单向板中有哪些受力钢筋和构造钢筋？各起什么作用？如何设置？
13. 绘出等跨连续次梁的活载与恒载之比不大于3时的纵筋分离式配筋图。
14. 为什么要在主梁上设置附加横向钢筋？如何设置？
15. 连续双向板的实用计算法有何基本假定和适用范围？
16. 双向板的板厚有何构造要求？支座负筋伸出支座边的长度应为多少？
17. 双向板的支承梁的内力如何计算？
18. 现浇普通楼梯有哪两种？各有何优缺点？工程中常用何种？
19. 折板和折梁的纵向钢筋配置时应注意什么问题？
20. 悬臂板式雨篷可能发生哪几种破坏？应进行哪些计算？
21. 悬臂板式雨篷应满足哪些构造要求？
22. 当悬臂板式雨篷带构造翻边时应注意哪些事项？

习 题

8-1 试设计以下的钢筋混凝土单向板肋梁楼盖：

一、设计资料

某多层仓库，采用钢筋混凝土现浇单向板肋梁楼盖，建筑平面如图8-50所示。

1. 楼面活荷载标准值q_k=6kN/m^2。

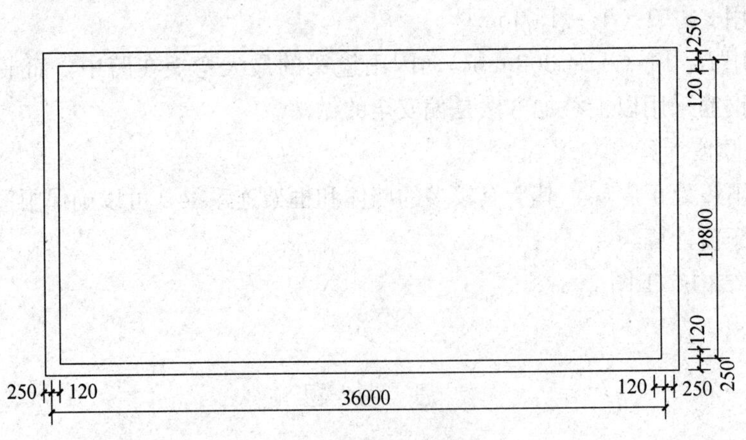

图 8-50 建筑平面图

2. 楼面层用 20mm 厚水泥砂浆抹面，板底及梁面用 15mm 厚混合砂浆粉刷。

3. 混凝土强度等级为 C30，钢筋除主梁和次梁的纵筋采用 HRB400 级钢筋外，其余均采用 HPB300 级钢筋。

二、设计内容和要求

1. 板和次梁按考虑塑性内力重分布方法计算内力；主梁按弹性理论计算内力，并绘出弯矩包络图和剪力包络图；进行配筋计算。

2. 绘制楼盖结构施工图，包括：

(1) 楼面结构布置和板配筋图；

(2) 次梁施工图；

(3) 主梁施工图。

第九章

单层厂房排架结构

第一节 概 述

重工业生产厂房，如冶金、机械行业的炼钢、轧钢、铸造、锻压、金工、装配车间，要求有较大的跨度、较高的净空和较重的吊车起重量，所以适宜采用单层厂房的形式，以免笨重的产品和设备上楼，并便于生产工艺流程的组织。

为了适应生产工艺流程、生产条件、结构及建筑要求等需要，可以将单层厂房设计成各种形式。图 9-1（*a*）为比较常用的单跨厂房。但是，一般厂房纵向长度总比横向跨度大，且纵向柱距比横向柱距小，故横向刚度总比纵向刚度小。这样，如能将一些性质相同或相近，而跨度较小各自独立的车间合并成一个多跨的厂房（见图 9-1*b*、*c*），使沿跨度方向的柱子增加，则可提高厂房结构的横向抗力，减少柱的截面尺寸，节约材料并减轻结构自重。此外，还可减少围护结构（墙或墙板）的面积，提高建筑面积利用系数，缩减厂房占地面积，减少工程管道、公共设施和道路长度等。统计表明，一般单层双跨厂房单位面积的结构自重约比单层单跨的轻 20%，而三跨的又比双跨的轻 10%～15%。因此，一般应尽可能考虑采用多跨厂房。为使结构受力明确合理、构件简化统一，应尽量做成等高厂房（图9-1*b*）。根据工艺要求，相邻跨高差不大于 1.2m 时，宜做成等高。但当高差大于 1.8m，且低跨面积超过厂房总面积的 40%～50%时，则应做成不等高（图9-1*c*）。但多跨厂房的自然通风采光困难，须设置天窗或人工采光和通风。因此，对于跨度较大以及对邻近厂房干扰较大的车间，仍宜采用单跨厂房。

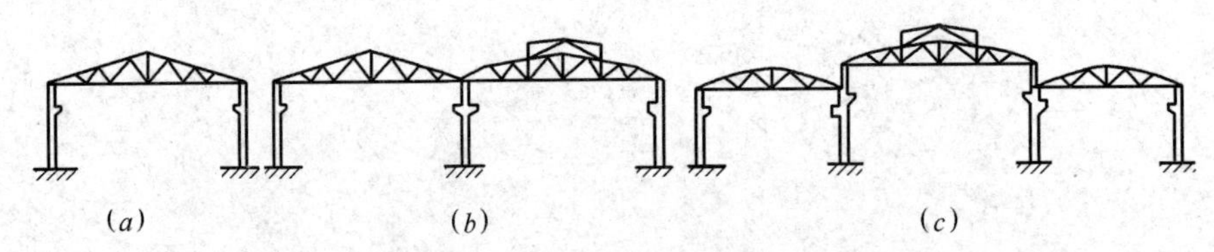

图 9-1 单跨与多跨排架

（*a*）常用单跨厂房；（*b*）等高两跨厂房；（*c*）不等高三跨厂房

单层厂房一般作成排架结构。排架由屋面梁或屋架、柱和基础组成。排架的柱与屋架铰接而与基础刚接。根据结构材料的不同，排架分为：钢-钢筋混凝土排架、钢筋混凝土排架和钢筋混凝土-砖排架三种。钢-钢筋混凝土排架由钢屋架、钢筋混凝土柱和基础组成，承载和跨越空间的能力均较大，宜用于跨度大于 36m、吊车起重量在 2500kN 以上的重型工业厂房。

钢筋混凝土-砖排架由钢筋混凝土屋面梁、砖柱和基础组成，承载和跨越空间的能力较小，宜用于跨度不大于 15m、檐高不大于 8m、吊车起重量不大于 50kN 的轻型工业厂房。

钢筋混凝土排架由钢筋混凝土屋面梁或屋架、柱及基础组成，跨度在 36m 以内、檐高在 20m 以内、吊车起重量在 2000kN 以内的大部分工业厂房均可采用。由于它应用较为广泛，故为本章的重点。

排架按受力和变形特点又有刚性排架和柔性排架之分。刚性排架是指屋面梁或屋架（简称横梁）变形很小，内力分析时横梁变形可忽略不计的排架。一般钢筋混凝土排架均属刚性排架。柔性排架是指横梁变形较大，内力分析时要考虑横梁变形的排架。由 7 字形钢筋混凝土屋面梁组成的锯齿形排架（图 9-2）以及由刚度较小的组合屋架组成的排架属柔性排架。因柔性排架抗震性能差，现极少采用。

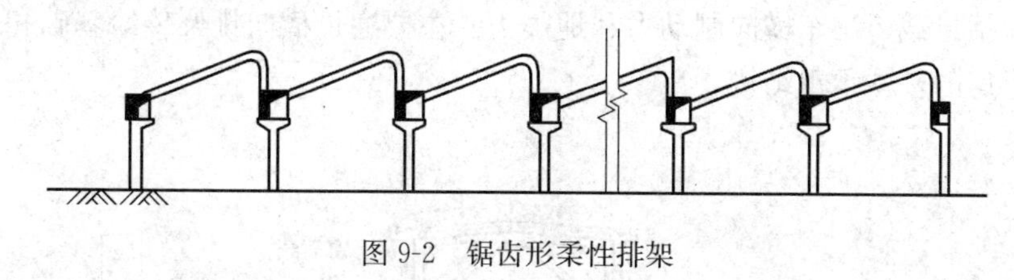

图 9-2 锯齿形柔性排架

第二节 排架结构的组成、传力途径及设计内容

一、排架结构的组成与传力途径

单层厂房由如图 9-3 所示的屋面板、屋架、吊车梁、连系梁、柱和基础等构件组成。这些构件又分别组成屋盖结构、横向平面排架、纵向平面排架和围护结构。

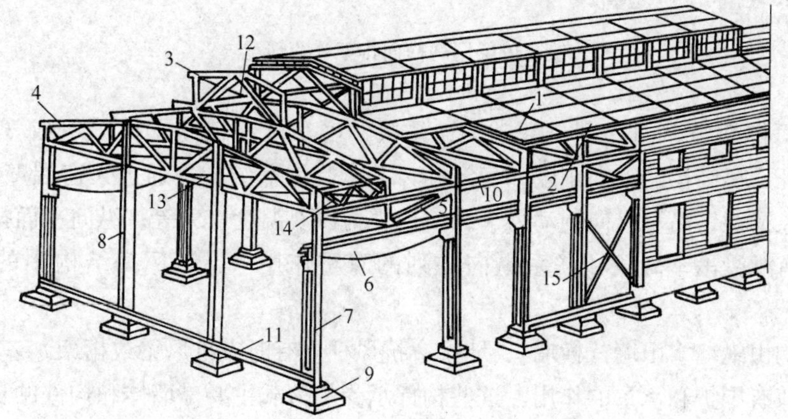

图 9-3 厂房结构构件组成概貌

1—屋面板；2—天沟板；3—天窗架；4—屋架；5—托架；6—吊车梁；7—排架柱；
8—抗风柱；9—基础；10—连系梁；11—基础梁；12—天窗架垂直支撑；
13—屋架下弦横向水平支撑；14—屋架端部垂直支撑；15—柱间支撑

屋盖结构分有檩和无檩两种。前者由小型屋面板、檩条和屋架（包括屋盖支撑）组成；后者由大型屋面板（包括天沟板）、屋面梁或屋架（包括屋盖支撑）组成。单层厂房中多采用无檩屋盖。有时为采光和通风，屋盖结构中还有天窗架及其支撑。此外，为满足工艺上抽柱的需要，还设有托架。屋盖结构的主要作用是承受屋面活荷载、雪载、自重以及其他荷载，并将这些荷载传给排架柱，其次还可起围护作用。屋盖结构的组成有：屋面板、天沟板、天窗架、屋架、托架及屋盖支撑（图 9-3）。

横向平面排架，由横梁（屋面梁或屋架）和横向柱列及基础组成（图 9-4）。厂房结构承受的竖向荷载（包括结构自重、屋面活荷载、雪载和吊车竖向荷载等）及横向水平荷载（包括风载、吊车横向制动力和地震力）主要通过横向排架传给基础和地基。因此，它是厂房的基本承重结构。

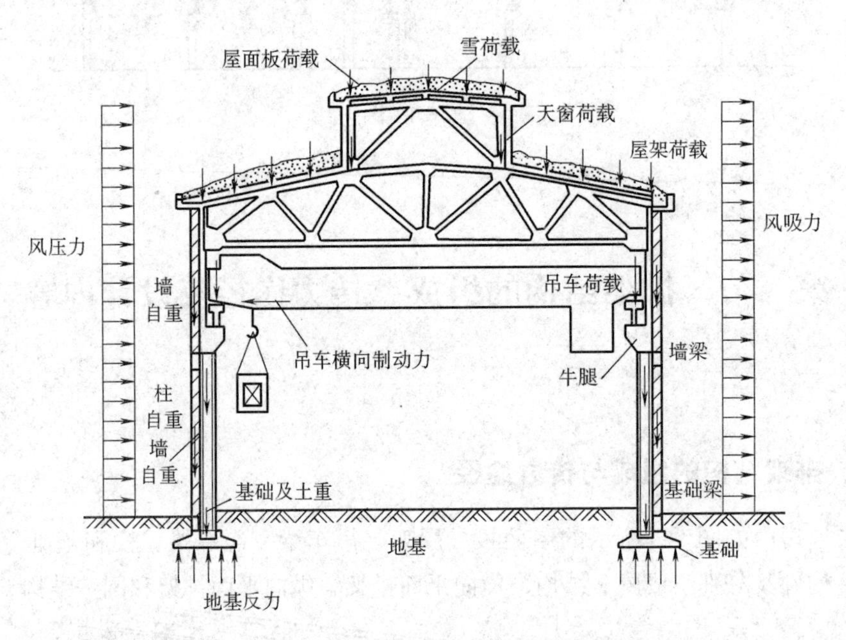

图 9-4　单层厂房横向排架受荷情况

纵向平面排架由纵向柱列、基础、连系梁、吊车梁和柱间支撑等组成（图9-5），其作用是保证厂房结构的纵向刚度和稳定性，并承受屋盖结构（通过天窗端壁和山墙）传来的纵向风荷载、吊车纵向制动力、纵向地震力以及温度应力等；纵向平面排架中的吊车梁，具有承受吊车荷载和联系纵向柱列的双重作用，也是厂房结构中的重要组成构件。

围护结构由纵墙、山墙（横墙）、墙梁、抗风柱（有时设抗风梁或桁架）、基础梁等构件组成，兼有围护和承重的作用。这些构件承受的荷载主要是墙体和构件的自重以及作用在墙面上的风荷载。

单层厂房由以上四个部分组成整体受力的空间结构。其中横向排架和纵向排架的传力途径如下：

1. 横向平面排架（图 9-4）

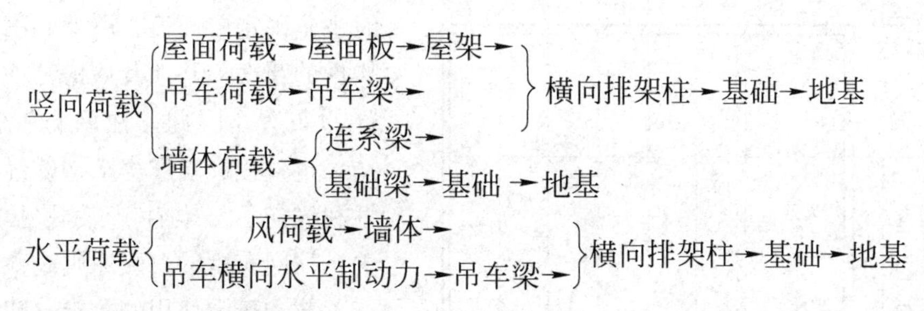

图 9-5　单层厂房纵向排架受荷情况

竖向荷载：
- 屋面荷载→屋面板→屋架→ } 横向排架柱→基础→地基
- 吊车荷载→吊车梁→ } 横向排架柱→基础→地基
- 墙体荷载→ { 连系梁→ } 横向排架柱→基础→地基；基础梁→基础 →地基 }

水平荷载：
- 风荷载→墙体→ } 横向排架柱→基础→地基
- 吊车横向水平制动力→吊车梁→ } 横向排架柱→基础→地基

2. 纵向平面排架（图 9-5）

风荷载→山墙→抗风柱→屋盖水平横向支撑→连系梁→ } 纵向排架柱（柱间支撑）→基础→地基
吊车纵向水平制动力→吊车梁→ } 纵向排架柱（柱间支撑）→基础→地基

二、排架结构的设计内容

排架结构中主要的承重构件是屋面板、屋架、吊车梁、柱和基础。其中柱和基础一般需要通过计算确定。屋面板、屋架、吊车梁以及其他大部分组成构件均有标准图或通用图，可供设计时选用。因此，排架结构设计的主要内容是：

1. 选用合适的标准构件；
2. 进行各组成构件的结构布置；
3. 分析排架的内力；
4. 为柱、牛腿及柱下基础配筋；
5. 绘结构构件布置图以及柱和基础的施工详图。

第三节　结　构　布　置

结构布置包括屋盖结构（屋面板、天沟板、屋架、天窗架及其支撑等）布置；吊车梁、柱（包括抗风柱）及柱间支撑等布置；圈梁、连系梁及过梁布置；基础和基础梁布置。

屋面板、屋架及其支撑、基础梁等构件，一般按所选用的标准图的编号和相应的规定进行布置。柱和基础则根据实际情况自行编号布置。下面就结构布置中几个主要问题进行说明。

一、柱网布置

厂房承重柱的纵向和横向定位轴线在平面上形成的网格称为柱网。柱网布置就是确定柱子纵向定位轴线之间的距离（跨度）和横向定位轴线之间的距离（柱距）。确定柱网尺寸，既是确定柱的位置，同时也是确定屋面板、屋架和吊车梁等构件的跨度，并涉及厂房其他结构构件的布置。因此，柱网布置是否恰当，将直接影响厂房结构的经济合理性和先进性，与生产使用也密切相关。柱网布置的一般原则是：符合生产工艺和正常使用的要求；建筑和结构经济合理；施工方法上具有先进性；符合厂房建筑统一化基本规则；适应生产发展和技术革新的要求。厂房跨度在18m以下时，应采用3m的倍数；在18m以上时，应采用6m的倍数。厂房柱距应采用6m或6m的倍数（图9-6）。当工艺布置和技术经济有明显的优越性时，亦可采用21m、27m和33m的跨度和9m或其他柱距。

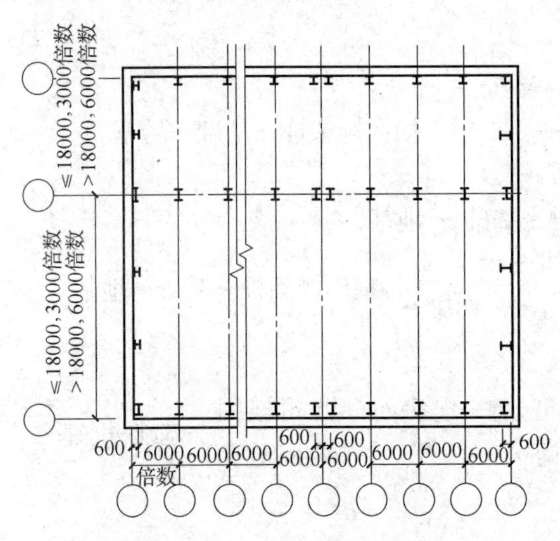

图9-6　厂房柱纵、横定位轴线

目前，工业厂房大多数采用6m柱距，因为从经济指标、材料消耗和施工条件等方面衡量，6m柱距比12m柱距优越。从现代化工业发展趋势来看，扩大柱距对增加车间有效面积、提高工艺设备布置的灵活性、减少结构构件的数量和加快施工进度等都是有利的。当然，由于构件尺寸增大，给制作和运输带来不便，对机械设备的能力也有更高的要求。12m柱距和6m柱距，在大小车间相结合时，两者可配合使用。此时，如布置托架，屋面板仍可采用6m的模板生产。

二、变形缝

变形缝包括伸缩缝、沉降缝和防震缝三种。

如果厂房长度和宽度过大，当气温变化时，在结构内部产生的温度内力，可使墙面、屋面拉裂，影响正常使用。为减小厂房结构的温度应力，可设置伸缩缝将厂房结构分成若干温度区段。伸缩缝应从基础顶面开始，将两个温度区段的上部结构分开，并留出一定宽度的缝隙使上部结构在气温变化时，沿水平方向可自由地发生变形。温度区段的形状，应力求简单，并应使伸缩缝的数量最少。温度区段的长度（伸缩缝之间的距离），取决于结构类型和温度变化情况（结构所处环境条件）。对于钢筋混凝土装配式排架结构，其伸缩缝的最大间距，露天时为 70m；室内或土中时为 100m。当屋面板上部无保温或隔热措施时，可适当低于 100m。此外，对于下列情况，伸缩缝的最大间距还应适当减小：

1）从基础顶面算起的柱高低于 8m 时；

2）位于气温干燥地区，夏季炎热且暴雨频繁的地区或经常处于高温作用下的排架；

3）室内结构因施工外露时间较长时。

当厂房的伸缩缝间距超过《混凝土结构设计规范》规定的允许值时，应验算温度应力。伸缩缝的做法有双柱式（图 9-7*a*）和滚轴式（图 9-7*b*）。双柱式用于沿横向设置的伸缩缝，而滚轴式用于沿纵向设置的伸缩缝。

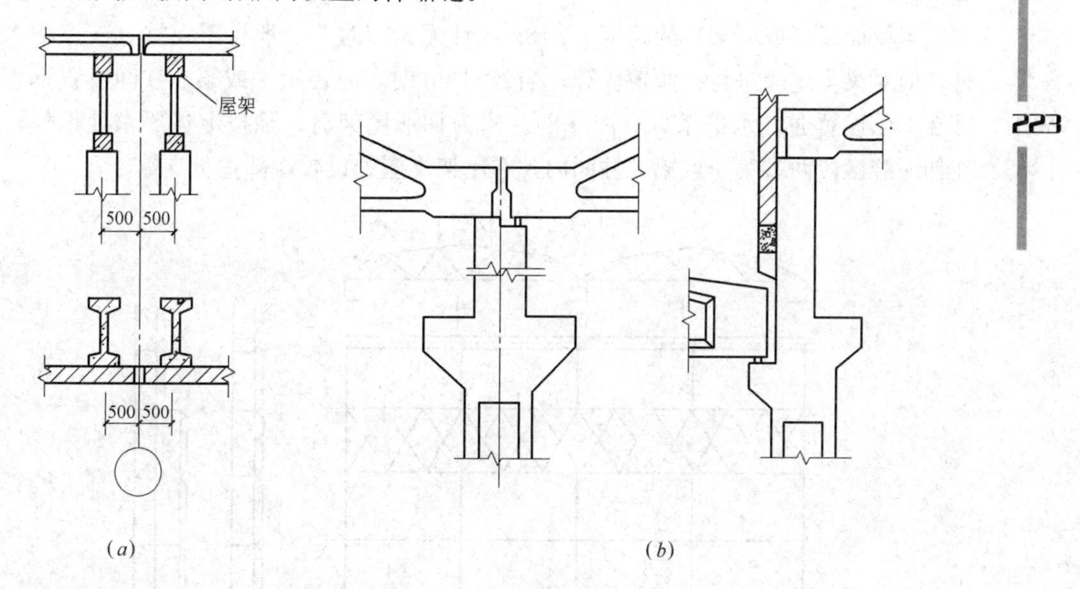

图 9-7　单层厂房伸缩缝的构造

(*a*) 双柱式（横向伸缩缝）；(*b*) 滚轴式（纵向伸缩缝）

在单层厂房中，一般不做沉降缝，只在下列特殊情况才考虑设置：如厂房相邻两部分高差很大（10m 以上）；两跨间吊车起重量相差悬殊；地基承载力或下卧层土质有很大差别；或厂房各部分施工时间先后相差很久；土壤压缩程度不同等情况。沉降缝应将建筑物从基础到屋顶全部分开，当两边发生不同沉降时不致相互影响。沉降缝可兼作伸缩缝。

防震缝是为减轻震害而采取的措施之一。当厂房平面、立面复杂、结构高度或刚度相差很大，以及在厂房侧边布置附房（如生活间、变电所、锅炉间等）时，设置防震缝将相邻部分分开。地震区的厂房，其伸缩缝和沉降缝均应符合防震缝的宽度要求。

三、支撑的布置

在装配式钢筋混凝土单层厂房中，支撑是使厂房结构形成整体、提高厂房结构构件刚度和稳定的重要部件。实践证明，支撑如果布置不当，不仅会影响厂房的正常使用，甚至引起工程事故，应予足够重视。

1. 屋盖支撑

屋盖支撑包括设置在屋架（屋面梁）间的垂直支撑、水平系杆、在上、下弦平面内的横向水平支撑和在下弦平面内的纵向水平支撑。

（1）屋架（屋面梁）间的垂直支撑和水平系杆

屋架垂直支撑和下弦水平系杆的作用是：保证屋架的整体稳定（抗倾覆），当吊车工作时（或有其他振动时）防止屋架下弦发生侧向颤动。上弦水平系杆则用以保证屋架上弦或屋面梁受压翼缘的侧向稳定，防止局部失稳，并可减小屋架上弦平面外的压杆计算长度。

当屋面梁（或屋架）的跨度 $l \leqslant 18$m，且无天窗时，一般可不设垂直支撑和水平系杆，但对梁支座应进行抗倾覆验算；当 $l > 18$m 时，应在第一或第二柱间设置垂直支撑并在下弦设置通长水平系杆（图 9-8）。当为梯形屋架时，除按上述要求处理外，还需在伸缩缝区段两端第一或第二柱间内，在屋架支座处设置端部垂直支撑。

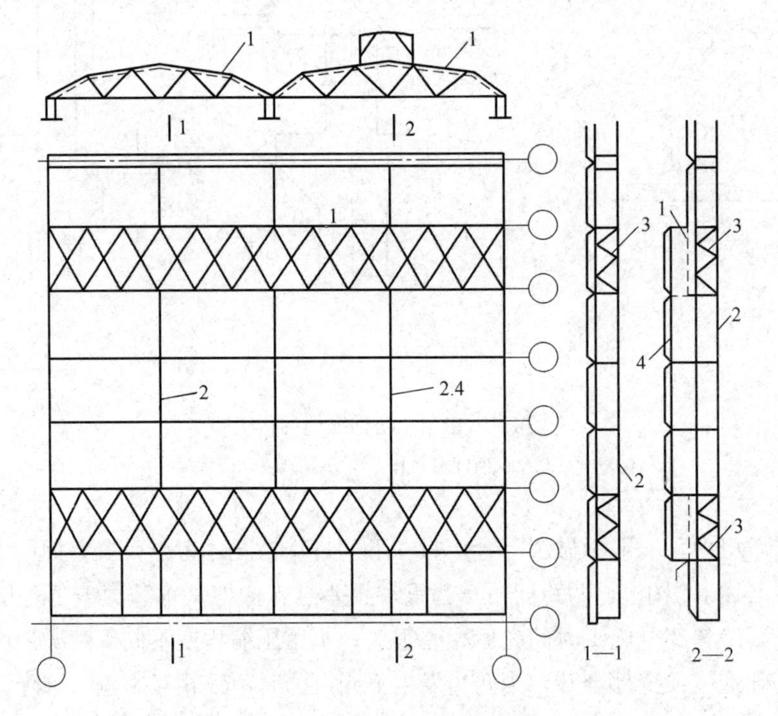

图 9-8　屋盖结构支撑

1—上弦横向水平支撑；2—下弦系杆；3—垂直支撑；4—上弦系杆

（2）屋架（屋面梁）间的横向水平支撑

上弦横向水平支撑的作用是形成刚性框架，增强屋盖的整体刚度，保证屋架上弦或屋面梁上翼缘的侧向稳定，同时可将抗风柱传来的风力传递到纵向排架柱顶。当屋面为大型屋面板，并与屋架或梁有三点焊接，且屋面板纵肋间的空隙用 C15 或 C20 级细石混凝土灌实，能保证屋盖平面稳定并能传递山墙风力时，屋面板可起上弦横向支撑的作用。此时，可不必设置上弦横向水平支撑。凡屋面为有檩体系，或山墙风力传至屋架上弦，而大型屋面板的连接不符合上述要求时，应在屋架上弦平面的伸缩缝区段内两端第一或第二柱间各设一道上弦横向水平支撑（图 9-8）。当天窗通过伸缩缝时，应在伸缩缝处天窗缺口下设置上弦横向水平支撑。

下弦横向水平支撑的作用是将屋架下弦受到的水平力传至纵向排架柱顶。因此，当屋架下弦设有悬挂吊车或受有其他水平力，或抗风柱与屋架下弦连接，抗风柱风力传至下弦时，则应设置下弦横向水平支撑。

（3）屋架（屋面梁）间的纵向水平支撑

下弦纵向水平支撑的作用是，提高厂房刚度，保证横向水平力的纵向分布，加强横向排架的空间工作。设计时应根据厂房跨度、跨数和高度，屋盖承重结构方案，吊车起重量及工作制等因素，考虑是否在下弦平面端节间中设置纵向水平支撑。如下弦尚设有横向支撑时，则纵、横支撑应尽可能形成封闭的支撑体系（图 9-9*a*）。任何情况下，如设有托架，应设置纵向水平支撑（图 9-9*b*）。如只在部分柱间设置托架，则必须在设有托架的柱间及两端相邻的一个柱间布置纵向水平支撑（图 9-9*c*），以承受屋架传来的横向风力。

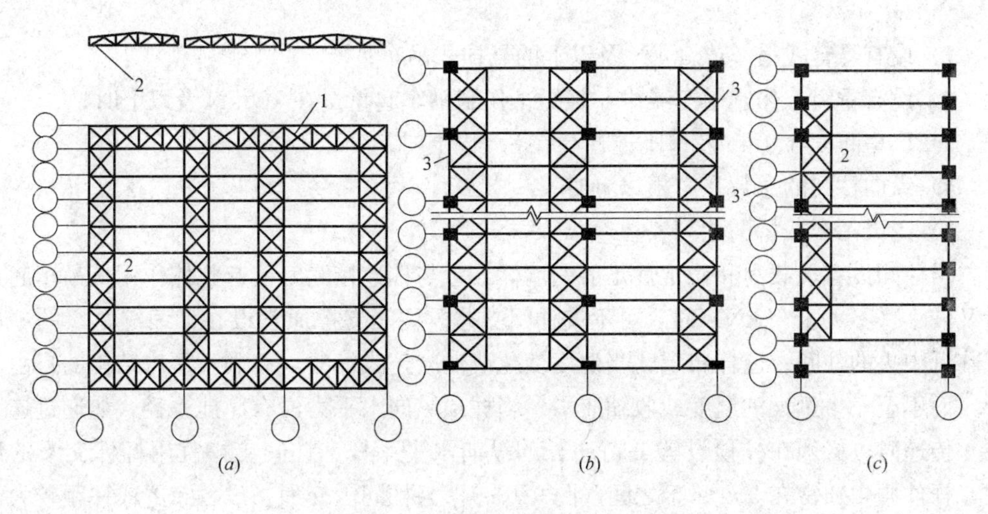

图 9-9 下弦纵向水平支撑的布置

（*a*）下弦纵横封闭的支撑体系；（*b*）全部柱间设托架；（*c*）部分柱间设托架

1—下弦横向水平支撑；2—下弦纵向水平支撑；3—托架

（4）天窗架间的支撑

天窗架间的支撑包括天窗架上弦横向水平支撑和天窗架间的垂直支撑，前者的作用是传递天窗端壁所受的风力和保证天窗架上弦的侧向稳定，当屋盖为有檩体系或虽为无檩体系，但大型屋面板的连接不起整体作用时，应设置这种支撑。后者的作用是保证天窗架的整体稳定，应在天窗架两端的第一柱间设置。天窗架支撑与屋架上弦支撑应尽可能布置在同一柱间。

2. 柱间支撑

柱间支撑的作用主要是提高厂房纵向刚度和稳定性。对于有吊车的厂房，柱间支撑分上部和下部两种。前者位于吊车梁上部，用以承受山墙上的风力并保证厂房上部的纵向刚度；后者位于吊车梁下部，用以承受上部支撑传来的力和吊车梁传来的纵向制动力，并将它们传至基础（图 9-10）。一般单层厂房，凡属下列情况之一者，应设置柱间支撑：

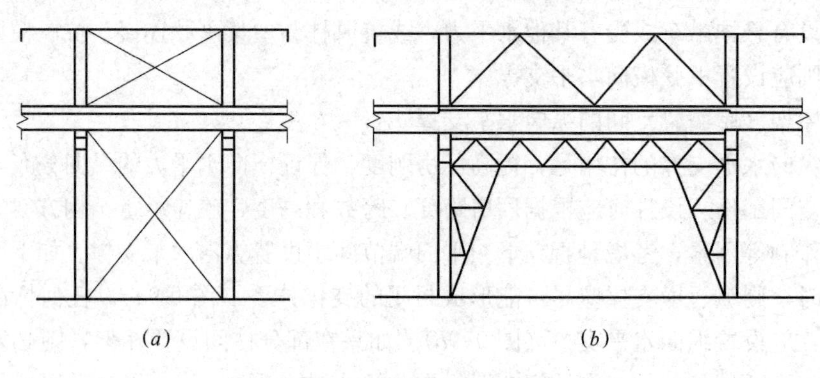

图 9-10　柱间支撑的形式
(a) 交叉支撑；(b) 门架支撑

1) 设有悬臂式吊车或 30kN 及以上的悬挂式吊车；
2) 设有重级工作制吊车或中、轻级工作制吊车起重量在 100kN 及以上时；
3) 厂房跨度在 18m 及以上或柱高在 8m 以上时；
4) 纵向柱列的总数在 7 根以下时；
5) 露天吊车栈桥的柱列。

当柱间设有承载力和稳定性足够的墙体，且与柱连接紧密能起整体作用，吊车起重量又较小（不大于 50kN）时，可不设柱间支撑。柱间支撑通常设在伸缩缝区段的中央或临近中央的柱间。这样布置，当温度变化或混凝土收缩时，有利于厂房结构的自由变形，而不至发生过大的温度或收缩应力。当柱顶纵向水平力没有简捷途径（如通过连系梁）传递时，必须在柱顶设置一道通长的纵向水平系杆。柱间支撑宜用杆件交叉的形式，杆件倾角通常在 35°～55°之间（图 9-10*a*）。当柱间因交通、设备布置或柱距较大而不宜或不能采用交叉式支撑时，可采用图 9-10*b* 所示的门架支撑。

柱间支撑一般采用钢结构，杆件截面尺寸应经承载力和稳定性验算。

四、抗风柱的布置

单层厂房的端墙（山墙），受风面积较大，一般须设置抗风柱将山墙分成几个区格，以使墙面受到的风荷载，一部分直接传给纵向柱列；另一部分则经抗风柱上端通过屋盖结构传给纵向柱列和经抗风柱下端传给基础。

当厂房高度和跨度均不大（如柱顶在 8m 以下，跨度为 9～12m）时，可采用砖壁柱作为抗风柱；当高度和跨度较大时，一般都采用钢筋混凝土抗风柱。前者在山墙中，后者设置在山墙内侧，并用钢筋与之拉结（图9-11）。在很高的厂房中，为减少抗风柱的截面尺寸，可加设水平抗风梁（图 9-11）或桁架，作为抗风柱的中间铰支点。

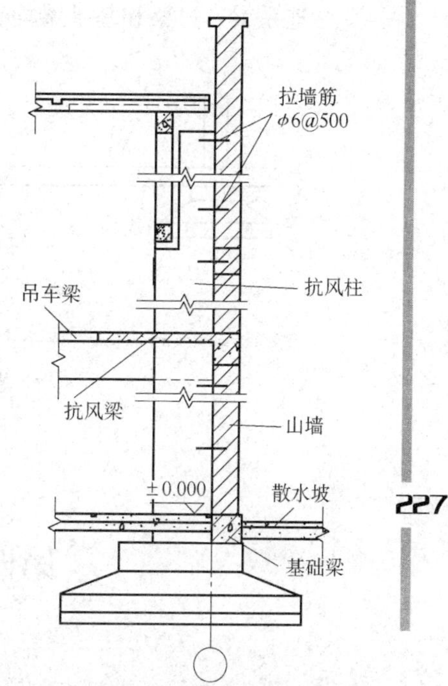

图 9-11 抗风柱的布置

五、圈梁、连系梁、过梁和基础梁的布置

当用砖砌体作厂房围护墙时，一般要设置圈梁、连系梁、过梁和基础梁。圈梁的作用是将墙体同厂房柱箍在一起，以加强厂房的整体刚度，防止由于地基的不均匀沉降或较大振动荷载对厂房引起的不利影响。圈梁设在墙内，并与柱用钢筋拉结。圈梁不承受墙体重量，故柱上不设置支承圈梁的牛腿。圈梁的布置与墙体高度、对厂房的刚度要求及地基状况有关。一般单层厂房可参照下列原则布置：

1）对无桥式吊车的厂房，当砖墙厚 $h \leqslant 240$mm、檐口标高为 5～8m 时，应在檐口附近布置一道；当檐高大于 8m 时，宜适当增设。

2）对无桥式吊车的厂房，当砌块或石砌墙体厚 $h \leqslant 240$mm，檐口标高为 4～5m 时，应设置圈梁一道，檐口标高大于 5m 时，宜适当增设。

3）对有桥式吊车或较大振动设备的单层工业房屋，除在檐口或窗顶标高处设置圈梁外，尚宜在吊车梁标高处或其他适当位置增设。圈梁应连续设置在墙体的同一平面上，并尽可能沿整个建筑物形成封闭状。当圈梁被门窗洞口截断时，应在洞口上部墙体内设置一道附加圈梁（过梁），其截面尺寸不应小于被截断的圈梁，两者搭接长度的要求见本书第十一章有关内容。

连系梁的作用是连系纵向柱列，以增强厂房的纵向刚度，并将风荷载传给纵向柱列。此外连系梁还承受其上墙体的重量。连系梁通常是预制的，两端搁置在柱牛腿上，用螺栓或电焊与牛腿连接。

过梁的作用是承托门窗洞口上部墙体的重量。在进行厂房结构布置时，应尽可能将圈梁、连系梁、过梁结合起来，使一个构件起到两种或三种构件的作用，以节约材料，简化施工。

在一般厂房中，通常用基础梁来承受围护墙体的重量，而不另做墙基础。基础梁底部距土的表面预留 100mm 的空隙，使梁可随柱基础一起沉降。当基础梁下有冻胀性土时，应在梁下铺设一层干砂、碎砖或矿渣等松散材料，并留 50～150mm 的空隙，防止土层冻胀时将梁顶裂。基础梁与柱一般不要求连接，直接搁置在基础杯口上（图9-12*a*、*b*）；当基础埋置较深时，则搁置在基顶的混凝土垫块上（图 9-12*c*）。施工时，基础梁支承处应坐浆。基础梁顶面一般设置在室内地坪以下 50mm 标高处（图 9-12*b*、*c*）。当厂房不高、地基比较好、柱基础又埋得较浅时，也可不设基础梁，而做砖石或混凝土基础。

连系梁、过梁和基础梁均有全国通用图集，可供设计时选用。

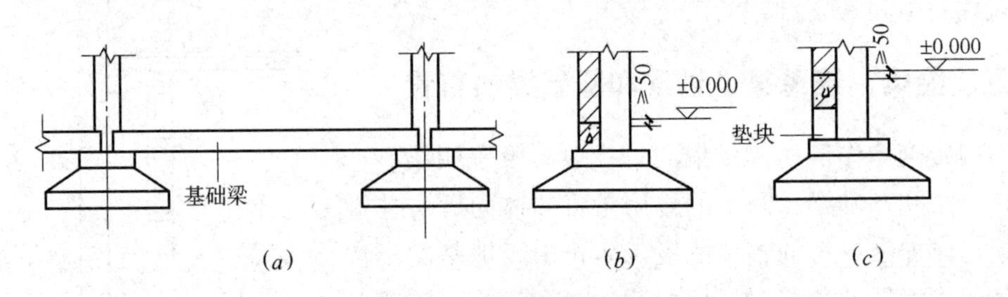

图 9-12　基础梁的布置

(a)、(b) 基础梁直接搁在基础上；(c) 基础梁搁在垫块上

第四节　排架的内力计算

排架计算的目的是为了确定柱和基础的内力。厂房结构实际上是空间结构，为计算方便，一般分别按纵向和横向平面排架近似地进行计算。纵向平面排架的柱较多，通常其水平刚度较大，分配到每根柱的水平力较小，因而往往不必计算。因此，厂房结构计算主要归结于横向平面排架的计算（以下简称排架计算）。当然，当纵向柱列较少（不多于 7 根）或需要考虑地震作用时，仍应进行纵向平面排架的计算。

排架计算的主要内容是：确定计算简图、荷载计算、内力分析和内力组合。必要时，还应验算排架的侧移。

一、排架的计算简图

1. 基本假定

根据实践经验和构造特点，对于不考虑空间工作的平面排架，其计算简图可作如下假定：

(1) 排架柱上端铰接于屋架（或屋面梁）、下端嵌固于基础顶面

装配式钢筋混凝土单层厂房结构，由于屋架或屋面梁为预制构件，与柱在其轴线位置处用螺栓连接或焊接，可传递轴力和剪力，但不能传递弯矩，故可假定为铰支。柱下端插入基础杯口有足够的深度，柱与杯壁间采用细石混凝土浇捣并连成一体，且地基的应力和变形有所控制，基础的转动一般较小，因此可假定为嵌固于基础顶面。但是，当地基土质较差、变形较大，或有较大的地面荷载（如大面积堆料等），则应考虑基础位移和转动对排架内力的影响。

(2) 横梁（屋架或屋面梁）为轴向变形可忽略不计的刚杆

实践经验表明，对于屋面梁或下弦杆刚度较大的大多数屋架，其轴向变形很小，可

视为无轴向变形的刚杆，故横梁两端的水平位移相等。但是，对于组合屋架、两铰或三铰拱屋架，应考虑其轴向变形对排架内力的影响。

2. 计算简图

铰接排架为超静定结构，其内力与排架柱的截面刚度有关。厂房结构一般设有单层吊车，柱为一阶变截面柱。因此在计算简图中，首先应确定变截面（一般为柱牛腿顶面）的位置。牛腿顶面以上为上柱，其高度为 H_u，可由柱顶标高减去牛腿顶面标高求得。前者由建筑剖面给出，后者则可由工艺要求的吊车轨顶标高减去吊车梁及其上轨道构造高度求得。吊车梁高度以及轨道构造高度均可由吊车梁及其轨道连接构造的标准图查得。

计算简图中，柱的总高 H 可由柱顶标高减去基础顶面标高求得。基础顶面标高一般为－0.5m 左右。当持力层较深时，基顶标高主要取决于持力层的标高，一般要求基底埋入持力层至少 300mm。若按构造要求假定基础高度，并已知室内外地面高差，即不难推得基顶标高。基础高度可按构造要求初估，一般在 0.9～1.2m 之间。柱的总高求得后，即可求得下柱的高度 H_l。

计算简图中，柱的轴线应分别取上、下柱截面的形心线。图 9-13（*b*）所示为单跨排架的计算简图。

各部分柱的截面抗弯刚度 EI，可由预先假定的截面形状和尺寸计算确定。如果柱实际的 EI 值与计算假定值相差在 30%以内，通常可不再重算。除吊车等移动荷载外，排架的负荷范围如图 9-13（*a*）中阴影部分所示，并作为确定各种荷载大小的计算单元。

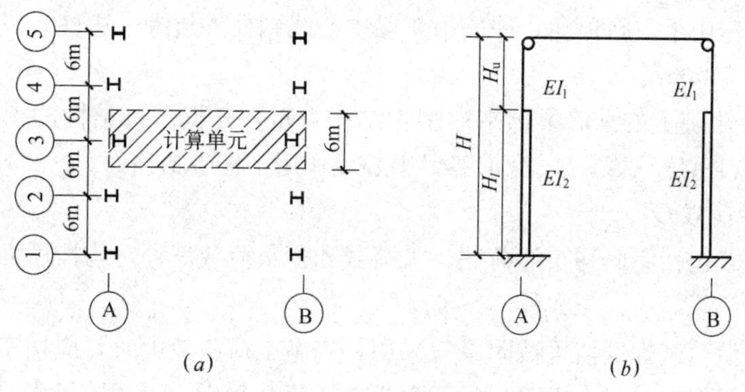

图 9-13 计算简图

二、排架的荷载计算

作用在横向排架上的荷载分恒荷载和活荷载两类。恒荷载一般包括屋盖自重 G_1、上柱自重 G_2、吊车梁及轨道等零件重 G_4、下柱自重 G_3 及有时支承在柱牛腿上的围护结构重 G_5。活荷载一般包括屋面活荷载 Q_1、吊车水平制动力 T_{max}、吊车垂直荷载 D_{max}或 D_{min}、均布风荷载 q 以及作用在屋盖支承处（如柱顶）的集中风荷载 F_w 等（图 9-14*a*）。

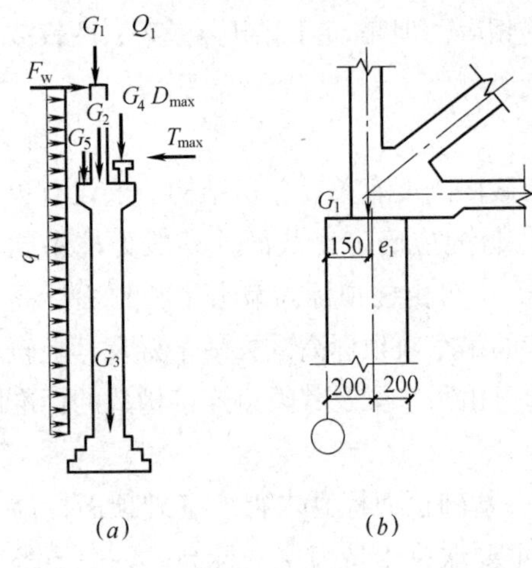

图 9-14 荷载简图

(a) 排架柱；(b) 屋盖与柱顶连接处

1. 屋盖恒荷载 G_1

屋盖恒荷载包括各构造层（如保温层、隔热层、防水层、隔离层、找平层等）重、屋面板、天沟板、屋架、天窗架及其支撑重等，可按屋面构造详图、屋面构件标准图以及《建筑结构荷载规范》GB 5009—2012（以后简称《荷载规范》）等进行计算。当屋面坡度较陡时，负荷面积应按斜面面积计算。屋面恒荷载 G_1 的作用点视不同情况而定。如当采用屋架时，G_1 通过屋架上弦与下弦中心线的交点作用于柱顶（图 9-14b）。一般屋架上、下弦中心线的交点至柱外边的距离为 150mm。当采用屋面梁时，G_1 通过梁端支承垫板的中心线作用于柱顶。

2. 恒荷载 G_2、G_3、G_4 和 G_5

G_2 为上柱自重，沿上柱中心线作用，G_2 按上柱截面尺寸和柱高计算。

G_3 为下柱自重，沿下柱中心线作用，按下柱高及其截面尺寸计算。对于 I 形截面柱，考虑到沿柱高方向部分为矩形截面（如柱的下部及牛腿部分），可乘以 1.1～1.2 的增大系数。

G_4 为吊车梁及轨道等零件自重，可按吊车梁及轨道连接构造的标准图采用。G_4 沿吊车梁中心线作用于牛腿顶面，一般吊车梁中心线到柱外边缘（边柱）或柱中心线（中柱）的距离为 750mm。

G_5 为由柱牛腿上的承墙梁传来的围护结构自重，根据围护结构的构造和《荷载规范》规定的材料重度计算，G_5 沿承墙梁中心线作用于柱牛腿顶面。

3. 屋面活荷载 Q_r

屋面活荷载包括屋面均布活荷载、雪荷载和积灰荷载三种，均按屋面水平投影面积计算。

屋面均布活荷载标准值可按附录三采用，当施工荷载较大时，应按实际情况考虑。

屋面雪荷载根据建筑地区和屋面形式按《荷载规范》采用，其标准值可按下式计算：

$$s_k = \mu_r s_0 \tag{9-1}$$

式中 s_0——基本雪压，由《荷载规范》中全国基本雪压分布图查得；

μ_r——屋面积雪分布系数，根据屋面形式由《荷载规范》查得，如单跨、等高双跨或多跨厂房，当屋面坡度不大于 25°时，$\mu_r = 1.0$。

屋面积灰荷载，对于生产中有大量排灰的厂房及其邻近的建筑，应按《荷载规范》的规定值采用。

屋面均布活荷载，不应与雪荷载同时考虑。积灰荷载则应与雪荷载或屋面活荷载两者中的较大值同时考虑，并选其较大者。

屋面活荷载确定后，即可按计算单元中的负荷面积计算 Q_r，其作用位置与 G_1 相同。

4. 吊车荷载 D_{max}、D_{min} 和 T_{max}

吊车按承重骨架的形式分为单梁式和桥式两种，工业厂房中一般采用桥式吊车。常用的桥式吊车按工作频繁程度及其他因素分为轻级、中级、重级和超重级工作制。一般满载机会少，运行速度低以及不需要紧张而繁重工作的场所，如水电站、机械检修站等的吊车属于轻级工作制；机械加工车间和装配车间的吊车属于中级工作制；一般冶炼车间和参加连续生产的吊车属于重级工作制。

根据《起重机设计规范》GB 3811—2008，“吊车工作制”已改用“吊车工作级别,”其对应关系大致为：

轻级——A1～A3；中级——A4、A5；重级—A6、A7；超重级——A8。

桥式吊车由大车（桥架）和小车组成。大车在吊车梁的轨道上沿厂房纵向行驶，小车在大车的导轨上沿厂房横向运行，小车上装有带吊钩的卷扬机。吊车对横向排架的作用有吊车竖向垂直荷载（简称垂直荷载）和横向水平荷载（简称水平荷载），分述如下：

（1）吊车垂直荷载 D_{max}、D_{min}

当小车吊有规定的最大起重量标准值 Q_k 开到大车某一侧的极限位置时（图9-15），在这一侧的每个大车轮压为吊车的最大轮压标准值 P_{maxk}，而在另一侧的为最小轮压标准值 P_{mink}，P_{maxk} 与 P_{mink} 同时发生，它们通常可根据吊车型号、规格从吊车产品目录或有关设计手册中查得。有时，P_{mink} 也可按下式计算：

$$P_{mink}=\frac{G_k+g_k+Q_k}{2}-P_{maxk} \tag{9-2}$$

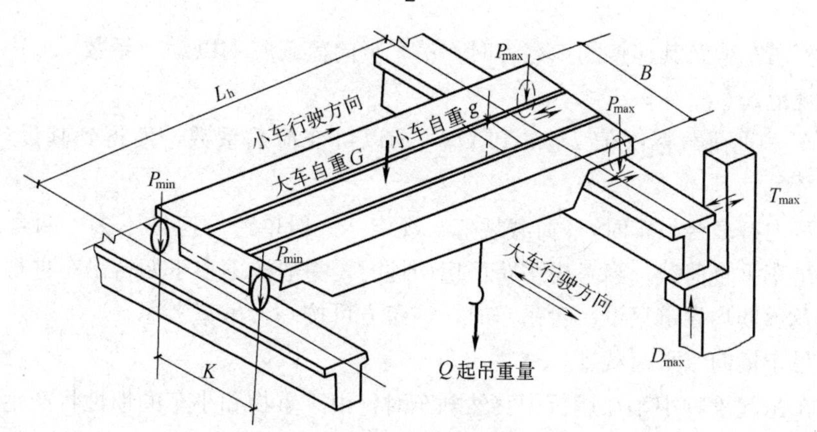

图 9-15　桥式吊车的受力状况

式中　G_k、g_k——分别为大车、小车自重的标准值（kN）；

Q_k——吊车起重量的标准值（kN）。

式（9-2）用于四轮吊车，故等式右边第一项分母为 2。吊车是移动的，因此，由

P_{maxk}产生的支座（柱）的最大垂直反力（荷载）的标准值D_{maxk}，可以利用吊车梁的支座垂直反力影响线进行计算。另一排架柱上，则由P_{mink}产生D_{mink}。D_{maxk}、D_{mink}就是作用在排架上的吊车垂直荷载的标准值，两者也是同时发生的。利用图 9-16 所示的支座反力影响线以及吊车梁的跨度L、吊车的桥架宽度B和轮距K（数值见产品目录）计算，吊车垂直荷载的标准值D_{maxk}、D_{mink}可按下式计算：

$$\left.\begin{aligned}D_{maxk}=\beta P_{maxk}\Sigma y_i\\D_{mink}=\beta P_{mink}\Sigma y_i\end{aligned}\right\}\tag{9-3}$$

式中 P_{maxk}、P_{mink}——吊车最大轮压的标准值、最小轮压标准值（kN）；

Σy_i——与吊车轮子相对应的支座反力影响线上的竖标，可按图9-16所示的几何关系求得；

β——多台吊车的荷载折减系数，取 0.8～0.95，详见《荷载规范》。

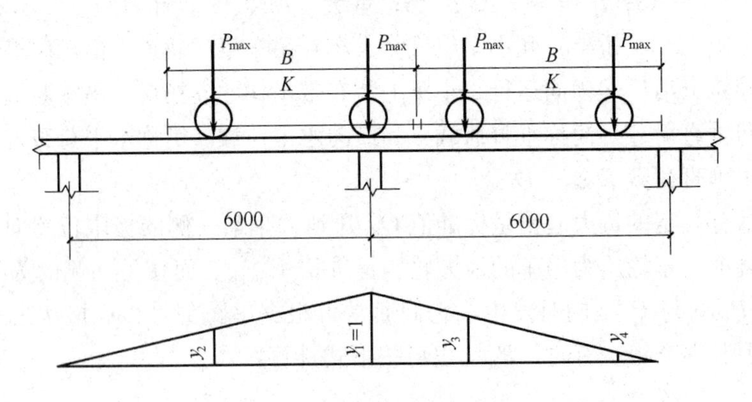

图 9-16 吊车梁支座反力影响线

当计算吊车梁及其连接的承载力时，吊车竖向荷载应乘以动力系数 1.05～1.1，详见《荷载规范》。

将吊车垂直荷载标准值D_{maxk}和D_{mink}乘以可变荷载系数，便得到其设计值D_{max}和D_{min}。

当厂房内有多台吊车时，《荷载规范》规定：一般单跨厂房按不多于两台吊车计算排架上的吊车垂直荷载；当考虑多跨厂房中柱时，一般按不多于四台吊车进行计算；当某跨近期及远期均肯定只设一台吊车时，该跨方可按一台吊车考虑。

（2）吊车横向水平荷载T_{max}

当吊车吊起重物小车在运行中突然刹车时，由于重物和小车的惯性将产生一个横向水平制动力，这个力通过吊车两侧的轮子及轨道传给两侧的吊车梁并最终传给两侧的柱。吊车横向水平制动力应按两侧柱的刚度大小分配。为简化计算，《荷载规范》允许近似地平均分配给两侧柱（图 9-17b）。对于四轮吊车，当它满载运行时，每个轮子产生的横向水平制动力的标准值T_k可按下式计算：

$$T_k=\frac{\alpha}{4}(Q_k+g_k)\tag{9-4}$$

式中 Q_k——吊车起重量标准值（kN）；

g_k——小车自重的标准值（kN）；

α——横向制动力系数，对于硬钩吊车 $\alpha=0.2$，对于软钩吊车：

当 $Q_k<100$kN 时，$\alpha=0.12$；

当 $Q_k=150\sim500$kN 时，$\alpha=0.10$；

当 $Q_k\geqslant750$kN 时，$\alpha=0.08$。

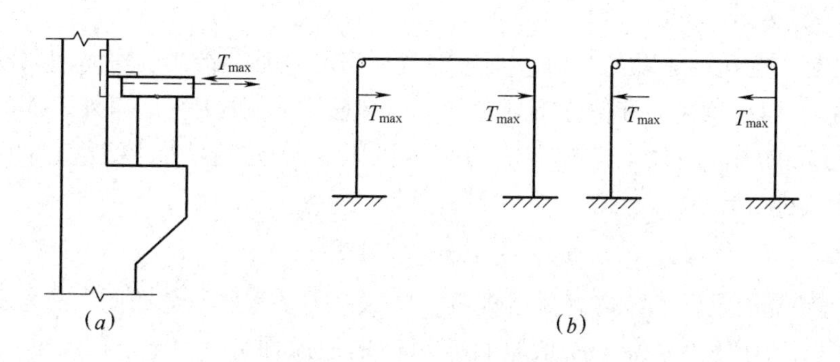

图 9-17 吊车横向水平荷载

（a）T_{max}作用位置；（b）单跨排架的吊车横向荷载

每个轮子传给吊车轨道的横向水平制动力的标准值确定后，便可按与吊车垂直荷载相同的方法来确定最终作用于排架柱上的吊车水平荷载的标准值，两者仅荷载作用方向不同，故

$$T_{maxk}=\beta T_k\sum y_i \tag{9-5a}$$

因各轮子所对应的 y_i 值与吊车垂直荷载情况完全相同，T_{maxk}亦可按下式计算：

$$T_{maxk}=\frac{T_k}{P_{maxk}}D_{maxk} \tag{9-5b}$$

将吊车水平荷载标准值 T_{maxk}乘以可变荷载系数，便得到其设计值 T_{max}。

考虑到小车沿左、右方向行驶时均可能刹车，故 T_{max}的作用方向既可向左又可向右。由于 T 是通过设在吊车梁顶面处的连接件（图 9-17a）传给柱子的，因而 T_{max}可近似地作用于吊车梁顶面标高处。

《荷载规范》规定，在计算吊车横向水平荷载 T_{max}时，无论单跨或多跨厂房，最多考虑两台吊车同时刹车。

（3）吊车纵向水平荷载 T_0

当吊车（大车）沿厂房纵向运行突然刹车时，吊车自重及吊重的惯性将引起吊车纵向制动力，并由吊车两侧的制动轮传至轨道，最后通过吊车梁传给纵向柱列或柱间支撑。

吊车纵向制动力的标准值 T_{0k}可按下式计算：

$$T_{0k}=mT_k=m\frac{nP_{maxk}}{10} \tag{9-6}$$

式中 n——吊车每侧的制动轮数，对于一般四轮吊车，$n=1$；

m——起重量相同的吊车台数，不论单跨或多跨厂房，当 $m>2$ 时，取 $m=2$。

在计算作用于纵向排架的吊车水平荷载时，不论单跨或多跨厂房最多只考虑两台吊车同时刹车。当无柱间支撑时，吊车水平荷载将由同一伸缩缝区段内所有各柱共同负担，按各柱沿厂房纵向的抗侧移刚度大小分配；当设有柱间支撑时，全部纵向水平荷载由柱间支撑承担。

5. 风荷载 w、q、F_w

风是具有一定速度运动的气流，当它遇到厂房受阻时，将在厂房的迎风面产生正压区（风压力），而在背风面和侧面形成负压区（风吸力），作用在厂房外表面的风压力和风吸力 w 与风的吹向一致，其标准值与基本风压 w_0、建筑物的体型和高度等因素有关，可按下式进行计算：

$$w_k=\mu_s\mu_z w_0 \quad (kN/m^2) \tag{9-7}$$

式中 w_0——基本风压值，按《荷载规范》中“全国基本风压分布图”查取；

μ_s——风压体型系数，一般垂直于风向的迎风面 $\mu_s=0.8$，背风面 $\mu_s=-0.5$。各种外形不同的厂房，其风压体型系数见《荷载规范》；

μ_z——风压高度变化系数，其值与地面粗糙度有关，地面粗糙度分 A、B、C、D 四类：

A 类指近海海面、海岛、海岸、湖岸及沙漠地区；

B 类指田野、乡村、丛林、丘陵以及房屋比较稀疏的乡镇和城市郊区。

C 类指有密集建筑群的城市市区。

D 类指有密集建筑群且房屋较高的城市市区。

四类不同地面粗糙度的风压高度变化系数见《荷载规范》，如地面粗糙度为 B 类，离地面高度为 5m、10m、15m 和 20m 时的 μ_z 分别为 1.0、1.0、1.14 和 1.25。

作用于排架柱上的风荷载可视为均布荷载，其风压高度变化系数可按柱顶高度考虑，其标准值按下式计算：

$$q_k=w_k B \tag{9-8}$$

式中 B——计算单元的宽度（m）。

F_w 是柱顶以上墙面和屋面风荷载水平力之和。由于假定排架横梁抗拉压刚度为无穷大的刚杆，因此，可以将柱顶以上屋面风荷载的水平分力之和，视为一集中力作用于同一跨间左边柱或右边柱的柱顶，而忽略在力的平移过程中变形的影响。其风压高度变化系数按下列规定计算：有矩形天窗时，按天窗檐口标高计算；无矩形天窗时，按厂房檐口标高或柱顶标高计算。

风荷载是变向的，既要考虑风从左边吹来的受力情况，又要考虑风从右边吹来的受力情况。

三、排架的内力计算

在进行排架内力分析之前，首先要确定在排架上有哪几种可能单独考虑的荷载情况。

以单跨排架为例，若不考虑地震作用，可能有如下 8 种单独考虑的荷载情况：

情况 1　恒荷载（G_1、G_2、G_3、G_4 及 G_5）；

情况 2　屋面活荷载（Q_r）；

情况 3　吊车垂直荷载 D_{max} 作用在左柱（D_{min} 作用在右柱）；

情况 4　吊车垂直荷载 D_{min} 作用在左柱（D_{max} 作用在右柱）；

情况 5　吊车水平荷载 T_{max} 作用在左、右柱，方向从左向右；

情况 6　吊车水平荷载 T_{max} 作用在左、右柱，方向从右向左；

情况 7　风荷载从左向右作用；

情况 8　风荷载从右向左作用。

需要单独考虑的荷载情况确定之后，即可对每种荷载情况利用结构力学的方法进行排架内力计算。下面以单跨排架为例简要介绍排架内力的计算方法。

1. 单跨排架在恒荷载及屋面活荷载作用下的内力计算

单跨排架在恒荷载作用下，一般属于结构对称、荷载对称的情况，因此，在恒荷载 G_1、G_2、G_3、G_4 及 G_5 作用下，可按图9-18 的简图计算。考虑到厂房结构构件安装顺序，吊车梁和柱等构件是在屋架（或屋面梁）未吊装之前就位的，这时排架尚未形成。因此，对吊车梁和柱自重可不按排架计算，而按图 9-18（b）所示的悬臂柱分析内力。由于按图 9-18（b）和图9-18（a）计算在作用下柱的内力，对总的结果影响很小，在设计中两者均有采用，但按图 9-18（b）中 G_2、G_3、G_4 计算较为简便和符合实际受力情况。

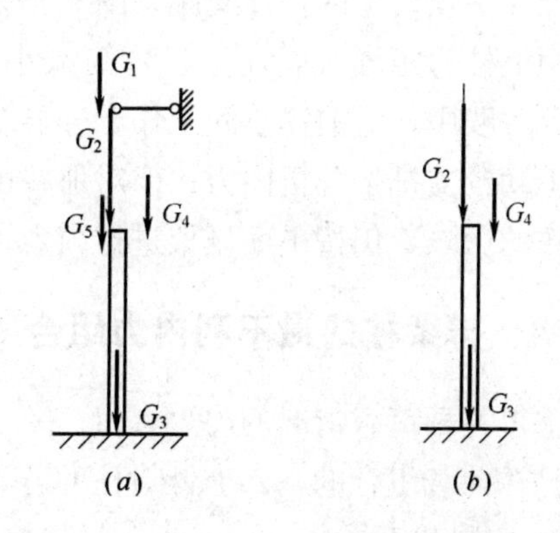

图 9-18　排架柱在恒载作用下的计算简图

（a）上端不动铰支下端嵌固的柱；

（b）悬臂柱

在屋面活荷载作用下的内力计算与恒荷载 G_1 作用下的内力计算方法相同。

2. 在风荷载及吊车荷载作用下的排架的内力计算

在风荷载以及吊车荷载作用下的排架，一般按照柱顶为可动铰支或弹性支承铰支的排架进行内力计算，见图 9-19a、b。

（1）风荷载（q、F_w）

在风荷载（q、F_w）作用下，排架柱顶可视为可动铰支（图 9-19a）。内力计算方法可采用结构力学中的剪力分配法。

（2）吊车荷载（D_{max}、D_{min} 和 T_{max}）

吊车荷载为厂房中的一种局部荷载，原则上可考虑厂房的空间工作，但对于下列情况排架计算不考虑空间作用：

情况 1　当厂房仅一端有山墙或两端均无山墙，且厂房长度小于 36m 时；

情况 2　天窗跨度大于厂房跨度的 1/2，或天窗布置使厂房屋盖沿纵向不连续时；

情况 3　厂房柱距大于 12m 时（包括一般柱距小于 12m，但有个别柱距不等，且最

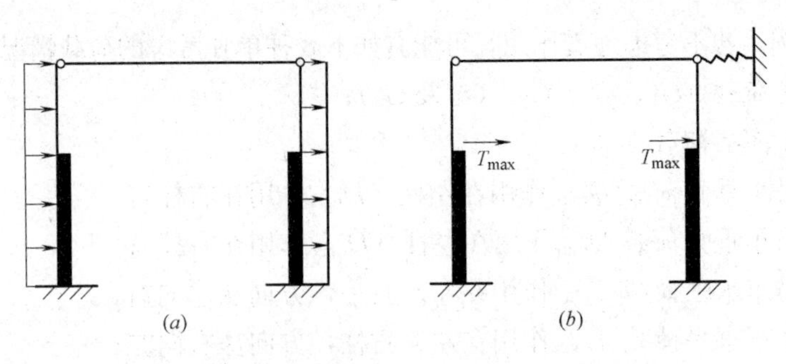

图 9-19　排架在风荷载和吊车荷载下的计算简图

（a）可动铰支；（b）弹性支承铰支

大柱距超过 12m 的情况）；

情况 4　当屋架下弦为柔性拉杆时。

如在柱顶设置的弹性支座（图 9-19b）来考虑厂房的空间作用，计算表明，考虑空间作用上柱弯矩增加，而下柱弯矩减小，总用钢量有所降低（约 5%～20%）。目前，在设计实践中，对前述空间工作十分显著的厂房结构，考虑了厂房空间工作影响，按柱顶为不动铰支排架分析内力；但对那些可按柱顶为弹性支座的厂房结构，多数未考虑空间工作的影响，仍按平面排架进行内力计算。

四、排架柱的最不利内力组合

求得各种荷载情况的内力（M、N）后，即可进行排架柱的最不利内力组合。内力组合是在荷载组合的基础上针对柱的若干控制截面进行的。

1. 控制截面

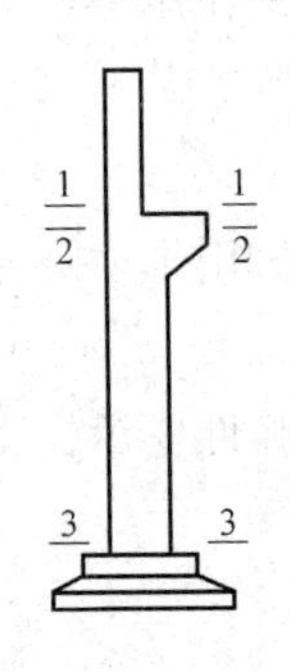

图 9-20　排架柱的控制截面

在一般单阶柱厂房中，由各种荷载作用引起的上柱弯矩最大值一般都发生在其底部截面（与牛腿顶面相邻的截面）；对下柱一般多发生在其顶部截面（牛腿顶面）和底部截面（基础顶面）。考虑到单层厂房柱在上、下柱两段范围内配筋一般都不变化，因此，在设计中都取上柱底部截面（截面 1—1）、下柱顶部截面（截面 2—2）和下柱底部截面（截面 3—3）这三个截面作为柱设计的控制截面（图 9-20），并根据这些控制截面的最不利内力组合值确定上、下柱的配筋。

2. 荷载组合

作用在排架上的各种荷载，除自重外，其他荷载均为可变荷载。它们可能同时出现，有的并达到其最大值，但其组合内力并不一定是最不利的，因为它们对排架的作用可能互相抵消。它们同时达到最大值也几乎是不可能的。如 50 年一遇的大风与 50 年一遇的大雪几乎不可能同时出现，50 年一遇的大风与吊车满载刹车同时发生的概率也是极小的。因此《荷载规范》规定，在进行最不利内力组合时，对一般排架结构，当有两个或两个以上的可变荷载参与组合时，荷载组合系数取 0.9；仅有一个可变荷载时荷载组合系数取 1.0。

在恒荷载、屋面活荷载、吊车荷载和风荷载作用下的排架结构，对于每一个控制截面上的不利内力，可能出现七种荷载组合情况：

情况 1　恒荷载＋0.9×(屋面活荷载＋吊车荷载＋风荷载)

情况 2　恒荷载＋0.9×(吊车荷载＋风荷载)

情况 3　恒荷载＋0.9×(屋面活荷载＋吊车荷载)

情况 4　恒荷载＋0.9×(屋面活荷载＋风荷载)

情况 5　恒荷载＋风荷载

情况 6　恒荷载＋吊车荷载

情况 7　恒荷载＋屋面活荷载

3. 最不利内力组合

对于矩形、工字形截面柱的每一控制截面，一般应考虑下列四种不利内力组合：

1）M_{max}及相应的 N、V；

2）$-M_{max}$及相应的 N、V；

3）N_{max}及相应的 M、V；

4）N_{min}及相应的 M、V。

在以上四种内力组合中，第 1、2、4 组是以构件可能出现大偏心受压破坏进行组合的；第 3 组则是从构件可能出现小偏心受压破坏进行组合的。全部内力组合使柱避免出现任何一种形式破坏。计算表明，在以上四种组合之外，还可能存在更不利的内力组合。但工程实践经验表明，按上述四种内力组合确定柱的最不利内力，结构的安全性一般可以得到保证。

对于有吊车厂房，内力组合 1 和 2 往往由荷载组合情况 1 和 2 确定，内力组合 3 由荷载组合情况 3 求得，而内力组合 4 则由荷载组合情况 5 得到。

对于无吊车厂房，内力组合 1 和 2 往往由荷载组合情况 4、5 或 7 确定，内力组合 3 由荷载组合情况 7 求得，而内力组合 4 由荷载组合情况 5 得到。

在进行控制截面的最不利内力组合时，应遵守最不利而又是可能的这一总原则，具体应遵从和注意以下各点：

1）组合中的第一个内力为主要内力，应保证其目标的实现；

2）任一组合中都必须包括由恒荷载引起的内力；

3）D_{max}作用在左柱与 D_{max}作用在右柱两种情况不可能同时出现，只能选择其中一种情况参加组合；

4）T_{max}的作用必须与 D_{max}的作用同时考虑，因为有 T_{max}必有 D_{max}，T_{max}向左与向右视需要择一参加组合；

5）对于有多台吊车的厂房，《荷载规范》规定：吊车垂直荷载，对一层吊车的单跨厂房最多只考虑两台吊车，多跨厂房最多不多于四台，吊车横向水平荷载，无论单跨还是多跨厂房最多只考虑两台。考虑到多台吊车同时满载的可能性极小，故《荷载规范》又规定：多台吊车引起的内力参加组合时，各种吊车荷载情况的内力应予折减，两台吊车参加组合时，对于 $A_1 \sim A_5$ 工作级别吊车，折减系数取 0.9；对于 $A_6 \sim A_8$ 工作级别吊车，取 0.95；当四台吊车参加组合时，对 $A_1 \sim A_5$ 工作级别吊车，折减系数取 0.8；对于 $A_6 \sim A_8$ 工作级别吊车，取 0.85；

6）风荷载可能从左、右两个方向作用于厂房，只能择一组合，不可同时考虑；

7）屋面活荷载按最不利原则考虑；

8）组合 N_{min} 时，对于 $N=0$ 的风荷载也应考虑组合。

此外，对称配筋的柱、内力组合（1）和（2）可合并为 $|M_{max}|$ 与相应的 N 和 V。对于 1—1 和 2—2 控制截面内力一般只组合 M 和 N，对于 3—3 截面为设计基础，除组合 M、N 外，还要组合 V。对于 $e_0 > 0.55h_0$ 的柱，为验算裂缝宽度，作用于排架上的荷载还应进行标准组合计算。对于需要进行变形验算的单层厂房，传至基础底面上的荷载应按准永久组合，不应计入风荷载和地震作用，吊车荷载一般也可不予考虑。

第五节　单层厂房柱设计

由于生产工艺要求不同，厂房的高度、跨度、跨数、剖面形状和吊车起重量也各不相同，因而要使单层厂房柱完全定型化和标准化是极其困难的。目前，虽然对常用的、柱顶标高不超过 13.2m、跨度不超过 24m、吊车起重量不超过 300kN 和单跨、等高双跨、等高三跨和不等高三跨厂房柱给出了标准设计图集，但在许多情况下设计者要自行设计。

一、柱的截面形式及截面尺寸

柱是单层厂房中的主要承重构件。常用柱的形式有矩形、I 形截面柱以及双肢柱等。当厂房跨度、高度和吊车起重量不大，柱的截面尺寸较小时，多采用矩形或 I 形截面柱（图9-21*a*、*b*），而当跨度、高度、起重量较大，柱的截面尺寸也较大时，宜采用平腹杆或斜腹杆双肢柱（图 9-21*c*、*d*），亦可采用管柱（图 9-21*e*）。设计时可根据柱截面高度 h 之值参考下列限制选择柱形：

当 $h \leqslant 500$mm 时，采用矩形截面柱；

当 $h=600 \sim 800$mm 时，采用矩形或 I 形截面柱；

当 $h=900 \sim 1200$mm 时，采用 I 形截面柱；

当 $h=1300 \sim 1500$mm 时，采用 I 形截面柱或双肢柱；

当 $h \geqslant 1600$mm 时，采用双肢柱。

应该指出，柱形的选择还应根据厂房的具体条件灵活考虑。如有的厂房为方便布置管道，柱截面高度为 800～1000mm 也采用平腹杆双肢柱。有的重型厂房，为提高柱的抗撞击能力，柱截面高度为 1000～1300mm 却采用矩形截面。

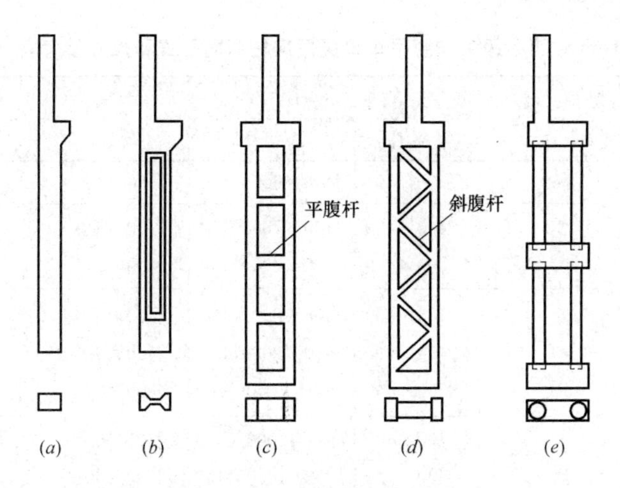

图 9-21 柱的截面形式

(a) 矩形；(b) I 形；(c) 平腹杆双肢形；(d) 斜腹杆双肢形；(e) 管形

柱距 6m 的矩形或 I 形截面柱最小截面尺寸的限值 **表 9-1**

柱的类型	b	h		
		$Q_k \leqslant 100$kN	$100\text{kN} < Q_k < 300$kN	$300\text{kN} < Q_k < 500$kN
有吊车厂房下柱	$>H_l/25$	$>H_l/14$	$>H_l/12$	$>H_l/10$
露天吊车柱	$>H_l/25$	$>H_l/10$	$>H_l/8$	$>H_l/7$
单跨无吊车厂房柱	$>H/30$	$>1.5H/25$（或 $0.06H$）		
多跨无吊车厂房柱	$>H/30$	$>H/20$		
仅承受风载与自重的山墙抗风柱	$>H_b/40$	$>H_l/25$		
同时承受由连系梁传来山墙重的山墙抗风柱	$>H_b/30$	$>H_l/25$		

注：H_l—下柱高度（牛腿顶面算至基础顶面）；

H—柱全高（柱顶算至基础顶面）；

H_b—山墙抗风柱从基础顶面至柱平面外（宽度）方向支撑点的高度。

柱截面尺寸不仅要满足结构承载力的要求，而且还应使柱具有足够的刚度，保证厂房在正常使用过程中不出现过大的变形，以免吊车运行时卡轨，使吊车轮与轨道磨损严重以及墙体开裂等。因此，柱的截面尺寸不应太小。表 9-1 列出柱距 6m 的单跨或多跨厂房矩形或 I 形截面柱最小截面尺寸的限值，该限值如能满足，对一般厂房，柱的刚度便可保证，厂房的侧移可满足《混凝土规范》规定的要求。

表 9-2 根据设计经验列出单层厂房柱常用的截面形式及尺寸，可供设计时参考。

柱的截面形式和尺寸按前所述方法确定后，主要任务是进行柱的截面配筋计算（包括使用阶段和施工阶段的计算）以及柱牛腿设计。

6m柱距中级工作制吊车单层厂房柱截面形式和尺寸参考表　　表9-2

吊车起重量(kN)	轨顶标高(m)	边柱		中柱	
		上柱	下柱	上柱	下柱
≤50	6～8	□400×400	I400×600×100	□400×400	I400×600×100
100	8	□400×400	I400×700×100	□400×600	I400×800×150
	10	□400×400	I400×800×150	□400×600	I400×800×150
150～200	8	□400×400	I400×800×150	□400×600	I400×800×150
	10	□400×400	I400×900×150	□400×600	I400×1000×150
	12	□500×400	I500×1000×200	□500×600	I500×1200×200
300	8	□400×400	I400×1000×150	□400×600	I400×1000×150
	10	□400×500	I400×1000×150	□500×600	I500×1200×200
	12	□500×500	I500×1000×200	□500×600	I500×1200×200
	14	□600×500	I600×1200×200	□600×600	I600×1200×200
500	10	□500×500	I500×1200×200	□500×700	双500×1600×300
	12	□500×600	I500×1400×200	□500×700	双500×1600×300
	14	□600×600	I600×1400×200	□600×700	双600×1800×300

注：□—矩形截面 $h \times h$；

I—工字形截面 $b \times h \times h_f$；

双—双肢柱 $b \times h \times h_c$，b、h 为双肢柱截面宽和高，h_c 为单肢截面高度。

二、柱截面配筋计算

1. 使用阶段计算要点

（1）截面尺寸

截面1—1用上柱的截面尺寸，且通常为矩形；截面2—2、3—3用下柱的截面尺寸，通常为I形。

（2）材料

混凝土强度等级为C20、C30和C40，对于柱以采用较高强度等级的混凝土为宜，柱中钢筋，纵向受力钢筋通常采用HRB335或HRB400级钢筋，高强度钢筋在非预应力混凝土柱中，其强度由于不能充分利用，故不宜采用；横向箍筋一般采用HPB300级钢筋。

（3）内力组合的取舍

装配式钢筋混凝土厂房结构中的柱常采用对称配筋，故其不利内力组合可简化为 $|M_{max}|$ 及相应的 N、V，N_{max} 及相应的 M、V 和 N_{min} 及相应的 M、V 三种。根据偏心受压构件 $\eta M—N$ 的相关曲线可知：对于大偏心受压，当 ηM 相等或相近，N 小者不利；对于小偏心受压，当 ηM 相等或相近，N 大者不利；在任何情况下，N 相等或相近，ηM 大者为不利。根据上述原则，可舍弃部分内力组。

（4）截面配筋

确定偏心距增大系数 η 和稳定系数 φ 需要的单层厂房柱的计算长度 l_0 见表9-3，然后按第六章所述方法进行截面配筋计算。

采用刚性屋盖的单层工业厂房柱、露天吊车柱和栈桥柱的计算长度 l_0 **表 9-3**

项次	柱的类型		排架方向	垂直排架方向	
				有柱间支撑	无柱间支撑
1	无吊车厂房柱	单跨	$1.5H$	1.0	$1.2H$
		两跨及多跨	$1.25H$	$1.0H$	$1.2H$
2	有吊车厂房柱	上柱	$2.0H_u$	$1.25H_u$	$1.5H_u$
		下柱	$1.0H_l$	$0.8H_l$	$1.0H_l$
3	露天吊车柱和栈桥柱		$2.0H_l$	$1.0H_l$	—

注：1. 表中：H——从基础顶面算起的柱全高；H_l——从基础顶面至装配式吊车梁原因或现浇式吊车梁顶面的柱下部高度；H_u——从装配式吊车梁底面或从现浇式吊车梁顶面算起的柱上部高度。

2. 表中有吊车厂房的柱的计算长度，当计算中不考虑吊车荷载时，可按无吊车厂房采用。但上柱的计算长度仍按有吊车厂房采用。

3. 表中有吊车厂房柱，在排架方向上柱的计算长度，仅适用于 $H_u/H_l \geqslant 0.3$ 的情况；当 $H_u/H_l < 0.3$时，宜采用 $2.5H_u$。

2. 施工阶段验算要点

对于钢筋混凝土预制柱，在施工阶段的验算一般是指对吊装过程中的验算。吊装可以采用平吊也可以采用翻身吊。当柱中配筋能满足运输、吊装时的承载力和裂缝的要求时，宜采用平吊，以简化施工。但是，当平吊需增加柱中配筋时，则宜考虑改用翻身吊。

无论是平吊还是翻身吊，柱子的吊点一般都设在牛腿的下边缘处，其计算简图如图 9-22 所示。

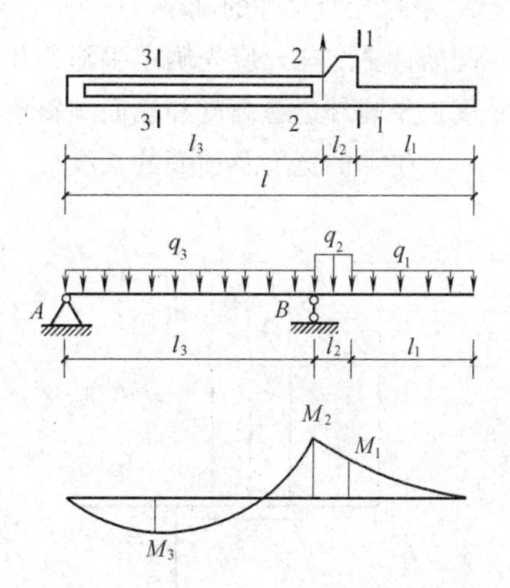

图 9-22 吊装时柱的计算简图及弯矩图

考虑到起吊时的动力作用，柱的自重须乘以 1.5 的动力系数。当采用翻身吊时，截面的受力方向与使用阶段的一致，因而承载力和裂缝均能满足要求，一般不必进行验算。当平吊时，截面的受力方向是柱的弯矩作用平面外方向，截面有效高度大为减小，受力钢筋数量也与使用阶段不同，故应另行计算。

柱在施工阶段的验算，按第四章受弯构件的公式进行，但安全等级可降低一级。柱在施工阶段的弯矩图及控制截面如图 9-22 所示。

三、牛腿设计

根据牛腿上垂直荷载（如 D_{max}、G_4）作用点到牛腿根部的水平距离 a 与牛腿有效

高度 h_0 的比值（即牛腿的剪跨比）不同，可将牛腿划分为长牛腿和短牛腿两种。比值 $a/h_0 \leqslant 1$ 时为短牛腿（图 9-23*a*）；比值 $a/h_0 > 1$ 时为长牛腿（图9-23*b*）。后者的受力特点与悬臂梁极为接近，可按悬臂梁的受弯和受剪进行设计计算。故下面仅介绍短牛腿的设计方法。

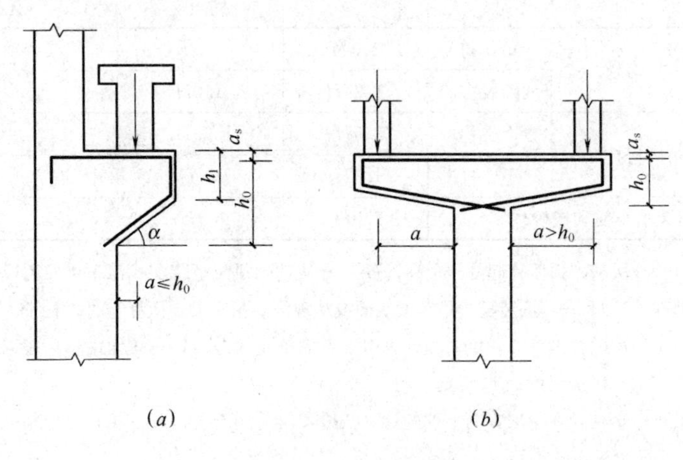

图 9-23　牛腿的类型

（*a*）短牛腿；（*b*）长牛腿

1. 牛腿几何尺寸的确定

配筋计算之前，应先确定牛腿的几何尺寸。牛腿的几何尺寸包括牛腿的宽度及顶面的长度，牛腿外边缘高度和底面倾斜角度以及牛腿的总高度。

（1）牛腿的宽度及顶面的长度

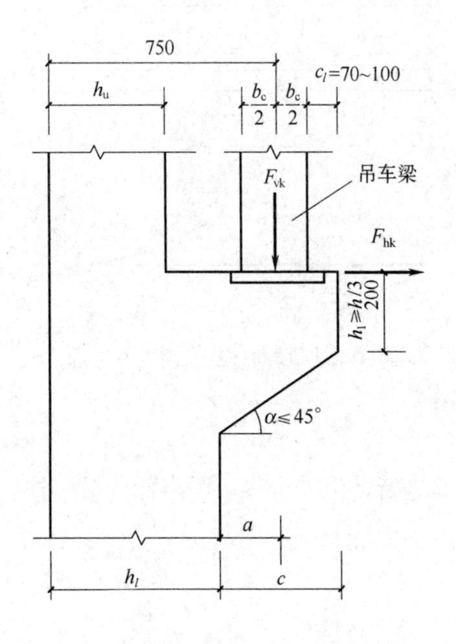

图 9-24　牛腿截面尺寸

牛腿的宽度与柱宽相等。牛腿顶面的长度与吊车梁中线的位置、吊车梁端部的宽度以及吊车梁至牛腿端部的距离 c_l 有关。一般吊车梁的中线到上柱外边缘的水平距离为 750mm，吊车梁的宽度可由采用的标准图集查得，而吊车梁至牛腿端部的水平距离 c_l 通常为 70～100mm（图 9-24）。由此，牛腿顶面的长度即不难确定。

（2）牛腿外边缘高度和底面倾斜角度

为避免牛腿端部截面过小，防止造成不正常的破坏，《混凝土规范》规定，牛腿外边缘的高度 h_1 要求不小于 $h/3$（h 为牛腿总高），且不小于 200mm；底面倾角 α 要求不大于 45°。设计中，一般可取 $h_1 = 200 \sim 300$mm，$\alpha = 45°$，即可初定牛腿的总高 h。

(3) 牛腿的总高度

牛腿的总高度 h 由斜截面裂缝控制要求确定。为使牛腿在正常使用阶段不开裂，应对前述由构造要求初定的牛腿总高度 h 按下式进行验算：

$$F_{vk}\leqslant\beta\left(1-0.5\frac{F_{hk}}{F_{vk}}\right)\frac{f_{tk}bh_0}{0.5+\dfrac{a}{h_0}} \tag{9-9}$$

式中 F_{vk}——作用于牛腿顶面按荷载标准组合计算的竖向力值；

F_{hk}——作用于牛腿顶面按荷载标准组合计算的水平拉力值；

β——裂缝控制系数：对支承吊车梁的牛腿，取 $\beta=0.65$；对其他牛腿，取 $\beta=0.80$；

a——竖向力作用点至下柱边缘的水平距离，此时，应考虑安装偏差 20mm；竖向力的作用点考虑偏差后仍位于下柱截面以内时，取 $a=0$；

b——牛腿宽度；

h_0——牛腿与下柱交接处的垂直截面有效高度，取 $h_0=h-a_s$。

2. 牛腿的配筋计算与构造

试验表明，牛腿在即将破坏时的工作状况接近于一三角形桁架（图 9-25），其水平拉杆由纵向受拉钢筋组成，斜压杆由竖向力作用点与牛腿根部之间的混凝土组成。斜压杆的承载力主要取决于混凝土的强度等级，与水平箍筋和弯起钢筋没有直接关系。在试验分析和多年设计经验和工程实践的基础上，《混凝土规范》认为，只要牛腿中按构造要求配置一定数量的箍筋和弯筋，斜截面承载力即可保证。因此，牛腿的配筋计算。归结于对三角形桁架拉杆——牛腿顶面的纵向受力钢筋的计算。

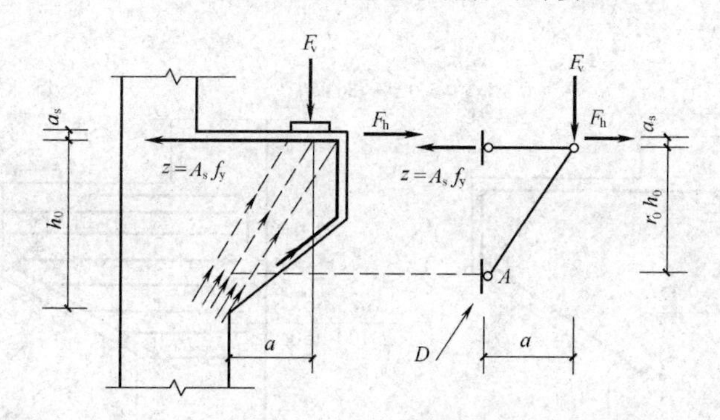

图 9-25 牛腿的计算简图

由 $\Sigma M=0$ 得

$$F_v a+F_h(\gamma_s h_0+a_s)=A_s f_y\gamma_s h_0$$

由上式可知，牛腿的纵向受力钢筋由承受竖向力所需的受拉钢筋和承受水平拉力所需的水平锚筋组成，其总面积 A_s 应按下式计算：

$$A_s\geqslant\frac{F_v a}{f_y\gamma_s h_0}+\frac{F_h(\gamma_s h_0+a_s)}{f_y\gamma_s h_0}$$

《混凝土规范》取 $\gamma_s=0.85$，$\frac{\gamma_s h_0+a_s}{\gamma_s h_0}\approx 1.2$，上式可表达为：

$$A_s \geqslant \frac{F_v a}{0.85 f_y h_0}+1.2\frac{F_h}{f_y} \tag{9-10}$$

式中 F_v——作用在牛腿顶部的竖向力设计值；

F_h——作用在牛腿顶部的水平拉力设计值；

a——竖向力 F_v 作用点至下柱边缘的水平距离，当 $a<0.3h_0$ 时，取 $a=0.3h_0$。

牛腿纵向受力钢筋的总面积除按式（9-10）计算配筋外，尚应满足下列构造要求：纵向受力钢筋宜采用 HRB335 或 HRB400 钢筋，并有足够的钢筋抗拉强度充分利用时的锚固长度；承受竖向力所需的纵向受拉钢筋的配筋率不应小于 0.2%及 $0.45f_t/f_y$，也不宜大于 0.6%，且根数不宜少于 4 根，直径不宜小于 12mm（图 9-26a），纵向受拉钢筋不得下弯兼作弯起钢筋用。承受水平拉力的水平锚筋应焊在预埋件上；直径不应小于 12mm，且不少于 2 根。

牛腿还应按《混凝土规范》规定的构造要求设置水平箍筋，以便形成骨架和限制斜裂缝开展。水平箍筋直径宜取 6～12mm，间距为 100～150mm，且在上部 $2h_0/3$ 高度范围内的水平箍筋的总面积不宜小于纵向受拉钢筋截面面积 A_s（不计入水平拉力所需的纵向受拉钢筋）的 1/2。

当牛腿的剪跨比 $a/h_0\geqslant 0.3$ 时宜设置弯起钢筋。弯起钢筋宜采用 HRB400 或 HRB500 钢筋，并宜使其与集中荷载作用点到牛腿斜边下端点连线的交点位于牛腿上部 $l/6$ 至 $l/2$ 之间的范围内（图 9-26b），其截面面积不宜小于纵向受拉钢筋截面面积 A_s（不计入水平拉力所需的纵向受拉钢筋）的 1/2，其根数不宜少于 2 根，直径不应小于 12mm。

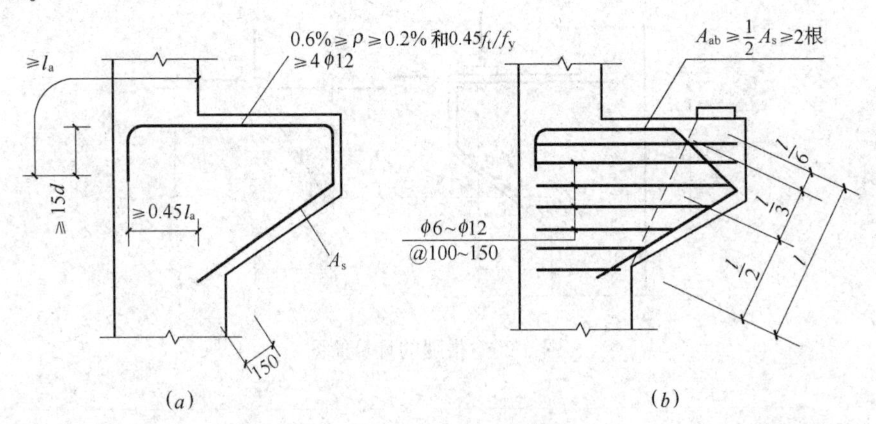

图 9-26 牛腿配筋构造

（a）纵向受力钢筋；（b）箍筋与弯起钢筋

3. 局部受压验算

垫板下局部受压验算可按下式进行：

$$\sigma=\frac{F_{vk}}{A}\leqslant 0.75f_c \tag{9-11}$$

式中 A——局部受压面积，$A=ab$，其中 a、b 分别为垫板的长和宽。

当式（9-11）不能满足时，应采取必要措施，如加大受压面积，提高混凝土强度等级或在牛腿中加配钢筋网等。

第六节 几种承重构件的选型

钢筋混凝土单层厂房结构的构件，除柱和基础外，一般都可以根据工程的具体情况，从工业厂房结构构件标准图集中选择合适的标准构件。以下介绍几种主要承重构件的选型。

一、屋面板

在单层厂房中的屋面板的造价和材料用量均最大，它既承重又起围护作用。屋面板在厂房中比较常用的形式有：预应力混凝土大型屋面板、预应力混凝土F形屋面板、预应力混凝土单肋板、预应力混凝土空心板等（图9-27）。它们都适用于无檩体系。小型屋面板（如预应力混凝土槽瓦）、瓦材用于有檩体系。

预应力混凝土大型屋面板（图9-27*a*）由纵肋、横肋和面板组成。由这种屋面板组成的屋面水平刚度好，适用于柱距为6m或9m的大多数厂房，以及振动较大、对屋面刚度要求较高的车间。

预应力混凝土F形屋面板（图9-27*b*）由纵肋、横肋和带悬挑的面板组成。板沿纵向互相搭接，横缝及脊缝加盖瓦和脊瓦，屋面用料省，但屋面水平刚度及防水效果不如预应力混凝土大型屋面板，适用于跨度、荷载较小的非保温屋面，不宜用于对屋面刚度及防水要求高的厂房。

预应力混凝土单肋板（图9-27*c*）由单根纵肋、横肋及面板组成。与F形板类似，板沿纵向互相搭接，横缝及脊缝加盖瓦和脊瓦。屋面用料省但刚度差，适用于跨度和荷载较小的非保温屋面，而不宜用于对屋面刚度和防水要求高的厂房。

预应力混凝土空心板（图9-27*d*）广泛用于楼盖，也可作为屋面板用于柱距为4m左右的车间和仓库。

二、屋面梁和屋架

屋面梁和屋架是厂房结构最主要的承重构件之一，它除承受屋面板传来的荷载及其自重外，有时还承受悬挂吊车、高架管道等荷载。

屋面梁常用的有预应力混凝土单坡或双坡薄腹I形梁及空腹梁（图9-28*a*、*b*、*c*）。这种梁式结构，便于制作和安装，但自重大、费材料，适用于跨度不大（18m和18m以下）、有较大振动或有腐蚀性介质的厂房。

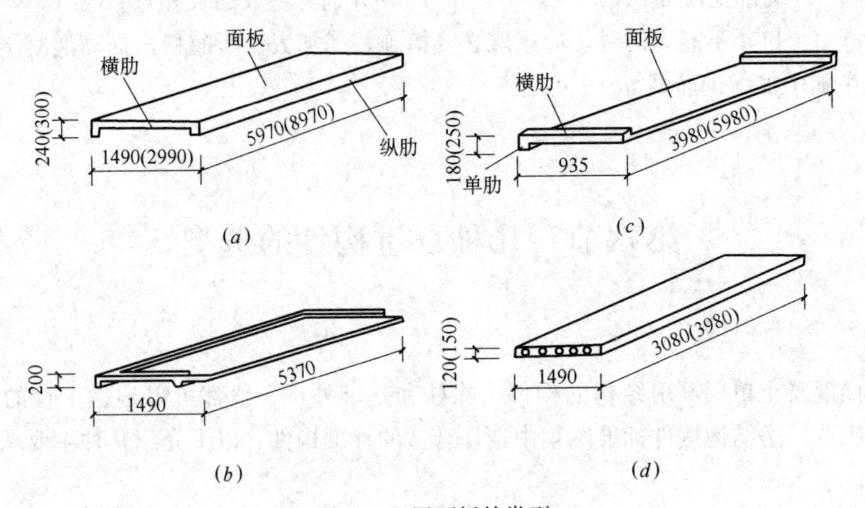

图 9-27　屋面板的类型

（*a*）预应力混凝土大型屋面板；（*b*）预应力混凝土 F 形板；

（*c*）预应力混凝土单肋板；（*d*）预应力混凝土空心板

屋架可做成拱式和桁架式两种。拱式屋架常用的有钢筋混凝土两铰拱屋架（图 9-28*d*），其上弦为钢筋混凝土，而下弦为角钢。若顶节点做成铰接，则为三铰拱屋架

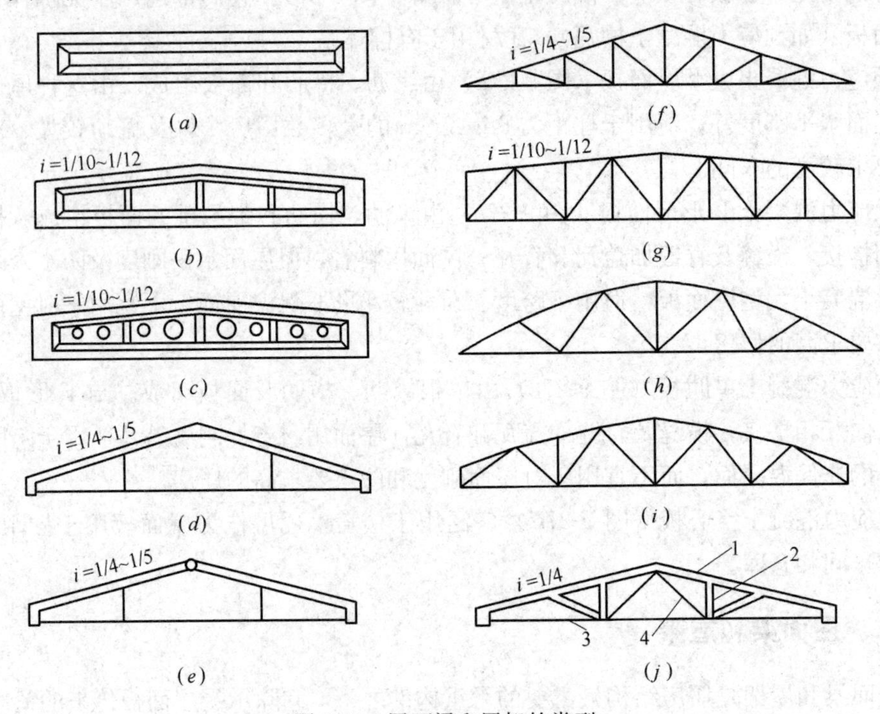

图 9-28　屋面梁和屋架的类型

（*a*）单坡屋面梁；（*b*）双坡屋面梁；（*c*）空腹屋面梁；（*d*）两铰拱屋架，（*e*）三铰拱屋架；

（*f*）三角形屋架；（*g*）梯形屋架；（*h*）拱形屋架；（*i*）折线形屋架；（*j*）组合屋架

1、2—钢筋混凝土上弦及压腹杆；3、4—钢下弦及拉腹杆

（图 9-28e）。这种屋架构造简单，自重较轻，但下弦刚度小，适用于跨度为 15m 和 15m 以下的厂房。三铰拱屋架，如上弦做成先张法预应力混凝土构件，下弦仍为角钢，即成为预应力混凝土三铰拱屋架，其跨度可达到 18m。

桁架式屋架有三角形、梯形、拱形和折线形等多种（图 9-28f、g、h、i）。三角形屋架，上、下弦杆内力不均匀，腹杆内力亦较大，因而自重较大，一般不宜采用。预应力混凝土梯形屋架，由于刚度好，屋面坡度平缓$\left(\frac{1}{12}\sim\frac{1}{10}\right)$，适用于卷材防水的大型、高温及采用井式或横向天窗的厂房。

预应力拱形屋架，外形合理，可使上、下弦杆受力均匀，腹杆内力亦小，因而自重轻，可用于跨度 18～36m 的厂房。这种屋架由于端部坡度太陡，屋面施工较为困难。因此，在厂房中广泛采用端部加高的外形接近拱形的预应力混凝土折线形屋架（图 9-28i）。当桁架式屋架跨度较小（18m 以内），也可采用三角形组合屋架（图 9-28j）。

三、吊车梁

吊车梁是有吊车厂房的重要构件，它承受吊车荷载（竖向荷载及纵、横向水平制动力）、吊车轨道及吊车梁自重，并将这些力传给厂房柱。

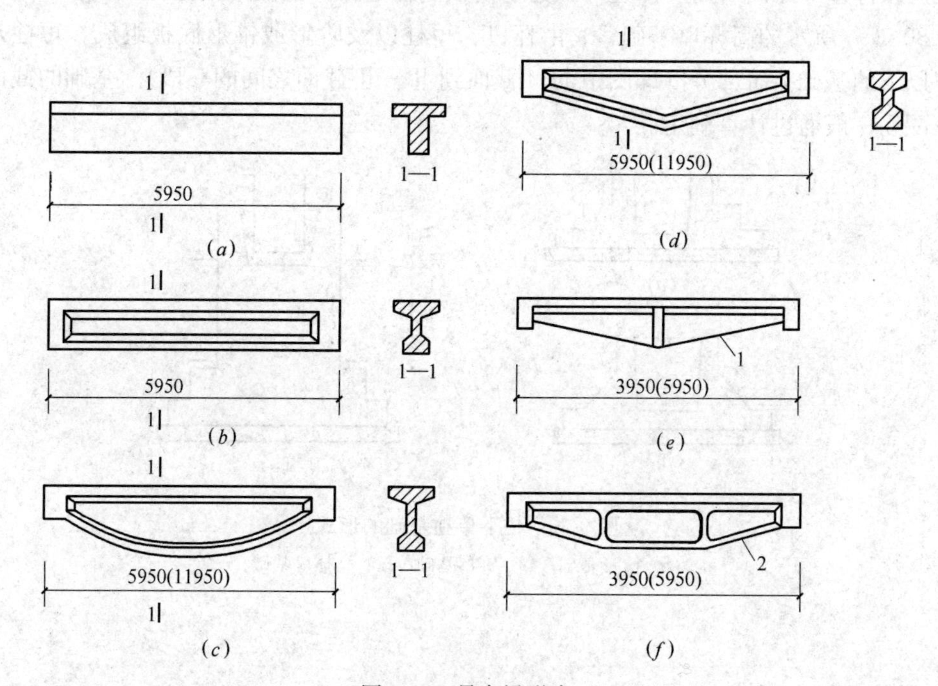

图 9-29 吊车梁形式

（a）厚腹吊车梁；（b）薄膜吊车梁；（c）鱼腹式吊车梁；（d）折线形吊车梁；（e）、（f）桁架式吊车梁

1—钢下弦；2—钢筋混凝土下弦

吊车梁通常做成 T 形截面，以便在其上安放吊车轨道。腹板如采用厚腹的，可做成等截面梁（图 9-29a），如采用薄腹的，则腹板在梁端局部加厚，为便于布筋采用 I 形截面（图 9-29b）。厚腹和薄腹吊车梁，均可做成普通钢筋混凝土与预应力混凝土的。跨

度一般为 6m，吊车最大起重量则视吊车工作制的不同而有所区别。以等截面厚腹普通钢筋混凝土吊车梁为例，对轻级工作制吊车起重量最大可达 750kN，中级工作制最大起重量为 300kN，而重级工作制最大起重量为 200kN。由于预应力可提高吊车梁的抗疲劳性能，因此，预应力混凝土吊车梁重级工作制最大起重量也可达 750kN。

根据简支吊车梁弯矩包络图跨中弯矩最大的特点，也可做成变高度的吊车梁，如预应力混凝土鱼腹式吊车梁（图9-29*c*）和预应力混凝土折线式吊车梁（图9-29*d*）。这种吊车梁外形合理，但施工较麻烦，故多用于起重量大（100～1200kN）、柱距大（6～12m）的工业厂房。对于柱距 4～6m、起重量不大于 50kN 的轻型厂房，也可采用结构轻巧的桁架式吊车梁（图 9-29*e*、*f*）。

四、基础

柱下单独基础，按施工方法可分为预制柱下基础和现浇柱下基础。现浇柱下基础通常用于多层现浇框架结构，预制柱下基础则用于装配式单层厂房结构。单层厂房柱下基础常用的形式是单独基础。这种基础有阶形和锥形两种（图 9-30*a*、*b*）。由于它们与预制柱的连接部分做成杯口，故统称为杯形基础。当柱下基础与设备基础或地坑冲突，以及地质条件差等原因，需要深埋时，为不使预制柱过长，且能与其他柱长一致，可做成图 9-30（*c*）所示的高杯口基础，它由杯口、短柱以及阶形或锥形底板组成。短柱是指杯口以下的基础上阶部分（即图中 I—I 截面到 Ⅱ—Ⅱ 截面之间的一段）。基础的截面尺寸及配筋一般通过计算确定。

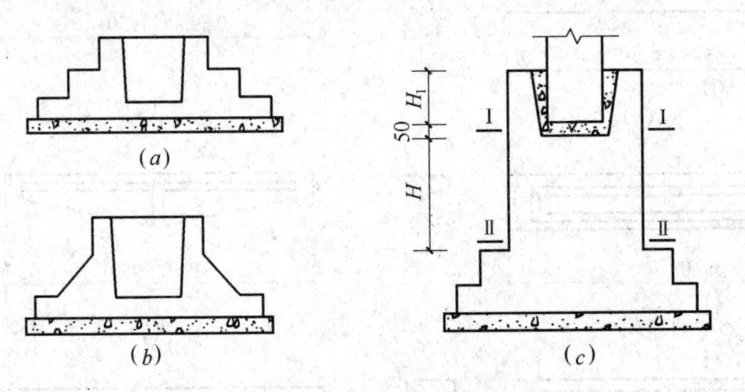

图 9-30 柱下单独基础的形式

（*a*）阶形基础；（*b*）锥形基础；（*c*）高杯口基础

第七节 各构件间的连接

单层厂房若采用钢筋混凝土结构，各结构构件间应有可靠而有效的连接，才能保证内力的正确传递，使厂房结构形成一个整体。从大量震害调查中亦发现，不少厂房倒塌是由于节点连接受破坏而引起的。因此，连接构造设计是保证钢筋混凝土预制构件间可靠传力和保证结构整体性的重要环节，必须加以重视。

钢筋混凝土构件间的连接构造做法很多，本节仅就主要构件间的常用节点构造及其连接件受力情况作一些介绍。

1）屋架与柱组成横向排架，其连接构造做法见图 9-31。压力由支承钢板传递，剪力由锚筋和焊缝承受。

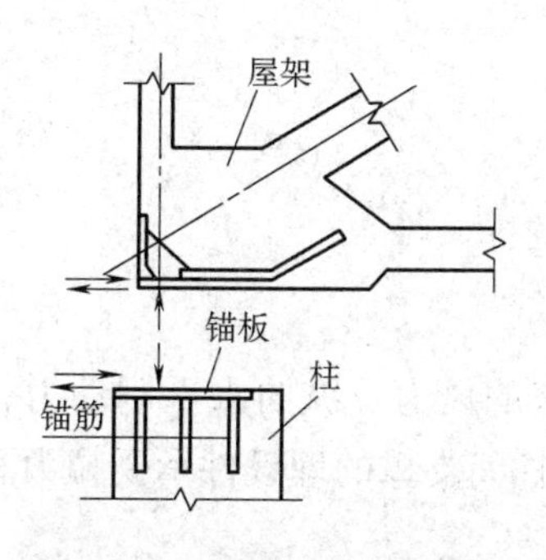

图 9-31 屋架与柱的连接

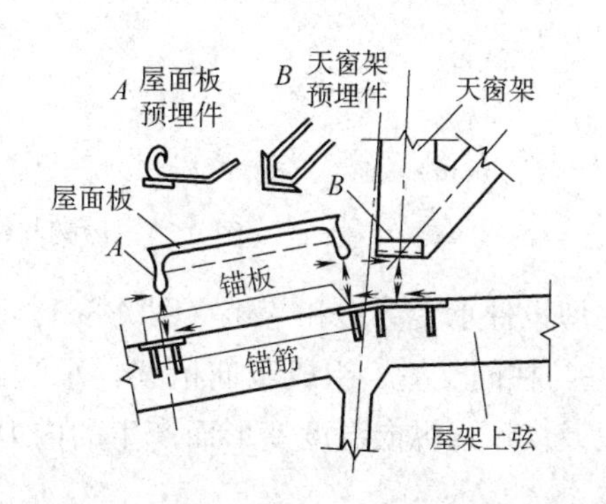

图 9-32 屋架与天窗架、屋面板的连接

2）屋架与天窗架、屋面板 连接构造做法见图 9-32。连接处主要承受压力，通过支承钢板传给屋架上弦；但还有沿上弦坡度方向的剪力，由锚筋和焊缝承受。

3）屋架与屋盖支撑 屋架弦杆与屋盖支撑的杆件组成水平桁架或竖向桁架，它们之间一般采用螺栓连接（图 9-33）。螺栓承受轴力和剪力。

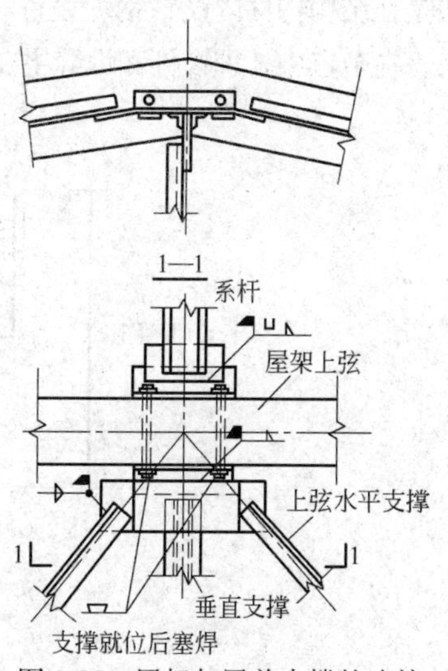

图 9-33 屋架与屋盖支撑的连接

4）屋架与抗风柱 抗风柱一般与基础刚接，与屋架上弦铰接，根据具体情况，也可与下弦铰接或同时与上、下弦铰接。抗风柱与屋架连接必须满足两个要求：一是在水平方向必须与屋架有可靠的连接，以保证有效地传递风荷载；二是在竖向应允许两者之间有一定相对位移的可能性，以防厂房与抗风柱沉降不均匀时产生的不利影响。因此，抗风柱和屋架一般采用竖向可移动、水平向又有较大刚度的弹簧板连接（图 9-34*a*）；如厂房沉降较大时，则宜采用通过长圆孔的螺栓进行连接（图 9-34*b*）。

5）柱与吊车梁 吊车梁支承在柱的牛腿上。吊车的竖向荷载通过梁底传递给柱；吊车的横向和纵向水平制动力通过吊车轨道传给吊车梁，再由吊车梁传给横向排架和纵向排架。所以，梁底和梁顶都须与柱有可靠的连接，见图9-35。梁底埋设件主要承受竖向压力和纵向水平制动力；梁顶与上柱连接处主要承受横向水平制动力。

6）柱与钢牛腿、连系梁 当墙体通过连系梁与柱连接时，有时要设置钢牛腿。这

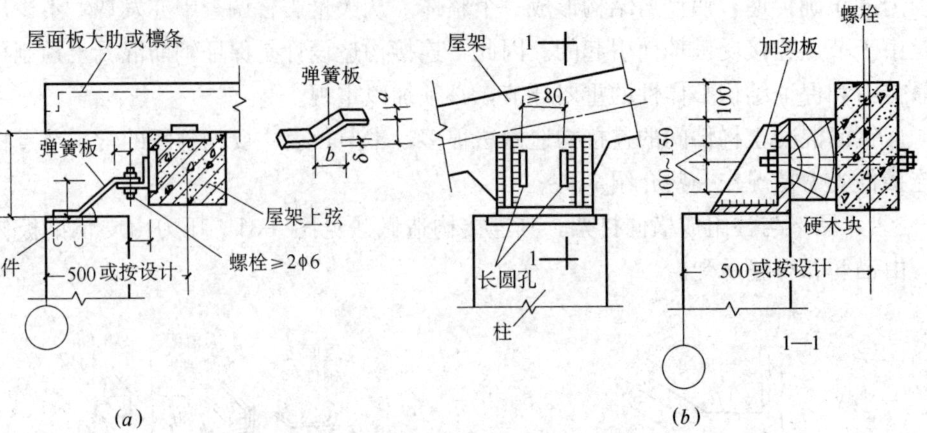

图 9-34　屋架与抗风柱的连接

时柱中的埋设件承受剪力和弯矩（图 9-36）。

7）柱与柱间支撑　组成竖向桁架，承受山墙传来的风力、纵向水平制动力、纵向地震力以及由厂房纵向温度变形而产生的内力。柱与柱间支撑的埋设件承受拉力和剪力（图9-37）。

从以上几种最常见的钢筋混凝土结构构件间的连接构造做法中可以看出，连接的基本做法是在结构构件内设置钢埋设件，在安装构件时，用焊接或螺栓连接的方法将它们连接起来。在节点中，埋设件和焊缝主要传递压力、拉力、弯矩、剪力以及它们的组合。

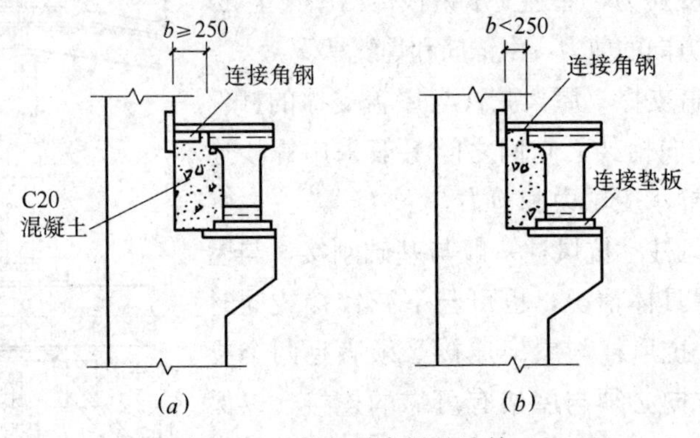

图 9-35　柱与吊车梁的连接

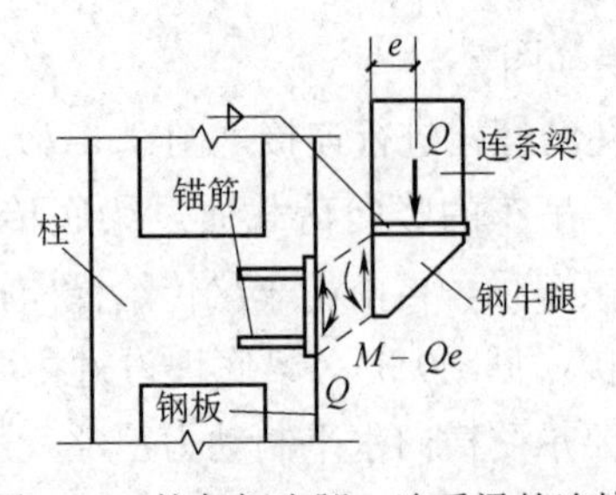

图 9-36　柱与钢牛腿、连系梁的连接

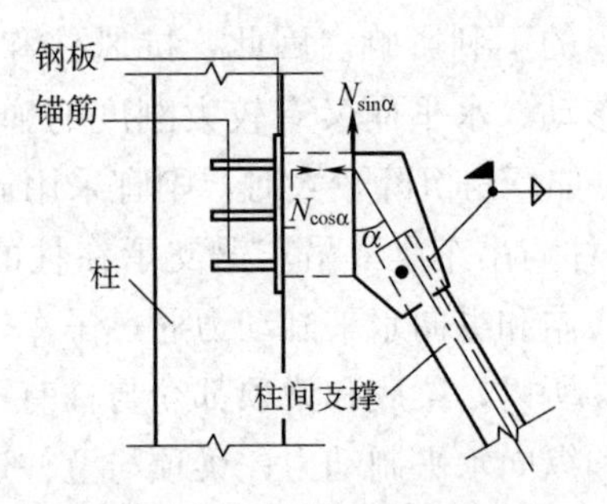

图 9-37　柱与柱间支撑的连接

思 考 题

1. 单层厂房结构由哪几部分组成?

2. 单层厂房横向排架由哪些构件组成？其传力途径是怎样的?

3. 单层厂房纵向排架由哪些构件组成？其传力途径是怎样的?

4. 单层厂房结构布置的内容是什么?

5. 单层厂房中有哪些支撑系统？它们各起什么作用?

6. 排架计算简图有哪些假定?

7. 作用在厂房排架结构上的荷载有哪些？试绘出各种荷载单独作用下的结构计算简图。

8. 排架柱在进行最不利内力组合时，如何组合各种荷载引起的内力？应进行哪几种内力组合?

9. 排架柱的截面尺寸和配筋是怎样确定的?

10. 牛腿的尺寸和配筋如何确定?

11. 单层厂房常用的屋面板有哪几种类型？它们各适用于怎样的屋盖结构?

第十章

多高层房屋结构

第一节 概 述

随着国民经济的发展，建筑用地日趋紧张。因而发展多高层建筑是方向。目前，国内外对高层建筑尚无统一的定义。我国《高层建筑混凝土结构技术规程》JGJ 3—2002中，把10层以上或高度大于28m的房屋定义为高层建筑，2～9层且高度不大于28m时为多层建筑。

一、多高层房屋结构体系简介

多高层房屋上的荷载分为竖向荷载和水平荷载两种。随着房屋高度的增加，竖向荷载在底层结构中产生的内力仅轴力 N 成线性增加，弯矩 M 和剪力 V 并不增加。而水平荷载（风或地震）在结构中的作用（弯矩和剪力）却随着房屋高度的增长出现快速增长的情况（图10-1）。换言之，随着房屋高度的增加，水平荷载对结构的影响越来越大。因此，在结构设计中，当房屋高度不大时，竖向荷载对结构设计起控制作用，当房屋的高度较大时，水平荷载与竖向荷载共同控制房屋的结构设计。当房屋高度更大时，水平荷载对结构设计起绝对控制作用，为有效地提高结构抵抗水平荷载的能力和增加结构的侧向刚度，随高度的变化，结构也就相应的有以下几种不同的体系。

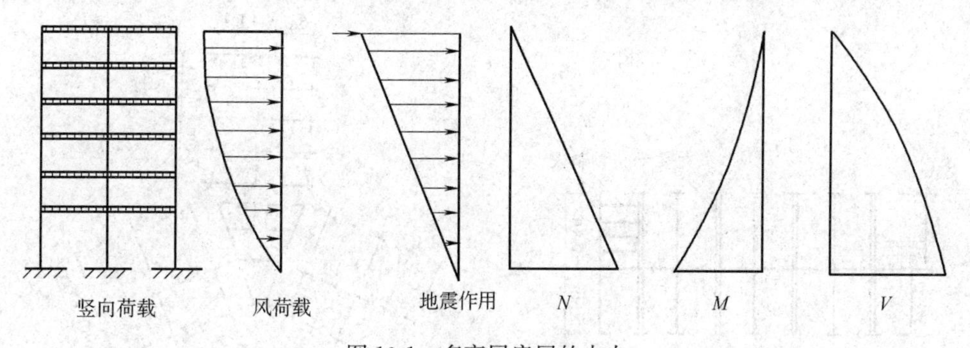

图10-1 多高层房屋的内力

1. 框架结构

框架结构是由横梁和立柱组成的受力体系。根据建筑需要可形成多层多跨框架（图10-2*a*）。框架可以是等跨的或不等跨的，层高相等的或不相等的，有时因工艺或使用要求而在某层缺柱或某跨缺梁（图10-2*b*）。

该体系的特点是，平面布局灵活，易于满足建筑物设置大房间的要求，承受竖向荷载很合理。但框架的侧向刚度较小，抵抗水平荷载的能力较差，一般在非地震区用于15层以下的房屋，在地震区常用于10层以下的房屋。

2. 剪力墙结构

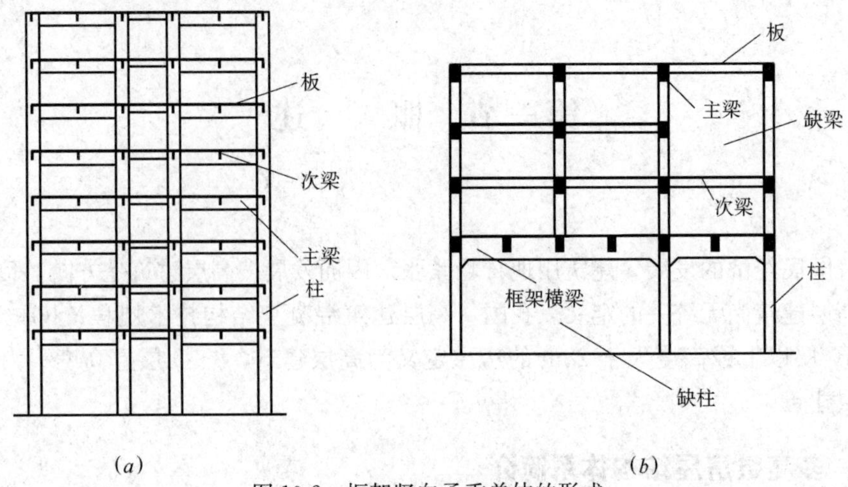

图 10-2 框架竖向承重单体的形式

(a) 一般框架；(b) 复式框架

剪力墙是由钢筋混凝土浇成的墙体，在高层房屋中其宽度和高度可与整个房屋相同，相对而言，厚度很小（一般厚度 160～250mm）。

剪力墙体系是指竖向承重结构全部由剪力墙组成的房屋结构体系，剪力墙不仅承受竖向荷载，又承受水平荷载，因为它能承受较大的水平剪力，故称剪力墙，其体系的特点是剪力墙在自身平面内有很大的侧向刚度，在出平面方向有刚性楼盖的支承。故整个房屋的刚度较大，建筑层数可达 30 层。但房屋被剪力墙分隔成较小的空间，故一般用于高层住宅及旅馆、办公楼建筑（图 10-3）。

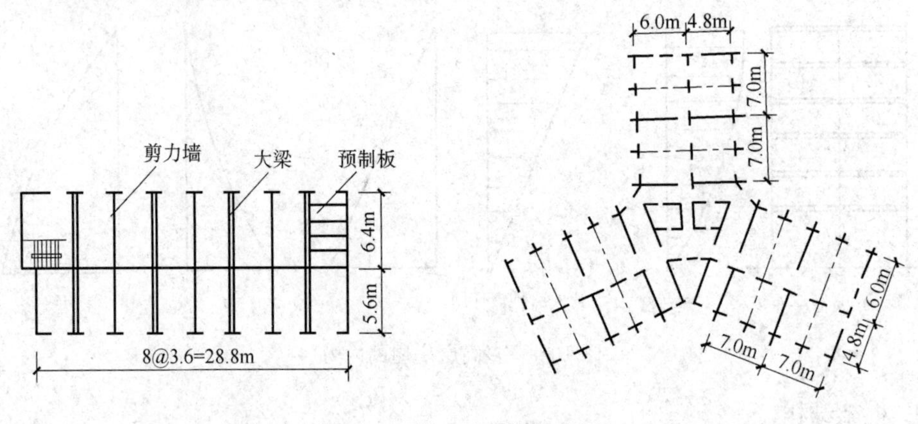

图 10-3 剪力墙结构的布置

3. 框架-剪力墙结构

框架-剪力墙结构体系是指由若干个框架和局部剪力墙共同组成的多高层房屋结构体系。当房屋层数超过 15 层，房屋的侧向位移和底层柱内力明显加大，这时可在框架结构内局部设剪力墙。竖向荷载主要由框架承受，水平荷载则主要由剪力墙承受（大约可承受70%～90%的水平荷载）。

该体系兼有框架体系和剪力墙体系两者的优点，建筑平面布置灵活，也能满足结构承载力和侧向刚度的要求。常用于15～25层的办公楼、旅馆、公寓(图10-4)。

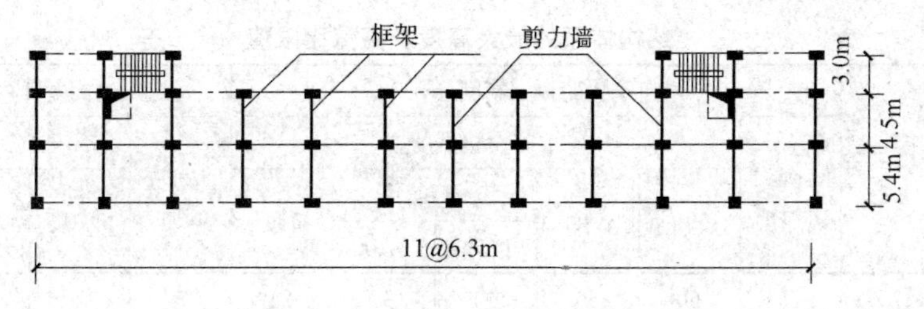

图10-4 框架-剪力墙结构的布置

4. 筒体结构

筒体是由实心钢筋混凝土墙或密集框架柱（框筒）构成。筒体结构是由单个或几个筒体组成的高层房屋结构体系。其外形采用形状规则的几何图形，如圆形、方形、矩形、正多边形。筒体结构一般又可分为内筒体（或称为核心筒）、外筒体、筒中筒和多筒体等几种（图10-5）。

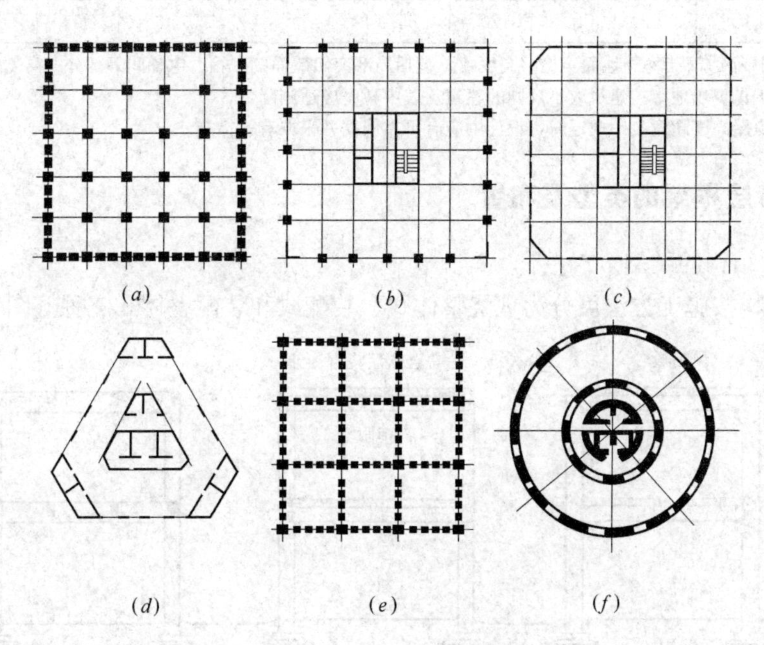

图10-5 筒体结构

(a) 框筒；(b) 筒体-框架；(c) 筒中筒；(d) 多筒体；(e) 成束筒；(f) 多重筒

该体系由钢筋混凝土墙围成侧向刚度很大的筒状结构。它将剪力墙集中到房屋的内部和外围，形成空间封闭筒体，使结构体系既有极大的抗侧力刚度，又能因为剪力墙的集中而获得较大的空间，使建筑平面设计获得良好的灵活性，一般常用于45层左右甚至更高的建筑。

各种体系适用的房屋最大高度及建筑物高宽比（H/B）限值，一般按《高层建筑混凝土结构技术规程》的A级规定取用，详见表10-1 。本书主要介绍钢筋混凝土多层框架结构房屋的设计。对于剪力墙和框架剪力墙结构，仅对其受力特点和构造作一般介绍。

结构体系的最大高度及高宽比限值　　表 10-1

结构体系		建筑物的最大高度(m)						建筑物高宽比(H/B)限值			
		非抗震设计	抗震设防烈度					非抗震设计	抗震设防烈度		
			6度	7度	8度 0.2g	8度 0.3g	9度		6、7度	8度	9度
框架		70	60	50	40	35	24	5	4	3	/
框架-剪力墙		150	130	120	100	80	50	7	6	5	4
剪力墙	全部落地剪力墙	150	140	120	100	80	60	7	6	5	4
	部分框支剪力墙	130	120	100	80	50	/	7	6	5	4
筒体	框架-核心筒	160	150	130	100	90	70	8	7	6	4
	筒中筒	200	180	150	120	100	80	8	8	7	5
板柱-剪力墙		110	80	70	55	40	/	6	5	4	/

注：1. 表中高度 H 指室外地面至檐口高度，不包括局部突出屋面的水箱、电梯间等部分的高度。
2. 位于Ⅳ类场地土的建筑或不规则的建筑，表中高度应适当降低。
3. 当房屋高度超过表中规定时，设计中应有可靠依据并采取有效措施。

二、多层框架的类型及布置

1. 框架结构的类型

框架结构按施工方法可分为现浇整体式、装配式和装配整体式三种（图10-6）。

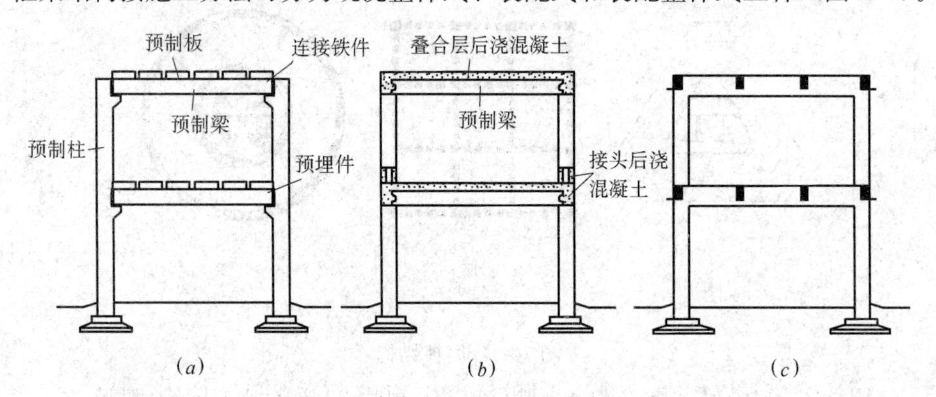

图 10-6　框架结构的形式

(a) 装配式框架结构；(b) 装配整体式框架结构；(c) 现浇整体式框架

现浇整体式框架的梁、柱均为现浇钢筋混凝土。梁的纵筋伸入柱内锚固，结构的整体性好，抗震性能好。其缺点是现场施工的工作量较大，需要大量的模板。

装配式框架是指梁、柱均为预制，通过焊接拼装成整体的框架结构。由于所有的构件均为预制，可实现标准化、工厂化、机械化生产。因此，装配式框架施工速度快、效率高。但由于运输中吊装所需的机械费用高，因此，装配式框架造价较高，同时，由于在焊接接头处均须预埋连接件，增加了整个结构的用钢量。装配式框架结构的整体性很差，抗震能力弱，不宜在地震区采用。

装配整体式框架是指梁、柱均为预制，在吊装就位后，焊接或绑扎节点区钢筋，通过后浇混凝土，形成框架节点，从而将梁、柱连成整体框架结构。装配整体式框架既具有良好的整体性和抗震能力，又可采用预制构件，减少现场浇捣混凝土工作量，且可省去接头连接件，用钢量少。因此，它兼有现浇式框架和装配式框架的优点，但节点区现场浇筑混凝土施工复杂。

由于装配式框架的整体性很差，装配整体式框架施工复杂，这两种框架已被基本淘汰。目前一般采用现浇整体式框架。

2. 框架结构的布置

按楼板布置方式的不同，框架结构的布置方案有横向框架承重，纵向框架承重和纵横向框架混合承重三种。

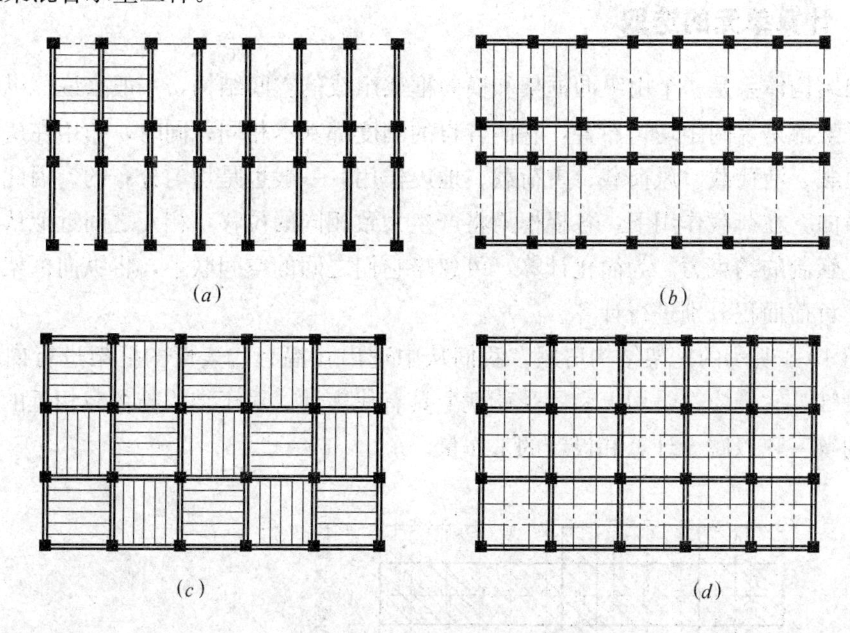

图 10-7　承重框架布置方案

(1) 横向框架承重方案

横向框架承重方案是在房屋的横向布置框架主梁，而在纵向布置连系梁，如图(10-7a)，横向框架跨数较少，主梁沿横向布置有利于提高建筑物的横向抗侧刚度。而纵向跨数较多，所以在纵向仅需按构造要求布置较小的连系梁，这有利于房屋室内的采光与通风。

(2) 纵向框架承重方案

纵向框架承重方案是在房屋的纵向布置框架主梁，在横向布置连系梁，如图(10-7b)。因为楼面荷载由纵向主梁传至柱子，所以横梁高度较小，有利于设备管线的穿行。该方案的缺点是房屋的横向刚度较差，进深尺寸受预制板长度的限制。

(3) 纵横向框架混合承重方案

纵横向框架混合承重方案是在两个方向上均布置框架主梁以承受楼面荷载，如图(10-7c、d)。当采用现浇楼盖且楼盖为双向板时，或楼面上作用有较大荷载，或框架结构房屋考虑地震作用时，常采用这种方案，纵横向框架混合承重方案具有较好的整体工作性能，目前采用较多。

第二节　框架结构的计算简图

一、计算单元的选取

框架结构体系是一个由纵向框架和横向框架组成的空间结构，一般来说，纵向框架和横向框架都是等间距均匀布置，它们各自的刚度都基本相同；同时，作用在房屋上的荷载（恒载、活荷载、风荷载、雪荷载、地震作用）一般也是均匀分布的。因此，不论纵向或横向，在荷载作用下，各榀框架将产生大致相同的位移，相互之间近似认为不会产生相互牵制的约束力。为简化计算，可忽略它们之间的空间联系，将纵向框架和横向框架按其负荷面积分别进行计算。

如图 10-8 所示的框架结构房屋，我们从中选出几榀有代表性的框架进行内力分析和结构设计。它们应在结构上和所受荷载上具有代表性。对于结构与荷载相近的单元可以适当的统一，以减少计算和设计的工作量。

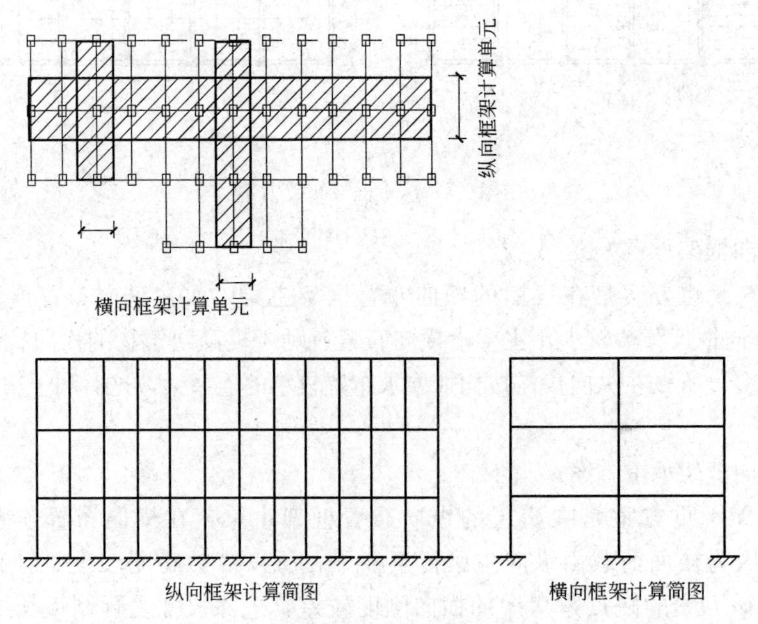

图 10-8　框架结构体系计算单元的选取

二、计算模型的确定

框架结构在抽象为计算模型时，是以梁、柱的截面几何轴线来确定的。框架杆件用轴线表示，杆件之间的连接用节点表示，杆件长度用节点间的距离表示，荷载的作用点转移到轴线上。对等截面柱子的轴线取截面形心线，当上下层柱截面尺寸不同时，则取顶层柱的形心线作为柱子的轴线。但须注意，此计算模型算出的内力是轴线上的内力，由于此轴线不一定是截面的形心线，因此，在算截面配筋时，应将算得的内力转化为截面形心轴处的内力，如图 10-9 所示。

框架梁跨度取柱轴线间的距离（图 10-10），柱高取层高，即为各层梁顶面之间的高度。底层柱则取基础顶面到二层梁顶面间的高度。

当各跨跨度相差不超过 10％时，可当作具有平均跨度的等跨框架。斜线形或折线形横梁，当倾斜度不超过 1/8 时，可视作水平横梁。

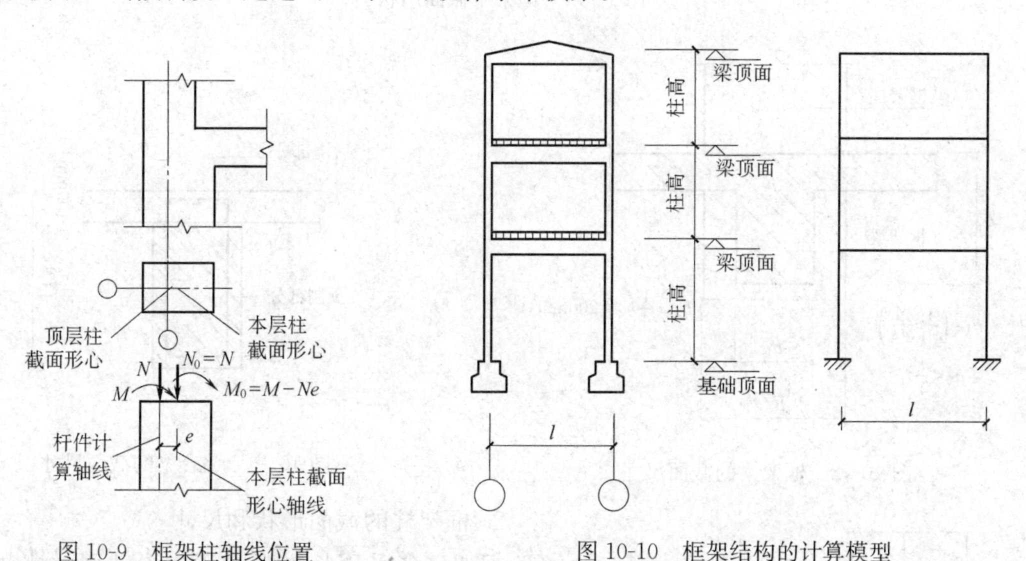

图 10-9　框架柱轴线位置

图 10-10　框架结构的计算模型

三、梁、柱截面形状及尺寸

1. 框架梁的截面形状及尺寸

框架梁的截面形状在整浇式楼盖中以 T 形（图 10-11*a*）为多。在装配式楼盖中常做成矩形（图 10-11*b*），T 形（图 10-11*c*）。在装配整体式楼盖中常做成花篮形（图 10-11*d*、*e*）。连系梁的截面形状，常用倒 L 形（图 10-11*f*）或 T 形截面（图 10-11*g*）。

框架梁截面尺寸可参考已有的设计资料，主梁截面高度可取 $h_b=$（1/10～1/14）l_b（l_b 为主梁的计算跨度），且 h_b 不宜大于 $l_n/4$（l_n 为净跨）。主梁截面宽度可取 $b_b=$（1/2～1/4）h_b，且 b_b 不宜小于 $h_b/4$ 和 200mm，如图 10-12。

当采用叠合梁时，叠合主梁的预制部分截面高度 h_{b1} 不宜小于 $l_b/15$，后浇部分的截面高度不宜小于 100mm（不包括板面整浇层的厚度），如图 10-13。

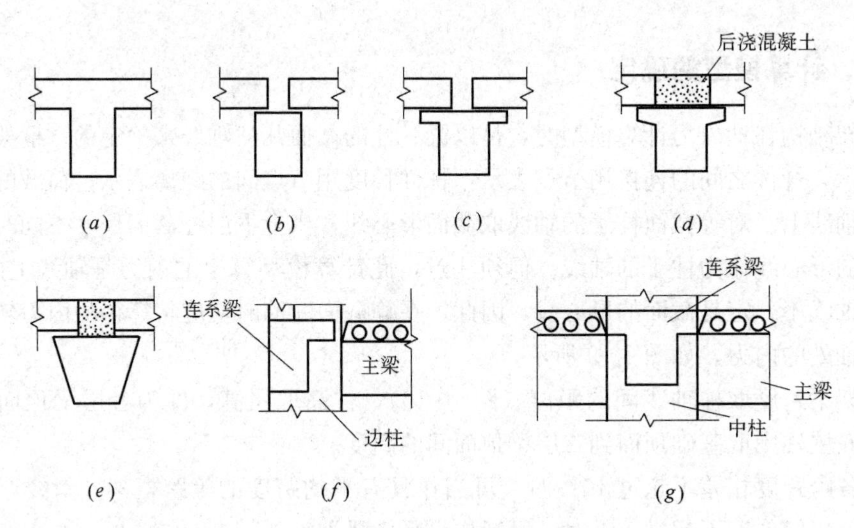

图 10-11　框架梁截面形状

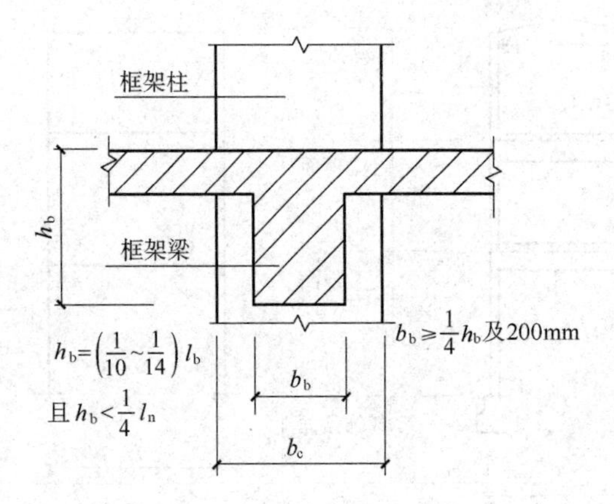

图 10-12　框架梁的截面尺寸

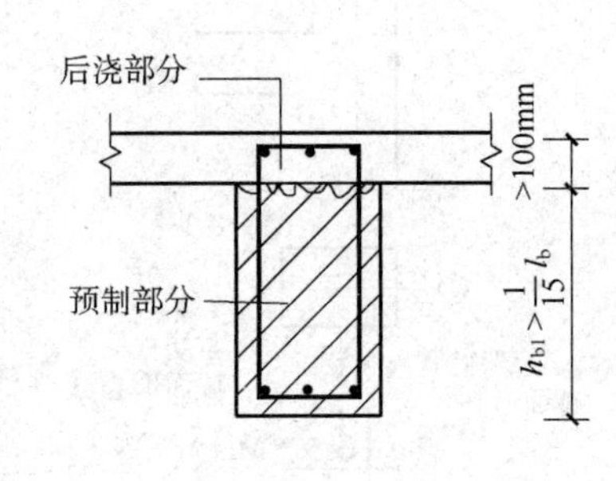

图 10-13　叠合梁的截面尺寸

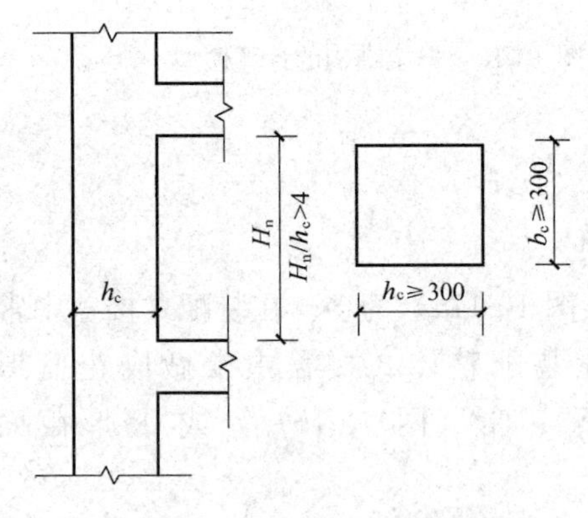

图 10-14　框架柱的结构尺寸

2. 框架柱的截面形状和尺寸

框架柱多采用长方形或正方形截面。柱截面高度 h_c 可取为（1/15～1/10）柱高，截面宽度 b_c 可取为（1/3～1）h_c。矩形截面柱边长尚应满足：非抗震设计时不宜小于 250mm，抗震设计时，四级不宜小于 300mm，一、二、三级时不宜小于 400mm（圆柱需增加 50mm）。柱净高与截面长边尺寸之比宜大于 4，小于 4 时按短柱处理，参见图 10-14。

框架柱的截面面积（A）：

在非抗震设计时可根据经验或作用于柱上的轴力设计值 N 考虑弯矩影响后近似按下式确定：

$$A\geqslant(1.2\sim1.4)\ N/f_c \quad (10\text{-}1)$$

在抗震设计时，柱的截面面积还应满足轴压比［N/f_cA］限值的要求。当抗震等级分别为一、二、三、四级时，框架柱的轴压比限值分别为0.65、0.75、0.85和0.9。

四、材料强度等级

1. 混凝土强度等级

非抗震设计时，现浇框架的混凝土强度等级不应低于C20。抗震设计时，一级抗震等级框架梁、柱及其节点的混凝土强度等级不应低于C30，二、三、四级抗震等级设计时，不应低于C20。为减小柱子的轴压比和截面，提高承载能力，高层建筑混凝土结构宜采用高强高性能混凝土。

2. 钢筋级别

一般情况下，框架梁、柱内纵筋应采用HRB400级或HRB500级，箍筋采用HPB300级或HRB400级。高层建筑混凝土结构宜采用高强度钢筋，当构件内力较大或抗震性能有较高要求时，还可采用型钢或钢管混凝土构件。

3. 梁柱节点混凝土

梁的混凝土强度等级宜与柱相同或不低于柱混凝土强度等级5MPa以上，如超过时，梁柱节点区施工时，应做如下处理：

(1) 以混凝土强度5MPa为一级，当柱子混凝土强度高于梁板混凝土强度不超过一级时（如柱子为C30，梁为C25），梁柱节点处的混凝土，可与梁一同浇灌（如柱子为C30，梁柱节点为C25）。

(2) 当柱子混凝土强度高于梁混凝土强度不超过二级（如柱子为C35，梁为C25），且柱子四边皆有梁时，梁柱节点处的混凝土，可与梁一同浇灌（如柱子为C35，梁为C25，梁柱节点为C25）。

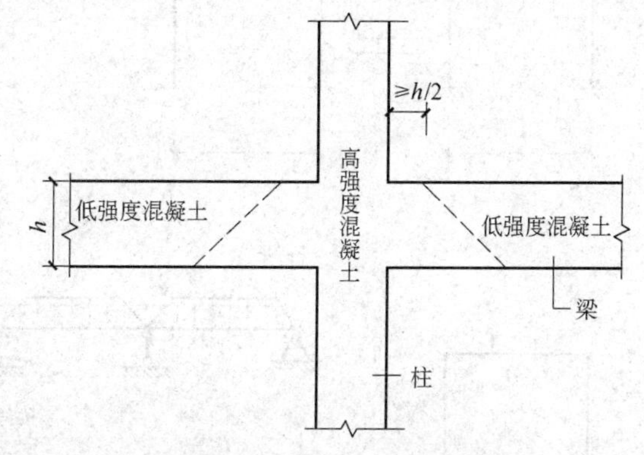

图10-15　梁柱节点混凝土的强度处理

(3) 当柱子混凝土强度高于梁混凝土强度超过二级时（如柱子为C40，梁为C25），梁柱节点处的混凝土可按柱子混凝土强度单独浇灌，如图10-15。此方法会在梁支座处形成施工缝，成为薄弱环节。为避免这一问题，也可将梁柱节点处的混凝土随梁一同浇灌，但是在节点处，应增加柱子纵向钢筋或设置型钢。

第三节　框架结构荷载的简化与计算

作用在框架结构上的荷载分竖向和水平两种。竖向荷载包括结构自重及楼面活荷载，一般为分布荷载和集中荷载两种。水平荷载包括风荷载及水平地震作用，一般简化成节点水平集中力。

一、竖向荷载

在保证必要计算精度的前提下，为简化计算可将作用在框架上的荷载作如下简化：

1. 作用在框架梁上的集中荷载位置允许移动不超过梁计算跨度的 1/20（如图 10-16*a*）。

2. 计算次梁传给框架主梁的荷载时，允许不考虑次梁的连续性，即按各跨均在支座处间断的简支次梁来计算传至主梁的集中荷载。

3. 作用在框架上的次要荷载可简化为与主要荷载相同的荷载形式，但应对结构的主要受力部位维持内力等效。如框架主梁自重线荷载相当于次梁传来的集中荷载可称为次要荷载，此线荷载可化为等效集中荷载叠加到次梁集中荷载中（图 10-16*b*）。另外，可将板传至框架梁上的三角形、梯形荷载按支座弯矩等效的原则改变为等效均布荷载（图 10-16*c*）。

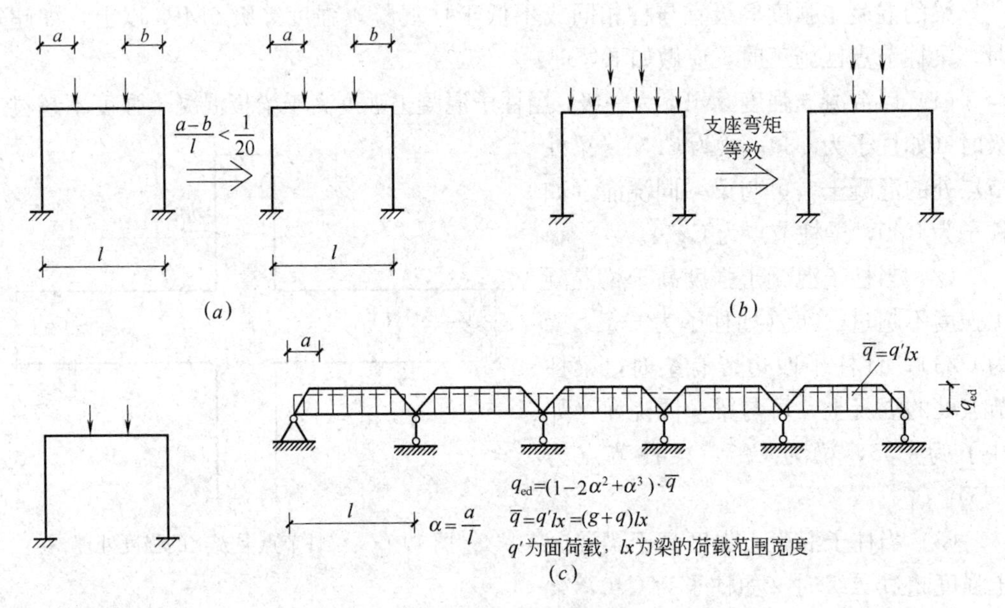

图 10-16　竖向荷载的简化

4. 楼面（屋面）活荷载不可能以规范所给的标准值同时满布在所有楼面上，可按《荷载规范》将楼面活荷载折减。折减方法详见《荷载规范》，现将住宅和办公楼活荷载折减方法介绍如下：

对于楼面梁当其负荷面积大于 25m² 时，折减系数为 0.9。

对于墙、柱、基础，则需根据层数多少取不同的折减系数，如表 10-2 所示。

活荷载按楼层数的折减系数　　**表 10-2**

墙、柱基础计算截面以上层数	1	2～3	4～5	6～8	9～20	＞20
计算截面以上各楼层活荷载总和的折减系数	1.00 (0.90)	0.85	0.70	0.65	0.60	0.55

注：当楼面梁的从属面积超过 25mm² 时，应采用括号内数字。

工业建筑楼面活荷载包括设备等局部荷载和操作荷载，操作荷载一般可取 2.0kN/m^2，设备等局部荷载应按实际情况考虑，也可用等效均布活荷载代替，楼面等效均布活荷载的确定方法可参照《荷载规范》附录 C。对工业建筑楼面活荷载可参照《荷载规范》附录 D 采用。

二、水平荷载

1. 风荷载的计算

方法与单层厂房相同，参照本书第九章。

当房屋纵向柱距（开间）小于其层高时，宜简化成作用于柱上的均布荷载（可按柱顶高度考虑高度系数）；反之，宜简化成作用于柱一侧节点上的水平集中力（图 10-17）。

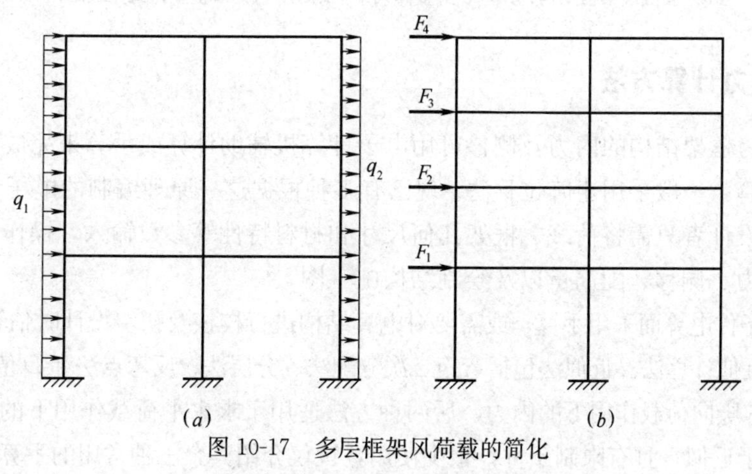

图 10-17　多层框架风荷载的简化

(a) 简化为均布荷载；(b) 简化为节点集中力

2. 地震作用计算

多层框架结构，当高度不超过 40m，且房屋的质量和刚度沿高度分布比较均匀时，可采用底部剪力法计算水平地震作用。计算方法见《建筑结构抗震设计规范》。

第四节　多层框架的内力和侧移计算简介

一、梁柱线刚度和相对线刚度

框架内力计算和侧移验算需用到梁、柱的线刚度或相对线刚度。线刚度的求法可参见力学教材（$i=EI/l$）。

柱按实际截面确定其惯性矩（$I_c=bh^3/12$），而横梁截面惯性矩则应按楼板与梁的连接方式不同分为三种情况考虑（图 10-18）。

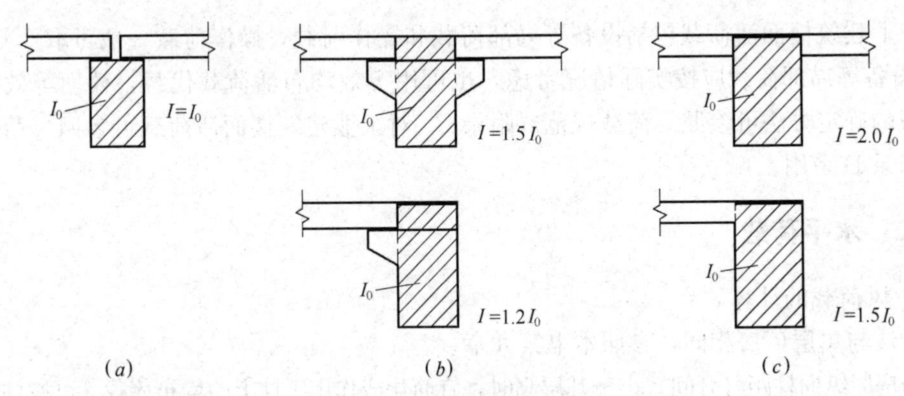

图 10-18　框架梁的截面惯性矩

(a) 装配式梁板结构；(b) 装配整体式梁板结构；(c) 现浇整体式梁板结构

二、内力计算方法

多层多跨框架结构的内力及侧移可用电子计算机辅助计算或手算来完成。

如用电算，一般采用矩阵位移法。现已有多种根据这一原理编制的电子计算机程序可供应用，设计者只需将荷载、框架几何尺寸和材料特性等参数输入，操作计算机便可算出各杆内力、侧移、配筋量以及绘制结构施工图。

如没有条件电算而采用手算，或需要对电算结构进行校核及初步设计时估算截面尺寸，一般均采用近似计算法。近似法包括弯矩二次分配法、分层法、反弯点法和 D 值法。前两种方法适用于求竖向荷载作用下的内力，后两种方法适用于求水平荷载作用下的内力。由于反弯点法过于近似，且有限制条件，很少使用，现仅介绍其余三种常用的手算方法。

1. 弯矩二次分配法

此法与力学教材中介绍的弯矩分配法类似，但为简化计算，将各节点的不平衡弯矩同时进行分配，且仅进行两轮计算。具体步骤如下：

1）计算各跨梁在竖向荷载作用下的固端弯矩；

2）计算框架节点处各杆件的弯矩分配系数（按各杆的转动刚度分配 $\mu=S_i/\sum S_i$）；

3）将各节点的不平衡力矩同时进行分配并向远端传递后，再在各节点上分配一次即结束。

2. 分层法

从多层框架在竖向荷载作用下的精确计算得知，对称框架在对称荷载作用下，作用在某层横梁上的荷载，主要影响本层横梁和与之相连的上下柱的内力，对其他层各杆件影响不大，尤其是当梁柱线刚度比 $\sum i_{\mathrm{b}}/\sum i_{\mathrm{c}}\geqslant 5$ 时，更是如此。当结构或荷载不对称时，结构虽有侧移，但数值很小，它对内力的影响也很小。因此，在进行竖向荷载作用下的内力分析时，可采用分层计算。

分层法作如下两点假定：

1）在竖向荷载作用下，多层多跨框架的侧移极小，可忽略不计；

2）每层梁上的荷载对其他各层梁的影响可忽略不计。

按上述假定，图 10-19（a）所示的二跨三层框架可分解为图 10-19（b）所示的三个分层框架，用弯矩分配法求出各分层框架的弯矩图 10-19（c），再叠加这些分层框架的内力，即得整体框架的最终弯矩，图 10-19（d）。

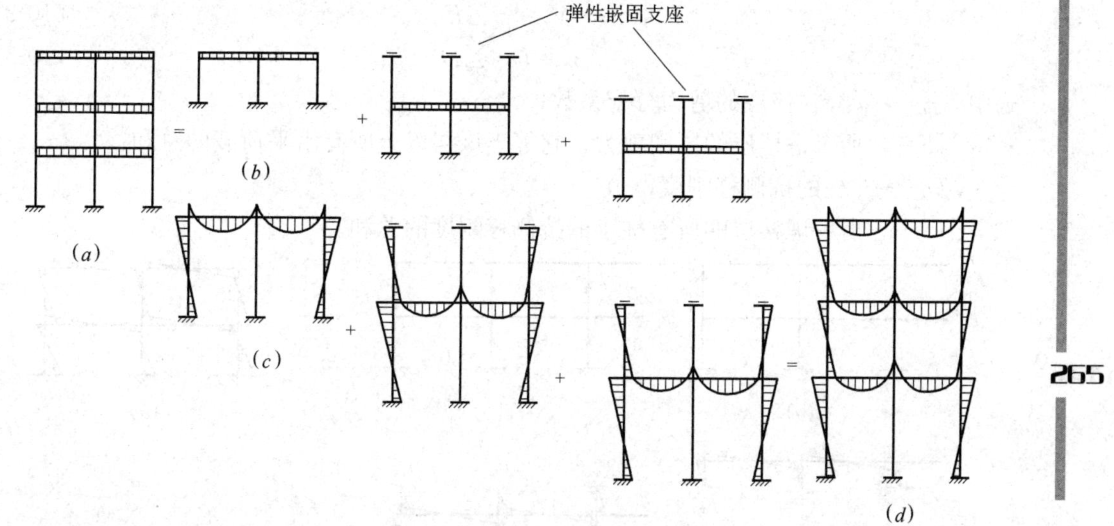

图 10-19　分层法计算思路

用分层法计算时，均假定上下柱的远端为固定端，但实际上除基础顶面外均有转角产生，是弹性嵌固支座，也就是说，分层简化后结构的刚度增大了，因此柱上下端弯矩将加大。为消除此误差，应做如下计算修正：

1）将底层以外的各柱线刚度 i_c 乘以折减系数 0.9；

2）弯矩传递系数除底层柱为 1/2 外，其余柱取为 1/3。

综上所述、分层法的计算步骤如下：

(1) 分层，将底层以外的各柱线刚度乘 0.9，得各分层框架的计算简图；

(2) 分别计算各分层框架的内力（柱的传递系数底层为 1/2，其余层为 1/3）；

(3) 叠加、求最后内力。

对于分层法，尚有以下几点说明：

1）由分层框架计算所得梁端弯矩即为实际框架梁端弯矩，而柱则应属上下两个分层框架，故其内力应取该两个分层框架的计算结果之和。

2）叠加所得内力并非精确，故而节点弯矩常不平衡，但误差不大，可不再处理。

3）当多层框架各层层高和荷载相差较大时，采用分层法则精确度较差，当层数和跨数均较少（3 层单跨）时，用分层法计算速度并不快。如遇以上情况，宜采用渐近法（迭代法或弯矩分配法）计算。

4）分层法一般用于节点梁柱线刚度比 $\sum i_b/\sum i_c \geqslant 5$，且结构与荷载沿高度比较均匀的多层框架，否则基本假定难以成立，误差较大。

3. D 值法

D 值法又称修正反弯点法，它是水平荷载作用下求规则框架内力和水平位移的一个近似方法。

D 值法的基本思路是，首先求出每根框架柱的抗侧刚度 D 和每一框架柱的反弯点高度 yH_r，即反弯点至柱下端的距离，如图 10-20 所示。然后按剪力分配法求得任一根层间柱 i 的反弯点处的水平剪力 V_i：

$$V_i=\eta_i \sum F \tag{10-2}$$

$$\eta_i=D_i/\sum D_i \tag{10-3}$$

式中　η_i——i 柱在该层的剪力分配系数；

$\sum F$——所考虑楼层的层间剪力，它等于该层以上所有水平荷载的总和；

D_i——i 柱的抗侧移刚度；

$\sum D_i$——所考虑楼层的所有柱子的抗侧移刚度的总和。

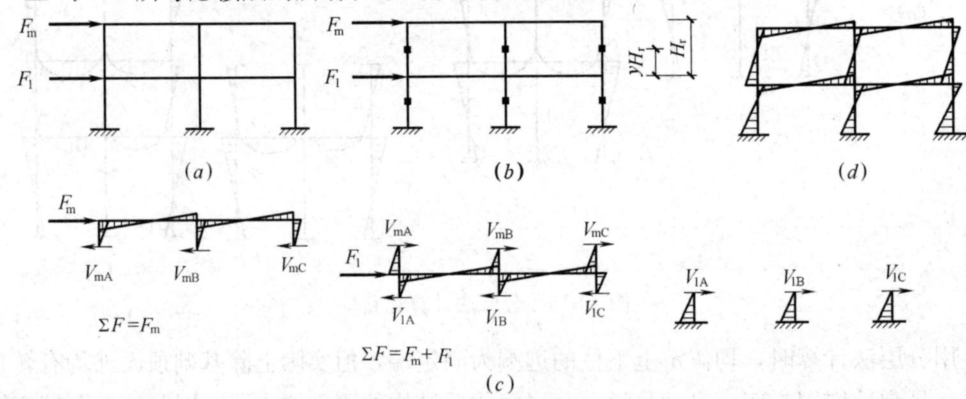

图 10-20　D 值法的基本思路

于是 i 柱两端的弯矩分别为 $V_i \cdot yH_r$ 和 $V_i(1-y)H_r$，H_r 为该楼层的高度。最后由各节点的弯矩平衡条件求出梁端的弯矩，再由梁两端弯矩绝对值之和除以梁的跨度得到相应的梁端剪力。这样就求出了水平荷载作用下框架各杆件的弯矩图和剪力图。

D 值法的关键是求柱的抗侧移刚度和柱的反弯点位置。

(1) 柱的抗侧移刚度 D

柱的抗侧移刚度 D 是指，要使柱顶产生单位水平位移时，在柱顶施加的水平集中力值。D 与柱本身的线刚度 i、柱层高 H_r 及柱两端的支承情况有关。

对于两端固定的等截面柱（相当于柱两端梁的线刚度无穷大），$D=12i_c/H_r^2$（图 10-21a 所示）。

对于两端不是固定的层间柱（图 10-21b 所示），柱两端与框架梁相连，则柱的抗侧刚度为：

$$D=\alpha_c \frac{12i}{H_r^2} \tag{10-4}$$

式中　α_c——考虑梁柱线刚度比值对侧移刚度的影响系数，见表 10-3。

(2) 柱的反弯点高度 yH_r

设想一根单独的柱，当两端固定，或两端的弹性嵌固情况相同时，反弯点必定在柱高的中点；当一端为固定，另一端为铰时，反弯点则在柱铰端。由此可以理解，当柱两端的弹性嵌固情况不同时，反弯点必定偏向刚度小的一端。对于多层框架中的柱，除了这个特性外，反弯点高度还与框架的总层数、该柱所在楼层的位置、梁柱的线刚度比及

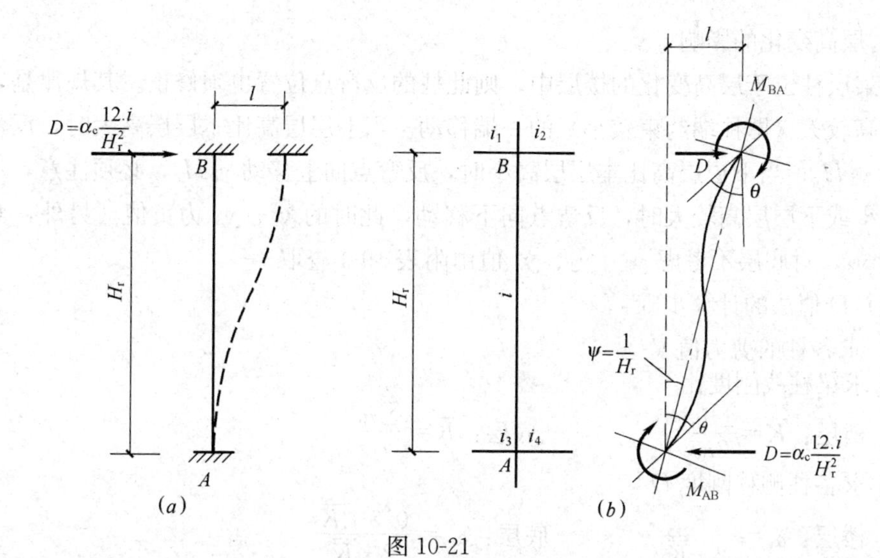

图 10-21

节点转动影响系数 α_c　　　　表 10-3

楼　层	边　　柱	中　　柱	α_c
一般层	i_1, i_c, i_2 $\overline{K}=\frac{i_1+i_2}{2i_c}$	i_1 i_2, i_c, i_3 i_4 $\overline{K}=\frac{i_1+i_2+i_3+i_4}{2i_c}$	$\alpha_c=\frac{\overline{K}}{2+\overline{K}}$
底层	i_1, i_c $\overline{K}=\frac{i_1}{i_c}$	i_1 i_2, i_c $\overline{K}=\frac{i_1+i_2}{i_c}$	$\alpha_c=\frac{0.5+\overline{K}}{2+\overline{K}}$

注：$\overline{K}$—梁柱线刚度比。

上下层层高变化等因素有关。我们把各层横梁线刚度相同、各层柱的线刚度也相同的多层框架称作规则框架，由规则框架求得的柱反弯点高度 y_0H_r 称为标准反弯点高度。然后以此为准，再考虑由于柱两端节点刚度不同，对标准反弯点高度进行往上或往下的调整，从而求得实际的反弯点高度 yH_r：

$$yH_r=(y_0+y_1+y_2+y_3)H_r \tag{10-5}$$

1）y_0 称为标准反弯点高度比，其值根据框架的总层数 m、该柱所在层数 r 和梁柱的线刚度比 $\overline{K}$ 查附表 19-1 和附表 19-2。其影响规律为：某柱端受到的约束愈小，反弯点愈靠近该端。

2）上下横梁线刚度比的影响

若某层柱的上下横梁线刚度不同，则该层柱的反弯点位置须在标准反弯点位置上加以修正，修正值为 y_1H_r，y_1 值可由上下横梁线刚度比 α_1 及梁柱线刚度比 $\overline{K}$ 查附表 19-3 得到。其规律是反弯点向横梁刚度较小（即对柱端约束较小）的一端移动。

3）层高变化的影响

若某层柱位于层高变化的楼层中，则此柱的反弯点位置也须修正。其规律是，反弯点向层高较大（即柱端约束较小）的一端移动。当上层层高比本层层高大时，反弯点向上移动 y_2H_r；当下层层高比本层层高小时，反弯点向上移动 y_3H_r，必须注意，当上层层高较小或下层层高较大时，反弯点向下移动，此时的 y_2、y_3 为负值。另外，对顶层不考虑 y_2，对底层不考虑 y_3。y_2、y_3 值由附表 19-4 查取。

（3）D 值法的计算步骤

1）求各柱的剪力值 V_i

① 求梁柱线刚度比

楼层：$\overline{K}=\dfrac{\sum i_b}{2i_c}$　　　　底层：$\overline{K}=\dfrac{\sum i_b}{i_c}$

② 求各柱侧移刚度 D

楼层：$\alpha_c=\dfrac{\overline{K}}{2+\overline{K}}$　　　　底层：$\alpha_c=\dfrac{0.5+\overline{K}}{2+\overline{K}}$

$$D=\alpha_c\,\frac{12i_c}{H_r^2}$$

③ 求各柱剪力值

$$V_i=\frac{D_i}{\sum D_i}\sum F$$

2）求各柱反弯点高度 yH_r

$$yH_r=(y_0+y_1+y_2+y_3)h$$

y_0、y_1、y_2、y_3 由附表 19-1～附表 19-4 查取

3）求各柱柱端弯矩

柱下端弯矩为 $V_i\cdot yH_r$

柱上端弯矩为 $V_i(1-y)H_r$

4）求各横梁梁端弯矩

梁端弯矩可由节点平衡条件得到（图 10-22）

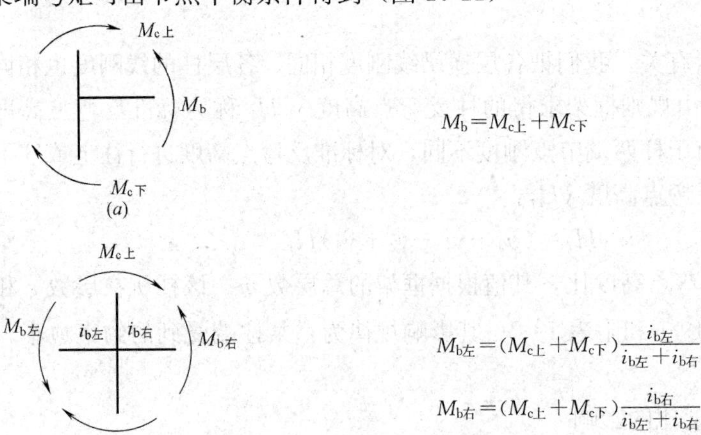

图 10-22　由节点平衡条件求梁端弯矩

（a）边节点；（b）中间节点

5）绘制框架内力图

左风（左震）作用下的框架内力图与右风（右震）作用下的框架内力图对称，可仅画其一，10-23（a）为左风（左震）作用下的框架弯矩图。

由横梁脱离体图，按平衡条件可求得梁端剪力，见图 10-23（b）。

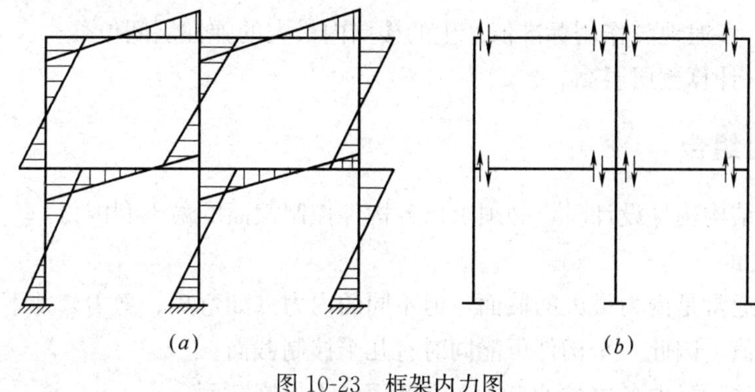

（a）　　（b）

图 10-23　框架内力图

三、框架结构的侧移计算及限值

多层框架在水平荷载作用下的侧移主要由框架结构的总体剪切变形引起，如图 10-24。框架柱的侧移分层间侧移 u_i 和顶点侧移 u_t 两种。若层间侧移太大，会使房屋的装修和隔墙受到损坏；若顶点位移太大，会使顶层使用者感觉不适。因此，这两种侧移值均应加以限制。

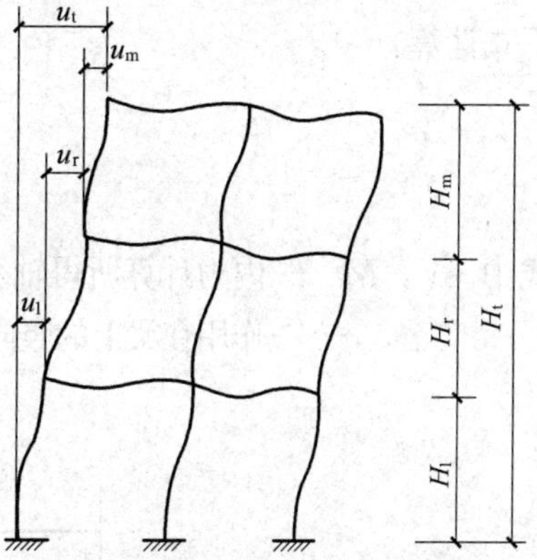

图 10-24　框架水平荷载下的侧移

1. 侧移的近似计算

框架层间位移 u_r 与外荷载在该层所产生的层间剪力 V_r 成正比，当框架柱的抗侧移刚度沿高度变化不大时，因层间剪力 V_r 是自顶层向下逐层累加的，所以层间位移 u_r 是自顶层向下逐层递增的，其层间位移可近似采用 D 值法计算，即

$$u_r = V_r / \sum_{i=1}^{n} D_{ri} \tag{10-6}$$

式中　V_r——第 r 层的层间剪力；

D_{ri}——第 r 层、第 i 号柱的侧移刚度；

n——框架第 r 层的总柱数。

框架顶点的总位移应为各层层间位移之和，即

$$u_t = \sum_{r=1}^{m} u_r \tag{10-7}$$

式中　m——框架结构的总层数。

2. 弹性侧移的限值

在正常使用条件下，多层框架应处于弹性状态并且应具有足够的刚度，避免产生过大的位移而影响结构的承载力、稳定性和使用要求。根据《高层建筑混凝土结构技术规程》，按弹性法计算的楼层层间位移应满足以下要求：

$$\Delta u_e/h \leqslant 1/550 \tag{10-8}$$

式中 Δu_e——多遇地震作用标准值产生的楼层内最大的弹性层间位移；

h——计算楼层层高。

四、内力组合

进行框架结构构件设计时，必须求出各构件控制截面的最不利内力。

1. 控制截面

控制截面通常是内力最大的截面，但不同的内力（如弯矩、剪力）并不一定在同一截面达到最大值，因此一个构件可能同时有几个控制截面。

对于框架柱，可取各层柱的上、下端截面作为控制截面。

对于框架梁，除取梁的两端为控制截面外，还应取跨间最大弯矩截面作为控制截面。为简便计算，跨间最大弯矩截面，近似以梁跨中截面代替。

梁端控制截面是指柱边缘处梁截面，由图10-25可见，梁端柱边的剪力和弯矩应按下式计算：

$$V'=V-(g+q)b/2 \tag{10-9}$$

$$M'=M-Vb/2 \tag{10-10}$$

式中 V，M——内力计算所得轴线处剪力和弯矩；

g，q——作用在梁上的竖向分布恒载和活载。

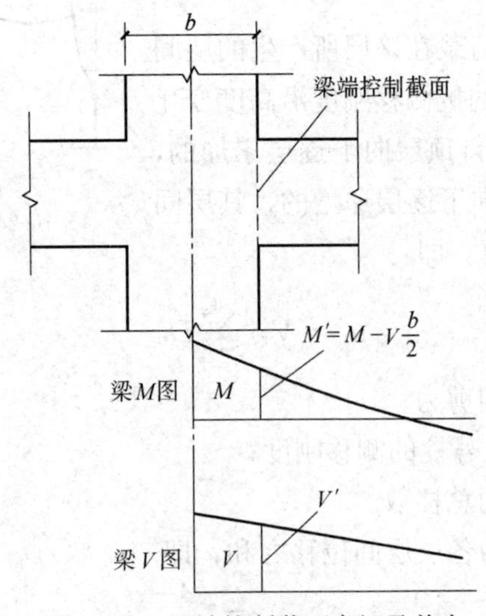

图 10-25 梁端控制截面弯矩及剪力

2. 荷载效应组合

在结构设计时，还必须考虑当几种荷载同时作用时的最不利情况。由于各种荷载的性质不同，发生的概率和对结构的影响也不同，因此在进行内力组合时，应分析各种荷载同时出现的可能性。《荷载规范》规定：对于一般排架、框架结构，荷载效应组合可采用简化公式进行计算。计算公式见第三章式（3-3）。

3. 最不利内力组合

在构件设计时，应找出构件控制截面上的最不利内力，作为配筋设计的依据。一个构件有几个控制截面，而一个控制截面上又有好几组不利内力组合，最不利内力组合就是使截面配筋最大的内力组合。

对于框架梁，根据梁端截面最大负弯矩和跨中截面最大正弯矩，进行正截面受弯承载力计算；根据梁端截面最大剪力进行斜截面受剪承载力计算。

对于框架柱，控制截面（柱上下端）可能发生大偏心受压破坏，也可能发生小偏心受压破坏。在大偏压情况下，弯矩愈大愈不利；在小偏压情况下，轴力愈大愈不利。所以要组合几种不利内力组，从中再判断最不利内力组作为配筋的依据。

框架结构梁、柱最不利内力组合可归纳成以下几种情况：

梁端截面：$+M_{max}$、$-M_{max}$、V_{max}；

梁跨中截面：$+M_{max}$

柱端截面一般考虑以下四种不利的内力组合：

1）$+M_{max}$及相应的较小 N、相应的 V；

2）$-M_{max}$及相应的较小 N、相应的 V；

3）N_{max}及相应的较大$|M|$、相应的 V；

4）N_{min}及相应的较大$|M|$、相应的 V；

第 1）、2）内力组合中的较小 N 和 3）、4）内力组合中的较大$|M|$是在不影响其主要目标的前提下所考虑的次要目标。有时，绝对最大或最小的内力组不见得是最不利的。对于大偏心受压构件，$e_0=M/N$ 愈大，截面配筋愈多，对于小偏心受压构件，当 N 并不是最大，但相应的 M 较大时，配筋会多一些。在利用计算机计算时，还宜考虑柱端四种内力之外的其他组合。

4. 竖向活荷载的最不利布置

作用在框架结构上的竖向荷载有恒载和活荷载两种。恒载是长期作用在结构上的不变荷载，任何时候都必须考虑且满布，如图 10-26。竖向活荷载则是可变荷载，对其应考虑最不利布置以求得构件截面上的最不利内力。这里仅介绍考虑活荷载最不利布置的逐层逐跨计算组合法和满布荷载法。

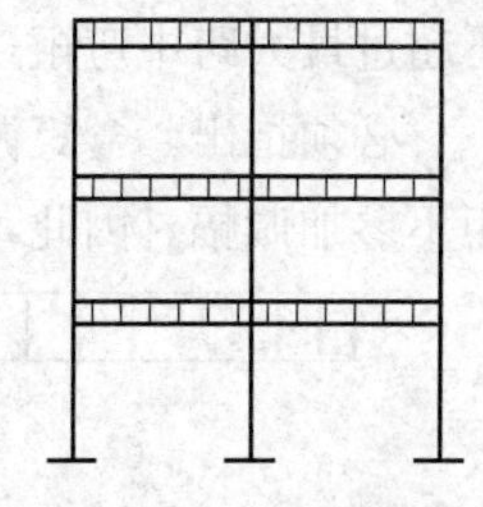

图 10-26 恒载满布

（1）逐层逐跨计算组合法

此法将活荷载逐层逐跨单独作用在结构上，如图 10-27。分别计算出整个结构的内力，再根据不同的构件、不同的截面、不同的内力种类，组合出最不利内力。因此，对于一个多层多跨框架，共有（跨数×层数）种不同的活荷载布置方式，即需要计算（跨数×层数）次结构的内力，计算工作量很大，但求得了这些内力后，即可求得任意截面上的最不利内力，其过程较为简单。运用计算机进行内力组合时，常采用这一方法。

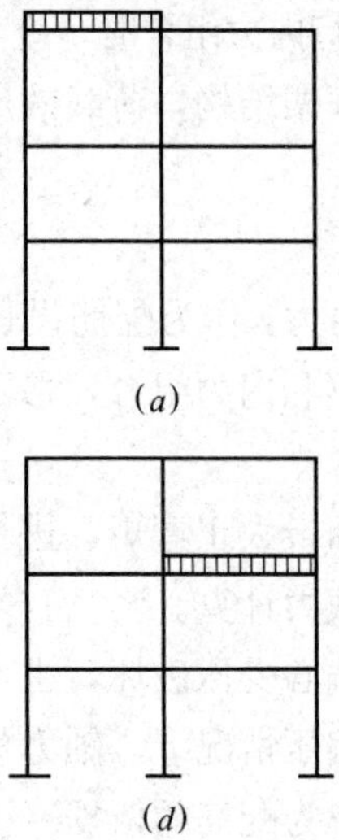

(*a*) (*b*) (*c*)

(*d*) (*e*) (*f*)

图 10-27　活荷载逐层逐跨布置

（2）满布荷载法

当活荷载产生的内力远小于恒载产生的内力时（如一般民用及公共建筑，竖向活荷载约为 2.0～3.0kN/m），或当与地震作用组合时，可不考虑活荷载的不利布置，而按满布荷载进行计算。这样求得的内力在梁支座处与活荷载不利布置算得的结果极为接近，可直接进行内力组合。但求得的跨中弯矩却比考虑活荷载不利布置算得的结果要小，因此，对梁跨中弯矩应乘以 1.1～1.2 的增大系数予以修正。

5. 梁端弯矩调幅

对于钢筋混凝土结构，除了必须满足承载能力极限状态和正常使用极限状态的有关条件外，还要考虑到使结构具备必要的塑性变形能力，或者说要求具有一定的延性。为了提高框架结构的延性，常采用塑性内力重分布的方法对框架梁端进行支座弯矩调幅。如图 10-28，将竖向荷载作用下的支座弯矩适当调低（调幅系数为 0.8～0.9），由于最大支座弯矩与最大跨中弯矩并非同时出现，将支座弯矩调低后，相应的跨中弯矩一般仍不超过最大跨中弯矩，故跨中弯矩一般不需增大。

必须指出，弯矩调幅只对竖向荷载作用下的内力进行，即水平荷载作用下产生的弯矩不参加调幅，因此，弯矩调幅应在内力组合前进行。

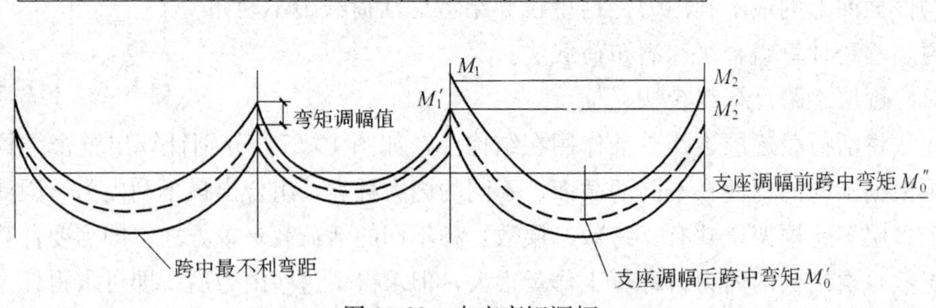

图 10-28　支座弯矩调幅

第五节　无抗震设防要求时框架结构构件设计

一、柱的计算长度 l_0

钢筋混凝土框架柱的计算长度应根据框架不同的侧向约束条件来确定。一般多层房屋中梁与柱刚接的钢筋混凝土框架柱的计算长度取值方法如下：

现浇楼盖

底层柱　　$l_0=1.0H$

其余各层柱　　$l_0=1.25H$

装配式楼盖

底层柱　　$l_0=1.25H$

其余各层柱　　$l_0=1.5H$

不设楼板或楼板上开洞较大的多层钢筋混凝土框架柱以及无抗侧力刚性墙体的单跨钢筋混凝土框架柱的计算长度的取值应适当加大。

对底层柱，H 取为基础顶面到一层楼盖梁顶面之间的距离；对其余各层柱，H 取为上、下两层楼盖梁顶面之间的距离。

二、框架结构的设计步骤

框架结构的设计步骤如以下框图所示。

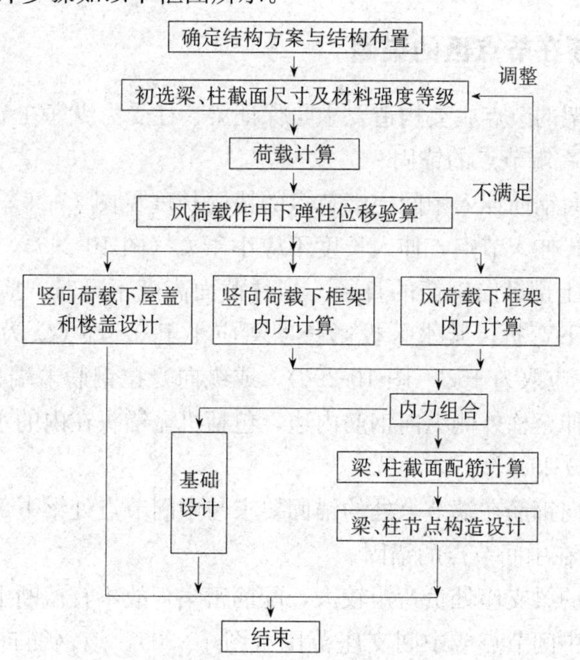

第六节　非抗震设计时框架节点的构造要求

节点设计是框架结构设计中极其重要的内容。在非抗震设防区，框架节点的承载能力是通过构造措施来保证的。节点设计应遵循安全可靠、经济合理且便于施工的原则。

一、截面尺寸

当节点截面过小，梁负弯矩钢筋配置数量过多时，框架顶层端节点处将由于核心区斜压机构压力过大而发生核心区混凝土斜向压碎。因此应对梁的负弯矩钢筋配置数量加以限制。这也相当于限制节点的截面尺寸不能过小。《混凝土结构设计规范》规定，框架顶层端节点处，梁上部纵向钢筋的配筋特征值 ξ_j 应满足下式要求：

$$\xi_j \leqslant 0.35 \tag{10-11}$$

$$\xi_j = \frac{f_y A_s}{\beta_c f_c b_b h_{b0}} \tag{10-12}$$

式中　b_b——梁腹板宽度；

h_{b0}——梁截面有效高度；

A_s——顶面端节点处梁上部计算所需纵向钢筋截面面积；

β_c——混凝土强度影响系数，当混凝土强度等级不超过C50时，取 $\beta_c=1.0$；当混凝土强度等级为C80时，取 $\beta_c=0.8$；其间按线性内插法确定。

二、梁柱纵筋在节点区的锚固

现浇整体式框架的节点主要构造要求是保证梁、柱受力纵筋在节点区的锚固长度。

1. 框架梁纵筋在端节点的锚固

框架梁上部纵向钢筋伸入中间层端节点的锚固长度见图10-29。当柱截面高度足够时，可采用直线方式伸入节点，伸入长度不应小于 l_a（图10-29*a*），且伸过柱中心线不宜小于 $5d$，d 为梁上部纵向钢筋的直径。当柱截面高度不足时，应将梁上部纵向钢筋伸至节点对边并向下弯折，其水平投影长度不应小于 $0.4l_a$（l_a 为受拉钢筋的锚固长度），竖直投影长度应取为 $15d$（图10-29*b*），或纵向受拉钢筋末端采用机械锚固措施，梁上部纵向钢筋宜伸至柱外侧纵向钢筋内边，包括机械锚头在内的水平投影锚固长度不应小于 $0.4l_a$（图10-29*c*）。

框架梁下部纵向钢筋在端节点处的锚固要求与中间节点处梁下部纵向钢筋相同。

2. 框架梁纵筋在中间节点的锚固

框架中间节点的梁支座处负弯矩较大，配筋密集，故不宜截断上部纵筋，框架梁上部纵向钢筋应贯穿中间节点或中间支座范围（图10-30），该钢筋自柱边伸向跨中的截

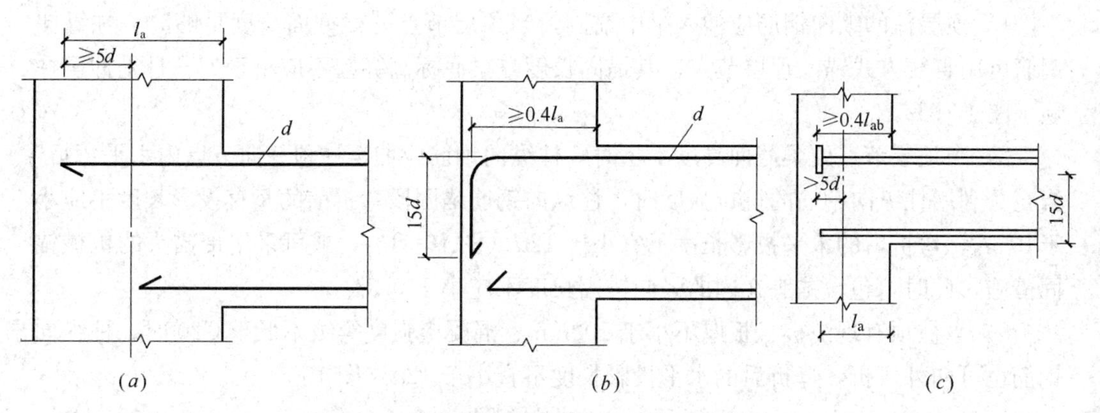

图 10-29　框架中间层端节点梁纵向钢筋的锚固

(a) 上部纵筋直线锚固；(b) 上部钢筋弯折锚固；(c) 上部纵筋机械锚固

断位置应根据梁端负弯矩确定。

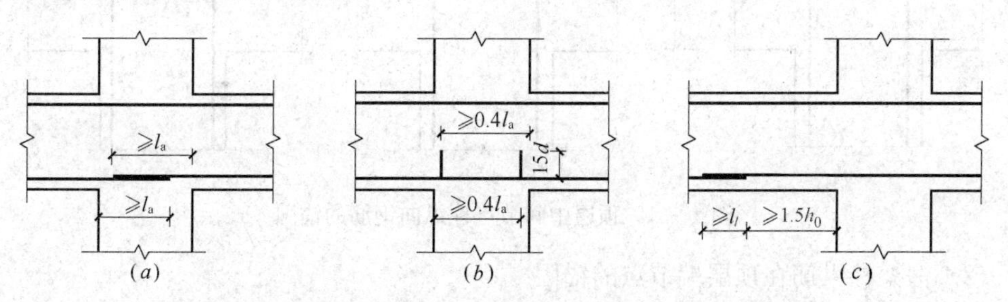

图 10-30　梁下部纵向钢筋在中间节点的锚固与搭接

(a) 节点中的直线锚固；(b) 节点中的弯折锚固；(c) 节点或支座外的搭接

框架梁下部纵向钢筋在中间节点处应满足下列锚固要求：

(1) 当计算中不利用该钢筋的强度时，其伸入节点或支座的锚固长度对带肋钢筋不小于 $12d$，对光面钢筋不小于 $15d$，d 为钢筋的最大直径。

(2) 当计算中充分利用该钢筋的抗拉强度时，下部纵向钢筋应锚固在节点或支座内，锚固长度不应小于钢筋的受拉锚固长度 l_a。当柱截面高度较大时，可采用直线锚固形式（图 10-30a）；当柱截面高度不够时，下部纵向钢筋可采用带 90°弯折的锚固形式（图 10-30b），或采用钢筋端部加锚头的机械锚固措施；下部纵向钢筋也可伸过节点，在梁中弯矩较小处设置搭接接头（图 10-30c），搭接长度的起始点至节点或支座边缘的距离不应小于 $1.5h_0$。

(3) 当计算中充分利用该钢筋的抗压强度时，下部纵向钢筋应按受压钢筋锚固在中间节点内，此时，其直线锚固长度不应小于 $0.7l_a$；下部纵向钢筋也可伸过节点，或支座范围，并在梁中弯矩较小处搭接接头。

3. 框架柱的纵向钢筋在顶层节点区的锚固

框架柱的纵向钢筋应贯穿中间层中间节点和中间层端节点，柱纵向钢筋接头应设在节点区以外。

(1) 框架柱纵向钢筋在顶层中间节点的锚固

1）顶层柱的纵向钢筋应伸入梁中锚固，当顶层节点处梁截面高度足够时，柱纵向钢筋可用直线方式锚入顶层节点，其锚固长度自梁底标高算起不应小于 l_a，且须伸至柱顶（图 10-31*a*）。

2）当顶层节点处梁截面高度不足时，柱纵向钢筋应伸至柱顶并向节点内水平弯折，当充分利用柱纵向钢筋的抗拉强度时，柱纵向钢筋锚固段弯折前的竖直投影长度不应小于 $0.5l_a$，弯折后的水平投影长度不宜小于 $12d$（图 10-31*b*），或可采用带锚头的机械锚固措施，此时，包含锚头在内的竖向锚固长度不应小于 $0.5l_a$。

3）当柱顶有现浇板且板厚不小于 100mm、混凝土强度等级不低于 C20 时，柱纵向钢筋也可向外弯折，弯折后的水平投影长度不宜小于 $12d$（图 10-31*c*）。

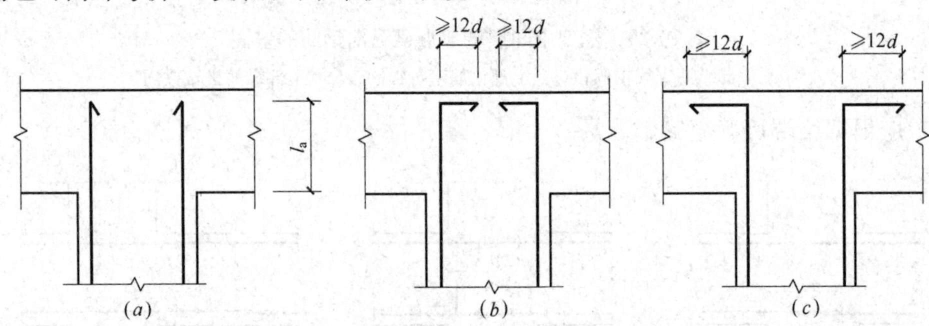

图 10-31　顶层中间节点柱纵向钢筋的锚固

（2）框架柱纵筋在顶层端节点的锚固

框架顶层端节点处，可将柱外侧纵向钢筋的相应部分弯入梁内作梁上部纵向钢筋使用，也可将梁上部纵向钢筋与柱外侧纵向钢筋在顶层端节点及其附近搭接。搭接可采用下列方式：

1）搭接接头可沿顶层端节点外侧及梁端顶部布置（图 10-32*a*），搭接长度不应小于 $1.5l_a$，其中，伸入梁内的外侧柱纵向钢筋截面面积不宜小于外侧柱纵向钢筋全部截面面积的 65%；梁宽范围以外的外侧柱纵向钢筋宜沿节点顶部伸至柱内边，当柱纵向钢筋位于柱顶第一层时，至柱内边后宜向下弯折不小于 $8d$ 后截断；当柱纵向钢筋位于柱顶第二层时可不向下弯折。当有现浇板且板厚不小于 100mm、混凝土强度等级不低于 C20 时，梁宽范围以外的外侧柱纵向钢筋可伸入现浇板内，其长度与伸入梁内的柱纵向钢筋相同。当外侧柱纵向钢筋配筋率大于 1.2% 时，伸入梁内的柱纵向钢筋应满足以上规定，且宜分两批截断，其截断点之间的距离不宜小于 $20d$。梁上部纵向钢筋应伸至节点外侧并向下弯折至梁下边缘高度后截断。

2）搭接接头也可沿柱顶外侧布置（图 10-32*b*），此时，搭接长度竖直段不应小于 $1.7l_a$。当梁上部纵向钢筋的配筋率大于 1.2% 时，弯入柱外侧的梁上部纵向钢筋应满足以上规定的搭接长度，且宜分两批截断，其截断点之间的距离不宜小于 $20d$。柱外侧纵向钢筋伸至柱顶后宜向节点内水平弯折，弯折段的水平投影长度不宜小于 $12d$。

三、箍筋

在框架节点内应设置水平箍筋，其间距不宜大于 250mm，并应符合对柱中箍筋的

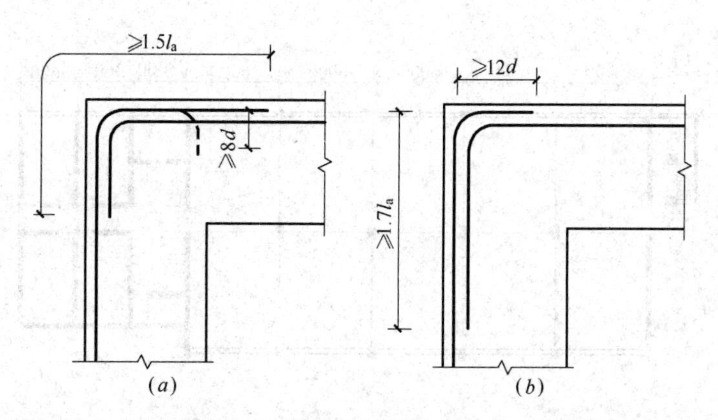

图 10-32 梁上部纵向钢筋与柱外侧纵向钢筋在顶层端节点的搭接

构造要求。对四边均有梁与之相连的中间节点，节点内可只设沿周边的矩形箍筋。当顶层端节点内设有梁上部纵向钢筋和柱外侧纵向钢筋的搭接接头时，节点内水平箍筋的布置应依照纵向钢筋搭接范围内箍筋的布置要求确定。

第七节 多层框架设计实例

一、设计资料

某市郊三层服装车间，采用全现浇框架结构，建筑平、剖面如图 10-33 所示。底层层高 4.5m，其余层高 4.2m，室内外高差 0.3m。

屋面做法为（自上而下）：SBS 防水层，40mm 厚细石混凝土内配 ϕ6@300 的 HPB300 级钢筋网，加气混凝土块保温层（最薄处 200mm，2%找坡），150mm 厚现浇钢筋混凝土板，12mm 厚纸筋石灰抹底，涂料两度。

楼面做法为（自上而下）：10mm 厚地砖，15mm 厚水泥砂浆找平层，150mm 厚现浇钢筋混凝土板，12mm 厚纸筋石灰抹底，涂料两度。

墙体做法为：外纵墙窗下 900mm 高 250mm 厚加气混凝土，外贴面砖，内中级抹灰。

门窗作法：塑钢门窗。

活荷载为：楼面活荷载标准值为 4.0kN/m^2，基本雪压为 0.3kN/m^2，基本风压为 0.4kN/m^2。不上人屋面，屋面施工检修活荷载标准值为 0.5kN/m^2。

地震烈度为 5 度，无抗震设防要求。

地质资料：上覆 1.5m 杂填土，其下为黏土（孔隙比 e＝0.8，液性指数 I_L＝0.75）。土层均匀，可做持力层，其承载力特征值按 f_{ak}＝200kN/m^2 计算。

由地质情况确定基础底面标高为－2m，初估基础高度为 1m，则基础顶面标高为－1m，

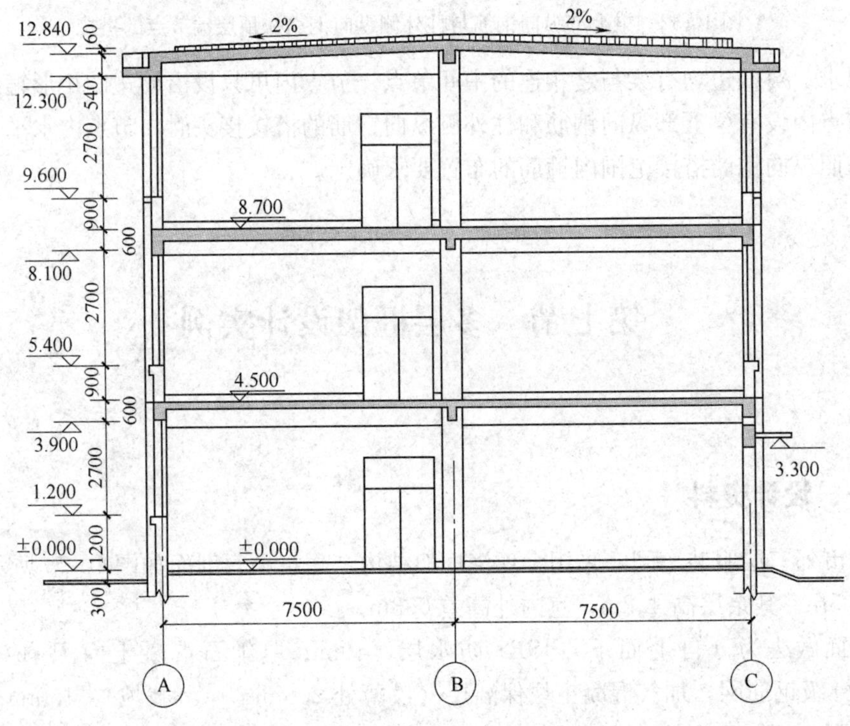

图 10-33 平面布置图、剖面图

底层柱高为 4.5+1=5.5m。

材料强度等级为：混凝土为 C30，纵向钢筋和箍筋均为 HRB400 级。

二、结构布置、梁柱截面及计算简图

1. 结构布置

主体结构平面布置如图 10-34。

2. 计算简图

KJ-2 结构计算简图如图 10-35，各梁柱构件线刚度经计算后列于图 10-35 中，其中梁截面惯性矩考虑现浇楼板的作用，取 $I_b=2.0I_0$（$I_0=bh^3/12$），线刚度 $i_b=EI_b/l$；柱截面惯性矩为 $I_c=bh^3/12$，线刚度 $i_c=EI_c/h$。

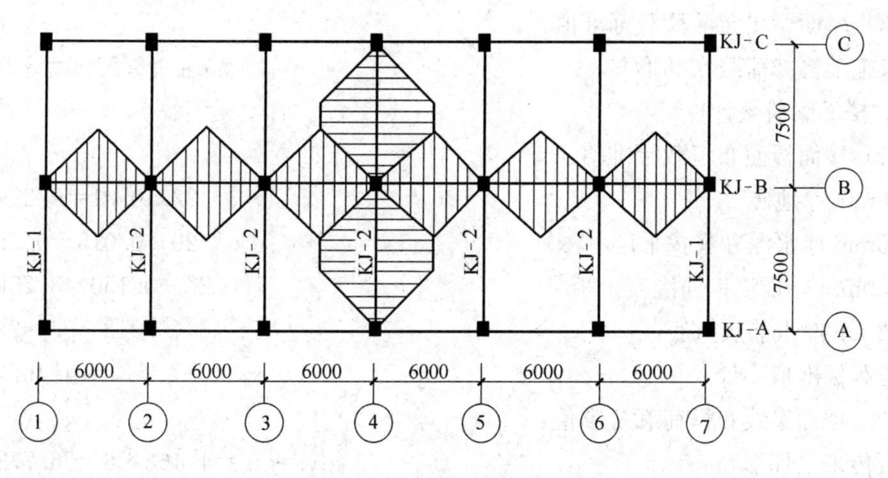

图 10-34 结构平面布置图

3. 梁柱截面

梁柱截面见表 10-4。

梁柱截面表 表 10-4

构件		长度 L(m)	截面高度 h(mm)	截面宽度 B(mm)
梁	KJ-1(2)	7.5	750	250
	KJ-A(B、C)	6.0	600	250
柱	Z_1	5.5	500	450
	Z_2	4.2	500	450

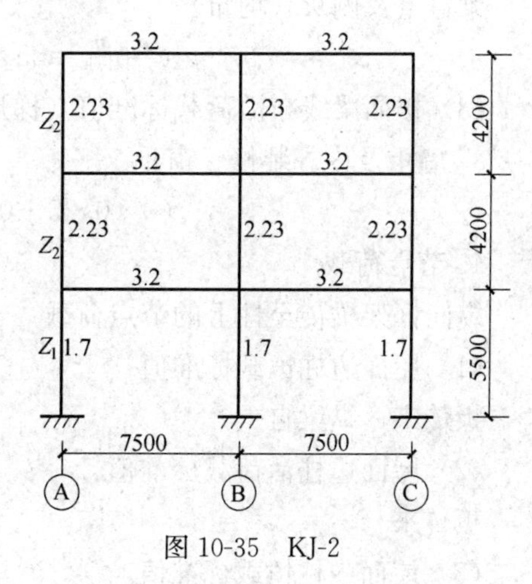

图 10-35 KJ-2

三、荷载计算

(一) 竖向荷载

1. 屋面梁荷载计算

(1) 屋面板面布恒载标准值:

SBS 防水层(二层作法) 0.2kN/m²

40mm 厚细石混凝土内配 ϕ6@300 钢筋网 24×0.04=0.96kN/m²

加气混凝土块保温(平均厚 275mm) 7×0.275=1.925kN/m²

150mm 厚钢筋混凝土板 25×0.15=3.75kN/m²

12mm 厚纸筋灰抹底 16×0.012=0.192kN/m²

恒载标准值小计 7.027kN/m²

(2) 屋面梁线布恒载标准值:

板传来(梯形) $g'_{3k}=7.027\times6=42.162$kN/m

梁自重及侧灰(均布) $g''_{3k}=25\times0.75\times0.25+16\times0.6\times2\times0.012=4.92$kN/m

(3) 屋面梁线布活荷载标准值：

取施工检修荷载（梯形） $q_{3k}=0.5\times6=3.0\text{kN/m}$

2. 楼面梁荷载计算

(1) 楼面板面布恒载标准值：

10mm 厚地砖 $22\times0.01=0.22\text{kN/m}^2$

15mm 厚水泥砂浆找平层 $20\times0.015=0.3\text{kN/m}^2$

150mm 厚现浇钢筋混凝土板 $25\times0.150=3.75\text{kN/m}^2$

12mm 厚纸筋灰抹底 $16\times0.012=0.192\text{kN/m}^2$

恒载标准值小计 $=4.462\text{kN/m}^2$

(2) 楼面梁线布恒荷载标准值：

板传来（梯形） $g'_{2k}=g'_{1k}=4.462\times6=26.772\text{kN/m}$

梁自重及侧灰（均布）

$$g'_{2k}=g''_{1k}=25\times0.75\times0.25+16\times0.6\times2\times0.012=4.92\text{kN/m}$$

(3) 楼面梁线布活荷载标准值（梯形）： $q_{2k}=q_{1k}=4\times6=24\text{kN/m}$

3. 墙重及内外装修、窗重

$$(7\times0.25+0.5+17\times0.02)\times0.9+0.45\times2.7=3.546\text{kN/m}$$

4. 节点荷载

纵向框架梁传至柱上的节点荷载

(1) 屋面边柱恒载标准值

板传来、纵梁自重 $G_{3AK}=G_{3CK}=85.74\text{kN}$

(2) 屋面边柱活荷载标准值

板传来 $G_{3AK}=G_{3CK}=6.3\text{kN}$

(3) 屋面中柱恒载标准值

板传来、纵梁自重 $G_{3BK}=149\text{kN}$

(4) 屋面中柱活荷载标准值

板传来 $Q_{3BK}=12.6\text{kN}$

(5) 楼面边柱恒载标准值

板传来及纵梁自重及墙重 $G_{2AK}=G_{1AK}=G_{2CK}=G_{1CK}=83\text{kN}$

(6) 楼面边柱活载标准值

板传来 $Q_{2AK}=Q_{1AK}=Q_{2CK}=Q_{1CK}=36\text{kN}$

(7) 楼面中柱恒载标准值

板传来及纵梁自重 $G_{2BK}=G_{1BK}=102.8\text{kN}$

(8) 楼面中柱活荷载标准值

板传来 $Q_{2BK}=Q_{1BK}=72\text{kN}$

(二) 水平风荷载

因纵向柱距大于层高，宜简化成作用于柱一侧节点上的水平集中力（$F_{ik}=\mu_s\mu_z w_0 BH_i$），查荷载规范可得风荷体形系数：迎风面为 0.8，背风面为−0.5；多层房屋可近似取柱顶高度确定风压高度变化系数。柱顶距地面 13.2m，市郊地面粗糙度为 B 类，查荷载规范可得高度系数 $\mu_Z=1.09$；基本风压 $w_0=0.4\text{kN/m}^2$；计算单元宽 $B=6\text{m}$，故节点上的水平集中风荷载标准值为：

$$F_{3k}=(0.8+0.5)\times1.09\times0.4\times6\times4.2/2=7.14\text{kN}$$

$$F_{2k}=(0.8+0.5)\times1.0\times0.4\times6\times4.2=13.1\text{kN}$$

$$F_{1k}=(0.8+0.5)\times1.0\times0.4\times6\times(4.2+4.8)=14.04\text{kN}$$

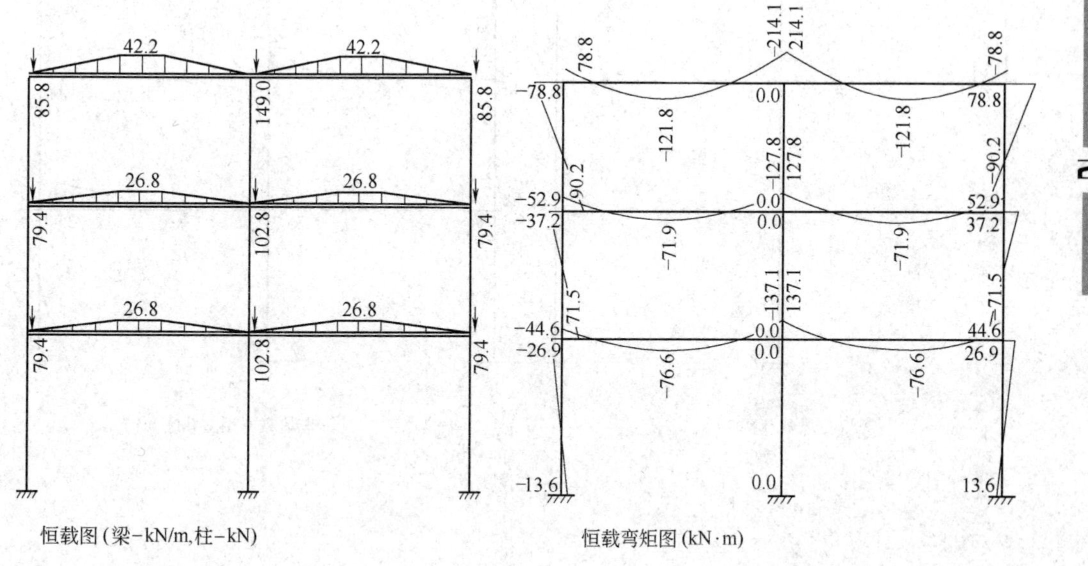

图 10-36

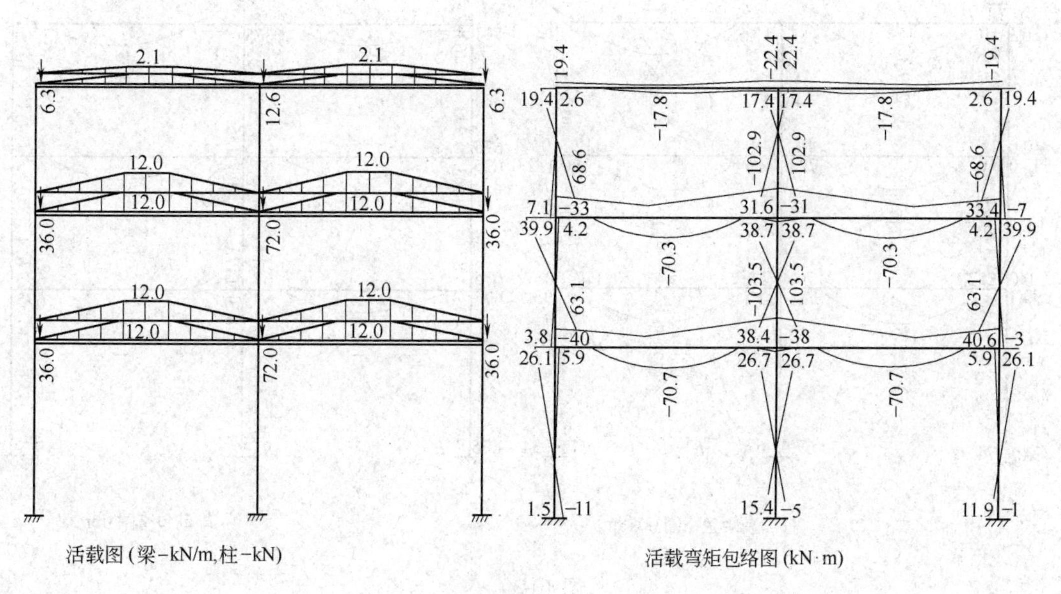

图 10-37

四、内力计算

内力与配筋计算均由计算机完成。部分荷载图、内力图、组合内力图及框架配筋图见图 10-36～图 10-40。手工计算内力和配筋的方法现已极少采用，这里不再介绍。

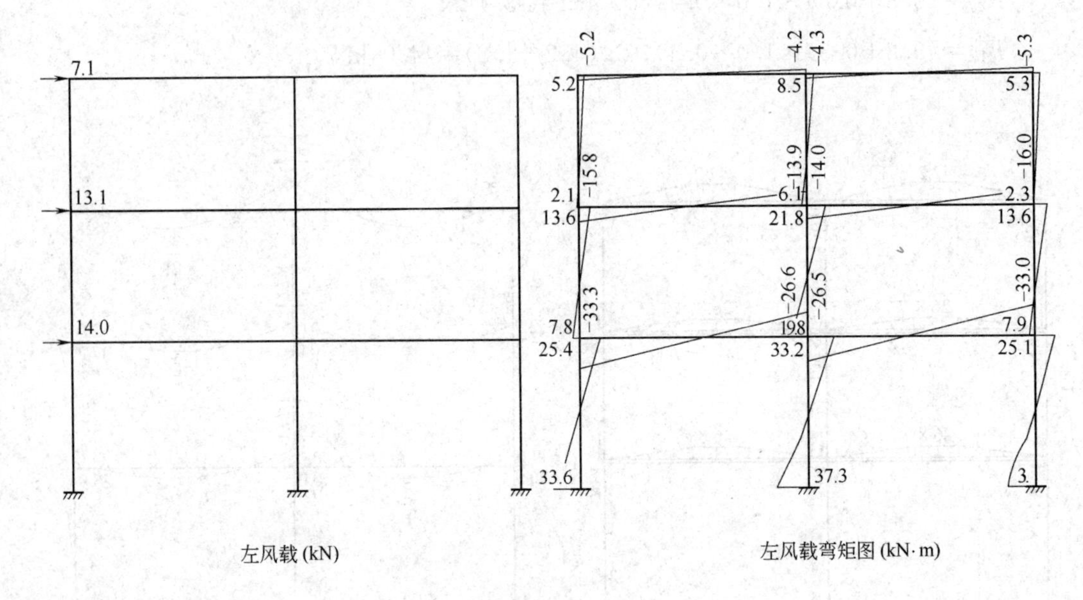

左风载 (kN)　　　　左风载弯矩图 (kN·m)

图 10-38

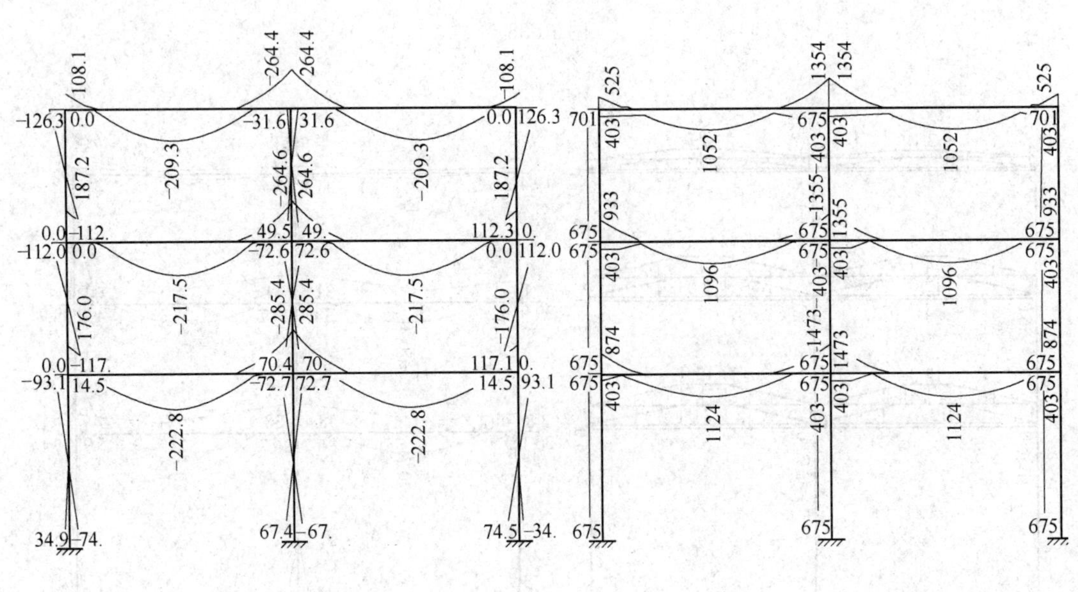

弯矩包络图 (kN·m)　　　　配筋包络图 (mm^2)

图 10-39

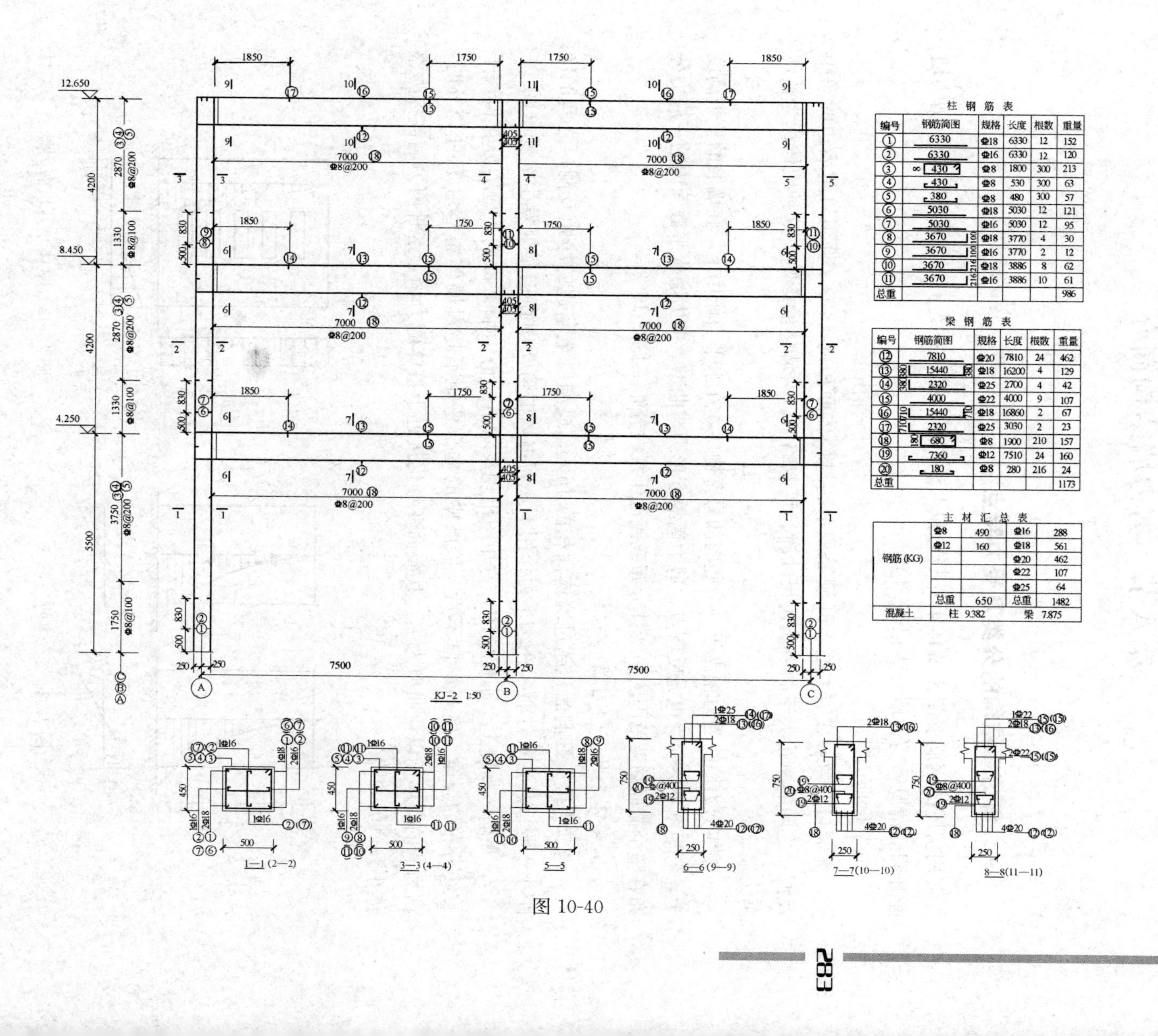

柱 钢 筋 表

编号	钢筋简图	规格	长度	根数	重量
①	6330	Φ18	6330	12	152
②	6330	Φ16	6330	12	120
③	8 430	Φ8	1800	300	213
④	430	Φ8	530	300	63
⑤	380	Φ8	480	300	57
⑥	5030	Φ18	5030	12	121
⑦	5030	Φ16	5030	12	95
⑧	3670 100	Φ18	3770	4	30
⑨	3670 100	Φ16	3770	2	12
⑩	3670 216	Φ18	3886	8	62
⑪	3670 216	Φ16	3886	10	61
总重					986

梁 钢 筋 表

编号	钢筋简图	规格	长度	根数	重量
⑫	7810	Φ20	7810	24	462
⑬	380 15440 380	Φ18	16200	4	129
⑭	380 2320	Φ25	2700	4	42
⑮	4000	Φ22	4000	9	107
⑯	710 15440 710	Φ18	16860	2	67
⑰	710 2320	Φ25	3030	2	23
⑱	180 680	Φ8	1900	210	157
⑲	7360	Φ12	7510	24	160
⑳	180	Φ8	280	216	24
总重					1173

主 材 汇 总 表

钢筋(KG)	Φ8	490	Φ16	288
	Φ12	160	Φ18	561
			Φ20	462
			Φ22	107
			Φ25	64
	总重	650	总重	1482
混凝土	柱 9.382		梁 7.875	

图 10-40

第八节　剪力墙结构简介

一、剪力墙结构的分类及受力特点

用房屋的钢筋混凝土墙体承受竖向和水平作用的结构称为剪力墙结构。根据剪力墙面开洞的情况，剪力墙分为以下四类。

1. 整体剪力墙

无洞口剪力墙或剪力墙上开洞面积不超过墙体面积的 15%，且洞口至墙边的净距及洞口之间的净距大于洞口长边尺寸时，可忽略洞口对墙体的影响，这种墙体称为整体剪力墙。

整体剪力墙的受力相当于一个竖向的悬臂构件，在水平力作用下，在墙肢的整个高度上，弯矩图不突变，也无反弯点，剪力墙的变形为弯曲型。剪力墙水平截面内的正应力分布在整个截面高度范围内呈线性分布或接近于线性分布，见图 10-41。

2. 整体小开口剪力墙

当剪力墙上开洞面积超过墙体面积的 15%，或洞口至墙边的净距及洞口之间的净距小于洞口长边尺寸时，在水平力作用下，剪力墙的弯矩图在连梁处发生突变（图 10-42），在墙肢高度上个别楼层中，弯矩图出现反弯点，剪力墙截面的正应力分布偏离了直线分布的规律。但当洞口不大、墙肢中的局部弯矩不超过墙体整体弯矩的 15%时，剪力墙的变形仍以弯曲型为主，其截面变形仍接近于整体剪力墙，这种剪力墙被称为整体小开口剪力墙。

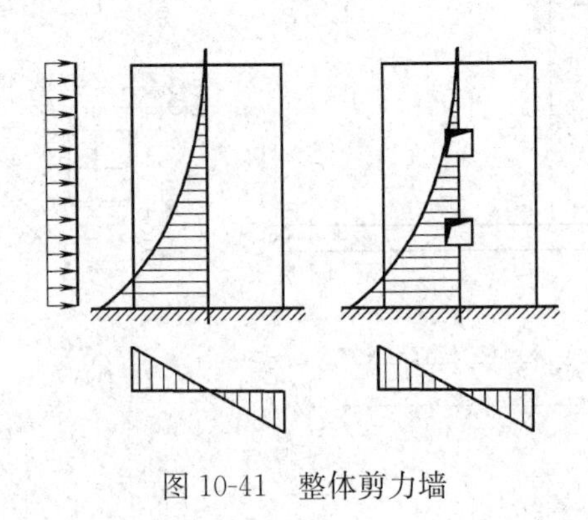

图 10-41　整体剪力墙

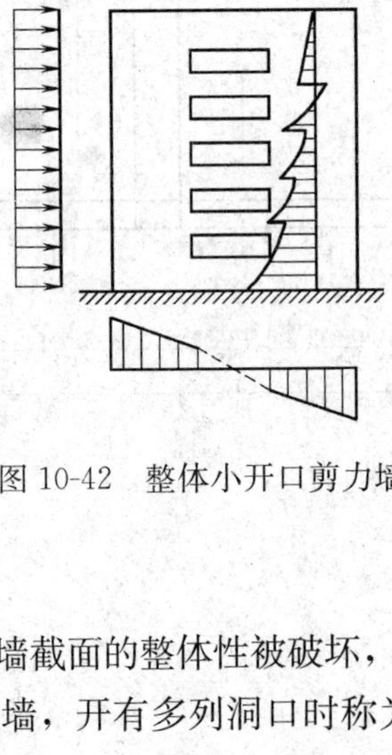

图 10-42　整体小开口剪力墙

3. 联肢剪力墙

当剪力墙沿竖向开有一列或多列较大洞口时，剪力墙截面的整体性被破坏，截面变形不再符合平截面假定。开有一列洞口的联肢墙称为双肢墙，开有多列洞口时称为多肢墙，其弯矩图和截面应力分布与整体小开口剪力墙类似，见图 10-43。

4. 壁式框架

当剪力墙的洞口尺寸较大，墙肢宽度较小（墙肢的宽度与墙厚度之比不大于 4 时），连梁的线刚度接近于墙肢的线刚度时，剪力墙的受力性能接近于框架，这种剪力墙称为壁式框架。壁式框架柱的弯矩图在楼层处突变，在大多数楼层中出现反弯点，剪力墙的变形以剪切型为主，见图 10-44。

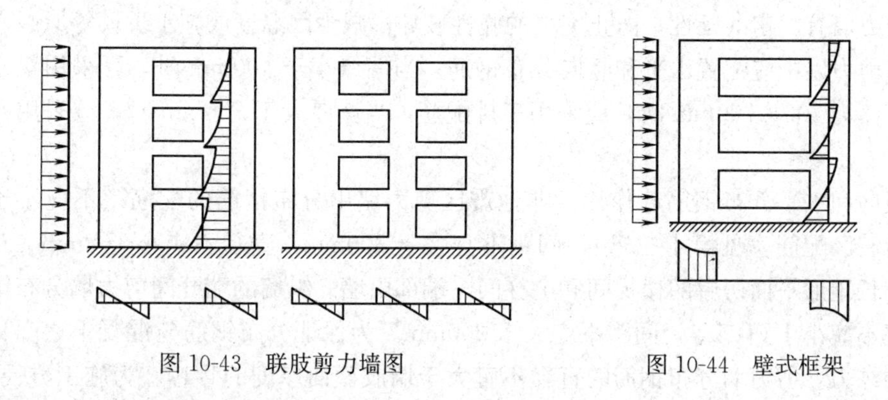

图 10-43 联肢剪力墙图　　图 10-44 壁式框架

二、剪力墙的构造

1. 剪力墙的配筋形式

剪力墙中常配有抵御偏心受拉或偏心受压的纵向受力钢筋 A_s 和 A_s'，抵抗剪力的水平分布钢筋 A_{sh} 和竖向分布钢筋 A_{sv}，此外还配有箍筋和拉结钢筋，其中 A_s 和 A_s' 集中配置在墙肢的端部组成暗柱，如图 10-45 所示。

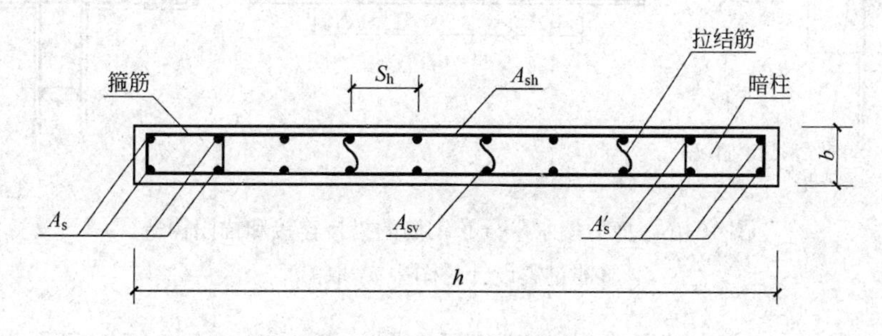

图 10-45 剪力墙的配筋形式

2. 材料

为保证剪力墙的承载能力和变形能力，钢筋混凝土剪力墙的混凝土强度等级不应低于 C20，也不宜高于 C60。墙中分布钢筋和箍筋一般采用 HPB300 钢筋，也可采用 HRB400 钢筋。纵向受力钢筋可采用 HRB400、HRB500 或 HRBF400、HRBF500 钢筋。

3. 截面尺寸

为保证墙体出平面的刚度和稳定性，非抗震设计时，钢筋混凝土剪力墙的厚度不应小于 160mm，同时不应小于楼层高度的 1/25。

4. 墙肢纵向钢筋

剪力墙两端和洞口两侧应按规范设置构造边缘构件。非抗震设计剪力墙端部应按正截面承载力计算配置不少于 4 根 12mm 的纵向受力钢筋，沿纵向钢筋应配置不少于直径 6mm，间距为 250mm 的拉筋。

5. 分布钢筋

为使剪力墙有一定的延性，防止突然的脆性破坏，减少因温度或施工拆模等原因产生的裂缝，剪力墙中应配置水平和竖向分布钢筋。当墙厚小于 400mm 时，可采用双排配筋，当墙厚为 400～700mm 时，应采用三排配筋，当墙厚大于 700mm 时，应采用四排配筋。

为使竖向和水平分布钢筋起作用，非地震区剪力墙中分布钢筋的配筋率不应小于 0.20%（地震区配筋率见第十三章），间距不宜大于 300mm，直径不应小于 8mm。对房屋顶层、长矩形平面房屋的楼梯间和电梯间、端部山墙、纵墙的端开间剪力墙分布钢筋的配筋率不应小于 0.25%，间距不应大于 200mm。为保证分布钢筋与混凝土之间具有可靠的粘结力，剪力墙分布钢筋的直径不宜大于墙肢截面厚度的1/10。为施工方便，竖向分布钢筋可放在内侧，水平分布钢筋放在外侧，且水平与纵向分布钢筋宜同直径同间距。

剪力墙中水平分布钢筋的搭接、锚固及连接见图 10-46。

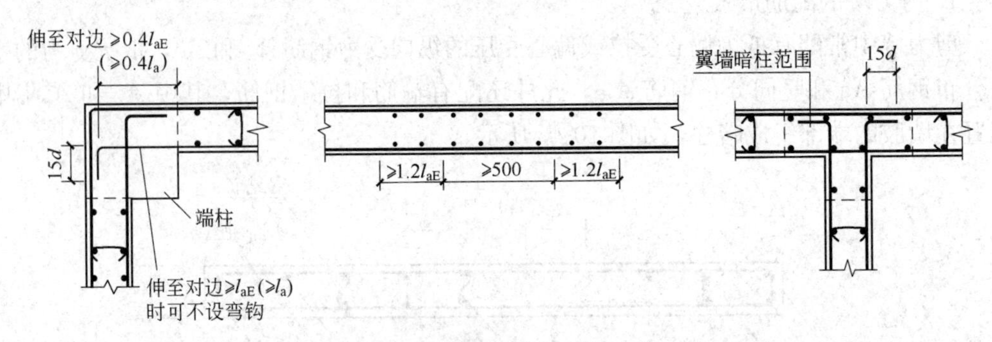

图 10-46 剪力墙水平分布钢筋的搭接连接和锚固构造

（非抗震设计时图中 l_{aE} 取 l_a）

非抗震设计时，剪力墙竖向分布钢筋可在同一截面搭接，搭接长度不小于 $1.2l_a$，且不应小于 300mm，当分布钢筋直径大于 28mm 时，不宜采用搭接接头，其连接构造见图 10-47。

6. 连系梁的配筋构造（图 10-48）

连系梁受反弯矩作用，通常跨高比较小，易出现剪切斜裂缝，为防止脆性破坏，《高层建筑混凝土结构技术规程》中规定：

连梁顶面、底面纵向受力钢筋伸入墙肢内的锚固长度不应小于 l_a，且不应小于 600mm；沿连梁全长的箍筋直径不应小于 6mm，间距不应大于 150mm；顶层连梁纵向钢筋伸入墙肢的长度范围内，应配置间距不大于 150mm 的构造箍筋，箍筋直径应与该

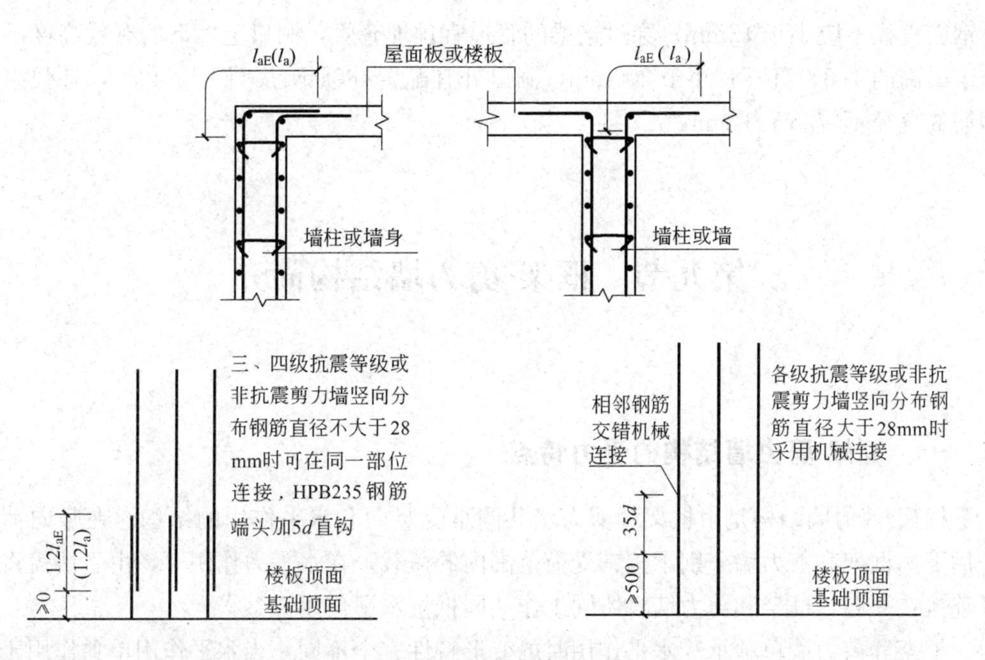

图 10-47 剪力墙竖向分布钢筋的连接构造

连梁的箍筋直径相同；墙肢水平分布钢筋应作为连梁的腰筋在连梁范围内拉通连续配置；当连梁截面高度大于700mm时，其两侧面沿梁高范围设置的纵向构造钢筋（腰筋）的直径不应小于8mm，间距不应大于200mm；对跨高比不大于2.5的连梁，梁两侧的纵向构造钢筋（腰筋）的总面积配筋率不应小于0.3%。

7. 剪力墙墙面和连梁开洞时的构造

当剪力墙墙面开洞和连系梁上开洞时应进行洞口补强。《高层建筑混凝土结构技术规程》中规定：

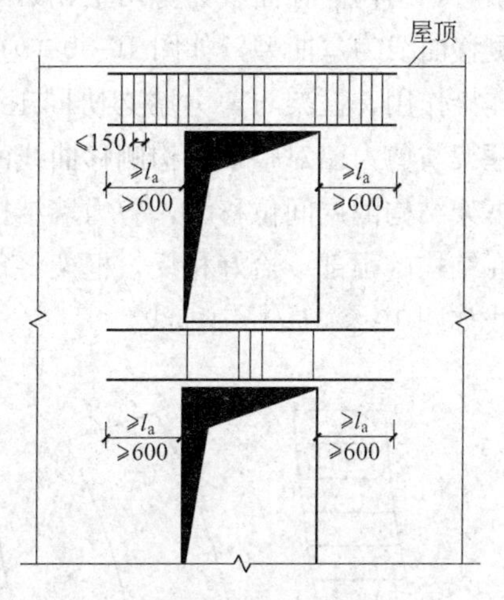

图 10-48 连梁配筋构造

当剪力墙墙面开有非连续小洞口（其各边长度小于800mm），且在整体计算中不考虑其影响时，应将洞口处被截断的分布钢量分别集中配置在洞口上、下和左、右两边（图 10-49a），

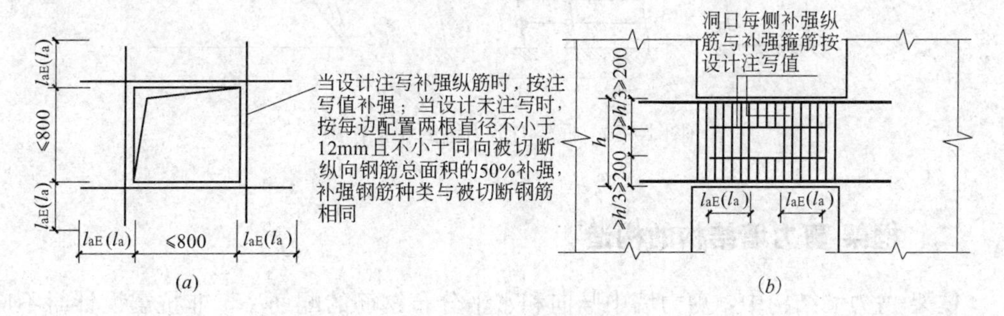

图 10-49 洞口补强配筋示意

且钢筋直径不应小于 12mm；穿过连梁的管道宜预埋套管，洞口上、下的有效高度不宜小于梁高的 1/3，且不宜小于 200mm，洞口处宜配置补强钢筋（图 10-49*b*），补强纵向钢筋的直径不应小于 12mm。

第九节　框架-剪力墙结构简介

一、框架-剪力墙结构的受力特点

框架-剪力墙结构是由框架和剪力墙共同承受竖向和水平作用的结构。在竖向荷载作用下，框架和剪力墙分别承担其受荷范围内的荷载，在水平力作用下，由于楼盖将两者连接在一起，框架和剪力墙将协同工作共同抵抗水平作用。

框架和剪力墙单独承受水平作用时的变形特性完全不同，当水平作用单独作用于框架时，结构侧移曲线为剪切型，如图 10-50（*a*）；当侧向力单独作用于剪力墙时，结构侧移曲线为弯曲型，如图 10-50（*b*），当侧向力作用于框架-剪力墙时，由于楼盖结构的连接作用，框架与剪力墙必协同工作，其侧移曲线为弯剪型，如图 10-50（*c*）。另外，框架与剪力墙对整个结构侧移曲线的影响将沿结构高度方向发生变化，在结构的底部，框架结构的层间位移大，剪力墙结构的层间位移小，因此，剪力墙将负担较多的剪力。在结构的顶部，恰好相反，框架将负担较多的剪力，框架与剪力墙共同工作后的变形曲线如图 10-50（*d*）中虚线。

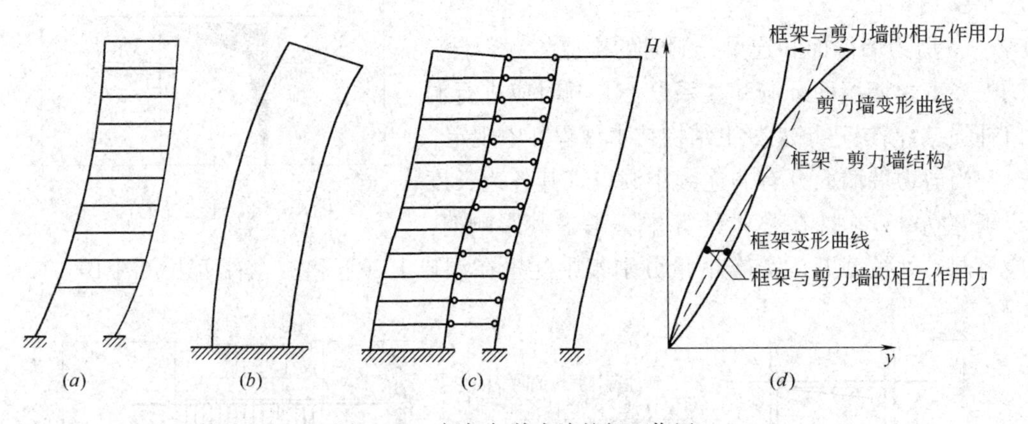

图 10-50　框架与剪力墙的相互作用

二、框架-剪力墙结构的构造

框架-剪力墙结构中，剪力墙中竖向和水平分布钢筋的配筋率，非抗震设计时不应小于0.2%，并应至少双排布置。各排分布钢筋之间应设置拉筋，拉筋直径不应小于6mm，间距不应大于600mm。

剪力墙周边应设置梁（或暗梁）及端柱组成边框。带边框剪力墙的截面厚度不应小于160mm，且不应小于层高的1/20，剪力墙的水平钢筋应全部锚入边框柱内，锚固长度不应小于 l_a。边框梁或暗柱的上、下纵向钢筋配筋率均不应小于0.2%，箍筋不应少于 ϕ6@200。

框架-剪力墙结构中的框架及剪力墙应符合框架结构和剪力墙结构的有关构造要求。

思 考 题

1. 多高层钢筋混凝土结构体系有哪几种？各适用于何种建筑？
2. 框架结构有哪几种类型？目前常用的是何种？
3. 如何确定框架结构的计算简图？
4. 框架梁、柱的截面尺寸如何选取？
5. 框架上的荷载有哪些？如何取值？风荷载如何简化？
6. 目前框架内力计算常用的工具是什么？什么情况下才可能用手算方法？
7. 框架梁、柱的最不利内力组合各有哪几种？
8. 在框架内力计算时，常采用竖向活载的何种布置方法来获得梁或柱的最不利内力组合？
9. 一般框架的柱计算长度如何取值？
10. 简述剪力墙结构的分类和受力特点。
11. 简述框架-剪力墙结构的受力特点。

第十一章

砌体结构

第一节　概　　述

砌体结构是指以砖、石或各种砌块为块材，用砂浆砌筑而成的结构。

砌体结构在我国具有悠久的历史，两千多年前砖瓦材料在我国就已很普及，即举世闻名的“秦砖汉瓦”。古代以砌体结构建造的城墙、拱桥、寺院和佛塔至今还保存有许多著名的建筑。如秦朝建造、明朝又大规模重修的万里长城，北魏在河南登封市建成的嵩岳寺砖塔，隋代建造的河北赵县安济桥，唐代西安的大雁塔，明代南京的无梁殿后走廊等。在19世纪中叶发明了水泥以后，由于砂浆强度的提高，砌体结构的应用更加广泛。

因为各种砌体一般只能用作墙、柱及基础，至于屋盖、楼盖及楼梯还需采用其他材料（木、钢或钢筋混凝土），所以人们又将这种由几种不同结构材料建造的房屋承重结构称为混合结构。

砌体结构具有以下优点：

1）材料来源广泛。砌体的原材料黏土、砂、石为天然材料，分布极广，取材方便；且砌体块材的制造工艺简单，易于生产。

2）性能优良。砌体隔声、隔热、耐火性能好，故砌体在用作承重结构的同时还可起到围护、保温、隔断等作用。

3）施工简单。砌筑砌体结构不需支模、养护，在严寒地区冬季可采用冻结法施工；且施工工具简单，工艺易于掌握。

4）费用低廉。可大量节约木材、钢材及水泥，造价较低。

砌体结构也具有如下缺点：

1）强度较低。砌体的抗压强度比块材低，抗拉、弯、剪强度更低，因而抗震性能差。

2）自重较大。因强度较低，砌体结构墙、柱截面尺寸较大，材料用料较多，因而结构自重大。

3）劳动量大。因采用手工方式砌筑，生产效率较低，运输、搬运材料时的损耗也大。

4）占用农田。采用黏土制砖，要占用大量农田，不但严重影响农业生产，也将破坏生态平衡。

基于砌体结构以上特点，它最适用于受压构件。如用作住宅、办公楼、学校、旅馆、小型礼堂、小型厂房的墙体、柱和基础，砌体也可用作围护墙和隔墙。工业企业中的一些烟囱、烟道、贮仓、支架、地下管沟等也常用砌体结构建造。在水利工程中，堤岸、坝身、围堰等采用砌体结构也相当普遍。在地震区，按规定进行抗震计算，并采用合理的构造措施，砌体结构房屋也有广泛的应用。

现行的《砌体结构设计规范 GB50003—2011》（以下简称《砌体规范》）是 2012 年颁布实行的。它是在原规范基础上，根据“增补、简化、完善”的原则，在总结了近年来砌体结构研究的新成果和应用的经验后修订完成的，标志着我国砌体结构设计和科研已达到了世界先进水平。

砌体结构的发展，除了计算理论和方法的改进外，更重要的是材料的改革。砌体结构正在越来越多的克服传统的缺点，取得不断的发展。现在块材的发展方向是：高强、轻质、节能、环保、配筋、预应力，大力推广使用工业废料制作的块材和空心砌块。随着砌块材料的改进、设计理论研究的深入和建筑技术的发展，砌体结构将日臻完善。

第二节 砌体材料及砌体的力学性能

一、砌体的块材

块材是砌体的主要部分，目前我国常用的块材可以分为砖、砌块和石材三大类。

1. 砖

砖的种类包括烧结普通砖、烧结多孔砖、混凝土普通砖、混凝土多孔砖、蒸压灰砂砖和蒸压粉煤灰砖。我国标准砖的尺寸为 240mm×115mm×53mm。块体的强度等级符号以“MU”表示，单位为 MPa（N/mm^2）。烧结普通砖和烧结多孔砖按强度等级分为 MU30、MU25、MU20、MU15、MU10 五个强度等级。混凝土普通砖强度等级有 MU30、MU25、MU20、MU15 四个强度等级；混凝土多孔砖有 MU25、MU20、MU15 三个强度等级。《砌体规范》规定采用的蒸压灰砂砖和蒸压粉煤灰砖强度等级为 MU25、MU20、MU15 三个强度等级。

砖的强度等级，一般根据标准试验方法所测得的抗压强度确定，对于某些砖，还应考虑其抗折强度的要求。

砖的质量除按强度等级区分外，还应满足抗冻性、吸水率和外观质量等要求。

2. 砌块

承重用的砌块主要是普通混凝土小型空心砌块和轻集料（骨料）混凝土小型空心砌块。普通混凝土小型空心砌块强度等级分为五级：MU20、MU15、MU10、MU7.5 和 MU5。轻集料（骨料）混凝土小型空心砌块强度等级分为四级：MU10、MU7.5、MU5 和 MU3.5。

砌块的强度等级是根据单个砌块的抗压破坏荷载，按毛截面计算的抗压强度确定的。

3. 石材

天然石材一般多采用花岗岩、砂岩和石灰岩等几种。表观密度大于 1.8t/m^3 者以用于基础砌体为宜，而表观密度小于 1.8t/m^3 者则用于墙体更为适宜。石材强度等级分为七级：MU100、MU80、MU60、MU50、MU40、MU30 和 MU20。

石材的强度等级是根据边长为 70mm 立方体试块测得的抗压强度确定的。如采用其他尺寸立方体作为试块，则应乘以规定的换算系数。

二、砌体的砂浆

砂浆是由无机胶结料、细骨料和水组成的。胶结料一般有水泥、石灰和石膏等。砂浆的作用是将块材连接成整体而共同工作，保证砌体结构的整体性；还可找平块体接触面，使砌体受力均匀；此外，砂浆填满块体缝隙，减小了砌体的透气性，提高了砌体的隔热性。对砂浆的基本要求是强度、流动性（可塑性）和保水性。

按组成材料的不同，砂浆可分为水泥砂浆、石灰砂浆、混合砂浆及专用砂浆。

1）水泥砂浆：由水泥、砂和水拌和而成。它具有强度高、硬化快、耐久性好的特点，但和易性差，水泥用量大。适用于砌筑受力较大或潮湿环境中的砌体。

2）石灰砂浆：由石灰、砂和水拌和而成。它具有保水性、流动性好的特点。但强度低、耐久性差，只适用于低层建筑和不受潮的地上砌体中。一般用于墙面抹灰。

3）混合砂浆：由水泥、石灰、砂和水拌和而成。它的保水性能和流动性比水泥砂浆好，便于施工而强度高于石灰砂浆，适用于砌筑一般墙、柱砌体。

砂浆的强度等级是用边长为 70.7mm 的立方体标准试块，在温度为 20℃±3℃和相对湿度水泥砂浆在 90%以上，混合砂浆在 60%～80%的环境下硬化，龄期为 28d 的抗压强度确定的。砂浆的强度等级符号以“M”表示，单位为 MPa（N/mm^2）。《砌体规范》将砂浆强度等级分为五级：M15、M10、M7.5、M5、M2.5。

4）砌块专用砂浆由水泥、砂、水及根据需要掺入的掺合料和外加剂等组成，按一定比例，采用机械拌和制成，专门用于砌筑混凝土砌块。强度等级以符号“Mb”表示。

当验算施工阶段砂浆尚未硬化的新砌砌体承载力时，砂浆强度应取为零。

三、对砌体材料的耐久性要求

建筑物所采用的材料，除满足承载力要求外，尚需满足耐久性要求。耐久性是指建筑结构在正常维护下，材料性能随时间变化，仍应能满足预定的功能要求。当块体的耐久性不足时，在使用期间，因风化、冻融等会引起面部剥蚀，有时这种剥蚀相当严重，会影响建筑物的承载力。

砌体材料的选用应本着因地制宜、就地取材、充分利用工业废料的原则，并考虑建筑物耐久性要求、工作环境、受力特点、施工技术力量等各方面因素。

1. 砌体结构的环境类别　砌体结构的耐久性设计，应根据结构的设计使用年限和表 11-1 规定的环境类别进行设计。

砌体结构的环境类别 表 11-1

环境类别	条 件
1	正常居住及办公建筑的内部干燥环境
2	潮湿的室内或室外环境，包括无侵蚀性土和水接触的环境
3	严寒和使用化冰盐的潮湿环境（室内或室外）
4	与海水直接接触的环境，或处于海滨地区的盐饱和的气体环境
5	有化学侵蚀的气体、液体或固态形式的环境，包括有侵蚀性土壤的环境

2. 砌体材料的选择 对室内地面以下，室外散水坡顶面上的砌体内，应铺设防潮层。防潮层材料一般情况下宜采用防水水泥砂浆。勒脚部位应采用水泥砂浆粉刷。设计使用年限为 50 年时，砌体材料的耐久性应符合下列规定：

(1) 地面以下或防潮层以下砌体，潮湿房间的墙或环境类别 2 的砌体，所用材料最低强度等级应符合表 11-2 的要求。

地面以下或防潮层以下的砌体、潮湿房间墙所用材料的最低强度等级 表 11-2

潮湿程度	烧结普通砖	混凝土普通砖、蒸压普通砖	混凝土砌块	石材	水泥砂浆
稍潮湿的	MU15	MU20	MU7.5	MU30	MU5
很潮湿的	MU20	MU20	MU10	MU30	MU7.5
含水饱和的	MU20	MU25	MU15	MU40	MU10

注：1. 在冻胀地区，地面以下或防潮层以下的砌体，不宜采用多孔砖，如采用时，其孔洞应用不低于 M10 的水泥砂浆预先灌实。当采用混凝土空心砌块时，其孔洞应采用强度等级不低于 Cb20 的混凝土预先灌实；

2. 对安全等级为一级或设计使用年限大于 50 年的房屋，表中材料强度等级应至少提高一级。

(2) 处于环境类别 3～5 等有侵蚀性介质的砌体材料应符合下列要求。①不应采用蒸压灰砂普通砖、蒸压粉煤灰普通砖；②应采用实心砖，砖的强度等级不应低于 MU20，水泥砂浆的强度等级不应低于 MU10；混凝土砌块的强度等级不应低于 MU15，灌孔混凝土的强度等级不应低于 Cb30，砂浆的强度等级不应低于 Mb10；④应根据环境条件对砌体材料的抗冻指标、耐酸、碱性能提出要求，或符合有关规范的规定。

四、砌体的种类

由不同尺寸和形状的块体用砂浆砌筑而成的墙、柱称为砌体。根据块体的类别和砌筑形式的不同，砌体主要分为以下几类。

1. 砖砌体

由砖和砂浆砌筑而成的砌体称为砖砌体，它是应用最普遍的一种砌体。在房屋建筑中，砖砌体大量用作内外承重墙及隔墙。其厚度根据承载力及稳定性等要求确定，但外墙厚度还需考虑保温和隔热要求。承重墙一般多采用实心砌体。

实心砌体常采用一顺一丁、梅花丁和三顺一丁砌筑方法（图 11-1）。当采用标准砖砌筑砖砌体时，墙体的厚度常采用 120mm（半砖）、240mm（1 砖）、370mm（$1\frac{1}{2}$砖）、

490mm（2砖）、620mm（$2\frac{1}{2}$砖）、740mm（3砖）等。有时为节约材料，还可结合侧砌做成180mm、300mm、420mm等厚度。

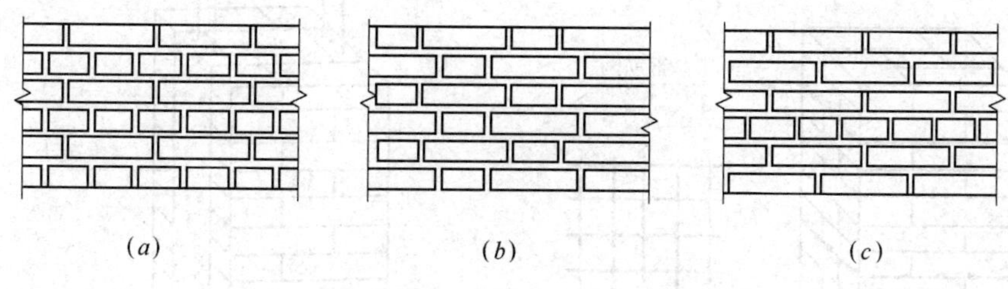

(a)　　(b)　　(c)

图11-1　砖砌体的砌合方法

（a）一顺一丁；（b）梅花丁；（c）三顺一丁

2. 砌块砌体

由砌块和砂浆砌成的砌体称为砌块砌体。我国目前采用较多的有混凝土小型空心砌块砌体及轻骨料混凝土小型砌块砌体。砌块砌体，为建筑工厂化、机械化，提高劳动生产率，减轻结构自重开辟了新的途径。

3. 天然石材砌体

由天然石材和砂浆砌筑的砌体称为石砌体。石砌体分为料石砌体和毛石砌体。石材价格低廉，可就地取材，它常用于挡土墙、承重墙或基础。但石砌体自重大，隔热性能差，作外墙时厚度一般较大。

4. 配筋砌体

为了提高砌体的承载力和减小构件的截面尺寸，可在砌体内配置适量的钢筋形成配筋砌体。配筋砌体有网状配筋砖砌体和组合砖砌体等。在砖柱或墙体的水平灰缝内配置一定数量的钢筋网，称为横向配筋砖砌体（图11-2*a*）。在砖砌体内配置部分钢筋混凝土或钢筋砂浆面层，形成组合砌体，也称为纵向配筋砌体（图11-2*b*）。这种砌体适用于承受偏心压力较大的墙和柱。

五、砌体的抗压强度

1. 砌体受压破坏机理

砌体是由两种性质不同的材料（块材和砂浆）粘结而成，它的受压破坏特征将不同于单一材料组成的构件。砌体在建筑物中主要用作承压构件，因此了解其受压破坏机理就显得十分重要。根据国内外对砌体所进行的大量试验研究得知，轴心受压砌体在短期荷载作用下的破坏过程大致经历了以下三个阶段。

第一阶段：从开始加载到大约极限荷载的50%～70%时，首先在单块砖中产生细小裂缝。以竖向短裂缝为主，也有个别斜向短裂缝（图11-3*a*）。这些细小裂缝是因砖本身形状不规整或砖间砂浆层不均匀、不平，使单块砖受弯、剪产生的。如不增加荷载，这种单块砖内的裂缝不会继续发展。

第二阶段：随着外载增加，单块砖内的初始裂缝将向上、向下扩展，形成穿过若干

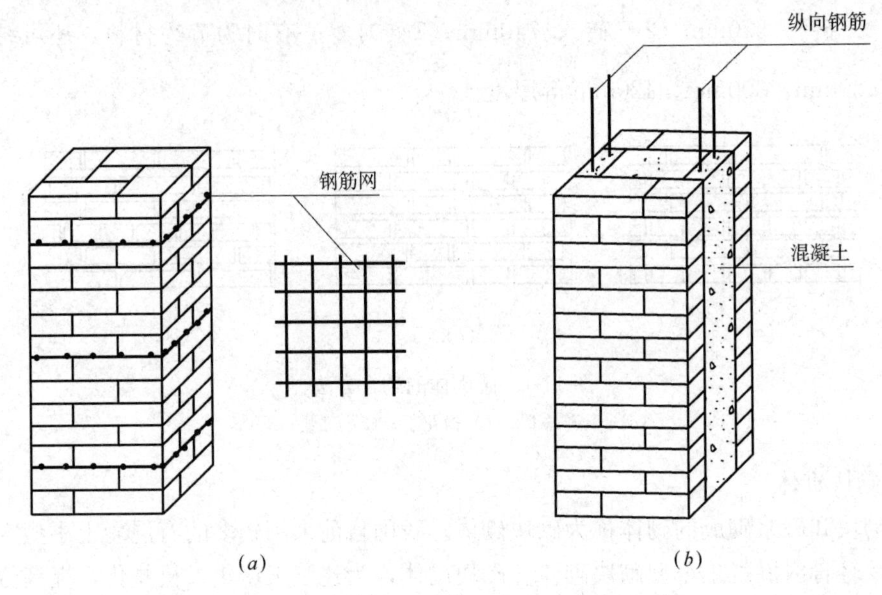

图 11-2 配筋砌体

(a) 网状配筋砖砌体；(b) 组合砖砌体

皮砖的连续裂缝。同时产生一些新的裂缝（图 11-3b）。此时即使不增加荷载，裂缝也会继续发展。这时的荷载约为极限荷载的 80%～90%，砌体已接近破坏。

第三阶段：继续加载，裂缝急剧扩展，沿竖向发展成上下贯通整个试件的纵向裂缝。裂缝将砌体分割成若干半砖小柱体（图 11-3c）。因各个半砖小柱体受力不均匀，小柱体将因失稳向外鼓出，其中某些部分被压碎，最后导致整个构件破坏。即将压坏时砌

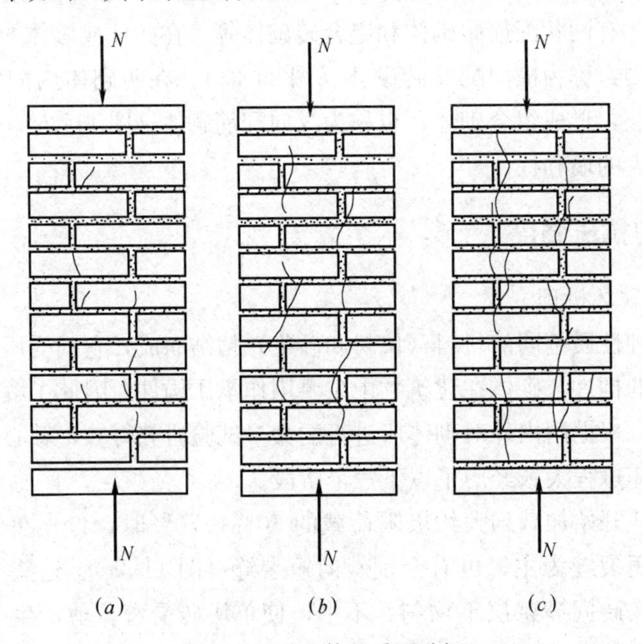

图 11-3 砖砌体的受压破坏

(a) 单块砖内出现裂缝；(b) 裂缝扩展；(c) 裂缝贯通

体所能承受的最大荷载即为极限荷载。

试验表明，砌体的破坏，并不是由于砖本身抗压强度不足，而是竖向裂缝扩展连通使砌体分割成小柱体，最终砌体因小柱体失稳而破坏。分析认为产生这一现象的原因除砖与砂浆接触不良，使砖内出现弯剪应力（图 11-4*a*）外，使砌体裂缝随荷载不断发展的另一个原因是砖与砂浆的受压变形性能不一致造成的。当砌体在受压产生压缩变形的同时还要产生横向变形，但在一般情况下砖的横向变形小于砂浆的横向变形（因砖的弹性模量一般高于砂浆的弹性模量），又由于两者之间存在着粘结力和摩擦力，故砖将阻止砂浆的横向变形，使砂浆受到横向压力，但反过来砂浆将通过两者间的粘结力增大砖的横向变形，使砖受到横向拉力（图 11-4*b*）。砖内产生的附加横向拉应力将加快裂缝的出现和发展。另外砌体的竖向灰缝往往不饱满、不密实，这将造成砌体在竖向灰缝处的应力集中（图 11-4*c*），也加快了砖的开裂，使砌体强度降低。

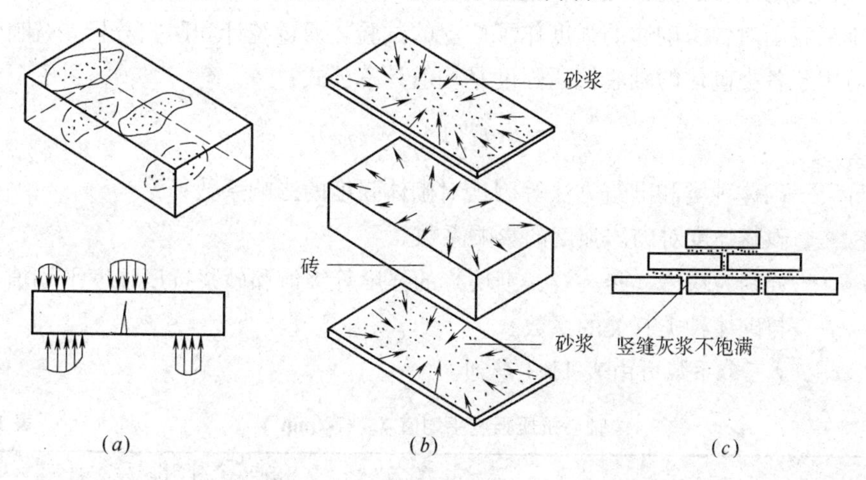

图 11-4　砌体内砖的复杂受力状态

(*a*) 砖内有弯剪应力；(*b*) 砖内有拉应力；(*c*) 竖向灰缝处的砖内有应力集中现象

综上可见，砌体的破坏是由于砖块受弯、剪、拉而开裂及最后小柱体失稳引起的，所以砖块的抗压强度并没有真正发挥出来，故砌体的抗压强度总是远低于砖的抗压强度。

2. 影响砌体抗压强度的主要因素

根据试验分析，影响砌体抗压强度的因素主要有以下几个方面：

1）砌体的抗压强度主要取决于块体的强度，因为它是构成砌体的主体。但试验也表明，砌体的抗压强度不只取决于块体的受压强度，还与块体的抗弯强度有关。块体的抗弯强度较低时，砌体的抗压强度也较低。因此，只有块体抗压强度和抗弯强度都高时，砌体的抗压强度才会高；

2）砌体抗压强度与块体高度也有很大关系。高度越大，其本身抗弯、剪能力越强，会推迟砌体的开裂。且灰缝数量减少，砂浆变形对块体影响减小，砌体抗压强度相应提高；

3）块体外形平整，使砌体强度相对提高。因平整的外观使块体内的附加弯矩、剪力影响相对较小，砂浆也易于铺平，应力分布不均匀现象会得到改善；

4）砂浆强度等级越高，则其在压应力作用下的横向变形与块材的横向变形差会相对减小，因而改善了块材的受力状态，这将提高砌体强度；

5）砂浆和易性和保水性越好，则砂浆容易铺砌均匀，灰缝饱满程度就越高，块体在砌体内的受力就越均匀，减少了砌体的应力集中，故砌体强度得到提高。

另外砌体的砌筑质量也是影响砌体抗压强度的重要因素，其影响并不亚于其他各项因素。因此，规范中规定了砌体施工质量控制等级。它根据施工现场的质保体系、砂浆和混凝土的强度、砌筑工人技术等级方面的综合水平划分为 A、B、C 三个等级，A 级最好，C 级最差。设计时一般按 B 级考虑。

3. 砌体的抗压强度

（1）各类砌体轴心抗压强度平均值 f_m

近年来我国对各类砌体的强度作了广泛的试验，通过统计和回归分析，《砌体规范》给出了适用于各类砌体的轴心抗压强度平均值计算公式：

$$f_m = k_1 f_1^{\alpha}(1+0.07f_2)k_2 \tag{11-1}$$

式中 k_1——砌体种类和砌筑方法等因素对砌体强度的影响系数；

k_2——砂浆强度对砌体强度的影响系数；

f_1、f_2——分别为块体（砖、石、砌块）的强度等级值和砂浆抗压强度平均值；

α——与砌体种类有关的系数。

k_1、k_2、α 三个系数可由表 11-3 查到。

轴心抗压强度平均值 f_m（N/mm²） **表 11-3**

砌 体 种 类	$f_m = k_1 f_1^{\alpha}(1+0.07f_2)k_2$		
	k_1	α	k_2
烧结普通砖、烧结多孔砖、蒸压灰砂砖、蒸压粉煤灰砖、混凝土普通砖、混凝土多孔砖	0.78	0.5	当 $f_2<1$ 时，$k_2=0.6+0.4f_2$
混凝土砌块、轻集料混凝土砌块	0.46	0.9	当 $f_2=0$ 时，$k_2=0.8$
毛料石	0.79	0.5	当 $f_2<1$ 时，$k_2=0.6+0.4f_2$
毛石	0.22	0.5	当 $f_2<2.5$ 时，$k_2=0.4+0.24f_2$

注：1. k_2 在表列条件以外时均等于 1。

2. 混凝土砌块砌体的轴心抗压强度平均值，当 $f_2>10$MPa 时，应乘系数 $1.1\sim0.01f_2$。

（2）各类砌体的轴心抗压强度标准值 f_k

抗压强度标准值是表示各类砌体抗压强度的基本代表值。在砌体验收及砌体抗裂等验算中，需采用砌体强度标准值。砌体抗压强度的标准值为：

$$f_k = f_m(1-1.645\delta_f) \tag{11-2}$$

式中 δ_f——砌体强度的变异系数。

把由式（11-1）求得的各类砌体的抗压强度平均值代入式（11-2），即得其标准值，见附表 20-1～附表 20-4。

(3) 各类砌体的轴心抗压强度设计值

对砌体进行承载力计算时，砌体强度应具有更大的可靠概率，需采用强度的设计值。砌体的抗压强度设计值 f 为：

$$f=\frac{f_{\mathrm{k}}}{\gamma_{\mathrm{f}}} \tag{11-3}$$

式中　γ_{f}——砌体结构的材料性能分项系数，通常按施工控制等级为 B 考虑，取 $\gamma_{\mathrm{f}}=1.6$；当为 C 级时，取 $\gamma_{\mathrm{f}}=1.8$；当为 A 级时，取 $\gamma_{\mathrm{f}}=1.5$。

根据式 (11-3) 可求出各类砌体的抗压强度设计值，见附表 21-1～附表 21-6。

六、砌体的抗拉、抗弯与抗剪强度

砌体的抗压强度比抗拉、抗弯、抗剪强度高得多，因此砌体大多用于受压构件，以充分利用其抗压性能。但实际工程中有时也遇到受拉、受弯、受剪的情况。例如圆形水池的池壁受到液体的压力，在池壁内引起环向拉力；挡土墙受到侧向土压力使墙壁承受弯矩作用；拱支座处受到剪力作用等（图 11-5）。

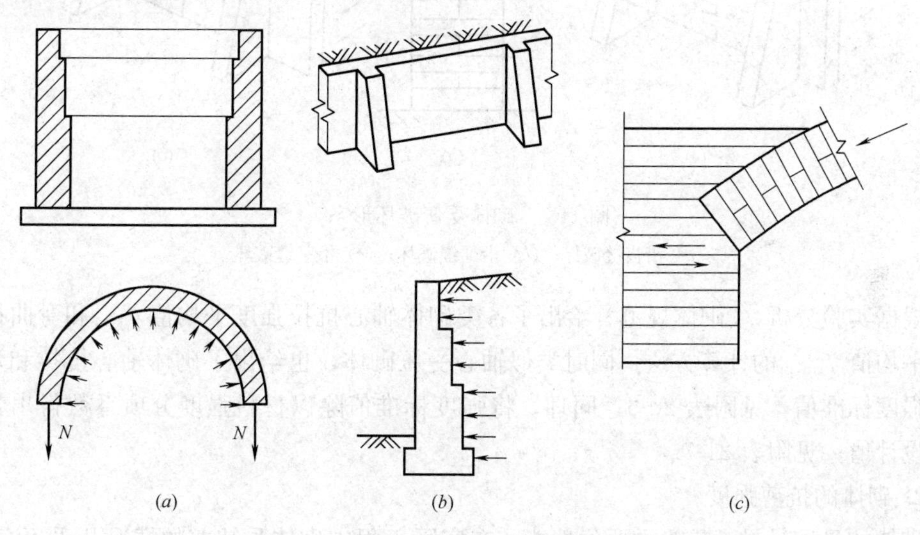

图 11-5　砌体受力形式

(a) 水池池壁受拉；(b) 挡土墙受弯；(c) 砖拱下墙体的水平受剪

1. 砌体的轴心抗拉和弯曲抗拉强度

试验表明，砌体的抗拉、抗弯强度主要取决于灰缝与块材的粘结强度，即取决于砂浆的强度和块材的种类。一般情况下，破坏发生在砂浆和块材的界面上。砌体在受拉时，发生破坏有以下三种可能（图 11-6a、b、c）：沿齿缝截面破坏，沿通缝截面破坏，沿竖向灰缝和块体截面破坏。其中前两种破坏是在块体强度较高而砂浆强度较低时发生，而最后一种破坏是在砂浆强度较高而块体强度较低时发生。因为法向粘结强度，数值极低，且不易保证，故在工程中不应设计成利用法向粘结强度的轴心受拉构件（图

11-6*b*)。砌体受弯也有三种破坏可能，与轴心受拉时类似（图 11-7*a*、*b*、*c*）。

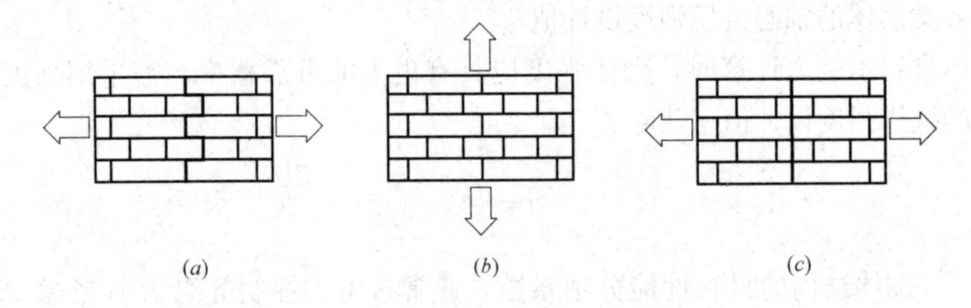

图 11-6　砌体轴心受拉破坏形态

（*a*）沿齿缝截面破坏；（*b*）沿通缝截面破坏；（*c*）沿块材和竖向灰缝截面破坏

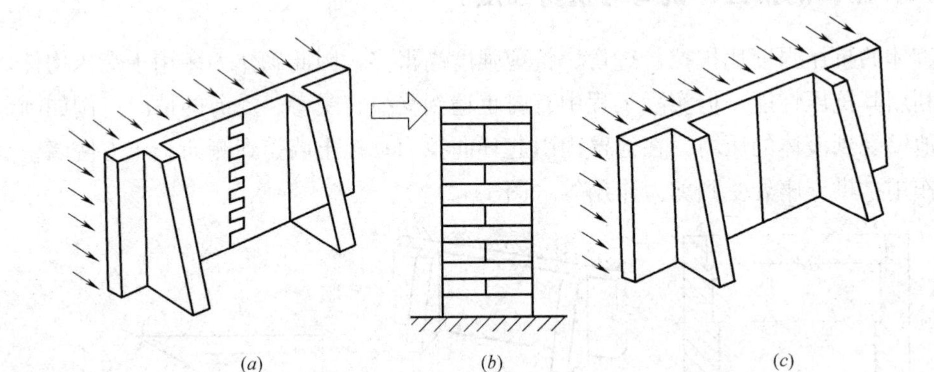

图 11-7　砌体受弯破坏形态

（*a*）沿齿缝破坏；（*b*）沿通缝破坏；（*c*）沿竖缝破坏

根据实验分析，《砌体规范》给出了各类砌体轴心抗拉强度平均值 $f_{t,m}$ 和弯曲抗拉强度平均值 $f_{tm,m}$ 的计算方法。同时类似轴心受压砌体，也给出了砌体轴心抗拉和弯曲抗拉强度标准值，见附表 20-5。同理，将强度标准值除以材料强度分项系数得出各强度的设计值，见附表 21-7。

2. 砌体的抗剪强度

砌体的受剪是另一较为重要的性能。在实际工程中砌体受纯剪的情况几乎不存在，通常砌体截面上受到竖向压力和水平力的共同作用（图 11-8）。

砌体受剪时，既可能发生齿缝破坏，也可能发生通缝破坏。但根据试验结果，两种破坏情况可取一致的强度值，不必区分。各类砌体的抗剪强度标准值、设计值分别见附表 20-5、附表 21-7。

七、砌体强度设计值的调整

在某些特定情况下，砌体强度设计值需加以调整。《砌体规范》规定，下列情况的各类砌体，其强度设计值应乘以调整系数 γ_a：

1）有吊车房屋砌体、跨度不小于 9m 的梁下烧结普通砖砌体以及跨度不小于 7.5m

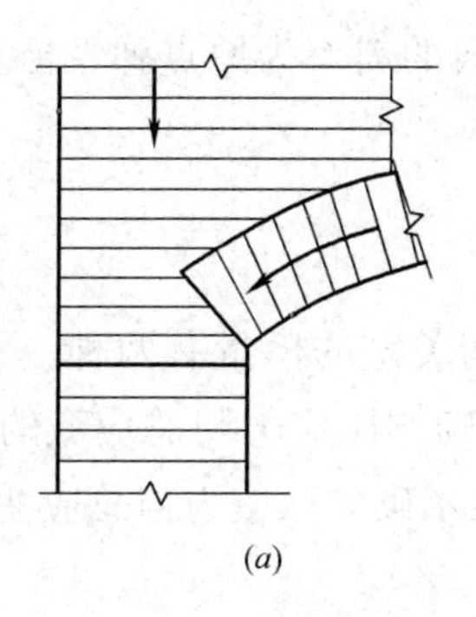
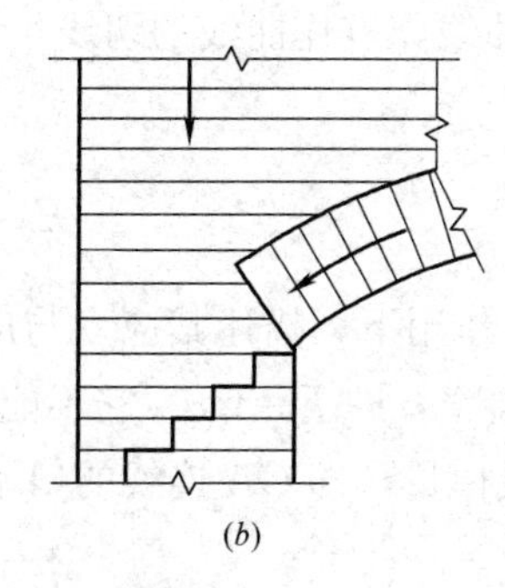

图 11-8　砌体受剪破坏形态

（a）沿通缝截面破坏；（b）沿阶梯形截面破坏

的梁下其他砖砌体和砌块砌体，$\gamma_a=0.9$。

2）构件截面面积 $A<0.3m^2$ 时，$\gamma_a=A+0.7$（式中 A 以 m^2 为单位）；砌体局部受压时，$\gamma_a=1$。对配筋砌体构件，当其中砌体截面面积 $A<0.2m^2$ 时，$\gamma_a=A+0.8$。

3）各类砌体，当用水泥砂浆砌筑时，抗压强度计值的调整系数 $\gamma_a=0.9$；对于抗拉、抗弯、抗剪强度设计值，$\gamma_a=0.8$。对配筋砌体构件，砌体采用水泥砂浆砌筑时，仅对砌体的强度设计值乘以上述的调整系数。

4）当验算施工中房屋的构件时，$\gamma_a=1.1$。

5）当施工质量控制等级为 C 级时，$\gamma_a=0.89$。

八、砌体的弹性模量、摩擦系数和线膨胀系数

当计算砌体结构的变形或计算超静定结构时，需要用到砌体的弹性模量。砌体在轴心压力作用下的应力-应变关系曲线如图 11-9，它与混凝土受轴压的应力-应变曲线有类似之处。应力较小时，砌体基本上处于弹性阶段工作，随着应力的增加，其应变将逐渐加快，砌体进入弹塑性阶段。这样在不同的应力阶段，砌体具有不同的模量值。

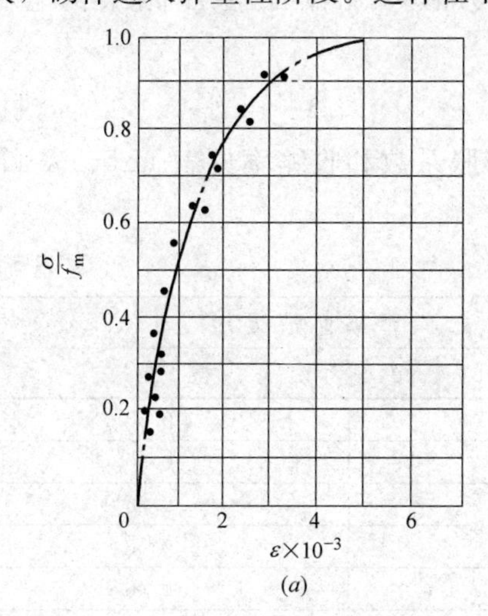

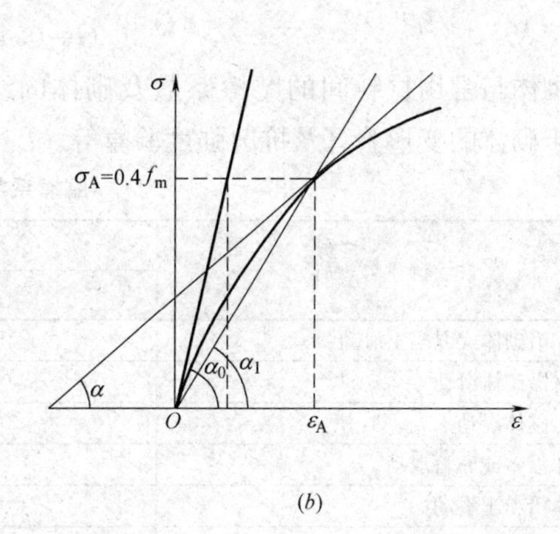

图 11-9　砌体受压时应力-应变曲线

在应力-应变曲线原点作曲线的切线，该切线的斜率为原点弹性模量 E_0，也称初始弹性模量：

$$E_0 = \text{tg}\alpha_0 \tag{11-4}$$

当砌体在压应力 σ 作用下，描述其应变与应力间关系的模量有两种。一种是 $\sigma \sim s$ 曲线在 A 点的切线的斜率，即 $E = \text{tg}\alpha$。它不能描述砌体压应力与总应变的关系，故工程上常采用砌体的割线模量，即 OA 连线的斜率来表示砌体压应力与总应变的关系。

$$E' = \text{tg}\alpha_1 \tag{11-5}$$

由于砌体在正常工作阶段的应力一般在 $\sigma_A = 0.4 f_m$ 左右，故《砌体规范》为方便使用，就定义应力 $\sigma_A = 0.43 f_m$ 的割线模量作为受压砌体的弹性模量，而不像混凝土那样取原点切线模量作为弹性模量。《砌体规范》规定的各类砌体弹性模量 E 见表 11-4。

砌体的弹性模量（N/mm²） 表 11-4

砌体种类	砂浆强度等级			
	≥M10	M7.5	M5	M2.5
烧结普通砖、烧结多孔砖砌体	1600f	1600f	1600f	1390f
混凝土普通砖、混凝土多孔砖砌体	1600f	1600f	1600f	—
蒸压灰砂普通砖、蒸压粉煤灰普通砖砌体	1060f	1060f	1060f	—
非灌孔混凝土砌块砌体	1700f	1600f	1500f	—
粗料石、毛料石、毛石砌体	—	5650	4000	2250
细料石砂体	—	17000	12000	6750

注：1. 轻集料混凝土砌块砌体的弹性模量，可按表中混凝土砌块砌体的弹性模量采用；

2. 表中砌体抗压强度设计值不按 3.2.3 条进行调整；

3. 表中砂浆为普通砂浆，采用专用砖浆砌筑的砌体的弹性模量也按此表取值；

4. 对混凝土普通砖、混凝土多孔砖、混凝土和轻集料混凝土砌块砌体，表中的砂浆强度等级分别为：≥Mb10、Mb7.5 及 Mb5；

5. 对蒸压灰砂普通砖和蒸压粉煤灰普通砖砌体，当采用专用砂浆砌筑时，其强度设计值按表中数值采用。

砌体剪变模量 G 可近似取为：

$$G = 0.4E \tag{11-6}$$

砌体与常用材料间的摩擦系数及砌体的线膨胀系数和收缩率见表 11-5、表 11-6，可用于砌体的变形验算及抗剪强度验算等。

摩擦系数 表 11-5

材料类别	摩擦面情况	
	干燥的	潮湿的
砌体沿砌体或混凝土滑动	0.70	0.60
木材沿砌体滑动	0.60	0.50
钢沿砌体滑动	0.45	0.35
砌体沿砂或卵石滑动	0.60	0.50
砌体沿粉土滑动	0.55	0.40
砌体沿黏性土滑动	0.50	0.30

砌体的线膨胀系数和收缩率　　表 11-6

砌体种类	线膨胀系数 10^{-6}/℃	收缩率 mm/m
烧结黏土砖砌体	5	−0.1
蒸压灰砂砖、蒸压粉煤灰砖砌体	8	−0.2
混凝土砌块砌体	10	−0.2
轻骨料混凝土砌块砌体	10	−0.3
料石和毛石砌体	8	—

注：表中的收缩率系由达到收缩允许标准的块体砌筑 28d 的砌体收缩率，当地方有可靠的砌体收缩试验数据时，亦可采用当地的试验数据。

第三节　砌体结构构件的承载力计算

《砌体规范》采用了以概率理论为基础的极限状态设计方法。砌体结构极限状态设计表达式与混凝土结构类似，即将砌体结构功能函数极限状态方程转化为以基本变量标准值和分项系数形式表达的极限状态设计表达式。

砌体结构除应按承载能力极限状态设计外，还应满足正常使用极限状态的要求。不过，在一般情况下，砌体结构正常使用极限状态的要求可以由相应的构造措施予以保证。

一、设计表达式

砌体结构按承载能力极限状态设计的表达式为：

$$\gamma_0 S \leqslant R \tag{11-7}$$

$$R = R(f_d, a_k \cdots\cdots) \tag{11-8}$$

式中　γ_0——结构重要性系数，对安全等级为一级、二级、三级的砌体结构构件，可分别取 1.1、1.0、0.9；

S——内力设计值，分别表示为轴向力设计值 N、弯矩设计值 M 和剪力设计值 V 等；

R——结构构件抗力；

$R(\cdot)$——结构构件的承载力设计值函数（包括材料设计强度、构件截面面积等）；

f_d——砌体的强度设计值，$f_d = \dfrac{f_k}{\gamma_f}$；

f_k——砌体的强度标准值，$f_k = f_m - 1.645\sigma_f$；

f_m——砌体的强度平均值；

σ_f——砌体强度的标准差；

γ_f——砌体结构的材料性能分项系数，通常按施工控制等级为B考虑，取$\gamma_f=1.6$，当为C级时，取$\gamma_f=1.8$；

a_k——几何参数标准值。

当砌体结构作为一个刚体，需验算整体稳定性时，例如倾覆、滑移、漂浮等，应按下列设计表达式进行验算：

$$0.8C_{G_1}G_{1k}-\gamma_0\left(1.2C_{G_2}G_{2k}+1.4C_{Q_1}Q_{1k}+\sum_{t=2}^{n}1.4C_{Q_i}\psi_{ci}Q_{ik}\right)\geqslant 0 \tag{11-9}$$

式中 G_{1k}——起有利作用的永久荷载标准值；

G_{2k}——起不利作用的永久荷载标准值；

C_{G_1}、C_{G_2}——分别为G_{1k}、G_{2k}的荷载效应系数；

C_{Q_1}、C_{Q_i}——分别为第一个可变荷载和其他第i个可变荷载的荷载效应系数；

Q_{1k}、Q_{ik}——起不利作用的第一个和第i个可变荷载标准值；

ψ_{ci}——第i个可变荷载的组合系数，一般取0.7；对书库、储藏室、电梯机房应取0.9。

二、无筋砌体受压承载力计算

1. 受压短柱

在实际工程中，无筋砌体大都被用作受压构件。试验表明，当构件的高厚比$\beta=\frac{H_0}{h}\leqslant 3$时，砌体破坏时材料强度可以得到充分发挥，不会因整体失去稳定影响其抗压能力。故可将$\beta\leqslant 3$的柱划为短柱。受压砌体同样可以分为轴压和偏压两种情况。根据试验研究分析，受压短柱的受力状态有以下特点：

在轴心压力作用下，砌体截面上应力分布是均匀的，当截面内应力达到轴心抗压强度f时，截面达到最大承载能力（图11-10a）。在小偏心受压时，截面虽仍然全部受压，但应力分布已不均匀，破坏将首先发生在压应力较大一侧。破坏时该侧压应力比轴心抗压强度略大（图11-10b）。当偏心距增大时，受力较小边缘的压应力向拉力过渡。此时，受拉一侧如没有达到砌体通缝抗拉强度，则破坏仍是压力大的一侧先压坏（图11-10c）。当偏心距再大时，受拉区已形成通缝开裂，但受压区压应力的合力仍与偏心压力保持平衡（图11-10d）。由几种情况的对比可见偏心距越大，受压面越小，构件承载力也就越小。若用φ_1表示由于偏心距的存在引起构件承载力的降低，则偏心受压砌体短柱的承载力计算可用下式表达：

$$N_u=\varphi_1 fA \tag{11-10}$$

式中 N_u——砌体受压承载力设计值；

A——砌体截面积，按毛截面计算；

f——砌体抗压强度设计值；

φ_1——偏心影响系数，为偏心受压构件与轴心受压构件承载力之比。

偏心影响系数 φ_1 的试验统计公式（图 11-10e）为：

$$\varphi_1=\frac{1}{1+\left(\frac{e}{i}\right)^2} \tag{11-11}$$

式中　i——砌体截面的回转半径，$i=\sqrt{\frac{I}{A}}$（I 和 A 分别为截面的惯性矩和截面面积）；

e——轴向力偏心距，按内力设计值计算，即 $e=\frac{M}{N}$。

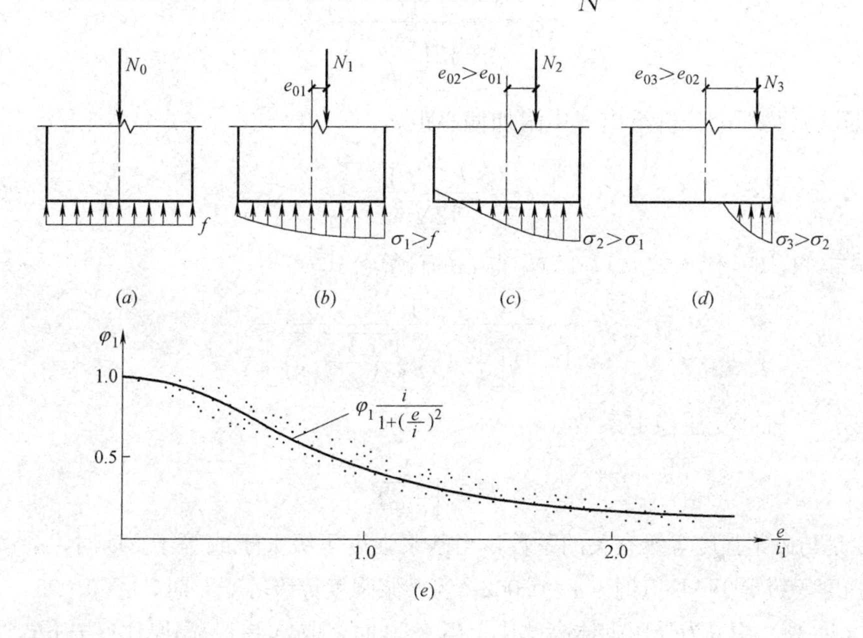

图 11-10　砌体受压时截面应力变化

当截面为矩形时，因 $i=\frac{h}{\sqrt{12}}$，故：

$$\varphi_1=\frac{1}{1+12\left(\frac{e}{h}\right)^2} \tag{11-12}$$

式中　h——矩形截面轴向力偏心方向的边长。

对非矩形截面，可用折算厚度 $h_T=\sqrt{12}i\approx3.5i$ 代表式（11-12）中 h 进行计算。

2. 受压长柱

房屋中的墙、柱砌体大多为长柱，与钢筋混凝土受压长柱道理相同，也需考虑构件的纵向弯曲引起的附加偏心距 e_i 的影响。此时构件的承载力按下式计算：

$$N\leqslant N_u=\varphi fA \tag{11-13}$$

式中　N——构件所受轴力设计值；

φ——高厚比 β 和轴向力偏心距 e 对受压构件承载力的影响系数。可根据砂浆强度等级，砌体构件高厚比 β 及 $\frac{e}{h}$ 查附表 22-1～附表 22-3 得到。

φ 值的推导如下：

$$\varphi=\frac{1}{1+\left(\frac{e+e_i}{i}\right)^2} \tag{11-14}$$

对矩形截面：

$$\varphi=\frac{1}{1+12\left(\frac{e+e_i}{h}\right)^2} \tag{11-15}$$

根据试验及理论分析给出式中附加偏心距 e_i：

$$e_i=\frac{h}{\sqrt{12}}\sqrt{\frac{1}{\varphi_0}-1} \tag{11-16}$$

将式（11-16）代入式（11-15），得 φ 的计算公式：

$$\varphi=\frac{1}{1+12\left[\frac{e}{h}+\sqrt{\frac{1}{12}\left(\frac{1}{\varphi_0}-1\right)}\right]^2} \tag{11-17}$$

式中 φ_0——轴心受压稳定系数。

$$\varphi_0=\frac{1}{1+\alpha\beta^2} \tag{11-18}$$

式中，α 是与砂浆强度等级有关的系数，当砂浆强度等级大于或等于 M5 时，$\alpha=0.0015$；当砂浆强度等级等于 M2.5 时，$\alpha=0.002$；当砂浆强度等级等于 0 时，$\alpha=0.009$。

式（11-18）中 β 为受压砌体高厚比，当 $\beta\leqslant 3$ 时，取 $\varphi_0=1$。高厚比 β 按下式计算：

$$\beta=\frac{H_0}{h} \tag{11-19}$$

而式中 H_0 为受压砌体的计算高度，可按表 11-12 采用。

φ 值计算公式计算麻烦，不便用于工程设计，故《砌体规范》已将其编成表格，见附表 22-1～附表 22-3。对于轴心受压砌体，$\varphi=\varphi_0$。

《砌体规范》规定计算 φ 或查表求 φ 时，应先对构件的高厚比 β 乘以调整系数 γ_β，来考虑砌体类型对受压构件承载力的影响，γ_β 按表 11-7 采用。

高厚比修正系数 γ_β **表 11-7**

砌体材料类别	γ_β
烧结普通砖、烧结多孔砖	1.0
混凝土及轻骨料混凝土砌块、混凝土普通砖、混凝土多孔砖	1.1
蒸压灰砂砖、蒸压粉煤灰砖、细料石	1.2
粗料石、毛石	1.5

注：对灌孔混凝土砌块，γ_β 取 1.0。

系数 φ 概括了系数 φ_1 和 φ_0，使砌体受压构件承载力，无论是偏心受压还是轴心受压，长柱还是短柱，均统一为一个公式进行计算。这样概念明确，计算简便。

对矩形截面构件，当纵向力偏心方向的截面边长大于另一方向的边长时，除按偏心受压构件进行承载力计算外，还应对较小边长方向按上面各式进行轴心受压承载力验算。

应当指出，当轴向力偏心距太大时，构件承载力明显降低，还可能使受拉边出现较宽的裂缝。因此，《砌体规范》规定偏心距 e 不宜超过 $0.6y$ 的限值，y 为截面形心到轴向力所在偏心方向截面边缘的距离。当超过时，应采取带缺口垫块或带中心装置的垫块以减少偏心。

【例 11-1】 一轴心受压砖柱，截面尺寸为 370mm×490mm，采用 MU10 烧结普通砖及 M2.5 混合砂浆砌筑，荷载引起的柱顶轴向压力设计值为 $N=155\text{kN}$，柱的计算高度为 $H_0=1.0H=4.2\text{m}$。试验算该柱的承载力是否满足要求。

【解】 考虑砖柱自重后，柱底截面的轴心压力最大，取砖砌体重力密度为 19kN/m³，则砖柱自重为：

$$G=1.2\times19\times0.37\times0.49\times4.2=17.4\text{kN}$$

柱底截面上的轴向力设计值

$$N=155+17.4=172.4\text{kN}$$

砖柱高厚比

$$\beta=\frac{H_0}{h}=\frac{4.2}{0.37}=11.35$$

查附表 22-2，$\frac{e}{h}=0$ 项，得 $\varphi=0.796$

因为 $A=0.37\times0.49=0.1813\text{m}^2<0.3\text{m}^2$，砌体设计强度应乘以调整系数：

$$\gamma_a=0.7+A=0.7+0.1813=0.8813$$

由附表 22-1，MU10 烧结普通砖，M2.5 混合砂浆砌体的抗压强度设计值 $f=1.30\text{N/mm}^2$。

按公式（11-13）得：

$$\begin{aligned}\gamma_a\phi fA&=0.8813\times0.796\times1.30\times0.1813\times10^6=165336\text{N}\\&=165.3\text{kN}<N=172.4\text{kN}\end{aligned}$$

该柱承载力不满足要求。

【例 11-2】 已知一矩形截面偏心受压柱，截面尺寸为 490mm×740mm，采用 MU10 烧结普通砖及 M5 混合砂浆，柱的计算高度 $H_0=1.0H=5.9\text{m}$，该柱所受轴向力设计值 $N=320\text{kN}$（已计入柱自重），沿长边方向作用的弯矩设计值 $M=33.3\text{kN}\cdot\text{m}$，试验算该柱承载力是否满足要求。

【解】 （1）验算柱长边方向的承载力

偏心距
$$e=\frac{M}{N}=\frac{33.3\times10^6}{320\times10^3}=104\text{mm}$$

$$y=\frac{h}{2}=\frac{740}{2}=370\text{mm}$$

$$0.6y=0.6\times370=222\text{mm}>e=104\text{mm}$$

相对偏心距 $\frac{e}{h}=\frac{104}{740}=0.1405$

高厚比 $\beta=\frac{H_0}{h}=\frac{5900}{740}=7.97$

查附表 22-1，$\varphi=0.61$

$$A=0.49\times0.74=0.363\text{m}^2>0.3\text{m}^2，\gamma_a=1.0$$

查附表 21-1，$f=1.5\text{N/mm}^2$，则：

$$\varphi fA=0.61\times1.5\times0.363\times10^6=332.1\times10^3\text{N}=332.1\text{kN}>N=320\text{kN}$$

满足要求。

（2）验算柱短边方向的承载力

由于弯矩作用方向的截面边长 740mm 大于另一方向的边长 490mm，故还应对短边进行轴心受压承载力验算。

高厚比 $\beta=\frac{H_0}{h}=\frac{5900}{490}=12.04，\frac{e}{h}=0$

查附表 22-1，$\varphi=0.819$

$$\varphi fA=0.819\times1.5\times0.363\times10^6=445.9\times10^3\text{N}=445.9\text{kN}>N=320\text{kN}$$

满足要求。

【例 11-3】 一单层单跨厂房的窗间墙截面尺寸如图 11-11 所示，计算高度 $H_0=6\text{m}$，采用 MU10 烧结普通砖和 M5 混合砂浆砌筑。所受弯矩设计值 $M=34\text{kN}\cdot\text{m}$，轴向力设计值 $N=290\text{kN}$。以上内力均已计入墙体自重，轴向力作用点偏向翼缘一侧。试验算其承载力是否满足要求。

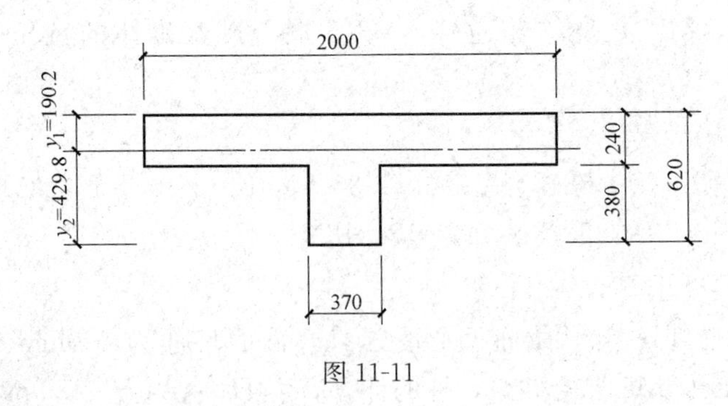

图 11-11

【解】 确定截面几何尺寸：

$$A=2000\times240+370\times380=620600\text{mm}^2\approx0.62\text{m}^2>0.3\text{m}^2，\gamma_a=1.0$$

截面形心位置

$$y_1=\frac{2000\times240\times120+370\times380\times(240+190)}{620600}=190.2\text{mm}$$

$$y_2=620-190.2=429.8\text{mm}$$

截面惯性矩

$$I=\frac{2000\times240^3}{12}+2000\times240\ (190.2-120)^2+\frac{370\times380^3}{12}+370\times380\times\left(429.8-\frac{380}{2}\right)^2=1.4446\times10^{10}\text{mm}^4$$

截面回转半径 $i=\sqrt{\frac{I}{A}}=\sqrt{\frac{1.4446\times10^{10}}{620600}}=152.57\text{mm}$

截面折算厚度 $h_T=3.5i=3.5\times152.57=534\text{mm}$

偏心距 $e=\frac{M}{N}=\frac{34\times10^6}{290\times10^3}=117.2\text{mm}$

$$\frac{e}{y_1}=\frac{117.2}{190.2}=0.62\approx0.6$$

相对偏心距 $\frac{e}{h_T}=\frac{117.4}{534}=0.220$

高厚比 $\beta=\frac{H_0}{h_T}=\frac{6000}{534}=11.24$

查附表 22-1，$\varphi=0.417$

查附表 21-1 得砌体的抗压强度设计值 $f=1.5\text{N/mm}^2$

$$\varphi fA=0.417\times1.5\times620600=388186N\approx388.2\text{kN}>N=290\text{kN}$$

满足要求。

【例 11-4】 截面尺寸为 1000mm×240mm 的窗间墙，采用蒸压粉煤灰砖砌筑，砖强度等级为 MU15，水泥砂浆强度等级为 M5，墙的计算高度 $H_0=4.5\text{m}$，承受的轴向力设计值为 70kN，其偏心距为 60mm。试验算窗间墙的承载力是否满足要求。

【解】 蒸压粉煤灰砖高厚比应乘修正系数 1.2，则 $\beta=1.2\frac{H_0}{h}=1.2\times\frac{4500}{240}=22.5$

$$\frac{e}{h}=\frac{60}{240}=0.25,\ \frac{e}{y}=\frac{60}{120}=0.5<0.6$$

查附表 22-1，得 $\varphi=0.248$

$$A=1000\times240=240000\text{mm}^2=0.24\text{m}^2<0.3\text{m}^2$$

$$\gamma_a=0.7+A=0.7+0.24=0.94$$

采用水泥砂浆，$\gamma_a=0.9$

查附表 21-2，并考虑强度调整系数 $f=0.94\times0.9\times1.83=1.55\text{N/mm}^2$，则：

$$\varphi fA=0.248\times1.55\times0.24\times10^6=92.3\times10^3\text{N}=92.3\text{kN}>70\text{kN}$$

该墙承载力满足要求。

三、砌体局部受压承载力计算

局部受压是砌体结构经常遇到的问题，它是指压力仅仅作用在砌体部分面积上的受力状态。例如钢筋混凝土梁支承在砖墙上等。其特点是砌体局部面积上支承着比自身强度高的上部构件，上部构件的压力通过局部受压面积传给下部砌体。

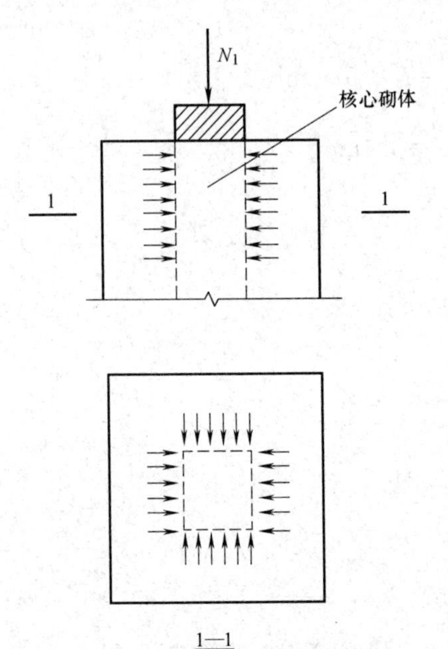

图 11-12　局部承压的套箍原理

根据试验，砌体局部受压有三种破坏形态：①在局部压力作用下，首先在距承压面 1～2 皮砖以下出现竖向裂缝，并随局部压力增加而发展，最后导致破坏。对于局部受压，这是常见的破坏形态。②劈裂破坏。面部压力达到较高值时局部承压面下突然产生较长的纵向裂缝，导致破坏。当砌体面积大而局压面积很小时，可能发生这种破坏。③直接承压面下的砌体被压碎，而导致破坏。当砌体强度较低时，可能发生这种破坏。

试验表明，砌体局部抗压强度比砌体抗压强度高。因为直接承压面下部的砌体，其横向应变受到周围砌体的侧向约束，使承压面下部的核心砌体处于三向受压状态，因而使砌体抗压强度得以提高，即周围砌体对承压面下的核心砌体起到了套箍一样的强化作用（图 11-12）。

在实际工程中，往往出现按全截面验算砌体受压承载力满足，但局部受压承载力不足的情况。故在砌体结构设计中，还应进行局部受压承载力计算。根据实际工程中可能出现的情况，砌体的局部受压可分为以下几种情况。

1. 砌体局部均匀受压

(1) 承载力公式

当砌体表面上受有局部均匀压力时（如钢筋混凝土轴心受压柱与砖基础的接触面处），称为局部均匀受压。砌体局部均匀受压承载力计算公式为：

$$N_l \leqslant \gamma f A_l \tag{11-20}$$

式中　N_l——局部受压面积上轴向力设计值；

A_l——局部受压面积；

γ——砌体局部抗压强度提高系数，按下式计算：

$$\gamma = 1 + 0.35\sqrt{\frac{A_0}{A_l} - 1} \tag{11-21}$$

其中 A_0 为影响砌体局部抗压强度的计算面积，按图 11-13 确定。

(2) 砌体局部抗压强度提高系数的限值

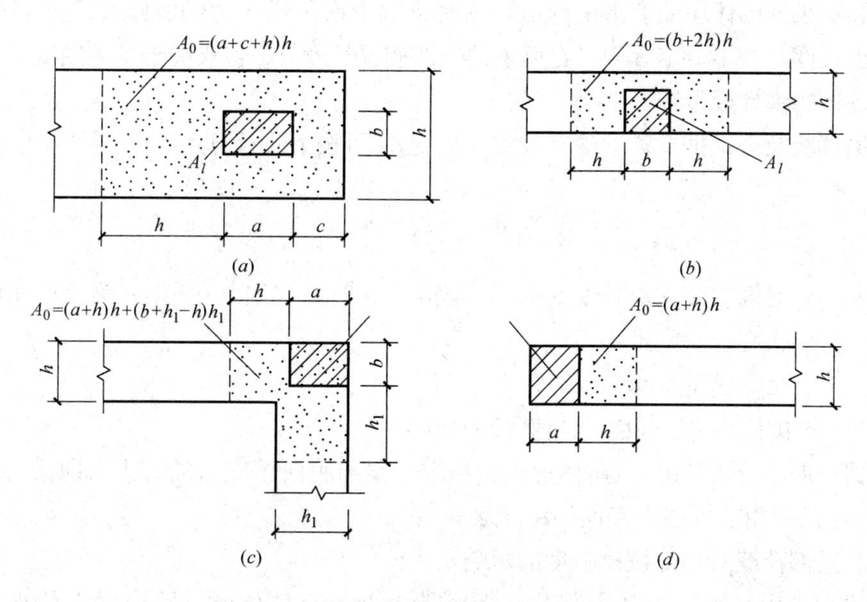

图 11-13　影响局部抗压强度的计算面积 A_0

砌体局部抗压强度主要取决于砌体原有抗压强度和周围砌体对局部受压区核芯砌体的约束程度。由式（11-21）可看出，$\frac{A_0}{A_l}$越大，周围砌体对核芯砌体的约束作用越大，因而砌体局部抗压强度提高程度也越大。但当$\frac{A_0}{A_l}$大于某一限值时，砌体可能发生前述的突然劈裂的脆性破坏。因此，《砌体规范》规定按式（11-21）计算得出的 γ 值还应符合下列规定：

1）在图 11-13（a）的情况下，$\gamma \leqslant 2.5$；

2）在图 11-13（b）的情况下，$\gamma \leqslant 2.0$；

3）在图 11-13（c）的情况下，$\gamma \leqslant 1.5$；

4）在图 11-13（d）的情况下，$\gamma \leqslant 1.25$；

5）对多孔砖砌体和灌孔的砌块砌体，在以上 1）、2）、3）款的情况下，尚应符合 $\gamma \leqslant 1.5$；未灌孔的混凝土砌块砌体 $\gamma = 1.0$。

2. 梁端支承处砌体局部受压（非均匀受压）

（1）梁端有效支承长度

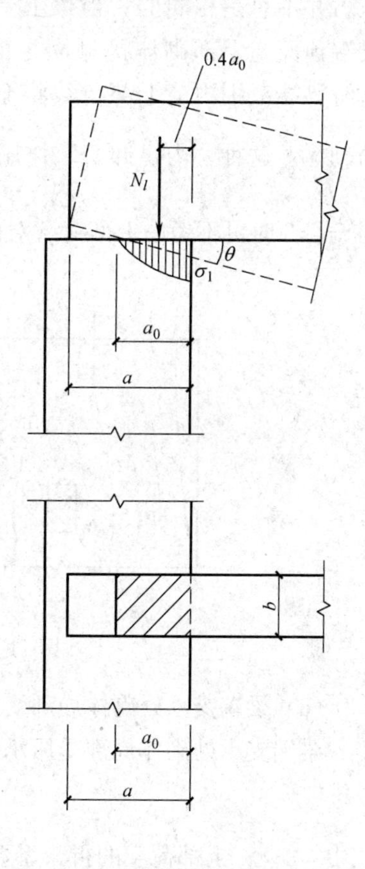

图 11-14　梁端有效支承长度

当梁端直接支承在砌体上时，砌体在梁端压力下处于局压状态。当梁受荷载作用后，梁端将产生转角 θ，使梁端支承面上的压应力因砌体的弹塑性性质呈不均匀分布（图 11-14）。由于梁的挠曲变形和支承处砌体压缩变形的缘故，这时梁端下面传递压力的实际长度 a_0（即梁端有效支承长度）并不一定等于梁在墙上的全部搁置长度 a，它取决于梁的刚度、局部承压力和砌体的弹性模量等。

根据试验及理论推导，梁端有效支承长度 a_0 可按下式计算：

$$a_0=10\sqrt{\frac{h_c}{f}} \tag{11-22}$$

式中 a_0——梁端有效支承长度（mm），当$a_0>a$ 时，应取 $a_0=a$，a 为梁端实际支承长度；

h_c——梁的截面高度（mm）；

f——砌体的抗压强度设计值（N/mm²）。

根据压应力分布情况，《砌体规范》规定，梁端底面压应力的合力，即梁对墙的局部压力 N_l 的作用点到墙内表面的距离取 $0.4a_0$。

（2）上部荷载对局部抗压强度的影响

当梁端支承在墙体中某个部位，即梁端上部还有墙体时，除由梁端传来的压力 N_l 外，还有由上部墙体传来的轴向压力。试验结果表明，上部砌体通过梁顶传来的压力并不总是相同的。当梁上受荷载较大时，梁端下砌体将产生较大压缩变形，使梁端顶面与上部砌体接触面上的压应力逐渐减小，甚至梁端顶面与上部砌体脱开。这时梁端范围内的上部荷载将会部分地或全部通过砌体中的内拱作用传给梁端周围的砌体。这种“内拱卸荷”作用随$\frac{A_0}{A_l}$逐渐减小而减弱（图 11-15）。《砌体规范》规定，当$\frac{A_0}{A_l}\geqslant 3$ 时可不考虑上部荷载对砌体局部受压的影响。

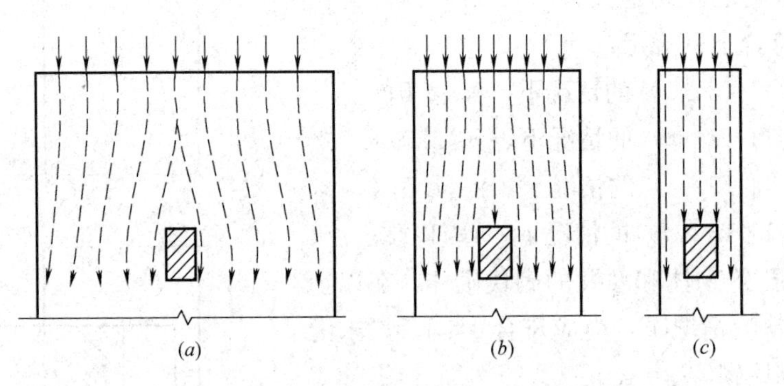

图 11-15 上部荷载对局部抗压的影响

（3）梁端支承处砌体局部受压承载力计算

梁端支承处砌体局部受压承载力可由下式计算：

$$\psi N_0+N_l\leqslant\eta\gamma fA_l \tag{11-23}$$

式中 ψ——上部荷载的折减系数，$\psi=1.5-0.5\frac{A_0}{A_l}$，当$\frac{A_0}{A_l}\geqslant 3$ 时，取 $\psi=0$；

N_0——局部受压面积内由上部墙体传来的轴向力设计值，$N_0=\sigma_0 A_l$，σ_0 为上部墙体内平均压应力设计值；

N_l——由梁上荷载在梁端产生的局部压力设计值；

η——梁端底面压应力图形的完整系数，一般可取 0.7，对于过梁和墙梁可取 1.0；

γ——砌体局部承压强度提高系数；

A_l——局部受压面积，$A_l=a_0b$，b 为梁宽，a_0 为梁端有效支承长度；

f——砌体的抗压强度设计值。

3. 刚性垫块下砌体的局部受压

当梁端支承处砌体局部受压承载力不能满足要求时，可以在梁端下设置混凝土或钢筋混凝土垫块，以扩大梁端支承面积，增加梁端下砌体的局部受压承载力。

垫块一般采用刚性垫块，即垫块的高度 $t_b \geqslant 180$mm，自梁边算起的垫块挑出长度应不大于 t_b（图 11-16）。设置垫块可增加砌体局部受压面积，以使梁端压力较均匀地传到砌体截面上。刚性垫块下砌体的局部受压承载力可按不考虑纵向弯曲影响的偏心受压砌体计算，但可考虑垫块外砌体对垫块下砌体抗压强度的有利影响，其计算公式为：

$$N_0+N_l \leqslant \varphi\gamma_1 fA_b \tag{11-24}$$

式中 N_0——垫块面积 A_b 范围内上部墙体传来的轴向压力设计值，$N_0=\sigma_0 A_b$；

φ——垫块上 N_0 及 N_l 合力偏心对承载力的影响系数，可由附表 22-1～附表 22-3 查取；$\beta \leqslant 3$ 时之 φ 值，或按式（11-17）计算；

γ_1——垫块外砌体面积的有利影响系数，考虑到垫块底面压应力的不均匀性和偏于安全，取 $\gamma_1=0.8\gamma$ 但不小于 1.0；γ 为砌体局部抗压强度提高系数，按式(11-21)以 A_b 代替 A_l 计算；

A_b——垫块面积，$A_b=a_b b_b$；其中 a_b 为垫块伸入墙内的长度，b_b 为垫块的宽度。

在墙的壁柱内设刚性垫块时（图 11-16），计算其局部承压强度提高系数 γ 所用的局部承压计算面积 A_0 只取壁柱截面面积，不计算翼缘面积。并且要求壁柱上垫块伸入翼墙内的长度不应小于 120mm。

当现浇垫块与梁端整体浇筑时，垫块可在梁高范围内设置（图 11-17）。

梁端设有刚性垫块时，梁端有效支承长度 a_0 应按下式计算：

$$a_0=\delta_1\sqrt{\frac{h}{f}} \tag{11-25}$$

式中 δ_1——刚性垫块的影响系数，可按表 11-8 采用。垫块上 N_l 作用点位置可取 $0.4a_0$ 处。

系数 δ_1 值表 **表 11-8**

σ_0/f	0	0.2	0.4	0.6	0.8
δ_1	5.4	5.7	6.0	6.9	7.8

注：表中其间的数值可采用插入法求得。

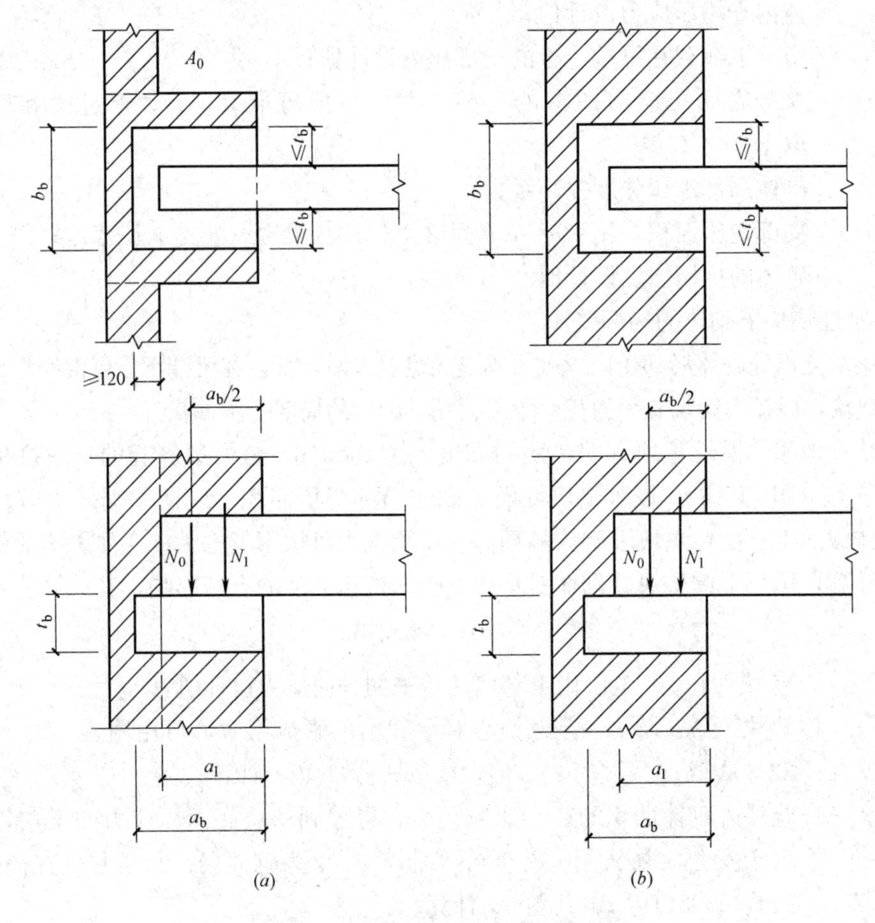

图 11-16 设有垫块时梁端局部受压

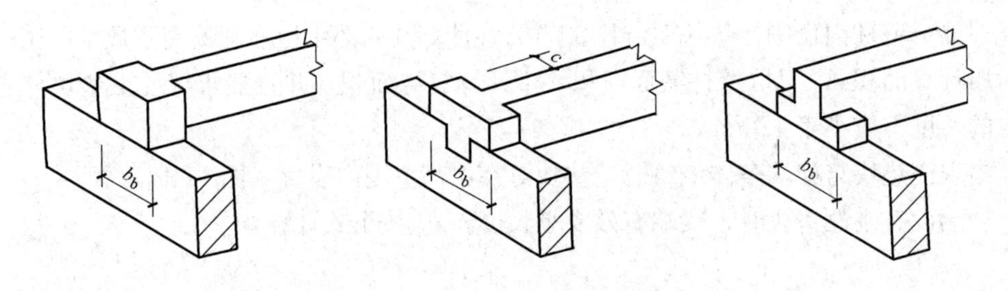

图 11-17 与梁端现浇成整体的垫块

4. 梁端柔性垫梁下砌体局部受压承载力计算

当梁端下设有垫梁（如圈梁）时，则可利用垫梁来分散大梁的局部压力(图 11-18)。垫梁一般很长，所以可视为一柔性梁垫，即在集中力作用下梁底压应力肯定不会沿梁长均匀分布，而如图 11-18 分布。《砌体规范》规定当垫梁长度大于 πh_0 时，垫梁下砌体的局部受压承载力可按下式计算：

$$N_0+N_l\leqslant 2.4\delta_2 f b_b h_0 \tag{11-26}$$

式中 N_0——垫梁$\frac{\pi b_b h_0}{2}$的范围内上部轴向力设计值，$N_0=\frac{\pi b_b h_0 \sigma_0}{2}$，$\sigma_0$ 为上部荷载设计值产生的平均压应力；

b_b——垫梁宽度；

δ_2——当荷载沿墙厚方向均匀时取 1.0，不均匀时取 0.8；

h_0——垫梁折算高度，$h_0=2\sqrt[3]{\frac{E_b I_b}{Eh}}$；式中 E_b、I_b 分别为垫梁的弹性模量和截面惯性矩；E、h 分别为砌体的弹性模量和墙厚。

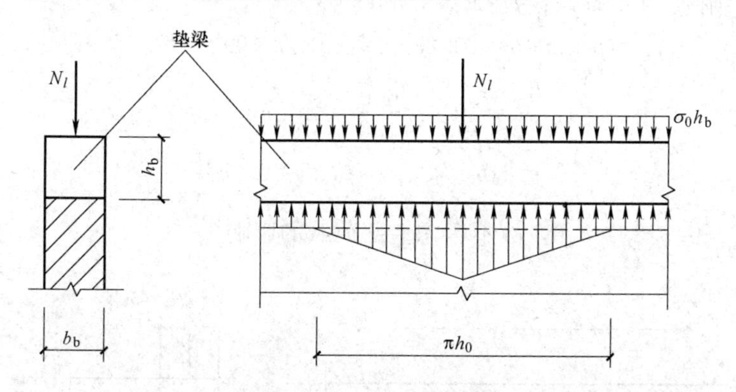

图 11-18 垫梁下局部受压

【例 11-5】 已知某窗间墙截面尺寸为 1000mm×240mm，采用 MU10 烧结普通砖、M5 混合砂浆，墙上支承钢筋混凝土梁（图 11-19）。由梁端传至墙上的压力设计值为 N_l=45kN，上部墙体传至该截面的总压力设计值为 N_u=140kN。试验算梁端支承处砌体的局部受压承载力是否满足要求。

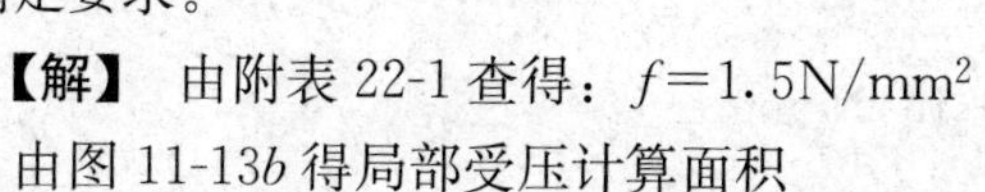

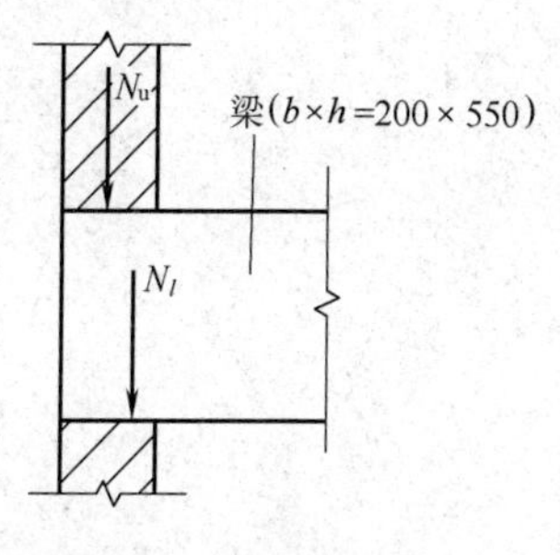

图 11-19

【解】 由附表 22-1 查得：f=1.5N/mm^2

由图 11-13b 得局部受压计算面积

A_0=（b+2h）h=（0.2+2×0.24）×0.24=0.163m^2

由式（11-22）得：

$$a_0=10\sqrt{\frac{h_c}{f}}=10\times\sqrt{\frac{550}{1.5}}=191.5\text{mm}<a=240\text{mm}$$

局部承压面积：

$$A_l=a_0\cdot b=0.1915\times0.2=0.0383\text{m}^2$$

$\frac{A_0}{A_l}=\frac{0.163}{0.0383}=4.26>3$，取上部荷载折减系数 ψ=0，即不考虑上部荷载的影响。

由式（11-21）得：

$$\gamma=1+0.35\sqrt{\frac{A_0}{A_l}-1}=1+0.35\times\sqrt{\frac{0.163}{0.0383}-1}=1.80<2.0$$

按式（11-23）得：

$\eta\gamma f A_l = 0.7\times1.80\times1.5\times0.0383\times10^6 = 72.3\times10^3\text{N} = 72.3\text{kN} > N_l = 45\text{kN}$，局部受压满足要求。

【例 11-6】 已知梁的截面尺寸为 250mm×600mm，支承长度为 240mm，梁端压力设计值 $N_l = 150\text{kN}$（其标准值 $N_{lk} = 115\text{kN}$），梁底窗间墙截面由上部荷载产生的轴向压力设计值 $N_u = 45\text{kN}$，窗间墙截面为 1400mm×240mm，采用 MU10 烧结普通砖、M2.5 混合砂浆砌筑。试验算房屋外纵墙梁端支承处砌体局部受压承载力是否满足要求。

【解】 由附表 21-1 查得：$f = 1.3\text{N/mm}^2$

$$A_0 = (b+2h)h = (0.25+2\times0.24)\times0.24 = 0.175\text{m}^2$$

$$a_0 = 10\sqrt{\frac{h_c}{f}} = 10\times\sqrt{\frac{600}{1.3}} = 215\text{mm} < a = 240\text{mm}$$

$$A_l = a_0 b = 0.215\times0.25 = 0.054\text{m}^2$$

$\dfrac{A_0}{A_l} = \dfrac{0.175}{0.054} = 3.24 > 3.0$，故不考虑上部荷载的影响。

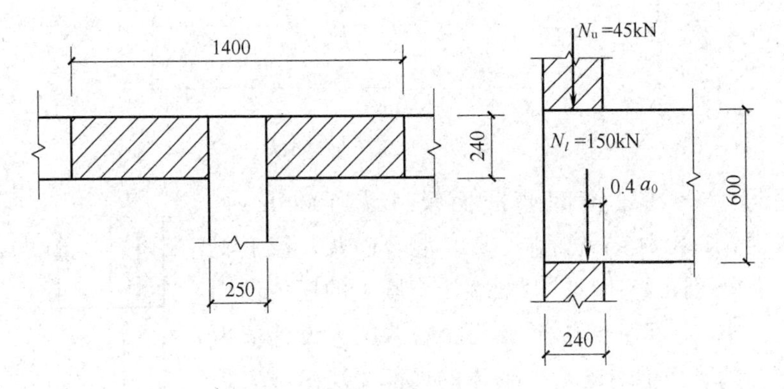

图 11-20 例题 11-6 图

$$\sigma_0 = \frac{N_u}{A} = \frac{45\times10^3}{1400\times240} = 0.134\text{N/mm}^2$$

$$\gamma = 1+0.35\sqrt{\frac{A_0}{A_l}-1} = 1+0.35\times\sqrt{\frac{0.175}{0.054}-1} = 1.52 < 2$$

则 $\eta\gamma f A_l = 0.7\times1.52\times1.3\times0.054\times10^6 = 74.7\times10^3\text{N}$

$= 74.7\text{kN} < \psi N_0 + N_l = 150\text{kN}$

砌体局部受压承载力不满足要求，应设置垫块或垫梁。

（1）设置预制混凝土垫块

设置 $b_b\times a_b\times t_b = 650\text{mm}\times240\text{mm}\times240\text{mm}$ 预制混凝土垫块，$t_b = 240\text{mm} > 180\text{mm}$。$b_b = 650 < 2\times t_b + b = 2\times240+250 = 730\text{mm}$，符合刚性垫块要求。

$$A_0 = (b_b+2h)h = (0.65+2\times0.24)\times0.24 = 0.27\text{m}^2$$

$$A_b = 0.24\times0.65 = 0.156\text{m}^2$$

$$\frac{A_0}{A_b} = \frac{0.27}{0.156} = 1.73 < 3$$

$$\gamma=1+0.35\sqrt{\frac{A_0}{A_b}-1}=1+0.35\times\sqrt{1.73-1}=1.3<2.0$$

$$\gamma_1=0.8\gamma=0.8\times1.3=1.04>1.0$$

垫块面积 A_b 范围内上部墙体传来轴向压力设计值：

$$N_0=\sigma_0\cdot A_b=0.134\times0.156\times10^6=20.9\times10^3N=20.9\text{kN}$$

$$N_0+N_l=20.9+150=170.9\text{kN}$$

$$\frac{\sigma_0}{f}=\frac{0.134}{1.3}=0.103$$

$$\delta_1=5.55$$

$$a_0=\delta_1\sqrt{\frac{h}{f}}=5.55\sqrt{\frac{600}{1.3}}=119.23\text{mm}$$

轴向力对垫块重心的偏心距为：

$$e=\frac{N_l\left(\frac{a_b}{2}-0.4a_0\right)}{N_0+N_l}=\frac{150\times\left(\frac{0.240}{2}-0.4\times0.1192\right)}{170.9}=0.0635\text{m}$$

$$\frac{e}{h}=\frac{0.0635}{0.24}=0.265$$

$$\varphi=\frac{1}{1+12\left(\frac{e}{h}\right)^2}=\frac{1}{1+12\times0.265^2}=0.543$$

由式（11-24）得：

$$\varphi\gamma_1 fA_b=0.543\times1.04\times1.3\times0.156\times10^6=114.5\times10^3\text{N}$$
$$=114.5\text{kN}<N_0+N_l=170.9\text{kN}$$

不满足要求，应增加垫块的尺寸或设置垫梁。

（2）设置钢筋混凝土垫梁

取房屋圈梁兼作垫梁，截面尺寸取为 $b_b\times h_b=240\text{mm}\times180\text{mm}$，混凝土等级为 C20，$E_b=2.55\times10^4\text{N/mm}^2$。砌体弹性模量查表 11-3 得：

$$E=1390\times1.3=1807\text{N/mm}^2$$

垫梁的惯性矩

$$I_b=\frac{b_bh_b^3}{12}=\frac{240\times180^3}{12}=1.1644\times10^8\text{mm}^4$$

垫梁折算高度

$$h_0=2\sqrt[3]{\frac{E_bI_b}{Eh}}=2\times\sqrt[3]{\frac{2.55\times10^4\times1.1664\times10^8}{1.807\times10^3\times240}}=380\text{mm}$$

垫梁长度可取为墙垛宽 1400mm，大于 $\pi h_0=1193.2\text{mm}$。

$$N_0=\frac{\pi h_0b_b\sigma_0}{2}=\frac{1193.2\times240\times0.134}{2}=19186.7\text{N}\approx19.2\text{kN}$$

$$N_0+N_l=19.2+150=169.2\text{kN}$$

由式（11-26）得：

$2.4\delta_2 h_0 b_b f = 2.4\times0.8\times380\times240\times1.3 = 227.6\times10^3\text{N} = 227.6\text{kN} > 169.2\text{kN}$，砌体局部受压承载力满足要求。

四、受拉、受弯和受剪构件的承载力计算

1. 轴心受拉构件计算

用砌体建造的小型圆形水池、圆筒料仓，在液体或松散物料的侧压力作用下，筒壁内产生环向拉力，可按轴心受拉构件计算。

砌体轴心受拉构件的承载力应按下式计算：

$$N_t \leqslant f_t \cdot A \tag{11-27}$$

式中 N_t——轴心拉力设计值；

f_t——砌体轴心抗拉强度设计值，按附表 21-7 采用；

A——砌体垂直于拉力方向的截面面积。

2. 受弯构件计算

砖砌过梁和挡土墙均属受弯构件（图 11-21）。在弯矩作用下砌体可能沿齿缝截面，或沿砖和竖向灰缝截面，或沿通缝截面因弯曲受拉而破坏。此外，受弯的砌体构件在支座处还有较大的剪力，故除进行受弯承载力计算外，还应进行受剪承载力的计算。

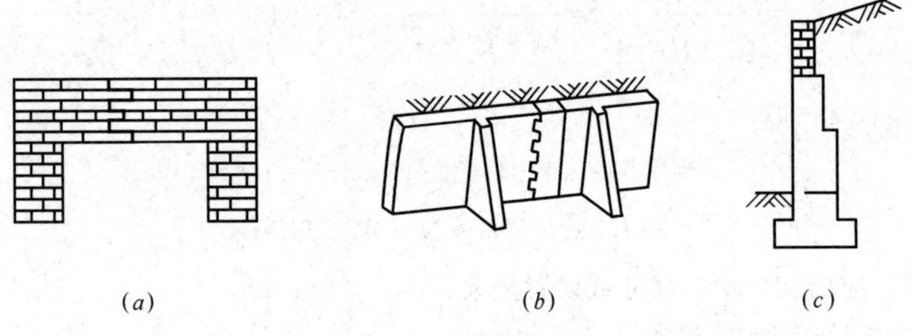

图 11-21 砌体构件受弯

(a) 砖砌过梁；(b) 带扶壁的挡土墙；(c) 不带扶壁的挡土墙

(1) 受弯承载力计算

受弯构件的承载力按下式计算：

$$M \leqslant f_{tm} W \tag{11-28}$$

式中 M——弯矩设计值；

f_{tm}——砌体的弯曲抗拉强度设计值，按附表 21-7 采用；

W——截面抵抗矩。

(2) 受剪承载力计算

受弯构件的受剪承载力按下式计算：

$$V \leqslant f_V b z \tag{11-29}$$

式中 V——剪力设计值；

f_V——砌体的抗剪强度设计值，按附表 21-7 采用；

b——截面宽度；

z——内力臂，$z=\frac{I}{S}$，当截面为矩形时，$z=\frac{2h}{3}$；

I——截面惯性矩；

S——截面面积矩；

h——截面高度。

3. 受剪构件计算

在无拉杆拱的支座截面处，由于拱的水平推力，将使支座截面受剪（图 11-22）。这时，砌体沿水平灰缝的受剪承载力取决于砌体沿通缝的抗剪强度和作用在截面上的垂直压力所产生的摩擦力的总和。

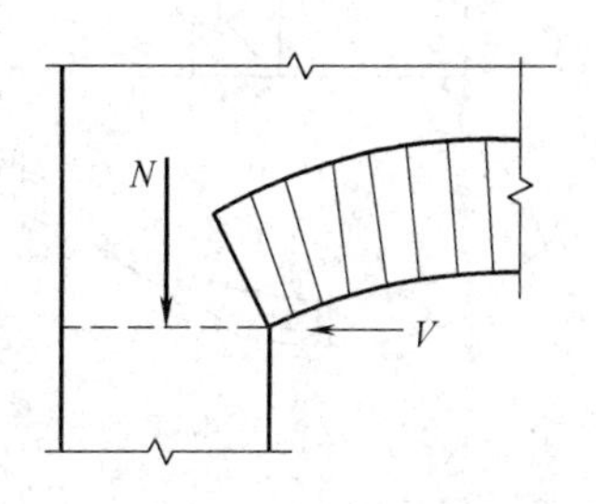

图 11-22　拱支座截面受剪

沿通缝或沿阶梯形截面破坏时受剪构件的承载力应按下式计算：

$$V \leqslant (f_v + \alpha\mu\sigma_0) A \tag{11-30}$$

当 $\gamma_G = 1.2$ 时

$$\mu = 0.26 - 0.082\frac{\sigma_0}{f} \tag{11-31}$$

当 $\gamma_G = 1.35$ 时

$$\mu = 0.23 - 0.065\frac{\sigma_0}{f} \tag{11-32}$$

式中　V——截面剪力设计值；

A——水平截面面积。当有孔洞时，取净截面面积；

f_v——砌体抗剪强度设计值，对灌孔的混凝土砌块砌体取 f_{vG}；

α——修正系数。

当 $\gamma_G = 1.2$ 时，砖砌体取 0.60，混凝土砌块砌体取 0.64；

当 $\gamma_G = 1.35$ 时，砖砌体取 0.64，混凝土砌块砌体取 0.66；

μ——剪压复合受力影响系数，α 与 μ 的乘积可查表 11-9；

σ_0——永久荷载设计值产生的水平截面平均压应力；

f——砌体的抗压强度设计值；

σ_0/f——轴压比，且不大于 0.8。

当 $\gamma_G = 1.2$ 及 $\gamma_G = 1.35$ 时，$\alpha\mu$ 值　　**表 11-9**

γ_G	σ_0/f	0.1	0.2	0.3	0.4	0.5	0.6	0.7	0.8
1.2	砖砌体	0.15	0.15	0.14	0.14	0.13	0.13	0.12	0.12
	砌块砌体	0.16	0.16	0.15	0.15	0.14	0.13	0.13	0.12
1.35	砖砌体	0.14	0.14	0.13	0.13	0.13	0.12	0.12	0.11
	砌块砌体	0.15	0.14	0.14	0.13	0.13	0.13	0.12	0.12

【例 11-7】　一圆形砖砌水池（图 11-23），下部壁厚为 370mm，采用 MU15 砖和 M10 水泥砂浆砌筑，池壁承受 $N_t = 50$kN/m 的环向拉力，试验算池壁的受拉承载力。

【解】　由附表 21-7 沿齿缝截面的轴心抗拉强度设计值 $f_t = 0.19$N/mm^2。

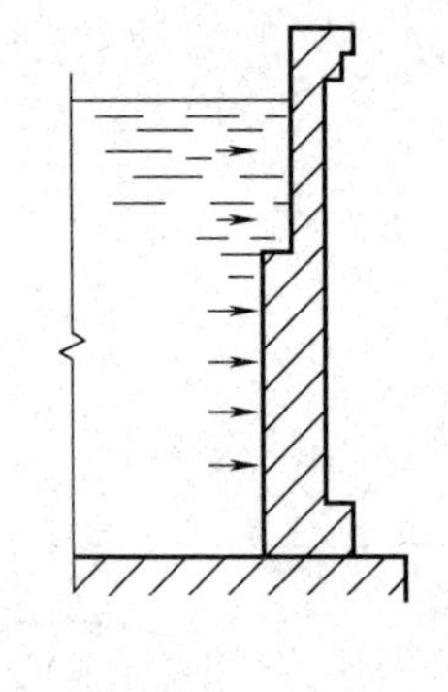

由式（11-27），取 1m 高池壁计算，$h=1000$mm，因采用水泥砂浆，应乘以调整系数$\gamma_a=0.8$。

$$\gamma_a f_t A=0.8\times0.19\times1000\times370=56240\text{N/m}$$
$$=56.24\text{kN/m}>50\text{kN/m}，受拉承载力满足要求。$$

【例 11-8】 有一厚 370mm，墙墩间距 4m 的挡土墙，该墙底部 1m 高内承受有沿水平方向的土压力设计值 $q=2.0$kN/m，采用 MU10 砖、M5 混合砂浆砌筑。试验算墙墩间墙体的受弯承载力。

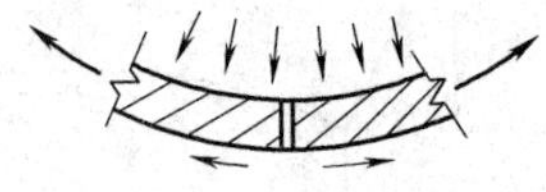

图 11-23　水池池壁受拉

【解】 查附表 21-7 得弯曲抗拉强度设计值 f_{tm}为 0.23N/mm²；抗剪强度设计值$f_V=0.11\text{N/mm}^2$。

墙墩间承受的跨中最大弯矩　$M_{max}=\frac{1}{8}\times2.0\times4^2=4.0\text{kN}\cdot\text{m}$

最大剪力　$V_{max}=\frac{ql}{2}=\frac{1}{2}\times2.0\times4=4\text{kN}$

截面抵抗矩　$W=\frac{1}{6}bh^2=\frac{1}{6}\times1000\times370^2=22.82\times10^6\text{mm}^3$

内力臂　$z=\frac{2}{3}h=\frac{2}{3}\times370=246.7\text{mm}$

由式（11-28），得构件的受弯承载力：

$f_{tm}\cdot W=0.23\times22.82\times10^6=5.25\times10^6\text{N}\cdot\text{mm}=5.25\text{kN}\cdot\text{m}>4.0\text{kN}\cdot\text{m}$，满足要求。

由式（11-29），得构件的受剪承载力：

$$f_V bz=0.11\times1000\times246.7=27.1\times10^3\text{N}=27.1\text{kN}>4.0\text{kN}，满足要求。$$

【例 11-9】 如图 11-24 所示，已知拱式过梁在拱座处按 $\gamma_G=1.2$ 计算的水平推力设计值为 $V=18$kN，作用在承剪面上由荷载设计值引起的纵向力 $N=30$kN；过梁厚度为 370mm，窗间墙厚度为 490mm，墙体用 MU10 砖、M5 混合砂浆砌筑。试验算拱座截面的受剪承载力。

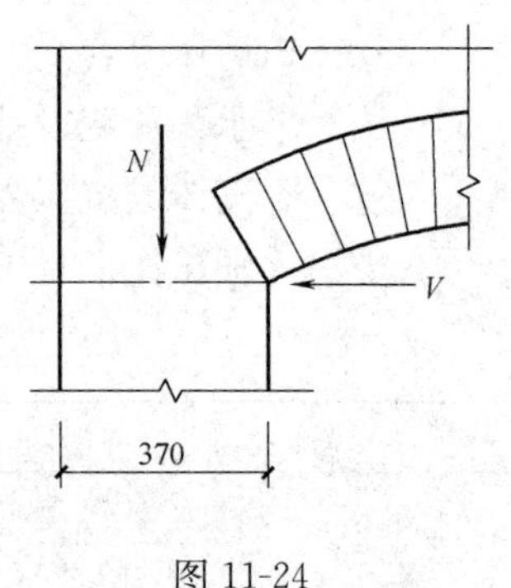

图 11-24

【解】 查附表 21-1、附表 21-7 得砌体抗压强度、抗剪强度分别为 $f=1.5\text{N/mm}^2$、$f_V=0.11\text{N/mm}^2$。

受剪截面面积 $A=370\times490=181300\text{mm}^2=0.1813\text{m}^2<0.3\text{m}^2$

调整系数 $\gamma_a=0.7+A=0.7+0.1813=0.8813$

平均压应力　$\sigma_0=\frac{N}{A}=\frac{30\times10^3}{181300}=0.17\text{N/mm}^2$

轴压比　$\frac{\sigma_0}{f}=\frac{0.17}{1.5}=0.113$

当 $\gamma_G=1.2$ 时，按式（11-31）得：

$$\mu=0.26-0.082\frac{\sigma_0}{f}=0.25,\ \alpha=0.6$$

受剪承载力 $(f_v+\alpha\cdot\mu\sigma_0)A=(0.11\times0.8813+0.6\times0.25\times0.17)\times181300=22199\text{N}=22.2\text{kN}>18\text{kN}$，满足要求。

五、网状配筋砌体承载力计算

1. 概述

当砌体受压构件的截面尺寸受到限制，或有时由于受到地区限制，没有更高强度等级的材料时，这时我们可以采用网状配筋砌体。网状配筋砖砌体是在水平灰缝内按一定间距放置一些横向钢筋网的配筋砌体。配筋方式可分为方格钢筋网和连弯式钢筋网（图11-25）。方格钢筋网是用绑扎或点焊的方法做成网片，连弯钢筋网是将连弯钢筋相互垂直交错铺在两相邻灰缝中形成网状配筋。

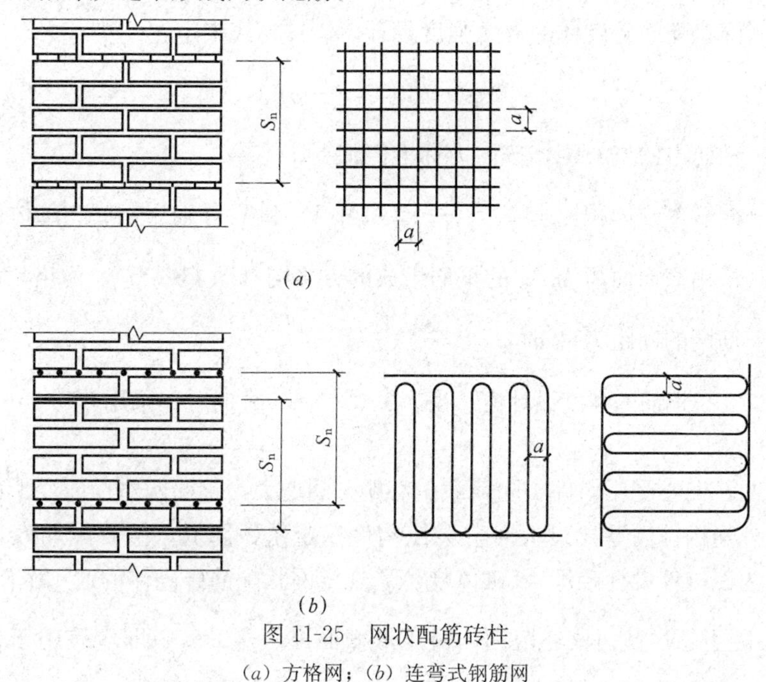

图 11-25　网状配筋砖柱

（a）方格网；（b）连弯式钢筋网

试验表明，网状配筋砖砌体的破坏特征与无筋砖砌体有所不同。网状配筋砖砌体受压时，由于摩擦力和砂浆的粘结力，钢筋被嵌固在灰缝内与砖砌体共同工作，从而约束了砖砌体的横向变形，相当于对砌体施加了横向压力，使砌体处于三向受压状态。根据试验，在加荷初期，由于钢筋网的作用尚未充分发挥，出现第一批裂缝的荷载只较无筋砌体略高一些。继续增加荷载，由于钢筋网充分发挥了约束作用，因而裂缝开展缓慢，并推迟了因裂缝贯通把砌体分割成独立小柱的进程。且由于钢筋网的拉结，小柱体也不会失稳，故破坏是由于钢筋网之间的砖块被压碎而造成的。由于砖的抗压强度得到了充分发挥，故网状配筋砖砌体的承载能力要比无筋砌体高。

2. 承载力计算

网状配筋砖砌体受压构件的承载力计算，可按下式进行：

$$N \leqslant \varphi_n f_n A \tag{11-33}$$

式中 N——作用于构件截面上的轴向力设计值；

φ_n——高厚比 β 和配筋率 ρ 以及轴向力的偏心距对网状配筋砖砌体受压构件承载力的影响系数，可按附表 22-4 采用或按下式计算：

$$\varphi_n = \frac{1}{1+12\left(\frac{e}{h}+\frac{1}{\sqrt{12}}\sqrt{\frac{1}{\varphi_{on}}-1}\right)^2} \tag{11-34}$$

φ_{on}——网状配筋砌体轴心受压时的纵向稳定系数，可按下列经验公式确定：

$$\varphi_{on} = \frac{1}{1+\frac{1+3\rho}{667}\beta^2} \tag{11-35}$$

f_n——网状配筋砖砌体的抗压强度设计值，按下式确定：

$$f_n = f + 2\left(1-\frac{2e}{y}\right)\rho f_y \tag{11-36}$$

e——轴向力的偏心距，按内力标准值计算；

ρ——配筋率（体积比），$\rho=\left(\frac{V_s}{V}\right)$，式中 V_s 和 V 分别为钢筋和砌体的体积；当采用截面面积为 A_s 的钢筋组成的方格网（图 11-25a），网格尺寸为 a 和钢筋网的间距为 s_n 时，$\rho=\frac{2A_s}{as_n}$；

f_y——受拉钢筋的强度设计值，当 $f_y > 320\text{N/mm}^2$ 时，仍采用 320N/mm^2。

3. 适用范围

试验表明，偏心受压构件中随荷载偏心距 e 的增大，钢筋网对横向变形的约束作用将减小；此外当构件高厚比过大时，会使构件稳定系数降低，网状配筋效果得不到发挥。因此，为使构件设计合理，《砌体规范》规定网状配筋砖砌体的适用范围为：

1）偏心距不超过截面核心范围，对矩形截面即 $\frac{e}{h} \leqslant 0.17$，即应该用于构件全截面受压情况。

2）构件高厚比 $\beta \leqslant 16$。如构件过于细高，构件将因总体失稳而破坏，故钢筋网片对砌体承载力提高的作用也就很小。

4. 构造要求

为使网状配筋砖砌体安全可靠地工作，除进行承载力计算外，还应满足下列构造要求：

1）网状配筋砖砌体中的配筋率，不应小于 0.1%，且不应大于 1%。因为配筋率过小，对砌体的承载能力影响不大；而配筋率过高，也不会无限提高砌体的承载能力，因为块材本身的抗压能力既已全部发挥出来，配筋也就没有再增加的必要了；

2）由于钢筋网砌筑在灰缝砂浆内，易于锈蚀，因此采用粗钢筋比细钢筋耐久，但钢筋过粗，使灰缝加厚，对砌体受力不利。所以方格网片的钢筋直径宜采用 3～4mm，连弯钢筋网的钢筋直径不应大于 8mm；

3）钢筋网中钢筋间距过小，灰缝中的砂浆不易密实；间距太大，钢筋网的横向约束作用很小。因此钢筋网中钢筋的间距，不应大于 120mm，并不应小于 30mm。钢筋网片的间距，不应大于 5 皮砖，且不应大于 400mm，以保证钢筋网的横向约束作用；

4）网状配筋砖砌体所用砂浆不应低于 M7.5。高强度砂浆与钢筋有较大的粘结力，对保护钢筋也有利。钢筋网应设置在砌体的水平灰缝中，灰缝厚度应保证钢筋上下至少有 2mm 厚的砂浆层。

此外，在施工时为便于检查钢筋网是否错误或漏放，可在钢筋网中留出标记，如将钢筋网中的一根钢筋末端伸出砌体表面 5mm。

最后应指出，对矩形截面构件，当轴向力偏心方向的截面边长大于另一方向的边长时，除按偏心受压计算外，还应对较小边长方向按轴心受压进行验算。

当网状配筋砖砌体下端与无筋砌体交接时，尚应验算无筋砌体的局部受压承载力。

【例 11-10】 某矩形截面砖柱，截面尺寸为 370mm×490mm，柱的计算高度 $H_0=4.2\text{m}$。所受弯矩设计值 $M=12.38\text{kN}\cdot\text{m}$（沿长边），轴向力设计值 $N=203\text{kN}$，采用 MU15 烧结普通砖和 M7.5 混合砂浆砌筑。试验算该柱受压承载力是否满足要求。

【解】 （1）按无筋砌体受压柱计算

偏心距 $e=\dfrac{M}{N}=\dfrac{12.38\times10^6}{203\times10^3}=61\text{mm}$

$$\frac{e}{h}=\frac{61}{490}=0.124$$

$$\beta=\frac{H_0}{h}=\frac{4200}{490}=8.57$$

$$A=370\times490=181300\text{mm}^2=0.181\text{m}^2<0.3\text{m}^2$$

材料强度调整系数 $\gamma_a=0.7+A=0.7+0.181=0.881$

由附表 21-1 得 $f=2.07\text{N/mm}^2$

由附表 22-1 得 $\varphi=0.63$

$$\varphi fA=0.63\times1.83\times0.881\times181.0\times10^3=183.8\times10^3\text{N}$$

$$=183.8\text{kN}<N=203.0\text{kN}$$

不满足要求。

（2）按网状配筋砌体受压构件设计

因 $\dfrac{e}{h}=0.124<0.17$，$\beta=8.57<16$，材料为 MU15 烧结普通砖、M7.5 混合砂浆，符合网状配筋砌体设计条件，故可按网状配筋砌体受压构件公式计算。

设采用 ϕ^b4 冷拔低碳钢丝焊接方格网片，网距为四皮砖，即 $s_n=250\text{mm}$，钢筋间距 $a=60\text{mm}$，$f_y=320\text{N/mm}^2$。

1）在弯矩作用平面方向承载力验算

查表得　$A_s=12.6\text{mm}^2$。

配筋率　$\rho=\dfrac{2A_s}{as_n}=\dfrac{2\times12.6}{60\times250}=0.00168$

故满足《砌体规范》配筋率应控制在0.1%～1.0%的要求。

由式（11-35）得稳定系数：

$$\varphi_{on}=\frac{1}{1+\frac{1+3\rho}{667}\beta^2}=\frac{1}{1+\frac{1+3\times0.168}{667}\times8.57^2}=0.858$$

由式（11-34）得影响系数：

$$\varphi_n=\frac{1}{1+12\left[\frac{e}{h}+\frac{1}{\sqrt{12}}\sqrt{\frac{1}{\varphi_{on}}-1}\right]^2}$$

$$=\frac{1}{1+12\times\left[0.124+\frac{1}{\sqrt{12}}\times\sqrt{\frac{1}{0.858}-1}\right]^2}=0.588$$

该值亦可由 $100\rho=0.168$，$\beta=8.57$ 和 $\dfrac{e}{h}=0.124$ 查附表22-4得。

配筋砌体 $A=0.181\text{m}^2<0.2\text{m}^2$

$$\gamma_a=0.8+A=0.8+0.181=0.981$$

由式（11-36）得砌体抗压强度设计值：

$$f_n=f+2\left(1-\frac{2e}{y}\right)\rho f_y$$

$$=2.07\times0.981+2\times\left(1-\frac{2\times61}{490/2}\right)\times0.00168\times320$$

$$=2.57\text{N/mm}^2$$

由式（11-33）得砌体承载力：

$\varphi_n f_n A=0.588\times2.57\times0.181\times10^6=273.5\times10^3\text{N}=273.5\text{kN}>N=203\text{kN}$

满足要求。

2）垂直弯矩作用平面的承载力验算

$$\beta=\frac{H_0}{h}=\frac{4200}{370}=11.35<16,\ e=0,\ \rho=0.00168$$

查附表22-4得　$\varphi_n=0.776$

$$f_n=f+2\left(1+\frac{2e}{y}\right)\rho f_y=2.07\times0.981+2\times(1+0)\times0.00168\times320$$

$$=3.106\text{N/mm}^2$$

$\varphi_n f_n A=0.776\times3.106\times0.181\times10^6=436.3\times10^3\text{N}=436.3\text{kN}>N=203\text{kN}$

满足要求。

第四节 混合结构房屋墙和柱的设计

楼盖和屋盖等水平承重构件采用钢筋混凝土、木材或钢材，而内外墙、柱和基础等竖向承重构件采用砌体结构建造的房屋通常称为混合结构房屋。它具有节省钢材、施工简便、造价较低等特点，因此在一般工业与民用建筑物中被广泛采用，如用作住宅、办公楼、教学楼、商店、厂房、仓库、食堂、剧场等。墙体是混合结构建筑物的主要承重构件，同时墙体对建筑物也起着围护和分隔的作用。主要起围护和分隔作用且只承受自重的墙体，称为“非承重墙”；在承受自重的同时，还承受屋盖和楼盖传来荷载的墙体，称为“承重墙”。混合结构房屋设计的一个重要任务就是解决墙体的设计问题。墙体设计一般包括：承重墙体的布置、房屋的静力计算方案确定、墙柱高厚比验算、墙柱内力计算及其截面承载力验算。

一、承重墙体的布置

在混合结构房屋设计中，承重墙体的布置是首要的。承重墙体的布置直接影响着房屋总造价、房屋平面的划分和空间的大小，并且还涉及楼（屋）盖结构的选择及房屋的空间刚度。通常称沿房屋长向布置的墙为纵墙，沿房屋短向布置的墙为横墙。按结构承重体系和荷载传递路线，房屋的承重墙体的布置大致可分为以下几种方案。

1. 纵墙承重体系

图 11-26（*a*）为某单层厂房的一部分，屋盖采用大型屋面板和预制钢筋混凝土大梁。图 11-26（*b*）为某教学楼平面的一部分，楼盖采用预制钢筋混凝土楼面板。这类房屋楼盖和屋盖荷载大部分由纵墙承受，横墙和山墙仅承受自重及一小部分楼屋盖荷载。由于主要承重墙沿房屋纵向布置，因此称为纵墙承重体系。其荷载的主要传递途径为：

楼（屋）盖荷载⟶板⟶横向梁⟶纵墙⟶基础⟶地基。

纵墙承重体系的特点是：

1）纵墙是主要承重墙。横墙的设置主要是为了满足建筑物空间刚度和整体性的要求，其间距可根据使用要求而定。这类建筑物的室内空间较大，有利于在使用上灵活布置和分隔。

2）由于纵墙承受的荷载较大，因此纵墙上门窗洞口的位置和大小受到一定的限制。

3）与横墙承重体系比较，楼（屋）盖的材料用量较多，墙体材料用量较少。且因横墙数量少，故房屋横向刚度相对较差。

纵墙承重体系适用于有较大室内空间要求的房屋，如仓库、食堂和中小型工业厂房等。

2. 横墙承重体系

图 11-27 为某集体宿舍平面的一部分，楼（屋）盖采用钢筋混凝土预制板，支承在

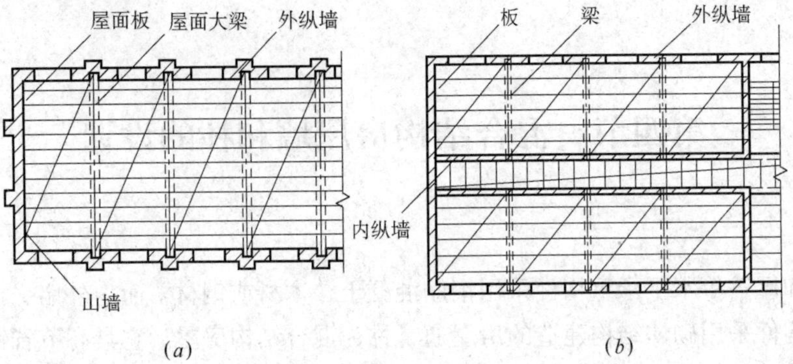

(a) (b)

图 11-26 纵墙承重体系

横墙上。外纵墙仅承受自重，内纵墙承受自重和走道板的荷载。楼（屋）盖荷载主要由横墙承受，属横墙承重体系。横墙承重体系的荷载传递途径为：

楼（屋）盖荷载→板→横墙→基础→地基。

横墙承重体系的特点是：

1）横墙是主要的承重墙。纵墙主要起围护、分隔室内空间和保证房屋整体性与总体刚度的作用。由于纵墙为非承重墙，因此在纵墙上开设门窗洞口的限制较少。

2）由于横墙间距小，多道横墙与纵墙拉结，因此房屋的空间刚度大，整体性好。这种承重体系对水平荷载及地基的不均匀沉降有较好的抵抗能力。

3）楼（屋）盖结构比较简单，施工比较方便。与纵墙承重体系比较，楼（屋）盖材料用量较少，但墙体材料用量较多。

横墙承重体系适用于开间不大，墙体位置比较固定的房屋，如住宅、宿舍、旅馆等。

3. 纵横墙承重体系

图 11-28 为某教学楼平面的一部分，楼（屋）盖荷载一部分由纵墙承受，另一部分由横墙承受，形成纵、横墙共同承重体系。其荷载的传递途径为：

梁→ 纵墙

（屋）盖荷载→ 板　　　　基础 →地基

横　　墙

纵横墙承重体系的特点介于前述两种承重体系之间。其平面布置较灵活，能更好地满足建筑物使用功能上的要求，适用于点式住宅楼、教学楼等。

4. 内框架承重体系

图 11-29 为某商住楼底层商店结构布置的一部分，内部由钢筋混凝土柱和楼盖梁组成内框架。外墙和内部钢筋混凝土柱都是主要的竖向承重构件，形成内框架承重体系。其荷载传力途径为：

外纵墙→ 外纵墙基础

楼（屋）盖荷载→ 板　　　　　　　　地基

梁→ 柱→ 柱　基　础

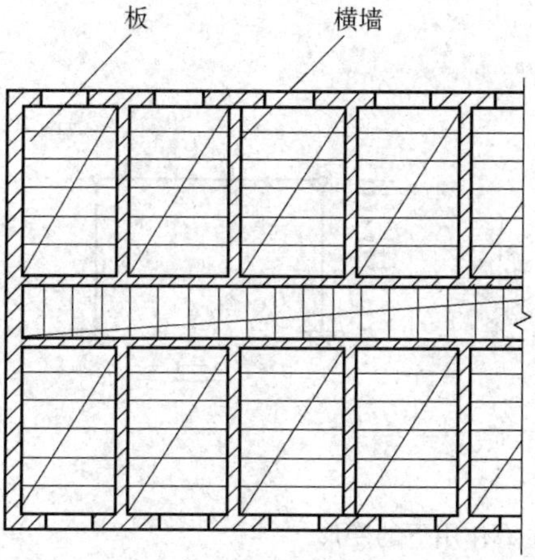

图 11-27　横墙承重体系

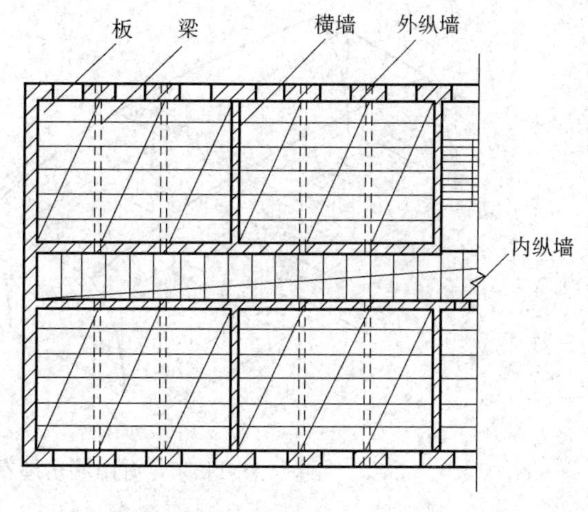

图 11-28　纵横墙承重体系

内框架承重体系的特点是：

1）房屋的使用空间较大，平面布置比较灵活，可节省材料，结构较为经济。

2）由于横墙少，房屋的空间刚度较小，建筑物抗震能力较差。

3）由于钢筋混凝土柱和砌体的压缩性能不同，以及基础也可能产生不均匀沉降。因此，如果设计、施工不当，结构容易产生不均匀竖向变形，从而引起较大的附加内力，并产生裂缝。

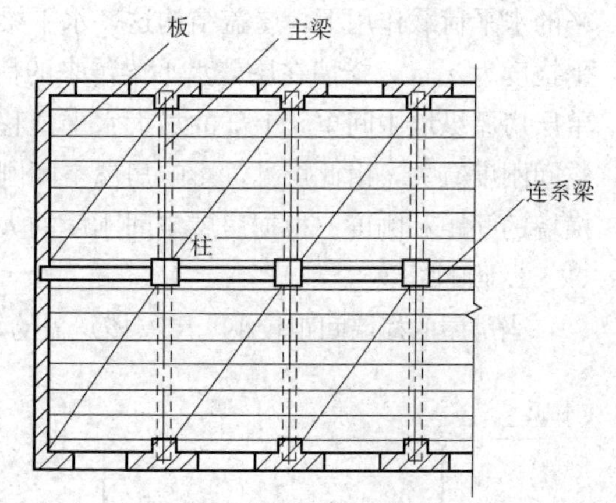

图 11-29　内框架承重体系

内框架承重体系一般可用于商店、旅馆、多层工业厂房等。

在实际工程设计中，应根据建筑物的使用要求及地质、材料、施工等具体情况综合考虑，选择比较合理的承重体系。应力求做到安全可靠、技术先进、经济合理。

二、房屋的静力计算方案

进行房屋墙体内力计算之前，首先要确定其计算简图，因此也就需要确定房屋的静力计算方案。混合结构房屋中，屋盖、楼盖、纵墙、横墙和基础等构件相互联系组成一空间受力体系。在外荷载作用下，不仅直接承受荷载的构件在工作，而且与其相连的其他构件也都不同程度地会参与工作。这些构件参加共同工作的程度体现了房屋的空间刚度。房屋在竖向和水平荷载作用下的工作，与它的空间刚度密切相关。

现以两端设有横墙，中间无横墙的单层房屋为例来分析其受力及变形特点（图 11-30）。在水平荷载（如风荷载）作用下，纵墙会将一部分作用于其上的荷载传至屋盖结构（另一部分直接传给其下部基础，再传给地基），并经过屋盖结构传给两端横墙

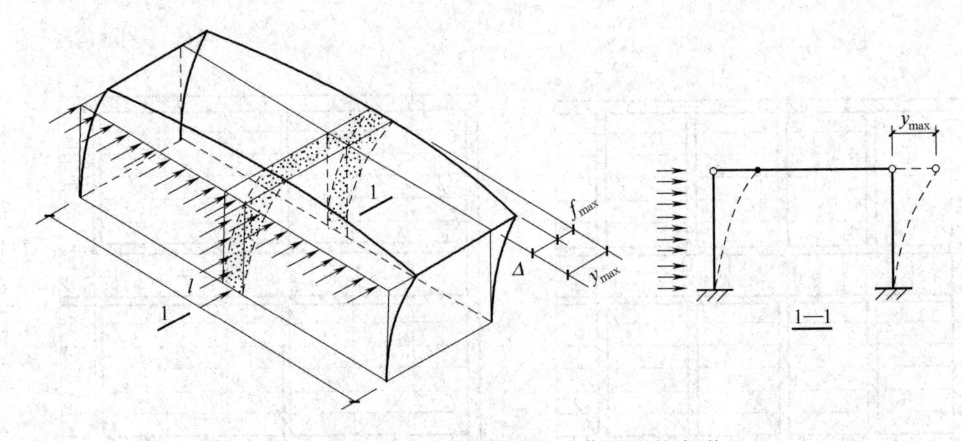

图 11-30　有山墙房屋在水平力作用下的变形

（山墙），再由横墙传给基础和地基，形成一空间受力体系。这时，屋盖如同一根支承在横墙上的水平梁，而横墙在其自身平面内为嵌固于基础顶面的悬臂梁。在外纵墙顶部传来的水平荷载作用下，屋盖结构这一水平梁将产生弯、剪变形。设屋盖在跨中产生的水平挠度为 f_{max}，横墙在屋盖水平梁传来的荷载作用下，其顶端产生的水平位移为 Δ，则单层房屋纵墙中间单元上部的最大水平位移为 $y_{max}=f_{max}+\Delta$。水平位移的大小与房屋空间刚度有关，由此可见，影响房屋空间刚度的主要因素为屋盖（楼盖）的水平刚度、横墙的间距和刚度。根据房屋空间刚度的大小，可将房屋静力计算方案分为以下三种。

1. 刚性方案

当房屋的横墙间距较小，屋（楼）盖的水平刚度较大且横墙在平面内刚度很大时，房屋的空间刚度较大。因而在水平荷载作用下，房屋纵墙顶端的水平位移很小，可以忽略不计。因此可假定纵墙顶端的水平位移为零。在确定墙柱计算简图时，可认为屋（楼）盖为纵墙的不动铰支座，墙、柱的内力可按上端为不动铰支承，下端为嵌固于基础顶面的竖向构件计算（图 11-31）。按这种方法计算的房屋属刚性方案房屋。

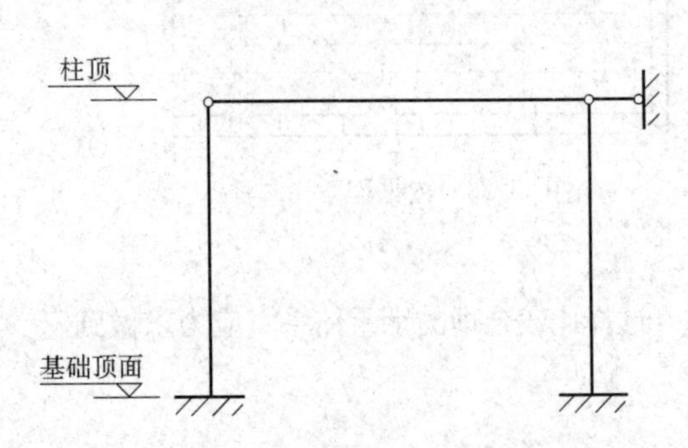

图 11-31　刚性方案房屋计算模型

2. 弹性方案

当房屋横墙间距很大，屋盖在平面内的刚度很小或山墙在平面内刚度很小（或无横墙）时，房屋的空间刚度就很小。因而在水平荷载作用下，房屋纵墙顶端水平位移很大，以至于由屋盖水平梁提供给外纵墙的水平反力小到可以忽略不计。则可认为横墙及屋盖对外纵墙起不到任何帮助作用，此种房屋中部墙体计算单元的计算简图如图 11-32（*b*）所示，为一排架结构。这种不考虑房屋空间工作的平面排架的计算方案属弹性方案。

3. 刚弹性方案

当房屋横墙间距不太大，屋盖（或楼盖）和横墙在各自平面内具有一定刚度时，房

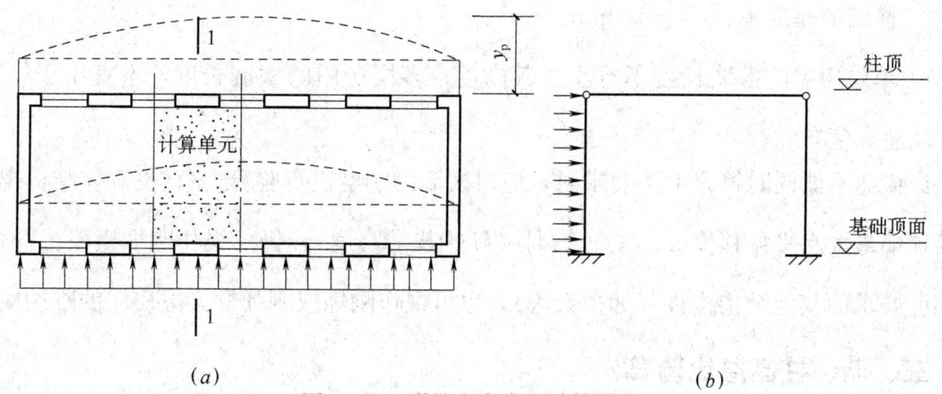

图 11-32 弹性方案房屋计算简图

屋具有一定的空间刚度。这时，房屋中部外纵墙顶部的水平位移较弹性方案小，比刚性方案大，横墙与屋（或楼）盖对外纵墙的支承作用，不能忽略不计（参见图 11-30）。屋盖作为纵墙支座，会给外纵墙提供一定的反力。这种情况下的房屋结构属于刚弹性方案。刚弹性方案单层房屋的受力与计算简图介于刚性方案和弹性方案之间，墙、柱内力按屋（楼）盖处具有弹性支承的单层平面排架计算（图 11-33）。

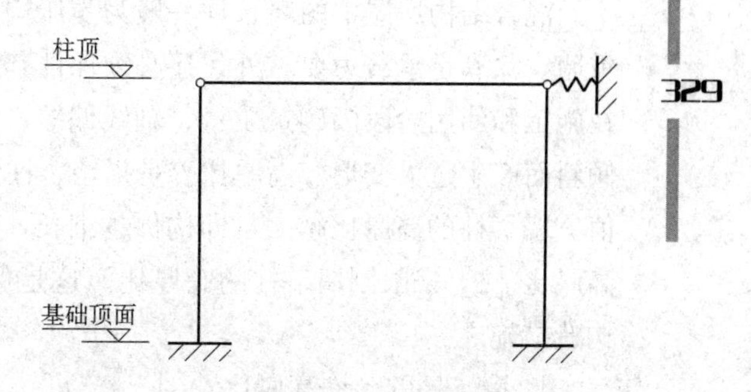

图 11-33 刚弹性方案房屋计算模型

由上述分析，房屋的静力计算方案不同时，其内力计算方法也不同。房屋静力计算方案的划分，主要与房屋的空间刚度有关，而房屋的空间刚度又主要与横墙间距、横墙本身刚度和屋盖（或楼盖）的类别有关。《砌体规范》规定，可根据屋盖或楼盖的类别和横墙间距，按表 11-10 确定房屋的静力计算方案。

房屋的静力计算方案 **表 11-10**

序 号	屋盖或楼盖类别	刚性方案	刚弹性方案	弹性方案
1	整体式、装配整体式和装配式无檩体系钢筋混凝土屋盖或钢筋混凝土楼盖	$S<32$	$32\leqslant S\leqslant 72$	$S>72$
2	装配式有檩体系钢筋混凝土屋盖、轻钢屋盖和密铺望板的木屋盖或木楼盖	$S<20$	$20\leqslant S\leqslant 48$	$S>48$
3	瓦材屋面的木屋盖和轻钢屋盖	$S<16$	$16\leqslant S\leqslant 36$	$S>36$

注：1. 表中 S 为房屋横墙间距，单位为 m；
2. 当屋盖、楼盖类别不同或横墙间距不同时，可按《砌体规范》第 4.2.7 条的规定确定的静力计算方案；
3. 对无山墙或伸缩缝处无横墙的房屋，应按弹性方案房屋考虑。

横墙刚度是决定房屋静力计算方案的重要因素。因此，刚性方案和刚弹性方案房屋的横墙应为具有很大刚度的刚性横墙。规范规定，刚性横墙必须同时符合下列条件：

1）横墙中开有洞口时，洞口的水平截面面积不应超过横墙截面面积的 50%。

2）横墙的厚度不宜小于 180mm。

3）单层房屋的横墙长度不宜小于其高度；多层房屋的横墙长度，不宜小于$\frac{H}{2}$（H为横墙总高度）。

当横墙不能同时符合上述要求时，应对横墙的刚度进行验算。（详见砌体结构规范）如其顶端最大水平位移值 $u_{max} \leqslant \frac{H}{4000}$时（$H$ 为横墙高度），仍可视作刚性横墙。符合上述刚度要求的其他结构构件（如框架等），也可视作刚性或刚弹性方案房屋的刚性横墙。

三、墙、柱高厚比验算

混合结构房屋中的墙、柱一般为受压构件，对于受压构件，无论是承重墙还是非承重墙，除满足承载力要求外，还必须保证其稳定性。验算高厚比的目的就是防止墙、柱在施工和使用阶段因砌筑质量、轴线偏差、意外横向冲撞和振动等原因引起侧向挠曲和倾斜而产生过大变形。高厚比 β 是指墙、柱的计算高度 H_0 与墙厚或柱截面边长 h 的比值。墙、柱的高厚比越大，即构件越细长，其稳定性也就越差。《砌体规范》采用允许高厚比［β］来限制墙、柱的高厚比。这是保证墙、柱具有必要的刚度和稳定性的重要构造措施之一。

1. 墙、柱的允许高厚比［β］

允许高厚比［β］是墙、柱高厚比的限制。影响墙、柱允许高厚比［β］值的因素很多，很难用理论推导的方法加以确定，主要是根据房屋中墙柱的稳定性、刚度条件和其他影响因素，由实践经验确定。允许高厚比［β］与墙、柱的承载力计算无关，而是从构造要求上规定的。《砌体规范》规定的墙、柱允许高厚比［β］值见表 11-11。

墙、柱的允许高厚比［β］ **表 11-11**

	砂浆强度等级	墙	柱
无筋砌体	M2.5	22	15
	M5.0、Mb5、Ms5	24	16
	≥M7.5、Mb7.5、Ms7.5	26	17
配筋砌体	—	30	21

注：1. 毛石墙、柱允许高厚比应按表中数值分别予以降低 20%；
2. 带有混凝土或砂浆面层的组合砖砌体构件的允许高厚比，可按表中数值提高 20%，但不得大于 28；
3. 验算施工阶段砂浆尚未硬化的新砌砌体高厚比时，允许高厚比对墙取 14，对柱取 11。

由表可见，［β］值的大小与砂浆强度、构件类型和砌体种类等因素有关。此外，它与施工砌筑质量也有关系。随着高强材料的应用和砌筑质量的不断改善，［β］值也将有所增大。

2. 墙、柱的计算高度 H_0

受压构件的计算高度 H_0 与房屋类别和构件支承条件有关，在进行墙、柱承载力和高厚比验算时，墙、柱的计算高度 H_0 应按表 11-12 采用。

受压构件的计算高度 H_0 表 11-12

房屋类别			柱		带壁柱墙或周边拉结的墙		
			排架方向	垂直排架方向	$S>2H$	$2H \geqslant S>H$	$S \leqslant H$
有吊车的单层房屋	变截面柱上段	弹性方案	$2.5H_u$	$1.25H_u$	$2.5H_u$		
		刚性、刚弹性方案	$2.0H_u$	$1.25H_u$	$2.0H_u$		
	变截面柱下段		$1.0H_l$	$0.8H_l$	$1.0H_l$		
无吊车的单层和多层房屋	单跨	弹性方案	$1.5H$	$1.0H$	$1.5H$		
		刚弹性方案	$1.2H$	$1.0H$	$1.2H$		
	两跨或多跨	弹性方案	$1.25H$	$1.0H$	$1.25H$		
		刚弹性方案	$1.1H$	$1.0H$	$1.1H$		
	刚性方案		$1.0H$	$1.0H$	$1.0H$	$0.4S+0.2H$	$0.6S$

注：1. 表中 H_u 为变截面构件上段的高度；H_l 为变截面构件下段的高度；

2. 对于上段为自由端的构件，$H_0=2H$；

3. 独立砖柱，当无柱间支撑时，柱在垂直排架方向的 H_0 应按表中数值乘以 1.25 后采用。

表中 H 为构件的实际高度，即楼板或其他水平支点间的距离，按下列规定采用：

1）在房屋底层，为楼板底面到构件下端支点的距离。下端支点的位置，一般可取在基础顶面。当基础埋置较深且有刚性地坪时，则可取在室内地面或室外地面下500mm 处。

2）在房屋其他楼层，为楼板底面或其他水平支点间的距离。

3）对于山墙，可取层高加山墙尖高度的$\frac{1}{2}$；山墙壁柱则可取壁柱处的山墙高度。

对有吊车房屋墙柱高度的确定可详见《砌体规范》。

3. 墙、柱高厚比验算

墙、柱高厚比验算要求墙、柱的实际高厚比不大于允许高厚比。其验算分矩形截面和带壁柱墙两种情况。

(1) 矩形截面墙、柱高厚比验算

不带壁柱的矩形截面墙、柱的高厚比按下式验算：

$$\beta=\frac{H_0}{h} \leqslant \mu_1 \mu_2 [\beta] \tag{11-37}$$

式中 H_0——墙、柱的计算高度，按表 11-12 采用；

h——墙厚或矩形柱与 H_0 相对应的边长；

μ_1——非承重墙允许高厚比的修正系数；

μ_2——有门、窗洞口墙允许高厚比的修正系数；

$[\beta]$——墙、柱的允许高厚比，按表 11-11 采用。

非承重墙是房屋的次要构件，且仅承受自重作用，故允许高厚比可适当放宽。《砌体规范》规定厚度≤240mm 的非承重墙，$[\beta]$ 值可乘以下列 μ_1 值予以提高：

当 $h=240$mm 时，$\mu_1=1.2$

当 $h=90$mm 时，$\mu_1=1.5$

当 240mm＞h＞90mm 时，μ_1 可按插入法取值。

对用厚度小于 90mm 的砖或块材砌筑的隔墙，当双面用不低于 M10 的水泥砂浆抹面，包括抹面层的墙厚不小于 90mm 时，可按墙厚等于 90mm 验算高厚比。当非承重墙上端为自由端时，除按上述规定提高外，尚可提高 30%。对变截面柱，可按上、下截面分别验算高厚比，验算上柱高厚比时，墙、柱的高厚比可按表 11-11 的数值乘以 1.3 后采用。

有门、窗洞口的墙稳定性较差，故允许高厚比［β］应乘以系数 μ_2 予以降低。其值按下式计算：

$$\mu_2 = 1 - 0.4\frac{b_s}{S} \tag{11-38}$$

式中　S——相邻窗间墙或壁柱之间的距离；

b_s——在宽度 s 范围内的门、窗洞口宽度（图 11-34）。

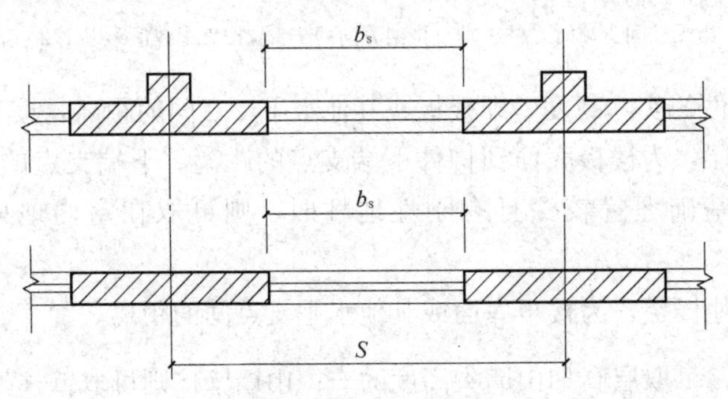

图 11-34　洞口宽度

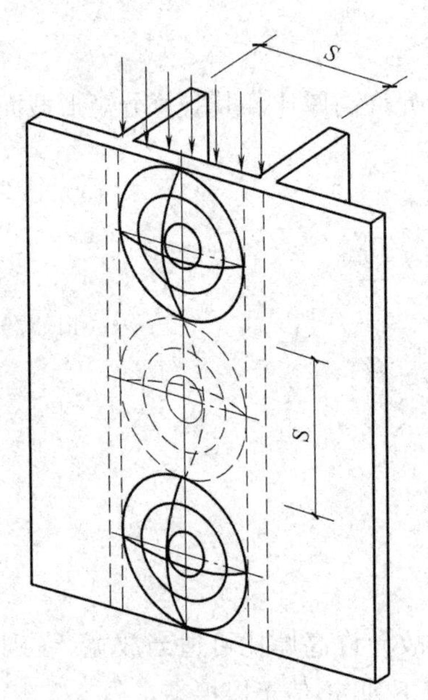

图 11-35　墙两侧有间距很近的横墙时墙的失稳情况

当按公式（11-38）算得的 μ_2 值小于 0.7 时，应采用 0.7。当洞口高度等于或小于墙高的$\frac{1}{5}$时，可取 μ_2 等于 1.0。

当洞口高度≥4/5 墙高时，可按独立墙段验算高厚比。当被验算墙体高度大于或等于相邻周边拉结墙的间距 S 时，应按计算高度 $H_0 = 0.6S$ 验算高厚比。当与墙连接的相邻两横墙间的距离 $S \leqslant \mu_1\mu_2[\beta]$时，该墙可不进行高厚比验算。

当所验算墙两侧与刚性横墙相连时，如相邻横墙间距 S 小于验算墙体的高度时，墙体若失稳则将如图 11-35 所示。是否失稳，将取决于 S 而不再是 H。

（2）带壁柱墙高厚比验算

一般混合结构房屋的纵墙，有时带有壁柱，其高厚比除验算整片墙的高厚比外，还需验算壁柱间墙的高厚比。

1）整片墙的高厚比验算

整片墙的高厚比验算相当于验算墙体的整体稳定性，可按下式计算：

$$\beta=\frac{H_0}{h_T}\leqslant\mu_1\mu_2[\beta] \tag{11-39}$$

式中　H_0——带壁柱墙的计算高度，确定 H_0 时，墙长 S 取相邻横墙的间距；

h_T——带壁柱墙截面的折算厚度，$h_T=3.5i$（其中 i 为带壁柱墙截面的回转半径，$i=\sqrt{\frac{I}{A}}$，而 I、A 分别为带壁柱墙截面的惯性矩和截面积）。

确定截面回转半径时，带壁柱墙截面的翼缘宽度 b_f 可按下列规定采用：

对于多层房屋，取相邻壁柱间的距离；当有窗洞口时，可取窗间墙宽度。若左、右壁柱间距离不等时，可取 $b_f=\frac{S_1+S_2}{2}$，S_1、S_2 分别为左、右壁柱间的距离（图11-36）。

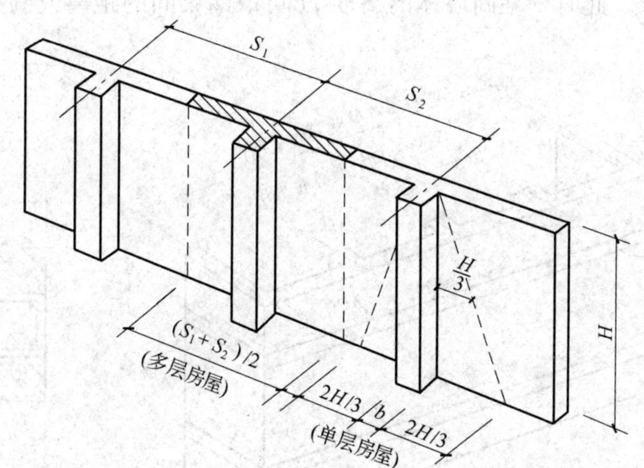

图 11-36　带壁柱墙验算总体高厚比时墙、柱截面取法

对于单层房屋，可取 $b_f=b+\frac{2}{3}H$（b 为壁柱宽度，H 为墙高），且 b_f 不大于窗间墙宽度和相邻壁柱间距离。

2）壁柱间墙高厚比验算

壁柱间墙高厚比验算相当于验算墙体的局部稳定性，可按无壁柱墙的公式（11-37）进行验算。确定 H_0 时，墙长 S 取壁柱间的距离。并且，无论整片带壁柱墙的静力计算采用何种方案，壁柱间墙一律按刚性方案来确定计算高度 H_0。

3）带构造柱墙的高厚比验算

由于钢筋混凝土构造柱可提高墙体使用阶段的稳定性和刚度，因此带构造柱墙的高厚比可乘以系数 μ_c，予以提高：

$$\beta=H_0 hT\leqslant\mu_1\mu_2\mu_c[\beta] \tag{11-40}$$

确定上述公式中的墙体计算高度 H_0 时，s 取相邻横墙间的距离，h 取墙厚。墙的允许高厚比的提高系数 μ_c 可按下式计算：

$$\mu_c=1+\gamma b_c/l \tag{11-41}$$

式中 γ——影响系数。对细石料砌体，$\gamma=0$；对混凝土砌块、混凝土多孔砖、粗料石及毛料石砌体，$\gamma=1.0$；其他砌体，$\gamma=1.5$；

b_c——构造柱沿墙长方向的宽度；

l——构造柱的间距。当 $b_c/l>0.25$ 时，取 $b_c/l=0.25$；当 $b_c/l<0.05$ 时，取 $b_c/l=0$。

由于在施工过程中大多采用先砌筑墙体后浇筑构造柱，因此考虑构造柱有利作用的高厚比验算不适用于施工阶段，应注意采取措施保证构造柱墙在施工阶段的稳定性。

对于设有钢筋混凝土圈梁的带壁柱墙，当$\frac{b}{S}\geqslant\frac{1}{30}$时，圈梁可视作壁柱间墙的不动铰支点（$b$ 为圈梁宽度，S 为相邻壁柱间的距离，见图 11-37）。如具体条件不允许增加圈梁宽度时，可按等刚度原则（墙体平面外刚度相等）增加圈梁高度，以满足壁柱间墙不动铰支点的要求。此时壁柱间墙体的高度 H 可取圈梁间的距离或圈梁与其他横向水平支点间的距离。

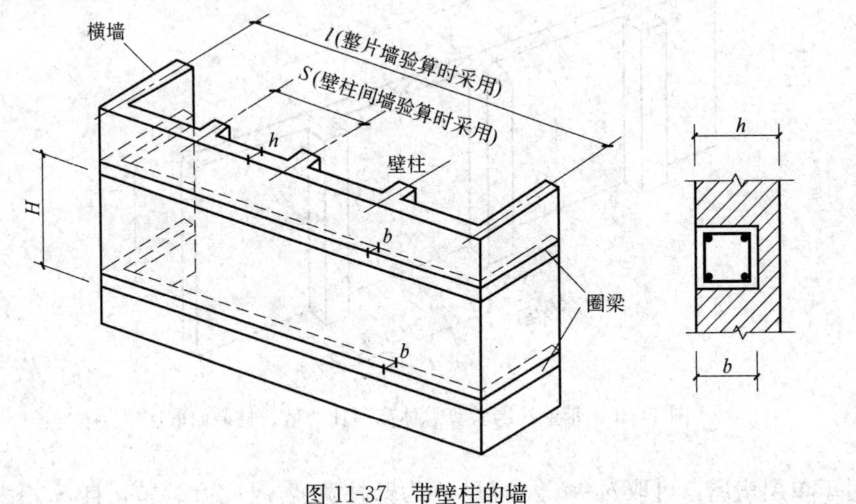

图 11-37 带壁柱的墙

【例 11-11】 某混合结构房屋底层层高为 4.2m，室内承重砖柱截面尺寸为 370mm×490mm，采用 M2.5 混合砂浆砌筑。房屋静力计算方案为刚性方案，试验算砖柱的高厚比是否满足要求。

【解】 砖柱自室内地面至基础顶面距离取为 500mm。

根据表 11-12，当房屋为刚性方案时，计算高度为：

$$H_0=1.0H=1.0\times(4.2+0.5)=4.7\text{m}$$

由表 11-11，当砂浆强度等级为 M2.5 时，$[\beta]=15$；对于砖柱，$\mu_1=1.0$，$\mu_2=1.0$，则：

$$\beta=\frac{H_0}{h}=\frac{4700}{370}=12.7<\mu_1\mu_2[\beta]=15$$

高厚比满足要求。

【例 11-12】 某办公楼局部平面布置如图 11-38 所示。内外纵墙及横墙厚 240mm，底层墙高 4.6m（算至基础顶面），隔墙厚 120mm，高 3.6m。墙体均采用 MU10 砖和

M5 混合砂浆砌筑，楼盖采用预制钢筋混凝土空心板沿房屋纵向布置，设有楼面梁。试验算各墙的高厚比是否满足要求。

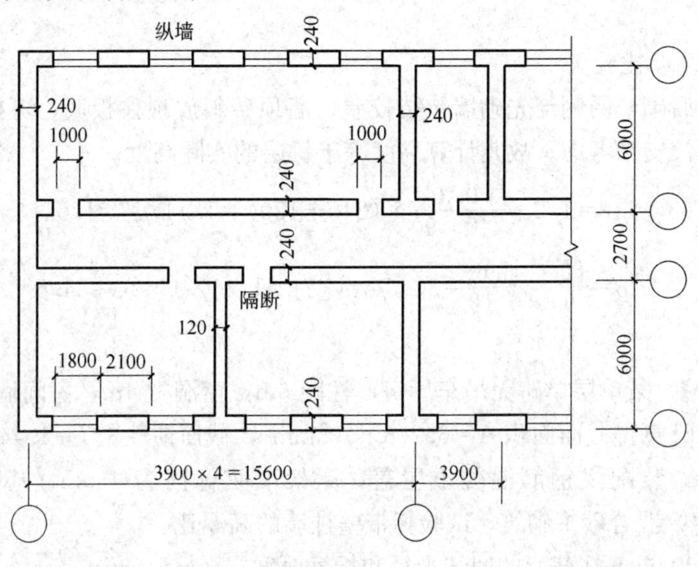

图 11-38

【解】 (1) 外纵墙高厚比验算

横墙最大间距 $S=3.9\times4=15.6$m，根据表 11-10，确定为刚性方案。

$H=4.6$m，$2H=9.2$m，$S>2H$，根据表 11-12，$H_0=1.0H=4.6$m。

$$\mu_1=1,\ \mu_2=1-0.4\frac{b_s}{S}=1-0.4\times\frac{1.8}{3.9}=0.82$$

砂浆强度等级为 M5，根据表 11-11，$[\beta]=24$。

$$\beta=\frac{4.6}{0.24}=19.17<\mu_1\mu_2[\beta]=1\times0.82\times24=19.68$$

满足要求。

(2) 内纵墙高厚比验算

内纵墙上门洞宽 $b_s=2\times1=2$m，$S=15.6$m

$$\mu_1=1,\ \mu_2=1-0.4\times\frac{2}{15.6}=0.95$$

$$\beta=\frac{4.6}{0.24}=19.17<\mu_1\mu_2[\beta]=1\times0.95\times24=22.8$$

满足要求。

实际上从图中可判断出外纵墙窗洞对墙体的削弱较内纵墙门洞对墙体的削弱要多，而内外纵墙一样厚，故纵墙仅验算外纵墙高厚比即可。

(3) 横墙高厚比验算

横墙 $S=6$m，$2H>S>H$，根据表 11-12 得：

$$H_0=0.4S+0.2H=0.4\times6+0.2\times4.6=3.32\text{m}$$

横墙上没有门窗洞口，且为承重墙，故 $\mu_1=1.0$，$\mu_2=1.0$。

$$\beta=\frac{H_0}{h}=\frac{3320}{240}=13.83<\mu_1\mu_2[\beta]=24$$

满足要求。

(4) 隔墙高厚比验算

隔墙一般后砌，两侧与先砌墙拉结较差，墙顶砖斜放顶住板底，可按两侧无拉结、上下端为不动铰支承考虑。故其计算高度等于每层的实际高度。

$$\mu_1=1.2+\frac{0.3}{240-90}\times(240-120)=1.44, \mu_2=1.0$$

$$\beta=\frac{H_0}{h}=\frac{3.6}{0.12}=30<\mu_1\mu_2[\beta]=1.44\times1\times24=34.6$$

满足要求。

【例 11-13】 某单层单跨无吊车厂房，柱距 6m，窗洞宽 4m，窗间墙的截面尺寸同例题 11-3，已计算得截面面积 $A=6.206\times10^5\text{mm}^2$，截面惯性矩 $I=1.4446\times10^{10}\text{mm}^4$，厂房全长 42m，装配式钢筋混凝土屋盖，屋架下弦标高为 4.5m，基础顶面标高为 −0.5m采用 M5 混合砂浆砌筑，试验算带壁柱墙的高厚比。

【解】 (1) 求壁柱截面的回转半径和折算厚度

$$i=\sqrt{\frac{I}{A}}=\sqrt{\frac{1.4446\times10^{10}}{6.206\times10^5}}=152.57\text{mm}$$

$$h_T=3.5i=3.5\times152.57=534\text{mm}$$

(2) 整片墙的高厚比验算

墙高从基础顶面算至屋架下弦，故 $H=4.5+0.5=5.0\text{m}$

由屋盖类型和房屋横墙间距（42m）查表 11-9 可知。该房屋纵墙的静力计算方案为刚弹性，再由表 11-12 可知该带壁柱墙的计算高度 $H_0=1.2H=1.2\times5.0=6.0\text{m}=6000\text{mm}$。

由表 11-11 可知，M5 砂浆砌筑时，墙的允许高厚比$[\beta]=24$

承重墙，$\mu_1=1$

有洞口墙，$\mu_2=1-0.4\frac{b_s}{s}$

$$=1-0.4\frac{4000}{6000}=0.733>0.7\text{，取 }\mu_2=0.733$$

整片墙高厚比 $\beta=\frac{H_0}{h_T}=\frac{6000}{534}=11.24$

$<\mu_1\mu_2[\beta]=1\times0.733\times24=17.59$，满足要求。

(3) 壁柱间墙高厚比验算

壁柱间墙高厚比验算均按刚性方案考虑，其墙长 S 为壁柱中距，截面为矩形（本例墙厚 $h=240\text{mm}$）。

$$S=6\text{m}>H=5\text{m}\text{，但 }S<2H=10\text{m}$$

查表 11-12，$H_0=0.4S+0.2H$

$$=0.4\times6+0.2\times5=3.4\text{m}$$

$$\beta=\frac{H_0}{h}=\frac{3400}{240}=14.17<\mu_1\mu_2[\beta]=17.59$$，满足要求。

四、刚性方案房屋墙柱的计算

在进行混合结构房屋设计时，首先应确定其静力计算方案。前述三个静力计算方案中，以刚性方案墙、柱受力最有利，应用最多，它既能使结构构件充分发挥作用，又能使房屋具有较好的空间刚度。下面分别讨论单层与多层刚性方案房屋墙和柱的内力计算问题。

1. 单层房屋墙柱的内力计算

混合结构房屋设计时可在整个房屋中取一个或几个有代表性的区段进行内力计算。单层空旷房屋（如厂房、仓库、商店等）一般常取一个开间作为计算单元，如图 11-39 所示。如果该单层房屋属于刚性方案时，在外载作用下，纵墙可视作上端为不动铰支承于屋盖，下端嵌固于基础的竖向构件，计算简图如图 11-40 所示。由于水平位移为零，AC 及 BD 两墙（柱）可以独立进行内力分析。墙（柱）在符合高厚比要求的前提下，可按以下方法进行内力计算。

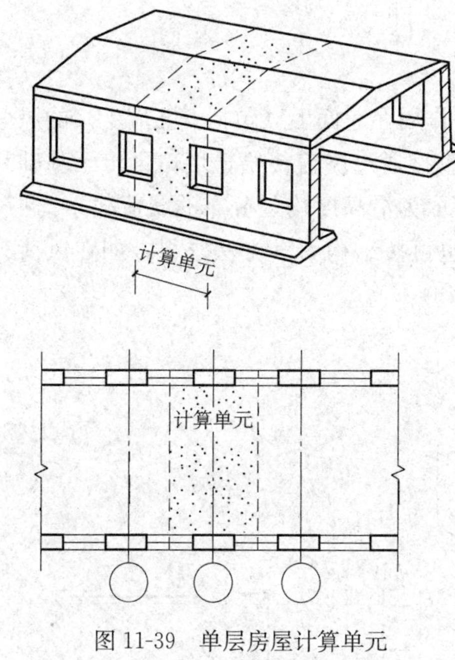

图 11-39　单层房屋计算单元

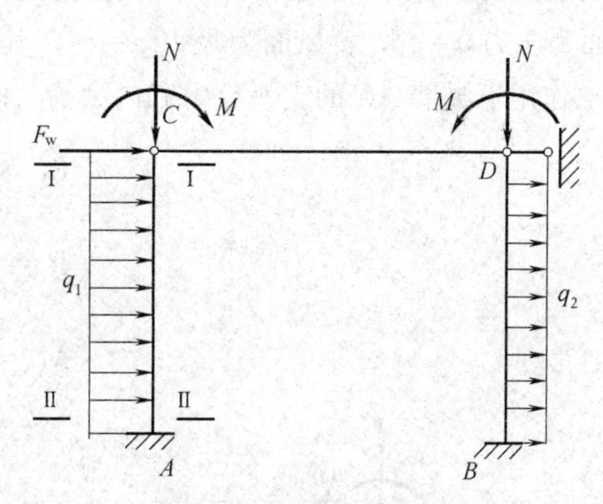

图 11-40　纵墙计算简图

(1) 屋盖荷载作用下

屋盖荷载包括屋盖恒载和屋面活荷载或雪荷载，这些荷载通过屋架或屋面梁端部作用于墙体顶部。该轴向压力 N_l 作用点对墙体中心线往往存在一个偏心距 e_l。对于屋架，N_l 的作用点常位于屋架下弦端部节点中心处，一般距墙体或柱定位轴线 150mm（图 11-41），对于一般屋面梁，N_l 至墙内边缘距离可取为 $0.4a_0$（图 11-41），a_0 为梁端有效支承长度。因此，一般情况下，墙体上端承受着竖向偏心压力的作用，它可等效为承受轴心竖向压力和弯矩 $M=N_le_l$ 的作用。其内力可按结构力学方法求得（图 11-42）。

墙（柱）AC 和 BD 上、下端弯矩和支座反力为：

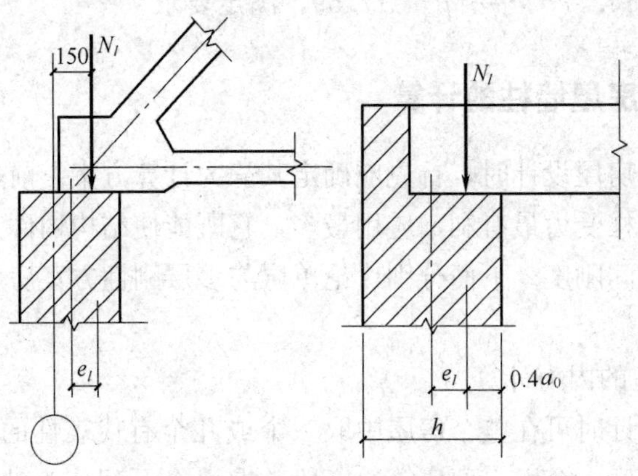

图 11-41 屋盖荷载作用位置

$$\left.\begin{aligned}M_{\mathrm{C}}&=M\\M_{\mathrm{A}}&=-\frac{M}{2}\\R_{\mathrm{A}}&=-R_{\mathrm{C}}=-\frac{3M}{2H}\end{aligned}\right\}\tag{11-42}$$

（2）风荷载作用下

风荷载包括作用于墙面和屋面两部分荷载。作用在屋面上（包括女儿墙上）的风荷载可简化为作用在墙（柱）顶的集中力 F_{w}。它直接通过屋盖传给横墙，再传至基础和地基，在纵墙内不引起内力。墙面上的风荷载可取为沿高度均匀分布的线荷载 q。迎风面为压力 $q=q_1$，背风面为吸力 $q=q_2$。其内力也可按结构力学方法求得，如在风荷载 q_1 作用下纵墙 AC 的支座反力和内力为（图 11-43）：

$$\left.\begin{aligned}R_{\mathrm{C}}&=\frac{3q_1H}{8}\\R_{\mathrm{A}}&=\frac{5q_1H}{8}\\M_{\mathrm{A}}&=\frac{q_1H^2}{8}\end{aligned}\right\}\tag{11-43}$$

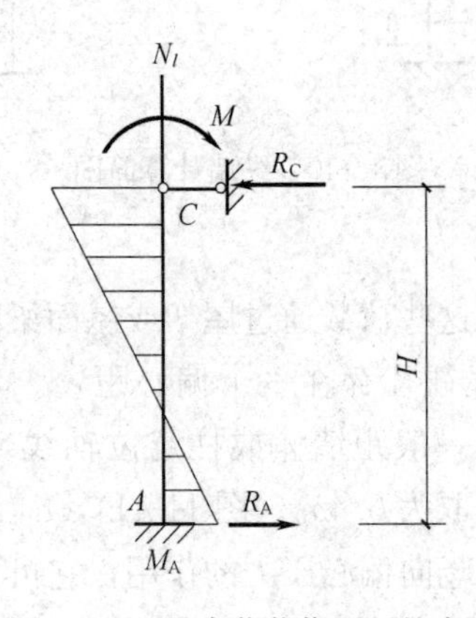

图 11-42 垂直荷载作用下的内力

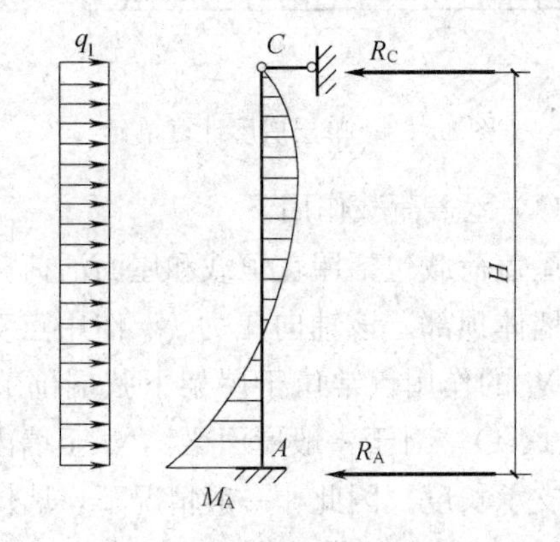

图 11-43 水平荷载作用下的内力

(3) 墙体自重

墙体的自重作用于其截面的形心，对于等截面的墙、柱，自重不产生弯矩。但对于变截面墙、柱，上阶柱自重 G_1 对下阶柱各截面产生的弯矩为 $M=G_1e_1$，此处 e_1 为上下阶柱截面轴线间的距离。因自重是在屋架安装前已存在，故其内力应按照竖直的悬臂构件进行计算。

(4) 控制截面与内力组合

方法基本上与钢筋混凝土单层厂房柱相同，故不赘述。

2. 多层房屋承重纵墙的计算

对于多层混合结构房屋，如住宅、教学楼和办公楼等，由于横墙数量较多，间距较小，房屋的空间刚度较大，一般均属刚性方案房屋。设计多层房屋时，除验算其墙体高厚比外，还应验算承重墙、柱的承载力。

(1) 选取计算单元

多层混合结构房屋的纵墙一般较长，设计时可取其中一个或几个有代表性的区段作为计算单元（一般取宽度等于一个开间的墙体作为计算单元）（图 11-44）。当开间尺寸不同时，计算单元可取荷载较大，而墙体截面尺寸较小的一个开间。一般情况下，计算单元的受荷宽度取为 $l=\frac{l_1+l_2}{2}$，l_1、l_2 为相邻两开间的宽度。计算截面宽度取为该计算单元窗间墙体的宽度。对无门窗的内纵墙，其受荷宽度和计算截面宽度可均取为 $l=\frac{l_1+l_2}{2}$。

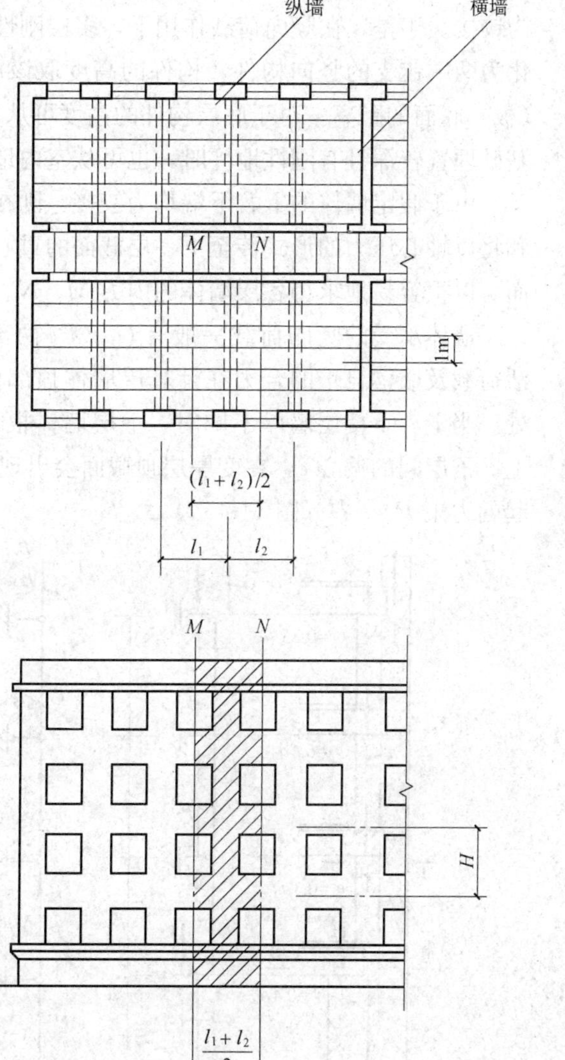

图 11-44 多层刚性方案房屋计算单元

(2) 纵墙在竖向荷载作用下的计算简图和内力

在竖向荷载作用下，多层房屋计算单元和纵墙如同一竖向的连续梁一样地工作，这个连续梁以屋盖、各层楼盖及基础顶面为支点（图 11-45*b*）。由于楼盖中的梁端或板端嵌砌在墙内，致使墙体在楼盖处的连续性受到削弱。被削弱截面所能传递的弯矩相对较小。为了简化计算，可假定墙体在楼盖处为完全铰接（图 11-45*c*）。因而会使每段墙体上端弯矩增大，这对于墙体设计是偏于安全的。在基础顶面处，由于多层房屋的底部纵向力很大，而该处弯矩值较小，以至其偏心距 $e=\frac{M}{N}$ 很小。故也可近似假定墙体与基础为铰接。于是，在竖向荷载作用下，多层刚性方案房屋的纵墙在每层高度范围内，可简化为两端铰支的竖向构件，构件的高度取该层楼盖梁（板）底面至上层楼（屋）盖梁（板）底面的距离。对于底层构件的高度可从基础顶面算起至一层梁（板）底面处。当基础埋置较深且有刚性地坪时，也可从室内地面或室外地面下 500mm 处算起。

由于假定墙体的上、下端均为铰接，则在计算某层墙体内力时，以上各层荷载的总和将以轴心压力的形式传至下一层截面的重心处，而该层梁传来压力则为一偏心力，从而可以很容易地求得各层墙体的内力 M、N。

墙体承受的竖向荷载一般有 G_i、P_i 两部分。N_{il} 为由上面各楼层传来的恒荷载、活荷载及墙体自重的合力在计算层墙体顶部截面的总压力，作用于该层墙体截面重心处。当上、下楼层墙厚不同时，上层墙体根部的总压力对下层墙体存在偏心 e。由于上、下层间的偏心 e，在变厚层顶截面会出现一力矩 $N_{2l}e$，应叠加于该层梁压力 P_1 引起的力矩 P_1e_1 中（图 11-45d）。

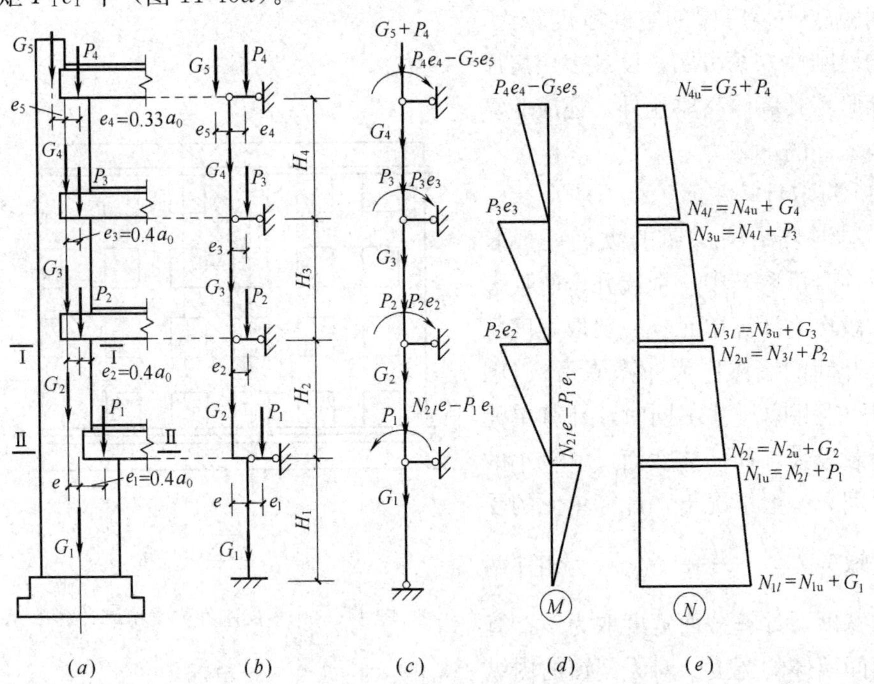

图 11-45　纵墙在竖向荷载作用下的计算简图与内力

（a）外纵墙实际情况；（b）计算简图；（c）简化计算简图；（d）墙体弯矩图；（e）墙体轴力图

（3）纵墙在水平荷载作用下的计算简图和内力

在水平荷载作用下，计算简图可取为一竖向连续梁。这是因为墙体验算截面（也即受力最大截面）一般位于每层的顶部或底部，即在每层楼盖支承面上、下。如考虑楼盖对墙体连续性的削弱，也简化为铰，则将加大跨中截面弯矩，但却减小了支座截面弯矩。这时墙体设计显然是偏于不安全的。因此不宜忽略墙体的连续性。该连续梁在风荷载作用下的支座处弯矩可近似按下式计算（图 11-46）：

$$M_i=\frac{qH_i^2}{12} \tag{11-44}$$

式中　H_i——第 i 层与 $i+1$ 层层高的平均值；

q——计算单元竖直方向每单位长度的风荷载值。

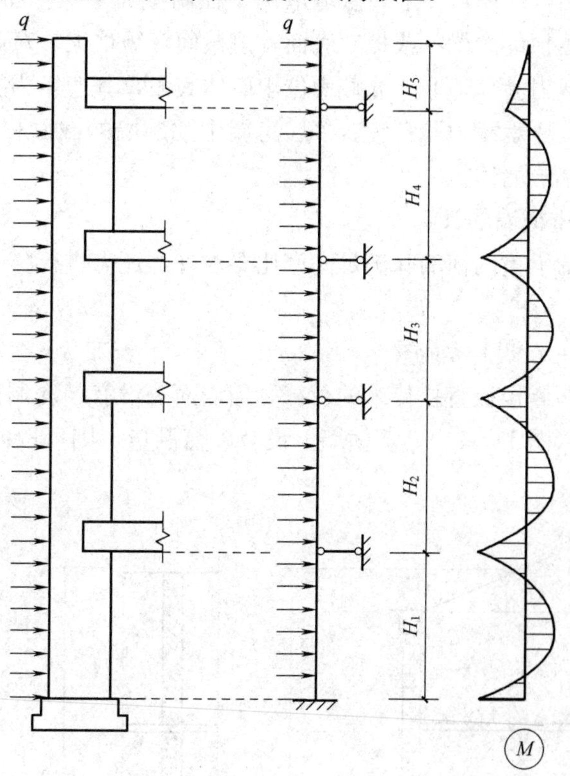

图 11-46　风荷载作用下外纵墙的计算简图与内力

计算时应考虑两种风向作用下产生的弯矩，并与竖向荷载作用时的弯矩进行最不利组合。《砌体规范》规定，当刚性方案多层房屋的外墙符合下列要求时，静力计算可不考虑风荷载的影响：

1）洞口水平截面面积不超过全截面面积的 2/3；

2）层高和总高不超过表 11-13 的规定；

3）屋盖结构自重不小于 0.8kN/m²。

外墙不考虑风荷载影响时的最大高度　　　　**表 11-13**

基本风压值(kN/m²)	层高(m)	总高(m)
0.4	4.0	28
0.5	4.0	24
0.6	4.0	18
0.7	3.5	18

注：对于多层砌块房屋，外墙厚度不小于 190mm，当层高不大于 2.8m，总高不大于 19.6m，基本风压不大于 0.7kN/m² 时，可不考虑风荷载的影响。

(4) 确定控制截面

控制截面一般是指内力（包括弯矩和轴力）较大，对墙体承载力起控制作用的截面。控制截面也称危险截面。只要控制截面的承载力验算满足要求，则墙体其余各截面的承载力均能得到满足。

对于多层混合结构房屋，一般每层墙取两个控制截面Ⅰ—Ⅰ和Ⅱ—Ⅱ（图 11-45）。Ⅰ—Ⅰ截面位于墙体顶部大梁（或板）底面，该截面弯矩最大，对此截面进行偏心受压和梁下局部受压承载力验算。Ⅱ—Ⅱ截面位于墙体底面，其弯矩为零，但 N 相对最大，对此截面进行轴心受压承载力验算。若多层房屋中几层墙的截面和所用砌体材料相同，只需验算其中最下一层墙体。

3. 多层房屋承重横墙的计算

刚性方案房屋的承重内横墙除满足高厚比要求外，还需进行竖向荷载作用下承载力验算。

(1) 选取计算单元和计算简图

横墙一般承受两侧楼板直接传来的荷载，当墙面上没有门窗洞口时，可取 1m 宽的墙体作为计算单元（图 11-47a）。若横墙上设有门窗洞口，则可取洞口中线之间的墙体作为计算单元。

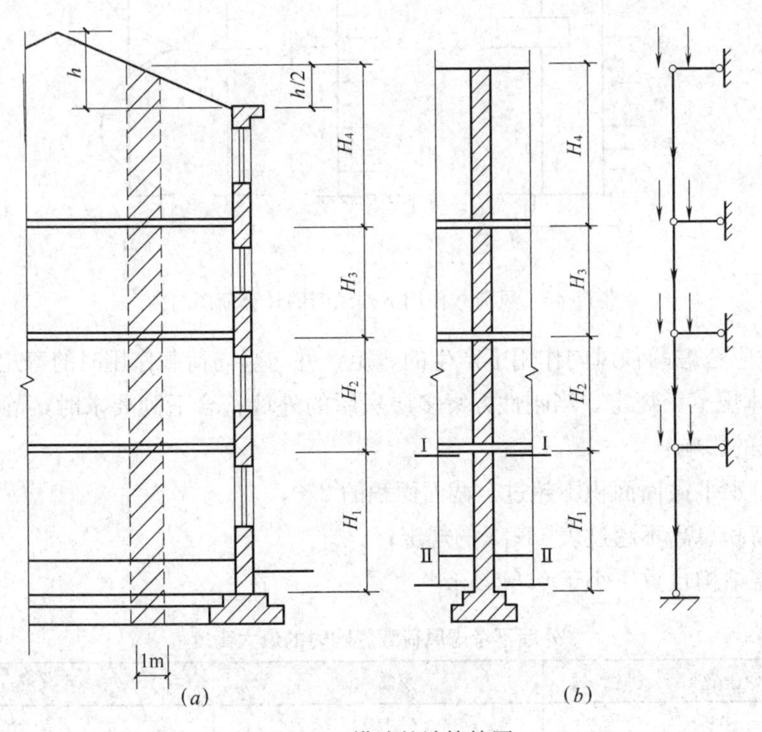

图 11-47　横墙的计算简图

多层刚性方案房屋横墙在竖向荷载作用下的计算简图与纵墙一样，可忽略墙体的连续性，每层横墙视为两端铰支的竖向构件（图 11-47b）。各层墙体的计算高度取值和纵向承重墙相同。但当顶层为坡屋顶时，则取顶层层高加山尖的平均高度。

横墙承受的荷载种类也和纵墙相同，但对中间横墙则承受两边楼盖传来的竖向压力 P_l、P_l'(图 11-48)。

（2）确定控制截面

对于承重横墙的控制截面，当横墙两边楼盖传来的竖向力相同时，整个墙体为轴心受压。这时，控制截面应取每层墙体底部截面Ⅱ—Ⅱ，因为此处轴向力最大。如果两边楼板构造不同或开间不等，则顶部截面Ⅰ—Ⅰ（图 11-47）承受偏心压力作用，应按偏心受压验算该截面承载力。当活载很大时，应考虑只有一边作用有活载的情况，也应按偏心受压验算其承载力。当有楼盖大梁支承于横墙上时，除进行承载力验算外，还应验算大梁底面墙体的局部受压承载力。

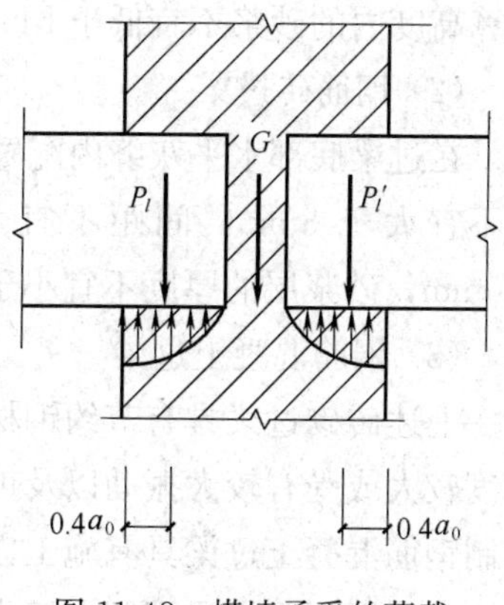

图 11-48　横墙承受的荷载

对直接承受风荷载的山墙，其计算方法与纵墙相同。

第五节　过梁、挑梁和砌体结构的构造措施

一、过梁

1. 过梁的分类及构造要求

过梁是混合结构房屋墙体门窗洞口上常用的构件，其作用是承受洞口上部墙体自重及楼盖传来的荷载。常用的过梁有砖砌过梁和钢筋混凝土过梁。砖砌过梁又可分为砖砌平拱过梁和钢筋砖过梁等几种形式（图 11-49）。

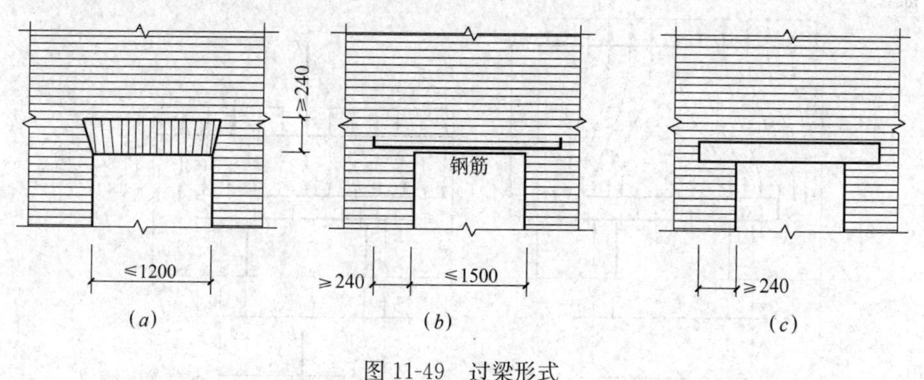

图 11-49　过梁形式

(a) 砖砌平拱过梁；(b) 钢筋砖过梁；(c) 钢筋混凝土过梁

（1）砖砌平拱过梁

用砖竖立砌筑的过梁称砖砌平拱过梁。竖砖砌筑部分高度不应小于 240mm，过梁

计算高度内的砂浆不宜低于 M5，其净跨度不应超过 1.2m。

(2) 钢筋砖过梁

在过梁底部水平灰缝内配置钢筋的过梁称钢筋砖过梁。钢筋的直径不应小于 5mm，也不宜大于 8mm，间距不宜大于 120mm。钢筋伸入支座砌体内的长度不宜小于 240mm，砂浆层的厚度不宜小于 30mm，强度不宜低于 M5，跨度不应超过 1.5m。

(3) 钢筋混凝土过梁

上述砖砌过梁具有节约钢材、水泥等优点，但其跨度受到限制且对变形很敏感，当跨度较大或受有较大振动以及可能产生不均匀沉降的房屋，必须采用钢筋混凝土过梁。预制钢筋混凝土过梁具有施工方便、节省模板、抗震性好等优点，应用最为广泛。

钢筋混凝土过梁端部在墙中的支承长度，不宜小于 240mm。当过梁所受荷载过大时，该支承长度应按局部受压承载力计算确定，此时可取 $\varphi=0$，$\eta=1.0$。其他配筋构造要求同一般梁。

2. 过梁上的荷载

过梁承受的荷载一般有两部分，一部分为墙体及过梁本身自重，另一部分为过梁上部的梁、板传来的荷载。试验表明，过梁上砌体的砌筑高度超过 1/3 净跨（l_n）后，过梁的挠度增长很小。这是由于过梁上墙体形成内拱而产生卸荷作用，将一部分墙体荷载直接传到过梁支座上，而不再加给过梁。试验还表明，梁、板下墙体高度较小时，梁板上荷载才会传给过梁。当梁板下墙体高度等于 $0.8l_n$ 处施加外荷载时，由于砌体的内拱作用，梁板荷载将直接传给支座，对过梁的影响极小。

根据上述试验结果分析，《砌体规范》规定过梁上荷载按下述方法确定：

(1) 梁、板荷载

对于砖和混凝土小型砌块砌体，梁、板下的墙体高度 $h_w<l_n$ 时（l_n 为门、窗洞口净跨度），应考虑梁、板传来的荷载全部作用于过梁上，不考虑墙体内的内拱作用（图 11-50）。当 $h_w \geq l_n$ 时，可不考虑梁、板荷载，认为其全部由墙体内拱作用直接传至过梁支座。

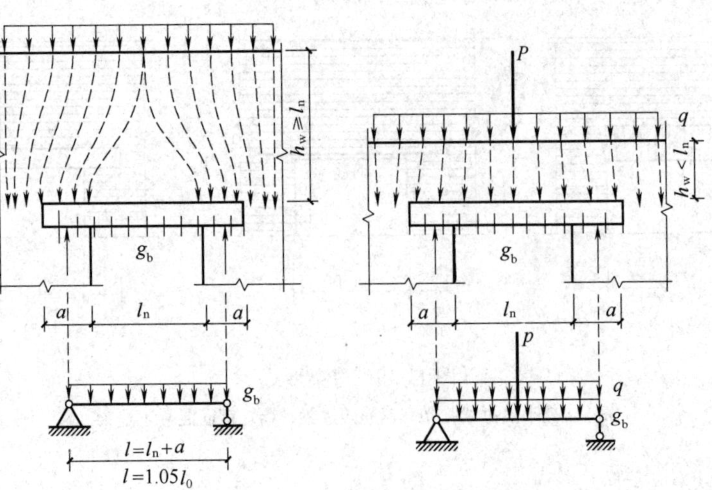

图 11-50 过梁上的梁、板荷载

对于中型砌块砌体，梁、板下的墙板高度 $h_w<l_n$ 或 $h_w<3h_b$ 时（h_b 为包括灰缝厚度的每皮砌块高度），应考虑梁、板传来的荷载全部由过梁承担。$h_w \geqslant l_n$ 且 $h_w \geqslant 3h_b$ 时，可不考虑梁、板荷载。

(2) 墙体荷载

对砖砌体，当过梁上的墙体高度 $h_w<l_n/3$ 时，应按实际墙体的均布自重计算。$h_w \geqslant l_n/3$ 时，应按高度为 $l_n/2$ 的三角形墙体荷载计算（设想自梁端形成 45°裂缝，则只有裂缝下墙体压在梁上），但根据跨中弯矩等效可化为 $l_n/3$ 墙体的均布自重计算(图 11-51)。

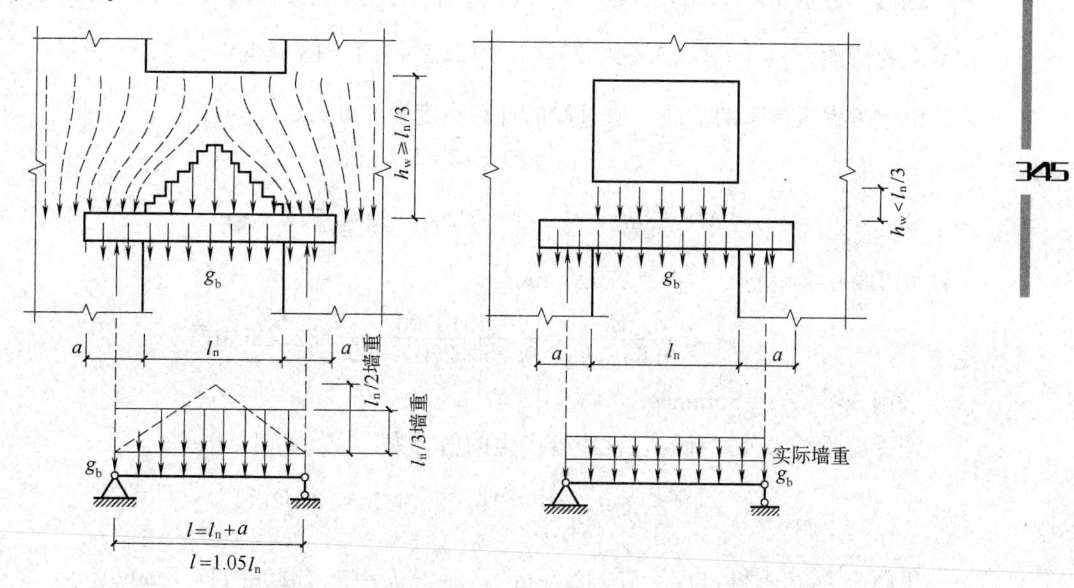

图 11-51　过梁上的墙体荷载（砖砌墙体）

对混凝土砌块砌体，当过梁上的墙体高度 $h_w<l_n/2$ 时，应按实际墙体的均布自重计算。$h_w \geqslant l_n/2$ 时，应按高度为 $l_n/2$ 墙体的均布自重计算。

3. 过梁的承载力计算

砖砌平拱过梁的受弯和受剪承载力可按式（11-28）和式（11-29）计算，并采用沿齿缝截面的弯曲抗拉强度或抗剪强度设计值进行计算。计算结果表明，砖砌平拱过梁的承载力总是由受弯控制的，受剪承载力一般均能满足，可不进行此项验算。

钢筋砖过梁的受剪承载力仍可按式（11-29）计算，跨中正截面受弯承载力应按下式计算：

$$M \leqslant 0.85h_0 f_y A_s \tag{11-45}$$

式中　M——按简支梁计算的跨中弯矩设计值；

f_y——受拉钢筋的强度设计值；

A_s——受拉钢筋的截面面积；

h_0——过梁截面的有效高度，$h_0=h-a_s$；

a_s——受拉钢筋重心至截面下边缘的距离，一般可取 $a_s=15$mm；

h——过梁的截面计算高度，取过梁底面以上的墙体高度，但不大于 $l_n/3$；当考虑梁板传来的荷载时，则按梁板下的高度采用。

钢筋混凝土过梁应按钢筋混凝土受弯构件进行正截面受弯和斜截面受剪承载力计算。此外还应进行梁端下砌体局部受压承载力验算。

【例 11-14】 已知钢筋砖过梁净跨 $l_n=1.5$m，用砖 MU10，混合砂浆 M7.5 砌筑。墙厚为 240mm，双面抹灰，墙体自重为 5.24kN/m²。在距窗口顶面 0.62m 处作用楼板传来的荷载标准值 10.2kN/m（其中活荷载 3.2kN/m）。试设计该钢筋砖过梁。

【解】 由于 $h_w=0.62\text{m}<l_n=1.5\text{m}$，故需考虑板传来的荷载。

过梁上的荷载 $q=\left(\frac{1.5}{3}\times5.24+7\right)\times1.2+3.2\times1.4=16.02\text{kN/m}$

由于考虑板传来的荷载，取过梁的计算高度为 620mm。

$$h_0=620-15=605\text{mm}$$

$$M=\frac{1}{8}ql_n^2=\frac{1}{8}\times16.02\times1.5^2=4.51\text{kN}\cdot\text{m}$$

HPB300 级钢筋 $f_y=270\text{N/mm}^2$

$$A_s=\frac{M}{0.85f_yh_0}=\frac{4510000}{0.85\times270\times605}=32.48\text{mm}^2$$

选用 3ϕ6（$A_s=85\text{mm}^2$）

按受剪承载力公式计算，支座处产生的剪力为：

$$V=\frac{1}{2}ql_n=\frac{1}{2}\times16.02\times1.5=12.02\text{kN}$$

由附表 24-7 查得：$f_V=0.14\text{N/mm}^2$，$z=\frac{2}{3}h=\frac{2}{3}\times620=413.3\text{mm}$

由式（11-29）得：

$$f_Vbz=0.14\times240\times413.3=13.89\text{kN}>12.02\text{kN}$$

承载力满足要求。

【例 11-15】 已知某窗洞口上部墙体高度 $h_w=1.2$m，且于其上支承楼板传来荷载，墙厚 240mm，过梁净跨 $l_n=2.4$m，板传来的荷载标准值为 12kN/m（其中活荷载 5kN/m）。过梁下砌体采用 MU10 砖和 M2.5 混合砂浆砌筑，墙体自重标准值为 5.24kN/m²。试设计钢筋混凝土过梁。

【解】 根据梁的跨度及荷载情况，过梁截面采用 $b\times h=240\text{mm}\times240\text{mm}$，采用 C20 混凝土，纵筋用 HPB300 级钢筋，过梁伸入墙内 240mm。

因墙高 $h_w=1.2\text{m}>\frac{l_n}{3}=\frac{2.4}{3}=0.8\text{m}$，所以取 $h_w=0.8$m。梁、板荷载位于过梁上 $1.2\text{m}<l_n=2.4\text{m}$，应予以考虑。

过梁上均布荷载设计值为：

$$q=(5.24\times0.8+0.24^2\times25+7.0)\times1.2+5.0\times1.4=22.16\text{kN/m}$$

计算跨度：

$$l_0=1.05l_n=1.05\times2.4=2.52<l_n+a=2.4+0.24=2.64\text{m}$$

$$M=\frac{1}{8}ql_0^2=\frac{1}{8}\times22.16\times2.52^2=17.59\text{kN}\cdot\text{m}$$

$$V=\frac{1}{2}ql_n=\frac{1}{2}\times22.16\times2.4=26.59\text{kN}$$

正截面承载力计算：

取 $h_0=h-a_s=240-35=205\text{mm}$，C20 混凝土 $f_c=9.6\text{N/mm}^2$，$f_t=1.1\text{N/mm}^2$

$$\alpha_s=\frac{M}{\alpha_1 f_c\cdot b\cdot h_0^2}=\frac{17590000}{9.6\times240\times205^2}=0.159$$

查得表 $\gamma_s=0.8987$，则：$A_s=\frac{M}{\gamma_s h_0 f_y}=\frac{17590000}{0.8987\times205\times270}=354\text{mm}^2$

选用 3ϕ14（$A_s=461\text{mm}^2$）

斜截面承载力计算：

$$0.7f_t bh_0=0.7\times1.1\times240\times205=37884\text{N}=37.88\text{kN}>26.59\text{kN}$$

故可按构造配置 ϕ6@200mm 的箍筋。

梁端支承处砌体局部受压承载力验算：

由附表 21-1 查得 $f=1.3\text{N/mm}^2$

$$a_0=10\sqrt{\frac{h_c}{f}}=10\times\sqrt{\frac{240}{1.3}}=136\text{mm}$$

$$A_0=h\ (a+h)\ =240\times\ (240+240)\ =115200\text{mm}^2$$

$$A_l=a_0b=136\times240=32640\text{mm}^2$$

$\gamma=1+0.35\sqrt{\frac{A_0}{A_l}-1}=1+0.35\times\sqrt{\frac{115200}{32640}-1}=1.59>1.25$，取 $\gamma=1.25$，$\eta=1.0$；$\frac{A_0}{A_l}=3.53>3$，故上部荷载折减系数 $\psi=0$。

由式（11-23）得：$\psi N_0+N_l=0+26.59=26.59\text{kN}$

$$\eta\gamma fA_l=1\times1.25\times1.3\times32640=53040\text{N}=53.04\text{kN}>N_l=26.59\text{kN}$$

满足要求。

二、挑梁

挑梁是指一端埋入墙体内，一端挑出墙外的钢筋混凝土构件。它是一种在砌体结构房屋中常用的构件，如挑檐、阳台、雨篷、悬挑楼梯等均属挑梁范围。

1. 挑梁的受力特点及破坏形态

挑梁依靠压在它上部的砌体重量及其传来的荷载来平衡悬挑部分所承受的荷载（图 11-52）。在悬挑部分荷载所引起的弯矩和剪力作用下，埋入段将产生挠曲变形，变形大小与墙体的刚度及埋入段的刚度有关。随着荷载增

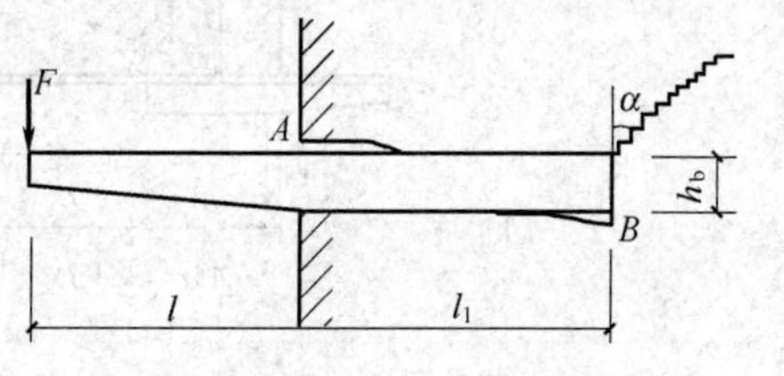

图 11-52　挑梁倾覆破坏示意图

加，在挑梁 A 处的顶面将与上部砌体脱开，形成一段水平裂缝。随着荷载进一步增大，在挑梁尾部 B 处的底面也将形成一段水平裂缝。如果挑梁本身承载力足够，则挑梁在砌体中可能出现以下两种破坏形态：

（1）挑梁倾覆破坏

当挑梁埋入段长度 l_1 较短而砌体强度足够时，则可能在埋入段尾部砌体中产生阶梯形斜裂缝（图 11-52）。如果斜裂缝进一步发展，则表明斜裂缝范围内的砌体及其上部荷载已不再能有效地抵抗挑梁的倾覆，挑梁将产生倾覆破坏。

（2）挑梁下砌体局部受压破坏

当挑梁埋入段长度 l_1 较长而砌体强度较低时，则可能发生埋入段梁下砌体被局部压碎的情况，即局部受压破坏。

2. 挑梁的计算及构造要求

（1）挑梁的抗倾覆验算

砌体中钢筋混凝土挑梁的抗倾覆可按下式进行验算：

$$M_r \geqslant M_{ov} \tag{11-46}$$

$$M_r = 0.8G_r(l_2 - x_0) \tag{11-47}$$

式中 M_{ov}——挑梁的荷载设计值对计算倾覆点产生的倾覆力矩；

M_r——挑梁的抗倾覆力矩设计值；

G_r——挑梁的抗倾覆荷载，为挑梁尾端上部 45°扩散角范围（其水平长度为 l_3）内砌体与楼面两者恒荷载标准值之和（图 11-53），它与墙体有无开洞、开洞位置、挑梁埋入墙体长度 l_1 与 l_3 有关；

l_2——G_r 作用点至墙外边缘的距离；

x_0——计算倾覆点至墙外边缘距离（mm），可按下列规定采用：

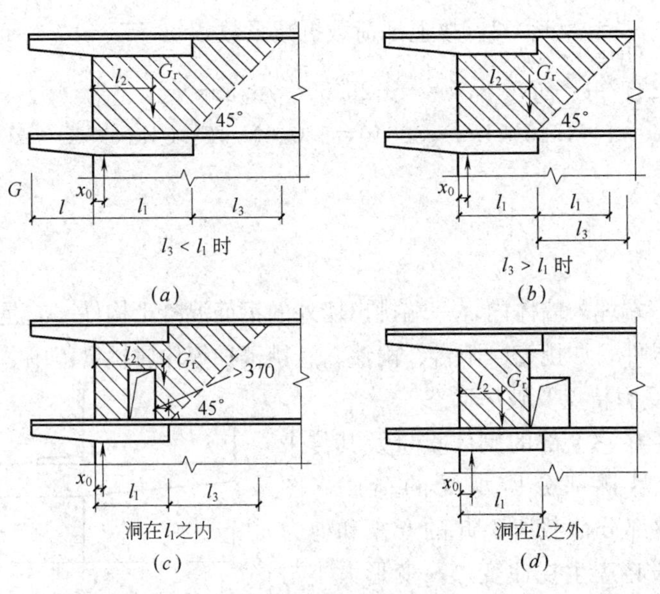

图 11-53 挑梁的抗倾覆荷载

1）当 $l_1 \geqslant 2.2h_b$ 时

$$x_0 = 0.3h_b \tag{11-48}$$

且不大于 $0.13l_1$。

2）当 $l_1 < 2.2h_b$ 时

$$x_0 = 0.13l_1 \tag{11-49}$$

式中　l_1——挑梁埋入砌体的长度（mm）；

h_b——挑梁的截面高度（mm）。

对于雨篷等悬挑构件，抗倾覆荷载 G_r 的计算方法见图 11-54，图中 G_r 距墙外边缘的距离 $l_2 = \frac{l_1}{2}$，$l_3 = \frac{l_n}{2}$。

（2）挑梁下砌体的局部受压承载力验算

挑梁下砌体的局部受压承载力，可按下式进行验算（图 11-55）：

$$N_l \leqslant \eta \gamma f A_l \tag{11-50}$$

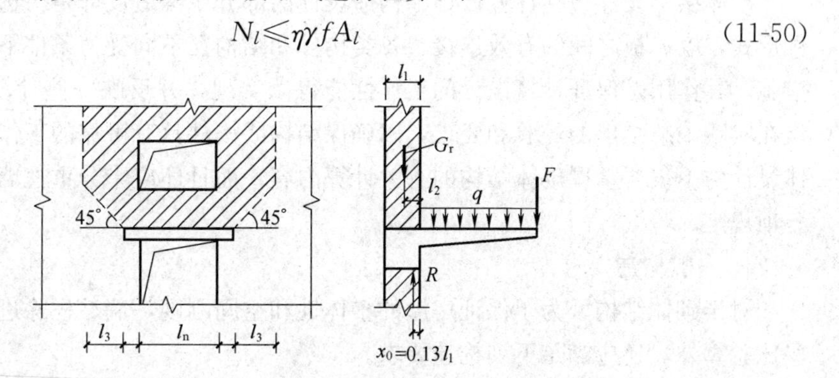

图 11-54　雨篷的抗倾覆荷载

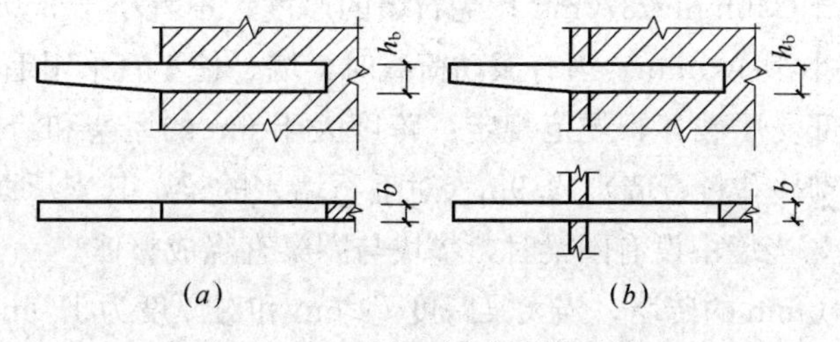

图 11-55　挑梁下砌体局部受压

式中　N_l——挑梁下的支承压力，可取 $N_l = 2R$，R 为挑梁的倾覆荷载设计值；

η——梁端底面压应力图形的完整系数，可取 $\eta = 0.7$；

γ——砌体局部抗压强度提高系数，对图 11-55（a）可取 1.25，对图 11-55（b）可取 1.5；

A_l——挑梁下砌体局部受压面积，可取 $A_l = 1.2bh_b$，b 为挑梁的截面宽度，h_b 为挑梁的截面高度。

（3）挑梁本身承载力计算

由于挑梁倾覆点不在墙边而在离墙边 x_0 处，挑梁最大弯矩设计值 M_{max} 在接近 x_0 处，最大剪力设计值 V_{max} 在墙边，可按下式计算：

$$M_{max}=M_{ov} \tag{11-51}$$

$$V_{max}=V_0 \tag{11-52}$$

式中 V_0——挑梁的荷载设计值在挑梁墙外边缘外截面产生的剪力。

(4) 构造要求

挑梁设计除应符合国家现行《混凝土结构设计规范》外，还应满足下列要求：

1) 纵向受力钢筋至少应有1/2的钢筋面积伸入梁尾端，且不少于2ϕ12。其他钢筋伸入支座的长度不应小于$2l_1/3$。

2) 挑梁埋入砌体长度l_1与挑出长度l之比宜大于1.2；当挑梁上无砌体时，l_1与l之比宜大于2。

三、砌体的构造措施

砌体结构设计包括计算设计和构造设计两部分。构造设计是指选择合理的材料和构件形式，墙、板之间的有效连接，各类构件和结构在不同受力条件下采取的特殊要求等措施。其作用是保证计算设计的工作性能得以实现，并反映一些计算设计中无法确定，但在实践中总结出的经验和要求，以确保结构或构件具有可靠的工作性能。因此，在墙体设计中不仅要掌握砌体结构的有关计算内容，而且还应十分重视墙体有关构造措施的各项规定。

1. 一般构造要求

对于砌体结构，为了保证房屋的整体性和空间刚度，墙、柱除进行承载力计算和高厚比验算外，还应满足下列构造要求。

(1) 为避免墙、柱截面过小导致的墙、柱稳定性能变差，规范规定：承重独立砖柱的截面尺寸不应小于240mm×370mm；毛石墙的厚度，不宜小于350mm；毛料石柱截面较小边长，不宜小于400mm。当有振动荷载时，墙、柱不宜采用毛石砌体。

(2) 为防止局部受压破坏，规范规定：跨度大于6m的屋架和跨度大于4.8m（对砖墙）、4.2m（对砌块和料石墙）、3.9m（对毛石墙）的梁，其支承面下应设置混凝土或钢筋混凝土垫块，当墙中设有圈梁时，垫块与圈梁宜浇成整体。

对厚度h为240mm的砖墙，当大梁跨度$l\geqslant$6m和对厚度为180mm的砖墙及砌块、料石墙，当梁的跨度$l\geqslant$4.8m时，其支承处宜加设壁柱或采取其他加强措施。

(3) 为了加强房屋的整体性能，以承受水平荷载、竖向偏心荷载和可能产生的振动，墙、柱必须和楼板、梁、屋架有可靠的连接。规范规定：

1) 预制钢筋混凝土板的支承长度，在墙上不应小于100mm；在钢筋混凝土圈梁或其他梁上不应小于80mm。

2) 支承在墙和柱上的吊车梁、屋架，以及跨度$l\geqslant$9m（对砖墙）、7.2m（对砌块和料石墙）的预制梁的端部，应采用锚固件与墙、柱上的垫块锚固。预制钢筋混凝土梁在砖墙上的支承长度，当梁高不大于500mm时，不小于180mm；当梁高大于500mm时，不小于240mm。为减小屋架或梁端部支承压力对砌体的偏心距，可以在屋架或梁端底面和砌体间设置带中心垫板的垫块或缺角垫块。

3）墙体的转角处、纵横墙交接处应同时砌筑。对不能同时砌筑，又必须留置的临时间断处，应砌成斜槎。斜槎长度不应小于高度的$\frac{2}{3}$。当留斜槎确有困难，也可做成直槎，但应加设拉结条，其数量为每$\frac{1}{2}$砖厚不得少于一根 $\phi6$ 钢筋，其间距沿墙高为400～500mm，埋入长度从墙的留槎处算起，每边均不小于 600mm，末端应有 90°弯钩。

4）山墙处的壁柱宜砌至山墙顶部，檩条或屋面板与山墙应采取措施加以锚固，以保证两者的连接。在风压较大地区，屋盖不宜挑出山墙，否则大风的吸力可能会掀起局部屋盖，使山墙处于无支承的悬臂状态而倒塌。

5）骨架房屋的填充墙与围护墙，应分别采用拉结条和其他措施与骨架的柱和横梁连接。一般是在钢筋混凝土骨架中预埋拉结筋，在后砌砖时将其嵌入墙体的水平灰缝内（图 11-56）。

（4）砌块砌体应分皮错缝搭砌。上下皮搭砌长度不得小于 90mm。当搭砌长度不满足上述要求时，应在水平灰缝内设置不少于 2ϕ4 的钢筋网片（横向钢筋的间距不宜大于 200mm），网片每端均应超过该垂直缝，其长度不得小于 300mm。纵横墙交接处要咬砌，搭接长度不宜小于 200mm 和块高的$\frac{1}{3}$。为了满足上述要求，砌块的形式要预先安排。目前砌块房屋多采用两面粉刷，因此个别部位也可用黏土砖代替，从而减少砌体的品种。考虑到防渗水的要求，若墙不是两面粉刷时，砌块的两侧宜设置灌缝槽。

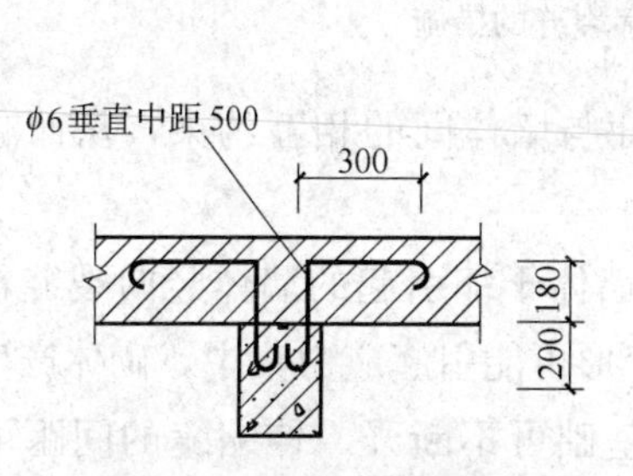

图 11-56 墙与骨架柱拉结

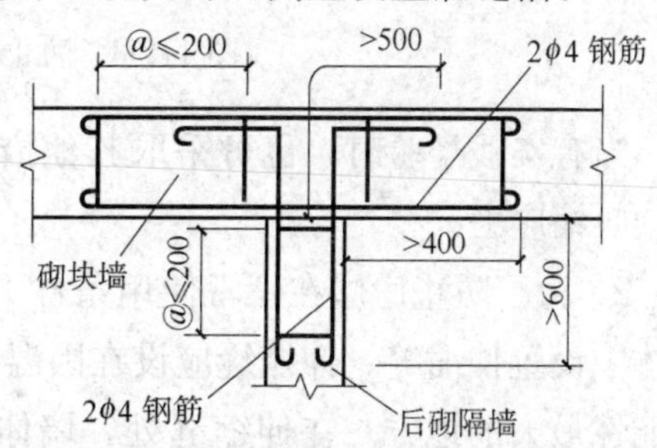

图 11-57 砌块墙与后砌隔墙交接处钢筋网片

（5）砌块墙与后砌隔墙交接处，应沿墙高每 400mm，在水平灰缝内设置不少于 2ϕ4 的钢筋网片（图11-57）。

（6）混凝土砌块房屋，宜将纵横墙交接处及距墙中心线每边不小于 300mm 范围内的孔洞，采用不低于 Cb20 灌孔混凝土将其灌实，灌实高度为墙身全高。

（7）混凝土小型空心砌块墙体的下列部位，如未设圈梁或混凝土垫块，应采用不低于 Cb20 灌孔混凝土将孔洞灌实：①搁栅、檩条和钢筋混凝土楼板的支承面下，高度不应小于 200mm 的砌体；②屋架、大梁等构件的支承面下，高度不应小于 600mm，长度不应小于 600mm 的砌体；③挑梁支承面下，纵横墙交接处，距墙中心线每边不应小于 300mm，高度不应小于 600mm 的砌体。

2. 防止墙体开裂的主要措施

（1）防止温度变化和砌体收缩引起墙体开裂的主要措施

混合结构房屋中，墙体与钢筋混凝土屋盖等结构的温度线膨胀系数和收缩率不同。当温度变化或材料收缩时，在墙体内将产生附加应力。当产生的附加应力超过砌体抗拉强度时，墙体就会开裂。裂缝不仅影响建筑物的正常使用和外观，严重时还可能危及结构的安全。因此应采用一些有效措施防止墙体开裂或抑制裂缝的开展。

1）为防止钢筋混凝土屋盖的温度变化和砌体干缩变形引起墙体的裂缝（如顶层墙体的八字缝、水平缝等），可根据具体情况采取下列预防措施：

A. 屋盖上宜设置可靠的保温层或隔热层，以降低屋面顶板与墙体的温差。

B. 在钢筋混凝土屋盖下的外墙四角几皮砖内设置拉结钢筋，以约束墙体的阶梯状剪切裂缝的形成和发展（图 11-58*a*）。

C. 采用温度变形较小的装配式有檩体系钢筋混凝土屋盖和瓦材屋盖。

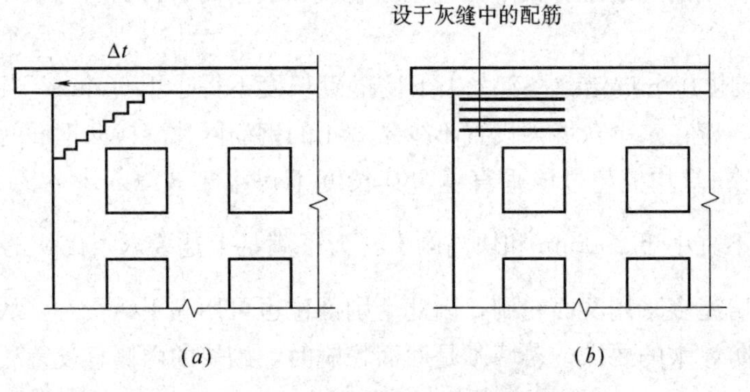

图 11-58　防止顶层墙角八字裂缝的措施

当有实践经验时，也可采取其他措施减小屋面与墙体间的相互约束，从而减小温度、收缩应力。

2）为了防止房屋在正常使用条件下由温差和墙体干缩引起的墙体竖向裂缝，应在墙体中设置伸缩缝。伸缩缝应设在因温度和收缩变形可能引起应力集中，砌体产生裂缝可能性最大的地方。在伸缩缝处，墙体断开，而基础可不断开。伸缩缝的间距可按表 11-14 规定采用。

（2）防止地基不均匀沉降引起墙体开裂的主要措施

当混合结构房屋的基础处于不均匀地基、软土地基或承受不均匀荷载时，房屋将产生不均匀沉降，造成墙体开裂。防止不均匀沉降引起墙体开裂的重要措施之一是在房屋中设置沉降缝。沉降缝把墙和基础全部断开，分成若干个整体刚度较好的独立结构单元，使各单元能独立沉降，避免墙体开裂。一般宜在建筑物下列部位设置沉降缝：

1）建筑平面的转折部位；

2）建筑物高度或荷载有较大差异处；

3）过长的砌体承重结构的适当部位；

4）地基土的压缩性有显著差异处；

5）建筑物上部结构或基础类型不同处；

6）分期建造房屋的交界处。

砌体房屋伸缩缝的最大间距（m） 表 11-14

屋盖或楼盖类别		间距
整体式或装配整体式钢筋混凝土结构	有保温层或隔热层的屋盖、楼盖	50
	无保温层或隔热层的屋盖	40
装配式无檩体系钢筋混凝土结构	有保温层或隔热层的屋盖、楼盖	60
	无保温层或隔热层的屋盖	50
装配式有檩体系钢筋混凝土结构	有保温层或隔热层的屋盖	75
	无保温层或隔热层的屋盖	60
瓦材屋盖、木屋盖或楼盖、轻钢屋盖		100

注：1. 对烧结普通砖、多孔砖、配筋砌块砌体房屋取表中数值；对石砌体、蒸压灰砂砖、蒸压粉煤灰砖和混凝土砌块房屋取表中数值乘以 0.8 的系数。当有实践经验并采取有效措施时，可不遵守本表规定；
2. 在钢筋混凝土屋面上挂瓦的屋盖应按钢筋混凝土屋盖采用；
3. 按本表设置的墙体伸缩缝，一般不能同时防止由于钢筋混凝土屋盖的温度变形和砌体干缩变形引起的墙体局部裂缝；
4. 层高大于 5m 的烧结普通砖、多孔砖、配筋砌块砌体结构单层房屋，其伸缩缝间距可按表中数值乘以 1.3；
5. 温差较大且变化频繁地区和严寒地区不采暖的房屋及构筑物墙体的伸缩缝的最大间距，应按表中数值予以适当减小；
6. 墙体的伸缩缝应与结构的其他变形缝相重合，在进行立面处理时，必须保证缝隙的伸缩作用。

沉降缝两侧因沉降不同可能造成上部结构沉降缝靠拢的倾向。为避免其碰撞而产生挤压破坏，沉降缝应保持足够的宽度。根据经验，对于一般软土地基上的房屋沉降缝宽度可按表 11-15 选用。

房屋沉降缝宽度（mm） 表 11-15

房屋层数	沉降缝宽度
2～3 层	50～80
4～5 层	80～120
5 层以上	≥120

注：当沉降缝两侧单元层数不同时，缝宽应按层数低的数值取用。

沉降缝的做法较多，常见的有悬挑式、跨越式、双墙式和上部结构处理成简支式等做法（图 11-59）。

3. 圈梁

(1) 圈梁的作用

在混合结构房屋中，沿四周外墙及纵横内墙墙体中水平方向设置的连续封闭的梁称为圈梁。设置圈梁可增强房屋的整体刚度，防止由于地基不均匀沉降或较大振动荷载作用对墙体产生的不利影响。设置在基础顶面和檐口部位的圈梁对抵抗房屋不均匀沉降的效果最好。圈梁的存在可减小墙体的计算高度，提高其稳定性。跨越门、窗洞口的圈梁，配筋若不少于过梁或适当增配一些钢筋时，还可兼作过梁。因此，设置圈梁是砌体结构墙体设计的一项重要构造措施。

(2) 圈梁的种类和尺寸

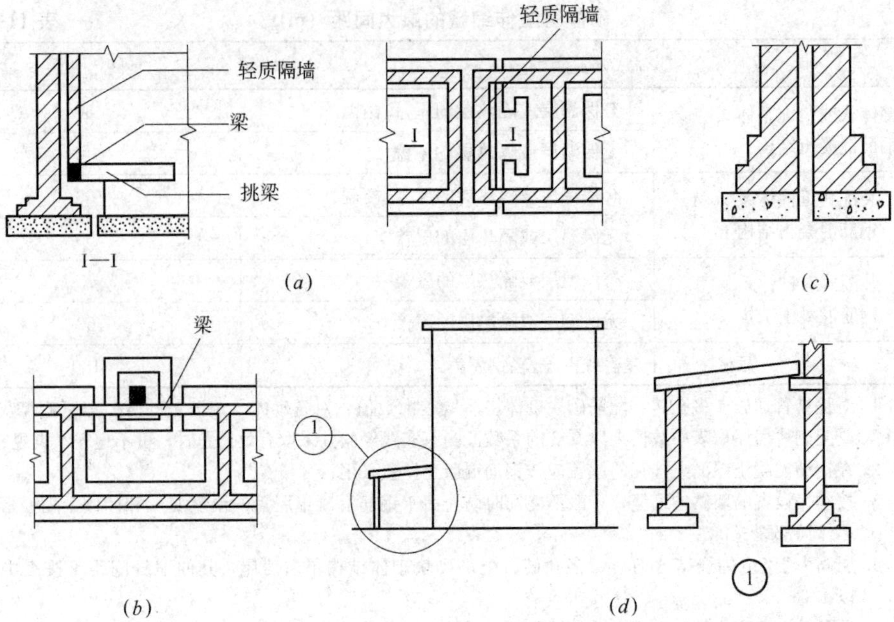

图 11-59　沉降缝构造方案

（a）悬挑式；（b）跨越式；（c）双墙承重式；（d）上部结构简支式

目前一般采用钢筋混凝土圈梁，其宽度一般与墙厚相同。当墙厚 $h>240$mm 时，圈梁的宽度可小于墙厚，但不宜小于 $2h/3$。其高度应等于每皮砖厚度的倍数，并不应小于 120mm。

（3）圈梁的设置

从圈梁的作用可以看出，圈梁设置的位置和数量，应综合考虑房屋的地基情况、房屋类型及荷载特点等因素，在一般情况下，混合结构房屋可按下列原则设置圈梁：

1）对于车间、仓库、食堂等空旷的单层房屋，檐口标高为 5～8m（对砖砌体房屋）或 4～5m（对砌块及料石砌体房屋）时，应在檐口标高处设置圈梁一道；檐口标高大于 8m（对砖砌体房屋）或 5m（对砌块及料石砌体房屋）时，应当增设。

对有吊车或较大振动设备的单层工业房屋，除在檐口或窗顶标高处设置钢筋混凝土圈梁外，尚应在吊车梁标高处或其他适当位置增设。

2）对于宿舍、办公楼等多层砖砌体民用房屋，当层数为 3～4 层时，应在底层和在檐口标高处各设置圈梁一道；当层数超过 4 层时，应在所有纵横墙上隔层设置。

对于多层砌体工业房屋，应每层设置钢筋混凝土圈梁。

3）建筑在软弱地基或不均匀地基上的砌体房屋及处于地震区的砌体房屋，除按上述规定设置圈梁外，尚应符合《建筑地基基础设计规范》和《建筑抗震设计规范》的有关规定。

（4）圈梁的构造要求

为使圈梁能较好地发挥其作用，圈梁还应符合下列构造要求：

1）圈梁宜连续地设在同一水平面上，并形成封闭环状；当圈梁被门、窗洞口截断时，应在洞口上部增设相同截面的附加圈梁（图 11-60）。附加圈梁与圈梁的搭接长度不应小于其垂直间距的两倍，且不小于 1.0m。

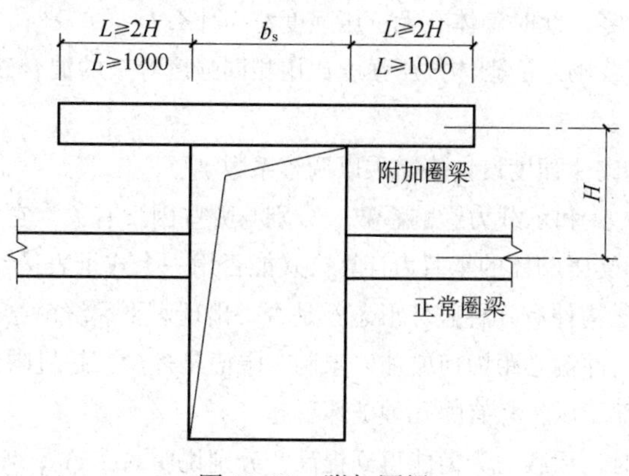

图 11-60　附加圈梁

2）纵横墙交换处的圈梁应有可靠的连接。在刚弹性和弹性方案房屋中，圈梁应与屋架、大梁等构造可靠连接。

3）钢筋混凝土圈梁的纵向钢筋不宜少于 4ϕ10。搭接长度按受拉钢筋的要求确定，箍筋间距不宜大于 300mm。

4）圈梁兼作过梁时，过梁部分的配筋应按计算用量单独配置。

5）圈梁在纵、横墙交接处，应设置附加钢筋予以加强，连接构造如图 11-61 所示。

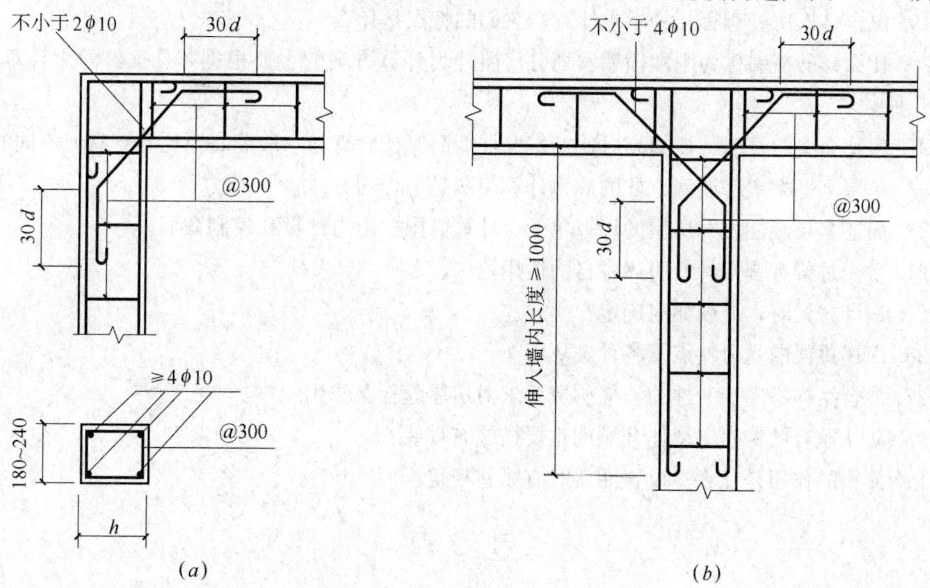

图 11-61　圈梁的连接构造

思　考　题

1. 砌体结构有哪些优缺点？在应用时如何扬长避短？

2. 砖和砂浆的强度等级是如何确定的？常用的砂浆有哪几种？

3. 为什么砌体的抗压强度远低于砖的抗压强度？

4. 影响砌体抗压强度的主要因素有哪些？

5. 如果砂浆强度为零，此时砌体有无抗压强度？为什么？

6. 为什么用水泥砂浆砌筑的砌体抗压强度比用相同强度等级的混合砂浆砌筑的砌体抗压强度要低？

7. 在何种情况下，砌体强度设计值需乘以调整系数 γ_a？

8. 构件的稳定系数 φ_0 和承载力影响系数 φ 分别与哪些因素有关？它们之间相互关系如何？

9. 轴心受压与偏心受压砌体的承载力计算公式能否用一个式子表达？为什么？

10. 砖砌体偏心受压构件有几种破坏形态？是否一出现水平裂缝就会破坏？为什么？

11. 无筋砌体受压构件偏心距为何要加以限制？限值是多少？超过限制时如何处理？

12. 什么叫砌体局部受压？它有哪几种破坏形态？

13. 砌体局部受压时，承载力为何能得到提高？分别说明 A_l、A_0、γ 各代表什么？如何计算？为什么还要对 γ 规定限值？

14. 在局部受压计算中，梁端有效支承长度 a_0 如何确定？它与哪些因素有关？

15. 验算梁端支承处砌体局部受压时，上部荷载折减系数的含义是什么？如何确定？

16. 什么情况下需设置梁垫？何谓刚性梁垫？刚性梁垫应满足哪些构造要求？

17. 砌体轴心受拉、受弯和受剪构件承载力与哪些因素有关？

18. 什么情况下采用网状配筋砌体？网状配筋砌体抗压强度为何较无筋砌体高？其适用范围如何？有哪些构造要求？

19. 混合结构房屋有哪几种承重体系？它们的特点是什么？

20. 什么样的横墙称为刚性横墙？划分房屋静力计算方案的主要根据是什么？静力计算方案有哪几种？

21. 为什么要验算墙、柱的高厚比？带壁柱墙高厚比验算与一般墙高厚比验算有何不同？

22. 单层刚性方案房屋墙、柱的静力计算简图是怎样的？

23. 简述多层刚性方案房屋的计算单元、计算简图、内力计算和控制截面。

24. 常用过梁有哪几种？简述各自的适用范围。

25. 设计过梁时，荷载如何确定？

26. 简述挑梁的受力特点及各种破坏形态。

27. 混合结构房屋墙、柱的一般构造要求对房屋起什么作用？

28. 防止混合结构房屋墙体开裂的主要措施有哪些？

29. 圈梁的作用是什么？设置圈梁时有哪些规定？

习　题

11-1　某砖柱截面尺寸为490mm×490mm，柱的计算高度 $H_0=H=5.0$m，采用MU10砖和M5混合砂浆砌筑，柱顶承受轴向力设计值240kN。试验算柱底截面承载力是否满足要求（砖砌体重力密度可取19kN/m^3）。

11-2　已知某砖柱截面尺寸为370mm×620mm，柱的计算高度 $H_0=5.10$m，采用MU10烧结普通砖和M2.5混合砂浆砌筑。当构件长边方向偏心距分别为：①$e=30$mm；②$e=130$mm时，试分别计算上述两种条件下砖柱所能承受的承载力设计值 N_u。

11-3 某带壁柱窗间墙截面如图所示，计算高度 $H_0=4.5\text{m}$，采用 MU10 烧结普通砖和 M5 混合砂浆砌筑。承受轴向力设计值 $N=126\text{kN}$，弯矩设计值 $M=15.12\text{kN}\cdot\text{m}$（按恒载占 70%，活载占 30%计），荷载偏向壁柱一侧。试验算该截面承载力是否满足。

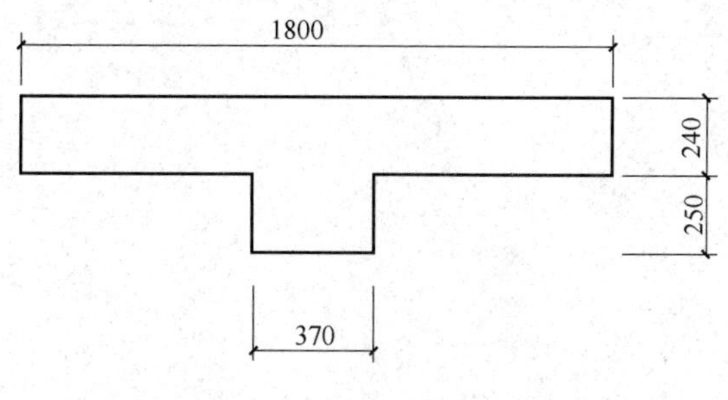

图 11-62 习题 11-3 附图

11-4 已知窗间墙截面尺寸为 1000mm×370mm，采用 MU10 烧结普通砖和 M5 混合砂浆砌筑。大梁截面尺寸为 220mm×500mm，梁端伸入墙内的支承长度为 240mm，梁支承于墙宽中部，梁跨度小于 6m，梁端压力设计值 40kN，梁底窗间墙截面由上部荷载引起的轴向力设计值为 95kN。试验算梁端下部砌体局部受压承载力是否满足要求。

11-5 已知某窗间墙截面尺寸为 1100mm×370mm，采用 MU10 烧结普通砖和 M5 混合砂浆砌筑。墙上支承着截面尺寸为 200mm×600mm 的钢筋混凝土梁，梁端伸入墙内的支承长度为 370mm，由梁上荷载引起的梁端压力设计值为 125kN，梁底窗间墙截面上由上部荷载引起的轴向力设计值为 145kN。试验算梁端支承处砌体的局部受压承载力是否满足要求（若承载力不够可设置梁垫再进行验算）。

11-6 某单层厂房层高为 6.0m，房屋静力计算方案为刚性方案。独立承重砖柱截面尺寸为 490mm×620mm，采用 MU10 烧结普通砖和 M5 混合砂浆砌筑，试验算该柱的高厚比是否满足要求。

11-7 某单层带壁柱墙房屋，横墙间距为 25m，采用钢筋混凝土大型屋面板屋盖体系，屋架下弦标高为 5.0m，基础顶面标高为 −0.60m。承重带壁柱墙的尺寸如图所示，已计算得截面面积 $A=956500\text{mm}^2$，截面惯性矩 $I=9.644\times10^9\text{mm}^4$；采用 MU10 烧结普通砖和 M2.5 混合砂浆砌筑。试验算带壁柱纵墙高厚比是否满足要求。

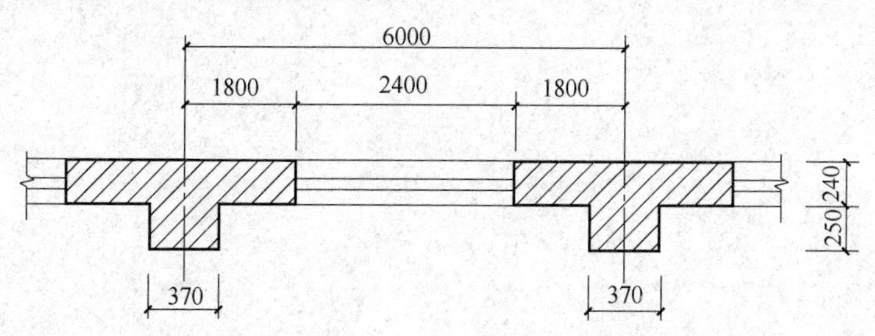

图 11-63 （习题 11-7 附图）带壁柱墙截面尺寸

第十二章

钢结构

第一节　钢结构的材料

一、钢结构所用钢材的要求

用作钢结构的钢材必须具有下列性能：

1. 较高的强度。即抗拉强度 f_u 和屈服点 f_y 比较高。屈服点高可以减小构件的截面，从而减轻自重，节约钢材，降低造价。抗拉强度高，可以增加结构的安全性。

2. 足够的变形能力。即塑性和韧性性能好。塑性好则结构破坏前变形比较明显，从而可减少脆性破坏的危险性；并且塑性变形还能调整局部高峰应力，使之趋于平缓。韧性好表示结构在动力荷载作用下破坏时能吸收比较多的能量，表示钢材有较好的抵抗冲击荷载的能力。

3. 良好的加工性能。即适合冷、热加工，同时具有良好的可焊性，不因各种加工而对强度、塑性及韧性产生较大的不利影响。

此外，根据结构的具体工作条件，在必要时还应该具有适应低温、有害介质侵蚀（包括大气侵蚀）以及疲劳荷载作用等性能。送审的钢结构设计新规范对处于外露环境，且对耐腐蚀有特殊要求或在腐蚀性气体和固态介质作用下的承重结构，推荐采用Q235NH、Q355NH和Q415NH牌号的耐候结构钢，其性能和技术条件应符合现行国家标准《耐候结构钢》GB/T 4171的规定。

实践经验证明，Q235钢、Q345钢、Q390钢是符合要求的，新规范增列了在2008年奥运会主体育场"鸟巢"结构上首次使用Q460钢及《建筑结构用钢板》GB/T 19879中的高性能建筑结构用钢（GJ）系列钢材，适用于制造高层建筑结构、大跨度结构及其他重要建筑结构用厚度为6～100mm的钢板。其质量应分别符合现行国家标准《碳素结构钢》GB/T 700、《低合金高强度结构钢》GB/T 1591和《建筑结构用钢板》GB/T 19879的规定。可以预料，今后必将出现性能更为优越的新钢种供工程使用。但在选用规范还未推荐的钢材时，需要可靠依据，以确保钢结构的质量。

二、钢材的主要性能

1. 塑性破坏与脆性破坏

有屈服现象的钢材或者虽然没有明显屈服现象而能发生较大塑性变形的钢材，一般属于塑性材料。没有屈服现象或塑性变形能力很小的钢材，则属于脆性材料。

钢结构需要用塑性材料制作。规范推荐的几种钢材都是塑性好的含碳量低的钢材，它们都是塑性材料。钢结构不能用脆性材料如铸铁来制造，因为没有明显变形的突然断裂会在房屋、桥梁等供人使用的结构上造成恶性后果。

所谓塑性材料是指由于材料原始性能以及在常温、静载并一次加荷的工作条件下能在破坏前发生较大塑性变形的材料。然而一种钢材具有塑性变形能力的大小，不仅取决于钢材原始的化学成分，熔炼与轧制条件，也取决于后来所处的工作条件。即使原来塑性表现极好的钢材，改变了工作条件，如在很低的温度下受冲击作用，也完全可能呈现脆性破坏。所以，严格地说，不宜把钢材划分为塑性和脆性材料，而应该区分材料可能发生的塑性破坏与脆性破坏。

超过屈服点 f_y 即有明显塑性变形产生，达到抗拉强度 f_u 后构件将在很大变形的情况下断裂，这是材料的塑性破坏，也称为延性破坏。塑性破坏的断口常为环形，并因晶体在剪切之下相互滑移的结果而呈纤维状。塑性破坏前，结构有很明显的变形，将有较长的变形持续时间，可便于发现和补救。因此，在钢结构中未经发现与补救而真正发生塑性破坏的情形是很少的。

与此相反，在没有塑性变形或只有很小塑性变形即发生的破坏，是材料的脆性破坏。其断口平直并因各晶粒往往在一个面断裂而呈光泽的晶粒状。脆性破坏变形极小并突然发生，无预兆，危险性大。因此，钢结构除选用塑性好的材料外，在设计、制造和使用时，还应采取措施防止钢材发生脆性破坏。

2. 钢材的机械性能

钢材的机械性能是反映钢材在各种受力作用下的特性，它包括强度、塑性和韧性等，须由试验测定。

(1) 强度

主要是屈服点 f_y 和抗拉强度 f_u 这两项指标。

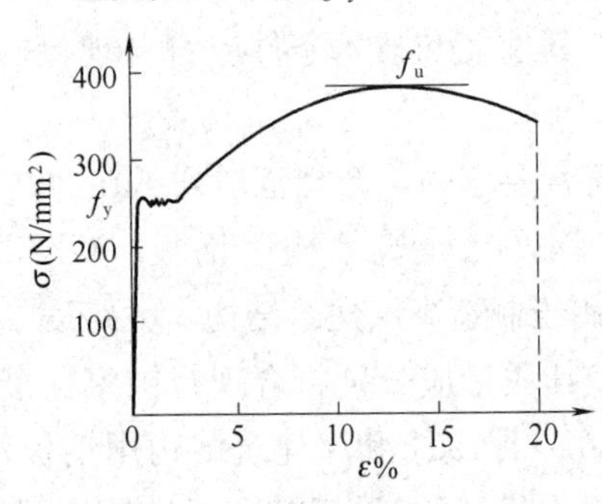

图 12-1　钢材的应力-应变图

在静载、常温条件下，对钢材标准试件作单向拉伸试验是机械性能试验中最具有代表性的。它简单易行，可得到反映钢材强度和塑性的几项主要机械性能指标。其他受力（受剪、受压）性能也与受拉相似。

低碳钢单向拉伸时的应力-应变曲线，如图 12-1 所示。钢材的屈服点 f_y 是衡量结构的承载能力和确定强度设计值的指标。虽然钢材在应力达到抗拉强度时才发生断裂，但结构强度设计却以屈服点 f_y 作为确定钢材强度设计值的依据。这是因为钢材的应力在达到屈服点后应变急剧增长，从而使结构的变形迅速增加，以至不能继续使用。

抗拉强度 f_u 可直接反映钢材内部组织的优劣，同时还可作为钢材的强度贮备。是抵抗塑性破坏的重要指标。

(2) 塑性

塑性是指钢材破坏前产生塑性变形的能力。可由静力拉伸试验得到的伸长率 δ 来衡量。

伸长率 δ 等于试件（图 12-2）拉断后的原标距间的塑性变形（即伸长值）和原标距的比值，以百分数表示，即：

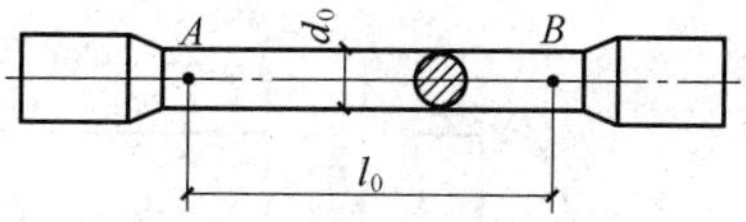

图 12-2

$$\delta=\frac{l_1-l_0}{l_0}\times100\% \qquad (12\text{-}1)$$

式中　l_0 ——试件原标距长度；

　　　l_1 ——试件拉断后的标距长度。

δ 随试件的标距长度与直径 d_0 的比值（l_0/d_0）增大而减小。标准试件一般取 $l_0=5d_0$（短试件）或 $l_0=10d_0$（长试件），所得伸长率用 δ_5 和 δ_{10} 表示。现钢材标准规定采用 δ_5。

（3）冷弯性能

冷弯性能可衡量钢材在常温下冷加工弯曲产生塑性变形时对裂缝的抵抗能力。根据试样厚度，按规定的弯心直径将试样弯曲 180°，其表面及侧面无裂纹、裂缝或裂断则为“冷弯试验合格”（图 12-3）。

冷弯试验合格一方面同伸长率符合规定一样，表示材料塑性变形能力符合要求，另一方面表示钢材的冶金质量（颗粒结晶及非金属夹杂分布，甚至在一定程度上包括可焊性）符合要求。因此，是判别钢材塑性变形能力及冶金质量的综合指标。用于焊接承重结构的钢材和重要的非焊接承重结构的钢材都要保证冷弯试验合格。各牌号碳素结构钢中 A 级钢的冷弯试验，在需方有要求时才进行。

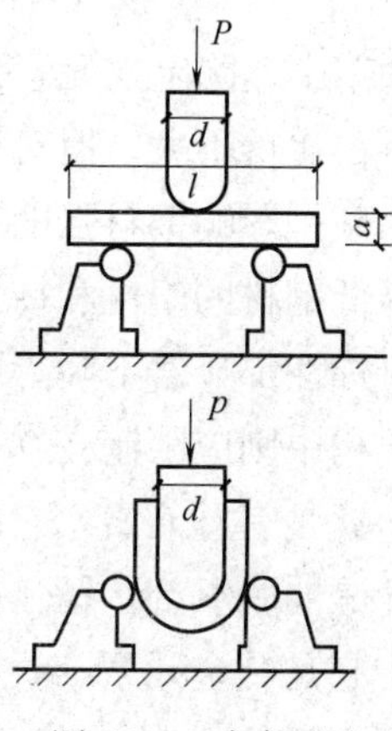

图 12-3　冷弯试验

（4）冲击韧性

与抵抗冲击作用有关的钢材的性能是韧性。韧性是钢材断裂时吸收机械能能力的量度。吸收较多能量才断裂的钢材，是韧性好的钢材。实际结构在动力荷载下脆性断裂总是发生在钢材内部缺陷处或有缺口处。因此，最有代表性的是用钢材的缺口冲击韧性衡量钢材在冲击荷载下抗脆断的性能，简称冲击韧性或冲击值。

国家标准规定采用国际上通用的夏比试验法测量冲击韧性。该法所用的试件带 V 型缺口，由于缺口比较尖锐（图 12-4*b*），缺口根部的应力集中现象能很好地描绘实际结构的缺陷。夏比缺口韧性用 A_{KV} 表示，其值为试件折断所需的功，单位为 J。

用于提高钢材强度的合金元素会使缺口韧性降低，所以低合金钢的冲击韧性比低碳钢的略低。必须改善这一情况时，需经热处理。

钢结构所用钢材机械性能各项指标的规定见附表 23-1。

三、影响钢材性能的因素

1. 化学成分

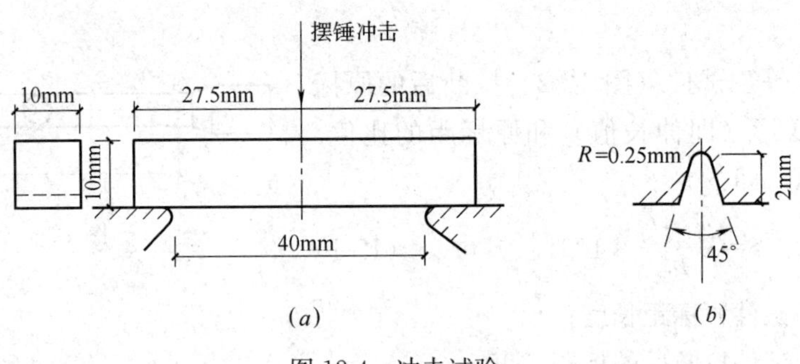

图 12-4　冲击试验

钢是含碳量不大于 2%的铁碳合金，碳大于 2%时则为铸铁。钢结构所用的材料有碳素结构钢中的低碳钢及低合金结构钢。

碳素结构钢由纯铁（Fe）、碳（C）、硅（Si）、锰（Mn）及杂质元素如硫（S）、磷（P）、氧（O）、氮（N）等组成，其中纯铁约占 99%，碳及杂质元素约占 1%。低合金结构钢中，除上述元素外还加入合金元素，后者总量通常不超过 3%。碳及其他元素虽然所占比重不大，但对钢材性能却有重要影响。

碳是影响钢材强度的主要成分。增加含碳量可以提高钢材屈服强度和抗拉强度，但却降低钢材的塑性和韧性，特别是降低负温下的冲击韧性。同时冷弯性能、耐腐蚀性能及可焊性都显著下降。因此，结构用钢的含碳量不宜太高，一般不应超过 0.22%，焊接结构中则应限制在 0.20%以下。

锰是有益元素，它能显著提高钢材强度但不过多降低塑性和冲击韧性。锰有脱氧作用，是弱脱氧剂。锰还能消除硫对钢的热脆影响。碳素钢中锰是有益的杂质，在低合金钢中它是合金元素。我国低合金钢中锰的含量是在 1.2%～1.6%。但是锰可使钢材的可焊性降低，故含量有限制。

硅是有益元素，有更强的脱氧作用，是强脱氧剂。硅能使钢材的粒度变细，控制适量时可提高强度而不显著影响塑性、韧性、冷弯性能及可焊性。硅的含量是：在碳素镇静钢中为0.12%～0.3%，低合金钢中为 0.2%～0.55%，过量时则会恶化可焊性及抗锈蚀性。

钒是有益元素，是添加的合金成分，能提高钢的强度和抗锈蚀能力，而不显著降低塑性。

钛与硼属于有益的合金元素，所加百分比不大，但可以使晶粒细化，从而提高强度，提高韧性与塑性。我国用热处理的 40 硼钢制造高强螺栓已有多年，近年来又增加了一种 20 锰钛硼钢，螺栓性能得到进一步改善。

硫是有害元素，属于杂质，能生成易于熔化的硫化铁，当热加工及焊接使温度达 800～1000℃时，可能出现裂纹，称为热脆。硫还能降低钢的冲击韧性，同时影响疲劳性能与抗锈蚀性能。因此，对硫的含量必须严加控制，一般不得超过 0.045%～0.05%，Q235 的 C 级与 D 级则要求更严。近年来发展的抗层间断裂的钢，含硫量控制在 0.01%以下。

磷是有害元素。磷虽可提高钢的强度和抗锈蚀能力，但它在低温下使钢变脆，这种现象称为冷脆。在高温时磷也能使钢减少塑性，其含量应限制在0.045%以内，Q235的C级与D级则其含量更少。

氧和氮也是有害杂质，在金属熔化的状态下可以从空气中进入。氧能使钢热脆，其作用比硫剧烈，氮能使钢冷脆，与磷相似。故其含量必须严加控制。钢在浇注成钢锭时，根据需要进行不同程度的脱氧处理。

耐候钢是通过添加少量合金元素Cu、P、Cr、Ni等，使其在金属基体表面形成保护层，以提高耐大气腐蚀性能的钢。耐候结构钢分为高耐候钢和焊接耐候钢二类，高耐候结构钢具有较好的耐大气腐蚀性能，而焊接耐候钢具有较好的焊接性能。耐候结构钢的耐大气腐蚀性能为普通钢的2～8倍。因此，当有技术经济依据时，用于外露大气环境或有中度侵蚀性介质环境中的重要钢结构，可取得较好的效果。

2. 熔炼、浇注及轧制

熔炼与浇注这一冶金过程形成钢的化学成分与含量、钢的金相组织结构以及不可避免的冶金缺陷，从而确定不同的钢种、钢号及其相应的力学性能。

建筑用钢由平炉或氧气顶吹转炉来冶炼。顶吹转炉钢的质量，由于生产技术的提高，目前在我国已与平炉钢一致。

注锭过程中因脱氧程度不同，最终成为镇静钢、半镇静钢与沸腾钢。镇静钢因浇注时加入强脱氧剂，如硅，有时还加铝或钛，保温时间得以加长，氧气杂质少且晶粒较细，偏析等缺陷不严重，所以钢材性能比沸腾钢好，但价格则比沸腾钢略高。

由于脱氧程度不同以及脱氧剂本身也有部分进入钢材，所以脱氧过程对钢的化学成分也有影响。如硅的含量在镇静钢中较多，在沸腾钢中较少。镇静钢比沸腾钢抗冲击的性能好，强度也略高。

常见的冶金缺陷有偏析、非金属夹杂、气孔及裂纹等。偏析是指金属结晶后化学成分分布不均匀；非金属夹杂是指钢中含有如硫化物等杂质；气泡是指浇注时由FeO与C作用所生成的CO气不能充分逸出而留在钢锭内形成的。这些缺陷都将影响钢的力学性能。

钢材的轧制能使金属的晶粒变细，也能使气泡、裂纹等焊合，因而改善了钢材的力学性能。薄板因辊轧次数多，其强度比厚板略高。钢材按厚度尺寸的分组见附表23-1。

3. 热处理

某些特殊用途的钢材则在轧制后还需经过热处理进行调质。钢材经过适当的热处理程序，例如淬火后再高温回火等，可以显著提高强度并有良好的塑性与韧性。我国的一些低合金结构钢如15锰钒钢就是经过热处理才达到其规定的力学性能的。此外，在高强度螺栓制作中也需要对螺栓进行调质热处理以提高其工作性能。

4. 冷加工硬化（应变硬化）

钢材在常温下加工叫冷加工。冷拉、冷弯、冲孔、机械剪切等加工使钢材产生很大塑性变形，产生塑性变形后的钢材在重新加荷时将提高屈服点，同时降低塑性和韧性。由于减小了塑性和韧性性能，普通钢结构中不利用硬化现象所提高的强度。重要结构还把钢板因剪切而硬化的边缘部分刨去。

此外，还有性质类似的时效硬化与应变时效。时效硬化指钢材仅随时间的增长而转脆，应变时效指应变硬化又加时效硬化。由于这些是使钢材转脆的性质，所以有些重要结构要求对钢材进行人工时效（加速时效进行），然后测定其冲击韧性，以保证结构具有长期的抵抗脆性破坏的能力。

5. 温度影响

钢的内部晶体组织对温度很敏感，温度升高与降低都使钢材性能发生变化。相比之下，低温性能更加重要。

随着温度的升高，钢材的机械性能总的趋势为强度降低，变形增大。约在200℃以内钢材性能没有很大变化；430～540℃之间则强度（f_y，f_u）急剧下降；600℃时强度很低不能承担荷载。此外，250℃附近有蓝脆现象，约260～320℃时有徐变现象。

蓝脆现象指温度在250℃左右的区间内，f_u 有局部性提高，f_y 也有回升现象，同时塑性有所降低，材料有转脆倾向。在蓝脆区进行热加工，可能引起裂纹。

徐变现象指在应力持续不变的情况下钢材变形缓慢增长的现象。结合在200℃以内钢材性能没有大的变化这一特点，设计时规定结构表面所受辐射温度应不超过这一温度，以150℃为宜，超过后结构表面即需加设隔热保护层。

了解钢材在正温范围的性能，可以合理地进行焊缝设计与构造处理，避免焊缝过热产生的不良影响，并对在高温环境下工作的结构进行合理地处置。

当温度从常温下降时，钢材的 f_y 与 f_u 都略有增高但塑性变形能力减小，因而材料转脆。当温度下降至一特定值时，冲击韧性急剧下降，材料由塑性破坏转为脆性破坏。这种现象称作低温冷脆现象。在结构设计中要求避免脆性破坏，所以结构在整个使用期间所处最低温度应高于钢材的冷脆转变温度。设计处于低温环境的重要结构，尤其受动载作用的结构时，不但要求保证常温（20±5℃）冲击韧性，还要保证负温（－40～－20℃）冲击韧性。在新规范中增加了提高寒冷地区结构抗脆断能力的要求。

6. 应力集中

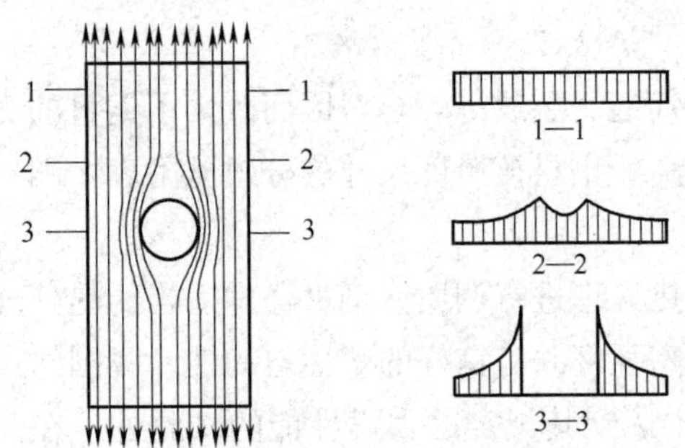

图 12-5　带圆孔试件的应力集中

当截面完整性遭到破坏，如有裂纹（内部的或表面的）、孔洞、刻槽、凹角以及截面的厚度或宽度突然改变处，构件中的应力分布将变得很不均匀。在缺陷或截面变化处附近，应力线曲折、密集、出现高峰应力的现象称为应力集中。图12-5中孔洞或缺口边缘的最大应力 σ_{max} 与净截面平均应力 σ_0（$\sigma_0=N/A_n$，A_n 为净截面面积）之比称为应力集中系数，即 $K=\sigma_{max}/\sigma_0$。应力的不均匀分布，可通过力线的传递过程清楚地表示出来，如图12-5，在离孔较远的部分，力线是均匀分布的直线，且平行于构件的轴线；而靠近圆孔的部分，力线的弯曲很大，密集且不均匀，所以靠近孔边的应力最大。

应力集中与截面外形特征有关。图12-6表示三个同样截面的试件，当刻槽形状和尺寸

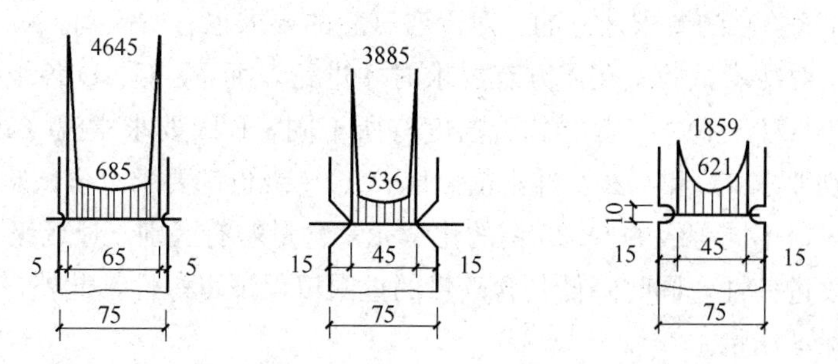

图 12-6　刻槽形状不同时的应力集中

不同时，其局部应力的变化也不相同。从图中可以看出，截面的改变愈突然，局部的应力集中愈大；当刻槽圆滑时，就比较小。因此在设计中应当避免截面的突然变化，要采用圆滑的形状和逐渐改变截面的方法，使应力集中现象趋于平缓。

7. 反复荷载作用

在连续反复荷载作用下，钢材往往在应力远小于抗拉强度时发生断裂，这种破坏称为钢材的疲劳破坏。疲劳破坏前，钢材并无明显的变形，它是一种突然发生的脆性破坏。

一般认为，钢材的疲劳破坏是由拉应力引起的，对长期承受动荷载重复作用的钢结构构件（如吊车梁）及其连接，应进行疲劳计算。不出现拉应力的部位，不必计算疲劳。

除此之外，钢材的性能还与加载速度、板厚等因素有关。

四、钢种钢号及钢材的选择

1. 钢种与钢号

钢结构所用的钢材有不同的种类，每个种类中又有不同的牌号，简称钢种与钢号。

在钢结构中采用的钢材主要有两个种类，即碳素结构钢和低合金结构钢。后者因含有锰、钒等合金元素而具有较高的强度。下面分别讲述各种牌号的碳素结构钢和低合金结构钢。

(1) 碳素结构钢

碳素结构钢的牌号（简称钢号）有 Q195、Q215A 及 Q215B，Q235A、Q235B、Q235C 及 Q235D，Q255A 及 Q255B 以及Q275。其中的 Q 是屈服强度中屈字汉语拼音的字首，后接的阿拉伯字表示以N/mm^2为单位屈服强度的大小，A、B、C 或 D 等表示按质量划分的级别。最后还有一个表示脱氧方法的符号如 F 或 b。从 Q195 或 Q275，是以强度的由低到高排列的。钢材强度主要由其中碳元素含量的多少来决定，但与其他某些元素及其含量也有关系，所以，钢号的高低在较大程度上代表了含碳量的高低。

Q195 及 Q215 的强度比较低，而 Q255 的含碳量上限和 Q275 的含碳量都超出低碳钢的范围，所以建筑结构在碳素结构钢这一钢种中主要应用 Q235 这一钢号。

钢号中质量分级由 A 到 D，表示质量的由低到高。质量高低主要是以对冲击韧性

（夏比V型缺口试验）的要求区分的，对冷弯试验的要求也有所区别。对A级钢，冲击韧性不作要求，对冷弯试验只在需方有要求时才进行，而B、C、D各级则都要求冲击韧性A_{KV}值不小27J，不过三者的试验温度有所不同，B级要求常温（20℃）冲击值，C和D级则分别要求0℃和－20℃冲击值。B、C、D级也都要求冷弯试验合格。为了满足以上性能要求，不同等级的Q235钢的化学元素含量略有区别。对C级和D级钢要求锰含量较高以改进韧性，同时降低其含碳量的上限以保证可焊性，此外，对硫、磷含量的控制更严以保证质量。

前面已经讲到，在浇注过程中由于脱氧程度的不同钢材有镇静钢、半镇静钢与沸腾钢之分。用汉语拼音字首表示，符号分别为Z、b、F。此外还有铝补充脱氧的特殊镇静钢，用TZ表示。按国家标准规定，符号Z和TZ在表示牌号时予以省略。对Q235钢来说，A、B两级的脱氧方法可以是Z、b或F，C级只能是Z，D级只能是TZ。这样，

其牌号表示法及代表的意义如下：

Q235A—屈服强度为235N/mm²，A级，镇静钢；

Q235A·b—屈服强度为235N/mm²，A级，半镇静钢；

Q235A·F—屈服强度为235N/mm²，A级，沸腾钢；

Q235B—屈服强度为235N/mm²，B级，镇静钢；

Q235B·b—屈服强度为235N/mm²，B级，半镇静钢；

Q235B·F—屈服强度为235N/mm²，B级，沸腾钢；

Q235C—屈服强度为235N/mm²，C级，镇静钢；

Q235D—屈服强度为235N/mm²，D级，特殊镇静钢。

(2) 低合金结构钢

低合金钢是在普通碳素钢中添加一种或几种少量合金元素，总量低于5%的钢称低合金钢，高于5%的称高合金钢。建筑结构只用低合金钢，其屈服点和抗拉强度比相应的碳素钢高，并具有良好的塑性和冲击韧性（特别是低温冲击韧性），也较耐腐蚀；可在平炉或氧气转炉中冶炼而成本增加不多，且多为镇静钢。

根据国家标准《低合金高强度结构钢》（GBT 1591—1994）的规定，低合金高强度结构钢分为Q295、Q345、Q390、Q420及Q460五种。阿拉伯数字表示以N/mm²为单位的屈服强度的大小，其中Q345、Q390为钢结构常用的钢种。

Q345、Q390按质量等级分为A、B、C、D、E五级。由A到E表示质量由低到高。不同质量等级对冲击韧性（夏比V型缺口试验）的要求有区别，对冷弯试验的要求也有所区别。对A级钢，冲击韧性不作要求，而B、C、D各级则都要求冲击韧性A_{KV}值不小34J（纵向），不过三者的试验温度有所不同，B级要求常温（20℃）冲击韧性，C和D级则分别要求0℃和－20℃冲击韧性。E级要求－40℃冲击韧性A_{KV}值不小27J（纵向）。不同质量等级对碳、硫、磷、铝的含量的要求也有区别。

2. 钢材的选择

选择钢材的目的是要做到安全可靠，同时用材经济合理。为此，在选择钢材时应考虑：①结构或构件的重要性；②荷载性质（静载或动载）；③连接方法（焊接、铆接或

螺栓连接）；④工作条件（温度及腐蚀介质）等因素。

对于重要结构、直接承受动载的结构、处于低温条件下的结构及焊接结构，应选用质量较高的钢材。

钢材的质量等级，应按下列规定选用：

对不需要验算疲劳的焊接结构，应符合下列规定：

1）不应采用Q235A（镇静钢）。

2）当结构工作温度大于20℃时，可采用Q235B、Q345A、Q390A、Q420A、Q460钢；

3）当结构工作温度不高于20℃但高于0℃时，应采用B级钢；

4）当结构工作温度不高于0℃但高于－20℃时，应采用C级钢；

5）当结构工作温度不高于－20℃时，应采用D级钢。

对不需要验算疲劳的非焊接结构，应符合下列规定：

1）当结构工作温度高于20℃时，可采用A级钢。

2）当结构工作温度不高于20℃但高于0℃时，宜采用B级钢；

3）当结构工作温度不高于0℃但高于－20℃时，应采用C级钢；

4）当结构工作温度不高于－20℃时，对Q235钢和Q345钢应采用C级钢；对Q390钢、Q420钢和Q460钢应采用D级钢。

对于需要验算疲劳的非焊接结构，应符合下列规定：

1）钢材至少应采用B级钢。

2）当结构工作温度不高于0℃但高于－20℃时，应采用C级钢；

3）当结构工作温度不高于－20℃时，对Q235钢和Q345钢应采用C级钢；对Q390钢、Q420钢和Q460钢应采用D级钢。

对于需要验算疲劳的焊接结构，应符合下列规定：

1）钢材至少应采用B级钢。

2）当结构工作温度不高于0℃但高于－20℃时，Q235钢和Q345钢应采用C级钢；对Q390钢、Q420钢和Q460钢应采用D级钢。

3）当结构工作温度不高于－20℃时，Q235钢和Q345钢应采用D级钢；对Q390钢、Q420钢和Q460钢应采用E级钢。

承重结构在低于－30℃环境下工作时，其选材还应符合下列规定：

1）不宜采用过厚的钢板；

2）严格控制钢材的硫、磷、氮含量；

3）重要承重结构的受拉板件，当板厚不小于40mm时，宜选用细化晶粒的GJ钢板。

3. 钢材的规格

钢结构构件一般直接选用型钢，这样可减少制造工作量，降低造价。型钢尺寸不合适或构件很大时则用钢板制作。构件之间可直接连接或附以连接钢板进行连接。所以，钢结构中的元件是型钢及钢板。型钢有热轧及冷弯成型两种（图12-7和图12-8）。现分别介绍如下：

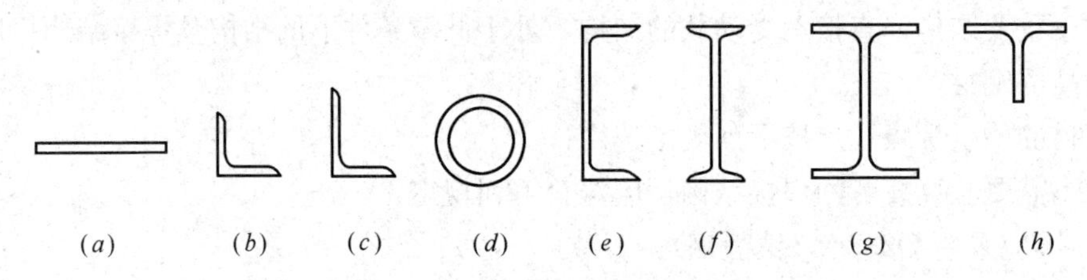

图 12-7 热轧型材截面

（a）钢板；（b）等边角钢；（c）不等边角钢；（d）钢管；（e）槽钢；
（f）工字钢；（g）H形钢；（h）T形钢

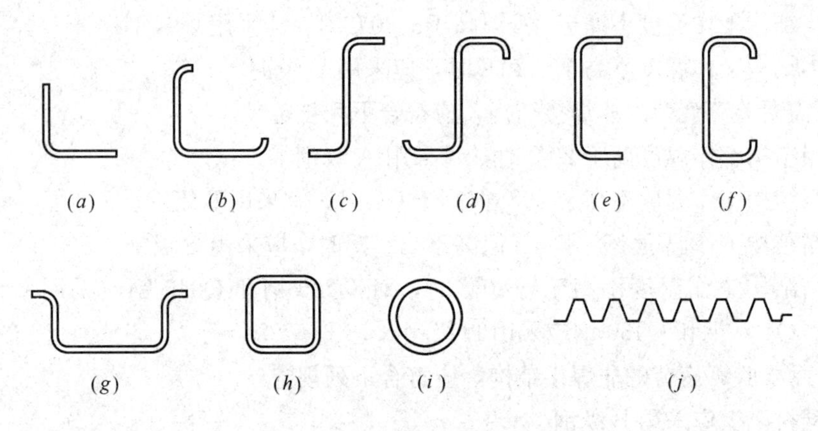

图 12-8 薄壁型钢的截面形式

（a）等边角钢；（b）卷边等边角钢；（c）Z形钢；（d）卷边 Z形钢；（e）槽钢；
（f）卷边槽钢；（g）向外卷边槽钢（帽形钢）；（h）方管；（i）圆管；（j）压型板

(1) 热轧钢板

热轧钢板分厚板及薄板两种，后者是冷成型型钢（常叫冷弯薄壁型钢）的原料之一。厚板的厚度为 4.5～60mm，薄板厚度为 0.35～4mm。在图纸中钢板用"宽×厚×长（单位为 mm）"前面附加钢板横断面的方法表示，如：－800×12×2100 等。

(2) 热轧型钢

角钢：有等边和不等边两种。等边角钢（也叫等肢角钢），以边宽和厚度表示，如∟100×10 为肢宽 100mm、厚 10mm 的角钢。不等边角钢（也叫不等肢角钢）则以两边宽度和厚度表示，如∟100×80×8 等。我国目前生产的等边角钢，其肢为 20～200mm，不等边角钢的肢宽为 25×16～200×125（mm）。

槽钢：我国槽钢有两种尺寸系列，即热轧普通槽钢 GB/T 707—1988 与普通低合金钢热轧轻型槽钢。前者用 Q235 号钢轧制，表示法如[30a，指槽钢外廓高度为 30cm 且腹板厚度为最薄的一种；后者的表示法例如[25Q，表示外廓高度为 25cm，Q 是汉语拼音"轻"的字首。同样号数时，轻型者由于腹板薄及翼缘宽薄，故而截面积小但回转半径大，能节约钢材减少自重。不过轻型系列的实际产品较少。

H 形钢截面和工字形钢：普通型的工字钢由 Q235 号钢热轧而成。与槽钢相同，也分成上述的两个尺寸系列。与槽钢一样，工字钢外廓高度的厘米数即为型号，普通型当型号大于 20 号以上时腹板厚度分 a、b 及 c 三种。轻型的由于壁厚已薄而不再按厚度划分。两种工字钢表示如：I 32c，I 32Q 等。H 形钢是世界各国使用很广泛的热轧型钢，与普通工字钢相比，其翼缘内外两侧平行，便于与其他构件相连。它可分为宽翼缘 H 形钢(代号 HW，翼缘宽度 B 与截面高度 H 相等)、中翼缘 H 形钢［代号 HM，$B=(1/2\sim2/3)H$］、窄翼缘 H 形钢［代号 HN，$B=(1/3\sim1/2)H$］。各种 H 形钢均可剖分为 T 形钢供应，代号分别为 TW、TM 和 TN。H 形钢和剖分 T 形钢的规格标记均采用：高度 $H\times$宽度 $B\times$腹板厚度 $t_1\times$翼缘厚度 t_2 表示。例如 HM340×250×9×14，其剖分 T 形钢为 TM170×250×9×14，单位均为 mm。

钢管：有无缝及焊接两种。“ϕ”后面加“外径（mm）×厚度（mm）”表示，如 ϕ400×6，即外径为 400mm 厚度为 6mm 的钢管。

（3）薄壁型钢

薄壁型钢是用 2～6mm 厚的薄钢板经冷弯或模压而成型的（图 12-8），在国外，冷弯型钢所用钢板的厚度有加大范围的趋势，如美国可用到 1 英吋（25.44mm）厚。压型钢板是近年来开始使用的薄壁型材，所用钢板厚度为 0.4～2mm，用做轻型屋面等构件。

热轧型钢的型号及截面几何特性见附表 24-1～附表 24-7。

第二节 钢结构的连接

钢结构是由钢板、型钢通过必要的连接组成构件如梁、柱、桁架等，再通过一定的安装连接而形成整体结构。在受力过程中，连接部位应有足够的强度；被连接件间应保持正确的相互位置，以满足传力和使用要求。连接的加工和安装比较复杂而费工。因此，选定连接方案是钢结构设计中很重要的环节。好的连接应当符合安全可靠、节约钢材、构造简单和施工方便的原则。

一、钢结构的连接方法

钢结构的连接方法可分为焊缝连接、铆钉连接和螺栓连接三种（图 12-9）。

（1）焊缝连接

焊接是目前钢结构最主要的连接方法，其优点是构造简单，节约钢材，加工方便，易于采用自动化操作。除少数直接承受动力荷载结构的某些连接，如吊车工作级别 A6～A8 吊车梁和柱、吊车梁和制动梁、制动梁和柱的相互连接，以及桁架式吊车梁的节点连接，不宜采用焊接外，其他情况下的连接均可用焊接。

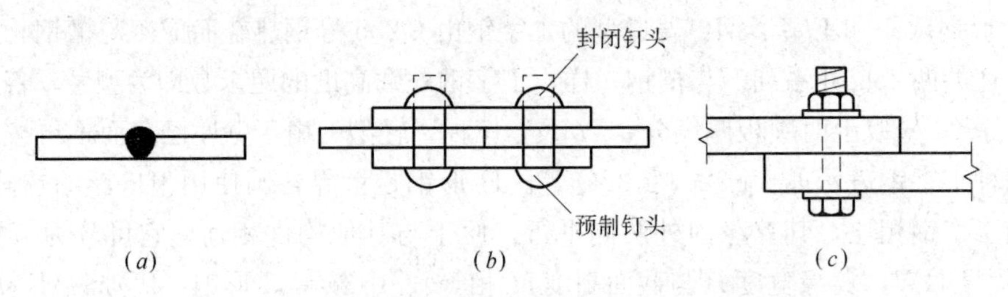

图 12-9　钢结构的连接方法

(a) 焊缝连接；(b) 铆钉连接；(c) 螺栓连接

(2) 铆钉连接

铆接由于构造复杂，用钢量多，现已很少采用。但铆钉连接的塑性和韧性较好，传力可靠，质量易于检查，在一些重型和直接承受动力荷载的结构中，有时仍然采用。

(3) 螺栓连接

螺栓连接分为普通螺栓连接和高强度螺栓连接两种。

1) 普通螺栓连接　普通螺栓一般用 Q235 钢（用于螺栓时也称 4.6 级）制成，常用的螺栓直径为 18、20、22、24mm。其优点是施工简单，拆装方便。普通螺栓按加工精度分为 C 级螺栓和 A、B 级螺栓两种。A、B 级的区别只是尺寸不同，其中 A 级包括 $d \leqslant 24$mm 且 $L \leqslant 150$mm 的螺栓，B 级包括 $d > 24$mm 或 $L > 150$mm 的螺栓，d 为螺杆直径，L 为螺杆长度。C 级螺栓加工粗糙，尺寸不够准确，只要求Ⅱ类孔，成本低，栓径比孔径小 1.5～2.0mm。由于螺杆与螺孔之间存在着较大的孔隙，当传递剪力时，连接变形较大，工作性能较差，但传递拉力的性能仍较好。所以 C 级螺栓广泛用于需要拆装的连接，承受拉力的安装连接，不重要的连接或作安装时的临时固定。A、B 级螺栓需要机械加工，尺寸准确，要求Ⅰ类孔，栓径和孔径的公称尺寸相同，容许偏差为 0.18～0.25mm 间隙。这种螺栓连接传递剪力的性能较好，变形很小。但制造和安装比较复杂，价格昂贵，目前在钢结构应用较少。

2) 高强度螺栓连接　高强度螺栓的性能等级有 10.9 级（有 20MnTiB 钢、40B 钢、35VB 钢）和 8.8 级（有 45 号钢和 35 号钢）。40B 钢和 45 号钢已经使用多年，但二者的淬透性不够理想，$d \geqslant 24$mm 的高强度螺栓宜用 20MnTiB 钢。级别划分的小数点前数字是螺栓热处理后的最低抗拉强度，小数点后数字是屈强比（屈服强度 f_y 与抗拉强度 f_u 的比值），如 8.8 级钢材的最低抗拉强度是 800N/mm^2，屈服强度是 $0.8 \times 800 = 640$N/mm^2。高强度螺栓所用的螺帽和垫圈，采用 45 号钢或 35 号钢制成。高强度螺栓孔应采用钻成孔；摩擦型的孔径比螺栓公称直径大 1.5～2.0mm，承压型的孔径则大 1.0～1.5mm。安装时将螺栓拧紧，并使螺栓产生预拉力将构件接触面压紧，依靠接触面间的摩擦力来阻止其相互滑移，以达到传递外力的目的，因而变形较小。摩擦型高强度螺栓连接只利用到摩擦传力的工作阶段，具有连接紧密，受力良好，耐疲劳，可拆换，安装简单，便于养护以及动力荷载作用下不易松动等优点。我国目前在桥梁、大跨房屋以及工业厂房钢结构中，已广泛应用。尤其在吊车工作级别 A6～A8 厂房的吊车梁和柱、吊车梁和制动结构的相互连接，厂房重要支撑的连接，大构件的现场拼接等处，用这种螺栓已被证明具有明显的优越性。承压型高强度螺栓连接，起初由摩擦传力，后期则依靠栓杆抗剪和承压传力，它的承载能力比摩擦型的高，可以节约钢材，也具有连接紧密，可拆换，安装简单，便于养护等优点。但这种连接在摩擦力被克服后的剪切变形较大，只适用于承受静力荷载，且在正常使用时期连接不致产生滑移的结构。规范规定承压型高强度螺栓不得用于直接承受动力荷载的结构中。

二、焊缝连接的特性

1. 钢结构中常用的焊接方法

钢结构的焊接方法有电弧焊、电阻焊和气焊等。

（1）电弧焊

电弧焊的质量比较可靠，是最常用的一种焊接方法。电弧焊可分为手工电弧焊、自动或半自动埋弧焊、CO_2 气体保护焊等。

手工电弧焊（图 12-10）是通电后在涂有焊药的焊条与焊件间产生电弧，由电弧提供热源，使焊条熔化，滴落在焊件上被电弧所吹成的小凹槽熔池中，并与焊件溶化部分结成焊缝。由焊条药皮形成的熔渣和气体覆盖熔池，防止空气中的氧、氮等有害气体与熔化的液体金属接触，避免形成脆性易裂的化合物。焊缝金属冷却后就把焊件连成整体。手工电弧焊焊条应与焊件金属品种相适应，对 Q235 钢焊件用 E43 系列型焊条，Q345 钢焊件用 E50 系列型焊条，Q390 钢焊件用 E55 系列型焊条。

在自动或半自动埋弧焊（图 12-11）中，将光焊条埋在焊剂层下，通电后，由于电弧的作用使焊条和焊剂熔化。熔化后焊剂浮在熔化的金属表面上保护熔化金属，使之不与外界空气接触，有时焊剂还可供给焊缝必要的合金元素，以改善焊缝质量。自动焊的焊缝质量均匀，塑性好，冲击韧性高。半自动焊除由人工操作前进外，其余过程与自动焊相同，而焊缝质量介于自动焊与手工焊之间。自动焊和半自动焊所采用的焊丝和焊剂要保证其熔敷金属的抗拉强度不低于相应手工焊焊条的数值。

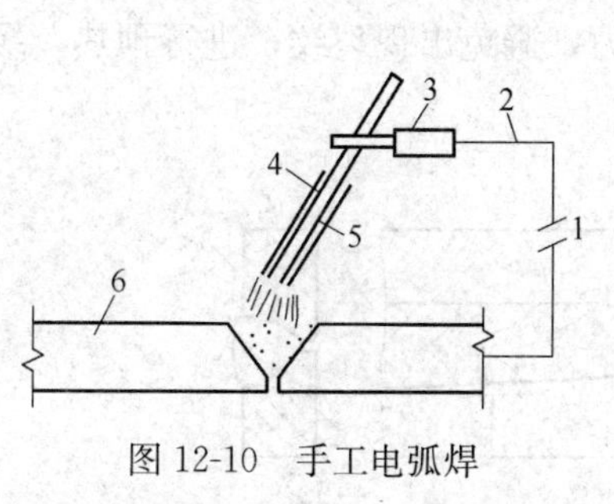

图 12-10　手工电弧焊

1—电源；2—导线；3—夹具；
4—焊条；5—药皮；6—焊件

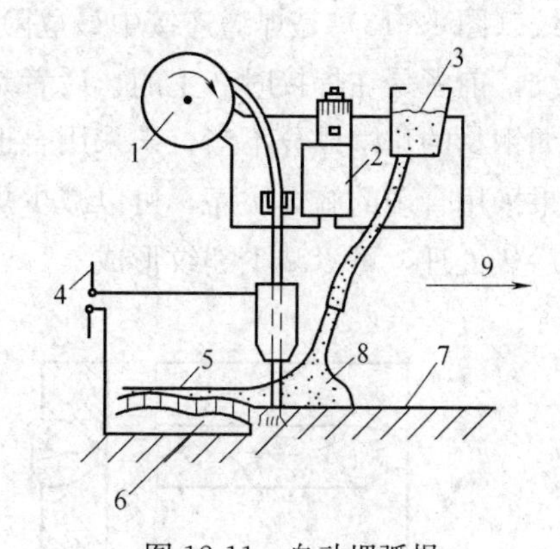

图 12-11　自动埋弧焊

1—焊丝转盘；2—转动焊丝的电动机；
3—焊剂漏斗；4—电源；5—熔化的焊剂；
6—焊缝金属；7—焊件；8—焊剂；9—移动方向

CO_2 气体保护焊是以 CO_2 作为保护气体，使被熔化的金属不与空气接触，电弧加热集中，焊接速度快，熔化深度大，焊缝强度高，塑性好。CO_2 气体保护焊采用高锰高硅型焊丝，具有较强的抗锈能力，焊缝不易产生气孔，适用于低碳钢、低合金高强度钢以及其他合金钢的焊接。

（2）电阻焊

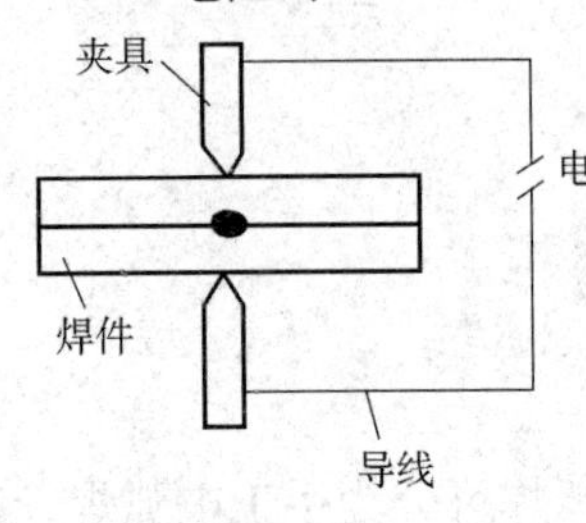

图 12-12 电阻焊

电阻焊是利用电流通过焊件接触点表面的电阻所产生的热量来熔化金属，再通过压力使其焊合。冷弯薄壁型钢的焊接，常用这种接触点焊（图 12-12）。电阻焊只适用于板叠厚度不超过 12mm 的焊接。

2. 焊缝连接的优缺点

焊缝连接与螺栓连接、铆钉连接比较有下列优点：

1）不需要在钢材上打孔钻眼，既省工，又不减损钢材截面，使材料可以充分利用；

2）任何形状的构件都可以直接相连，不需要辅助零件，构造简单；

3）焊缝连接的密封性好，结构刚度大。

但是焊缝连接也存在下列问题：

1）由于施焊时的高温作用，形成焊缝附近的热影响区，使钢材的金属组织和机械性能发生变化，材质变脆；

2）焊接的残余应力使焊接结构发生脆性破坏的可能性增大，残余变形使其尺寸和形状发生变化，矫正费工；

3）焊接结构对整体性不利的一面是，局部裂缝一经发生便容易扩展到整体。焊接结构低温冷脆问题比较突出。

3. 焊缝缺陷

焊缝中可能存在裂纹、气孔、烧穿和未焊透等缺陷。

裂纹（图 12-13）是焊缝连接中最危险的缺陷。按产生的时间不同，可分为热裂纹和冷裂纹，前者是在焊接时产生的，后者是在焊缝冷却过程中产生的。产生裂纹的原因很多，如钢材的化学成分不当，未采用合适的电流、弧长、施焊速度、焊条和施焊次序等。如果采用合理的施焊次序，可以减少焊接应力，避免出现裂纹；进行预热，缓慢冷却或焊后热处理，可以减少裂纹形成。

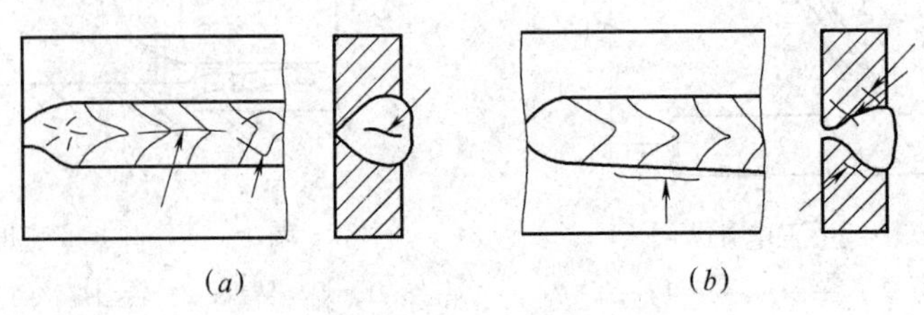

图 12-13 焊缝裂纹

(a) 热裂纹分布示意图；(b) 冷裂纹分布示意图

气孔（图 12-14）是由空气侵入或受潮的药皮熔化时产生气体而形成的，也可能是焊件金属上的油锈、垢物等引起的。气孔在焊缝内或均匀分布，或存在于焊缝某一部位，如焊趾或焊跟处。

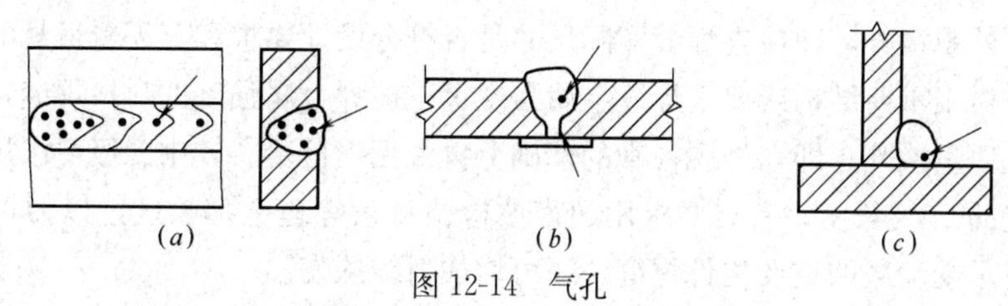

图 12-14 气孔

(a) 均匀分布气孔；(b) 焊跟处气孔；(c) 焊趾处气孔

焊缝的其他缺陷有烧穿（图 12-15 中 a），夹渣（图 12-15 中 b），未焊透（图 12-15 中 c、d、e、f），咬边（图 12-16 中 a、b、c），焊瘤（图 12-16 中 d、e、f）等。

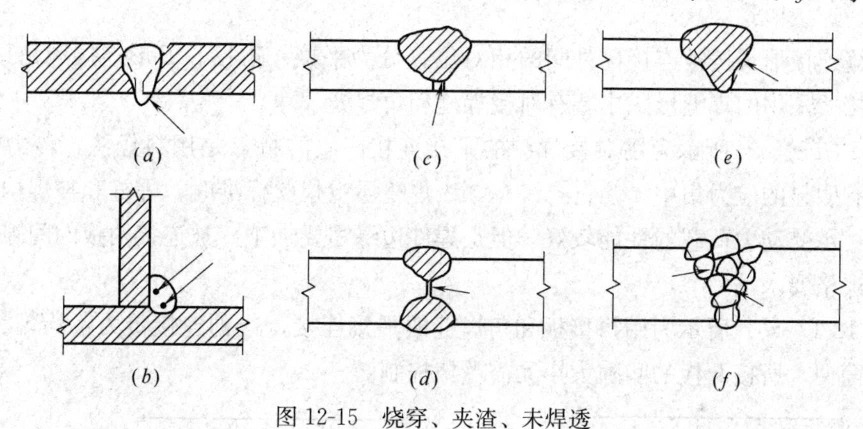

图 12-15 烧穿、夹渣、未焊透

(a) 烧穿；(b) 夹渣；(c)、(d) 跟部未焊透；(e) 边缘未熔合；(f) 焊缝层间未熔合

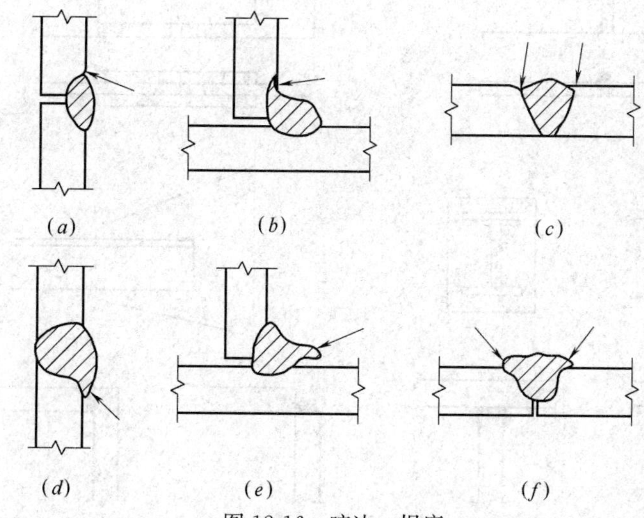

图 12-16 咬边、焊瘤

(a) 横焊缝的咬边；(b) 平角焊缝的咬边；(c) 平对接焊缝的咬边；

(d) 横焊缝的焊瘤；(e) 平角焊缝的焊瘤；(f) 平对接焊缝的焊瘤

焊缝的缺陷将削弱焊缝的受力面积，而且在缺陷处形成应力集中，裂缝往往先从那里开始，并扩展开裂，成为连接破坏的根源，对结构很为不利。因此，焊缝质量检查极为重要。《钢结构工程施工质量验收规范》规定，焊缝质量检查标准分为三级，其中三级要求通过外观检查，即检查焊缝实际尺寸是否符合设计要求和有无看得见的裂纹、咬边等缺陷。对于重要结构或要求焊缝金属强度等于被焊金属强度的对接焊缝，必须进行一级或二级质量检验，即在外观检查的基础上再做无损检验。其中二级要求用超声波检验每条焊缝的20%长度，一级要求用超声波检验每条焊缝全部长度，以便揭示焊缝内部缺陷。对承受动载的重要构件焊缝，还可增加射线探伤。

焊缝质量与施焊条件有关，对于施焊条件较差的高空安装焊缝，其强度设计值应乘以折减系数0.9。

4. 焊缝连接形式及焊缝形式

（1）连接形式

焊缝连接形式按被连接构件间的相对位置分为平接、搭接、T形连接和角接四种。这些连接所采用的焊缝形式主要有对接焊缝和角焊缝。

图12-17（*a*）所示为用对接焊缝的平接连接，它的特点是用料经济，传力均匀平缓，没有明显的应力集中，当符合一、二级焊缝质量检验标准时，焊缝和被焊构件的强度相等，承受动力荷载的性能较好，但是焊件边缘需要加工。被连接两板的间隙和坡口尺寸有严格要求。

图12-17（*b*）所示为用拼接板和角焊缝的平接连接，这种连接传力不均匀、费料，但施工简便，所接两板的间隙大小无需严格控制。

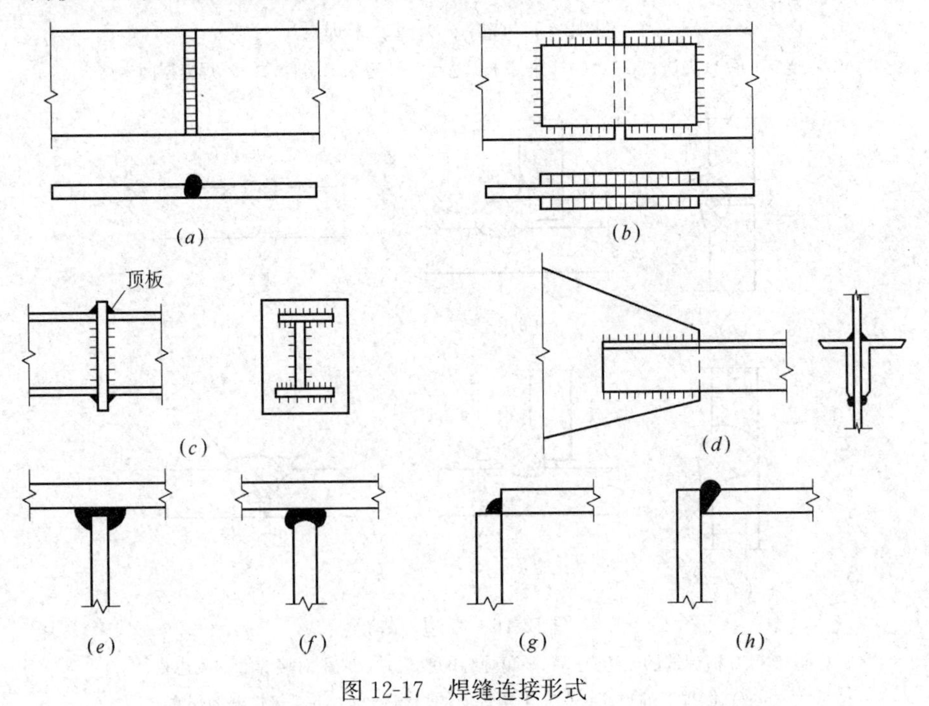

图12-17　焊缝连接形式

图 12-17（c）所示为用顶板和角焊缝的平接连接，施工简便，宜用于受压构件，受拉构件为了避免层间撕裂，不宜采用。

图 12-17（d）所示为用角焊缝的搭接连接，这种连接传力不均匀，材料较费，但构造简单，施工方便，目前还广泛应用。

图 12-17（e）所示为用角焊缝的 T 形连接，构造简单，受力性能较差，应用也颇广泛。

图 12-17（f）所示为焊透的 T 形连接，其性能与对接焊缝相同。在重要的结构中用它来代替图 12-17（e）的连接。实践证明，这种要求焊透的 T 形连接焊缝，即使有未焊透现象，但因腹板边缘经过加工，焊缝收缩后使翼缘和腹板顶得十分紧密，焊缝受力情况大为改善，一般能保证使用要求。

图 12-17（g）、（h）所示为用角焊缝和对接焊缝的角接连接。

（2）焊缝形式

对接焊缝按所受力的方向可分为对接正焊缝和对接斜焊缝（图 12-18a、b）。角焊缝长度方向垂直于力作用方向的称为正面角焊缝，平行于力作用方向的称为侧面角焊缝，如图12-18（c)所示。

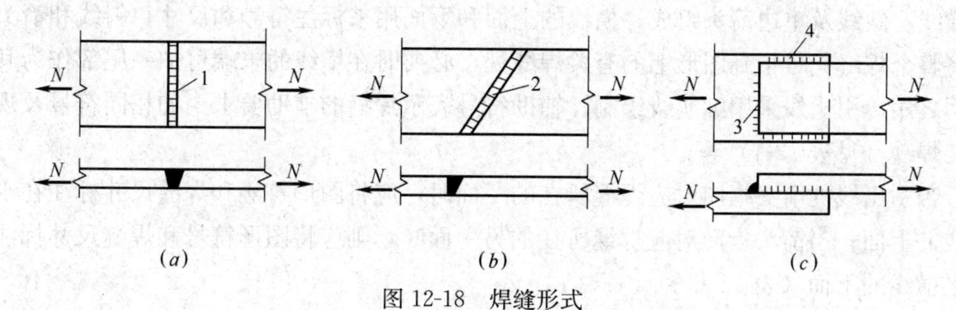

图 12-18　焊缝形式

1—对接焊缝—正焊缝；2—对接焊缝—斜焊缝；

3—角焊缝—正面角焊缝；4—角焊缝—侧面角焊缝

角焊缝按沿长度方向的分布还可分为连续角焊缝和间断角焊缝两种形式（图 12-19）。连续角焊缝受力性能较好，为主要的角焊缝连接形式，间断焊缝的间断距离 L 不宜太长，以免因距离过大使连接不易紧密，潮气易侵入而引起锈蚀。间断距离 L 一般在受压构件中不应大于 $15t$，在受拉构件中不应大于 $30t$，t 为较薄构件的厚度。

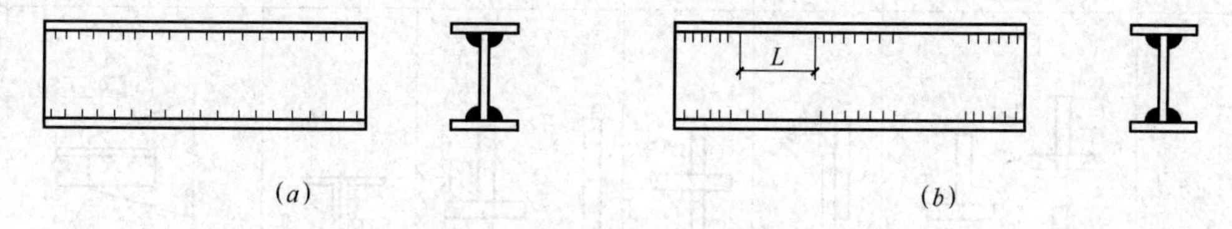

图 12-19　连接角焊缝和间断角焊缝

（a）连续角焊缝；（b）间断角焊缝

焊缝按施焊位置分，有俯焊（平焊）、立焊、横焊、仰焊几种（图 12-20）。俯焊的施焊工作方便，质量最易保证；立焊、横焊的质量及生产效率比俯焊的差一些；仰焊的操作条件最差，焊缝质量不易保证，因此应尽量避免采用仰焊焊缝。

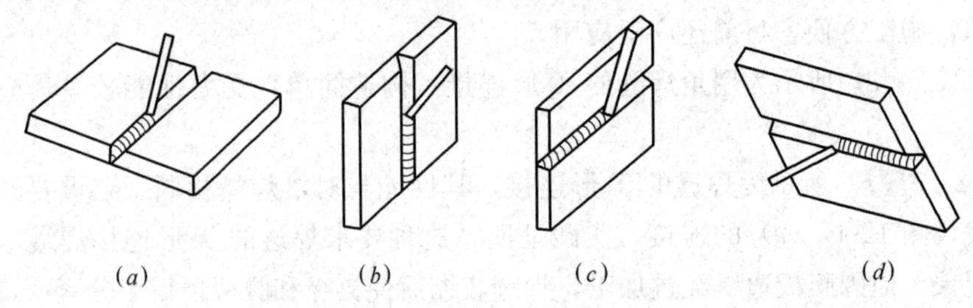

图 12-20　焊缝施焊位置

（*a*）俯焊；（*b*）立焊；（*c*）横焊；（*d*）仰焊

5. 焊缝代号

在钢结构施工图上，要用焊缝代号标明焊缝形式、尺寸和辅助要求。《建筑结构制图标准》（GB/T 105—2001）规定：焊缝代号由引出线、图形符号和辅助符号三部分组成。图形符号表示焊缝的基本形式。如角焊缝用◺表示。V 形焊缝用 V 表示。引出线由横线、斜线及单边箭头组成，横线的上面和下面用来标注符号和尺寸，斜线和箭头用来将整个焊缝代号指到图形上的有关焊缝处，必要时在横线的末端可加一尾部作为其他说明之用。引出线采用细实线绘制。辅助符号表示焊缝的辅助要求。如相同符号及现场安装焊缝（见表 12-1）等。

当引出线的箭头指向对应焊缝所在的一面时，应将图形符号和焊缝尺寸标注在水平横线的上面；当箭头指向对应焊缝所在的另一面时，则应将图形符号和焊缝尺寸标注在水平横线的下面（表 12-1）。

焊　缝　代　号　　　　　　　　　　　　　　　　表 12-1

	角焊缝			对接焊缝	塞焊缝	三边围焊缝
	单面焊缝双面焊缝	安装焊缝	相同焊缝			
形式	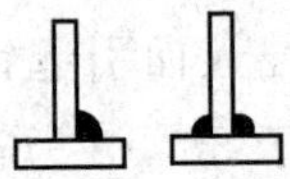			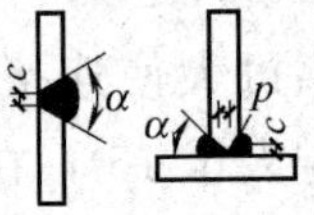		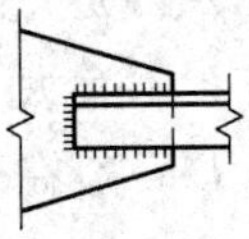
标注方法	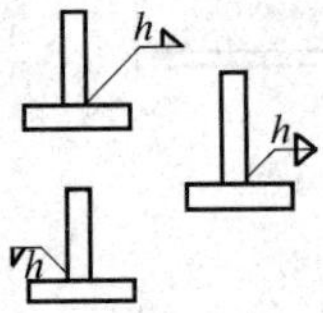			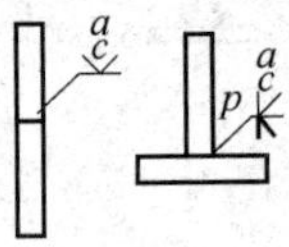		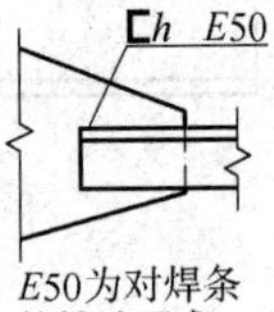 *E*50为对焊条的辅助要求

当焊缝分布比较复杂或用上述标注方法不能表达清楚时，标注焊缝代号的同时，可在图形上加栅线表示（图 12-21*a*）。

有关焊缝代号的详细说明，可参考《建筑结构制图标准》GB/T 105—2010，表12-1中列出的只是常用焊缝代号的一些例子。

在新国家标准《焊缝符号表示法》GB/T 324—2008 及《技术制图、焊缝符号的尺寸、比例及简化表示法》GB 122312—1990 中，焊缝符号表示法已有新的规定，其与《建筑结构制图标准》GB/T 105—2010 的主要区别在于引出线的横线改由两条基准线（一条为实线，另一条为虚线）组成，当引出线的箭头指向焊缝所在的另一面时，应将焊缝符号标注在基准线的虚线上，见图 12-21(*b*)。

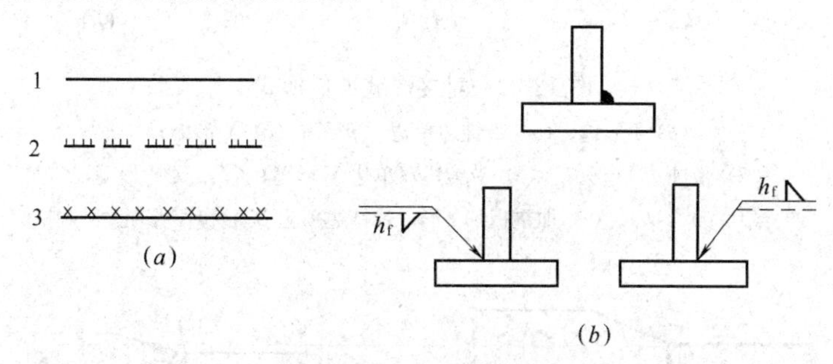

图 12-21 焊缝表示法

（*a*）栅线表示；（*b*）GB 324—2008 表示

1—正面焊缝；2—背面焊缝；3—安装焊缝

三、对接焊缝的构造与计算

1. 对接焊缝的构造要求

对接焊缝按坡口形式分为 I 形缝、V 形缝、带钝单边 V 形缝，带钝边 V 形缝（也叫 Y 形缝）、带钝边 U 形缝、带钝边双单边 V 形缝和双 Y 形缝等，后二者过去分别称为 K 形缝和 X 形缝（图 12-22）。

当焊件厚度 t 很小（$t \leqslant 10$mm），可采用有斜坡口的带钝边单边 V 形缝，以便斜坡口和焊缝根部共同形成一个焊条能够运转的施焊空间，使焊缝易于焊透。对于较厚的焊件（$t > 20$mm），应采用带钝边 U 形缝或带钝边双单边 V 形缝或双 Y 形缝。对于 Y 形缝和带钝边 U 形缝的根部中还需要清除焊根并进行补焊。对于没有条件清根和补焊者，要事先加垫板（图 12-22*g*、*h*、*i*），以保证焊透。

在钢板宽度或厚度有变化的连接中，为了减少应力集中，应从板的一侧或两侧作成坡度不大于 1∶2.5 的斜坡（图 12-23），形成平缓过渡；对承受动荷载的构件可改为不大于 1∶4 的坡度过渡。如板厚度相差不大于 4mm，可不做斜坡（图 12-23*d*）。焊缝的计算厚度取较薄板的厚度。

对接焊缝的起弧和落弧点，常因不能熔透而出现缺陷，该处易产生裂纹和应力集中。为消除焊口缺陷，焊接时可将焊缝的起点和终点延伸至引弧板（图 12-24）上，焊后将引弧板切除。

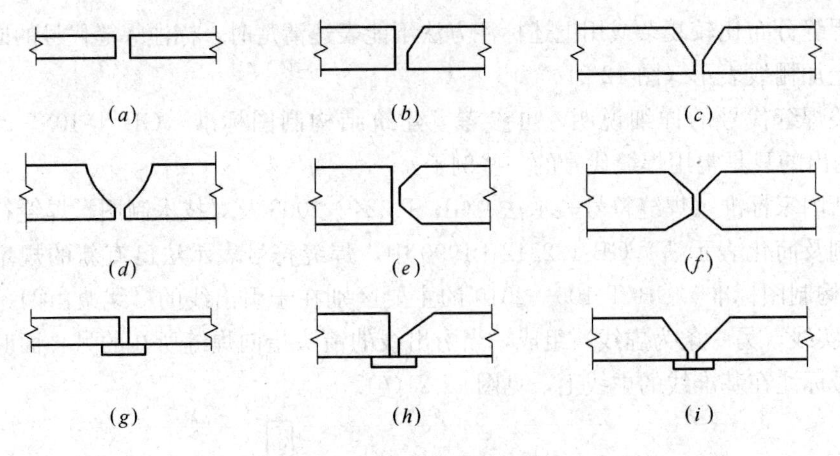

图 12-22　对接焊缝坡口形式

(a) I 形缝；(b) 带钝边单边 V 形缝；(c) Y 形缝；
(d) 带钝边 U 形缝；(e) 带钝边双单边 V 形缝；(f) 双 Y 形缝；
(g)、(h)、(i) 加垫板的 I 形、带钝边单边 V 形和 V 形缝

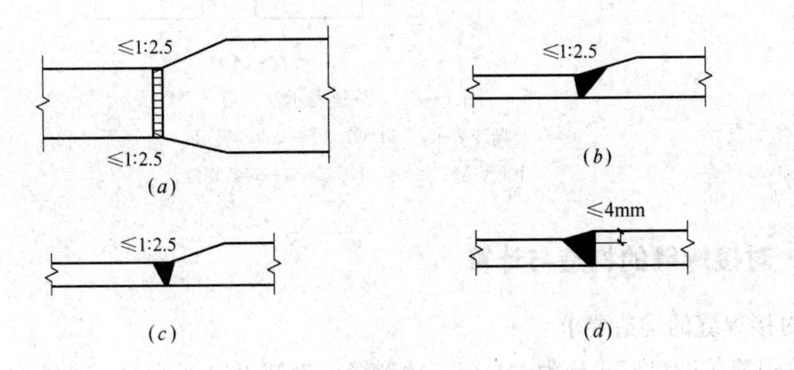

图 12-23　不同宽度或厚度的钢板拼接

(a) 钢板宽度不同；(b)、(c) 钢板厚度不同；(d) 不做斜坡

对于焊透的 T 形连接焊缝，其构造要求如图 12-25 所示。

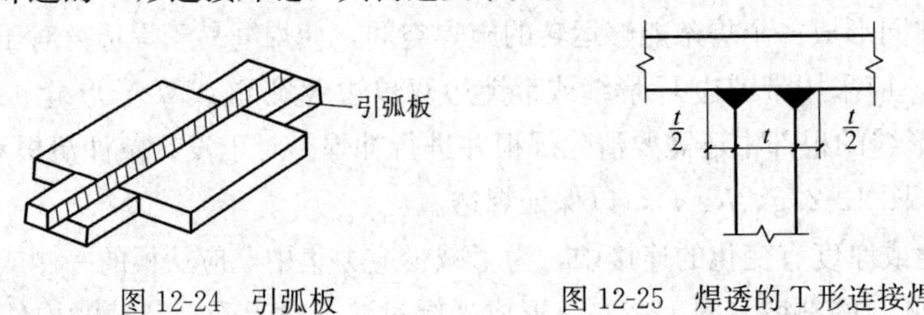

图 12-24　引弧板　　　　图 12-25　焊透的 T 形连接焊缝

2. 对接焊缝的计算

对接焊缝的应力分布情况，基本上与焊件原来的情况相同，可用计算焊件的方法进行计算。对于重要的构件，按一、二级标准检验焊缝质量，焊缝和构件等强，不必另行计算。

(1) 垂直于轴心力的对接焊缝（图 12-26）

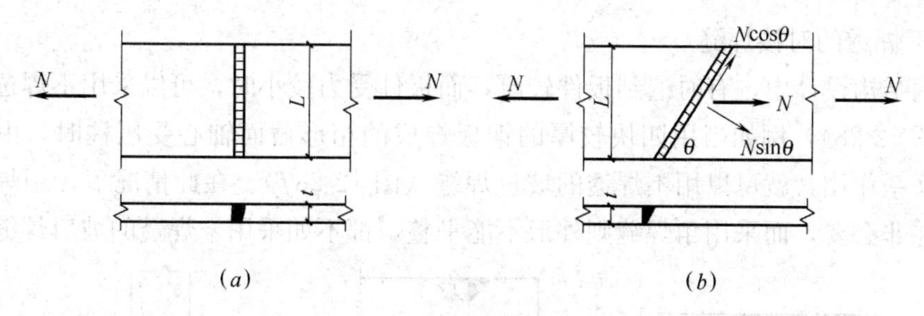

图 12-26　轴心力作用下对接焊缝连接

(a) 正缝；(b) 斜缝

应按式 (12-2) 计算：

$$\sigma=N/l_{w}t\leqslant f_{t}^{w} \text{ 或 } f_{c}^{w} \tag{12-2}$$

式中　N——轴心拉力或压力的设计值；

l_w——焊缝计算长度，当采用引弧板施焊时，取焊缝实际长度；当不采用引弧板时，每条焊缝取实际长度减去 $2t$mm（引弧、灭弧端每端各$t$mm）；

t——在对接焊缝为连接件的较小厚度，在 T 形连接中为腹板厚度；

f_t^w、f_c^w——对接焊缝抗拉、抗压强度设计值，由附表 23-2 查得。

当正缝连接的强度低于焊件的强度时，为了提高连接的承载能力，可改用斜缝（图 12-26b），但用斜缝时焊件较费材料。规范规定当斜缝和作用力间夹角 θ 符合 $\tan\theta\leqslant1.5$ ($\theta\leqslant56$) 时，可不计算焊缝强度。

(2) 受弯受剪的对接焊缝计算

矩形截面的对接焊缝，其正应力与剪应力的分布分别为三角形与抛物线形（图 12-27），其最大值应分别满足下列强度条件：

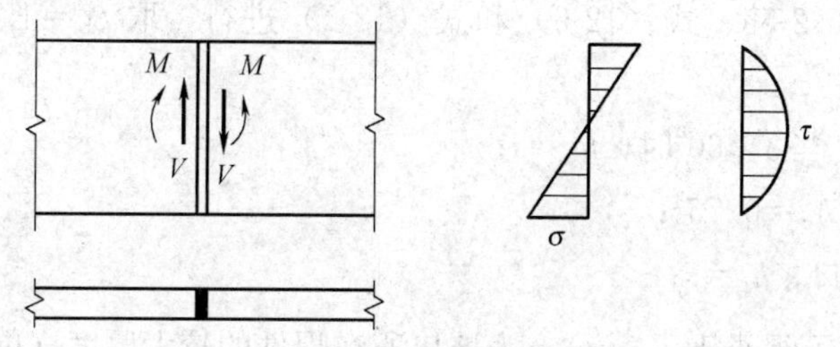

图 12-27　受弯受剪的对接连接

$$\sigma_{\max}=\frac{M}{W_{w}}=\frac{6M}{I_{w}^{2}t}\leqslant f_{t}^{w} \tag{12-3}$$

$$\tau_{\max}=\frac{VS_{w}}{I_{w}t}\leqslant f_{v}^{w} \tag{12-4}$$

式中　W_w——焊缝截面的抵抗矩；

I_w——焊缝截面对其中和轴的惯性矩；

S_w——焊缝截面在计算剪应力处以上部分对中和轴的面积矩；

f_v^w——对接焊缝的抗剪强度设计值，按附录附表 23-2 选用。

3. 不焊透的对接焊缝

在钢结构设计中，有时遇到板件较厚，而板件受力较小时，可以采用不焊透的对接焊缝（图 12-28），例如当用四块较厚的钢板焊成的箱形截面轴心受压柱时，由于焊缝主要起联系作用，就可以用不焊透的坡口焊缝（图 12-28*f*）。在此情况下，用焊透的坡口焊缝并非必要，而采用角焊缝则外形不能平整，都不如采用未焊透的坡口焊缝为好。

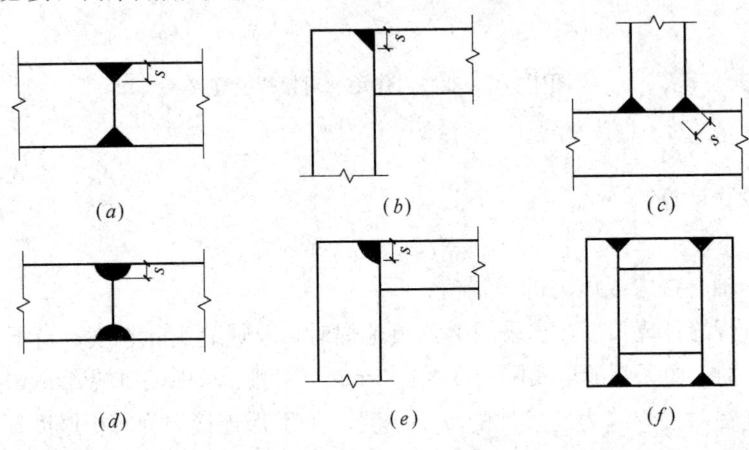

图 12-28　不焊透的对接焊缝

(*a*)、(*b*)、(*c*) V 形坡口；(*d*) U 形坡口；(*e*) J 形坡口；(*f*) 焊缝只起联系作用的坡口焊缝

当垂直于焊缝长度方向受力时，因未焊透处的应力集中带来不利的影响，对于直接承受动力荷载的连接不宜采用；但当平行于焊缝长度方向受力时，其影响较小，可以采用。

不焊透的对接焊缝，由于它们未焊透，只起类似于角焊缝的作用，因此设计中应按角焊缝的计算式（12-5）、式（12-6）和式（12-7）进行，取 $\beta_f=1.0$，其有效厚度则取为：

对 V 形坡口，当 $\alpha \geqslant 60°$ 时，$h_e=s$；

当 $\alpha<60°$ 时，$h_e=0.75s$；

对 U、J 形坡口，$h_e=s$；

并且有效厚度不得小于 $1.5\sqrt{t}$，t 为坡口所在焊件的较大厚度（单位 mm）。

s 为坡口根部至焊缝表面（不考虑余高）的最短距离。

α 为 V 形坡口的夹角。

当熔合线处截面边长等于或接近于最短距离 s 时（图 12-28 中 *b*、*c*、*e*），其抗剪强度设计值应按角焊缝的强度设计值乘以 0.9 采用。在垂直于焊缝长度的压力作用下，强度设计值可按有焊缝的强度设计值乘以 $\beta_f=1.22$。

四、角焊缝的构造与计算

1. 角焊缝的构造和强度

角焊缝两焊脚边的夹角 α 一般为 90°直角角焊缝（图 12-29 中 *a*、*b*、*c*）。夹角 α 大于 120°或小于 60°的斜角角焊缝（图 12-29 中 d，e，f），除钢管结构外，不宜用作受力焊缝。各种角焊缝的焊脚尺寸 h_f 均示于图 12-29。图 12-29(b)的不等边角焊缝以较小焊脚尺寸为 h_f。

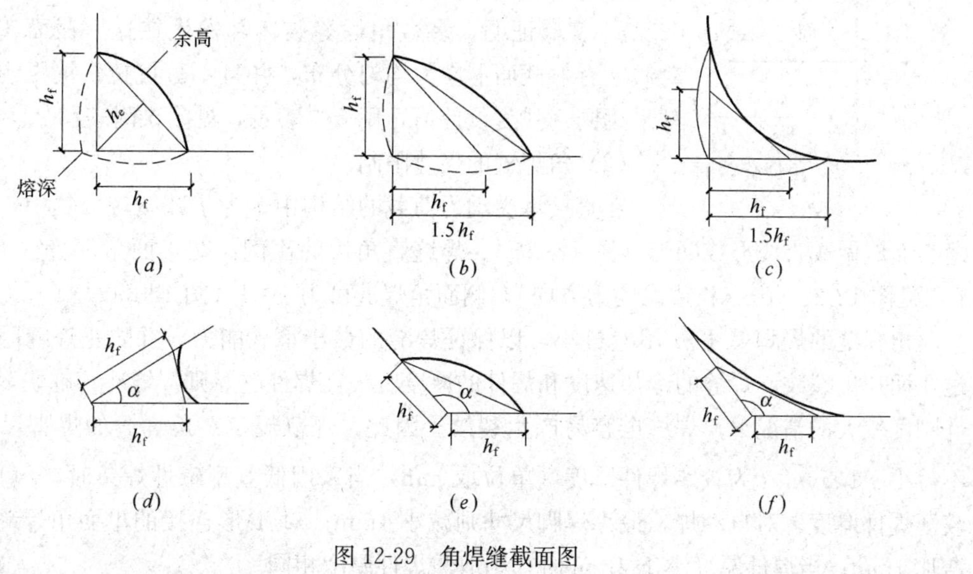

图 12-29 角焊缝截面图

(1) 角焊缝的受力特点

侧面角焊缝主要承受剪力作用。在弹性阶段，应力沿焊缝长度方向分布不均匀，两端大而中间小，且焊缝越长剪应力分布越不均匀（图 12-30a）。但由于侧面角焊缝的塑性较好，两端如出现塑性变形，会产生应力重分布，在规范规定的焊缝长度范围内，应力分布可趋于均匀。

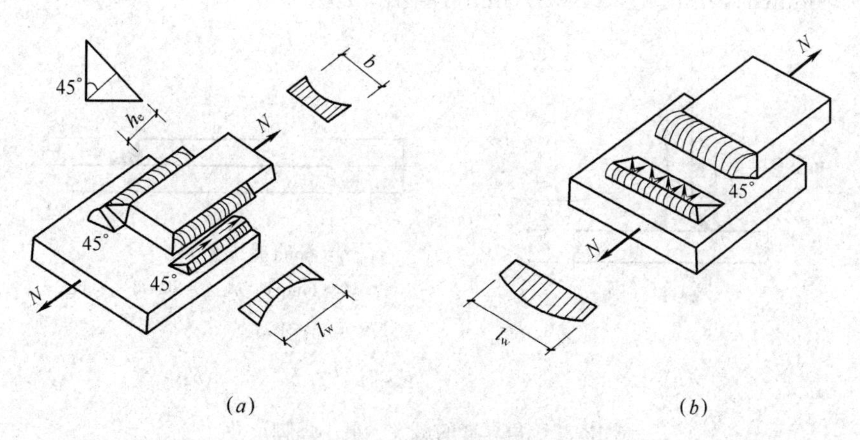

图 12-30 角焊缝应力分布

(a) 侧面角焊缝应力分布；(b) 正面角焊缝应力分布

正面角焊缝的应力状态比侧面角焊缝复杂，其破坏强度比侧面角焊缝要高，但塑性变形要差一些（图 12-30b）。沿焊缝长度的应力分布则比较均匀，两端应力比中间的应力略低。

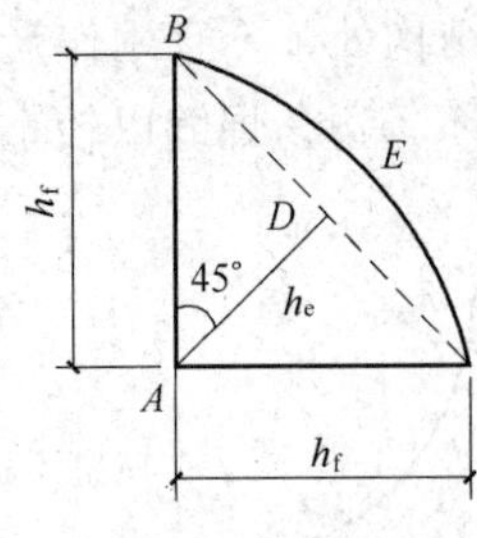

图 12-31 角焊缝截面

角焊缝的最小截面和两边焊脚成 $\alpha/2$ 角（直角角焊缝为 45°）称为有效截面（图 12-31中 AD 截面）或计算截面，不计余高和熔深，图中 h_e 称为角焊缝的有效厚度，$h_e=\cos45°h_f=0.7h_f$。实验证明，多数角焊缝破坏都发生在这一截面。计算时假定有效截面上应力均匀分布，并且不分抗拉、抗压或抗剪都采用同一强度设计值，用 f_f^w 表示，见附录附表23-2。

（2）角焊缝的尺寸限制

在直接承受动力荷载的结构中，为了减缓应力集中，角焊缝表面应做成直线形或凹形（图 12-29c）。焊缝直角边的比例：对正面角焊缝宜为 1∶1.5 见图 12-29（b）（长边顺内力方向），侧面角焊缝可为 1∶1（图 12-29a）。

角焊缝的焊脚尺寸 h_f 不应过小，以保证焊缝的最小承载能力，并防止焊缝因冷却过快而产生裂纹。焊缝的冷却速度和焊件的厚度有关，焊件越厚则焊缝冷却越快，在焊件刚度较大的情况下，焊缝也容易产生裂纹。因此，规范规定：角焊缝的焊脚尺寸 h_f 不得小于$1.5\sqrt{t}$，t 为较厚焊件厚度（单位取 mm）当采用低氢型碱性焊条时，t 可取为较薄焊件厚度；对自动焊，最小焊脚尺寸则减小 1mm；对 T 形连接的单面角焊缝，应增加 1mm；当焊件厚度小于 4mm 时，则取与焊件厚度相同。

角焊缝的焊脚尺寸如果太大，则焊缝收缩时将产生较大的焊接变形，且热影响区扩大，容易产生脆裂，较薄焊件容易烧穿。因此，规范规定：角焊缝的焊脚尺寸不宜大于较薄焊件厚度的 1.2 倍（图 12-32a）（钢管结构除外）。但板件（厚度为 t）的边缘焊缝的焊脚尺寸 h_f，还应符合下列要求：

当 $t\leqslant$6mm 时，$h_f\leqslant t$（图 12-32b）；

当 $t>$6mm 时，$h_f\leqslant t-$（1～2）mm（图 12-32b）。

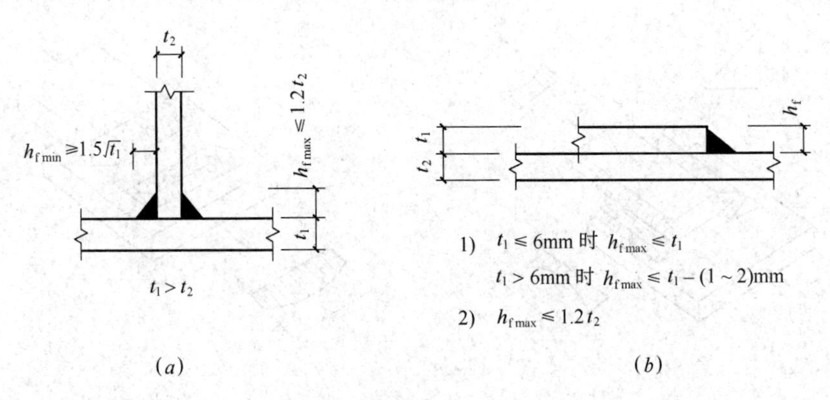

图 12-32 角焊缝的最大、最小焊脚尺寸

当两焊件厚度相差悬殊，用等焊脚尺寸无法满足最大、最小焊缝厚度要求时，可用不等焊脚尺寸，按满足图 12-29（b）所示要求采用。

角焊缝长度 l_w 也有最大和最小的限制，焊缝的厚度大而长度过小时，会使焊件局部加热严重，且起落弧坑相距太近，加上一些可能产生的缺陷，使焊缝不够可靠。因此，侧面角焊缝或正面角焊缝的计算长度不得小于 $8h_f$ 和 40mm。另外，如图 12-30 所示，侧面角焊缝的应力沿其长度分布并不均匀，两端大，中间小；它的长度与厚度之比越大，其差别也就越大；当此比值过大时，焊缝端部应力就会先达到极值而开裂，此时中部焊缝还未充分发挥其承载能力。因此，侧面角焊缝的计算长度，不宜大于 $60h_f$。如大于上述数值，其超过部分在计算中不予考虑。但内力若沿侧面角焊缝全长分布，其计算长度不受此限。例如，梁及柱的翼缘与腹板的连接焊缝，屋架中弦杆与节点板的连接焊缝，梁的支承加劲肋与腹板的连接焊缝。

杆件与节点板的连接焊缝（图 12-35），一般采用两面侧焊，也可采用三面围焊，对角钢杆件也可用 L 形围焊（图 12-35c），所有围焊的转角处必须连续施焊。当角焊缝的端部在构件转角处时，可连续地作长度为 $2h_f$ 的绕角焊（图 12-33），以免起落弧处焊口缺陷发生在应力集中较大的转角处，从而改善连接的工作。

2. 角焊缝的计算

(1) 轴心力（拉力、压力、剪力）作用时

当焊件受轴心力，且轴心力通过连接焊缝中心时，焊缝的应力可认为是均匀分布的。图 12-34（a）所示连接，是用拼接板将两焊件连成整体，需要计算拼接板和一侧（左侧或右侧）焊件连接的角焊缝。

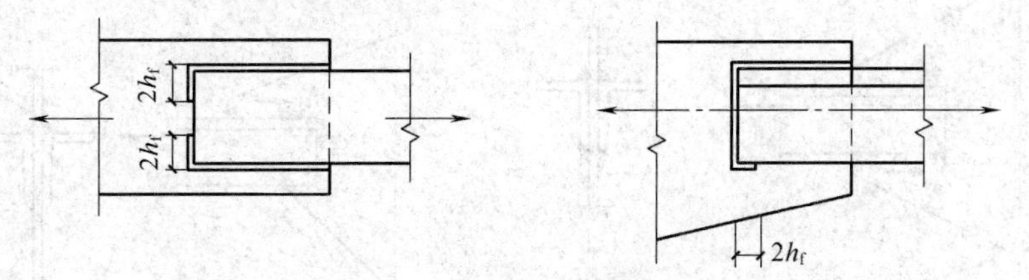

图 12-33 角焊缝的绕角焊

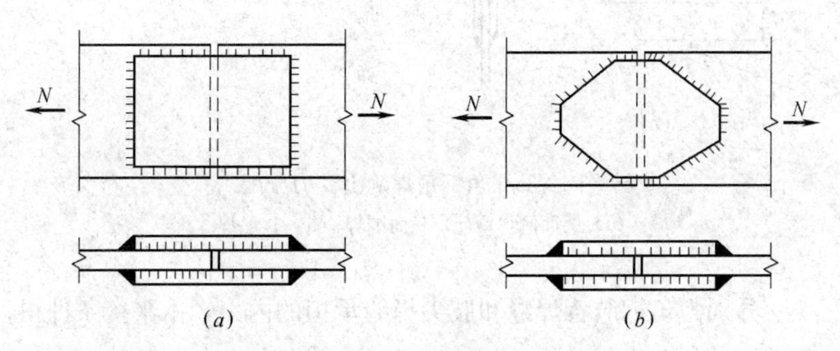

图 12-34 轴心力作用下角焊缝连接

当采用正面角焊缝时，按式（12-5）计算：

$$\sigma_f = \frac{N}{h_e l_w} \leqslant \beta_f f_f^w \tag{12-5}$$

$$\tau_f = \frac{N}{h_e l_w} \leqslant f_f^w \tag{12-6}$$

式中 l_w ——焊缝计算长度，当采用引弧板施焊时，取焊缝实际长度；当不采用引弧

板时，每条焊缝取实际长度减去 $2h_f$；

h_e ——角焊缝的有效厚度；

β_f ——正面角焊缝的强度设计值增大系数。对承受静力荷载和间接承受动力荷载的直角角焊缝取 1.22；对直接承受动力荷载的直角角焊缝取 1.0；对斜角角焊缝，均取 1.0。

当采用三面围焊时：对矩形拼接板，可先按式（12-5）计算正面角焊缝所承担内力 N'，再由 $N-N'$按式（12-6）计算侧面角焊缝。

为了使传力线平缓过渡，减小矩形拼接板转角处的应力集中，可改用菱形拼接板（图 12-34*b*）。菱形拼接板的正面角焊缝的长度较小，不论何种荷载都可按式（12-7）计算：

$$N/(h_e\sum l_w)\leqslant f_f^w \tag{12-7}$$

这里$\sum l_w$ 是连接一侧的焊缝总计算长度。

当用侧面角焊缝连接截面不对称的角钢（图 12-35）时，虽然轴心力通过截面形心，但由于截面形心到角钢肢背和肢尖的距离不等，肢背焊缝和肢尖焊缝受力也不相等。

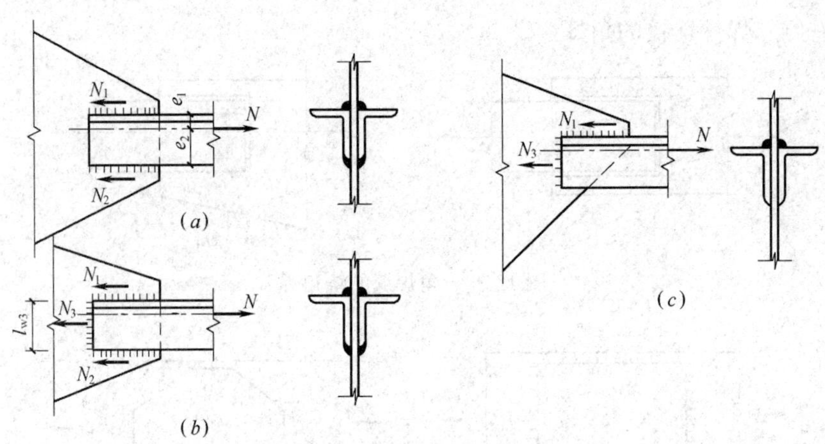

图 12-35　角钢角焊缝上受力分配

（*a*）两面侧焊；（*b*）三面围焊；（*c*）L 形焊

设 N_1、N_2 分别为角钢肢背焊缝和肢尖焊缝承担的内力，由平衡条件得

$$N_1=e_2N/(e_1+e_2)=K_1N \tag{12-8}$$

$$N_2=e_1N/(e_1+e_2)=K_2N \tag{12-8a}$$

式中　K_1、K_2——焊缝内力分配系数，可按表 12-2 查得。

当采用三面围焊（图 12-35*b*）时，可选定正面角焊缝的焊脚尺寸，并算出它所能承担的内力 $N_3=0.7h_f\sum l_{w3}\beta_f f_f^w$，再通过平衡关系，可以解得 N_1、N_2，再按（12-6）式计算侧面角焊缝。

对于 L 形的角焊缝（图 12-35*c*），同理求得 N_3 后，可得 $N_1=N-N_3$，求得 N_1 后，也可按（12-6）式计算侧面角焊缝。

角钢角焊缝的内力分配系数　　表 12-2

连接情况	连接形式	分配系数	
		K_1	K_2
等肢角钢一肢连接		0.7	0.3
不等肢角钢短肢连接		0.75	0.25
不等肢角钢长肢连接		0.65	0.35

【例 12-1】 图 12-36 所示用拼接板的平接连接，若主板截面为 400mm×18mm，承受轴心力设计值 N＝1500kN（静力荷载），钢材为 Q235B，采用 E43 系列型焊条，手工焊。试设计此拼接板连接。

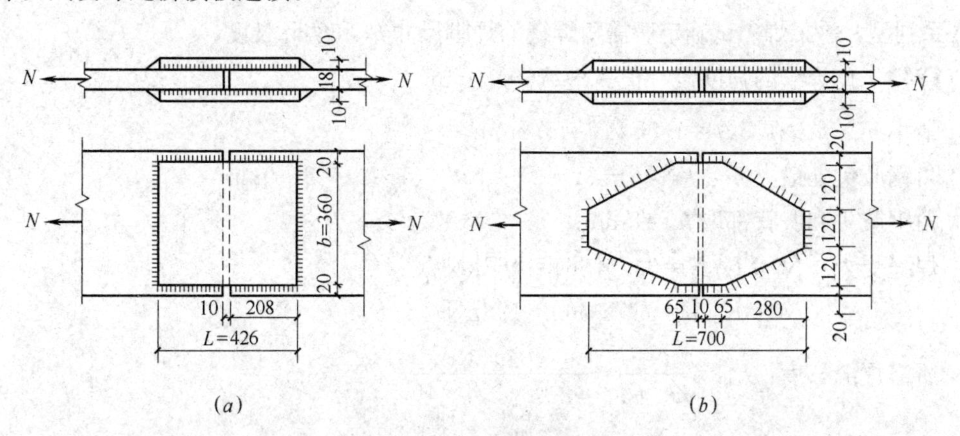

图 12-36　【例 12-1】附图

【解】　(1) 拼接板截面选择：根据拼接板和主板承载能力相等原则，拼接板钢材亦采用 Q235，两块拼接板截面面积之和应不小于主板截面面积，考虑拼接板要侧面施焊，取拼接板宽度为 360mm（主板和拼接板宽度差略大于 $2h_f$）。

拼接板厚度 $t_1 = 40 \times 1.8/(2 \times 36) = 1$cm，取 10mm，故每块拼接板截面为 10mm×360mm。

(2) 焊缝计算：因 t=10mm<12mm，且 b>200mm，为防止仅用侧面角焊缝引起板件拱曲过大，故采用三面围焊（图 12-36a）。由附录表 23-4 查得 f_f^w＝160N/mm^2。

设 $h_f = 8\text{mm} \leqslant t-(1\sim2) = 10-(1\sim2) = 8\sim9\text{mm}$

$$> 1.5\sqrt{t} = 1.5\sqrt{18} = 6.4\text{mm}$$

正面角焊缝承担的力为：

$$N'=0.7h_f\sum l_w^1\beta_f f_f^w=0.7\times8\times2\times360\times1.22\times160=787000\text{N}$$

侧面角焊缝的总长度为：

$$\sum l_w=\frac{N-N'}{h_e f_f^w}=\frac{1500000-787000}{0.7\times8\times160}=796\text{mm}$$

一条侧焊缝的计算长度为：$l_w=796/4=199$mm，取 $l_w=200$mm。

被拼接两板间留出缝隙 10mm，拼接板长度为 $L=(200+8)\times2+10=426$mm（图 12-36*a*）。

为了减少矩形盖板四角焊缝的应力集中，可将盖板改为菱形如图 12-36*b* 所示，则接头一侧需要的焊缝总长度为：

$$\sum l_w=N/(h_e f_f^w)=1500000/(2\times0.7\times8\times160)=837\text{mm}$$

实际焊缝的总长度为：

$$\sum l_w=2\left(65+\sqrt{280^2+120^2}\right)+120-2\times8=843\text{mm}>837\text{mm}\text{（满足）}$$

改用菱形盖板后盖板长度为 $L=2\times(65+280)+10=700$mm，长度增加 258mm，但受力状况有大的改善。

【例 12-2】 在图 12-37 所示角钢和节点板采用两边侧焊缝的连接中，$N=660$kN（静力荷载，设计值），角钢为 2∟110×10，节点板厚度 $t_1=12$mm，钢材为 Q235-B，焊条为 E43 系列型，手工焊。试确定所需角焊缝的焊脚尺寸 h_f 和实际长度。

【解】 角焊缝的强度设计值 $f_f^w=160\text{N/mm}^2$

最小 h_f：$h_f>1.5\sqrt{t}=1.5\sqrt{12}=5.2$mm

角钢肢尖处最大 h_f：$h_f\leqslant t-(1\sim2)=10-(1\sim2)=8\sim9$mm

角钢肢尖和肢背都取 $h_f=8$mm

焊缝受力：$N_1=K_1N=0.7\times660=462$kN

$N_2=K_2N=0.3\times660=198$kN

所需焊缝长度：$l_{w1}=\dfrac{N_1}{2h_e f_f^w}=\dfrac{462\times10^3}{2\times0.7\times8\times160}=257$mm

$$l_{w2}=\frac{N_2}{2h_e f_f^w}=\frac{198\times10^3}{2\times0.7\times8\times160}=110\text{mm}$$

因需增加 $2h_f=2\times8=16$mm 的焊口长，故肢背侧焊缝的实际长度为 280mm，肢尖

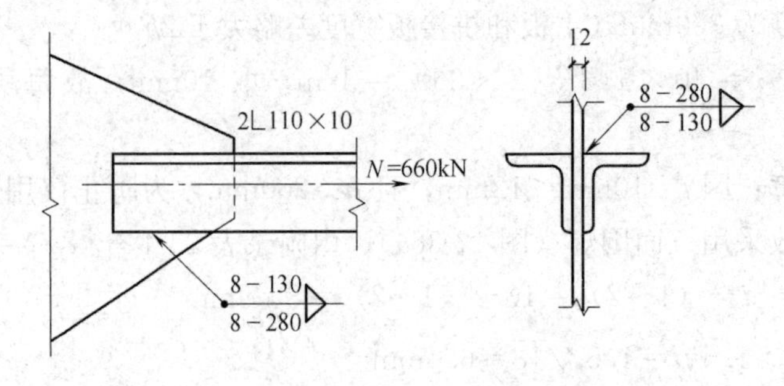

图 12-37 【例 12-2】附图

侧焊缝的实际长度为 130mm，如图 12-37 所示。肢尖焊缝也可改用 6-170。

（2）弯矩、剪力和轴心力共同作用时

在各种力综合作用下，如图 12-38 所示，采用角焊缝连接的 T 形接头，角焊缝受 M、N、V 共同作用时，N 引起垂直焊缝长度方向的应力 σ_f^N，V 引起沿焊缝长度方向的应力 τ_f，M 引起垂直焊缝长度方向按三角形分布的应力 σ_f^M，即：

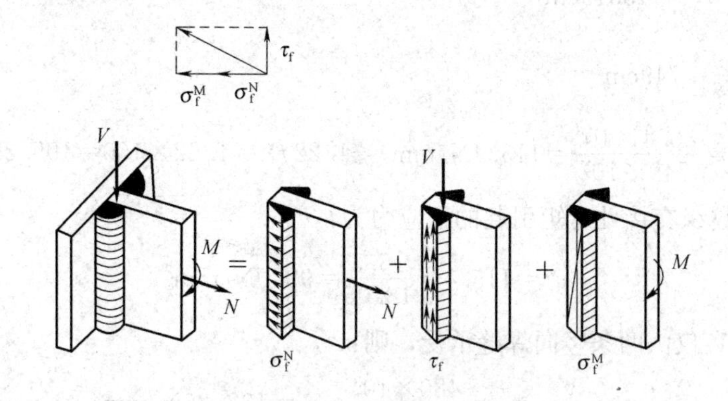

图 12-38 各种力综合作用下的角焊缝

$$\sigma_f^N = \frac{N}{h_e l_w} \tag{12-9}$$

$$\sigma_f^M = \frac{M}{W_e} \tag{12-10}$$

$$\tau_f = \frac{V}{h_e l_w} \tag{12-11}$$

且

$$\sigma_f = \sigma_f^N + \sigma_f^M \tag{12-12}$$

则最大应力在焊缝的上端，其验算公式为：

$$\sqrt{\tau_f^2 + \left(\frac{\sigma_f}{\beta_f}\right)^2} \leqslant f_f^w \tag{12-13}$$

式中 W_e——角焊缝有效截面的抵抗矩。其余符号意义同前。

【例 12-3】 验算图 12-39 所示牛腿与钢柱连接的角焊缝，钢材为 Q235B，焊条为 E43 系列型，手工焊。偏心力 $V=480$kN（静力荷载，设计值），$e=180$mm。

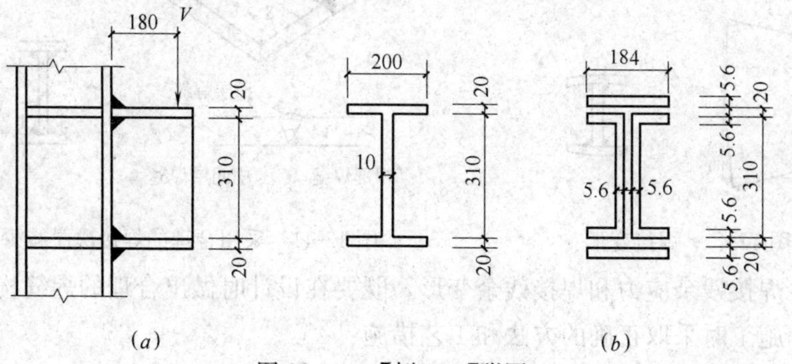

图 12-39 【例 12-3】附图

【解】 将 V 力向角焊缝截面形心简化后，角焊缝受到的剪力 $V=480\text{kN}$ 和弯矩 $M=V\cdot e=480\times0.18=86.4\text{kN}\cdot\text{m}$，取焊脚尺寸 $h_f=8\text{mm}$，焊缝有效截面如图 12-39（b）所示。则焊缝有效截面绕水平形心轴的惯性矩和抵抗矩为：

$$I_x=2\times0.7\times0.8\ (20-1.6)\ \times17.78^2+4\times0.7\times0.8\ (8.7-0.56)\ \times15.22^2+2\times\frac{0.7\times0.8\times31^3}{12}=13519\text{cm}^4$$

$$W_e=\frac{13519}{18.06}=749\text{cm}^3$$

$$\sigma_f^m=\frac{M}{W_e}=\frac{86.4\times10^6}{749\times10^3}=115.4\text{N/mm}^2<1.22f_f^w=1.22\times160=195.2\text{N/mm}^2$$

在腹板和翼缘交接处弯矩引起的正应力为：

$$\sigma_f^M=115.4\times\frac{15.5}{18.06}=99.0\text{N/mm}^2$$

假定剪力 V 仅由两条竖向焊缝承受，则：

$$\tau_f=\frac{V}{h_e l_w}=\frac{480\times10^3}{2\times0.7\times0.8\times31}=138.25\text{N/mm}^2$$

则由（12-13）式，验算：

$$\sqrt{\tau_f^2+\left(\frac{\sigma_f}{\beta_f}\right)^2}=\sqrt{138.25^2+\left(\frac{99.0}{1.22}\right)^2}=160.3\text{N/mm}^2\approx f_f^w=160\text{N/mm}^2\text{，满足。}$$

五、焊接残余应力与残余变形

钢结构在焊接过程中，由于焊件局部受到剧烈的温度作用，加热熔化后又冷却凝固，经历了一个不均匀的升温冷却过程，导致焊件各部分的热胀冷缩不均匀，从而使焊接件产生的变形（图 12-40）和内应力称为焊接残余变形和焊接残余应力。焊接变形如果超出验收规范的规定，必须加以矫正后才能交付使用。

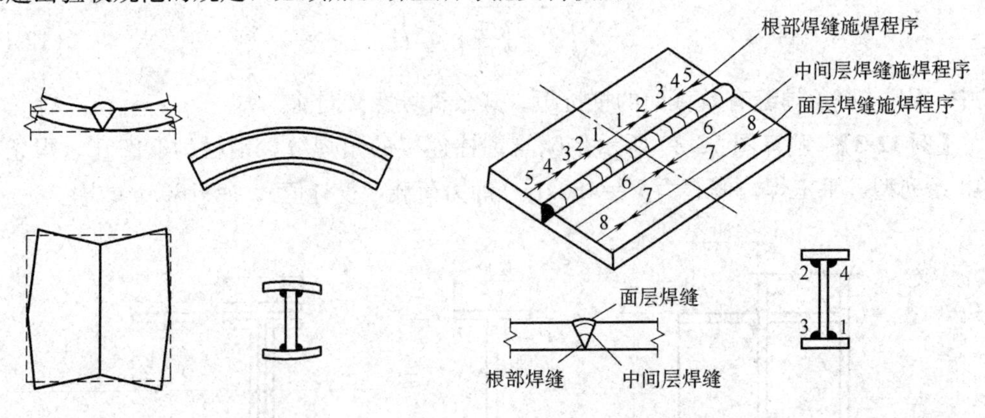

图 12-40 焊接变形

图 12-41 采用合理的焊接次序减少焊接变形

为减少焊接残余应力和焊接残余变形，既要在设计时做出合理的焊缝构造设计，又要在制造、施工时采取正确的方法和工艺措施：

1. 合理的焊缝设计

为了减少焊缝应力与焊接变形，设计时在构造上要采用一些合理的焊缝设计措施。例如：

（1）焊缝尺寸要适当，在容许范围内，可以采用较小的焊脚尺寸，并加大焊缝长度，使需要的焊缝总面积不变，以免因焊脚尺寸过大而引起过大的焊接残余应力。焊缝过厚还可能引起施焊时烧穿、过热等现象。

（2）焊缝不宜过分集中。图 12-42 中（b）比（a）好。

（3）应尽量避免三向焊缝相交，为此可使次要焊缝中断，主要焊缝连续通过（图 12-42c）。

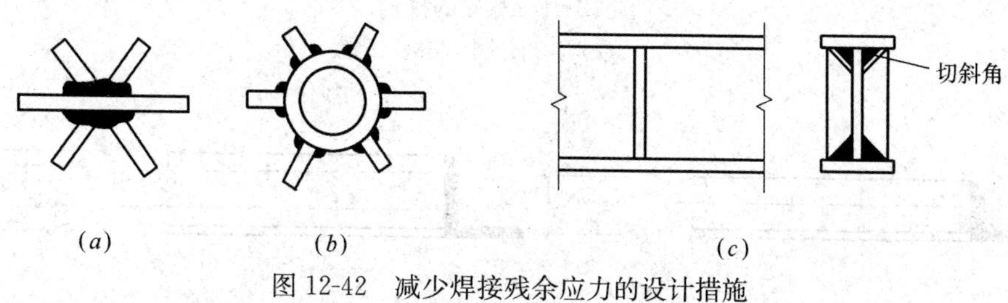

图 12-42 减少焊接残余应力的设计措施

（a）不合理；（b）、（c）合理

（4）焊缝连接构造要尽可能避免仰焊。

2. 制造、施工时采取的正确方法和工艺措施

（1）采用合理的施焊次序。例如钢板对接时采用分段退焊，厚焊缝采用分层焊，工字形截面按对角跳焊等（图 12-41）。

（2）施焊前给构件以一个和焊接变形相反的预变形，使构件在焊接后产生的焊接变形与之正好抵消（图 12-43）。

（3）对于小尺寸焊件，在施焊前预热，或施焊后回火（加热至 600℃左右，然后缓慢冷却），可以消除焊接残余应力。

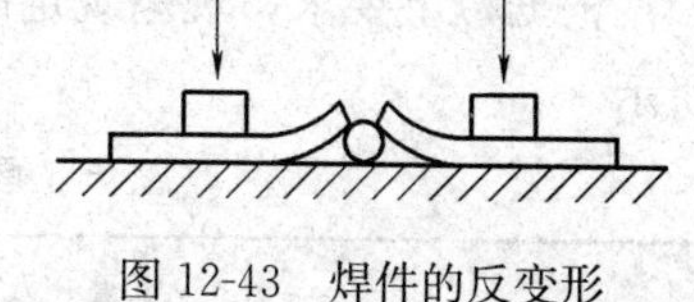

图 12-43 焊件的反变形

（4）采有机械校正法消除焊接变形。

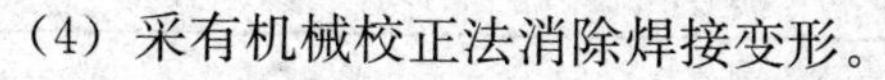

六、普通螺栓连接的构造与计算

1. 螺栓的排列和构造要求

螺栓在构件上的排列可以是并列或错列（图 12-44，图 12-45），排列时应考虑下列要求：

（1）受力要求 为避免钢板端部不被剪断（参见图 12-47d），螺栓的端距不应小于 $2d_0$，d_0 为螺栓孔径。对于受拉构件，各排螺栓的栓距和线距不应过小，否则螺栓周围应力集中互相影响较大，且对钢板的截面削弱过多，从而降低其承载能力。对于受压构件，沿作用力方向的栓距不宜过大，否则在被连接的板件间容易发生凸曲现象。螺栓的容许距离如表 12-3 所示。

（2）构造要求 若栓距及线距过大，则构件接触面不够紧密，潮气易于侵入缝隙而发生锈蚀。

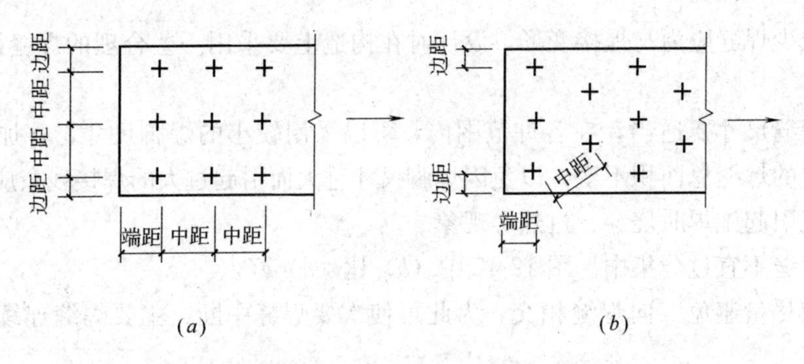

图 12-44　螺栓的排列

(a) 并列；(b) 错列

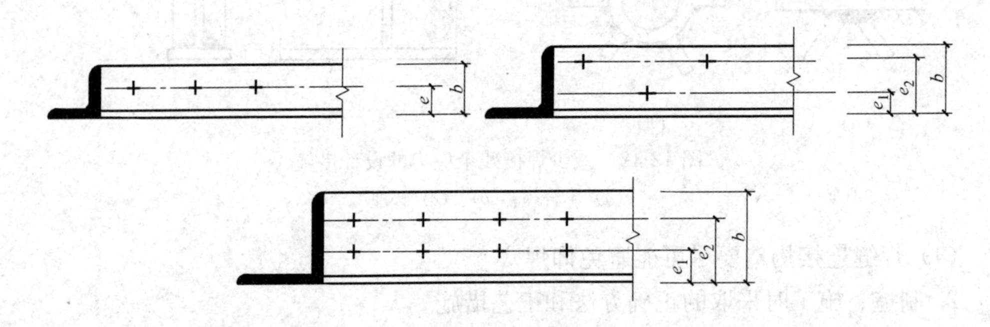

图 12-45　角钢肢上螺栓的排列

(3) 施工要求　要保证有一定的空间，便于转动螺栓扳手。

根据以上要求，规范规定的螺栓最大和最小间距，如图 12-44 和图 12-45 及表 12-3 所示。

螺栓或铆钉的最大、最小容许距离　　**表 12-3**

名　称	位置和方向			最大容许距离	最小容许
中心间距	任意方向	外排		$8d_0$ 或 $12t$	$3d_0$
		中间排	构件受压力	$12d_0$ 或 $18t$	
			构件受拉力	$16d_0$ 或 $24t$	
中心至构件边缘距离	顺内力方向			$4d_0$ 或 $8t$	$2d_0$
	垂直内力方向	切割边			$1.5d_0$
		轧制边或锯割边	高强度螺栓		
			其他螺栓或铆钉		$1.2d_0$

注：1. d_0 为螺栓的孔径，t 为外层较薄板件的厚度；

2. 钢板边缘与刚性构件（如角钢、槽钢等）相连的螺栓或铆钉的最大间距，可按中间排的数值采用，计算螺栓孔引起的截面削弱时取 $d+4$mm 和 d_0 的较大者。

2. 普通螺栓连接受剪、受拉时的工作性能

普通螺栓连接按螺栓传力方式，可分为抗剪螺栓和抗拉螺栓连接，如图 12-46。抗

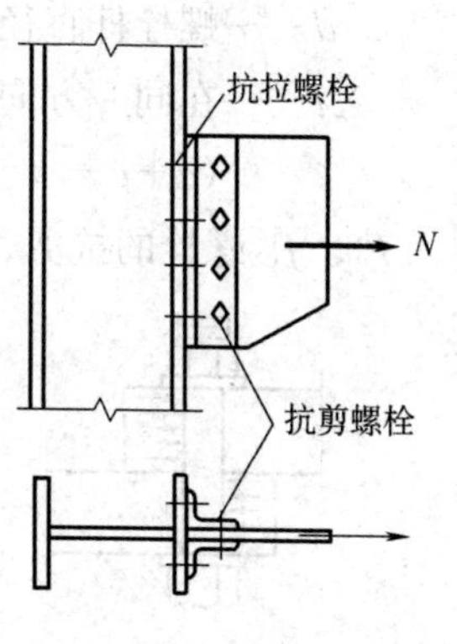

图 12-46　螺栓连接

剪螺栓依靠螺栓杆的承压和抗剪来传递外力。而抗拉螺栓则靠螺栓杆的受拉传递外力。

(1) 抗剪螺栓连接

抗剪螺栓连接在受力以后，首先由构件间的摩擦力抵抗外力。不过摩擦力很小，构件间不久就出现滑移，螺栓杆和螺栓孔壁发生接触，使螺栓杆受剪，同时螺栓杆和孔壁间互相接触而挤压。

图 12-47 表示螺栓连接有五种可能破坏情况：①当螺栓杆较细、板件较厚时，螺栓杆可能被剪断（图 12-47*a*）；②当螺栓杆较粗、板件相对较薄时，板件可能先被挤压而破坏（图 12-47*b*）；③当螺栓孔对板的削弱过多，板件可能在削弱处被拉断（图 12-47*c*）；④当端距太小，板端可能受冲剪而破坏（图 12-47*d*）；⑤当栓杆细长，螺栓杆可能发生过大的弯曲变形而使连接破坏（图 12-47*e*）；其中对螺栓杆被剪断、孔壁挤压以及板被拉断，要进行计算。而对于钢板剪断和螺栓杆弯曲破坏两种形式，可以通过以下措施防止：规定端距的最小容许距离（参见表 12-3），以避免板端受冲剪而破坏；限制板叠厚度，即$\sum t \leqslant 5d$ 以避免螺杆弯曲过大而破坏。

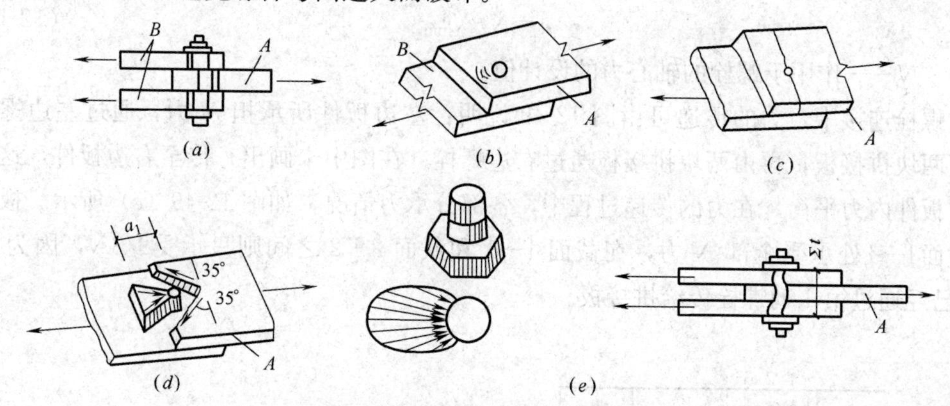

图 12-47　受剪螺栓连接的破坏形式

当连接处于弹性阶段时，螺栓群中各螺栓受力不相等，两端大而中间小，超过弹性阶段出现塑性变形后，因内力重分布使螺栓受力趋于均匀。这样，在设计时，当外力通过螺栓群中心时，可认为所有螺栓受力相同。

一个抗剪螺栓的设计承载能力按下面两式计算：

抗剪承载力设计值：

$$N_v^b = n_v \frac{\pi d^2}{4} f_v^b \tag{12-14}$$

承压承载力设计值：

$$N_c^b = d \sum t f_c^b \tag{12-15}$$

式中　n_v——螺栓受剪面数（图 12-48），单剪 $n_v=1$，双剪 $n_v=2$，四剪面 $n_v=4$ 等；

d——螺栓杆直径；

$\sum t$——在同一方向承压的构件较小总厚度，如图 12-48 中，对于四剪面 $\sum t$ 取 ($a+c+e$) 或 ($b+d$) 的较小值：

f_v^b、f_c^b 螺栓的抗剪、承压强度设计值（见附表 23-3）。

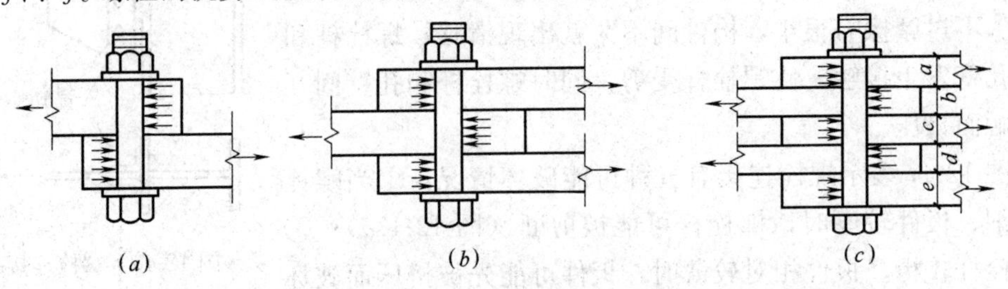

图 12-48 抗剪螺栓连接

(*a*) 单剪；(*b*) 双剪；(*c*) 四剪面

一个抗剪螺栓的承载力设计值应该取 N_v^b 和 N_c^b 的较小值 N_{min}^b。

当外力通过螺栓群形心时，假定诸螺栓平均分担剪力，图 12-49*a* 接头一边所需螺栓数目为：

$$n=N/N_{min}^b \tag{12-16}$$

式中 N——作用于螺栓的轴心力的设计值。

螺栓连接中，力的传递可由图 12-49 说明：左边板件所承担 N 力，通过左边螺栓传至两块拼接板，再由两块拼接板通过右边螺栓（在图中未画出）传至右边板件，这样左右板件内力平衡。在力的传递过程中，各部分承力情况，如图 12-49（*c*）所示。板件在截面1—1处承受全部 N 力，在截面 1—1 和截面 2—2 之间则只承受2/3N，因为 1/3N 已经通过第 1 列螺栓传给拼接板。

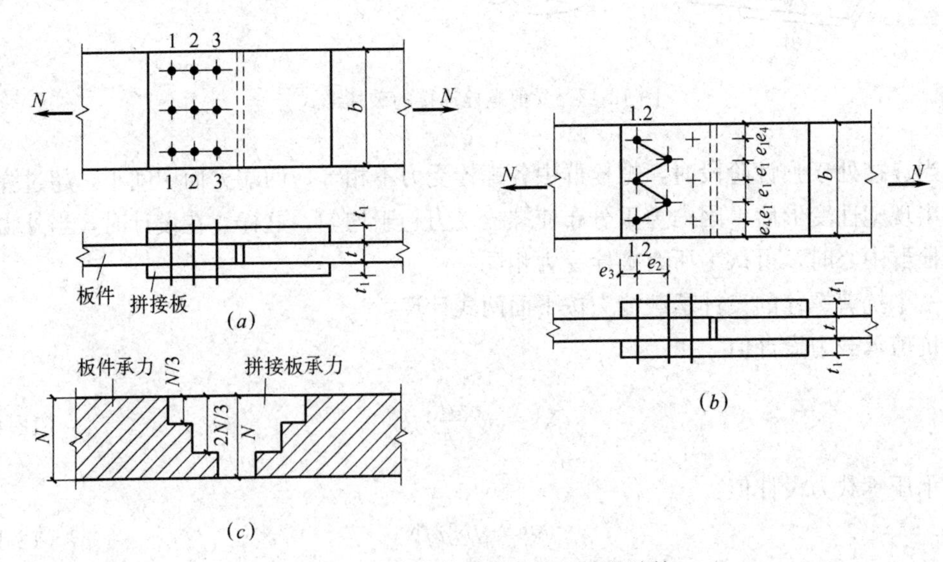

图 12-49 力的传递及净截面面积计算

由于螺栓孔削弱了板件的截面，为防止板件在净截面上被拉断，需要验算净截面的强度，即：

$$\sigma=N/A_n \leqslant f \tag{12-17}$$

式中 A_n——净截面面积，其计算方法分析如下：

图 12-49（a）所示的并列螺栓排列，以左半部分来看：截面 1—1，2—2，3—3 的净截面面积均相同。但对于板件来说，根据传力情况，截面 1—1 受力为 N，截面 2—2 受力为 $N-\frac{n_1}{n}N$，截面 3—3 受力为 $N-\frac{n_1+n_2}{n}N$，以截面 1—1 受力最大。其净截面面积为

$$A_n=t(b-n_1 d_0) \tag{12-18}$$

对于拼接板来说，以截面 3—3 受力最大，其净截面面积为

$$A_n=2t_1(b-n_3 d_0) \tag{12-19}$$

式中 n 为左半部分螺栓总数，n_1、n_2、n_3 分别为截面 1—1、2—2、3—3 上螺栓数，d_0 为螺栓孔径。

图 12-49（b）所示的错列螺栓排列，对于板件不仅需要考虑沿截面 1—1（正交截面）破坏的可能。此时按式（12-18）计算净截面面积，还需要考虑沿截面 2—2（折线截面）破坏的可能。此时：

$$A_n=t\left[2e_4+(n_2-1)\sqrt{e_1^2+e_2^2}-n_2 d_0\right] \tag{12-20}$$

式中 n_2 为折线截面 2—2 上的螺栓数。

计算拼接板的净截面面积时，其方法相同。不过计算的部位应在拼接板受力最大处。

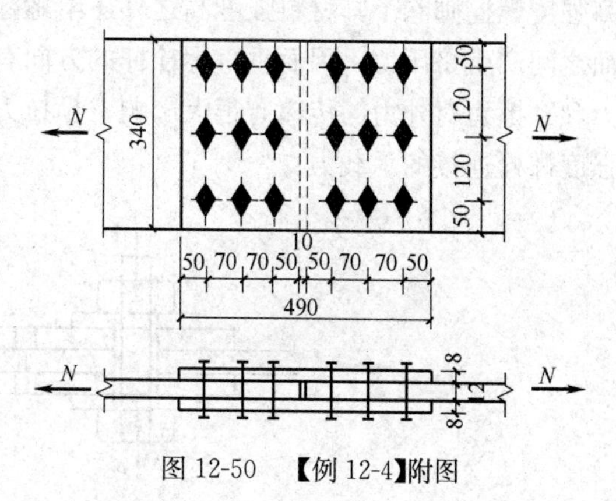

图 12-50 【例 12-4】附图

【例 12-4】 设计如图 12-50 所示的用 C 级普通螺栓的双拼接板连接。承受轴心拉力设计值 N＝600kN，钢板截面 340mm×12mm 钢材为 Q235 钢，螺栓直径 d＝20mm，孔径 d_0＝21.5mm。

【解】 1）计算螺栓数

一个螺栓的承载力设计值为抗剪承载力设计值：

$$N_v^b=n_v\frac{\pi d^2}{4}f_v^b=2\times\frac{\pi\times 20^2}{4}\times 130=81640\text{N}$$

承压承载力设计值：

$$N_v^b=d\sum t f_c^b=20\times 12\times 305=73200\text{N}$$

则 $N_{min}^b=73200\text{N}$

连接一边所需螺栓数为：

$$n=N/N_{min}^b=600000/73200=8.2$$

取 9 个，采用并列式排列，按表 12-3 的规定排列距离，如图 12-50 所示。

2）构件净截面积强度验算

构件净截面积为：

$$A_n = A - n_1 d_0 t = 340\times12 - 3\times21.5\times12 = 3306\text{mm}^2$$

式中 $n_1=3$ 为第一列螺栓的数目。

构件的净截面强度验算为：

$\sigma = N/A_n = 600000/3306 = 181.5\text{N/mm}^2 < f = 215\text{N/mm}^2$，满足要求。

（2）抗拉螺栓连接

在抗拉螺栓连接中，外力将把连接构件拉开而使螺栓受拉，最后螺杆会被拉断。

一个抗拉螺栓的承载力设计值按下式计算：

$$N_t^b = \frac{\pi d_e^2}{4} f_t^b \tag{12-21}$$

式中 d_e——普通螺栓或锚栓螺纹处的有效直径，其取值见附表 23-4、附表 23-5；

f_t^b——普通螺栓或锚栓的抗拉强度设计值（见附表 23-3）。

七、高强度螺栓连接的性能和计算

1. 高强度螺栓连接的性能

高强度螺栓连接和普通螺栓连接的主要区别是：普通螺栓连接在抗剪时依靠杆身承压和螺栓抗剪来传递剪力，在扭紧螺帽时螺栓产生的预拉力很小，其影响可以忽略。而高强度螺栓则除了其材料强度高之外还给螺栓施加很大的预拉力，使被连接构件的接触面之间产生挤压力，因而垂直螺栓杆的方向有很大摩擦力。如图 12-51 所示。这种挤压力和摩擦力对外力的传递有很大影响。预拉力、抗滑移系数和钢材种类都直接影响到高强度螺栓连接的承载力。

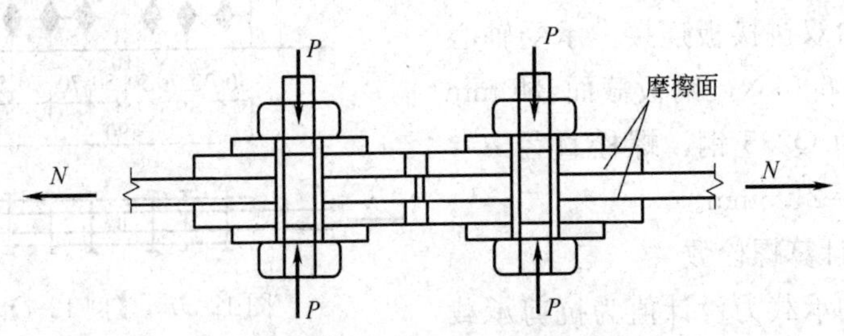

图 12-51 高强度螺栓连接

高强度螺栓连接，从受力特征分为摩擦型高强度螺栓、承压型高强度螺栓和承受拉力的高强度螺栓连接。

摩擦型高强度螺栓连接单纯依靠被连接构件间的摩擦阻力传递剪力，以摩擦阻力刚被克服，连接钢板间即将产生相对滑移，为承载能力的极限状态。承压型高强度螺栓连接的传力特征是剪力超过摩擦力时，被连接构件间发生相互滑移，螺栓杆身与孔壁接触，螺杆受剪，孔壁承压。最终随外力的增大，以螺栓受剪或钢板承压破坏为承载能力的极限状态，其破坏形式和普通螺栓连接相同。这种螺栓连接还应以不出现滑移作为正常使用的极限状态。

承受拉力的高强度螺栓连接，由于预拉力作用，构件间在承受荷载前已经有较大的挤压力，拉力作用首先要抵消这种挤压力。至构件完全被拉开后，高强度螺栓的受拉力情况就和普通螺栓受拉相同。不过这种连接的变形要小得多。当拉力小于挤压力时，构件未被拉开，可以减小锈蚀危害，改善连接的疲劳性能。

（1）高强度螺栓的预拉力，是通过扭紧螺母实现的。一般采用扭矩法、转角法或扭剪法来控制预拉力。

1）扭矩法　采用可直接显示扭矩的特制扳手，根据事先测定的扭矩和螺栓拉力之间的关系施工加扭矩至规定的扭矩值时，即达到了设计时规定的螺栓预拉力。

2）转角法　分初拧和终拧两步。初拧是先用普通扳手使被连接构件相互紧密贴合，终拧就是以初拧贴紧作出的标记位置（图 12-52*a*）为起点，根据按螺栓直径和板叠厚度所确定的终拧角度，用长扳手（电动或风动扳手）旋转螺母，拧到预定角度值（120°～240°）时，螺栓的拉力即达到了所需要的预拉力数值。

3）扭剪法　扭剪型高强度螺栓的受力特征与一般高强度螺栓相同，只是施加预拉力的方法为用拧断螺栓尾部的梅花头切口处截面（图 12-52*b*）来控制预拉力数值。这种螺栓施加预拉力简单、准确，在宝钢工程钢结构连接中广泛应用。

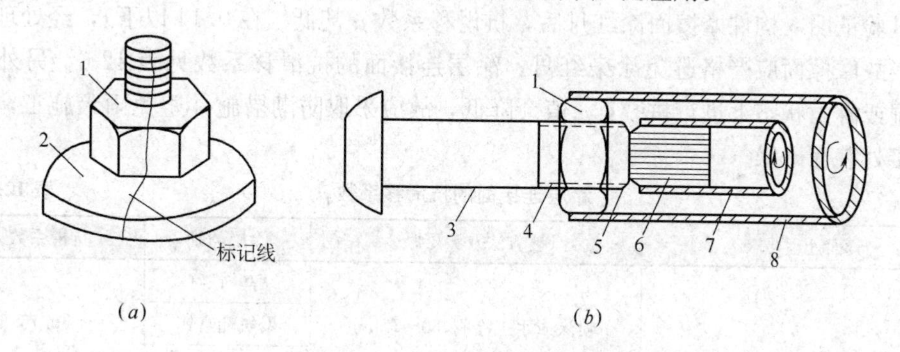

图 12-52　高强度螺栓的紧固方法

（*a*）转角法；（*b*）拧掉扭剪型高强度螺栓尾部梅花卡头

1—螺母；2—垫圈；3—栓杆；4—螺纹；5—槽口；

6—螺栓尾部梅花卡头；7、8—电动扳手小套筒和大套筒

高强度螺栓的设计预拉力值由材料强度和螺栓有效截面确定，一个高强度螺栓预拉力设计值 P 见表 12-4。

一个高强度螺栓的预拉力 P（kN）　　**表 12-4**

螺栓的性能等级	螺栓公称直径（mm）					
	M16	M20	M22	M24	M27	M30
8.8 级	80	125	150	175	230	280
10.9 级	100	155	190	225	290	355

（2）高强度螺栓连接摩擦面抗滑移系数

摩擦型高强度螺栓连接完全依靠被加接构件间的摩擦阻力传力，而摩擦阻力的大小

与螺栓的预拉力和连接件间的摩擦面的抗滑移系数 μ 有关。

规范规定的摩擦面抗滑移系数 μ 值见表 12-5。

钢材摩擦面的抗滑移系数 μ　　表 12-5

连接处构件接触面的处理方法		构件的钢号				
		Q235 钢	Q345 钢	Q390 钢	Q420 钢	Q460 钢
普通钢结构	喷硬质石英砂或铸钢棱角砂	0.45	0.45		0.45	
	抛丸(喷砂)	0.35	0.40		0.40	
	抛丸(喷砂)后生赤锈	0.45	0.45		0.45	
	钢丝刷清除浮锈或未经处理的干净轧制面	0.30	0.35		0.40	
冷弯薄壁型钢结构	抛丸(喷砂)	0.35	0.40	/	/	
	热轧钢材轧制面清除浮锈	0.30	0.35	/	/	
	冷轧钢材轧制面清除浮锈	0.25	/	/	/	

注：1. 钢丝刷除锈方向应与受力方向垂直。
2. 当连接构件采用不同钢号时，μ 按相应较低的取值。
3. 采用其他方法处理时，其处理工艺及抗滑移系数值均需要试验确定。

试验证明，构件摩擦面涂红丹后，抗滑移系数 μ 甚低（在 0.14 以下），经处理后仍较低，故摩擦面应严格避免涂染红丹。涂层连接面的抗滑移系数见表 12-6。另外连接在潮湿或淋雨状态下进行拼装，μ 值会降低，故应采取防潮措施并避免雨天施工，以保证连接处表面干燥。

涂层连接面的抗滑移系数 μ　　表 12-6

表面处理要求	涂装方法及涂层厚度	涂层类别	抗滑系数 μ
抛丸除锈，达到 Sa2 $\frac{1}{2}$ 级	喷涂或手工涂刷，50～75μm	醇酸铁红	0.15
		聚氨酯富锌	
		环氧富锌	
	喷涂或手工涂刷，50～75μm	无机富锌	0.35
		水性无机富锌	
	喷涂，30～60μm	锌加(Z1NA)	0.45
	喷涂，80～120μm	防滑防锈硅酸锌漆(HES-2)	

注：当设计要求使用其他涂层（热喷铝、镀锌等）时，其钢材表面处理要求、涂层厚度及抗滑移系数均需由试验确定。

(3) 高强度螺栓的排列

高强度螺栓的排列和普通螺栓相同，应符合图 12-44 和图 12-45，表 12-3 及附表 23-6 的要求。

2. 摩擦型高强度螺栓的计算

(1) 高强度螺栓连接的受剪计算

摩擦型高强度螺栓承受剪力时的设计准则是剪力不得超过最大摩擦阻力。每个螺栓的最大摩擦阻力应该为 $n_f\mu P$，但是考虑到整个连接中各个螺栓受力未必均匀，乘以系数0.9，故一个摩擦型高强度螺栓的抗剪承载力设计值为

$$N_v^b = 0.9 n_f \mu P \tag{12-22}$$

式中　n_f——一个螺栓的传力摩擦面数目；

μ——摩擦面的抗滑移系数，见表12-5；

P——高强度螺栓预拉力，见表12-4。

一个摩擦型高强度螺栓的抗剪承载力设计值求得后，仍按式（12-16）计算高强度螺栓连接所需螺栓数目，其中 N_{min}^b 对摩擦型为按式（12-22）算得的 N_v^b 值。

对摩擦型高强度螺栓连接的构件净截面强度验算，要考虑由于摩擦阻力作用，一部分剪力由孔前接触面传递（图12-53）。按照规范规定，孔前传力占螺栓传力的50%。这样截面Ⅰ—Ⅰ处净截面传力为

$$N' = N\left(1 - \frac{0.5n_1}{n}\right) \tag{12-23}$$

式中　n_1——计算截面上的螺栓数；

n——连接一侧的螺栓总数。

求出 N'后，构件净截面强度仍按式（12-17）进行验算。

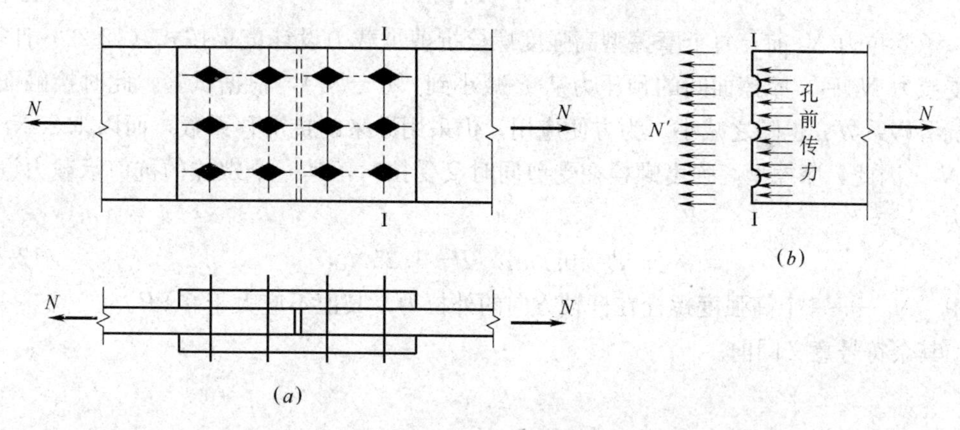

图12-53　螺栓群受轴心力作用时的受剪摩擦型高强度螺栓

【例12-5】 将【例12-4】改用高强度螺栓连接。采用10.9级的M22高强度螺栓，连接处构件接触面用钢丝刷清理浮锈。

【解】 1）采用摩擦型高强度螺栓时，一个螺栓的抗剪承载力设计值：

$$N_v^b = 0.9 n_f \mu P = 0.9 \times 2 \times 0.3 \times 190 = 102.6\text{kN}$$

连接一侧所需螺栓数为

$n = N/N_v^b = 600/102.6 = 5.84$，用6个螺栓，排列如图12-54所示。

2）构件净截面强度验算：钢板第一列螺栓孔处的截面最危险。

$$N' = N\left(1 - \frac{0.5n_1}{n}\right) = 600\left(1 - 0.5 \times \frac{3}{6}\right) = 450\text{kN}$$

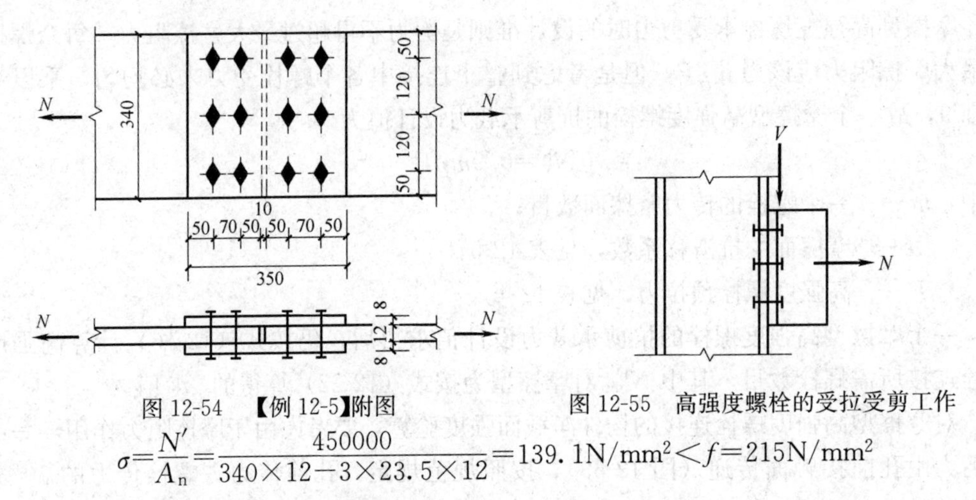

图 12-54 【例 12-5】附图　　　图 12-55 高强度螺栓的受拉受剪工作

$$\sigma=\frac{N'}{A_n}=\frac{450000}{340\times12-3\times23.5\times12}=139.1\text{N/mm}^2<f=215\text{N/mm}^2$$

(2) 高强度螺栓的抗拉连接性能与计算

图 12-55 所示连接，图中螺栓受拉、受剪或同时受剪受拉。高强度螺栓在外力作用前，已经有很高的预拉力 P，为了避免当外力大于螺栓预拉力时，卸荷后松弛现象产生，应使板件接触面间始终被挤压很紧。规范规定每个摩擦型高强度螺栓的抗拉设计承载力，不得大于 $0.8P$，所以，一个抗拉高强度螺栓的承载力设计值为

$$N_t^b=0.8P \tag{12-24}$$

承受拉力 N_t 前，每个摩擦型高强度螺栓抗剪承载力设计值仍按式（12-22）计算，承受拉力 N_t 后，摩擦面间的预压力从 P 减小到（$P-N_t$），根据试验，此时接触面间的抗滑移系数 μ 也随之减小。为方便应用，仍采用原来的抗滑移系数，而以 $1.25N_t$ 代替 N_t。因此，摩擦型高强度螺栓在受剪同时又受拉时，其一个螺栓的抗剪承载力设计值为

$$N_v^b=0.9n_f\mu(P-1.25N_t) \tag{12-25}$$

式中 N_t——一个高强度螺栓在杆轴方向的外拉力，其值不应大于 $0.8P$。

其余符号意义同前。

第三节 钢结构构件

一、轴心受力构件和拉弯、压弯构件

1. 轴心受力构件和拉弯、压弯构件的应用以及截面形式

轴心受力构件广泛地用于主要承重钢结构，如桁架和网架等。轴心受力构件还常常用作操作平台和其他结构的支柱。一些非主要承重构件如支撑，也常常由许多轴心受力构件组成。在钢结构中，拉弯杆应用较少，而压弯杆则应用较多，如有节间荷载作用的

屋架上弦杆、厂房柱以及多高层建筑的框架柱。

轴心受力构件和拉弯、压弯构件截面形式有如图 12-56 所示的两类。第一类是热轧型钢截面，如图 12-56（*a*）中的圆钢、圆管、方管、角钢、槽钢、工字钢和 T 形钢等；第二类是用型钢和钢板连接而成的组合截面，图 12-56（*b*）所示都是实腹式组合截面；而图 12-56（*c*）中所示都是格构式组合截面。

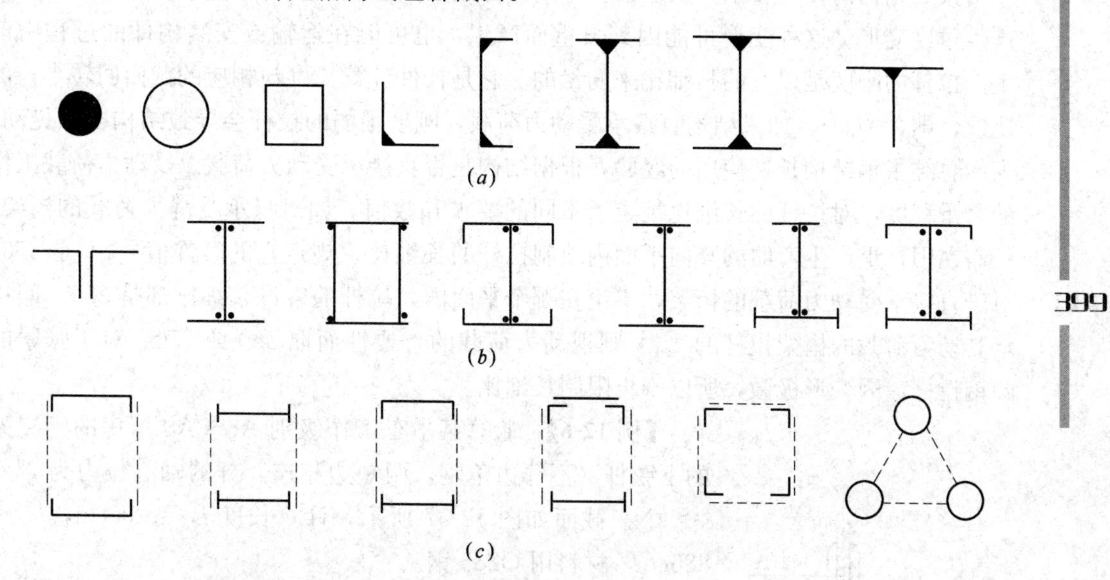

图 12-56　轴心受力构件和拉弯、压弯构件的截面形式

（*a*）型钢截面；（*b*）实腹式组合截面；（*c*）格构式组合截面

对轴心受力构件截面形式的共同要求是：①能提供强度所需要的截面积；②制作比较简便；③便于和相邻构件连接；④截面宽大而壁厚较薄，以满足刚度要求。对于轴心受压构件，截面宽大更具有重要意义，因为构件的稳定性能直接取决于它的整体刚度，整体刚度大则构件的稳定性好，用料比较经济。当然，对截面的两个主轴都应如此要求。根据以上情况轴心压杆除经常采用双角钢和宽翼缘工字钢截面外，有时要采用实腹式或格构式组合截面。轮廓尺寸宽大的四肢或三肢格构式组合截面可以用于轴心压力不甚大但比较长的构件以便节省钢材。在轻型钢结构中采用冷弯薄壁型钢截面比较有利。

对拉弯、压弯构件，当承受的弯矩较小时，可选用和一般轴心受力构件相同的截面形式。当弯矩很大时，为提高其在弯矩作用平面内的承载能力，应在此方向采用较大的截面和格构截面，使压力一侧的截面面积较大。

2. 轴心受力构件的受力性能和计算

（1）轴心拉杆的强度计算

规范对轴心受力构件的强度计算，规定净截面的平均应力不应超过钢材的屈服强度，受拉构件的强度计算公式是：

$$\sigma=\frac{N}{A_{\mathrm{n}}}\leqslant f \tag{12-26}$$

式中　N——轴心拉力的设计值；

A_n——构件的净截面面积；

f——钢材的抗拉强度设计值。见附录附表 23-1。

（2）拉杆的容许长细比

按照结构的使用要求，轴心拉杆不应过分柔弱而应该具有必要刚度，保证构件不会产生过度变形。这种变形可能因其自重而产生，也可能在运输或安装构件的过程中产生。拉杆的刚度是以它的长细比来衡量的。它是杆件计算长度与相应的截面回转半径的比值，即 $\lambda=l_0/i$。如果结构直接承受动力荷载，刚度很弱的拉杆会导致结构剧烈晃动。人们总结了钢结构长期使用的经验，根据结构是否直接承受动力荷载以及动力荷载工作的繁重程度，对拉杆的长细比规定了不同的要求和数值。如对只承受静力荷载的桁架，只需在因自重产生弯曲的竖向平面内限制拉杆的长细比，规定它的容许值 $[\lambda]$ 是 350。对于直接承受动力荷载的桁架，不论在哪个平面内，拉杆的容许长细比都是 250。间接承受动力荷载的桁架拉杆的 $[\lambda]$ 则视动力荷载的重要性而取 350 或 250。对于张紧的圆钢拉杆，因变形极微，所以不再限制长细比。

【例 12-6】 验算某吊车工作级别 A6～A8 厂房的钢屋架的下弦杆（不等边角钢，两短边相连）杆的轴心拉力为 $N=400\text{kN}$。截面如图 12-57 所示，计算长度 $l_{0x}=300\text{cm}$，$l_{0y}=885\text{cm}$，材料用 Q235 钢。

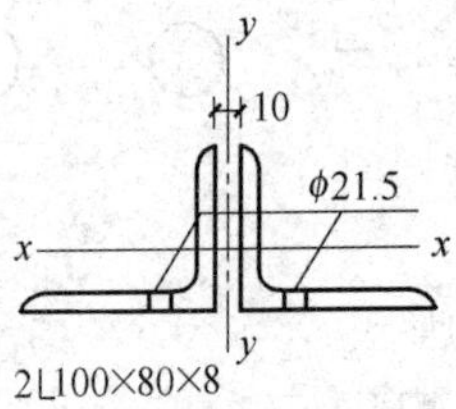

2∟100×80×8

图 12-57

【解】（1）强度验算

由型钢表中查得∟100×80×8 截面面积 $A=13.94\text{cm}^2$，则此下弦杆净截面面积为：

$$A_n=2(13.94-2.15\times0.8)=24.44\text{cm}^2=2444\text{mm}^2$$

$$\therefore\sigma=\frac{N}{A_n}=\frac{400000}{2444}=163.7\text{N/mm}^2<f=215\text{N/mm}^2$$

（2）长细比验算

由附录组合截面特性表查得其回转半径为：$i_x=2.37\text{cm}$，$i_y=4.73\text{cm}$。

$$\therefore\lambda_x=\frac{l_{0x}}{i_x}=\frac{300}{2.37}=127<[\lambda]=250$$

$$\lambda_y=\frac{l_{0y}}{i_y}=\frac{885}{4.73}=187<[\lambda]=250$$，满足要求。

（3）轴心受压构件的受力性能和整体稳定计算

轴心受压构件的受力性能与受拉构件不同。除了有些较短的构件因局部有孔洞削弱，净截面的平均应力有可能达到屈服强度而需要按式（12-26）计算它的强度外，一般来说，轴心受压构件的承载能力是由稳定条件决定的。它应该满足整体稳定和局部稳定的要求。国内外因受压构件突然失稳而导致的结构工程事故屡见不鲜。

轴心受压柱的受力性能和许多因素有关。理想的挺直的轴心受压柱发生弹性弯曲时，所受的力为欧拉临界力 N_{cr}（$N_{cr}=\pi EI/l_0^2$）。但是实际的轴心受压柱不可避免地都存在几何缺陷和承受荷载前就存在的残余应力，同时柱的材料还可能不均匀。所以实际的轴心受压柱一经压力作用就产生挠度。其按极限强度理论计算的稳定承载力称为柱的极限承载力用符号 N_u 表示，N_u 取决于柱的长度和初弯曲，柱的截面形状和尺寸以及残余应力的分布等因素。

考虑初弯曲和残余应力两个最主要的不利因素。初弯曲的矢高取柱长度的千分之一，而残余应力则根据柱的加工条件确定。图 12-58 是轴心受压柱按极限强度理论确定的承载力的曲线，纵坐标是柱的截面平均应力 σ_u 与屈服强度 f_y 的比值，$\sigma_u/f_y=N_u/(Af_y)$，可以用符号 φ 表示，称为轴心受压构件稳定系数，横坐标为柱的相对长细比 $\bar{\lambda}=\frac{\lambda}{\pi}\sqrt{\frac{f_y}{E}}$。

轴心受压柱应按下式计算整体稳定：

$$N/\varphi A\leqslant f \tag{12-27}$$

式中 N——轴心受压构件的压力设计值；

A——构件的毛截面面积；

f——钢材的抗压强度设计值，见附表 23-1；

φ——轴心受压构件的稳定系数，见附表 26-1～附表 26-4。

在钢结构中轴心受压构件的类型很多，当构件的长细比相同时，其承载力往往有很大差别。可以根据设计中经常采用柱的不同截面形式和不同的加工条件，按极限强度理论得到考虑初弯曲和残余应力影响的一系列柱的曲线，在图 12-58 中以两条虚线标示这一系列柱曲线变动范围的上限和下限。实际轴心受压柱的稳定系数基本上都在这两条虚线之间。分析认为，把诸多柱曲线划分为四类比较经济合理。图 12-58*a*、*b*、*c*、*d* 四条柱曲线各自代表一组截面柱的 φ 值的平均值。我国钢结构设计规范的 *a*、*b*、*c*、*d* 四类

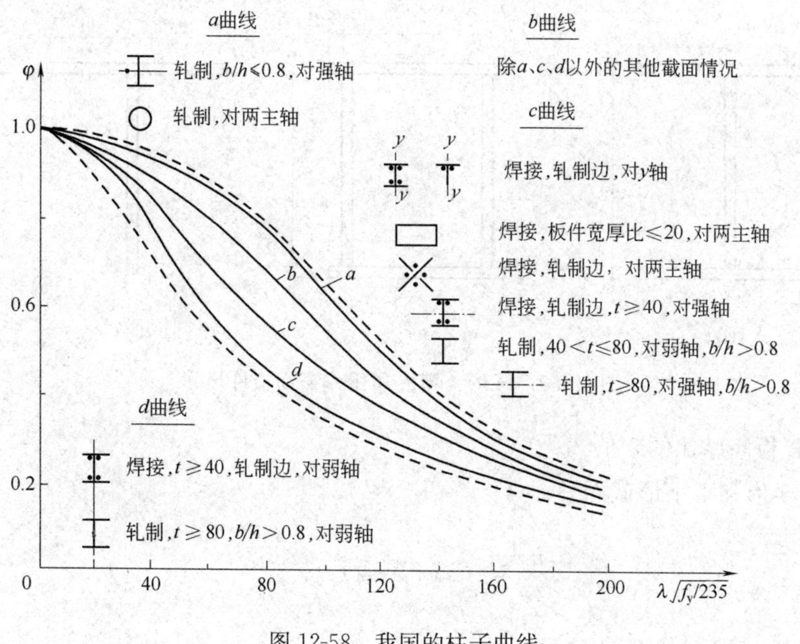

图 12-58 我国的柱子曲线

截面的分类见附表25-1、附表25-2。轴心受压构件的稳定系数见附表26-1～附表26-4。

3. 轴心受压构件的局部稳定

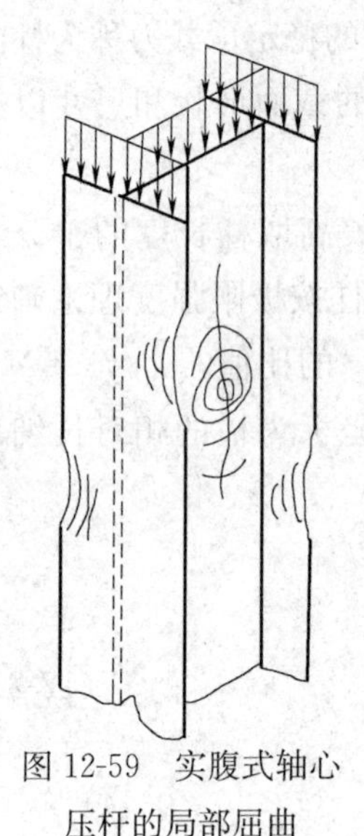

图12-59 实腹式轴心压杆的局部屈曲

轴心受压构件不仅有丧失整体稳定的可能性，而且也有丧失局部稳定的可能性。组成构件的板件，如H形截面构件的翼缘和腹板，它们的厚度与板其他两个尺寸相比很小。在均匀压力的作用下，当压力到达某一数值时，板件不能继续维持平面平衡状态而产生凸曲现象，见图12-59。因为板件只是构件的一部分，所以把这种屈曲现象称为丧失局部稳定。丧失局部稳定的构件还可能继续维持着整体稳定的平衡状态，但因为有部分板件已经屈曲，所以会降低构件的承载力，可能导致构件的提前破坏。因此，规范规定，受压构件中板件的局部稳定以板件屈曲不先于构件的整体屈曲为条件，并以限制板件的宽厚比来加以控制。

(1) 翼缘自由外伸段宽厚比的限值

$$\frac{b_1}{t} \leqslant (10+0.1\lambda)\sqrt{\frac{235}{f_y}} \tag{12-28}$$

式中 λ——构件两方向长细比的较大值，当$\lambda<30$时取$\lambda=30$；当$\lambda>100$时取$\lambda=100$。

式(12-28)同样适用于计算T形截面翼缘板和腹板的宽厚比(b_1/t和h_0/t_w)限值(图12-60c)。

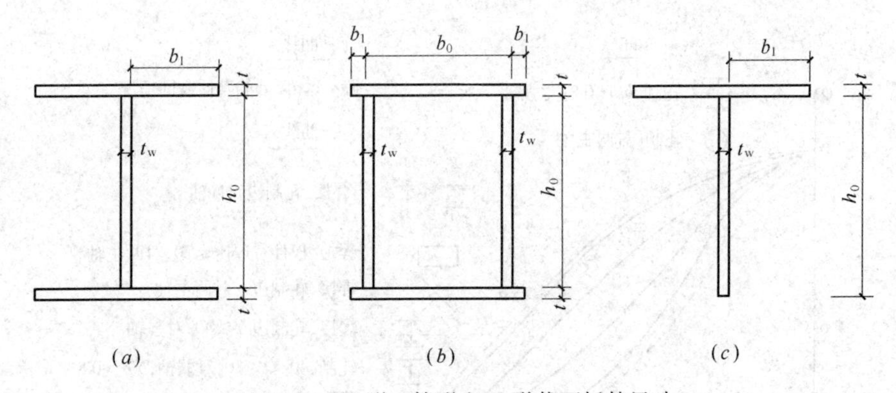

图12-60 H形、箱形和T形截面板件尺寸

(2) 腹板高厚比的限值

对于H形和工字形截面

$$\frac{h_0}{t_w} \leqslant (25+0.5\lambda)\sqrt{\frac{235}{f_y}} \tag{12-29}$$

对于箱形截面

$$\frac{h_0}{t_w} \leqslant 40\sqrt{\frac{235}{f_y}} \tag{12-30}$$

箱形截面翼缘的中间部分视同腹板，采用式（12-30）。

如果受压构件的腹板高厚比不能满足式（12-29）和式（12-30）的要求时，可用纵向加劲肋加强，或在计算构件的强度和稳定性时将腹板的截面仅考虑高度边缘范围内两侧宽度各为 $20t_w \times \sqrt{235/f_y}$ 的部分（计算构件的稳定系数时，仍用全部截面）。

【例 12-7】 验算如图 12-61（a）所示某工作平台结构中的支柱 AB 的整体稳定。柱所承受的压力设计值 N=1000kN，柱的长度为 5.0m。在柱截面的强轴平面内有支撑系统以阻止柱的中点在 $ABCD$ 的平面内产生侧向位移，见图 12-61（a）。柱截面为焊接 H 形，具有轧制边翼缘，其尺寸为翼缘 2—220×10，腹板 1—200×6，见图 12-61（b）。柱由 Q235-B 钢制作。

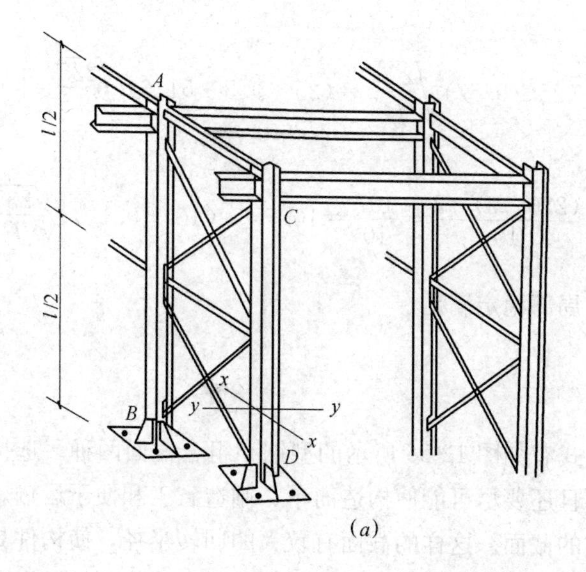

(a)

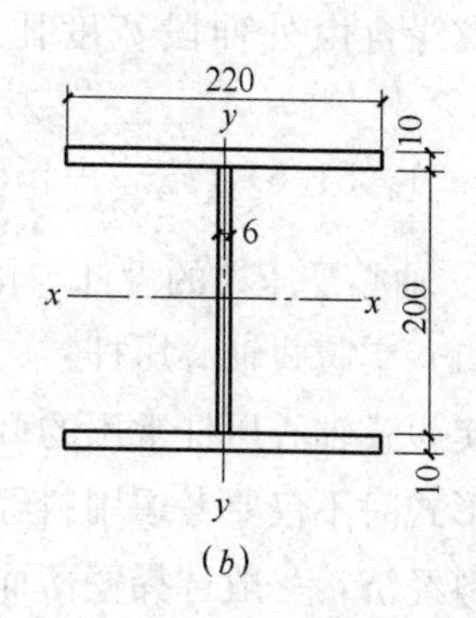

(b)

图 12-61

【解】 已知 N=1000kN，由支撑体系知对截面强轴弯曲的计算长度 $l_{0x}=l=$ 500cm，对弱轴的计算长度 $l_{0y}=l/2=0.5\times500=250$cm；抗压强度设计值 $f=$ 215N/mm²。

（1）计算截面几何特性

毛截面面积 $A=2\times22\times1+20\times0.6=56\text{cm}^2$。

截面惯性矩 $I_x=(22\times22^3-21.4\times20^3)/12=5254.7\text{cm}^4$，$I_y\approx2\times\frac{1\times22^3}{12}=1775\text{cm}^4$

截面回转半径 $i_x=\sqrt{\frac{I_x}{A}}=\sqrt{\frac{5254.7}{56}}=9.69\text{cm}$，$i_y=\sqrt{\frac{I_y}{A}}=\sqrt{\frac{1775}{56}}=5.63\text{cm}$

（2）柱的长细比验算

$$\lambda_x=l_{0x}/i_x=500/9.68=51.6<[\lambda]=150$$

$$\lambda_x=l_{0y}/i_y=250/5.63=44.4<[\lambda]=150$$

（3）整体稳定验算

从截面分类表附录附表 28-1 可知，此柱翼缘为轧制，对截面的强轴屈曲时属于 b 类截面，由附表 29-2 按 $\lambda_x=51.6$ 得到 $\varphi_x=0.852-(0.852-0.847)\times0.6=0.849$；对弱轴屈曲时属于 c 类截面，由附录附表 29-3 按 $\lambda_y=44.4$ 查得到 $\varphi_y=0.814-(0.814-0.807)\times0.4=0.811=\varphi_{min}$

由式（12-27）得：

$$\frac{N}{\varphi_{min}A}=\frac{1000\times10^3}{0.811\times56\times10^2}=220.2\text{N/mm}^2<1.05f=225.75\text{N/mm}^2。$$

经验算截面后可知，此柱满足整体稳定和刚度要求。同时 φ_x 和 φ_y 值比较接近，说明材料在截面上的分布比较合理。对具有 $\varphi_x=\varphi_y$ 的构件，可以称为对两个主轴等稳定的轴心压杆。这种杆的材料消耗最少。

（4）局部稳定验算

腹板高厚比 $\frac{h_0}{t_w}=\frac{200}{6}=33.33<(25+0.5\lambda)\sqrt{\frac{235}{f_y}}=(25+0.5\times51.6)\sqrt{\frac{235}{235}}=50.8$，局部稳定满足。

翼缘自由外伸段宽度比 $\frac{b_1}{t}=\frac{(220-6)/2}{10}=\frac{107}{10}=10.7<(10+0.1\lambda)\sqrt{\frac{235}{f_y}}=(10+0.1\times51.6)\sqrt{\frac{235}{235}}=15.16$，局部稳定满足。

4. 轴心受压柱的设计与构造

（1）实腹式轴心压杆

实腹式轴心压杆常用的截面形式有如图 12-56 所示的型钢和组合截面两种。选择截面的形式时不仅要考虑用料经济而且还要尽可能使构造简单、制造省工和便于运输。为了用料经济，一般选择壁薄而宽敞的截面。这样的截面有较大的回转半径，使构件具有较高的承载力。不仅如此，还要使构件在两个方向的稳定系数接近。当构件在两个方向的长细比相同时，虽然有可能在附录附表 25-1、表 25-2 中属于不同的类别而它们的稳定系数不一定相同，但其差别一般不大。所以，可用长细比 $\lambda_x=\lambda_y$ 作为考虑等稳定的方法，所以选择截面形状时还要和构件的计算长度 l_{0x} 和 l_{0y} 联系起来。

单角钢截面适用于塔架、桅杆结构和起重机臂杆。轻便桁架也可用单角钢作成。双角钢便于在不同情况下组成接近于等稳定的压杆截面，常用于由节点板连接杆件的平面桁架。

热轧普通工字钢虽然有制造省工的优点，但因为两个主轴方向的回转半径差别较大，而且腹板又较厚，很不经济。因此，很少用于单根压杆。H 形钢的宽度与高度相同时对强轴的回转半径约为弱轴回转半径的二倍，对于在中点有侧向支撑的独立支柱最为适宜。

焊接 H 形截面最为简单，利用自动焊可以作成一系列定型尺寸的截面，腹板按局部稳定的要求可作得很薄以节省钢材，应用十分广泛。为使翼缘与腹板便于焊接，截面的高度和宽度作得大致相同。H 形截面的回转半径与截面轮廓尺寸的近似关系是 $i_x=0.43h$、$i_y=0.24b$。所以，只有两个主轴方向的计算长度相差一倍时，才有可能达到等稳定的要求。

十字形截面在两个主轴方向的回转半径是相同的，对于重型中心受压柱，当两个方向的计算长度相同时，这种截面较为有利。

圆管截面轴心压杆的承载能力较强，但是轧制钢管成本较高，应用不多。焊接圆管压杆用于海洋平台结构，因其腐蚀面小又可作成封闭构件，比较经济合理。

方管或由钢板焊成的箱形截面，因其承载能力和刚度都较大，虽然连接构造困难，但可用作高大的承重支柱。

在轻型钢结构中，可以采用各种冷弯薄壁型钢截面组成压杆，从而获得较好经济效果。冷弯薄壁方管是轻钢屋架中常用的一种截面形式。

对于内力较小的压杆，如果按照整体稳定的要求选择截面的尺寸，会出现截面过小致使构件过于细长，刚度不足使杆件容易弯曲，不仅影响所设计构件本身的承载能力，有时还可能影响与此压杆有关结构体系的可靠性。为此，规范规定对柱和主要压杆，其容许长细比为$[\lambda]=150$，对次要构件如支撑等则$[\lambda]=200$。遇到内力很小的压杆，截面尺寸应该用容许长细比来确定，使它具有足够大的回转半径以满足刚度要求。

在轴心压杆中，组成截面的板件之间的连接焊缝，例如工字形截面的翼缘和腹板连接焊缝，应力都不大。如果是理想的挺直杆，则在杆弯曲失稳时焊缝才受力。有初弯曲的杆在承受压力后焊缝受剪，但剪力值很小，因此，连接焊接焊脚尺寸可按构造要求采用。为了加强构件的刚度而设置的横向加劲肋和横隔板与压弯构件的要求相同。

(2) 格构式轴心压杆

为提高轴心受压构件的承载能力，应在不增加材料用量的前提下，尽可能增大截面的惯性矩，并使两个主轴方向的惯性矩相同，使 x 轴和 y 轴具有等稳定性。如图 12-62，格构式受压构件就是把肢件布置在距截面形心一定距离的位置上，通过调整肢件间距离以使两个方向具有相同的稳定性。肢件通常为槽钢或工字钢，用缀材把它们连成整体，以保证各肢件能共同工作。

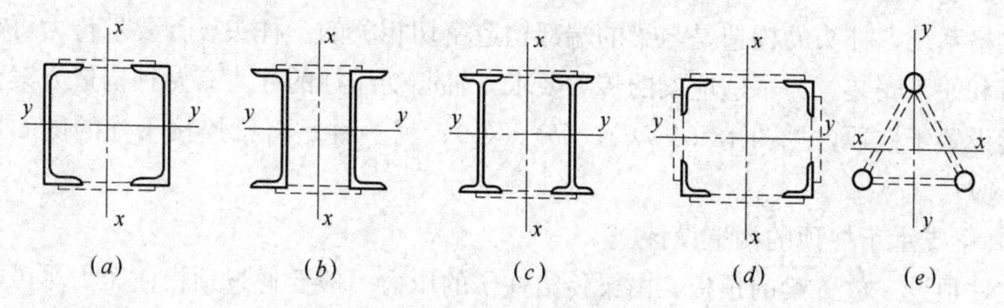

图 12-62 截面形式

格构柱常用两槽钢组成，槽钢肢件的翼缘向内者用得较多，这样可以有一个如图 12-62（a）所示平整的外表，而且与图 12-62（b）所示肢件翼缘向外相比，在轮廓尺寸相同的情况下，前者可以得到较大的截面惯性矩。当荷载较大时，也可用两工字钢组成

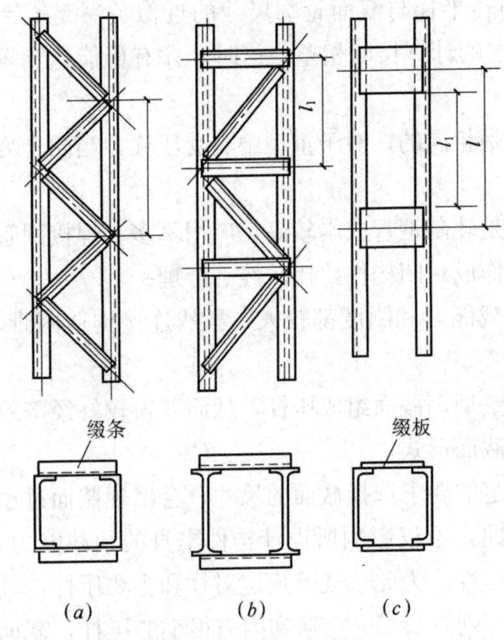

图 12-63　格构柱组成

(图 12-62c)。对于长度较大而受力不大的压杆，如桅杆、起重机机臂等，肢件可以由四个角钢组成，四周均用缀材连接，如图 12-62（d）所示。工地中的卷扬机架，常用三个肢件组成的格构柱，如图 12-62（e）所示。三角形格构柱的柱肢一般用钢管组成。

缀材有缀条和缀板两种。缀条用斜杆组成，如图 12-63（a），也可以用斜杆和横杆共同组成，如图 12-63（b），一般用单角钢作缀条。缀板用钢板组成，如图 12-63（c）。

在构件的截面上与肢件的腹板相交的轴线称为实轴，如图 12-62（a）、（b）和（c）中的 y 轴，与缀材平面相垂直的轴线称为虚轴，如图 12-62（a）、（b）和（c）中的 x 轴。图 12-62（d）和（e）中的 x 与 y 轴都是虚轴。

格构式轴心受压柱对实轴的稳定计算与实腹柱完全相同，因为它相当于两个并排的实腹式构件。但格构柱对虚轴的稳定性却比具有同样长细比的实腹柱稳定性小，因为格构柱的分肢是每隔一定的间距用缀件连接起来的，缀条或缀板的变形，助长了柱的屈曲破坏，所以与实腹柱相比，虚轴方向的临界力较低。

为考虑缀件变形对临界力降低的影响，根据理论推导，设计计算时，采用加大的换算长细比来代替整个构件对虚轴的实际长细比，这样也就相当于降低了虚轴方向的临界力。采用换算长细比的办法使格构柱的计算大为简化，因为格构柱对实轴的稳定计算已与实腹柱相同，而对虚轴的稳定计算，只需用换算长细比查取 φ 值，其余并无区别。

(3) 柱头的构造设计

轴心受压柱是一根独立的构件，它要直接承受从上部传来的荷载。最常见的上部结构是梁格系统，柱头的构造是与梁的端部构造密切相关的。柱头设计要求传力可靠，构造简单和便于安装。为了适应梁的传力要求，轴心受压柱的柱头有两种构造方案。一种是将梁设置于柱顶，见图 12-64（a）、(b)、(c)；另一种是将梁连接于柱的侧面，如图 12-65（d）、(e)。

1）梁支承于柱顶的构造设计

在柱顶设一放置梁的顶板，由梁传给柱子的压力一般要通过顶板使压力尽可能均匀地分布到柱上。顶板应具有足够的刚度，其厚度不宜小于 16mm。

对图 12-64（a）所示实腹柱，应将梁端的支承加劲肋对准柱翼缘，这样可使梁端压力直接传给柱翼缘。两相邻梁之间应留 10～20mm 的间隙，以便于梁的安装，待梁调整定位后用连接板和构造螺栓固定。此种连接构造简单，对制造和安装的要求都不

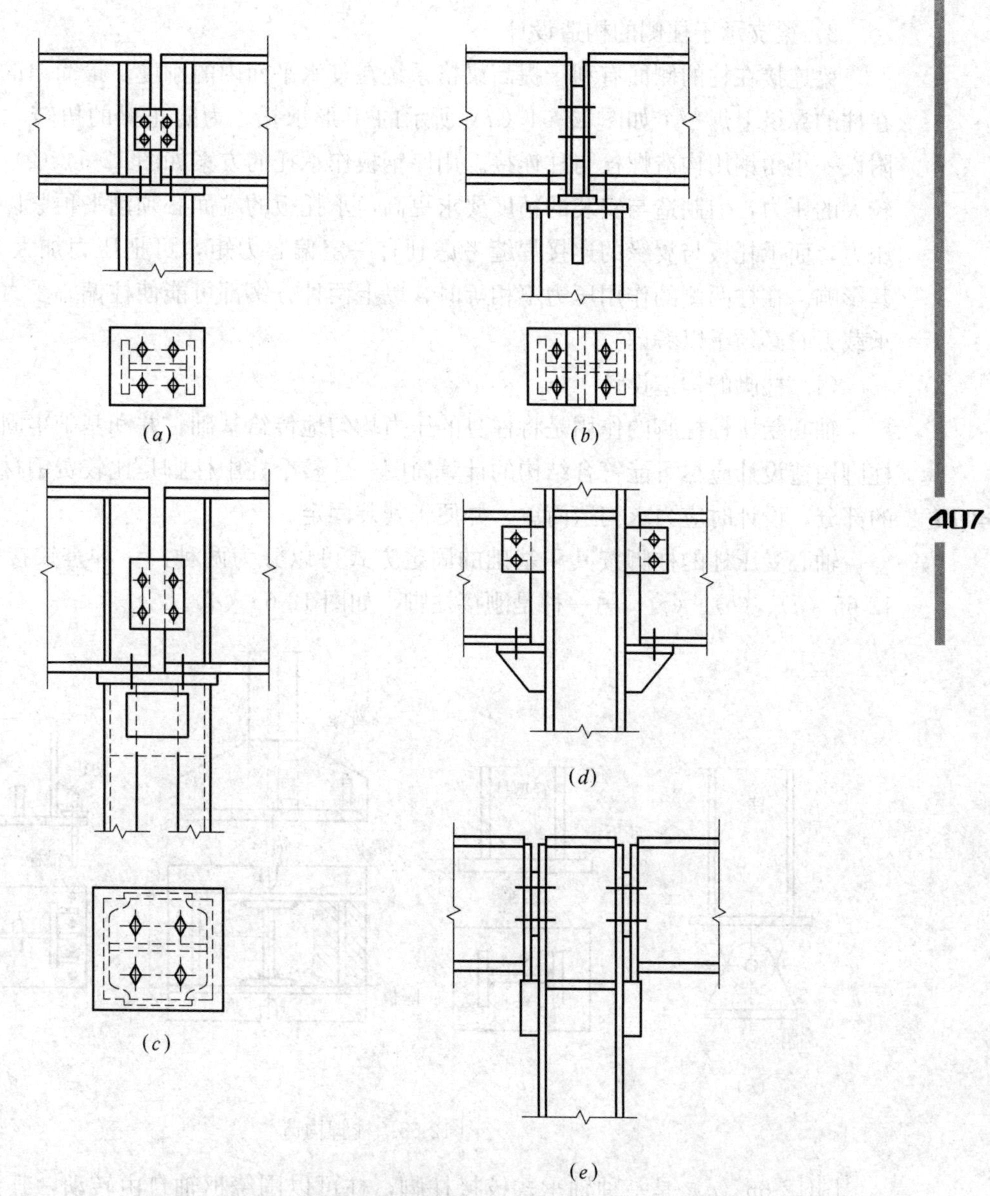

图 12-64　梁与柱的铰接

高，且传力明确。但当两相邻梁的压力不等时，将使柱偏心受压。

当梁的压力通过突缘支座板传递时，应将支座板放在柱的轴线附近（图 12-64*b*），这样即使两相邻梁的压力不等，柱仍接近于轴心受压。突缘支座板底部应刨平并与柱顶板顶紧。为提高柱顶板的抗弯刚度，可在其下设加劲肋，加劲肋顶部与柱顶板刨平顶紧，并与柱腹板焊接，以传递梁的压力。同时柱腹板也不能太薄，当梁的压力很大时，可将其靠近柱顶板的部分加厚。为了便于安装定位，梁与柱之间用普通螺栓连接。此外，为了适应梁制造时允许存在的误差，两架之间的空隙可以用适当厚度的填板调整。

对于图 12-64（*c*）所示的格构柱，为了保证传力均匀，在柱顶必须用缀板将两个分肢连接起来，同时分肢间的顶板下面亦须设加劲肋。

2）梁支承于柱侧的构造设计

梁连接在柱的侧面有利于提高梁格系统在其水平面内的刚度。最简单的构造方案是在柱的翼缘上焊一个如图 12-64（*d*）所示的 T 形承托。为防止梁的扭转，可在其顶部附设一小角钢用构造螺栓与柱连接。用厚钢板作承托的方案如图 12-64（*e*）适用于承受较大的压力，但制造与安装的精度要求更高，承托板的端面必须刨平顶紧以便直接传递压力，而承托板与翼缘的连接焊缝考虑到有一定偏心力矩，可把压力加大 25%来计入其影响。在柱两侧的作用压力不相等时，以上两种方案都可能使柱偏心受力，计算柱的承载力时必须予以考虑。

（4）柱脚的构造设计

轴心受压柱柱脚的作用是将柱身的压力均匀地传给基础，并和基础牢固连接。因此柱脚构造设计应尽可能符合结构的计算简图。在整个柱中柱脚是比较费钢材也比较费工的部分，设计时应力求构造简单，并便于安装固定。

轴心受压柱的柱脚按其和基础的固定方式可以分为两种：一种是铰接柱脚，如图 12-65（*a*）、（*b*）、（*c*）；另一种是刚接柱脚，如图 12-65（*d*）。

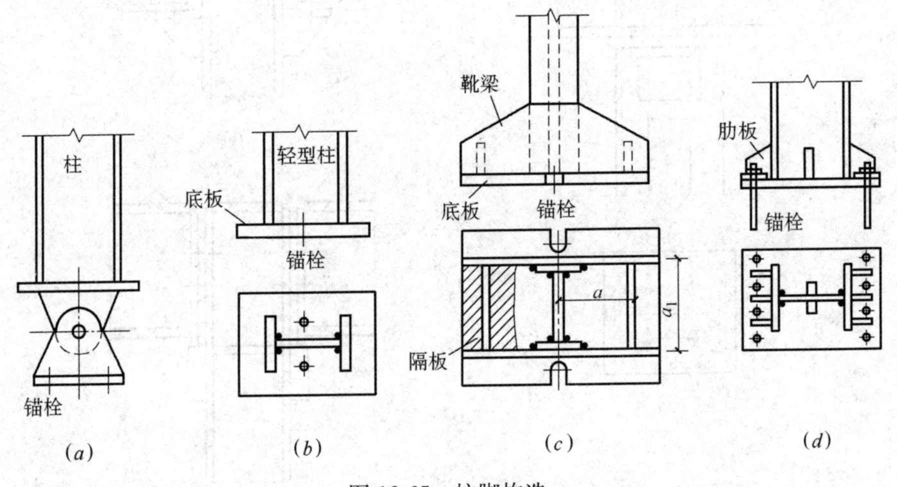

图 12-65　柱脚构造

图 12-65（*a*）是一种轴承式铰接柱脚，柱可以围绕枢轴自由转动，其构造形式很符合铰接连接的力学计算简图。但是，这种柱脚的制造和安装都很费工，也很费钢材，只有少数大跨度结构因要求压力的作用点不允许有较大变动时才采用。图 12-65（*b*）、（*c*）都是平板式铰接柱脚。图 12-65（*b*）是一种最简单的柱脚构造方式，在柱的端部只焊了一块不太厚的钢板，这块板通常称为底板，用以分布柱的压力。由于柱身压力要先经过焊缝后才由底板到达基础。如果压力太大焊缝势必很厚以至超过构造限制的焊缝高度，而且基础的压力也很不均匀，直接影响基础的承载能力，所以这种柱脚只适用于压力较小的轻型柱。最常采用的铰接柱脚是由靴梁和底板组成的柱脚，如图 12-65（*c*）所示。柱身的压力通过与靴梁连接的竖向焊缝先传给靴梁，这样柱的压力就可向两侧分布开来，然后再通过与底板连接的水平焊缝经底板达到基础。当底板的底面尺寸较大时，为了提高底板的抗弯能力，可以在靴梁之间设置隔板。柱脚通过埋设在基础里的锚栓来

固定。按照构造要求采用2～4个直径为20～25mm的锚栓。为了便于安装，底板上的锚栓孔径为锚栓直径的1.5～2倍，待柱安装就位后再将套在锚栓上的垫板与底板焊牢。图12-65（*d*）是刚性柱脚，柱脚锚栓分布在底板的四周以便使柱脚不能转动。

二、受弯构件

1. 梁的类型和应用

钢梁在建筑结构中应用广泛，主要用以承受横向荷载。在工业和民用建筑中常用的有工作平台梁、楼盖梁、墙架梁、吊车梁以及檩条等。

钢梁按制作方法的不同可以分为型钢梁和组合梁两大类，如图12-66所示。型钢梁又可分为热轧型钢梁和冷弯薄壁型钢梁两种。热轧型钢梁常用普通工字钢、槽钢或H形钢做成（图12-66*a*、*b*、*c*），应用最为广泛，成本也较为低廉。对受荷较小，跨度不大的梁用带有卷边的冷弯薄壁槽钢（图12-66*d*、*f*）或Z形钢（图12-66*e*）制作，可以更有效地节省钢材。由于型钢梁具有加工方便和成本较为低廉的优点，应优先采用。

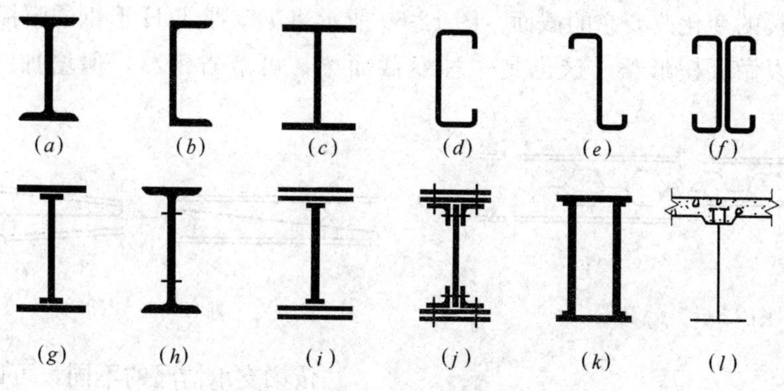

图12-66 钢梁的类型

当荷载和跨度较大时，型钢梁受到尺寸和规格的限制，常不能满足承载能力或刚度的要求，此时要采用组合梁。组合梁按其连接方法和使用材料的不同，可以分为焊接组合梁（简称为焊接梁）、铆接组合梁（简称为铆接梁）、异种钢组合梁和钢与混凝土组合梁等几种。组合梁截面的组成比较灵活，可使材料在截面上的分布更为合理。

最常应用的是由两块翼缘板加一块腹板做成的焊接H形截面组合梁（图12-66*g*），它的构造比较简单。制造也方便，必要时也可考虑采用双层翼缘板组成的截面（图12-66*i*）。图12-66（*h*）所示为由两T形钢和钢板组成的焊接梁。铆接梁（图12-66*j*）是过去常用的一种形式，近二三十年来，由于焊接和高强度螺栓连接方法的迅速发展，在新建结构中铆接梁已经基本上不再应用。

对于荷载较大而高度受到限制的梁，可考虑采用双腹板的箱形梁（图12-66*k*）。这种形式具有较好的抗扭刚度。

为了更充分地发挥钢材强度的作用，可考虑在受力大处的翼缘板采用强度较高的钢材，而腹板采用强度稍低的钢材，做成异种钢组合梁。或按弯矩图的变化规律，如图12-67所示，沿跨长方向分段采用不同强度的钢种，更充分地发挥钢材强度的作用，且

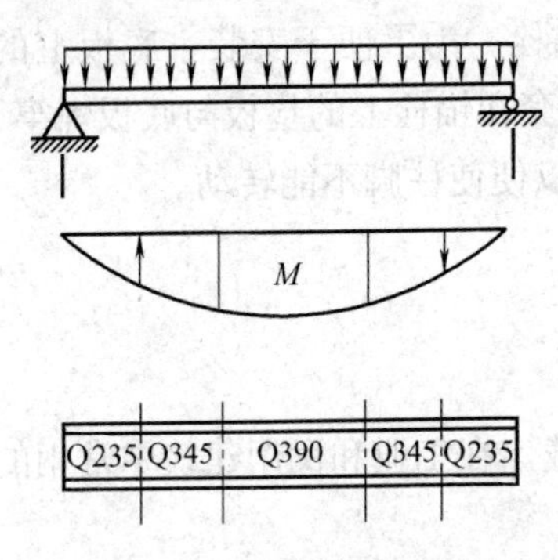

图 12-67 不同钢种组合梁

可保持梁截面尺寸沿跨长不变。当然，这种情况只适用于跨度很大的梁。

混凝土宜于受压，而钢材宜于受拉，为了充分发挥两种材料的优势，国内外广泛研究应用了钢与混凝土组合梁（图 12-66*l*），可以收到较好的经济效果。《钢结构设计规范》已对这种梁的设计问题作了若干规定。

将工字钢或 H 形钢的腹板如图 12-68（*a*）所示沿折线切开，焊成如图 12-68（*b*）所示的空腹梁，一般常称之为蜂窝梁，是一种较为经济合理的构件形式，在国内外都得到了比较广泛的研究和应用。

依梁截面沿长度方向有无变化，可以分为等截面梁和变截面梁。等截面梁构造简单、制作方便，常用于跨度不大的场合。对于跨度较大的梁，为了合理使用钢材，常配合弯矩沿跨长的变化改变它的截面。图 12-69 所示将工字形或 H 形钢的腹板斜向切开，颠倒相焊可以做成楔形梁。这也是一种变截面梁，可节省钢材，但增加一些制造工作量。

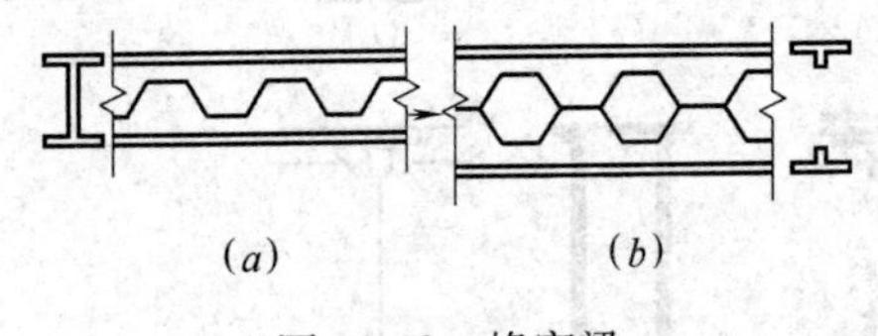

图 12-68 蜂窝梁

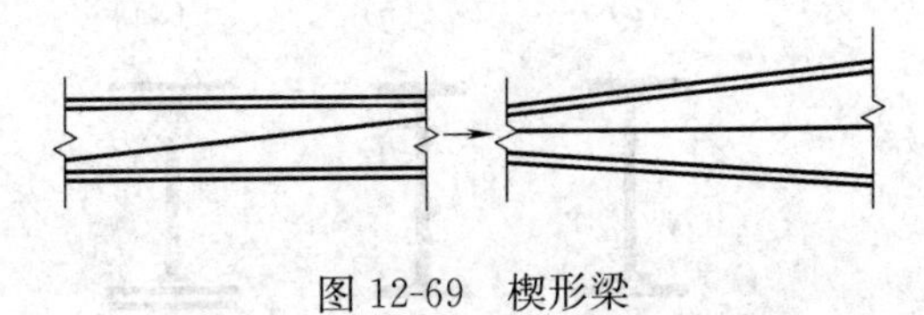

图 12-69 楔形梁

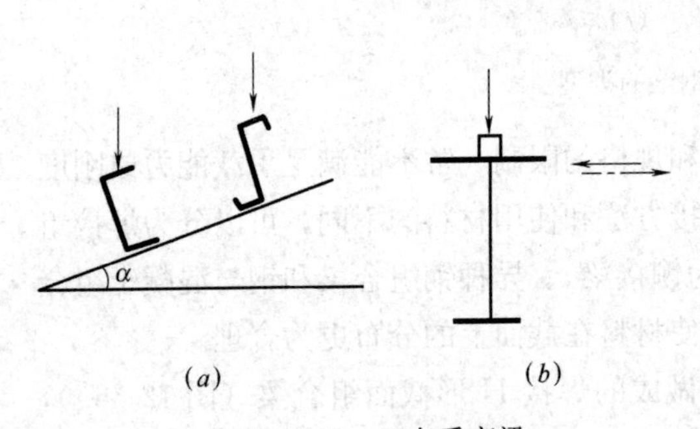

图 12-70 双向受弯梁

依梁支承情况的不同，可以分为简支梁、悬臂梁和连续梁。钢梁一般多采用简支梁，不仅制造简单，安装方便，而且可以避免支座沉陷所产生的不利影响。

按受力情况的不同，可以分为单向受弯梁和双向受弯梁。图 12-70 所示的屋面檩条以及吊车梁都是双向受弯梁。不过吊车架的水平荷载主要使上翼缘受弯。

2. 梁的强度、刚度与稳定要求

梁的设计应满足强度、刚度、整体稳定和局部稳定四方面的要求，现分述如下：

（1）梁的强度计算

梁在横向荷载作用下，承受弯矩和剪力作用，故应进行抗弯强度和抗剪强度计算。当梁的上翼缘受有沿腹板平面作用的集中荷载，且在荷载作用处又未设置支承加劲肋时，还应进行计算高度上边缘的局部承压强度计算。对组合梁腹板计算高度边缘处，同时受有较大的弯曲应力、剪应力和局部压应力时，尚应验算折算应力。

1）抗弯强度计算

钢梁在荷载作用下，横截面上正应力的分布如图 12-71 所示。钢材的应力在达到屈服点之前，其性质接近于理想的弹性体，而在达屈服点之后又接近于理想的塑性体，因此，钢材可以视为理想的弹塑性体。以双轴对称工字形截面梁为例，梁在弯矩作用下，可分为三个工作阶段，即①弹性工作阶段（图 12-71*a*）：此时正应力为直线分布，钢梁的最外纤维应力未超过屈服点（图 12-71*b*）；②弹塑性工作阶段（图 12-71*c*）；荷载继续增加，梁的两块翼缘板逐渐屈服，随后腹板上下侧也部分屈服，此时梁的截面部分处于弹性，部分进入塑性；③塑性工作阶段（图 12-71*d*）：当荷载再继续增加，梁截面塑性区继续向内发展，当全截面进入塑性区时，截面将形成一塑性铰，此时梁的承载能力达到最大值。

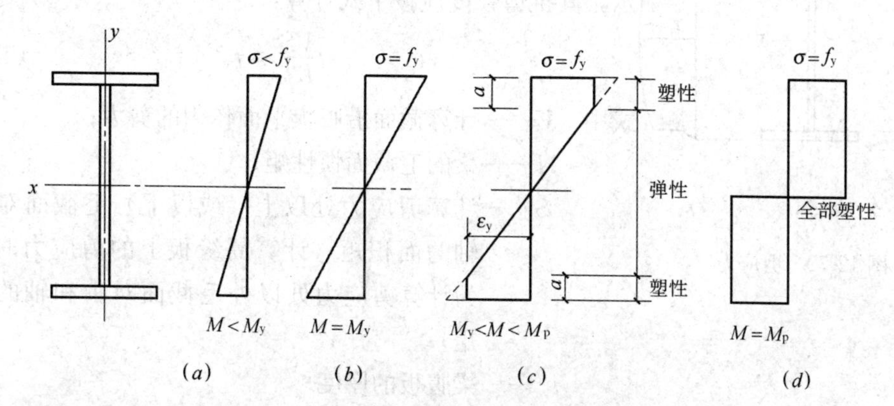

图 12-71 梁受荷时各阶段正应力的分布

把边缘纤维达到屈服强度作为设计的极限状态，叫做弹性设计；在一定条件下，考虑塑性变形的发展，称为塑性设计。显然，梁按塑性设计比按弹性设计更充分地发挥了材料的作用，具有一定的经济效益。但对于直接承受动力荷载的梁，不考虑截面塑性发展，仍按弹性设计。对承受静力荷载或间接承受动力荷载的受弯构件，可按塑性设计，但为避免截面的塑性区发展深度过大而导致太大的变形，《钢结构设计规范》对两个主轴分别用定值的截面塑性发展系数 γ_x 和 γ_y 进行控制。因此，在主平面内受弯的实腹梁，其抗弯强度应按下列规定进行计算：

A. 承受静力荷载或间接承受动力荷载时，

单向弯曲时
$$\frac{M_x}{\gamma_x W_{nx}} \leqslant f \tag{12-31}$$

双向弯曲时
$$\frac{M_x}{\gamma_x W_{nx}} + \frac{M_y}{\gamma_y W_{ny}} \leqslant f \tag{12-32}$$

式中 M_x、M_y ——绕 x 轴和 y 轴的弯矩（对工字形和 H 形截面：x 轴为强轴，y 轴为弱轴）；

W_{nx}、W_{ny}——对 x 轴和 y 轴的净截面抵抗矩；

γ_x、γ_y ——截面塑性发展系数；对工字形和 H 形截面：$\gamma_x=1.05$，$\gamma_y=1.20$；对箱形截面 $\gamma_x=\gamma_y=1.05$；对其他截面可参照规范有关表取用；

f——钢材的抗弯强度设计值，见附录附表 23-1。

当梁受压翼缘的自由外伸宽度与其厚度之比大于 $13\sqrt{f_y/235}$，但不超过 $15\sqrt{f_y/235}$ 时，应取 $\gamma_x=1.0$。这是根据翼缘的局部屈曲性能要求确定的。

B. 直接承受动力荷载时，仍按式（12-31）、式（12-32）计算，但不考虑塑性变形的发展，即取 $\gamma_x=\gamma_y=10$。

2）抗剪强度计算

在横向荷载作用下的梁，一般都伴随着弯曲变形产生弯曲剪应力。对于工字形、H形和槽形等薄壁构件，在竖直方向剪力 V 作用下，梁的最大剪应力在腹板上。剪应力在截面上的分布如图 12-72 所示，其抗剪强度应按下式计算：

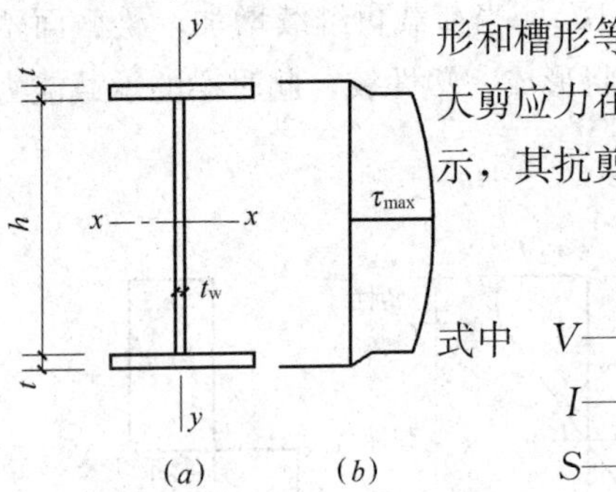

图 12-72 剪应力

$$\tau=\frac{VS}{It_w}\leqslant f_v \tag{12-33}$$

式中 V——计算截面沿腹板平面作用的剪力；

I——梁的毛截面惯性矩；

S——计算剪应力处以上（或以下）毛截面对中和轴的面积矩（计算翼缘板上的剪应力时，应为计算剪应力处以外毛截面对中和轴的面积矩）；

t_w——梁腹板的厚度；

f_v——钢材的抗剪强度设计值，见附录附表23-1。

3）局部承压强度计算

当梁的上翼缘有沿腹板平面作用的固定集中荷载而未设支承加劲肋（图 12-73*a*）或受有移动集中荷载（如吊车轮压）作用时（图 12-73*b*），可认为集中荷载从作用处以 45°角扩散，均匀分布于腹板边缘，按下式计算腹板计算高度上边缘的局部承压强度：

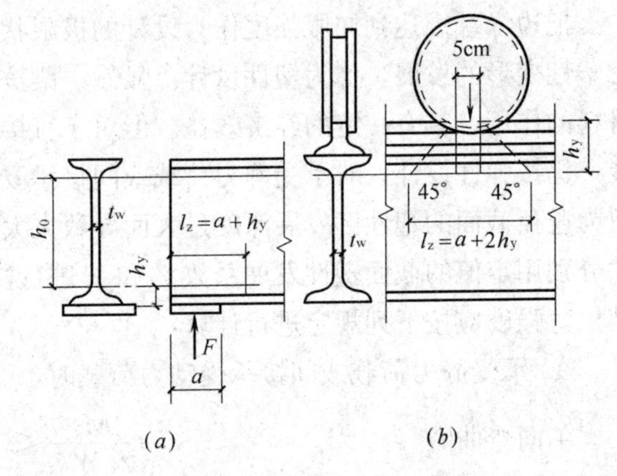

图 12-73 梁在集中荷载作用下

$$\sigma_c=\frac{\psi F}{t_w l_z}\leqslant f \tag{12-34}$$

式中 F——集中荷载，对动力荷载应考虑动力系数；

ψ——集中荷载增大系数，对吊车工作级别 A6～A8 的吊车梁，$\psi=1.35$；对其他梁，$\psi=1.0$；

l_z——集中荷载在腹板计算高度上边缘的假定分布长度，按下式计算：

$$l_z=a+2h_y \tag{12-35}$$

a——集中荷载沿梁跨方向的支承长度，对吊车梁可取 50mm；

h_y——自吊车梁轨顶或其他梁顶面至腹板计算高度上边缘的距离。

在梁的支座处，当不设置加劲肋时，也应按式（12-34）计算腹板计算高度下边缘的局部压应力，但 ψ 取 1.0。支座反力的假定分布长度，应根据支座具体尺寸按式（12-35）计算。

腹板的计算高度 h_0 规定如下：对轧制型钢梁，为腹板与上、下翼缘相接处两内弧起点间的距离；对焊接组合梁即为腹板高度；对高强度螺栓连接或铆接组合梁，为上、下翼缘与腹板连接的高强度螺栓（或铆钉）线间最近距离。

4）折算应力的计算

在组合梁的腹板计算高度边缘处，梁截面同时受有较大的弯曲应力、剪应力和局部压应力，在连续梁的支座处或梁的翼缘截面改变处，可能同时受有较大的正应力和剪应力。在这种情况下，应在腹板计算高度边缘处验算折算应力，验算公式为：

$$\sqrt{\sigma^2+\sigma_c^2-\sigma\sigma_c+3\tau^2}\leqslant\beta_1 f \tag{12-36}$$

式中　σ，σ_c，τ——腹板计算高度边缘同一点上同时产生的弯曲应力、局部压应力、剪应力，τ 和 σ_c 按式（12-33）和式（12-34）计算，σ 按下式计算：

$$\sigma=\frac{M}{I_n}y_1 \tag{12-37}$$

σ 和 σ_c 以拉应力为正值，压应力为负值；

I_n——梁净截面惯性矩；

y_1——所计算点至梁中和轴的距离；

β_1——考虑计算折算应力的部位处仅是梁的局部，对梁的危险性不大，而采用的钢材强度设计值增大系数。当 σ 与 σ_c 异号时，取 $\beta_1=1.2$；当 σ 与 σ_c 同号或 $\sigma_c=0$ 时，取 $\beta_1=1.1$。

（2）梁的刚度计算

梁的刚度用变形（即挠度）来衡量，变形过大不但会影响正常使用，也会造成不利的工作条件。

梁的最大挠度 υ_{max}（按一般材料力学公式计算）或相对最大挠度 υ_{max}/l 应满足下式：

$$\upsilon_{max}\leqslant[\upsilon] \tag{12-38}$$

或

$$\frac{\upsilon_{max}}{l}\leqslant\frac{[\upsilon]}{l} \tag{12-39}$$

式中　$[\upsilon]$——梁的容许挠度，一般为 $l/250$。

梁的刚度属正常使用极限状态，故计算时应采用荷载标准值（不计荷载分项系数），且不考虑螺栓孔引起的截面削弱。对动力荷载标准值不乘动力系数。

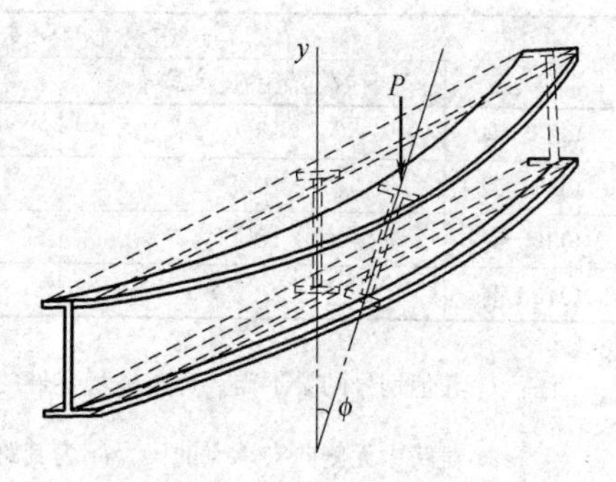

图 12-74　梁丧失整体稳定

（3）梁的整体稳定

1）丧失整体稳定的现象

在一个主平面内弯曲的梁，其截面常设计得窄而高，这样可以更有效地发挥材料的作用。如图

12-74 所示的 H 形截面钢梁，在梁的最大刚度平面内，受有垂直荷载作用时，如果梁的侧面没有支承点或支承点很少时，当荷载增加到某一数值时，梁将突然发生侧向弯曲（绕弱轴的弯曲）和扭转，并丧失继续承载的能力。这种现象常称为梁的弯曲扭转屈曲（弯扭屈曲）或梁丧失整体稳定，如图 12-74 所示。使梁丧失整体稳定的弯矩或荷载称为临界弯矩或临界荷载。垂直横向荷载 P 的临界值和它沿梁高的作用位置有关。荷载作用在上翼缘时，如图 12-75（a）所示，荷载将产生附加扭矩 $P \cdot e$，对梁侧向弯曲和扭转起促进作用，使梁加速丧失整体稳定，但当荷载作用在下翼缘时，如图 12-75（b）所示，它将产生反方向的附加扭矩 $P \cdot e$，有利于阻止梁的侧向弯曲扭转，延缓梁丧失整体稳定。显然，后者的临界荷载（或临界变矩）将高于前者。

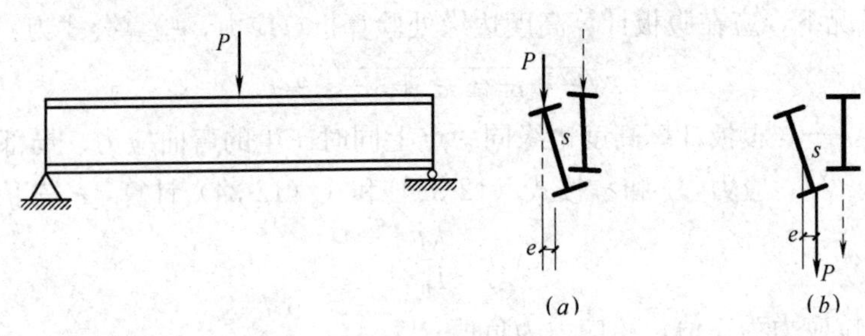

图 12-75　荷载位置对整体稳定的影响

2）整体稳定性的保证

梁丧失整体稳定是突然发生的，事先并无明显预兆，因而比强度破坏更为危险，设计、施工中要特别注意。在实际工程中，梁的整体稳定常由铺板或支撑来保证。梁常与其他构件相互连接，有利于阻止梁丧失整体稳定。规范规定，当符合下列情况之一时，都不必计算梁的整体稳定性。

A. 有铺板（各种钢筋混凝土板和钢板）密铺在梁的受压翼缘上并与其牢固相连，能阻止梁的受压翼缘的侧向位移时；

B. H 形截面简支梁受压翼缘自由长度 l_1 与其宽度 b 之比不超过表 12-7 所规定的数值时；例如图 12-76（a）所示，梁受压翼缘的跨中侧向连有支撑，可以作为其侧向不动支承点，l_1 则为梁的半跨长度。

H 形钢或等截面工字钢简支梁不需计算整体稳定性的最大 $\frac{l_1}{b}$　　表 12-7

钢　号	跨度中点无侧向支承点的梁		跨度中点有侧向支承点的梁不论荷载作用于何处
	荷载作用在上翼缘	荷载作用在下翼缘	
Q235 钢	13.0	20.0	16.0
Q345 钢	10.5	16.5	13.0
Q390 钢	10.0	15.5	12.5
Q420 钢	9.5	15.0	12.0

注：1. 其他钢号的梁不需计算整体稳定性的最大 $\frac{l_1}{b}$ 值，应取 Q235 钢的数值乘以 $\sqrt{\frac{235}{f_y}}$。

2. 对跨中无侧向支承点的梁，l_1 为其跨度；对跨中有侧向支承点的梁，l_1 为受压翼缘侧向支承点间的距离（梁的支座处视为有侧向支承）。

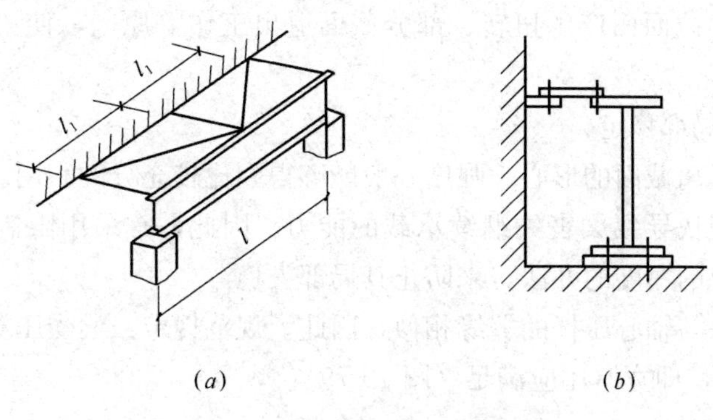

图 12-76　侧向有支承点的梁

为提高梁的稳定承载能力，任何钢梁在其端部支承处都应采取构造措施，以防止其端部截面的扭转；在梁的上翼缘设置可靠的侧向支撑，如图 12-76（b）所示的梁，其下翼缘连于支座，上翼缘也用钢板连于支承构件上以防止侧向移动和梁截面扭转。厂房结构中的钢吊车梁就常采用这种做法。高度不大的梁也可以靠在支座截面处设置的支承加劲肋来防止梁端的扭转。

箱形截面梁（图 12-77），其截面尺寸满足 $h/b_0 \leqslant 6$，且 l_1/b_0 不超过下列规定的数值时，不必计算梁的整体稳定性：

对 Q235 钢　　95

对 Q345 钢　　65

对 Q390 钢　　57

对于不符合上述任一条件的梁，则应进行整体稳定性计算，稳定计算较为复杂，可参见有关资料。

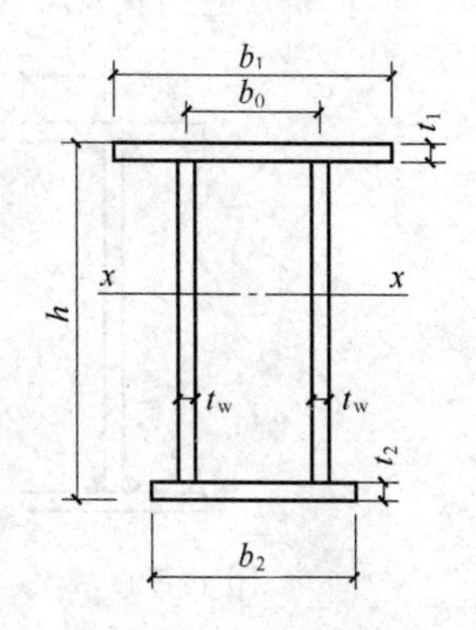

图 12-77　箱形截面梁

（4）梁的局部稳定和加劲肋设置

在钢梁的设计中，除了强度和整体稳定问题外，为了保证梁的安全承载还必须考虑局部稳定问题。轧制型钢梁的规格和尺寸，都满足局部稳定要求，不需进行验算。组合梁为了获得经济的截面尺寸，常常采用宽而薄的翼缘板和高而薄的腹板。梁的受压翼缘和轴心压杆的翼缘类似，在荷载作用下有可能出现图 12-78（a）所示局部屈曲。梁中段的腹板承受较大的正压应力，梁端部的腹板承受剪力引起的斜向压应力，也都有可能出现局部屈曲，如图 12-78（b）所示。如果板件丧失局部稳定，整个构件一般还不至于立即丧失承载能力，但由于对称

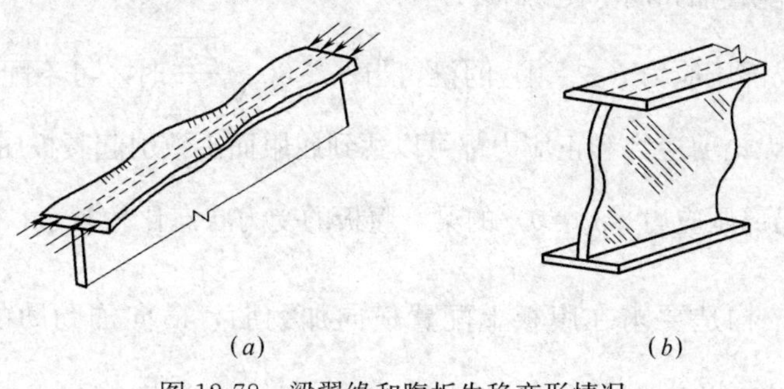

图 12-78　梁翼缘和腹板失稳变形情况

截面转化为非对称截面而产生扭转、部分截面退出工作等原因，使梁的承载能力大为降低。

1）翼缘板的局部稳定

梁的翼缘板远离截面的形心，强度一般能够得到比较充分的利用。同时，翼缘板发生局部屈曲，会很快导致梁丧失继续承载的能力。因此，常采用限制翼缘宽厚比的办法，亦即保证必要的厚度的办法，来防止其局部失稳。

梁的受压翼缘与轴心压杆的翼缘相似，因此，规范规定：梁受压翼缘自由外伸宽度 b_1 与其厚度 t 之比，即宽厚比应满足（图 12-79）：

$$\frac{b_1}{t} \leqslant 13\sqrt{\frac{235}{f_y}} \tag{12-40}$$

2）腹板的局部稳定和加劲肋设置

梁的腹板一般常设计得高而薄，为了提高它的局部屈曲荷载，常采用构造措施，亦即如图 12-80 所示设置加劲肋来予以加强。加劲肋主要分为横向、纵向、短加劲肋和支承加劲肋等几种，设计中按照不同情况采用。如果不设置加劲肋，腹板厚度必须用得较大，而大部分应力很低，不够经济。

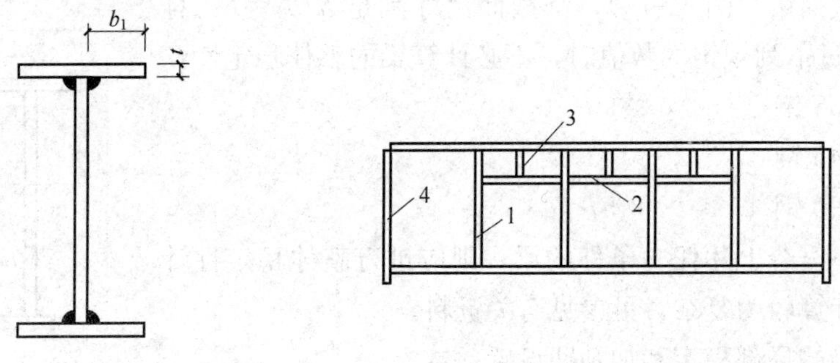

图 12-79　翼缘宽厚比

图 12-80　梁的加劲肋示例

1—横向加劲肋；2—纵向加劲肋

3—短加劲肋；4—支承加劲肋

腹板在放置加劲肋以后，被划分为不同的区段。对于简支梁的腹板，根据弯矩、剪力的分布情况，靠近梁端部的区段主要受有剪应力的作用，而在跨中附近的区段则主要受到正应力的作用，其他区段则常受到正应力和剪应力的联合作用。对于受有集中荷载作用的区段，则还承受局部压应力的作用。为了保证组合梁腹板的局部稳定性，应按下列规定在腹板上配置加劲肋（图 12-81）。

A. 对于无局部压应力（$\sigma_c=0$）的梁，当 $\frac{h_0}{t_w} \leqslant 80\sqrt{\frac{235}{f_y}}$ 时，可不配置加劲肋。因为在这种情况下，无论剪应力和正应力都可以达到屈服而不致引起腹板屈曲。

B. 对于有局部压应力（$\sigma_c \neq 0$）的梁，腹板的受力状态比较复杂，规范规定当 $\frac{h_0}{t_w} \leqslant 80\sqrt{\frac{235}{f_y}}$ 时，宜按构造要求在腹板上配置横向加劲肋，横向加劲肋的间距 a 应满足 $0.5h_0 \leqslant a \leqslant 2h_0$（图 12-81*a*）。

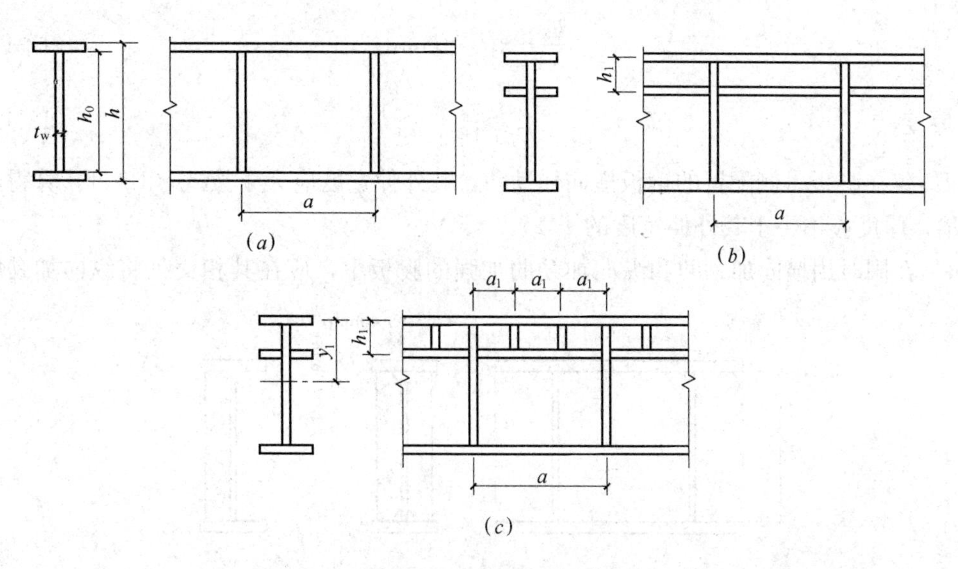

图 12-81　腹板加劲肋布置

C. 当 $80\sqrt{\frac{235}{f_y}}\leqslant\frac{h_0}{t_w}\leqslant170\sqrt{\frac{235}{f_y}}$ 时，亦即剪应力对腹板屈曲起决定作用时，应配置横向加劲肋，其间距大小应满足计算要求，计算要求可参见有关资料。对于无局部压应力的梁，当 $\frac{h_0}{t_w}\leqslant100\sqrt{\frac{235}{f_y}}$ 时肋间距可不必计算。

D. 当 $\frac{h_0}{t_w}>170\sqrt{\frac{235}{f_y}}$ 时，腹板可能在弯曲正应力作用下丧失局部稳定。此时应在配置横向加劲肋的同时，在腹板受压区配置纵向加劲肋（图 12-81b），必要时，尚应在受压区配置短加劲肋（图 12-81c），并均应按规定计算。

E. 在梁的支座处和上翼缘受有较大固定集中荷载处，宜设置支承加劲肋。

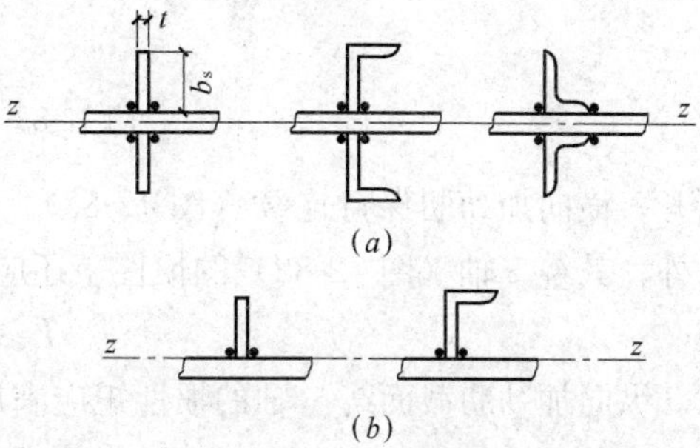

图 12-82　加劲肋形式

加劲肋常在腹板两侧成对配置（图 12-82a），对于仅受静荷载作用或受动荷载作用较小的梁腹板，为了节省钢材和减轻制造工作量，其横向和纵向加劲肋亦可考虑单侧配置（图 12-82b）。

加劲肋可以用钢板或型钢做成，焊接梁一般常用钢板。

横向加劲肋的最小间距为 $0.5h_0$，最大间距为 $2h_0$。（对 $\sigma_c=0$ 的梁，当 $h_0/t_w\leqslant100$ 时，可采用 $a=2.5h_0$）。

为了保证梁腹板的局部稳定，加劲肋应具有一定的刚度，为此要求：

A. 在腹板两侧成对配置的钢板横向加劲肋，其截面尺寸按下列经验公式确定：

外伸宽度

$$b_s \geqslant \frac{h_0}{30}+40 \quad (\text{mm}) \tag{12-41}$$

厚度
$$t_s \geqslant \frac{b_s}{15} \tag{12-42}$$

B. 仅在腹板一侧配置的钢板横向加劲肋，其外伸宽度应大于按式（12-41）算得的 1.2 倍，厚度应不小于其外伸宽度的 1/15。

C. 在同时用横向加劲肋和纵向加劲肋加强的腹板中，应在其相交处将纵向加劲肋

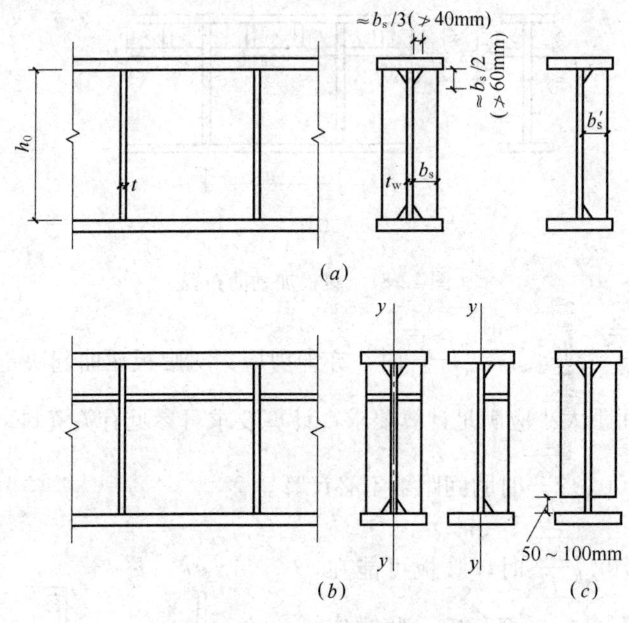

图 12-83 加劲肋构造

断开，横向加劲肋保持连续（图 12-83）。此时横向加劲肋的截面尺寸除应满足上述要求外，其绕 z 轴（图 12-82）的惯性矩还应满足：

$$I_z \geqslant 3h_0 t_w^3 \tag{12-43}$$

纵向加劲肋截面绕 y 轴的惯性矩应满足下列公式的要求：

当$\frac{a}{h_0}\leqslant 0.85$时：

$$I_y \geqslant 1.5h_0 t_w^3 \tag{12-44}$$

当$\frac{a}{h_0}>0.85$时：

$$I_y \geqslant \left(2.5-0.45\frac{a}{h_0}\right)\left(\frac{a}{h_0}\right)^2 h_0 t_w^3 \tag{12-45}$$

D. 当配置有短加劲肋时，其短加劲肋的外伸宽度应取为横向加劲肋外伸宽度的 0.7～1.0 倍，厚度不应小于短加劲肋外伸宽度的 1/15。

E. 用型钢做成的加劲肋，其截面相应的惯性矩不得小于上述对于钢板加劲肋惯性矩的要求。

为了减少焊接应力，避免焊缝的过分集中，横向加劲肋的端部应切去宽约 b_s/3

（但不大于 40mm），高约 $b_s/2$（但不大于 60mm）的斜角，（图 12-83a），以使梁的翼缘焊缝连续通过。在纵向加劲肋与横向加劲肋相交处，应将纵向加劲肋两端切去相应的斜角，使横向加劲肋与腹板连接的焊缝连续通过。

吊车梁横向加劲肋的上端应与上翼缘刨平顶紧，当为焊接吊车梁时，尚宜焊接。中间横向加劲肋的下端一般在距受拉翼缘 50～100mm 处断开（图 12-83c），不应与受拉翼缘焊接，以改善梁的抗疲劳性能。

3）支承加劲肋的设置

支承加劲肋是指承受固定集中荷载或梁支座反力的横向加劲肋，这种加劲肋应在腹板两侧成对配置（图 12-84），其截面常比中间横向加劲肋的截面大，并需要进行计算，其计算要求可参见有关资料。

3. 梁的拼接

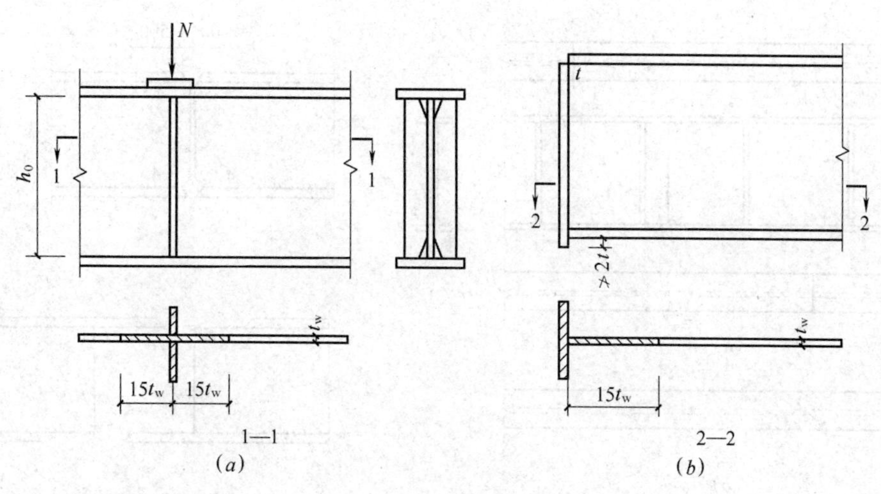

图 12-84 支承加劲肋

梁的拼接依施工条件的不同分为工厂拼接和工地拼接两种。工厂拼接是受钢材规格或现有钢材尺寸限制，需将钢材拼大或拼长而在工厂进行的拼接；工地拼接是受到运输或安装条件限制，将梁在工厂做成几段（运输单元或安装单元）运置工地后进行的拼接。

梁的工厂拼接中，翼缘和腹板的拼接位置最好错开，并避免与加劲肋和连接次梁的位置重合，以防止焊缝集中，如图 12-85 所示，腹板的拼接焊缝与横向加劲肋之间至少应相距 $10t_w$。在工厂制造时，常先将梁的翼缘板和腹板分别接长，然后再拼装成整体，可以减少梁的焊接应力。

翼缘和腹板的拼接焊缝一般都采用正面对接焊缝，在施焊时用引弧板，因此对于满足《钢结构工程施工质量验收规范》中 1、2 级焊缝质量检验级别的焊缝都不需要进行验算。只有对仅进行外观检查的 3 级焊缝，因其焊缝的抗拉强度设计值小于钢材的抗拉强度设计值，此时需要分别验算受拉翼缘和腹板上的最大拉应力是否小于焊缝的抗拉强度设计值。当焊缝的强度不足时，可以采用斜焊缝（图 12-85b）。如斜焊缝与受力方向的夹角 θ 满足 $\tan\theta \leqslant 1.5$ 时，可以不必验算。但斜焊缝连接比较费料费工，特别是对于宽的腹板最好不用。必要时，可以考虑将拼接的截面位置调整到弯曲正应力较小处来解决。

工地拼接的位置由运输和安装条件确定。此时需将梁在工厂分成几段制作，然后再运往工地。对于仅受到运输条件限制的梁段，可以在工地地面上拼装，焊接成整体，然后吊装；而对于受到吊装能力限制而分成的梁段，则必须分段吊装，在高空进行拼接和焊接。

工地拼接一般应使翼缘和腹板在同一截面或接近于一截面处断开，以便于分段运输。图 12-86（*a*）所示为断在同一截面的方式，梁段比较整齐，运输方便。为了便于焊接，将上下翼缘板均切割成向上的 V 形坡口。为了使翼缘板在焊接过程中有一定范围的伸缩余地，以减少焊接残余应力，可将翼缘板在靠近拼接截面处的焊缝预先留出约 500mm 的长度在工厂不焊，按照图 12-86（*a*）中所示序号最后焊接。

图 12-86（*b*）所示为将梁的上下翼缘板和腹板的拼接位置适当错开的方式，可以避免焊缝集中在同一截面。这种梁段有悬出的翼缘板，运输过程中必须注意防止碰撞破坏。

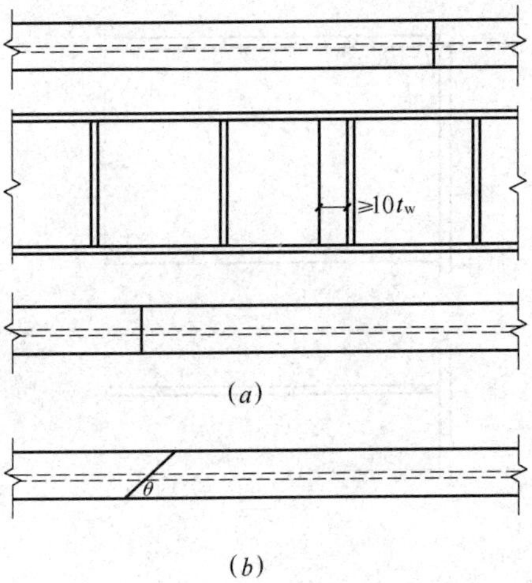

图 12-85　焊接梁的工厂拼接

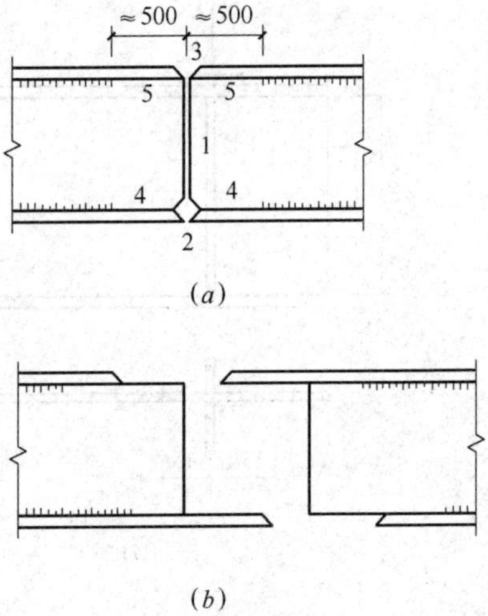

图 12-86　工地焊接拼接

对于铆接梁和较重要的或受动力荷载作用的焊接大型梁，其工地拼接常采用高强度螺栓连接。

图 12-87 所示为采用高强度螺栓连接的焊接梁的工地拼接。在拼接处同时有弯矩和剪力的作用。设计时必须使拼接板和高强度螺栓都具有足够的强度，满足承载力的要求，并保证梁的整体性。

梁翼缘板的拼接，通常应按照等强度原则进行设计，即应使拼接板的净截面面积不小于翼缘板的净截面面积。高强度螺栓的数量应按翼缘板净截面面积 A_n 所能承受的轴向力 $N=A_n f$ 计算，f 为钢材的强度设计值。

腹板的拼接常首先进行螺栓布置，然后验算。布置螺栓时应注意满足螺栓排列的容许距离要求。

4. 梁的支座和主次梁连接

（1）梁的支座

梁的荷载通过支座传给下部支承结构，如墩支座、钢筋混凝土柱或钢柱等。梁与钢

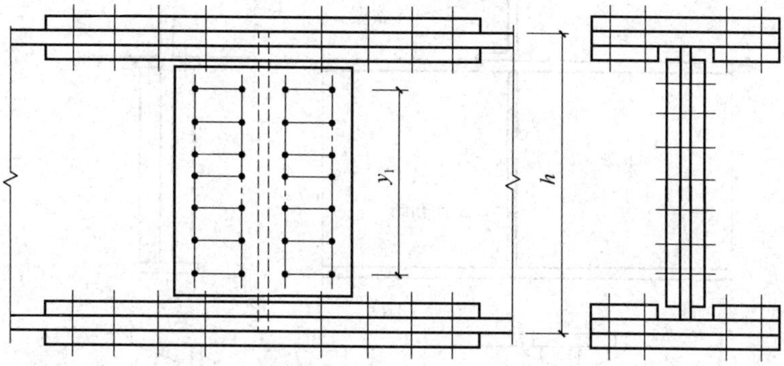

高强螺栓或铆钉

图 12-87 梁的工地拼接

柱的铰接连接在轴压构件的柱头中已叙述，此处仅介绍墩支座或钢筋混凝土支座。

常用的墩支座或钢筋混凝土支座有平板支座、弧形支座和滚轴支座三种形式（图 12-88）。

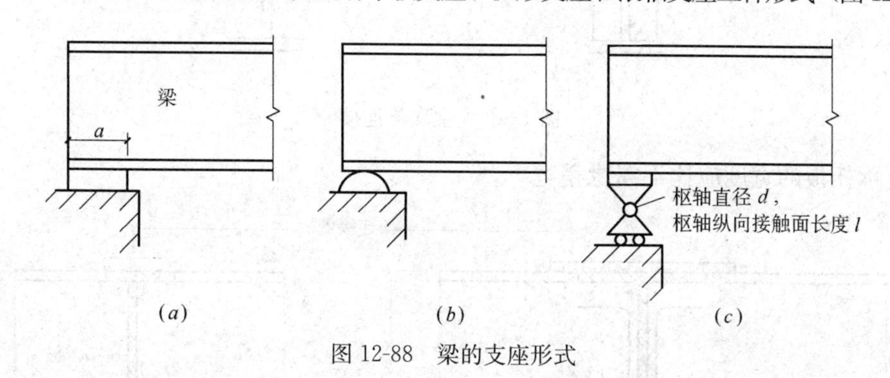

图 12-88 梁的支座形式

平板支座不能自由转动，一般用于跨度小于 20m 的梁中。弧形支座构造与平板支座相仿，但支承面为弧形，使梁能自由转动，因而底部受力比较均匀，常用在跨度 20～40m 的梁中。滚轴支座由上、下支座板和中间枢轴及下部滚轴组成。梁上荷载经上支座板通过枢轴传给下支座板，枢轴可以自由转动，形成理想铰接。下支座板支承于滚轴上，以滚动摩擦代替滑动摩擦，能自由移动。滚轴支座可消除梁由于挠度或温度变化而引起的附加应力，适用于跨度大于 40m 的梁中。能移动的滚轴支座只能安装在梁的一端，另一端须采用铰支座。

（2）主次梁的连接

次梁与主梁的连接分为铰接和刚接。铰接应用较多，刚接则在次梁设计成连续梁时采用。铰接连接按构造可分为叠接（图 12-89*a*）和平接（图 12-89*b*）两种。

叠接是将次梁直接搁在主梁上，用焊缝或螺栓相连。这种连接构造简单，但结构所占空间较大，故应用常受到限制。平接可降低建筑高度，次梁顶面一般与主梁顶面同高，也可略高于或低于主梁顶面。次梁可侧向连接在主梁的横肋上（图 12-89*b*）而当次梁的支反力较大时，通常应设置承托（图 12-89*c*）。

连续次梁的连接形式，主要是在次梁上翼缘设置连接盖板，在次梁下面的肋板上也设有承托板（图 12-90），以便传递弯矩。为了避免仰焊，盖板的宽度应比次梁上翼缘

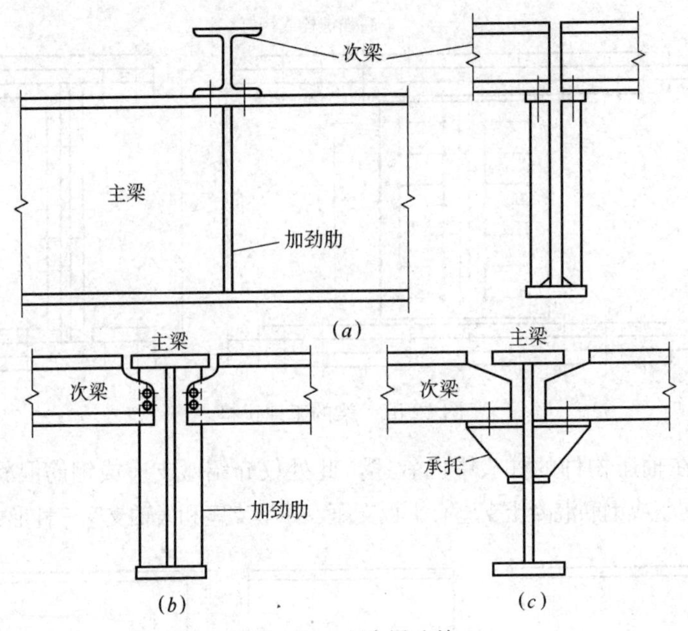

图 12-89　主次梁连接

稍窄，承托板的宽度应比下翼缘稍宽。

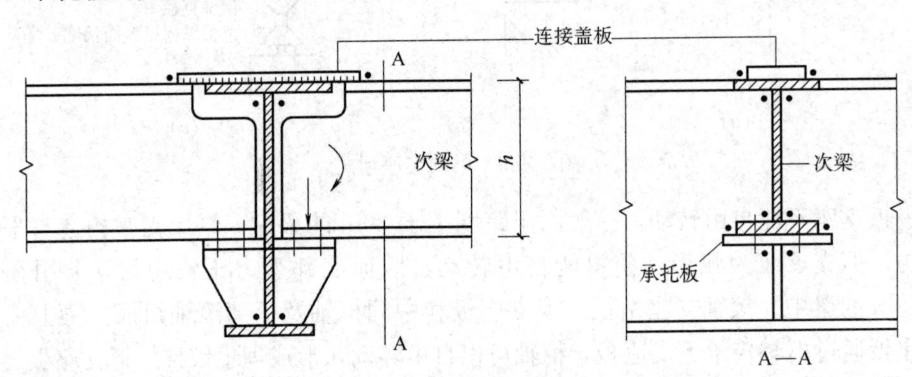

图 12-90　连续次梁的连接

【例 12-8】　图 12-91 所示某车间工作平台的平面布置图，平台上无动力荷载，其恒荷载标准值为 3kN/m^2，恒载分项系数 $\gamma_Q=1.2$，活荷载标准值为 4.5kN/m^2，活荷载分项系数 $\gamma_Q=1.3$，钢材为 Q235，假定平台板为刚性，并保证次梁的整体稳定，试选择其次梁 A 的截面。

【解】　将次梁 A 设计为简支梁，其计算简图如图 12-92 所示。

平台板上的荷载标准值为：

$$g_k+q_k=3+4.5=7.5\text{kN/m}^2$$

平台板上的荷载设计值为：

$$g+q=1.2\times3+1.3\times4.5=9.45\text{kN/m}^2$$

次梁线荷载设计值为：

$$(g+q)l=9.45\times3=28.35\text{kN/m}$$

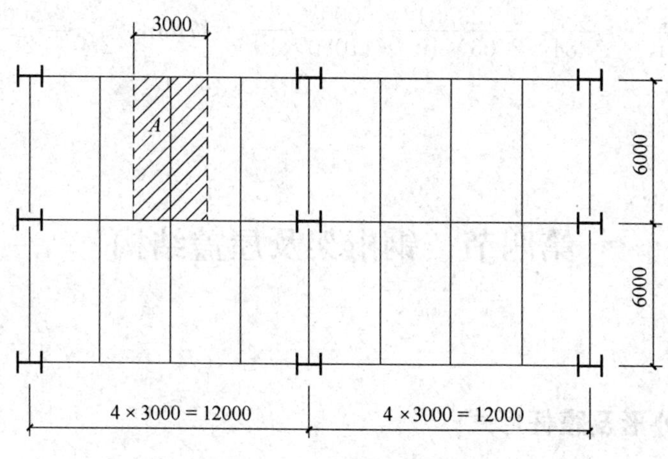

图 12-91　工作平台布置简图

次梁跨中最大弯矩为：

$$M_{\max}=\frac{1}{8}(g+q)l^2=\frac{1}{8}\times28.35\times6^2=127.58\text{kN}\cdot\text{m}$$

支座处最大剪力为：

$$V_{\max}=\frac{1}{2}(g+q)l=\frac{1}{2}\times28.35\times6=85.05\text{kN}$$

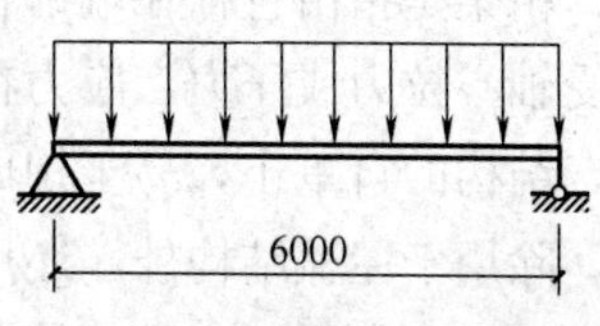

图 12-92　次梁的计算简图

梁所需要的净截面抵抗矩为：

$$W_{\text{nx}}=\frac{M_{\text{x}}}{\gamma_{\text{x}}f}=\frac{127.58\times10^6}{1.05\times215}=565\times10^3\text{mm}^3$$

选用 I32a，单位长度的质量为 52.7kg/m，梁的自重为 52.7×9.8＝517N/m，$I_{\text{x}}=11080\text{cm}^4$，$W_{\text{x}}=692\text{cm}^3$，$\frac{I_{\text{x}}}{S_{\text{x}}}=27.5\text{cm}$，$t_{\text{w}}=9.5\text{mm}$。

梁自重产生的弯矩为：

$$M_{\text{g}}=\frac{1}{8}\times517\times1.2\times6^2=2.792\text{kN}\cdot\text{m}$$

总弯矩为：

$$M_{\text{x}}=127.58+2.792=130.372\text{kN}\cdot\text{m}$$

弯曲正应力为

$$\sigma=\frac{M_{\text{x}}}{\gamma_{\text{x}}W_{\text{nx}}}=\frac{130.372\times10^6}{1.05\times692\times10^3}=179.43\text{N/mm}^2<f=215\text{N/mm}^2$$

支座处最大剪应力为

$$\tau=\frac{VS_{\text{x}}}{I_{\text{x}}t_{\text{w}}}=\frac{85050+517\times1.2\times3}{27.5\times10\times9.5}=33.26\text{N/mm}^2<f_{\text{v}}=125\text{N/mm}^2$$

可见，型钢梁由于其腹板较厚，剪应力一般不起控制作用。因此，只有截面有较大削弱时，才必须验算剪应力。

梁的跨中挠度验算（按荷载标准值）：

$$g_{\text{k}}+q_{\text{k}}=7500\times3+517=23017\text{N/m}=23.017\text{N/mm}$$

$$v=\frac{5(g+q_{\mathrm{k}})l^4}{384EI_{\mathrm{x}}}=\frac{5\times23.017\times6000^4}{384\times2.06\times10^5\times11080\times10^4}=17\mathrm{mm}<\frac{l}{250}=\frac{6000}{250}=24\mathrm{mm}$$

满足要求。

第四节　钢桁架及屋盖结构

一、桁架外形及腹杆形式

1. 钢桁架的应用

桁架是指由直杆在端部相互连接而组成的格子式结构。桁架中的杆件大部分情况下只受轴心拉力或压力。应力在截面上均匀分布，因而容易发挥材料的作用。桁架用料经济，结构的自重小，易于构成各种外形以适应不同用途。桁架是一种应用极其广泛的结构，除用于屋盖结构外，还用于施工脚手架、输电塔架和桥梁等。

在工业与民用房屋建筑中，当跨度比较大时用梁作屋盖的承重结构是不经济的，此时，要用屋架作为屋盖的承重结构。此外，拱架、网架也可用作屋盖的承重结构。

2. 桁架的外形及腹杆形式

桁架的外形直接受到它的用途的影响。就屋架来说，外形一般分为三角形（图12-93*a*、*b*、*c*）、梯形（图12-93*d*、*e*）及平行弦（图12-93*f*、*g*）三种。桁架的腹杆形式常用的有人字式（图12-93*b*、*d*、*f*）、芬克式（图12-93*a*）、豪式（也叫单向斜杆式，图12-93*c*）、再分式（图12-93*e*）及交叉式（图12-91*g*）五种。

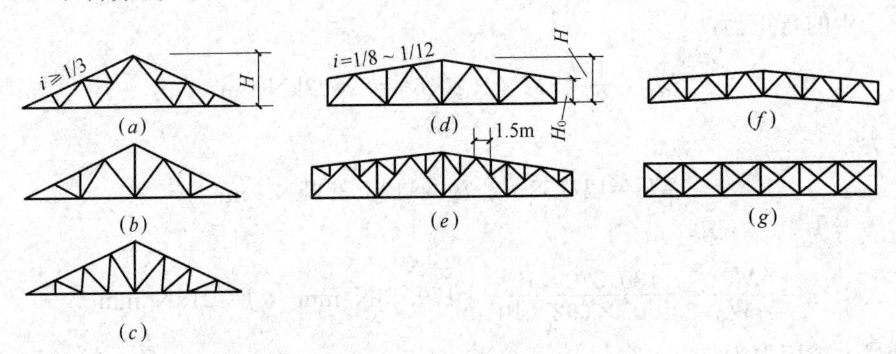

图12-93　钢屋架的外形

3. 桁架主要尺寸的确定

桁架的主要尺寸指它的跨度 L 和高度 H（包括梯形屋架的端部高度 H_0）（图12-93）。跨度 L，对屋架来说由使用和工艺方面的要求决定。屋架的高度则由经济条件、刚度条件（屋架的挠度限值 $L/500$）、运输界限（铁路运输界限高度为3.85m）及屋面坡度等因素来决定。

根据上述原则，各种屋架中部高度 H 常在下述范围：三角形屋架 $H\approx$（1/6～1/4）L；梯形屋架 $H\approx$（1/10～1/6）L，但当跨度大时注意尽可能不超出运输界限。

梯形屋架端部高度 H_0 与其中部高度及屋面坡度有关。通常取 1.8～2.1m。

二、屋盖支撑

1. 概述

钢屋盖和柱组成的结构体系是一平面排架结构，纵向刚度很差。无论是有檩屋盖还是无檩屋盖，仅仅将简支在柱顶的钢屋架用大型屋面板或檩条联系起来，它仍是一种几何可变体系，存在着所有屋架同向倾覆的危险，如图 12-94（*a*）所示。此外，由于在这样的体系中，檩条和屋面板不能作为上弦杆的侧向支承点，故上弦杆在受压时极易发生侧向失稳现象，如图中虚线所示，其承载力极低。

在屋盖两端相邻的两榀屋架之间布置上弦横向支撑和垂直支撑（图 12-94*b*），将平面屋架连成一空间结构体系，形成屋架与支撑桁架组成的空间稳定体。如图 12-97 所示。其余屋架用檩条或大型屋面板以及系杆与之相连，从而保证了整个屋盖结构的空间几何不变和稳定性。同时，由于支撑节点可以阻止上弦的侧移，使其自由长度大大减小，如图 12-94（*b*）中虚线所示，故上弦的承载力也可大大提高。

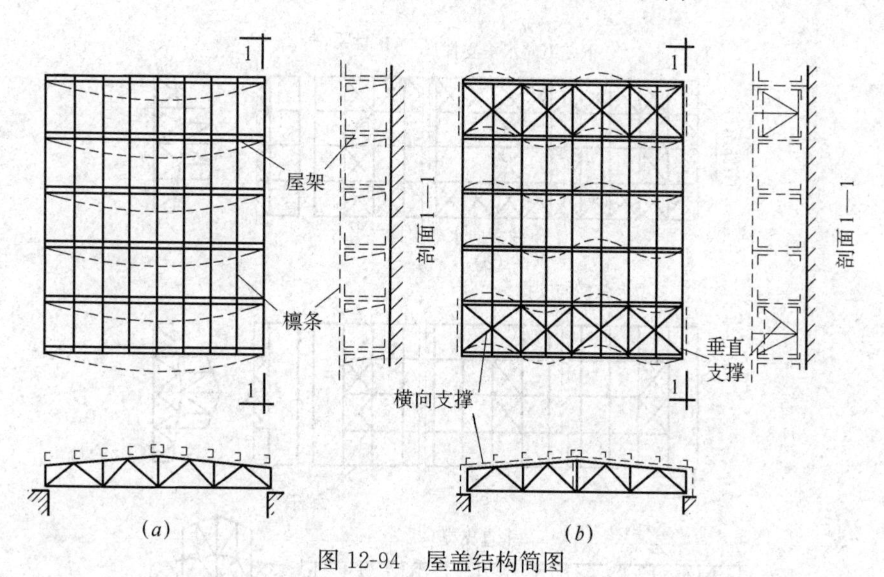

图 12-94 屋盖结构简图

（*a*）屋架没有支撑时整体丧失稳定的情况；

（*b*）布置支撑后屋盖稳定、屋架上弦自由长度减小

支撑（包括屋架支撑和天窗架支撑）是屋盖结构的必要组成部分。图 12-95 和图 12-96 分别为有檩屋盖和无檩屋盖的支撑布置示例。

2. 支撑的种类、作用和布置原则

根据支撑布置的位置可分为上弦横向支撑、下弦支撑、垂直支撑和系杆等四种。

（1）上弦横向支撑

上弦横向支撑是以斜杆或檩条为腹杆，两榀屋架的上弦作为弦杆组成的水平桁架将

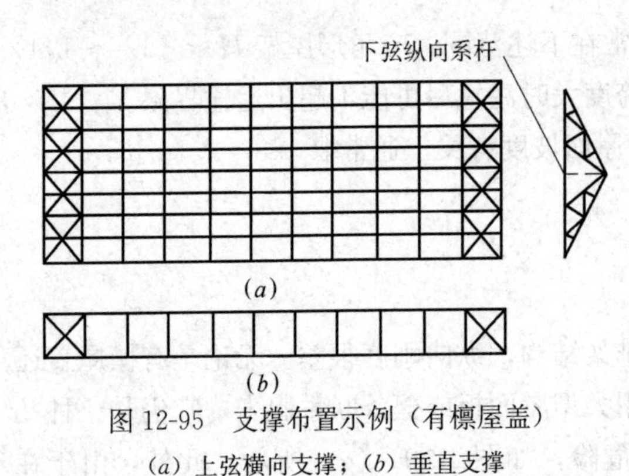

图 12-95 支撑布置示例（有檩屋盖）

(a) 上弦横向支撑；(b) 垂直支撑

两榀屋架在水平方向联系起来，以保证屋架上弦杆在屋架平面外的稳定，减少该方向上弦杆的计算长度，提高它的临界力。在没有横向支撑的柱间，则通过系杆、屋面板或檩条的约束作用来达到上述目的。

上弦横向支撑一般布置在房屋两端（或温度区段两端）的第一柱间（图 12-95)或第二柱间内（图 12-96)。当房屋较长时，需沿长度方向每隔 50～60m 再布置一道上弦横向支撑，以保证上弦支撑的有效作用，提高屋盖的纵向刚度。

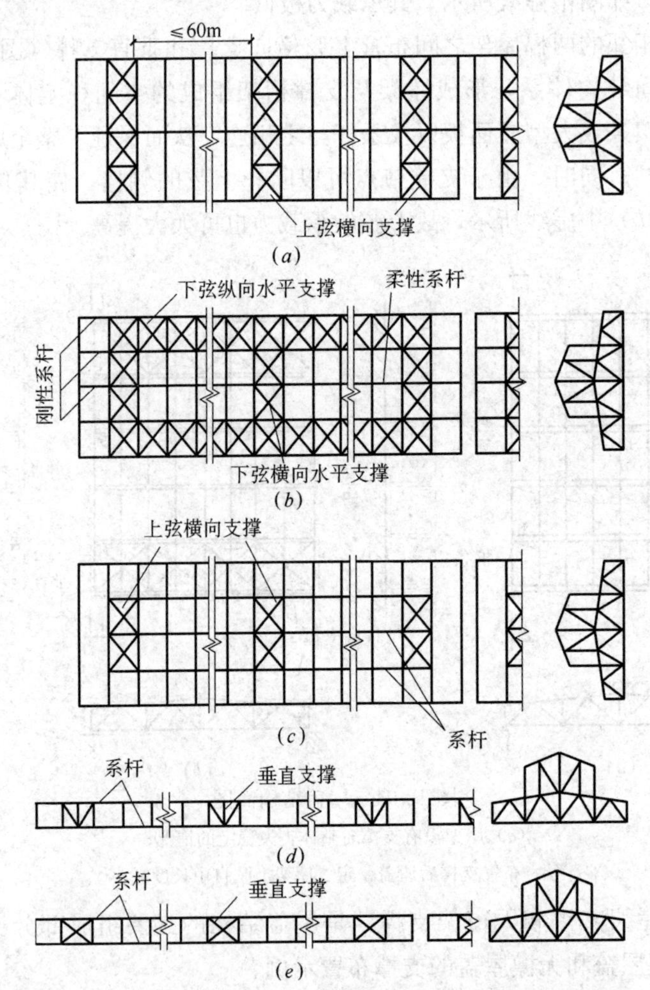

图 12-96 设有天窗的梯形屋架支撑布置示例（无檩屋盖）

(a) 屋架上弦横向支撑；(b) 屋架下弦水平支撑；(c) 天窗上弦横向支撑；(d) 屋架跨中及支座处的垂直支撑；(e) 天窗架侧柱垂直支撑

(2) 下弦支撑

下弦支撑包括下弦横向支撑和纵向支撑。

上、下弦横向支撑一般布置在同一柱间内，和相邻的两榀屋架组成一个空间桁架体系。但当支撑布置在第二柱间内时，必须用刚性系杆将端屋架与横向支撑的节点连接，以保证端屋架的稳定和风荷载的传递。如图 12-96。

下弦横向支撑的主要作用是作为山墙抗风柱的上支点，以承受并传递由山墙传来的纵向风荷载、悬挂吊车的水平力和地震引起的水平力，减小下弦在平面外的计算长度，从而减小下弦的振动。

下弦纵向支撑的主要作用是加强房屋的整体刚度，保证平面排架结构的空间工作，并可承受和传递吊车横向水平制动力。

下弦纵向支撑一般布置在屋架左右两端节间，而且必须和屋架下弦横向支撑相连以形成封闭体系，如图 12-96（*b*）所示。

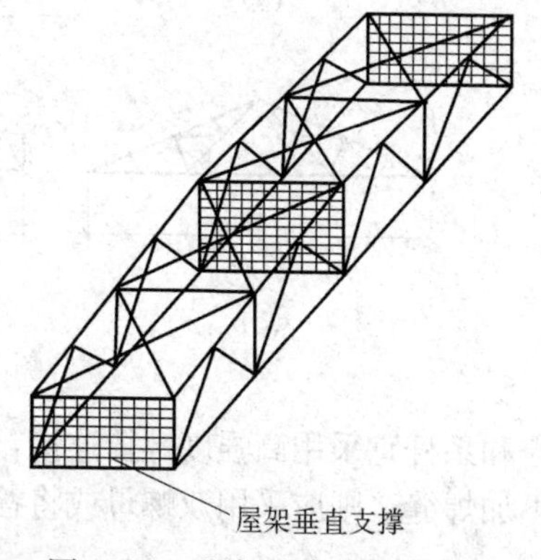

图 12-97 屋架垂直支撑的作用

（3）垂直支撑

垂直支撑的主要作用是使相邻两榀屋架形成空间几何不变体系，以保证屋架在使用和安装的正确位置，见图 12-97。

当梯形屋架跨度小于 30m 时，应在屋架跨中及两端竖杆平面内分别设置一道垂直支撑（图 12-98*b*）；当梯形屋架跨度大于或等于 30m 时，应在屋架两端和跨度三分之一左右的竖杆平面内各设置一道竖向支撑（图 12-98*d*）。除在上下弦横向支撑所在柱间设置外，每隔五六个屋架还宜增设。

当三角形屋架跨度小于或等于 18m 时，应在屋架中间布置一道垂直支撑（图 12-98*a*）；当屋架跨度大于 18m 时，布置两道垂直支撑（图 12-98*c*）。

（4）系杆

系杆分为刚性系杆和柔性系杆。能承受压力的称刚性系杆，只能承受拉力的称柔性系杆。系杆的主要作用是保证无横向支撑的所有屋架的侧向稳定，减少弦杆在屋架平面外的计算长度以及传递纵向水平荷载。

在屋架支座节点处和上弦屋脊节点处应设置通长的刚性系杆；一般情况下，垂直支撑平面内的屋架上、下弦节点处应设置通长的柔性系杆；当屋架横向支撑设在厂房两端或温度缝区段的第二柱间内时，则在支撑点与第一榀屋架中间设置刚性系杆。

3. 支撑的形式和连接构造

横向支撑和纵向支撑常采用交叉斜杆和直杆形式，垂直支撑一般采用平行弦桁架形式，其腹杆体系应根据高和长的尺寸比例确定。当高和长的尺寸相差不大时，采用交叉式（图 12-98*g*），相差较大时，则采用 *W* 式或 *V* 式（图 12-98*e*、*f*）。

支撑与屋架的连接应构造简单，安装方便，可参见图 12-99。上弦横向支撑角钢的肢尖应朝下，以免影响大型屋面板或檩条的安放。因此，对交叉斜杆应在交叉点切断一根另用连接板连接。下弦横向支撑角钢的肢尖允许朝上，故交叉斜杆可肢背靠肢背交叉放置，采用填板连接。支撑与屋架或天窗架的连接通常采用连接板和 M16～M20 的 C 级螺栓，且每端不少于两个。在 A6～A8 工作级别的吊车或有其他较大设备的房屋中，屋架下弦支

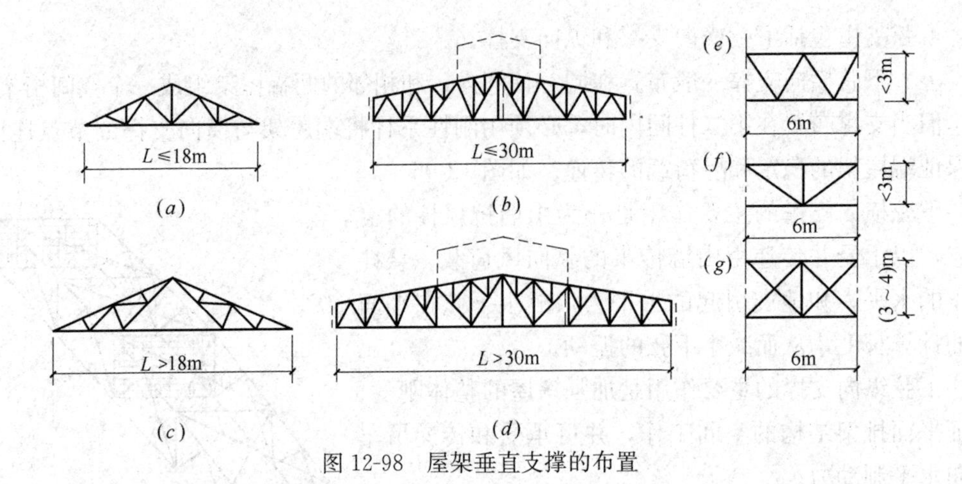

图 12-98　屋架垂直支撑的布置

撑和系杆宜采用高强度螺栓连接，或用C级螺栓再加焊缝将节点板固定（图 12-99*b*）；若不加焊缝，则应采用双螺母或将栓杆螺纹打毛，或与螺母焊死，以防止松动。

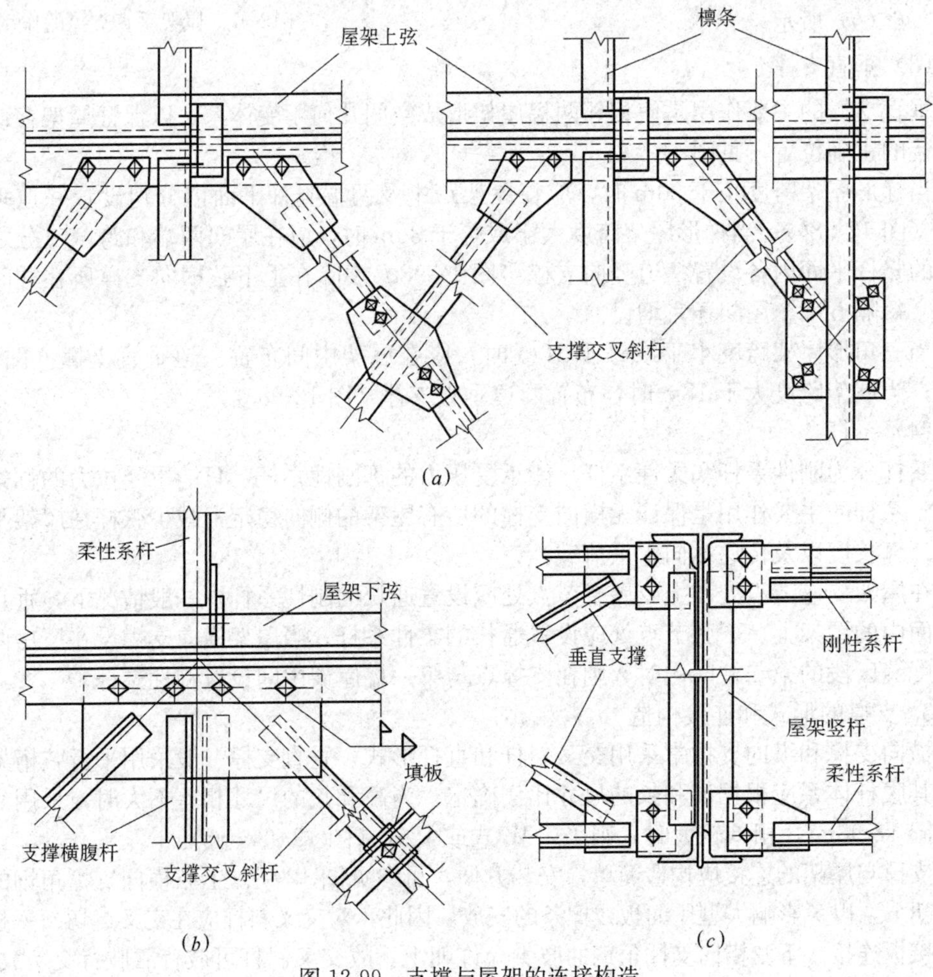

图 12-99　支撑与屋架的连接构造

（*a*）上弦支撑的连接；（*b*）下弦支撑的连接；（*c*）垂直支撑的连接

三、普通钢屋架

普通钢屋架由角钢（不小于45×4或56×36×4）和节点板焊接而成，它的受力性能好，构造简单，施工方便。在确定了屋架外形和主要尺寸后，各杆件的轴线几何长度可根据几何关系求得。

1. 屋架杆件的受力特点

计算屋架杆件内力时，假定屋架的节点为铰接；屋架所有杆件轴线为直线且都在同一平面内，并相交于节点的中心；荷载都作用在节点上，且都在屋架平面内，故屋架各杆均为轴心受力杆件。

2. 屋架杆件截面形式

各杆件的内力求出后，确定屋架各杆（上弦杆、下弦杆和腹杆）在平面内和平面外的计算长度，根据截面选择的基本公式和等稳定性的要求，进行杆件截面设计。

（1）杆件的计算长度

1）杆件在屋架平面内的计算长度 l_{0x}

在理想铰接的屋架中，杆件在屋架平面内的计算长度 l_{0x} 应等于节点中心间的距离，即杆件的几何长度 l，如图12-100（b）。但实际屋架是用焊接将杆件端部和节点板相连，故节点板本身具有一定的刚度，杆件两端为弹性嵌固。当某一压杆因失稳杆端绕节点转动时，节点上汇集的拉杆数目多，线刚度大，则产生的约束作用也大，压杆在节点处的嵌固程度也大，其计算长度就小。

如图12-100（a）所示，弦杆、支座斜杆和支座竖杆的自身刚度较大，而两端节点上的拉杆却很少，故嵌固程度很小，与两端铰接的情况比较接近，故其 $l_{0x}=l$。其他中间腹杆，虽上端相连拉杆少，嵌固程度小，可视为铰接，但其下端相连的拉杆较多，且下弦的线刚度大，嵌固程度较大，故其计算长度可取 $l_{0x}=0.8l$。

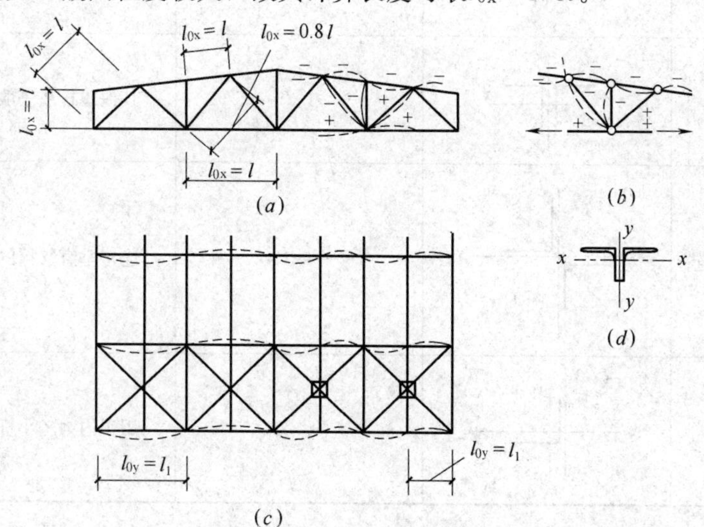

图12-100 屋架杆件的计算长度

2）杆件在屋架平面外的计算长度 l_{0y}

弦杆在平面外的计算长度等于侧向固定节点间的距离。对于上弦杆，在有檩设计中当檩条与支撑交叉点不连接时，$l_{0y}=l_1$，l_1 是支撑节点的距离；当檩条与支撑交叉点相连时，则 $l_{0y}=l_1/2$。在无檩设计中把屋面板视作刚性系杆时，$l_{0y}=l_1$，当屋面板起支撑作用时，$l_{0y}=2b$，且不大于 3m，b 为大型屋面板的宽度。对于下弦杆，$l_{0y}=l_1$，l_1 为侧向支撑点间的距离，有横向水平支撑时，为横向水平支撑节点的距离；无横向水平支撑，有系杆时，则为系杆之间的距离。

腹杆在屋架平面外的计算长度等于两端节点间距。

（2）杆件截面形式

钢屋架的杆件一般采用两个等肢或不等肢角钢组成的 T 形截面或十字形截面。轴心受拉杆件按强度计算所需净截面面积 A_{nreq}，根据所求得的 A_{nreq}，从角钢规格中选出重量轻、回转半径大、面积和 A_{nreq} 相近的角钢。轴心受压杆件则按稳定计算要求选择截面进行验算。选择的一般原则是：尽量做到两个方向等稳定（即 $\lambda_x=\lambda_y$）、节约材料、与节点板连接方便、具有必要的刚度便于施工安装。常用杆件截面形式见表 12-8。

屋架杆件的截面形式 **表 12-8**

组合方式		截面形式	回转半径的比值	用途
不等边角钢	短肢相并	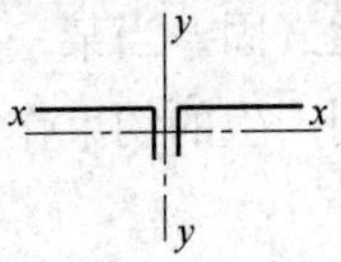	$\frac{i_y}{i_x}\approx2.6\sim2.9$	l_{0y}较大的上、下弦杆
	长肢相并	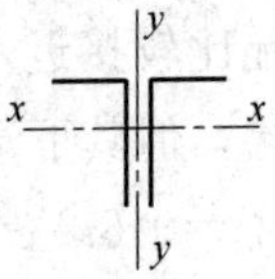	$\frac{i_y}{i_x}\approx0.75\sim1.0$	端斜杆、端竖杆、受局部弯矩作用的上、下弦杆
等边角钢相并		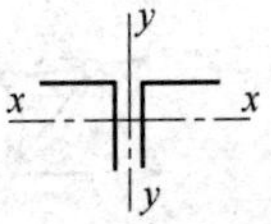	$\frac{i_y}{i_x}\approx1.3\sim1.5$	其他腹杆或一般上、下弦杆
等边角钢十字相连		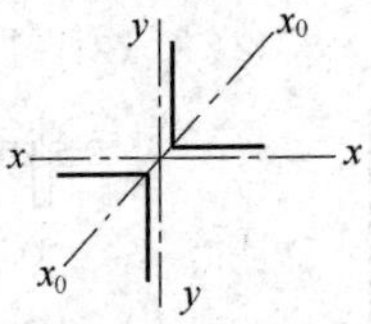	$\frac{i_y}{i_x}\approx1.0$	连接垂直支撑的竖杆
单角钢		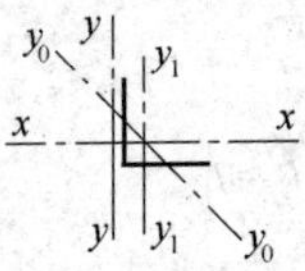		用于内力较小杆件

屋架中的腹杆、竖杆和支撑杆件，有时受力很小，常按容许长细比选择截面。

屋架上弦，在一般支撑布置的情况下，屋架平面外的计算长度等于平面内计算长度的两倍，为满足 $\lambda_x \approx \lambda_y$，必须使 $i_y \approx 2i_x$，这时宜采用由两个不等肢角钢短肢相并的 T 形截面。如果上弦杆有节间荷载作用，为了增加屋架平面内的抗弯刚度，宜采用由两个等肢角钢组成的 T 形截面或两个不等肢角钢长肢相并的 T 形截面。

屋架的端斜杆，由于它在屋架平面内和平面外的计算长度相等，从等稳条件出发，要求所选截面的 $i_x \approx i_y$，故应采用两个不等肢角钢长肢相并的 T 形截面。

对于其他腹杆，由于 $l_{0y}=1.25l_{0x}$，要求应采用 $i_y=1.25i_x$，所以应采用两个等肢角钢组成的 T 形截面。连接垂直支撑的竖腹杆，为了传力时不产生偏心，便于与支撑连接以及吊装时屋架两端可以互换，宜采用两个等肢角钢组成的十字形截面。对于受力很小的腹杆，也可采用单角钢截面。

屋架下弦受拉，所选截面除满足强度和容许长细比外，应尽可能增大屋架平面外的刚度，以利于运输和吊装。因此下弦杆常用两个不等肢角钢短肢相并的 T 形截面。

为了使两个角钢组成的构件形在一个整体，应在角钢相并肢之间焊上垫板，垫板厚度应与节点板厚度相同（一般 6～10mm），垫板宽度一般取 60mm 左右，长度比角钢肢宽长 20～30mm。垫板间距 l_z 在受压杆件中不大于 $40i$，在受拉杆件中不大于 $80i$。对于 T 形截面，i 为一个角钢平行于垫板的形心轴的回转半径；对于十字形截面，则取一个角钢的最小回转半径（图 12-101b）。在受压杆件的两个侧向支撑点之间的垫板数不宜少于两个。

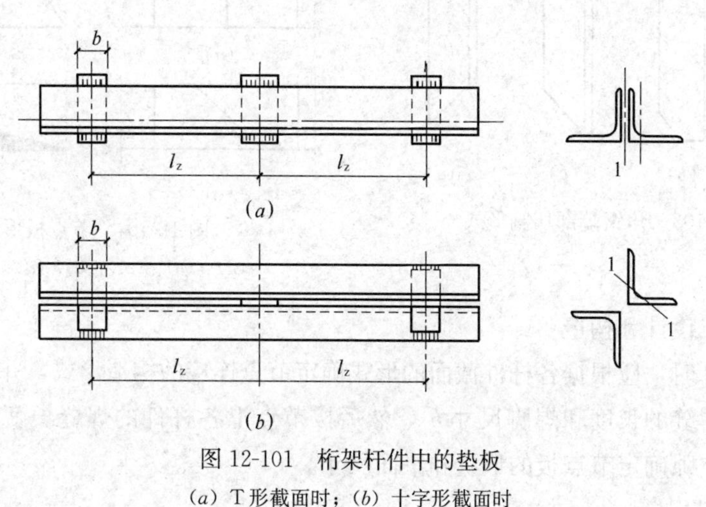

图 12-101 桁架杆件中的垫板

(a) T 形截面时；(b) 十字形截面时

3. 屋架节点设计

屋架上各个杆件通过节点上的节点板相互连接。各杆件的内力通过各杆件与节点板上的角焊缝传力，并在节点上取得平衡。节点设计的任务是确定节点的构造、计算焊缝以及确定节点板的形状和尺寸。焊缝的计算在本章第二节中已有详述。此处将重点介绍各种节点的构造要求，以此能正确确定节点板的形状和尺寸。

(1) 节点的构造要求

1) 各杆件的形心线应尽量与屋架的几何轴线重合，并交于节点中心，以避免杆件偏心受力。但为了制造方便，通常将角钢肢背至形心线的距离取为 5mm 的倍数，以作为角钢的定位尺寸（图 12-105 中 z_1～z_2）。当弦杆截面有改变时，为方便拼接和安装屋面构件，应使角钢的肢背齐平。此时应取两形心线的中线作为弦杆的共同轴线（图 12-102），以减少因两角钢形心线错开而产生的偏心影响。

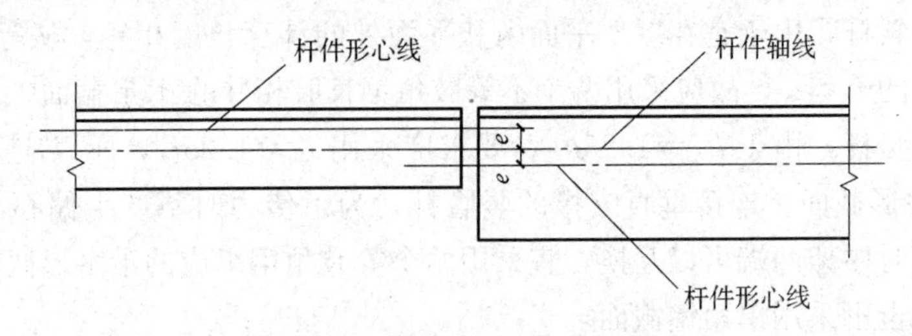

图 12-102 弦杆截面改变时的轴线

2）节点板上各杆件之间的焊缝净距不宜小于 10mm。

3）角钢的截断宜采用垂直于杆件轴线直切，有时为了减小节点板的尺寸，也可斜切，但要适宜（图 12-103*b*、*c*）。图 12-103（*d*）所示形式不宜采用，因其不能采用机械切割。

4）节点板的形状应力求简单而规整，没有凹角，一般至少有两边平行，如矩形、平行四边形和直角梯形等（图 12-104）。

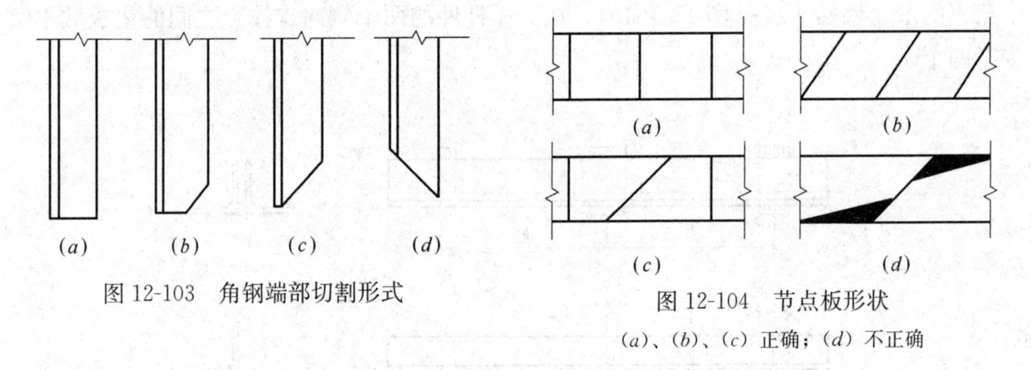

图 12-103 角钢端部切割形式

图 12-104 节点板形状

（*a*）、（*b*）、（*c*）正确；（*d*）不正确

（2）节点设计和构造

节点设计时，应根据各杆件截面的形式确定节点连接的构造形式，并根据杆件的内力确定连接焊缝的长度和焊脚尺寸 h_f，然后按节点上各杆件的焊缝长度，并考虑各杆件间应留的空隙确定节点板的形状和平面尺寸。

1）一般节点

一般节点是无集中荷载和无弦杆拼接的节点，其构造形式如图 12-105 所示，所有杆件与节点板的连接焊缝计算长度均可按式（12-8*a*）、式（12-8*b*）计算，从而可定出 1～6 点。节点板的尺寸应能框进所有点，同时还应伸出弦杆角钢肢背10～15mm，以便焊接。

2）有集中荷载节点

屋架上弦节点（图 12-106）一般受有檩条或大型屋面板传来的集中荷载 Q 的作用。为了放置上部构件，节点板须缩入上弦角钢肢背约 $2/3t$（t 为节点板厚度）深度用塞焊缝连接。

3）弦杆拼接节点

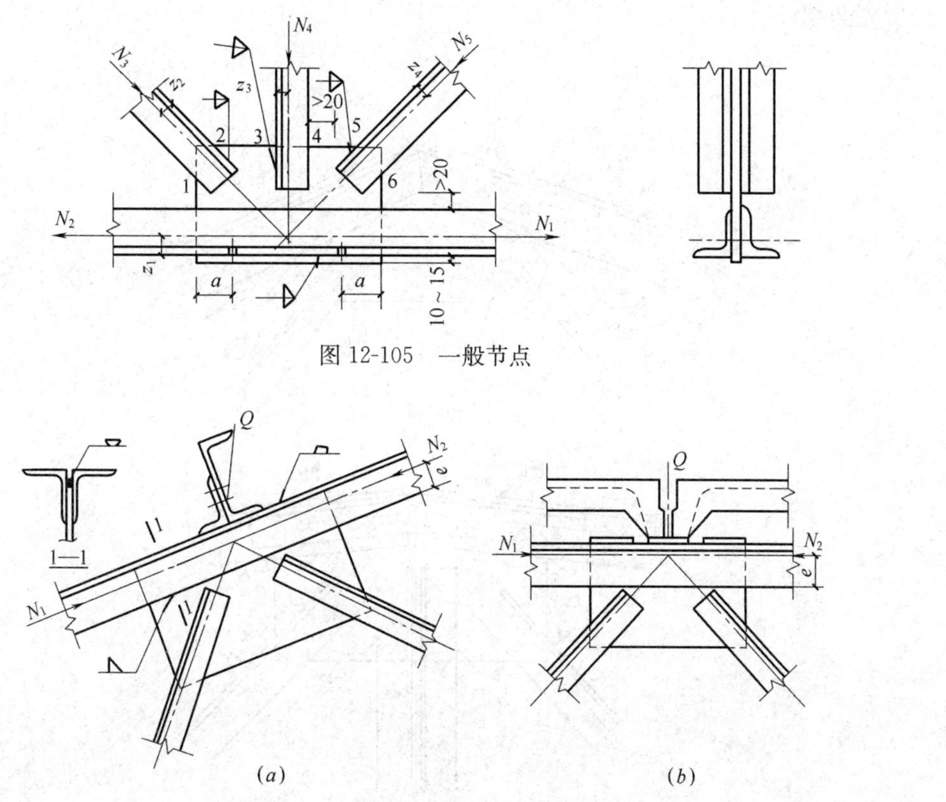

图 12-105　一般节点

图 12-106　有集中荷载的（上弦）节点

弦杆的拼接分工厂拼接和工地拼接两种。工厂拼接是角钢供应长度不足时的制造接头，通常设在内力较小的节间内。工地拼接是在屋架分段制造和运输时的安装接头，上弦多设在屋脊节点（图 12-107*a*、*b*，分别属芬克式三角形屋架和梯形屋架），下弦则多设在跨中央（图 12-107*c*）。

为传递断开弦杆的内力，在拼接处弦杆上应加一对和被连弦杆截面相同的拼接角钢。为使拼接角钢能紧贴被连弦杆角钢且便于施焊，就将拼接角钢的棱角削去并把竖向肢边切去 $\Delta=t+h_f+5$mm，t 是连接角钢的厚度（图 12-107*d*）。

拼接角钢的长度 L 应根据拼接焊缝的长度确定，通常按被连接弦杆的最大杆力计算，且平均分配给连接角钢的四条焊缝，因此每条焊缝的计算长度为：

$$l_w=N_{max}/(4\times0.7h_f\times f_f^w)\qquad(12\text{-}46)$$

所以 $L=2\ (l_w+h_f)\ +a$mm，为了保证拼接角钢的刚度，$L\geqslant40\sim60$mm。

拼接角钢由于截面的削弱（不超过角钢面积的 15％）而影响传递的拉力由节点板补偿。所以，下弦杆和节点板的连接焊接应按该受拉弦杆最大内力的 15％来计算。当肢背、肢尖的焊缝长度相同时，由肢背的焊缝强度控制。

为便于安装，工地拼接宜采用图 12-107 所示的连接方式。节点板（和中间竖杆）用工厂焊缝焊于左半榀屋架，拼接角钢则作为单独零件出厂，待工地将半榀屋架拼装后再将其装配上，然后一起用安装焊缝连接。另外，为了拼接节点能正确定位和施焊，宜设置安装螺栓。

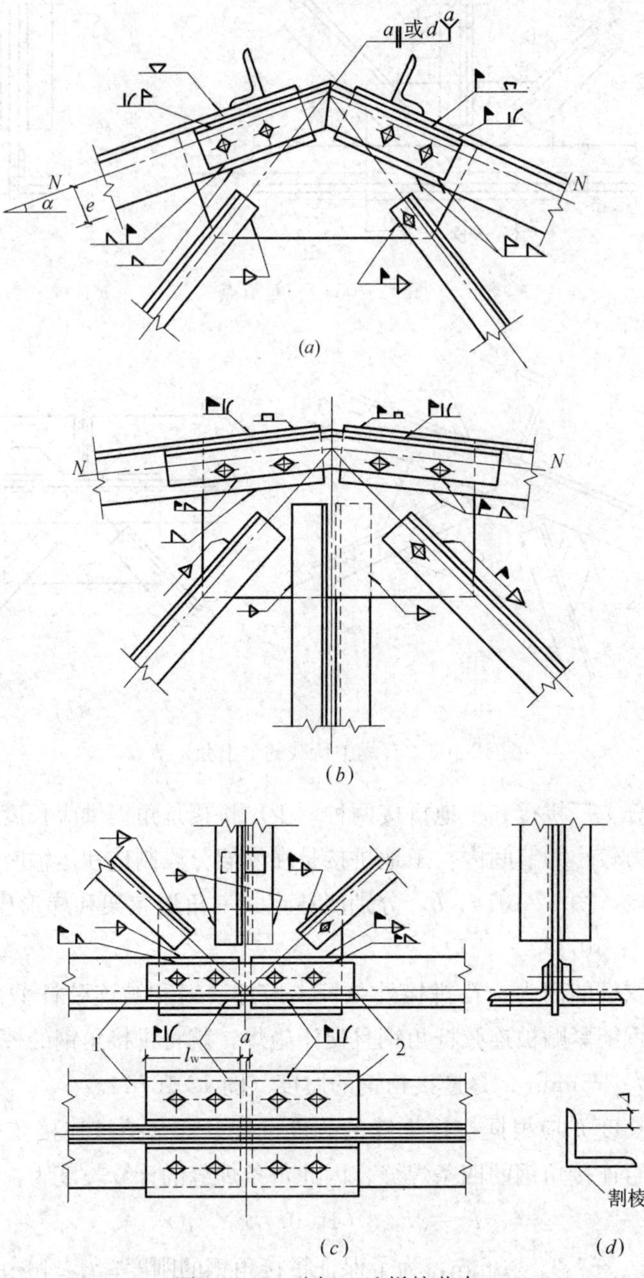

图 12-107　弦杆工地拼接节点

(a)、(b) 上弦拼接节点；(c) 下弦拼接节点；(d) 拼接角钢割棱、切肢

1—屋架下弦；2—拼接角钢

4）支座节点

图 12-108 所示为三角形屋架和梯形屋架的铰接支座节点。支座节点由节点板、加劲肋、支座底板和锚栓等组成。它的设计类似于轴心受压柱的柱脚。

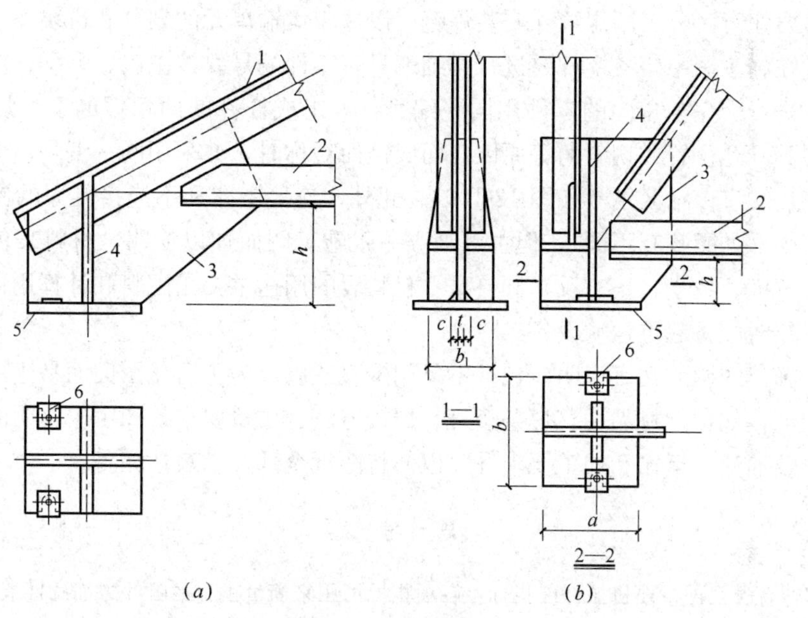

图 12-108　支座节点

(*a*) 三角形屋架支座节点；(*b*) 梯形屋架支座节点

1—上弦；2—下弦；3—节点板；4—加劲肋；5—底板；6—垫板

为了便于下弦角钢肢背施焊，下弦角钢水平肢的底面与支座底板间的净距 h 值（图 12-108）应不小于下弦角钢的水平肢的宽度，且不小于 130mm。锚栓直径 d 一般取 20～25mm。安装时，为便于调整，底板上锚栓孔的直径一般取（2～2.5）d，并开成开口的椭圆孔。

4. 钢屋架施工图

施工图是在钢结构制造厂进行加工制造的主要依据，必须清楚、详尽。图中焊缝按《焊缝符号表示法》GB/T 324—2008 的规定标注。

（1）通常在图纸左上角绘一桁架简图。对于对称桁架，图中一半注明杆件几何长度（mm），另一半注明杆件内力（N 或 kN）。桁架跨度较大时（梯形屋架 $L\geqslant 24$m，三角形屋架 $L\geqslant 15$m）产生挠度较大，影响使用与外观，制造时应在下弦拼接处起拱，拱度一般采用 $f=L/500$，在简图中画出。

（2）施工详图中，主要图面用以绘制屋架的正面图，必要的侧面图，以及某些安装节点或特殊零件的大样图，施工图还应有材料表。屋架施工图通常采用两种比例尺：杆件轴线一般为 1∶20～1∶30 以免图幅太大；节点（包括杆件截面，节点板和小零件）一般为 1∶10～1∶15（重要节点大样比例尺还可大些），可清楚地表达节点的细部制造要求。

（3）在施工图中，要全部注明各零件的型号和尺寸，包括其加工尺寸、零件（杆件和板件）的定位尺寸、孔洞的距离，节点中心至腹杆等杆件近端的距离，节点中心至节点板上、下和左、右边缘的距离等。螺孔位置要符合型钢线距表和螺栓排列规定距离的要求。对加工及工地施工的其他要求包括零件切斜角、孔洞直径和焊缝尺寸都应注明。

拼接焊缝要注意区分工厂焊缝和安装焊缝，以适应运输单元的划分和拼装。

（4）在施工图中，各零件要进行详细编号，零件编号要按主次、上下、左右一定的顺序逐一进行。完全相同的零件用同一编号，当组成杆件的两角钢的型号尺寸完全相同，但因其开孔位置或切斜角等原因，而成镜面对称时，亦采用同一编号，但在材料表中注明正反二字以示区别（如图 12-109）。此外，连接支撑和不连接支撑的屋架虽有少数地方不同（如螺孔有不同），但也可画成一张施工图而加以注明，材料表包括各零件的截面、长度、数量（正、反）和自重。材料表的用途主要是配料和计算用钢指标，其次是为吊装时配备起重运输设备。

（5）施工图中的文字说明应包括不易用图表达以及为了简化图面而易于用文字集中说明的内容，如：钢材品种、焊条型号、焊接方法和质量要求，图中未注明的焊缝的螺孔尺寸以及油漆、运输和加工要求等，以便将图纸全部要求表达完备。

思 考 题

1. 钢材有哪几项主要机械性能指标？各项指标可用来衡量钢材的哪些方面的性能？
2. 碳、锰、硅、硫对碳素结构钢的机械性能分别有哪些影响？
3. Q235 中四个质量等级的钢材在脱氧方法和机械性能上有何不同？
4. 钢结构所用的钢材有哪些种类？如何选用？
5. 试述钢材的两种破坏形式。钢材在何种条件下会发生脆性破坏？
6. 什么是应力集中？什么是钢材的疲劳和疲劳破坏？
7. 焊缝符号由哪几部分组成？举几个常用的例子。
8. 角焊缝尺寸有哪些构造要求？
9. 什么是焊接残余应力和残余变形？应如何限制和避免？
10. 螺栓在钢板和型钢上的排列有哪些规定？为什么？
11. 摩擦型高强度螺栓和普通螺栓连接有何不同？
12. 轴心受力构件应满足哪些方面的要求？
13. 实际轴心压杆与理想轴心压杆的工作有何不同？
14. 说明稳定系数 φ 的意义。为什么要将截面形式和对应轴分为四类求 φ？
15. 实腹柱与格构柱常用何种截面？格构柱的肢间距离根据什么原则确定？
16. 画出柱头与柱脚的构造各两种？
17. 梁的强度需进行哪几项计算？试说明梁的抗弯强度计算中截面塑性发展系数的意义。
18. 什么是梁的整体稳定？在何种条件下可不计算梁的整体稳定？组合梁的翼缘和腹板各采取什么办法保证局部稳定？
19. 钢屋盖有哪几种支撑？分别说明各在什么情况下设置？设置在什么位置？
20. 屋架各杆各应采用何种截面形式？其确定的原则是什么？
21. 钢屋架施工图包括哪些内容？

习 题

12-1　两钢板截面为 500mm×10mm，承受轴心力设计值 N=1000kN（静力荷载），钢材为

Q235B，采用E43系列型焊条，手工焊。采用双盖板、角焊缝平接连接，试设计此连接。

12-2　在图12-110所示角钢和节点板采用两边侧焊缝的连接中，$N=380\text{kN}$（静力荷载，设计值），角钢为2∟140×90×10，节点板厚度$t_1=10\text{mm}$，钢材为Q235A·F，焊条为E43系列型，手工焊。试设计所需角焊缝。

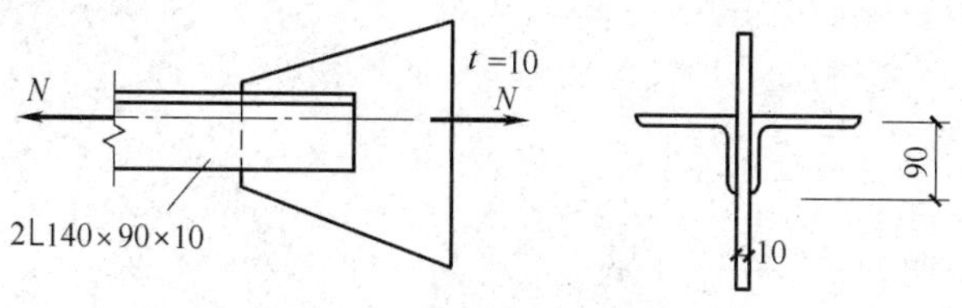

图12-110　习题12-2附图

12-3　验算图12-111所示牛腿与柱的角焊缝连接，偏心力$N=200\text{kN}$（静力荷载，设计值），$e=150\text{mm}$。翼缘板宽$b=150\text{mm}$，厚度$t_1=12\text{mm}$，腹板高度$h=240\text{mm}$，钢材为Q235-B，手工焊，焊条为E43系列型。

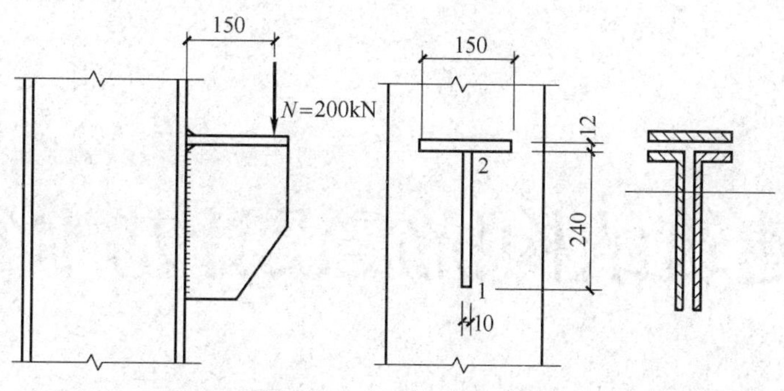

图12-111　习题12-3附图

12-4　将习题12-1改用普通螺栓连接，螺栓直径$d=20\text{mm}$，孔径$d_0=21.5\text{mm}$。试进行设计。

12-5　将习题12-1改用高强度螺栓连接，高强度螺栓采用10.9级，直径M20，孔径$d_0=21.5\text{mm}$，连接接触面采用喷砂处理，试进行设计。

12-6　试验算图12-112所示焊接H形截面柱（翼缘为焰切边）。轴心压力设计值$N=4500\text{kN}$，柱的长度$l_{0x}=l_{0y}=6\text{m}$。钢材为Q235，截面无削弱。

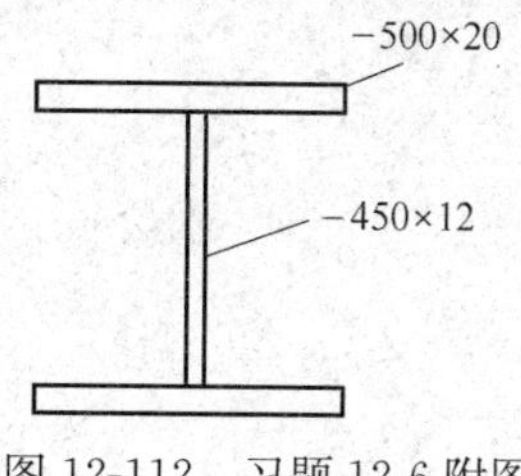

图12-112　习题12-6附图

第十三章

建筑结构抗震设计基本知识

第一节　概　　述

一、地震的种类

地震是由于某种原因引起的地面强烈运动，是一种自然现象，依其成因，可分为三种类型：火山地震、塌陷地震、构造地震。由于火山爆发，地下岩浆迅猛冲出地面时引起的地面运动，称为火山地震；此类地震释放能量小，相对而言，影响范围和造成的破坏程度均比较小。由于石灰岩层地下溶洞或古旧矿坑的大规模崩塌引起的地面震动，称为塌陷地震；此类地震不仅能量小，数量也小，震源极浅，影响范围和造成的破坏程度均较小。由于地壳构造运动推挤岩层，使某处地下岩层的薄弱部位突然发生断裂、错动而引起地面运动，称为构造地震；构造地震的破坏性大，影响面广，而且频繁发生，约占破坏性地震总量度的95%以上。因此，在建筑抗震设计中，仅限于讨论在构造地震作用下建筑的设防问题。

地壳深处发生岩层断裂、错动的部位称为震源。这个部位不是一个点，而是有一定深度和范围的体。震源正上方的地面位置叫震中。震中附近地面震动最厉害，也是破坏最严重的地区，称为震中区。地面某处至震中的水平距离称为震中距。把地面上破坏程度相似的点连成的曲线叫做等震线。震中至震源的垂直距离称为震源深度（图 13-1）。

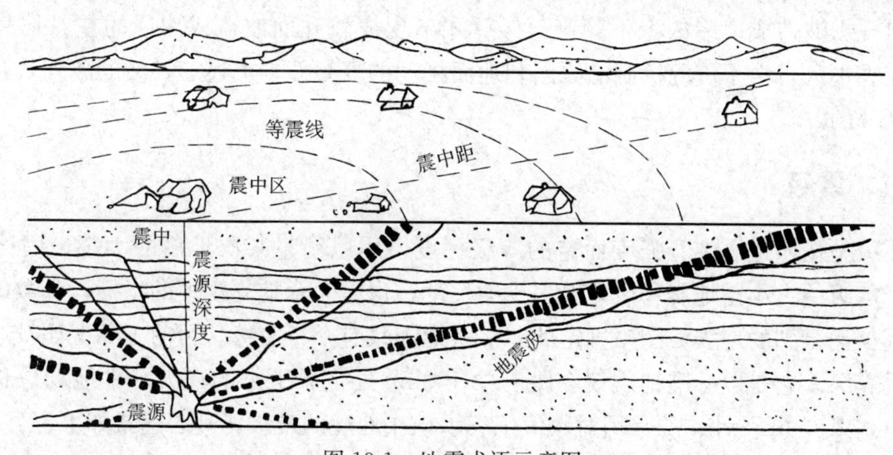

图 13-1　地震术语示意图

根据震源深度不同，可将构造地震分为浅源地震（震源深度不大于 60km），中源地震（震源深度 60～300km），深源地震（震源深度大于 300km）三种。我国发生的绝大部分地震都属于浅源地震（一般深度为 5～40km）。浅源地震造成的危害最大。如唐山大地震的断裂岩层深约 11km，属于浅源地震，发震构造裂缝带总长 8km 多，展布范围 30m，穿过唐山市区东南部，这里就是震中，市内铁路两侧 47km 的区域属于极震区。

二、地震波

当地球的岩层突然断裂时，岩层积累的变形能突然释放，这种地震能量一部分转化为热能，一部分以波的形式向四周传播。这种传播地震能量的波就是地震波。

地震波按其在地壳传播的位置不同，分为体波和面波。

1. 体波

在地球内部传播的波称为体波。体波又分为纵波和横波。

纵波是由震源向四周传播的压缩波，又称 P 波。这种波质点振动的方向与波的前进方向一致，其特点是周期短，振幅小，波速快，在地壳内一般以 500～1000m/s 的速度传播。纵波能引起地面上下颠簸（竖向振动）。

横波是由震源向四周传播的剪切波，又称 S 波。这种波质点震动的方向与波的前进方向垂直。其特点是周期长，振幅大，能引起地面摇晃（水平振动），传播速度比纵波慢一些，在地壳内一般以 300～400m/s 的速度传播。

利用纵波与横波传播速度的差异，可从地震记录上得到纵波与横波到达的时间差，从而可以推算出震源的位置。

2. 面波

在地球表面传播的波称为面波，又称 L 波。它是体波经地层界面多次反射、折射形成的次生波。其特点是周期长，振幅大，能引起建筑物的水平振动。其传播速度为横波传播速度的 90%，所以，它在体波之后到达地面。面波的传播是平面的，波的介质质点振动方向复杂，振幅比体波大，对建筑物的影响也比较大。

总之，地震波的传播以纵波最快，横波次之，面波最慢。在离震中较远的地方，一般先出现纵波造成房屋的上下颠簸，然后才出现横波和面波造成房屋的左右摇晃和扭动。在震中区，由于震源机制的原因和地面扰动的复杂性，上述三种波的波列，几乎是难以区分的。

三、震级

震级是按照地震本身强度而定的等级标度，用以衡量某次地震的大小，用符号 M 表示。震级的大小是地震释放能量多少的尺度，也是表示地震规模的指标，其数值是根据地震仪记录到的地震波图来确定的。一次地震只有一个震级。目前国际上比较通用的是里氏震级。它是以标准地震仪在距震中 100km 处记录下来的最大水平地动位移（即振幅 A，以“μm”计）的常用对数值来表示该次地震的震级，其表达式如下：

$$M=\lg A \tag{13-1}$$

例如，在距震中 100km 处，用标准地震仪记录到的地震曲线图的最大振幅 $A=$ 10mm（即 $10^4\mu$m），于是该次地震震级为：

$$M=\lg 10^4=4$$

一般说来，$M<2$ 的地震，人是感觉不到的，称为无感地震或微震；$M=2\sim5$ 的地震称为有感地震；$M>5$ 的地震，对建筑物要引起不同程度的破坏，统称为破坏性地震；$M>7$ 的地震称为强烈地震或大地震；$M>8$ 的地震称为特大地震。

四、烈度

1. 地震烈度

地震烈度是指某一地区的地面及建筑物遭受到一次地震影响的强弱程度，用符号 I 表示。

对于一次地震，表示地震大小的震级只有一个，但它对不同地点的影响是不一样的。一般说，距震中愈远，地震影响愈小，烈度就愈低；反之，距震中愈近，烈度就愈高。此外，地震烈度还与地震大小、震源深度、地震传播介质、表土性质、建筑物动力特性、施工质量等许多因素有关。

为评定地震烈度，需要建立一个标准，这个标准就称为地震烈度表。它是以描述震害宏观现象为主并参考地面运动参数，即根据建筑物的损坏程度、地貌变化特征，地震时人的感觉，家具动作反应和地面运动加速度峰值、速度峰值等方面进行区分。目前国际上普遍采用的是划分为 12 度的地震烈度表。我国地震烈度表见表 13-1。

中国地震烈度表 表 13-1

烈度	人的感觉	一般房屋		其他震害现象	水平向地面运动	
		大多数房屋震害程度	平均震害指数		峰值加速度 (m/s^2)	峰值速度 (m/s)
1	无感					
2	室内个别静止中的人感觉					
3	室内少数静止中的人感觉	门、窗轻微作响		悬挂物微动		
4	室内多数人感觉。室外少数人感觉。少数人梦中惊醒	门、窗作响		悬挂物明显摆动，器皿作响		
5	室内普遍感觉。室外多数人感觉。少数人梦中惊醒	门窗、屋顶、屋架颤动，灰土掉落，抹灰出现微细裂缝，有檐瓦掉落，个别屋顶烟囱掉砖		不稳定器物摇动或翻倒	0.31 (0.22～0.44)	0.03 (0.02～0.04)
6	多数人站立不稳，少数人惊逃户外	损坏——墙体出现裂缝，檐瓦掉落，少数屋顶烟囱裂缝	0～0.1	河岸和松软土出现裂缝，饱和砂层出现喷砂冒水；有的独立砖烟囱轻度裂缝	0.63 (0.45～0.89)	0.06 (0.05～0.09)
7	大多数人惊逃户外，骑自行车的人有感觉，行驶中的汽车驾乘人员有感觉	轻度破坏——局部破坏，开裂，小修或不需要修理可继续使用	0.11～0.30	河岸出现坍方。饱和砂层常见喷砂冒水。松软土上地裂缝较多。大多数砖烟囱中等破坏	1.25 (0.90～1.77)	0.13 (0.10～0.18)

续表

烈度	人的感觉	一般房屋		其他震害现象	水平向地面运动	
		大多数房屋震害程度	平均震害指数		峰值加速度（m/s²）	峰值速度（m/s）
8	摇晃颠簸，行走困难	中等破坏——结构受损，需要修复才能使用	0.31～0.50	干硬土上亦出现裂缝；大多数独立砖烟囱严重破坏；树梢折断；房屋破坏导致人畜伤亡	2.50（1.78～3.53）	0.25（0.19～0.35）
9	行动的人摔倒	严重破坏——结构严重破坏、局部倒塌，复修困难	0.51～0.70	干硬土上出现地方有裂缝；基岩可能出现裂缝、错动；滑坡塌方常见；独立砖烟囱倒塌	5.00（3.54～7.07）	0.50（0.36～0.71）
10	骑自行车的人会摔倒，处不稳状态的人会摔离原地，有抛起感	大多数倒塌	0.71～0.90	山崩和地震断裂出现。基岩上的拱桥破坏。大多数砖烟囱从根部破坏或倒毁	10.00（7.08～14.14）	1.00（0.72～1.41）
11		普遍倒塌	0.91～1.00	地震断裂延续很长。大量山崩滑坡		
12				地面剧烈变化、山河改观		

注：1. 1～5 度以地面上人的感觉为主，6～10 度以房屋震害为主，人的感觉仅供参考，11、12 度以地表现象为主。11、12 度的评定，需要专门研究。

2. 震害指数以房屋“完好”为 0，“毁灭”为 1，中间按表列各烈度的震害程度分级。平均震害指数指所有房屋的震害指数的总平均值而言，可以用普查或抽查方法确定之。

3. 在农村可以自然村为单位，在城镇可以分区进行烈度的评定，但面积以 1 平方公里左右为宜。

4. 烟囱指工业或取暖用的锅炉房烟囱。

5. 表中数量词的说明：个别：10%以下；少数：10～50%；多数：55～70%；大多数：70～90%；普遍：90%以上。

2. 多遇烈度、基本烈度、罕遇烈度

近年来，根据我国华北、西北和西南地区地震发生概率的统计分析，同时，为了工程设计需要作了如下定义：

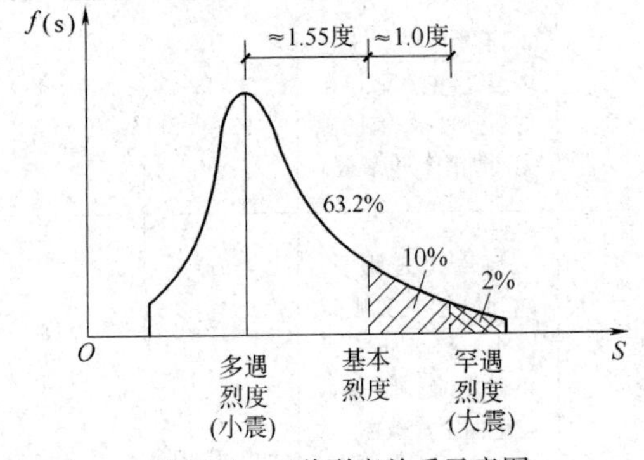

图 13-2　三种烈度关系示意图

50 年内超越概率为 63.2%的地震烈度为多遇烈度，重现期为 50 年，并称这种地震影响为多遇地震或小震；对 50 年超越概率为 10%的烈度（中国地震动参数区划图规定的峰值加速度所对应的烈度）为基本烈度，重现期为 475 年，并称这种地震影响为设防烈度地震或基本地震；对 50 年超越概率为 2%～3%的烈度为罕遇烈度，重现期平均约2000年，其地震影响为罕遇地震或大震。如图13-2的烈度概率密度曲线可见，多遇烈度比基本烈度大约低1.55度，而罕遇烈度比基本烈度大约高1度。

3. 抗震设防烈度、设计地震分组

为了进行建筑结构的抗震设防，按国家规定的权限批准审定作为一个地区抗震设防依据的地震烈度，称为抗震设防烈度。一般情况下，建筑的抗震设防烈度可采用中国地震动参数区划图确定的地震基本烈度。

考虑设计地震分组是因为近年来震害表明，在宏观烈度相似的情况下，处在大震级远震中距下的柔性建筑，其震害要比中、小震级近震中距的情况重得多，这是因为地震波在向外传播时短周期分量衰减快，长周期分量衰减慢，并且长周期地震波在软地基中又比短周期地震波放大得多，加之类似共振现象的存在，则在远离震中区的软地基上的长周期结构，将遭到较重的破坏。所以抗震设计时，对同样场地条件、同样烈度的地震，按震源机制、震级大小和远近区别对待是必要的，《建筑抗震设计规范》GB 50011—2010（以下简称《抗震规范》）将设计地震分为三组。我国主要城填（县级及县级以上城填）中心地区的抗震设防烈度、设计基本地震加速度值和所属的设计地震分组见《抗震规范》附录A。

五、抗震设防

1. 抗震设防的一般目标

抗震设防是指对房屋进行抗震设计和采取抗震措施，来达到抗震的效果。抗震设防的依据是抗震设防烈度。

结合我国的具体的情况，《抗震规范》提出了“三水准”的抗震设防目标。

第一水准——小震不坏

当遭受低于本地区抗震设防烈度的多遇地震影响时，主体结构一般不受损坏或损坏极小不需修理仍可继续使用。

第二水准——中震可修

当遭受到相当于本地区抗震设防烈度的地震影响时，主体结构可能损坏，但经一般性修理仍可继续使用。

第三水准——大震不倒

当遭受到高于本地区抗震设防烈度预估的罕遇地震影响时，主体结构不致倒塌或发生危及生命的严重破坏。

为达到上述三水准抗震设防目标的要求，《抗震规范》采取了二阶段设计法，即

第一阶段设计：按多遇地震作用效应和其他荷载效应的基本组合验算构件的承载力，以及在多遇地震作用下验算结构的弹性变形，以满足第一水准（小震不坏）的抗震设防要求。对大多数结构可只进行第一阶段设计。

第二阶段设计：在罕遇地震作用下验算结构的弹塑性变形，以满足第三水准（大震不倒）的抗震设防要求。对特殊要求的建筑，地震时易倒塌的结构以及有明显薄弱层的

不规则结构，除进行第一阶段设计外，还要进行结构薄弱部位的弹塑性层间变形验算，并采取相应的抗震构造措施。

至于第二水准（中震可修）的抗震设防要求，只要结构按第一阶段设计，并采取相应的抗震措施，即可得到满足。

2. 建筑抗震设防分类

在进行建筑抗震设计时，应根据建筑使用功能不同，采取不同的抗震设防标准。《建筑工程抗震设防分类标准》将建筑工程分为以下四个抗震设防类别：

（1）特殊设防类：指使用上有特殊设施，涉及国家公共安全的重大建筑工程和地震时可能发生严重次生灾害等特别重大灾害后果（如放射性物质的污染、剧毒气体的扩散和爆炸、国家和区域电力调度中心、空运航管楼、承担交通量大的大跨度桥等），需要进行特殊设防的建筑。简称甲类。

（2）重点设防类：指地震破坏可能引起重大灾害后果，需要作为设防重点提高其设防标准的建筑（地震时使用功能不能中断或需尽快恢复的生命线相关建筑，如消防、急救、供水、供电等或其他重要建筑）。简称乙类。

（3）标准设防类：指大量的除（1）、（2）、（4）款以外按标准要求进行设防的建筑（如公共建筑、住宅、旅馆、厂房等）。简称丙类。

（4）适度设防类：指使用上人员稀少且震损不致产生次生灾害，允许在一定条件下适度降低要求的建筑（如一般仓库、人员较少的辅助性建筑）。简称丁类。

甲类建筑应按国家规定的批准权限批准执行；乙类建筑应按城市抗震救灾规划或有关部门批准执行。

3. 建筑抗震设防标准

《建筑工程抗震设防分类标准》对各抗震设防类别建筑的抗震设防标准提出如下要求：

（1）标准设防类，应按本地区抗震设防烈度确定其抗震措施和地震作用，达到在遭遇高于当地抗震设防烈度的预估罕遇地震影响时不致倒塌或发生危及生命安全的严重破坏的抗震设防目标。

（2）重点设防类，应按高于本地区抗震设防烈度一度的要求加强其抗震措施；但抗震设防烈度为 9 度时应按比 9 度更高的要求采取抗震措施；地基基础的抗震措施，应符合有关规定。同时，应按本地区抗震设防烈度确定其地震作用。

（3）特殊设防类，应按高于本地区抗震设防烈度提高一度的要求加强其抗震措施；但抗震设防烈度为 9 度时应按比 9 度更高的要求采取抗震措施。同时，应按批准的地震安全性评价的结果且高于本地区抗震设防烈度的要求确定其地震作用。

（4）适度设防类，允许比本地区抗震设防烈度的要求适当降低其抗震措施，但抗震设防烈度为 6 度时不应降低。一般情况下，仍应按本地区抗震设防烈度确定其地震作用。

对于划为重点设防类而规模很小的工业建筑，当改用抗震性能较好的材料且符合抗震设计规范对结构体系的要求时，允许按标准设防类设防。

第二节 抗震设计的基本要求

地震是一种自然现象，地震的破坏作用和建筑结构被破坏的机理是十分复杂的。人们应用真实建筑物进行整体试验分析，来研究地震的破坏规律又受到条件的限制。因此，要进行精确的抗震计算是困难的。70 年代以来，人们在总结历次大地震灾害经验中提出了建筑抗震“概念设计”，并认为它比“数值设计”更为重要。

数值设计是对地震作用效应进行定量计算，而概念设计是根据地震灾害和工程经验等所形成的基本设计原则和设计思想，进行建筑和结构总体布置并确定细部构造的过程。概念设计要考虑以下因素：场地条件和场地土稳定性，建筑平立面布置及外形尺寸，抗震结构体系的选取、抗侧力构件布置及结构质量的分布，非结构构件与主体结构的关系及二者之间的连接，材料的选择和施工质量等。

掌握概念设计，将有助于明确抗震设计思想，灵活、恰当地运用抗震设计原则，使我们不至于陷入盲目的计算工作。当然，强调概念设计并非不重视数值设计。概念设计正是为了给抗震计算创造有利条件，使计算分析结果更能反映地震时结构的实际情况。根据概念设计原理，在进行抗震设计时，应遵守下列基本要求：

一、选择对抗震有利的场地、地基和基础

选择建筑场地时，应根据工程需要，掌握地震活动情况和工程地质、地震地质的有关资料，对抗震有利、一般、不利和危险地段作出综合评价。宜选择有利的地段；避开不利的地段，无法避开时应采取有效的措施；严禁在危险地段建造甲、乙类建筑，不应建造丙类建筑。

对建筑抗震有利的地段，一般是指基岩、坚硬土、开阔、平坦、密实、均匀的中硬土地段；不利地段，一般是指软弱土，易液化土，条状突出的山嘴，高耸孤立的山丘，非岩质的陡坡，河岸和边坡边缘，在平面分布上明显不均匀的土层（如故河道、断层破碎带、暗埋的塘浜沟谷及半填半挖地基等）；危险地段，一般是指地震时可能发生滑坡、崩塌、地陷、地裂、泥石流等及发震断裂带上可能发生地表错位的部位。

地基和基础设计的要求是：同一结构单元的基础不宜设置在性质截然不同的地基上；同一结构单元宜采用同一类型的基础，不宜部分采用天然地基部分采用桩基；同一结构单元的基础（或桩承台）宜埋置在同一标高上；地基为软弱黏性土、可液化土、新近填土或严重不均匀土层时，应根据地震时地基不均匀沉降和其他不利影响，并采取相应的措施。如加强基础的整体性和刚性；桩基宜采用低承台桩。

二、选择有利于抗震的平面和立面布置

为了避免地震时建筑发生扭转和应力集中或塑性变形而形成薄弱部位，建筑及其抗侧力结构的平面布置宜规则、对称，并应具有良好的整体性；建筑的立面和竖向剖面宜

规则，结构的侧向刚度宜均匀变化，竖向抗侧力构件的截面尺寸和材料强度宜自下而上逐渐减少，避免抗侧力结构的侧向刚度和承载力突变。楼层不宜错层；必要时对体型复杂的建筑物可设置防震缝。

当存在表 13-2 所列举的平面不规则类型或表 13-3 所列举的竖向不规则类型时，应进行水平地震作用计算和内力调整，并应对薄弱部位采取有效的抗震构造措施。

平面不规则类型 **表 13-2**

不规则类型	定　义
扭转不规则	在规定的水平力作用下，楼层的最大弹性水平位移（或层间位移），大于该楼层两端弹性水平位移（或层间位移）平均值的 1.2 倍，见图 13-3*a*
凹凸不规则	结构平面凹进的一侧尺寸，大于相应投影方向总尺寸的 30%，见图 13-3*b*
楼板局部不连续	楼板的尺寸和平面刚度急剧变化，例如，有效楼板宽度小于该层楼板典型宽度的 50%，或开洞面积大于该层楼板面积的 30%，或较大的楼层错层，见图 13-3*c*

竖向不规则类型 **表 13-3**

不规则类型	定　义
侧向刚度不规则	该层侧向刚度小于相邻上一层侧向刚度的 70%，或小于其上相邻三个楼层侧向刚度平均值的 80%；除顶层或出屋面小建筑外，局部收进的水平向尺寸大于相邻下一层 25%
竖向抗侧力构件不连续	竖向抗侧力构件（柱、抗震墙、抗震支撑）的内力由水平转换构件（梁、桁架）向下传递，见图 13-3*d*
楼层承载力突变	抗侧力结构的层间受剪承载力小于相邻上一楼层 80%

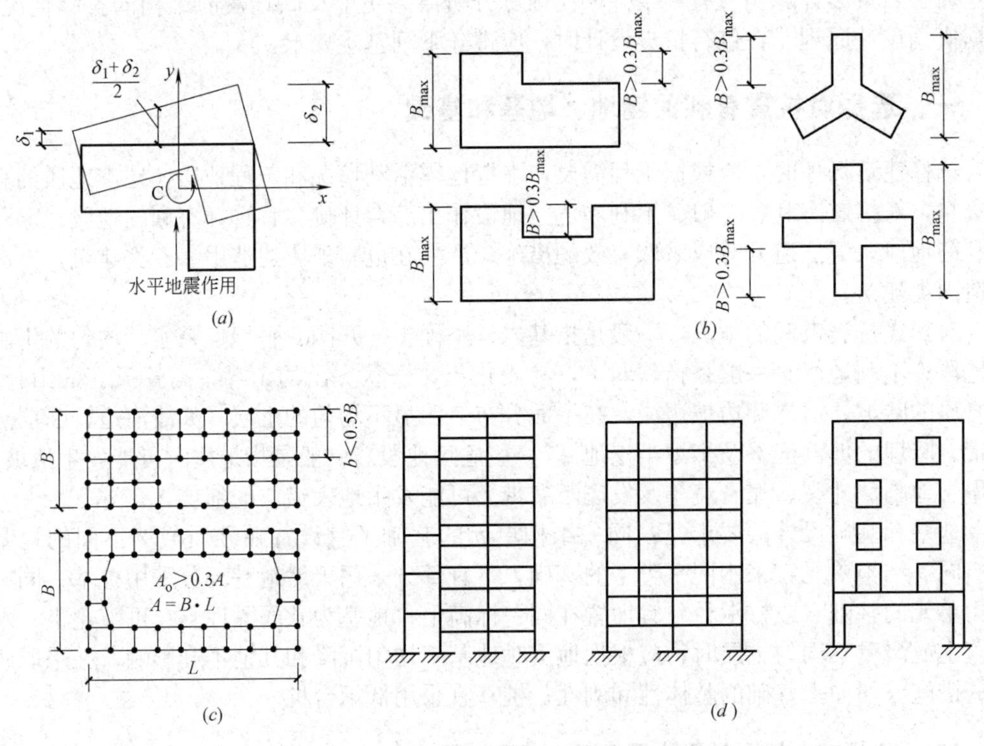

图 13-3　建筑平面和竖向不规则类型

(*a*) 平面扭转不规则；(*b*) 平面凹凸不规则；

(*c*) 平面局部不连续、大洞口及错层；(*d*) 竖向抗侧力构件不连续建筑的防震缝可根据建筑结构的实际需要设置。体型复杂的建筑不设防震缝时，应选用符合实际的结构计算模型，进行较精细的抗震分析。对应力集中和变形集中及受扭转影响较大的易损部位，采取加强措施，提高其抗震能力；对形体复杂、平立面特别不规则的建筑结构，可按实际需要在适当部位设置防震缝，形成多个较规则的抗侧力结构单元。防震缝应根据烈度、场地类别、房屋类型等参照规范留有足够的宽度，其两侧的上部结构应完全分开。抗震设防地区的伸缩缝、沉降缝应符合防震缝的宽度要求。

三、选择技术上、经济上合理的抗震结构体系

抗震结构体系，应根据建筑的抗震设防类别、设防烈度、建筑高度、场地条件、地基、基础、结构材料和施工等因素，经过技术、经济和使用条件综合比较确定。

在选择建筑结构体系时，应符合以下要求：

(1) 应具有明确的计算简图和合理的地震作用传递途径。

(2) 宜有多道抗震防线，应避免因部分结构或构件破坏而导致整个结构体系丧失抗震能力或对重力荷载的承载能力。

(3) 应具备必要的抗震承载能力，良好的变形能力和消耗地震能量的能力。

(4) 宜具有合理的刚度和承载力分布，避免因局部削弱或突变形成薄弱部位，产生过大的应力集中或塑性变形集中；对可能出现的薄弱部位，应采取措施提高抗震能力。

(5) 结构在两个主轴方向的动力特性宜相近。

四、抗震结构的构件应有利于抗震

抗震结构的变形能力取决于组成结构的构件及其连接的延性水平，因此，抗震结构构件应力求避免脆性破坏。为改善其变形能力，加强构件的延性，抗震结构构件应符合下列要求：

(1) 砌体结构，应按规定设置钢筋混凝土圈梁和构造柱、芯柱，或采用约束砌体、配筋砌体等，以加强对砌体结构的约束，使砌体在地震时发生裂缝后不致坍塌和散落，不致丧失对重力荷载的承载能力。

(2) 对于钢筋混凝土构件（梁、柱、墙）应合理的选择尺寸、配置纵向受力钢筋和箍筋，防止剪切破坏先于弯曲破坏、混凝土的压溃先于钢筋的屈服和钢筋锚固粘结破坏先于钢筋破坏。

(3) 钢结构构件应合理控制尺寸，防止局部或整个构件失稳。

(4) 预应力混凝土构件，应配有足够的非预应力钢筋。

五、保证结构整体性，并使结构和连接部位具有较好的延性

整体性好是结构具有良好的抗震性能的重要因素。保证主体结构构件之间的可靠连接，是充分发挥各个构件的承载能力、变形能力，从而获得整个结构良好抗震能力的重要问题。在结构布置上应考虑牢固连接或彻底分离，切忌连又连不牢，分又分不清。为

了保证连接的可靠性，抗震结构各构件之间的连接，应符合下列要求：

（1）构件节点的破坏，不应先于其连接的构件；

（2）预埋件的锚固破坏，不应先于连接件；

（3）装配式结构构件的连接，应能保证结构的整体性。如屋面板与屋架、梁、墙之间；楼板与梁、墙之间；屋架与柱顶之间；梁与柱之间；支撑与主体结构之间等；

（4）预应力混凝土构件的预应力钢筋，宜在节点核心区以外锚固。

支撑系统不完善往往导致屋盖失稳倒塌，使厂房发生灾难性震害，因此，装配式单层厂房的各种抗震支撑系统，应保证地震时厂房结构的稳定性和整体性。

六、非结构构件应有可靠的连接和锚固

非结构构件（如女儿墙、围护墙、内隔墙、雨篷、高门脸、吊顶、装饰贴面、封墙等）和建筑附属机电设备自身及其与结构主体的连接应进行抗震设计。在抗震设计中，处理好非结构构件与主体结构之间的关系，可防止附加震害，减少损失。因此，附着于楼、屋面结构上的非结构构件，以及楼梯间的非承重墙体应与主体结构有可靠的连接或锚固，避免地震时倒塌伤人或砸坏重要设备。围护墙和隔墙应考虑对结构抗震的不利影响，应避免不合理的设置而导致主体结构的破坏。例如，框架或厂房柱间的填充墙不到顶，使这些柱子变成短柱，地震时极易破坏。幕墙、装饰贴面与主体结构应有可靠连接，应避免地震时塌落伤人，避免镶贴或悬吊较重的装饰物，当不可避免时应有可靠的防护措施。

七、注意材料的选择和施工质量

抗震结构在材料选用、施工程序上有其特殊的要求，这也是抗震概念设计中的一个重要内容。从根本上说就是减少材料脆性，贯彻原设计意图。

抗震结构材料性能指标应符合下列最低要求：

1. 砌体结构材料应符合下列规定：

（1）烧结普通砖和烧结多孔砖的强度等级不应低于MU10，其砌筑砂浆强度等级不应低于M5；

（2）混凝土小型空心砌块的强度等级不应低于MU7.5，其砌筑砂浆强度等级不应低于Mb7.5。

2. 混凝土结构材料应符合下列规定：

（1）混凝土的强度等级，框支梁、框支柱及抗震等级为一级的框架梁、柱、节点核心区，不应低于C30；构造柱、芯柱、圈梁及其他各类构件不应低于C20；

（2）抗震等级为一、二、三级的框架结构和斜撑构件（含梯段），其纵向受力钢筋采用普通钢筋时，钢筋的抗拉强度实测值与屈服强度实测值的比值不应小于1.25；且钢筋的屈服强度实测值与屈服强度标准值的比值不应大于1.3，且钢筋在最大拉力下的总伸长率实测值不应小于9%。

3. 钢结构的钢材应符合下列规定：

（1）钢材的屈服强度实测值与抗拉强度实测值的比值不应大于0.85；

（2）钢材应有明显的屈服台阶，且伸长率应大于20％；

（3）钢材应有良好的可焊性和合格的冲击韧性。

在钢筋混凝土结构施工中，要严加注意材料的代用，不能片面强调满足强度要求，还要保证结构的延性。例如，施工中因缺乏设计规定的钢筋规格而以强度等级较高的钢筋替代原设计中的纵向受力钢筋时，应按照钢筋受拉承载力设计值相等的原则换算，以免造成薄弱部位的转移，以及构件在有影响的部位发生脆性破坏，如混凝土被压碎、剪切破坏等，并应满足正常使用极限状态和抗震构造措施的要求。

钢筋混凝土构造柱底部框架-抗震墙房屋中砌体抗震墙的施工，应先砌墙后浇构造柱和框架梁柱。

砌体结构的纵、横墙交接处应同时咬槎砌筑或采取拉结措施，以免在地震中开裂或外闪倒塌。

第三节 场地、地基和基础

一、场地

场地是指工程群体所在地，其范围相当于厂区、居民小区和自然村或不小于1.0km^{2}的平面面积。场地土则是指在场地范围内的地基土。

历次震害表明，即使在同一烈度区，由于场地土质条件的不同，建筑物的破坏程度有很大的差异。一般规律是：土质愈软，覆盖层愈厚，建筑物震害愈重。因此，场地条件对建筑物震害影响的主要因素是：场地土的刚性和场地覆盖层厚度。建筑场地的类别划分应以土层等效剪切波速和场地覆盖层厚度为准。

1. 土层剪切波速

土的刚性一般用剪切波速来衡量。土层的剪切波速测量一般分为两个阶段。在场地初步勘察阶段，应对建筑场地进行土层剪切波速测量。对大面积的同一地质单元，试测土层剪切波速的钻孔数量，应为控制性钻孔数量为1/3～1/5，山间河谷地区可适量减少，但不宜少于三个。在场地详细勘察阶段，应对单幢房屋进行土层剪切波速试测，其钻孔数量不宜少于2个，数据变化较大时，可适量增加。对小区中处于同一地质单元的密集高层建筑群，试测土层剪切波速的钻孔数量适当减少，但每幢高层建筑和大跨空间结构的钻孔数量均不得少于1个。对于乙类建筑及层数不超过十层且高度不超过30m的丙类建筑，当无实测剪切波速时，可根据岩土名称和性状，按表13-4划分土的类型，再利用当地经验在表13-4的剪切波速范围内估算各土层的剪切波速。

土的类型划分和剪切波速范围　　表 13-4

土的类型	岩土名称和性状	土层剪切波速范围(m/s)
岩石	坚硬、较硬且完整的岩石	$V_s>800$
坚硬土或软质岩石	破碎和较破碎的岩石或软和较软的岩石，密实的碎石土	$800\geqslant V_{sm}>500$
中硬土	中密、稍密的碎石土，密实、中密的砾、粗、中砂，$f_{ak}>150$ 的黏性土和粉土，坚硬黄土	$500\geqslant V_{sm}>250$
中软土	稍密的砾、粗、中砂，除松散外的细、粉砂，$f_{ak}\leqslant 150$ 的黏性土和粉土，$f_{ak}>130$ 的填土，可塑性黄土	$250\geqslant V_{sm}>150$
软弱土	淤泥和淤泥质土，松散的砂，新近沉积的黏性土和粉土，$f_{ak}\leqslant 130$ 的填土，流塑黄土	$V_{sm}\leqslant 150$

注：f_{ak}为由载荷试验等方法得到的地基承载力特征值（kPa）；V_s 为岩土剪切波速。

2. 建筑场地覆盖层厚度

建筑场地覆盖层厚度一般情况下应按地面至剪切波速大于 500m/s 的土层顶面的距离确定。当地面 5m 以下存在剪切波速大于相邻上层土剪切波速 2.5 倍的土层，且其下卧岩土的剪切波速均不小于 400m/s 时，可按地面至该土层顶面距离确定。

抗震规范规定，建筑的场地类别，应根据土层等效剪切波速和场地覆盖层厚度按表 13-5 划分为四类，其中Ⅰ类为Ⅰ₀、Ⅰ₁ 两个亚类。

各类建筑表场地覆盖层厚度　　表 13-5

等效剪切波速(m/s)	场地类别				
	Ⅰ₀	Ⅰ₁	Ⅱ	Ⅲ	Ⅳ
$V_s>800$	0				
$800\geqslant V_{sm}>500$		0			
$500\geqslant V_{sm}>250$		<5	$\geqslant 5$		
$250\geqslant V_{sm}>150$		<3	3～50	>50	
$V_{sm}\leqslant 150$		<3	3～15	15～80	>80

为了正确的选择建筑场地，必须事先进行勘察。勘察的内容包括场地土的分布情况、地下水位的高低、地震的活动情况以及建筑场地的地形条件等。勘察孔深度可根据场地设防烈度及建筑物的重要性确定，一般为 15～20m。应判明所选择的场地是对建筑抗震有利的地段、一般地段、不利地段，还是危险地段。尽量选择对建筑抗震有利的地段，避开不利的地段，而不应在危险地段建造建筑物。各种地段的划分见表 13-6。

有利、不利和危险地段的划分　　表 13-6

地段类别	地质、地形、地貌
有利地段	稳定基岩、坚硬土、开阔、平坦、密实、均匀的中硬土等
一般地段	不属于有利、不利和危险的地段
不利地段	软弱土、液化土、条状突出的山嘴，高耸孤立的山丘，陡坡、陡坎，河岸和边坡的边缘，平面分布上成因、岩性、状态明显不均匀的土层(如故河道、疏松的断层破碎带、暗埋的塘浜沟谷和半填半挖地基)，高含水量的可塑黄土，地表存在结构性裂缝等
危险地段	地震时可能发生滑坡、崩塌、地陷、地裂、泥石流等及发震断裂带上可能发生地表错位的部位

二、地基及基础的抗震计算

大量调查表明：地震时只有少数房屋是因地基失效而导致上部结构破坏的，这类地基多半为液化地基、易产生震陷的软弱黏性土地基或不均匀地基，大量的一般性地基均具有较好的抗震能力，地震时并没有发现由于地基失效而造成上部结构的明显破坏，故可不进行抗震承载力的计算。

（一）不进行天然地基及基础抗震承载力验算的建筑

根据我国多次强地震中建筑遭受破坏资料的分析，下述在天然地基上的各类建筑极少产生地基破坏从而引起结构破坏的，故可不进行地基抗震承载力的验算：

1. 砌体房屋；

2. 地基主要受力层范围内不存在软弱黏性土层的一般单层厂房、单层空旷房屋和不超过 8 层且高度在 24m 以下的一般民用框架和框架抗震墙房屋及与其基础荷载相当的多层框架厂房和多层混凝土抗震墙房屋；

3. 抗震规范规定可不进行上部结构抗震验算的建筑。

（二）天然地基在地震作用下的抗震验算

1. 地基土的抗震承载力

天然地基的抗震承载力验算采用“拟静力法”。此法假定地震作用如同静力，然后在这种条件下验算地基和基础的承载力和稳定性。采用“拟静力法”需确定地基土的抗震承载力。考虑到在地震作用下，建筑物地基土的抗震承载力与地基静承载力是有差别的。由于地震作用的时间很短，只能使土层产生弹性变形而来不及发生永久变形，所以，由地震作用产生的地基变形较静载产生的地基变形要小得多。因此，从地基变形角度来说，有地震作用时地基土的抗震承载力应该比地基土的静承载力要大，即动强度一般较静强度高。另外，从结构安全角度出发，因地震作用是偶遇的，其安全度可以小一些，故《抗震规范》规定，天然地基基础抗震验算时，应采用地震作用效应标准值组合，且地基抗震承载力应取地基承载力特征值乘以地基抗震承载力调整系数计算。地基抗震承载力按下式计算：

$$f_{aE}=\zeta_a f_a \tag{13-2}$$

式中　f_{aE}——调整后的地基抗震承载力；

ζ_a——地基抗震承载力调整系数，按表 13-7 采用；

f_a——深宽修正后的地基承载力特征值，按现行国家标准《建筑地基基础设计规范》GB 50007 采用。

地基土抗震承载力调整系数　　**表 13-7**

岩土名称和性状	ζ_a
岩石，密实的碎石土，密实的砾、粗、中砂，$f_{ak}\geqslant300$ 的黏性土和粉土	1.5
中密、稍密的碎石土，中密和稍密的砾、粗、中砂，密实和中密的细、粉砂，$150\leqslant f_{ak}<300$ 的黏性土和粉土，坚硬黄土	1.3
稍密的细、粉砂，$100\leqslant f_{ak}<150$ 的黏性土和粉土，可塑黄土	1.1
淤泥、淤泥质土，松散的砂、杂填土，新近堆积黄土及流塑黄土	1.0

2. 地震作用下天然地基的抗震验算

当验算天然地基作用下的竖向承载力时，按地震作用效应标准组合的基础底面平均压力和边缘最大压力应符合下式要求：

$$p \leqslant f_{aE} \tag{13-3}$$

$$p_{max} \leqslant 1.2 f_{aE} \tag{13-4}$$

式中 p——地震作用效应标准组合的基础底面平均压力；

p_{max}——地震作用效应标准组合的基础边缘的最大压力。

其余符号意义同前。

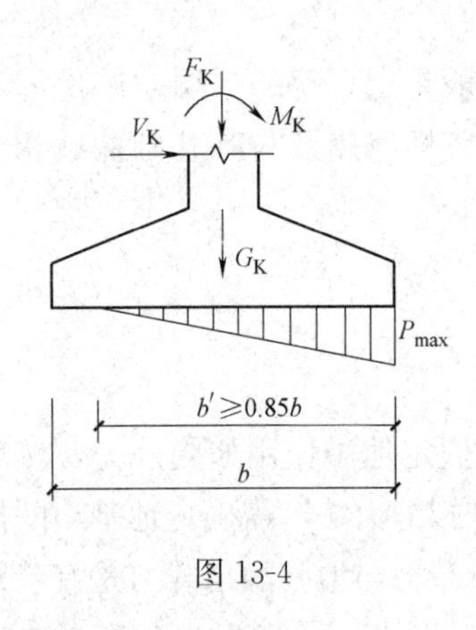

图 13-4

为保证建筑物的抗震稳定性，对高宽比大于4的高层建筑，在地震作用下基础底面不宜出现零应力区；其他建筑，基础底面与地基土之间的零应力区面积不应超过基础底面面积的15%（见图13-4$b' \geqslant 0.85b$）。

对采用低承台桩基的建筑，当其主要承受竖向荷载，且其周围的地基土较好、无液化土层、无淤泥和淤泥质土、地基承载力特征值不大于100kPa的填土时，可不进行桩基抗震承载力验算。这些建筑主要为：上述可不进行地基及基础抗震承载力验算的建筑及7度、8度时的一般单层厂房、单层空旷房屋和不超过8层且高度在25m以下的一般民用框架房屋及与其基础荷载相当的多层框架厂房。

三、地基抗震措施

可液化地基、容易产生震陷的软弱黏性土地基和严重不均匀地基，属于对建筑抗震不利的地基，应分别采取不同的抗震措施，来提高它们的抗震能力。

（一）液化的概念及影响液化的因素

在地下水位以下的松散的饱和砂土和饱和粉土，受到地震作用时，土颗粒间有压密的趋势，使土中孔隙水压力增高，当孔隙水来不及排出时，将致使土颗粒处于悬浮状态，形成有如“液体”一样的现象，称为液化。

饱和砂土和饱和粉土在静载作用下，具有一定的承载能力，但在强烈地震作用下容易产生液化现象，土体的抗剪强度几乎为零，地基承载力完全丧失。建筑物如同处于液体之上，造成下陷、浮起、倾倒、开裂等难以修复的破坏。

地震宏观调查表明，影响液化的因素主要是地质年代、土中黏粒含量、上覆非液化土层厚度和地下水位、土的密实度及地震烈度。

（二）判别可液化土层的方法和地震的液化等级

建筑抗震以预防为主。当建筑物地面以下存在饱和砂土或饱和粉土（不含黄土）时，除6度设防外，应经过勘察试验进行液化判别。存在液化土层的地基，应根据建筑的抗震设防类别、地基的液化等级，结合具体情况采取相应的措施。

1.《抗震规范》采用“两步判别法”来判别液化土层。

(1) 初步判别

饱和砂土或饱和粉土，当满足下列条件之一时，可初步判别为不液化或不考虑液化影响：

1) 地质年代为第四纪晚更新世（Q_3）及其以前时，7度、8度时可判为不液化土；

2) 粉土的黏粒（粒径小于0.005mm的颗粒）含量百分率，7度、8度和9度分别不小于10、13和16时，可判为不液化土；

3) 采用天然地基的建筑，当上覆非液化土层厚度和地下水位深度符合抗震规范的条件时，可不考虑液化影响；

4) 6度及6度以下的场地，一般不考虑液化的影响。

(2) 标准贯入试验判别

凡是初步判别为可能液化或需考虑液化影响的饱和砂土或饱和粉土，应采用标准贯入试验判别地面下20m深度范围内是否液化。

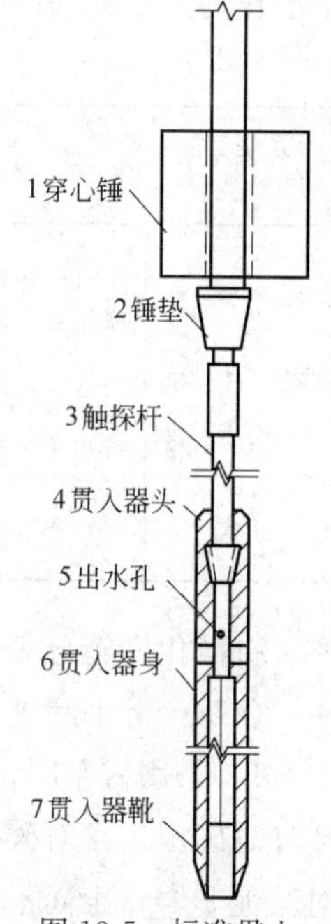

图13-5 标准贯入试验设备

标准贯入试验设备，主要由标准贯入器、触探杆和穿心锤三部分组成，见图13-5，穿心锤重63.5kg。操作时先用钻具钻至试验土层标高以上150mm，然后在锤的自由落距为760mm的条件下，每打入土层300mm的锤击数记作N（$N_{63.5}$），称为标准贯入试验锤击数。根据锤击数愈少，土层愈松散的原理可得出，当地面以下20m深度范围内液化土的N（$N_{63.5}$）值小于按规范确定的临界值N_{cr}时，则应判断为可液化土，否则为不液化土。

2. 地基液化等级

存在液化土层的地基，应根据其液化指数按表13-8划分液化等级：

液化等级 **表13-8**

液化等级	轻微	中等	严重
判别深度为20m时的液化指数	$0<I_{lE}\leqslant 6$	$6<I_{lE}\leqslant 18$	$I_{lE}>18$

根据宏观调查，不同液化等级的土层液化时的表现为：

(1) 轻微液化　地面无喷水冒砂现象，或仅在洼地、河边有零星喷冒点。它一般不引起建筑物明显的震害。

(2) 中等液化　地面出现喷水冒砂现象，多数属于中等喷冒。可能导致建筑物不均匀沉陷和开裂。

(3) 严重液化　地面出现严重的喷水冒砂和地裂现象，对建筑物危害很大，高重心结构可能产生严重倾斜。

3. 抗液化措施

地基抗液化措施应根据建筑物的重要性、地基的液化等级，结合具体情况综合确定，当液化土层较平坦且均匀时可按表13-9选择抗液化措施。不应将未经处理的液化土层作为天然地基的持力层。

抗液化措施　　表13-9

建筑抗震设防类别	地基的液化等级		
	轻微	中等	严重
乙类	部分消除液化沉陷或对基础和上部结构处理	全部消除液化沉陷或部分消除液化沉陷且对基础和上部结构处理	全部消除液化沉陷
丙类	基础和上部结构处理，亦可不采取措施	对基础和上部结构处理，或更高要求的措施	全部消除液化沉陷，或部分消除液化沉陷且对基础和上部结构处理
丁类	可不采取措施	可不采取措施	对基础和上部结构处理，或其他经济的措施

抗液化措施分为以下三种情况：

（1）全部消除地基液化沉陷的措施

1）采用桩基时，桩端伸入液化深度以下稳定土层中的长度（不包括桩尖部分），应按计算确定，且对碎石土，砾、粗、中砂，坚硬黏性土和密实粉土尚不应小于0.8m，对其他非岩石土尚不宜小于1.5m；

2）采用深基础时，基础底面应埋入液化深度以下稳定土层中的深度，不应小于0.5m；

3）采用加密法（如振冲，振动加密，挤密碎石桩，强夯等）加固时，应处理至液化深度下界，振冲或挤密碎石桩加固后，桩尖土的标准贯入锤击数的实测值，应大于规定的临界值；

4）用非液化土替换全部液化土层，或增加上覆非液化土层的厚度。

5）采用加密法或换土法处理时，在基础边缘以外的处理宽度，应超过基础底面下处理深度的1/2且不小于基础宽度的1/5。

（2）部分消除地基液化沉陷的措施

即处理深度不一定达到液化下界而残留部分未经处理的液化土层。从我国目前的技术、经济发展水平来看，此措施较合适。具体要求是：

1）处理深度应使处理后的地基液化指数减少，其值不宜大于5；大面积筏基、箱基的中心区域，处理后的液化指数可比上述规定降低1；对独立基础与条形基础，尚不应小于基础底面下液化土特征深度和基础宽度的较大值；

2）处理深度范围内，采用振冲或挤密碎石桩加固后，桩间土的标准贯入锤击数的实测值，应大于规定的临界值。

（3）对基础结构和上部结构采取构造措施

对于中等液化等级的地基，宜尽量采用较易实施的构造措施，例如：

1）选择合适的基础埋置深度；

2）调整基础底面积，减少基础偏心；

3）加强基础的整体性和刚度，如采用箱基、筏基或钢筋混凝土交叉条形基础，加设基础圈梁，基础连系梁等；

4）减轻荷载，增强上部结构的整体刚度和均匀对称性，合理设置沉降缝，避免采用对不均匀沉降敏感的结构形式；

5）管道穿过建筑处应预留足够的尺寸或采用柔性接头等。

（4）可不采取措施的处理办法

对于轻微液化等级的地基，甲乙类建筑由于其重要性需确保安全外，一般不做特殊处理。因为这类场地可能不发生喷砂现象，即使发生也不致造成建筑的严重震害。

第四节　多层砌体房屋和底部框架砌体房屋的抗震规定

多层砌体房屋是我国目前房屋建筑中的主要结构类型之一，它数量多、分布广，具有构造简单、施工方便、可就地取材的优点，因此在今后相当长的一段时期内，这类建筑仍将是城镇民用建筑的主要结构类型。但是这类结构所用材料脆性大、抗拉、抗剪、抗弯能力很低，因而，在地震中抵抗地震灾害的能力较差，特别是在强烈地震作用下易开裂、倒塌，破坏率较高（唐山地震中市区内有四分之三的多层砌体结构房屋倒塌，汶川地震中映秀镇、北川县城90%以上的多层砌体结构房屋严重破坏）。因此，提高多层砌体结构房屋的抗震性能，有着十分现实的意义。

底部框架-抗震墙砖房多用于城镇中临街的住宅、办公楼等建筑，这些房屋在底层或底部两层设置商店、餐厅或银行等，房屋的上部几层为纵、横墙比较多的砖（砌体）墙承重结构，房屋的底层或底部两层因使用功能需要大空间而采用框架-抗震墙结构。由于这种类型的结构是城市旧城改造和避免商业过分集中的较好形式，且房屋造价低和便于施工等，目前仍在继续使用。

内框架房屋和未经抗震设防的底层框架砖房，在结构体系、底层墙体的布置和抗震构造措施方面均存在许多问题，致使这类房屋的抗震性能相对较差，目前已不再使用。

一、震害及其分析

（一）多层砌体房屋的震害分析

震害表明，在强烈地震作用下，多层砌体房屋的破坏部位主要是墙身、附属结构处和构件间的连接处，而楼盖本身的破坏较轻。

1. 墙体的剪切破坏

多层砌体房屋的墙体是承受水平地震作用的主要构件，地震时，与地震作用方向平行的墙体大多产生剪切型破坏（图13-6），主要有以下两种形式：

（1）斜拉破坏

表现为墙体出现斜裂缝或窗间墙出现交叉裂缝。这是由于墙体的主拉应力强度不足，地震时先在墙体上产生斜裂缝，经地震往复作用，两个方向的斜裂缝组成交叉裂缝，进而滑移、错位，交叉裂缝两侧的三角楔块散落，直至墙体丧失承受竖向荷载的能力而倒塌，见图 13-6*a*。这种裂缝的一般规律是下重上轻。

(2) 水平剪切破坏

对于横墙间距比较大的房屋，在横向水平地震力作用下，纵墙在窗洞口处或楼盖支撑高度处出现沿砌体灰缝的水平裂缝，或沿水平通缝滑移和错动，震害严重时会出现预制板局部抽落，如图 13-6*b* 所示。分析原因，一是由于施工时在水平裂缝标高处形成了全平面上的一个薄弱层，致使地震时在薄弱层出现水平周圈裂缝而滑动。二是当楼盖刚度差、横墙间距大时，横向水平地震剪力不能通过楼盖传至横墙，引起纵墙出平面受弯、受剪而形成水平裂缝。

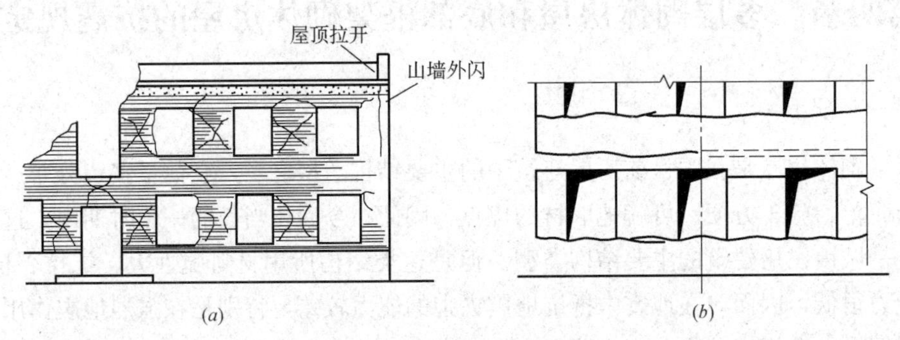

图 13-6　砌体房屋墙体的剪切破坏

(*a*) 砖石房屋窗间墙的十字交叉裂缝；(*b*) 纵向墙体上的水平裂缝

2. 内外墙连接处破坏

内外墙连接处刚度较其他部位大，因而地震作用较为强烈，而此处在连接构造上又是薄弱部位，尤其在施工中常常内外墙分别砌筑，以直槎或马牙槎连接，又无拉结措施形成大片悬臂墙体，造成地震时外墙外闪与倒塌现象。见图 13-7。

3. 房屋两端及转角处的破坏（图 13-8）

震害表明，房屋两端的震害比中部重，转角处的震害比其余部分重。其原因是：

图 13-7　外墙的外闪与倒塌

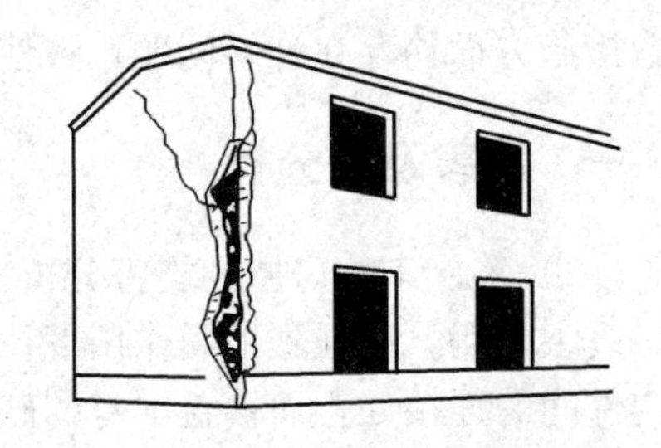

图 13-8　房屋山墙与转角的开裂及破坏

(1) 山墙刚度大，承担的地震作用多，而山墙的一侧无约束，因此加剧了山墙的破坏。

(2) 房屋两端距刚度中心较远，在地震过程中，当房屋的刚度中心和质量中心不重合时房屋将发生扭转，这时两端结构的剪应力较中部大，因而破坏严重。

（3）房屋转角处受到两个方向地震动的影响，变形和应力都较复杂，因此震害严重。

4. 突出屋面的附属结构破坏

房屋的突出建筑物，如女儿墙、挑檐、小烟囱、出屋面电梯间、水箱间、雨篷、阳台等，都是截面小、刚度突变、缺少联系的附属结构，在地震作用下，“鞭端效应”明显，地震时往往最先破坏。

（二）底层框架砖房的震害分析

在地震作用下，底层框架砖房的底层承受着上部砖房倾覆力矩的作用，其外侧柱会出现受拉的状况，对于底层少横墙的底层商店住宅，因底层的抗震能力弱形成特别弱的薄弱层而破坏。

从近十几年的强震震害表明，这类房屋的震害特点是：

（1）震害多发生在底层，表现为上轻下重；

（2）底层的墙体震害比框架柱重，框架柱又比梁重；

（3）房屋上部几层的破坏状况与多层砖房相类似，但破坏的程度比房屋的底层轻得多，见图 13-9。

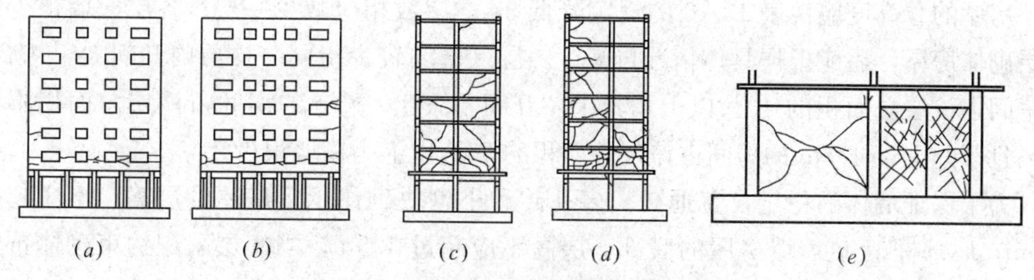

图 13-9　底层框架抗震墙的破坏和裂缝图

(a) 南立面裂缝图；(b) 北立面裂缝图；(c) 东立面裂缝图；
(d) 西立面裂缝图；(e) 抗震墙裂缝图

二、抗震设计的一般规定

1. 房屋高度的限制

国内外历次地震表明，在一般场地下，砌体房屋层数愈高，它的震害程度和破坏率也就愈大。世界各多震国家都对无筋砌体在高度上加以严格限制。我国《抗震规范》规定，对于设置构造柱的多层房屋，其高度和层数不宜超过表 13-10 的规定。

房屋层数和总高度限值（m）　　表 13-10

房屋类别		最小抗震墙厚度（mm）	烈度和设计基本地震加速度											
			6		7				8				9	
			0.05g		0.10g		0.15g		0.20g		0.30g		0.40g	
			高度	层数	高度	层数	高度	层数	层数	高度	高度	层数	高度	层数
多层砌体	普通砖	240	21	7	21	7	21	7	18	6	15	5	12	4
	多孔砖	240	21	7	21	7	18	6	18	6	15	5	9	3
	多孔砖	190	21	7	18	6	15	5	15	5	12	4	—	—
	小砌块	190	21	7	21	7	18	6	18	6	15	5	9	3

续表

房屋类别		最小抗震墙厚度(mm)	烈度和设计基本地震加速度											
			6		7				8				9	
			0.05g		0.10g		0.15g		0.20g		0.30g		0.40g	
			高度	层数	高度	层数	高度	层数	层数	高度	高度	层数	高度	层数
底部框架-抗震墙砌体房屋	普通砖多孔砖	240	22	7	22	7	19	6	16	5	—	—	—	—
	多孔砖	190	22	7	19	6	16	5	13	4	—	—	—	—
	小砌块	190	22	7	22	7	19	6	16	5	—	—	—	—

注：1. 房屋的总高度是指室外地面到主要屋面板板顶或檐口的高度。半地下室从地下室室内地面算起，全地下室和嵌固条件好的半地下室应允许从室外地面算起；对带阁楼的坡屋面应算到山尖墙的1/2高度处；
2. 室内外高差大于0.6m时，房屋总高度应允许比表中数据适当增加，但不应多于1.0m；
3. 乙类的多层砌体房屋仍按本地区设防烈度查表，其层数应减少一层且总高度应降低3m；不应采用底部框架-抗震墙砌体房屋。
4. 本表小砌块砌体房屋不包括配筋混凝土小型空心砌块砌体房屋。

对于教学楼、医院等横墙较少的多层砖房，考虑到它们比较空旷而易遭破坏，因此，房屋的总高度应比表13-10的规定降低3m，层数相应减少一层；各层横墙很少的多层砌体房屋，还应根据具体情况再减少一层（横墙较少指同一楼层内开间大于4.2m的房间占该层总面积的40%以上；其中，开间不大于4.2m的房间占该层总面积不到20%且开间大于4.8m的房间占该层总面积的50%以上为横墙很少）。

为了保证墙体的稳定，普通砖、多孔砖和小砌块砌体承重房屋的层高，不应超过3.6m；底部框架-抗震墙房屋的底部，层高不应超过4.5m，当底层采用约束砌体抗震墙时，底层的层高不应超过4.2m。

2. 房屋最大高宽比的限制

震害调查表明，多层砌体房屋的高宽比越大（即高而窄的房屋），在横向地震作用下，容易发生整体弯曲破坏，房屋易失稳倒塌。根据经验，多层砌体房屋的高宽比小于表13-11所列的高宽比限值，可防止多层砌体房屋的整体弯曲破坏。

房屋最大高宽比 **表13-11**

烈度	6	7	8	9
最大高宽比	2.5	2.5	2.0	1.5

注：1. 单面走廊房屋的总宽度不包括走廊宽度；
2. 建筑平面接近正方形时，其高宽比应适当减小。

3. 房屋抗震横墙间距的限制

多层砌体房屋的横向水平地震作用主要由横墙来承受。对于横墙，除了满足抗震承载力外，还要使横墙间距能保证楼盖对传递水平地震作用所需的刚度要求。前者可通过抗震承载力验算来解决，而横墙间距则必须根据楼盖的水平刚度要求给予一定的限制。

《抗震规范》规定，房屋抗震横墙的间距，不应超过表 13-12 的要求。

房屋抗震横墙最大间距（m） 表 13-12

房屋类别		烈度			
		6	7	8	9
多层砌体房屋	现浇或装配整体式钢筋混凝土楼、屋盖	15	15	11	7
	装配式钢筋混凝土楼、屋盖	11	11	9	4
	木楼、屋盖	9	9	4	—
底部框架-抗震墙	上部各层	同多层砌体房屋			—
	底层或底部两层	18	15	11	—

注：1. 多层砌体房屋的顶层，除木屋盖外的最大横墙间距应允许适当放宽，但应采取适当加强措施；

2. 多孔砖抗震横墙厚度为 190mm 时，最大限度横墙间距应比表中数值减少 3m。

4. 房屋局部尺寸的限制

在强烈地震作用下，砌体房屋首先在薄弱部位破坏。这些薄弱部位一般是：窗间墙、尽端墙段、突出屋顶的女儿墙等。房屋的局部破坏必然影响房屋的整体抗震能力，而且，某些重要部位的局部破坏却会带来连锁反应，形成墙体各个击破甚至倒塌，因此，《抗震规范》规定，房屋中砌体墙段的局部尺寸限制应符合表 13-13 的要求。

房屋局部尺寸限值（m） 表 13-13

部位	烈度			
	6 度	7 度	8 度	9 度
承重窗间墙最小宽度	1.0	1.0	1.2	1.5
承重外墙尽端至门窗洞边的最小距离	1.0	1.0	1.2	1.5
非承重外墙尽端至门窗洞边的最小距离	1.0	1.0	1.0	1.0
内墙阳角至门窗洞边的最小距离	1.0	1.0	1.5	2.0
无锚固女儿墙（非出入口处）的最大高度	0.5	0.5	0.5	0.0

注：1. 局部尺寸不足时应采取局部加强措施弥补，且最小宽度不宜小于 1/4 层高和表列数据的 80%；

2. 出入口处的女儿墙应有锚固。

5. 多层砌体房屋的结构体系

多层砌体房屋的结构体系，应符合下列要求：

（1）应优先采用横墙承重或纵横墙共用承重的结构体系；

（2）纵横墙的布置宜均匀对称，沿平面内宜对齐，沿竖向应上下连续，且纵横向墙体的数量不宜相差过大，同一轴线上的窗间墙宽度宜均匀；

（3）房屋有下列情况之一时宜设置防震缝，缝两侧均应设置墙体，缝宽应根据烈度和房屋高度确定，可采用 70～100mm；

1）房屋立面高差在 6m 以上；

2）房屋有错层，且楼板高差大于层高的 1/4；

3）各部分结构刚度、质量截然不同。

(4) 楼梯间不宜设置在房屋的尽端和转角处；

(5) 不应在房屋转角处设置转角窗；

(6) 横墙较少、跨度较大的房屋，宜采用现浇钢筋混凝土楼、屋盖。

6. 底部框架-抗震墙房屋的布置，应符合下列要求：

(1) 上部的砌体墙体与底部的框架梁或抗震墙，除楼梯间附近的个别墙段外均应对齐。

(2) 房屋的底部，应沿纵横两方面设置一定数量的抗震墙，并应均匀对称布置；6度且总层数不超过四层的底层框架-抗震墙砌体房屋，应允许采用嵌砌于框架之间的约束普通砖砌体或小砌块砌体的砌体抗震墙，但应计入砌体墙对框架的附加轴力和附加剪力并应进行底层的抗震验算，且同一方向不应同时采用钢筋混凝土抗震墙和约束砌体抗震墙；其余情况，8度时应采用钢筋混凝土抗震墙，6度、7度时应采用钢筋混凝土抗震墙或配筋小砌块砌体抗震墙。

(3) 底层框架-抗震墙房屋的纵横两个方向，第二层计入构造柱影响的侧向刚度与底层侧向刚度的比值，6度、7度时不应大于2.5，8度时不应大于2.0，且均不应小于1.0。

(4) 底部两层框架-抗震墙房屋的纵横两个方向，底层与底部第二层侧向刚度应接近，第三层计入构造柱影响的侧向刚度与底部第二层侧向刚度的比值，6度、7度时不应大于2.0，8度时不应大于1.5，且均不应小于1.0。

(5) 底部框架-抗震墙砌体房屋的抗震墙应设置条形基础、筏形基础等整体性好的基础。

三、抗震构造措施

采取正确的抗震构造措施，将明显提高多层砌体房屋的抗震性能。以下就一些主要抗震构造措施作一介绍。

1. 钢筋混凝土构造柱

在多层砖砌体房屋中的适当部位设置钢筋混凝土构造柱并与圈梁结合共同工作，不仅可以提高墙体的抗剪强度，还将明显地对砌体变形起约束作用，增加房屋的延性，提高房屋的抗震能力，防止和延缓房屋在地震作用下发生突然倒塌。抗震规范对构造柱的构造做了如下规定：

(1) 多层普通砖、多孔砖房构造柱的设置

1) 构造柱的设置部位，一般情况应符合表13-14的要求；

2) 外廊式和单面走廊式的多层砖房，应根据房屋增加一层后的层数，按表13-14要求设置构造柱，且单面走廊两侧的纵墙均应按外墙处理；

3) 教学楼、医院等横墙较少的房屋，应根据房屋增加一层后的层数，按表13-14的要求设置构造柱；当教学楼、医院等横墙较少的房屋，为外廊式或单面走廊式时，应按2)条要求设置构造柱，但6度不超过四层，7度不超过三层和8度不超过两层时，应按增加两层后的层数对待。

多层砖房构造柱设置 表 13-14

房屋层数				设置的部位	
6度	7度	8度	9度		
四、五	三、四	二、三		楼、电梯间四角，楼梯斜梯段上下端对应的墙体处；外墙四角和对应转角；错层部位横墙与外纵墙交接处，大房间内外墙交接处。较大洞口两侧	隔 12m 或单元横墙与外纵墙交界处；楼梯间对应的另一侧内横墙与外纵墙交接处
六	五	四	二		隔开间横墙（轴线）与外墙交接处；山墙与内纵墙交接处
七	≥六	≥五	≥三		内墙（轴线）与外墙交接处；内墙局部较小墙垛处；内纵墙与横墙（轴线）交接处

4）防震缝两侧应设置抗震墙，并应视为房屋的外墙，按表 13-14 设置构造柱；

5）单面走廊房屋除满足以上要求外，尚应在单面走廊房屋的山墙设置不少于 3 根的构造柱。

（2）构造柱的截面尺寸及配筋

构造柱最小截面可采用 240mm×180mm（墙厚 190mm 时为 180mm×190mm），纵向钢筋宜采用 4ϕ12，箍筋间距不宜大于 250mm，且在柱上下端适当加密；6 度、7 度时超过六层、8 度时超过五层和 9 度时，构造柱纵向钢筋宜采用 4ϕ14，箍筋间距不应大于 200mm；房屋四角的构造柱可适当加大截面及配筋。此外，每层构造柱上、下端 450mm，并不小于 1/6 层高范围内应适当加密箍筋，其间距不应大于 100mm（见图 13-10）。

（3）构造柱的连接

1）构造柱与墙连接处应砌成马牙槎，并应沿墙高每隔 500mm 设 2ϕ6 拉结钢筋和 ϕ4 分布短筋平面内点焊组成的拉结网片或 ϕ4 点焊钢筋网片，每边伸入墙内不宜小于 1m。6 度、7 度时底部 1/3 楼层，8 度时底部 1/2 楼层，9 度时全部楼层，上述拉结钢筋网片应沿墙体水平通长设置。

2）构造柱与圈梁连接处，构造柱的纵筋应在圈梁纵筋内侧穿过，保证构造柱纵筋上下贯通。

3）构造柱可不单独设置基础，但应伸入室外地面下 500mm，或于埋深小于 500mm 的基础圈梁相连；

4）构造柱应沿整个建筑物高度对正贯通，不应使层与层之间的构造柱相互错位。

为了保证钢筋混凝土构造柱与墙体之间的整体性，施工时必须先砌墙，后浇柱。构造柱的节点构造详图见图 13-10。

2. 墙体之间的连接

对多层砖房纵横墙之间的连接，除了在施工中注意纵横墙的咬槎砌筑外，在构造设计时应符合下列要求：

1）6、7 度时层高超过 3.6m 或长度大于 7.2m 的大房间，及 8 度和 9 度时，外墙转角及内外墙交接处，应沿墙高每隔 500mm 配置 2ϕ6 通长钢筋和 ϕ4 分布短筋平面内点焊组成的拉结网片或 ϕ4 点焊网片；

2）后砌的非承重砌体隔墙应沿墙高每隔 500mm 配置 2ϕ6 拉结钢筋与承重墙或柱拉

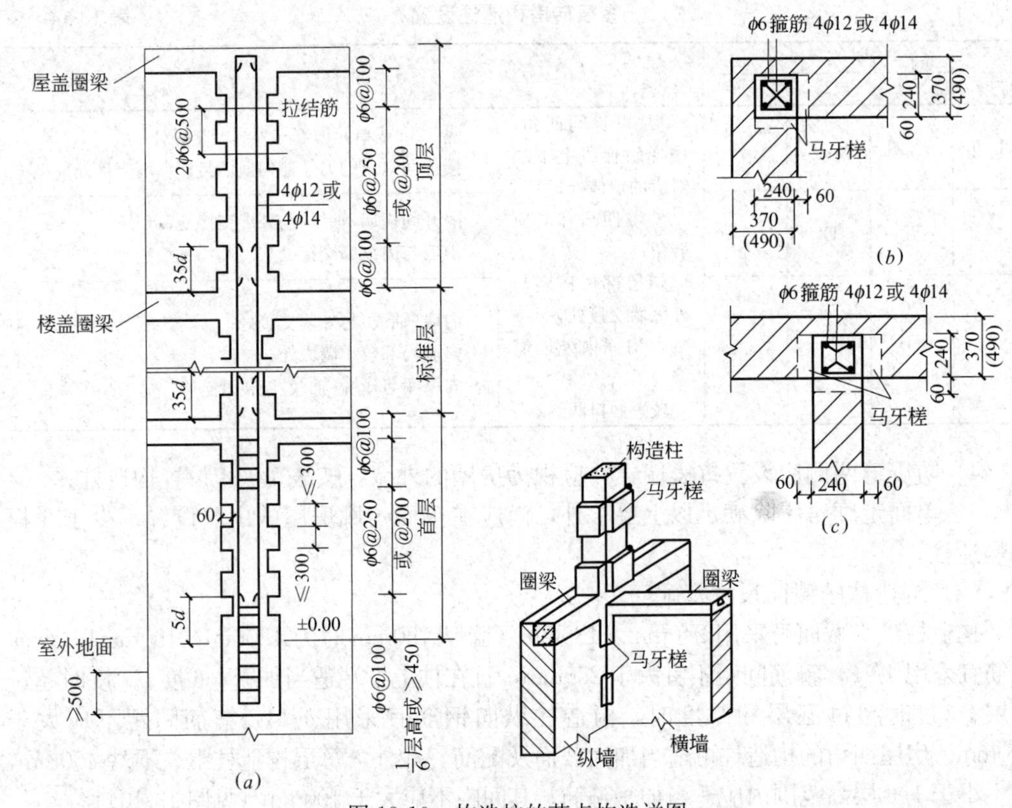

图 13-10 构造柱的节点构造详图

(a) 纵剖面；(b) L 形墙横剖面；(c) T 形墙横剖面

结，并每边伸入墙内不应小于 500mm，8 度和 9 度时长度大于 5m 的后砌隔墙的墙顶，尚应于楼板或梁拉结。

3）墙长大于 5m 时，墙顶与梁宜有拉结；墙长超过 8m 或层高 2 倍时，宜设置钢筋混凝土构造柱；墙高超过 4m 时，墙体半高宜设置与柱连接且沿墙全长贯通的钢筋混凝土水平系梁。

3. 钢筋混凝土圈梁

设置钢筋混凝土圈梁是提高砌体房屋抗震能力的有效措施之一。其作用为：增强房屋的整体性；作为楼屋盖的边缘构件，提高楼（屋）盖的水平刚度；加强纵横墙体的连接，限制墙体斜裂缝的延伸和开展；抵抗由于地震和其他原因引起的地基不均匀沉陷。特别是屋盖处和基础处的圈梁，能提高房屋的竖向刚度和抵抗不均匀沉降。

（1）多层砖砌体房屋的现浇钢筋混凝土圈梁的设置要求

1）装配式钢筋混凝土楼盖、屋盖或木楼盖、屋盖的砖房，横墙承重时应按表 13-15 的要求设置圈梁，纵墙承重时每层均应设置圈梁，且抗震横墙上的圈梁间距应比表内要求适当加密；

2）现浇或装配整体式钢筋混凝土楼、屋盖与墙体可靠连接的房屋可不另设圈梁，但楼板沿抗震墙体周边应加强配筋并应与相应构造柱钢筋可靠连接；

3）圈梁应闭合，遇有洞口圈梁应上下搭接。圈梁宜与预制板设在同一标高处或紧靠板底；

4）圈梁在表 13-15 要求的间距内无横墙时，应利用梁或板缝中配筋替代圈梁。

砖房现浇钢筋混凝土圈梁设置要求 表 13-15

墙类	烈度		
	6、7	8	9
外墙及内纵墙	屋盖处及每层楼盖处	屋盖处及每层楼盖处	屋盖处及每层楼盖处
内横墙	同上；屋盖处间距不应大于 4.5m；楼盖处间距不应大于 7.2m；构造柱对应部位	同上；各层所有横墙，且间距不应大于 4.5m；构造柱对应部位	同上；各层所有横墙

（2）圈梁截面尺寸及配筋

圈梁截面高度不应小于 120mm，配筋应符合表 13-16 的要求，但在软弱黏性土层、液化土、新近填土或严重不均匀土层上砌体房屋的基础圈梁，截面高度不应小于 180mm，配筋不应少于 4ϕ12。

多层砖砌体房屋圈梁配筋要求 表 13-16

配筋	烈度		
	6、7	8	9
最小纵筋	4ϕ10	4ϕ12	4ϕ14
最大箍筋间距(mm)	250	200	150

4. 楼（屋）盖与墙体的连接

（1）现浇钢筋混凝土楼板或屋面板伸进纵、横墙内的长度，均不应小于 120mm；

（2）装配式钢筋混凝土楼板或屋面板，当圈梁未设在板的同一标高时，板端伸进外墙的长度不应小于 120mm，伸进内墙的长度不应小于 100mm，在梁上不应小于 80mm；

（3）板的跨度大于 4.8m 并与外墙平行时，靠外墙的预制板侧边应与墙或圈梁拉结，见图 13-11；

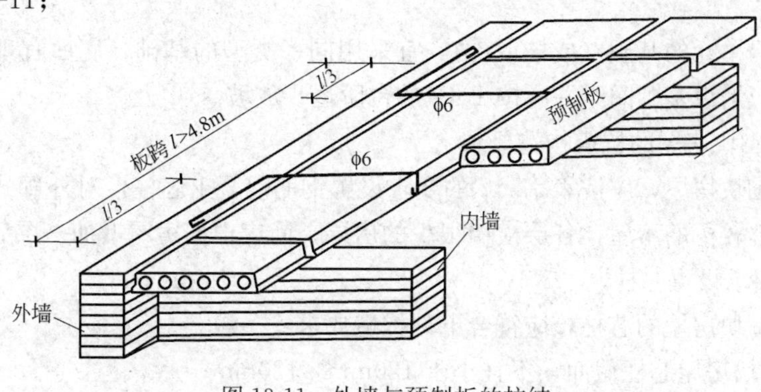

图 13-11 外墙与预制板的拉结

（4）房屋端部大房间的楼盖，6度时房屋屋盖和7～9度时房屋的楼、屋盖，当圈梁设在板底时，钢筋混凝土预制板应相互拉结，并应与梁、墙或圈梁拉结；

（5）楼、屋盖的钢筋混凝土梁或屋架应与墙、柱（包括构造柱）或圈梁可靠连接；不得采用独立砖柱；跨度不小于6m大梁的支承构件应采用组合砌体等加强措施，并满足承载力要求。

（6）6度、7度时长度大于7.2m的大房间，及8度和9度时外墙转角及内外墙交接处，应沿墙高每隔500mm配置2ϕ6通长钢筋和ϕ4分布短筋平面内点焊组成的拉结网片或ϕ4点焊网片。

（7）坡屋顶房屋的屋架应与顶层圈梁可靠连接，檩条或屋面板与墙及屋架可靠连接，房屋出入口的檐口瓦应与屋面构件锚固，采用硬山搁檩时，顶层内纵墙顶宜增砌支承端山墙的踏步式墙垛，并设置构造柱。

（8）预制阳台，6度、7度时应与圈梁和楼板的现浇带可靠连接，8度、9度时不应采用预制阳台。

（9）门窗洞口处不应采用砖过梁，过梁支承长度，6～8度时不应小于240mm，9度不应小于360mm。

5. 楼梯间的抗震构造要求

（1）顶层楼梯间墙体应沿墙高每隔500mm设2ϕ6通长钢筋和ϕ4分布短筋平面内点焊组成的拉结网片或ϕ4点焊网片；7～9度时其他各层楼梯间墙体应在休息平台或楼层半高处设置60mm厚纵向钢筋不应少于2ϕ10的钢筋混凝土带或配筋砖带，配筋砖带不少于3皮，每皮配筋不少于2ϕ6，其砂浆强度等级不宜低于M7.5，且不低于同层墙体的砂浆强度等级。

（2）楼梯间及门厅内墙阳角处的大梁支承长度不应小于500mm，并应与圈梁连接。

（3）装配式楼梯段应与平台板的梁可靠连接，8度、9度时不应采用装配式楼梯段；不应采用墙中悬挑式踏步或踏步竖肋插入墙体的楼梯，不应采用无筋砖砌栏板。

（4）突出屋顶的楼、电梯间，构造柱应伸到顶部，并与顶部圈梁连接，所有墙体应沿墙高每隔500mm设2ϕ6通长钢筋和ϕ4分布短筋平面内点焊组成的拉结网片或ϕ4点焊网片。

6. 基础

同一结构单元的基础（或桩承台），宜采用同一类型的基础，底面宜埋置在同一标高上，否则应增设基础圈梁并应按1∶2的台阶逐步放坡。

7. 多层砌块房屋的抗震构造要求

（1）小砌块房屋，应按表13-17的要求设置钢筋混凝土芯柱，对外廊式和单面走廊式房屋、横墙较少的房屋，各层横墙很少的房层，尚应根据房屋增加一层后的层数，按表13-17的要求设置芯柱。

（2）小砌块房屋的芯柱，应符合下列构造要求：

1）小砌块房屋芯柱截面，不宜小于120mm×120mm；

2）芯柱混凝土强度等级，不应低于Cb20；

多层小砌块房屋芯柱设置要求 表 13-17

房屋层数				设置部位	设置数量
6度	7度	8度	9度		
四、五	三、四	二、三		外墙转角，楼梯间四角，楼梯斜梯段上下端对应的墙体处；大房间内外墙交接处；错层部位横墙与外纵墙交接处；隔 12m 或单元横墙与外纵墙交接处	外墙转角，灌实 3 个孔；内外墙交接处，灌实 4 个孔； 楼梯斜段下下端对应的墙体处，灌实 2 个孔
六	五	四		同上； 隔开间横墙（轴线）与外纵墙交接处	
七	六	五	二	同上； 各内墙（轴线）与外纵墙交接处； 内纵墙与横墙（轴线）交接处和洞口两侧	外墙转角，灌实 5 个孔；内外墙交接处，灌实 4 个孔；内墙交接处，灌实 4～5 个孔；洞口两侧各灌实 1 个孔
	七	≥六	≥三	同上； 横墙内芯柱间距不宜大于 2m	外墙转角，灌实 7 个孔；内外墙交接处，灌实 5 个孔；内墙交接处，灌实 4～5 个孔；洞口两侧各灌实 1 个孔

注：外墙转角、内外墙交接处、楼电梯间四角部位，应允许采用钢筋混凝土构造柱替代部分芯柱。

3）芯柱的竖向插筋应贯通墙身且与圈梁连接；插筋不应少于 1ϕ12，6 度、7 度时超过五层、8 度时超过四层和 9 度时，插筋不应少于 1ϕ14；

4）芯柱应伸入室外地面下 500mm 或与埋深小于 500mm 的基础圈梁相连；

5）为提高墙体抗震受剪承载力而设置的芯柱，宜在墙体内均匀布置，最大净距不宜大于 2.0m。

（3）砌块房屋的钢筋混凝土构造柱，应符合下列构造要求：

1）构造柱最小截面可采用 190mm×190mm，纵向钢筋宜采用 4ϕ12，箍筋间距不应大于 250mm。且在柱上下端宜适当加密；6 度、7 度时超过五层，8 度时超过四层，构造柱纵向钢筋宜采用 4ϕ14，箍筋间距不应大于 200mm；外墙转角的构造柱可适当加大截面及配筋；

2）构造柱与砌块墙连接处应砌成马牙槎，与构造柱相邻的砌块孔洞，6 度时宜填实，7 度时应填实，8 度、9 度时应填实并插筋；构造柱与砌块墙之间沿墙高每隔 600mm 设置 ϕ4 点焊拉结钢筋网片，并沿墙体水平通长设置。6、7 度时底部 1/3 楼层，8 度时底部 1/2 楼层，9 度时全部楼层，上述拉结钢筋网片沿墙高间距不大于 400mm。

3）构造柱与圈梁连接处，构造柱的纵筋应在圈梁纵筋内侧穿过，保证构造柱纵筋上下贯通；

4）构造柱可不单独设置基础，但应伸入室外地面下 500mm，或与埋深小于 500mm 的基础梁相连。

（4）小砌块房屋的圈梁构造要求

小砌块房屋的现浇钢筋混凝土圈梁设置位置应按表 13-18 的要求执行，圈梁宽度不应小于 190mm，配筋不应少于 4ϕ12，箍筋间距不应大于 200mm。

砌块房屋的其他构造措施，如后砌非承重墙与承重墙或柱的拉结，圈梁的截面积和配筋以及基础圈梁的设置等与多层砖砌房屋相应要求相同。

小砌块房屋的现浇钢筋混凝土圈梁设置要求 **表 13-18**

墙类	烈度	
	6、7	8
外墙和内纵墙	屋盖处和每层楼盖处	屋盖处和每层楼盖处
内横墙	同上；屋盖处沿所有横墙；楼盖处间距不应大于 7m，构造柱对应部位	同上；各层所有横墙

第五节　多、高层钢筋混凝土房屋的抗震规定

多层和高层钢筋混凝土房屋的抗震性能比混合结构好，结构的整体性较好，在地震时，能达到小震不坏，大震不倒的抗震要求，因此被广泛的用于工业与民用建筑。

一、震害及其分析

（一）钢筋混凝土框架房屋的震害

钢筋混凝土框架房屋是我国工业与民用建筑较常用的结构形式，层数一般在 10 层以下，多数为 5～6 层。震害调查表明，框架结构震害的严重部位多发生在框架梁柱节点和填充墙处。

1. 框架梁、柱节点的震害

未经抗震设计的框架的震害主要反映在梁柱节点区。一般是柱的震害重于梁；柱顶的震害重于柱底；角柱的震害重于内柱，短柱的震害重于一般柱。具体情况如下：

1）柱顶　地震作用后，柱顶周围出现水平裂缝、斜裂缝或交叉裂缝，重者混凝土压碎崩落，柱内箍筋拉脱，纵筋压屈呈灯笼状，上部梁板倾斜。主要原因是节点处柱端的弯矩、剪力、轴力都比较大，柱头箍筋配置不足或锚固不好，在弯、剪、压共同作用下先使柱头保护层剥落，箍筋失效，而后纵筋压屈。这种现象在高烈度区较为普遍，很难修复。

2）柱底　柱底常见的震害是在离地面 10～40cm 处有周圈水平裂缝，虽受力情况与柱顶相同，但由于纵筋一般在此搭接，《混凝土结构设计规范》要求钢筋搭接区箍

筋要加密，在客观上起到了抗震措施的作用，故震害轻于柱顶。

3）施工缝处　地震发生后，柱的施工缝处常有一圈水平缝，其主要原因是混凝土的结合面处理不好所致。

4）短柱　当框架中有错层、夹层或有半高的填充墙时，或不适当的设置了某些连系梁时，容易形成短柱（柱子的净高不大于柱截面长边的4倍）。短柱的刚度大，能吸收较多的地震能量，但短柱在剪力作用下常发生剪切破坏，形成交叉裂缝甚至脆断。

5）角柱　在地震作用下房屋不可避免的要发生扭转，而角柱所受扭转剪力最大，同时角柱又受双向弯矩作用，而此处横梁的约束作用又小，所以震害重于内柱。

6）梁端　地震发生后，往往在梁的两端，即节点附近产生周圈的竖向裂缝或斜裂缝。这是因为在地震的往复作用下，梁端产生较大的变号弯矩，当地震作用效应超过混凝土的抗拉强度时，便产生周圈裂缝。

7）梁柱节点　在地震的往复作用和重力荷载作用下，节点核心区混凝土处于剪压复合应力状态。当节点区箍筋不足时，在剪压作用下，节点核心区混凝土将出现交叉斜向贯通裂缝甚至挤压破碎。

2. 填充墙的震害

在框架结构中为了分隔房间常于柱间嵌砌填充墙，在水平地震力作用下，填充墙与框架共同工作。由于填充墙的刚度大，因此吸引了较大的地震作用，在水平地震作用下，框架的层间变形较大，而砌体填充墙的极限变形则很小，填充墙企图阻止框架的侧向变形，但填充墙的抗剪强度较低，因而在地震往复作用下即产生斜裂缝或交叉裂缝。震害表明，7度时填充墙即出现裂缝。在8度和8度以上地震作用下，填充墙的裂缝明显加重，且端墙、窗间墙、门窗洞口边角部分裂缝最多，9度以上填充墙大部分倒塌。

由于框架的变形为剪切型，下部层间变形大于上部，所以填充墙在房屋中下部破坏严重。且空心砌体墙重于实心砌体墙，砌块墙重于砖墙。

3. 其他震害

建造在较弱地基上或液化土层上的框架结构，在地震时，常因地基的不均匀沉陷使上部结构倾斜甚至倒塌。

对体型复杂不规则的钢筋混凝土结构房屋，以往设计者多以防震缝将其分成较规则的单元，由于防震缝的宽度受到建筑装修等要求限制，往往难以满足强烈地震时实际侧移量，从而造成相邻单元间碰撞而产生震害。

（二）高层钢筋混凝土抗震墙结构和框架-抗震墙结构房屋的震害

高层钢筋混凝土抗震墙结构和框架-抗震墙结构房屋具有较好的抗震性能，其震害一般比较轻，所以对建筑装修要求较高的房屋和高层建筑应优先采用框架抗震墙结构或抗震墙结构。

历次地震震害表明，高层钢筋混凝土抗震墙结构和框架-抗震墙结构房屋的震害特点是：

开洞抗震墙中，由于洞口应力集中，连系梁端部极为敏感，在约束弯矩作用下，很容易在连系梁端部形成竖向的弯曲裂缝。当连系梁跨高比较大时，梁以受弯为主，可能出现受弯破坏。多数情况下，抗震墙往往具有剪跨比较小的高梁，除了端部很容易出现竖向的弯曲裂缝外，还很容易出现斜向的剪切裂缝。当抗剪箍筋不足或剪应力过大时，可能很早出现剪切破坏，使墙肢间丧失联系，导致抗震墙承载能力降低。

开口抗震墙的底层墙肢内力最大，容易在墙肢底部出现裂缝及破坏。在水平荷载下受拉的墙肢往往轴压力较小，有时甚至出现拉力，墙肢底部很容易出现水平裂缝。对于层高小而宽度较大的墙肢，也容易出现斜裂缝。

二、抗震设计的一般规定

（一）房屋最大适用高度

《抗震规范》在考虑地震烈度、场地土、抗震性能、使用要求及经济效果等因素和总结地震经验的基础上，对地震区多高层现浇钢筋混凝土房屋的最大适用高度给出了规定，见表13-19。平面和竖向均不规则的结构，适用的最大高度应适当降低。

现浇钢筋混凝土房屋最大适用高度（m）　　表13-19

结构类型	烈度				
	6	7	8(0.2g)	8(0.3g)	9
框架	60	50	40	35	24
框架-抗震墙	130	120	100	80	50
抗震墙	140	120	100	80	60
部分框支抗震墙	120	100	80	50	不应采用
框架-核心筒	150	130	100	90	70
筒中筒	180	150	120	100	80
板柱-抗震墙	80	70	55	40	不应采用

注：1. 房屋高度指室外地面到主要屋面板板顶的高度（不包括局部突出屋顶部分）；
2. 框架-核心筒结构指周边稀柱框架与核心筒组成的结构；
3. 部分框支抗震墙指首层或底部两层框支抗震墙结构，不包括仅个别框支墙的情况；
4. 乙类建筑可按本地区抗震设防烈度确定适用的最大高度。

（二）结构的抗震等级

综合考虑建筑物设防类别、设防烈度、结构类型和房屋高度等主要因素，《抗震规范》将钢筋混凝土结构房屋划分为四个抗震等级，表13-20中仅摘录丙类建筑框架、抗震墙结构房屋的抗震等级。

现浇钢筋混凝土房屋的抗震等级　　表13-20

结构类型		设防烈度						
		6		7		8		9
框架结构	高度(m)	≤24	>24	≤24	>24	≤24	>24	≤24
	框架	四	三	三	二	二	一	一
	大跨度框架	三		二		一		一

续表

结构类型		设防烈度									
		6		7			8			9	
框架抗震墙结构	高度(m)	≤60	>60	≤24	25～60	>60	≤24	25～60	>60	≤24	25～50
	框架	四	三	三	二		二	一		一	
	抗震墙	三		二			一			一	
抗震墙结构	高度(m)	≤80	>80	≤24	25～80	>80	≤24	25～80	>80	≤24	25～60
	剪力墙	四	三	四	三	二	三	二	一	二	一
部分框支抗震墙结构	高度	≤80	>80	≤24	25～80	>80	≤24	25～80			
	抗震墙一般部位	三	二	三	二	一	二	一			

（三）防震缝布置

震害调查表明，设有防震缝的建筑，地震时由于缝宽不够，仍难免使相邻建筑发生局部碰撞，建筑装饰也易遭破坏。但缝宽过大，又给立面处理和抗震构造带来困难，故多高层钢筋混凝土房屋，宜避免采用不规则的建筑结构方案。当建筑平面突出部分较长，结构刚度及荷载相差悬殊或房屋有较大错层时，可设置防震缝。

设置防震缝时，对于框架、框架剪力墙房屋，缝的最小宽度应符合下列规定：

1. 防震缝最小宽度应符合下列要求：

1）框架结构（包括设置少量抗震墙的框架结构）房屋的抗震缝宽度，当高度不超过 15m 时可采用 70mm；超过 15m 时，6 度、7 度、8 度和 9 度相应每增加高度 5m、4m、3m 和 2m，宜加宽 20mm；

2）框架抗震墙结构房屋的抗震缝宽度不应小于 1）项规定数值的 70%，抗震墙结构房屋的防震缝宽度不应小于 1）项规定数值的 50%；且均不宜小于 100mm；

3）防震缝两侧结构类型不同时，宜按需要较宽防震缝的结构类型和较低房屋高度确定缝宽。

2. 8 度、9 度时框架结构房屋防震缝两侧结构层高相差较大时，防震缝两侧框架柱的箍筋应沿房屋全高加密，并可根据需要在缝两侧沿房屋全高各设置不应少两道垂直于防震缝的抗撞墙，抗撞墙的布置宜分别对称布置，其长度可不大于 1/2 层高，抗震等级同框架结构。

抗震缝应沿房屋全高设置，基础可不分开。一般情况下，伸缩缝、沉降缝和抗震缝尽可能合并布置。抗震缝两侧应布置承重框架。

（四）结构的布置要求

在结构布局上，框架结构和框架-抗震墙结构中，框架和抗震墙均应双向设置，以抵抗两个方向的水平地震作用。柱中线与抗震墙中线、梁中线与柱中线之间偏心矩不宜大于柱宽的 1/4。

为了减小地震作用，应尽量减轻建筑物自重并降低其重心位置，尤其是工业房屋的大型设备，宜布置在首层或下部几层。平面上尽量使房屋的刚度中心和质量中心接近，以减轻扭转作用的影响。

1. 框架结构应符合下列要求：

1）同一结构单元宜将每层框架设置在同一标高处，尽可能不采用复式框架，力求避免出现错层和夹层，造成短柱破坏；

2）为了保证框架结构的可靠抗震，应设计延性框架，遵守“强柱弱梁”、“强剪弱弯”“强节点、强锚固”等设计原则；

3）框架刚度沿高度不宜突变，以免造成薄弱层。出屋面小房间不要做成砖混结构，可将柱子延伸上去或作钢木轻型结构，以防鞭端效应造成破坏；

4）楼电梯间不宜设在结构单元的两端及拐角处，前者由于没有楼板和山墙拉结，既影响传递水平力，又造成山墙稳定性差。后者因角部扭转效应大，受力复杂容易发生震害。

2. 框架抗震墙结构中抗震墙设置宜符合下列要求：

1）抗震墙宜贯通房屋全高，且横向与纵向的抗震墙宜相连；

2）楼梯间宜设抗震墙，但不宜造成较大的扭转效应；

3）抗震墙宜设置在墙面不需要开大洞口的位置；

4）房屋较长时，刚度较大的纵向抗震墙不宜设置在房屋的端开间；

5）抗震墙洞口宜上下对齐，洞边距端柱不宜小于300mm。

三、框架结构的抗震构造措施

（一）框架梁的构造措施

1. 梁截面尺寸

为防止梁发生剪切破坏而降低其延性，框架梁的截面尺寸应符合下列要求：

1）梁截面的宽度不宜小于200mm，且不宜小于柱宽的1/2；

2）梁截面高度与宽度的比值不宜大于4；

3）梁净跨与截面高度之比不宜小于4。

2. 梁宽大于柱宽的扁梁应符合下列要求：

1）采用扁梁的楼层盖应现浇，梁中线宜与柱中线重合，扁梁应双向布置；

2）扁梁不宜用于一级框架结构。

3. 梁的钢筋配置

1）在梁端截面，为保证塑性铰有足够的转动能力，其纵向受拉钢筋的配筋率不应大于2.5%，考虑到在荷载作用下反弯点位置可能有变化，框架梁顶面和底面至少应各配置两根贯通全长的纵向钢筋，对一、二级框架不应小于2ϕ14，且不应少于梁顶面和底面纵向钢筋中较大截面面积的1/4，三、四级框架不应少于2ϕ12。

2）一、二、三级框架梁内贯通中柱的每根纵向钢筋直径，对框架结构不应大于矩形截面柱在该方向截面尺寸的1/20；对其他结构类型的框架不宜大于矩形截面柱在该方向截面尺寸的1/20，或纵向钢筋所在位置圆形截面柱弦长的1/20。

4. 梁的箍筋

为提高框架梁的抗剪性能和梁端塑性铰区内混凝土的极限压应变值，且为增加梁的延性，梁端的箍筋应加密，如图13-12所示。

梁端箍筋加密区的长度、箍筋最大间距和最小直径按表 13-21 采用，当梁端纵向受拉钢筋配筋率大于 2%时，表中箍筋最小数值应增大 2mm。

加密区的箍筋肢距，一级框架不宜大于 200mm 和 20 倍箍筋直径较大值，二、三级框架不宜大于 250mm 和 20 倍箍筋直径较大值；四级不宜大于 300mm。

纵向钢筋每排多于四根时，每隔一根宜用箍筋或拉筋固定。箍筋末端应做成不小于 135°的弯钩，弯钩端头平直段长度不应小于 $10d$（d 为箍筋直径）。

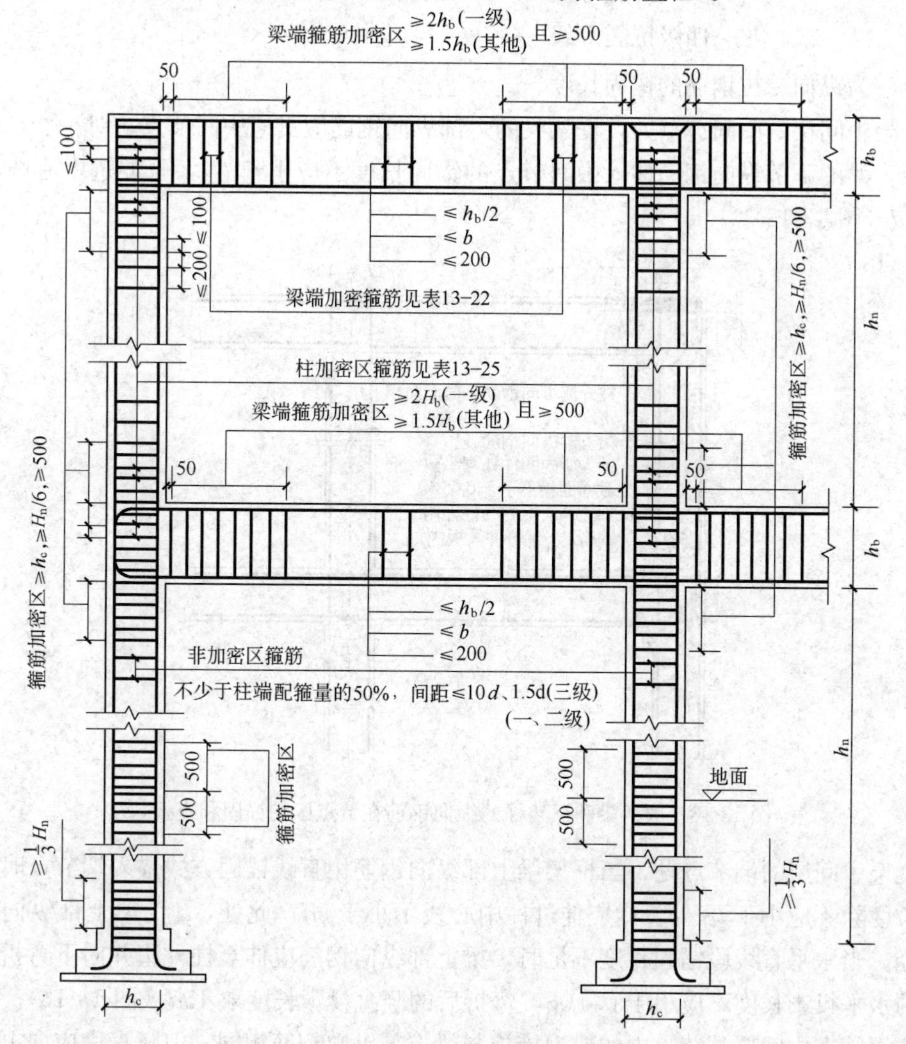

图 13-12　现浇框架箍筋构造

梁端箍筋加密区的构造要求　　表 13-21

抗震等级	加密区长度(mm) (采用较大值)	箍筋最大间距(mm) (采用最小值)	箍筋最小直径(mm)
一	$2h_b$,500	h_b/4,6d,100	10
二	1.5h_b,500	h_b/4,8d,100	8
三	1.5h_b,500	h_b/4,8d,150	8
四	1.5h_b,500	h_b/4,8d,150	6

注：d 为纵向钢筋直径；h_b 为梁高。

5. 梁内纵筋锚固

在反复荷载作用下，在纵向钢筋埋入梁柱节点的相当长度范围内，混凝土与钢筋之间的粘结力将发生严重破坏，因此在地震作用下，框架梁中纵向钢筋的锚固长度 l_{aE} 应符合下列要求：

一、二级抗震等级　　　　$l_{aE}=1.15l_a$；

三级抗震等级　　　　$l_{aE}=1.05l_a$；

四级抗震等级　　　　$l_{aE}=l_a$；

式中，l_a 为纵向受拉钢筋的锚固长度。

框架中间层的中间节点处，框架梁的上部纵向钢筋应贯通中间节点；对一、二级抗震等级，梁的下部纵向钢筋伸入中间节点的锚固长度不应小于 l_{aE}，且伸过中心线不应小于 $5d$（图 13-13）。

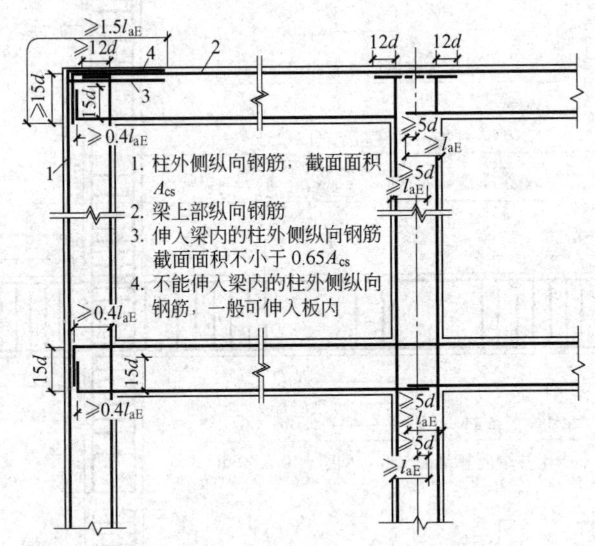

图 13-13　框架梁和框架柱的纵向钢筋在节点区的锚固和搭接

框架中间层的端节点处，当框架梁上部纵向钢筋用直线锚固方式锚入端节点时，其锚固长度除不应小于 l_{aE}外，尚应伸过柱中心线不小于 $5d$，此处，d 为梁上部纵向钢筋的直径。当水平直线段锚固长度不足时，梁上部纵向钢筋应伸至柱外边并向下弯折。弯折前的水平投影长度不应小于 $0.4l_{aE}$，弯折后的竖直投影长度取 $15d$（图 13-13）。梁下部纵向钢筋在中间层端节点中的锚固措施与梁上部纵向钢筋相同，但竖直段应向上弯入节点。

框架顶层中间节点处，柱纵向钢筋应伸至柱顶。当采用直线锚固方式时，其自梁底边算起的锚固长度不应小于 l_{aE}，当直线段锚固长度不足时，该纵向钢筋伸到柱顶后可向内弯折，弯折前的锚固段竖向投影长度不应小于 $0.5l_{aE}$，弯折后的水平投影长度取 $12d$；当楼盖为现浇混凝土，且板的混凝土强度不低于 C20、板厚不小于 100mm 时，也可向外弯折，弯折后的水平投影长度取 $12d$（图 13-13）。

框架顶层的端节点处，柱外侧纵向钢筋可沿节点外边和梁上边与梁上部纵向钢筋搭接连接（图 13-13），搭接长度不应小于 1.5l_{aE}，且伸入梁内的柱外侧纵向钢筋截面面积不宜少于柱外侧全部柱纵向钢筋截面面积的 65%，其中不能伸入梁内的外侧柱纵向钢筋，宜沿柱顶伸至柱内边；当楼盖为现浇混凝土，且板的混凝土强度不低于 C20、板厚不小于 100mm 时，梁宽范围外的柱纵向钢筋可伸入板内，其伸入长度与伸入梁内的柱纵向钢筋相同。梁上部纵向钢筋应伸至柱外边并向下弯折到梁底标高（参考图 10-31、图 10-32，将图中 l_a 换为 l_{aE}）。

此外，纵筋的接头应避开梁端箍筋加密区，且宜采用焊接接头。

（二）框架柱的构造措施

1. 柱截面尺寸

柱的平均剪应力太大，会使柱产生脆性的剪切破坏；平均压应力或轴压比太大，会使柱产生混凝土压碎破坏。为了使柱有足够的延性，框架柱截面尺寸应符合下列要求：

（1）柱截面宽度和高度，四级或不超过 2 层时不宜小于 300mm，一、二、三级且超过 2 层时不宜小于 400mm；圆柱直径，四级或不超过 2 层时不宜小于 350mm，一、二、三级且超过 2 层时不宜小于 450mm。

（2）为避免柱引起的脆性破坏，柱净高与截面高度（圆柱直径）之比不宜小于 4；

（3）剪跨比宜大于 2；

（4）截面长边与短边的边长比不宜大于 3。

2. 轴压比限值

根据延性要求，柱的轴压比应不超过表 13-22 规定的限值。建造于四类场地且较高的高层建筑，柱轴压比限值应适当减小。

柱轴压比限值 **表 13-22**

类别 \ 抗震等级	一	二	三	四
框架结构	0.65	0.75	0.85	0.9
框架-抗震墙、板柱-抗震墙、框架-核心筒及筒中筒	0.75	0.85	0.90	0.95
部分框支抗震墙	0.6	0.7	—	—

注：1. 表内限值适用于剪跨比大于 2、混凝土强度等级不高于 C60 的柱；剪跨比不大于 2 的柱轴压比限值应降低 0.05；剪跨比小于 1.5 的柱，轴压比限值应专门研究；

2. 柱轴压比不应大于 1.05。

3. 柱纵向钢筋的配置

（1）柱中纵向钢筋宜对称配置；

（2）对截面尺寸大于 400mm 的柱，纵向钢筋间距不宜大于 200mm；

（3）柱中全部纵向钢筋的总配筋率不应小于表 13-23 的规定，且不应大于 5%。对Ⅳ类场地上较高的高层建筑，表中数值应增加 0.1。另外，柱中纵筋的锚固长度不应小于 l_{aE}；

柱截面纵向钢筋的最小总配筋率（%） 表 13-23

类　别	抗　震　等　级			
	一	二	三	四
中柱、边柱	0.9(1.0)	0.7(0.8)	0.6(0.7)	0.5(0.6)
角柱、框支柱	1.1	0.9	0.8	0.7

注：1. 表中括号内数值用于框架结构的柱；
2. 钢筋强度标准值小于 400MPa 时，表中数值应增加 0.1，钢筋强度标准值为 400MPa 时，表中数值应增加 0.05；
3. 混凝土强度等级高于 C60 时，上述数值应相应增加 0.1。

（4）边柱、角柱及抗震墙端柱在地震作用组合产生小偏心受拉时，柱内纵筋总截面面积应比计算值增加 25%；

（5）柱纵向钢筋的绑扎接头应避开柱端的箍筋加密区。

4. 柱的箍筋要求

在地震力的反复作用下，柱端钢筋保护层往往首先碎落，这时，如无足够的箍筋约束，纵筋就会向外弯曲，造成柱端破坏。箍筋对柱的核心混凝土起着有效的约束作用，提高配箍率可显著提高受压混凝土的极限压应变，从而有效增加柱的延性。因此《抗震设计规范》对框架柱箍筋构造提出以下要求：

（1）柱两端的箍筋应加密，加密区的范围应不小于 1/6 柱净高，不小于柱截面长边，且不小于 500mm，详见图 13-12；对于底层柱，柱根加密区不小于柱净高的 1/3；在刚性地坪上下各 500mm 高度范围内应加密。框支柱、一级及二级框架的角柱沿全高加密；

（2）柱加密区的箍筋最大间距和最小直径按表 13-24 采用；

柱加密区箍筋最大间距和最小直径 表 13-24

抗震等级	箍筋最大间距(采用较小值，mm)	箍筋最小直径(mm)
一	6*d*，100	10
二	8*d*，100	8
三	8*d*，150(柱根 100)	8
四	8*d*，150(柱根 100)	6(柱根 8)

注：为柱纵筋最小直径；柱根指框架底层柱下端箍筋加密区。

（3）加密区内箍筋肢距，一级不宜大于 200mm，二级、三级不宜大于 250mm 和 20 倍箍筋直径的较大值，四级不宜大于 300mm。且每隔一根纵向钢筋宜在两个方向有箍筋约束。采用拉筋复合箍时，拉筋宜紧靠纵向钢筋并钩住箍筋；

（4）一级框架柱的箍筋直径大于 12mm 且箍筋肢距不大于 150mm 及二级框架柱的箍筋直径不小于 10mm 且箍筋肢距不大于 200mm 时，除底层柱下端外，最大间距应允许采用 150mm；三级框架柱的截面尺寸不大于 400mm 时，箍筋最小直径允许采用 6mm；四级框架柱剪跨比不大于 2 时，箍筋直径不应小于 8mm；框架柱的剪跨比等于柱净高与 2 倍柱截面高度之比。

（5）框支柱和剪跨比不大于 2 的柱，箍筋间距不应大于 100mm。

柱非加密区的箍筋量不宜小于加密区的50%，且箍筋间距，对一、二级抗震不应大于10d，对三、四级抗震不应大于15d，d为纵向钢筋直径。

（三）框架节点

框架节点核心区箍筋的最大间距和最小直径与柱加密区相同。

（四）砌体填充墙

当考虑实心砖填充墙的抗侧力作用时，填充墙的厚度不得小于240mm，砂浆强度等级不得低于M5，墙应嵌砌于框架平面内并与梁柱紧密结合，宜采用先砌墙后浇框架的施工方法。当不考虑填充墙抗震作用时，宜与框架柱柔性连接，但顶部应与框架梁底紧密结合。

砌体填充墙框架应沿框架柱每高500mm配置2ϕ6拉结钢筋，拉筋伸入填充墙内的长度：一、二级框架宜沿墙全长设置；三、四级框架不应小于墙长的1/5且不小于700mm；当墙长大于6m时，墙顶部与梁宜有拉结措施；当墙高超过4m时，宜在墙高中部设置与柱相连的通长钢筋混凝土水平墙梁。

（五）剪力墙结构抗震构造措施

1. 剪力墙厚度

（1）剪力墙厚度一、二级不应小于160mm且不宜小于层高或无支长度的1/20，三、四级不应小于140mm且不宜小于层高或无支长度1/25；无端柱或翼墙时，一、二级不宜小于层高或无支长度的1/16，三、四级不宜小于层高或无支长度的1/20。

（2）底部加强部位的墙厚，一、二级不应小于200mm且不宜小于层高或无支长度的1/16，三、四级不应小于160mm且不宜小于层高或无支长度的1/20；无端柱或翼墙时，一、二级不宜小于层高或无支长度的1/12，三、四级不宜小于层高或无支长度的1/20。

2. 剪力墙竖向、横向分布钢筋

在墙肢中配置一定数量的竖向和横向分布钢筋，是为了限制斜裂缝的开展，防止斜向脆性劈裂破坏，同时也可承受温度收缩应力。因此，剪力墙竖向和横向分布钢筋应符合下列要求：

（1）一、二、三级剪力墙的竖向和横向分布钢筋最小配筋率均不应小于0.25%；四级剪力墙不应小于0.20%；钢筋最大间距不应大于300mm。

（2）部分框支剪力墙结构的落地剪力墙底部加强部位，竖向及横向分布钢筋配筋率均不应小于0.3%，钢筋间距不应大于200mm。

（3）剪力墙厚度大于140mm时，竖向和横向分布钢筋应双排布置；双排分布钢筋间拉筋的间距不应大于600mm；直径不应小于6mm；在底部加强部位，边缘构件以外的拉筋间距应适当加密。

（4）剪力墙竖向、横向分布钢筋的钢筋直径不宜大于墙厚的1/10且不应小于8mm；竖向钢筋直径不宜小于10mm。

3. 剪力墙的边缘构件

剪力墙两端和洞口两侧应设置边缘构件，边缘构件包括暗柱、端柱和翼墙，并应符合下列要求：

（1）剪力墙构造边缘构件的范围按图 13-14 采用；

（2）构造边缘构件的配筋宜符合表 13-25 的要求；

（3）底层墙肢底截面的轴压比大于抗震规范规定的一、二、三级抗震墙，以及部分框支剪力墙结构的剪力墙，应在底部加强部位及相邻的上一层设置约束边缘构件，约束边缘构件沿墙肢的长度、箍筋和纵向钢筋宜符合图 13-15 的要求。

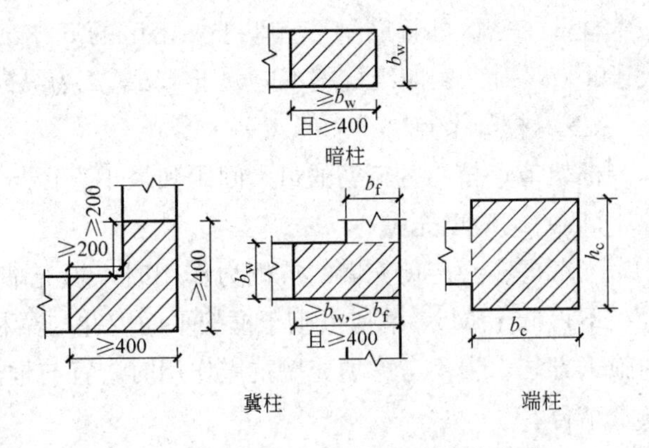

图 13-14　剪力墙的构造边缘构件范围

剪力墙构造边缘构件的配筋要求　　表 13-25

抗震等级	底部加强部位			其他部位		
	纵向钢筋最小量（取较大值）	箍筋		纵向钢筋最小量（取较大值）	拉筋	
		最小直径（mm）	沿竖向最大间距（mm）		最小直径（mm）	沿竖向最大间距（mm）
一	$0.01A_c$，$6\phi16$	8	100	$0.008A_c$，$6\phi14$	8	150
二	$0.008A_c$，$6\phi14$	8	150	$0.006A_c$，$6\phi12$	8	200
三	$0.006A_c$，$6\phi12$	6	150	$0.005A_c$，$4\phi12$	6	200
四	$0.005A_c$，$4\phi12$	6	200	$0.004A_c$，$4\phi12$	6	250

（4）一、二级剪力墙约束边缘构件在设置箍筋范围内（图 13-15 中阴影部分）的纵向钢筋配筋率，分别不应小于 1.2％和 1.0％。

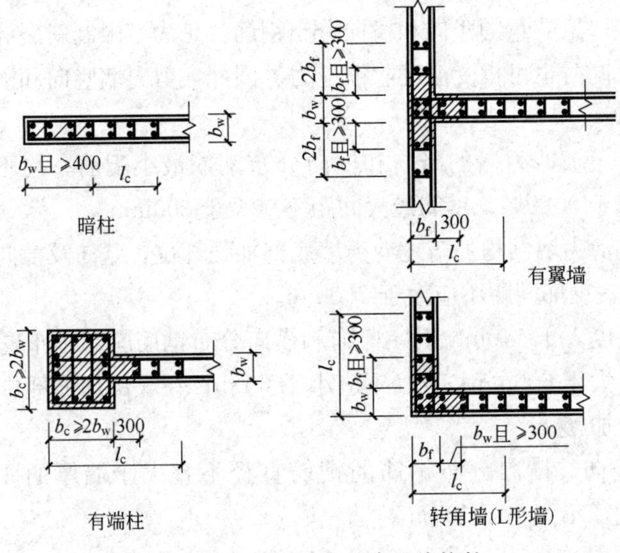

图 13-15　剪力墙的约束边缘构件

（六）框架-剪力墙结构抗震构造措施

1. 剪力墙的厚度

剪力墙的厚度不应小于160mm且不宜小于层高的1/20，底部加强部位的剪力墙厚度不应小于200mm且不宜小于层高或无肢长度的1/16。剪力墙的周边应设置梁（或暗梁）和端柱组成的边框；端柱截面宜与同层框架柱相同。

2. 剪力墙的竖向和横向分布钢筋

配筋率均不应小于0.25%，钢筋直径不宜小于10mm，间距不宜大于300mm，并应双排布置，双排分布钢筋间应设置拉筋，拉筋间距不应大于600mm，直径不应小于6mm。

3. 其他抗震构造措施应符合框架和剪力墙的抗震要求。

思　考　题

1. 何谓抗震基本烈度、多遇烈度、罕遇烈度？三者之间关系如何？
2.《抗震规范》提出的“三水准”设防要求是什么？二阶段设计的内容是什么？
3. 如何选择建筑场地？
4. 抗震结构在材料选用、施工质量和材料代用上有何要求？
5.《抗震规范》对多层砌体房屋的总高度、层数、房屋最大高度比、房屋的局部尺寸有何限制？
6. 多层黏土砖房屋的现浇钢筋混凝土构造柱和圈梁的作用是什么？如何设置？构造上有哪些要求？
7.《抗震规范》对现浇钢筋混凝土房屋最大适用高度有何规定？
8. 结构的抗震等级如何确定？
9. 框架结构的抗震构造措施有哪些方面的要求？
10. 剪力墙结构的抗震构造措施有哪些方面的要求？

附录

附录一：

民用建筑楼面均布活荷载标准值及其组合值、频遇值和准永久值系数　　附表 1

项次	类　别	标准值（kN/m^2）	组合值系数 ψ_c	频遇值系数 ψ_f	准永久值系数 ψ_q
1	(1) 住宅、宿舍、旅馆、办公楼、医院病房、托儿所、幼儿园 (2) 试验室、阅览室、会议室、医院门诊室	2.0 2.0	0.7 0.7	0.5 0.6	0.4 0.5
2	食堂、餐厅、一般资料档案室、教室	2.5	0.7	0.6	0.5
3	(1) 礼堂、剧场、影院、有固定座位的看台 (2) 公共洗衣房	3.0 3.0	0.7 0.7	0.5 0.6	0.3 0.5
4	(1) 商店、展览厅、车站、港口、机场大厅及其旅客等候室 (2) 无固定座位的看台	3.5 3.5	0.7 0.7	0.6 0.5	0.5 0.3
5	(1) 健身房、演出舞台 (2) 舞厅、运动场	4.0 4.0	0.7 0.7	0.6 0.6	0.5 0.3
6	(1) 书库、档案库、贮藏室 (2) 密集柜书库	5.0 12.0	0.9 0.9	0.9 0.9	0.8 0.8
7	通风机房、电梯机房	7.0	0.9	0.9	0.8
8	汽车通道及客车停车库： (1) 单向板楼盖(板跨不小于 2m)和双向板楼盖(板跨 3m×3m) 客车 消防车 (2) 双向板楼盖（板跨不小于 6m×6m）和无梁楼盖(柱网尺寸不小于 6m×6m) 客车 消防车	 4.0 35 2.5 20.0	 0.7 0.7 0.7 0.7	 0.7 0.5 0.7 0.5	 0.6 0.0 0.6 0.0
9	厨房(1) 餐厅 (2) 其他	4.0 2.0	0.7 0.7	0.7 0.6	0.7 0.5
10	浴室、卫生间、盥洗室	2.5	0.7	0.6	0.5

续表

项次	类　　别	标准值（kN/m^2）	组合值系数 ψ_c	频遇值系数 ψ_f	准永久值系数 ψ_q
11	走廊、门厅： （1）宿舍、旅馆、医院病房托儿所、幼儿园、住宅 （2）办公楼、餐厅、医院门诊部 （3）教学楼及其他人流可能密集的情况	2.0 2.5 3.5	0.7 0.7 0.7	0.5 0.6 0.5	0.4 0.5 0.3
12	楼梯： （1）多层住宅 （2）其他	2.0 3.5	0.7 0.7	0.5 0.5	0.4 0.3
13	阳台： （1）一般情况 （2）当人群有可能密集时	2.5 3.5	0.7	0.6	0.5

注：1. 本表所给各项活荷载适用于一般使用条件，当使用荷载较大或情况特殊时，应按实际情况采用；
2. 第 6 项书库活荷载当书架高度大于 2m 时，书库活荷载尚应按每米书架高度不小于 2.5kN/m^2 确定；
3. 第 8 项中的客车活荷载只适用于停放载人少于 9 人的客车；消防车活荷载是适用于满载总重为 300kN 的大型车辆；当不符合本表的要求时，应将车轮的局部荷载按结构效应的等效原则，换算为等效均布荷载；
4. 第 8 项的消防车活荷载，当双向板楼盖介于 3m×3m 到 6m×6m 之间时，应按跨度线性插值确定；
5. 第 12 项楼梯活荷载，对预制楼梯踏步平板，尚应按 1.5kN 集中荷载验算；
6. 本表各项荷载不包括隔墙自重和二次装修荷载。对固定隔墙的自重应按恒荷载考虑，当隔墙位置可灵活自由布置时，非固定隔墙的自重应取每延米长墙重(kN/m)的 1/3 作为楼面活荷载的附加值（kN/m^2）计入，附加值不小于 1.0kN/m^2。

附录二：楼面活荷载标准值的折减系数

设计楼面梁时的楼面活荷载标准值折减系数　　附表 2-1

项次	房屋类别			折减系数
1	附录一第 1(1)项梁的从属面积≥25m^2 时			0.9
2	附录一第 1(2)～7 项梁的从属面积≥50m^2 时			0.9
3	附录一第 8 项	（1）单向板楼盖	次梁	0.8
			主梁	0.6
		（2）双向板楼盖		0.8
4	附录第 9～13 项的梁			按所属房屋类别相同的折减系数采用

注：1. 楼面梁的从属面积是指向梁两侧各延伸 1/2 梁间距范围内的实际面积；
2. 槽形板纵肋按单向板楼盖次梁考虑。

设计墙、柱和基础时楼面活荷载标准值折减系数　　附表 2-2

项次	房屋类别			计算截面以上各楼层活荷载折减系数	附注
1	附录一第1(1)项	墙、柱、基础计算截面以上的层数	1	1.00	梁的从属面积≥25m² 时取 0.9
			2～3	0.85	
			4～5	0.70	
			6～8	0.65	
			9～20	0.60	
			>20	0.55	
2	附录一　第1(2)～7项			采用与其楼面梁相同的折减系数	
3	附录一第8项	(1) 单向板楼盖		0.50	
		(2) 双向板和无梁楼盖		0.80	
4	附录一第9～13项			采用与所属房屋类别相同的折减系数	

附录三：

屋面均布活荷载标准值及其准永久值系数　　附表 3

项次	类别		标准值 (kN/m^2)	准永久值系数 ψ_q	附注
1	不上人屋面	(1) 石棉瓦、瓦楞铁等轻屋面和瓦屋面	0.3	0	当施工荷载较大时，应按实际情况采用
		(2) 钢丝网水泥及其他水泥制品轻屋面以及薄钢结构承重的钢筋混凝土屋面	0.5	0	
		(3) 由钢结构或钢筋混凝土结构承重的钢筋混凝土屋面、钢筋混凝土挑檐、雨篷	0.5	0	
2	上人屋面		2.0	0.4	兼作其他用途时，应按相应的楼面活荷载采用
3	屋顶花园		3.0	0.5	不包括花圃土石

注：1. 表列均布活荷载不与雪荷载和风荷载同时考虑；

2. 设计屋面板、檩条等屋面构件及钢筋混凝土挑檐时，尚应按《建筑结构荷载规范》第 5.5.1 条考虑施工或检修集中荷载 1.0kN 作用在最不利位置进行验算。

3. 设计钢筋混凝土雨篷时，应按《建筑结构荷载规范》第 5.5.1 条考虑施工或检修集中荷载：在承载力计算时，沿板宽每隔 1.0m 取一个集中荷载；在倾覆验算时，沿板宽每隔 2.5～3.0m 取一个集中荷载。

附录四：

常用材料及构件重量表　　附表 4

项次	名　　称	自　重	单　位	备　　注
1	杉木	4	kN/m^3	随含水率而不同
2	普通木板条、椽檩木料	5	kN/m^3	随含水率而不同
3	胶合三合板(水曲柳)	0.028	kN/m^2	
4	木屑板(按 10mm 厚计)	0.12	kN/m^2	常用厚度为 6.10mm
5	钢	78.5	kN/m^3	
6	石灰砂浆、混合砂浆	17	kN/m^3	
7	纸筋石灰泥	16	kN/m^3	
8	水泥砂浆	20	kN/m^3	
9	素混凝土	22～24	kN/m^3	振捣或不振捣
10	焦渣混凝土	10～14	kN/m^3	填充用
11	加气混凝土	6～8.5	kN/m^3	
12	钢筋混凝土	24～25	kN/m^3	
13	浆砌毛方石	24	kN/m^3	石灰石
14	浆砌普通砖	18	kN/m^3	
15	浆砌机制砖	19	kN/m^3	
16	混凝土多孔砖	16.8	kN/m^3	
17	混凝土空心砌块	14.5	kN/m^3	
18	沥青蛭石制品	3.5～4.5	kN/m^3	
19	膨胀蛭石	0.8～2.0	kN/m^3	
20	膨胀珍珠岩粉料	0.8～2.5	kN/m^3	
21	水泥膨胀制品	3.5～4.0	kN/m^3	
22	水泥粉刷墙面	0.36	kN/m^2	20mm 厚，水泥粗砂
23	水磨石墙面	0.55	kN/m^2	25mm 厚，包括打底
24	水刷石墙面	0.5	kN/m^2	25mm 厚，包括打底
25	贴瓷砖墙面	0.5	kN/m^2	25mm 厚包括水泥砂浆打底
26	双面抹灰板条隔墙	0.9	kN/m^2	每面抹灰厚 16～24mm，龙骨在内
27	单面抹灰板条隔墙	0.5	kN/m^2	
28	C 型轻钢龙骨隔墙	0.27	kN/m^2	两层 12mm 纸面石膏板，无保温层
29	木屋架	0.07＋0.007×跨度	kN/m^2	按屋面水平投影面积计算，跨度以 m 计
30	钢屋架	0.12＋0.011×跨度	kN/m^2	无天窗，包括支撑，按屋面水平投影面积计算，跨度以 m 计

续表

项次	名称	自重	单位	备注
31	木框玻璃窗	0.2～0.3	kN/m²	
32	钢框玻璃窗	0.4～0.45	kN/m²	
33	木门	0.1～0.2	kN/m²	
34	铁门	0.4～0.45	kN/m²	
35	黏土平瓦屋面	0.55	kN/m²	按实际面积计算
36	小青瓦屋面	0.9～1.1	kN/m²	按实际面积计算
37	冷摊瓦屋面	0.5	kN/m²	按实际面积计算
38	波形石棉瓦	0.2	kN/m²	182mm×725mm×8mm
39	油毡防水层	0.05	kN/m²	一层油毡刷油两遍
		0.3～0.35	kN/m²	二毡三油上铺小石子
		0.35～0.40	kN/m²	三毡四油上铺小石子
40	钢丝网抹灰吊顶	0.45	kN/m²	
41	麻刀灰板条吊顶	0.45	kN/m²	吊木在内，平均灰厚 20mm
42	V形轻钢龙骨吊顶	0.12	kN/m²	一层 9mm 纸面石膏板，无保温层
		0.17	kN/m²	一层 9mm 纸面石膏板，有厚 50mm 的岩棉板保温层
43	水磨石地面	0.65	kN/m²	10mm 面层、20mm 水泥砂浆打底
44	小瓷砖地面	0.55	kN/m²	包括水泥粗砂打底

附录五：

普通钢筋屈服强度标准值、设计值和弹性模量(N/mm^2)　　附表 5

钢筋牌号	符号	屈服强度标准值 f_{yk}	强度设计值		弹性模量 E_s
			抗拉 f_y	抗压 f_y'	
HPB 300 级	Φ	300	270	270	2.1×10⁵
HRB 335 级	Φ	335	300	300	2.0×10⁵
HRB 400 级、RRB400	Φ Φ^R	400	360	360	2.0×10⁵
HRB 500 级	Φ	500	435	410	2.0×10⁵

附录六：

预应力钢筋极限强度标准值、设计值和弹性模量(N/mm²)　　附表 6

种类	极限强度标准值 f_{ptk}	抗拉强度设计值 f_{py}	抗压强度设计值 f'_{py}	弹性模量 E_S
中强度预应力钢丝	800	510	410	2.05×10^5
	970	650		
	1270	810		
消除应力钢丝	1470	1040	410	2.05×10^5
	1570	1110		
	1860	1320		
钢绞线	1570	1110	390	1.95×10^5
	1720	1220		
	1860	1320		
	1960	1390		
预应力螺纹钢筋（精轧钢筋）	980	650	410	2.00×10^5
	1080	770		
	1230	900		

注：当预应力筋的强度标准值不符合上表规定时，其强度设计值应进行相应的比例换算。

附录七：

混凝土的强度标准值、设计值和弹性模量(N/mm²)　　附表 7

强度种类		符号	混凝土强度等级													
			C15	C20	C25	C30	C35	C40	C45	C50	C55	C60	C65	C70	C75	C80
强度标准值	轴心抗压	f_{ck}	10.0	13.4	16.7	20.1	23.4	26.8	29.6	32.4	35.5	38.5	41.5	44.5	47.4	50.2
	抗拉	f_{tk}	1.27	1.54	1.78	2.01	2.20	2.39	2.51	2.64	2.74	2.85	2.93	2.99	3.05	3.11
强度设计值	轴心抗压	f_c	7.2	9.6	11.9	14.3	16.7	19.1	21.1	23.1	25.3	27.5	29.7	31.8	33.8	35.9
	抗拉	f_t	0.91	1.10	1.27	1.43	1.57	1.71	1.80	1.89	1.96	2.04	2.09	2.14	2.18	2.22
弹性模量		$E_c\times10^4$	2.20	2.55	2.80	3.00	3.15	3.25	3.35	3.45	3.55	3.60	3.65	3.70	3.75	3.80

注：1. 当有可靠试验依据时，弹性模量可根据实测数据确定；

2. 当混凝土中掺有大量矿物掺合料时，弹性模量可按规定龄期根据实测数据确定。

附录八：

受弯构件的允许挠度 附表 8

<table>
<tr><th colspan="2">构件类型</th><th>允许挠度（以计算跨度 l_0 计算）</th></tr>
<tr><td rowspan="2">吊车梁</td><td>手动吊车</td><td>$l_0/500$</td></tr>
<tr><td>电动吊车</td><td>$l_0/600$</td></tr>
<tr><td rowspan="3">屋盖、楼盖及楼梯构件</td><td>当 $l_0<7$m 时</td><td>$l_0/200(l_0/250)$</td></tr>
<tr><td>当 $7\text{m}\leqslant l_0\leqslant 9$m 时</td><td>$l_0/250(l_0/300)$</td></tr>
<tr><td>当 $l_0>9$m 时</td><td>$l_0/300(l_0/400)$</td></tr>
</table>

注：1. 表中 l_0 为构件的计算跨度，当计算悬臂构件的挠度限值时，其计算跨度 l_0 按实际悬臂长度的 2 倍取用；
2. 表中括号中的数值适用于使用上对挠度有较高要求的构件；
3. 如果构件制作时预先起拱，且使用上也允许，则在验算挠度时，可将计算所得的挠度减去起拱值，对预应力混凝土构件，尚可减去预加应力所产生的反拱值；
4. 构件制作时的起拱值和预加力所产生的反拱值，不宜超过构件在相应荷载组合作用下的计算挠度值。

附录九：

结构构件的裂缝控制等级及最大裂缝宽度限值（mm） 附表 9

<table>
<tr><th rowspan="2">环境类别</th><th colspan="2">钢筋混凝土结构</th><th colspan="2">预应力混凝土结构</th></tr>
<tr><th>裂缝控制等级</th><th>$\omega_{\lim}$(mm)</th><th>裂缝控制等级</th><th>$\omega_{\lim}$(mm)</th></tr>
<tr><td>一</td><td rowspan="4">三级</td><td>0.3(0.4)</td><td rowspan="2">三级</td><td>0.20</td></tr>
<tr><td>二 a</td><td rowspan="3">0.20</td><td>0.10</td></tr>
<tr><td>二 b</td><td>二级</td><td>—</td></tr>
<tr><td>三 a、三 b</td><td>一级</td><td>—</td></tr>
</table>

注：1. 对处于年平均相对湿度小于 60%地区一类环境下的受弯构件，其最大裂缝宽度限值可采用括号内的数字；
2. 在一类环境下，对钢筋混凝土屋架、托架及需作疲劳验算的吊车梁，其最大裂缝宽度限值应取为 0. 20mm；对钢筋混凝土屋面梁和托梁，其最大裂缝宽度限值应取为 0.30mm；
3. 在一类环境下，对预应力混凝土屋架、托架及双向板体系，应按二级裂缝控制等级进行验算；对一类环境下的预应力混凝土屋面梁、托梁、单向板，应按表中二 a 类环境的要求进行验算；在一类和二 a 类环境下需作疲劳验算的预应力混凝土吊车梁，应按裂缝控制等级不低于二级的构件进行验算；
4. 表中规定的预应力混凝土构件的裂缝控制等级和最大裂缝宽度限值仅适用于正截面的验算；预应力混凝土构件的斜截面裂缝控制验算应符合相关规范的要求；
5. 对于烟囱、筒仓和处于液体压力下的结构构件，其裂缝控制要求应符合专门标准的有关规定；
6. 对处于四、五类环境下的结构构件，其裂缝控制要求应符合专门标准的有关规定；
7. 表中的最大裂缝宽度限值用于验算荷载作用引起的最大裂缝宽度。

附录十：

纵向受力钢筋的最小配筋百分率 ρ_{min}（%） 附表 10

受力类型			最小配筋百分率
受压构件	全部纵向钢筋	强度等级 500MPa	0.5
		强度等级 400MPa	0.55
		强度等级 300MPa、335MPa	0.60
	一侧纵向钢筋		0.20
受弯构件、偏心受拉、轴心受拉构件一侧的受拉钢筋			0.2 和 $45f_t/f_y$ 中的较大值

注：1. 受压构件全部纵向钢筋最小配筋百分率，当采用 C60 以上强度等级的混凝土时，应按表中规定增大 0.10；
2. 板类受弯构件（不包括悬臂板）的受拉钢筋，当采用强度等级 400MPa、500MPa 的钢筋时，其最小配筋百分率应允许采用 0.15 和 $45f_t/f_y$ 中的较大值；
3. 偏心受拉构件中的受压钢筋，应按受压构件一侧纵向钢筋考虑；
4. 受压构件的全部纵向钢筋和一侧纵向钢筋的配筋率以及轴心受拉构件和小偏心受拉构件一侧受拉钢筋的配筋率均应按构件的全截面面积计算；
5. 受弯构件、大偏心受拉构件一侧受拉钢筋的配筋率应按全截面面积扣除受压翼缘面积 $(b'_f-b)h'_f$ 后的截面面积计算；
6. 当钢筋沿构件截面周边布置时，"一侧纵向钢筋"系指沿受力方向两个对边中一边布置的纵向钢筋。

附录十一：

钢筋混凝土矩形截面受弯构件正截面受弯承载力计算系数表 附表 11

ξ	γ_s	α_s	ξ	γ_s	α_s
0.01	0.995	0.010	0.34	0.830	0.282
0.02	0.990	0.020	0.35	0.825	0.289
0.03	0.985	0.030	0.36	0.820	0.295
0.04	0.980	0.039	0.37	0.815	0.302
0.05	0.975	0.048	0.38	0.810	0.308
0.06	0.970	0.058	0.39	0.805	0.314
0.07	0.965	0.067	0.40	0.800	0.320
0.08	0.960	0.077	0.41	0.795	0.326
0.09	0.955	0.086	0.42	0.790	0.332
0.10	0.950	0.095	0.43	0.785	0.338
0.11	0.945	0.104	0.44	0.780	0.343
0.12	0.940	0.113	0.45	0.775	0.349
0.13	0.935	0.121	0.46	0.770	0.354
0.14	0.930	0.130	0.47	0.765	0.364
0.15	0.925	0.139	0.48	0.760	0.365

续表

ξ	γ_s	α_s	ξ	γ_s	α_s
0.16	0.920	0.147	0.482	0.759	0.366
0.17	0.915	0.156	0.49	0.755	0.370
0.18	0.910	0.164	0.50	0.750	0.375
0.19	0.905	0.172	0.51	0.745	0.380
0.20	0.900	0.180	0.518	0.741	0.384
0.21	0.895	0.183	0.52	0.740	0.385
0.22	0.890	0.196	0.31	0.845	0.262
0.23	0.885	0.204	0.32	0.840	0.269
0.24	0.880	0.211	0.33	0.835	0.276
0.25	0.875	0.219	0.53	0.735	0.390
0.26	0.870	0.226	0.54	0.730	0.394
0.27	0.865	0.234	0.55	0.725	0.400
0.28	0.860	0.241	0.56	0.720	0.403
0.29	0.855	0.248	0.57	0.715	0.408
0.30	0.850	0.255	0.576	0.713	0.410

注：1. 表中$M=\alpha_1\alpha_s bh_0^2 f_c$；$\xi=\frac{x}{h_0}=\frac{A_s f_y}{\alpha_1 bh_0 f_c}$；$A_s=\frac{M}{\gamma_s h_0 f_y}$或$A_s=\alpha_1\xi bh_0\frac{f_c}{f_y}$

2. 表中ξ=0.482以下的数值不适用于HRB500、HRBF500级钢筋；ξ=0.518以下的数值不适用于HRB400、HRBF400、RRB400级钢筋；ξ=0.55以下的数值不适用于HRB335、HRBF335级钢筋。

3. 本表数值适用于混凝土强度等级不超过C50的受弯构件。

附录十二：

钢筋混凝土受弯构件配筋计算用ξ表 附表12

α_s	0	1	2	3	4	5	6	7	8	9
0.000	0.0000	0.0010	0.0020	0.0030	0.0040	0.0050	0.0060	0.0070	0.0080	0.0090
0.010	0.0101	0.0111	0.0121	0.0131	0.0141	0.0151	0.0161	0.0171	0.0182	0.0192
0.020	0.0202	0.0212	0.0222	0.0233	0.0243	0.0253	0.0263	0.0274	0.0284	0.0294
0.030	0.0305	0.0315	0.0325	0.0336	0.0346	0.0356	0.0367	0.0377	0.0388	0.0398
0.040	0.0408	0.0419	0.0429	0.0440	0.0450	0.0461	0.0471	0.0482	0.0492	0.0503
0.050	0.0513	0.0524	0.0534	0.0515	0.0555	0.0566	0.0577	0.0587	0.0598	0.0600
0.060	0.0619	0.0630	0.0641	0.0651	0.0662	0.0673	0.0683	0.0694	0.0705	0.0716
0.070	0.0726	0.0737	0.0748	0.0759	0.0770	0.0780	0.0791	0.0802	0.0813	0.0321
0.080	0.0835	0.0846	0.0857	0.0868	0.0879	0.0890	0.0901	0.0912	0.0923	0.0931
0.090	0.0945	0.0956	0.0967	0.0978	0.0989	0.1000	0.1011	0.1022	0.1033	0.1045
0.100	0.1056	0.1067	0.1078	0.1089	0.1101	0.1112	0.1123	0.1134	0.1146	0.1157
0.110	0.1168	0.1180	0.1191	0.1202	0.1244	0.1225	0.1236	0.1248	0.1259	0.1271
0.120	0.1282	0.1294	0.1305	0.1317	0.1328	0.1340	0.1351	0.1363	0.1374	0.1386
0.130	0.1398	0.1409	0.1421	0.1433	0.1444	0.1456	0.1468	0.1479	0.1491	0.1503
0.140	0.1515	0.1527	0.1538	0.1550	0.1562	0.1571	0.1580	0.1598	0.1610	0.1621
0.150	0.1633	0.1615	0.1657	0.1669	0.1681	0.1693	0.1705	0.1717	0.1730	0.1712
0.160	0.1754	0.1766	0.1778	0.1790	0.1802	0.1815	0.1827	0.1839	0.1851	0.1861
0.170	0.1876	0.1888	0.1901	0.1913	0.1925	0.1938	0.1950	0.1963	0.1975	0.1988
0.180	0.2000	0.2013	0.2025	0.2038	0.2059	0.2063	0.2075	0.2088	0.2101	0.2113
0.190	0.2126	0.2139	0.2151	0.2161	0.2177	0.2190	0.2203	0.2245	0.2223	0.2211
0.200	0.2254	0.2267	0.2280	0.2293	0.2306	0.2319	0.2332	0.2345	0.2358	0.2371
0.210	0.2384	0.2397	0.2411	0.2424	0.2437	0.2450	0.2163	0.2477	0.2400	0.2503

续表

α_s	0	1	2	3	4	5	6	7	8	9
0.220	0.2517	0.2530	0.2543	0.2557	0.2570	0.2584	0.2597	0.2611	0.2624	0.2638
0.230	0.2652	0.2665	0.2679	0.2692	0.2706	0.2720	0.2734	0.2747	0.2761	0.2775
0.240	0.2789	0.2803	0.2817	0.2834	0.2815	0.2859	0.2873	0.2887	0.2901	0.2915
0.250	0.2929	0.2943	0.2957	0.2971	0.2980	0.3000	0.3014	0.3029	0.3043	0.3057
0.260	0.3072	0.3086	0.3101	0.3115	0.3130	0.3144	0.3159	0.3174	0.3188	0.3203
0.270	0.3218	0.3232	0.3247	0.3262	0.3277	0.3292	0.3307	0.3322	0.3337	0.3352
0.280	0.3367	0.3382	0.3397	0.3442	0.3427	0.3443	0.3453	0.3473	0.3488	0.3504
0.290	0.3519	0.3535	0.3550	0.3566	0.3581	0.3597	0.3613	0.3628	0.3644	0.3660
0.300	0.3675	0.3691	0.3707	0.3723	0.3739	0.3755	0.3771	0.3787	0.3803	0.3819
0.310	0.3836	0.3852	0.3868	0.3884	0.3901	0.3917	0.3934	0.3950	0.3967	0.3983
0.320	0.4000	0.4017	0.4033	0.4050	0.4007	0.4084	0.4101	0.4118	0.4135	0.4152
0.330	0.4169	0.4186	0.4203	0.4221	0.4238	0.4255	0.4273	0.4290	0.4308	0.4325
0.340	0.4343	0.4361	0.4379	0.4396	0.4444	0.4432	0.4450	0.4468	0.4486	0.4505
0.350	0.4523	0.4541	0.4559	0.4578	0.4596	0.4615	0.4633	0.4652	0.4671	0.4690
0.360	0.4708	0.4727	0.4746	0.4765	0.4785	0.4804	0.4823	0.4842	0.4862	0.4884
0.370	0.4901	0.4921	0.4940	0.4960	0.4980	0.5000	0.5020	0.5040	0.5060	0.5081
0.380	0.5101	0.5121	0.5142	0.5163	0.5183	0.5204	0.5225	0.5246	0.5267	0.5288
0.390	0.5310	0.5331	0.5352	0.5374	0.5396	0.5417	0.5439	0.5461	0.5411	0.5506
0.400	0.5528	0.5550	0.5573	0.5595	0.5618	0.5641	0.5664	0.5687	0.5710	0.5734
0.410	0.5757	0.5781	0.5805	0.5829	0.5853	0.5877	0.5901	0.5926	0.5950	0.5975
0.420	0.6000	0.6025	0.6050	0.6076	0.6101	0.6127	0.6153			

注：$\alpha_s=\frac{M}{\alpha_1 bh_0^2 f_c}$；$A_s=\alpha_1\xi bh_0\frac{f_c}{f_y}$。

附录十三：

钢筋混凝土受弯构件配筋计算用 γ_s 表 **附表 13**

α_s	0	1	2	3	4	5	6	7	8	9
0.000	1.0000	0.9995	0.9990	0.9985	0.9980	0.9975	0.9970	0.9965	0.9960	0.9955
0.010	0.9950	0.9945	0.9940	0.9935	0.9930	0.9924	0.9919	0.9914	0.9909	0.9904
0.020	0.9899	0.9894	0.9889	0.9884	0.9879	0.9873	0.9868	0.9863	0.9858	0.9853
0.030	0.9848	0.9843	0.9837	0.9832	0.9827	0.9822	0.9817	0.9811	0.9806	0.9801
0.040	0.9796	0.9791	0.9785	0.9780	0.9775	0.9770	0.9764	0.9759	0.9754	0.9749
0.050	0.9743	0.9738	0.9733	0.9728	0.9722	0.9717	0.9712	0.9706	0.9701	0.9696
0.060	0.9690	0.9685	0.9680	0.9674	0.9669	0.9664	0.9658	0.9653	0.9648	0.9642
0.070	0.9637	0.9631	0.9626	0.9621	0.9615	0.9610	0.9604	0.9599	0.9593	0.9588
0.080	0.9583	0.9577	0.9572	0.9566	0.9561	0.9555	0.9550	0.9544	0.9539	0.9533
0.090	0.9528	0.9522	0.9517	0.9511	0.9506	0.9500	0.9494	0.9489	0.9483	0.9478
0.100	0.9472	0.9467	0.9461	0.9455	0.9450	0.9444	0.9438	0.9433	0.9427	0.9422
0.110	0.9416	0.9410	0.9405	0.9399	0.9393	0.9387	0.9382	0.9376	0.9370	0.9365
0.120	0.9359	0.9353	0.9347	0.9342	0.9336	0.9330	0.9324	0.9319	0.9313	0.9307
0.130	0.9301	0.9295	0.9290	0.9284	0.9278	0.9272	0.9266	0.9260	0.9254	0.9249

续表

α_s	0	1	2	3	4	5	6	7	8	9
0.140	0.9243	0.9237	0.9231	0.9225	0.9219	0.9213	0.9207	0.9201	0.9195	0.9189
0.150	0.9183	0.9177	0.9171	0.9165	0.9159	0.9153	0.9147	0.9141	0.9135	0.9129
0.160	0.9123	0.9117	0.9111	0.9105	0.9099	0.9093	0.9087	0.9080	0.9074	0.9068
0.170	0.9062	0.9056	0.9050	0.9044	0.9037	0.9031	0.9025	0.9019	0.9012	0.9006
0.180	0.9000	0.8994	0.8987	0.8981	0.8975	0.8969	0.8962	0.8956	0.8950	0.8943
0.190	0.8937	0.8931	0.8924	0.8918	0.8912	0.8905	0.8899	0.8892	0.8886	0.8879
0.200	0.8873	0.8867	0.8860	0.8854	0.8847	0.8841	0.8834	0.8828	0.8821	0.8814
0.210	0.8808	0.8801	0.8795	0.8788	0.8782	0.8775	0.8768	0.8762	0.8755	0.8748
0.220	0.8742	0.8735	0.8728	0.8722	0.8715	0.8708	0.8701	0.8695	0.8688	0.8681
0.230	0.8674	0.8667	0.8661	0.8654	0.8647	0.8640	0.8633	0.8626	0.8619	0.8612
0.240	0.8606	0.8599	0.8592	0.8585	0.8578	0.8571	0.8564	0.8557	0.8550	0.8543
0.250	0.8536	0.8528	0.8521	0.8514	0.8507	0.8500	0.8493	0.8486	0.8479	0.8471
0.260	0.8464	0.8457	0.8450	0.8442	0.8435	0.8428	0.8421	0.8412	0.8406	0.8399
0.270	0.8391	0.8384	0.8376	0.8369	0.8362	0.8354	0.8347	0.8339	0.8332	0.8324
0.280	0.8317	0.8309	0.8302	0.8294	0.8286	0.8279	0.8271	0.8263	0.8256	0.8248
0.290	0.8240	0.8233	0.8225	0.8217	0.8209	0.8202	0.8194	0.8186	0.8178	0.8170
0.300	0.8162	0.8154	0.8146	0.8138	0.8130	0.8122	0.8114	0.8106	0.8098	0.8090
0.310	0.8082	0.8074	0.8066	0.8058	0.8050	0.8041	0.8033	0.8025	0.8017	0.8008
0.320	0.8000	0.7992	0.7983	0.7975	0.7966	0.7958	0.7950	0.7941	0.7933	0.7924
0.330	0.7915	0.7907	0.7898	0.7890	0.7881	0.7872	0.7864	0.7855	0.7846	0.7837
0.340	0.7828	0.7820	0.7811	0.7802	0.7793	0.7784	0.7775	0.7766	0.7757	0.7748
0.350	0.7739	0.7729	0.7720	0.7711	0.7702	0.7693	0.7683	0.7674	0.7665	0.7655
0.360	0.7646	0.7636	0.7627	0.7617	0.7608	0.7598	0.7588	0.7579	0.7569	0.7559
0.370	0.7550	0.7540	0.7530	0.7520	0.7510	0.7500	0.7490	0.7480	0.7470	0.7460
0.380	0.7449	0.7439	0.7429	0.7419	0.7408	0.7398	0.7387	0.7377	0.7366	0.7356
0.390	0.7345	0.7335	0.7324	0.7313	0.7302	0.7291	0.7280	0.7269	0.7258	0.7247
0.400	0.7236	0.7225	0.7214	0.7202	0.7191	0.7179	0.7168	0.7156	0.7145	0.7133
0.410	0.7121	0.7110	0.7098	0.7086	0.7074	0.7062	0.7049	0.7037	0.7025	0.7012
0.420	0.7000	0.6987	0.6975	0.6962	0.6949	0.6936	0.6924			

注：$\alpha_s=\frac{M}{\alpha_1 b h_0^2 f_c}$；$A_s=\frac{M}{f_y \gamma_s h_0}$。

附录十四：

钢筋的计算截面面积及公称质量 **附表 14**

直径 d (mm)	不同根数钢筋的计算截面面积(mm^2)									单根钢筋公称质量 kg/m
	1	2	3	4	5	6	7	8	9	
3	7.1	14.1	21.2	28.3	35.3	42.4	49.5	56.5	63.6	0.055
4	12.6	25.1	37.7	50.2	62.8	75.4	87.9	100.5	113	0.099

续表

直径 d (mm)	不同根数钢筋的计算截面面积(mm^2)									单根钢筋公称质量 kg/m
	1	2	3	4	5	6	7	8	9	
5	19.6	39	59	79	98	118	138	157	177	0.154
6	28.3	57	85	113	142	170	198	226	255	0.222
6.5	33.2	66	100	133	166	199	232	265	299	0.260
7	38.5	77	115	154	192	231	269	308	346	0.302
8	50.3	101	151	201	252	302	352	402	453	0.395
8.2	52.8	106	158	211	264	317	370	423	475	0.432
9	63.6	127	191	254	318	382	445	509	572	0.499
10	78.5	157	236	314	393	471	550	628	707	0.617
12	113.1	226	339	452	565	678	791	904	1017	0.888
14	153.9	308	461	615	769	923	1077	1230	1387	1.21
16	201.1	402	603	804	1005	1206	1407	1608	1809	1.58
18	254.5	509	763	1017	1272	1526	1780	2036	2290	2.00
20	314.2	628	942	1256	1570	1884	2200	2513	2827	2.47
22	380.1	760	1140	1520	1900	2281	2661	3041	3421	2.98
25	490.9	982	1473	1964	2454	2945	3436	3927	4418	3.85
28	615.3	1232	1847	2463	3079	3695	4310	4926	5542	4.83
32	804.3	1609	2418	3217	4021	4826	5630	6434	7238	6.31
36	1017.9	2036	3054	4072	5089	6017	7125	8143	9161	7.99
40	1256.1	2513	3770	5027	6283	7540	8796	10053	11310	9.87

注：表中直径 $d=8.2mm$ 的计算截面面积及公称质量仅适用于有纵肋的热处理钢筋。

附录十五：

每米板宽内的钢筋截面面积 附表 15

钢筋间距 (mm)	当钢筋直径(mm)为下列数值时的钢筋截面面积(mm^2)													
	3	4	5	6	6/8	8	8/10	10	10/12	12	12/14	14	14/16	16
70	101	179	281	404	561	719	920	1121	1369	1616	1908	2199	2536	2872
75	94.3	167	262	377	524	671	859	1047	1277	1508	1780	2053	2367	2681
80	88.4	157	245	354	491	629	805	981	1198	1414	1669	1924	2218	2513
85	83.2	148	231	333	462	592	758	924	1127	1331	1571	1811	2088	2365
90	78.5	140	218	314	437	559	716	872	1064	1257	1484	1710	1972	2234

续表

钢筋间距（mm）	当钢筋直径（mm）为下列数值时的钢筋截面面积（mm^2）													
	3	4	5	6	6/8	8	8/10	10	10/12	12	12/14	14	14/16	16
95	74.5	132	207	298	414	529	678	826	1008	1190	1405	1620	1868	2116
100	70.6	126	196	283	393	503	644	785	958	1131	1335	1539	1775	2011
110	64.2	114	178	257	357	457	585	714	871	1028	1214	1399	1614	1828
120	58.9	105	163	236	327	419	537	654	798	942	1112	1283	1480	1676
125	56.5	100	157	226	314	402	515	628	766	905	1068	1232	1420	1608
130	54.4	96.6	151	218	302	387	495	604	737	870	1027	1184	1366	1547
140	50.5	89.7	140	202	281	359	460	561	684	808	954	1100	1268	1436
150	47.1	83.8	131	189	262	335	429	523	639	754	890	1026	1183	1340
160	44.1	78.5	123	177	246	314	403	491	599	707	834	962	1110	1257
170	41.5	73.9	115	166	231	296	379	462	564	665	786	906	1044	1183
180	39.2	69.8	109	157	218	279	358	436	532	628	742	855	985	1117
190	37.2	66.1	103	149	207	265	339	413	504	595	702	810	934	1058
200	35.3	62.8	98.2	141	196	251	322	393	479	565	607	770	888	1005
220	32.1	57.1	89.3	129	178	228	392	357	436	514	607	700	807	914
240	29.4	52.4	81.9	118	164	209	268	327	399	471	556	641	740	838
250	28.3	50.2	78.5	113	157	201	258	314	383	452	534	616	710	804
260	27.2	48.3	75.5	109	151	193	248	302	368	435	514	592	682	773
280	25.2	44.9	70.1	101	140	180	230	281	342	404	477	550	634	718
300	23.6	41.9	66.5	94	131	168	215	262	320	377	445	513	592	670
320	22.1	39.2	61.4	88	123	157	201	245	299	353	417	481	554	628

注：表中钢筋直径中的6/8、8/10…等系指两种直径的钢筋间隔放置。

附录十六：等截面等跨连续梁在常用荷载作用下的内力系数

1. 在均布及三角形荷载作用下：

$$M = 表中系数 \times ql^2$$

$$V = 表中系数 \times ql$$

2. 在集中荷载作用下：

$$M = 表中系数 \times Pl$$

$$V = 表中系数 \times P$$

3. 内力正负号规定：

M——使截面上部受压、下部受拉为正

V——对邻近截面所产生的力矩沿顺时针方向者为正

两　跨　梁　　　　附表 16-1

荷　载　图	跨内最大弯矩		支座弯矩	剪　　力		
	M_1	M_2	M_B	V_A	V_{Bl} V_{Br}	V_C
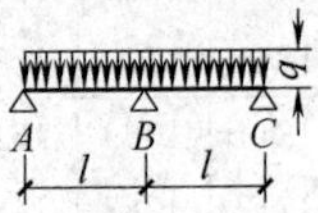	0.070	0.070	−0.125	0.375	−0.625 0.625	−0.375
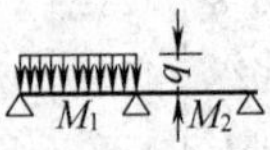	0.096	−0.025	−0.063	0.437	−0.563 0.063	0.063
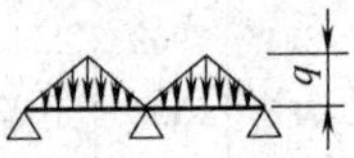	0.048	0.048	−0.078	0.172	−0.328 0.328	−0.172
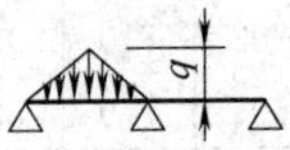	0.064	—	−0.039	0.211	−0.289 0.039	0.039
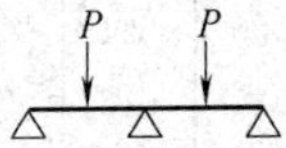	0.156	0.156	−0.188	0.312	−0.688 0.688	−0.312
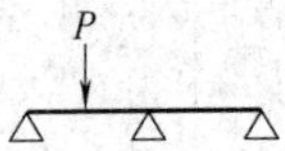	0.203	−0.047	−0.094	0.406	−0.594 0.094	0.094
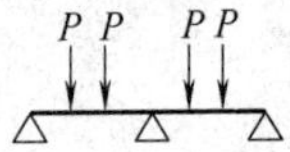	0.222	0.222	−0.333	0.667	−1.333 1.333	−0.667
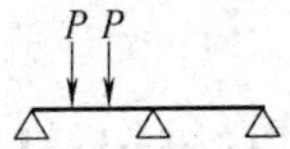	0.278	−0.056	−0.167	0.833	−1.167 0.167	0.167

三　跨　梁　　　　附表 16-2

荷　载　图	跨内最大弯矩		支座弯矩		剪　　力			
	M_1	M_2	M_B	M_C	V_A	V_{Bl} V_{Br}	V_{Cl} V_{Cr}	V_D
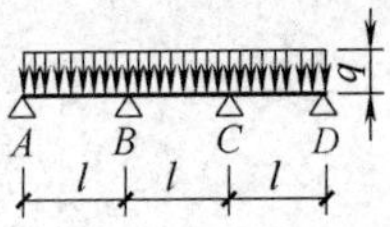	0.080	0.025	−0.100	−0.100	0.400	−0.600 0.500	−0.500 0.600	−0.400
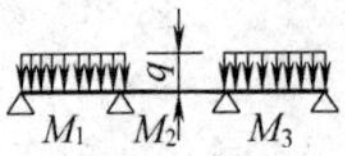	0.101	−0.050	−0.050	−0.050	−0.450	−0.550 0	0 0.550	−0.450

续表

荷载图	跨内最大弯矩		支座弯矩		剪力			
	M_1	M_2	M_B	M_C	V_A	V_{Bl} V_{Br}	V_{Cl} V_{Cr}	V_D
	−0.025	0.075	−0.050	−0.050	−0.050	−0.050 0.500	−0.500 0.050	0.050
	0.073	0.054	−0.117	−0.033	0.383	−0.617 0.583	−0.417 0.033	0.033
	0.094	—	−0.067	0.017	0.433	−0.567 0.083	0.083 −0.017	−0.017
	0.054	0.021	−0.063	−0.063	0.188	−0.313 0.250	−0.250 0.313	−0.188
	0.068	—	−0.031	−0.031	0.219	−0.281 0	0 0.281	−0.219
	—	0.052	−0.031	−0.031	−0.031	−0.031 0.250	−0.250 0.031	0.031
	0.050	0.038	−0.073	−0.021	0.177	−0.323 0.302	−0.198 0.021	0.021
	0.063	—	−0.042	0.010	0.208	−0.292 0.052	0.052 −0.010	−0.010
	0.175	0.100	−0.150	−0.150	0.350	−0.650 0.500	−0.500 0.650	−0.350

续表

荷载图	跨内最大弯矩		支座弯矩		剪力			
	M_1	M_2	M_B	M_C	V_A	V_{Bl} V_{Br}	V_{Cl} V_{Cr}	V_D
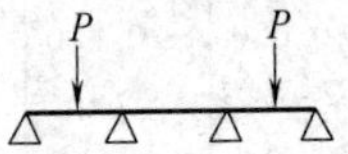 P P	0.213	−0.075	−0.075	−0.075	0.425	−0.575 0	0 0.575	−0.425
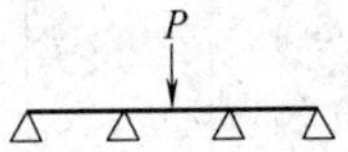 P	−0.038	0.175	−0.075	−0.075	−0.075	−0.075 0.500	−0.500 0.075	0.075
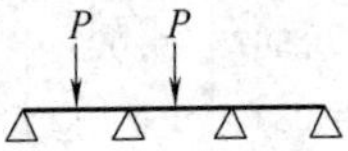 P P	0.162	0.137	−0.175	−0.050	0.325	−0.675 0.625	−0.375 0.050	0.050
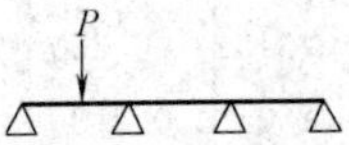 P	0.200	—	−0.100	0.025	0.400	−0.600 0.125	0.125 −0.025	−0.025
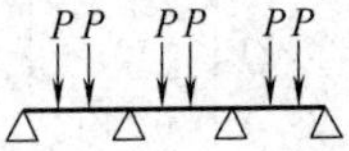 PP PP PP	0.244	0.067	−0.267	−0.267	0.733	−1.267 1.000	−1.000 1.267	−0.733
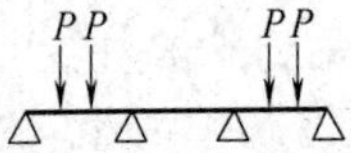 PP PP	0.289	−0.133	−0.133	−0.133	0.866	−1.134 0	0 1.134	−0.866
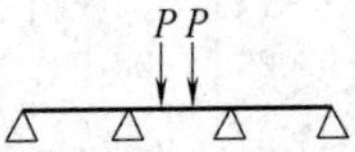 PP	−0.044	0.200	−0.133	−0.133	−0.133	−0.133 1.000	−1.000 0.133	0.133
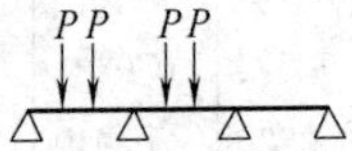 PP PP	0.229	0.170	−0.311	−0.089	0.689	−1.311 1.222	−0.778 0.089	0.089
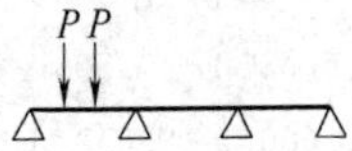 PP	0.274	—	−0.178	0.044	0.822	−1.178 0.222	0.222 −0.044	−0.044

四　跨　梁

附表 16-3

荷载图	跨内最大弯矩				支座弯矩			剪力				
	M_1	M_2	M_3	M_4	M_B	M_C	M_D	V_A	V_{Bl} V_{Br}	V_{Cl} V_{Cr}	V_{Dl} V_{Dr}	V_E
q; A B C D E; l l l l	0.077	0.036	0.036	0.077	−0.107	−0.071	−0.107	0.393	−0.607 0.536	−0.464 0.464	−0.536 0.607	−0.393
q; M_1 M_2 M_3 M_4	0.100	−0.045	0.081	−0.023	−0.054	−0.036	−0.054	0.446	−0.554 0.018	0.018 0.482	−0.518 0.054	0.054
q	0.072	0.061	—	0.098	−0.121	−0.018	−0.058	0.380	−0.620 0.603	−0.397 −0.040	−0.040 0.558	−0.442
q	—	0.056	0.056	—	−0.036	−0.107	−0.036	−0.036	−0.036 0.429	−0.571 0.571	−0.429 0.036	0.036
q	0.094	—	—	—	−0.067	0.018	−0.004	0.433	−0.567 0.085	0.085 −0.022	−0.022 0.004	0.004
q	—	0.071	—	—	−0.049	−0.054	0.013	−0.049	−0.049 0.496	−0.504 0.067	0.067 −0.013	−0.013
q	0.052	0.028	0.028	0.052	−0.067	−0.045	−0.067	0.183	−0.317 0.272	−0.228 0.228	−0.272 0.317	−0.183

续表

荷载图	跨内最大弯矩				支座弯矩			剪力				
	M_1	M_2	M_3	M_4	M_B	M_C	M_D	V_A	V_{Bl} V_{Br}	V_{Cl} V_{Cr}	V_{Dl} V_{Dr}	V_E
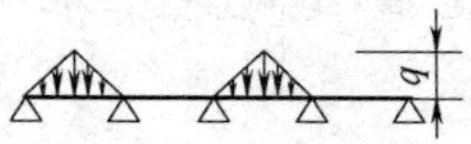	0.067	—	0.055	—	−0.034	−0.022	−0.034	0.217	−0.284 0.011	0.011 0.239	−0.261 0.034	0.034
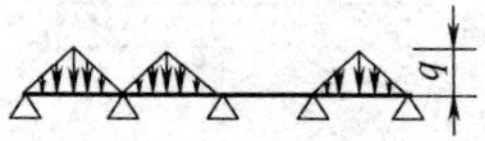	0.049	0.042	—	0.066	−0.075	−0.011	−0.036	0.175	−0.325 0.314	−0.186 0.025	−0.025 0.286	−0.214
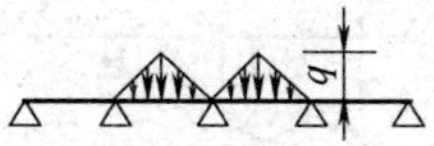	—	0.040	0.040	—	−0.022	−0.067	−0.022	−0.022	−0.022 0.205	−0.295 0.295	−0.205 0.022	0.022
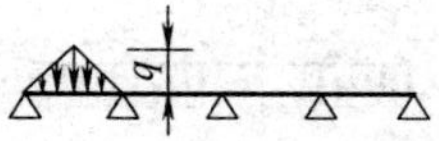	0.063	—	—	—	−0.042	0.011	−0.003	0.208	−0.292 0.053	0.053 −0.014	−0.014 0.003	0.003
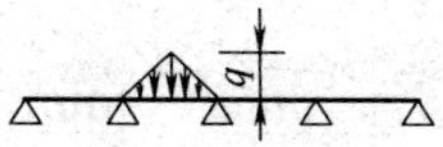	—	0.051	—	—	−0.031	−0.034	0.008	−0.031	−0.031 0.247	−0.253 0.042	0.042 −0.008	−0.008
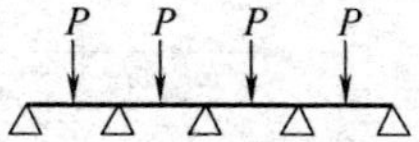	0.169	0.116	0.116	0.169	−0.161	−0.107	−0.161	0.339	−0.661 0.554	−0.446 0.446	−0.554 0.661	−0.339
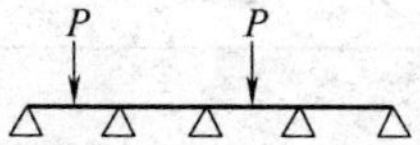	0.210	−0.067	0.183	−0.040	−0.080	−0.054	−0.080	0.420	−0.580 0.027	0.027 0.473	−0.527 0.080	0.080
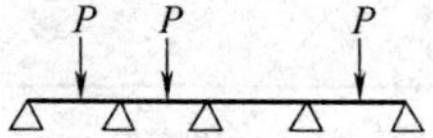	0.159	0.146	—	0.206	−0.181	−0.027	−0.087	0.319	−0.681 0.654	−0.346 0.060	−0.060 0.587	−0.413

续表

荷载图	跨内最大弯矩				支座弯矩			剪力				
	M_1	M_2	M_3	M_4	M_B	M_C	M_D	V_A	V_{Bl} V_{Br}	V_{Cl} V_{Cr}	V_{Dl} V_{Dr}	V_E
P P	—	0.142	0.142	—	−0.054	−0.161	−0.054	0.054	−0.054 0.393	−0.607 0.607	−0.393 0.054	0.054
P	0.200	—	—	—	−0.100	0.027	−0.007	0.400	−0.600 0.127	0.127 −0.033	−0.033 0.007	0.007
P	—	0.173	—	—	−0.074	−0.080	0.020	−0.074	−0.074 0.493	−0.507 0.100	0.100 −0.020	−0.020
PP PP PP PP	0.238	0.111	0.111	0.238	−0.286	−0.191	−0.286	0.714	−1.286 1.095	−0.905 0.905	−1.095 1.286	−0.714
PP PP	0.286	−0.111	0.222	−0.048	−0.143	−0.095	−0.143	0.857	−1.143 0.048	0.048 0.952	−1.048 0.143	0.143
PP PP PP	0.226	0.194	—	0.282	−0.321	−0.048	−0.155	0.679	−1.321 1.274	−0.726 −0.107	−0.107 1.155	−0.845
PP PP	—	0.175	0.175	—	−0.095	−0.286	−0.095	−0.095	−0.095 0.810	−1.190 1.190	−0.810 0.095	0.095
PP	0.274	—	—	—	−0.178	0.048	−0.012	0.822	−1.178 0.226	0.226 −0.060	−0.060 0.012	0.012
PP	—	0.198	—	—	−0.131	−0.143	0.036	−0.131	−0.131 0.988	−1.012 0.178	0.178 −0.036	−0.036

五跨梁 附表 16-4

荷载图	跨内最大弯矩			支座弯矩				剪力					
	M_1	M_2	M_3	M_B	M_C	M_D	M_E	V_A	V_{Bl} V_{Br}	V_{Cl} V_{Cr}	V_{Dl} V_{Dr}	V_{El} V_{Er}	V_F
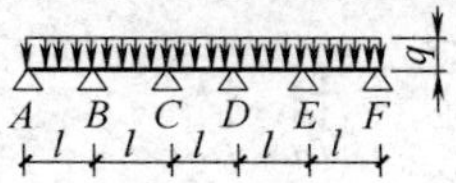 q; A B C D E F; l l l l l	0.078	0.033	0.046	−0.105	−0.079	−0.079	−0.105	0.394	−0.606 0.526	−0.474 0.500	−0.500 0.474	−0.526 0.606	−0.394
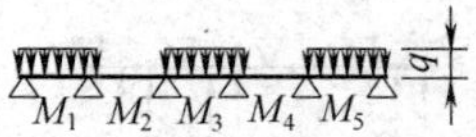 q; M_1 M_2 M_3 M_4 M_5	0.100	−0.0461	0.085	−0.053	−0.040	−0.040	−0.053	0.447	−0.553 0.013	0.013 0.500	−0.500 −0.013	−0.013 0.553	−0.447
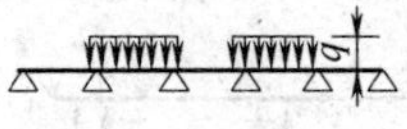 q	−0.0263	0.079	−0.0395	−0.053	−0.040	−0.040	−0.053	−0.053	−0.053 0.513	−0.487 0	0 0.487	−0.513 0.053	0.053
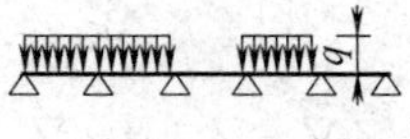 q	0.073	②0.059 0.078	—	−0.119	−0.022	−0.044	−0.051	0.380	−0.620 0.598	−0.402 −0.023	−0.023 0.493	−0.507 0.052	0.052
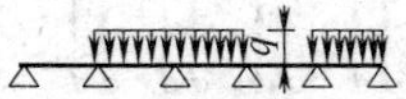 q	①— 0.098	0.055	0.064	−0.035	−0.111	−0.020	−0.057	−0.035	−0.035 0.424	−0.576 0.591	−0.409 −0.037	−0.037 0.557	−0.443
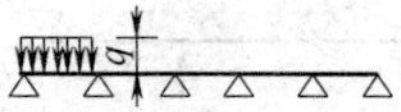 q	0.094	—	—	−0.067	0.018	−0.005	0.001	0.433	−0.567 0.085	0.085 −0.023	−0.023 0.006	0.006 −0.001	−0.001
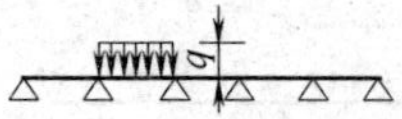 q	—	0.074	—	−0.049	−0.054	0.014	−0.004	0.019	−0.049 0.495	−0.505 0.068	0.068 −0.018	−0.018 0.004	0.004
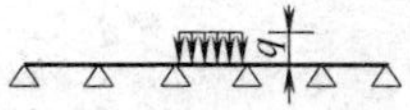 q	—	—	0.072	0.013	−0.053	−0.053	0.013	0.013	0.013 −0.066	−0.066 0.500	−0.500 0.066	0.066 −0.013	−0.013
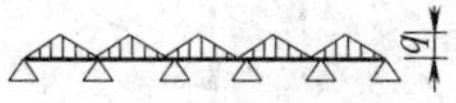 q	0.053	0.026	0.034	−0.066	−0.049	−0.049	−0.066	0.184	−0.316 0.266	−0.234 0.250	−0.250 0.234	−0.266 0.316	−0.184
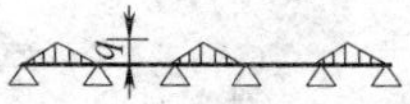 q	0.067	—	0.059	−0.033	−0.025	−0.025	−0.033	0.217	−0.283 0.008	0.008 0.250	−0.250 −0.008	−0.008 0.283	−0.217
 q	—	0.055	—	−0.033	−0.025	−0.025	−0.033	0.033	−0.033 0.258	−0.242 0	0 0.242	−0.258 0.033	0.033

荷载图	跨内最大弯矩			支座弯矩				剪力					
	M_1	M_2	M_3	M_B	M_C	M_D	M_E	V_A	V_{Bl} V_{Br}	V_{Cl} V_{Cr}	V_{Dl} V_{Dr}	V_{El} V_{Er}	V_F
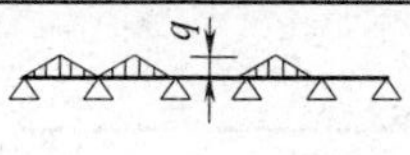	0.049	②0.041 0.053	—	−0.075	−0.014	−0.028	−0.032	0.175	0.325 0.311	−0.189 −0.014	−0.014 0.246	−0.255 0.032	0.032
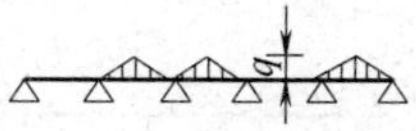	①— 0.066	0.039	0.044	−0.022	−0.070	−0.013	−0.036	−0.022	−0.022 0.202	−0.298 0.307	−0.193 −0.023	−0.023 0.286	0.214
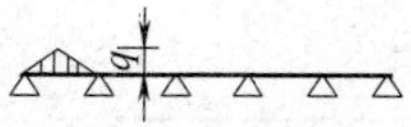	0.063	—	—	−0.042	0.011	−0.003	0.001	0.208	−0.292 0.053	0.053 −0.014	−0.014 0.004	0.004 −0.001	−0.001
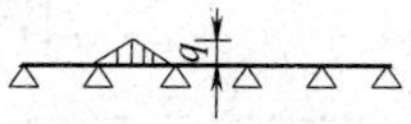	—	0.051	—	−0.031	−0.034	0.009	−0.002	−0.031	−0.031 0.247	−0.253 0.043	0.043 −0.011	−0.011 0.002	0.002
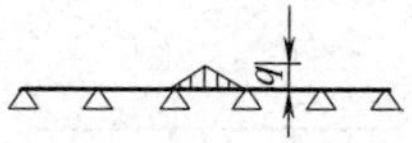	—	—	0.050	0.008	−0.033	−0.033	0.008	0.008	0.008 −0.041	−0.041 0.250	−0.250 0.041	0.041 −0.008	−0.008
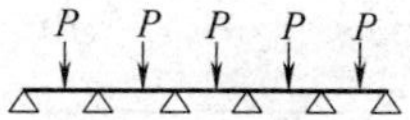	0.171	0.112	0.132	−0.158	−0.118	−0.118	−0.158	0.342	−0.658 0.540	−0.460 0.500	−0.500 0.460	−0.540 0.658	−0.342
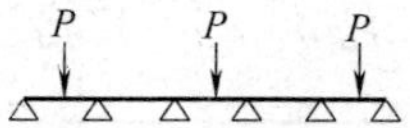	0.211	−0.069	0.191	−0.079	−0.059	−0.059	−0.079	0.421	−0.579 0.020	0.020 0.500	−0.500 −0.020	−0.020 0.579	−0.421
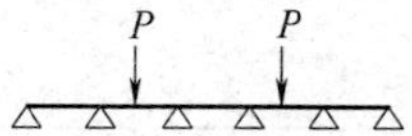	−0.039	0.181	−0.059	−0.079	−0.059	−0.059	−0.079	−0.079	−0.079 0.520	−0.480 0	0 0.480	−0.520 0.079	0.079
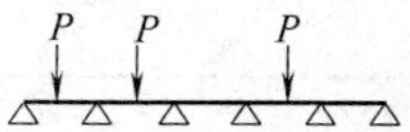	0.160	②0.144 0.178	—	−0.179	−0.032	−0.066	−0.077	0.321	−0.679 0.647	−0.353 −0.034	−0.034 0.489	−0.511 0.077	0.077
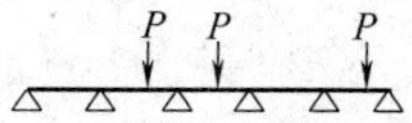	①— 0.207	0.140	0.151	−0.052	−0.167	−0.031	−0.086	−0.052	−0.052 0.385	−0.615 0.637	−0.363 −0.056	−0.056 0.586	−0.414
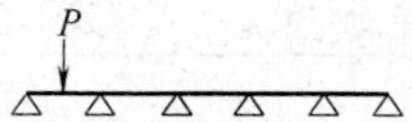	0.200	—	—	−0.100	0.027	−0.007	0.002	0.400	−0.600 0.127	0.127 −0.031	−0.034 0.009	0.009 −0.002	−0.002

续表

荷载图	跨内最大弯矩			支座弯矩				剪力					
	M_1	M_2	M_3	M_B	M_C	M_D	M_E	V_A	V_{Bl} V_{Br}	V_{Cl} V_{Cr}	V_{Dl} V_{Dr}	V_{El} V_{Er}	V_F
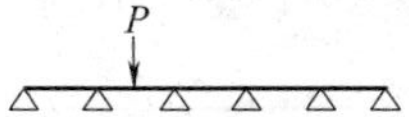	—	0.173	—	−0.073	−0.081	0.022	−0.005	−0.073	−0.073 0.493	−0.507 0.102	0.102 −0.027	−0.027 0.005	0.005
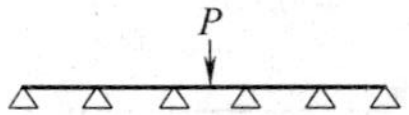	—	—	0.171	0.020	−0.079	−0.079	−0.020	0.020	0.020 −0.099	−0.099 0.500	−0.500 0.099	0.099 −0.020	−0.020
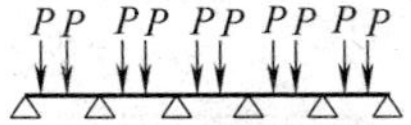	0.240	0.100	0.122	−0.281	−0.211	−0.211	−0.281	0.719	−1.281 1.070	−0.930 1.000	−1.000 0.930	−1.070 1.281	−0.719
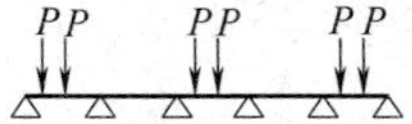	0.287	−0.117	0.228	−0.140	−0.105	−0.105	−0.140	0.860	−1.140 0.035	0.035 1.000	−1.000 −0.035	−0.035 1.140	−0.860
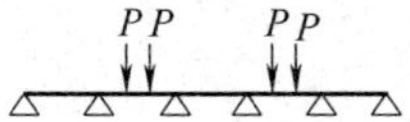	−0.047	0.216	−0.105	−0.140	−0.105	−0.105	−0.140	−0.140	−0.140 1.035	−0.965 0	0.000 0.965	−1.035 0.140	0.140
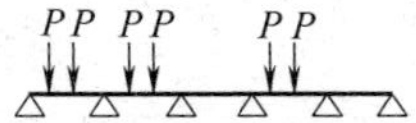	0.227	②0.189/0.209	—	−0.319	−0.057	−0.118	−0.137	0.681	−1.319 1.262	−0.738 −0.061	−0.061 0.981	−1.019 0.137	0.137
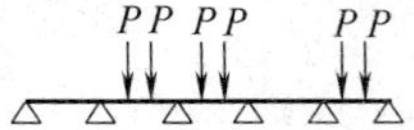	①—/0.282	0.172	0.198	−0.093	−0.297	−0.054	−0.153	−0.093	−0.093 0.796	−1.204 1.243	−0.757 −0.099	−0.099 1.153	−0.847
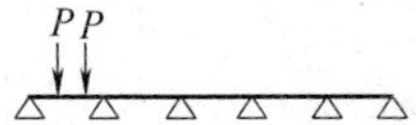	0.274	—	—	−0.179	0.048	−0.013	0.003	0.821	−1.179 0.227	0.227 −0.061	−0.061 0.016	0.016 −0.003	−0.003
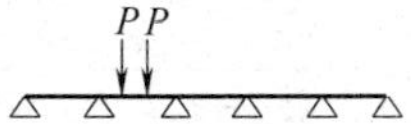	—	0.198	—	−0.131	−0.144	0.038	−0.010	−0.131	−0.131 0.987	−1.013 0.182	0.182 −0.048	−0.048 0.010	0.010
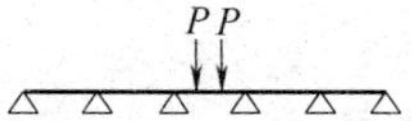	—	—	0.193	0.035	−0.140	−0.140	0.035	0.035	0.035 −0.175	−0.175 1.000	−1.000 0.175	0.175 −0.035	−0.035

注：① 分子及分母分别为 M_1 及 M_5 的弯矩系数；

② 分子及分母分别为 M_2 及 M_4 的弯矩系数。

附录十七：承受均布荷载的双向板计算系数

符 号 说 明

B_l——刚度，$B_l=\frac{Eh^3}{12(1-\nu)}$；

E——弹性模量；

h——板厚；

ν——泊桑比；

f，f_{max}——分别为板中心点的挠度和最大挠度；

m_x，$m_{x,max}$——分别为平行于 l_x 方向板中心点单位板宽内的弯矩和板跨内最大弯矩；

m_y，$m_{y,max}$——分别为平行于 l_y 方向板中心点单位板宽内的弯矩和板跨内最大弯矩；

m_{0x}，m_{0y}——分别为平行于 l_x 和 l_y 方向自由边的中点单位板宽内的弯矩；

m'_x——固定边中点沿 l_x 方向单位板宽内的弯矩；

m'_y——固定边中点沿 l_y 方向单位板宽内的弯矩；

m'_{xz}——平行于 l_x 方向自由边上固定端单位板宽内的支座弯矩。

代表固定边；代表简支边。

正负号的规定：

弯矩——使板的受荷面受压者为正；

挠度——变位方向与荷载方向相同者为正。

第一种边界条件 附表 17-1

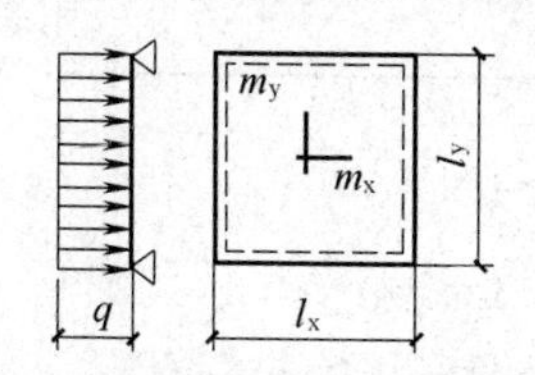

挠度＝表中系数×$\frac{ql^4}{B_l}$

$\nu=0$，弯矩＝表中系数×ql^2

式中 l 取用 l_x 和 l_y 中之较小者

l_x/l_y	f	m_x	m_y	l_x/l_y	f	m_x	m_y
0.50	0.01013	0.0965	0.0174	0.80	0.00603	0.0561	0.0334
0.55	0.00940	0.0892	0.0210	0.85	0.00547	0.0506	0.0348
0.60	0.00867	0.0820	0.0242	0.90	0.00496	0.0456	0.0358
0.65	0.00796	0.0750	0.0271	0.95	0.00449	0.0410	0.0364
0.70	0.00727	0.0683	0.0296	1.00	0.00406	0.0368	0.0368
0.75	0.00663	0.0620	0.0317				

第二种边界条件

附表 17-2

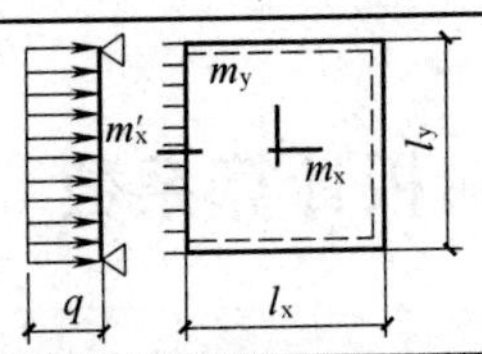

挠度=表中系数×$\frac{ql^4}{B_l}$

ν=0，弯矩=表中系数×ql^2

式中 l 取用 l_x 和 l_y 中之较小者

l_x/l_y	l_y/l_x	f	f_{max}	m_x	$m_{x,max}$	m_y	$m_{y,max}$	m'_x
0.50		0.00488	0.00504	0.0583	0.0646	0.0060	0.0063	−0.1212
0.55		0.00471	0.00492	0.0563	0.0618	0.0081	0.0087	−0.1187
0.60		0.00453	0.00472	0.0539	0.0589	0.0104	0.0111	−0.1158
0.65		0.00432	0.00448	0.0513	0.0559	0.0126	0.0133	−0.1124
0.70		0.00410	0.00422	0.0485	0.0529	0.0148	0.0154	−0.1087
0.75		0.00388	0.00399	0.0457	0.0496	0.0168	0.0174	−0.1048
0.80		0.00365	0.00376	0.0428	0.0463	0.0187	0.0193	−0.1007
0.85		0.00343	0.00352	0.0400	0.0431	0.0204	0.0211	−0.0965
0.90		0.00321	0.00329	0.0372	0.0400	0.0219	0.0226	−0.0922
0.95		0.00299	0.00306	0.0345	0.0369	0.0232	0.0239	−0.0880
1.00	1.00	0.00279	0.00285	0.0319	0.0340	0.0243	0.0249	−0.0839
	0.95	0.00316	0.00324	0.0324	0.0345	0.0280	0.0287	−0.0882
	0.90	0.00360	0.00368	0.0328	0.0347	0.0322	0.0330	−0.0926
	0.85	0.00409	0.00417	0.0329	0.0347	0.0370	0.0378	−0.0970
	0.80	0.00464	0.00473	0.0326	0.0343	0.0424	0.0433	−0.1014
	0.75	0.00526	0.00536	0.0319	0.0335	0.0485	0.0494	−0.1056
	0.70	0.00595	0.00605	0.0308	0.0323	0.0553	0.0562	−0.1096
	0.65	0.00670	0.00680	0.0291	0.0306	0.0627	0.0637	−0.1133
	0.60	0.00752	0.00762	0.0268	0.0289	0.0707	0.0717	−0.1166
	0.55	0.00838	0.00848	0.0239	0.0271	0.0792	0.0801	−0.1193
	0.50	0.00927	0.00935	0.0205	0.0249	0.0880	0.0888	−0.1215

第三种边界条件

附表 17-3

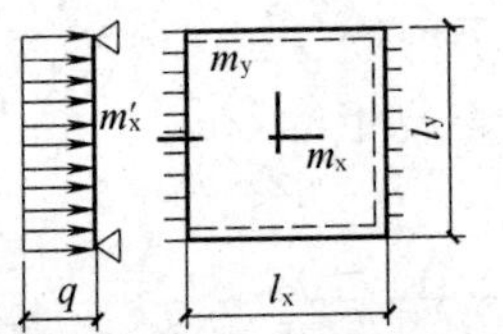

挠度=表中系数×$\frac{ql^4}{B_l}$

ν=0，弯矩=表中系数×ql^2

式中 l 取用 l_x 和 l_y 中之较小者

l_x/l_y	l_y/l_x	f	m_x	m_y	m'_x
0.50		0.00261	0.0416	0.0017	−0.0843
0.55		0.00259	0.0410	0.0028	−0.0840
0.60		0.00255	0.0402	0.0042	−0.0834
0.65		0.00250	0.0392	0.0057	−0.0826

续表

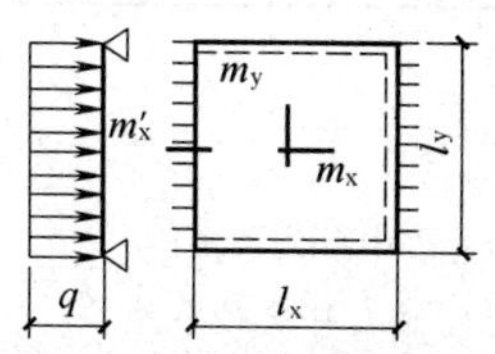

挠度＝表中系数$\times\frac{ql^4}{B_l}$

$\nu=0$，弯矩＝表中系数$\times ql^2$

式中 l 取用 l_x 和 l_y 中之较小者

l_x/l_y	l_y/l_x	f	m_x	m_y	m'_x
0.70		0.00243	0.0379	0.0072	−0.0814
0.75		0.00236	0.0366	0.0088	−0.0799
0.80		0.00228	0.0351	0.0103	−0.0782
0.85		0.00220	0.0335	0.0118	−0.0763
0.90		0.00211	0.0319	0.0133	−0.0743
0.95		0.00201	0.0302	0.0146	−0.0721
1.00	1.00	0.00192	0.0285	0.0158	−0.0698
	0.95	0.00223	0.0296	0.0189	−0.0746
	0.90	0.00260	0.0306	0.0224	−0.0797
	0.85	0.00303	0.0314	0.0266	−0.0850
	0.80	0.00354	0.0319	0.0316	−0.0904
	0.75	0.00413	0.0321	0.0374	−0.0959
	0.70	0.00482	0.0318	0.0441	−0.1013
	0.65	0.00560	0.0308	0.0518	−0.1066
	0.60	0.00647	0.0292	0.0604	−0.1114
	0.55	0.00743	0.0267	0.0698	−0.1156
	0.50	0.00844	0.0234	0.0798	−0.1191

第四种边界条件 **附表 17-4**

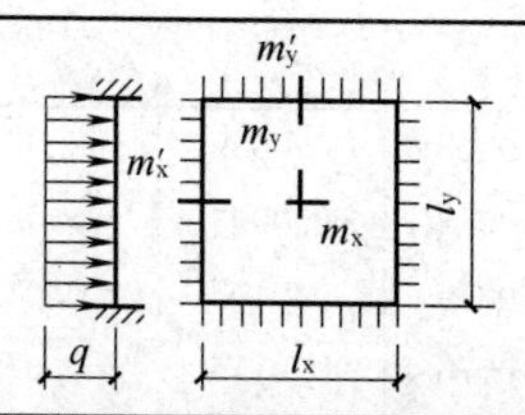

挠度＝表中系数$\times\frac{ql^4}{B_l}$

$\nu=0$，弯矩＝表中系数$\times ql^2$

式中 l 取用 l_x 和 l_y 中之较小者

l_x/l_y	f	m_x	m_y	m'_x	m'_y
0.50	0.00253	0.0400	0.0038	−0.0829	−0.0570
0.55	0.00246	0.0385	0.0056	−0.0814	−0.0571
0.60	0.00236	0.0367	0.0076	−0.0793	−0.0571
0.65	0.00224	0.0345	0.0095	−0.0766	−0.0571
0.70	0.00211	0.0321	0.0113	−0.0735	−0.0569
0.75	0.00197	0.0296	0.0130	−0.0701	−0.0565
0.80	0.00182	0.0271	0.0144	−0.0664	−0.0559
0.85	0.00168	0.0246	0.0156	−0.0626	−0.0551
0.90	0.00153	0.0221	0.0165	−0.0588	−0.0541
0.95	0.00140	0.0198	0.0172	−0.0550	−0.0528
1.00	0.00127	0.0176	0.0176	−0.0513	−0.0513

第五种边界条件

附表 17-5

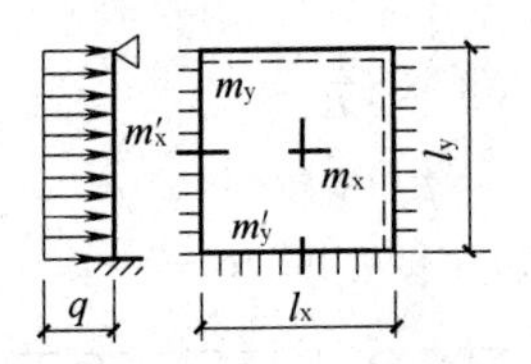

挠度=表中系数×$\frac{ql^4}{B_l}$

ν=0，弯矩=表中系数×ql^2

式中 l 取用 l_x 和 l_y 中之较小者

l_x/l_y	f	f_{max}	m_x	$m_{x,max}$	m_y	$m_{y,max}$	m'_x	m'_y
0.50	0.00468	0.00471	0.0559	0.0562	0.0079	0.0135	−0.1179	−0.0786
0.55	0.00445	0.00454	0.0529	0.0530	0.0104	0.0153	−0.1140	−0.0785
0.60	0.00419	0.00429	0.0496	0.0498	0.0129	0.0169	−0.1095	−0.0782
0.65	0.00391	0.00399	0.0461	0.0465	0.0151	0.0183	−0.1045	−0.0777
0.70	0.00363	0.00368	0.0426	0.0432	0.0172	0.0195	−0.0992	−0.0770
0.75	0.00335	0.00340	0.0390	0.0396	0.0189	0.0206	−0.0938	−0.0760
0.80	0.00308	0.00313	0.0356	0.0361	0.0204	0.0218	−0.0883	−0.0748
0.85	0.00281	0.00286	0.0322	0.0328	0.0215	0.0229	−0.0829	−0.0733
0.90	0.00256	0.00261	0.0291	0.0297	0.0224	0.0238	−0.0776	−0.0716
0.95	0.00232	0.00237	0.0261	0.0267	0.0230	0.0244	−0.0726	−0.0698
1.00	0.00210	0.00215	0.0234	0.0240	0.0234	0.249	−0.0677	−0.0677

第六种边界条件

附表 17-6

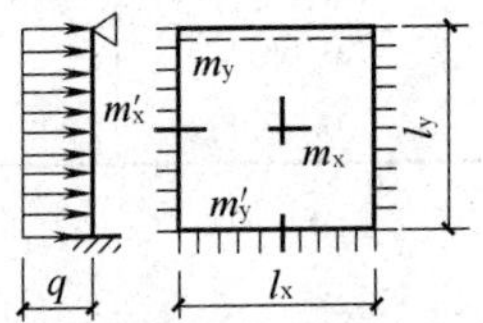

挠度=表中系数×$\frac{ql^4}{B_l}$

ν=0，弯矩=表中系数×ql^2

式中 l 取用 l_x 和 l_y 中之较小者

l_x/l_y	l_y/l_x	f	f_{max}	m_x	$m_{x,max}$	m_y	$m_{y,max}$	m'_x	m'_y
0.50		0.00257	0.00258	0.0408	0.0409	0.0028	0.0089	−0.0836	−0.0569
0.55		0.00252	0.00255	0.0398	0.0399	0.0042	0.0093	−0.0827	−0.0570
0.60		0.00245	0.00249	0.0384	0.0386	0.0059	0.0105	−0.0814	−0.0571
0.65		0.00237	0.00240	0.0368	0.0371	0.0076	0.0116	−0.0796	−0.0572
0.70		0.00227	0.00229	0.0350	0.0354	0.0093	0.0127	−0.0774	−0.0572
0.75		0.00216	0.00219	0.0331	0.0335	0.0109	0.0137	−0.0750	−0.0572
0.80		0.00205	0.00208	0.0310	0.0314	0.0124	0.0147	−0.0722	−0.0570
0.85		0.00193	0.00196	0.0289	0.0293	0.0138	0.0155	−0.0693	−0.0567
0.90		0.00181	0.00184	0.0268	0.0273	0.0159	0.0163	−0.0663	−0.0563
0.95		0.00169	0.00172	0.0247	0.0252	0.0160	0.0172	−0.0631	−0.0558
1.00	1.00	0.00157	0.00160	0.0227	0.0231	0.0168	0.0180	−0.0600	−0.0550
	0.95	0.00178	0.00182	0.0229	0.0234	0.0194	0.0207	−0.0629	−0.0599
	0.90	0.00201	0.00206	0.0228	0.0234	0.0223	0.0238	−0.0656	−0.0653
	0.85	0.00227	0.00233	0.0225	0.0231	0.0255	0.0273	−0.0683	−0.0711
	0.80	0.00256	0.00262	0.0219	0.0224	0.0290	0.0311	−0.0707	−0.0772
	0.75	0.00286	0.00294	0.0208	0.0214	0.0329	0.0354	−0.0729	−0.0837

续表

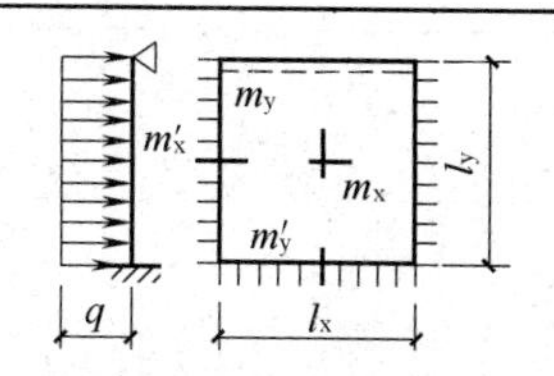

挠度＝表中系数×$\frac{ql^4}{B_l}$

$\nu=0$，弯矩＝表中系数×ql^2

式中 l 取用 l_x 和 l_y 中之较小者

l_x/l_y	l_y/l_x	f	f_{max}	m_x	$m_{x,max}$	m_y	$m_{y,max}$	m'_x	m'_y
	0.70	0.00319	0.00327	0.0194	0.0200	0.0370	0.0400	−0.0748	−0.0903
	0.65	0.00352	0.00365	0.0175	0.0182	0.0412	0.0446	−0.0762	−0.0970
	0.60	0.00386	0.00403	0.0153	0.0160	0.0454	0.0493	−0.0773	−0.1033
	0.55	0.00419	0.00437	0.0127	0.0133	0.0496	0.0541	−0.0780	−0.1093
	0.50	0.00449	0.00463	0.0099	0.0103	0.0534	0.0588	−0.0784	−0.1146

附录十八：简支梁及等截面等跨连续梁在梯形荷载作用下的内力系数

符号说明：表中 $V_{左}$ 及 $V_{右}$ 表示中间支座左、右边的剪力；A、B 及 C 表示支座反力

简　支　梁　　　　附表 18-1

弯　　矩

$m=\frac{a}{l}$　$n=\frac{x}{l}$

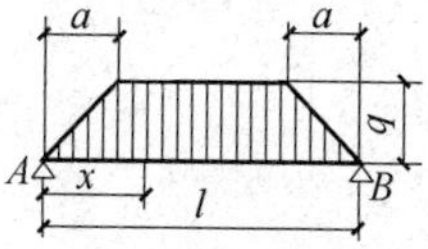

n \ m	0.00	0.25	0.30	0.35	0.40	0.45	0.50	乘以
0.00	0.000	0.000	0.000	0.000	0.000	0.000	0.000	ql^2
0.10	0.045	0.037	0.034	0.032	0.030	0.027	0.025	ql^2
0.15	0.064	0.054	0.051	0.047	0.044	0.040	0.036	ql^2
0.20	0.080	0.070	0.066	0.061	0.057	0.052	0.047	ql^2
0.25	0.094	0.083	0.079	0.074	0.068	0.063	0.057	ql^2
0.30	0.105	0.095	0.090	0.085	0.079	0.073	0.066	ql^2
0.35	0.114	0.103	0.099	0.093	0.087	0.080	0.073	ql^2
0.40	0.120	0.110	0.105	0.100	0.093	0.085	0.079	ql^2
0.45	0.124	0.113	0.109	0.103	0.097	0.090	0.082	ql^2
0.50	0.125	0.116	0.110	0.105	0.098	0.091	0.083	ql^2

剪　　力

$m=\frac{a}{l}$　$n=\frac{x}{l}$

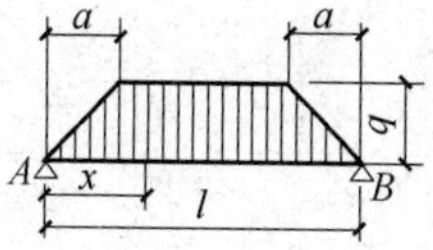

n \ m	0.00	0.25	0.30	0.35	0.40	0.45	0.50	乘以
0.00	0.500	0.375	0.350	0.325	0.300	0.275	0.250	ql
0.10	0.400	0.355	0.333	0.311	0.287	0.264	0.240	ql
0.15	0.350	0.330	0.312	0.293	0.272	0.250	0.227	ql
0.20	0.300	0.295	0.283	0.268	0.250	0.231	0.210	ql
0.25	0.250	0.250	0.246	0.236	0.222	0.206	0.187	ql
0.30	0.200	0.200	0.200	0.196	0.187	0.175	0.160	ql
0.35	0.150	0.150	0.150	0.150	0.147	0.139	0.127	ql
0.40	0.100	0.100	0.100	0.100	0.100	0.098	0.090	ql
0.45	0.050	0.050	0.050	0.050	0.050	0.050	0.047	ql
0.50	0.000	0.000	0.000	0.000	0.000	0.000	0.000	ql

两 跨 梁

附表 18-2

	$m=\frac{a}{l}$	0.00	0.25	0.30	0.35	0.40	0.45	0.50	乘以
静 荷 载	M_1	0.070	0.065	0.063	0.060	0.056	0.062	0.048	$g'l^2$
	M_B	−0.125	−0.111	−0.106	−0.100	−0.093	−0.086	−0.078	$g'l^2$
	V_A	0.357	0.264	0.244	0.225	0.207	0.189	0.172	$g'l$
	$V_B^{左}$	−0.625	−0.486	−0.456	−0.425	−0.393	−0.361	−0.328	$g'l$
	B	1.250	0.912	0.912	0.850	0.786	0.722	0.656	$g'l$
	$m=\frac{a}{l}$	0.00	0.25	0.30	0.35	0.40	0.45	0.50	乘以
活 荷 载	M_{1max}	0.096	0.088	0.085	0.081	0.076	0.071	0.068	$p'l^2$
	M_{1min}	−0.025	−0.022	−0.021	−0.020	−0.019	−0.018	−0.016	$p'l^2$
	M_{Bmin}	−0.125	−0.111	−0.106	−0.100	−0.093	−0.086	−0.078	$p'l^2$
	V_{Amax}	0.437	0.320	0.297	0.275	0.254	0.232	0.211	$p'l$
	$V_{Bmax}^{左}$	−0.625	−0.486	−0.456	−0.425	−0.393	−0.361	−0.328	$p'l$
	B_{max}	1.250	0.972	0.912	0.850	0.786	0.722	0.656	$p'l$

三 跨 梁

附表 18-3

	$m=\frac{a}{l}$	0.00	0.25	0.30	0.35	0.40	0.45	0.50	乘以
静 荷 载	M_1	0.080	0.074	0.071	0.068	0.064	0.059	0.054	$g'l^2$
	M_2	0.025	0.025	0.025	0.025	0.024	0.023	0.021	$g'l^2$
	M_B	−0.100	−0.088	−0.085	−0.080	−0.074	−0.069	−0.063	$g'l^2$
	V_A	0.400	0.286	0.265	0.245	0.226	0.206	0.188	$g'l$
	$V_B^{左}$	−0.600	−0.464	−0.435	−0.405	−0.374	−0.344	−0.313	$g'l$
	$V_B^{右}$	0.500	0.375	0.350	0.325	0.300	0.275	0.250	$g'l$
	B	1.100	0.839	0.785	0.730	0.674	0.619	0.563	$g'l$
	$m=\frac{a}{l}$	0.00	0.25	0.30	0.35	0.40	0.45	0.50	乘以
活 荷 载	M_{1max}	0.101	0.093	0.090	0.086	0.080	0.075	0.068	$p'l^2$
	M_{1min}	−0.025	−0.018	−0.018	−0.017	−0.016	−0.015	−0.014	$p'l^2$
	M_{2max}	0.075	0.072	0.068	0.065	0.061	0.057	0.052	$p'l^2$
	M_{2min}	−0.050	−0.044	−0.042	−0.040	−0.037	−0.034	−0.031	$p'l^2$
	M_{Bmax}	−0.117	−0.104	−0.099	−0.093	−0.087	−0.083	−0.073	$p'l^2$
	V_{Amax}	0.450	0.331	0.308	0.285	0.263	0.241	0.219	$p'l$
	$V_{Bmax}^{左}$	−0.617	−0.479	−0.449	−0.418	−0.387	−0.355	−0.323	$p'l$
	$V_{Bmax}^{右}$	0.583	0.449	0.421	0.392	0.362	0.332	0.302	$p'l$
	B_{max}	1.200	0.928	0.870	0.810	0.749	0.687	0.625	$p'l$

四　跨　梁　　　　附表 18-4

	$m=\frac{a}{l}$	0.00	0.25	0.30	0.35	0.40	0.45	0.50	乘以
静荷载	M_1	0.077	0.072	0.069	0.066	0.062	0.057	0.052	$g'l^2$
	M_2	0.036	0.036	0.035	0.034	0.032	0.030	0.028	$g'l^2$
	M_B	−0.107	−0.095	−0.091	−0.085	−0.080	−0.074	−0.067	$g'l^2$
	M_C	−0.071	−0.063	−0.061	−0.057	−0.053	−0.049	−0.045	$g'l^2$
	V_A	0.393	0.280	0.259	0.240	0.220	0.201	0.183	$g'l$
	$V_B^{左}$	−0.607	−0.470	−0.441	−0.410	−0.380	−0.349	−0.317	$g'l$
	$V_B^{右}$	0.536	0.407	0.380	0.354	0.327	0.300	0.272	$g'l$
	B	1.143	0.877	0.821	0.764	0.706	0.648	0.589	$g'l$
	$V_C^{左}$	−0.464	−0.343	−0.320	−0.297	−0.273	−0.250	−0.228	$g'l$
	C	0.928	0.687	0.639	0.593	0.547	0.501	0.456	$g'l$
	$m=\frac{a}{l}$	0.00	0.25	0.30	0.35	0.40	0.45	0.50	乘以
活荷载	M_{1max}	0.100	0.092	0.088	0.084	0.079	0.074	0.067	$p'l^2$
	M_{1min}	−0.023	−0.019	−0.019	−0.018	−0.017	−0.016	−0.014	$p'l^2$
	M_{2max}	0.081	0.075	0.072	0.069	0.065	0.061	0.056	$p'l^2$
	M_{2min}	−0.045	−0.040	−0.038	−0.036	−0.033	−0.031	−0.028	$p'l^2$
	M_{Bmax}	−0.121	−0.107	−0.102	−0.096	−0.090	−0.083	−0.075	$p'l^2$
	M_{Cmax}	−0.107	0.095	−0.091	−0.086	−0.080	−0.074	−0.067	$p'l^2$
	V_{Amax}	0.466	0.327	0.305	0.282	0.262	0.238	0.217	$p'l$
	$V_{Bmax}^{左}$	−0.620	−0.466	−0.437	−0.407	−0.376	−0.346	−0.314	$p'l$
	$V_B^{右}$	0.603	0.482	0.452	0.421	0.390	0.358	0.326	$p'l$
	B_{max}	1.223	0.948	0.889	0.828	0.766	0.704	0.640	$p'l$
	$V_{Cmax}^{左}$	−0.571	−0.438	−0.411	−0.382	−0.353	−0.324	−0.298	$p'l$
	C_{max}	1.142	0.876	0.822	0.764	0.706	0.648	0.596	$p'l$

五 跨 梁　　附表 18-5

	$m=\frac{a}{l}$	0.00	0.25	0.30	0.35	0.40	0.45	0.50	乘以
静荷载	M_1	0.078	0.072	0.069	0.066	0.062	0.058	0.053	$g'l^2$
	M_2	0.033	0.033	0.032	0.031	0.030	0.028	0.026	$g'l^2$
	M_3	0.046	0.045	0.043	0.042	0.040	0.037	0.034	$g'l^2$
	M_B	−0.105	−0.094	−0.089	−0.084	−0.078	−0.072	−0.066	$g'l^2$
	M_C	−0.079	−0.070	−0.067	−0.063	−0.059	−0.054	−0.049	$g'l^2$
	V_A	0.395	0.282	0.261	0.241	0.222	0.203	0.184	$g'l$
	$V_B^{左}$	−0.606	−0.469	−0.439	−0.409	−0.378	−0.347	−0.316	$g'l$
	$V_B^{右}$	0.526	0.398	0.372	0.346	0.320	0.293	0.266	$g'l$
	B	1.132	0.867	0.812	0.755	0.698	0.640	0.582	$g'l$
	$V_C^{左}$	−0.474	−0.352	−0.328	−0.304	−0.280	−0.257	−0.234	$g'l$
	$V_C^{右}$	0.500	0.375	0.350	0.325	0.300	0.275	0.250	$g'l$
	C	0.974	0.727	0.678	0.629	0.580	0.532	0.484	$g'l$
	$m=\frac{a}{l}$	0.00	0.25	0.30	0.35	0.40	0.45	0.50	乘以
活荷载	M_{1max}	0.100	0.092	0.089	0.085	0.080	0.074	0.067	$p'l^2$
	M_{1min}	−0.026	−0.019	−0.018	−0.017	−0.017	−0.016	−0.014	$p'l^2$
	M_{2max}	0.079	0.073	0.071	0.068	0.064	0.060	0.055	$p'l^2$
	M_{2min}	−0.046	−0.041	−0.039	−0.037	−0.034	−0.032	−0.029	$p'l^2$
	M_{3max}	0.086	0.080	0.077	0.073	0.069	0.064	0.059	$p'l^2$
	M_{3min}	−0.040	−0.035	−0.034	−0.032	−0.029	−0.027	−0.025	$p'l^2$
	M_{Bmax}	−0.119	−0.106	−0.101	−0.095	−0.089	−0.082	−0.075	$p'l^2$
	M_{Cmax}	−0.111	−0.097	−0.094	−0.089	−0.083	−0.077	−0.070	$p'l^2$
	V_{Amax}	0.447	0.328	0.305	0.283	0.261	0.239	0.217	$p'l$
	$V_{Bmax}^{左}$	−0.620	−0.481	−0.451	−0.420	−0.389	−0.357	−0.325	$p'l$
	$V_B^{右}$	0.589	0.462	0.433	0.403	0.373	0.342	0.316	$p'l$
	B_{max}	1.218	0.943	0.885	0.824	0.762	0.699	0.636	$p'l$
	$V_{Cmax}^{左}$	−0.576	−0.443	−0.415	−0.386	−0.357	−0.328	−0.301	$p'l$
	$V_C^{右}$	0.591	0.456	0.427	0.398	0.368	0.338	0.310	$p'l$
	C_{max}	1.167	0.899	0.842	0.784	0.725	0.666	0.605	$p'l$

附录十九：D 值法计算用表

规则框架承受均布水平力作用时标准反弯点的高度比 y_0 值　　附表 19-1

m	r \ $\overline{K}$	0.1	0.2	0.3	0.4	0.5	0.6	0.7	0.8	0.9	1.0	2.0	3.0	4.0	5.0
1	1	0.80	0.75	0.70	0.65	0.65	0.60	0.60	0.60	0.60	0.55	0.55	0.55	0.55	0.55
2	2	0.45	0.40	0.35	0.35	0.35	0.35	0.40	0.40	0.40	0.40	0.45	0.45	0.45	0.45
	1	0.95	0.80	0.75	0.70	0.65	0.65	0.65	0.60	0.60	0.60	0.55	0.55	0.55	0.50
3	3	0.15	0.20	0.20	0.25	0.30	0.30	0.30	0.35	0.35	0.35	0.40	0.45	0.45	0.45
	2	0.55	0.50	0.45	0.45	0.45	0.45	0.45	0.45	0.45	0.45	0.45	0.50	0.50	0.50
	1	1.00	0.85	0.80	0.75	0.70	0.70	0.65	0.65	0.65	0.60	0.55	0.55	0.55	0.55
4	4	−0.05	0.05	0.15	0.20	0.25	0.30	0.30	0.35	0.35	0.35	0.40	0.45	0.45	0.45
	3	0.25	0.30	0.30	0.35	0.35	0.40	0.40	0.40	0.40	0.45	0.45	0.50	0.50	0.50
	2	0.65	0.55	0.50	0.50	0.45	0.45	0.45	0.45	0.45	0.45	0.50	0.50	0.50	0.50
	1	1.10	0.90	0.80	0.75	0.70	0.70	0.65	0.65	0.65	0.60	0.55	0.55	0.55	0.55
5	5	−0.20	0.00	0.15	0.20	0.25	0.30	0.30	0.30	0.35	0.35	0.40	0.45	0.45	0.45
	4	0.10	0.20	0.25	0.30	0.35	0.35	0.40	0.40	0.40	0.40	0.45	0.45	0.50	0.50
	3	0.40	0.40	0.40	0.40	0.40	0.45	0.45	0.45	0.45	0.45	0.50	0.50	0.50	0.50
	2	0.65	0.55	0.50	0.50	0.50	0.50	0.50	0.50	0.50	0.50	0.50	0.50	0.50	0.50
	1	1.20	0.95	0.80	0.75	0.75	0.70	0.70	0.65	0.65	0.65	0.55	0.55	0.55	0.55
6	6	−0.30	0.00	0.10	0.20	0.25	0.25	0.30	0.30	0.35	0.35	0.40	0.45	0.45	0.45
	5	0.00	0.20	0.25	0.30	0.35	0.35	0.40	0.40	0.40	0.40	0.45	0.45	0.50	0.50
	4	0.20	0.30	0.35	0.35	0.40	0.40	0.40	0.40	0.40	0.45	0.45	0.50	0.50	0.50
	3	0.40	0.40	0.40	0.45	0.45	0.45	0.45	0.45	0.45	0.45	0.50	0.50	0.50	0.50
	2	0.70	0.60	0.55	0.50	0.50	0.50	0.50	0.50	0.50	0.50	0.50	0.50	0.50	0.50
	1	1.20	0.95	0.85	0.80	0.75	0.70	0.70	0.65	0.65	0.65	0.55	0.55	0.55	0.55
7	7	−0.35	−0.05	0.10	0.20	0.20	0.25	0.30	0.30	0.35	0.35	0.40	0.45	0.45	0.45
	6	−0.10	0.15	0.25	0.30	0.35	0.35	0.35	0.40	0.40	0.40	0.45	0.45	0.50	0.50
	5	0.10	0.25	0.30	0.35	0.40	0.40	0.40	0.45	0.45	0.45	0.45	0.50	0.50	0.50
	4	0.30	0.35	0.40	0.40	0.40	0.45	0.45	0.45	0.45	0.45	0.50	0.50	0.50	0.50
	3	0.50	0.45	0.45	0.45	0.45	0.45	0.45	0.45	0.45	0.45	0.50	0.50	0.50	0.50
	2	0.75	0.60	0.55	0.50	0.50	0.50	0.50	0.50	0.5	0.50	0.50	0.50	0.50	0.50
	1	1.20	0.95	0.85	0.80	0.75	0.70	0.70	0.65	0.65	0.65	0.55	0.55	0.55	0.55
8	8	−0.35	−0.15	0.10	0.15	0.25	0.25	0.30	0.30	0.35	0.35	0.40	0.45	0.45	0.45
	7	−0.10	−0.15	0.25	0.30	0.35	0.35	0.40	0.40	0.40	0.40	0.45	0.50	0.50	0.50
	6	0.05	0.25	0.30	0.35	0.40	0.40	0.40	0.45	0.45	0.45	0.45	0.50	0.50	0.50
	5	0.20	0.30	0.35	0.40	0.40	0.45	0.45	0.45	0.45	0.45	0.50	0.50	0.50	0.50
	4	0.35	0.40	0.40	0.45	0.45	0.45	0.45	0.45	0.45	0.45	0.50	0.50	0.50	0.50
	3	0.50	0.45	0.45	0.45	0.45	0.45	0.45	0.45	0.50	0.50	0.50	0.50	0.50	0.50
	2	0.75	0.60	0.55	0.55	0.50	0.50	0.50	0.50	0.50	0.50	0.50	0.50	0.50	0.50
	1	1.20	1.00	0.85	0.80	0.75	0.70	0.70	0.65	0.65	0.65	0.55	0.55	0.55	0.55
9	9	−0.40	−0.05	0.10	0.20	0.25	0.25	0.30	0.30	0.35	0.35	0.45	0.45	0.45	0.45
	8	−0.15	0.15	0.25	0.30	0.35	0.35	0.35	0.40	0.40	0.40	0.45	0.45	0.50	0.50
	7	0.05	0.25	0.30	0.35	0.40	0.40	0.40	0.45	0.45	0.45	0.45	0.50	0.50	0.50

续表

m	r \ $\overline{K}$	0.1	0.2	0.3	0.4	0.5	0.6	0.7	0.8	0.9	1.0	2.0	3.0	4.0	5.0
9	6	0.15	0.30	0.35	0.40	0.40	0.45	0.45	0.45	0.45	0.45	0.50	0.50	0.50	0.50
	5	0.25	0.35	0.40	0.40	0.45	0.45	0.45	0.45	0.45	0.45	0.50	0.50	0.50	0.50
	4	0.40	0.40	0.40	0.45	0.45	0.45	0.45	0.45	0.45	0.45	0.50	0.50	0.50	0.50
	3	0.55	0.45	0.45	0.45	0.45	0.45	0.45	0.45	0.50	0.50	0.50	0.50	0.50	0.50
	2	0.80	0.65	0.55	0.55	0.50	0.50	0.50	0.50	0.50	0.50	0.50	0.50	0.50	0.50
	1	1.20	1.00	0.85	0.80	0.75	0.70	0.70	0.65	0.65	0.65	0.55	0.55	0.55	0.55
10	10	−0.40	−0.05	0.10	0.20	0.25	0.30	0.30	0.30	0.35	0.35	0.40	0.45	0.45	0.45
	9	−0.15	0.15	0.25	0.30	0.35	0.35	0.40	0.40	0.40	0.40	0.45	0.45	0.50	0.50
	8	0.00	0.25	0.30	0.35	0.40	0.40	0.40	0.45	0.45	0.45	0.45	0.50	0.50	0.50
	7	0.10	0.30	0.35	0.40	0.40	0.45	0.45	0.45	0.45	0.45	0.50	0.50	0.50	0.50
	6	0.20	0.35	0.40	0.40	0.45	0.45	0.45	0.45	0.45	0.45	0.50	0.50	0.50	0.50
	5	0.30	0.40	0.40	0.45	0.45	0.45	0.45	0.45	0.45	0.50	0.50	0.50	0.50	0.50
	4	0.40	0.40	0.45	0.45	0.45	0.45	0.45	0.45	0.45	0.50	0.50	0.50	0.50	0.50
	3	0.55	0.50	0.45	0.45	0.45	0.50	0.50	0.50	0.50	0.50	0.50	0.50	0.50	0.50
	2	0.80	0.65	0.55	0.55	0.55	0.50	0.50	0.50	0.50	0.50	0.50	0.50	0.50	0.50
	1	1.30	1.00	0.85	0.80	0.75	0.70	0.70	0.65	0.65	0.65	0.60	0.55	0.55	0.55
11	11	−0.40	0.05	0.10	0.20	0.25	0.30	0.30	0.30	0.35	0.35	0.40	0.45	0.45	0.45
	10	−0.15	0.15	0.25	0.30	0.35	0.35	0.40	0.40	0.40	0.40	0.45	0.45	0.50	0.50
	9	0.00	0.25	0.30	0.35	0.40	0.40	0.40	0.45	0.45	0.45	0.45	0.50	0.50	0.50
	8	0.10	0.30	0.35	0.40	0.40	0.45	0.45	0.45	0.45	0.45	0.50	0.50	0.50	0.50
	7	0.20	0.35	0.40	0.45	0.45	0.45	0.45	0.45	0.45	0.45	0.50	0.50	0.50	0.50
	6	0.25	0.35	0.40	0.45	0.45	0.45	0.45	0.45	0.45	0.45	0.50	0.50	0.50	0.50
	5	0.35	0.40	0.40	0.45	0.45	0.45	0.45	0.45	0.45	0.50	0.50	0.50	0.50	0.50
	4	0.40	0.45	0.45	0.45	0.45	0.45	0.45	0.50	0.50	0.50	0.50	0.50	0.50	0.50
	3	0.55	0.50	0.50	0.50	0.50	0.50	0.50	0.50	0.50	0.50	0.50	0.50	0.50	0.50
	2	0.80	0.65	0.60	0.55	0.55	0.50	0.50	0.50	0.50	0.50	0.50	0.50	0.50	0.50
	1	1.30	1.00	0.85	0.80	0.75	0.70	0.70	0.65	0.65	0.65	0.60	0.55	0.55	0.55
12及以上	↓1	−0.40	−0.05	0.10	0.20	0.25	0.30	0.30	0.30	0.35	0.35	0.40	0.45	0.45	0.45
	2	−0.15	0.15	0.25	0.30	0.35	0.35	0.40	0.40	0.40	0.40	0.45	0.45	0.50	0.50
	3	0.00	0.25	0.30	0.35	0.40	0.40	0.40	0.45	0.45	0.45	0.50	0.50	0.50	0.50
	4	0.10	0.30	0.35	0.40	0.40	0.45	0.45	0.45	0.45	0.45	0.50	0.50	0.50	0.50
	5	0.20	0.35	0.40	0.40	0.45	0.45	0.45	0.45	0.45	0.45	0.50	0.50	0.50	0.50
	6	0.25	0.35	0.40	0.45	0.45	0.45	0.45	0.45	0.45	0.45	0.50	0.50	0.50	0.50
	7	0.30	0.40	0.40	0.45	0.45	0.45	0.45	0.45	0.50	0.50	0.50	0.50	0.50	0.50
	8	0.35	0.40	0.45	0.45	0.45	0.45	0.45	0.50	0.50	0.50	0.50	0.50	0.50	0.50
	中间	0.40	0.40	0.45	0.45	0.45	0.45	0.50	0.50	0.50	0.50	0.50	0.50	0.50	0.50
	0.50	4	0.45	0.45	0.45	0.45	0.50	0.50	0.50	0.50	0.50	0.50	0.50	0.50	0.50
	3	0.60	0.50	0.50	0.50	0.50	0.50	0.50	0.50	0.50	0.50	0.50	0.50	0.50	0.50
	2	0.80	0.65	0.60	0.55	0.55	0.50	0.50	0.50	0.50	0.50	0.50	0.50	0.50	0.50
	↑1	1.30	1.00	0.85	0.80	0.75	0.70	0.70	0.65	0.65	0.65	0.55	0.55	0.55	0.55

注：$\overline{K}=\frac{i_1+i_2+i_3+i_4}{2i}$

i_1	i_2
	i
i_3	i_4

规则框架承受倒三角形分布水平力作用时标准反弯点的高度比 y_0 值

附表 19-2

m	r \ $\overline{K}$	0.1	0.2	0.3	0.4	0.5	0.6	0.7	0.8	0.9	1.0	2.0	3.0	4.0	5.0
1	1	0.80	0.75	0.70	0.65	0.65	0.60	0.60	0.60	0.60	0.55	0.55	0.55	0.55	0.55
2	2	0.50	0.45	0.40	0.40	0.40	0.40	0.40	0.40	0.40	0.45	0.45	0.45	0.45	0.50
	1	1.00	0.85	0.75	0.70	0.70	0.65	0.65	0.65	0.60	0.60	0.55	0.55	0.55	0.55
3	3	0.25	0.25	0.25	0.30	0.30	0.35	0.35	0.35	0.40	0.40	0.45	0.45	0.45	0.50
	2	0.60	0.50	0.50	0.50	0.50	0.45	0.45	0.45	0.45	0.45	0.50	0.50	0.50	0.50
	1	1.15	0.90	0.80	0.75	0.75	0.70	0.70	0.65	0.65	0.65	0.60	0.55	0.55	0.55
4	4	0.10	0.15	0.20	0.25	0.30	0.30	0.35	0.35	0.35	0.40	0.45	0.45	0.45	0.45
	3	0.35	0.35	0.35	0.40	0.40	0.40	0.40	0.45	0.45	0.45	0.45	0.50	0.50	0.50
	2	0.70	0.60	0.55	0.50	0.50	0.50	0.50	0.50	0.50	0.50	0.50	0.50	0.50	0.50
	1	1.20	0.95	0.85	0.80	0.75	0.70	0.70	0.70	0.65	0.65	0.55	0.55	0.55	0.55
5	5	−0.05	0.10	0.20	0.25	0.30	0.30	0.35	0.35	0.35	0.35	0.40	0.45	0.45	0.45
	4	0.20	0.25	0.35	0.35	0.40	0.40	0.40	0.40	0.40	0.45	0.45	0.50	0.50	0.50
	3	0.45	0.40	0.45	0.45	0.45	0.45	0.45	0.45	0.45	0.45	0.50	0.50	0.50	0.50
	2	0.75	0.60	0.55	0.55	0.50	0.50	0.50	0.50	0.50	0.50	0.50	0.50	0.50	0.50
	1	1.30	1.00	0.85	0.80	0.75	0.70	0.70	0.65	0.55	0.65	0.65	0.55	0.55	0.55
6	6	−0.15	0.05	0.15	0.20	0.25	0.30	0.30	0.35	0.35	0.35	0.40	0.45	0.45	0.45
	5	0.10	0.25	0.30	0.35	0.35	0.40	0.40	0.40	0.45	0.45	0.45	0.50	0.50	0.50
	4	0.30	0.35	0.40	0.40	0.45	0.45	0.45	0.45	0.45	0.45	0.50	0.50	0.50	0.50
	3	0.50	0.45	0.45	0.45	0.45	0.45	0.45	0.45	0.45	0.50	0.50	0.50	0.50	0.50
	2	0.80	0.65	0.55	0.55	0.55	0.55	0.50	0.50	0.50	0.50	0.50	0.50	0.50	0.50
	1	1.30	1.00	0.85	0.80	0.75	0.70	0.70	0.65	0.65	0.65	0.60	0.55	0.55	0.55
7	7	−0.20	0.05	0.15	0.20	0.25	0.30	0.30	0.35	0.35	0.35	0.45	0.45	0.45	0.45
	6	0.05	0.20	0.30	0.35	0.35	0.40	0.40	0.40	0.40	0.45	0.45	0.50	0.50	0.50
	5	0.20	0.30	0.35	0.40	0.40	0.45	0.45	0.45	0.45	0.45	0.50	0.50	0.50	0.50
	4	0.35	0.40	0.40	0.45	0.45	0.45	0.45	0.45	0.45	0.45	0.50	0.50	0.50	0.50
	3	0.55	0.50	0.50	0.50	0.50	0.50	0.50	0.50	0.50	0.50	0.50	0.50	0.50	0.50
	2	0.80	0.65	0.60	0.55	0.55	0.55	0.50	0.50	0.50	0.50	0.50	0.50	0.50	0.50
	1	1.30	1.00	0.90	0.80	0.75	0.70	0.70	0.70	0.65	0.65	0.60	0.55	0.55	0.55
8	8	−0.20	0.05	0.15	0.20	0.25	0.30	0.30	0.35	0.35	0.35	0.45	0.45	0.45	0.45
	7	0.00	0.20	0.30	0.35	0.35	0.40	0.40	0.40	0.40	0.45	0.45	0.50	0.50	0.50
	6	0.15	0.30	0.35	0.40	0.40	0.45	0.45	0.45	0.45	0.45	0.50	0.50	0.50	0.50
	5	0.30	0.45	0.40	0.45	0.45	0.45	0.45	0.45	0.45	0.45	0.50	0.50	0.50	0.50
	4	0.40	0.45	0.45	0.45	0.45	0.45	0.45	0.50	0.50	0.50	0.50	0.50	0.50	0.50
	3	0.60	0.50	0.50	0.50	0.50	0.50	0.50	0.50	0.50	0.50	0.50	0.50	0.50	0.50
	2	0.85	0.65	0.60	0.55	0.55	0.55	0.50	0.50	0.50	0.50	0.50	0.50	0.50	0.50
	1	1.30	1.00	0.90	0.80	0.75	0.70	0.70	0.70	0.65	0.65	0.60	0.55	0.55	0.55

续表

m	r \ $\overline{K}$	0.1	0.2	0.3	0.4	0.5	0.6	0.7	0.8	0.9	1.0	2.0	3.0	4.0	5.0
9	9	−0.25	0.00	0.15	0.20	0.25	0.30	0.30	0.35	0.35	0.40	0.45	0.45	0.45	0.45
	8	−0.00	0.20	0.30	0.35	0.35	0.40	0.40	0.40	0.40	0.45	0.45	0.50	0.50	0.50
	7	0.15	0.30	0.35	0.40	0.40	0.45	0.45	0.45	0.45	0.45	0.50	0.50	0.50	0.50
	6	0.25	0.35	0.40	0.40	0.45	0.45	0.45	0.45	0.45	0.50	0.50	0.50	0.50	0.50
	5	0.35	0.40	0.45	0.45	0.45	0.45	0.45	0.45	0.50	0.50	0.50	0.50	0.50	0.50
	4	0.45	0.45	0.45	0.45	0.45	0.50	0.50	0.50	0.50	0.50	0.50	0.50	0.50	0.50
	3	0.60	0.50	0.50	0.50	0.50	0.50	0.50	0.50	0.50	0.50	0.50	0.50	0.50	0.50
	2	0.85	0.65	0.60	0.55	0.55	0.55	0.55	0.50	0.50	0.50	0.50	0.50	0.50	0.50
	1	1.35	1.00	0.90	0.80	0.75	0.75	0.70	0.70	0.65	0.65	0.60	0.55	0.55	0.55
10	10	−0.25	0.00	0.15	0.20	0.25	0.30	0.30	0.35	0.35	0.40	0.45	0.45	0.45	0.45
	9	−0.05	0.20	0.30	0.35	0.35	0.40	0.40	0.40	0.40	0.45	0.45	0.50	0.50	0.50
	8	0.10	0.30	0.35	0.40	0.40	0.40	0.45	0.45	0.45	0.45	0.50	0.50	0.50	0.50
	7	0.20	0.35	0.40	0.40	0.45	0.45	0.45	0.45	0.45	0.50	0.45	0.45	0.45	0.45
	6	0.30	0.40	0.40	0.45	0.45	0.45	0.45	0.45	0.45	0.50	0.50	0.50	0.50	0.50
	5	0.40	0.45	0.45	0.45	0.45	0.45	0.45	0.50	0.50	0.50	0.50	0.50	0.50	0.50
	4	0.50	0.45	0.45	0.45	0.50	0.50	0.50	0.50	0.50	0.50	0.50	0.50	0.50	0.50
	3	0.60	0.55	0.50	0.50	0.50	0.50	0.50	0.50	0.50	0.50	0.50	0.50	0.50	0.50
	2	0.85	0.65	0.60	0.55	0.55	0.55	0.55	0.50	0.50	0.50	0.50	0.50	0.50	0.50
	1	1.35	1.00	0.90	0.80	0.75	0.75	0.70	0.70	0.65	0.65	0.60	0.55	0.55	0.55
11	11	−0.25	0.00	0.15	0.20	0.25	0.30	0.30	0.30	0.35	0.35	0.45	0.45	0.45	0.45
	10	−0.05	0.20	0.25	0.30	0.35	0.40	0.40	0.40	0.40	0.45	0.45	0.50	0.50	0.50
	9	0.10	0.30	0.35	0.40	0.40	0.40	0.45	0.45	0.45	0.45	0.50	0.50	0.50	0.50
	8	0.20	0.35	0.40	0.40	0.45	0.45	0.45	0.45	0.45	0.45	0.50	0.50	0.50	0.50
	7	0.25	0.40	0.40	0.45	0.45	0.45	0.45	0.45	0.45	0.50	0.50	0.50	0.50	0.50
	6	0.35	0.40	0.45	0.45	0.45	0.45	0.45	0.50	0.50	0.50	0.50	0.50	0.50	0.50
	5	0.40	0.45	0.45	0.45	0.45	0.50	0.50	0.50	0.50	0.50	0.50	0.50	0.50	0.50
	4	0.50	0.50	0.50	0.50	0.50	0.50	0.50	0.50	0.50	0.50	0.50	0.50	0.50	0.50
	3	0.65	0.55	0.50	0.50	0.50	0.50	0.50	0.50	0.50	0.50	0.50	0.50	0.50	0.50
	2	0.85	0.65	0.60	0.55	0.55	0.55	0.55	0.55	0.55	0.55	0.55	0.55	0.55	0.55
	1	1.35	1.05	0.90	0.80	0.75	0.75	0.70	0.70	0.65	0.65	0.60	0.55	0.55	0.55
12及以上	↓1	−0.30	0.00	0.15	0.20	0.25	0.30	0.30	0.30	0.35	0.35	0.40	0.45	0.45	0.45
	2	−0.10	0.20	0.25	0.30	0.35	0.40	0.40	0.40	0.40	0.40	0.45	0.45	0.45	0.50
	3	0.05	0.25	0.35	0.40	0.40	0.40	0.45	0.45	0.45	0.45	0.45	0.50	0.50	0.50
	4	0.15	0.30	0.40	0.40	0.45	0.45	0.45	0.45	0.45	0.45	0.45	0.50	0.50	0.50
	5	0.25	0.35	0.50	0.45	0.45	0.45	0.45	0.45	0.45	0.45	0.50	0.50	0.50	0.50
	6	0.30	0.40	0.50	0.45	0.45	0.45	0.45	0.50	0.50	0.50	0.50	0.50	0.50	0.50
	7	0.35	0.40	0.55	0.45	0.45	0.45	0.50	0.50	0.50	0.50	0.50	0.50	0.50	0.50
	8	0.35	0.45	0.55	0.45	0.50	0.50	0.50	0.50	0.50	0.50	0.50	0.50	0.50	0.50
	中间	0.45	0.45	0.55	0.45	0.50	0.50	0.50	0.50	0.50	0.50	0.50	0.50	0.50	0.50
	4	0.55	0.50	0.50	0.50	0.50	0.50	0.50	0.50	0.50	0.50	0.50	0.50	0.50	0.50
	3	0.65	0.55	0.50	0.50	0.50	0.50	0.50	0.50	0.0	0.50	0.50	0.50	0.50	0.50
	2	0.70	0.70	0.60	0.55	0.55	0.55	0.55	0.50	0.50	0.50	0.50	0.50	0.50	0.50
	↑1	1.35	1.05	0.90	0.80	0.75	0.70	0.70	0.70	0.65	0.65	0.60	0.55	0.55	0.55

上下层横梁线刚度比对 y_0 的修正值 y_1

附表 19-3

α_1 \ $\overline{K}$	0.1	0.2	0.3	0.4	0.5	0.6	0.7	0.8	0.9	1.0	2.0	3.0	4.0	5.0
0.4	0.55	0.40	0.30	0.25	0.20	0.20	0.20	0.15	0.15	0.15	0.05	0.05	0.05	0.05
0.5	0.45	0.30	0.20	0.20	0.15	0.15	0.15	0.10	0.10	0.10	0.05	0.05	0.05	0.05
0.6	0.30	0.20	0.15	0.15	0.10	0.10	0.10	0.10	0.05	0.05	0.05	0.05	0	0
0.7	0.20	0.15	0.10	0.10	0.10	0.10	0.05	0.05	0.05	0.05	0.05	0	0	0
0.8	0.15	0.10	0.05	0.05	0.05	0.05	0.05	0.05	0.05	0	0	0	0	0
0.9	0.05	0.05	0.05	0.05	0	0	0	0	0	0	0	0	0	0

注：i_1 i_2 / i_c / i_3 i_4

$\alpha_1=\frac{i_1+i_2}{i_3+i_4}$，当 $i_1+i_2>i_3+i_4$ 时，α_1 取倒数，即 $\alpha_1=\frac{i_3+i_4}{i_1+i_2}$，并且 y_1 取负值；

$\overline{K}=\frac{i_1+i_2+i_3+i_4}{2i_c}$

上下层高变化对 y_0 的修正值 y_2 和 y_3

附表 19-4

α_2	α_3 \ $\overline{K}$	0.1	0.2	0.3	0.4	0.5	0.6	0.7	0.8	0.9	1.0	2.0	3.0	4.0	5.0
2.0		0.25	0.15	0.15	0.10	0.10	0.10	0.10	0.10	0.05	0.05	0.05	0.05	0.0	0.0
1.8		0.20	0.15	0.10	0.10	0.10	0.05	0.05	0.05	0.05	0.05	0.05	0.0	0.0	0.0
1.6	0.4	0.15	0.10	0.10	0.05	0.05	0.05	0.05	0.05	0.05	0.05	0.0	0.0	0.0	0.0
1.4	0.6	0.10	0.05	0.05	0.05	0.05	0.05	0.05	0.05	0.05	0.0	0.0	0.0	0.0	0.0
1.2	0.8	0.05	0.05	0.05	0.0	0.0	0.0	0.0	0.0	0.0	0.0	0.0	0.0	0.0	0.0
1.0	1.0	0.0	0.0	0.0	0.0	0.0	0.0	0.0	0.0	0.0	0.0	0.0	0.0	0.0	0.0
0.8	1.2	−0.05	−0.05	−0.05	0.0	0.0	0.0	0.0	0.0	0.0	0.0	0.0	0.0	0.0	0.0
0.6	1.4	−0.10	−0.05	−0.05	−0.05	−0.05	−0.05	−0.05	−0.05	−0.05	0.0	0.0	0.0	0.0	0.0
0.4	1.6	−0.15	−0.10	−0.10	−0.05	−0.05	−0.05	−0.05	−0.05	−0.05	−0.05	0.0	0.0	0.0	0.0
	1.8	−0.20	−0.15	−0.10	−0.10	−0.10	−0.05	−0.05	−0.05	−0.05	0.05	0.05	0.0	0.0	0.0
	2.0	−0.25	−0.15	−0.15	−0.10	−0.10	−0.10	−0.10	−0.10	−0.05	−0.05	−0.05	−0.05	0.0	0.0

注：$\alpha_2 h$ / h / $\alpha_3 h$

y_2——按照 $\overline{K}$ 及 α_2 求得，上层较高时为正值；

y_3——按照 $\overline{K}$ 及 α_3 求得。

$\alpha_2=\frac{h_{上}}{h}$，$\alpha_3=\frac{h_{下}}{h}$

附录二十：各种砌体强度的标准值

砖砌体的抗压强度标准值 f_k (N/mm^2)　　附表 20-1

砖强度等级	砖浆强度等级					砂浆强度
	M15	M10	M7.5	M5	M2.5	0
MU30	6.30	5.23	4.69	4.15	3.61	1.84
MU25	5.75	4.77	4.28	3.79	3.30	1.68
MU20	5.15	4.27	3.83	3.39	2.95	1.50
MU15	4.46	3.70	3.32	2.94	2.56	1.30
MU10	3.64	3.02	2.71	2.40	2.09	1.07

混凝土砌块砌体的抗压强度标准值 f_k (N/mm^2)　　附表 20-2

砌块强度等级	砂浆强度等级				砂浆强度
	M15	M10	M7.5	M5	0
MU20	9.08	7.93	7.11	6.30	3.73
MU15	7.38	6.44	5.78	5.12	3.03
MU10	—	4.47	4.01	3.55	2.10
MU7.5	—	—	3.10	2.74	1.62
MU5	—	—	—	1.90	1.13

毛料石砌体的抗压强度标准值 f_k (N/mm^2)　　附表 20-3

料石强度等级	砂浆强度等级			砂浆强度
	M7.5	M5	M2.5	0
MU100	8.67	7.68	6.68	3.41
MU80	7.76	6.87	5.98	3.05
MU60	6.72	5.95	5.18	2.64
MU50	6.13	5.43	4.72	2.41
MU40	5.49	4.86	4.23	2.16
MU30	4.75	4.20	3.66	1.87
MU20	3.88	3.43	2.99	1.53

毛石砌体的抗压强度标准值 f_k (N/mm^2)　　附表 20-4

毛石强度等级	砂浆强度等级			砂浆强度
	M7.5	M5	M2.5	0
MU100	2.03	1.80	1.56	0.53
MU80	1.82	1.61	1.40	0.48
MU60	1.57	1.39	1.21	0.41
MU50	1.44	1.27	1.11	0.38

续表

毛石强度等级	砂浆强度等级			砂浆强度
	M7.5	M5	M2.5	0
MU40	1.28	1.14	0.99	0.34
MU30	1.11	0.98	0.86	0.29
MU20	0.91	0.80	0.70	0.24

沿砌体灰缝截面破坏时的轴心抗拉强度标准值 $f_{t,k}$、弯曲抗拉强度标准值 $f_{tm,k}$ 和抗剪强度标准值 $f_{v,k}$ (N/mm^2) **附表 20-5**

强度类别	破坏特征	砌体种类	砂浆强度等级			
			≥M10	M7.5	M5	M2.5
轴心抗拉	沿齿缝	烧结普通砖、烧结多孔砖	0.30	0.26	0.21	0.15
		蒸压灰砂砖、蒸压粉煤灰砖	0.19	0.16	0.13	—
		混凝土砌块	0.15	0.13	0.10	—
		毛石	0.14	0.12	0.10	0.07
弯曲抗拉	沿齿缝	烧结普通砖、烧结多孔砖	0.53	0.46	0.38	0.27
		蒸压灰砂砖、蒸压粉煤灰砖	0.38	0.32	0.26	—
		混凝土砌块	0.17	0.15	0.12	—
		毛石	0.20	0.18	0.14	0.10
	沿通缝	烧结普通砖、烧结多孔砖	0.27	0.23	0.19	0.13
		蒸压灰砂砖、蒸压粉煤灰砖	0.19	0.16	0.13	—
		混凝土砌块	0.12	0.10	0.08	—
抗剪		烧结普通砖、烧结多孔砖	0.27	0.23	0.19	0.13
		蒸压灰砂砖、蒸压粉煤灰砖	0.19	0.16	0.13	—
		混凝土砌块	0.15	0.13	0.10	—
		毛石	0.34	0.29	0.24	0.17

附录二十一：各种砌体的强度设计值

烧结普通砖和烧结多孔砖砌体的抗压强度设计值(N/mm^2) **附表 21-1**

砖强度等级	砂浆强度等级					砂浆强度
	M15	M10	M7.5	M5	M2.5	0
MU30	3.94	3.27	2.93	2.59	2.26	1.15
MU25	3.60	2.98	2.68	2.37	2.06	1.05
MU20	3.22	2.67	2.39	2.12	1.84	0.94
MU15	2.79	2.31	2.07	1.83	1.60	0.82
MU10	—	1.89	1.69	1.50	1.30	0.67

蒸压灰砂砖和蒸压粉煤灰砖砌体的抗压强度设计值（N/mm²）　附表 21-2

砖强度等级	砂浆强度等级				砂浆强度
	M15	M10	M7.5	M5	0
MU25	3.60	2.98	2.68	2.37	1.05
MU20	3.22	2.67	2.39	2.12	0.94
MU15	2.79	2.31	2.07	1.83	0.82
MU10	—	1.89	1.69	1.50	0.67

单排孔混凝土和轻骨料混凝土砌块砌体的抗压强度设计值（N/mm²）　附表 21-3

砌块强度等级	砂浆强度等级				砂浆强度
	Mb15	Mb10	Mb7.5	Mb5	0
MU20	5.68	4.95	4.44	3.94	2.33
MU15	4.61	4.02	3.61	3.20	1.89
MU10	—	2.79	2.50	2.22	1.31
MU7.5	—	—	1.93	1.71	1.01
MU5	—	—	—	1.19	0.70

注：1. 对错孔砌筑的砌体，应按表中数值乘以 0.8；
2. 对独立柱或厚度为双排组砌的砌块砌体，应按表中数值乘以 0.7；
3. 对 T 形截面砌体，应按表中数值乘以 0.85；
4. 表中轻骨料混凝土砌块为煤矸石和水泥煤渣混凝土砌块。

轻骨料混凝土砌块砌体的抗压强度设计值（N/mm²）　附表 21-4

砌块强度等级	砂浆强度等级			砂浆强度
	Mb10	Mb7.5	Mb5	0
MU10	3.08	2.76	2.45	1.44
MU7.5	—	2.13	1.88	1.12
MU5	—	—	1.31	0.78

注：1. 表中的砌块为火山渣、浮石和陶粒轻骨料混凝土砌块；
2. 对厚度方向为双排组砌的轻骨料混凝土砌块砌体的坑压强度设计值，应按表中数值乘以 0.8。

毛料石砌体的抗压强度设计值（N/mm²）　附表 21-5

毛料石强度等级	砂浆强度等级			砂浆强度
	M7.5	M5	M2.5	0
MU100	5.42	4.80	4.18	2.13
MU80	4.85	4.29	3.73	1.91
MU60	4.20	3.71	3.23	1.65
MU50	3.83	3.39	2.95	1.51
MU40	3.43	3.04	2.64	1.35
MU30	2.97	2.63	2.29	1.17
MU20	2.42	2.15	1.87	0.95

注：对下列各类料石砌体，应按表中数值分别乘以系数：

细料石砌体　1.5
半细料石砌体　1.3
粗料石砌体　1.2
干砌勾缝石砌体　0.8

毛石砌体的抗压强度设计值（N/mm²）　　附表 21-6

毛石强度等级	砂浆强度等级			砂浆强度
	M7.5	M5	M2.5	0
MU100	1.27	1.12	0.98	0.34
MU80	1.13	1.00	0.87	0.30
MU60	0.98	0.87	0.76	0.26
MU50	0.90	0.80	0.69	0.23
MU40	0.80	0.71	0.62	0.21
MU30	0.69	0.61	0.53	0.18
MU20	0.56	0.51	0.44	0.15

沿砌体灰缝截面破坏时砌体的轴心抗拉强度设计值、弯曲抗拉强度设计值和抗剪强度设计值（N/mm²）　　附表 21-7

强度类别	破坏特征及砌体种类		砂浆强度等级			
			≥M10	M7.5	M5	M2.5
轴心抗拉	沿齿缝	烧结普通砖、烧结多孔砖	0.19	0.16	0.13	0.09
		蒸压灰砂砖，蒸压粉煤灰砖	0.12	0.10	0.08	0.06
		混凝土砌块	0.09	0.08	0.07	—
		毛石	0.08	0.07	0.06	0.04
弯曲抗拉	沿齿缝	烧结普通砖、烧结多孔砖	0.33	0.29	0.23	0.17
		蒸压灰砂砖，蒸压粉煤灰砖	0.24	0.20	0.16	0.12
		混凝土砌块	0.11	0.09	0.08	
		毛石	0.13	0.11	0.09	0.07
	沿通缝	烧结普通砖、烧结多孔砖	0.17	0.14	0.11	0.08
		蒸压灰砂砖，蒸压粉煤灰砖	0.12	0.10	0.08	0.06
		混凝土砌块	0.08	0.06	0.05	—
抗剪	烧结普通砖、烧结多孔砖		0.17	0.14	0.11	0.08
	蒸压灰砂砖，蒸压粉煤灰砖		0.12	0.10	0.08	0.06
	混凝土和轻骨料混凝土砌块		0.09	0.08	0.06	
	毛石		0.21	0.19	0.16	0.11

注：1. 对于用形状规则的块体砌筑的砌体，当搭接长度与块体高度的比值小于 1 时，其轴心抗拉强度设计值 f_t 和弯曲抗拉强度设计值 f_{tm} 应按表中数值乘以搭接长度与块体高度比值后采用；

2. 对孔洞率不大于 35％的双排孔或多排孔轻骨料混凝土砌块砌体的抗剪强度设计值，可按表中混凝土砌块砌体抗剪强度设计值乘以 1.1；

3. 对蒸压灰砂砖、蒸压粉煤灰砖砌体，当有可靠的试验数据时，表中强度设计值，允许作适当调整；

4. 对烧结页岩砖、烧结煤矸石砖、烧结粉煤灰砖砌体，当有可靠的试验数据时，表中强度设计值，允许作适当调整。

附录二十二：受压砌体承载力影响系数 φ、φ_m

影响系数 φ（砂浆强度等级≥M5） 附表 22-1

β	$\frac{e}{h}$或$\frac{e}{h_T}$						
	0	0.025	0.05	0.075	0.1	0.125	0.15
≤3	1	0.99	0.97	0.94	0.89	0.84	0.79
4	0.98	0.95	0.90	0.85	0.80	0.74	0.69
6	0.95	0.91	0.86	0.81	0.75	0.69	0.64
8	0.91	0.86	0.81	0.76	0.70	0.64	0.59
10	0.87	0.82	0.76	0.71	0.65	0.60	0.55
12	0.82	0.77	0.71	0.66	0.60	0.55	0.51
14	0.77	0.72	0.66	0.61	0.56	0.51	0.47
16	0.72	0.67	0.61	0.56	0.52	0.47	0.44
18	0.67	0.62	0.57	0.52	0.48	0.44	0.40
20	0.62	0.57	0.53	0.48	0.44	0.40	0.37
22	0.58	0.53	0.49	0.45	0.41	0.38	0.35
24	0.54	0.49	0.45	0.41	0.38	0.35	0.32
26	0.50	0.46	0.42	0.38	0.35	0.33	0.30
28	0.46	0.42	0.39	0.36	0.33	0.30	0.28
30	0.42	0.39	0.36	0.33	0.31	0.28	0.26

β	$\frac{e}{h}$或$\frac{e}{h_T}$					
	0.175	0.2	0.225	0.25	0.275	0.3
≤3	0.73	0.68	0.62	0.57	0.52	0.48
4	0.64	0.58	0.53	0.49	0.45	0.41
6	0.59	0.54	0.49	0.45	0.42	0.38
8	0.54	0.50	0.46	0.42	0.39	0.36
10	0.50	0.46	0.42	0.39	0.36	0.33
12	0.47	0.43	0.39	0.36	0.33	0.31
14	0.43	0.40	0.36	0.34	0.31	0.29
16	0.40	0.37	0.34	0.31	0.29	0.27
18	0.37	0.34	0.31	0.29	0.27	0.25
20	0.34	0.32	0.29	0.27	0.25	0.23

续表

β	$\frac{e}{h}$或$\frac{e}{h_T}$					
	0.175	0.2	0.225	0.25	0.275	0.3
22	0.32	0.30	0.27	0.25	0.24	0.22
24	0.30	0.28	0.26	0.24	0.22	0.21
26	0.28	0.26	0.24	0.22	0.21	0.19
28	0.26	0.24	0.22	0.21	0.19	0.18
30	0.24	0.22	0.21	0.20	0.18	0.17

影响系数 φ（砂浆强度等级 M2.5） **附表 22-2**

β	$\frac{e}{h}$或$\frac{e}{h_T}$						
	0	0.025	0.05	0.075	0.1	0.125	0.15
≤3	1	0.99	0.97	0.94	0.89	0.84	0.79
4	0.97	0.94	0.89	0.84	0.78	0.73	0.67
6	0.93	0.89	0.84	0.78	0.73	0.67	0.62
8	0.89	0.84	0.78	0.72	0.67	0.62	0.57
10	0.83	0.78	0.72	0.67	0.61	0.56	0.52
12	0.78	0.72	0.67	0.61	0.56	0.52	0.47
14	0.72	0.66	0.61	0.56	0.51	0.47	0.43
16	0.66	0.61	0.56	0.51	0.47	0.43	0.40
18	0.61	0.56	0.51	0.47	0.43	0.40	0.36
20	0.56	0.51	0.47	0.43	0.39	0.36	0.33
22	0.51	0.47	0.43	0.39	0.36	0.33	0.31
24	0.46	0.43	0.39	0.36	0.33	0.31	0.28
26	0.42	0.39	0.36	0.33	0.31	0.28	0.26
28	0.39	0.36	0.33	0.30	0.28	0.26	0.24
30	0.36	0.33	0.30	0.28	0.26	0.24	0.22

β	$\frac{e}{h}$或$\frac{e}{h_T}$					
	0.175	0.2	0.225	0.25	0.275	0.3
≤3	0.73	0.68	0.62	0.57	0.52	0.48
4	0.62	0.57	0.52	0.48	0.44	0.40
6	0.57	0.52	0.48	0.44	0.40	0.37
8	0.52	0.48	0.44	0.40	0.37	0.34
10	0.47	0.43	0.40	0.37	0.34	0.31
12	0.43	0.40	0.37	0.34	0.31	0.29
14	0.40	0.36	0.34	0.31	0.29	0.27
16	0.36	0.34	0.31	0.29	0.26	0.25
18	0.33	0.31	0.29	0.26	0.24	0.23
20	0.31	0.28	0.26	0.24	0.23	0.21

续表

β	$\frac{e}{h}$或$\frac{e}{h_T}$					
	0.175	0.2	0.225	0.25	0.275	0.3
22	0.28	0.26	0.24	0.23	0.21	0.20
24	0.26	0.24	0.23	0.21	0.20	0.18
26	0.24	0.22	0.21	0.20	0.18	0.17
28	0.22	0.21	0.20	0.18	0.17	0.16
30	0.21	0.20	0.18	0.17	0.16	0.15

影响系数 φ（砂浆强度 0） **附表 22-3**

β	$\frac{e}{h}$或$\frac{e}{h_T}$						
	0	0.025	0.05	0.075	0.1	0.125	0.15
≤3	1	0.99	0.97	0.94	0.89	0.84	0.79
4	0.87	0.82	0.77	0.71	0.66	0.60	0.55
6	0.76	0.70	0.65	0.59	0.54	0.50	0.46
8	0.63	0.58	0.54	0.49	0.45	0.41	0.38
10	0.53	0.48	0.44	0.41	0.37	0.34	0.32
12	0.44	0.40	0.37	0.34	0.31	0.29	0.27
14	0.36	0.33	0.31	0.28	0.26	0.24	0.23
16	0.30	0.28	0.26	0.24	0.22	0.21	0.19
18	0.26	0.24	0.22	0.21	0.19	0.18	0.17
20	0.22	0.20	0.19	0.18	0.17	0.16	0.15
22	0.19	0.18	0.16	0.15	0.14	0.14	0.13
24	0.16	0.15	0.14	0.13	0.13	0.12	0.11
26	0.14	0.13	0.13	0.12	0.11	0.11	0.10
28	0.12	0.12	0.11	0.11	0.10	0.10	0.09
30	0.11	0.10	0.10	0.09	0.09	0.09	0.08

β	$\frac{e}{h}$或$\frac{e}{h_T}$					
	0.175	0.2	0.225	0.25	0.275	0.3
≤3	0.73	0.68	0.62	0.57	0.52	0.48
4	0.51	0.46	0.43	0.39	0.36	0.33
6	0.42	0.39	0.36	0.33	0.30	0.28
8	0.35	0.32	0.30	0.28	0.25	0.24
10	0.29	0.27	0.25	0.23	0.22	0.20
12	0.25	0.23	0.21	0.20	0.19	0.17
14	0.21	0.20	0.18	0.17	0.16	0.15
16	0.18	0.17	0.16	0.15	0.14	0.13
18	0.16	0.15	0.14	0.13	0.12	0.12
20	0.14	0.13	0.12	0.12	0.11	0.10
22	0.12	0.12	0.11	0.10	0.10	0.09
24	0.11	0.10	0.10	0.09	0.09	0.08
26	0.10	0.09	0.09	0.08	0.08	0.07
28	0.09	0.08	0.08	0.08	0.07	0.07
30	0.08	0.07	0.07	0.07	0.07	0.06

影响系数 φ_n（网状配筋砌体） 附表 22-4

100ρ	β \ e/h	0	0.05	0.10	0.15	0.17
0.1	4	0.97	0.89	0.78	0.67	0.63
	6	0.93	0.84	0.73	0.62	0.58
	8	0.89	0.78	0.67	0.57	0.53
	10	0.84	0.72	0.62	0.52	0.48
	12	0.78	0.67	0.56	0.48	0.44
	14	0.72	0.61	0.52	0.44	0.41
	16	0.67	0.56	0.47	0.40	0.37
0.3	4	0.96	0.87	0.76	0.65	0.61
	6	0.91	0.80	0.69	0.59	0.55
	8	0.84	0.74	0.62	0.53	0.49
	10	0.78	0.67	0.56	0.47	0.44
	12	0.71	0.60	0.51	0.43	0.40
	14	0.64	0.54	0.46	0.38	0.36
	16	0.58	0.49	0.41	0.35	0.32
0.5	4	0.94	0.85	0.74	0.63	0.59
	6	0.88	0.77	0.66	0.56	0.52
	8	0.81	0.69	0.59	0.50	0.46
	10	0.73	0.62	0.52	0.44	0.41
	12	0.65	0.55	0.46	0.39	0.36
	14	0.58	0.49	0.41	0.35	0.32
	16	0.51	0.43	0.36	0.31	0.29
0.7	4	0.93	0.83	0.72	0.61	0.57
	6	0.86	0.75	0.63	0.53	0.50
	8	0.77	0.66	0.56	0.47	0.43
	10	0.68	0.58	0.49	0.41	0.38
	12	0.60	0.50	0.42	0.36	0.33
	14	0.52	0.44	0.37	0.31	0.30
	16	0.46	0.38	0.33	0.28	0.26
0.9	4	0.92	0.82	0.71	0.60	0.56
	6	0.83	0.72	0.61	0.52	0.48
	8	0.73	0.63	0.53	0.45	0.42
	10	0.64	0.54	0.46	0.38	0.36
	12	0.55	0.47	0.39	0.33	0.31
	14	0.48	0.40	0.34	0.29	0.27
	16	0.41	0.35	0.30	0.25	0.24
1.0	4	0.91	0.81	0.70	0.59	0.55
	6	0.82	0.71	0.60	0.51	0.47
	8	0.72	0.61	0.52	0.43	0.41
	10	0.62	0.53	0.44	0.37	0.35
	12	0.54	0.45	0.38	0.32	0.30
	14	0.46	0.39	0.33	0.28	0.26
	16	0.39	0.34	0.28	0.24	0.23

附录二十三：钢材和连接的设计指标

钢材的强度设计值（N/mm²）　　附表 23-1

牌号	厚度或直径（mm）	抗拉、抗压、和抗弯 f	抗剪 f_V	端面承压（刨平顶紧）f_{ce}	钢材名义屈服强度 f_y	极限抗拉强度最小值 f_u
Q235	≤16	215	125	325	235	370
	>16～40	205	120		225	370
	>40～60	200	115		215	370
	>60～100	200	115		205	370
Q345	≤16	300	175	400	345	470
	>16～40	295	170		335	470
	>40～63	290	165		325	470
	>63～80	280	160		315	470
	>80～100	270	155		305	470
Q390	≤16	345	200	415	390	490
	>16～40	330	190		370	490
	>40～63	310	180		350	490
	>63～80	295	170		330	490
	>80～100	295	170		330	490
Q420	≤16	375	215	440	420	520
	>16～40	355	205		400	520
	>40～63	320	185		380	520
	>63～80	305	175		360	520
	>80～100	305	175		360	520
Q460	≤16	410	235	470	460	550
	>16～40	390	225		440	550
	>40～63	355	205		420	550
	>63～80	340	195		400	550
	>80～100	340	195		400	550
Q345GJ	>16～35	310	180	415	345	490
	>35～50	290	170		335	490
	>50～100	285	165		325	490

注：1. GJ 钢的名义屈服强度取上屈服强度，其他均取下屈服强度。
2. 表中厚度系指计算点的钢材厚度，对轴心受拉和轴心受压构件系指截面中较厚板件的厚度。

焊缝的强度设计值（N/mm²） 附表 23-2

焊接方法和焊条型号	钢材牌号规格和标准号		对接焊缝				角焊缝
	牌号	厚度或直径（m）	抗压 f_c^w	焊缝质量为下列等级时，抗拉 f_t^w		抗剪 f_v^w	抗拉、抗压和抗剪 f_f^w
				一级、二级	三级		
自动焊、半自动焊和E43型焊条手工焊	Q235钢	≤16	215	215	185	125	160
		>16～40	205	205	175	120	
		>40～60	200	200	170	115	
		>60～100	200	200	170	115	
自动焊、半自动焊和E50、E55型焊条手工焊	Q345钢	≤16	305	305	260	175	200
		>16～40	295	295	250	170	
		>40～63	290	290	245	165	
		>63～80	280	280	240	160	
		>80～100	270	270	230	155	
自动焊、半自动焊和E50、E55型焊条手工焊	Q390钢	≤16	345	345	295	200	200(E50) 220(E55)
		>16～40	330	330	280	190	
		>40～63	310	310	265	180	
		>63～80	295	295	250	170	
		>80～100	295	295	250	170	
自动焊、半自动焊和E55、E60型焊条手工焊	Q420钢	≤16	375	375	320	215	220(E55) 240(E60)
		>16～40	355	355	300	205	
		>40～63	320	320	270	185	
		>63～80	305	305	260	175	
		>80～100	305	305	260	175	
自动焊、半自动焊和E55、E60型焊条手工焊	Q460钢	≤16	410	410	350	235	220(E55) 240(E60)
		>16～40	390	390	330	225	
		>40～63	355	355	300	205	
		>63～80	340	340	290	195	
		>80～100	340	340	290	195	
自动焊、半自动焊和E50、E55型焊条手工焊	Q345GJ钢	>16～35	310	310	265	180	200
		>35～50	290	290	245	170	
		>50～100	285	285	240	165	

注：1. 手工焊用焊条、自动焊和半自动焊所采用的焊丝和焊剂，应保证其熔敷金属的力学性能不低于母材的性能。
2. 焊缝质量等级应符合现行国家标准《钢结构焊接规范》GB 50661 的规定，其检验方法应符合现行国家标准《钢结构工程施工质量验收规范》GB 50205 的规定。其中厚度小于 8mm 钢材的对接焊缝，不应采用超声波探伤确定焊缝质量等级。
3. 对接焊缝在受压区的抗弯强度设计值取 f_c^w，在受拉区的抗弯强度设计值取 f_t^w。
4. 表中厚度系指计算点的钢材厚度，对轴心受拉和轴心受压构件系指截面中较厚板件的厚度。
5. 进行无垫板的单面施焊对接焊缝的连接计算时，上表规定的强度设计值应乘折减系数 0.85。

螺栓连接的强度设计值（N/mm²） **附表 23-3**

螺栓的性能等级、锚栓和构件钢材的牌号		普通螺栓						锚栓	承压型或网架用高强度螺栓		
		C级螺栓			A级、B级螺栓						
		抗拉 f_t^b	抗剪 f_v^b	承压 f_c^b	抗拉 f_t^b	抗剪 f_v^b	承压 f_c^b	抗拉 f_t^b	抗拉 f_t^b	抗剪 f_v^b	承压 f_c^b
普通螺栓	4.6级、4.8级	170	140	—	—	—	—	—	—	—	—
	5.6级	—	—	—	210	190	—	—	—	—	—
	8.8级	—	—	—	400	320	—	—	—	—	—
锚栓	Q235钢	—	—	—	—	—	—	140	—	—	—
	Q345钢	—	—	—	—	—	—	180	—	—	—
	Q390钢	—	—	—	—	—	—	185	—	—	—
承压型连接高强度螺栓	8.8级	—	—	—	—	—	—	—	400	250	—
	10.9级	—	—	—	—	—	—	—	500	310	—
螺栓球网架用高强度螺栓	9.8级	—	—	—	—	—	—	—	385	—	—
	10.9级	—	—	—	—	—	—	—	430	—	—
构件	Q235钢	—	—	305	—	—	405	—	—	—	470
	Q345钢	—	—	385	—	—	510	—	—	—	590
	Q390钢	—	—	400	—	—	530	—	—	—	615
	Q420钢	—	—	425	—	—	560	—	—	—	655
	Q460钢	—	—	450	—	—	595	—	—	—	695
	Q345GJ钢	—	—	400	—	—	530	—	—	—	615

注：1. A级螺栓用于 $d \leqslant 24$mm 和 $L \leqslant 10d$ 或 $L \leqslant 150$mm（按较小值）的螺栓；B级螺栓用于 $d > 24$mm 和 $L > 10d$ 或 $L > 150$mm（按较小值）的螺栓；d 为公称直径，L 为螺栓公称长度。

2. A、B级螺栓孔的精度和孔壁表面粗糙度，C级螺栓孔的允许偏差和孔壁表面粗糙度，均应符合现行国家标准《钢结构工程施工质量验收规范》GB 50205 的要求。

3. 用于螺栓球节点网架的高强度螺栓，M12～M36 为 10.9 级，M39～M64 为 9.8 级。

普通螺栓规格 **附表 23-4**

公称直径 d(mm)	12	14	16	18	20	22	24	27	30
螺距 t(mm)	1.75	2.0	2.0	2.5	2.5	2.5	3.0	3.0	3.5
中径 d_2(mm)	10.863	12.701	14.701	16.376	18.376	20.376	22.052	25.052	27.727
内径 d_1(mm)	10.106	11.835	13.835	15.294	17.294	19.294	20.752	23.752	26.211
计算净截面积 A_n(cm²)	0.84	1.15	1.57	1.92	2.45	3.03	3.53	4.59	5.61

注：计算净截面积按下式算得：$A_n = \frac{\pi}{4}\left(\frac{d_2 + d_3}{2}\right)^2$，式中 $d_3 = d_1 - 0.1444t$。

Q235 钢（Q345 钢）锚栓规格 附表 23-5

锚栓直径 d (mm)	锚栓截面有效面积 A_c (cm^2)	连接尺寸				锚固长度及细部尺寸								每个锚栓的受拉承载力设计值 N_t^a (kN)
						Ⅰ型		Ⅱ型		Ⅲ型				
		单螺母		双螺母		锚固长度 l(mm) 基础混凝土的强度等级						锚板尺寸		
		a (mm)	b (mm)	c (mm)	d (mm)	C15	C20	C15	C20	C15	C20	c (mm)	t (mm)	
20	2.448	45	75	60	90	500(600)	400(500)							34.3(44.1)
22	3.034	45	75	65	95	550(660)	440(550)							42.5(54.6)
24	3.525	50	80	70	100	600(720)	480(600)							49.4(63.5)
27	4.594	50	80	75	105	675(810)	540(675)							64.3(82.7)
30	5.606	55	85	80	110	750(900)	600(750)							78.5(100.9)
33	6.936	55	90	85	120	825(990)	660(625)							97.1(124.8)
36	8.167	60	95	90	125	900(1080)	720(900)							114.3(147.0)
39	9.758	65	100	95	130	1000(1170)	780(1000)							136.6(175.6)
42	11.21	70	105	100	135			1050(1260)	840(1050)	630(755)	505(630)	140	20	156.9(201.8)
45	13.06	75	110	105	140			1125(1350)	900(1125)	675(810)	540(675)	140	20	182.8(235.1)
48	14.73	80	120	110	150			1200(1440)	960(1200)	720(865)	575(720)	200	20	206.2(265.1)
52	17.58	85	125	120	160			1300(1560)	1040(1300)	780(935)	625(780)	200	20	246.1(316.4)
56	20.30	90	130	130	170			1400(1680)	1120(1400)	840(1010)	670(840)	200	20	284.2(365.4)
60	23.62	95	135	140	180			1500(1800)	1200(1500)	900(1080)	720(900)	240	25	330.7(425.2)
64	26.76	100	145	150	195			1600(1920)	1280(1600)	960(1150)	770(960)	240	25	374.6(481.7)
68	30.55	105	150	160	205			1700(2040)	1360(1700)	1020(1225)	815(1020)	280	30	427.7(549.9)
72	34.60	110	155	170	215			1800(2160)	1440(1800)	1080(1300)	865(1080)	280	30	484.4(622.8)
76	38.89	115	160	180	225			1900(2280)	1520(1900)	1140(1370)	910(1140)	320	30	544.5(700.0)
80	43.44	120	165	190	235			2000(2400)	1600(2000)	1200(1440)	960(1200)	350	40	608.2(781.9)
85	49.48	130	180	200	250			2125(2550)	1700(2125)	1275(1530)	1020(1275)	350	40	692.7(890.6)
90	55.91	140	190	210	260			2250(2700)	1800(2250)	1350(1620)	1080(1350)	400	40	782.7(1006)
95	62.73	150	200	220	270			2375(2850)	1900(2375)	1425(1710)	1140(1425)	450	45	878.2(1129)
100	69.95	160	210	230	280			2500(3000)	2000(2500)	1500(1800)	1200(1500)	500	45	979.3(1259)

注：Q345 钢锚栓规格按括号内的数值选取。

热轧角钢的规线距离　　附表 23-6

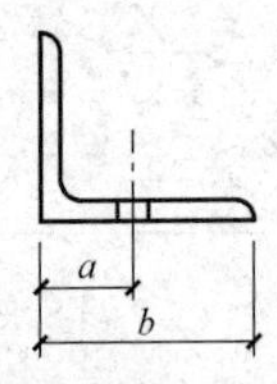

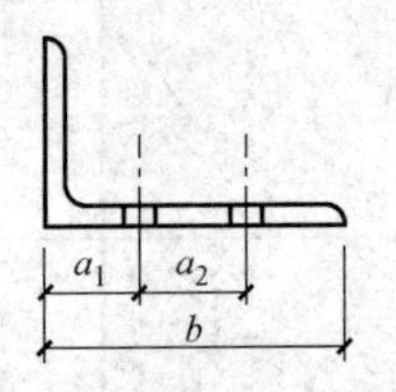

边宽 b（mm）	单行排列		交错排列			双行排列		
	a（mm）	孔的最大直径（mm）	a_1（mm）	a_2（mm）	孔的最大直径（mm）	a_1（mm）	a_2（mm）	孔的最大直径（mm）
45	25	11	—	—	—	—	—	—
50	30	13	—	—	—	—	—	—
56	30	15	—	—	—	—	—	—
63	35	17	—	—	—	—	—	—
70	40	19	—	—	—	—	—	—
75	45	21.5	—	—	—	—	—	—
80	45	21.5	—	—	—	—	—	—
90	50	23.5	—	—	—	—	—	—
100	55	23.5	—	—	—	—	—	—
110	60	25.5	—	—	—	—	—	—
125	70	25.5	55	35	23.5	—	—	—
140	—	—	60	45	23.5	55	60	19
160	—	—	60	65	25.5	60	70	23.5
180	—	—	—	—	—	65	80	25.5
200	—	—	—	—	—	80	80	25.5

附录二十四：型钢的截面特征值

热轧普通工字钢　　附表 24-1

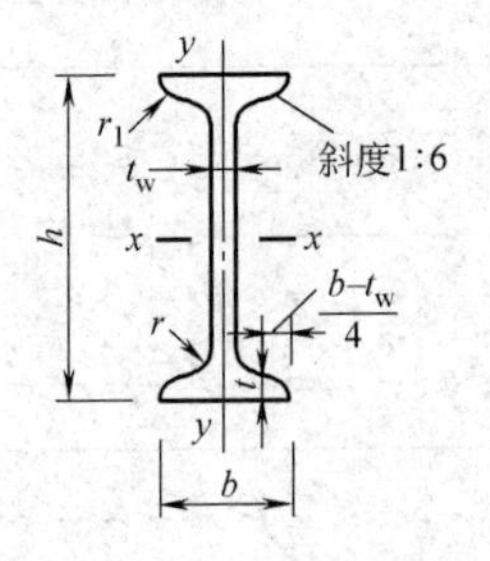

I—截面惯性矩；
W—截面抵抗矩；
S—半截面面积矩；
i—截面回转半径。

续表

型号	尺寸 (mm)						截面面积 A (cm²)	每米重量 (kg/m)	截面特性						
									x-x 轴				y-y 轴		
	h	b	t_w	t	r	r_1			I_x (cm⁴)	W_x (cm³)	S_x (cm³)	i_x (cm)	I_y (cm⁴)	W_y (cm³)	i_y (cm)
Ⅰ10	100	68	4.5	7.6	6.5	3.3	14.33	11.25	245	49.0	28.2	4.14	32.8	9.6	1.51
Ⅰ12.6	126	74	5.0	8.4	7.0	3.5	18.10	14.21	488	77.4	44.2	5.19	46.9	12.7	1.61
Ⅰ14	140	80	5.5	9.1	7.5	3.8	21.50	16.88	712	101.7	58.4	5.75	64.3	16.1	1.73
Ⅰ16	160	88	6.0	9.9	8.0	4.0	26.1	20.50	1127	140.9	80.8	6.57	93.1	21.1	1.89
Ⅰ18	180	94	6.5	10.7	8.5	4.3	30.74	24.13	1699	185.4	106.5	7.37	122.9	26.2	2.00
Ⅰ20a	200	100	7.0	11.4	9.0	4.5	35.55	27.91	2369	236.9	136.1	8.16	157.9	31.6	2.11
Ⅰ20b	200	102	9.0	11.4	9.0	4.5	39.55	31.05	2502	250.2	146.1	7.95	169.0	33.1	2.07
Ⅰ22a	220	110	7.5	12.3	9.5	4.8	42.10	33.05	3406	309.6	177.7	8.99	225.9	41.1	2.32
Ⅰ22b	220	112	9.5	12.3	9.5	4.8	46.50	36.50	3583	325.8	189.8	8.78	240.2	42.9	2.27
Ⅰ25a	250	116	8.0	13.0	10.0	5.0	48.51	38.08	5017	401.4	230.7	10.17	280.4	48.4	2.40
Ⅰ25b	250	118	10.0	13.0	10.0	5.0	53.51	42.01	5278	422.2	246.3	9.93	297.3	50.4	2.36
Ⅰ28a	280	122	8.5	13.7	10.5	5.3	55.37	43.47	7115	508.2	292.7	11.34	344.1	56.4	2.49
Ⅰ28b	280	124	10.5	13.7	10.5	5.3	60.97	47.86	7481	534.4	312.3	11.08	363.8	58.7	2.44
Ⅰ32a	320	130	9.5	15.0	11.5	5.8	67.12	52.69	11080	692.5	400.5	12.85	459.0	70.6	2.62
Ⅰ32b	320	132	11.5	15.0	11.5	5.8	73.52	57.71	11626	726.7	426.1	12.58	483.8	73.3	2.57
Ⅰ32c	320	134	13.5	15.0	11.5	5.8	79.92	62.74	12173	760.8	451.7	12.34	510.1	76.1	2.53
Ⅰ36a	360	136	10.0	15.8	12.0	6.0	76.44	60.00	15796	877.6	508.8	12.38	554.9	81.6	2.69
Ⅰ36b	360	138	12.0	15.8	12.0	6.0	83.64	65.66	16574	920.8	541.2	14.08	583.6	84.6	2.64
Ⅰ36c	360	140	14.0	15.8	12.0	6.0	90.84	71.31	17351	964.0	573.6	13.82	614.0	87.7	2.60
Ⅰ40a	400	142	10.5	16.5	12.5	6.3	86.07	67.56	21714	1085.7	631.2	15.88	659.9	92.9	2.77
Ⅰ40b	400	144	12.5	16.5	12.5	6.3	94.07	73.84	22781	1139.0	671.2	15.56	692.8	96.2	2.71
Ⅰ40c	400	146	14.5	16.5	12.5	6.3	102.07	80.12	23847	1192.4	711.2	15.29	727.5	99.7	2.67
Ⅰ45a	450	150	11.5	18.0	13.5	6.8	102.40	80.38	32241	1432.9	836.4	17.74	855.0	114.0	2.89
Ⅰ45b	450	152	13.5	18.0	13.5	6.8	111.40	87.45	33759	1500.4	887.1	17.41	895.4	117.8	2.84
Ⅰ45c	450	154	15.5	18.0	13.5	6.8	120.40	94.51	35278	1567.9	937.7	17.12	938.0	121.8	2.79
Ⅰ50a	500	158	12.0	20.0	14.0	7.0	119.25	93.61	46472	1858.9	1084.1	19.74	1121.5	142.0	3.07
Ⅰ50b	500	160	14.0	20.0	14.0	7.0	129.25	101.46	48556	1942.2	1146.6	19.38	1171.4	146.4	3.01
Ⅰ50c	500	162	16.0	20.0	14.0	7.0	139.25	109.31	50639	2025.6	1209.1	19.07	1223.9	151.1	2.96
Ⅰ56a	560	166	12.5	21.0	14.5	7.3	135.38	106.27	65576	2342.0	1368.8	22.01	1365.8	164.6	3.18
Ⅰ56b	560	168	14.5	21.0	14.5	7.3	146.58	115.06	68503	2446.5	1447.2	21.62	1423.8	169.5	3.12
Ⅰ56c	560	170	16.5	21.0	14.5	7.3	157.78	123.85	71430	2551.1	1525.6	21.28	1484.8	174.7	3.07
Ⅰ63a	630	176	13.0	22.0	15.0	7.5	154.59	121.36	94004	2984.3	1747.4	24.66	1702.4	193.5	3.32
Ⅰ63b	630	178	15.0	22.0	15.0	7.5	167.19	131.35	98171	3116.6	1846.6	24.23	1770.7	199.0	3.25
Ⅰ63c	630	180	17.0	22.0	15.0	7.5	179.79	141.14	102339	3248.9	1945.9	23.86	1842.4	204.7	3.20

注：普通工字钢的通常长度：Ⅰ10～Ⅰ18，为5～19m；Ⅰ20～Ⅰ63，为6～19m。

热轧普通槽钢表 **附表 24-2**

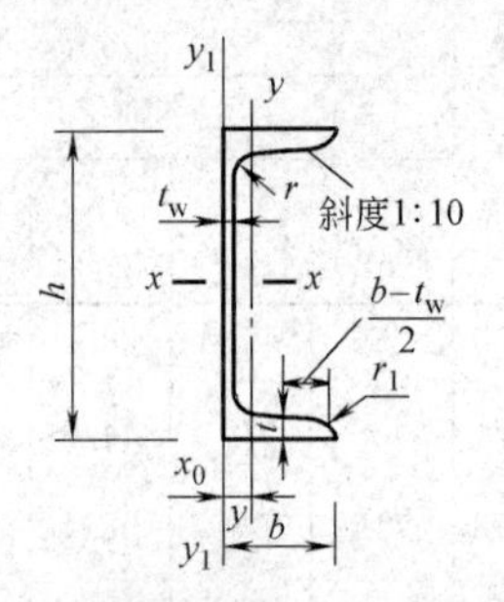

I—截面惯性矩；
W—截面抵抗矩；
S—半截面面积矩；
i—截面回转半径。

型号	尺寸 (mm)						截面面积 A (cm²)	每米重量 (kg/m)	截面特性									
									x_0 (cm)	x-x 轴				y-y 轴				y_1-y_1 轴
	h	b	t_w	t	r	r_1				I_x (cm⁴)	W_x (cm³)	S_x (cm³)	i_x (cm)	I_y (cm⁴)	W_{ymax} (cm³)	W_{ymin} (cm³)	i_y (cm)	I_{y1} (cm⁴)
⊏5	50	37	4.5	7.0	7.0	3.50	6.92	5.44	1.35	26.0	10.4	6.4	1.94	8.3	6.2	3.5	1.10	20.9
⊏6.3	63	40	4.8	7.5	7.5	3.75	8.45	6.63	1.39	51.2	16.3	9.8	2.46	11.9	8.5	4.6	1.19	28.3
⊏8	80	43	5.0	8.0	8.0	4.00	10.24	8.04	1.42	101.3	25.3	15.1	3.14	16.6	11.7	5.8	1.27	37.4
⊏10	100	48	5.3	8.5	8.5	4.25	12.74	10.00	1.52	198.3	39.7	23.5	3.94	25.6	16.9	7.8	1.42	54.9
⊏12.6	126	53	5.5	9.0	9.0	4.50	15.69	12.31	1.59	388.5	61.7	36.4	4.98	38.0	23.9	10.3	1.56	77.8
⊏14a	140	58	6.0	9.5	9.5	4.75	18.51	14.53	1.71	563.7	80.5	47.5	5.52	53.2	31.2	13.0	1.70	107.2
⊏14b	140	60	8.0	9.5	9.5	4.75	21.31	16.73	1.67	609.4	87.1	52.4	5.35	61.2	36.6	14.1	1.69	120.6
⊏16a	160	63	6.5	10.0	10.0	5.00	21.95	17.23	1.79	866.2	108.3	63.9	6.28	73.4	40.9	16.3	1.83	144.1
⊏16b	160	65	8.5	10.0	10.0	5.00	25.15	19.75	1.75	934.5	116.8	70.3	6.10	83.4	47.6	17.6	1.82	160.8
⊏18a	180	68	7.0	10.5	10.5	5.25	25.69	20.17	1.88	1272.7	141.4	83.5	7.04	98.6	52.3	20.0	1.96	189.7
⊏18b	180	70	9.0	10.5	10.5	5.25	29.29	22.99	1.84	1369.9	152.2	91.6	6.84	111.0	60.4	21.5	1.95	210.1
⊏20a	200	73	7.0	110	11.0	5.50	28.83	22.63	2.01	1780.4	178.0	104.7	7.86	128.0	63.8	24.2	2.11	244.0
⊏20b	200	75	9.0	11.0	11.0	5.50	32.83	25.77	1.95	1913.7	191.4	114.7	7.64	143.6	73.7	25.9	2.09	268.4
⊏22a	220	77	7.0	11.5	11.5	5.75	31.84	24.99	2.10	2393.9	217.6	127.6	8.67	157.8	75.1	28.3	2.33	298.2
⊏22b	220	79	9.0	11.5	11.5	5.75	36.24	28.45	2.03	2571.3	233.8	139.7	8.42	176.5	86.8	30.1	2.21	326.3
⊏25a	250	78	7.0	12.0	12.0	6.00	34.91	27.40	2.07	3359.1	268.7	157.8	9.81	175.9	85.1	30.7	2.24	324.8
⊏25b	250	80	9.0	12.0	12.0	6.00	39.91	31.33	1.99	3619.5	289.6	173.5	9.52	196.4	98.5	32.7	2.23	355.1
⊏25c	250	82	11.0	12.0	12.0	6.00	44.91	35.25	1.96	3880.0	310.4	189.1	9.30	215.9	110.1	34.6	2.19	388.6
⊏28a	280	82	7.5	12.5	12.5	6.25	40.02	31.42	2.09	4752.5	339.5	200.2	10.90	217.9	104.1	35.7	2.33	393.3
⊏28b	280	84	9.5	12.5	12.5	6.25	45.62	35.81	2.02	5118.4	365.6	219.8	10.59	241.5	119.3	37.9	2.30	428.5
⊏28c	280	86	11.5	12.5	12.5	6.25	51.22	40.21	1.99	5484.3	391.7	239.4	10.35	284.1	132.6	40.0	2.27	467.3
⊏32a	320	88	8.0	14.0	14.0	7.00	48.50	38.07	2.24	7510.6	469.4	276.9	12.44	304.7	136.2	46.4	2.51	547.5
⊏32b	320	90	10.0	14.0	14.0	7.00	54.90	43.10	2.16	8056.8	503.5	302.5	12.11	335.6	155.0	49.1	2.47	592.9
⊏32c	320	92	12.0	14.0	14.0	7.00	61.30	48.12	2.13	8602.9	537.7	328.1	11.85	365.0	171.5	51.6	2.44	642.7
⊏36a	360	96	9.0	16.0	16.0	8.00	60.89	47.80	2.44	11874.1	659.7	389.9	13.96	455.0	186.2	63.6	2.73	818.5
⊏36b	360	98	11.0	16.0	16.0	8.00	68.09	53.45	2.37	12651.7	702.9	422.3	13.63	496.7	209.2	66.9	2.70	880.5
⊏36c	360	100	13.0	16.0	16.0	8.00	75.29	59.10	2.34	13429.3	746.1	454.7	13.36	536.6	229.5	70.0	2.67	948.0
⊏40a	400	100	10.5	18.0	18.0	9.00	75.04	58.91	2.49	17577.7	878.9	524.4	15.30	592.0	237.6	78.8	2.81	1057.9
⊏40b	400	102	12.5	18.0	18.0	9.00	83.04	65.19	2.44	18644.4	932.2	564.4	14.98	640.6	262.4	82.6	2.78	1135.8
⊏40c	400	104	14.5	18.0	18.0	9.00	91.04	71.47	2.42	19711.0	985.6	604.4	14.71	687.8	284.4	86.2	2.75	1220.3

注：普通槽钢的通常长度：⊏5～⊏8，为 5～12m；⊏10～⊏18，为 5～19m，⊏20～⊏40，为 6～19m。

附表 24-3

热轧等边角钢

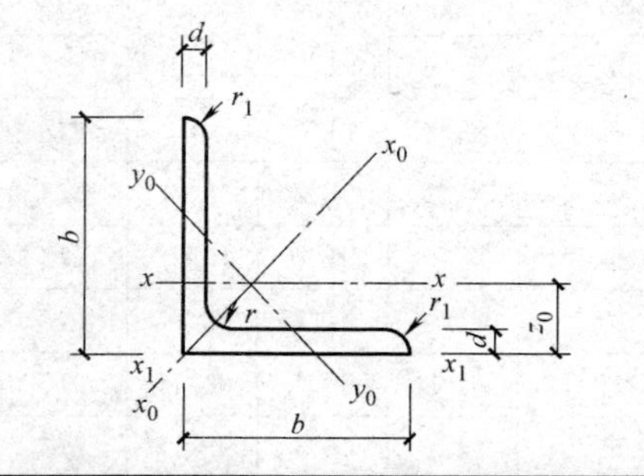

b—肢宽；I—截面惯性矩；z_0—形心距离；
d—肢厚；W—截面抵抗矩；$r_1=d/3$（肢端圆弧半径）；
r—内圆弧半径；i—回转半径。

尺寸(mm)			截面面积	重量	表面积	x-x				x_0-x_0			y_0-y_0				x_1-x_1	z_0
b	d	r	A(cm²)	(kg/m)	(m²/m)	I_x (cm⁴)	i_x (cm)	W_{xmin} (cm³)	W_{xmax} (cm³)	I_{x0} (cm⁴)	i_{x0} (cm)	W_{x0} (cm³)	I_{y0} (cm⁴)	i_{y0} (cm)	W_{y0min} (cm³)	W_{y0max} (cm³)	I_{x1} (cm⁴)	(cm)
20	3	3.5	1.132	0.889	0.078	0.40	0.59	0.29	0.66	0.63	0.746	0.445	0.17	0.388	0.20	0.23	0.81	0.60
	4		1.459	1.145	0.077	0.50	0.59	0.36	0.78	0.78	0.731	0.552	0.22	0.388	0.24	0.29	1.09	0.64
25	3	3.5	1.432	1.124	0.098	0.82	0.76	0.46	1.12	1.29	0.949	0.730	0.34	0.487	0.33	0.37	1.57	0.73
	4		1.859	1.459	0.097	1.03	0.74	0.59	1.34	1.62	0.934	0.916	0.43	0.481	0.40	0.47	2.11	0.76
30	3	4.5	1.749	1.373	0.117	1.46	0.91	0.68	1.72	2.31	1.149	1.089	0.61	0.591	0.51	0.56	2.71	0.85
	4		2.276	1.786	0.117	1.84	0.90	0.87	2.08	2.92	1.133	1.376	0.77	0.582	0.62	0.71	3.63	0.89
36	3	4.5	2.109	1.656	0.141	2.58	1.11	0.99	2.59	4.09	1.393	1.607	1.07	0.712	0.76	0.82	4.67	1.00
	4		2.756	2.163	0.141	3.29	1.09	1.28	3.18	5.22	1.376	2.051	1.37	0.705	0.93	1.05	6.25	1.04
	5		3.382	2.654	0.141	3.95	1.08	1.56	3.68	6.24	1.358	2.451	1.65	0.698	1.09	1.26	7.84	1.07
40	3	5	2.359	1.852	0.157	3.59	1.23	1.23	3.28	5.69	1.553	2.012	1.49	0.795	0.96	1.03	6.41	1.09
	4		3.086	2.422	0.157	4.60	1.22	1.60	4.05	7.29	1.537	2.577	1.91	0.787	1.19	1.31	8.56	1.13
	5		3.791	2.976	0.156	5.53	1.21	1.96	4.72	8.76	1.520	3.097	2.30	0.779	1.39	1.58	10.74	1.17
45	3	5	2.659	2.088	0.177	5.17	1.39	1.58	4.25	8.20	1.756	2.577	2.14	0.897	1.24	1.31	9.12	1.22
	4		3.486	2.736	0.177	6.65	1.38	2.05	5.29	10.56	1.740	3.319	2.75	0.888	1.54	1.69	12.18	1.26

续表

尺寸(mm)			截面面积 $A(cm^2)$	重量 (kg/m)	表面积 (m^2/m)	x-x				x_0-x_0			y_0-y_0				x_1-x_1	z_0 (cm)
b	d	r				I_x (cm^4)	i_x (cm)	W_{xmin} (cm^3)	W_{xmax} (cm^3)	I_{x0} (cm^4)	i_{x0} (cm)	W_{x0} (cm^3)	I_{y0} (cm^4)	i_{y0} (cm)	W_{y0min} (cm^3)	W_{y0max} (cm^3)	I_{x1} (cm^4)	
45	5	5	4.292	3.369	0.176	8.04	1.37	2.51	6.20	12.74	1.723	4.004	3.33	0.881	1.81	2.04	15.25	1.30
	6		5.076	3.985	0.176	9.33	1.36	2.95	6.99	14.76	1.705	4.639	3.89	0.875	2.06	2.38	18.36	1.33
50	3	5.5	2.971	2.332	0.197	7.18	1.55	1.96	5.36	11.37	1.956	3.216	2.98	1.002	1.57	1.64	12.50	1.34
	4		3.897	3.059	0.197	9.26	1.54	2.56	6.70	14.69	1.942	4.155	3.82	0.990	1.96	2.11	16.69	1.38
	5		4.803	3.770	0.196	11.21	1.53	3.13	7.90	17.79	1.925	5.032	4.63	0.982	2.31	2.56	20.90	1.42
	6		5.688	4.465	0.196	13.05	1.51	3.68	8.95	20.68	1.907	5.849	5.42	0.976	2.63	2.98	25.14	1.46
56	3	6	3.343	2.624	0.221	10.19	1.75	2.48	6.86	16.14	2.197	4.076	4.24	1.126	2.02	2.09	17.56	1.48
	4		4.390	3.446	0.220	13.18	1.73	3.24	8.63	20.92	2.183	5.283	5.45	1.114	2.52	2.69	23.43	1.53
	5		5.415	4.251	0.220	16.02	1.72	3.97	10.22	25.42	2.167	6.419	6.61	1.105	2.98	3.26	29.33	1.57
	8		8.367	6.568	0.219	28.63	1.85	6.03	14.06	37.37	2.113	9.437	9.89	1.087	4.16	4.85	47.24	1.68
63	4	7	4.978	3.907	0.248	19.03	1.96	4.13	11.22	30.17	2.462	6.772	7.89	1.259	3.29	3.45	33.35	1.70
	5		6.143	4.822	0.248	23.17	1.94	5.08	13.33	36.77	2.447	8.254	9.57	1.248	3.90	4.20	41.73	1.74
	6		7.288	5.721	0.247	27.12	1.93	6.00	15.26	43.03	2.430	9.659	11.20	1.240	4.46	4.91	50.14	1.78
	8		9.515	7.469	0.247	34.46	1.90	7.75	18.59	54.56	2.395	12.247	14.33	1.227	5.47	6.26	67.11	1.85
	10		11.657	9.151	0.246	41.09	1.88	9.39	21.34	64.85	2.359	14.557	17.33	1.219	6.37	7.53	84.31	1.93
70	4	8	5.570	4.372	0.275	26.39	2.18	5.14	14.16	41.80	2.739	8.445	10.99	1.405	4.17	4.32	45.74	1.86
	5		6.875	5.397	0.275	32.21	2.16	6.32	16.89	51.08	2.726	10.320	13.34	1.393	4.95	5.26	57.21	1.91
	6		8.160	6.406	0.275	37.77	2.15	7.48	19.39	59.93	2.710	12.108	15.61	1.383	5.67	6.16	68.73	1.95
	7		9.424	7.398	0.275	43.09	2.14	8.59	21.68	68.35	2.693	13.809	17.82	1.375	6.34	7.02	80.29	1.99
	8		10.667	8.373	0.274	48.17	2.13	9.68	23.79	76.37	2.676	15.429	19.98	1.369	6.98	7.86	91.92	2.03
75	5	9	7.412	5.818	0.295	39.96	2.32	7.30	19.73	63.30	2.922	11.936	16.61	1.497	5.80	6.10	70.36	2.03

续表

尺寸(mm)			截面面积 $A(cm^2)$	重量 (kg/m)	表面积 (m^2/m)	x-x				x_0-x_0			y_0-y_0				x_1-x_1	z_0 (cm)
b	d	r				I_x (cm^4)	i_x (cm)	W_{xmin} (cm^3)	W_{xmax} (cm^3)	I_{x0} (cm^4)	i_{x0} (cm)	W_{x0} (cm^3)	I_{y0} (cm^4)	i_{y0} (cm)	W_{y0min} (cm^3)	W_{y0max} (cm^3)	I_{x1} (cm^4)	
75	6	9	8.797	6.905	0.294	46.91	2.31	8.63	22.69	74.38	2.908	14.025	19.43	1.486	6.65	7.14	84.51	2.07
	7		10.160	7.976	0.294	53.57	2.30	9.93	25.42	84.96	2.892	16.020	22.18	1.478	7.44	8.15	98.71	2.11
	8		11.503	9.030	0.294	59.96	2.28	11.20	27.93	95.07	2.875	17.926	24.86	1.470	8.19	9.13	112.97	2.15
	10		14.126	11.089	0.293	71.98	2.26	13.64	32.40	113.92	2.840	21.481	30.05	1.459	9.56	11.01	141.71	2.22
80	5	9	7.912	6.211	0.315	48.79	2.48	8.34	22.70	77.330	3.126	13.670	20.25	1.600	6.66	6.98	85.36	2.15
	6		9.397	7.376	0.314	57.35	2.47	9.87	26.16	90.980	3.112	16.083	23.72	1.589	7.65	8.18	102.50	2.19
	7		10.860	8.525	0.314	65.58	2.46	11.37	29.38	104.07	3.096	18.397	27.10	1.580	8.58	9.35	119.70	2.23
	8		12.303	9.658	0.314	73.49	2.44	12.83	32.36	116.60	3.079	20.612	30.39	1.572	9.46	10.48	136.97	2.27
	10		15.126	11.874	0.313	88.43	2.42	15.64	37.68	140.09	3.043	24.764	36.77	1.559	11.08	12.65	171.74	2.35
90	6	10	10.637	8.350	0.354	82.77	2.79	12.61	33.99	131.26	3.513	20.625	34.28	1.795	9.95	10.51	145.87	2.44
	7		12.301	9.656	0.354	94.83	2.78	14.54	38.28	150.47	3.497	23.644	39.18	1.785	11.19	12.02	170.30	2.48
	8		13.944	10.946	0.353	106.47	2.76	16.42	42.30	168.97	3.481	26.551	43.97	1.776	12.35	13.49	194.80	2.52
	10		17.167	13.476	0.353	128.58	2.74	20.07	49.57	203.90	3.446	32.039	53.26	1.761	14.52	16.31	244.08	2.59
	12		20.306	15.940	0.352	149.22	2.71	23.57	55.93	236.21	3.411	37.116	62.22	1.750	16.49	19.01	293.77	2.67
100	6	12	11.932	9.360	0.393	114.95	3.10	15.68	43.04	181.98	3.905	25.736	47.92	2.004	12.69	13.18	200.07	2.67
	7		13.796	10.830	0.393	131.86	3.09	18.10	48.57	208.97	3.892	29.553	54.74	1.992	14.26	15.08	233.54	2.71
	8		15.638	12.276	0.393	148.24	3.08	20.47	53.78	235.07	3.877	33.244	61.41	1.982	15.75	16.93	267.09	2.76
	10		19.261	15.120	0.392	179.51	3.05	25.06	63.29	284.68	3.844	40.259	74.35	1.965	18.54	20.49	334.48	2.84
	12		22.800	17.898	0.391	208.90	3.03	29.48	71.72	330.95	3.810	46.803	86.84	1.952	21.08	23.89	402.34	2.91
	14		26.256	20.611	0.391	236.53	3.00	33.73	79.19	374.06	3.774	52.900	98.99	1.942	23.44	27.17	470.75	2.99
	16		29.627	23.257	0.390	262.53	2.98	37.82	85.81	414.16	3.739	58.571	110.89	1.935	25.63	30.34	539.80	3.06

续表

尺寸(mm)			截面面积 $A(cm^2)$	重量 (kg/m)	表面积 (m^2/m)	x-x				x_0-x_0			y_0-y_0				x_1-x_1	z_0 (cm)
b	d	r				I_x (cm^4)	i_x (cm)	W_{xmin} (cm^3)	W_{xmax} (cm^3)	I_{x0} (cm^4)	i_{x0} (cm)	W_{x0} (cm^3)	I_{y0} (cm^4)	i_{y0} (cm)	W_{y0min} (cm^3)	W_{y0max} (cm^3)	I_{x1} (cm^4)	
110	7	12	15.196	11.928	0.433	177.16	3.41	22.05	59.78	280.94	4.300	36.119	73.28	2.196	17.51	18.41	310.64	2.96
	8		17.238	13.532	0.433	199.46	3.40	24.95	66.36	316.49	4.285	40.689	82.42	2.187	19.39	20.70	355.21	3.01
	10		21.261	16.690	0.432	242.19	3.38	30.60	78.48	384.39	4.252	49.419	99.98	2.169	22.91	25.10	444.65	3.09
	12		25.200	19.782	0.431	282.55	3.35	36.05	89.34	448.17	4.217	57.618	116.93	2.154	26.15	29.32	534.60	3.16
	14		29.056	22.809	0.431	320.71	3.32	41.31	99.07	508.01	4.181	65.312	133.40	2.143	29.14	33.38	625.16	3.24
125	8	14	19.750	15.504	0.492	297.03	3.88	32.52	88.20	470.89	4.883	53.275	123.16	2.497	25.86	27.18	521.01	3.37
	10		24.373	19.133	0.491	361.67	3.85	39.97	104.81	573.89	4.852	64.928	149.46	2.476	30.62	33.01	651.93	3.45
	12		28.912	22.696	0.491	423.16	3.83	41.17	119.88	671.44	4.819	75.964	174.88	2.459	35.03	38.61	783.42	3.53
	14		33.367	26.193	0.490	481.65	3.80	54.16	133.56	763.73	4.784	86.405	199.57	2.446	39.13	44.00	915.61	3.61
140	10	14	27.373	21.488	0.551	514.65	4.34	50.58	134.55	817.27	5.464	82.556	212.04	2.783	39.20	41.91	915.11	3.82
	12		32.512	25.522	0.551	603.68	4.31	59.80	154.62	958.79	5.431	96.851	248.57	2.765	45.02	49.12	1099.28	3.90
	14		37.567	29.490	0.550	688.81	4.28	68.75	173.02	1093.56	5.395	110.465	284.06	2.750	50.45	56.07	1284.22	3.98
	16		42.539	33.393	0.549	770.24	4.26	77.46	189.90	1221.81	5.359	123.420	318.67	2.737	55.55	62.81	1470.07	4.06
160	10	16	31.502	24.729	0.630	779.53	4.97	66.70	180.77	1237.30	6.267	109.362	321.76	3.196	52.75	55.63	1365.33	4.31
	12		37.441	29.391	0.630	916.58	4.95	78.98	208.58	1455.68	6.235	128.664	377.49	3.175	60.74	65.29	1639.57	4.39
	14		43.296	33.987	0.629	1048.36	4.92	90.95	234.37	1665.02	6.201	147.167	431.70	3.158	68.24	74.63	1914.68	4.47
	16		49.067	38.518	0.629	1175.08	4.89	102.63	258.27	1865.57	6.166	164.893	484.59	3.143	75.31	83.70	2190.82	4.55
180	12	16	42.241	33.159	0.710	1321.35	5.59	100.82	270.03	2100.10	7.051	164.998	542.61	3.584	78.41	83.60	2332.80	4.89
	14		48.896	38.383	0.709	1514.48	5.57	116.25	304.57	2407.42	7.020	189.143	621.53	3.570	88.38	95.73	2723.48	4.97
	16		55.467	43.542	0.709	1700.99	5.54	131.13	336.86	2703.37	6.981	212.395	698.60	3.549	97.83	107.52	3115.29	5.05
	18		61.955	48.634	0.708	1881.12	5.51	146.11	367.05	2988.24	6.945	234.776	774.01	3.535	106.79	119.00	3508.42	5.13
200	14	18	54.642	42.894	0.788	2103.55	6.20	144.70	385.08	3343.26	7.822	236.402	863.83	3.976	111.82	119.75	3734.10	5.46
	16		62.013	48.680	0.788	2366.15	6.18	163.65	426.99	3760.88	7.788	265.932	971.41	3.958	123.96	134.62	4270.39	5.54
	18		69.301	54.401	0.787	2620.64	6.15	182.22	466.45	4164.54	7.752	294.473	1076.74	3.942	135.52	149.11	4808.13	5.62
	20		76.505	60.056	0.787	2867.30	6.12	200.42	503.58	4554.55	7.716	322.052	1180.04	3.927	146.55	163.26	5347.51	5.69
	24		90.661	71.168	0.785	3338.20	6.07	235.78	571.45	5294.97	7.642	374.407	1381.43	3.904	167.22	190.63	6431.99	5.84

热轧不等边角钢截面特性表

附表 24-4

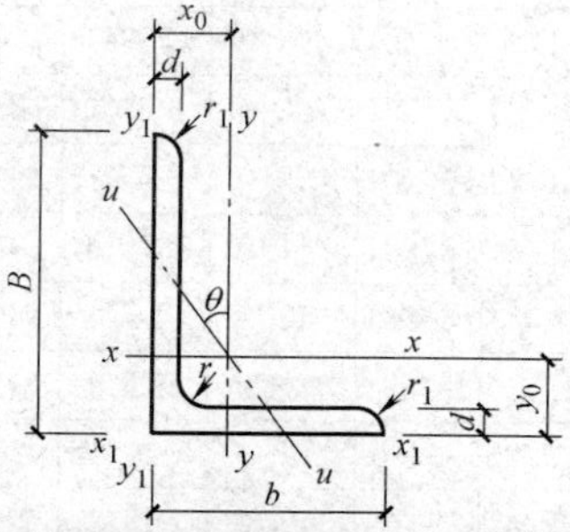

B—长肢宽；　　I—截面惯性矩；　　x_0、y_0—形心距离；

b—短肢宽；　　W—截面抵抗矩；　　r—内圆弧半径；

d—肢厚；　　i—回转半径；　　r_1—肢端圆弧半径

尺寸(mm)				截面面积	重量	表面积	x—x				y—y				x_1—x_1		y_1—y_1		u—u			
B	b	d	r	A(cm²)	(kg/m)	(m²/m)	I_x (cm⁴)	i_x (cm)	W_{xmin} (cm³)	W_{xmax} (cm³)	I_y (cm⁴)	i_y (cm)	W_{ymin} (cm³)	W_{ymax} (cm³)	I_{x1} (cm⁴)	y_0 (cm)	I_{y1} (cm⁴)	x_0 (cm)	I_u (cm⁴)	i_u (cm)	W_u (cm³)	tgθ
25	16	3	3.5	1.162	0.912	0.080	0.70	0.78	0.43	0.82	0.22	0.435	0.19	0.53	1.56	0.86	0.43	0.42	0.13	0.34	0.16	0.392
	16	4		1.499	1.176	0.079	0.88	0.77	0.55	0.98	0.27	0.424	0.24	0.60	2.09	0.90	0.59	0.46	0.17	0.34	0.20	0.381
32	20	3	3.5	1.492	1.171	0.102	1.53	1.01	0.72	1.41	0.46	0.555	0.30	0.93	3.27	1.08	0.82	0.49	0.28	0.43	0.25	0.382
	20	4		1.939	1.522	0.101	1.93	1.00	0.93	1.72	0.57	0.542	0.39	1.08	4.37	1.12	1.12	0.53	0.35	0.42	0.32	0.374
40	25	3	4	1.890	1.484	0.127	3.08	1.28	1.15	2.32	0.93	0.701	0.49	1.59	6.39	1.32	1.59	0.59	0.56	0.54	0.40	0.386
	25	4		2.467	1.936	0.127	3.93	1.26	1.49	2.88	1.18	0.692	0.63	1.88	8.53	1.37	2.14	0.63	0.71	0.54	0.52	0.381
45	28	3	5	2.149	1.687	0.143	4.45	1.44	1.47	3.02	1.34	0.790	0.62	2.08	9.10	1.47	2.23	0.64	0.80	0.61	0.51	0.383
	28	4		2.806	2.203	0.143	5.69	1.42	1.91	3.76	1.70	0.778	0.80	2.49	12.14	1.51	3.00	0.68	1.02	0.60	0.66	0.380
50	32	3	5.5	2.431	1.908	0.161	6.24	1.60	1.84	3.89	2.02	0.912	0.82	2.78	12.49	1.60	3.31	0.73	1.20	0.70	0.68	0.404
	32	4		3.177	2.494	0.160	8.02	1.59	2.39	4.86	2.58	0.901	1.06	3.36	16.65	1.65	4.45	0.77	1.53	0.69	0.87	0.402
56	36	3	6	2.743	2.153	0.181	8.88	1.80	2.32	5.00	2.92	1.032	1.05	3.63	17.54	1.78	4.70	0.80	1.73	0.79	0.87	0.408
	36	4		3.590	2.818	0.180	11.45	1.79	3.03	6.28	3.76	1.023	1.37	4.43	23.39	1.82	6.31	0.85	2.21	0.78	1.12	0.407
	36	5		4.415	3.466	0.180	13.86	1.77	3.71	7.43	4.49	1.008	1.65	5.09	29.24	1.87	7.94	0.88	2.67	0.78	1.36	0.404
63	40	4	7	4.058	3.185	0.202	16.49	2.02	3.87	8.10	5.23	1.135	1.70	5.72	33.30	2.04	8.63	0.92	3.12	0.88	1.40	0.398
	40	5		4.993	3.920	0.202	20.02	2.00	4.74	9.62	6.31	1.124	2.07	6.61	41.63	2.08	10.86	0.95	3.76	0.87	1.71	0.396
	40	6		5.908	4.638	0.201	23.36	1.99	5.59	11.01	7.29	1.111	2.43	7.36	49.98	2.12	13.14	0.99	4.38	0.86	2.01	0.393
	40	7		6.802	5.339	0.201	26.53	1.97	6.40	12.27	8.24	1.101	2.78	8.00	58.34	2.16	15.47	1.03	4.97	0.86	2.29	0.389

续表

尺寸(mm)				截面面积	重量	表面积	$x-x$				$y-y$				x_1-x_1		y_1-y_1		$u-u$			
B	b	d	r	A(cm²)	(kg/m)	(m²/m)	I_x (cm⁴)	i_x (cm)	W_{xmin} (cm³)	W_{xmax} (cm³)	I_y (cm⁴)	i_y (cm)	W_{ymin} (cm³)	W_{ymax} (cm³)	I_{x1} (cm⁴)	y_0 (cm)	I_{y1} (cm⁴)	x_0 (cm)	l_u (cm⁴)	i_u (cm)	W_u (cm³)	tgθ
70	45	4	7.5	4.553	3.574	0.226	22.97	2.25	4.82	10.28	7.55	1.288	2.17	7.43	45.68	2.23	12.26	1.02	4.47	0.99	1.79	0.408
	45	5		5.609	4.403	0.225	27.95	2.23	5.92	12.26	9.13	1.276	2.65	8.64	57.10	2.28	15.39	1.06	5.40	0.98	2.19	0.407
	45	6		6.644	5.215	0.225	32.70	2.22	6.99	14.08	10.62	1.264	3.12	9.69	68.54	2.32	18.59	1.10	6.29	0.97	2.57	0.405
	45	7		7.657	6.011	0.225	37.22	2.20	8.03	15.75	12.01	1.252	3.57	10.60	79.99	2.36	21.84	1.13	7.16	0.97	2.94	0.402
75	50	5	8	6.125	4.808	0.245	34.86	2.39	6.83	14.65	12.61	1.435	3.30	10.75	70.23	2.40	21.04	1.17	7.32	1.09	2.72	0.436
	50	6		7.260	5.699	0.245	41.12	2.38	8.12	16.86	14.70	1.423	3.88	12.12	84.30	2.44	25.37	1.21	8.54	1.08	3.19	0.435
	50	8		9.467	7.431	0.244	52.39	2.35	10.52	20.79	18.53	1.399	4.99	14.39	112.50	2.52	34.23	1.29	10.87	1.07	4.10	0.429
	50	10		11.590	9.098	0.244	62.71	2.33	12.79	24.15	21.96	1.376	6.04	16.14	140.82	2.60	43.43	1.36	13.10	1.06	4.99	0.423
80	50	5	8	6.375	5.005	0.255	41.96	2.57	7.78	16.11	12.82	1.418	3.32	11.28	85.21	2.60	21.06	1.14	7.66	1.10	2.74	0.388
	50	6		7.560	5.935	0.255	49.49	2.56	9.25	18.58	14.95	1.406	3.91	12.71	102.26	2.65	25.41	1.18	8.94	1.09	3.23	0.386
	50	7		8.724	6.848	0.255	56.16	2.54	10.58	20.87	16.96	1.394	4.48	13.96	119.32	2.69	29.82	1.21	10.18	1.08	3.70	0.384
	50	8		9.867	7.745	0.254	62.83	2.52	11.92	23.00	18.85	1.382	5.03	15.06	136.41	2.73	34.32	1.25	11.38	1.07	4.16	0.381
90	56	5	9	7.212	5.661	0.287	60.45	2.90	9.92	20.81	18.32	1.594	4.21	14.70	121.32	2.91	29.53	1.25	10.98	1.23	3.49	0.385
	56	6		8.557	6.717	0.286	71.03	2.88	11.74	24.06	21.42	1.582	4.96	16.65	145.59	2.95	35.58	1.29	12.82	1.22	4.10	0.384
	56	7		9.880	7.756	0.286	81.01	2.86	13.49	27.12	24.36	1.570	5.70	18.38	169.87	3.00	41.71	1.33	14.60	1.22	4.70	0.383
	56	8		11.183	8.799	0.286	91.03	2.85	15.27	29.98	27.15	1.558	6.41	19.91	194.17	3.04	47.93	1.36	16.34	1.21	5.29	0.380
100	63	6	10	9.617	7.550	0.320	99.06	3.21	14.64	30.62	30.94	1.794	6.35	21.69	199.71	3.24	50.50	1.43	18.42	1.38	5.25	0.394
	63	7		11.111	8.722	0.320	133.45	3.47	16.88	34.59	35.26	1.781	7.29	24.06	233.00	3.28	59.14	1.47	21.00	1.37	6.02	0.393
	63	8		12.584	9.878	0.319	127.37	3.18	19.08	38.33	39.39	1.769	8.21	26.18	266.32	3.32	67.88	1.50	23.50	1.37	6.78	0.391
	63	10		15.467	12.142	0.319	153.81	3.15	23.32	45.18	47.12	1.745	9.98	29.83	333.06	3.40	85.73	1.58	28.33	1.35	8.24	0.387
100	80	6	1.0	10.637	8.350	0.354	107.04	3.17	15.19	36.24	61.24	2.399	10.16	31.03	199.83	2.95	102.68	1.97	31.65	1.73	8.37	0.627
	80	7		12.301	9.656	0.354	122.73	3.16	17.52	40.96	70.08	2.387	11.71	34.79	233.20	3.00	119.98	2.01	36.17	1.71	9.60	0.626
	80	8		13.944	10.946	0.353	137.92	3.14	19.81	45.40	78.58	2.374	13.21	38.27	266.61	3.04	137.37	2.05	40.58	1.71	10.80	0.625
	80	10		17.167	13.476	0.353	166.87	3.12	24.24	53.54	94.65	2.348	16.12	44.45	333.63	3.12	172.48	2.13	49.10	1.69	13.12	0.622

续表

尺寸(mm)				截面面积	重量	表面积	$x-x$				$y-y$				x_1-x_1		y_1-y_1		$u-u$			
B	b	d	r	A(cm²)	(kg/m)	(m²/m)	I_x (cm⁴)	i_x (cm)	W_{xmin} (cm³)	W_{xmax} (cm³)	I_y (cm⁴)	i_y (cm)	W_{ymin} (cm³)	W_{ymax} (cm³)	I_{x1} (cm⁴)	y_0 (cm)	I_{y1} (cm⁴)	x_0 (cm)	l_u (cm⁴)	i_u (cm)	W_u (cm³)	tgθ
110	70	6	10	10.637	8.350	0.354	133.37	3.54	17.85	37.80	42.92	2.009	7.900	27.36	265.78	3.53	69.08	1.57	25.36	1.54	6.53	0.403
	70	7		12.301	9.656	0.354	153.00	3.53	20.60	42.82	49.01	1.996	9.090	30.48	310.07	3.57	80.83	1.61	28.96	1.53	7.50	0.402
	70	8		13.944	10.946	0.353	172.04	3.51	23.30	47.57	54.87	1.984	10.25	33.31	354.39	3.62	92.70	1.65	32.45	1.53	8.45	0.401
	70	10		17.167	13.476	0.353	208.39	3.48	28.54	56.36	65.88	1.959	12.48	38.24	443.13	3.70	116.83	1.72	39.20	1.51	10.29	0.397
125	80	7	11	14.096	11.066	0.403	227.98	4.02	26.86	56.81	74.42	2.298	12.01	41.24	454.99	4.01	120.32	1.80	43.81	1.76	9.92	0.408
	80	8		15.989	12.551	0.403	256.77	4.01	30.41	63.28	83.49	2.285	13.56	45.28	519.99	4.06	137.85	1.84	49.15	1.75	11.18	0.407
	80	10		19.712	15.474	0.402	312.04	3.98	37.33	75.35	100.67	2.260	16.56	52.41	650.09	4.14	173.40	1.92	59.45	1.74	13.64	0.404
	80	12		23.351	18.330	0.402	364.41	3.95	44.01	86.34	116.67	2.235	19.43	58.46	780.39	4.22	209.67	2.00	69.35	1.72	16.01	0.400
140	90	8	12	18.038	14.160	0.453	365.64	4.50	38.48	81.30	120.69	2.587	17.34	59.15	730.53	4.50	195.79	2.04	70.83	1.98	14.31	0.411
	90	10		22.261	17.475	0.452	445.50	4.47	47.31	97.19	146.03	2.561	21.22	68.94	913.20	4.58	245.93	2.12	85.82	1.96	17.48	0.409
	90	12		26.400	20.724	0.451	521.59	4.44	55.87	111.81	169.79	2.536	24.95	77.38	1096.09	4.66	296.89	2.19	100.21	1.95	20.54	0.406
	90	14		30.456	23.908	0.451	594.10	4.42	64.18	125.26	192.10	2.511	28.54	84.68	1279.26	4.74	348.82	2.27	114.13	1.94	23.52	0.403
160	100	10	13	25.315	19.872	0.512	668.69	5.14	62.13	127.69	205.03	2.846	26.56	89.94	1362.89	5.24	336.59	2.28	121.74	2.19	21.92	0.390
	100	12		30.054	23.592	0.511	784.91	5.11	73.49	147.54	239.06	2.820	31.28	101.45	1635.56	5.32	405.94	2.36	142.33	2.18	25.79	0.388
	100	14		34.709	27.247	0.510	896.30	5.08	84.56	165.97	271.20	2.795	35.83	111.53	1908.50	5.40	476.42	2.43	162.23	2.16	29.56	0.385
	100	16		39.281	30.835	0.510	1003.04	5.05	95.33	183.11	301.60	2.771	40.24	120.37	2181.79	5.48	548.22	2.51	181.57	2.15	33.25	0.382
180	110	10	14	28.373	22.273	0.571	956.25	5.81	78.96	162.37	278.11	3.131	32.49	113.91	1940.40	5.89	447.22	2.44	166.50	2.42	26.88	0.376
	110	12		33.712	26.464	0.571	1124.72	5.78	93.53	188.23	325.03	3.105	38.32	129.03	2328.38	5.98	538.94	2.52	194.87	2.40	31.66	0.374
	110	14		38.967	30.589	0.570	1286.91	5.75	107.76	212.46	369.55	3.082	43.97	142.41	2716.60	6.06	631.95	2.59	222.30	2.39	36.32	0.372
	110	16		44.139	34.649	0.569	1443.06	5.72	121.64	235.16	411.85	3.055	49.44	154.26	3105.15	6.14	726.46	2.67	248.94	2.37	40.87	0.369
200	125	12	14	37.912	29.761	0.641	1570.90	6.44	116.73	240.10	483.16	3.570	49.99	170.46	3193.85	6.54	787.74	2.83	285.79	2.75	41.23	0.392
	125	14		43.867	34.436	0.640	1800.97	6.41	134.65	271.86	550.83	3.544	57.44	189.24	3726.17	6.62	922.47	2.91	326.58	2.73	47.34	0.390
	125	16		49.739	39.045	0.639	2023.35	6.38	152.18	301.81	615.44	3.518	64.69	206.12	4258.85	6.70	1058.86	2.99	366.21	2.71	53.32	0.388
	125	18		55.526	43.588	0.639	2238.30	6.35	169.33	330.05	677.19	3.492	71.74	221.30	4792.00	6.78	1197.13	3.06	404.83	2.70	59.18	0.385

热轧等边角钢组合截面特性表

附表 24-5

y-y—轴截面特性；
a—角钢肢背之间的距离(mm)。

角钢型号	两个角钢的截面面积 (cm^2)	两个角钢的重量 (kg/m)	a=0mm		a=4mm		a=6mm		a=8mm		a=10mm		a=12mm		a=14mm		a=16mm	
			W_y (cm^3)	i_y (cm)	W_y (cm^3)	i_y (cm)	W_y (cm^3)	i_y (cm)	W_y (cm^3)	i_y (cm)	W_y (cm^3)	i_y (cm)	W_y (cm^3)	i_y (cm)	W_y (cm^3)	i_y (cm)	W_y (cm^3)	i_y (cm)
2L20×3	2.26	1.78	0.81	0.85	1.03	1.00	1.15	1.08	1.28	1.17	1.42	1.25	1.57	1.34	1.72	1.43	1.88	1.52
4	2.92	2.29	1.09	0.87	1.38	1.02	1.55	1.11	1.73	1.19	1.91	1.28	2.10	1.37	2.30	1.46	2.51	1.55
2L25×3	2.86	2.25	1.26	1.05	1.52	1.20	1.66	1.27	1.82	1.36	1.98	1.44	2.15	1.53	2.33	1.61	2.52	1.70
4	3.72	2.92	1.69	1.07	2.04	1.22	2.21	1.30	2.44	1.38	2.66	1.47	2.89	1.55	3.13	1.64	3.38	1.73
2L30×3	3.50	2.75	1.81	1.25	2.11	1.39	2.28	1.47	2.46	1.55	2.65	1.63	2.84	1.71	3.05	1.80	3.26	1.88
4	4.55	3.57	2.42	1.26	2.83	1.41	3.06	1.49	3.30	1.57	3.55	1.65	3.82	1.74	4.09	1.82	4.38	1.91
2L36×3	4.22	3.31	2.60	1.49	2.95	1.63	3.14	1.70	3.35	1.78	3.56	1.86	3.79	1.94	4.02	2.03	4.27	2.11
4	5.51	4.33	3.47	1.51	3.95	1.65	4.21	1.73	4.49	1.80	4.78	1.89	5.08	1.97	5.39	2.05	5.72	2.14
5	6.76	5.31	4.36	1.52	4.96	1.67	5.30	1.75	5.64	1.83	6.01	1.91	6.39	1.99	6.78	2.08	7.19	2.16
2L40×3	4.72	3.70	3.20	1.65	3.59	1.79	3.80	1.86	4.02	1.94	4.26	2.01	4.50	2.09	4.76	2.18	5.02	2.26
4	6.17	4.85	4.28	1.67	4.80	1.81	5.09	1.88	5.39	1.96	5.70	2.04	6.03	2.12	6.37	2.20	6.72	2.29
5	7.58	5.95	5.37	1.68	6.03	1.83	6.39	1.90	6.77	1.98	7.17	2.06	7.58	2.14	8.01	2.23	8.45	2.31
2L45×3	5.32	4.18	4.05	1.85	4.48	1.99	4.71	2.06	4.95	2.14	5.21	2.21	5.47	2.29	5.75	2.37	6.04	2.45
4	6.97	5.47	5.41	1.87	5.99	2.01	6.30	2.08	6.63	2.16	6.97	2.24	7.33	2.32	7.70	2.40	8.09	2.48
5	8.58	6.74	6.78	1.89	7.51	2.03	7.91	2.10	8.32	2.18	8.76	2.26	9.21	2.34	9.67	2.42	10.15	2.50
6	10.15	7.97	8.16	1.90	9.05	2.05	9.53	2.12	10.04	2.20	10.56	2.28	11.10	2.36	11.66	2.44	12.24	2.53
2L50×3	5.94	4.66	5.00	2.05	5.47	2.19	5.72	2.26	5.98	2.33	6.26	2.41	6.55	2.48	6.85	2.56	7.16	2.64
4	7.79	6.12	6.68	2.07	7.31	2.21	7.65	2.28	8.01	2.36	8.38	2.43	8.77	2.51	9.17	2.59	9.58	2.67
5	9.61	7.54	8.36	2.09	9.16	2.23	9.59	2.30	10.05	2.38	10.52	2.45	11.00	2.53	11.51	2.61	12.03	2.70
6	11.38	8.93	10.06	2.10	11.03	2.25	11.56	2.32	12.10	2.40	12.67	2.48	13.26	2.56	13.87	2.64	14.50	2.72
2L56×3	6.69	5.25	6.27	2.29	6.79	2.43	7.06	2.50	7.35	2.57	7.66	2.64	7.97	2.72	8.30	2.80	8.64	2.88
4	7.78	6.89	8.37	2.31	9.07	2.45	9.44	2.52	9.83	2.59	10.24	2.67	10.66	2.74	11.10	2.82	11.55	2.90
5	10.83	8.50	10.47	2.33	11.36	2.47	11.83	2.54	12.33	2.61	12.84	2.69	13.38	2.77	13.93	2.85	14.49	2.93
8	16.73	13.14	16.87	2.38	18.34	2.52	19.13	2.60	19.94	2.67	20.78	2.75	21.65	2.83	22.55	2.91	23.46	3.00

续表

角钢型号	两个角钢的截面面积 (cm^2)	两个角钢的重量 (kg/m)	y-y—轴截面特性；a—角钢肢背之间的距离(mm)。															
			a=0mm		a=4mm		a=6mm		a=8mm		a=10mm		a=12mm		a=14mm		a=16mm	
			W_y (cm^3)	i_y (cm)	W_y (cm^3)	i_y (cm)	W_y (cm^3)	i_y (cm)	W_y (cm^3)	i_y (cm)	W_y (cm^3)	i_y (cm)	W_y (cm^3)	i_y (cm)	W_y (cm^3)	i_y (cm)	W_y (cm^3)	i_y (cm)
2L63×4	9.96	7.81	10.59	2.59	11.36	2.72	11.78	2.79	12.21	2.87	12.66	2.94	13.12	3.02	13.60	3.09	14.10	3.17
5	12.29	9.64	13.25	2.61	14.23	2.74	14.75	2.82	15.30	2.89	15.86	2.96	16.45	3.04	17.05	3.12	17.67	3.20
6	14.58	11.44	15.92	2.62	17.11	2.76	17.75	2.83	18.41	2.91	19.09	2.98	19.80	3.06	20.53	3.14	21.28	3.22
8	19.03	14.94	21.31	2.66	22.94	2.80	23.80	2.87	24.70	2.95	25.62	3.03	26.58	3.10	27.56	3.18	28.57	3.26
10	23.31	18.30	26.77	2.69	28.85	2.84	29.95	2.91	31.09	2.99	32.26	3.07	33.46	3.15	34.70	3.23	35.97	3.31
2L70×4	11.14	8.74	13.07	2.87	13.92	3.00	14.37	3.07	14.85	3.14	15.34	3.21	15.84	3.29	16.36	3.36	16.90	3.44
5	13.75	10.79	16.35	2.88	17.43	3.02	18.00	3.09	18.60	3.16	19.21	3.24	19.85	3.31	20.50	3.39	21.18	3.47
6	16.32	12.81	19.64	2.90	20.95	3.04	21.64	3.11	22.36	3.18	23.11	3.26	23.88	3.33	24.67	3.41	25.48	3.49
7	18.85	14.80	22.94	2.92	24.49	3.06	25.31	3.13	26.16	3.20	27.03	3.28	27.94	3.36	28.86	3.43	29.82	3.51
8	21.33	16.75	26.26	2.94	28.05	3.08	29.00	3.15	29.97	3.22	30.98	3.30	32.02	3.38	33.09	3.46	34.18	3.54
2L75×5	14.82	11.64	18.76	3.08	19.91	3.22	20.52	3.29	21.15	3.36	21.81	3.43	22.48	3.50	23.17	3.58	23.89	3.66
6	17.59	13.81	22.54	3.10	23.93	3.24	24.67	3.31	25.43	3.38	26.22	3.45	27.04	3.53	27.87	3.60	28.73	3.68
7	20.32	15.95	26.32	3.12	27.97	3.26	28.84	3.33	29.74	3.40	30.67	3.47	31.62	3.55	32.60	3.63	33.61	3.71
8	23.01	18.06	30.13	3.13	32.03	3.27	33.03	3.35	34.07	3.42	35.13	3.50	36.23	3.57	37.36	3.65	38.52	3.73
10	28.25	22.18	37.79	3.17	40.22	3.31	41.49	3.38	42.81	3.46	44.16	3.54	45.55	3.61	46.97	3.69	48.43	3.77
2L80×5	15.82	12.42	21.34	3.28	22.56	3.42	23.20	3.49	23.86	3.56	24.55	3.63	25.26	3.71	25.99	3.78	26.74	3.86
6	18.79	14.75	25.63	3.30	27.10	3.44	27.88	3.51	28.69	3.58	29.52	3.65	30.37	3.73	31.25	3.80	32.15	3.88
7	21.72	17.05	29.93	3.32	31.67	3.46	32.59	3.53	33.53	3.60	34.51	3.67	35.51	3.75	36.54	3.83	37.60	3.90
8	24.61	19.32	34.24	3.34	36.25	3.48	37.31	3.55	38.40	3.62	39.53	3.70	40.68	3.77	41.87	3.85	43.08	3.93
10	30.25	23.75	42.93	3.37	45.50	3.51	46.84	3.58	48.23	3.66	49.65	3.74	51.11	3.81	52.61	3.89	54.14	3.97
2L90×6	21.27	16.70	32.41	3.70	34.06	3.84	34.92	3.91	35.81	3.98	36.72	4.05	37.66	4.12	38.63	4.20	39.62	4.27
7	24.60	19.31	37.84	3.72	39.78	3.86	40.79	3.93	41.84	4.00	42.91	4.07	44.02	4.14	45.15	4.22	46.31	4.30
8	27.89	21.89	43.29	3.74	45.52	3.88	46.69	3.95	47.90	4.02	49.13	4.09	50.40	4.17	51.71	4.24	53.04	4.32
10	34.33	26.95	54.24	3.77	57.08	3.91	58.57	3.98	60.09	4.06	61.66	4.13	63.27	4.21	64.91	4.28	66.59	4.36
12	40.61	31.88	65.28	3.80	68.75	3.95	70.56	4.02	72.42	4.09	74.32	4.17	76.27	4.25	78.26	4.32	80.30	4.40

续表

y-y—轴截面特性；
a—角钢肢背之间的距离(mm)。

角钢型号	两个角钢的截面面积 (cm²)	两个角钢的重量 (kg/m)	a=0mm		a=4mm		a=6mm		a=8mm		a=10mm		a=12mm		a=14mm		a=16mm	
			W_y (cm³)	i_y (cm)	W_y (cm³)	i_y (cm)	W_y (cm³)	i_y (cm)	W_y (cm³)	i_y (cm)	W_y (cm³)	i_y (cm)	W_y (cm³)	i_y (cm)	W_y (cm³)	i_y (cm)	W_y (cm³)	i_y (cm)
2L100×6	23.86	18.73	40.01	4.09	41.82	4.23	42.77	4.30	43.75	4.37	44.75	4.44	45.78	4.51	46.83	4.58	47.91	4.66
7	27.59	21.66	46.71	4.11	48.84	4.25	49.95	4.32	51.10	4.39	52.27	4.46	53.48	4.53	54.72	4.61	55.98	4.68
8	31.28	24.55	53.42	4.13	55.87	4.27	57.16	4.34	58.48	4.41	59.83	4.48	61.22	4.55	62.64	4.63	64.09	4.70
10	38.52	30.24	66.90	4.17	70.02	4.31	71.65	4.38	73.32	4.45	75.03	4.52	76.79	4.60	78.58	4.67	80.41	4.75
12	45.60	35.80	80.47	4.20	84.28	4.34	86.26	4.41	88.29	4.49	90.37	4.56	92.50	4.64	94.67	4.71	96.89	4.79
14	52.51	41.22	94.15	4.23	98.66	4.38	101.00	4.45	103.40	4.53	105.85	4.60	108.36	4.68	110.92	4.75	113.52	4.83
16	59.25	46.51	107.96	4.27	113.16	4.41	115.89	4.49	118.66	4.56	121.49	4.64	124.38	4.72	127.33	4.80	130.33	4.87
2L110×7	30.39	23.86	56.48	4.52	58.80	4.65	60.01	4.72	61.25	4.79	62.52	4.86	63.82	4.94	65.15	5.01	66.51	5.08
8	34.48	27.06	64.58	4.54	67.25	4.67	68.65	4.74	70.07	4.81	71.54	4.88	73.03	4.96	74.56	5.03	76.13	5.10
10	42.52	33.38	80.84	4.57	84.24	4.71	86.00	4.78	87.81	4.85	89.66	4.92	91.56	5.00	93.49	5.07	95.46	5.15
12	50.40	39.56	97.20	4.61	101.34	4.75	103.48	4.82	105.68	4.89	107.93	4.96	110.22	5.04	1;2.57	5.11	114.96	5.19
14	58.11	45.62	113.67	4.64	118.56	4.78	121.10	4.85	123.69	4.93	126.34	5.00	129.05	5.08	131.81	5.15	134.62	5.23
2L125×8	39.50	31.01	83.36	5.14	86.36	5.27	87.92	5.34	89.52	5.41	91.15	5.48	92.81	5.55	94.52	5.62	96.25	5.69
10	48.75	38.27	104.31	5.17	108.12	5.31	110.09	5.38	112.11	5.45	114.17	5.52	116.28	5.59	118.43	5.66	120.62	5.74
12	57.82	45.39	125.35	5.21	129.98	5.34	132.38	5.41	134.84	5.48	137.34	5.56	139.89	5.63	143.49	5.70	145.15	5.78
14	66.73	52.39	146.50	5.24	151.98	5.38	154.82	5.45	157.71	5.52	160.66	5.59	163.67	5.67	166.73	5.74	169.85	5.82
2L140×10	54.75	42.98	130.73	5.78	134.94	5.92	137.12	5.98	139.34	6.05	141.61	6.12	143.92	6.20	146.27	6.27	148.67	6.34
12	65.02	51.04	157.04	5.81	162.16	5.95	164.81	6.02	167.50	6.09	170.25	6.16	173.06	6.23	175.91	6.31	178.81	6.38
14	75.13	58.98	183.46	5.85	189.51	5.98	192.63	6.06	195.82	6.13	199.06	6.20	202.36	6.27	205.72	6.34	209.13	6.42
16	85.08	66.79	210.01	5.88	217.01	6.02	220.62	6.09	224.29	6.16	228.03	6.23	231.84	6.31	235.71	6.38	239.64	6.46
2L160×10	63.00	49.46	170.67	6.58	175.42	6.72	177.87	6.78	180.37	6.85	182.91	6.92	185.50	6.99	188.14	7.06	190.81	7.13
12	74.88	58.78	204.95	6.62	210.43	6.75	213.70	6.82	216.73	6.89	219.81	6.96	222.95	7.03	226.14	7.10	229.38	7.17
14	86.59	67.97	239.33	6.65	246.10	6.79	249.67	6.86	253.24	6.93	256.87	7.00	260.56	7.07	264.32	7.14	268.13	7.21
16	98.13	77.04	273.85	6.68	281.74	6.82	285.79	6.89	289.91	6.96	294.10	7.03	298.36	7.10	302.68	7.18	307.07	7.25

续表

角钢型号	两个角钢的截面面积 (cm²)	两个角钢的重量 (kg/m)	y-y—轴截面特性；a—角钢肢背之间的距离(mm)。															
			a=0mm		a=4mm		a=6mm		a=8mm		a=10mm		a=12mm		a=14mm		a=16mm	
			W_y (cm³)	i_y (cm)	W_y (cm³)	i_y (cm)	W_y (cm³)	i_y (cm)	W_y (cm³)	i_y (cm)	W_y (cm³)	i_y (cm)	W_y (cm³)	i_y (cm)	W_y (cm³)	i_y (cm)	W_y (cm³)	i_y (cm)
2L180×12	84.48	66.32	259.20	7.43	265.62	7.56	268.92	7.63	272.27	7.70	275.68	7.77	279.14	7.84	282.66	7.91	286.23	7.98
14	97.79	76.77	302.61	7.46	310.19	7.60	314.07	7.67	318.02	7.74	322.04	7.81	326.11	7.88	330.25	7.95	334.45	8.02
16	110.93	87.08	346.14	7.49	354.90	7.63	359.38	7.70	363.94	7.77	368.57	7.84	373.27	7.91	378.03	7.98	382.86	8.06
18	123.91	97.27	389.82	7.53	399.77	7.66	404.86	7.73	410.04	7.80	415.29	7.87	420.62	7.95	426.02	8.02	431.50	8.09
2L110×14	109.28	85.79	373.41	8.27	381.75	8.40	386.02	8.47	390.36	8.54	394.76	8.61	399.22	8.67	403.75	8.75	408.33	8.82
16	124.03	97.36	427.04	8.30	436.67	8.43	441.59	8.50	446.59	8.57	451.66	8.64	456.80	8.71	462.02	8.78	467.30	8.85
18	138.60	108.80	480.81	8.33	491.75	8.47	497.34	8.53	503.01	8.60	508.76	8.67	514.59	8.75	520.50	8.82	526.48	8.89
20	153.01	120.11	534.75	8.36	547.01	8.50	553.28	8.57	559.63	8.64	566.07	8.71	572.60	8.78	579.21	8.85	585.91	8.92
24	181.32	142.34	643.20	8.42	658.16	8.56	665.80	8.63	673.55	8.71	681.39	8.78	689.34	8.85	697.38	8.92	705.52	9.00

热轧不等边角钢组合截面特性表

附表 24-6

角钢型号	两角钢的截面面积 (cm²)	两角钢的重量 (kg/m)	长肢相连时绕 y-y 轴回转半径 i_y(cm)								短肢相连时绕 y-y 轴回转半径 i_y(cm)							
			a=0mm	a=4mm	a=6mm	a=8mm	a=10mm	a=12mm	a=14mm	a=16mm	a=0mm	a=4mm	a=6mm	a=8mm	a=10mm	a=12mm	a=14mm	a=16mm
2L25×16×3	2.32	1.82	0.61	0.76	0.84	0.93	1.02	1.11	1.20	1.30	1.16	1.32	1.40	1.48	1.57	1.66	1.74	1.83
4	3.00	2.35	0.63	0.78	0.87	0.96	1.05	1.14	1.23	1.33	1.18	1.34	1.42	1.51	1.60	1.68	1.77	1.86
2L32×20×3	2.98	2.24	0.74	0.89	0.97	1.05	1.14	1.23	1.32	1.41	1.48	1.63	1.71	1.79	1.88	1.96	2.05	2.14
4	3.88	3.04	0.76	0.91	0.99	1.08	1.16	1.25	1.34	1.44	1.50	1.66	1.74	1.82	1.90	1.99	2.08	2.17
2L40×25×3	3.78	2.97	0.92	1.06	1.13	1.21	1.30	1.38	1.47	1.56	1.84	1.99	2.07	2.14	2.23	2.31	2.39	2.48
4	4.93	3.87	0.93	1.08	1.16	1.24	1.32	1.41	1.50	1.58	1.86	2.01	2.09	2.17	2.25	2.34	2.42	2.51

续表

角钢型号	两角钢的截面面积（cm^2）	两角钢的重量（kg/m）	长肢相连时绕 y-y 轴回转半径 i_y(cm)								短肢相连时绕 y-y 轴回转半径 i_y(cm)							
			a=0mm	a=4mm	a=6mm	a=8mm	a=10mm	a=12mm	a=14mm	a=16mm	a=0mm	a=4mm	a=6mm	a=8mm	a=10mm	a=12mm	a=14mm	a=16mm
2L45×28×3	4.30	3.37	1.02	1.15	1.23	1.31	1.39	1.47	1.56	1.64	2.06	2.21	2.28	2.36	2.44	2.52	2.60	2.69
4	5.61	4.41	1.03	1.18	1.25	1.33	1.41	1.50	1.59	1.67	2.08	2.23	2.31	2.39	2.47	2.55	2.63	2.72
2L50×32×3	4.86	3.82	1.17	1.30	1.37	1.45	1.53	1.61	1.69	1.78	2.27	2.41	2.49	2.56	2.64	2.72	2.81	2.89
4	6.35	4.99	1.18	1.32	1.40	1.47	1.55	1.64	1.72	1.81	2.29	2.44	2.51	2.59	2.67	2.75	2.84	2.92
2L56×36×3	5.49	4.31	1.31	1.44	1.51	1.59	1.66	1.74	1.83	1.91	2.53	2.67	2.75	2.82	2.90	2.98	3.06	3.14
4	7.18	5.64	1.33	1.46	1.53	1.61	1.69	1.77	1.85	1.94	2.55	2.70	2.77	2.85	2.93	3.01	3.09	3.17
5	8.83	6.93	1.34	1.48	1.56	1.63	1.71	1.79	1.88	1.96	2.57	2.72	2.80	2.88	2.96	3.04	3.12	3.20
2L63×40×4	8.12	6.37	1.46	1.59	1.66	1.74	1.81	1.89	1.97	2.06	2.86	3.01	3.09	3.16	3.24	3.32	3.40	3.48
5	9.99	7.84	1.47	1.61	1.68	1.76	1.84	1.92	2.00	2.08	2.89	3.03	3.11	3.19	3.27	3.35	3.43	3.51
6	11.82	9.28	1.49	1.63	1.71	1.78	1.86	1.94	2.03	2.11	2.91	3.06	3.13	3.21	3.29	3.37	3.45	3.53
7	13.60	10.68	1.51	1.65	1.73	1.81	1.89	1.97	2.05	2.14	2.93	3.08	3.16	3.24	3.32	3.40	3.48	3.56
2L70×45×4	9.11	7.15	1.64	1.77	1.84	1.91	1.99	2.07	2.15	2.23	3.17	3.31	3.39	3.46	3.54	3.62	3.69	3.77
5	11.22	8.81	1.66	1.79	1.86	1.94	2.01	2.09	2.17	2.25	3.19	3.34	3.41	3.49	3.57	3.64	3.72	3.80
6	13.29	10.43	1.67	1.81	1.88	1.96	2.04	2.11	2.20	2.28	3.21	3.36	3.44	3.51	3.59	3.67	3.75	3.83
7	15.31	12.02	1.69	1.83	1.90	1.98	2.06	2.14	2.22	2.30	3.23	3.38	3.46	3.54	3.61	3.69	3.77	3.86
2L75×50×5	12.25	9.62	1.85	1.99	2.06	2.13	2.20	2.28	2.36	2.44	3.39	3.53	3.60	3.68	3.76	3.83	3.91	3.99
6	14.52	11.40	1.87	2.00	2.08	2.15	2.23	2.30	2.38	2.46	3.41	3.55	3.63	3.70	3.78	3.86	3.94	4.02
8	18.93	14.86	1.90	2.04	2.12	2.19	2.27	2.35	2.43	2.51	3.45	3.60	3.67	3.75	3.83	3.91	3.99	4.07
10	23.18	18.20	1.94	2.08	2.16	2.24	2.31	2.40	2.48	2.56	3.49	3.64	3.71	3.79	3.87	3.95	4.03	4.12
2L80×50×5	12.75	10.01	1.82	1.95	2.02	2.09	2.17	2.24	2.32	2.40	3.66	3.80	3.88	3.95	4.03	4.10	4.18	4.26
6	15.12	11.87	1.83	1.97	2.04	2.11	2.19	2.27	2.34	2.43	3.68	3.82	3.90	3.98	4.05	4.13	4.21	4.29
7	17.45	13.70	1.85	1.99	2.06	2.13	2.21	2.29	2.37	2.45	3.70	3.85	3.92	4.00	4.08	4.16	4.23	4.32
8	19.73	15.49	1.86	2.00	2.08	2.15	2.23	2.31	2.39	2.47	3.72	3.87	3.94	4.02	4.10	4.18	4.26	4.34
2L90×56×5	14.42	11.32	2.02	2.15	2.22	2.29	2.36	2.44	2.52	2.59	4.10	4.25	4.32	4.39	4.47	4.55	4.62	4.70
6	17.11	13.43	2.04	2.17	2.24	2.31	2.39	2.46	2.54	2.62	4.12	4.27	4.34	4.42	4.50	4.57	4.65	4.73
7	17.76	15.51	2.05	2.19	2.26	2.33	2.41	2.48	2.56	2.64	4.15	4.29	4.37	4.44	4.52	4.60	4.68	4.76
8	22.37	17.56	2.07	2.21	2.28	2.35	2.43	2.51	2.59	2.67	4.17	4.31	4.39	4.47	4.54	4.62	4.70	4.78

续表

角钢型号	两角钢的截面面积（cm^2）	两角钢的重量（kg/m）	长肢相连时绕 y-y 轴回转半径 i_y(cm)								短肢相连时绕 y-y 轴回转半径 i_y(cm)							
			a=0mm	a=4mm	a=6mm	a=8mm	a=10mm	a=12mm	a=14mm	a=16mm	a=0mm	a=4mm	a=6mm	a=8mm	a=10mm	a=12mm	a=14mm	a=16mm
2L100×63×6	19.23	15.10	2.29	2.42	2.49	2.56	2.63	2.71	2.78	2.86	4.56	4.70	4.77	4.85	4.92	5.00	5.08	5.16
7	22.22	17.44	2.31	2.44	2.51	2.58	2.65	2.73	2.80	2.88	4.58	4.72	4.80	4.87	4.95	5.03	5.10	5.18
8	25.17	19.76	2.32	2.46	2.53	2.60	2.67	2.75	2.83	2.91	4.60	4.75	4.82	4.90	4.97	5.05	5.13	5.21
10	30.93	24.28	2.35	2.49	2.57	2.64	2.72	2.79	2.87	2.95	4.64	4.79	4.86	4.94	5.02	5.10	5.18	5.26
2L100×80×6	21.27	16.70	3.11	3.24	3.31	3.38	3.45	3.52	3.59	3.67	4.33	4.47	4.54	4.62	4.69	4.76	4.84	4.91
7	24.60	19.31	3.12	3.26	3.32	3.39	3.47	3.54	3.61	3.69	4.35	4.49	4.57	4.64	4.71	4.79	4.86	4.94
8	27.89	21.89	3.14	3.27	3.34	3.41	3.49	3.56	3.64	3.71	4.37	4.51	4.59	4.66	4.73	4.81	4.88	4.96
10	34.33	16.95	3.17	3.31	3.38	3.45	3.53	3.60	3.68	3.75	4.41	4.55	4.63	4.70	4.78	4.85	4.93	5.01
2L100×70×6	21.27	16.70	2.55	2.68	2.74	2.81	2.88	2.96	3.03	3.11	5.00	5.14	5.21	5.29	5.36	5.44	5.51	5.59
7	24.60	19.31	2.56	2.69	2.76	2.83	2.90	2.98	3.05	3.13	5.02	5.16	5.24	5.31	5.39	5.46	5.53	5.62
8	27.89	21.89	2.58	2.71	2.78	2.85	2.92	3.00	3.07	3.15	5.04	5.19	5.26	5.34	5.41	5.49	5.56	5.64
10	34.33	26.95	2.61	2.74	2.82	2.89	2.96	3.04	3.12	3.19	5.08	5.23	5.30	5.38	5.46	5.53	5.61	5.69
2L125×80×7	28.19	22.13	2.92	3.05	3.13	3.18	3.25	3.33	3.40	3.47	5.68	5.82	5.90	5.97	6.04	6.12	6.20	6.27
8	31.98	25.10	2.94	3.07	3.15	3.20	3.27	3.35	3.42	3.49	5.70	5.85	5.92	5.99	6.07	6.14	6.22	6.30
10	39.42	30.95	2.97	3.10	3.17	3.24	3.31	3.39	3.46	3.54	5.74	5.89	5.96	6.04	6.11	6.19	6.27	6.34
12	46.70	36.66	3.00	3.13	3.20	3.28	3.35	3.43	3.50	3.58	5.78	5.93	6.00	6.08	6.16	6.23	6.31	6.39
2L140×90×8	36.08	28.32	3.29	3.42	3.49	3.56	3.63	3.70	3.77	3.84	6.36	6.51	6.58	6.65	6.73	6.80	6.88	6.95
10	44.52	34.95	3.32	3.45	3.52	3.59	3.66	3.73	3.81	3.88	6.40	6.55	6.62	6.70	6.77	6.85	6.92	7.00
12	52.80	41.45	3.35	3.49	3.56	3.63	3.70	3.77	3.85	3.92	6.44	6.59	6.66	6.74	6.81	6.89	6.97	7.04
14	60.91	47.82	3.38	3.52	3.59	3.66	3.74	3.81	3.89	3.97	6.48	6.63	6.70	6.78	6.86	6.93	7.01	7.09
2L160×100×10	50.63	39.74	3.65	3.77	3.84	3.91	3.98	4.05	4.12	4.19	7.34	7.48	7.55	7.63	7.70	7.78	7.85	7.93
12	60.11	47.18	3.68	3.81	3.87	3.94	4.01	4.09	4.16	4.23	7.38	7.52	7.60	7.67	7.75	7.82	7.90	7.97
14	69.42	54.49	3.70	3.84	3.91	3.98	4.05	4.12	4.20	4.27	7.42	7.56	7.64	7.71	7.79	7.86	7.94	8.02
16	78.56	61.67	3.74	3.87	3.94	4.02	4.09	4.16	4.24	4.31	7.45	7.60	7.68	7.75	7.83	7.90	7.98	8.06
2L180×110×10	56.75	44.55	3.97	4.10	4.16	4.23	4.30	4.36	4.44	4.51	8.27	8.41	8.49	8.56	8.63	8.71	8.78	8.86
12	67.42	52.93	4.00	4.13	4.19	4.26	4.33	4.40	4.47	4.54	8.31	8.46	8.53	8.60	8.68	8.75	8.83	8.90
14	77.93	61.18	4.03	4.16	4.23	4.30	4.37	4.44	4.51	4.58	8.35	8.50	8.57	8.64	8.72	8.79	8.87	8.95
16	88.28	69.30	4.06	4.19	4.26	4.33	4.40	4.47	4.55	4.62	8.39	8.53	8.61	8.68	8.76	8.84	8.91	8.99
2L200×125×12	75.82	59.52	4.56	4.69	4.75	4.82	4.88	4.95	5.02	5.09	9.18	9.32	9.39	9.47	9.54	9.62	9.69	9.76
14	87.73	68.87	4.59	4.72	4.78	4.85	4.92	4.99	5.06	5.13	9.22	9.36	9.43	9.51	9.58	9.66	9.73	9.81
16	99.48	78.09	4.61	4.75	4.81	4.88	4.95	5.02	5.09	5.17	9.25	9.40	9.47	9.55	9.62	9.70	9.77	9.85
18	111.05	87.18	4.64	4.78	4.85	4.92	4.99	5.06	5.13	5.21	9.29	9.44	9.51	9.59	9.66	9.74	9.81	9.89

H 型钢的规格及截面特性 附表 24-7

类型	型号（高度×宽度）	截面尺寸(mm)				截面面积(cm²)	理论重量(kg/m)	截面特性参数					
								惯性矩(cm⁴)		惯性半径(cm)		截面模量(cm³)	
		$H \times B$	t_1	t_2	r			I_x	I_y	i_x	i_y	W_x	W_y
HW	100×100	100×100	6	8	10	21.90	17.2	383	134	4.18	2.47	76.5	26.7
	125×125	125×125	6.5	9	10	30.31	23.8	847	294	5.29	3.11	136	47.0
	150×150	150×1S0	7	10	13	40.55	31.9	1660	564	6.39	3.73	221	75.1
	175×175	175×175	7.5	11	13	51.43	40.3	2900	984	7.50	4.37	331	112
	200×200	200×200	8	12	16	64.28	50.5	4770	1600	8.61	4.99	477	160
		#200×204	12	12	16	72.28	56.7	5030	1700	8.35	4.85	503	167
	250×250	250×250	9	14	16	92.18	72.4	10800	3650	10.8	6.29	867	292
		#250×2S5	14	14	16	104.7	82.2	11500	3880	10.5	6.09	919	304
	300×300	#294×302	12	12	20	108.3	85.0	17000	5520	12.5	7.14	1160	365
		300×300	10	15	20	120.4	94.5	20500	6760	13.1	7.49	1370	450
		300×305	15	15	20	135.4	106	21600	7100	12.6	7.24	1440	466
	350×350	#344×348	10	16	20	146.0	115	33300	11200	15.1	8.78	1940	646
		350×350	12	19	20	173.9	137	40300	13600	15.2	8.84	2300	776
	400×400	#388×402	15	15	24	179.2	141	49200	16300	16.6	9.52	2540	809
		#394×398	11	18	24	187.6	147	56400	18900	17.3	10.0	2860	951
		400×400	13	21	24	219.5	172	66900	22400	17.5	10.1	3340	1120
		#400×402	21	21	24	251.5	197	71100	23800	16.8	9.73	3560	1170
		#414×405	18	28	24	296.2	233	93000	31000	17.7	10.2	4490	1530
		#428×407	20	35	24	361.4	284	119000	39400	18.2	10.4	5580	1930
		*458×419	30	50	24	529.3	415	187000	60500	18.8	10.7	8180	2900
		*498×432	45	70	24	770.8	605	298000	94400	19.7	11.1	12000	4370
HM	150×100	149×100	6	9	13	27.25	21.4	1040	151	6.17	2.35	140	30.2
	200×150	194×150	6	9	16	39.76	31.2	2740	508	8.30	3.57	283	67.7
	250×175	244×175	7	11	16	56.24	44.1	6120	985	10.4	4.18	502	113
	300×200	294×200	8	12	20	73.03	57.3	11400	1600	12.5	4.69	779	160
	350×250	340×250	9	14	20	101.5	79.7	21700	3650	14.6	6.00	1280	292
	400×300	390×300	10	16	24	136.7	107	38900	7210	16.9	7.26	2000	481
	450×300	440×300	11	18	24	157.4	124	56100	8110	18.9	7.18	2550	541
	500×300	482×300	11	15	28	146.4	115	60800	6770	20.4	6.80	2520	451
		488×300	11	18	28	164.4	129	71400	8120	20.8	7.03	2930	541
	600×300	582×300	12	17	28	174.5	137	103000	7670	24.3	6.63	3530	511
		588×300	12	20	28	192.5	151	118000	9020	24.8	6.85	4020	601
		#594×302	14	23	28	222.4	175	137000	10600	24.9	6.90	4620	701

续表

类型	型号（高度×宽度）	截面尺寸(mm)				截面面积(cm^2)	理论重量(kg/m)	截面特性参数					
								惯性矩(cm^4)		惯性半径(cm)		截面模量(cm^3)	
		$H\times B$	t_1	t_2	r			I_x	I_y	i_x	i_y	W_x	W_y
HW	100×50	100×50	5	7	10	12.16	9.54	192	14.9	3.98	1.11	38.5	5.96
	125×60	125×60	6	8	10	17.01	13.3	417	29.3	4.95	1.31	66.8	9.75
	150×75	150×75	5	7	10	18.16	14.3	679	49.6	6.12	1.65	90.6	13.2
	175×90	175×90	5	8	10	23.21	18.2	1220	97.6	7.26	2.05	140	21.7
	200×100	198×90	4.5	7	13	23.59	18.5	1610	114	8.27	2.20	163	23.0
		200×100	5.5	8	13	27.57	21.7	1880	134	8.25	2.21	188	26.8
	250×125	248×124	5	8	13	32.89	25.8	3560	255	10.4	2.78	287	41.1
		250×125	6	9	13	37.87	29.7	4080	294	10.4	2.79	326	47.0
	300×150	298×149	5.5	8	16	41.55	32.6	6460	443	12.4	3.26	433	59.4
		300×150	6.5	9	16	47.53	37.3	7350	508	12,4	3.27	490	67.7
	350×175	346×174	6	9	16	53.19	41.8	11200	792	14.5	3.86	649	91.0
		350×175	7	11	16	63.66	50.0	13700	985	14.7	3.93	782	113
	#400×150	#400×150	8	13	16	71.12	55.8	18800	734	16.3	3.21	942	97.9
	400×200	396×199	7	11	16	72.16	56.7	20000	1450	16.7	4.48	1010	145
		400×200	8	13	16	84.12	66.0	23700	1740	16.8	4.54	1190	174
	#450×150	#450×150	9	14	20	83.41	65.5	27100	793	18.0	3.08	1200	106
	450×200	446×199	8	12	20	84.95	66.7	29000	1580	18.5	4.31	1300	159
		450×200	9	14	20	97.41	76.5	33700	1870	18.6	4.38	1500	187
	#500×150	#500×150	10	16	20	98.23	77.1	38500	907	19.8	3.04	1540	121
	500×200	496×199	9	14	20	101.3	79.5	41900	1840	20.3	4.27	1690	185
		500×200	10	16	20	114.2	89.6	47800	2140	20.5	4.33	1910	214
		#506×201	11	19	20	131.3	103	56500	2580	20.8	4.43	2230	257
	600×200	596×199	10	15	24	121.2	95.1	69300	1980	23.9	4.04	2330	199
		600×200	11	17	24	135.2	106	78200	2280	24.1	4.11	2610	228
		#606×201	12	20	24	153.3	120	91000	2720	24.4	4.21	3000	271
	700×300	#692×300	13	20	28	211.5	166	172000	9020	28.6	6.53	4980	602
		700×300	13	24	28	235.5	185	201000	10800	29.3	6.78	5760	722
	*800×300	*792×300	14	22	28	243.4	191	254000	9930	32.3	6.39	6400	662
		*800×300	14	26	28	267.4	210	292000	11700	33.0	6.62	7290	782
	*900×300	*890×299	15	23	28	270.9	213	345000	10300	35.7	6.16	7760	688
		*900×300	16	28	28	309.8	243	611000	12600	36.4	6.39	9140	843
		*912×302	18	34	38	364.0	286	498000	15700	37.0	6.56	10900	1040

注

1. “#”表示的规格为非常用规格。
2. “*”表示的规格，目前国内尚未生产。
3. 型号属同一范围的产品，其内侧尺寸高度是一致的。
4. 截面面积计算公式为“$t_1(H-2t_2)+2Bt_2+0.858r^2$。”

附录二十五：普通钢结构轴心受压构件的截面分类

轴心受压构件的截面分数（板厚 $t<40$mm）　　附表 25-1

截面形式		对 x 轴	对 y 轴
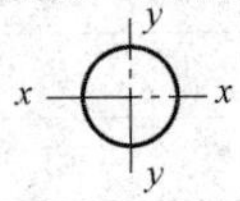 轧制		a 类	b 类
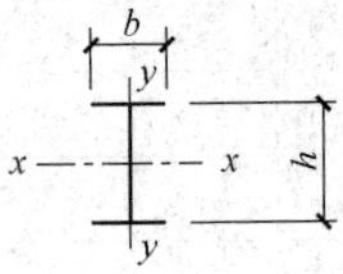 轧制	$b/h\leqslant0.8$	a 类	b 类
	$b/h>0.8$	ba 类	cb 类
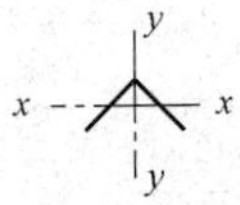 轧制等边角钢		ba 类	ba 类
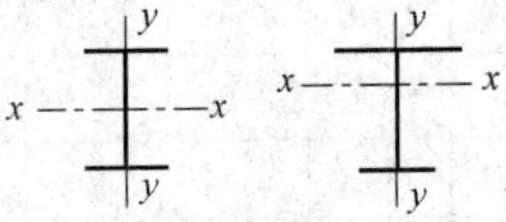 焊接、翼缘为焰切边	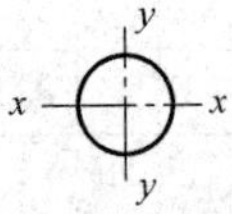 焊接	b 类	b 类
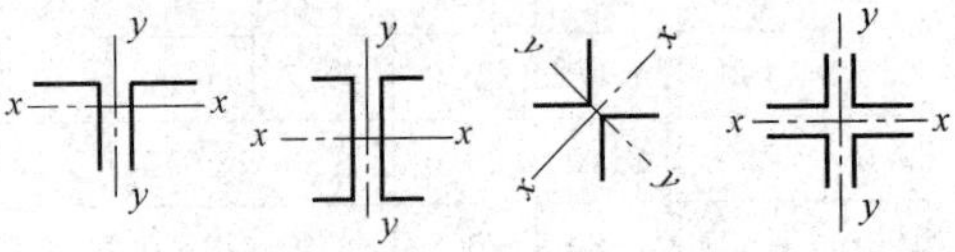 轧制			
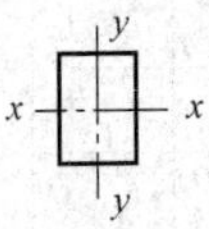 轧制，焊接(板件宽厚比>20)	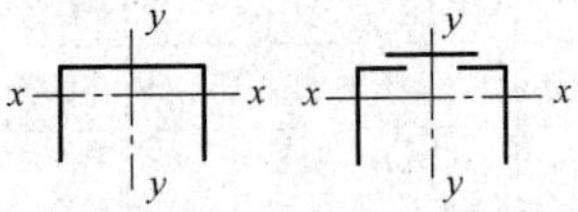 轧制或焊接		
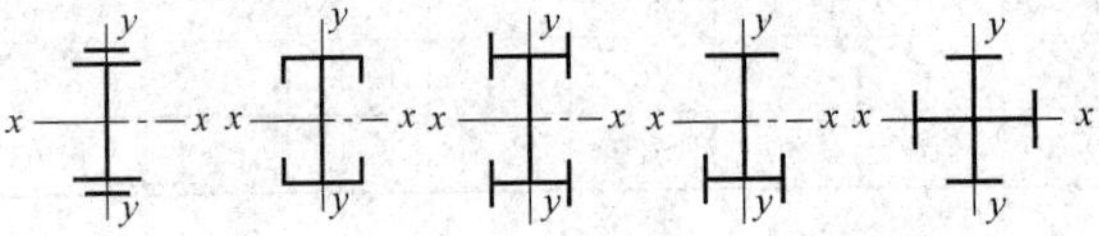 焊接	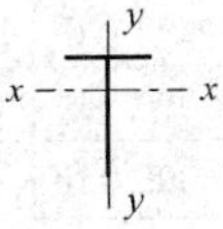 轧制截面和翼缘为焰切边的焊接截面		

续表

截面形式		对 x 轴	对 y 轴
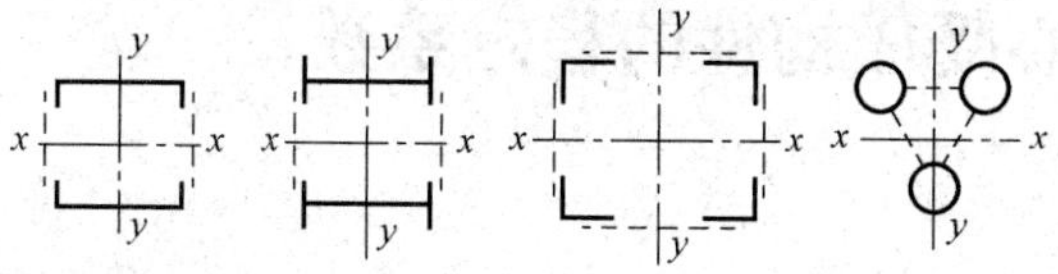 格构式	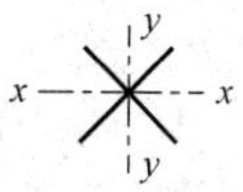 焊接、板件边缘焰切	b类	b类
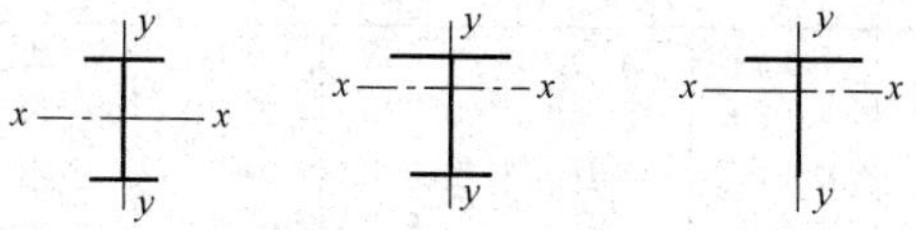 焊接、翼缘为轧制或剪切边		b类	c类
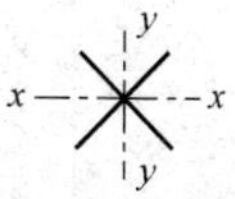 焊接、板件边缘轧制或剪切	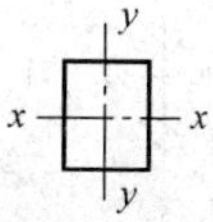 焊接、板件宽厚比≤20	c类	c类

注：ba类含义为Q235钢取b类，Q345、Q390、Q420和Q460取a类；cb类含义为Q235钢取c类，Q345、Q390、Q420和Q460取b类。

轴心受压构件的截面分类（板厚 $t \geqslant 40$mm） **附表25-2**

截面形式		对 x 轴	对 y 轴
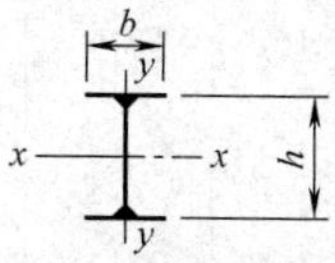 轴钢工字形或H形截面	$t<80$mm	b类	c类
	$t \geqslant 80$mm	c类	d类
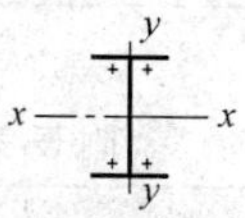 焊接工字形截面	翼缘为焰切边	b类	b类
	翼缘为轧制或剪切边	c类	d类
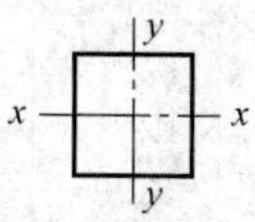 焊接箱形截面	板件宽厚比>20	b类	b类
	板件宽厚比≤20	c类	c类

附录二十六：轴心受压构件的稳定系数

a 类截面轴心受压构件的稳定系数 φ 附表 26-1

$\lambda\sqrt{\frac{f_y}{235}}$	0	1	2	3	4	5	6	7	8	9
0	1.000	1.000	1.000	1.000	0.999	0.999	0.998	0.998	0.997	0.996
10	0.995	0.994	0.993	0.992	0.991	0.989	0.988	0.986	0.985	0.983
20	0.981	0.979	0.977	0.976	0.974	0.972	0.970	0.968	0.966	0.964
30	0.963	0.961	0.959	0.957	0.955	0.952	0.950	0.948	0.946	0.944
40	0.941	0.939	0.937	0.934	0.932	0.929	0.927	0.924	0.921	0.919
50	0.916	0.913	0.910	0.907	0.904	0.900	0.897	0.894	0.890	0.886
60	0.883	0.879	0.875	0.871	0.867	0.863	0.858	0.854	0.849	0.844
70	0.839	0.834	0.829	0.824	0.818	0.813	0.807	0.801	0.795	0.789
80	0.783	0.776	0.770	0.763	0.757	0.750	0.743	0.736	0.728	0.721
90	0.714	0.706	0.699	0.691	0.684	0.676	0.668	0.661	0.653	0.645
100	0.638	0.630	0.622	0.615	0.607	0.600	0.592	0.585	0.577	0.570
110	0.563	0.555	0.548	0.541	0.534	0.527	0.520	0.514	0.507	0.500
120	0.494	0.488	0.481	0.475	0.469	0.463	0.457	0.451	0.445	0.440
130	0.434	0.429	0.423	0.418	0.412	0.407	0.402	0.397	0.392	0.387
140	0.383	0.378	0.373	0.369	0.364	0.360	0.356	0.351	0.347	0.343
150	0.339	0.335	0.331	0.327	0.323	0.320	0.316	0.312	0.309	0.305
160	0.302	0.298	0.295	0.292	0.289	0.285	0.282	0.279	0.276	0.273
170	0.270	0.267	0.264	0.262	0.259	0.256	0.253	0.251	0.248	0.246
180	0.243	0.241	0.238	0.236	0.233	0.231	0.229	0.226	0.224	0.222
190	0.220	0.218	0.215	0.213	0.211	0.209	0.207	0.205	0.203	0.201
200	0.199	0.198	0.196	0.194	0.192	0.190	0.189	0.187	0.185	0.183
210	0.182	0.180	0.179	0.177	0.175	0.174	0.172	0.171	0.169	0.168
220	0.166	0.165	0.164	0.162	0.161	0.159	0.158	0.157	0.155	0.154
230	0.153	0.152	0.150	0.149	0.148	0.147	0.146	0.144	0.143	0,142
240	0.141	0.140	0.139	0.138	0.136	0.135	0.134	0.133	0.132	0.131
250	0.130	—	—	—	—	—	—	—	—	—

注：见附表 26-4 注。

b 类截面轴心受压构件的稳定系数 φ 附表 26-2

$\lambda\sqrt{\frac{f_y}{235}}$	0	1	2	3	4	5	6	7	8	9
0	1.000	1.000	1.000	0.999	0.999	0.998	0.997	0.996	0.995	0.994
10	0.992	0.991	0.989	0.987	0.985	0.983	0.981	0.978	0.976	0.973
20	0.970	0.967	0.963	0.960	0.957	0.953	0.950	0.946	0.943	0.939
30	0.936	0.932	0.929	0.925	0.922	0.918	0.914	0.910	0.906	0.903
40	0.899	0.895	0.891	0.887	0.882	0.878	0.874	0.870	0.865	0.861
50	0.856	0.852	0.847	0.842	0.838	0.833	0.828	0.823	0.818	0.813

续表

$\lambda\sqrt{\frac{f_y}{235}}$	0	1	2	3	4	5	6	7	8	9
60	0.807	0.802	0.797	0.791	0.786	0.780	0.774	0.769	0.763	0.757
70	0.751	0.745	0.739	0.732	0.726	0.720	0.714	0.707	0.701	0.694
80	0.688	0.681	0.675	0.668	0.661	0.655	0.648	0.641	0.635	0.628
90	0.621	0.614	0.608	0.601	0.594	0.588	0.581	0.575	0.568	0.561
100	0.555	0.549	0.542	0.536	0.529	0.523	0.517	0.511	0.505	0.499
110	0.493	0.487	0.481	0.475	0.470	0.464	0.458	0.453	0.447	0.442
120	0.437	0.432	0.426	0.421	0.416	0.411	0.406	0.402	0.397	0.392
130	0.387	0.383	0.378	0.374	0.370	0.365	0.361	0.357	0.353	0.349
140	0.345	0.341	0.337	0.333	0.329	0.326	0.322	0.318	0.315	0.311
150	0.308	0.304	0.301	0.298	0.295	0.291	0.288	0.285	0.282	0.279
160	0.276	0.273	0.270	0.267	0.265	0.262	0.259	0.256	0.254	0.251
170	0.249	0.246	0.244	0.241	0.239	0.236	0.234	0.232	0.229	0.227
180	0.225	0.223	0.220	0.218	0.216	0.214	0.212	0.210	0.208	0.206
190	0.204	0.202	0.200	0.198	0.197	0.195	0.193	0.191	0.190	0.188
200	0.186	0.184	0.183	0.181	0.180	0.178	0.176	0.175	0.173	0.172
210	0.170	0.169	0.167	0.166	0.165	0.163	0.162	0.160	0.159	0.158
220	0.156	0.155	0.154	0.153	0.151	0.150	0.149	0.148	0.146	0.145
230	0.144	0.143	0.142	0.141	0.140	0.138	0.137	0.136	0.135	0.134
240	0.133	0.132	0.131	0.130	0.129	0.128	0.127	0.126	0.125	0.124
250	0.123	—	—	—	—	—	—	—	—	—

注：见附表 26-4。

c类截面轴心受压构件的稳定系数 φ **附表 26-3**

$\lambda\sqrt{\frac{f_y}{235}}$	0	1	2	3	4	5	6	7	8	9
0	1.000	1.000	1.000	0.999	0.999	0.998	0.997	0.996	0.995	0.993
10	0.992	0.990	0.988	0.986	0.983	0.981	0.978	0.976	0.973	0.970
20	0.966	0.959	0.953	0.947	0.940	0.934	0.928	0.921	0.915	0.909
30	0.902	0.896	0.890	0.884	0.877	0.871	0.865	0.858	0.852	0.846
40	0.839	0.833	0.826	0.820	0.814	0.807	0.801	0.794	0.788	0.781
50	0.775	0.768	0.762	0.755	0.748	0.742	0.735	0.729	0.722	0.715
60	0.709	0.702	0.695	0.689	0.682	0.676	0.669	0.662	0.656	0.649
70	0.643	0.636	0.629	0.623	0.616	0.610	0.604	0.597	0.591	0.584
80	0.578	0.572	0.566	0.559	0.553	0.547	0.541	0.535	0.529	0.523
90	0.517	0.511	0.505	0.500	0.494	0.488	0.483	0.477	0.472	0.467
100	0.463	0.458	0.454	0.449	0.445	0.441	0.436	0.432	0.428	0.423
110	0.419	0.415	0.411	0.407	0.403	0.399	0.395	0.391	0.387	0.383
120	0.379	0.375	0.371	0.367	0.364	0.360	0.356	0.353	0.349	0.346
130	0.342	0.339	0.335	0.332	0.328	0.325	0.322	0.319	0.315	0.312
140	0.309	0.306	0.303	0.300	0.297	0.249	0.291	0.288	0.285	0.282
150	0.280	0.277	0.274	0.271	0.269	0.266	0.264	0.261	0.258	0.256
160	0.254	0.251	0.249	0.246	0.244	0.242	0.239	0.237	0.235	0.233
170	0.230	0.228	0.226	0.224	0.222	0.220	0.218	0.216	0.214	0.212
180	0.210	0.208	0.206	0.205	0.203	0.201	0.199	0.197	0.196	0.194
190	0.192	0.190	0.189	0.187	0.186	0.184	0.182	0.181	0.179	0.178
200	0.176	0.175	0.173	0.172	0.170	0.169	0.168	0.166	0.165	0.163
210	0.162	0.161	0.159	0.158	0.157	0.156	0.154	0.153	0.152	0.151
220	0.150	0.148	0.147	0.146	0.145	0.144	0.143	0.142	0.140	0.139
230	0.138	0.137	0.136	0.135	0.134	0.133	0.132	0.131	0.130	0.129
240	0.128	0.127	0.126	0.125	0.124	0.124	0.123	0.122	0.121	0.120
250	0.119	—	—	—	—	—	—	—	—	—

注：见附表 26-4 注。

d类截面轴心受压构件的稳定系数 φ **附表 26-4**

$\lambda\sqrt{\frac{f_y}{235}}$	0	1	2	3	4	5	6	7	8	9
0	1.000	1.000	0.999	0.999	0.998	0.996	0.994	0.992	0.990	0.987
10	0.984	0.981	0.978	0.974	0.969	0.965	0.960	0.955	0.949	0.944
20	0.937	0.927	0.918	0.909	0.900	0.891	0.883	0.874	0.865	0.857
30	0.848	0.840	0.831	0.823	0.815	0.807	0.799	0.790	0.782	0.774
40	0.766	0.759	0.751	0.743	0.735	0.728	0.720	0.712	0.705	0.697
50	0.690	0.683	0.675	0.668	0.661	0.654	0.646	0.639	0.632	0.625
60	0.618	0.612	0.605	0.598	0.591	0.585	0.578	0.572	0.565	0.559
70	0.552	0.546	0.540	0.534	0.528	0.522	0.516	0.510	0.504	0.498
80	0.493	0.487	0.481	0.476	0.470	0.465	0.460	0.454	0.449	0.444
90	0.439	0.434	0.429	0.424	0.419	0.414	0.410	0.405	0.401	0.397
100	0.394	0.390	0.387	0.383	0.380	0.376	0.373	0.370	0.366	0.363
110	0.359	0.356	0.353	0.350	0.346	0.343	0.340	0.337	0.334	0.331
120	0.328	0.325	0.322	0.319	0.316	0.313	0.310	0.307	0.304	0.301
130	0.299	0.296	0.293	0.290	0.288	0.285	0.282	0.280	0.277	0.275
140	0.272	0.270	0.267	0.265	0.262	0.260	0.258	0.255	0.253	0.251
150	0.248	0.246	0.244	0.242	0.240	0.237	0.235	0.233	0.231	0.229
160	0.227	0.225	0.223	0.221	0.219	0.217	0.215	0.213	0.212	0.210
170	0.208	0.206	0.204	0.203	0.201	0.199	0.197	0.196	0.194	0.192
180	0.191	0.189	0.188	0.186	0.184	0.183	0.181	0.180	0.178	0.177
190	0.176	0.174	0.173	0.171	0.170	0.168	0.167	0.166	0.164	0.163
200	0.162	—	—	—	—	—	—	—	—	—

注：1. 附表 26-1 至附表 26-4 中的 φ 值系按下列公式算得：

当 $\lambda_n=\frac{\lambda}{\pi}\sqrt{f_y/E}\leqslant 0.215$ 时：

$$\varphi=1-\alpha_1\lambda_n^2$$

当 $\lambda_n\geqslant 0.215$ 时：

$$\varphi=\frac{1}{2\lambda_n^2}\left[(\alpha_2+\alpha_3\lambda_n+\lambda_n^2)-\sqrt{(\alpha_2+\alpha_3\lambda_n+\lambda_n^2)-4\lambda_n^2}\right]$$

式中，α_1、α_2、α_3 为系数，根据截面的分类，按附表 4-5 采用。

2. 当构件的 $\lambda\sqrt{f_y/235}$ 值超出附表 26-1 至附表 26-4 的范围时，则 φ 值按注 1 所列的公式计算。

系数 α_1、α_2、α_3 **附表 26-5**

截面类型		α_1	α_2	α_3
a类		0.41	0.986	0.152
b类		0.65	0.965	0.300
c类	$\lambda_n\leqslant 1.05$	0.73	0.906	0.595
	$\lambda_n>1.05$		1.216	1.302
d类	$\lambda_n\leqslant 1.05$	1.35	0.868	0.915
	$\lambda_n>1.05$		1.375	0.432

参　考　文　献

[1]　赵西安主编. 现代高层建筑结构设计. 北京：科学出版社，2000.
[2]　滕智明，朱金铨主编. 混凝土结构及砌体结构. 北京：中国建筑工业出版社，2003.
[3]　蓝宗建主编. 混凝土结构设计原理. 南京：东南大学出版社，2002.
[4]　安震中，张学宏主编. 混凝土结构与砌体结构. 南京：东南大学出版社，1992.
[5]　施楚贤主编. 砌体结构. 北京：中国建筑工业出版社，2002.
[6]　陈绍蕃，顾强主编. 钢结构. 北京：中国建筑工业出版社，2003.
[7]　张耀春主编. 钢结构设计原理. 北京：高等教育出版社，2011.
[8]　郭继武主编. 建筑抗震设计. 北京：高等教育出版社，2002.